H. Stumpf

W. Schuler

# Elektrodynamik

Harald Stumpf

Wolfgang Schuler

# Elektrodynamik

Mit 58 Abbildungen

Friedr. Vieweg + Sohn · Braunschweig

Prof. Dr. *Harald Stumpf*, Institut für theoretische Physik der Universität Tübingen

Dr. *Wolfgang Schuler*, Studiengruppe für Systemforschung, Heidelberg

Verlagsredaktion: *Gerd Grünewald*

1973


**Softcover reprint of the hardcover 1st edition 1973**


Satz: Friedr. Vieweg + Sohn, Braunschweig
Umschlaggestaltung: Peter Morys, Wolfenbüttel

**ISBN-13: 978-3-528-03804-5 e-ISBN-13: 978-3-322-83573-4**
**DOI: 10.1007/ 978-3-322-83573-4**

# Vorwort

Das Ziel der theoretischen Physik ist die Aufstellung eines einheitlichen Axiomensystems mit dessen Symbolen und Verknüpfungsoperationen alle physikalischen Naturvorgänge mathematisch beschrieben und die zugeordneten Observablen berechnet werden können. Verzichtet man auf eine logisch-erkenntniskritische Analyse dieser Zielsetzung und akzeptiert man sie als pragmatische Arbeitshypothese, so kann man jedenfalls feststellen, daß die theoretische Physik sowohl in der Entwicklung einheitlicher Modelle als auch in ihrer axiomatisch-mathematischen Begründung und Ausarbeitung gegenwärtig große Fortschritte gemacht hat. Ein solcher Fortschritt in Richtung auf eine Vereinheitlichung hat nicht nur eine grundlegende wissenschaftliche, sondern auch eine didaktische Bedeutung. Bei der gegenwärtig außerordentlich großen „Produktion“ an theoretischer Physik, bietet er die Möglichkeit zur systematischen Erfassung und Durchdringung des angebotenen Materials. Soll daher bereits im Studium der notwendige Anschluß an die gegenwärtige Forschung und Entwicklung der Physik hergestellt werden, so ist klar, daß sich der erwähnte Fortschritt auch im Kursunterricht niederschlagen und bei der Ausarbeitung dieses Unterrichts diesem Umstand Rechnung getragen werden muß. Das vorliegende Buch soll als ein Beitrag in dieser Richtung verstanden und bezüglich seiner Publikation motiviert werden. Es ist aus Kursvorlesungen über Elektrodynamik entstanden, die einer der Verfasser (H. Stumpf) an den Universitäten München und Tübingen gehalten hat, und die gemeinsam von beiden Verfassern ausgearbeitet und erweitert wurden. Dabei wird einerseits die klassische Elektrodynamik im Hinblick auf ihre Einbettung in größere Zusammenhänge, also unter den aktuellen Aspekten der gegenwärtigen Forschung und Entwicklung behandelt. Andererseits wird im Hinblick auf die strukturelle Durchdringung des Stoffes der mathematischen Ausarbeitung größere Sorgfalt gewidmet. Dies findet vor allem in der Gliederung des Stoffes durch Behauptungen und nachfolgende Beweise sowie durch Definitionen und axiomatisch ausgewertete Fundamentalexperimente seinen Ausdruck. An vielen Stellen ist jedoch die mathematische Formulierung nur andeutungsweise und nicht in voller Strenge durchgeführt. Ein Versuch, die völlige Strenge anzustreben, hätte den Umfang des Buches bei gleichbleibendem Stoff auf das mehrfache erhöht und die Kenntnisse der Autoren überfordert. Es ist zu hoffen, daß ein solches Werk später einmal in Zusammenarbeit mit Mathematikern in Angriff genommen werden kann. In der Transparenz der Struktur des oft recht komplexen Stoffes liegt daher das physikalische und didaktische Hauptziel des Buches. Die so angestrebte strukturelle Durchdringung des Stoffes soll dem Leser auch ermöglichen, sich um so intensiver mit der mathematisch technischen Bewältigung des Stoffes zu befassen. Zufolge der relativ knappen Darstellung wird vorausgesetzt, daß ein interessierter Leser sehr viele Beweise und Gedankengänge im Detail rechnerisch überprüft und nachvollzieht. Da ein solches Studium des Buches eine hinreichende Aneignung des Stoffes garantiert, wurden auch keine zusätzlichen Übungsaufgaben gestellt. Zur Vertiefung und Ausweitung der Kenntnisse wurde eine große Anzahl von ergänzenden Monographien und Lehrbüchern zitiert. Andererseits sei darauf hingewiesen, daß wissenschaftliche Originalarbeiten und deren Autoren nur in geringem Umfang genannt wurden. Bezüglich der historisch wissenschaftlichen Quellenangaben ist das Buch daher nicht kompetent bzw. einwandfrei ausgearbeitet. Diese Unvollkommenheit bedrückt die Verfasser. Andererseits ist das Abfassen eines aktuellen Lehrbuches unter den übrigen Nebenbedingungen der akademischen Lehr- und Forschungsaufgaben ein Optimierungsproblem, das derartige Unvollkommenheiten erzwingt. Schließlich sei noch bemerkt, daß das Buch nicht ohne direkte und indirekte Mitwirkung von vielen Fachkollegen entstanden ist. Es seien nur einige namentlich genannt: Der eine von uns (H. Stumpf) dankt Herrn Prof. F. Bopp für den Auftrag in München eine Kursvorlesung über Elektrodynamik abzuhalten, welche die Grundlage für die hier gegebene Darstellung wurde. An der Universität Tübingen wurden wir auch von seiten der Experimentalphysik von Herrn Dr. Gönnenwein und Herrn Dr. Staudt ermutigt, die Kursvorlesung in der vorliegenden Form abzuhalten. Vom Institut für theoretische Physik in Tübingen hat Herr Dr. K. Scheerer vor allem weitgehend an der Abfassung von Anhang VII gearbeitet. Ihm und den Herren Dr. J. Schmid und Dr. K. Illig sowie Dr. K. Dammeier verdanken wir viele wertvolle Hinweise. Das Manuskript wurde von Frl. R. Vollmer in dankenswerter Weise geschrieben. Dem Verlag Friedr. Vieweg + Sohn sei ferner für die Herausgabe gedankt. Wir hoffen, daß das Buch vielen ernsthaften Studierenden eine gute Hilfe bei der Einarbeitung in die Probleme der theoretischen Physik wird.

*Harald Stumpf*
*Wolfgang Schuler*

# Inhalt

## Symbolverzeichnis

Vorbemerkung: Mehrfache Verwendung desselben Symbols für verschiedene Größen ist nicht zu vermeiden. In diesem Verzeichnis wird nur die Hauptbedeutung angeführt; eine Verwendung als Hilfsgröße usw. bleibt außer Betracht. Auch die Symbolik der Anhänge ist nicht aufgenommen. Die jeweilige Definition eines Symbols kann mit Hilfe des Registers gefunden werden.

| | |
|---|---|
| $\mathbf{a}, \mathbf{b}, \mathbf{x}, \mathbf{y}$ | Vektoren |
| $\mathbf{A}(\mathbf{r})$ | magnetostatisches Vektorpotential |
| $\mathbf{A}(\mathbf{r}, t)$ | zeitabhängiges Vektorpotential |
| $A_\mu$ | Komponenten des relativistischen Viererpotentials |
| A | Arbeit |
| $\mathbf{A}(\omega)$ | Kettenmatrix |
| $\alpha(\omega)$ | frequenzabhängige atomare Polarisierbarkeit |
| $\alpha$ | Winkel in Kugel-, Zylinderkoordinaten |
| $a_i^k$ | Transformationsmatrix |
| | |
| $\mathbf{B}(\mathbf{r}), \mathbf{B}(\mathbf{r}, t)$ | magnetische Induktion |
| B | Betrag der Induktion |
| $\beta$ | $= \frac{v}{c}$ |
| $b_\mu$ | Viererbeschleunigung |
| | |
| c | Lichtgeschwindigkeit im Vakuum |
| $c_\alpha$ | Lichtgeschwindigkeit im Medium $\alpha$ |
| C | Integrationsweg, (Bahn-) Kurve |
| $\mathbb{C}$ | Raum der komplexen Zahlen |
| $\Gamma$ | Dämpfungskonstante, Linienbreite |
| $C_{ij}$ | Kapazitätskoeffizient |
| $C_k$ | Kapazität des k-ten Leiterkreises |
| $C_{p\rho\sigma}$ | Lie-Strukturkonstante |
| $C_\rho^\lambda(a)$ | Darstellung der a |
| | |
| $\Gamma_\mu$ | infinitesimale Erzeugende der Invariante W |
| $\gamma = (1 - \beta^2)^{\frac{1}{2}}$ | Parameter der Lorentzkontraktion |
| | |
| d | maximale Ausdehnung von Strom- oder Ladungsverteilungen; Gitterparameter |

| | |
|---|---|
| $\mathbf{D}(\mathbf{r}), \mathbf{D}(\mathbf{r}, t)$ | dielektrische Verschiebung |
| $D(g)$ | Darstellung des Gruppenelements g |
| $D(I_r)$ | Darstellung von $I_r$ |
| $\Delta$ | Laplace-Operator |
| | |
| $e$ | Ladung; auch q |
| $e_0$ | Elementarladung |
| $\mathbf{E}(\mathbf{r}), \mathbf{E}(\mathbf{r}, t)$ | elektrische Feldstärke |
| $E$ | Betrag der Feldstärke |
| $\mathbf{E}^e$ | eingeprägtes Feld (elektromotorische Kraft) |
| $E_k^e$ | elektromotorische Kraft im k-ten Leiterkreis |
| $\epsilon$ | Dielektrizitätskonstante |
| $\epsilon_0$ | Proportionalitätsfaktor im Coulombgesetz, Dielektrizitätskonstante des Vakuums |
| $E_{mn}, \Delta E$ | Energiedifferenz |
| $E_l$ | kinetische Energie des Teilchens $l$ |
| $E$ | relativistische Energie eines freien Teilchens |
| $\epsilon_{\rho\sigma}$ | infinitesimale Parameter |
| $\mathbf{e}_i$ | Basisvektor |
| | |
| $f(x)$ | Funktion; auch g(x) |
| $F[f]$ | Funktional der Funktion f |
| $F_{\mu\nu}$ | relativistischer Feldtensor des Maxwellfeldes |
| | |
| $g(x)$ | Funktion; auch f(x) |
| $\mathbf{G}(\mathbf{r})$ | Vektorpotential des Magnetikums |
| $g_{ik}$ | metrische Fundamentalgrößen |
| $g_\alpha$ | Gruppenelement |
| $G(\mathbf{r}, t, \mathbf{r}', t')$ | Greenfunktion |
| $G(x, x')$ | relativistische Greenfunktion |
| $\mathbb{G}$ | Greenscher Operator |
| | |
| $h$ | Plancksches Wirkungsquantum |
| $\mathcal{H}$ | Quadrupolmoment |
| $H(x)$ | Hamiltondichte |
| $H_{em}(x)$ | Hamiltondichte des elektromagnetischen Feldes |
| $\mathbf{H}(\mathbf{r}), \mathbf{H}(\mathbf{r}, t)$ | magnetische Feldstärke |
| $\mathbf{h}$ | Vektor des reziproken Kristallgitters |

$\mathbf{j}(\mathbf{r}, t)$ elektrische Stromdichte
$j_\mu$ relativistischer Viererstrom
$J(F, t)$ gesamter elektrischer Strom durch die Fläche F
$J_k$ Gesamtstrom im k-ten Leiterkreis
$I_r$ infinitesimale Operatoren

$\mathbf{K}, \mathbf{k}$ Kraft
$\mathbf{k}(\mathbf{r}), \mathbf{k}(\mathbf{r}, t)$ Kraftdichte
$k_1$ Proportionalitätsfaktor im Coulombgesetz
$k_2$ Proportionalitätsfaktor im Ampèregesetz
$k_3$ Proportionalitätsfaktor im Induktionsgesetz
$\mathbf{k}$ Ausbreitungsvektor von Wellen
$k$ Betrag des Ausbreitungsvektors

$\lambda$ Wellenlänge
$L(x)$ Lagrangedichte
$L(t)$ Lagrangefunktional
$L_{em}$ Lagrange-Funktional des freien el.-magn. Feldes
$L_w$ Lagrange-Funktional der Wechselwirkung
$\mathbf{l}_m(\mathbf{r}, t)$ Drehimpulsdichte der Materie
$\mathbf{l}_{el}(\mathbf{r}, t)$ Drehimpulsdichte des elektromagnetischen Feldes
$\mathbf{L}_{el}$ Gesamtdrehimpuls des Feldes
$\mathbf{L}_m$ Gesamtdrehimpuls der Materie
$(L_{\rho\sigma})_\mu$ Drehimpulstensor
$L$ Lorentzgruppe
$\Lambda_i^k$ Lorentztransformation
$L_{lk}$ Induktionskoeffizient
$\Lambda(x)$ Eichfunktion
$\lambda_n$ Eigenwerte
$\lambda(\mathbf{r}, t)$ skalare Funktion

$\mathbf{m}$ Dipolmoment (elektrisch; magnetisch)
$\mathbf{m}(\mathbf{r})$ Dipoldichte
$\mathbf{M}(\mathbf{r})$ mittlere Dichte der Magnetisierung
$m_l$ Masse des *l*-ten Teilchens
$m_e$ elektromagnetische Selbstmasse
$M$ Gesamtmasse

| | |
|---|---|
| $\mu$ | magnetische Permeabilität |
| $\mu_0$ | Permeabilität des Vakuums |
| $\mathbb{M}$ | Tensor des Drehimpulsflusses |
| M | Modulationsfaktor |
| $\mathbb{M}_4$ | vierdimensionaler Minkowskiraum |
| $M^{\rho\sigma}$ | infinitesimaler Operator einer Lorentzdrehung |
| | |
| $\mathbf{N}_s$ | Drehmoment um den Ladungsschwerpunkt |
| $\mathbf{n}(\mathbf{r})$ | Normalenvektor einer Fläche |
| N | Teilchendichte |
| $n(\omega)$ | frequenzabhängiger Brechungsindex |
| $\omega$ | Kreisfrequenz |
| $\Omega$ | Raumwinkel |
| | |
| $\mathbf{p}$ | Dipolmoment |
| $\mathbf{P}(\mathbf{r})$ | makroskopische Polarisationsdichte |
| $\mathbf{p}_m$ | Impulsdichte der Materie |
| $p_\mu$ | relativistischer Viererimpuls |
| $\mathbf{P}_m$ | Gesamtimpuls der Materie |
| $\mathbf{P}_{el}$ | Gesamtimpuls des el.-magn. Feldes |
| $P_k$ | infinitesimaler Operator der Translation |
| $\pi_\alpha(x)$ | kanonisch konjugierter Feldimpuls |
| $P^2$ | Invariante der Poincaré-Gruppe |
| | |
| q | Ladung; auch e |
| Q | Gesamtladung |
| Q(F, t) | elektrische Gesamtladung, die von der Fläche F umschlossen wird |
| | |
| $\mathbf{r}, \mathbf{R}$ | Ortsvektor |
| r, R | Betrag von **r, R** |
| $\mathbf{r}_s$ | Ladungsschwerpunkt; Stromschwerpunkt |
| $\rho(\mathbf{r}), \rho(\mathbf{r}, t)$ | Dichte der el. Ladung |
| R | elektrischer Widerstand |
| $R_k$ | Widerstand des k-ten Leiterkreises |
| $\mathbb{R}$ | Raum der reellen Zahlen |
| $\mathbb{R}_3$ | dreidimensionaler euklidischer Raum |
| | |
| $\sigma(\mathbf{r})$ | Flächenladungsdichte |
| $\sigma$ | el. Leitfähigkeit |

| | |
|---|---|
| $\mathbf{S}(\mathbf{r}, t)$ | Poynting-Vektor |
| $S$ | Wirkungsfunktional |
| $S_{\rho\sigma}$ | Spintensor |
| $s$ | Drehimpulseigenwert |
| $S_{\mu}$ | Spiegelung |
| $\mathbf{S}(\omega)$ | Strom-Spannungs-Paar |
| $S(k, a_1, a_2)$ | Intensität der Beugung |
| $s$ | Einheitsvektor |
| $t$ | Zeit |
| $\mathbb{T}$ | Maxwellscher Spannungstensor |
| $\tau$ | Dämpfungskonstante |
| $\mathbf{T}$ | Tensor |
| $t^{\alpha_1 \ldots \alpha_n}$ | Tensorkomponenten |
| $d\tau$ | Eigenzeitelement |
| $T$ | relativistische kinetische Energie |
| $T^{\mu}_{\nu}$ | Energie-Impuls-Tensor |
| $\mathbf{t}(\mathbf{r})$ | Tangenten-Einheitsvektor |
| $U$ | Potentialdifferenz |
| $U_k$ | Spannung im k-ten Leiterkreis |
| $U(t)$ | el.-magn. Gesamtenergie |
| $u(\mathbf{r}, t)$ | Dichte der el.-magn. Energie |
| $\mathbf{u}, \mathbf{v}$ | Geschwindigkeit |
| $u_{\mu}$ | Vierergeschwindigkeit |
| $\mathbf{v}(\mathbf{r}, t)$ | Geschwindigkeit |
| $\mathbf{v}_l$ | Geschwindigkeit des *l*-ten Teilchens |
| $W^e$ | elektrostatische Gesamtenergie |
| $w^e(\mathbf{r})$ | Dichte der el.-stat. Energie |
| $w^e_s(\mathbf{r})$ | Selbstenergiedichte |
| $w^e_w(\mathbf{r})$ | Dichte der Wechselwirkungsenergie |
| $W^e_w$ | Gesamtenergie der el.-stat. Wechselwirkung |
| $W^m_w$ | Gesamtenergie der magnetostatischen Wechselwirkung |
| $W^m_s$ | magnetostatische Gesamtselbstenergie |
| $W^m_D$ | Gesamtenergie der magn. Dipole |
| $W$ | Invariante der Poincaré-Gruppe |
| $\xi$ | Variable |

| | |
|---|---|
| $Y(\omega)$ | Wechselstromleitwert |
| Z | Zustandssumme |
| $Z(\omega)$ | Wechselstromwiderstand |
| $\varphi(\mathbf{r})$ | skalares elektrostatisches Potential |
| $\varphi_m(\mathbf{r})$ | skalares magnetostatisches Potential |
| $\phi_m(F)$ | magnetischer Fluß durch die Fläche F |
| $\varphi$ | Drehwinkel |
| $\chi_e$ | elektrische Suszeptibilität |
| $\chi_m$ | magnetische Suszeptibilität |
| $\chi(\mathbf{r})$ | skalare Funktion |
| $\Psi(\mathbf{r})$ | elektrostatisches Potential des Isolators |
| $\psi_\beta(x)$ | Spinorfeld |
| $\vartheta_i^k$ | infinitesimale Drehungen |
| $\mathbb{1}$ | Einheitsoperator |
| | Einheitstensor = $\Sigma\, \delta_{ik}\, \mathbf{e}_i\mathbf{e}_k$ |

**Zeichenerklärung**

1. $f(r) = O(g(r))$ für $r \to a$: es gibt Konstanten $C \geqslant 0$ und $1 \gg \epsilon > 0$, so daß $\left|\frac{f(r)}{g(r)}\right| \leqslant C$ für alle r mit $|r - a| < \epsilon$ gilt;
   $O(g(r))$: „von der Ordnung g(r)"
2. $f(r) = o(g(r))$ für $r \to a$: es ist $\lim\limits_{r \to a} \frac{f(r)}{g(r)} = 0$.
3. Bei Integrationen: $\int\limits_V d^3r = \int\limits_V dx\,dy\,dz = \int\limits_V d^3x = \int\limits_V r^2 \sin\theta\, dr\, d\theta\, d\varphi$ .

   V: einfach zusammenhängendes Gebiet im dreidimensionalen euklidischen Raum $\mathbb{R}_3$
   $\overline{V} \equiv V \cup F(V)$: Gebiet V mit seiner Oberfläche F(V)
   F(G): Oberfläche des abgeschlossenen Gebietes G
4. $C_k(G)$: Menge der k-mal stetig differenzierbaren Funktionen in G
   C(G): Menge der stetigen Funktionen in G
5. $\int$ ohne Integrationsgrenzen: Integration über $\mathbb{R}_3$
6. $\int\limits_C \mathbf{E}(\mathbf{r}) \cdot d\mathbf{s}$: Kurvenintegral längs C
7. $A^\times$ := konjugiert komplexe Größe von A
8. $g^T$ := transponierte Matrix von g

## Einleitung

Für die im folgenden gegebene Darstellung der theoretischen Elektrodynamik werden die experimentellen Grundlagen als bekannt vorausgesetzt. Insbesondere sind dabei diejenigen experimentellen Tatsachen von Bedeutung, die zur Vorstellung des elektromagnetischen Feldes führen, d.h. von Vektorfunktionen **E**(**r**, t) und **B**(**r**, t), die in jedem Raumzeitpunkt definiert werden müssen. In diesem Sinne ist die theoretische Elektrodynamik dann eine Theorie des Verhaltens elektromagnetischer Felder.

Eine solche Theorie kann jedoch nicht isoliert vom übrigen physikalischen Geschehen entwickelt werden. Da die experimentelle Ausmessung elektromagnetische Felder nur durch Wechselwirkung mit Materie möglich ist, muß auch in die Theorie diese Wechselwirkung mit einbezogen werden. Eine konsequente Verfolgung dieser Problemstellung führt aber dann notwendig über das Spezialproblem der Wechselwirkung elektromagnetischer Felder mit Materie hinaus in das Grundproblem der Existenz der Materie und ihrer gegenseitigen Wchselwirkungen überhaupt. Dieses Grundproblem ist noch nicht geklärt. Es müssen für Materie und Feld Modelle verwendet werden, die keine endgültige Lösung darstellen, sondern nur in beschränktem Sinne gültig sind bzw. sein können. Nach dem gegenwärtigen Stand unseres Wissens kann man dabei folgende Modelle steigenden mathematischen Schwierigkeitgrades, aber auch größerer experimenteller Gültigkeits- bzw. Anwendungsbereiche unterscheiden:

### a) Klassisch-phänomenologisches Modell

Die Materie wird durch klassisch-mechanische Punktteilchen oder durch klassisch-mechanische Medien beschrieben, wobei die elektrischen Eigenschaften dieser Teilchen bzw. Medien die Wechselwirkung mit dem elektromagnetischen Feld bewirken. Dieses Modell ist im allgemeinen auf makroskopische Prozesse beschränkt.

### b) Quantenelektrodynamik

Das Modell a) wird quantisiert, d.h. nach den Regeln der Quantentheorie mathematisch formuliert, um eine bessere Anpassung an atomistisch-mikroskopische Prozesse zu erreichen. Auch das elektromagnetische Feld selbst und seine Wechselwirkung mit der Materie werden quantisiert. Das Modell enthält zufolge des Korrespondenzprinzips auch den Gültigkeitsbereich von a).

### c) Einheitliche Quantenfeldtheorie

Sämtliche Teilchen und Felder sowie deren Wechselwirkungen sollen als Lösungen einer quantisierten nichtlinearen relativistischen Feldtheorie abgeleitet werden. Als Spezialfall ergeben sich dann auch das elektromagnetische Feld und seine Wechselwirkung mit der Materie. Dieses Modell sollte nicht nur die Gültigkeitsbereiche von a) und b) einschließen, sondern darüber hinaus in subatomaren Dimensionen, d.h. im Bereich der gegenwärtigen Hochenergieexperimente, korrekte Aussagen erbringen.

**d) Mikroskopische Weltmodelle**

Die Wechselwirkung und Existenz von Feldern und Teilchen wird auf dem physikalischen Hintergrund eines sich entwickelnden Kosmos untersucht. Der Kosmos und seine Entwicklungsgesetze sollten dann aus den mikroskopischen Eigenschaften der Materie ableitbar sein, z.B. aus dem Verhalten des sog. Grundzustands einer einheitlichen Quantenfeldtheorie. Das resultierende Modell sollte nicht nur die Bereiche a), b) und c) umfassen, sondern auch kosmologische Aussagen verifizieren.

Alle genannten Modelle sind noch Gegenstand aktueller Forschung, wobei insbesondere in den Modellen c) und d) nur erste Ansätze zu einer so formulierten Problemstellung vorhanden sind. Um eine wohldefinierte Stoffabgrenzung zu schaffen, beschäftigen wir uns in der nachfolgenden Darstellung allein mit dem Modellbereich a). Seine theoretischen Grundlagen wurden bis etwa 1910 abgeschlossen. Nichtsdestoweniger gibt es aber auch in diesem Modellbereich bedeutsame Weiterentwicklungen. Einerseits wurden in der Theorie durch die mathematische Untersuchung von Randwertproblemen sowie durch die gruppentheoretische Analyse der Elektrodynamik bedeutsame Fortschritte erzielt. Andererseits führte die sich immer weiter entwickelnde technische Anwendung der Elektrodynamik zur Erschließung immer neuer Anwendungsbereiche. Davon seien neben der klassischen Starkstromtechnik nur genannt die Schwachstromtechnik (Halbleitertechnik, Hoch- und Niederfrequenztechnik), die elektronischen Maschinen (Rechenmaschinen, Automaten), die Langwellen- und Kurzwellenerzeugung und -umsetzung, die Magnetohydrodynamik (Plasmaphysik) sowie die Optik mit Lasern, Masern und nichtlinearen Prozessen. Zum Verständnis dieser Gebiete ist das Modell a) unentbehrlich und darum von höchster Aktualität.

Da die theoretische Elektrodynamik auf Axiomen und Definitionen beruht, die aus idealisierten Experimentalerfahrungen stammen, werden wir im folgenden eine Darstellung geben, die die grundlegenden Experimentalerfahrungen als Fundamentalexperimente hervorhebt, um das strukturelle Verständnis der Theorie zu erleichtern und ihre Verknüpfung mit dem Experiment möglichst durchsichtig zu machen.

# I. Vakuumelektrodynamik und Elektronentheorie

## 1. Statisches Punktladungsmodell

### 1.1. Coulombgesetz

Entsprechend der Einleitung soll der Aufbau der theoretischen Elektrodynamik durch die mathematische Formulierung von Fundamentalexperimenten erfolgen. Diese Experimente sind ihrerseits wiederum mit gewissen Materiemodellen verknüpft bzw. können an gewissen Materiemodellen am besten demonstriert werden. Aus didaktischen Gründen soll der Aufbau schrittweise von einfachen zu komplizierteren Fundamentalexperimenten fortschreiten, was auch der historischen Reihenfolge ihrer Entdeckung entspricht. Das einfachste elektrisch bedeutsame Modell sind geladene ruhende Massenpunkte im Vakuum. Ihre einzige Modelleigenschaft ist die Ladung q mit $q \gtrless 0$. Für sie gilt sodann das

**1. experimentelle Fundamentalgesetz (Coulomb-Gesetz):** Zwei ruhende geladene Massenpunkte an den Stellen $\mathbf{r}_1$, $\mathbf{r}_2$ mit den Ladungen $q_1$, $q_2$ üben im Vakuum die Kraft

$$\mathbf{k}_{12} = k_1 q_1 q_2 \frac{(\mathbf{r}_1 - \mathbf{r}_2)}{|\mathbf{r}_1 - \mathbf{r}_2|^3} \tag{1.1}$$

aufeinander aus. $k_1$ ist dabei eine Proportionalitätskonstante, deren Größe und Dimension vom Maßsystem abhängt. Die Definition von $\mathbf{k}_{12}$ ist in Übereinstimmung mit dem 3. Newton'schen Gesetz; die Indizes sollen andeuten, daß die Kraft auf Punkt $\mathbf{r}_1$ von Punkt $\mathbf{r}_2$ wirkt.

Eine Zusammenstellung aller für die Elektrodynamik relevanten Größen wird im Anhang X gegeben. Hier definieren wir zuerst die sog. elektrostatische Ladungseinheit, die für das Coulombgesetz (1.1) benötigt wird. Ihre Eigenart ist, daß sie im cgs-System nicht als neue Größe eingeführt, sondern in mechanischen cgs-Einheiten ausgedrückt wird. Dies bedeutet, daß die Proportionalitätskonstante $k_1$ nicht benötigt wird und in diesem System $k_1$ gleich 1 gesetzt werden kann, d.h., $k_1$ ist damit dimensionslos.

*Definition 1.1:* Zwei elektrostatische Ladungseinheiten (Le) üben im Abstand von 1 cm aufeinander die Kraft von 1 dyn := 1 g cm $s^{-2}$ aus.

$$1 \text{ Le} = 1 \text{ cm dyn}^{1/2} = 1 \text{ g}^{1/2} \text{ cm}^{3/2} \text{ s}^{-1} \tag{1.2}$$

Im folgenden werden wir das cgs-System mit Gauß-Einheiten benutzen.

Wir weisen jedoch darauf hin, daß ein häufig benutztes System das sog. praktische Maßsystem (Giorgi-System) ist, in dem neben den mechanischen Maßeinheiten eine neue elektrische Maßeinheit für die Stärke des elektrischen Stromes, nämlich das Ampère, eingeführt wird. Die zugehörige Ladungseinheit ist dann 1 Coulomb: = 1 C = 1 A s, und für die Konstante $k_1$ erhält man in diesem Fall $k_1 = (4\pi\epsilon_0)^{-1}$. Es gilt

$$1 \text{ C} = 2{,}997925 \cdot 10^9 \text{ Le} \approx 3 \cdot 10^9 \text{ Le} \tag{1.3}$$

und $k_1$ bzw. $\epsilon_0$ wird nun dimensionsabhängig:

$$\epsilon_0 = 10^7/(4\pi c^2)\,C(Vm)^{-1} = 10^7/(4\pi c^2)C^2\,(Jm)^{-1},$$

wobei wir wiederum auf Anhang X verweisen.

Das Coulombgesetz (1.1) ist das elektrische Analogon zum Newtonschen Gravitationsgesetz. Im Unterschied zu jenem können aber die Ladungen $q_1$, $q_2$ positive und negative Werte annehmen, was zu Anziehung und Abstoßung führt, während man negative Massen bisher nicht gefunden hat, das Gravitationsgesetz also nur Anziehung ergibt. Ferner sind die Ladungen nicht beliebig variabel, sondern es gibt kleinste positive und negative Elementarladungen, die z.B. durch die Ladung des Positrons und des Elektrons definiert werden. Man erkennt dies makroskopisch zunächst nicht, da die absolute Größe dieser Elementarladung den winzigen Wert $e_0 = 4.80298 \cdot 10^{-10}$ Le $= 1.60210 \cdot 10^{-19}$ C hat und die makroskopischen Ladungsdichten durch die große Zahl der beteiligten atomistischen Elementarladungen als Kontinua erscheinen.

Vergleicht man die Stärke der Gravitationskräfte mit jener der elektrischen Kräfte, die Träger der Elementarladung wie z.B. Elektronen aufeinander ausüben, so folgt, daß die elektrischen Kräfte etwa um den Faktor $10^{40}$ stärker als die Gravitationskräfte sind. Dies bedeutet, daß im mikroskopischen Bereich neben den quantenmechanischen Austauschkräften vor allem die elektrischen Kräfte von Bedeutung sind. Eine Erklärung der Existenz von Elementarladungen selbst kann von der Elektrodynamik in der gegenwärtigen Form nicht gegeben werden.

Es verbleibt noch, das Coulombgesetz (1.1) in eine für die weitere Entwicklung der Theorie geeignetere Form umzuschreiben. (1.1) ist ein sog. Fernwirkungsgesetz. Es kann aber auch als ein Nahwirkungsgesetz aufgefaßt werden, wenn man den Begriff des elektrischen Feldes $\mathbf{E}(\mathbf{r})$ als Übertrager der elektrischen Kraft zwischen Ladungen einführt. In diesem Sinne kann man dann (1.1) so interpretieren: die Ladung $q_1$ befindet sich im elektrischen Kraftfeld $\mathbf{E}_2$, das von der Ladung $q_2$ erzeugt wird, oder umgekehrt. Dies bedeutet, daß die Kräfte auf die Massenpunkte $\mathbf{r}_1$ bzw. $\mathbf{r}_2$ geschrieben werden können:

$$\mathbf{k}_{12} = q_1\,\mathbf{E}_2(\mathbf{r}_1); \qquad \mathbf{k}_{21} = q_2\,\mathbf{E}_1(\mathbf{r}_2) = -\mathbf{k}_{12},$$

wobei nach (1.1) notwendig für die elektrische Feldstärke am Punkte $\mathbf{r}$ aufgrund der Ladung $q_i$ am Punkte $\mathbf{r}_i$ gelten muß:

$$\mathbf{E}_i(\mathbf{r}) := q_i \frac{(\mathbf{r}-\mathbf{r}_i)}{|\mathbf{r}-\mathbf{r}_i|^3}, \qquad (i = 1,2) \tag{1.5}$$

Das Ausmessen eines solchen von einer Ladung erzeugten elektrischen Kraftfeldes $\mathbf{E}(\mathbf{r})$ geschieht dann durch Probeladungen, d.h. im Falle von $\mathbf{E}_1(\mathbf{r})$ durch die Probeladung $q_2$, für $\mathbf{E}_2(\mathbf{r})$ durch die Probeladung $q_1$. Wie schon erwähnt, ist der Feldbegriff für die weitere Entwicklung der Theorie nicht nur besser geeignet, sondern sogar notwendig, so daß wir im folgenden immer mit Feldern arbeiten werden. Die Dimension der elektrischen Feldstärke $\mathbf{E}(\mathbf{r})$ ist $[E] = [k]/[q]$, was im Gauß-System auf dyn/Le = $\mathrm{dyn}^{1/2}\,\mathrm{cm}^{-1}$, im Giorgi-System auf $\mathrm{NC}^{-1} = \mathrm{Vm}^{-1}$ führt.

## 1.2. Superposition

Im vorangehenden Abschnitt haben wir die elektrostatische Wirkung zweier Punktladungen aufeinander untersucht, und es erhebt sich die Frage, wie $n > 2$ Punktladungen aufeinander wirken. Dies wird beantwortet durch das

**2. experimentelle Fundamentalgesetz**: Das Feld von an den Stellen $\mathbf{r}_i$ im Vakuum ruhenden Punktladungen $q_i$ ($i = 1 \ldots n$) entsteht durch Superposition der Einzelfelder $\mathbf{E}_i(\mathbf{r})$; d.h. es findet eine Vektoraddition der elektrischen Feldkräfte auf eine Probeladung q statt:

$$\mathbf{E}(\mathbf{r}) = \sum_{i=1}^{n} q_i \frac{(\mathbf{r} - \mathbf{r}_i)}{|\mathbf{r} - \mathbf{r}_i|^3} \tag{1.6}$$

Mit diesem Gesetz kann nunmehr auch die Wirkung beliebiger Ladungsverteilungen beschrieben werden, insbesondere von solchen, bei denen man von der atomistischen Struktur absieht und die Ladungsverteilung durch eine kontinuierliche Funktion $\rho(\mathbf{r})$, die Ladungsdichte, beschreibt. Die Extrapolation von (1.6) ins Kontinuum lautet dann

$$\mathbf{E}(\mathbf{r}) = \int \rho(\mathbf{r}') \frac{(\mathbf{r} - \mathbf{r}')}{|\mathbf{r} - \mathbf{r}'|^3} \, d^3 r' \tag{1.7}$$

mit der Dimension $[\rho] = \mathrm{Le\ cm}^{-3} = \mathrm{dyn}^{1/2}\ \mathrm{cm}^{-2}$ im Gauß-System und $\mathrm{C\ m}^{-3}$ im Giorgi-System. Die Gesamtkraft auf eine Ladungsdichte $\rho(\mathbf{r})$ im elektrischen Feld $\mathbf{E}(\mathbf{r})$ wird dann

$$\mathbf{k} = \int \rho(\mathbf{r}) \, \mathbf{E}(\mathbf{r}) \, d^3 r. \tag{1.8}$$

Die Gesamtladung Q entsteht durch Integration über den $\mathbb{R}_3$

$$Q = \int \rho(\mathbf{r}) \, d^3 r \tag{1.9}$$

und soll als Modellvoraussetzung endlich sein.

Dies ist mathematisch insbesondere dann gewährleistet, wenn $\rho(\mathbf{r})$ der Menge F der für die Existenz von (1.9) vorauszusetzenden zulässigen Funktionen entstammt.

*Definition 1.2:* Die Funktion $\rho(\mathbf{r})$ ist ein Element der Menge F zulässiger Funktionen, wenn

a) $\rho(\mathbf{r})$ eine beschränkte Funktion auf kompaktem Träger, d.h. lokalisiert und nur in einem endlichen Bereich $\neq 0$ ist oder

b) für unendlich ausgedehnte Ladungsverteilungen neben der Beschränktheit $\rho(\mathbf{r}) = O(r^{-3-\epsilon})$ mit $\epsilon > 0$, $r = |\mathbf{r}|$ für $r \to \infty$ gilt.

Die Eigenschaft, daß $\rho(\mathbf{r})$ in F liegt, ist eine notwendige Voraussetzung für die Existenz von (1.7). Damit existiert dann auch (1.9), und in diesem Fall wird $\lim\limits_{r \to \infty} \mathbf{E}(\mathbf{r}) = 0$.

Aus der Kontinuumsdarstellung (1.7) kann man als Grenzfall die Punktladungsdarstellung (1.6) zurückgewinnen, wenn man zur Kontinuumsdarstellung einer Punktladung die sog. δ-Funktion, d.h. eine singuläre Distribution benutzt. Man setzt dann

$$\rho(\mathbf{r}') = \sum_{i=1}^{n} q_i \, \delta(\mathbf{r}' - \mathbf{r}_i) \tag{1.10}$$

und erhält aus (1.7)

$$\mathbf{E}(\mathbf{r}) = \sum_{i=1}^{n} \int q_i \, \delta(\mathbf{r}' - \mathbf{r}_i) \frac{(\mathbf{r} - \mathbf{r}')}{|\mathbf{r} - \mathbf{r}'|^3} \, d^3 r' = \sum_{i=1}^{n} q_i \frac{(\mathbf{r} - \mathbf{r}_i)}{|\mathbf{r} - \mathbf{r}_i|^3} \tag{1.11}$$

nach den Rechenregeln der Distributionstheorie (s. dazu Anhang II).

## 1.3. Differential- und Integraldarstellung *(Gauß-Gesetz)*

Für die weitere Entwicklung der Theorie ist es wichtig, die Experimentalaussagen (1.5) bzw. (1.7) in differentieller oder integraler Form auszudrücken. Dann gilt folgendes:

*Behauptung 1.1:* Wenn $\rho(\mathbf{r})$ eine zulässige Funktion aus F ist, so ist (1.7) äquivalent mit

$$\nabla \cdot \mathbf{E}(\mathbf{r}) = 4\pi\rho(\mathbf{r}) \tag{1.12}$$

$$\nabla \times \mathbf{E}(\mathbf{r}) = 0 \tag{1.13}$$

$$\lim_{|\mathbf{r}| \to \infty} \mathbf{E}(\mathbf{r}) = 0$$

*Beweis:* Es ist

$$\frac{(\mathbf{r} - \mathbf{r}')}{|\mathbf{r} - \mathbf{r}'|^3} = - \nabla_{\mathbf{r}} \frac{1}{|\mathbf{r} - \mathbf{r}'|} . \tag{1.14}$$

Damit wird aus (1.7)

$$\mathbf{E}(\mathbf{r}) = - \nabla_{\mathbf{r}} \int \rho(\mathbf{r}') \frac{1}{|\mathbf{r} - \mathbf{r}'|} \, d^3 r' \tag{1.15}$$

und

$$\nabla \cdot \mathbf{E}(\mathbf{r}) = - \nabla_{\mathbf{r}} \cdot \nabla_{\mathbf{r}} \int \rho(\mathbf{r}') \frac{1}{|\mathbf{r} - \mathbf{r}'|} \, d^3 r' = - \int \rho(\mathbf{r}') \, \Delta_{\mathbf{r}} \frac{1}{|\mathbf{r} - \mathbf{r}'|} \, d^3 r'$$

$$= 4\pi \int \rho(\mathbf{r}') \, \delta(\mathbf{r}' - \mathbf{r}) \, d^3 r' = 4\pi\rho(\mathbf{r}), \tag{1.16}$$

da nach (IV.23) und (IV.24) gilt

$$\Delta_{\mathbf{r}} \frac{1}{|\mathbf{r} - \mathbf{r}'|} = - 4\pi\delta(\mathbf{r} - \mathbf{r}'). \tag{1.17}$$

Dadurch ist die Gleichung (1.12) abgeleitet. Aus (1.15) folgt ferner durch direktes Ausrechnen

$$\nabla \times \mathbf{E}(\mathbf{r}) = -(\nabla_\mathbf{r} \times \nabla_\mathbf{r}) \int \rho(\mathbf{r}') \frac{1}{|\mathbf{r}-\mathbf{r}'|} \, d^3 r' \equiv 0, \tag{1.18}$$

womit (1.13) abgeleitet ist. Da nach Anhang V jedes Vektorfeld durch Angabe seiner Divergenz und Rotation sowie der Randbedingungen vollständig festgelegt ist, folgt die behauptete Äquivalenz von (1.12), (1.13) zu (1.7), wenn man die aus den Eigenschaften von $\rho(\mathbf{r})$ d.h. daß $\rho(\mathbf{r})$ eine zulässige Funktion $\in F$ ist, für $\mathbf{E}(\mathbf{r})$ resultierende Randbedingung $\lim\limits_{|\mathbf{r}| \to \infty} \mathbf{E}(\mathbf{r}) = 0$ benutzt, w.z.b.w.

Die Aussagen (1.12), (1.13) können auch als Integralaussagen formuliert werden. Integriert man (1.12) über ein Gebiet G mit der Oberfläche F, so kann man den Gaußschen Satz anwenden

$$\int\limits_G \nabla \cdot \mathbf{E}(\mathbf{r}) \, d^3 r = \int\limits_F \mathbf{E}(\mathbf{r}) \cdot d\mathbf{f} \tag{1.19}$$

und erhält aus (1.12) mit (1.9)

$$\int\limits_F \mathbf{E}(\mathbf{r}) \cdot d\mathbf{f} = 4\pi \int\limits_G \rho(\mathbf{r}) \, d^3 r = 4\pi \, Q(G), \tag{1.20}$$

d.h. das Oberflächenintegral über **E** ergibt die Gesamtladung in G. Andererseits ergibt Integration von (1.13) über eine Fläche F mit der Berandung C nach dem Stokesschen Satz

$$\int\limits_F (\nabla \times \mathbf{E}(\mathbf{r})) \cdot d\mathbf{f} = \oint\limits_C \mathbf{E}(\mathbf{r}) \cdot d\mathbf{s}, \tag{1.21}$$

und daraus folgt

$$\oint \mathbf{E}(\mathbf{r}) \cdot d\mathbf{s} = 0 \tag{1.22}$$

über beliebige geschlossene Wege. Auch diese aus den Differentialgesetzen (1.12), (1.13) abgeleiteten Integralaussagen werden häufig benutzt werden.

## 1.4. Skalares Potential

Das elektrische Feld $\mathbf{E}(\mathbf{r})$ ist wegen seines Vektorcharakters mathematisch bereits eine komplizierte Größe. Es liegt daher nahe, nach einfacheren Größen zu suchen, die eine äquivalente Darstellung des physikalischen Sachverhalts gestatten. Eine solche Größe wird durch das skalare Potential $\varphi(\mathbf{r})$ gegeben, da man (1.15) schreiben kann

$$\mathbf{E}(\mathbf{r}) = -\nabla\varphi(\mathbf{r}) \tag{1.23}$$

mit

$$\varphi(\mathbf{r}) := \int \rho(\mathbf{r}') \frac{1}{|\mathbf{r}-\mathbf{r}'|} d^3 r'; \tag{1.24}$$

d.h., $\mathbf{E}(\mathbf{r})$ ist aus einer skalaren Funktion $\varphi(\mathbf{r})$ ableitbar. Die Bezeichnung „skalares Potential" wird im nächsten Abschnitt begründet werden. *Die Dimension von* $\varphi$ ist $[\varphi] = \text{erg}\,(\text{Le})^{-1} = \text{dyn}^{1/2}$ im Gauß-System und V (Volt) im Giorgi-System.

Aus (1.12) folgt durch Substitution von (1.23) die Potentialgleichung:

$$\nabla \cdot \nabla\varphi(\mathbf{r}) \equiv \Delta\varphi(\mathbf{r}) = -4\pi\rho(\mathbf{r}) \tag{1.25}$$

Diese Gleichung wird für $\rho \neq 0$ Poisson-Gleichung und für $\rho = 0$ Laplace-Gleichung genannt. Sie ist eine partielle Differentialgleichung 2. Ordnung vom elliptischen Typ und kann nur mit entsprechenden Randbedingungen eindeutig gelöst werden. (Siehe dazu Anhang III und Abschnitt 9.2).

Ist $\rho(\mathbf{r})$ eine zulässige Funktion aus F, so ist die Lösung von (1.25) durch (1.24) eindeutig gegeben, und damit ist die Gleichung (1.25) äquivalent zu (1.7). Diese Lösung für den unendlichen Raum erfüllt die Randbedingung $\lim_{r\to\infty} \varphi(\mathbf{r}) = 0$. Man kann daher auch mit der Gleichung (1.25) rechnen. Da ihre Lösung bekannt ist, besteht das Problem nur in der Auswertung von (1.24) für vorgegebene Ladungsverteilungen $\rho(\mathbf{r})$ ($\rho(\mathbf{r})$ aus F). Dies wird in Abschnitt 1.6 behandelt werden. Es sei noch bemerkt, daß die Linearität der Gleichungen (1.12), (1.13) bzw. (1.25) eine direkte Folge des Superpositionsgesetzes ist!

## 1.5. Elektrostatische Energie

Da das elektrische Feld Kräfte ausübt, muß es auch Arbeit leisten können, d.h. einen Energieinhalt haben. Zur Berechnung dieses Energieinhalts stellen wir einen Gedankenversuch an. Wir transportieren eine Punktladung q im Felde $\mathbf{E}(\mathbf{r})$ auf dem Weg **C** von $\mathbf{r}_1$ nach $\mathbf{r}_2$, wobei keine kinetische Energie oder sonstige physikalische Komplikationen berücksichtigt werden sollen. Die auf q am Orte **r** wirkende Kraft lautet dann

$$\mathbf{k}(\mathbf{r}) = q\,\mathbf{E}(\mathbf{r}), \tag{1.26}$$

und die längs des Weges **C** geleistete Arbeit wird

$$A_{12} = -\int_{\mathbf{r}_1}^{\mathbf{r}_2} \mathbf{k}(\mathbf{r}) \cdot d\mathbf{s} = -q \int_{\mathbf{r}_1}^{\mathbf{r}_2} \mathbf{E}(\mathbf{r}) \cdot d\mathbf{s}. \tag{1.27}$$

Dabei zeigt das negative Vorzeichen an, daß Arbeit gegen das Feld **E** geleistet wird (was auf eine Definition des Vorzeichens der Arbeit hinausläuft!). Über (1.27) kann eine wichtige Aussage abgeleitet werden:

*Behauptung 1.2:* Die gegen das Feld geleistete Arbeit ist vom speziellen Weg zwischen $\mathbf{r}_1$ und $\mathbf{r}_2$ unabhängig.

*Beweis:* Wir nehmen einen beliebigen geschlossenen Weg **C** durch die Punkte $\mathbf{r}_1$ und $\mathbf{r}_2$, den wir mit $\mathbf{C} = -\mathbf{C}_1 + \mathbf{C}_2$ bezeichnen. Das Vorzeichen gibt hierbei den Durchlaufungssinn der Kurven an.

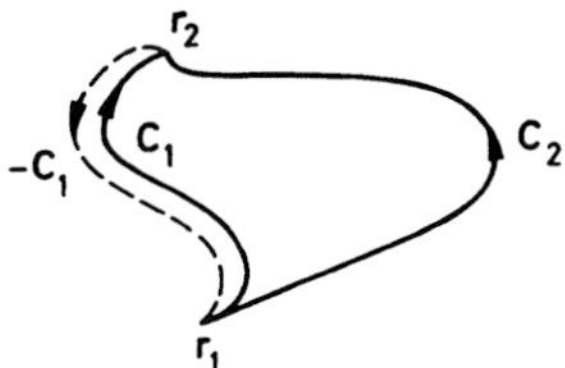


**Bild 1**
Integrationsweg von $\mathbf{r}_1$ nach $\mathbf{r}_2$ und Schließung desselben.

Dann ist nach (1.22)

$$\int\limits_{-\mathbf{C}_1 + \mathbf{C}_2} \mathbf{E}(\mathbf{r}) \cdot d\mathbf{s} = 0, \tag{1.28}$$

d.h. für die längs des Weges $\mathbf{C}_1$ geleistete Arbeit gilt wegen (1.28)

$$A_{12} = -q \int\limits_{\mathbf{C}_1} \mathbf{E}(\mathbf{r}) \cdot d\mathbf{s} - q \int\limits_{-\mathbf{C}_1 + \mathbf{C}_2} \mathbf{E}(\mathbf{r}) \cdot d\mathbf{s} = -q \int\limits_{\mathbf{C}_2} \mathbf{E}(\mathbf{r}) \cdot d\mathbf{s}. \tag{1.29}$$

Da $\mathbf{C}_2$ beliebig war, ist die Behauptung bewiesen, wenn man beachtet, daß in (1.29) das Integral über $\mathbf{C}_1$ durch das Integral über $-\mathbf{C}_1$ wegen des entgegengesetzen Durchlaufungssinnes kompensiert wird, w.z.b.w.

Substitution von (1.23) in (1.27) ergibt

$$A_{12} = q \int\limits_{\mathbf{r}_1}^{\mathbf{r}_2} \nabla\varphi(\mathbf{r}) \cdot d\mathbf{s} = q \int\limits_{\mathbf{r}_1}^{\mathbf{r}_2} d\varphi(\mathbf{r}) = q[\varphi(\mathbf{r}_2) - \varphi(\mathbf{r}_1)], \tag{1.30}$$

was die Bezeichnung Potential für $\varphi$ rechtfertigt. Das Wegintegral über die Feldstärke

$$U_{12} := \int\limits_{\mathbf{r}_1}^{\mathbf{r}_2} \mathbf{E}(\mathbf{r}) \cdot d\mathbf{s} = \varphi(\mathbf{r}_1) - \varphi(\mathbf{r}_2) \tag{1.31}$$

wird als Spannung bezeichnet, in der Technik eine häufig benutzte Größe. Die Arbeit wird dann $A_{12} = -q\,U_{12}$.

Als Spezialfall untersuchen wir die Arbeit, die nötig ist, um eine Ladung $q_n$ im Felde der Punktladungen $q_1 \ldots q_{n-1}$ an den Stellen $\mathbf{r}_1 \ldots \mathbf{r}_{n-1}$ von $\infty$ nach $\mathbf{r}_n$ zu bringen. Das Potential der $n-1$ Punktladungen lautet

$$\varphi(\mathbf{r}) = \sum_{j=1}^{n-1} \frac{q_j}{|\mathbf{r} - \mathbf{r}_j|}, \tag{1.32}$$

und die Arbeit wird in diesem Fall

$$A_n = q_n\,[\varphi(\mathbf{r}_n) - \varphi(\infty)] = q_n\,\varphi(\mathbf{r}_n) = \sum_{j=1}^{n-1} \frac{q_n\,q_j}{|\mathbf{r}_n - \mathbf{r}_j|}\,. \tag{1.33}$$

Dieser Vorgang führt zwanglos zur Definition der elektrostatischen Gesamtenergie einer Punktladungsanordnung:

*Definition 1.3:* Die elektrostatische Gesamtenergie $W^e$ einer Punktladungsanordnung $q_1 \ldots q_n$ in $\mathbf{r}_1 \ldots \mathbf{r}_n$ ist jene Arbeit, die nötig ist, um $q_1 \ldots q_n$ von $\infty$ nach $\mathbf{r}_1 \ldots \mathbf{r}_n$ zu bringen, d.h. die Ladungsanordnung aufzubauen.

*Behauptung 1.3:* Die elektrostatische Gesamtenergie einer Punktladungsanordnung lautet

$$W^e = \frac{1}{2} \sum_{\substack{i,j=1\\ i \neq j}}^{n} \frac{q_i\,q_j}{|\mathbf{r}_i - \mathbf{r}_j|} \tag{1.34}$$

*Beweis:* Der Beweis folgt durch Induktionsschluß aus (1.33), wobei $\sum\limits_{i=2}^{n} \sum\limits_{\substack{j=1\\ j<i}}^{n}$ in die in (1.34) stehende Summe umgewandelt wird.

Da die $q_i \gtrless 0$ sein können, hängt es von den Vorzeichen und der Größe der Ladungen sowie ihren Endpositionen ab, ob beim Aufbau der Anordnung Arbeit gewonnen wird oder aufgewendet werden muß. $W^e$ ist also $\gtrless 0$, d.h. diese Energie ist indefinit (und nicht positiv definit).

Für kontinuierliche Ladungsverteilungen wird man als Verallgemeinerung die Definition

$$W^e := \frac{1}{2} \int \frac{\rho(\mathbf{r})\,\rho(\mathbf{r}')}{|\mathbf{r} - \mathbf{r}'|}\, d^3r\, d^3r' = \frac{1}{2} \int \rho(\mathbf{r})\,\varphi(\mathbf{r})\, d^3r \tag{1.35}$$

einführen. Mit (1.25) folgt daraus

$$W^e = -\frac{1}{8\pi} \int \varphi(\mathbf{r})\Delta\varphi(\mathbf{r})\, d^3r. \tag{1.36}$$

Für eine zulässige Funktion $\varphi(\mathbf{r})$ kann (1.36) partiell integriert werden mit dem Ergebnis

$$W^e = \frac{1}{8\pi} \int (\nabla\,\varphi(\mathbf{r}))^2\, d^3r = \frac{1}{8\pi} \int \mathbf{E}^2(\mathbf{r})\, d^3r \geqslant 0. \tag{1.37}$$

Es liegt dann nahe,

$$w^e(\mathbf{r}) := \frac{1}{8\pi}\, \mathbf{E}(\mathbf{r}) \cdot \mathbf{E}(\mathbf{r}) \tag{1.38}$$

als Energiedichte des statischen Feldes zu bezeichnen.

Im Gegensatz zu (1.34) ist (1.37) positiv definit. Dies bedeutet jedoch keinen Widerspruch, da (1.35) zwar eine sinngemäße Definition im Kontinuum darstellt, aber zu (1.34) nicht äquivalent ist. Die Ursache dafür liegt in dem Umstand, daß $j \neq i$ in der Summe (1.34) beim Grenzübergang zu (1.35) nicht berücksichtigt werden kann. Dies bedeutet, daß in (1.35) die Selbstenergie der Ladungen mitgenommen wurde, die in (1.34) nicht enthalten und auch nicht definiert ist.

Dies soll an einem Beispiel demonstriert werden. Wir betrachten das Feld von Punktladungen $q_1$, $q_2$ an den Stellen $\mathbf{r}_1$, $\mathbf{r}_2$

$$\mathbf{E}(\mathbf{r}) = q_1 \frac{(\mathbf{r}-\mathbf{r}_1)}{|\mathbf{r}-\mathbf{r}_1|^3} + q_2 \frac{(\mathbf{r}-\mathbf{r}_2)}{|\mathbf{r}-\mathbf{r}_2|^3}\,. \tag{1.39}$$

Die Energiedichte (1.38) kann dann zerlegt werden in

$$w^e(\mathbf{r}) = w^e_s(\mathbf{r}) + w^e_w(\mathbf{r}), \tag{1.40}$$

wobei

$$w^e_s(\mathbf{r}) := \frac{1}{8\pi}\left[\frac{q_1^2}{|\mathbf{r}-\mathbf{r}_1|^4} + \frac{q_2^2}{|\mathbf{r}-\mathbf{r}_2|^4}\right] \tag{1.41}$$

die Selbstenergiedichte des Feldes (1.39) und

$$w^e_w(\mathbf{r}) := \frac{1}{4\pi} q_1 q_2 \frac{(\mathbf{r}-\mathbf{r}_1)\cdot(\mathbf{r}-\mathbf{r}_2)}{|\mathbf{r}-\mathbf{r}_1|^3\,|\mathbf{r}-\mathbf{r}_2|^3} \tag{1.42}$$

die Wechselwirkungsenergiedichte darstellt. Man erhält nach (IX-1)

$$\int w^e_w(\mathbf{r})\, d^3r = q_1 q_2 \frac{1}{4\pi}\int \frac{(\mathbf{r}-\mathbf{r}_1)\cdot(\mathbf{r}-\mathbf{r}_2)}{|\mathbf{r}-\mathbf{r}_1|^3\,|\mathbf{r}-\mathbf{r}_2|^3}\, d^3r = \frac{q_1 q_2}{|\mathbf{r}_1-\mathbf{r}_2|} \gtrless 0, \tag{1.43}$$

aber

$$\int w^e_s(\mathbf{r})\, d^3r = \infty. \tag{1.44}$$

Diese Divergenz der elektrostatischen Selbstenergie von Punktladungen ist ein erster Hinweis auf Schwierigkeiten, die beim Punktladungsmodell in der Kontinuumsschreibweise entstehen.

## 1.6. Elektrische Multipole

Mit den vorangehenden Abschnitten ist der theoretische Aufbau der Vakuumelektrostatik abgeschlossen. Weitere Informationen können aus den angegebenen Fundamentalexperimenten nicht mehr abgeleitet werden. Was noch verbleibt und sowohl für theoretische als auch für anwendungsbezogene Probleme benötigt wird, ist die näherungsweise Auswertung von (1.24) für komplizierte, auf ein endliches Gebiet beschränkte, d.h. lokalisierte Ladungsverteilungen aus F. Meistens interessiert von diesen nur das Fernfeld, nicht das Nahfeld. Zur Berechnung des Fernfeldes, d.h. des Feldes in weiter Entfernung vom Ladungsschwerpunkt, nehmen wir eine Multipolentwicklung vor. Wir benötigen dazu folgende

*Definition 1.4:* Der Ladungsschwerpunkt einer zulässigen, lokalisierten Ladungsverteilung $\rho(\mathbf{r})$ aus F, d.h. mit $\rho(\mathbf{r}) \neq 0$ nur auf einem endlichen Gebiet, wird definiert durch

$$\mathbf{r}_s := \frac{\int \mathbf{r} |\rho(\mathbf{r})| \, d^3 r}{\int |\rho(\mathbf{r})| \, d^3 r} . \tag{1.45}$$

Dann gilt die

*Behauptung 1.4:* Unter den angenommenen Voraussetzungen über $\rho(\mathbf{r})$ läßt das zugehörige Potential die Entwicklung zu

$$\varphi(\mathbf{R}) = \frac{Q}{|\mathbf{R} - \mathbf{r}_s|} + \frac{(\mathbf{R} - \mathbf{r}_s) \cdot \mathbf{p}}{|\mathbf{R} - \mathbf{r}_s|^3} + \frac{1}{2} \frac{(\mathbf{R} - \mathbf{r}_s) \cdot \mathcal{H} \cdot (\mathbf{R} - \mathbf{r}_s)}{|\mathbf{R} - \mathbf{r}_s|^5} + \ldots \tag{1.46}$$

mit

$$Q := \int \rho(\mathbf{r}_s + \mathbf{r}') \, d^3 r' = \int \rho(\mathbf{R}') \, d^3 R' \tag{1.47}$$

$$\mathbf{p} := \int \mathbf{r}' \, \rho(\mathbf{r}_s + \mathbf{r}') \, d^3 r'$$

$$\mathcal{H} := \int [3\mathbf{r}' \otimes \mathbf{r}' - \mathbb{1} (r')^2] \, \rho(\mathbf{r}_s + \mathbf{r}') \, d^3 r'$$

usw.

*Beweis:* Wir benutzen die folgende Darstellung (Bild 2) mit $\mathbf{R} = \mathbf{r}_s + \mathbf{r}$ und $\mathbf{R}' = \mathbf{r}_s + \mathbf{r}'$, d.h. $|\mathbf{R} - \mathbf{R}'| = |\mathbf{r} - \mathbf{r}'|$. Für $|\mathbf{r}'| \ll |\mathbf{r}| = r$ im ganzen Außenbereich von $\rho(\mathbf{R}')$, d.h. dort, wo $\rho(\mathbf{R}') = 0$ ist, können wir eine Entwicklung nach $r'$ angeben,

$$\frac{1}{|\mathbf{R} - \mathbf{R}'|} = \frac{1}{|\mathbf{r} - \mathbf{r}'|} = \sum_{n=0}^{\infty} \frac{(-\mathbf{r}' \cdot \nabla_{\mathbf{r}})^n}{n!} \frac{1}{|\mathbf{r}|} , \tag{1.48}$$

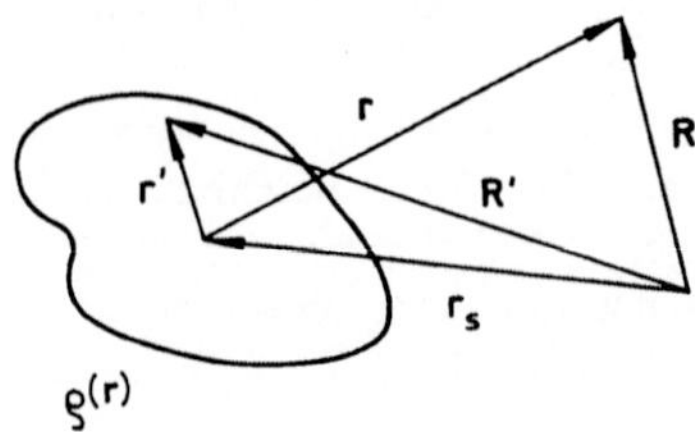


**Bild 2**

Im Ladungsschwerpunkt $\mathbf{r}_s$ lokalisierte Ladungsverteilung $\rho(\mathbf{r})$ und Zerlegung der Vektoren $\mathbf{R}, \mathbf{R}'$ in auf $\mathbf{r}_s$ bezogene Relativvektoren $\mathbf{r}, \mathbf{r}'$.

so daß sich das Potential schreiben läßt, als

$$\varphi(\mathbf{R}) = \int \rho(\mathbf{R}') \frac{1}{|\mathbf{R}-\mathbf{R}'|} d^3R' = \int \rho(\mathbf{r}_s + \mathbf{r}') \frac{1}{|\mathbf{r}-\mathbf{r}'|} d^3r' \tag{1.49}$$

$$= \int \rho(\mathbf{r}_s + \mathbf{r}') \left\{ \frac{1}{r} + \frac{(\mathbf{r}\cdot\mathbf{r}')}{r^3} + \tfrac{1}{2} [3(\mathbf{r}\cdot\mathbf{r}')(\mathbf{r}'\cdot\mathbf{r}) - r^2 (r')^2] \frac{1}{r^5} + \dots \right\} d^3r',$$

was mit den Definitionen (1.47) auf (1.46) führt, w.z.b.w.

In (1.47) ist Q, die Gesamtladung, ein Skalar und wird als Moment nullter Ordnung bezüglich $\rho(\mathbf{r})$ bezeichnet. $\mathbf{p}$ ist ein Vektor und wird als Dipolmoment bzw. Moment erster Ordnung bezüglich $\rho(\mathbf{r})$ bezeichnet. $\mathcal{H}$ ist ein symmetrischer Tensor 2. Stufe und definiert das Quadrupolmoment oder Moment zweiter Ordnung usw. (1.46) stellt eine Multipolentwicklung in kartesischen Koordinaten dar. Man kann eine solche Entwicklung auch in Kugelkoordinaten ausführen, was wegen der Orthonormiertheit des Entwicklungssystems eine häufig benutzte Darstellung ist. Diese Entwicklung wird in Anhang VI. D durchgeführt.

Die Multipolentwicklung des Potentials kann man benutzen, um auch Energien und Kräfte approximativ zu berechnen. Dies soll an Fällen demonstriert werden, die später bei weiteren Überlegungen benötigt werden.

### a) Wechselwirkung mit einem äußeren Feld

Es sei eine lokalisierte Ladungsverteilung $\rho(\mathbf{r})$ im hier definierten Sinne vorgegeben. Gesucht wird ein approximativer Ausdruck für die Wechselwirkungsenergie dieser Ladungsverteilung mit einem äußeren elektrischen Feld. „Äußeres Feld" bedeutet dabei, daß $\mathbf{E}(\mathbf{r})$ nicht von der lokalisierten Verteilung $\rho(\mathbf{r})$ selbst erzeugt wird, um Selbstwechselwirkungseffekte auszuschließen. Durch Verallgemeinerung von (1.33) auf den Kontinuumsfall erhält man unmittelbar die exakte Wechselwirkungsenergie

$$W_w^e = \int \rho(\mathbf{r})\, \varphi(\mathbf{r})\, d^3r = \int \rho(\mathbf{r}+\mathbf{r}_s)\, \varphi(\mathbf{r}+\mathbf{r}_s)\, d^3r, \tag{1.50}$$

wobei $\varphi$ in diesem Fall das dem äußeren Feld $\mathbf{E}(\mathbf{r})$ zugeordnete Potential sei. Taylorentwicklung von $\varphi$ um den Ladungsschwerpunkt $\mathbf{r}_s$ ergibt

$$\begin{aligned} \varphi(\mathbf{r}+\mathbf{r}_s) &= \varphi(\mathbf{r}_s) + (\mathbf{r}\cdot\nabla_{\mathbf{r}_s})\,\varphi(\mathbf{r}_s) + \tfrac{1}{2}(\mathbf{r}\cdot\nabla_{\mathbf{r}_s})^2\,\varphi(\mathbf{r}_s) + \dots \\ &= \varphi(\mathbf{r}_s) - \mathbf{r}\cdot\mathbf{E}(\mathbf{r}_s) - \tfrac{1}{2}(\mathbf{r}\cdot\nabla_{\mathbf{r}_s})(\mathbf{r}\cdot\mathbf{E}(\mathbf{r}_s)) + \dots . \end{aligned} \tag{1.51}$$

Da $\mathbf{E}(\mathbf{r})$ für $\rho(\mathbf{r})$ ein äußeres Feld sein soll, kann man annehmen, daß es im Bereich $\rho(\mathbf{r}) \neq 0$ keine Quelle hat, woraus $\nabla\cdot\mathbf{E}(\mathbf{r}) = 0$ für $\mathbf{r} = \mathbf{r}_s$ folgt. Damit geht (1.51) über in

$$\varphi(\mathbf{r}+\mathbf{r}_s) = \varphi(\mathbf{r}_s) - \mathbf{r}\cdot\mathbf{E}(\mathbf{r}_s) - \tfrac{1}{6}\nabla_{\mathbf{r}_s}\cdot[3\,\mathbf{r}\otimes\mathbf{r} - \mathbb{1}\, r^2]\cdot\mathbf{E}(\mathbf{r}_s) + \dots \tag{1.52}$$

Mit den Multipolmomenten (1.47) führt dies in (1.50) auf

$$W_w^e = Q\,\varphi(\mathbf{r}_s) - \mathbf{p}\cdot\mathbf{E}(\mathbf{r}_s) - \tfrac{1}{6}\,\nabla_{\mathbf{r}_s}\cdot\mathcal{H}\cdot\mathbf{E}(\mathbf{r}_s) \tag{1.53}$$

Die Abweichungen von der Punktwechselwirkung, die durch die endliche Ausdehnung von $\rho(\mathbf{r})$ hervorgerufen werden, drücken sich dann in den Multipolmomenten aus und können entsprechend der gewünschten Approximation berücksichtigt oder unterdrückt werden.

**b) Dipolverteilungen**

Dipolnäherungen spielen bei vielen Untersuchungen eine wesentliche Rolle. Um ihre Eigenschaften näher zu untersuchen, konstruieren wir einen Modelldipol. Dieser wird durch Punktladungen $q_1$, $q_2$ in $\mathbf{r}_1$, $\mathbf{r}_2$ und die Nebenbedingung $q_1 = q = -q_2$ gegeben. Sein Potential wird dann

$$\varphi(\mathbf{R}) = q\left[\frac{1}{|\mathbf{R}-\mathbf{r}_1|} - \frac{1}{|\mathbf{R}-\mathbf{r}_2|}\right] = \int \rho(\mathbf{R}')\,\frac{1}{|\mathbf{R}-\mathbf{R}'|}\,d^3R' \tag{1.54}$$

mit

$$\rho(\mathbf{R}') = q\,[\delta(\mathbf{R}'-\mathbf{r}_1) - \delta(\mathbf{R}'-\mathbf{r}_2)], \tag{1.55}$$

und für die Momente ergeben sich mit

$$\mathbf{r}_s = q\int \mathbf{r}\,|\delta(\mathbf{r}-\mathbf{r}_1) - \delta(\mathbf{r}-\mathbf{r}_2)|\,d^3r\left(\int|\rho(\mathbf{r})|\,d^3r\right)^{-1} = \frac{\mathbf{r}_1+\mathbf{r}_2}{2} \tag{1.56}$$

die Ausdrücke

$$Q = q\int[\delta(\mathbf{r}_s+\mathbf{r}'-\mathbf{r}_1) - \delta(\mathbf{r}_s+\mathbf{r}'-\mathbf{r}_2)]\,d^3r' = 0 \tag{1.57}$$

$$\mathbf{p} = q\int \mathbf{r}'[\delta(\mathbf{r}_s+\mathbf{r}'-\mathbf{r}_1) - \delta(\mathbf{r}_s+\mathbf{r}'-\mathbf{r}_2)]\,d^3r' = q\mathbf{a} \tag{1.58}$$

mit $\mathbf{a} := (\mathbf{r}_1 - \mathbf{r}_2)$. Dabei ist für die Auswertung der Formel (1.56) zu bemerken, daß der Betrag einer Distribution i.a. nicht definiert ist. Hier soll sinngemäß die Summe der positiven Endergebnisse (Funktionale) gemeint sein. Diese Anordnung wird erst im Grenzübergang $a \to 0$ und $q \to \infty$ mit $q|a| < \infty$ zu einem reinen idealisierten Dipol. Für endliches a und q verschwinden die höheren Momente nicht. Dies hat aber für unsere Zwecke keine weitere Bedeutung, da wir approximativ nur den Dipolanteil der Anordnung mitführen. Für $|\mathbf{R}-\mathbf{r}_s| \gg |\mathbf{a}|$ wird (1.54) dann approximativ nach (1.46) und (1.47)

$$\varphi(\mathbf{R}) \approx \frac{(\mathbf{R}-\mathbf{r}_s)\cdot\mathbf{p}}{|\mathbf{R}-\mathbf{r}_s|^3}, \tag{1.59}$$

und das zugehörige elektrische Feld lautet

$$\mathbf{E}(\mathbf{R}) \approx \frac{3(\mathbf{R}-\mathbf{r}_s)\,[(\mathbf{R}-\mathbf{r}_s)\cdot\mathbf{p}]}{|\mathbf{R}-\mathbf{r}_s|^5} - \frac{\mathbf{p}}{|\mathbf{R}-\mathbf{r}_s|^3}. \tag{1.60}$$

Die Wechselwirkungsenergie eines solchen Dipols am Ladungsschwerpunkt $\mathbf{r}_s$ mit einem äußeren Feld $\mathbf{E}$ wird dann nach (1.53)

$$W_w^e \approx -\mathbf{p}\cdot\mathbf{E}(\mathbf{r}_s), \tag{1.61}$$

d.h., $W_w^e$ ist negativ, wenn $\mathbf{p}$ parallel zu $\mathbf{E}$ ist, und positiv, wenn $\mathbf{p}$ antiparallel zu $\mathbf{E}$ ist. Nimmt man an, daß für den Gleichgewichtszustand die Wechselwirkungsenergie $W_w^e$ ein Minimum sein soll, so stellt sich ein frei beweglicher Dipol parallel zum äußeren Feld ein.

### c) Dipol-Dipol-Wechselwirkungen

Es seien zwei Dipole mit den Dipolmomenten $\mathbf{m}_i = q\mathbf{a}_i$ und den Ladungsschwerpunkten $\mathbf{r}_i$ (i = 1, 2) gegeben. Der Dipol $\mathbf{m}_1$ erzeugt das Feld $\mathbf{E}_1(\mathbf{r}) = -\nabla\varphi_1(\mathbf{r})$ an der Stelle $\mathbf{r}$. Nach (1.61) ist daher die Wechselwirkungsenergie des Dipolfeldes $\mathbf{E}_1$ mit dem Dipol $\mathbf{m}_2$ in der Dipolapproximation gegeben durch

$$W_w^e = -\mathbf{m}_2\cdot\mathbf{E}_1(\mathbf{r}_2) = (\mathbf{m}_2\cdot\nabla_{\mathbf{r}_2})\,\varphi_1(\mathbf{r}_2)\,. \tag{1.62}$$

Mit (1.59) wird dies

$$W_w^e = (\mathbf{m}_2\cdot\nabla_{\mathbf{r}_2})\,\frac{[(\mathbf{r}_2-\mathbf{r}_1)\cdot\mathbf{m}_1]}{|\mathbf{r}_2-\mathbf{r}_1|^3} = (\mathbf{m}_2\cdot\nabla_{\mathbf{r}_2})(\mathbf{m}_1\cdot\nabla_{\mathbf{r}_1})\,\frac{1}{|\mathbf{r}_2-\mathbf{r}_1|} \tag{1.63}$$

$$= \frac{\mathbf{m}_1\cdot\mathbf{m}_2}{|\mathbf{r}_2-\mathbf{r}_1|^3} - \frac{3[(\mathbf{r}_2-\mathbf{r}_1)\cdot\mathbf{m}_1]\,[(\mathbf{r}_2-\mathbf{r}_1)\cdot\mathbf{m}_2]}{|\mathbf{r}_2-\mathbf{r}_1|^5}\,.$$

Analoge Formeln kann man für n Dipole $\mathbf{m}_1, \ldots, \mathbf{m}_n$ in $\mathbf{r}_1, \ldots, \mathbf{r}_n$ ableiten. Das Potential von n − 1 Dipolen $\mathbf{m}_2, \mathbf{m}_3 \ldots, \mathbf{m}_n$ in der Dipolapproximation lautet nach (1.59) mit $\mathbf{m}$ statt $\mathbf{p}$

$$\varphi(\mathbf{r}) = \sum_{i=2}^{n}(\mathbf{m}_i\cdot\nabla_{\mathbf{r}_i})\,\frac{1}{|\mathbf{r}-\mathbf{r}_i|}\,. \tag{1.64}$$

und die Wechselwirkungsenergie von $\mathbf{m}_1$ mit $\mathbf{m}_2, \ldots, \mathbf{m}_n$ wird nach (1.61)

$$W_w^e = (\mathbf{m}_1\cdot\nabla_{\mathbf{r}_1})\,\varphi(\mathbf{r}_1) \doteq \sum_{i=2}^{n}(\mathbf{m}_1\cdot\nabla_{\mathbf{r}_1})(\mathbf{m}_i\cdot\nabla_{\mathbf{r}_i})\,\frac{1}{|\mathbf{r}-\mathbf{r}_i|}\,. \tag{1.65}$$

Durch Induktionsschluß folgt daraus die Gesamtwechselwirkungsenergie von n Dipolen zu

$$W_w^e = \frac{1}{2}\sum_{\substack{i,j=1\\ i\neq j}}^{n}(\mathbf{m}_i\cdot\nabla_{\mathbf{r}_i})(\mathbf{m}_j\cdot\nabla_{\mathbf{r}_j})\,\frac{1}{|\mathbf{r}_i-\mathbf{r}_j|}\,. \tag{1.66}$$

Die Voraussetzung für diese Rechnung sind starre Dipolmomente, d.h. solche, die von der Wechselwirkung mit dem äußeren Feld nicht beeinflußt werden.

Die diskreten Dipole $\mathbf{m}_i$ sind das Dipolanalogon zu den Punktladungen $q_i$ (Monopole). Analog wie bei Punktladungen erweist sich auch hier der Übergang ins Kontinuum oft als zweckmäßig. Dies führt in diesem Fall auf eine kontinuierliche Dipoldichte $\mathbf{m}(\mathbf{r})$, aus der durch den Ansatz

$$\mathbf{m}(\mathbf{r}) = \sum_{i=1}^{n} \mathbf{m}_i \, \delta(\mathbf{r} - \mathbf{r}_i) \tag{1.67}$$

die diskreten Dipole wiedergewonnen werden können. (1.64) geht dann über in

$$\varphi(\mathbf{r}) = \int [\mathbf{m}(\mathbf{r}') \cdot \nabla_{\mathbf{r}'}] \frac{1}{|\mathbf{r} - \mathbf{r}'|} \, d^3 r' = - \nabla_{\mathbf{r}} \cdot \int \frac{\mathbf{m}(\mathbf{r}')}{|\mathbf{r} - \mathbf{r}'|} \, d^3 r'. \tag{1.68}$$

Setzen wir voraus, daß $\mathbf{m}(\mathbf{r})$ eine zulässige Funktion aus F ist, um die Existenz des Integrals (1.68) zu sichern, so kann man partiell integrieren, wobei der Oberflächenterm verschwindet. Es wird dann

$$\varphi(\mathbf{r}) = -\int \frac{\nabla_{\mathbf{r}'} \cdot \mathbf{m}(\mathbf{r}')}{|\mathbf{r} - \mathbf{r}'|} \, d^3 r', \tag{1.69}$$

woraus für $\varphi$ die Poisson-Gleichung

$$\Delta_{\mathbf{r}} \varphi(\mathbf{r}) = 4\pi \, \nabla_{\mathbf{r}} \cdot \mathbf{m}(\mathbf{r}) \qquad \text{mit} \qquad \lim_{r \to \infty} \varphi(\mathbf{r}) = 0 \tag{1.70}$$

folgt. Der Vergleich mit (1.25) ergibt

$$\rho(\mathbf{r}) = - \nabla_{\mathbf{r}} \cdot \mathbf{m}(\mathbf{r}), \tag{1.71}$$

und für die Feldenergie folgt nach (1.35) und (1.71)

$$W^e = -\frac{1}{2} \int [\nabla_{\mathbf{r}} \cdot \mathbf{m}(\mathbf{r})] \, \varphi(\mathbf{r}) \, d^3 r, \tag{1.72}$$

was durch partielle Integration wieder in die Form (1.37) gebracht werden kann. Auch hier setzt sich die Gesamtenergie (1.72) wieder aus Selbstenergie-und Wechselwirkungsenergieanteilen zusammen, wobei analoge Rechnungen zum Punktmodell durchgeführt werden können.

### d) Dipolkraft und -drehmoment im äußeren Feld

Aus (1.8) ergibt sich analog zur Herleitung von a) die Kraft eines Dipols p in $\mathbf{r}_s$ im äußeren Feld $\mathbf{E}$ durch Entwickeln der Ladungsdichte $\rho(\mathbf{r})$ um $\mathbf{r}_s$ in Dipolnäherung

$$\mathbf{k}_s = (\mathbf{p} \cdot \nabla_{\mathbf{r}_s}) \, \mathbf{E}(\mathbf{r}_s) = \nabla_{\mathbf{r}_s} (\mathbf{p} \cdot \mathbf{E}(\mathbf{r}_s)) = - \nabla_{\mathbf{r}_s} W^e_w(\mathbf{r}_s), \tag{1.73}$$

und das durch diese Kraft bewirkte Drehmoment um $\mathbf{r}_s$ wird

$$\mathbf{N}_s = \mathbf{p} \times \mathbf{E}(\mathbf{r}_s). \tag{1.74}$$

Auch diese Formeln werden später benötigt.

# 2. Stationäres Stromkreismodell

## 2.1. Ladungserhaltung

Im ersten Abschnitt hatten wir nur ruhende Ladungen betrachtet. Will man zu physikalisch realistischen Modellen übergehen, so enthalten diese bewegte Ladungen, und es erhebt sich die Frage, ob bei dieser Bewegung zusätzliche elektrische Effekte auftreten oder nicht. Das einfachste Modell, das bereits Bewegung aufweist, ist ein stationärer Stromkreis im Vakuum. Für ihn definieren wir in Analogie zur Hydrodynamik allgemein den elektrischen Strom. Die bewegliche oder bewegte Substanz ist in diesem Fall die Ladungsdichte $\rho$, die wir wegen der Zeitabhängigkeit der Vorgänge als Funktion von $\mathbf{r}$ und t schreiben:

$$\rho(\mathbf{r}, t) = \rho_+(\mathbf{r}, t) + \rho_-(\mathbf{r}, t) \tag{2.1}$$

wobei wir $\rho$ in eine positive Ladungsdichte $\rho_+$ und in eine negative Ladungsdichte $\rho_-$ zerlegen. $\rho_+$ und $\rho_-$ mögen sich mit vom Ort $\mathbf{r}$ und der Zeit t abhängigen Geschwindigkeiten $\mathbf{v}_+(\mathbf{r}, t)$ und $\mathbf{v}_-(\mathbf{r}, t)$ bewegen. Die Stromdichte $\mathbf{j}$ wird sodann definiert durch

*Definition 2.1:*

$$\mathbf{j}(\mathbf{r}, t) := \rho_+(\mathbf{r}, t)\,\mathbf{v}_+(\mathbf{r}, t) + \rho_-(\mathbf{r}, t)\,\mathbf{v}_-(\mathbf{r}, t) \tag{2.2}$$

Die Dimension von $\mathbf{j}$ ist Le $cm^{-2}\ s^{-1} = dyn^{1/2}\ cm^{-1}\ s^{-1}$ im Gauß-System und $A\,m^{-2}$ im Giorgi-System.

Neben der Stromdichte führen wir als globale Größe noch die elektrische Stromstärke J(F, t) als gesamten Ladungsstrom durch eine vorgegebene Fläche F ein:

$$J(F, t) := \int_F \mathbf{j}(\mathbf{r}, t) \cdot d\mathbf{f} \tag{2.3}$$

Die Dimension von J ist Le $s^{-1} = dyn^{1/2}\ cm\ s^{-1}$ im Gauß-System und A im Giorgi-System.

Ein Stromkreis in dem Sinne, wie er hier benötigt wird, ist durch eine radial homogene Röhre längs einer Kurve **C** definiert, die von einer räumlich gleichmäßigen Stromdichte $\mathbf{j}(\mathbf{r}, t)$ durchflossen wird. Für hinreichend kleine Rohrquerschnitte kann man einen solchen Stromkreis durch einen Linienstrom längs der Kurve C idealisieren, der beschrieben wird durch

$$\mathbf{j}(\mathbf{r}, t) := \int J(t, s)\,\delta(\mathbf{r} - \mathbf{e}(s))\,\frac{d\mathbf{e}}{ds}\,ds, \tag{2.4}$$

wobei s der Kurvenparameter der Kurve $\mathbf{C} := \mathbf{e}(s)$ sei und J(t, s) der Gesamtstrom in der Röhre zur Zeit t an der Stelle s ist. Für Funktionen von $\mathbf{j}(\mathbf{r}, t)$, z.B. $\mathbf{j}^2(\mathbf{r}, t)$, darf (2.4) wegen der $\delta$-Funktion nicht verwendet werden, da Produkte einer Distribution i. a. nicht existieren. Man hat dann in der entsprechenden Darstellung für endliche Rohrquerschnitte einen angemessenen Grenzübergang zu Linienströmen zu vollziehen. Liegt insbesondere ein stationärer Stromkreis vor, so ist $\mathbf{j}$ zeitunabhängig.

Die Vorgabe eines Stromes in einem Stromkreis kann aber nicht völlig willkürlich erfolgen. Wie man aus der Hydrodynamik weiß, sind Substanzen und Ströme durch Erhaltungssätze miteinander verknüpft. Dies gilt auch für die Elektrodynamik. Der Zusammenhang von **j** und $\rho$ wird hergestellt durch das

**3. experimentelle Fundamentalgesetz**: In abgeschlossenen Systemen, d.h. in Systemen, die in keinerlei physikalischer Wechselwirkung mit ihrer Umgebung stehen, bleibt die Gesamtladung erhalten.

Soweit man gegenwärtig weiß, ist dies eine Aussage von universalem Charakter, die auch im atomistischen Hochenergiebereich gilt. Für den Stromkreis im Vakuum ist dabei der gesamte $\mathbb{R}_3$ das „abgeschlossene" System, d.h. es wird

$$\frac{d}{dt} Q(t) = \frac{d}{dt} \int \rho(\mathbf{r}, t)\, d^3 r = 0. \tag{2.5}$$

Dieser Integralaussage soll eine differentielle Formulierung gegeben werden.

*Behauptung 2.1:* Eine hinreichende Bedingung zur Erfüllung von (2.5) ist

$$\frac{\partial}{\partial t} \rho(\mathbf{r}, t) + \nabla \cdot \mathbf{j}(\mathbf{r}, t) = 0, \tag{2.6}$$

wenn $\rho(\mathbf{r}, t)$ gleichmäßig für alle t eine zulässige Funktion aus F und in t stetig differenzierbar und wenn **v** beschränkt ist.

*Beweis:* Unter den angegebenen Voraussetzungen ist $\mathbf{j}(\mathbf{r}, t)$ ebenfalls eine zulässige Funktion aus F. Nach dem Gaußschen Satz gilt dann

$$\int \nabla \cdot \mathbf{j}(\mathbf{r}, t)\, d^3 r = \int_{\lim\limits_{r \to \infty} F(r)} \mathbf{j}(\mathbf{r}, t) \cdot d\mathbf{f}, \tag{2.7}$$

was bei Integration von (2.6) über den $\mathbb{R}_3$ in Kombination mit (2.7) Gl. (2.5) ergibt, w.z.b.w.

Da in der Elektrodynamik im allgemeinen im Gegensatz zur Hydrodynamik lokal Paare entgegengesetzt geladener Teilchen entstehen oder vernichtet werden können, dürfen die hydrodynamischen Beweise für (2.6) nicht ohne weiteres übernommen werden. (2.6) kann daher nur als hinreichende Bedingung abgeleitet werden. In der klassischen Vakuum-Elektrodynamik jedoch sind die Ladungsträger stabil, so daß die Kontinuitätsgleichung vollkommen analog zur Hydrodynamik gilt. Dann läßt sich die Ladungserhaltung (2.5) für jedes Volumen V mit der sogenannten substantiellen Ableitung formulieren:

$$\frac{D}{dt} Q(V, t) = \frac{D}{dt} \int_V \rho(\mathbf{r}, t)\, d^3 r = 0, \qquad \frac{D}{dt} := \frac{\partial}{\partial t} + \mathbf{v}(\mathbf{r}, t) \cdot \nabla. \tag{2.5a}$$

Da sich $\rho(\mathbf{r}, t)$ explizit mit der Zeit und implizit durch die Bewegung ändert, ergibt (2.5a)

$$\frac{D}{dt} Q(V, t) = \int_V \frac{D}{dt} \rho(\mathbf{r}, t)\, d^3 r = \int_V \left[\frac{\partial}{\partial t} \rho(\mathbf{r}, t) + \mathbf{v}(\mathbf{r}, t) \cdot \nabla \rho(\mathbf{r}, t)\right] d^3 r = 0 \tag{2.5b}$$

Es wird angenommen, daß die Ladungsströmung inkompressibel erfolge, d.h. daß $\nabla \cdot \mathbf{v}(\mathbf{r}, t) = 0$ ist, dann gilt mit (2.2)

$$\nabla \cdot \mathbf{j}(\mathbf{r}, t) = \nabla \cdot \rho(\mathbf{r}, t)\, \mathbf{v}(\mathbf{r}, t) = \mathbf{v}(\mathbf{r}, t) \cdot \nabla \rho(\mathbf{r}, t),$$

und aus (2.5b) wird

$$\int_V \left[\frac{\partial}{\partial t} \rho(\mathbf{r}, t) + \nabla \cdot \mathbf{j}(\mathbf{r}, t)\right] d^3 r = \frac{D}{dt} Q(V, t) = 0. \tag{2.5c}$$

Da (2.5 c) für alle beliebigen Volumina V gelten soll, folgt daraus (2.6) und umgekehrt folgt aus (2.6) analog (2.5), so daß die Kontinuitätsgleichung (2.6) dann auch notwendig für die Ladungserhaltung ist.

Für stationäre Ströme folgt aus $\mathbf{j}(\mathbf{r}, t) \equiv \mathbf{j}(\mathbf{r})$ mit (2.6)

$$\nabla \cdot \mathbf{j}(\mathbf{r}) = 0, \tag{2.8}$$

wenn man die kontinuierliche Erzeugung entgegengesetzt geladener Ladungsdichten ausschließt, wie sie eventuell im klassischen Bereich in Elektrolyten vorkommen kann. Aus (2.8) erhält man die Knotenregel oder den 1. Kirchhoffschen Satz, wenn man (2.8) über ein Volumen integriert, das eine Stromkreisverzweigung enthält, und den Gaußschen Satz anwendet.

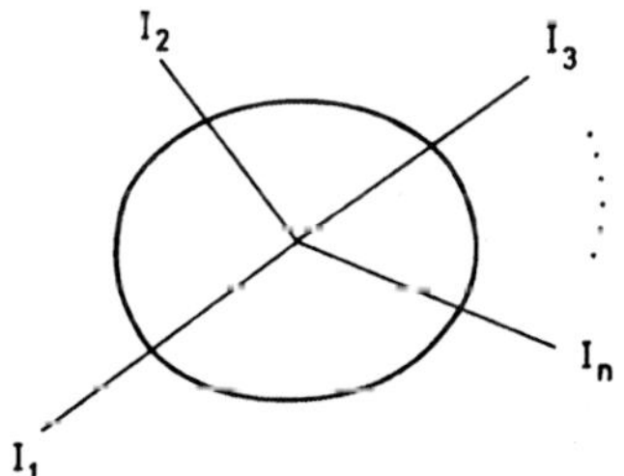


**Bild 3**
Stromknoten der Stromstärken $J_1, \ldots, J_n$.

Es folgt dann aus (2.8)

$$\sum_{i=1}^{n} J_i = 0, \tag{2.9}$$

wobei $J_i$ die Gesamtstromstärken $J(F_i)$ sind. D.h., bei stationären Strömen fließt genau so viel Ladung in ein Volumen hinein wie hinaus. Natürlich ist darin der triviale Fall der Nichtverzweigung ebenfalls enthalten; er führt für den Linienstrom (2.4) im stationären Fall auf die Aussage $J(s) = J(s') = J$, d.h. auf

$$\mathbf{j}(\mathbf{r}) = J \int \delta(\mathbf{r} - \mathbf{e}(s)) \frac{d\mathbf{e}}{ds}\, ds \tag{2.10}$$

für die Darstellung von stationären Linienströmen.

Bei nichtstationären Strömen dagegen folgt aus (2.6) mit dem Gaußschen Satz

$$\frac{d}{dt} Q(F, t) = - J(F, t), \tag{2.11}$$

wobei wir

$$Q(F, t) := \int_G \rho(\mathbf{r}, t)\, d^3 r \tag{2.12}$$

durch die Gesamtladung in dem von der Oberfläche F eingeschlossenen Bereich G definieren.

## 2.2. Ampère-Gesetz

Die Frage ist nun, ob das stationäre Leitermodell Effekte zeigt, die allein von der Bewegung der Ladungen herrühren. Auch hier erfolgt der experimentelle Nachweis durch Kraftwirkungen. Dies geschieht in völliger Analogie zum Coulombgesetz. Um elektrostatische Effekte auszuschließen, wählen wir zwei geschlossene Leiterkreise $L_1$, $L_2$ mit den Linienströmen $J_1$, $J_2$, die in jedem Teilstück elektrisch neutral sind. Eine solche Versuchsanordnung ist atomistisch gesehen möglich, da man in einem Leiter die Elektronen über die positiv geladenen Ionenrümpfe hinwegbewegen kann, ohne daß irgendwelche Stauungen der Elektronen auftreten. Die Neutralität eines jeden Leiterteiles ist dann gesichert. Daraus folgt, daß die möglicherweise auftretenden Kräfte keine Coulombkräfte sein können.

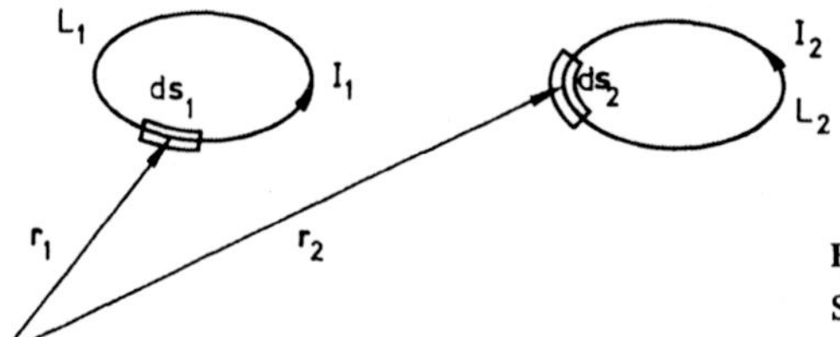


**Bild 4**
Stromkreise $L_1$ und $L_2$ mit den Stromstärken $J_1$ und $J_2$.

Die experimentelle Untersuchung dieser Modellanordnung führt auf das Amperegesetz. Verwenden wir die in Bild 4 angegebenen Bezeichnungen so besagt das

**4. experimentelle Fundamentalgesetz**: Werden die Leiterkreise $L_1$, $L_2$ von den stationären Strömen $J_1$, $J_2$ durchflossen, so treten zwischen $L_1$ und $L_2$ Kraftwirkungen auf, die durch

$$\mathbf{k}_{12} = k_2 J_1 J_2 \oint_{L_1} \oint_{L_2} \frac{d\mathbf{s}_1 \times [d\mathbf{s}_2 \times (\mathbf{r}_1 - \mathbf{r}_2)]}{|\mathbf{r}_1 - \mathbf{r}_2|^3} \tag{2.13}$$

beschrieben werden können.

$k_2$ ist eine Proportionalitätskonstante, die im Gauß-System im Gegensatz zum Coulombgesetz nicht mehr frei ist, da alle Einheiten im cgs-System festliegen. Es ergibt sich im Gauß-System $k_2 = \frac{1}{c^2}$ mit c = Lichtgeschwindigkeit im Vakuum. Dies ist ein erster Hinweis auf die Verknüpfung elektromagnetischer Vorgänge mit der Lichtausbreitung.

Im Giorgi-System wird $k_2 = \frac{\mu_0}{4\pi} =: 10^{-7}\,\mathrm{Vs\,A^{-1}\,m^{-1}}$. In diesem System wird durch (2.13) die elektrische Stromstärkeeinheit, das Ampère, definiert (s. Anhang X).

Analog zum Coulombgesetz kann man auch das Ampèregesetz mittels des Feldbegriffs interpretieren. Dies bedeutet, daß $L_1$ sich in dem von $L_2$ erzeugten Kraftfeld befindet oder umgekehrt. D.h., wir schreiben

$$\mathbf{k}_{12} = \frac{1}{c} J_1 \oint\limits_{L_1} d\mathbf{s}_1 \times \mathbf{B}_2(\mathbf{r}_1) \tag{2.14}$$

oder

$$\mathbf{k}_{21} = -\frac{1}{c} J_2 \oint\limits_{L_2} d\mathbf{s}_2 \times \mathbf{B}_1(\mathbf{r}_2) \tag{2.15}$$

mit

$$\mathbf{B}_i(\mathbf{r}) := \frac{J_i}{c} \oint\limits_{L_i} \frac{d\mathbf{s}_i \times (\mathbf{r} - \mathbf{r}_i)}{|\mathbf{r} - \mathbf{r}_i|^3}\,. \tag{2.16}$$

Hierbei ist zu bemerken, daß der Faktor $\frac{1}{c}$ bei der Definition von **B** aus Konvention gewählt ist. Er kann zunächst beliebig sein. Da die von diesem Feld ausgeübten Wirkungen jedenfalls nicht elektrischer Natur sind, nennt man **B**(**r**) als neue Feldgröße die „magnetische Induktion". Zu ihrer Ausmessung dienen Teststromkreise, die das magnetische Analogon zu den Testladungen der Elektrostatik bilden. Die Formeln (2.13) bzw. (2.14), (2.15) haben jedoch noch keine in $d\mathbf{s}_1$ und $d\mathbf{s}_2$ symmetrische Form. Um zu zeigen, daß auch für magnetische Kraftwirkungen Newtons 3. Gesetz gilt, wenden wir Formel (I.6) auf den Integranden von (2.13) an:

$$d\mathbf{s}_1 \times \left(d\mathbf{s}_2 \times \frac{(\mathbf{r}_1 - \mathbf{r}_2)}{|\mathbf{r}_1 - \mathbf{r}_2|^3}\right) = -(d\mathbf{s}_1 \cdot d\mathbf{s}_2)\frac{(\mathbf{r}_1 - \mathbf{r}_2)}{|\mathbf{r}_1 - \mathbf{r}_2|^3} + d\mathbf{s}_2\left(d\mathbf{s}_1 \cdot \frac{(\mathbf{r}_1 - \mathbf{r}_2)}{|\mathbf{r}_1 - \mathbf{r}_2|^3}\right) \tag{2.17}$$

und berücksichtigen, daß der zweite Term rechts bei Substitution in (2.13) für einen geschlossenen Stromkreis nach dem Stokesschen Satz umgeformt werden kann, wobei die Rotation verschwindet. Damit erhält man die symmetrische Form von (2.13)

$$\mathbf{k}_{12} = -\frac{J_1 J_2}{c^2} \oint\limits_{L_1}\oint\limits_{L_2} \frac{(d\mathbf{s}_1 \cdot d\mathbf{s}_2)(\mathbf{r}_1 - \mathbf{r}_2)}{|\mathbf{r}_1 - \mathbf{r}_2|^3} \tag{2.18}$$

sowie $\mathbf{k}_{12} = -\mathbf{k}_{21}$. Die Dimension von **B** wird $\mathrm{dyn\,Le^{-1}} = \mathrm{dyn^{1/2}\,cm^{-1}} \equiv 1$ Gauß (Gs), d.h in diesem System haben **E** und **B** als Kraftfelder dieselbe Dimension, da keine elektromagnetischen Einheiten neu eingeführt werden. Im Giorgi-System dagegen hat **B** die Dimension $\mathrm{V\,s\,m^{-2}} = 1\ \mathrm{Weber\ m^{-2}} \equiv 1\ \mathrm{Wb\ m^{-2}}$.

Analog zum elektrostatischen Feld gilt für das Magnetfeld das

**5. experimentelle Fundamentalgesetz**: Das Magnetfeld von stationären Stromkreisen $L_i$ (i = 1 ... n) entsteht durch Superposition der Einzelfelder der Stromkreise

$$\mathbf{B}(\mathbf{r}) = \sum_{j=1}^{n} \frac{J_j}{c} \oint_{L_j} \frac{d\mathbf{s}_j \times (\mathbf{r} - \mathbf{r}_j)}{|\mathbf{r} - \mathbf{r}_j|^3} = \sum_{j=1}^{n} \mathbf{B}_j(\mathbf{r}). \tag{2.19}$$

Auch in diesem Fall kann man den Übergang zu einer Kontinuumsbeschreibung vornehmen, indem man die Linienströme durch Stromdichten ersetzt, wie dies in Abschnitt 2.1 bereits diskutiert wurde. (2.19) geht dann über in

$$\mathbf{B}(\mathbf{r}) = \frac{1}{c} \int \mathbf{j}(\mathbf{r}') \times \frac{(\mathbf{r} - \mathbf{r}')}{|\mathbf{r} - \mathbf{r}'|^3} \, d^3 r'. \tag{2.20}$$

Damit dieses Integral existiert, muß $\mathbf{j}(\mathbf{r})$ eine zulässige Funktion aus F sein, was für endliche, lokalisierte Ladungsstromdichten erfüllt ist. Mittels einer Beschreibung durch Distributionen nach (2.10) kann man dann zu Linienströmen zurückkehren, wobei auch für solche Fälle die Integrale (2.20) existieren. Die Kraft der magnetischen Induktion $\mathbf{B}(\mathbf{r})$ auf eine Stromdichte $\mathbf{j}(\mathbf{r})$ ist dann mit (2.14)

$$\mathbf{k} = \frac{1}{c} \int \mathbf{j}(\mathbf{r}) \times \mathbf{B}(\mathbf{r}) \, d^3 r. \tag{2.21}$$

Die Kraft der Stromverteilung $\mathbf{j}_1(\mathbf{r})$ auf die Stromverteilung $\mathbf{j}_2(\mathbf{r})$ erhält man durch Einsetzen von (2.20) in (2.21) analog zu (2.18) für stationäres $\mathbf{j}(\mathbf{r})$

$$\mathbf{k}_{12} = \frac{1}{c^2} \int [\mathbf{j}_1(\mathbf{r}') \cdot \mathbf{j}_2(\mathbf{r})] \frac{(\mathbf{r} - \mathbf{r}')}{|\mathbf{r} - \mathbf{r}'|^3} \, d^3 r \, d^3 r'. \tag{2.22}$$

Das durch (2.21) erzeugte Drehmoment um den Koordinatenursprung ist

$$\mathbf{N} = \frac{1}{c} \int \mathbf{r} \times [\mathbf{j}(\mathbf{r}) \times \mathbf{B}(\mathbf{r})] \, d^3 r. \tag{2.23}$$

Ist der Stromkreis an anderen Stellen fixiert, so muß das Drehmoment analog bezüglich dieser Stellen berechnet werden.

## 2.3. Differential- und Integraldarstellung

Analog zum Coulombfeld sollen auch für die magnetische Induktion Feldgleichungen abgeleitet werden. Es gilt die

*Behauptung 2.2:* Sofern $\mathbf{j}(\mathbf{r})$ eine zulässige Funktion aus F ist, so ist (2.20) äquivalent den Gleichungen

$$\nabla \cdot \mathbf{B}(\mathbf{r}) = 0 \tag{2.24}$$

$$\nabla \times \mathbf{B}(\mathbf{r}) = \frac{4\pi}{c} \mathbf{j}(\mathbf{r}) \tag{2.25}$$

mit der Randbedingung $\lim_{|\mathbf{r}| \to \infty} \mathbf{B}(\mathbf{r}) = 0$.

*Beweis:* (2.20) kann auch geschrieben werden

$$\mathbf{B}(\mathbf{r}) = \frac{1}{c}\,\nabla_\mathbf{r} \times \int \frac{\mathbf{j}(\mathbf{r}')}{|\mathbf{r}-\mathbf{r}'|}\,d^3r', \tag{2.26}$$

woraus unmittelbar (2.24) folgt. Ferner ist

$$\nabla_\mathbf{r} \times \mathbf{B}(\mathbf{r}) = \frac{1}{c}\,\nabla_\mathbf{r} \times \left[\nabla_\mathbf{r} \times \int \frac{\mathbf{j}(\mathbf{r}')}{|\mathbf{r}-\mathbf{r}'|}\,d^3r'\right] \tag{2.27}$$

Nach (I.33) gilt

$$\nabla \times (\nabla \times \mathbf{a}) = \nabla(\nabla \cdot \mathbf{a}) - \Delta\mathbf{a}, \tag{2.28}$$

und damit wird (2.27)

$$\nabla_\mathbf{r} \times \mathbf{B}(\mathbf{r}) = \frac{1}{c}\,\nabla_\mathbf{r} \int \mathbf{j}(\mathbf{r}') \cdot \nabla_\mathbf{r}\,\frac{1}{|\mathbf{r}-\mathbf{r}'|}\,d^3r' - \frac{1}{c}\int \mathbf{j}(\mathbf{r}')\,\Delta_\mathbf{r}\,\frac{1}{|\mathbf{r}-\mathbf{r}'|}\,d^3r'. \tag{2.29}$$

Berücksichtigt man (1.17) und $\nabla_\mathbf{r}\,|\mathbf{r}-\mathbf{r}'|^{-1} = -\nabla_{\mathbf{r}'}\,|\mathbf{r}-\mathbf{r}'|^{-1}$, so geht (2.29) über in

$$\nabla_\mathbf{r} \times \mathbf{B}(\mathbf{r}) = -\frac{1}{c}\,\nabla_\mathbf{r} \int \mathbf{j}(\mathbf{r}') \cdot \nabla_{\mathbf{r}'}\,\frac{1}{|\mathbf{r}-\mathbf{r}'|}\,d^3r' + \frac{4\pi}{c}\,\mathbf{j}(\mathbf{r}). \tag{2.30}$$

Ferner gilt wegen (2.8)

$$\nabla_{\mathbf{r}'} \cdot \left(\mathbf{j}(\mathbf{r}')\,\frac{1}{|\mathbf{r}-\mathbf{r}'|}\right) = \mathbf{j}(\mathbf{r}') \cdot \nabla_{\mathbf{r}'}\,\frac{1}{|\mathbf{r}-\mathbf{r}'|}. \tag{2.31}$$

Setzt man (2.31) in (2.30) ein und benützt den Gaußschen Satz, so verschwindet wegen $\mathbf{j}(\mathbf{r})$ aus F der Oberflächenterm, und wir erhalten (2.25). Zusammen mit der Randbedingung $\lim\limits_{r\to\infty} \mathbf{B}(\mathbf{r}) = 0$ legen (2.24) und (2.25) gemäß Anhang V die magnetische Induktion für den Vakuumfall vollständig fest. Da (2.20) nach Ableitung die einzige Lösung von (2.24) und (2.25) ist, muß Äquivalenz bestehen, w.z.b.w.

Die Aussage (2.25) kann mittels des Stokesschen Satzes auch noch integral formuliert werden. Sei C die Berandung einer Fläche F, so ergibt (2.25)

$$\int\limits_C \mathbf{B}(\mathbf{r}) \cdot d\mathbf{s} = \frac{4\pi}{c}\int\limits_F \mathbf{j}(\mathbf{r}) \cdot d\mathbf{f} = \frac{4\pi}{c}\,J(F) \tag{2.32}$$

nach (2.3). Das Integralgesetz (2.32) wird in der Technik als Durchflutungs-Satz bezeichnet, wobei die linke Seite von (2.32) als magnetische Durchflutung durch die Kurve C definiert wird. Aus (2.24) folgt ferner, daß es keine freien magnetischen Ladungen geben kann, da die Divergenz identisch verschwindet!

## 2.4. Vektorpotential

Auch im magnetischen Fall wird man bestrebt sein, die relativ komplizierten Differentialbedingungen für **B** durch eine kompaktere Formulierung zu ersetzen. Dies ist in

Analogie zur Elektrostatik durch die Einführung eines Vektorpotentials möglich. Wir setzen

$$\mathbf{B}(\mathbf{r}) = \nabla \times \mathbf{A}(\mathbf{r}), \tag{2.33}$$

womit (2.24) automatisch erfüllt ist. Aus (2.26) folgt dann

$$\mathbf{A}(\mathbf{r}) = \frac{1}{c}\int \mathbf{j}(\mathbf{r}')\,\frac{1}{|\mathbf{r}-\mathbf{r}'|}\,d^3r' + \nabla\chi(\mathbf{r}) \tag{2.34}$$

mit einer beliebigen skalaren Funktion $\chi(\mathbf{r})$. $\mathbf{A}(\mathbf{r})$ ist daher durch Vorgabe von $\mathbf{j}(\mathbf{r})$ nicht eindeutig festgelegt. D.h., mit $\mathbf{A}(\mathbf{r})$ ist auch

$$\mathbf{A}'(\mathbf{r}) = \mathbf{A}(\mathbf{r}) + \nabla\chi(\mathbf{r}) \tag{2.35}$$

ein Vektorpotential, das zur selben Feldstärke führt

$$\mathbf{B}(\mathbf{r}) = \nabla \times \mathbf{A}(\mathbf{r}) = \nabla \times \mathbf{A}'(\mathbf{r}). \tag{2.36}$$

Um eine eindeutige Vorschrift zur Festlegung von $\mathbf{A}(\mathbf{r})$ zu geben, verlangen wir

$$\chi(\mathbf{r}) \equiv 0 \tag{2.37}$$

und damit

$$\mathbf{A}(\mathbf{r}) = \frac{1}{c}\int \mathbf{j}(\mathbf{r}')\,\frac{1}{|\mathbf{r}-\mathbf{r}'|}\,d^3r'. \tag{2.38}$$

Dies ist aber wegen (2.31) und (2.8) für $\mathbf{j}(\mathbf{r})$ aus F äquivalent mit

$$\nabla\cdot\mathbf{A}(\mathbf{r}) = \frac{1}{c}\int \mathbf{j}(\mathbf{r}')\cdot\nabla_{\mathbf{r}}\,\frac{1}{|\mathbf{r}-\mathbf{r}'|}\,d^3r' \tag{2.39}$$

$$= -\frac{1}{c}\int \nabla_{\mathbf{r}'}\cdot\mathbf{j}(\mathbf{r}')\,\frac{1}{|\mathbf{r}-\mathbf{r}'|}\,d^3r' = 0$$

bis auf Lösungen mit $\Delta\chi(\mathbf{r}) = 0$. Da dies aber im ganzen Raum gelten muß, so folgt $\chi \equiv 0$, wenn $\chi(\mathbf{r})$ am Rand, z.B. bei $|\mathbf{r}| \to \infty$, verschwindet. Die Festlegung (2.37) nennt man die Coulomb-Eichung, da sie eine Aussage über den Absolutwert von $\mathbf{A}$ macht. Wie wir sehen werden, gibt es auch noch andere sinnvolle Eichungsmöglichkeiten.

Um $\mathbf{A}(\mathbf{r})$ vollständig durch Feldgleichungen zu charakterisieren, setzen wir (2.33) in (2.25) ein. Dies ergibt

$$\nabla \times [\nabla \times \mathbf{A}(\mathbf{r})] = \frac{4\pi}{c}\,\mathbf{j}(\mathbf{r}). \tag{2.40}$$

Wegen (I.33) folgt daraus

$$\nabla(\nabla\cdot\mathbf{A}(\mathbf{r})) - \Delta\mathbf{A}(\mathbf{r}) = \frac{4\pi}{c}\,\mathbf{j}(\mathbf{r}), \tag{2.41}$$

und mit (2.39) ergibt sich dann in der Coulomb-Eichung

$$\Delta \mathbf{A}(\mathbf{r}) = -\frac{4\pi}{c}\,\mathbf{j}(\mathbf{r}) \tag{2.42}$$

$$\nabla \cdot \mathbf{A}(\mathbf{r}) = 0.$$

Die Gleichungen (2.24), (2.25) können dann durch (2.39), (2.42) bei Vorgabe entsprechender Randbedingungen ersetzt werden. Man sieht aber, daß der Gewinn durch Einführung des Potentials **A** für Magnetfelder nicht mehr so groß ist wie im elektrostatischen Fall. Nichtsdestoweniger spielt für die theoretische Darstellung der Elektrodynamik auch dieses Potential eine bedeutsame Rolle.

## 2.5. Magnetische Multipole

In Analogie zur Elektrostatik benötigen wir auch hier wieder approximative Berechnungen des Vektorpotentials, die in weiter Entfernung vom Stromschwerpunkt gelten, nämlich die sog. Entwicklung nach magnetischen Multipolen.

*Definition 2.2:* Der Stromschwerpunkt einer lokalisierten, zulässigen Stromverteilung $\mathbf{j}(\mathbf{r})$ aus F wird definiert durch

$$\mathbf{r}_s := \int \mathbf{r}\,|\mathbf{j}(\mathbf{r})|\,d^3r \left(\int |\mathbf{j}(\mathbf{r})|\,d^3r\right)^{-1}. \tag{2.43}$$

Analog zu Abschnitt 1.6 führen wir dann die Multipolentwicklung für $\mathbf{A}(\mathbf{r})$ nach (2.38) aus und erhalten mit denselben Bezeichnungen entsprechend Bild 2

$$\mathbf{A}(\mathbf{R}) = \frac{1}{c}\int \mathbf{j}(\mathbf{R}')\,\frac{1}{|\mathbf{R}-\mathbf{R}'|}\,d^3R' = \frac{1}{c}\int \mathbf{j}(\mathbf{r}_s+\mathbf{r}')\,\frac{1}{|\mathbf{r}-\mathbf{r}'|}\,d^3r' \tag{2.44}$$

$$= \frac{1}{c}\left[\frac{1}{r}\int \mathbf{j}(\mathbf{r}_s+\mathbf{r}')\,d^3r' + \frac{\mathbf{r}}{r^3}\cdot\int \mathbf{r}'\otimes\mathbf{j}(\mathbf{r}_s+\mathbf{r}')\,d^3r' + \ldots\right] \tag{2.45}$$

Das Glied nullter Ordnung in (2.45) sollte dann in Analogie zu (1.47) die freie magnetische Gesamtladung ergeben.

*Behauptung 2.3:* Es gibt keine Magnetmonopole für zulässige $\mathbf{j}(\mathbf{r})$ aus F, d.h.

$$\int \mathbf{j}(\mathbf{r}_s+\mathbf{r}')\,d^3r' = \int \mathbf{j}(\mathbf{r})\,d^3r = 0. \tag{2.46}$$

*Beweis:* Wir beachten, daß wegen (2.8) gilt

$$\nabla_{\mathbf{r}} \cdot \mathbf{j}(\mathbf{r}) \otimes \mathbf{r} = \mathbf{j}(\mathbf{r}), \tag{2.47}$$

woraus durch Integration und Anwendung des Gaußschen Satzes

$$\int_V \mathbf{j}(\mathbf{r})\,d^3r = \int_F \mathbf{r}\otimes\mathbf{j}(\mathbf{r})\cdot d\mathbf{f} \tag{2.48}$$

folgt. Läßt man V gegen $\mathbb{R}_3$ gehen, so verschwindet das Oberflächenintegral, da $\mathbf{j}(\mathbf{r})$ eine zulässige Funktion aus F ist. Damit verschwindet (2.48) im lim V = $\mathbb{R}_3$, w.z.b.w.

Die Dipolnäherung ist daher im Fall von Magnetfeldern die erste nichttriviale Näherung von (2.45)

$$\mathbf{A}(\mathbf{R}) \approx \frac{\mathbf{r}}{cr^3} \cdot \int \mathbf{r}' \otimes \mathbf{j}(\mathbf{r}_s + \mathbf{r}')\, d^3r'. \tag{2.49}$$

Um aus ihr physikalische Information ableiten zu können, beweisen wir folgenden

*Hilfssatz:* Wenn $\mathbf{j}(\mathbf{r})$ eine zulässige Funktion aus F ist, gilt

$$\int (\mathbf{r} \cdot \mathbf{r}')\, \mathbf{j}(\mathbf{r}')\, d^3r' = -\mathbf{r} \times \tfrac{1}{2} \int \mathbf{r}' \times \mathbf{j}(\mathbf{r}')\, d^3r'. \tag{2.50}$$

*Beweis:* Nach (I.6) ist

$$(\mathbf{r} \cdot \mathbf{r}')\, \mathbf{j} = (\mathbf{r} \cdot \mathbf{j})\, \mathbf{r}' - \mathbf{r} \times (\mathbf{r}' \times \mathbf{j}), \tag{2.51}$$

und wegen (2.47) gilt mit partieller Integration

$$\begin{aligned}\int \mathbf{j}(\mathbf{r}') \otimes \mathbf{r}'\, d^3r' &= \int [\nabla_{\mathbf{r}'} \cdot (\mathbf{j}(\mathbf{r}') \otimes \mathbf{r}')] \otimes \mathbf{r}'\, d^3r' \\ &= -\int \mathbf{r}' \otimes \mathbf{j}(\mathbf{r}') \cdot \nabla_{\mathbf{r}'}\, \mathbf{r}'\, d^3r' = -\int \mathbf{r}' \otimes \mathbf{j}(\mathbf{r}')\, d^3r',\end{aligned} \tag{2.52}$$

also nach skalarer Multiplikation mit $\mathbf{r}$ von links

$$\int (\mathbf{r} \cdot \mathbf{j}(\mathbf{r}'))\, \mathbf{r}'\, d^3r' = -\int (\mathbf{r} \cdot \mathbf{r}')\, \mathbf{j}(\mathbf{r}')\, d^3r'. \tag{2.53}$$

Gleichung (2.51) zusammen mit (2.53) ergibt sodann (2.50), w.z.b.w.

Substitution von (2.50) in (2.49) führt auf

$$\mathbf{A}(\mathbf{R}) \approx \frac{\mathbf{m} \times \mathbf{r}}{r^3} = \frac{\mathbf{m} \times (\mathbf{R} - \mathbf{r}_s)}{|\mathbf{R} - \mathbf{r}_s|^3} \tag{2.54}$$

mit dem magnetischen Dipolmoment

$$\mathbf{m} := \frac{1}{2c} \int \mathbf{r}' \times \mathbf{j}(\mathbf{r}_s + \mathbf{r}')\, d^3r' \tag{2.55}$$

Die Dimension von $\mathbf{m}$ ist Le cm = dyn$^{1/2}$ cm$^2$ = Gs cm$^3$ im Gauß-System und Wb m = V s m im Giorgi-System.

Setzt man (2.54) in (2.33) ein, so entsteht

$$\begin{aligned}\mathbf{B}(\mathbf{R}) &\approx \frac{3\,(\mathbf{R} - \mathbf{r}_s)\,[(\mathbf{R} - \mathbf{r}_s) \cdot \mathbf{m}]}{|\mathbf{R} - \mathbf{r}_s|^5} - \frac{\mathbf{m}}{|\mathbf{R} - \mathbf{r}_s|^3} + 4\pi\, \mathbf{m}\, \delta(\mathbf{R} - \mathbf{r}_s) \\ &= -\nabla_{\mathbf{R}} \frac{(\mathbf{R} - \mathbf{r}_s) \cdot \mathbf{m}}{|\mathbf{R} - \mathbf{r}_s|^3} + 4\pi\, \mathbf{m}\, \delta(\mathbf{R} - \mathbf{r}_s),\end{aligned} \tag{2.56}$$

d.h., in weiter Entfernung vom Stromkreis erzeugt dieser ein magnetisches Dipolfeld in Analogie zur Definition des Dipolfeldes in der Elektrostatik. Der $\delta$-Anteil am Orte $\mathbf{r}_s$ des Dipols fällt in diesem Bereich natürlich weg. Nur dieser Anteil zeigt, daß die magnetischen Dipole aus ganz anderen Vorgängen resultieren als die elektrischen Dipole. Formal kann man dann auch analog zu den elektrischen Dipolen ein magnetisches Dipolpotential einführen

$$\varphi_m(\mathbf{R}) = \frac{(\mathbf{R} - \mathbf{r}_s) \cdot \mathbf{m}}{|\mathbf{R} - \mathbf{r}_s|^3} = -\mathbf{m} \cdot \nabla_R \frac{1}{|\mathbf{R} - \mathbf{r}_s|}, \tag{2.57}$$

aus dem

$$\nabla \times \mathbf{B}(\mathbf{r}) = 0 \tag{2.58}$$

folgt. Diese Gleichung ist aber nur für $\mathbf{j}(\mathbf{r}) = 0$ gültig, d.h. man kann (2.57) nur außerhalb des Stromkreises benutzen, ohne daß ein Widerspruch zu den Grundgleichungen der Theorie entsteht.

Als Spezialfall betrachten wir noch das magnetische Dipolmoment eines geschlossenen Stromkreises L, der die Fläche F umschließt und in dem ein stationärer Linienstrom der Stärke J fließt. Man erhält nach Anhang IX b durch Auswertung von (2.55)

$$\mathbf{m} = \frac{J}{c} \int d\mathbf{f}. \tag{2.59}$$

Die Multipolentwicklung von $\mathbf{B}(\mathbf{r})$ in Kugelkoordinaten wird in Anhang VI D behandelt.

## 2.6. Multipolentwicklung der Feldkraft

Die Kraft, die ein weit entfernter Stromkreis $L_1$ auf $L_2$ ausübt, kann ebenfalls durch eine Multipolentwicklung berechnet werden. Wir nehmen an, daß $L_1$ den Stromschwerpunkt in $\mathbf{r}_1$ hat und $L_2$ in $\mathbf{r}_2$, wobei die Linearausdehnungen von $L_1$ und $L_2$ klein gegenüber $|\mathbf{r}_1 - \mathbf{r}_2|$ sein mögen. $L_1$ erzeuge das Magnetfeld $\mathbf{B}_1(\mathbf{r})$. Die Taylorentwicklung von $\mathbf{B}_1(\mathbf{r})$ an der Stelle $\mathbf{r} = \mathbf{r}_2$ lautet dann

$$\mathbf{B}_1(\mathbf{r}) = \mathbf{B}_1(\mathbf{r}_2) + ((\mathbf{r} - \mathbf{r}_2) \cdot \nabla_r)\, \mathbf{B}_1(\mathbf{r})|_{\mathbf{r}=\mathbf{r}_2} + \ldots, \tag{2.60}$$

und die Kraft (2.21), die auf den Stromkreis $L_2$ ausgeübt wird, lautet mit (2.60)

$$\mathbf{k} = -\frac{1}{c}\mathbf{B}_1(\mathbf{r}_2) \times \int \mathbf{j}_2(\mathbf{r}')\, d^3r' + \frac{1}{c}\int \mathbf{j}_2(\mathbf{r}') \times [(\mathbf{r}' - \mathbf{r}_2) \cdot \nabla_r\, \mathbf{B}_1(\mathbf{r})|_{\mathbf{r}=\mathbf{r}_2}]\, d^3r' + \ldots, \tag{2.61}$$

was wegen (2.46) in

$$\mathbf{k} = \frac{1}{c}\int \mathbf{j}_2(\mathbf{r}') \times [(\mathbf{r}' - \mathbf{r}_2) \cdot \nabla_r\, \mathbf{B}_1(\mathbf{r})|_{\mathbf{r}=\mathbf{r}_2}]\, d^3r' \tag{2.62}$$

übergeht. Wir benutzen nun den folgenden

*Hilfssatz:*

$$\mathbf{j}_2(\mathbf{r}') \times [(\mathbf{r}' - \mathbf{r}_2) \cdot \nabla_r]\, \mathbf{B}_1(\mathbf{r})|_{\mathbf{r}=\mathbf{r}_2} = \mathbf{j}_2(\mathbf{r}') \times \nabla_r\, [(\mathbf{r}' - \mathbf{r}_2) \cdot \mathbf{B}_1(\mathbf{r})]|_{\mathbf{r}=\mathbf{r}_2} \tag{2.63}$$

*Beweis:* Wir setzen $\mathbf{r}' - \mathbf{r}_2 = \bar{\mathbf{r}}$; dann folgt nach (I.32) für $\nabla_\mathbf{r} (\bar{\mathbf{r}} \cdot \mathbf{B}_1(\mathbf{r}))$:

$$\mathbf{j}_2 \times \nabla_\mathbf{r} (\bar{\mathbf{r}} \cdot \mathbf{B}_1(\mathbf{r})) = \mathbf{j}_2 \times [(\bar{\mathbf{r}} \cdot \nabla_\mathbf{r}) \mathbf{B}_1(\mathbf{r}) + \bar{\mathbf{r}} \times (\nabla_\mathbf{r} \times \mathbf{B}_1(\mathbf{r}))]. \tag{2.64}$$

Da nach Voraussetzung die Stromkreise sich nicht überschneiden sollen, ist für $\mathbf{j}_2 \neq 0$ rot $\mathbf{B}_1 = 0$, und für rot $\mathbf{B}_1 \neq 0$ ist $\mathbf{j}_2 = 0$, d.h., der zweite Term in (2.64) verschwindet im ganzen Raum, und es wird

$$\mathbf{j}_2(\mathbf{r}') \times \nabla_\mathbf{r} (\bar{\mathbf{r}} \cdot \mathbf{B}_1(\mathbf{r}))\big|_{\mathbf{r}=\mathbf{r}_2} = \mathbf{j}_2(\mathbf{r}') \times (\bar{\mathbf{r}} \cdot \nabla_\mathbf{r}) \mathbf{B}_1(\mathbf{r})\big|_{\mathbf{r}=\mathbf{r}_2}, \tag{2.65}$$

also (2.63), w.z.b.w.

Substitution von (2.63) in (2.62) und Vertauschung im Vektorprodukt ergibt

$$\mathbf{k} = -\frac{1}{c} \nabla_\mathbf{r} \times \int \mathbf{j}_2(\mathbf{r}') ((\mathbf{r}' - \mathbf{r}_2) \cdot \mathbf{B}_1(\mathbf{r}))\big|_{\mathbf{r}=\mathbf{r}_2} \, d^3 r' \tag{2.66}$$

Substituieren wir in der Identität (2.50) $\mathbf{B}(\mathbf{r})$ anstelle von $\mathbf{r}$ und benutzen (2.55), so folgt[+]

$$\int \mathbf{j}_2(\mathbf{r}') ((\mathbf{r}' - \mathbf{r}_2) \cdot \mathbf{B}_1(\mathbf{r})) \, d^3 r' = -\mathbf{B}_1(\mathbf{r}) \times \frac{1}{2} \int (\mathbf{r}' - \mathbf{r}_2) \times \mathbf{j}_2(\mathbf{r}') \, d^3 r' \tag{2.67}$$

$$= -c\, \mathbf{B}_1(\mathbf{r}) \times \mathbf{m}_2,$$

und die Kraft auf $L_2$ wird ganz analog zum elektrischen Fall nach (1.73)

$$\mathbf{k} = \nabla_{\mathbf{r}_2} \times [\mathbf{B}_1(\mathbf{r}_2) \times \mathbf{m}_2] = (\mathbf{m}_2 \cdot \nabla_{\mathbf{r}_2}) \mathbf{B}_1(\mathbf{r}_2) = \nabla_{\mathbf{r}_2} (\mathbf{m}_2 \cdot \mathbf{B}_1(\mathbf{r}_2)). \tag{2.68}$$

Bei diesen Umformungen wurden die Formeln (I.31) und (I.32) sowie rot $\mathbf{B}_1 = 0$ für $\mathbf{r} = \mathbf{r}_2$ benutzt. Benützt man ferner die Dipolnäherung für $\mathbf{B}_1(\mathbf{r})$ nach (2.56), so folgt aus (2.68)

$$\mathbf{k} = \nabla_{\mathbf{r}_2} \left[ \frac{3[(\mathbf{r}_2 - \mathbf{r}_1) \cdot \mathbf{m}_2]\,[(\mathbf{r}_2 - \mathbf{r}_1) \cdot \mathbf{m}_1]}{|\mathbf{r}_2 - \mathbf{r}_1|^5} - \frac{\mathbf{m}_1 \cdot \mathbf{m}_2}{|\mathbf{r}_2 - \mathbf{r}_1|^3} \right] \tag{2.69}$$

$$+ \nabla_{\mathbf{r}_2} 4\pi\, \mathbf{m}_1 \cdot \mathbf{m}_2\, \delta(\mathbf{r}_2 - \mathbf{r}_1).$$

Da aber $\mathbf{r}_2 \neq \mathbf{r}_1$ vorausgesetzt wurde, so fällt der $\delta$-Term weg, und es folgt, daß $L_1$ und $L_2$ wie elektrostatische Dipole aufeinander wirken.

Das Drehmoment, das dabei von dem Magnetfeld $\mathbf{B}_l$ des Kreises $L_l$ auf $L_k$ um $\mathbf{r} = \mathbf{r}_k$ ausgeübt wird, ist nach der mechanischen Definition mit (2.21)

$$\mathbf{N}_k = \frac{1}{c} \int (\mathbf{r} - \mathbf{r}_k) \times (\mathbf{j}_k(\mathbf{r}) \times \mathbf{B}_l(\mathbf{r})) \, d^3 r. \tag{2.70}$$

Setzen wir hier approximativ $\mathbf{B}_l(\mathbf{r}) = \mathbf{B}_l(\mathbf{r}_k)$ wegen der vorausgesetzten geringen Linearausdehnung von $L_k$ und wegen des weiten Abstandes von $L_k$ und $L_l$, so geht (2.70) über in

$$\mathbf{N}_k = \frac{1}{c} \int [(\mathbf{r} - \mathbf{r}_k) \cdot \mathbf{B}_l(\mathbf{r}_k)\, \mathbf{j}_k(\mathbf{r}) - (\mathbf{r} - \mathbf{r}_k) \cdot \mathbf{j}_k(\mathbf{r})\, \mathbf{B}_l(\mathbf{r}_k)] \, d^3 r. \tag{2.71}$$

Durch partielle Integration unter Benutzung von (2.8) und infolge der endlichen Ausdehnung von $\mathbf{j}(\mathbf{r})$ folgt

$$\int (\mathbf{r} - \mathbf{r}_k) \cdot \mathbf{j}_k(\mathbf{r})\, d^3 r = 0 \tag{2.72}$$

und damit

$$\mathbf{N}_k = \frac{1}{c} \int \mathbf{j}_k(\mathbf{r})\, (\mathbf{r} - \mathbf{r}_k) \cdot \mathbf{B}_l(\mathbf{r}_k)\, d^3 r, \tag{2.73}$$

was mit (2.50) und (2.55) in

$$\mathbf{N}_k = \mathbf{m}_k \times \mathbf{B}_l(\mathbf{r}_k) \tag{2.74}$$

übergeht. Dies ist vollkommen analog zum elektrischen Fall nach (1.74).

## 2.7. Magnetostatische Feldenergie

Nach (2.68) muß die Arbeit

$$dA = -\int_{\mathbf{r}_2}^{\mathbf{r}'_2} \mathbf{k} \cdot d\mathbf{s} = -\int_{\mathbf{r}_2}^{\mathbf{r}'_2} \nabla_{\mathbf{r}} [\mathbf{m}_2 \cdot \mathbf{B}_1(\mathbf{r})] \cdot d\mathbf{s} \tag{2.75}$$
$$= -\,\mathbf{m}_2 \cdot [\mathbf{B}_1(\mathbf{r}'_2) - \mathbf{B}_1(\mathbf{r}_2)]$$

aufgebracht werden, wenn der Dipol $\mathbf{m}_2$ starr, d.h. ohne irgendwelche Änderung des Dipolmoments von $\mathbf{r}_2$ nach $\mathbf{r}'_2$ im magnetischen Feld des Dipols $\mathbf{m}_1$ verschoben wird. Beschränken wir uns gedanklich auf reine magnetische Dipole, d.h. Stromverteilungen ohne höhere Momente, so kann man in Analogie zur Elektrostatik die Feldenergie einer magnetischen Dipolanordnung wie folgt definieren:

*Definition 2.3:* Die magnetostatische Gesamtenergie eines Systems von starren Magnetdipolen $\mathbf{m}_1 \ldots \mathbf{m}_n$ in $\mathbf{r}_1 \ldots \mathbf{r}_n$ ist jene Arbeit, die nötig ist, um die Dipole $\mathbf{m}_1 \ldots \mathbf{m}_n$ starr von $\infty$ nach $\mathbf{r}_1 \ldots \mathbf{r}_n$ zu bringen.

*Behauptung:2.4:* Die in der Definition angegebene magnetostatische Energie wird durch

$$W_w^m = \frac{1}{2} \sum_{\substack{j,k \\ j \neq k}} (\mathbf{m}_j \cdot \nabla_{\mathbf{r}_j}) \frac{\mathbf{m}_k \cdot (\mathbf{r}_j - \mathbf{r}_k)}{|\mathbf{r}_j - \mathbf{r}_k|^3} \tag{2.76}$$

gegeben.

*Beweis:* Zur Berechnung bringen wir den ersten Dipol $\mathbf{m}_1$ von $\infty$ nach $\mathbf{r}_1$, wozu keine Arbeit nötig ist. Für den zweiten Dipol $\mathbf{m}_2$ erhalten wir bei der Bewegung von $\infty$ nach $\mathbf{r}_2$ im Felde von $\mathbf{m}_1$ in $\mathbf{r}_1$ nach (2.75) wegen $\lim\limits_{|\mathbf{r}| \to \infty} \mathbf{B}(\mathbf{r}) = 0$

$$W_w^m = -\,\mathbf{m}_2 \cdot \mathbf{B}_1(\mathbf{r}_2), \tag{2.77}$$

was mit (2.56) für $\mathbf{r}_1 \neq \mathbf{r}_2$ in

$$W_w^m = (\mathbf{m}_2 \cdot \nabla_\mathbf{r}) \frac{\mathbf{m}_1 \cdot (\mathbf{r} - \mathbf{r}_1)}{|\mathbf{r} - \mathbf{r}_1|^3} \Bigg|_{\mathbf{r}=\mathbf{r}_2} = (\mathbf{m}_2 \cdot \nabla_{\mathbf{r}_2}) \frac{\mathbf{m}_1 \cdot (\mathbf{r}_2 - \mathbf{r}_1)}{|\mathbf{r}_2 - \mathbf{r}_1|^3} \tag{2.78}$$

übergeht. Durch Induktionsschluß folgt (2.76), w.z.b.w.

D.h., die magnetische Wechselwirkungsenergie und das magnetische Feld sind für starre magnetische Dipole vollkommen analog zum elektrischen Dipolfeld!

Wie im elektrischen Fall versuchen wir auch hier, zum Kontinuum überzugehen. Dazu verallgemeinern wir (2.76) auf die Form

$$W_D^m = -\tfrac{1}{2} \sum_{j=1}^{n} \mathbf{m}_j \cdot \mathbf{B}(\mathbf{r}_j) = W_w^m + W_s^m \tag{2.79}$$

mit

$$\mathbf{B}(\mathbf{r}) = -\nabla_\mathbf{r} \sum_{k=1}^{n} \frac{\mathbf{m}_k \cdot (\mathbf{r} - \mathbf{r}_k)}{|\mathbf{r} - \mathbf{r}_k|^3} + 4\pi \sum_{k=1}^{n} \mathbf{m}_k \, \delta(\mathbf{r} - \mathbf{r}_k), \tag{2.80}$$

wobei wir die Summationsbeschränkung $j \neq \mathbf{k}$ aus (2.76) weggelassen haben und dafür den Selbstenergieanteil $W_s^m$ mitnehmen müssen. Dem Übergang zu kontinuierlichen Dipoldichten steht dann bei dieser Formel nichts im Wege. Wir extrapolieren aus (2.79)

$$W_D^m = -\tfrac{1}{2} \int \mathbf{m}(\mathbf{r}) \cdot \mathbf{B}(\mathbf{r}) \, d^3 r \tag{2.81}$$

und aus (2.80)

$$\mathbf{B}(\mathbf{r}) = -\nabla \varphi_m(\mathbf{r}) + 4\pi \, \mathbf{m}(\mathbf{r}) \tag{2.82}$$

Hierbei ist das skalare Potential entsprechend (2.57)

$$\varphi_m(\mathbf{r}) := -\nabla_\mathbf{r} \cdot \int \frac{\mathbf{m}(\mathbf{r}')}{|\mathbf{r} - \mathbf{r}'|} d^3 r' = \int \frac{\mathbf{m}(\mathbf{r}') \cdot (\mathbf{r} - \mathbf{r}')}{|\mathbf{r} - \mathbf{r}'|^3} d^3 r', \tag{2.83}$$

und in Analogie zur Kontinuumsdarstellung von Punktladungen wurde in der Kontinuumsextrapolation von (2.80)

$$\mathbf{m}(\mathbf{r}) = \sum_{k=1}^{n} \mathbf{m}_k \, \delta(\mathbf{r} - \mathbf{r}_k) \tag{2.84}$$

gesetzt, wobei man durch die δ-Funktions-Darstellung wieder zu Punktdipolen zurückkehren kann. Die Dipoldichte $\mathbf{m}(\mathbf{r})$ hat die Dimension Le $cm^{-2}$ = $dyn^{1/2}$ $cm^{-1}$ = Gs im Gauß-System und Wb $m^{-2}$ = V s $m^{-2}$ im Giorgi-System.

Betrachtet man lokalisierte Dipoldichten $\mathbf{m}(\mathbf{r})$ aus der Menge der zulässigen Funktion F, so folgt aus (2.83) $\lim_{\mathbf{r} \to \infty} \varphi_m(\mathbf{r}) = 0$. Damit läßt sich (2.81) in folgender Weise umformen. Wir lösen (2.82) nach $\mathbf{m}(\mathbf{r})$ auf und substituieren in (2.81), was

$$W_D^m = -\frac{1}{8\pi} \int \mathbf{B}(\mathbf{r}) \cdot \mathbf{B}(\mathbf{r}) \, d^3 r - \frac{1}{8\pi} \int \mathbf{B}(\mathbf{r}) \cdot \nabla \varphi_m(\mathbf{r}) \, d^3 r \tag{2.85}$$

ergibt. Wegen (I.30) wird im letzten Term von (2.85)

$$\int \mathbf{B}(\mathbf{r}) \cdot \nabla \varphi_m(\mathbf{r})\, d^3r = \int \nabla \cdot (\mathbf{B}(\mathbf{r})\, \varphi_m(\mathbf{r}))\, d^3r - \int \varphi_m(\mathbf{r})\, \nabla \cdot \mathbf{B}(\mathbf{r})\, d^3r. \quad (2.86)$$

Der erste Term rechts läßt sich nach dem Gaußschen Satz in ein Oberflächenintegral verwandeln und verschwindet im $\lim_{|\mathbf{r}|\to\infty}$ zufolge der Randwerteigenschaften von $\mathbf{B}(\mathbf{r})$ und $\varphi_m(\mathbf{r})$. Der zweite Term rechts aber verschwindet wegen (2.24). Daher folgt

$$W_D^m = -\frac{1}{8\pi} \int \mathbf{B}(\mathbf{r}) \cdot \mathbf{B}(\mathbf{r}) \cdot d^3r. \quad (2.87)$$

Da es möglich ist, zu beliebigen Stromverteilungen magnetische Dipoldichten zu konstruieren, worauf wir aber nicht weiter eingehen wollen, gilt im magnetostatischen Fall ganz allgemein für die Energie der starr aufgebauten Feldanordnung

$$W^m = -\frac{1}{8\pi} \int \mathbf{B}(\mathbf{r}) \cdot \mathbf{B}(\mathbf{r})\, d^3r \quad (2.88)$$

d.h. diese Energie ist völlig analog zur elektrostatischen Energie, aber negativ definit.

Die Ursache für dieses unerwartete Ergebnis ist im Ansatz unseres Modells zu suchen. In ihm sind die magnetischen Dipole und damit die zugehörigen Stromverteilungen als starr beim Aufbauvorgang der Anordnung vorausgesetzt. Es wird sich erweisen, daß diese Voraussetzung physikalisch unhaltbar ist, d.h. daß beim Aufbauvorgang einer Anordnung die Ströme beeinflußt werden, und zwar so, daß schließlich (2.88) mit positiven Vorzeichen entsteht. Dies wird in den Kapiteln 3.5 (Leistungsbilanz) und 8.2 (Energie-Impuls-Erhaltung) eingehend untersucht. Es zeigt sich, daß der Vorzeichenwechsel mit Induktionsvorgängen zusammenhängt und auf das sog. magnetische Paradoxon führt. Dies geht über den Rahmen der Magnetostatik hinaus und wird in Abschnitt 11.12 noch genauer besprochen.

# 3. Maxwellgleichungen

## 3.1. Induktionsgesetz

Wir hatten bisher in der Elektrostatik ruhende Punktladungen bzw. stationäre Ladungsdichten untersucht. Steht eine solche Ladungsanordnung mit einem äußeren elektrischen Feld im Gleichgewicht, so ist klar, daß jede Veränderung des äußeren Feldes wegen der veränderten Kräfte eine Ladungsbewegung verursacht, die zu einem neuen Gleichgewichtszustand hinstrebt, sofern ein solcher vorhanden ist. In der Magnetostatik bilden die stationären Ströme das Analogon zu den stationären Ladungsverteilungen. Befindet sich ein solcher Strom unter dem Einfluß eines äußeren Magnetfeldes, so ist die Frage, ob bei Veränderung des magnetischen Feldes eine ähnliche Wechselwirkung zwischen dem magnetischen Feld und den Strömen zu beobachten ist, wie zwischen dem elektrischen Feld und Ladungen. Die Antwort gibt das sog. Faradaysche Induktionsgesetz. Zu seiner Formulierung nehmen wir einen geschlossenen Leiterkreis L an und definieren den magnetischen Fluß durch

$$\phi_m (F) := \int_{F(L)} \mathbf{B}(\mathbf{r}) \cdot df, \tag{3.1}$$

wobei sich die Integration über eine von L berandete Fläche erstreckt.

*Behauptung 3.1:* Der magnetische Fluß ist durch L eindeutig bestimmt, d.h., er hängt nicht von der speziell gewählten Fläche ab.

*Beweis:* Beachtet man (2.33) sowie (2.35) und wendet den Stokesschen Satz an, so wird aus (3.1)

$$\phi_m (F) = \int_L \mathbf{A} \cdot ds = \int_L A' \cdot ds \tag{3.2}$$

(3.2) kann für eine beliebige Integrationsfläche abgeleitet werden und hängt nur von L ab. Folglich ist $\phi_m$ von F sowie von der Eichung unabhängig, w.z.b.w.

Die Dimension von $\phi_m$ ist dyn $cm^2$ $Le^{-1}$ = Gs $cm^2$ = Maxwell im Gauß-System und V s = Wb im Giorgi-System.

Nunmehr nehmen wir an, daß sich das Magnetfeld **B** zeitlich verändert, d.h., daß gelte: $\mathbf{B} := \mathbf{B}(\mathbf{r}, t)$. Daraus folgt nach (3.1), daß auch $\phi_m$ zeitlich veränderlich ist. Es gilt dann das

**6. experimentelle Fundamentalgesetz**: Die totale zeitliche Änderung von $\phi_m$ erzeugt eine induzierte elektrische Randspannung $U^J$ in L, die der zeitlichen Änderung von $\phi_m$ proportional ist:

$$-k_3 \frac{d}{dt} \phi_m (t) = \int_L \mathbf{E}(\mathbf{r}, t) \cdot ds =: U^J. \tag{3.3}$$

Zufolge dieser elektrischen Randspannung entsteht im Leiter ein Strom, der sog. Induktionsstrom. Dieser erzeugt seinerseits ein Magnetfeld, worauf wir noch näher eingehen werden.

Zunächst formulieren wir (3.3) mittels des Stokesschen Satzes als Differentialgesetz. Da (3.3) für beliebig geformte Leiterkreise L gilt, erhält man, wenn L unbewegt ist,

$$\nabla \times \mathbf{E}(\mathbf{r}, t) = -k_3 \frac{\partial}{\partial t} \mathbf{B}(\mathbf{r}, t). \tag{3.4}$$

Dies bedeutet, daß durch das Induktionsgesetz zeitabhängige elektrische und magnetische Felder verknüpft werden. Da **B** und **E** im Gauß-System dieselbe Dimension haben, muß $k_3$ zufolge der Gleichungsoperatoren die Dimension einer reziproken Geschwindigkeit haben. Es folgt experimentell $k_3 = \frac{1}{c}$ mit c = Vakuumlichtgeschwindigkeit. Im Giorgi-System ist $k_3$ dimensionslos mit dem speziellen Wert $k_3 = 1$. Der Fall bewegter Leiterkreise kann systematisch mit der Transformationstheorie in Kap. II behandelt werden und soll hier nicht diskutiert werden.

Der physikalische Inhalt des Induktionsgesetzes legt nahe, sich genauer mit den zeitabhängigen elektrischen und magnetischen Feldern und deren Feldgesetzen zu befassen. Für eine Gesamtbeschreibung von zeitabhängigen elektrischen und magnetischen Feldern besteht zunächst die Möglichkeit, die bisher angegebenen elektrostatischen und magnetostatischen Gesetze mit stationärem $\rho$ und $\mathbf{j}$ auf zeitabhängiges $\rho(\mathbf{r}, t)$ und $\mathbf{j}(\mathbf{r}, t)$ zu verallgemeinern. Man erhält so die folgenden Gleichungen

$$\nabla \cdot \mathbf{E}(\mathbf{r}, t) = 4\pi\, \rho(\mathbf{r}, t) \qquad \text{Coulombgesetz}$$

$$\nabla \times \mathbf{B}(\mathbf{r}, t) = \frac{4\pi}{c}\, \mathbf{j}(\mathbf{r}, t) \qquad \text{Ampèregesetz} \tag{3.5}$$

$$\nabla \times \mathbf{E}(\mathbf{r}, t) = -\frac{1}{c}\frac{\partial}{\partial t}\mathbf{B}(\mathbf{r}, t) \qquad \text{Induktionsgesetz}$$

$$\nabla \cdot \mathbf{B}(\mathbf{r}, t) = 0 \qquad \text{Ampèregesetz}$$

und

$$\nabla \cdot \mathbf{j}(\mathbf{r}, t) + \frac{\partial}{\partial t}\rho(\mathbf{r}, t) = 0 \qquad \text{Ladungserhaltung} \tag{3.5a}$$

Es wird sich zeigen, daß dieser Satz elektromagnetischer Feldgleichungen noch nicht ganz korrekt ist.

## 3.2. Verschiebungsströme

Wie wir in Abschnitt 3.1 erwähnt haben, handelt es sich bei dem zeitabhängigen Coulombgesetz und Ampèregesetz um Verallgemeinerungen statischer Gesetze auf zeitabhängige Vorgänge, was noch einer genaueren Untersuchung bzw. Rechtfertigung bedarf. Wir behaupten nämlich:

*Behauptung 3.2:* Das zeitabhängige Ampèregesetz in (3.5) ist mit der Ladungserhaltung nicht verträglich.

*Beweis:* Wir wenden $\nabla$ skalar auf das Ampèregesetz an und erhalten

$$\nabla \cdot [\nabla \times \mathbf{B}(\mathbf{r}, t)] \equiv 0 = \frac{4\pi}{c}\nabla \cdot \mathbf{j}(\mathbf{r}, t), \tag{3.6}$$

woraus mit (3.5a)

$$\frac{4\pi}{c}\frac{\partial\, \rho(\mathbf{r}, t)}{\partial t} = 0 \tag{3.7}$$

folgt. Ladungsbewegungen aber, bei denen $\dot{\rho} = 0$ wird, sind stationär, was hier ausgeschlossen wird, d.h., die in (3.5) angegebene Verallgemeinerung führt auf einen Widerspruch, w.z.b.w.

Approximativ kann man (3.7) allerdings rechtfertigen, indem man z.B. periodische Ladungsbewegungen $\rho(\mathbf{r}, t) = \rho(\mathbf{r})\, e^{i\omega t}$ mit sehr kleiner Frequenz $\omega$ betrachtet. Dann wird

$$\left| \frac{4\pi}{c}\dot{\rho} \right| = \left| \rho \frac{4\pi\omega}{c} \right| \approx 0 \tag{3.8}$$

d.h., $\rho\omega/c$ ist vernachlässigbar. In dieser Näherung nennt man Ströme quasistationär, worauf wir später noch eingehen werden. Abgesehen von derartigen Näherungen stellt sich aber die grundsätzliche Frage, auf welche Weise das Ampèregesetz verallgemeinert werden muß, um den angegebenen Widerspruch zu vermeiden. Die Antwort darauf wurde von Maxwell durch theoretische Ableitung gegeben. Wir setzen an 50

$$\nabla \times \mathbf{B}(\mathbf{r}, t) = \chi(\mathbf{r}, t). \tag{3.9}$$

Daraus folgt dann

$$\nabla \cdot \chi(\mathbf{r}, t) = 0. \tag{3.10}$$

Man muß daher ein sinnvolles $\chi$ finden, das (3.10) erfüllt und für quasistationäre Ströme in das Ampèregesetz übergeht. Wir behaupten, daß

$$\chi(\mathbf{r}, t) := \frac{4\pi}{c}\, \mathbf{j}(\mathbf{r}, t) + \frac{1}{c}\frac{\partial}{\partial t}\mathbf{E}(\mathbf{r}, t). \tag{3.11}$$

solch ein sinnvoller Ansatz ist. Zum Beweis bilden wir mit (3.5)

$$\begin{aligned} \nabla \cdot \chi(\mathbf{r}, t) &= \frac{4\pi}{c}\, \nabla \cdot \mathbf{j}(\mathbf{r}, t) + \frac{1}{c}\frac{\partial}{\partial t}\, \nabla \cdot \mathbf{E}(\mathbf{r}, t) \\ &= \frac{4\pi}{c}\left[\nabla \cdot \mathbf{j}(\mathbf{r}, t) + \frac{\partial}{\partial t}\rho(\mathbf{r}, t)\right] = 0, \end{aligned} \tag{3.12}$$

womit die Ladungserhaltung garantiert ist. Im quasistationären Grenzfall erhält man daraus wegen (3.8) das Ampèregesetz. Damit lautet die korrekte zeitabhängige Verallgemeinerung

$$\nabla \times \mathbf{B}(\mathbf{r}, t) = \frac{4\pi}{c}\, \mathbf{j}(\mathbf{r}, t) + \frac{1}{c}\frac{\partial}{\partial t}\mathbf{E}(\mathbf{r}, t). \tag{3.13}$$

Der Term $\frac{\partial}{\partial t}\mathbf{E}(\mathbf{r}, t)$ wird Maxwellscher Verschiebungsstrom genannt. Mit seiner Einführung haben die elektromagnetischen Feldgleichungen ihre endgültige Form im Vakuum erhalten. Der Verschiebungsstrom ist auch experimentell von Hertz umfassend bestätigt worden. Die durch (3.13) verbesserten Gleichungen (3.5) werden insgesamt als Maxwellgleichungen bezeichnet und lauten (im Vakuum)

$$\nabla \times \mathbf{E}(\mathbf{r}, t) + \frac{1}{c}\frac{\partial}{\partial t}\mathbf{B}(\mathbf{r}, t) = 0 \tag{3.14a}$$

$$\nabla \cdot \mathbf{B}(\mathbf{r}, t) = 0 \tag{3.14b}$$

$$\nabla \times \mathbf{B}(\mathbf{r}, t) - \frac{1}{c}\frac{\partial}{\partial t}\mathbf{E}(\mathbf{r}, t) = \frac{4\pi}{c}\, \mathbf{j}(\mathbf{r}, t) \tag{3.14c}$$

$$\nabla \cdot \mathbf{E}(\mathbf{r}, t) = 4\pi\, \rho(\mathbf{r}, t). \tag{3.14d}$$

Diese Gleichungen bilden ein vollständiges gekoppeltes System linearer partieller Differentialgleichungen 1. Ordnung zur Beschreibung der zeitabhängigen Felder $\mathbf{E}(\mathbf{r}, t)$ und $\mathbf{B}(\mathbf{r}, t)$ bei vorgegebenen Inhomogenitäten $\rho(\mathbf{r}, t)$ und $\mathbf{j}(\mathbf{r}, t)$. Zur Lösung dieses Gleichungssystems sind für **E** und **B** örtliche Randbedingungen und zeitliche Anfangswertbedingungen nötig, die der physikalischen Situation entsprechen. Dadurch erst wird die Vielfalt der physikalischen Prozesse erfaßt.

Für die „Quellen" $\rho$ und **j** gilt zunächst nur die Ladungserhaltung

$$\nabla \cdot \mathbf{j}(\mathbf{r}, t) + \frac{\partial}{\partial t} \rho(\mathbf{r}, t) = 0 \tag{3.15}$$

und sonst nichts! D.h., in dieser Form ist noch kein spezielles Materiemodell zugrunde gelegt. Vielmehr sind $\rho$ und **j** willkürliche Parameterfunktionen, die als Ladungsdichte und Stromdichte interpretiert werden und lediglich (3.15) genügen. Durch diese Willkür in der Wahl von $\rho$ und **j** entsteht eine außerordentlich große Mannigfaltigkeit möglicher Lösungen von (3.14), die sämtliche physikalischen Prozesse im Vakuum beschreiben sollten. Tatsächlich wird diese Lösungsmannigfaltigkeit aber dadurch eingeschränkt, daß $\rho$ und **j** nicht nur (3.15) genügen müssen, sondern darüber hinaus noch aus Materiemodellen abgeleitet werden müssen, über die wir noch keine speziellen Annahmen gemacht haben. Dies wird später noch geschehen. Zunächst aber ziehen wir allgemeine Schlüsse aus (3.14), indem wir $\rho$ und **j** als willkürliche, nur durch Konvergenzbedingungen eingeschränkte, zulässige Funktionen aus F betrachten.

## 3.3. Skalar- und Vektorpotentiale

In Analogie zur Elektrostatik und Magnetostatik versuchen wir auch hier, das vollständige gekoppelte System der Maxwellgleichungen durch die Einführung von Potentialen zu vereinfachen und zu entkoppeln. Um die homogenen Gleichungen (3.14a) und (3.14b) zu erfüllen, setzen wir an

$$\mathbf{B}(\mathbf{r}, t) = \nabla \times \mathbf{A}(\mathbf{r}, t), \tag{3.16}$$

wodurch (3.14b) automatisch erfüllt wird. Durch Substitution in (3.14a) folgt

$$\nabla \times \mathbf{E}(\mathbf{r}, t) = -\frac{1}{c} \frac{\partial}{\partial t} \nabla \times \mathbf{A}(\mathbf{r}, t) \tag{3.17}$$

und daraus

$$\nabla \times \left[\mathbf{E}(\mathbf{r}, t) + \frac{1}{c} \frac{\partial}{\partial t} \mathbf{A}(\mathbf{r}, t)\right] = 0 \tag{3.18}$$

Die allgemeine Lösung dieser Gleichungen lautet dann

$$\mathbf{E}(\mathbf{r}, t) + \frac{1}{c} \frac{\partial}{\partial t} \mathbf{A}(\mathbf{r}, t) = -\nabla \varphi(\mathbf{r}, t), \tag{3.19}$$

woraus die Potentialdarstellung für das elektrische Feld

$$\mathbf{E}(\mathbf{r}, t) = -\nabla \varphi(\mathbf{r}, t) - \frac{1}{c} \frac{\partial}{\partial t} \mathbf{A}(\mathbf{r}, t) \tag{3.20}$$

folgt mit $\mathbf{A}(\mathbf{r}, t)$ als Vektorpotential und $\varphi(\mathbf{r}, t)$ als skalarem Potential. Mit diesem Ansatz werden die homogenen Gleichungen (3.14a), (3.14b) automatisch erfüllt.

Es verbleiben nur die inhomogenen Gleichungen (3.14c), (3.14d) als Bedingungen für $\mathbf{A}(\mathbf{r}, t)$ und $\varphi(\mathbf{r}, t)$. Substitution von (3.16) und (3.20) in (3.14c), (3.14d) ergibt

$$\Delta \varphi(\mathbf{r}, t) + \frac{1}{c} \frac{\partial}{\partial t} \nabla \cdot \mathbf{A}(\mathbf{r}, t) = -4\pi \rho(\mathbf{r}, t) \tag{3.21}$$

sowie

$$\Box \mathbf{A}(\mathbf{r}, t) - \nabla \left[\nabla \cdot \mathbf{A}(\mathbf{r}, t) + \frac{1}{c} \frac{\partial}{\partial t} \varphi(\mathbf{r}, t)\right] = -\frac{4\pi}{c} \mathbf{j}(\mathbf{r}, t) \tag{3.22}$$

mit dem d'Alembert-Operator (Wellengleichungs-Operator)

$$\Box := \Delta - \frac{1}{c^2} \frac{\partial^2}{\partial t^2}, \tag{3.23}$$

der im Anhang III und IV ausführlich diskutiert wird. Damit hat man zwar eine kleinere Anzahl von unbekannten Funktionen, nämlich $\varphi$, $\mathbf{A}$ gegenüber vorher $\mathbf{E}$, $\mathbf{B}$ in den Gleichungen (3.14) erhalten, aber die verbleibenden Gleichungen (3.21), (3.22) sind immer noch gekoppelt.

## 3.4. Eichungen

Zur Entkopplung von (3.21) und (3.22) wird nun benutzt, daß $\mathbf{B}$ und $\mathbf{E}$ durch (3.16) und (3.20) nicht eindeutig mit $\mathbf{A}$ und $\varphi$ verknüpft sind. Diese Mehrdeutigkeit kann verwendet werden, um bei fest vorgegebenen Maxwellgleichungen (3.14) verschiedene Gleichungen für die Potentiale herzuleiten, je nachdem, wie man die Absolutwerte der Potentiale festlegt. Eine solche Möglichkeit wird als Eichung der Potentiale bezeichnet. Sie hat für die physikalische Interpretation der Theorie keine Konsequenzen, da die Potentiale unbeobachtbare Größen sind.

### a) Lorentz-Eichung

Setzt man an

$$\begin{aligned} \mathbf{A}'(\mathbf{r}, t) &= \mathbf{A}(\mathbf{r}, t) + \nabla \lambda(\mathbf{r}, t) \\ \varphi'(\mathbf{r}, t) &= \varphi(\mathbf{r}, t) - \frac{1}{c} \frac{\partial}{\partial t} \lambda(\mathbf{r}, t), \end{aligned} \tag{3.24}$$

so folgt aus (3.16) und (3.20)

$$\begin{aligned} \mathbf{B}(\mathbf{r}, t) &= \nabla \times \mathbf{A}(\mathbf{r}, t) \equiv \nabla \times \mathbf{A}'(\mathbf{r}, t) \\ \mathbf{E}(\mathbf{r}, t) &= -\nabla \varphi(\mathbf{r}, t) - \frac{1}{c} \frac{\partial}{\partial t} \mathbf{A}(\mathbf{r}, t) \equiv -\nabla \varphi'(\mathbf{r}, t) - \frac{1}{c} \frac{\partial}{\partial t} \mathbf{A}'(\mathbf{r}, t). \end{aligned} \tag{3.25}$$

Die unbeobachtbaren Potentiale $\mathbf{A}$ und $\varphi$ sowie $\mathbf{A}'$ und $\varphi'$ führen also auf das gleiche beobachtbare $\mathbf{E}$-, $\mathbf{B}$-Feld. Durch (3.24) können aber die Absolutwerte der Potentiale geändert werden. Man nennt (3.24) daher auch eine Eichtransformation. Diese Eichtransformation nutzen wir nun zur Gleichungsvereinfachung aus.

*Behauptung 3.3:* $\mathbf{A}'$ und $\varphi'$ können so gewählt werden, daß die Potentialgleichungen

$$\begin{aligned}\Box\,\varphi'(\mathbf{r},t) &= -4\pi\,\rho(\mathbf{r},t)\\ \Box\,\mathbf{A}'(\mathbf{r},t) &= -\frac{4\pi}{c}\,\mathbf{j}(\mathbf{r},t)\end{aligned} \tag{3.26}$$

mit der Lorentzbedingung

$$\nabla\cdot\mathbf{A}'(\mathbf{r},t)+\frac{1}{c}\frac{\partial}{\partial t}\varphi'(\mathbf{r},t)=0 \tag{3.27}$$

gelten.

*Beweis:* Wir lösen (3.24) nach $\mathbf{A}$ und $\varphi$ auf und substituieren in (3.21), (3.22). Dies ergibt

$$\Delta\varphi'+\frac{1}{c}\frac{\partial}{\partial t}\nabla\cdot\mathbf{A}'=-4\pi\rho \tag{3.28}$$

$$\Box\,\mathbf{A}'-\Box\,\nabla\lambda-\nabla\left[\nabla\cdot\mathbf{A}+\frac{1}{c}\frac{\partial}{\partial t}\varphi\right]=-\frac{4\pi}{c}\mathbf{j} \tag{3.29}$$

Der letzte Term auf der linken Seite in (3.22) bzw. (3.29) wurde dabei nicht mittransformiert.

Wir nehmen ferner an, daß $\mathbf{A}$ und $\varphi$ als Lösungen von (3.21) und (3.22) bekannt seien. Dann kann $\lambda$ so gewählt werden, daß es Lösung der inhomogenen Wellengleichung

$$\Box\,\lambda(\mathbf{r},t)=-\left[\nabla\cdot\mathbf{A}(\mathbf{r},t)+\frac{1}{c}\frac{\partial}{\partial t}\varphi(\mathbf{r},t)\right] \tag{3.30}$$

ist. Diese Gleichung besitzt bei geeigneten Rand- und Anfangswertbedingungen für $\lambda$ eindeutige Lösungen (s. Anhang III). Aus (3.28), (3.29) folgt daher mit (3.30) das Gleichungssystem

$$\begin{aligned}\Delta\varphi'+\frac{1}{c}\frac{\partial}{\partial t}\nabla\cdot\mathbf{A}' &= -4\pi\rho\\ \Box\,\mathbf{A}' &= -\frac{4\pi}{c}\mathbf{j}.\end{aligned} \tag{3.31}$$

Anwendung von div auf $\mathbf{A}$ und von $\frac{1}{c}\frac{\partial}{\partial t}$ auf $\varphi$ in (3.24) mit nachfolgender Addition liefert mit (3.30) sodann die Lorentzbedingung

$$\nabla\cdot\mathbf{A}'(\mathbf{r},t)+\frac{1}{c}\frac{\partial}{\partial t}\varphi'(\mathbf{r},t)=0, \tag{3.32}$$

woraus mit (3.31) die Behauptung (3.26) folgt, w.z.b.w.

Wenn also die Maxwellgleichungen (3.14) eindeutige Lösungen besitzen, kann man immer Potentiale $\mathbf{A}'$ und $\varphi'$ finden, die (3.26) und (3.27) erfüllen. Das Problem ist dann, ob man unter Verzicht auf die hier gegebene Konstruktionsmethode direkt Lösungen von (3.26) angeben kann, die (3.27) erfüllen. Diese Frage werden wir später durch sog. Quelldarstellungen mit Greenfunktionen unter den homogenen Randbedingungen im Unendlichen $\lim_{r\to\infty} \mathbf{A}(\mathbf{r}, t) = 0$, $\lim_{r\to\infty} \varphi(\mathbf{r}, t) = 0$ behandeln. Diese Randbedingungen sind die „natürlichen" Randbedingungen des Vakuums für zugelassene Ladungs- und Stromverteilungen $\rho(\mathbf{r}, t)$, $\mathbf{j}(\mathbf{r}, t)$ aus F. Muß man andere Randbedingungen stellen, so wird die Lösung sehr viel schwieriger, z.B. bei homogenen Randbedingungen auf einer endlichen geschlossenen Fläche oder eventuell entsprechenden inhomogenen Randbedingungen.

### b) Coulomb-Eichung

Zur Vereinfachung fordern wir in diesem Fall

$$\nabla \cdot \mathbf{A}(\mathbf{r}, t) = 0. \tag{3.33}$$

Diese Forderung entspricht der Eichung (2.39) im stationären Fall. Wir behaupten nun:

*Behauptung 3.4:* Unter der homogenen Randbedingung im Unendlichen $\lim_{r\to\infty} = 0$ an die Potentiale ist (3.33) eine mit (3.21), (3.22) verträgliche Forderung.

*Beweis:* Unter der Annahme (3.33) lauten die Gleichungen (3.21), (3.22)

$$\Delta \varphi(\mathbf{r}, t) = -4\pi\, \rho(\mathbf{r}, t) \tag{3.34}$$

$$\Box\, \mathbf{A}(\mathbf{r}, t) = -\frac{4\pi}{c}\, \mathbf{j}(\mathbf{r}, t) + \frac{1}{c} \nabla \frac{\partial}{\partial t} \varphi(\mathbf{r}, t), \tag{3.35}$$

d.h., die Gleichung (3.34) ist durch (3.33) entkoppelt.

Unter der Randbedingung $\lim_{r\to\infty} \varphi(\mathbf{r}, t) = 0$ integrieren wir (3.34) mit der Greenfunktion für den unendlichen Raum (IV.24) und erhalten

$$\varphi(\mathbf{r}, t) = \int \frac{\rho(\mathbf{r}', t)}{|\mathbf{r} - \mathbf{r}'|}\, d^3 r'. \tag{3.36}$$

In dieser Eichung ist das skalare Potential daher identisch mit dem Coulomb-Potential (1.24) der Elektrostatik. Anwendung von $\nabla \frac{\partial}{\partial t}$ auf (3.36) ergibt zusammen mit der Kontinuitätsgleichung (3.15)

$$\nabla \frac{\partial}{\partial t} \varphi(\mathbf{r}, t) = -\nabla_{\mathbf{r}} \int \frac{\nabla_{\mathbf{r}'} \cdot \mathbf{j}(\mathbf{r}', t)}{|\mathbf{r} - \mathbf{r}'|}\, d^3 r'. \tag{3.37}$$

Wenn $\mathbf{j}(\mathbf{r}, t)$ gleichmäßig für alle t eine zulässige Funktion aus F ist, gilt nach Anhang Vb die eindeutige Zerlegung der Stromverteilung $\mathbf{j}$ in eine longitudinale Komponente $\mathbf{j}_l$ und eine transversale Komponente $\mathbf{j}_t$:

$$\mathbf{j}(\mathbf{r}, t) = \mathbf{j}_l(\mathbf{r}, t) + \mathbf{j}_t(\mathbf{r}, t) \tag{3.38}$$

mit

$$\nabla \times \mathbf{j}_l(\mathbf{r}, t) = 0 \tag{3.39}$$

$$\nabla \cdot \mathbf{j}_t(\mathbf{r}, t) = 0\,.$$

Nach (V.20) folgt ferner die Darstellung der Komponenten

$$\mathbf{j}_l(\mathbf{r}, t) = -\frac{1}{4\pi} \nabla_\mathbf{r} \nabla_\mathbf{r} \cdot \int \frac{\mathbf{j}(\mathbf{r}', t)}{|\mathbf{r}-\mathbf{r}'|} d^3 r' \tag{3.40}$$

$$\mathbf{j}_t(\mathbf{r}, t) = \frac{1}{4\pi} \nabla_\mathbf{r} \times \nabla_\mathbf{r} \times \int \frac{\mathbf{j}(\mathbf{r}', t)}{|\mathbf{r}-\mathbf{r}'|} d^3 r'. \tag{3.41}$$

Nun läßt sich (3.40) umformen in

$$\mathbf{j}_l(\mathbf{r}, t) = -\frac{1}{4\pi} \nabla_\mathbf{r} \int \mathbf{j}(\mathbf{r}', t) \cdot \nabla_\mathbf{r} \frac{1}{|\mathbf{r}-\mathbf{r}'|} d^3 r' = \frac{1}{4\pi} \nabla_\mathbf{r} \int \mathbf{j}(\mathbf{r}', t) \cdot \nabla_{\mathbf{r}'} \frac{1}{|\mathbf{r}-\mathbf{r}'|} d^3 r', \tag{3.42}$$

und wegen $\nabla \cdot (\mathbf{j}\,|\mathbf{r}-\mathbf{r}'|^{-1}) = |\mathbf{r}-\mathbf{r}'|^{-1}\ \nabla \cdot \mathbf{j} + \mathbf{j} \cdot \nabla\ |\mathbf{r}-\mathbf{r}'|^{-1}$ folgt aus (3.42) unter Anwendung des Gaußschen Satzes

$$\mathbf{j}_l(\mathbf{r}, t) = -\frac{1}{4\pi} \nabla_\mathbf{r} \int \frac{\nabla_{\mathbf{r}'} \cdot \mathbf{j}(\mathbf{r}', t)}{|\mathbf{r}-\mathbf{r}'|} d^3 r', \tag{3.43}$$

wobei das Oberflächenintegral über den $\mathbb{R}_3$ infolge der Eigenschaften von $\mathbf{j}$ als zulässige Funktion aus F verschwindet. Damit wird aus (3.37) durch Substitution von (3.43)

$$\nabla \frac{\partial}{\partial t} \varphi(\mathbf{r}, t) = 4\pi\, \mathbf{j}_l(\mathbf{r}, t), \tag{3.44}$$

und Substitution in (3.35) unter Berücksichtigung von (3.38) ergibt

$$\Box\, \mathbf{A}(\mathbf{r}, t) = -\frac{4\pi}{c} \mathbf{j}_t(\mathbf{r}, t). \tag{3.45}$$

Zur Prüfung der Verträglichkeit von (3.45) mit der Coulomb-Eichung (3.33) wenden wir auf (3.45) die Operation div an. Dann erhalten wir wegen (3.39)

$$\Box\, \nabla \cdot \mathbf{A}(\mathbf{r}, t) \equiv 0. \tag{3.46}$$

Eine Lösung $Z(\mathbf{r}, t) \equiv \nabla \cdot \mathbf{A}(\mathbf{r}, t)$ dieser homogenen Wellengleichung mit der homogenen Randbedingung $\lim_{r \to \infty} \mathbf{A}(\mathbf{r}, t) = 0$ im Unendlichen verschwindet aber nach Anhang III identisch, woraus (3.33) folgt. Damit wurde durch direkte Integration der Potentialgleichung für $\varphi(\mathbf{r}, t)$ in der Coulomb-Eichung die Widerspruchsfreiheit der Lösung mit der Annahme (3.33) gezeigt, w.z.b.w.

Insgesamt erhält man daher in der Coulomb-Eichung die Gleichungen

$$\Delta\, \varphi(\mathbf{r}, t) = -4\pi\, \rho(\mathbf{r}, t) \tag{3.47}$$

$$\Box\, \mathbf{A}(\mathbf{r}, t) = -\frac{4\pi}{c} \mathbf{j}_t(\mathbf{r}, t) \tag{3.48}$$

Wie in der Lorentz-Eichung kann der Beweis auch auf andere homogene Randbedingungen im Endlichen für $\mathbf{A}$ und $\varphi$ ausgedehnt werden, was hier jedoch nicht durchgeführt werden soll.

Es sei noch darauf hingeweisen, daß selbst mit den Gleichungen (3.26), (3.27) in der Lorentz-Eichung die Potentiale noch nicht eindeutig festgelegt sind. Nimmt man nämlich folgende eingeschränkte Eichtransformation vor

$$\begin{aligned} \mathbf{A}'' &= \mathbf{A}' + \nabla \lambda \\ \varphi'' &= \varphi' - \frac{1}{c}\frac{\partial}{\partial t}\lambda \end{aligned} \tag{3.49}$$

mit der Nebenbedingung

$$\Box\, \lambda(\mathbf{r}, t) = 0 \tag{3.50}$$

bei geeigneten inhomogenen Rand- und Anfangswertbedingungen für $\lambda(\mathbf{r}, t)$, so erfüllen $\mathbf{A}''$ und $\varphi''$ ebenfalls (3.26), (3.27), wie man leicht verifiziert. Diese Gleichungen sind daher gegenüber eingeschränkten Eichtransformationen der Art (3.49) mit der Nebenbedingung (3.50) invariant. Eine solche eingeschränkte Eichtransformations-Funktion $\lambda$ als Lösung der homogenen Wellengleichung (3.50) mit inhomogenen Randbedingungen ist notwendig, um (3.26), (3.27) unter verschiedenen inhomogenen Rand- und Anfangswertbedingungen erfüllen zu können, worauf wir aber nicht näher eingehen (s. Anhang III).

## 3.5. Leistungsbilanz *(Poynting-Theorem)*

Wir hatten bereits im statischen Fall gezeigt, daß das elektromagnetische Feld Arbeit leisten kann und einen Energieinhalt besitzt. Nach der Ableitung des vollständigen Satzes von Feldgleichungen soll dies nun auch für allgemeine zeitabhängige elektromagnetische Felder nachgewiesen werden. Da elektromagnetische Vorgänge nur durch Wechselwirkung mit Materie beobachtbar werden, so muß man auch für die Energiebilanz ein Materiemodell in Wechselwirkung mit dem Feld untersuchen. Dies bedeutet, daß das Feld allein kein geschlossenes System sein und ein Erhaltungssatz deshalb nur für das Gesamtsystem von Materie und Feld gelten kann. Verwenden wir ein Materiemodell von zulässigen Ladungs- und Stromdichten aus F, in dem nur die elektromagnetischen Feldkräfte wirksam sind, so können wir den Erhaltungssatz ausdrücken durch die

*Behauptung 3.5:* Sofern das Gesamtsystem von Materie und Feld abgeschlossen ist und im Unendlichen alle Feldgrößen stärker als $r^{-1}$ verschwinden, gilt der Energieerhaltungssatz

$$\frac{\partial}{\partial t}\,[U(t) + A(t)] = 0, \tag{3.51}$$

wobei $U(t)$ die gesamte elektromagnetische Feldenergie und $A(t)$ die an der Materie geleistete Gesamtarbeit ist.

*Beweis:* Wir multiplizieren (3.14c) skalar mit $-\mathbf{E}$ und (3.14a) skalar mit $\mathbf{B}$ und addieren beide Gleichungen. Dann entsteht

$$\mathbf{B}\cdot(\nabla\times\mathbf{E}) - \mathbf{E}\cdot(\nabla\times\mathbf{B}) + \frac{1}{c}\mathbf{E}\cdot\frac{\partial}{\partial t}\mathbf{E} + \frac{1}{c}\mathbf{B}\cdot\frac{\partial}{\partial t}\mathbf{B} = -\frac{4\pi}{c}\mathbf{j}\cdot\mathbf{E} \tag{3.52}$$

Nach (I.31) gilt

$$\mathbf{B} \cdot (\nabla \times \mathbf{E}) - \mathbf{E} \cdot (\nabla \times \mathbf{B}) = \nabla \cdot (\mathbf{E} \times \mathbf{B}), \tag{3.53}$$

so daß aus (3.52) folgt

$$\frac{1}{8\pi} \frac{\partial}{\partial t} [\mathbf{E}^2 + \mathbf{B}^2] + \frac{c}{4\pi} \nabla \cdot (\mathbf{E} \times \mathbf{B}) = -\mathbf{j} \cdot \mathbf{E}. \tag{3.54}$$

Aus Dimensionsgründen muß dann

$$u(\mathbf{r}, t) := \frac{1}{8\pi} [\mathbf{E}^2(\mathbf{r}, t) + \mathbf{B}^2(\mathbf{r}, t)] \tag{3.55}$$

die Energiedichte des elektromagnetischen Feldes sein, und (3.54) kann auch geschrieben werden

$$\frac{\partial}{\partial t} u(\mathbf{r}, t) + \nabla \cdot \mathbf{S}(\mathbf{r}, t) = -\mathbf{j}(\mathbf{r}, t) \cdot \mathbf{E}(\mathbf{r}, t), \tag{3.56}$$

wobei der sog. Poyntingvektor **S** definiert wird durch

$$\mathbf{S}(\mathbf{r}, t) := \frac{c}{4\pi} (\mathbf{E} \times \mathbf{B}) \tag{3.57}$$

Seine Dimension ist erg $s^{-1}$ $cm^{-2}$ im Gauß-System und W $m^{-2}$ im Giorgi-System, d.h., es handelt sich um eine flächenhafte Leistungsdichte.

Die physikalische Interpretation von (3.56) gelingt durch die Ableitung der an der Materie geleisteten Arbeit. Nach (1.8) bzw. (1.26) und (2.21) lautet die Kraftdichte, die vom Feld **E**, **B** auf die geladene Materie in Form der Ladungs- und Stromdichte $\rho$ und **j** ausgeübt wird,

$$\mathbf{k}(\mathbf{r}, t) = \rho(\mathbf{r}, t)\, \mathbf{E}(\mathbf{r}, t) + \frac{1}{c} \mathbf{j}(\mathbf{r}, t) \times \mathbf{B}(\mathbf{r}, t). \tag{3.58}$$

Diese Kraftdichte wird Lorentzkraftdichte genannt. Nach (2.1), (2.2) läßt sich **k** zerlegen in eine Kraftdichte $\mathbf{k}^+$ auf positive Ladungen und $\mathbf{k}^-$ auf negative Ladungen. Die zugehörige Arbeitsdichte für die an der Materie geleistete Arbeit lautet damit

$$dA = [\mathbf{v}^+(\mathbf{r}, t) \cdot \mathbf{k}^+(\mathbf{r}, t) + \mathbf{v}^-(\mathbf{r}, t) \cdot \mathbf{k}^-(\mathbf{r}, t)]\, dt, \tag{3.59}$$

wenn außer elektromagnetischen Kräften nach Voraussetzung keine weiteren Kräfte auf die Materie wirken. Substitution von (3.58) in (3.59) ergibt

$$\frac{\partial A(\mathbf{r}, t)}{\partial t} = \mathbf{j}(\mathbf{r}, t) \cdot \mathbf{E}(\mathbf{r}, t), \tag{3.60}$$

da wegen (2.2) der Anteil des Magnetfeldes **B** in (3.58) verschwindet.

Damit geht (3.56) über in eine Kontinuitätsgleichung für die Energiedichte

$$\frac{\partial}{\partial t} [u(\mathbf{r}, t) + A(\mathbf{r}, t)] = -\nabla \cdot \mathbf{S}(\mathbf{r}, t). \tag{3.61}$$

Integration über den $\mathbb{R}_3$ unter Verwendung des Gaußschen Satzes für den Poyntinganteil und Berücksichtigung der Voraussetzung liefert dann mit

$$U(t) := \int u(\mathbf{r}, t)\, d^3 r \tag{3.62}$$

$$A(t) := \int A(\mathbf{r}, t)\, d^3 r$$

die Energiebilanz (3.51), w.z.b.w.

Die Änderung der elektromagnetischen Feldenergie wird demnach von der Materie aufgenommen. Nur in der Grenze verschwindender Ladungs- und Stromdichten, gilt der Erhaltungssatz (3.51) für das elektromagnetische Feld allein. Eine wichtige Interpretation ergibt sich auch, wenn man (3.61) nur über ein endliches Volumen V integriert. Es folgt dann

$$\frac{\partial}{\partial t} \int_V u(\mathbf{r}, t)\, d^3 r = - \int_{F(V)} \mathbf{S} \cdot d\mathbf{f} - \frac{\partial}{\partial t} \int_V A(\mathbf{r}, t)\, d^3 r \tag{3.63}$$

d.h. die Änderung der elektromagnetischen Feldenergie in einem Volumen V wird durch Abstrahlung von Energie durch die Fläche F(V) nach außen und durch Arbeit an den Ladungen in dem Volumen V bewirkt.

Wie man sieht, stellt sich im Gegensatz zu (2.88) zwangsläufig das richtige positive Vorzeichen der Energiedichte des magnetischen Feldes ein, während die Energiedichte (1.38) des elektrostatischen Feldes reproduziert wird. Die hier gegebene Ableitung der Energiebilanz leidet jedoch daran, daß sie nur auf Dimensionsbetrachtungen beruht und die physikalische Interpretation erst danach erfolgt. Im Abschnitt 8.2 über die relativistische Energie-Impuls-Erhaltung werden wir aber noch die tieferen physikalischen Ursachen aufzeigen, die einer solchen Energiebilanz zugrunde liegen.

## 3.6. Impuls- und Drehimpulserhaltung

Wiederum aus Dimensionsbetrachtungen kann man erschließen, daß das elektromagnetische Feld neben der Energie auch Impuls und Drehimpuls besitzt. Unter den gleichen Voraussetzungen wie in Abschnitt 3.5 gilt die

*Behauptung 3.6:* Sofern das Gesamtsystem von Materie und Feld abgeschlossen ist, gilt der Impulserhaltungssatz

$$\frac{\partial}{\partial t} [\mathbf{P}_m + \mathbf{P}_{el}] = 0, \tag{3.64}$$

wobei $\mathbf{P}_m$ der Gesamtimpuls der Materie und $\mathbf{P}_{el}$ jener des Feldes ist.

*Beweis:* Nach dem 2. Newtonschen Gesetz muß für die Impulsdichte $\mathbf{p}_m(\mathbf{r}, t)$ der Materie gelten

$$\frac{\partial}{\partial t} \mathbf{p}_m(\mathbf{r}, t) = \mathbf{k}(\mathbf{r}, t), \tag{3.65}$$

wobei nach Voraussetzung nur elektromagnetische Kräfte vorhanden sein sollen, d.h., **k** ist mit der Lorentzkraftdichte (3.58) zu identifizieren. Diese Kraftdichte formen wir in geeigneter Weise um, indem wir die inhomogenen Maxwellgleichungen (3.14) nach $\rho$ und **j** auflösen:

$$\rho = \frac{1}{4\pi} \nabla \cdot \mathbf{E} \tag{3.66}$$

$$\mathbf{j} = \frac{c}{4\pi} \left[ \nabla \times \mathbf{B} - \frac{1}{c} \frac{\partial}{\partial t} \mathbf{E} \right] \tag{3.67}$$

Substitution von (3.66), (3.67) in (3.58) ergibt

$$\mathbf{k} = \frac{1}{4\pi} \left[ \mathbf{E}(\nabla \cdot \mathbf{E}) + \frac{1}{c} \mathbf{B} \times \frac{\partial}{\partial t} \mathbf{E} - \mathbf{B} \times (\nabla \times \mathbf{B}) \right] \tag{3.68}$$

Es gilt nach (3.14 a)

$$\mathbf{B} \times \frac{\partial}{\partial t} \mathbf{E} = - \frac{\partial}{\partial t} (\mathbf{E} \times \mathbf{B}) + \mathbf{E} \times \frac{\partial \mathbf{B}}{\partial t} \tag{3.69}$$

$$= - \frac{\partial}{\partial t} (\mathbf{E} \times \mathbf{B}) - c\,\mathbf{E} \times (\nabla \times \mathbf{E}).$$

Beachten wir ferner wegen (3.14 b) $\mathbf{B}\ \nabla \cdot \mathbf{B} = 0$ und setzen dies zusammen mit (3.69) in (3.68) ein, so ergibt sich

$$\mathbf{k} = - \frac{1}{4\pi c} \frac{\partial}{\partial t} [\mathbf{E} \times \mathbf{B}] \tag{3.70}$$

$$+ \frac{1}{4\pi} [\mathbf{E}(\nabla \cdot \mathbf{E}) - \mathbf{E} \times (\nabla \times \mathbf{E}) + \mathbf{B}(\nabla \cdot \mathbf{B}) - \mathbf{B} \times (\nabla \times \mathbf{B})].$$

Nun gilt nach (I.32)

$$\frac{1}{2} \nabla (\mathbf{B} \cdot \mathbf{B}) = (\mathbf{B} \cdot \nabla) \mathbf{B} + \mathbf{B} \times (\nabla \times \mathbf{B}), \tag{3.71}$$

d.h., die **B**-Terme auf der rechten Seite von (3.70) lassen sich schreiben

$$\mathbf{B}(\nabla \cdot \mathbf{B}) - \mathbf{B} \times (\nabla \times \mathbf{B}) = \mathbf{B}(\nabla \cdot \mathbf{B}) + (\mathbf{B} \cdot \nabla) \mathbf{B} - \frac{1}{2} \nabla \mathbf{B}^2 \tag{3.72}$$

Dies aber kann mit der Divergenz eines Tensors identifiziert werden

$$\mathbf{B}(\nabla \cdot \mathbf{B}) + (\mathbf{B} \cdot \nabla) \mathbf{B} - \frac{1}{2} \nabla \mathbf{B}^2 = \nabla \cdot (\mathbf{B} \otimes \mathbf{B} - \frac{1}{2} \mathbb{1}\, \mathbf{B}^2). \tag{3.73}$$

Analoges gilt für die **E**-Terme in (3.70). Daraus folgt, daß (3.65) zusammen mit (3.57) geschrieben werden kann

$$\frac{\partial}{\partial t} [\mathbf{p}_m (\mathbf{r}, t) + \frac{1}{c^2} \mathbf{S}(\mathbf{r}, t)] = \nabla \cdot \mathbb{T} \tag{3.74}$$

mit dem Maxwellschen Spannungstensor

$$\mathbb{T} := \frac{1}{4\pi}\left[\mathbf{E}\otimes\mathbf{E} + \mathbf{B}\otimes\mathbf{B} - \frac{1}{2}\mathbb{1}(\mathbf{E}^2 + \mathbf{B}^2)\right]. \tag{3.75}$$

Aus Dimensionsgründen muß dann $c^{-2}\,\mathbf{S}(\mathbf{r}, t)$ mit der Impulsdichte des elektromagnetischen Feldes identifiziert werden, so daß man (3.74) als Kontinuitätsgleichung für die Impulsdichte betrachten kann. Ein Erhaltungssatz kann natürlich nicht für die Impulsdichte, sondern nur für den Gesamtimpuls abgeleitet werden. Definieren wir diesen als mechanischen bzw. elektrischen Gesamtimpuls

$$\mathbf{P}_m := \int \mathbf{p}_m(\mathbf{r}, t)\, d^3r \tag{3.76}$$

$$\mathbf{P}_{el} := \frac{1}{c^2}\int \mathbf{S}(\mathbf{r}, t)\, d^3r,$$

so ergibt die Integration von (3.74) über den $\mathbb{R}_3$ und Anwendung des Gaußschen Satzes auf den Tensorterm unter Berücksichtigung der vorausgesetzten Randbedingungen gerade (3.64), w.z.b.w.

Nachdem auf diese Weise durch Wechselwirkung mit der Materie ein Impulserhaltungssatz für das abgeschlossene Gesamtsystem von Materie und Feld abgeleitet wurde, kann man als Grenzprozeß die Materie verschwinden lassen und erhält für das freie elektromagnetische Feld den (unbeobachtbaren) Erhaltungssatz $\dot{\mathbf{P}}_{el} = 0$.

Wie im Abschnitt 3.5 kann man die Kontinuitätsgleichung (3.74) für die Impulsdichte über ein endliches Volumen V integrieren. Dann ergibt sich

$$\frac{\partial}{\partial t}\left[\int_V \mathbf{p}_m(\mathbf{r}, t)\, d^3r + \frac{1}{c^2}\int_V \mathbf{S}(\mathbf{r}, t)\, d^3r\right] = \oint_{F(V)} \mathbf{n}\cdot\mathbb{T}\, df, \tag{3.77}$$

d.h., die Änderung des im Volumen V wirkenden Gesamtimpulses der Materie und des elektromagnetischen Feldes bewirkt eine durch den Maxwellschen Spannungstensor $\mathbb{T}$ auf die geschlossene Begrenzungsfläche F(V) wirkende Kraft. Mit Hilfe dieser Formulierung lassen sich die wirkenden Kräfte berechnen.

Analoge Überlegungen lassen sich auch für die Drehimpuls-Erhaltung anstellen. Da alle diese Überlegungen formal genau wie bei der Leistungsbilanz und Impulsbilanz verlaufen, geben wir nur die Ergebnisse an und verschieben eine ausführliche Diskussion und Herleitung auf den Abschnitt 8 des Kapitels II, in dem alle relativistischen Erhaltungssätze behandelt werden.

Analog zu (3.74) ergibt sich eine Kontinuitätsgleichung für die Drehimpulsdichte:

$$\frac{\partial}{\partial t}[\boldsymbol{l}_m(\mathbf{r}, t) + \boldsymbol{l}_{el}(\mathbf{r}, t)] = \nabla\cdot\mathbb{M} \tag{3.78}$$

mit den naheliegenden Definitionen der mechanischen und elektrodynamischen Drehimpulsdichte

$$\boldsymbol{l}_m(\mathbf{r}, t) := \mathbf{r}\times\mathbf{p}_m(\mathbf{r}, t) \tag{3.79}$$

$$\boldsymbol{l}_{el}(\mathbf{r}, t) := \mathbf{r}\times\mathbf{p}_{el}(\mathbf{r}, t) = c^{-2}\,\mathbf{r}\times\mathbf{S}(\mathbf{r}, t)$$

und dem Drehimpulsflußtensor

$$\mathbb{M} := \mathbf{r} \times \mathbb{T}. \tag{3.80}$$

Der Erhaltungssatz des Gesamtdrehimpuls eines abgeschlossenen Systems ergibt sich wieder durch Integration von (3.78) über den $\mathbb{R}_3$ unter Berücksichtigung von verstärkten Randbedingungen an die elektromagnetischen Feldgrößen, nämlich daß diese im Unendlichen stärker als $r^{-3/2}$ abfallen. Mit

$$\begin{aligned} \mathbf{L}_{el} &:= \int c^{-2} (\mathbf{r} \times \mathbf{S})\, d^3 r \\ \mathbf{L}_m &:= \int (\mathbf{r} \times \mathbf{p})\, d^3 r \end{aligned} \tag{3.81}$$

lautet dann der Erhaltungssatz:

$$\frac{\partial}{\partial t} [\mathbf{L}_{el} + \mathbf{L}_m] = 0. \tag{3.82}$$

Für ein endliches Volumen V erhält man

$$\frac{\partial}{\partial t} [\int_V \mathit{l}_m (\mathbf{r}, t)\, d^3 r + \int_V \mathit{l}_{el} (\mathbf{r}, t)\, d^3 r] = \oint_{F(V)} \mathbf{n} \cdot \mathbb{M}\, df, \tag{3.83}$$

d.h., die Änderung des im Volumen V wirkenden Gesamtdrehimpulses der Materie und des elektrodynamischen Feldes bewirkt ein durch den Drehimpulsflußtensor $\mathbb{M}$ an der geschlossenen Begrenzungsfläche F (V) wirkendes Kraftmoment.

# 4. Wellenausbreitung und -erzeugung

## 4.1. Wellengleichungen

In den vorangehenden drei Abschnitten haben wir die Grundlagen der Theorie des elektromagnetischen Feldes im Vakuum entwickelt und abgeschlossen. Wir beginnen nun die physikalischen Konsequenzen dieser Theorie zu untersuchen, indem wir verschiedene Modellsituationen betrachten, die durch Annahmen über $\rho$ und $\mathbf{j}$ definiert werden. Die einfachste Modellsituation wird durch

$$\rho(\mathbf{r}, t) = 0, \quad \mathbf{j}(\mathbf{r}, t) = 0 \tag{4.1}$$

gegeben. Es wird sich in den folgenden Abschnitten zeigen, daß wir bereits in diesem Modell des absoluten Strom- und Ladungsvakuums eine nichttriviale elektromagnetische Welt erhalten, nämlich quantentheoretisch gesprochen ein ideales Lichtquantengas [L1]. Durch (4.1) wird das elektromagnetische Feld völlig von der Materie $(\rho, \mathbf{j})$ entkoppelt. Ein solches Feld $(\mathbf{E}, \mathbf{B})$ wird als freies Feld bezeichnet. Es ist physikalisch nur angenähert realisierbar für $\mathbf{r} \in G$, d.h. innerhalb eines bestimmten Gebietes $G \in \mathbb{R}_3$ und ab einer bestimmten Zeit $t_0$, d.h. für $t > t_0$. Die Annahmen (4.1) beschreiben demnach einen idealisierten Grenzfall. Die Maxwellgleichungen lauten mit (4.1)

$$\nabla \cdot \mathbf{E}(\mathbf{r}, t) = 0 \tag{4.2a}$$

$$\nabla \times \mathbf{E}(\mathbf{r}, t) = -\frac{1}{c}\frac{\partial}{\partial t}\mathbf{B}(\mathbf{r}, t) \tag{4.2b}$$

$$\nabla \cdot \mathbf{B}(\mathbf{r}, t) = 0 \tag{4.2c}$$

$$\nabla \times \mathbf{B}(\mathbf{r}, t) = \frac{1}{c}\frac{\partial}{\partial t}\mathbf{E}(\mathbf{r}, t) \tag{4.2d}$$

Wegen (4.1) benötigen wir in diesem Fall zur Integration von (4.2) keine Potentiale, sondern können direkt mit (4.2) rechnen. Die Entkopplung der Gleichungen (4.2) führen wir durch Anwendung von $\frac{1}{c}\frac{\partial}{\partial t}$ auf (4.2d) aus:

$$\frac{1}{c}\nabla \times \frac{\partial}{\partial t}\mathbf{B}(\mathbf{r}, t) = \frac{1}{c^2}\frac{\partial^2}{\partial t^2}\mathbf{E}(\mathbf{r}, t), \tag{4.3}$$

was unter Verwendung von (4.2b) und (I.33) auf

$$\frac{1}{c^2}\frac{\partial^2}{\partial t^2}\mathbf{E}(\mathbf{r}, t) = -\nabla \times \nabla \times \mathbf{E}(\mathbf{r}, t) = \Delta\,\mathbf{E}(\mathbf{r}, t) - \nabla(\nabla \cdot \mathbf{E}(\mathbf{r}, t)) \tag{4.4}$$

führt. Mit (4.2a) und dem d'Alembert-Operator nach (3.23) geht (4.4) über in

$$\Box\,\mathbf{E}(\mathbf{r}, t) = 0 \tag{4.5}$$

mit der Nebenbedingung (4.2a). Analog folgt

$$\Box\,\mathbf{B}(\mathbf{r}, t) = 0 \tag{4.6}$$

mit der Nebenbedingung (4.2c).

(4.5) und (4.6) sind sog. Wellengleichungen, die wir im folgenden ausführlich diskutieren werden. Es handelt sich dabei um notwendige, aber nicht hinreichende Bedingungen zur Beschreibung des elektromagnetischen Feldes. Jedes Lösungspaar von (4.5), (4.6) ist noch den Nebenbedingungen (4.2a) bzw. (4.2c) zu unterwerfen, die als Transversalitätsbedingungen bezeichnet werden.

## 4.2. Aperiodische ebene Wellen

Wir werden durch Integration der Gleichungen (4.2) bzw. (4.5) oder (4.6) mit den Nebenbedingungen (4.2a) oder (4.2c) zeigen, daß die Maxwell-Theorie im Vakuum elektromagnetische Wellenvorgänge zuläßt. Diese Wellenvorgänge sind jedoch nicht auf die bekannten periodischen Wellen beschränkt, sondern es können auch aperiodische Wellen auftreten. Elektromagnetische Wellen kann man zur Informationsübertragung benutzen. Da rein periodische Vorgänge keine Information außer ihrer Periode vermitteln können, so sind aperiodische Vorgänge, in diesem Fall aperiodische Wellen, zur Informationsübertragung nötig. Eine solche Informationsübertragung kann man allgemein als Signal bezeichnen, das im Fall aperiodischer ebener Wellen mit konstanter Geschwindigkeit durch das Vakuum läuft. Wir geben dafür folgende allgemeine

*Definition 4.1:* Für eine aperiodische ebene Welle (Signal) wird durch einen sog. Ausbreitungsvektor **k** die Ausbreitungsrichtung definiert, wobei die Feldamplituden in jeder Ebene senkrecht auf **k** zu einer festen Zeit t konstant sind und die Ebenen konstanter Amplitude sich mit konstanter Geschwindigkeit durch den Raum bewegen. Eine ebene Welle, deren Ausbreitungsvektor **k** senkrecht auf den Amplituden steht, wird transversal genannt.

Derartige Signale sind Lösungen der Maxwellschen Vakuumfeldgleichungen. Dies folgt aus der

*Behauptung 4.1:* Die Maxwellgleichungen (4.2) besitzen als Lösungen aperiodische ebene Wellen der Form

$$\mathbf{E}(\mathbf{r}, t) = \sum_{l=1}^{2} \mathbf{a}_l\, f_l(\mathbf{k}\cdot\mathbf{r} - ct); \qquad \mathbf{B}(\mathbf{r}, t) = \mathbf{k} \times \mathbf{E}(\mathbf{r}, t) \tag{4.7}$$

oder

$$\mathbf{E}(\mathbf{r}, t) = \sum_{l=1}^{2} \mathbf{a}_l\, g_l(\mathbf{k}\cdot\mathbf{r} + ct); \qquad \mathbf{B}(\mathbf{r}, t) = \mathbf{k} \times \mathbf{E}(\mathbf{r}, t), \tag{4.8}$$

wobei $f_1$, $f_2$ und $g_1$, $g_2$ beliebige Funktionen sind, die durch die Rand- bzw. Anfangswertbedingungen bestimmt werden (s. Anhang III). Dabei ist **k** beliebig ($\mathbf{k}^2 = 1$) sowie $\mathbf{a}_i \cdot \mathbf{k} = 0$ $(i = 1,2)$; die $\mathbf{a}_i$ seien linear unabhängig.

*Beweis:* Wir substituieren $\xi := \mathbf{k}\cdot\mathbf{r} - ct$ und erhalten

$$\nabla f = \mathbf{k}\,\frac{df}{d\xi}; \qquad -\frac{1}{c}\frac{\partial}{\partial t} f = \frac{df}{d\xi}; \qquad \Delta f = \frac{d^2 f}{d\xi^2} \tag{4.9}$$

Man nennt $\xi := \mathbf{k}\cdot\mathbf{r} - ct$ die Phase der Welle. Daraus folgt in Anwendung auf (4.7)

$$\Delta\,\mathbf{E} = \sum_{l=1}^{2} \mathbf{a}_l\,\frac{d^2 f_l}{d\xi^2}; \qquad \frac{1}{c^2}\frac{\partial^2}{\partial t^2}\,\mathbf{E} = \sum_{l=1}^{2} \mathbf{a}_l\,\frac{d^2 f_l}{d\xi^2} \tag{4.10}$$

und damit

$$\Box\,\mathbf{E} \equiv \left(\Delta - \frac{1}{c^2}\frac{\partial^2}{\partial t^2}\right)\mathbf{E} = 0. \tag{4.11}$$

Ferner wird nach Voraussetzung

$$\nabla\cdot\mathbf{E} = \sum_l (\mathbf{a}_l\cdot\mathbf{k})\,\frac{df_l}{d\xi} = \mathbf{k}\cdot\mathbf{E} = 0, \tag{4.12}$$

womit die Gleichung (4.5) mit der Nebenbedingung (4.2a) erfüllt ist. Nach (4.2b) erhält man für das Magnetfeld mit (4.7) und (4.9)

$$-\frac{1}{c}\frac{\partial}{\partial t}\,\mathbf{B}(\mathbf{r}, t) = \nabla \times \sum_l \mathbf{a}_l f_l = \mathbf{k} \times \sum_l \mathbf{a}_l\,\frac{df_l}{d\xi} = -\frac{1}{c}\frac{\partial}{\partial t}\,[\mathbf{k} \times \mathbf{E}(\mathbf{r}, t)]. \tag{4.13}$$

Integration ergibt

$$\mathbf{B}(\mathbf{r}, t) = \mathbf{k} \times \mathbf{E}(\mathbf{r}, t) + \mathbf{C}_0(\mathbf{r}). \tag{4.14}$$

Da auch $\mathbf{B}(\mathbf{r}, t)$ ein Signal sein soll, setzen wir $\mathbf{C}_0(\mathbf{r}) = 0$. Mit derselben Technik prüft man leicht nach, daß $\mathbf{E}(\mathbf{r}, t)$ nicht nur eine Lösung der Wellengleichung (4.11) und der Nebenbedingung (4.2a) ist, sondern mit $\mathbf{B}(\mathbf{r}, t)$ zusammen auch die Maxwellgleichungen (4.2) erfüllt. Analoges gilt für die Lösungen (4.8), w.z.b.w.

Aus der Bedingung $\mathbf{a}_l \cdot \mathbf{k} = 0$ erkennt man zunächst die Transversalität der elektromagnetischen Wellen, d.h. daß $\mathbf{E} \cdot \mathbf{k} = \mathbf{B} \cdot \mathbf{k} = 0$ ist. Weiter folgt aus (4.14), daß $\mathbf{B}(\mathbf{r}, t)$ stets auf $\mathbf{E}(\mathbf{r}, t)$ senkrecht steht, daß also gilt $\mathbf{B} \cdot \mathbf{E} = 0$. Ferner folgt, daß die Flächen konstanter Phase mit $\mathbf{k} \cdot \mathbf{r} - ct = \text{const.}$ Wellenfronten bilden, die sich mit konstanter Geschwindigkeit fortpflanzen, wobei die Fortpflanzungsgeschwindigkeit in $\pm\, \mathbf{k}$-Richtung die Lichtgeschwindigkeit c ist. Man nennt den Typ (4.7) mit positiver Ausbreitungsrichtung $\mathbf{k}$ retardierte Lösung, den Typ (4.8) mit negativem Ausbreitungsvektor $-\,\mathbf{k}$ dagegen avancierte Lösung. Bei (4.8) läuft die Wellenfront in umgekehrter Richtung $-\,\mathbf{k}$ ebenfalls mit Lichtgeschwindigkeit c. Die eigentliche physikalische Bedeutung dieser Bezeichnung wird aber erst bei Kugelwellen offenkundig. Dies wird in Abschnitt 4.5 genauer diskutiert (s. auch Anhang IV). Die Umkehrung der Ausbreitungsrichtung k hängt eng mit der Zeitumkehr $t \to -t$ zusammen.

Da die Funktionen $f_l$ und $g_l$ beliebig sind, kann man also im Vakuum ein beliebig geformtes Signal „senden", das im Verlauf seiner Bewegung seine Gestalt nicht ändert. Dies ist insbesondere für elektromagnetische Energieübertragung wesentlich, da die energieübertragenden Signale nicht zerfließen sollten. Man sieht dies direkt am Poyntingvektor, der die Energieströmung festlegt:

$$\mathbf{S}(\mathbf{r}, t) = \frac{c}{4\pi}(\mathbf{E} \times \mathbf{B}) = \frac{c}{4\pi}\, \mathbf{E} \times (\mathbf{k} \times \mathbf{E}) \tag{4.15}$$

$$= \frac{c}{4\pi}\left[\mathbf{k}\mathbf{E}^2 - (\mathbf{k} \cdot \mathbf{E})\,\mathbf{E}\right] = \frac{c}{4\pi}\, \mathbf{k}\mathbf{E}^2(\mathbf{r}, t).$$

Die elektromagnetische Energiedichte ergibt sich nach (3.55) mit (4.14), (I.8) und (4.12) zu

$$u(\mathbf{r}, t) = \frac{1}{8\pi}\left[\mathbf{E}^2 + (\mathbf{k} \times \mathbf{E})^2\right] = \frac{1}{4\pi}\, \mathbf{E}^2, \tag{4.16}$$

so daß (4.15) auch geschrieben werden kann

$$\mathbf{S}(\mathbf{r}, t) = c\,\mathbf{k}\,u(\mathbf{r}, t). \tag{4.17}$$

Die Energieströmung verläuft also als Wellenfront mit k als Ausbreitungsvektor, und die Welle transportiert die Energiedichte $u(\mathbf{r}, t)$ mit Lichtgeschwindigkeit c. Es wird sich später in Kapitel IV (Isolatormodell) zeigen, daß diese ideale Eigenschaft nur dem Vakuum zukommt, dagegen nicht mit Medien erfüllten Räumen. Außerdem sei darauf hingewiesen, daß Signale in der hier diskutierten Form natürlich physikalisch irreal sind, weil die Ausbreitung längs einer ganzen Ebene stattfindet.

## 4.3. Periodische Wellen

Neben den aperiodischen Signalen sind als Spezialfall in (4.2) natürlich auch die periodischen ebenen Wellen als Lösungen enthalten. Wir setzen sie aus Einfachheitsgründen komplex an, wobei **E** nur in Richtung $\mathbf{a}_1$ und **B** nur in Richtung $\mathbf{a}_2$ polarisiert sein sollen:

$$\mathbf{E}(\mathbf{r}, t) = \mathbf{a}_1\, E_0\, e^{i(\mathbf{k}\cdot\mathbf{r} - \omega t)} := \mathbf{E}_0\, e^{i(\mathbf{k}\cdot\mathbf{r} - \omega t)}$$
$$\mathbf{B}(\mathbf{r}, t) = \mathbf{a}_2\, B_0\, e^{i(\mathbf{k}\cdot\mathbf{r} - \omega t)} := \mathbf{B}_0\, e^{i(\mathbf{k}\cdot\mathbf{r} - \omega t)} \tag{4.18}$$

Wegen der Linearität und Homogenität von (4.2) bedeutet dies, daß der Realteil und Imaginärteil von (4.18) für sich jeweils Lösungen von (4.2) sein müssen. Aus (4.5), (4.6) folgt zunächst

$$|\mathbf{k}| = \frac{\omega}{c}, \tag{4.19}$$

d.h. jetzt gilt nicht mehr $\mathbf{k}^2 = 1$; aus den Transversalitätsbedingungen (4.2a) und (4.2c) und den Gleichungen (4.2b) bzw. (4.2d) folgt

$$\mathbf{a}_i \cdot \mathbf{k} = 0 \quad (i = 1{,}2); \qquad \mathbf{a}_2 = \frac{\mathbf{k} \times \mathbf{a}_1}{|\mathbf{k}|}, \tag{4.20}$$

d.h. die Orthogonalität der Polarisationsrichtungen $\mathbf{a}_1$, $\mathbf{a}_2$, sowie $E_0 = B_0$. Führt man den Einheitsvektor $\mathbf{k}_0 = \mathbf{k}|\mathbf{k}|^{-1}$ ein, so bilden $\mathbf{a}_1$, $\mathbf{a}_2$ und $\mathbf{k}_0$ ein orthogonales Dreibein, und man kann schreiben

$$\mathbf{k} = \frac{\omega}{c}\, \mathbf{k}_0. \tag{4.21}$$

Dann gilt

$$\mathbf{B}(\mathbf{r}, t) = \mathbf{k}_0 \times \mathbf{E}(\mathbf{r}, t). \tag{4.22}$$

Hält man $\mathbf{k}_0$ fest, so kann $\omega$ variiert werden, und zwar im Intervall $0 \leqslant \omega < \infty$. Man bezeichnet $\omega$ als Kreisfrequenz, da es die Zahl der Perioden im Einheitsintervall $2\pi$ festlegt. Die Dimension von $\omega$ ist $s^{-1} \equiv$ Hz. Man erkennt dies, indem man in (4.18) z.B. $t = 0$ setzt und für diesen speziellen Zeitpunkt das räumliche Wellenbild aufzeichnet. Die Dimension von **k** ist nach (4.21) $cm^{-1}$, und aus (4.19) folgt $k = \frac{2\pi}{\lambda}$, wobei $\lambda$ die Wellenlänge ist. Daß es sich um einen Wellenvorgang handelt, folgt andererseits aus der Phase $\mathbf{k} \cdot \mathbf{r} - \omega t = \frac{\omega}{c}(\mathbf{r} \cdot \mathbf{k}_0 - ct)$, was auf die Gestalt der Wellenausbreitung von (4.7) zurückführt und damit zeigt, daß alle diese Wellen sich mit Lichtgeschwindigkeit c bewegen.

Da wegen der Linearität und Homogenität von (4.2) Einzellösungen verschiedener Frequenz $\omega$ superponiert werden können und wiederum Lösungen von (4.2) ergeben, kann man die periodischen Lösungen (4.18) zum Aufbau aperiodischer Lösungen benutzen und damit zur allgemeinen Form (4.7), (4.8) zurückkehren. Wir schreiben zunächst ganz allgemein die Fourierzerlegung einer Funktion $f(\xi)$ an:

$$f(\xi) = \frac{1}{2\pi} \int_{-\infty}^{\infty} A(\omega)\, e^{i \frac{\omega}{c} \xi} d\omega, \tag{4.23}$$

wobei $A(\omega)$ eine komplexe Funktion ist. Fordern wir im Hinblick auf die Identifikation von (4.23) mit einem physikalischen, also beobachtbaren, aperiodischen Wellenvorgang, daß $f(\xi)$ reell ist, so folgt als notwendige Bedingung $A(-\omega) = A^{\times}(\omega)$. Damit wird (4.23) für reelle $f(\xi)$ zu

$$f(\xi) = \frac{1}{2\pi} \int_{0}^{\infty} [A(\omega)\, e^{i \frac{\omega}{c} \xi} + A^{\times}(\omega)\, e^{-i \frac{\omega}{c} \xi}]\, d\omega, \tag{4.24}$$

was mit der Phase $\xi = \mathbf{k}_0 \cdot \mathbf{r} - ct$ in die Darstellung einer aperiodischen ebenen Welle

$$f(\mathbf{k}_0 \cdot \mathbf{r} - ct) = \frac{1}{2\pi} \int_{0}^{\infty} [A(\omega)\, e^{i \frac{\omega}{c} (\mathbf{k}_0 \cdot \mathbf{r} - ct)} + A^{\times}(\omega)\, e^{-i \frac{\omega}{c} (\mathbf{k}_0 \cdot \mathbf{r} - ct)}]\, d\omega \tag{4.25}$$

übergeht. Man erkennt, daß für die Konstruktion eines solchen Wellenvorgangs gerade die gesamte Mannigfaltigkeit von periodischen ebenen Wellen verschiedener Frequenz $\omega$ im Bereich $\omega \geqslant 0$ zu festem $\mathbf{k}_0$ benötigt wird. Die Darstellung (4.25) wird als Spektralzerlegung für festes $\mathbf{k}_0$ einer aperiodischen Welle nach periodischen ebenen Wellen bezeichnet. Für komplexe elektromagnetische Felder wird der Poynting-Vektor (3.57) definiert durch den Realteil der einzelnen Feldgrößen, ebenso die Energiedichte (3.55)

$$\mathbf{S}(\mathbf{r}, t) = \frac{c}{4\pi} \frac{1}{2} (\mathbf{E} + \mathbf{E}^{\times}) \times (\mathbf{B} + \mathbf{B}^{\times}) \frac{1}{2}. \tag{4.26}$$

Damit wird für ebene periodische Wellen nach (4.18) und (4.22)

$$\mathbf{S}(\mathbf{r}, t) = \frac{c}{4\pi} \mathbf{k}_0 \frac{1}{4} (\mathbf{E} + \mathbf{E}^{\times})^2 = \frac{c}{4\pi} \mathbf{k}_0\, E_0^2 \cos^2(\mathbf{k} \cdot \mathbf{r} - \omega t) = \mathbf{k}_0\, c u(\mathbf{r}, t). \tag{4.27}$$

Für eine allgemeine aperiodische Welle nach (4.25) wird nach (4.15) mit

$$\mathbf{E}(\mathbf{r}, t) = \mathbf{a}\, f(\mathbf{k}_0 \cdot \mathbf{r} - ct)$$

die Gesamtenergiestromdichte

$$\int_{-\infty}^{\infty} \mathbf{S}(\mathbf{r}, t)\, dt = \frac{c}{4\pi} \mathbf{k}_0 \int_{-\infty}^{\infty} f^2(\mathbf{k}_0 \cdot \mathbf{r} - ct)\, dt = \frac{c}{4\pi} \mathbf{k}_0 \int_{-\infty}^{\infty} f^2(\xi) \frac{d\xi}{c} \tag{4.28}$$

$$= \frac{c}{4\pi} \mathbf{k}_0 \int_{-\infty}^{\infty} A(\omega)\, A(\omega') \frac{d\omega}{2\pi} d\omega' \int_{-\infty}^{\infty} e^{i \frac{\xi}{c} (\omega + \omega')} \frac{d\xi}{c \cdot 2\pi}.$$

Nach (II.12) ergibt das letzte Integral $\delta(\omega+\omega')$, und mit der Bedingung $A^{\times}(\omega) = A(-\omega)$ ergibt dies

$$\int_{-\infty}^{\infty} \mathbf{S}(\mathbf{r}, t)\, dt = \mathbf{k}_0\, c \frac{1}{4\pi} \int_{-\infty}^{\infty} |A(\omega)|^2 \frac{d\omega}{d\pi}. \tag{4.29}$$

Die Gesamtenergiedichte u ergibt sich entsprechend

$$\int_{-\infty}^{\infty} u(\mathbf{r}, t)\, dt = \frac{1}{4\pi} \int_{-\infty}^{\infty} |A(\omega)|^2 \frac{d\omega}{2\pi}. \tag{4.30}$$

Die Gesamtenergiestromdichte und die Gesamtenergiedichte hängen nur von der Frequenz $\omega$ ab. Wie vorher wird die Gesamtenergiedichte in Richtung $\mathbf{k}_0$ mit Lichtgeschwindigkeit c bewegt.

Als Beispiel betrachten wir einen in z-Richtung fortschreitenden aperiodischen Wellenzug mit einer Gaußverteilung um $\omega_0$

$$A(\omega) = \sqrt{2\pi}\, \frac{a}{c}\, e^{-\frac{a^2}{2c^2}(\omega-\omega_0)^2} =: A'(\omega) \frac{2\pi}{c}. \tag{4.31}$$

Bei Substitution in (4.23) entsteht mit $k_0 = \omega_0 c^{-1}$

$$\begin{aligned} \mathbf{E}(\mathbf{r}, t) &= \mathbf{E}_0 f(z-ct) = \mathbf{E}_0\, e^{ik_0(z-ct)}\, a(2\pi)^{-\frac{1}{2}} \int_{-\infty}^{\infty} e^{-\frac{a^2}{2}\rho^2} e^{i\rho(z-ct)} d\rho \\ &= \mathbf{E}_0\, e^{ik_0(z-ct)}\, e^{-\frac{(z-ct)^2}{2a^2}} \end{aligned} \tag{4.32}$$

Wegen der Beziehung $k = \frac{\omega}{c}$ kann (4.31) auch als eine Verteilungsfunktion für den Betrag des Ausbreitungsvektors $\mathbf{k}$ angesehen werden. Die Funktion $A'(k)$ ist dann bezüglich $k = k_z$ eine Gaußverteilung (Glockenkurve), die ihr Maximum beim Mittelwert $k_0$ besitzt und auf 1 normiert ist. $a^{-1}$ wird die Varianz dieser Kurve genannt. Für kleinere Varianzen $a^{-1}$ wird diese schmaler und spitzer und geht nach (II.18) für $a^{-1} \to 0$ in $\delta(k_z - k_0)$ über. Der Wellenzug wird also für großes a stärker monochromatisch, und der mittlere quadratische Abstand von $k_0$, nämlich $(\Delta k)^2 = \overline{(k_z - k_0)^2}$, ist durch $a^{-2}$ gegeben, d.h. $\Delta k = a^{-1}$. Dabei bedeutet der Querstrich, daß es sich um den Erwartungswert handelt. Andererseits wird nach (4.32) der Wellenzug mit größerem a in der z-Richtung immer ausgedehnter und ergibt bei $a \to \infty$ eine ebene Welle. Die Modulationsfunktion der Amplitude des Wellenpakets nach (4.32) ist ebenfalls durch eine Glockenkurve gegeben, deren Maximum bei ct liegt und sich mit der Geschwindigkeit c fortbewegt. Der mittlere quadratische Abstand der z-Werte vom jeweiligen Maximum, also $(\Delta z)^2 = \overline{(z - ct)^2}$, ist durch $a^2$ gegeben, d.h. $\Delta z = a$. Damit ergibt sich insgesamt zwischen $\Delta k$ und $\Delta z$ die wichtige (klassische) Unschärferelation

$$\Delta k \cdot \Delta z = 1, \tag{4.33}$$

Bei Abweichungen von der Gaußverteilung lautet sie allgemeiner

$$\Delta k \cdot \Delta z \geqslant 1. \tag{4.33a}$$

Diese Eigenschaft (4.33a) gilt für die Zerlegung von Wellenpakten nach ebenen Wellen (also Fouriertransformation) ganz allgemein und ist in der Quantenmechanik von grundlegender Bedeutung (Heisenbergsche Unschärferelationen).

Als Beispiel soll kurz die Theorie des Spektralapparates betrachtet werden. Mit Hilfe eines Spektralapparates wird bekanntlich die Strahlung z.B. eines Atoms in Spektrallinien zerlegt, die den diskreten Energieübergängen von quantenmechanischen Energiezuständen $E_m$ und $E_n$ ($m \neq n, > 0$) entsprechen.

Dabei wird Strahlung der Frequenz $\omega_{mn}$ ausgestrahlt, die mit den Energiedifferenzen in der Beziehung

$$E_{mn} := E_m - E_n = \hbar\,\omega_{mn} \quad (E_m > E_n) \tag{4.34}$$

steht, mit $\hbar = h/(2\pi)$ ($h \equiv$ Plancksches Wirkungsquantum). Die Besetzung des höheren Energieniveaus $E_m$ hat eine bestimmte Lebensdauer $T_{mn} < \infty$, bevor ein Übergang in das tieferliegende Niveau $E_n$ erfolgt. Die Lebensdauer liegt bei Atomen in der Größenordnung $10^{-8} - 10^{-9}$ sec. Während dieser Zeit erfolgt die elektromagnetische Abstrahlung mit Lichtgeschwindigkeit c, so daß nur ein endlicher Wellenzug der Länge $l = cT_{mn}$ mit der Frequenz $\omega_{mn}$ abgestrahlt wird.

Bei einem Wellenzug in z-Richtung nach (4.32) ist dann $l = a$ und allgemein $l = \Delta z$. Aus der Unschärferelation (4.33a) zusammen mit der quantenmechanischen Energierelation (4.34) und (4.19) folgt daraus eine Energieunschärfe

$$\Delta E := \Delta\omega\hbar = \hbar c\,\Delta k \geqq \frac{\hbar c}{\Delta z} = \frac{\hbar}{T}$$

d.h. es gilt allgemein

$$\Delta E \cdot T \geqq \hbar \quad \text{bzw.} \quad \Delta\omega \cdot T \geqslant 1. \tag{4.35}$$

Dies bedeutet, daß wegen der endlichen Länge der Wellenzüge eine Energieverbreiterung bzw. Frequenzunschärfe nach (4.35) auftritt und keine scharfen Spektrallinien entstehen können, sondern daß diese eine endliche Linienbreite besitzen.

Die endliche Ausdehnung von Wellenpaketen spielt natürlich in der Optik eine große Rolle, wie beispielsweise bei der Beugungstheorie in Abschnitt 12.9 und bei den Interferenzen, worauf hier verwiesen werden soll.

## 4.4. Wellenpakete

Mit der Konstruktion von aperiodischen ebenen Wellen aus periodischen ebenen Wellen mit fester Ausbreitungsrichtung $\mathbf{k}_0$ sind die Konstruktionsmöglichkeiten für Signale im Rahmen der Maxwelltheorie noch nicht erschöpft. Vielmehr erhält man die allgemeinsten Ausbreitungsvorgänge durch Superposition für variables $\mathbf{k}$. Wir hatten bereits darauf hingewiesen, daß die aperiodischen ebenen Wellen noch keine realistischen Signale sein können, da sie wegen ihrer unendlichen flächenhaften Ausdehnung auch eine unendlich große Energie besitzen müßten. Signale endlicher Energie wird man nur für Feldverteilungen in endlichen Bereichen erhalten.

Daraus ergibt sich das Anfangswertproblem: Gesucht sei eine Lösung von (4.2), bei der die Feldverteilung $\mathbf{E}(\mathbf{r}, t)$ für ein solches Signal zur Zeit $t = 0$ als Anfangswert $\mathbf{E}(\mathbf{r}, 0)$ vorgegeben und die Bedingung (4.2a) erfüllt ist d.h. die Anfangsverteilung beschreibt das Signal zu Beginn seiner Ausbreitung, wobei auf die Erzeugung durch einen Sender hier nicht eingegangen wird. Für diese Anfangsverteilung $\mathbf{E}(\mathbf{r}, 0)$ können wir eine Fourierzerlegung vornehmen und erhalten

$$\mathbf{E}(\mathbf{r}, 0) = \frac{1}{(2\pi)^3} \int \widetilde{\mathbf{E}}_0(\mathbf{k})\, e^{i\mathbf{k}\cdot\mathbf{r}}\, d^3k. \tag{4.36}$$

Aus der Nebenbedingung (4.2a) folgt für die Spektraldichte $\mathbf{k} \cdot \widetilde{\mathbf{E}}_0(\mathbf{k}) \equiv 0$ für alle $\mathbf{k}$. Nehmen wir an, daß (4.36) eine Superposition von periodischen ebenen Wellen (4.18) zur Zeit $t = 0$ darstellt, so können wir (4.36) für $t \neq 0$ schreiben

$$\mathbf{E}(\mathbf{r}, t) = \frac{1}{(2\pi)^3} \int \widetilde{\mathbf{E}}_0(\mathbf{k})\, e^{i(\mathbf{k}\cdot\mathbf{r} - \omega t)}\, d^3k. \tag{4.37}$$

Zufolge der Superpositionsfähigkeit muß (4.37) ebenfalls eine Lösung von (4.2) sein, womit (4.37) eine Lösung der Maxwellgleichungen ist, die für $t = 0$ die gewünschte Anfangsverteilung (4.36) annimmt. Bei der Integration von (4.37) ist zu beachten, daß die Relation $\omega = c\,|\mathbf{k}|$ gilt, so daß $\omega$ keine unabhängige Variable darstellt. In analoger Weise kann man das zugehörige Magnetfeld berechnen. Man erhält für die Spektralfunktion $\widetilde{\mathbf{B}}_0(\mathbf{k})$ der Fourierzerlegung nach (4.37) aus (4.22) $\widetilde{\mathbf{B}}_0(\mathbf{k}) = k^{-1}(\mathbf{k} \times \widetilde{\mathbf{E}}_0(\mathbf{k}))$ mit $\mathbf{k} \cdot \widetilde{\mathbf{B}}_0(\mathbf{k}) = 0$ für alle $\mathbf{k}$.

Im Unterschied zu (4.25) handelt es sich bei (4.37) jetzt nicht mehr um einen aperiodischen Wellenvorgang, sondern um ein sog. Wellenpaket, da in (4.37) über alle möglichen Ausbreitungsrichtungen integriert wird. Dies hat zur Folge, daß ein solches endliches elektromagnetisches Wellenpaket auch im Vakuum seine Gestalt nicht mehr beibehält, obwohl alle Wellen mit der gleichen Geschwindigkeit c laufen. Dieses Zerfließen soll an einem Beispiel demonstriert werden, indem wir einfach ebene Wellen gleichen **Amplitudenbetrags in einem Gebiet G um $\mathbf{k_0}$ superponieren. Setzen wir $\mathbf{k} = \mathbf{k}' + \mathbf{k_0}$,** so werde G durch $-b \leqslant k'_\alpha \leqslant b$, $\alpha = 1, 2, 3$ definiert. Das Fourierintegral (4.37) lautet dann

$$\mathbf{E}(\mathbf{r}, t) = \frac{1}{(2\pi)^3} \int_G \mathbf{n}(\mathbf{k})\, e^{i(\mathbf{k}\cdot\mathbf{r} - \frac{k}{c}t)}\, d^3k, \tag{4.38}$$

wobei $\mathbf{n}(\mathbf{k})$ ein auf Eins normierter Polarisationsvektor des zum Ausbreitungsvektor $\mathbf{k}$ gehörigen Feldes ist. Wählen wir $b \ll k_0$, so kann $\mathbf{n}(\mathbf{k})$ näherungsweise durch $\mathbf{n}(\mathbf{k_0})$ ersetzt werden, und (4.38) geht über in

$$\mathbf{E}(\mathbf{r}, t) = \frac{1}{(2\pi)^3}\, \mathbf{n}(\mathbf{k}_0) \int_G e^{i[(\mathbf{k}' + \mathbf{k}_0)\cdot\mathbf{r} - \frac{k}{c}t]}\, d^3k'. \tag{4.39}$$

Für t = 0 erhält man daraus mit $\mathbf{r} = x_i\, \mathbf{e}_i$

$$\mathbf{E}(\mathbf{r}, 0) = \pi^{-3}\, \mathbf{n}(\mathbf{k}_0)\, e^{i\mathbf{k}_0 \cdot \mathbf{r}} \prod_{a=1}^{3} \frac{\sin b\, x_a}{x_a},$$

also ein um den Ursprung lokalisiertes Wellenpaket. Für $t \neq 0$ kann wegen $b \ll k_0$ der Betrag k binomisch nach $\mathbf{k}'$ entwickelt werden. In niedrigster Näherung entsteht dann aus (4.39)

$$\mathbf{E}(\mathbf{r}, t) = \frac{1}{(2\pi)^3}\, \mathbf{n}(\mathbf{k}_0)\, e^{i(\mathbf{k}_0 \cdot \mathbf{r} - \frac{k_0}{c} t)} \int_G e^{i\mathbf{k}' \cdot \mathbf{r} - \frac{k_0}{2ck_0}(2\mathbf{k}' \cdot \mathbf{k}_0 + k'^2)\, t}\, d^3k' \tag{4.41}$$

(4.41) läßt sich geschlossen auswerten. Zur Vereinfachung betrachten wir nur den $\lim t \to \infty$. Für ihn ergibt sich aus (4.41) mit $\tau := \left(\frac{t}{2ck_0}\right)^{\frac{1}{2}}$

$$\lim_{t \to \infty} \mathbf{E}(\mathbf{r}, t) = \lim_{t \to \infty} (2\pi)^{-\frac{3}{2}} \tau^{-3}\, \mathbf{n}(\mathbf{k}_0)\, e^{i(\mathbf{k}_0 \cdot \mathbf{r} - \frac{k_0}{c} t)} \prod_{a=1}^{3} e^{-i \frac{3}{4} (x_a - \frac{k_{0a}}{ck_0} t)^2 \tau^{-2}} \times \tag{4.42}$$

$$[C((b - k_{0a})\tau) - C((-b - k_{0a})\tau) - i\, S((b - k_{0a})\tau) + i\, S((-b - k_{0a})\tau)],$$

wobei C(x) und S(x) die Fresnelschen Integrale sind [M 18]. Da der Term mit den Fresnelintegralen im limes verschwindet, handelt es sich bei (4.42) um ein zerfließendes Wellenpaket. Das gewünschte nichtzerfließende Signal kann daher nur durch Approximation aperiodischer, ebener Wellenvorgänge im Vakuum gewonnen werden! Wenn man die Fortpflanzung von Signalen in materiellen Medien betrachtet, geht auch diese Möglichkeit verloren. In diesem Fall zerfließen sogar die aperiodischen ebenen Wellen (-signale) im Laufe der Zeit. Ein solcher Vorgang wird als Dispersion bezeichnet; er wird in Abschnitt 15.4 näher behandelt.

## 4.5. Green-Funktionen

Die bisherigen Rechnungen mit dem Vakuummodell (4.1) zeigen, daß die homogene Maxwelltheorie freie elektromagnetische Wellen zuläßt, die eine sonst leere Welt erfüllen können. Es bleibt unter diesen Annahmen jedoch unklar, wie derartige Wellen erzeugt werden können. Die einzige Möglichkeit zur Konstruktion von Wellenvorgängen war bisher die Vorgabe von Anfangswerten der Feldgrößen für t = 0. Klarheit über den Erzeugungsmechanismus für elektromagnetische Wellen erhält man erst, wenn man $\rho \neq 0$, $\mathbf{j} \neq 0$ zuläßt. Dies soll im folgenden geschehen. Als Konsequenz ergibt sich aber auch, daß die einfachen Rechenmethoden der vorangehenden Abschnitte dann nicht mehr angewandt werden können und daß es nunmehr notwendig wird, mit den Potentialen zu rechnen, um für $\rho \neq 0$, $\mathbf{j} \neq 0$ die inhomogenen Maxwellgleichungen erfolgreich integrieren zu können. Wir verwenden die Potentiale in der Lorentz-Eichung, was nach (3.26), (3.27) auf die Gleichungen

$$\begin{aligned} \Box\, \varphi(\mathbf{r}, t) &= -\, 4\pi\rho(\mathbf{r}, t) \\ \Box\, \mathbf{A}(\mathbf{r}, t) &= -\, \frac{4\pi}{c}\, \mathbf{j}(\mathbf{r}, t) \end{aligned} \tag{4.43}$$

und

$$\nabla \cdot \mathbf{A}(\mathbf{r}, t) + \frac{1}{c}\frac{\partial}{\partial t}\varphi(\mathbf{r}, t) = 0 \tag{4.44}$$

führt. Zur formalen Lösung setzen wir an

$$\varphi = \mathfrak{G}\rho; \quad \mathbf{A} = \frac{1}{c}\mathfrak{G}\mathbf{j}, \tag{4.45}$$

wobei $\mathfrak{G}$ ein noch zu bestimmender Operator ist. Substitution in (4.43) ergibt

$$\Box\, \mathfrak{G}\rho = -4\pi\rho; \quad \Box\, \mathfrak{G}\mathbf{j} = -4\pi\mathbf{j}. \tag{4.46}$$

Nehmen wir $\rho$ und $\mathbf{j}$ als fest, aber willkürlich vorgegebene Quellen an, so folgt, daß $\mathfrak{G}$ die Gleichung

$$\Box\, \mathfrak{G} = -4\pi\, \mathbb{1} \tag{4.47}$$

erfüllen muß, wobei $\mathbb{1}$ der Einheitsoperator ist. Verwenden wir eine explizite Darstellung von $\mathfrak{G}$ durch einen Integralkern in einem Funktionenraum, d.h. durch eine Funktion bzw. Distribution, so wird die Anwendung von $\mathfrak{G}$ auf eine Funktion g definiert durch

$$\mathfrak{G}g := \int G(\mathbf{r}, t, \mathbf{r}' t')\, g(\mathbf{r}', t')\, d^3r' dt', \tag{4.48}$$

und die Gleichung (4.47) geht in dieser Darstellung über in

$$\Box\, G(\mathbf{r}, t, \mathbf{r}', t') = -4\pi\delta(\mathbf{r}-\mathbf{r}')\,\delta(t-t') \tag{4.49}$$

Aus (4.49) sieht man, daß G eine Distribution sein muß, die nur in einem geeigneten Testfunktionenraum definiert werden kann. Dies wird genauer in Anhang II und IV diskutiert.

In dieser Darstellung wird G dann als Greenfunktion bezeichnet. Da diese Funktion der partiellen Differentialgleichung (4.49) genügt, kann sie daraus allein nicht eindeutig bestimmt werden. Es müssen vielmehr noch Randbedingungen gestellt werden. Eine ausführliche Diskussion dieser Randbedingungen wird in Anhang III gegeben.

Danach können in der vierdimensionalen Raum-Zeit-Welt $(\mathbf{r}, t)$ für Wellengleichungen nur räumliche Randbedingungen auf zweidimensionalen geschlossenen Hyperflächen, zeitlich aber keine Rand-, sondern nur Anfangswertbedingungen gestellt werden. Dies entspricht der physikalischen Vorstellung, daß Wellengleichungen einen determinierten physikalischen Vorgang beschreiben, der in seinem Zeitverlauf durch die Anfangswerte und die räumlichen Randbedingungen völlig festgelegt wird und keine zeitlichen Randbedingungen mehr erlaubt. Die allgemeinsten zulässigen räumlich-zeitlichen Randbedingungen auf einer offenen Hyperfläche der Raum-Zeit-Welt $(\mathbf{r}, t)$ sind vom Cauchy-Typ (s. Anhang III). Für die Greensche Funktion als partikuläre Lösung der inhomogenen Wellengleichung (4.49) werden homogene, räumliche Randbedingungen Dirichletscher, Neumannscher oder ganz allgemein Cauchyscher Art auf der Oberfläche irgend eines räumlichen Gebietes (für alle Zeiten t) gefordert. Die Anfangswertbedingungen dagegen werden in Form von Kausalitätsbedingungen gefordert (s. Ende dieses Abschnitts).

Zur Konstruktion von Greenfunktionen, die derartige Randbedingungen erfüllen, benutzen wir Entwicklungen nach geeigneten vollständigen Funktionensystemen.

*Behauptung 4.2:* Sei $\psi_n(\mathbf{r})$ (n = 0, 1 ... ∞) ein vollständiges Eigenfunktionensystem zur Gleichung

$$(\Delta + \lambda_n)\, \psi_n(\mathbf{r}) = 0 \tag{4.50}$$

mit vorgegebenen homogenen Cauchy-Randbedingungen auf der geschlossenen Oberfläche eines Gebietes B und den Eigenwerten $\lambda_n$, dann ist

$$G(\mathbf{r}, t, \mathbf{r}', t') = 4\pi \sum_{n=0}^{\infty} \psi_n^{\times}(\mathbf{r}')\, \psi_n(\mathbf{r}) \int_{-\infty}^{\infty} \frac{e^{-i\omega(t-t')}}{\lambda_n - \frac{1}{c^2}\omega^2} \frac{d\omega}{2\pi} \tag{4.51}$$

eine Greenfunktion zu (4.49), die dieselben Cauchy-Randbedingungen erfüllt wie $\psi_n$. Dies ist die allgemeinste Darstellung der Greenfunktion bei beliebigen Cauchy-Randbedingungen und noch vorzugebenden Anfangswertbedingungen.

*Beweis:* Als Lösungen der Gleichung (4.50) bilden die $\psi_n$ ein vollständiges Orthonormalsystem in dem durch die homogenen Randbedingungen definierten Lösungsgebiet B. Die Existenz solcher Lösungen wird in [M 2] gezeigt. Es gelten dann die Orthonormalitätsbedingung

$$\int_B \psi_n^{\times}(\mathbf{r})\, \psi_m(\mathbf{r})\, d^3r = \delta_{nm} \tag{4.52}$$

und die Vollständigkeitsbedingung

$$\sum_{n=1}^{\infty} \psi_n^{\times}(\mathbf{r}')\, \psi_n(\mathbf{r}) = \delta(\mathbf{r} - \mathbf{r}'). \tag{4.53}$$

Dabei bedeutet die Vollständigkeit, daß sich jede in B quadratintegrierbare Funktion $f(\mathbf{r})$, mit $\int_G |f(\mathbf{r})|^2\, d^3r < \infty$, nach den $\psi_n(\mathbf{r})$ entwickeln läßt, wenn $f(\mathbf{r})$ denselben homogenen Randbedingungen wie die $\psi_n(\mathbf{r})$ genügt (s. [M 2]). Wegen der Homogenität der Cauchy-Bedingungen bilden die Linearkombinationen von $\psi_n(\mathbf{r})$ einen linearen Raum, in dem jedes Element ebenfalls die Cauchy-Randbedingungen erfüllt. Wir entwickeln G nach den $\psi_n(\mathbf{r})$ als dem räumlichen Funktionensystem. Als zeitliches Funktionensystem verwenden wir $e^{i\omega(t-t')}$ mit beliebigen kontinuierlichem $\omega$, d.h. wir machen eine Fouriertransformation. Da der d'Alembert-Operator wie auch die Anfangswertbedingungen für G translationsinvariant sind, hängt G nur von $(t - t')$ ab.

Wir setzen also an

$$G(\mathbf{r}, t, \mathbf{r}', t') = \sum_{n=0}^{\infty} \psi_n(\mathbf{r}) \int_{-\infty}^{\infty} a_n(\mathbf{r}', \omega)\, e^{-i\omega(t-t')} \frac{d\omega}{2\pi} \tag{4.54}$$

Substitution in (4.49), Multiplikation mit $\psi_m^\times(\mathbf{r})\, e^{i\omega' t}$ und nachfolgende Integration über die Raum- und die Zeitvariablen ergibt unter Verwendung von (4.50), (4.52) und (II.12)

$$a_m(\mathbf{r}', \omega) = \frac{4\pi\, \psi_n^\times(\mathbf{r}')}{\lambda_m - \frac{1}{c^2}\omega^2}, \tag{4.55}$$

was auf (4.51) führt. Als Linearkombination der $\psi_n$ erfüllt dann G nicht nur die Gleichung (4.49), sondern auch die vorgegebenen Randbedingungen, w.z.b.w.

Die physikalische Bedeutung der Randbedingungen für die Lösungen der Wellengleichung werden wir in den nachfolgenden Kapiteln III und IV noch genauer untersuchen. In diesem Kapitel dagegen wenden wir das hier gegebene allgemeine Konstruktionsverfahren nur auf den $\mathbb{R}_3$ an, da im unbegrenzten Vakuum keine anderen Unterräume mit entsprechenden Randbedingungen ausgewählt werden können. Analog zu den statischen Feldern im Vakuum fordern wir in diesem Fall die homogene Dirichlet-Randbedingung im Unendlichen für jedes feste $\mathbf{r}'$:

$$\lim_{r\to\infty} G(\mathbf{r}, t, \mathbf{r}', t') = 0. \tag{4.56}$$

Als räumliches Entwicklungssystem verwenden wir ebene Wellen $e^{i\mathbf{k}\cdot\mathbf{r}}$, die der Gleichung

$$(\Delta + k^2)\, e^{i\mathbf{k}\cdot\mathbf{r}} = 0 \tag{4.57}$$

genügen, also ein kontinuierliches Spektrum $\lambda = k^2$ besitzen. Wir machen also eine Fouriertransformation bezüglich $\mathbf{r}$. Obwohl dieses System den geforderten Randbedingungen nicht a priori genügt, werden wir zeigen, daß sich damit eine Greenfunktion konstruieren läßt, die (4.56) erfüllt. Da die Randbedingung (4.56) und der d'Alembert-Operator jetzt auch räumlich translationsinvariant sind, hängt G nur von $\mathbf{r} - \mathbf{r}'$ und $t - t'$ ab.

Analog zu (4.54) lautet dann die Fourierdarstellung von G

$$G(\mathbf{r} - \mathbf{r}', t - t') = \frac{1}{(2\pi)^4} \int e^{i\mathbf{k}\cdot(\mathbf{r}-\mathbf{r}') - i\omega(t-t')}\, \widetilde{G}(\mathbf{k}, \omega)\, d^3k\, d\omega. \tag{4.58}$$

Mit der zu (4.52) analogen kontinuierlichen Orthonormalitätsrelation

$$\frac{1}{(2\pi)^3} \int e^{i\mathbf{k}\cdot(\mathbf{r}-\mathbf{r}')}\, d^3k = \delta(\mathbf{r} - \mathbf{r}') \tag{4.59}$$

im Raum der Testfunktionen ergibt dann die Substitution von (4.58) in (4.49) den zu (4.51) analogen Ausdruck. G wird also zunächst dargestellt durch

$$G(\mathbf{r}, t, \mathbf{r}', t') \equiv G(\mathbf{r} - \mathbf{r}', t - t') = \frac{4\pi}{(2\pi)^4} \int \frac{e^{i\mathbf{k}\cdot(\mathbf{r}-\mathbf{r}') - i\omega(t-t')}}{k^2 - \frac{1}{c^2}\omega^2}\, d\omega\, d^3k. \tag{4.60}$$

Diese Darstellung ist formaler Natur, da für $k^2 = \frac{\omega^2}{c^2}$ der Integrand in (4.60) eine Singularität hat, d.h., es existieren Pole bei $\omega = \pm c|\mathbf{k}|$. (4.60) ist an diesen Stellen deshalb nicht definiert. Dies ist nicht verwunderlich, da zufolge der Definitionsgleichung (4.49) feststeht, daß G eine Distribution sein muß. Eine genauere Erörterung mit den Mitteln der Distributionstheorie wird in Anhang IV gegeben. Hier benutzen wir nur einen phänomenologischen Weg, um (4.60) auszuwerten: Im singulären Integral (4.60) werden die Integrationswege deformiert, um der Singularität auszuweichen, und danach wird ein Grenzübergang vollzogen. Dieses ad hoc-Verfahren kann als Darstellung von Distributionen durch reguläre Funktionenfolgen interpretiert und gerechtfertigt werden. Es kann an der Gleichung (4.49) selbstkonsistent durchgeführt werden, indem man die $\delta$-Distribution auf der rechten Seite durch dieselben Funktionenfolgen darstellt und danach auf beiden Seiten den Grenzübergang vornimmt. Wir begnügen uns mit dem Hinweis auf diese tiefere Begründung und wenden uns dem Verfahren selbst zu.

Die Singularitäten können in folgender Weise umgangen werden: Wir betrachten die komplexe $\omega$-Ebene und zeichnen dort die Pole mit den möglichen Umgehungswegen ein,

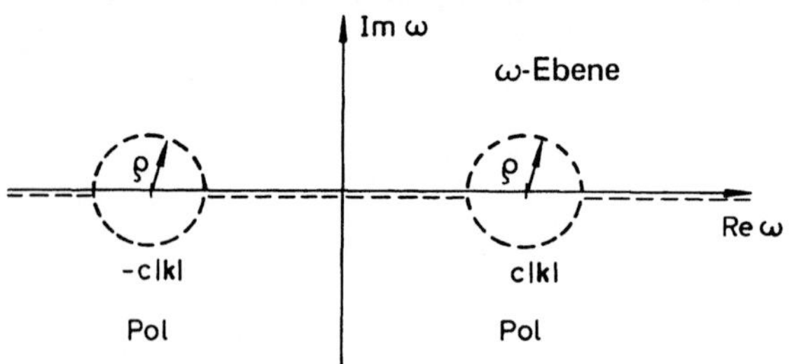


**Bild 5**
Die komplexe $\omega$-Ebene mit den Polen von (4.60).

d.h., um die Pole werden Kreise ausgeschnitten mit dem Radius $\rho$. Es gibt dann 4 mögliche Wege:

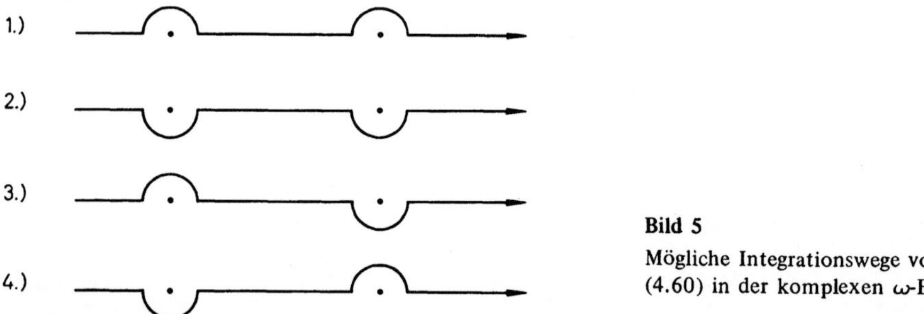


**Bild 5**
Mögliche Integrationswege von (4.60) in der komplexen $\omega$-Ebene.

Nachdem auf diesen Wegen die Integration durchgeführt wurde, kann der Grenzübergang $\rho \to 0$ vollzogen werden. Alle möglichen Wege, d.h. alle Limesprozesse, haben eine mathematisch-physikalische Bedeutung.

Weg 1: Dieser Weg ist für die klassische Physik wichtig, da er auf die sog. retardierte Greenfunktion führt. Seine Auswertung, ebenso wie die aller anderen Wege, erfolgt mit dem Residuensatz. Wir unterscheiden dabei zwei Fälle

a) $t - t' < 0$.

Die im Integranden von (4.60) auftretende Funktion

$$f(z, k) := \left(k^2 - \frac{z^2}{c^2}\right)^{-1} e^{-iz(t-t')} \tag{4.61}$$

ist dann für Im z > 0 exponentiell gedämpft, und man kann den Integrationsweg in der folgenden Weise in der z-Ebene nach oben schließen.

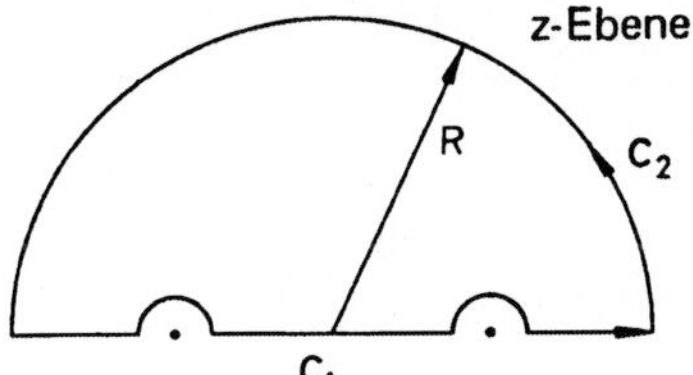


**Bild 7**
Schließung des Integrationsweges 1 nach oben für $t - t' < 0$.

Dabei gilt auf dem Halbkreis $\mathbf{C}_2$ für $R \to \infty$

$$\lim_{R \to \infty} \int_{\mathbf{C}_2} f(z, k)\, dz = 0. \tag{4.62}$$

Es wird daher

$$\int_{\mathbf{C}_1} f(z, k)\, dz = \int_{\mathbf{C}_1 + \mathbf{C}_2} f(z, k)\, dz = 2\pi i \sum \mathrm{Res}\, f(z, k). \tag{4.63}$$

Da f(z, k) aber im Innern von $\mathbf{C}_1 + \mathbf{C}_2$ polfrei ist, folgt

$$\int_{\mathbf{C}_1} f(z, k)\, dz = 0 \tag{4.64}$$

und damit

$$G(\mathbf{r} - \mathbf{r}', t - t') = 0 \qquad \text{für } t - t' < 0. \tag{4.65}$$

b) $t - t' > 0$.

In diesem Fall kann man für die Funktion (4.61) den Integrationsweg in der unteren z-Halbebene schließen, was auf die Darstellung in Bild 8 führt. Diesmal liegen die Pole

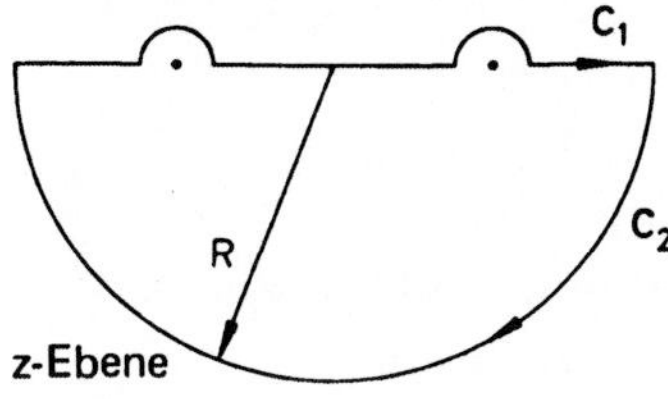


**Bild 8**
Schließung des Integrationsweges 1 nach unten für $t - t' > 0$.

innerhalb des Integrationsbereichs, und man erhält durch analoge Rechnung zum Fall a)

$$\int_{C_1} f(z, k) \frac{dz}{2\pi} = \frac{c}{|\mathbf{k}|} \sin c\, |\mathbf{k}| (t - t'). \tag{4.66}$$

Das Ergebnis ist dabei vom Radius $\rho$ unabhängig. Dies bedeutet, daß der Grenzübergang $\rho \to 0$ vollzogen werden kann. Damit wird aus (4.60) für $(t - t') > 0$

$$G_1(\mathbf{r} - \mathbf{r}', t - t') = \frac{c}{2\pi^2} \int e^{i\mathbf{k}\cdot(\mathbf{r}-\mathbf{r}')} \frac{\sin c(t - t')|\mathbf{k}|}{|\mathbf{k}|} d^3k. \tag{4.67}$$

Die Integration über $\mathbf{k}$ wird durch Einführung von Polarkoordinaten im $\mathbf{k}$-Raum vorgenommen. Man erhält dann nach Ausführung der Winkelintegration

$$G_1(\mathbf{r} - \mathbf{r}', t - t') = \frac{2c}{\pi R} \int_0^\infty \sin(kR) \sin(c\tau k)\, dk \tag{4.68}$$

mit $R = |\mathbf{r} - \mathbf{r}'|$ und $\tau = (t - t')$. Setzen wir $x = ck$, so folgt

$$G_1(\mathbf{r} - \mathbf{r}', t - t') = \frac{1}{2\pi R} \int_0^\infty \left[ e^{i(\tau - \frac{R}{c})x} - e^{i(\tau + \frac{R}{c})x} \right] dx \tag{4.69}$$

$$= \frac{1}{R} \left[ \delta\left(\tau - \frac{R}{c}\right) - \delta\left(\tau + \frac{R}{c}\right) \right].$$

Wegen $\tau > 0$ verschwindet $\tau + \frac{R}{c}$ nirgends, daher kann nur der erste Term in (4.69) einen Beitrag liefern, und wir erhalten

$$G_1(\mathbf{r} - \mathbf{r}', t - t') = \frac{\delta\left(\frac{|\mathbf{r}-\mathbf{r}'|}{c} + t' - t\right)}{|\mathbf{r} - \mathbf{r}'|}. \tag{4.70}$$

Die physikalische Interpretation von (4.49), (4.70) kann folgendermaßen gegeben werden: Zur Zeit $t = t'$ wird eine Punktquelle an der Stelle $\mathbf{r} = \mathbf{r}'$ für eine infinitesimale Zeit eingeschaltet, was durch die $\delta$-Funktion in (4.49) beschrieben wird. Die von dieser Punktquelle ausgehende Störung breitet sich als Kugelwelle von $\mathbf{r}'$ nach anderen Orten $\mathbf{r}$ mit Lichtgeschwindigkeit aus, was gleichbedeutend mit einer von $\mathbf{r}'$ auslaufenden (retardierten) Welle ist. Aus der physikalischen Anschauung ergeben sich dann folgende Forderungen:

1. Die Welle muß für $t < t'$ verschwinden, weil für diese Zeiten noch keine Erregung vorhanden war. Dies ist die Kausalitätsforderung.
2. Die Welle muß in $\mathbf{r}$ zur Zeit $t = t' + \frac{|\mathbf{r} - \mathbf{r}'|}{c}$ ankommen, da sich im Vakuum die elektromagnetischen Wellen mit Lichtgeschwindigkeit ausbreiten.
3. Da die Energie der Welle auf einer Kugeloberfläche verteilt ist, sollte für $|\mathbf{r}| \to \infty$ die Amplitude gegen Null gehen, um Energieerhaltung zu gewährleisten.

Die Funktion (4.70) erfüllt diese Forderungen. Man nennt sie daher die retardierte Greenfunktion. Wie man nachträglich erkennt, wären daher räumliche auslaufende Kugelwellen die geeigneteren Entwicklungsfunktionen gewesen, da sie an die richtigen Randbedingungen angepaßt sind. Andererseits konnte mit der verwendeten Integrationstechnik auch ein nichtangepaßtes System verwendet werden. Ohne den Beweis zu führen, bemerken wir noch, daß die Verwendung in den Randbedingungen nicht angepaßter Funktionen nur im kontinuierlichen Spektrum möglich ist, wie z.B. für die ebenen Wellen.

**Weg 2**: Mit den analogen Überlegungen, die für den Weg 1 ausgeführt wurden, erhält man hier

a) $t - t' < 0$

$$G_2(\mathbf{r}-\mathbf{r}', t-t') = \frac{\delta\left(\frac{|\mathbf{r}-\mathbf{r}'|}{c} + t - t'\right)}{|\mathbf{r}-\mathbf{r}'|} \tag{4.71}$$

b) $t - t' > 0$

$$G_2(\mathbf{r}-\mathbf{r}', t-t') = 0 \tag{4.72}$$

Diese Funktion geht aus (4.70) durch Vertauschen von t und t' hervor, was einer Zeitspiegelung $(t - t') \to -(t - t')$ entspricht. Bei dieser Zeitspiegelung wird die auslaufende Welle in eine einlaufende Welle umgewandelt, die sich von $\infty$ kommend auf den Punkt $\mathbf{r}', t'$ zusammenzieht. Man nennt diese Greenfunktion die avancierte Greenfunktion.

Mit völlig analogen Überlegungen kann man den Integrationsvorgang bei den Wegen 3 und 4 durchführen. Man erhält dann Greenfunktionen, die in der klassischen Physik nicht benutzt werden können, die jedoch in der Quantenfeldtheorie als sog. kausale und antikausale Feynman-Propagatoren Verwendung finden; $G_3$ und $G_4$ werden in Anhang IV diskutiert.

Nachdem auf diese Weise die Konstruktion der Greenfunktionen diskutiert wurde, können wir uns wieder dem eigentlichen Integrationsproblem von (4.43), (4.44) zuwenden. Wegen der Kausalitätsbedingung verwenden wir dabei die retardierte Greenfunktion. Die Quelldarstellung (4.45) lautet mit (4.70) ausintegriert

$$\varphi(\mathbf{r}, t) = \int G_1(\mathbf{r}-\mathbf{r}', t-t')\, \rho(\mathbf{r}', t')\, d^3r'\, dt' = \int \frac{\rho\left(\mathbf{r}', t - \frac{|\mathbf{r}-\mathbf{r}'|}{c}\right)}{|\mathbf{r}-\mathbf{r}'|}\, d^3r' \tag{4.73}$$

$$\mathbf{A}(\mathbf{r}, t) = \frac{1}{c}\int G_1(\mathbf{r}-\mathbf{r}', t-t')\, \mathbf{j}(\mathbf{r}', t')\, d^3r'\, dt' = \frac{1}{c}\int \frac{\mathbf{j}\left(\mathbf{r}', t - \frac{|\mathbf{r}-\mathbf{r}'|}{c}\right)}{|\mathbf{r}-\mathbf{r}'|}\, d^3r' \tag{4.74}$$

Nach Konstruktion sind dann die Gleichungen (4.43) erfüllt. Wir behaupten nun

*Behauptung 4.3:* Mit der Quelldarstellung (4.73), (4.74) ist die Lorentzbedingung (4.44) ebenfalls erfüllt.

*Beweis:* Für den Beweis wesentlich ist die Translationsinvarianz von $G_1$ in $\mathbf{r}$ und t, was man aus (4.60) erkennt. Es wird dann aus (4.74)

$$\nabla_{\mathbf{r}} \cdot \mathbf{A}(\mathbf{r}, t) = \int \nabla_{\mathbf{r}} G_1(\mathbf{r}-\mathbf{r}', t-t') \frac{1}{c} \cdot \mathbf{j}(\mathbf{r}', t')\, d^3r'\, dt' \tag{4.75}$$

$$= -\int \nabla_{\mathbf{r}'} G_1(\mathbf{r}-\mathbf{r}', t-t') \frac{1}{c} \cdot \mathbf{j}(\mathbf{r}', t')\, d^3r'\, dt'.$$

Durch partielle Integration von (4.75) unter Beachtung des Randwertes (4.56) von G folgt

$$\nabla_{\mathbf{r}} \cdot \mathbf{A}(\mathbf{r}, t) = \int G_1(\mathbf{r}-\mathbf{r}', t-t') \frac{1}{c} \nabla_{\mathbf{r}'} \cdot \mathbf{j}(\mathbf{r}', t')\, d^3r'\, dt'. \tag{4.76}$$

Analog erhält man aus (4.73)

$$\frac{1}{c}\frac{\partial}{\partial t}\varphi(\mathbf{r}, t) = \int G_1(\mathbf{r}-\mathbf{r}', t-t') \frac{1}{c}\frac{\partial}{\partial t}\rho(\mathbf{r}', t')\, d^3r'\, dt'. \tag{4.77}$$

Addition von (4.76), (4.77) ergibt wegen der Ladungserhaltung (3.15) die Lorentzbedingung (4.44), w.z.b.w.

## 4.6. Multipolstrahlung

Analog zur Elektrostatik und Magnetostatik führen wir auch hier näherungsweise Berechnungen der Potentiale nach (4.73), (4.74) und der Felder von lokalisierten Ladungs- und Stromverteilungen durch Multipolentwicklungen aus. Um in der Definition von Strom- und Ladungsschwerpunkten analog zur Statik verfahren zu können, verwenden wir eine Fourierzerlegung der Ladungen und Ströme nach der Zeit t.

$$\begin{aligned} \mathbf{j}(\mathbf{r}, t) &= \frac{1}{2\pi}\int \tilde{\mathbf{j}}(\mathbf{r}, \omega)\, e^{-i\omega t}\, d\omega \\ \rho(\mathbf{r}, t) &= \frac{1}{2\pi}\int \tilde{\rho}(\mathbf{r}, \omega)\, e^{-i\omega t}\, d\omega. \end{aligned} \tag{4.78}$$

Wegen des Superpositionsprinzips von Strömen und Ladungen kann man dann zunächst eine einzelne Fourieramplitude $\tilde{\mathbf{j}}(\mathbf{r}, \omega)\, e^{-i\omega t}$ und $\tilde{\rho}(\mathbf{r}, \omega)\, e^{-i\omega t}$ untersuchen und danach eine Superposition für verschiedene Frequenzen vornehmen, um auf (4.78) zurückzukommen. Eine solche Beschränkung hat sogar eine physikalische Bedeutung, da quantenmechanisch die zeitabhängigen Operatoren von Ladungs- und Stromverteilungen sich im einfachsten Fall von Zwei-Niveau-Systemen auf die Form

$$\begin{aligned} \mathbf{j}(\mathbf{r}, t) &= \mathbf{j}(\mathbf{r})\, e^{-i\omega t} \\ \rho(\mathbf{r}, t) &= \rho(\mathbf{r})\, e^{-i\omega t} \end{aligned} \tag{4.79}$$

mit festem $\omega$ reduzieren. Ein solch einfacher Fall soll hier behandelt werden, ohne daß wir im weiteren noch auf die danach mögliche Superposition (4.78) genauer eingehen.

Setzen wir (4.79) voraus, so geht das Vektorpotential (4.74) über in

$$\mathbf{A}(\mathbf{r}, t) = \mathbf{A}(\mathbf{r})\, e^{-i\omega t} \tag{4.80}$$

mit

$$\mathbf{A}(\mathbf{r}) := \frac{1}{c}\int \mathbf{j}(\mathbf{r}')\,\frac{e^{ik|\mathbf{r}-\mathbf{r}'|}}{|\mathbf{r}-\mathbf{r}'|}\,d^3r' \tag{4.81}$$

und $k = \frac{\omega}{c}$. Analog erhält man für das skalare Potential (4.73)

$$\varphi(\mathbf{r}, t) = \varphi(\mathbf{r})\, e^{-i\omega t} \tag{4.82}$$

mit

$$\varphi(\mathbf{r}) := \int \rho(\mathbf{r}')\,\frac{e^{ik|\mathbf{r}-\mathbf{r}'|}}{|\mathbf{r}-\mathbf{r}'|}\,d^3r'. \tag{4.83}$$

Die Lorentzbedingung (3.27) lautet für (4.80), (4.82)

$$\nabla \cdot \mathbf{A}(\mathbf{r}) - ik\,\varphi(\mathbf{r}) = 0, \tag{4.84}$$

die Kontinuitätsgleichung für (4.79)

$$\nabla \cdot \mathbf{j}(\mathbf{r}) - ick\,\rho(\mathbf{r}) = 0. \tag{4.85}$$

Nach (3.16) und (3.20) gehen mit (4.80), (4.82) die elektromagnetischen Feldgrößen über in

$$\begin{aligned} \mathbf{B}(\mathbf{r}, t) &= \mathbf{B}(\mathbf{r})\, e^{-i\omega t} \\ \mathbf{E}(\mathbf{r}, t) &= \mathbf{E}(\mathbf{r})\, e^{-i\omega t} \end{aligned} \tag{4.86}$$

mit

$$\mathbf{B}(\mathbf{r}) = \nabla \times \mathbf{A}(\mathbf{r}) \tag{4.87}$$

$$\mathbf{E}(\mathbf{r}) = -\nabla\varphi + ik\,\mathbf{A}(\mathbf{r}). \tag{4.88}$$

Unter Verwendung von (4.84) folgt daraus

$$\begin{aligned} \mathbf{E}(\mathbf{r}) &= -\frac{1}{ik}\,\nabla(\nabla \cdot \mathbf{A}(\mathbf{r})) + ik\,\mathbf{A}(\mathbf{r}) \\ &= \frac{i}{k}\,[\nabla(\nabla \cdot \mathbf{A}(\mathbf{r})) + k^2\,\mathbf{A}(\mathbf{r})]. \end{aligned} \tag{4.89}$$

Mit (4.87), (4.89) ist es daher zur Feldberechnung nur nötig, $\mathbf{A}(\mathbf{r})$ auszurechnen. Dabei genügt dann $\mathbf{A}(\mathbf{r})$ der durch Einsetzen von (4.80) in die Wellengleichung (4.43) entstehenden Helmholtz-Differentialgleichung

$$(\Delta + k^2)\,\mathbf{A}(\mathbf{r}) = -\frac{4\pi}{c}\,\mathbf{j}(\mathbf{r}), \tag{4.90}$$

die im Anhang VI C behandelt wird. Ferner gelten außerhalb der Ladungs- und Strombereiche die homogenen Maxwellgleichungen (4.2), so daß für Felder der Art (4.86) die Relationen

$$\mathbf{E}(\mathbf{r}) = \frac{i}{k}[\nabla \times \mathbf{B}(\mathbf{r})]; \qquad \mathbf{B}(\mathbf{r}) = -\frac{i}{k}[\nabla \times \mathbf{E}(\mathbf{r})] \tag{4.91}$$

erfüllt sind.

Nach diesen Vorbereitungen können wir wie in Abschnitt 1.6 und 2.5 vorgehen, wobei wir dieselben Bezeichnungen verwenden. Die Stromverteilung sei im Stromschwerpunkt $\mathbf{r}_s$ lokalisiert. Dann wird

$$\mathbf{A}(\mathbf{R}) = \frac{1}{c}\int \mathbf{j}(\mathbf{R}')\frac{e^{ik|\mathbf{R}-\mathbf{R}'|}}{|\mathbf{R}-\mathbf{R}'|}\,d^3R' = \frac{1}{c}\int \mathbf{j}(\mathbf{r}_s+\mathbf{r}')\frac{e^{ik|\mathbf{r}-\mathbf{r}'|}}{|\mathbf{r}-\mathbf{r}'|}\,d^3r' \tag{4.92}$$

mit $\mathbf{R} = \mathbf{r}_s + \mathbf{r}$, $\mathbf{R}' = \mathbf{r}_s + \mathbf{r}'$.

Die Ausdehnung von $\mathbf{j}(\mathbf{r}_s + \mathbf{r}')$ sei auf einen Bereich $|\mathbf{r}'| \ll d$ beschränkt. Für unsere Rechnungen nehmen wir $|\mathbf{r}| \gg d$ an. Entwickeln wir $|\mathbf{r}-\mathbf{r}'|$ in eine Taylorreihe

$$|\mathbf{r}-\mathbf{r}'| = \sum_{\nu=0}^{\infty}\frac{(-1)^\nu}{\nu!}(\mathbf{r}'\cdot\nabla_\mathbf{r})^\nu\,|\mathbf{r}| \tag{4.93}$$

und approximieren wir (4.93) durch

$$|\mathbf{r}-\mathbf{r}'| = r - \mathbf{e}\cdot\mathbf{r}' \tag{4.94}$$

mit dem Einheitsvektor $\mathbf{e} := \frac{\mathbf{r}}{r}$, so geht (4.92) über in

$$\mathbf{A}(\mathbf{R}) = \frac{e^{ikr}}{cr}\int \mathbf{j}(\mathbf{r}_s+\mathbf{r}')\frac{e^{-ik\mathbf{e}\cdot\mathbf{r}'}}{\left(1-\frac{\mathbf{e}\cdot\mathbf{r}'}{r}\right)}\,d^3r', \tag{4.95}$$

was mit den Definitionen von 1.6 auch als

$$\mathbf{A}(\mathbf{R}) = \frac{e^{ik|\mathbf{R}-\mathbf{r}_s|}}{c|\mathbf{R}-\mathbf{r}_s|}\int \mathbf{j}(\mathbf{r}_s+\mathbf{r}')\frac{e^{-ik\mathbf{e}\cdot\mathbf{r}'}}{\left(1-\frac{\mathbf{e}\cdot\mathbf{r}'}{|\mathbf{R}-\mathbf{r}_s|}\right)}\,d^3r' \tag{4.96}$$

geschrieben werden kann.

(4.96) ist eine modulierte Kugelwelle der Wellenlänge $\lambda = \frac{2\pi c}{\omega} = \frac{2\pi}{k}$, wobei der Modulationsfaktor durch das von $|\mathbf{R}-\mathbf{r}_s|$ abhängige Integral gegeben wird. Diese Modulation entsteht durch die endliche Ausdehnung der Quellen und führt auf die Multipolentwicklung. Im Gegensatz zur Statik reicht hier aber die Voraussetzung $r \gg r'$ nicht aus, um die Multipolentwicklung zu kennzeichnen. Da hier die Wellenlänge $\lambda$ als zusätzliche physikalische Größe auftritt, muß auch sie berücksichtigt werden. Dies führt auf folgende Einteilung mit d als maximaler Ausdehnung der Stromverteilung $\mathbf{j}(\mathbf{r})$

| | | | |
|---|---|---|---|
| 1. Nahzone (statische Zone) | $d \ll r \ll \lambda$ | oder | $kr \ll 1$ |
| 2. Mittelzone | $d \ll r \approx \lambda$ | oder | $kr \approx 1$ |
| 3. Fernzone | $d \ll \lambda \ll r$ | oder | $kr \gg 1$ |

Für alle Zonen gilt $|\mathbf{r}'| \leqslant d \ll r$ und $d \ll \lambda$.

Wir nehmen nun die Entwicklung nach Potenzen von $(\mathbf{e} \cdot \mathbf{r}')$ vor:

$$\frac{e^{-ik\mathbf{e}\cdot\mathbf{r}'}}{(1 - \frac{\mathbf{e}\cdot\mathbf{r}'}{r})} = (1 - ik(\mathbf{e}\cdot\mathbf{r}') - \frac{k^2}{2}(\mathbf{e}\cdot\mathbf{r}')^2 + \ldots)(1 + \frac{(\mathbf{e}\cdot\mathbf{r}')}{r} + \frac{(\mathbf{e}\cdot\mathbf{r}')^2}{r^2} + \ldots)$$

$$= 1 + \left(\frac{1}{r} - ik\right)(\mathbf{e}\cdot\mathbf{r}') + \frac{1}{2}\left(\frac{2}{r^2} - \frac{2ik}{r} - k^2\right)(\mathbf{e}\cdot\mathbf{r}')^2 + \ldots, \tag{4.97}$$

was sukzessive auf die einzelnen Multipolausdrücke führt. Da stets $|\mathbf{r}'| \ll d \ll r$ und $kd = 2\pi \frac{d}{\lambda} \ll 1$ sein soll, fallen die Beiträge höherer Potenzen von $(\mathbf{e} \cdot \mathbf{r}')$ schnell ab, so daß nur die ersten nichtverschwindenden Terme von (4.97) wesentlich sind. Es werden nun die Felder und die Strahlung aufeinanderfolgender Terme untersucht.

## Elektrische Dipolstrahlung

Das erste Glied in (4.97) ergibt nach (4.95)

$$\mathbf{A}_0(\mathbf{R}) = \frac{e^{ikr}}{cr} \int \mathbf{j}(\mathbf{r}_s + \mathbf{r}')\, d^3r' \tag{4.98}$$

Da wir nicht mit stationären Strömen rechnen, verschwindet (4.98) nicht. Wir erhalten vielmehr zufolge der Lokalisierung von $\mathbf{j}$ unter Anwendung des Gaußschen Satzes die Relation

$$0 = \int \nabla_{\mathbf{r}'} \cdot (\mathbf{j}(\mathbf{r}_s + \mathbf{r}') \otimes \mathbf{r}')\, d^3r' = \int \mathbf{r}'(\nabla_{\mathbf{r}'} \cdot \mathbf{j}(\mathbf{r}_s + \mathbf{r}'))\, d^3r' + \int (\mathbf{j}(\mathbf{r}_s + \mathbf{r}') \cdot \nabla_{\mathbf{r}'})\, \mathbf{r}'\, d^3r'$$

$$= \int \mathbf{r}'(\nabla_{\mathbf{r}'} \cdot \mathbf{j}(\mathbf{r}_s + \mathbf{r}'))\, d^3r' + \int \mathbf{j}(\mathbf{r}_s + \mathbf{r}')\, d^3r', \tag{4.99}$$

die mit (4.85) kombiniert den Ausdruck

$$\int \mathbf{j}(\mathbf{r}_s + \mathbf{r}')\, d^3r' = -\int \mathbf{r}'(\nabla_{\mathbf{r}'} \cdot \mathbf{j}(\mathbf{r}_s + \mathbf{r}'))\, d^3r' = -ick \int \mathbf{r}'\, \rho(\mathbf{r}_s + \mathbf{r}')\, d^3r' \tag{4.100}$$

ergibt. Mit der Definition (1.47) für das elektrische Dipolmoment $\mathbf{p}$ geht (4.98) über in

$$\mathbf{A}_0(\mathbf{R}) = -ik\, \frac{e^{ikr}}{r}\, \mathbf{p}, \tag{4.101}$$

was mit (4.87), (4.91) auf

$$\mathbf{B}_0(\mathbf{R}) = k^2 (\mathbf{e} \times \mathbf{p}) \frac{e^{ikr}}{r}\left(1 - \frac{1}{ikr}\right) \tag{4.102}$$

$$\mathbf{E}_0(\mathbf{R}) = k^2 (\mathbf{e} \times \mathbf{p}) \times \mathbf{e}\, \frac{e^{ikr}}{r} + [3\,\mathbf{e}(\mathbf{e} \cdot \mathbf{p}) - \mathbf{p}]\left(\frac{1}{r^3} - \frac{ik}{r^2}\right) e^{ikr}$$

führt. Benutzt man die Zoneneinteilung, so ergeben sich aus (4.102) folgende Näherungen:

*Nahzone:* Man beachtet $kr \ll 1$ und nimmt nur die asymptotisch größten Glieder für $kr \to 0$ mit:

$$\mathbf{B}_0(\mathbf{R}) \approx ik(\mathbf{e} \times \mathbf{p}) \frac{1}{r^2} \tag{4.103}$$

$$\mathbf{E}_0(\mathbf{R}) \approx [3\,\mathbf{e}(\mathbf{e} \cdot \mathbf{p}) - \mathbf{p}] \frac{1}{r^3}\,.$$

Da ferner $|\mathbf{B}_0|/|\mathbf{E}_0| \approx kr$ ist, kann man $\mathbf{B}_0$ überhaupt vernachlässigen, und der Vergleich mit (1.60) zeigt, daß die Nahzone approximativ durch ein statisches elektrisches Dipolfeld beschrieben wird. Im statischen Limes $k \to 0$ in (4.102) verschwindet $\mathbf{B}_0$ ganz, und $\mathbf{E}_0$ geht, wie zu erwarten, in das statische Dipolfeld (1.60) über.

*Fernzone:* Man beachtet $kr \gg 1$ und nimmt die asymptotisch größten Glieder für $kr \to \infty$ mit. Dies ergibt

$$\begin{aligned} \mathbf{B}_0(\mathbf{R}) &\approx k^2 (\mathbf{e} \times \mathbf{p}) \frac{e^{ikr}}{r} \\ \mathbf{E}_0(\mathbf{R}) &\approx \mathbf{B}_0(\mathbf{R}) \times \mathbf{e}. \end{aligned} \tag{4.104}$$

Hier handelt es sich demnach um ein typisches Wellfeld, in dem $\mathbf{E}$ senkrecht auf $\mathbf{B}$ und beide Vektoren senkrecht auf e stehen, was eine transversale Kugelwelle ergibt.
Der Poyntingvektor (3.57) wird für die komplexen Feldgrößen (4.86) mit (4.104) nach (4.26) und mit I.6

$$\mathbf{S}_0 = \frac{c}{4\pi}\,e\,\frac{1}{4}(\mathbf{B} + \mathbf{B}^{\times})^2 = \frac{c}{4\pi}\,e\,(\mathrm{Re}\,\mathbf{B})^2\;, \tag{4.105}$$

da $\mathbf{B}$ auf e senkrecht steht. Benutzt man den Ausdruck für $\mathbf{B}_0$ aus (4.104), so ergibt sich

$$\mathbf{S}_0(r, t, \omega) = e\,\frac{c}{4\pi}\,\frac{k^4}{r^2}(e \times \mathrm{Re}\,p\,e^{i(k \cdot r - \omega t)^2}. \tag{4.106}$$

## Magnetische Dipolstrahlung

Der zweite Term in (4.97) führt auf

$$\mathbf{A}_1(\mathbf{R}) = \frac{e^{ikr}}{cr}\left(\frac{1}{r} - ik\right)\int \mathbf{j}(\mathbf{r}_s + \mathbf{r}')\,(\mathbf{e} \cdot \mathbf{r}')\,d^3r' \tag{4.107}$$

Mit

$$(\mathbf{e} \cdot \mathbf{r}')\,\mathbf{j} = \tfrac{1}{2}[(\mathbf{e} \cdot \mathbf{r}')\,\mathbf{j} + (\mathbf{e} \cdot \mathbf{j})\,\mathbf{r}'] + \tfrac{1}{2}(\mathbf{r}' \times \mathbf{j}) \times \mathbf{e} \tag{4.108}$$

zerlegen wir (4.107) in

$$\mathbf{A}_1(\mathbf{R}) = \mathbf{A}_{1m}(\mathbf{R}) + \mathbf{A}_{1e}(\mathbf{R}) \tag{4.109}$$

definiert durch

$$\mathbf{A}_{1m}(\mathbf{R}) := ik(\mathbf{e} \times \mathbf{m}) \frac{e^{ikr}}{r} \left(1 - \frac{1}{ikr}\right) \tag{4.110}$$

mit dem magnetischen Dipolmoment (2.55) und dem Restterm $\mathbf{A}_{1e}(\mathbf{R})$, der die elektrische Quadrupolstrahlung darstellt. Durch Vergleich von (4.110) mit (4.102) und (4.101) stellt man fest, daß

$$\mathbf{A}_{1m}(\mathbf{R}) = \nabla_r \times \mathbf{m} \frac{e^{ikr}}{r} \tag{4.111}$$

gilt. Damit erhält man aus (4.89)

$$\mathbf{E}_{1m}(\mathbf{R}) = \nabla_r \times ik\, \mathbf{m} \frac{e^{ikr}}{r} = ik\, \mathbf{A}_{1m}(\mathbf{R}) = -k^2(\mathbf{e} \times \mathbf{m}) \frac{e^{ikr}}{r} \left(1 - \frac{1}{ikr}\right) \tag{4.112}$$

sowie aus (4.91) und Vergleich mit (4.102)

$$\mathbf{B}_{1m}(\mathbf{R}) = k^2(\mathbf{e} \times \mathbf{m}) \times \mathbf{e} \frac{e^{ikr}}{r} + [3\, \mathbf{e}(\mathbf{e} \cdot \mathbf{m}) - \mathbf{m}] \left(\frac{1}{r^3} - \frac{ik}{r^2}\right) e^{ikr} \tag{4.113}$$

Aus den Darstellungen (4.112), (4.113) kann man ablesen, daß durch die Substitution $\mathbf{p} \to \mathbf{m}$, $\mathbf{B}_0 \to -\mathbf{E}_{1m}$, $\mathbf{E}_0 \to \mathbf{B}_{1m}$ die Felder des elektrischen Dipolmoments in diejenigen des magnetischen Dipolmoments übergeführt werden können und umgekehrt. Damit wird die völlige Analogie zwischen magnetischem Dipolcharakter des Feldes und dem elektrostatischen Dipolfeld deutlich. Eine solche Vertauschung $(\mathbf{E}, \mathbf{B}) \to (\mathbf{B}, -\mathbf{E})$ läßt die homogenen Maxwellgleichungen (4.2) invariant, so daß außerhalb der Quellen eine solche Analogie ganz allgemein gelten sollte.

**Elektrische Quadrupolstrahlung**

Nun wird der zweite Term $\mathbf{A}_{1e}(\mathbf{R})$ in (4.109) untersucht. Es gilt

$$\nabla_{r'}[\cdot\, \mathbf{j}(\mathbf{r}') \otimes \mathbf{r}'(\mathbf{e} \cdot \mathbf{r}')] = \mathbf{r}'(\mathbf{e} \cdot \mathbf{r}')\, \nabla_{r'} \cdot \mathbf{j}(\mathbf{r}') + (\mathbf{e} \cdot \mathbf{r}')\, \mathbf{j}(\mathbf{r}') + \mathbf{r}'(\mathbf{j}(\mathbf{r}') \cdot \mathbf{e}). \tag{4.114}$$

Bei Integration von (4.114) bezüglich $\mathbf{r}'$ über den $\mathbb{R}_3$ verschwindet unter Anwendung des Gaußschen Satzes die linke Seite von (4.114) wegen der Lokalisierung von $\mathbf{j}$, und man erhält mit (4.85)

$$\frac{1}{2c} \int [(\mathbf{e} \cdot \mathbf{r}')\, \mathbf{j}(\mathbf{r}_s + \mathbf{r}') + (\mathbf{e} \cdot \mathbf{j}(\mathbf{r}_s + \mathbf{r}'))\, \mathbf{r}']\, d^3r' = -\frac{ik}{2} \int \mathbf{r}'(\mathbf{e} \cdot \mathbf{r}')\, \rho(\mathbf{r}_s + \mathbf{r}')\, d^3r'.$$

Damit wird das Quadrupolpotential

$$\mathbf{A}_{1e}(\mathbf{R}) = -\frac{k^2}{2} \frac{e^{ikr}}{r} \left(1 - \frac{1}{ikr}\right) \int \mathbf{r}'(\mathbf{e} \cdot \mathbf{r}')\, \rho(\mathbf{r}_s + \mathbf{r}')\, d^3r' \tag{4.116}$$

In der Fernzone entstehen dann die asymptotischen Terme

$$\mathbf{B}_{1e}(\mathbf{R}) = ik\, \mathbf{e} \times \mathbf{A}_{1e}(\mathbf{R}) \tag{4.117}$$

$$\mathbf{E}_{1e}(\mathbf{R}) = \mathbf{B}_{1e}(\mathbf{R}) \times \mathbf{e},$$

was durch Substitution von (4.116) das Magnetfeld

$$\mathbf{B}_{1e}(\mathbf{R}) = -\frac{ik^3}{2}\frac{e^{ikr}}{r}\int (\mathbf{e} \times \mathbf{r}')(\mathbf{r}' \cdot \mathbf{e})\,\rho(\mathbf{r}_s + \mathbf{r}')\,d^3r' \tag{4.118}$$

ergibt. Unter Benutzung des Quadrupolmoments $\mathcal{H}$ nach (1.47) kann (4.118) auch geschrieben werden

$$\mathbf{B}_{1e}(\mathbf{R}) = -\frac{ik^3}{6}\frac{e^{ikr}}{r}[\mathbf{e} \times \mathcal{H} \cdot \mathbf{e}], \tag{4.119}$$

und aus (4.117) folgt

$$\mathbf{E}_{1e}(\mathbf{R}) = \frac{ik^3}{6}\frac{e^{ikr}}{r}\mathbf{e} \times [\mathbf{e} \times \mathcal{H} \cdot \mathbf{e}]. \tag{4.120}$$

Damit ist nachgewiesen, daß diese Feldanteile vom elektrischen Quadrupolmoment erzeugt werden. Die Entwicklung der Potentiale (4.73), (4.74) nach Kugelfunktionen wird im Anhang VI D durchgeführt.

## 4.7. Lienard-Wiechert-Potentiale

Im vorangehenden Abschnitt haben wir Multipolentwicklungen für lokalisierte Strom- und Ladungsverteilungen vorgenommen, die mikroskopisch z. B. für die Berechnung des Strahlungsfeldes von angeregten Atomen oder Molekülen verwendet werden können und im makroskopischen Bereich z.B. zur Berechnung der Abstrahlung von Antennen dienen. Voraussetzung für die Anwendbarkeit solcher Entwicklungen bei zeitabhängigen Vorgängen ist, daß neben der Lokalisierung der Strom- und Ladungsverteilung in der Fourieranalyse (4.78) kein zu breites Frequenz-Spektrum in $\omega$ auftritt. Diese Annahme trifft in den erwähnten physikalischen Situationen zu. Betrachtet man dagegen z. B. die Bewegung eines geladenen Teilchens in einem Beschleuniger, so ist die Lokalisierungsbedingung zwar auch erfüllt, aber im Grenzfall einer bewegten Punktladung, dargestellt durch eine $\delta$-Funktion, benötigt man bei der Fourieranalyse bezüglich der Zeit t ein unbeschränktes $\omega$-Spektrum. Für solche Fälle muß dann ein anderes Berechnungsverfahren angewendet werden, was auf die Lienard-Wiechert-Potentiale führt. Zu ihrer Ableitung untersuchen wir die Potentiale (4.73), (4.74) für eine beliebig bewegte Punktladung q im klassischen Punktladungsmodell. Seien $\mathbf{r}(t)$ der Ortsvektor und $\dot{\mathbf{r}}(t) =: \mathbf{v}(t)$ die zugehörige Geschwindigkeit, dann lauten die Ladungsdichte dieser Punktladung

$$\rho(\mathbf{r}, t) = q\,\delta(\mathbf{r} - \mathbf{r}(t)) \tag{4.121}$$

und die Stromdichte

$$\mathbf{j}(\mathbf{r}, t) = q\,\mathbf{v}(t)\,\delta(\mathbf{r} - \mathbf{r}(t)) = \rho(\mathbf{r}, t)\,\mathbf{v}(t). \tag{4.122}$$

Durch (4.121), (4.122) wird die Kontinuitätsgleichung (3.15) erfüllt wegen

$$\nabla \cdot \mathbf{j}(\mathbf{r}, t) = \mathbf{v}(t) \cdot \nabla \rho(\mathbf{r}, t) = -\frac{\partial}{\partial t} \rho(\mathbf{r}, t). \tag{4.123}$$

Strom- und Ladungsdichte sind daher selbstkonsistent. Zur Vereinfachung führen wir in (4.122) noch den Faktor c ein, indem wir

$$\mathbf{j}(\mathbf{r}, t) = q\, c\, \bar{\mathbf{v}}(t)\, \delta(\mathbf{r} - \mathbf{r}(t)) \tag{4.124}$$

mit $\bar{\mathbf{v}} = \frac{\mathbf{v}}{c}$ setzen. Die Potentiale (4.73), (4.74) können auch in der Form

$$\varphi(\mathbf{r}, t) = \int \frac{\rho(\mathbf{r}', t')}{|\mathbf{r} - \mathbf{r}'|}\, \delta\left(t' + \frac{|\mathbf{r} - \mathbf{r}'|}{c} - t\right) d^3 r'\, dt' \tag{4.125}$$

$$\mathbf{A}(\mathbf{r}, t) = \frac{1}{c} \int \frac{\mathbf{j}(\mathbf{r}', t')}{|\mathbf{r} - \mathbf{r}'|}\, \delta\left(t' + \frac{|\mathbf{r} - \mathbf{r}'|}{c} - t\right) d^3 r'\, dt'$$

geschrieben werden.

Substitution von (4.121), (4.124) in (4.125) ergibt

$$\varphi(\mathbf{r}, t) = q \int \frac{\delta(\mathbf{r}' - \mathbf{r}(t'))}{|\mathbf{r} - \mathbf{r}'|}\, \delta\left(t' + \frac{|\mathbf{r} - \mathbf{r}'|}{c} - t\right) d^3 r'\, dt' \tag{4.126}$$

$$\mathbf{A}(\mathbf{r}, t) = q \int \frac{\bar{\mathbf{v}}(t')\, \delta(\mathbf{r}' - \mathbf{r}(t'))}{|\mathbf{r} - \mathbf{r}'|}\, \delta\left(t' + \frac{|\mathbf{r} - \mathbf{r}'|}{c} - t\right) d^3 r'\, dt'.$$

Die Auswertung verläuft für $\varphi$ und $\mathbf{A}$ gleich. Wir untersuchen daher nur das Vektorpotential. Ausführung der Integration über $\mathbf{r}'$ ergibt

$$\mathbf{A}(\mathbf{r}, t) = q \int \frac{\bar{\mathbf{v}}(t')}{|\mathbf{r} - \mathbf{r}(t')|}\, \delta\left(t' + \frac{|\mathbf{r} - \mathbf{r}(t')|}{c} - t\right) dt'. \tag{4.127}$$

Nach (II.15) gilt die Hilfsformel

$$\int g(t')\, \delta(f(t') - t)\, dt' = \sum_{i=1}^{n} g(t_i')\, |\dot{f}(t_i')|^{-1}, \tag{4.128}$$

wobei $t_i'(t)$, $1 \leqslant i \leqslant k$ die Lösungen der Gleichung $f(t') = t$ sind und $\dot{f} := \frac{df}{dt'}$ gelte.
Im vorliegenden Fall ist

$$f(t') := t' + \frac{|\mathbf{r} - \mathbf{r}(t')|}{c} \equiv t' + \frac{1}{c} \sqrt{(\mathbf{r} - \mathbf{r}(t'))^2} \tag{4.129}$$

und

$$\frac{\partial f(t')}{\partial t'} = 1 - \frac{1}{c}\, \mathbf{v}(t') \cdot \nabla_{\mathbf{r}} |\mathbf{r} - \mathbf{r}(t')| \tag{4.130}$$

$$= 1 - \bar{\mathbf{v}}(t') \cdot \mathbf{e}(\mathbf{r}, t') =: \kappa(\mathbf{r}, t')$$

mit

$$\mathbf{e}(\mathbf{r}, t') := \frac{(\mathbf{r} - \mathbf{r}(t'))}{|\mathbf{r} - \mathbf{r}(t')|} =: \frac{\mathbf{R}(t')}{R(t')}. \tag{4.131}$$

(4.131) ist der Einheitsvektor vom Teilchenort $\mathbf{r}(t')$ zum Aufpunkt $\mathbf{r}$.
Damit geht (4.126) für $k = 1$ über in

$$\varphi(\mathbf{r}, t) = q \frac{1}{|\mathbf{r} - \mathbf{r}(t')|} \frac{1}{|\kappa(\mathbf{r}, t')|} \tag{4.132}$$

$$\mathbf{A}(\mathbf{r}, t) = \bar{\mathbf{v}}(t')\, \varphi(\mathbf{r}, t')$$

mit der Nebenbedingung

$$f(t') = t \equiv t' + \frac{1}{c} |\mathbf{r} - \mathbf{r}(t')| = t. \tag{4.133}$$

Funktionale Auflösung von (4.133) nach $t'$ führt im allgemeinen jedoch auf mehrere Lösungen

$$t_i'(t) = f_i^{-1}(t, r), \qquad 1 \leqslant i \leqslant k.$$

Die Potentiale können also nur dann explizit berechnet werden, wenn diese funktionale Auflösung möglich ist. Für $k > 1$ tritt anstelle von (4.132) die Summe über sämtliche Lösungen $t_i'$, $1 \leqslant i \leqslant k$ entsprechend (4.128). Es soll jedoch zunächst angenommen werden, daß nur eine einzige Auflösung existiert. Aus (4.132) erhält man für $\mathbf{v} = 0$ als Grenzfall das Coulombpotential!

Wir berechnen nun die zugehörigen Felder, wobei wir zur Abkürzung die Betragsstriche an $\kappa$ unterdrücken.

*Behauptung: 4.4:* Die den Liénard-Wiechert-Potentialen (4.132) zugeordneten Felder lauten

$$\mathbf{E}(\mathbf{r}, t) = q \left[\frac{(\mathbf{e} - \bar{\mathbf{v}})(1 - \bar{\mathbf{v}}^2)}{\kappa^3 R^2}\right]_{\text{ret}} + \frac{q}{c}\left[\frac{\mathbf{e}}{\kappa^3 R} \times ((\mathbf{e} - \bar{\mathbf{v}}) \times \dot{\bar{\mathbf{v}}})\right]_{\text{ret}} \tag{4.135}$$

und

$$\mathbf{B}(\mathbf{r}, t) = \mathbf{e}(\mathbf{r}, t) \times \mathbf{E}(\mathbf{r}, t), \tag{4.136}$$

wobei ret. die Benutzung der Nebenbedingung für die Retardierung nach Formel (4.134) bedeutet.

*Beweis:* Nach (3.16) und (3.20) berechnen sich die Felder aus den Potentialen wie folgt:

$$\mathbf{E}(\mathbf{r}, t) = -\nabla \varphi(\mathbf{r}, t) - \frac{1}{c} \frac{\partial}{\partial t} \mathbf{A}(\mathbf{r}, t) \tag{4.137}$$

$$\mathbf{B}(\mathbf{r}, t) = \nabla \times \mathbf{A}(\mathbf{r}, t).$$

Wir gehen nicht von der ausintegrierten Form (4.132) der Potentiale aus, sondern von (4.126) bzw. (4.127). Dann wird

$$\nabla \varphi(\mathbf{r}, t) = -q \int dt' \left[ \frac{\mathbf{R}}{R^3}\, \delta\left(t' - t + \frac{R}{c}\right) - \frac{\mathbf{R}}{cR^2}\, \delta'\left(t' - t + \frac{R}{c}\right) \right] \tag{4.138}$$

$$\frac{\partial}{\partial t} \mathbf{A}(\mathbf{r}, t) = -q \int dt' \, \frac{\overline{\mathbf{v}}}{R}\, \delta'\left(t' - t + \frac{R}{c}\right),$$

wobei $\delta'$ die einfache Ableitung der $\delta$-Funktion bedeutet. Nun gilt wegen (4.129), (4.130)

$$\delta'\left(t' - t + \frac{R}{c}\right) = \frac{1}{\kappa(\mathbf{r}, t')} \frac{d}{dt'}\, \delta\left(t' - t + \frac{R(t')}{c}\right), \tag{4.139}$$

und man erhält aus (4.138) nach partieller Integration

$$\mathbf{E}(\mathbf{r}, t) = q \int dt' \, \delta\left(t' - t + \frac{R(t')}{c}\right) \left[ \frac{\mathbf{R}}{R^3} + \frac{1}{c} \frac{d}{dt'} \frac{1}{\kappa R} (\mathbf{e} - \overline{\mathbf{v}}) \right]. \tag{4.140}$$

Integration über $t'$ ergibt schließlich wegen (4.128) für $k = 1$ mit der Retardierung nach (4.134)

$$\mathbf{E}(\mathbf{r}, t) = \frac{q}{\kappa} \left[ \frac{\mathbf{e}}{R^2} - \frac{1}{c} \frac{d}{dt'} \left( \frac{\overline{\mathbf{v}} - \mathbf{e}}{\kappa R} \right) \right]_{\text{ret}}. \tag{4.141}$$

Analog folgt

$$\mathbf{B}(\mathbf{r}, t) = \frac{q}{\kappa} \left[ \frac{\overline{\mathbf{v}} \times \mathbf{e}}{R^2} + \frac{1}{c} \frac{d}{dt'} \left( \frac{\overline{\mathbf{v}} \times \mathbf{e}}{\kappa R} \right) \right]_{\text{ret}}. \tag{4.142}$$

Nun ist mit (4.131)

$$\frac{1}{c} \frac{d}{dt'}\, \mathbf{e}(t') = \frac{\mathbf{R}}{R^2} \frac{(\mathbf{R} \cdot \dot{\mathbf{r}})}{cR} - \frac{\dot{\mathbf{r}}}{cR} \tag{4.143}$$

$$= \frac{1}{R} \left[ \mathbf{e}(\mathbf{e} \cdot \overline{\mathbf{v}}) - \overline{\mathbf{v}} \right] = \mathbf{e} \times (\mathbf{e} \times \overline{\mathbf{v}}) \frac{1}{R}.$$

Damit wird (4.141) unter Beachtung von (4.130)

$$\mathbf{E}(\mathbf{r}, t) = \frac{q}{\kappa} \left[ \frac{\mathbf{e}}{R^2} + \frac{1}{\kappa R^2} (\mathbf{e}(\mathbf{e} \cdot \overline{\mathbf{v}}) - \overline{\mathbf{v}}) + \frac{\mathbf{e}}{c} \frac{d}{dt'} \left( \frac{1}{\kappa R} \right) - \frac{1}{c} \frac{d}{dt'} \left( \frac{\overline{\mathbf{v}}}{\kappa R} \right) \right]_{\text{ret}}$$

$$= \frac{q}{\kappa} \left[ \frac{\mathbf{e} - \overline{\mathbf{v}}}{\kappa R^2} + \frac{\mathbf{e}}{c} \frac{d}{dt'} \left( \frac{1}{\kappa R} \right) - \frac{1}{c} \frac{d}{dt'} \left( \frac{\overline{\mathbf{v}}}{\kappa R} \right) \right]_{\text{ret}}. \tag{4.144}$$

Ebenso folgt für (4.142)

$$\mathbf{B}(\mathbf{r}, t) = \frac{q}{\kappa} \left[ \frac{\overline{\mathbf{v}}}{\kappa R^2} + \frac{1}{c} \frac{d}{dt'} \left( \frac{\overline{\mathbf{v}}}{\kappa R} \right) \times \mathbf{e}(t') \right]_{\text{ret}}. \tag{4.145}$$

Dies bedeutet, daß (4.145) auch in der Form (4.136) geschrieben werden kann.

Berücksichtigt man ferner

$$\frac{1}{c}\,\frac{d}{dt'}\,(\kappa R) = \overline{v}^2 - e \cdot \overline{v} - \frac{R}{c}\,(e \cdot \dot{\overline{v}}), \tag{4.146}$$

so ergibt sich aus (4.144) die Endformel (4.135), w.z.b.w.

Im Gegensatz zu den Potentialen (4.126) sind die zugehörigen Felder (4.135), (4.136) beobachtbare Größen. Aus (4.135), (4.136) kann man daher experimentell verifizierbare Folgerungen ziehen. Da Mikroteilchen im allgemeinen nicht ohne schwere Störung direkt beobachtbar sind, so bietet sich mittels (4.135), (4.136) die Möglichkeit, die Bewegung geladener Mikroteilchen indirekt über die von ihnen erzeugten elektromagnetischen Felder zu beobachten. Dies wird vor allem in der Plasmaphysik und der Hochenergiephysik ausgenutzt. Man fängt dazu die von den Mikroteilchen ausgesandte elektromagnetische Strahlung in Detektoren auf. Aus der Art und Verteilung der aufgefangenen Strahlung kann man dann einen Rückschluß auf die Bewegung ziehen. Da die Detektoren makroskopische Apparate sind, so sind sie, verglichen mit mikroskopischen Größenordnungen, im allgemeinen sehr weit von den die Strahlung erzeugenden Mikroteilchen entfernt. Dies legt folgendes nahe:

*Definition 4.2:* Ist die Bewegung $\mathbf{r}(t)$ eines Mikroteilchens vorgegeben mit $|\mathbf{r}(t)|$ endlich für alle endlichen t, so findet dann eine Abstrahlung statt, wenn durch die unendlich ferne Oberfläche F(V) mit $\lim V = \mathbb{R}_3$ ein nichtverschwindender Energiefluß vorhanden ist oder wenn die elektromagnetische Gesamtenergie U des Systems aus Mikroteilchen und seinem Feld sich zeitlich verändert.

Es gilt dann die

*Behauptung 4.5:* Gleichförmig bewegte geladene Punktteilchen strahlen für $v < c$ keine elektromagnetischen Wellen ab.

*Beweis:* Die Berechnung der Potentiale und Felder ist nur dann möglich, wenn (4.134) nach t' aufgelöst werden kann. Wie noch gezeigt wird, ist dies ohne Einschränkung nur für $v < c$ durchführbar. Wir beschränken uns daher auf diesen Fall. Zur Berechnung der Abstrahlung benutzen wir (3.63) im $\lim V = \mathbb{R}_3$.

Wir bilden mit (4.135), (4.136) den Poyntingvektor

$$\mathbf{S} = \frac{c}{4\pi}\,(\mathbf{E} \times \mathbf{B}) = \frac{c}{4\pi}\,[e\,\mathbf{E}^2 - \mathbf{E}(e \cdot \mathbf{E})]_{ret} \tag{4.147}$$

$$= \frac{q^2}{4\pi c}\, e \left[\frac{1}{\kappa^6 R^2}\,(e \times ((e - \overline{v}) \times \dot{\overline{v}}))^2\right]_{ret} + O\left(\frac{1}{R^3}\right).$$

Für das Oberflächenintegral der Abstrahlung gilt dann

$$\lim_{V \to \mathbb{R}_3} \int_{F(V)} \mathbf{S} \cdot d\mathbf{f} = 0, \tag{4.148}$$

da für gleichförmige Bewegung $\dot{v} = 0$ wird und der Term $O(\frac{1}{R^3})$ über die Oberfläche verschwindet. Es verbleibt demnach (3.51). Zufolge der mechanischen Grundgleichungen gilt für die Bewegung eines Teilchens auch im eigenen Feld

$$\frac{d}{dt}\left(\frac{1}{2} m v^2\right) = \frac{d}{dt} A \tag{4.149}$$

Wiederum wegen $\dot{v} = 0$ folgt daraus $\dot{A} = 0$ und wegen (3.51) $\dot{U} = 0$ für gleichförmige Bewegung. Nach Def. 4.2 findet demnach keine Abstrahlung statt, w.z.b.w.

Für die Ausmessung der Abstrahlung mit Detektoren ist nicht die Gesamtabstrahlung von Interesse, sondern der von dem strahlenden Teilchen durch einen Raumwinkel $d\Omega$ abfließende Energiestrom $\frac{dP}{d\Omega} d\Omega$ pro Zeitintervall $dt'$ des Teilchens in Richtung $\mathbf{e}$.

Wegen $df = \mathbf{e}R^2 d\Omega$ und der Definition des Poyntingvektors als „ausgestrahlte Energie pro Einheitsfläche und pro Einheitszeit am Beobachtungsort" ergibt sich

$$\frac{dP}{d\Omega} = R^2 (\mathbf{S} \cdot \mathbf{e}) \frac{dt}{dt'} = \mathbf{S} \cdot df \, \frac{dt}{dt'} \frac{1}{d\Omega}. \tag{4.150}$$

Mit $\frac{dt}{dt'} = \kappa$, was sich durch Differentiation der Retardierungsbedingung (4.133) ergibt, erhalten wir mit (4.147)

$$\frac{dP}{d\Omega} = \frac{q^2}{4\pi c} \frac{[\mathbf{e} \times ((\mathbf{e} - \overline{v}) \times \dot{\overline{v}})]^2}{(1 - \overline{v} \cdot \mathbf{e})^5} + O\left(\frac{1}{R}\right). \tag{4.151}$$

Hierbei benutzen wir keine Retardierung, da sich $\frac{dP}{d\Omega}$ auf $t'$ bezieht. Als Spezialfälle betrachten wir

**a) Bremsstrahlung**

Bei ihr wird das Teilchen in Bewegungsrichtung abgebremst. Es ist daher $\dot{\overline{v}}$ parallel zu $\overline{v}$ und deshalb $\dot{\overline{v}} \times v = 0$. Dann folgt aus (4.151) die asymptotische Abstrahlung

$$\frac{dP}{d\Omega} = \frac{q^2}{4\pi c} \frac{\dot{\overline{v}}^2 \sin^2 \vartheta}{(1 - \overline{v} \cos \vartheta)^5}, \tag{4.152}$$

wobei der Winkel zwischen $\mathbf{e}$ und $\overline{v}$ mit $\vartheta$ bezeichnet werde und $|\overline{v}| = \overline{v}$ ist. Das Strahlungsfeld ist demnach rotationssymmetrisch um $\overline{v}$. Der Winkel, in den mit maximaler Intensität abgestrahlt wird, kann aus (4.152) berechnet werden. Man erhält

$$\cos \vartheta_{max} = \frac{1}{3\overline{v}}[(1 + 15\overline{v}^2)^{1/2} - 1]. \tag{4.153}$$

Für $\overline{v} \ll 1$, d.h. im nichtrelativistischen Grenzfall, wird $\vartheta_{max} \approx \frac{\pi}{2}$, d.h. das Teilchen strahlt senkrecht zur Bewegungsrichtung ab. Für $\overline{v} \approx 1$, d.h. im relativistischen Grenzfall nahe der Lichtgeschwindigkeit, wird $\vartheta_{max} \approx 0$. Das Teilchen strahlt demnach die elektromagnetische Energie direkt in Bewegungsrichtung ab.

**b) Kreisbewegung**

Diese kommt heute bei fast allen Beschleunigern vor. Bei ihr steht $\dot{\bar{v}}$ senkrecht auf $\bar{v}$. In diesem Fall folgt nach Anhang IX c aus Formel (4.151)

$$\frac{dP}{d\Omega} = \frac{q^2 \dot{\bar{v}}^2}{4\pi c} \frac{1}{(1 - \bar{v}\cos\vartheta)^3} \left[1 - \frac{\cos^2\varphi(1-\bar{v}^2)}{(1-\bar{v}\cos\vartheta)^2}\right], \tag{4.154}$$

wobei $\vartheta$ den Winkel zwischen **e** und $\bar{v}$, $\varphi$ jenen zwischen **e** und $\dot{\bar{v}}$ bedeutet. Die Strahlung ist nur in Bezug auf die $\bar{v}$, $\dot{\bar{v}}$-Ebene symmetrisch und verschwindet in zwei Richtungen dieser Ebene für $\vartheta = \arccos \bar{v}$.

**c) Gleichförmige Bewegung**

Man kann in diesem Fall die Retardierungsbedingung (4.133) exakt auflösen. Wir setzen

$$\mathbf{r}(t) = \mathbf{r}_0 + \mathbf{v}t. \tag{4.155}$$

(4.133) lautet dann

$$t - t' = \frac{1}{c}\,|\mathbf{r} - \mathbf{r}(t')| = \frac{1}{c}|\,\mathbf{x} + \mathbf{v}(t-t')| = \frac{1}{c}\,R(t'). \tag{4.156}$$

mit

$$\mathbf{x} = \mathbf{r} - \mathbf{r}_0 - \mathbf{v}t = \mathbf{r} - \mathbf{r}(t). \tag{4.157}$$

Damit führt (4.156) durch Quadrieren auf die Gleichung

$$(t-t')^2\,(c^2 - v^2) - 2\,\mathbf{x}\cdot\mathbf{v}\,(t-t') - \mathbf{x}^2 = 0, \tag{4.158}$$

deren Lösungen lauten

$$(t - t') = (c^2 - v^2)^{-1}\,[\mathbf{x}\cdot\mathbf{v} \pm |\mathbf{x}|\,c\,(1 - \frac{v^2}{c^2}\sin^2\alpha)^{1/2}] \tag{4.159}$$

mit $\alpha$ als Winkel zwischen **x** und **v**. Direkte Rechnung mit (4.156), (4.159) unter Berücksichtigung der Definitionen (4.130), (4.131) ergibt ferner

$$\kappa\,R(t')_{ret} = \pm\,|\mathbf{x}|\,(1 - \frac{v^2}{c^2}\sin^2\alpha)^{1/2}. \tag{4.160}$$

Es verbleibt noch das Problem der Existenz von Lösungen von (4.159). Aus physikalischen Gründen muß $t - t'$ immer reell und wegen der Retardierungsbedingungen positiv sein. Es gibt dann 2 Möglichkeiten:

1.) $v < c$ Dann ist die Wurzel in (4.159) reell. Das positive Vorzeichen liefert genau eine zulässige Lösung von (4.159) und in (4.160) gilt das positive Vorzeichen. Nach (4.132) ergibt sich

$$\varphi(\mathbf{r}, t) = \frac{q}{|\mathbf{x}(t)|}\,(1 - \frac{v^2}{c^2}\sin^2\alpha)^{-1/2} \tag{4.161}$$

$$\mathbf{A}(\mathbf{r}, t) = \frac{\mathbf{v}}{c}\,\varphi(\mathbf{r}, t),$$

und es gilt für diesen Fall Beh. 4.5.

2.) $v > c$ Dieser Fall widerspricht zunächst der Relativitätstheorie. Bewegt sich jedoch ein Teilchen in einem dispergierenden Medium, so ist nach Abschnitt 15.3 die Phasengeschwindigkeit des Lichts im Vakuum zu ersetzen durch $c' = cn^{-1}$ mit n als Brechungsindex. Für $n > 1$ kann daher der Fall $v < c$, aber $v > c'$ auftreten. In einem solchen dispergierenden Medium hat der Fall 2 Bedeutung und widerspricht nicht der Relativitätstheorie.

*Behauptung 4.6:* Damit (4.159) reelle Lösungen aufweist, muß der Winkel $\alpha$ der Einschränkung

$$\pi - \arcsin \frac{c'}{v} < \alpha \leqslant \pi \tag{4.162}$$

genügen.

*Beweis:* Die Wurzel in (4.159) ist wegen $c'/v < 1$ für die $\alpha$-Werte mit

$$\sin^2 \alpha > \frac{c'^2}{v^2}$$

imaginär, und (4.160) besitzt keine zulässige Lösung. Andererseits wird für $(\mathbf{x} \cdot \mathbf{v}) > 0$ wegen $c'/v < 1$ die Lösung von (4.159) negativ, also $t - t' < 0$, d.h., für die $\alpha$-Werte

$$0 \leqslant \alpha \leqslant \frac{\pi}{2}$$

sind ebenfalls keine zulässigen Lösungen vorhanden. Damit treten nur zulässige Lösungen auf, wenn für $\alpha$ gilt

$$\frac{\pi}{2} \leqslant \alpha \leqslant \frac{3}{2}\pi; \qquad 0 \leqslant |\sin \alpha| < \frac{c'}{v}.$$

Da weiter $\alpha$ der Polarwinkel zwischen $\mathbf{x}$ und $\mathbf{v}$ ist, gilt noch $\alpha \leqslant \pi$. Diese Bedingungen zusammen ergeben (4.162). Damit besitzt (4.159) bei diesen zulässigen $\alpha$-Werten für festes t zwei zulässige Lösungen $t_1'$ und $t_2'$, für andere $\alpha$-Werte aber keine, w.z.b.w.

Dann existieren aber auch die Potentiale (4.161) nur in diesem Bereich, außerhalb verschwinden sie. Auf dem Rand des Kegels $\sin \alpha_c = \frac{c}{nv}$ aber werden sie singulär. Dies bedeutet: Die Potentiale bilden eine Wellenfront, die sich in Richtung $\Theta_c := \alpha_c - \frac{\pi}{2}$, d.h. $\cos \Theta_c = \frac{c}{nv}$ fortbewegt. Ihre Geschwindigkeit ist $v \cos \Theta_c = c'$, also in Richtung $\Theta_c$ gegenüber der Bewegungsrichtung $\mathbf{v}$ gleich der Lichtgeschwindigkeit. Es findet daher eine Ab-

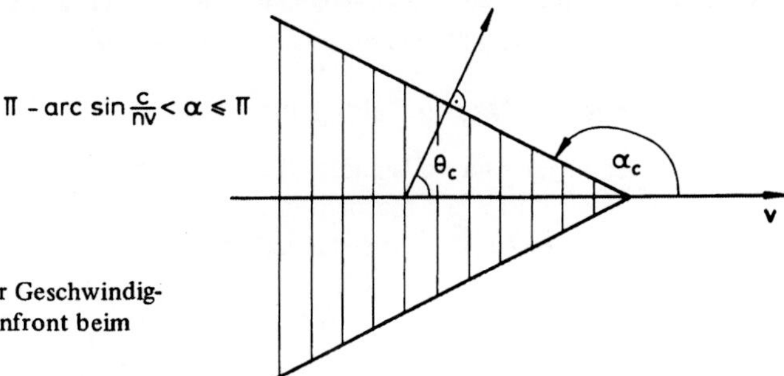


**Bild 9**
Bewegung des Teilchens mit der Geschwindigkeit v und die zugehörige Wellenfront beim Cerenkov-Effekt.

strahlung in diesem Winkel statt. In diesem Fall tragen zu (4.132) beide Vorzeichen von (4.160) entsprechend den beiden Lösungen $t'_1$ und $t'_2$ bei, und man erhält bei analoger Durchrechnung die Potentiale (4.161) multipliziert mit dem Faktor 2.

Nach ihrem Entdecker wird diese Strahlung Čerenkov-Strahlung genannt. Mit Hilfe dieses Effektes können in der experimentellen Elementarteilchenphysik leicht Bewegungsrichtung und Geschwindigkeit von geladenen Teilchen wie Elektronen, Protonen etc. bestimmt werden (Teilchendetektoren, Čerenkov-Zähler).

## 5. Maxwell-Lorentz-Theorie

### 5.1. Modellvorstellung

In den vorangehenden Abschnitten wurden Ladungs- und Stromverteilungen als willkürliche Parameterfunktionen aufgefaßt, wobei als einzige Einschränkung die Ladungserhaltung (3.15) gefordert wurde. Zusätzlich mußten die Funktionen zulässig sein, d.h. zum Raum F gehören. Diese Annahmen sind formal berechtigt, physikalisch aber zu weitgehend idealisiert. Da nämlich Ladungen stets an materielle Ladungsträger gebunden sind, müssen für ihre Bewegung auch die Bewegungsgesetze der Materie gelten, und Ladungs- und Stromverteilungen können deshalb nicht als willkürliche Parameterfunktionen vorgegeben werden, d.h. es muß eine Theorie der Wechselwirkung elektrischer Felder mit Ladungen benutzt werden, die auch die Bewegungsgesetze der Materie berücksichtigt. Da man dazu aber z.B. den Zusammenhang zwischen Ladungsverteilung und Materieverteilung kennen muß, führt eine derartige Problemstellung letztlich auf das Fundamentalproblem der Struktur der Materie, das noch nicht gelöst ist. Man kann daher auch nur versuchen, die Wechselwirkung zwischen elektromagnetischem Feld und Materie durch bedingt gültige Modelle zu idealisieren und zu approximieren. Das einfachste Modell liegt der sog. Maxwell-Lorentz-Theorie zugrunde. In ihr werden folgende Annahmen gemacht:

1.) Die Bewegungsgesetze der Ladungsträger werden als Mechanik von Massenpunkten idealisiert

2.) Die zugehörige Ladungsverteilung kann ausgedehnt sein. Sie wird starr mit dem mechanischen Massenpunkt mitbewegt.

Was die Konstruktion eines Materiemodells betrifft, so sind diese Annahmen unbefriedigend. Die Maxwell-Lorentz-Theorie liefert daher keine Erklärung für die Struktur und Existenz der elektrischen Ladung, ebensowenig wie die Mechanik eine Erklärung der mechanischen Masse liefert. Die Maxwell-Lorentz-Theorie ist daher eine phänomenologische Verknüpfung von Mechanik und Elektrodynamik.

### 5.2. Gekoppelte Materie-Feld-Gleichungen

Die Feldgleichungen sind vollständig bekannt, es handelt sich um die Maxwell-Gleichungen mit Quellen (3.14). Die mechanischen Gleichungen für N Massenpunkte $m_1, \ldots, m_N$ mit den Ortsvektoren $\mathbf{r}_1(t), \ldots, \mathbf{r}_N(t)$ lauten

$$m_l \frac{d^2 \mathbf{r}_l(t)}{dt^2} = \mathbf{k}_l(t). \qquad (l = 1, 2, \ldots, N) \tag{5.1}$$

Um das Modell selbstkonsistent zu machen, werden als Kräfte $\mathbf{k}_l$ nur Feldkräfte zugelassen. Diese zerfallen nach (3.58) in einen elektrischen Anteil $\mathbf{k}^e$ und einen magnetischen Anteil $\mathbf{k}^m$

$$\mathbf{k}_l = \mathbf{k}_l^e + \mathbf{k}_l^m, \tag{5.2}$$

was die Lorentzkraft

$$\mathbf{k}_l := \int \rho_l(\mathbf{r}, t)\, \mathbf{E}(\mathbf{r}, t)\, d^3r + \frac{1}{c}\int \mathbf{j}_l(\mathbf{r}, t) \times \mathbf{B}(\mathbf{r}, t)\, d^3r \tag{5.3}$$

ergibt, wobei $\rho_l$ und $\mathbf{j}_l$ Ladungs- und Stromverteilung des $l$-ten Massenpunktes seien. Bei starr mitbewegter Ladungsdichte wird

$$\rho(\mathbf{r}, t) := \rho(\mathbf{r} - \mathbf{r}(t)). \tag{5.4}$$

Es wird dann unter Benutzung von (5.4)

$$\frac{\partial}{\partial t}\rho(\mathbf{r}, t) = -\mathbf{v}(t) \cdot \nabla \rho(\mathbf{r}, t), \tag{5.5}$$

und daraus folgt mit der Kontinuitätsgleichung (3.15)

$$\nabla \cdot \mathbf{j}(\mathbf{r}, t) = \mathbf{v}(t) \cdot \nabla \rho(\mathbf{r}, t) = \nabla \cdot (\mathbf{v}(t)\, \rho(\mathbf{r}, t)). \tag{5.6}$$

Der Strom wird bei der starren Mitführung der Ladung daher gegeben durch

$$\mathbf{j}(\mathbf{r}, t) = \mathbf{v}(t)\, \rho(\mathbf{r}, t). \tag{5.7}$$

(5.7) ist als Lösung von (5.6) nur bis auf die Rotation eines beliebigen Vektors $\mathbf{C}(\mathbf{r})$ festgelegt. Diese Unbestimmtheit wird aber aus physikalischen Gründen aufgehoben, da (5.7) für die starr mitbewegte Ladungsverteilung $\rho(\mathbf{r}, t)$ physikalisch sinnvoll ist. Handelt es sich insbesondere um eine einzige Punktladung q, so erhält man

$$\rho(\mathbf{r}, t) := q\, \delta(\mathbf{r} - \mathbf{r}(t)), \tag{5.8}$$

und die Lorentzkraft (5.3) auf eine Punktladung geht über in

$$\mathbf{k}(t) = q\left[\mathbf{E}(\mathbf{r}(t), t) + \frac{1}{c}\mathbf{v}(t) \times \mathbf{B}(\mathbf{r}(t), t)\right]. \tag{5.9}$$

Es ist aber eine beabsichtigte Flexibilität der Maxwell-Lorentz-Theorie, daß die Punktladungsannahme in Form der Ladungsverteilung (5.8) nicht ohne weiteres gemacht wird, sondern daß zunächst von einer starren Ladungsverteilung nach (5.4) ausgegangen wird. Dies soll in Abschnitt 5.4 in seinen Konsequenzen diskutiert werden.

Nimmt man ein System mit rein elektromagnetischen Wechselwirkungen an, dann sind die Feldgleichungen und die mechanischen Gleichungen simultan zu lösen, was auf den Satz der sog. Maxwell-Lorentz-Gleichungen für das elektromagnetisch-mechanische Gesamtsystem führt:

$$\nabla \cdot \mathbf{E}(\mathbf{r}, t) = 4\pi \sum_{l=1}^{N} \rho_l(\mathbf{r}, t) + 4\pi \rho_0(\mathbf{r}, t) \tag{5.10}$$

$$\nabla \times \mathbf{B}(\mathbf{r}, t) - \frac{1}{c}\frac{\partial}{\partial t}\mathbf{E}(\mathbf{r}, t) = \frac{4\pi}{c}\sum_{l=1}^{N}\mathbf{j}_l(\mathbf{r}, t) + \frac{4\pi}{c}\mathbf{j}_0(\mathbf{r}, t)$$

$$\nabla \times \mathbf{E}(\mathbf{r}, t) + \frac{1}{c}\frac{\partial}{\partial t}\mathbf{B}(\mathbf{r}, t) = 0$$

$$\nabla \cdot \mathbf{B}(\mathbf{r}, t) = 0$$

$$m_l \frac{d^2}{dt^2}\mathbf{r}_l(t) = \int [\rho_l(\mathbf{r}, t)\,\mathbf{E}(\mathbf{r}, t) + \frac{1}{c}\mathbf{j}_l(\mathbf{r}, t) \times \mathbf{B}(\mathbf{r}, t)]\, d^3r \tag{5.11}$$

$$\nabla \cdot \sum_{l=1}^{N}\mathbf{j}_l(\mathbf{r}, t) + \nabla \cdot \mathbf{j}_0(\mathbf{r}, t) + \frac{\partial}{\partial t}\sum_{l=1}^{N}\rho_l(\mathbf{r}, t) + \frac{\partial}{\partial t}\rho_0(\mathbf{r}, t) = 0 \tag{5.12}$$

Dabei haben wir für die Felder noch äußere Quellen $\rho_0$ und $\mathbf{j}_0$ zugelassen. Die Gleichungen (5.10), (5.11), (5.12) beschreiben dann ein System von geladenen Massenpunkten, die über das elektromagnetische Feld untereinander und mit den äußeren Quellen in Wechselwirkung stehen. Aus diesem Gleichungssystem sind dann simultan $\mathbf{E}(\mathbf{r}, t)$, $\mathbf{B}(\mathbf{r}, t)$, $\mathbf{r}_1(t) \ldots \mathbf{r}_N(t)$ zu berechnen. Bereits in diesem einfachen Modell ist dies mathematisch eine sehr schwierige Aufgabe, so daß man nur einfachste physikalische Situationen näherungsweise untersuchen kann, um an ihnen die Konsequenzen des verwendeten Modells zu studieren.

## 5.3. Erhaltungssätze

Bevor wir uns diesen Modellsituationen zuwenden, behandeln wir kurz die für das Maxwell-Lorentz-Modell geltenden Erhaltungssätze, die ein Spezialfall der in den Abschnitten 3.5 und 3.6 gegebenen Ableitung sind.

### a) Energieerhaltung

Die kinetische Energie des $l$-ten Massenpunktes ist $E_l = \frac{1}{2} m_l \mathbf{v}_l^2$. Daraus folgt

$$\frac{dE_l}{dt} = m_l \frac{d\mathbf{v}_l}{dt} \cdot \mathbf{v}_l = \frac{d\mathbf{p}_l}{dt} \cdot \mathbf{v}_l \tag{5.13}$$

und mit (5.3), (5.7)

$$\frac{dE_l}{dt} = \mathbf{v}_l(t) \cdot \int \rho_l(\mathbf{r}, t)\,\mathbf{E}(\mathbf{r}, t)\, d^3r = \int \mathbf{j}_l(\mathbf{r}, t) \cdot \mathbf{E}(\mathbf{r}, t)\, d^3r. \tag{5.14}$$

Setzen wir für eine Leistungsbilanz die äußeren Quellen $\rho_0$ und $\mathbf{j}_0$ identisch Null, so erhalten wir nach (3.63)

$$\frac{\partial}{\partial t}\int_V u(\mathbf{r}, t)\, d^3r + \sum_{l=1}^{N}\int_V \mathbf{j}_l(\mathbf{r}, t) \cdot \mathbf{E}(\mathbf{r}, t)\, d^3r + \int_{F(V)} \mathbf{S} \cdot d\mathbf{f} = 0 \tag{5.15}$$

und für $V = \mathbb{R}^3$

$$\frac{\partial}{\partial t}\left[\sum_{l=1}^{N} E_l + U\right] = -\lim_{V \to \mathbb{R}_3} \int_{F(V)} \mathbf{S} \cdot d\mathbf{f}. \tag{5.16}$$

(5.16) ist der Energieerhaltungssatz eines Systems von geladenen Massenpunkten, bei dem die elektromagnetische Gesamtenergie U als potentielle Energie auftritt und bei dem das Feld die Ursache der potentiellen Energie ist. Allerdings kommen in U auch noch die Selbstenergieanteile des Feldes vor, die in der klassischen Mechanik keine Entsprechung haben. Man sieht dies, wenn man im einfachsten Fall die Coulombfelder der Punktladungen einsetzt und Abschnitt 1.5 benutzt. Im Unterschied zu Abschnitt 3.5 verschwindet auch der Abstrahlungsterm auf der rechten Seite von (5.16) im allgemeinen zunächst nicht, wie dies im Abschnitt 4.7 für eine beschleunigte Punktladung mit Hilfe der Liénard-Wiechert-Potentiale bereits gezeigt wurde. Die Energieerhaltung ist also nur dann gewährleistet, wenn man die vom Teilchensystem abgestrahlte Feldenergie mit berücksichtigt. Das in Abschnitt 3.5 vorausgesetzte Randwertverhalten von Feldstärken im abgeschlossenen System kann demnach für realistische Materiemodelle im allgemeinen nicht erfüllt werden. Da aber bei schwach beschleunigten Teilchenbewegungen im nichtrelativistischen Bereich der Wert der abgestrahlten Energie klein gegenüber den sonstigen im System auftretenden Energien ist, kann für diese Fälle die Abstrahlung vernachlässigt werden. Dann erhält man die Energieerhaltung in ihrer konventionellen Form. Diesen Standpunkt wollen wir im folgenden einnehmen.

**b) Impulserhaltung**

Mit $\mathbf{p}_l = m_l \mathbf{v}_l$ als Teilchenimpuls folgt aus (3.64) unter Vernachlässigung des Oberflächenterms mit dem Maxwellschen Spannungstensor, was einer Vernachlässigung der Abstrahlung entspricht,

$$\frac{\partial}{\partial t}\left[\sum_{l=1}^{N} m_l \mathbf{v}_l(t) + \mathbf{P}_{el}\right] = 0. \tag{5.17}$$

Dabei ist der elektromagnetische Feldimpuls nach (3.76)

$$\mathbf{P}_{el} = \frac{1}{4\pi c}\int (\mathbf{E} \times \mathbf{B})\, d^3r = \frac{1}{c^2}\int \mathbf{S}\, d^3r. \tag{5.18}$$

Im Grenzfall der Beschreibung der Ladungen durch Coulombfelder entsteht dann aus (5.17) der gewöhnliche mechanische Impulserhaltungssatz für ein N-Teilchen-System.

**c) Drehimpulserhaltung**

Der Erhaltungssatz für den Drehimpuls folgt analog zu dem für Energie- und Impulserhaltung. Mit $\mathbf{l}_j = m_j[\mathbf{r}_j \times \mathbf{v}_j]$ als Teilchendrehimpuls und $\mathbf{L}_{el} = \frac{1}{c^2}\int \mathbf{r} \times \mathbf{S}\, d^3r$ als Felddrehimpuls nach (3.79), (3.81) erhält man aus (3.82) unter Vernachlässigung des Oberflächenterms mit dem Drehimpulsflußtensor

$$\frac{d}{dt}\left[\sum_{l=1}^{N} \mathbf{l}_l + \mathbf{L}_{el}\right] = 0. \tag{5.19}$$

Dies geht für statische Coulombpotentiale in den klassisch-mechanischen Drehimpulserhaltungssatz für ein N-Teilchen-System über.

## 5.4. Einteilchenproblem *(Abraham-Lorentz)*

Wie schon erwähnt, extrapolieren wir im Maxwell-Lorentz-Modell nicht sofort auf Punktladungen, sondern untersuchen auch ausgedehnte, starr mitgeführte Ladungsverteilungen. Für diese ist charakteristisch, daß jedes Element dq einer solchen Ladungsverteilung bei beschleunigter Bewegung nach Abschnitt 4.7 zum Ausgangspunkt von Kugelwellen wird, die in den Raum abgestrahlt werden. Diese Kugelwellen beeinflussen dann nicht nur andere Teilchen, sondern auch die übrigen Ladungselemente dq desselben Teilchens, d.h. das Teilchen erfährt durch seine Bewegung eine Selbstwechselwirkung zusätzlich zur elektrostatischen Coulombwechselwirkung. Um diesen Effekt zu berechnen, nehmen wir $\rho_t$ und $\mathbf{j}_t$ als Ladungs- und Stromdichte für ein Teilchen an, das sich im Feld äußerer Quellen $\rho_0$ und $\mathbf{j}_0$ befinden möge. Ferner nehmen wir einfachheitshalber an, daß $\rho_t$ rotationsinvariant, d.h. $\rho_t = \rho_t(|\mathbf{r} - \mathbf{r}(t)|)$, und daß die zugehörige Stromverteilung lokalisiert ist. Für starre Ladungsverteilungen folgt dann der Strom aus (5.7). Das gesamte Gleichungssystem von Feld- und Materiegleichungen (5.10), (5.11) lautet für diesen Fall eines einzelnen Teilchens

$$\nabla \cdot \mathbf{E}(\mathbf{r}, t) = 4\pi\rho_t(\mathbf{r}, t) + 4\pi\rho_0(\mathbf{r}, t) \tag{5.20}$$

$$\nabla \times \mathbf{B}(\mathbf{r}, t) - \frac{1}{c}\frac{\partial}{\partial t}\mathbf{E}(\mathbf{r}, t) = \frac{4\pi}{c}\mathbf{j}_t(\mathbf{r}, t) + \frac{4\pi}{c}\mathbf{j}_0(\mathbf{r}, t)$$

$$\nabla \times \mathbf{E}(\mathbf{r}, t) + \frac{1}{c}\frac{\partial}{\partial t}\mathbf{B}(\mathbf{r}, t) = 0$$

$$\nabla \cdot \mathbf{B}(\mathbf{r}, t) = 0$$

$$m\frac{d^2}{dt^2}\mathbf{r}(t) = \int \left[\rho_t(\mathbf{r}, t)\,\mathbf{E}(\mathbf{r}, t) + \frac{1}{c}\mathbf{j}_t(\mathbf{r}, t) \times \mathbf{B}(\mathbf{r}, t)\right] d^3r. \tag{5.21}$$

Bei der Wahl von $\mathbf{j}_t$ nach (5.7) ist die Ladungserhaltung erfüllt, was wir ebenso für $\rho_0$ und $\mathbf{j}_0$ annehmen. Zur simultanen Integration von (5.20), (5.21) führen wir zunächst Potentiale in der Lorentzeichung ein:

$$\mathbf{B} = \nabla \times \mathbf{A} \tag{5.22}$$

$$\mathbf{E} = -\nabla\varphi - \frac{1}{c}\frac{\partial}{\partial t}\mathbf{A}.$$

Dann geht das Feldsystem (5.20) über in

$$\Box\,\varphi = -4\pi(\rho_t + \rho_0) \tag{5.23}$$

$$\Box\,\mathbf{A} = -\frac{4\pi}{c}(\mathbf{j}_t + \mathbf{j}_0)$$

$$\nabla \cdot \mathbf{A} + \frac{1}{c}\frac{\partial}{\partial t}\varphi = 0,$$

und wegen der Linearität der Gleichungen erhält man nach (4.73), (4.74) als Lösung von (5.23)

$$\begin{aligned} \mathbf{A} &= \mathbf{A}_t + \mathbf{A}_0 \\ \varphi &= \varphi_t + \varphi_0 \end{aligned} \tag{5.24}$$

mit

$$\begin{aligned} \mathbf{A}_\alpha (\mathbf{r}, t) &= \frac{1}{c} \int \frac{\mathbf{j}_\alpha (\mathbf{r}', t')}{|\mathbf{r} - \mathbf{r}'|} \, d^3 r' \\ \varphi_\alpha (\mathbf{r}, t) &= \int \frac{\rho_\alpha (\mathbf{r}', t')}{|\mathbf{r} - \mathbf{r}'|} \, d^3 r' \end{aligned} \qquad \alpha = 0, t \tag{5.25}$$

und mit $t' = t - \frac{1}{c} |\mathbf{r} - \mathbf{r}'|$. Durch die explizite Darstellung der Potentiale als Funktionale von $\rho$ und $\mathbf{j}$ sind die Maxwellgleichungen (5.20) gelöst, und es verbleibt nunmehr die Lösung der mechanischen Gleichungen (5.21). Wie sich zeigen wird, sind es diese Gleichungen, die am schwersten zu behandeln sind. Um den Umfang der Rechnung von vornherein zu begrenzen, nehmen wir eine nichtrelativistische Bewegung an ($\frac{\mathbf{v}}{c} \approx 0$) und vernachlässigen konsequent Terme dieser Ordnung. Als Folge dieser Näherung und der Gleichung (5.7) fällt in der Lorentzkraft von (5.21) der Beitrag von $\mathbf{B}$ weg, und wir erhalten

$$m \frac{d^2}{dt^2} \mathbf{r}(t) = \mathbf{k}_t + \mathbf{k}_0 \tag{5.26}$$

mit

$$\mathbf{k}_\alpha = - \int \rho_t \left[ \nabla \varphi_\alpha (\mathbf{r}, t) + \frac{1}{c} \frac{\partial}{\partial t} \mathbf{A}_\alpha (\mathbf{r}, t) \right] d^3 r, \qquad \alpha = 0, t, \tag{5.27}$$

wobei $\mathbf{k}_0$ die äußere, $\mathbf{k}_t$ die Selbstkraft ist.

Zur Auswertung von $\mathbf{k}_t$ nehmen wir in (5.25) eine Taylorentwicklung von $\rho_t (\mathbf{r}', t')$ und $\mathbf{j}_t (\mathbf{r}', t')$ um $t' = t$ vor. Es wird

$$\rho_t (\mathbf{r}', t') = \sum_{n=0}^{\infty} \frac{(-1)^n}{n!} \left(\frac{R}{c}\right)^n \frac{\partial^n}{\partial t^n} \rho_t (\mathbf{r}' t) \tag{5.28}$$

mit $R := |\mathbf{r} - \mathbf{r}'|$ und $t' = t - \frac{R}{c}$. Eine analoge Entwicklung gilt für $\mathbf{j}_t$. Substitution von (5.28) in (5.25) und von (5.25) in (5.27) ergibt

$$\mathbf{k}_t = - \sum_{n=0}^{\infty} \frac{(-1)^n}{n! c^n} \int \rho_t (\mathbf{r}, t) \frac{\partial^n}{\partial t^n} \left[ \rho_t (\mathbf{r}', t) \nabla R^{n-1} + \frac{R^{n-1}}{c^2} \frac{\partial}{\partial t} \mathbf{j}_t (\mathbf{r}', t) \right] d^3 r \, d^3 r' \tag{5.29}$$

Der erste Term der $\rho_t$-Entwicklung, die elektrostatische Selbstkraft auf den Schwerpunkt, verschwindet. Substituiert man nämlich $\mathbf{z} = \mathbf{r} - \mathbf{r}(t)$, $\mathbf{z}' = \mathbf{r}' - \mathbf{r}(t)$ und führt eine Variablenvertauschung durch, so entsteht für $n = 0$

$$\int \rho (\mathbf{r}, t) \rho (\mathbf{r}', t) \nabla_{\mathbf{r}} \frac{1}{|\mathbf{r} - \mathbf{r}'|} d^3 r \, d^3 r' = \int \rho (\mathbf{z}) \rho (\mathbf{z}') \nabla_{\mathbf{z}} \frac{1}{|\mathbf{z} - \mathbf{z}'|} d^3 z \, d^3 z' \tag{5.30}$$

$$= \int \rho (\mathbf{z}') \rho (\mathbf{z}) \nabla_{\mathbf{z}'} \frac{1}{|\mathbf{z} - \mathbf{z}'|} d^3 z \, d^3 z' = - \int \rho (\mathbf{z}) \rho (\mathbf{z}') \nabla_{\mathbf{z}} \frac{1}{|\mathbf{z} - \mathbf{z}'|} d^3 z \, d^3 z' = 0.$$

Der Term für n = 1 dagegen verschwindet wegen $\nabla R^{n-1} = \nabla 1 = 0$. Damit kann man in der $\rho_t$-Entwicklung in (5.29) die Substitution n = m + 2 vornehmen und erhält

$$\mathbf{k}_t = -\sum_{m=0}^{\infty} \frac{(-1)^m}{(m+2)!} \frac{1}{c^{m+2}} \int \rho_t(\mathbf{r},t) \frac{\partial^{m+2}}{\partial t^{m+2}} \rho_t(\mathbf{r}',t) \nabla R^{m+1} \, d^3r \, d^3r' \tag{5.31}$$

$$-\sum_{n=0}^{\infty} \frac{(-1)^n}{n!} \frac{1}{c^{n+2}} \int \rho_t(\mathbf{r},t) \frac{\partial^{n+1}}{\partial t^{n+1}} \mathbf{j}_t(\mathbf{r}',t) R^{n-1} \, d^3r \, d^3r'$$

$$= -\sum_{n=0}^{\infty} \frac{(-1)^n}{n!} \frac{1}{c^{n+2}} \int \rho_t(\mathbf{r},t) R^{n-1} \frac{\partial^{n+1}}{\partial t^{n+1}} [\quad] \, d^3r \, d^3r'$$

mit
$$[\quad] := \left[ \mathbf{j}_t(\mathbf{r}' t) + \frac{\partial}{\partial t} \rho_t(\mathbf{r}',t) \frac{\nabla R^{n+1}}{(n+1)(n+2) R^{n-1}} \right] \tag{5.31a}$$

Wegen der Ladungserhaltung (5.12) und bei Ausführung von $\nabla$ entsteht dann aus der Klammer (5.31a)

$$[\ \dots\ ] = \mathbf{j}_t(\mathbf{r}',t) - \frac{\mathbf{R}}{(n+2)} \nabla_{\mathbf{r}'} \cdot \mathbf{j}_t(\mathbf{r}',t) \tag{5.32}$$

Partielle Integration des $\nabla$-Terms liefert wegen der Lokalisierung von $\mathbf{j}_t$

$$-\int R^{n-1} \mathbf{R} \, \nabla_{\mathbf{r}'} \cdot \mathbf{j}_t(\mathbf{r}',t) \, d^3r' = \int (\mathbf{j}_t \cdot \nabla_{\mathbf{r}'}) R^{n-1} \mathbf{R} \, d^3r' \tag{5.33}$$

$$= -\int R^{n-1} \left[\mathbf{j}_t + (n-1) \frac{(\mathbf{j}_t \cdot \mathbf{R})}{R^2} \mathbf{R}\right] d^3r'.$$

Damit wird (5.32) zu

$$[\quad] = \frac{(n+1)}{(n+2)} \mathbf{j}_t(\mathbf{r}',t) - \frac{(n-1)}{(n+2)} \frac{(\mathbf{j}_t \cdot \mathbf{R})}{R^2} \mathbf{R}. \tag{5.34}$$

Das geht unter Berücksichtigung von (5.7) in

$$[\quad] = \rho_t(\mathbf{r}',t) \left[ \frac{n+1}{n+2} \mathbf{v}(t) - \frac{n-1}{n+2} \frac{\mathbf{v}(t) \cdot \mathbf{R}}{R^2} \mathbf{R} \right] \tag{5.35}$$

über. In (5.35) kommt nur die Projektion von $\mathbf{R}$ auf $\mathbf{v}$ vor. Wir zerlegen deshalb $\mathbf{R}$ nach (I.4) in den zum Einheitsvektor $\frac{\mathbf{v}}{v}$ parallelen und den senkrechten Anteil

$$\mathbf{R} = \frac{\mathbf{v}}{v} \left(\mathbf{R} \cdot \frac{\mathbf{v}}{v}\right) + \frac{\mathbf{v}}{v} \times \left(\mathbf{R} \times \frac{\mathbf{v}}{v}\right).$$

Damit ergibt der zweite Term von (5.35)

$$\frac{\mathbf{v} \cdot \mathbf{R}}{R^2} \mathbf{R} = \left(\frac{\mathbf{v} \cdot \mathbf{R}}{R \cdot v}\right)^2 \mathbf{v} + \frac{\mathbf{v} \cdot \mathbf{R}}{R^2} \left[\frac{\mathbf{v}}{v} \times \left(\mathbf{R} \times \frac{\mathbf{v}}{v}\right)\right]. \tag{5.36}$$

Bei einer sphärisch symmetrischen Ladungsverteilung $\rho_t$ verschwindet der zweite Term der rechten Seite von (5.36) bei der Integration über $d^3r$ und $d^3r'$, da zu jedem $\mathbf{R}$ senkrecht zu $\mathbf{v}$ ein entgegengesetztes $\mathbf{R}$ vorkommt und sich die Beiträge dann jeweils kompensieren. Damit wird aus (5.35)

$$[\quad] = \rho_t(\mathbf{r}', t)\,\mathbf{v}(t)\left[\frac{n+1}{n+2} - \frac{n-1}{n+2}\left(\frac{\mathbf{R}\cdot\mathbf{v}(t)}{Rv}\right)^2\right]. \tag{5.37}$$

Wegen der Rotationsinvarianz aller übrigen unter dem Integral von (5.31) auftretenden Terme kann dann in Polarkoordinaten die Winkelintegration des zweiten Terms auf der rechten Seite von (5.37) ausgeführt werden. Danach kann man in dem Integral die Integration über den Polarwinkel wieder hinzunehmen, wobei jedoch ein Faktor $\frac{1}{2}$ zu berücksichtigen ist. Damit ergibt der zweite Term unter dem Integral $\frac{1}{3}$, und man erhält für die Klammer unter dem Integral

$$[\quad] = \rho_t(\mathbf{r}', t)\,\mathbf{v}(t)\,\frac{2}{3} \tag{5.38}$$

Die Selbstkraft (5.31) wird dann

$$\mathbf{k}_t = -\frac{2}{3}\sum_{n=0}^{\infty}\frac{(-1)^n}{n!}\,\frac{1}{c^{n+2}}\,\frac{\partial^{n+1}}{\partial t^{n+1}}\,\mathbf{v}(t)\int\rho_t(\mathbf{r}, t)\,\rho_t(\mathbf{r}', t)\,R^{n-1}\,d^3r\,d^3r'. \tag{5.39}$$

Substituiert man hier $\mathbf{z} = \mathbf{r} - \mathbf{r}(t)$ und $\mathbf{z}' = \mathbf{r}' - \mathbf{r}(t)$, so entsteht

$$\mathbf{k}_t = -\frac{2}{3}\sum_{n=0}^{\infty}\frac{(-1)^n}{n!}\,\frac{1}{c^{n+2}}\,\frac{\partial^{n+1}}{\partial t^{n+1}}\,\mathbf{v}(t)\int\rho_t(\mathbf{z})\,\rho_t(\mathbf{z}')\,|\mathbf{z}-\mathbf{z}'|^{n-1}\,d^3z\,d^3z' \tag{5.40}$$

oder

$$\mathbf{k}_t = -\frac{4}{3}\frac{U}{c^2}\frac{d}{dt}\mathbf{v} + \frac{2}{3}\frac{q^2}{c^3}\frac{d^2}{dt^2}\mathbf{v} + \ldots \tag{5.41}$$

mit der elektrostatischen Selbstenergie

$$U := \frac{1}{2}\int\frac{\rho_t(\mathbf{z})\,\rho_t(\mathbf{z}')}{|\mathbf{z}-\mathbf{z}'|}\,d^3z\,d^3z' \tag{5.42}$$

und dem Ladungsquadrat

$$q^2 := \int\rho_t(\mathbf{z})\,\rho_t(\mathbf{z}')\,d^3z\,d^3z'. \tag{5.43}$$

Für stark lokalisierte Teilchen nehmen wir $\rho_t(\mathbf{z}) \neq 0$ für $|\mathbf{z}| \leqslant R_0 \ll 1$ an. Dann werden wegen steigender Potenzen von $|\mathbf{z} - \mathbf{z}'| \ll 1$ die höheren Entwicklungsglieder von (5.40) für $n > 2$ sehr klein, und wir können approximativ für $\mathbf{k}_t$ die angeschriebenen Terme in (5.41) benutzen. Substitution in (5.26) ergibt dann die approximative Bewegungsgleichung des Teilchens unter dem Einfluß elektromagnetischer Selbstkräfte sowie der äußeren Felder

$$m\frac{d^2}{dt^2}\mathbf{r}(t) + \frac{4}{3}\frac{U}{c^2}\frac{d^2}{dt^2}\mathbf{r}(t) - \frac{2}{3}\frac{q^2}{c^3}\frac{d^3}{dt^3}\mathbf{r}(t) = \mathbf{k}_0(t). \tag{5.44}$$

Bezeichnen wir die mechanische Masse mit $m_m := m$ und beachten, daß nach der Relativitätstheorie der elektromagnetischen Selbstenergie U die Masse $m_e = \frac{U}{c^2}$ entspricht, so geht (5.44) über in

$$\left(m_m + \frac{4}{3} m_e\right)\frac{d^2}{dt^2}\mathbf{r}(t) - \frac{2}{3}\frac{q^2}{c^3}\frac{d^3}{dt^3}\mathbf{r}(t) = \mathbf{k}_0(t). \tag{5.45}$$

Der Faktor $\frac{4}{3}$ kommt von der nichtrelativistischen Behandlung des Problems und hat keine tiefere Bedeutung. Er wird bei relativistischer Berechnung gleich 1 [A3, A10].

## 5.5. Integrodifferentialgleichung der Bewegung

Um physikalische Aussagen über die Bewegung eines Teilchens unter dem Einfluß elektromagnetischer Selbstkräfte nach der Maxwell-Lorentz-Theorie zu erhalten, untersuchen wir die Gleichung (5.45) für einfache physikalische Fälle. Wir setzen

$$M := m_m + \frac{4}{3} m_e \tag{5.46}$$

und erhalten aus (5.45)

$$M\left(\frac{d^2}{dt^2}\mathbf{r}(t) - \tau\frac{d^3}{dt^3}\mathbf{r}(t)\right) = \mathbf{k}_0(t) \tag{5.47}$$

mit

$$\tau := \frac{2q^2}{3c^3}\frac{1}{M} > 0. \tag{5.48}$$

Wir betrachten zunächst ein freies Teilchen, d.h. $\mathbf{k}_0 \equiv 0$; dann wird (5.47)

$$M\left(\frac{d^2}{dt^2} - \tau\frac{d^3}{dt^3}\right)\mathbf{r}(t) = 0 \tag{5.49}$$

mit den Lösungen

$$\begin{aligned} &\frac{d^2}{dt^2}\mathbf{r}(t) = 0 \\ &\frac{d^2}{dt^2}\mathbf{r}(t) = \mathbf{A}e^{\frac{t}{\tau}} \end{aligned} \tag{5.50}$$

Dies bedeutet: die Bewegungsgleichungen für ein freies Teilchen liefern nicht nur die physikalische Lösung $\mathbf{v}(t) = \text{const}$, sondern auch eine Lösung $\dot{\mathbf{v}}(t) = \mathbf{A}e^{\frac{t}{\tau}}$, also mit einer Selbstbeschleunigung. Diese sog. run-away-solutions als freie Lösungen aber sind unphysikalisch, weil sie die Energieerhaltung verletzen. Man kann nun versuchen, diese Lösungen durch eine Transformation in der inhomogenen Gleichung (5.47) auszuschließen, indem man den $\dddot{\mathbf{r}}$-Term wegtransformiert und den stetigen Übergang der Lösung der inhomogenen Gleichung in die der freien Gleichung fordert. Dies gelingt durch den Ansatz

$$\frac{d^2}{dt^2}\mathbf{r}(t) = e^{\frac{t}{\tau}}\mathbf{u}(t). \tag{5.51}$$

Substitution von (5.51) in (5.47) liefert

$$M \frac{d}{dt} \mathbf{u}(t) = \frac{1}{\tau} e^{-\frac{t}{\tau}} \mathbf{k}_0(t), \tag{5.52}$$

und durch Integration ergibt sich

$$M \mathbf{u}(t) = -\frac{1}{\tau} \int_a^t e^{-\frac{t'}{\tau}} \mathbf{k}_0(t')\, dt' \tag{5.53}$$

mit der freien Konstanten a , d.h.

$$M \frac{d^2}{dt^2} r(t) = \frac{e^{\frac{t}{\tau}}}{\tau} \int_t^{a'} e^{-\frac{t'}{\tau}} \mathbf{k}_0(t')\, dt'. \tag{5.54}$$

Wir setzen nun $s = \frac{1}{\tau}(t' - t)$, wobei (5.54) übergeht in

$$M \frac{d^2}{dt^2} r(t) = \int_0^{a'} e^{-s} \mathbf{k}_0(t + \tau s)\, ds. \tag{5.55}$$

Um die obere Grenze a′ zu bestimmen, vollziehen wir den Grenzübergang zur freien Theorie, indem wir lim $\tau \to 0$ bilden. Dann folgt

$$M \frac{d^2}{dt^2} r(t) = \mathbf{k}_0(t) = \int_0^{a'} e^{-s}\, ds\, \mathbf{k}_0(t), \tag{5.56}$$

woraus sich $a' = \infty$ ergibt. Die Gleichung (5.55) lautet dann

$$M \frac{d^2}{dt^2} r(t) = \int_0^{\infty} e^{-s} \mathbf{k}_0(t + \tau s)\, ds. \tag{5.57}$$

Mit (5.57) haben wir nunmehr die run-away-solutions ausgeschlossen, dafür aber eine akausale Gleichung erhalten. Dies heißt in diesem einfachen Fall, daß die Beschleunigung zur Zeit t durch das Wirken der äußeren Kraft $\mathbf{k}_0$ (t′) in der gesamten Zukunft von $t' = t$ bis $t' = \infty$ hervorgerufen wird oder daß zukünftige Ereignisse gegenwärtige beeinflussen. Dies gilt in der mikroskopischen Physik in dieser groben Form sicher nicht und sollte in einer so einfachen Theorie, wie sie die Maxwell-Lorentz-Theorie darstellt, gar nicht auftreten. Zusammenfassend kann man daher sagen, daß das Einteilchenproblem nach Maxwell-Lorentz für den Feldanteil eine exakte Integration gestattet, wogegen die Auswertung der mechanischen Gleichung nur näherungsweise möglich ist. Diese liefert in der niedrigsten Näherung bereits akausales Verhalten, und es ist nicht zu erwarten, daß höhere Näherungen an diesem Verhalten etwas ändern würden.

## 5.6. Strahlungsgedämpfter Oszillator

Trotz der grundsätzlichen Bedenken gegen (5.57) liefert diese akausale Gleichung aber auch physikalisch sinnvolle Lösungen. Für eine beschleunigte Bewegung z.B. wird man erwarten, daß durch elektromagnetische Abstrahlung Energieverluste im mechanischen System entstehen, die die Bewegung abbremsen. Das einfachste Beispiel bietet dafür der harmonische Oszillator. Bei ihm ist die äußere Kraft

$$\mathbf{k}_0 (t) := -\omega_0^2 \, M \, \mathbf{r}(t), \tag{5.58}$$

was nach (5.57) im eindimensionalen Fall auf die Gleichung

$$\frac{d^2}{dt^2} x(t) = -\omega_0^2 \int\limits_0^\infty e^{-s} \, x(t + \tau s) \, ds \tag{5.59}$$

führt. Mit dem Ansatz

$$x(t) = \begin{cases} x_0 \, e^{-\alpha t} & \text{für} \quad t \geqslant 0 \\ 0 & \text{für} \quad t < 0 \end{cases} \tag{5.60}$$

geht (5.59) in die algebraische Gleichung 3. Grades

$$\tau\alpha^3 + \alpha^2 + \omega_0^2 = 0 \tag{5.61}$$

über, deren Wurzeln exakt mit den Cardanischen Formeln angegeben werden können. Approximativ wird für $\omega_0 \tau \ll 1$ bis einschließlich zur 2. Ordnung in $\omega_0 \tau$ ein Lösungspaar durch

$$\alpha_{1,2} \approx \frac{\Gamma}{2} \pm i(\omega_0 + \Delta\omega) \tag{5.62}$$

gegeben, wobei $\Gamma := \omega_0^2 \, \tau$ die Dämpfungskonstante und $\Delta\omega = -\frac{5}{8} \omega_0^3 \, \tau^2$ die Linienverschiebung definiert. Die Eigenschaften von $\Gamma$ und $\Delta\omega$ folgen aus der Lösung

$$x_{1,2}(t) = \begin{cases} x_0 \exp\left(-\frac{\Gamma}{2} t \pm i(\omega_0 + \Delta\omega) t\right) & \text{für} \quad t \geqslant 0 \\ 0 & \text{für} \quad t < 0, \end{cases} \tag{5.63}$$

die damit das erwartete physikalische Verhalten aufweist.

Um eine Information über die zugehörige Ausstrahlung zu erhalten, betrachten wir den Teilchen-Oszillator als eine lokalisierte Ladungsanordnung, für die eine Multipolentwicklung vorgenommen werden kann. Idealisieren wir die starr mitbewegte Ladungsverteilung durch eine Punktladung, so wird die Ladungsdichte für die eindimensionale oszillatorische Teilchenbewegung

$$\rho(\mathbf{r}, t) := q \, \delta(\mathbf{r} - x_{1,2}(t) \, \mathbf{e}_1), \tag{5.64}$$

und das Vektorpotential der Anordnung wird in der nullten Näherung nach (4.79), (4.101) durch das elektrische Dipolmoment $\mathbf{p}(\omega)$ bestimmt. Dieses wird für die Fourierzerlegung von zeitabhängigen Strom- und Ladungsverteilungen nach Abschnitt 4.6 durch

$$\mathbf{p}(\omega) := \int \mathbf{r}' \, \widetilde{\rho} \, (\mathbf{r}_s + \mathbf{r}', \omega) \, d^3 r' \tag{5.65}$$

definiert, wobei $\widetilde{\rho}$ wie in (4.78) die Fouriertransformierte von $\rho$ bezüglich t ist. Wegen der Lokalisierung des Oszillators im Ursprung wird $\mathbf{r}_s = 0$, und mit (5.64) und (5.63) folgt aus (5.65)

$$\mathbf{p}(\omega) = \int \mathbf{r}' \, \rho(\mathbf{r}', t)\, e^{i\omega t}\, d^3 r' dt = q \int \mathbf{r}' \delta(\mathbf{r}' - x_{1,2}(t)\,\mathbf{e}_1)\, e^{i\omega t}\, d^3 r'\, dt$$

$$= q\,\mathbf{e}_1 \int_0^\infty x_{1,2}(t)\, e^{i\omega t}\, dt = \frac{q\,\mathbf{e}_1 x_0}{\frac{\Gamma}{2} - i(\omega \pm (\omega_0 + \Delta\omega))} =: \mathbf{e}_1\, p(\omega), \tag{5.66}$$

und entsprechend wird

$$\mathbf{p}(t) = q\,\mathbf{e}_1\, x_{1,2}(t). \tag{5.66a}$$

Da die Amplitude $x_{1,2}(t)$ des Oszillators von einem Anfangswert $x_0$ auf den Wert Null abklingt, wird die gesamte Energie abgestrahlt. In weiter Entfernung vom Oszillator kann man daher die durch eine Kugeloberfläche hindurchtretende Strahlung berechnen und erhält durch Integration von $t = 0$ bis $\infty$ die gesamte als Strahlungsleistung abgegebene Energie zu

$$E_{osz} = \int_0^\infty dt \int_{F(V)} \mathbf{S} \cdot d\mathbf{f} = \int_{F(V)} \int_0^\infty \mathbf{S}(t)\, dt \cdot d\mathbf{f} \tag{5.67}$$

Da man die Kugeloberfläche F(V) beliebig weit nach außen legen kann, wird das Strahlungsfeld in der Grenze für $r \to \infty$ für eine bestimmte Frequenz $\omega$ durch (4.104) dargestellt. Zur Berechnung von (5.67) benützen wir, daß alle Größen für $t < 0$ verschwinden. Dann gilt mit (3.57) für reelle Feldgrößen $\mathbf{E}(t)$, $\mathbf{B}(t)$

$$\int_0^\infty \mathbf{S}(t)\, dt = \int_{-\infty}^\infty \mathbf{S}(t)\, dt = \frac{c}{4\pi} \int_{-\infty}^\infty \mathbf{E}(t) \times \mathbf{B}(t)\, dt \tag{5.68}$$

$$= \frac{c}{4\pi} \int e^{-it(\omega+\omega')}\, dt\, \widetilde{\mathbf{E}}(\omega) \times \widetilde{\mathbf{B}}(\omega') \frac{d\omega}{2\pi} \frac{d\omega'}{2\pi}.$$

Das Integral über t ergibt nach (II.12) $2\pi\delta(\omega + \omega')$, und (5.68) führt zusammen mit der Bedingung, daß $\mathbf{E}(t)$ und $\mathbf{B}(t)$ reell sind, d.h. wie bei (4.23) $\widetilde{\mathbf{B}}(-\omega) = \widetilde{\mathbf{B}}^x(\omega)$ gilt auf

$$\int_0^\infty \mathbf{S}(t)\, dt = \frac{c}{4\pi} \int_{-\infty}^\infty \widetilde{\mathbf{E}}(\omega) \times \widetilde{\mathbf{B}}^x(\omega) \frac{d\omega}{2\pi}. \tag{5.69}$$

Nach (4.104) gilt mit (I.6), da $\mathbf{B}$ auf $\mathbf{e}$ senkrecht steht,

$$\widetilde{\mathbf{E}}(\omega) \times \widetilde{\mathbf{B}}^x(\omega) = \widetilde{\mathbf{B}}(\omega) \cdot \widetilde{\mathbf{B}}^x(\omega)\mathbf{e}$$

$$= \frac{k^4}{r^2} (\mathbf{e} \times \mathbf{p}) \cdot (\mathbf{e} \times \mathbf{p}^x)\mathbf{e}. \tag{5.70}$$

Damit wird aus (5.69) zusammen mit (4.19) und (I.7)

$$\int_0^\infty \mathbf{S}(t)\,dt = \frac{\mathbf{e}}{4\pi}\,\frac{1}{c^3 r^2}\int_{-\infty}^{\infty} \omega^4\,[\mathbf{p}\cdot\mathbf{p}^x - (\mathbf{e}\cdot\mathbf{p})\,(\mathbf{e}\cdot\mathbf{p}^x)]\,\frac{d\omega}{2\pi}, \tag{5.71}$$

womit durch Substitution von $\mathbf{p}(\omega) = \mathbf{e}_1\,p(\omega)$ nach (5.66) die Strahlungsenergie (5.67) übergeht in

$$E_{osz} = \iint_0^\infty dt\,\mathbf{S}\cdot\mathbf{e}r^2 d\Omega \tag{5.72}$$

$$= \frac{1}{c^3}\int_{-\infty}^{\infty} \omega^4\,|p(\omega)|^2\,\frac{d\omega}{2\pi}\,\frac{1}{4\pi}\int [1 - (\mathbf{e}\cdot\mathbf{e}_1)^2]\,d\Omega.$$

Das letzte Integral läßt sich durch Integration über den Polarwinkel leicht integrieren und ergibt $\frac{2}{3}$. Damit lautet (5.72)

$$E_{osz} = \frac{2}{3}\,\frac{1}{c^3}\int_{-\infty}^{\infty} \omega^4\,|p(\omega)|^2\,\frac{d\omega}{2\pi} =: \int_{-\infty}^{\infty} E(\omega)\,\frac{d\omega}{2\pi}. \tag{5.73}$$

Benützt man das zeitabhängige Dipolmoment $\mathbf{p}(t)$, die Fouriertransformierte von $\mathbf{p}(\omega)$, so läßt sich (5.73) auch schreiben

$$E_{osz} = \frac{2}{3}\,\frac{1}{c^3}\int_{-\infty}^{\infty} \frac{d^2}{dt^2}\mathbf{p}(t)\cdot\frac{d^2}{dt^2}\mathbf{p}(t)^x\,dt = \int_{-\infty}^{\infty} E(t)\,dt. \tag{5.74}$$

(5.73) und (5.74) gelten allgemein für jede Dipolanordnung mit dem Dipolmoment $\mathbf{p}(t)$. Substituiert man (5.66a) in (5.74) mit (5.63), so ergibt sich

$$E_{osz} = \frac{2}{3}\,\frac{q^2}{c^3}\,|\alpha|^4\int_{-\infty}^{\infty} |x(t)|^2\,dt = \frac{2}{3}\,\frac{q^2}{c^3}\,|\alpha|^4\int_{-\infty}^{\infty} |x(\omega)|^2\,\frac{d\omega}{2\pi}. \tag{5.75}$$

Vergleich von (5.73) mit (5.75) liefert zusammen mit (5.63) die spektrale Energiedichte $E(\omega)$ für den strahlungsgedämpften Oszillator

$$E(\omega) = \frac{2}{3}\,\frac{q^2|x_0|^2}{c^3}\,\frac{[(\Gamma/2)^2 + (\omega_0 + \Delta\omega)^2]^2}{(\Gamma/2)^2 + (\omega \pm (\omega_0 + \Delta\omega))^2}. \tag{5.76}$$

Integriert man das Integral über t von (5.75) mit Hilfe von (5.63) aus, so ergibt sich

$$E_{osz} = \frac{2}{3}\,\frac{q^2}{c^3}\,|\alpha|^4\,|x_0|^2\,\frac{1}{\Gamma}, \tag{5.77}$$

womit sich (5.76) auch schreiben läßt

$$E(\omega) = E_{osz} \frac{\Gamma}{(\Gamma/2)^2 + (\omega \pm (\omega_0 + \Delta\omega))^2} \tag{5.78}$$

Das harmonisch gebundene Teilchen strahlt also bei der Frequenz $\omega$ mit der Energie $E(\omega)$ nach (5.78), wobei für die physikalischen Frequenzen $\omega \geqslant 0$ nur das negative Vorzeichen von Belang ist. Zerlegt man das ausgestrahlte Wellenfeld mit einem Spektralapparat in seine Frequenzanteile, so wird die Intensität der ebenen Wellen, die das Feld bilden, durch die Spektralverteilung $E(\omega)$ gegeben. Man erhält dann die sogenannte Lorentz-Spektralverteilung für die durch Auflösung entstandenen ebenen Wellen:

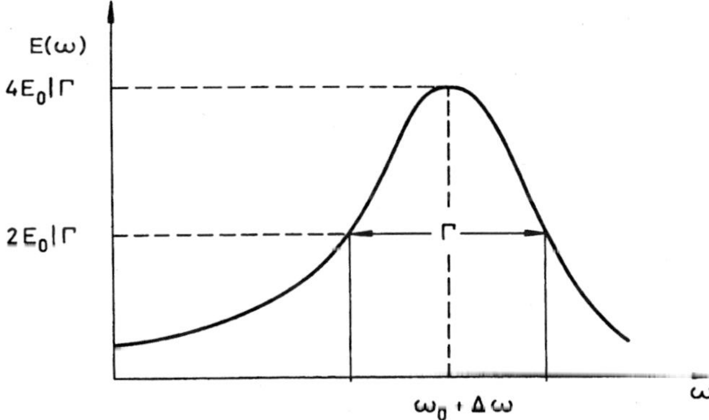


**Bild 10**
Lorentz-Spektralverteilung mit Linienbreite $\Gamma$ und Linienverschiebung $\Delta\omega$

Diese Verteilung besitzt ihr Maximum bei $\omega = \omega_0 + \Delta\omega$ und zeigt eine Linienbreite $\Gamma$, d.h., bei $\omega = \omega_0 + \Delta\omega \pm \Gamma/2$ ist $E(\omega)$ auf die Hälfte des Maximalwertes abgefallen. Die Strahlung erfolgt nicht mehr bei $\omega = \omega_0$ in einer scharfen Linie; infolge der Strahlungsdämpfung wird sie verbreitert mit der Linienbreite $\Gamma$ und besitzt eine Niveauverschiebung $\Delta\omega$; obwohl die Voraussetzungen für dieses Modell nicht sehr realistisch waren, beschreibt dieses rein klassische Ergebnis die Verhältnisse bei der Ausstrahlung diskreter Spektrallinien richtig. Dies wurde bereits in Abschnitt 4.4 bei der Behandlung von Wellenpaketen besprochen.

## 5.7. Feldmassenhypothese

Zum Abschluß dieses Kapitels wenden wir uns wieder den grundlegenden Fragestellungen zu. In Abschnitt 5.4 hatten wir gezeigt, daß die elektrostatische Selbstenergie eines Teilchens zu den mechanischen Bewegungsgleichungen einen Anteil $\frac{4}{3}\, m_e\, \ddot{\mathbf{r}}$ beisteuert. Sucht man im Sinne der Einleitung nach einer Fundamentaltheorie, die alle physikalischen Phänomene aus einer einheitlichen Grundstruktur abzuleiten gestattet, so legt diese Beobachtung nahe, zunächst einmal die Mechanik von geladenen Teilchen auf die

Elektrodynamik zurückzuführen, d.h. die Mechanik aus der Elektrodynamik abzuleiten, indem man postuliert:

**Postulat:** Die mechanische Masse eines elektrisch geladenen Teilchens stammt völlig aus seiner Feldenergie, d.h. $m_e \neq 0, m_m = 0$.

Mit diesem Postulat wäre dann der Ursprung der mechanischen Masse im elektrischen Feld zu finden. Eine solche Vorstellung verlangt aber noch mehr: Soll die Mechanik vollständig aus der Elektrodynamik abgeleitet werden, so müssen auch die mechanischen Bewegungsgleichungen aus der Elektrodynamik ableitbar sein.

*Behauptung 5.1:* Für $m_m = 0$ sind die mechanischen Bewegungsgleichungen aus der Elektrodynamik ableitbar.

*Beweis:* Nach (3.74) gilt für die elektromagnetische Kraftdichte

$$\mathbf{k}(\mathbf{r}, t) = -\frac{\partial}{\partial t}\frac{1}{c^2}\mathbf{S}(\mathbf{r}, t) + \nabla\cdot\mathbb{T}, \tag{5.79}$$

was bei Integration über den ganzen Raum unter entsprechenden Randbedingungen für **E** und **B** mit (3.76) auf die Zeitableitung des Feldimpulses

$$\int \mathbf{k}(\mathbf{r}, t)\, d^3r = -\frac{\partial}{\partial t}\mathbf{P}_{el} \tag{5.80}$$

führt. Aus (5.17) folgt dann bei Verschwinden der mechanischen Masse für das Einteilchenproblem mit (5.21), (5.26), (5.27) der Erhaltungssatz für den Feldimpuls

$$-\frac{\partial}{\partial t}\mathbf{P}_{el} = 0 = \mathbf{k}_t + \mathbf{k}_0 \tag{5.81}$$

und unter Verwendung der expliziten Rechnung (5.41)

$$\frac{4}{3}m_e\frac{d^2}{dt^2}\mathbf{r}(t) - \frac{2}{3}\frac{q^2}{c^3}\frac{d^3}{dt^3}\mathbf{r}(t) = \mathbf{k}_0(t). \tag{5.82}$$

Der ungewöhnliche Faktor $\frac{4}{3}$ wird bei relativistischer Rechnung gleich eins.

Für den Fall mehrerer Teilchen geht man analog vor, w.z.b.w.

Dieses an sich bemerkenswerte Ergebnis muß allerdings der Kritik unterworfen werden, wobei folgende Punkte wesentlich sind:

1.) Die aus der Elektrodynamik abgeleiteten mechanischen Bewegungsgleichungen weisen die bereits diskutierten Akausalitäten auf. Möglicherweise kann dies durch eine streng relativistische Rechnung behoben werden.

2.) Für punktförmige Ladungsverteilungen wird $m_e = \infty$, da dann die Selbstenergie nach (5.42) divergiert. Für nicht punktförmige Ladungsverteilungen aber existiert kein Hinweis über die Gestalt der Ladungsverteilung. Diese Schwierigkeit kann durch eine nichtlineare Elektrodynamik behoben werden, wie das von Born und Infeld angegebene Beispiel zeigt [A1, D4].

3.) Die starr mitgenommenen Ladungsverteilungen sind nicht relativistisch invariant.

4.) Für eine endliche Ladungsverteilung sind Kohäsivkräfte zum Zusammenhalt nötig, da sonst die Ladungsverteilungen wegen der elektrostatischen Abstoßung auseinanderplatzen würden. Die Kohäsivkräfte müßten dann aber nichtelektrischen Ursprungs sein, was die Einheitlichkeit wieder zerstören würde. Möglicherweise können die Punkte 3 und 4 ebenfalls durch eine nichtlineare Elektrodynamik behoben werden.

5.) Eine realistische Theorie muß von der Quantenelektrodynamik ausgehen, da bei der Konstitution der Materie Quanteneffekte nicht vernachlässigt werden dürfen.

Wie man sieht, führen die Einwände auf größtenteils unbeantwortete Fragestellungen, die zwar Vermutungen, aber noch keine exakten Antworten zulassen. Der gewichtigste Einwand schließlich ist 5. Da ohne ihn alle realistischen Lösungsversuche sinnlos sind, führt er in das Gebiet der modernen Elementarteilchentheorie und Hochenergiephysik und überschreitet damit den Rahmen dieser Darstellung [F5, 6, 7].

# II. Relativistische Feldtheorien

## 6. Transformationen und Invarianten

### 6.1. Physikalische Grundlagen

Abgesehen von kosmologischen Problemen bilden die Gesetze der speziellen Realitivitätstheorie und der Quantentheorie die Grundlage und den Ausgangspunkt der Entwicklung der gegenwärtigen theoretischen Physik. Bekanntlich hat die spezielle Relativitätstheorie ihren Ursprung in der Elektrodynamik. Beschränkt man sich in der Darstellung der Elektrodynamik auf den klassischen Bereich und schließt man die Quantentheorie aus, so ist es unabdingbar, die Elektrodynamik auch in ihrer relativistischen Form zu diskutieren, um dem gegenwärtigen Stand der Theorie Rechnung zu tragen. Bei dieser Diskussion werden wir aber nicht historisch vorgehen, indem wir alle relevanten Experimente schildern. Dies würde zwar den mühsamen Weg der Auffindung der Theorie illustrieren, aber das strukturelle Verständnis eher erschweren als erleichtern. Da es zahlreiche Darstellungen dieser Experimente gibt [A 8], setzen wir die Phänomenologie als bekannt voraus und versuchen eine theoretische Darstellung der klassisch relativistischen Theorien zu geben, die das Eindringen in die strukturellen Zusammenhänge ermöglicht und zugleich einen Anschluß an die gegenwärtige Entwicklung bietet. Um dies durchzuführen, erörtern wir im folgenden in gedrängter Form die mathematischen Grundlagen, die zur strukturellen Durchdringung benötigt werden. Da die Kenntnis dieser mathematischen Grundlagen für die nachfolgende Diskussion eine notwendige Vorbedingung ist, kann ihre Darstellung nicht in einen Anhang verschoben werden. Ihr Inhalt wird durch die physikalische Problemstellung bedingt. Diese ist in der Bezeichnung „Relativitätstheorie" enthalten. Sie bedeutet, daß physikalische Vorgänge relativ zu einem Beobachter verlaufen und daß verschiedene Beobachter denselben physikalischen Vorgang i.a. verschieden beschreiben. Da in der klassischen Physik die Beobachtung den Vorgang selbst nicht beeinflußt, kann die Verschiedenheit der Beobachtungen nur von der Verschiedenheit der Standpunkte der Beobachter herrühren oder, mathematisch ausgedrückt, vom Bezugssystem, d.h. vom speziell gewählten Koordinatensystem. Wegen der Unabhängigkeit des Vorgangs von der Beobachtung kann andererseits diese Verschiedenheit für den Vorgang selbst nicht wesentlich sein. Es ist daher nötig, eine mathematische Darstellung zu finden, die diesem Umstand Rechnung trägt, was auf die sog. Invarianten führt. Natürlich wurden auch in der vorrelativistischen Epoche Invarianten benützt. Wesentlicher Inhalt der Relativitätstheorie ist unter anderem die systematische Behandlung dieses Problems, indem sie eine mathematische Terminologie benützt, die eine explizite Unterscheidung zwischen invarianten und nichtinvarianten Größen gewährleistet.

Der Rahmen der hier zu gebenden Darstellung dieser Probleme wird aber noch enger gezogen: Da es eine unabsehbare Menge von Möglichkeiten zur Realisierung von physikalischen Bezugssystemen gibt, müssen aus dieser Menge besonders interessante Klassen von Bezugssystemen ausgesondert werden. An dieser Stelle wird die Physik mit der

Geometrie verknüpft. Nimmt man an, daß sich die physikalischen Ereignisse in metrischen Räumen abspielen, d.h. in Räumen, die vermeßbar sind, damit den physikalischen Ereignissen Zahlenwerte zugeordnet werden können, so gibt es Klassen von Abbildungen der metrischen Räume in sich, die durch Invarianten charakterisiert werden können. Diesen Abbildungen entsprechen physikalisch gesehen Transformationen zwischen verschiedenen Beobachtern, den Invarianten der Abbildungen die möglichen physikalischen Invarianten. Eine bestimmte Klasse von möglichen Transformationen wird dann durch die ihr zugeordneten Invarianten charakterisiert. Wählt man eine sehr umfassende Klasse von Transformationen, also z.B. gegeneinander beschleunigte Bezugssysteme usw., so wird die Zahl der zugeordneten Invarianten i.a. sehr klein sein, d.h. bei einer sehr umfassenden Klasse von Transformationen kann man im allgemeinen nicht erwarten, daß Beobachter in verschiedenen Bezugssystemen noch etwas Gemeinsames messen, obwohl es sich um denselben Vorgang handelt. Schränkt man dagegen die Klasse der Transformationen stark ein, so werden in solch einer eingeschränkten Klasse die Beobachter im allgemeinen durch die größere Zahl von Invarianten viel Gemeinsames messen.

Die physikalisch allgemeinste Version, die auch die physikalisch bedeutsamen gegeneinander beschleunigten Bezugssysteme zuläßt und die zugehörigen Invarianten konstruiert, wird in der allgemeinen Relativitätstheorie behandelt. Die allgemeine Relativitätstheorie postuliert aus anderen Gründen einen kosmologisch gekrümmten Raum mit einer Riemannschen Geometrie. Aber selbst wenn man darauf verzichtet und einen „flachen", d.h. krümmungslosen euklidischen bzw. pseudoeuklidischen Raum annimmt, muß man die allgemeine Relativitätstheorie benützen, wenn man relativistisch korrekt zwischen beschleunigten Bezugssystemen transformieren will. Die Behandlung einer solch allgemeinen Klasse von Transformationen und des zugehörigen Invariantenkalküls würde den Rahmen dieser Darstellung überschreiten.

Es zeigt sich aber, daß für die Klasse der gleichförmig gegeneinander bewegten Bezugssysteme, auch Inertialsysteme genannt, sehr bedeutsame Aussagen gemacht werden können, die eng mit den Eigenschaften des zugrunde liegenden metrischen Raumes zusammenhängen. Wir werden daher im folgenden nur diese Transformationen behandeln und weisen nochmals darauf hin, daß für allgemeinere Transformationen der Formalismus (nicht der physikalische Inhalt!) der allgemeinen Relativitätstheorie benutzt werden muß.

## 6.2. Geometrische Grundlagen

Wie schon erwähnt, ist für die Invariantentheorie und allgemein für die Transformationstheorie die Struktur des zugrunde liegenden Raumes von Bedeutung. Für die klassische Elektrodynamik und allgemeiner für klassische Feldtheorien wird dabei für nichtkosmologische Problemstellungen ein flacher pseudoeuklidischer Raum, der sog. Minkowski-Raum, zugrunde gelegt, den wir später noch genauer definieren werden. Bei Beschränkung auf Transformationen zwischen gleichförmig gegeneinander bewegten Bezugssystemen wird der Minkowski-Raum zweckmäßig mathematisch eingeordnet als

**a) Linearer metrischer Vektorraum**

In einem linearen metrischen Vektorraum wird je zwei Raumpunkten P und P′ ein Vektor $\overrightarrow{PP'} =: \mathbf{a}$ zugeordnet. Für die Menge $V_n$ aller Vektoren werden folgende Operationen definiert:

α) Addition $\mathbf{a} + \mathbf{b} = \mathbf{c}$

β) skalare Multiplikation $\mathbf{a}' = \alpha\, \mathbf{a}, \qquad \alpha \in \mathbb{R}$

γ) Skalarprodukt $(\mathbf{a} \cdot \mathbf{b}) =: Q(\mathbf{a}, \mathbf{b})$.

Diese Verknüpfungen sind miteinander verträglich, und $V_n$ bildet den sog. Vektorraum über dem Körper der reellen Zahlen. In diesem Raum kann jeder Vektor **a** durch Linearkombinationen nach α) und β) aus linear unabhängigen Basisvektoren dargestellt werden. Seien $\mathbf{e}_1, \dots, \mathbf{e}_n$ diese linear unabhängigen Basisvektoren, so wird

$$\mathbf{a} = \sum_{i=1}^{n} a^i \mathbf{e}_i =: a^i \mathbf{e}_i \,, \tag{6.1}$$

wobei die Einsteinsche Summenkonvention eingeführt wurde, nach der über doppelt vorkommende Indizes zu summieren ist. Die Zuordnung der Komponenten $(a^1, \dots, a^n)$ zum Vektor a ist ein Isomorphismus, man benutzt dann oft nur das n-tupel $(a^1, \dots, a^n)$ statt der Vektoren. Die Zahl n der linear unabhängigen Basisvektoren ist die Dimension von $V_n$. Nach γ) wird je zwei Vektoren **a, b** eine bilineare symmetrische Form $Q(\mathbf{a}, \mathbf{b})$, das sog. Skalarprodukt, zugeordnet. Wegen der Bilinearität wird dann für **a** und **b** in der Basisdarstellung (6.1)

$$(\mathbf{a} \cdot \mathbf{b}) := Q(\mathbf{a}, \mathbf{b}) = Q(\mathbf{e}_i, \mathbf{e}_k) a^i b^k. \tag{6.2}$$

Die symmetrischen Größen

$$Q(\mathbf{e}_i, \mathbf{e}_k) = (\mathbf{e}_i \cdot \mathbf{e}_k) =: g_{ik} = g_{ki} \tag{6.3}$$

nennt man die metrischen Fundamentalgrößen. Es wird det $|g| \neq 0$ vorausgesetzt. (6.3) legt dann (6.2) eindeutig fest und definiert damit die metrischen Eigenschaften des Vektorraumes. Experimentell können die $g_{ik}$ durch Ausmessung bestimmt werden. Man nennt

$$Q(\mathbf{x}, \mathbf{x}) = g_{ik} x^i x^k \tag{6.4}$$

auch die metrische Fundamentalform.

Die Eigenschaften von (6.4) geben zu einer Einteilung der Räume Anlaß. Ist für beliebiges $\mathbf{x} \neq 0$

$$Q(\mathbf{x}, \mathbf{x}) > 0, \tag{6.5}$$

ist also Q positiv definit, so liegt ein euklidischer Raum vor.

Ist für beliebiges $\mathbf{x} \neq 0$

$$Q(\mathbf{x}, \mathbf{x}) \gtrless 0, \tag{6.6}$$

ist also Q indefinit, so erhält man einen nichteuklidischen Raum.

Benützt man einen solchen linearen metrischen Vektorraum zur Beschreibung des physikalischen Geschehens, so können die schon erwähnten gleichförmig gegeneinander bewegten oder gegeneinander gedrehten und verschobenen Bezugssysteme durch verschiedene Sätze von Basisvektoren $e_1, \dots, e_n$ beschrieben werden. Da es nach Voraussetzung nur n linear unabhängige Vektoren im $V_n$ gibt, muß es möglich sein, das neue durch Transformation eingeführte Basissystem $\bar{e}_1, \dots, \bar{e}_n$ durch die alte Basis $e_1, \dots, e_n$ linear auszudrücken. Dies führt auf

**b) Lineare Transformationen**

Nach der eben gegebenen Diskussion muß gelten

$$\bar{e}_i = a_i^k e_k \,. \tag{6.7}$$

Soll das Beobachtungssystem $\{\bar{e}_i\}$ ein vollwertiges System zur Beschreibung von physikalischen Vorgängen sein, so muß die Basis $\bar{e}_1, \dots, \bar{e}_n$ ebenfalls aus n linear unabhängigen Vektoren bestehen. Eine notwendige und hinreichende Voraussetzung dafür ist $\det|a| \neq 0$. Man bezeichnet $a_i^k$ als Transformationsmatrix, wobei wir in (6.7) Verschiebungen des Ursprungs aus Einfachheitsgründen zunächst ausgeschlossen haben. Da durch die $a_i^k$ der lineare Vektorraum $V_n$ in sich transformiert wird, ist $a_i^k$ eine lineare Transformation.

Um die Eigenschaften eines so definierten Wechsels des Bezugssystems systematisch zu erfassen, ist es nötig, nicht nur eine beliebige lineare Transformation zu betrachten, sondern die Menge $T_n$ aller möglichen linearen nichtsingulären Transformationen (6.7) mit $\det|a| \neq 0$. Diese Menge hat eine wichtige Eigenschaft: Sie definiert die Darstellung einer abstrakten Gruppe. Allgemein wird eine abstrakte Gruppe gegeben durch die

*Definition 6.1:* Eine nichtleere Menge G von Elementen $g_1, g_2, \dots$, heißt Gruppe, wenn in G eine als Multiplikation bezeichnete Verknüpfung der Elemente definiert ist mit folgenden Eigenschaften:

α) Je zwei Elementen $g_\alpha, g_\beta \in G$ ist ein Produkt $(g_\alpha g_\beta) = g_\gamma$ zugeordnet mit $g_\gamma \in G$

β) Das Produkt ist assoziativ, d.h. $(g_\alpha g_\beta) g_\gamma = g_\alpha (g_\beta g_\gamma)$

γ) Es existiert ein Einselement e in G, d.h. für alle $g_\alpha \in G$ gilt $e g_\alpha = g_\alpha e = g_\alpha$

δ) Zu jedem $g_\alpha$ existiert $g_\alpha^{-1} =: g_\rho$ mit $g_\alpha g_\rho = g_\rho g_\alpha = e$

Eine solche Gruppe kann durch verschiedenartige mathematische Objekte realisiert werden, was man dann Darstellung der Gruppe nennt. Allgemein gilt für die Darstellung durch lineare Transformationen die

*Definition 6.2:* Eine lineare Darstellung $D := \{D(g)\}$ einer Gruppe $G := \{g\}$ in einem linearen, normierten Darstellungsraum B durch beschränkte, lineare Transformationen in B liegt vor, wenn folgendes gilt:

α) für $g \in G$ folgt $D(g) \in D$

β) aus $(g_1 g_2) \in G$ folgt $D(g_1) \cdot D(g_2) = D(g_1 g_2)$

γ) $D(g^{-1}) = D^{-1}(g)$

δ) $D(e) = 1$

Dabei ist das Gruppenprodukt in D dadurch definiert, daß zwei Transformationen hintereinander ausgeführt werden.

Ist eine eineindeutige Abbildung von G auf D möglich, so liegt ein Isomorphismus vor, und man nennt die Gruppendarstellung D treu. Es gibt aber auch nichteineindeutige Darstellungen von G. Wie man leicht feststellt, besitzt die Menge $T_n$ der möglichen Transformationsmatrizen (6.7) mit det $|a| \neq 0$ die Gruppeneigenschaften, d.h. die Transformationsmatrizen bilden eine Darstellung der zugehörigen abstrakten Transformationsgruppe. Es muß aber bemerkt werden, daß für die physikalisch benützten Räume die abstrakten Gruppen überhaupt erst am Beispiel einer konkreten Darstellung definiert werden können. Nichtsdestoweniger bedeutet die Einführung des Begriffs der abstrakten Gruppe eine wichtige theoretische Verallgemeinerung, die sich allerdings erst in der Quantentheorie voll auswirkt. Mit den vorher angegebenen Definitionen haben wir die Grundvorstellung gebildet, mit denen physikalische Theorien vom geometrischen Standpunkt in dem nach Abschnitt 6.1 eingeschränkten Sinn diskutiert werden können. Wir geben zum Schluß noch eine Definition und Diskussion des sog. dualen Raumes, der zu den Grundlagen gehört, um lineare Vektorräume durch Invarianten gegenüber Transformationsgruppen zu kennzeichnen.

### c) Duale Räume

Neben den Basisvektoren $\mathbf{e}_1, \dots, \mathbf{e}_n$ führen wir zusätzlich noch einen Satz von Basisvektoren $\mathbf{e}^1, \dots, \mathbf{e}^n$ ein, die durch

$$(\mathbf{e}^j \cdot \mathbf{e}_i) = \delta^j_i =: g^j_i \qquad (6.8)$$

gekennzeichnet werden sollen, wobei $\delta^j_i$ das Kronecker-Symbol

$$\delta^j_i = \begin{cases} +1 & \text{für} \quad i = j \\ 0 & \text{für} \quad i \neq j \end{cases} \qquad (6.9)$$

ist. Die Basis $\mathbf{e}^1, \dots, \mathbf{e}^n$ ist daher „orthogonal" auf der Ausgangsbasis und wird das duale oder reziproke Basissystem genannt. Da die Basis $\mathbf{e}_1, \dots, \mathbf{e}_n$ ausreicht, um sämtliche Vektoren des $V_n$ darzustellen, so gilt auch hier analog zu (6.7)

$$\mathbf{e}^j =: g^{jh}\mathbf{e}_h . \qquad (6.10)$$

Skalare Multiplikation mit $\mathbf{e}_l$ liefert wegen (6.3) und (6.8)

$$(\mathbf{e}^j \cdot \mathbf{e}_l) = \delta^j_l = g^{jh}(\mathbf{e}_h \cdot \mathbf{e}_l) = g^{jh} g_{hl}, \qquad (6.11)$$

woraus

$$g^{jh} = g^{-1}_{jh} \qquad (6.12)$$

folgt. Damit wird das Skalarprodukt im dualen Raum

$$(\mathbf{e}^i \cdot \mathbf{e}^j) = \mathbf{e}^i \cdot g^{jh}\mathbf{e}_h = g^{ij} = g^{ji}. \qquad (6.13)$$

Nehmen wir eine Basistransformation (6.7) vor, so ist das duale System $\{\overline{\mathbf{e}}^j\}$ per definitionem gegeben durch die Bedingungen

$$\overline{\mathbf{e}}^j \cdot \overline{\mathbf{e}}_i = \delta^j_i. \qquad (6.14)$$

Nehmen wir ferner an, daß mit (6.7) auch das duale System linear transformiert wird, so können wir schreiben

$$\bar{e}^j = b^j_k e^k , \tag{6.15}$$

woraus mit (6.7) und (6.14) folgt

$$\bar{e}^j \cdot \bar{e}_i = b^j_k (e^k \cdot e_l) a^l_i = b^j_k a^k_i = \delta^j_i \tag{6.16}$$

und daraus

$$b^j_k = a^{-1j}{}_k . \tag{6.17}$$

Insgesamt erhält man daher die Basistransformationen:

$$\begin{aligned} \bar{e}_l &= a^h_l e_h \\ \bar{e}^j &= a^{-1j}{}_l \bar{e}^l \end{aligned} \tag{6.18}$$

Die Darstellung von Vektoren durch Komponenten im dualen Raum ist formal analog zu (6.1) im gewöhnlichen Raum, indem wir

$$a = a^i e_i = a^i g_{il} e^l = a_l e^l , \tag{6.19}$$

d.h.

$$a_l = g_{li} a^i \quad , \quad a^l = g^{li} a_i \tag{6.19a}$$

schreiben. Damit kann das Skalarprodukt (6.2) auch ausgedrückt werden durch

$$(a \cdot b) = g_{ik} a^i b^k = a_k b^k = a^k b_k = g^{ik} a_i b_k . \tag{6.20}$$

Eine tiefere Begründung dieser formalen Analogie wird in Abschnitt 6.3 gegeben.

## 6.3. Invarianten linearer Räume

Auch die in diesem Abschnitt behandelte Darstellung der Invarianten bezieht sich in ihrer Formulierung auf die für Inertialsysteme eingeschränkte Klasse $T_n$ der linearen, nichtsingulären Transformationen (6.7). Wollte man auch Transformationen zwischen beschleunigten Bezugssystemen usw. zulassen, so müßte der Invariantenkalkül im Riemann-Raum entwicklet, d.h. für vom Ort abhängige Fundamentalgrößen formuliert werden. Natürlich wäre in einer solchen Formulierung dann der Invariantenkalkül linearer metrischer Räume mit konstantem Fundamentaltensor $g_{ik}$ als Spezialfall enthalten.

### a) Vektoren

Koordinatensysteme zur Erfassung von physikalischen Vorgängen sind Hilfskonstruktionen, von denen in der klassischen Physik der zu beobachtende Vorgang nicht beeinflußt wird. Dies bedeutet, daß z.B. der Abstand zwischen zwei Massenpunkten oder das elektromagnetische Feld unabhängig vom Basissystem sind. Dies heißt, daß diese Größen gegenüber Basistransformatoren invariant sind. Beschreibt man solche Größen durch einen Vektor **x**, so wird im Basissystem $e_1, \ldots, e_n$ der Vektor **x** dargestellt durch

$$x = x^i e_i , \tag{6.21}$$

im transformierten System $\overline{\mathbf{e}}_1, \dots, \overline{\mathbf{e}}_n$ dagegen durch

$$\overline{\mathbf{x}} = \overline{x}^i \overline{\mathbf{e}}_i . \tag{6.22}$$

Da der Vektor als physikalische Größe von der Transformation nicht beeinflußt werden soll, so muß $\overline{\mathbf{x}} = \mathbf{x}$ unabhängig von der Basis gelten, also

$$x^i \mathbf{e}_i = \overline{x}^i \overline{\mathbf{e}}_i , \tag{6.23}$$

woraus unter Verwendung von (6.7) folgt

$$x^i \mathbf{e}_i = \overline{x}^j a_j^i \mathbf{e}_i . \tag{6.24}$$

Da die $\mathbf{e}_i$ linear unabhängig sind, muß gelten

$$\begin{aligned} x^i &= a_j^i \overline{x}^j \\ \overline{x}^i &= a^{-1}{}_j^i x^j . \end{aligned} \tag{6.25}$$

Eine analoge Rechnung kann für die Darstellung von $\mathbf{x}$ im dualen Raum durchgeführt werden: Aus

$$\mathbf{x} = x_i \mathbf{e}^i = \overline{x}_i \overline{\mathbf{e}}^i \tag{6.26}$$

folgt

$$\begin{aligned} \overline{x}_i &= a_i^j x_j \\ x_i &= a^{-1}{}_i^j \overline{x}_j . \end{aligned} \tag{6.27}$$

Es werden dann folgende Bezeichnungen benutzt:

$x_i$ transformiert sich kovariant zu $\mathbf{e}_i$, kontravariant zu $\mathbf{e}^i$

$x^i$ transformiert sich kovariant zu $\mathbf{e}^i$, kontravariant zu $\mathbf{e}_i$.

Da der Vektor selbst eine einvariante Größe ist, die Vektorkomponenten sich hingegen bei Transformationen gemäß (6.25), (6.27) transformieren, so ist die Unterscheidung zwischen diesen Größen wesentlich und muß bei ihrer Verwendung stets beachtet werden.

**b) Tensoren**

Durch Einführung einer äußeren Verknüpfung, des dyadischen Produkts, bezeichnet durch $\otimes$, lassen sich aus jedem Vektorraum $V_n$ Produkträume beliebiger Ordnung m definieren durch

$$V_n^m := V_n \otimes V_n \otimes \dots \otimes V_n \qquad \text{(m-mal)}. \tag{6.28}$$

Ein Element $\mathbf{T} \in V_n^m$ nennt man dann einen Tensor m-ter Stufe über einem Vektorraum $V_n$ der Dimension n. Seine allgemeine Form ist

$$\mathbf{T}^{(m)} := t^{\alpha_1 \cdots \alpha_m} \mathbf{e}_{\alpha_1} \otimes \dots \otimes \mathbf{e}_{\alpha_m} . \tag{6.29}$$

Nach Konstruktion sind die Tensorräume $V_n^m$ linear. Die Addition ist komponentenweise erklärt. Für $\mathbf{T}_1, \mathbf{T}_2 \in V_n^m$ gilt

$$\mathbf{T}_1^{(m)} + \mathbf{T}_2^{(m)} := (t_1^{\alpha_1 \cdots \alpha_m} + t_2^{\alpha_1 \cdots \alpha_m}) \mathbf{e}_{\alpha_1} \otimes \dots \otimes \mathbf{e}_{\alpha_m} . \tag{6.30}$$

Mit (6.28) läßt sich sofort die äußere Multiplikation zweier Tensoren $\mathbf{T}_1^{(m)}$, $\mathbf{T}_2^{(l)}$ verschiedener Stufe erklären; sie führt zu einem Tensor $\mathbf{T}^{(m+l)}$ der Stufe $(m + l)$

$$\mathbf{T}_1^{(m)} \otimes \mathbf{T}_2^{(l)} := t_1^{\alpha_1 \dots \alpha_m} t_2^{\beta_1 \dots \beta_l} \mathbf{e}_{\alpha_1} \otimes \dots \otimes \mathbf{e}_{\alpha_m} \otimes \mathbf{e}_{\beta_1} \otimes \dots \otimes \mathbf{e}_{\beta_l}. \tag{6.31}$$

Analog wie die Vektoren sollen auch die Tensoren gegenüber Basistransformationen invariante Größen sein. Auch hierfür gibt es verschiedenartigste physikalische Beispiele. Analog zu Vektoren wird dann die Invarianz eines Tensors ausgedrückt durch

$$\mathbf{T}^{(m)} = t^{\alpha_1 \dots \alpha_m} \mathbf{e}_{\alpha_1} \otimes \dots \otimes \mathbf{e}_{\alpha_m} = \bar{t}^{\alpha_1 \dots \alpha_m} \bar{\mathbf{e}}_{\alpha_1} \otimes \dots \otimes \bar{\mathbf{e}}_{\alpha_m} = \bar{\mathbf{T}}^{(m)}. \tag{6.32}$$

Substitution von (6.7) ergibt das Transformationsverhalten der Tensorkomponenten

$$\bar{t}^{\alpha_1 \dots \alpha_m} = a^{-1}{}^{\alpha_1}_{\beta_1} \dots a^{-1}{}^{\alpha_m}_{\beta_m} t^{\beta_1 \dots \beta_m}. \tag{6.33}$$

Die Komponenten $t^{\alpha_1 \dots \alpha_m}$ transformieren sich daher kovariant zu den $\mathbf{e}^i$ und kontravariant zu den $\mathbf{e}_k$.

In metrischen Räume, d.h. in den physikalisch bedeutsamen Räumen, lassen sich auch Tensoren bezüglich der dualen Basis $\mathbf{e}^1, \dots, \mathbf{e}^n$ oder aus beiden Basissystemen $\{\mathbf{e}_i\}$ und $\{\mathbf{e}^i\}$ zusammen bilden. Letztere nennt man gemischte Tensoren; auch sie sind gegen Basistransformationen invariante Größen

$$\mathbf{T}^{(m+k)} := t^{\alpha_1 \dots \alpha_m}_{\beta_1 \dots \beta_k} \mathbf{e}_{\alpha_1} \otimes \dots \otimes \mathbf{e}_{\alpha_m} \otimes \mathbf{e}^{\beta_1} \otimes \dots \otimes \mathbf{e}^{\beta_k}$$

$$= \bar{t}^{\alpha_1 \dots \alpha_m}_{\beta_1 \dots \beta_k} \bar{\mathbf{e}}_{\alpha_1} \otimes \dots \otimes \bar{\mathbf{e}}_{\alpha_m} \otimes \bar{\mathbf{e}}^{\beta_1} \otimes \dots \otimes \bar{\mathbf{e}}^{\beta_k} = \bar{\mathbf{T}}^{(m+k)}. \tag{6.34}$$

Die Transformation der Komponenten des gemischten Tensors lautet dann

$$\bar{t}^{\alpha_1 \dots \alpha_m}_{\beta_1 \dots \beta_k} = a^{-1}{}^{\alpha_1}_{\rho_1} \dots a^{-1}{}^{\alpha_m}_{\rho_m} a^{\gamma_1}_{\beta_1} \dots a^{\gamma_k}_{\beta_k} t^{\rho_1 \dots \rho_m}_{\gamma_1 \dots \gamma_k}. \tag{6.35}$$

Wegen des gemischten Transformationsverhaltens nennt man (6.34) k-fach kovariante und m-fach kontravariante Tensoren in bezug auf die Basis $\mathbf{e}_1, \dots, \mathbf{e}_n$. Genau wie bei Vektoren ist die Zuordnung der Komponenten $t^{\alpha_1 \dots \alpha_m}$ zu einem Tensor $\mathbf{T}^{(m)}$ ein Isomorphismus, und man kann demnach ebensogut die Gesamtheit der Komponenten allein als Tensor bezeichnen, wie dies in der Literatur oft geschieht. Allerdings wird bei diesem Verfahren die Invariantendarstellung unterdrückt, was für das Gesamtverständnis nicht günstig ist.

**c) Standardtensoren**

Standardtensoren sind Größen, die unabhängig von speziellen physikalischen Problemstellungen in der allgemeinen Invariantentheorie der linearen Räume benützt werden. Zu ihnen zählt der metrische Fundamentaltensor, dessen Komponenten durch (6.3) definiert werden. Berechnet man seine Komponenten in einer transformierten Basis $\bar{\mathbf{e}}$, so entsteht

$$\bar{g}_{ji} = (\bar{\mathbf{e}}_j \cdot \bar{\mathbf{e}}_i) = a^k_j a^l_i (\mathbf{e}_k \cdot \mathbf{e}_l) = a^k_j a^l_i g_{kl}, \tag{6.36}$$

womit das Tensor-(komponenten)-transformationsverhalten nachgewiesen ist. Durch Zusammenfassung erhält man dann unter Benutzung von (6.7), (6.8) und (6.18)

$$\begin{aligned}\bar{g}_{ji} &= a_j^k\, a_i^l\, g_{kl}\\ \bar{g}^{ji} &= a^{-1}{}^j_k\, a^{-1}{}^i_l\, g^{kl}\end{aligned} \tag{6.37}$$

und

$$\bar{g}_j^{\,i} = \bar{\delta}_j^i = a_j^k\, a^{-1}{}^i_l\, g_k^l = g_j^i = \delta_j^i . \tag{6.38}$$

Das durch (6.9) definierte Kronecker-Symbol $\delta_j^i$ ist also gegenüber Basistransformationen invariant. Es wird deswegen auch symmetrischer Einheitstensor genannt. Berücksichtigt man (6.37), so kann man mittels des metrischen Fundamentaltensors das Transformationsverhalten allgemeiner Tensorkomponenten durch das sog. „Überschieben" verändern. Man zeigt leicht, daß z.B.

$$\begin{aligned} t^{\alpha_1 \dots \alpha_k}{}_{\beta_1 \dots \beta_l} &= g^{\alpha_1 \gamma_1} \dots g^{\alpha_k \gamma_k}\, t_{\gamma_1 \dots \gamma_k \beta_1 \dots \beta_l} \\ &= g_{\beta_1 \gamma_1} \dots g_{\beta_l \gamma_l}\, t^{\alpha_1 \dots \alpha_k \gamma_1 \dots \gamma_l} \end{aligned} \tag{6.39}$$

gilt, worin natürlich das Überschieben der Vektorkomponenten nach (6.19a) enthalten ist. Bei gemischten Tensorkomponenten ist die gegenseitige Reihenfolge der oberen und unteren Indizes wesentlich, um das Überschieben eindeutig zu machen. Man sieht dies am besten bei einem Tensor 2. Stufe. Hier kann man durch (6.39) z.B. erhalten $a_l^k = g^{kj} a_{jl}$ oder $a_l^k = g^{kj} a_{lj}$,und diese Darstellungen sind nur für $a_{jl} = a_{lj}$ identisch. Man schreibt deshalb $a^k{}_l$ bzw. $a_l{}^k$, um die beiden verschiedenen Möglichkeiten beim Überschieben unterscheiden zu können. Dasselbe läßt sich bei gemischten Tensoren beliebiger Stufe durchführen. Aus Gründen der Einfachheit haben wir diese exakte Schreibweise nicht verwendet und vereinbaren, daß $a_l^k$ wie $a^k{}_l$ wirken soll.

Weitere allgemein benützte Tensoren sind die vollständig antisymmetrischen Tensoren n-ter Stufe in einem Vektorraum der Dimension n. Da der physikalische Minkowski-Raum die Dimension 4 hat, definieren wir hier nur den zugehörigen antisymmetrischen Tensor 4. Stufe nach *Levi-Civita* durch

$$\epsilon_{iklm} = \begin{cases} 1 \text{ für: } & (iklm) \text{ gerade Permutation von } (1234) \\ -1 \text{ für: } & (iklm) \text{ ungerade Permutation von } (1234) \\ 0 \text{ für: } & \text{mindestens zwei Indizes gleich} \end{cases} \tag{6.40}$$

Analog wird dann der vollständig antisymmetrische Tensor n-ter Stufe definiert.

*Behauptung 6.1:* Sofern für die Transformationen $\det|a| = 1$ gilt, ist die Definition des $\epsilon$-Tensors vom Bezugssystem unabhängig.

*Beweis:* Nach Voraussetzung soll $\epsilon$ ein Tensor vierter Stufe sein. Seine Komponenten transformieren sich daher in folgender Form

$$\bar{\epsilon}_{\lambda\mu\rho\kappa} = a_\lambda^i\, a_\mu^k\, a_\rho^l\, a_\kappa^m\, \epsilon_{iklm} . \tag{6.41}$$

Mit (6.40) kann (6.41) unter Berücksichtigung der Definition von Determinanten geschrieben werden

$$\overline{\epsilon}_{\lambda\mu\rho\kappa} = \det \begin{vmatrix} a^1_\lambda & a^1_\mu & a^1_\rho & a^1_\kappa \\ \cdot & & & \\ \cdot & & & \\ \cdot & & & \\ a^4_\lambda & a^4_\mu & a^4_\rho & a^4_\kappa \end{vmatrix} \tag{6.42}$$

Für die Anordnung $(\lambda, \mu, \rho, \kappa) = (1, 2, 3, 4)$ erhält man die Determinante der Transformationsmatrix, die nach Voraussetzung gleich 1 ist. Unter Berücksichtigung der Eigenschaften von Determinanten folgt dann für $\overline{\epsilon}$ das Definitionsschema (6.40), w.z.b.w. Der Beweis für den $\epsilon$-Tensor beliebiger Stufe läuft analog.

Es wird sich zeigen, daß die physikalisch interessierenden Transformationen die Determinante $+1$ oder $-1$ aufweisen; solche Transformationen nennt man eigentlich bzw. uneigentlich. In diesem Falle transformiert sich $\epsilon$ dann als sog. Pseudotensor, d.h. er wechselt bei Transformationen mit $\det|a| = -1$ nach (6.42) das Vorzeichen. Es gilt also dann das allgemeine Transformationsverhalten

$$\overline{\epsilon}_{\lambda\mu\rho\kappa} = \det|a|\; a^i_\lambda\, a^k_\mu\, a^l_\rho\, a^m_\kappa\, \epsilon_{iklm}\,, \tag{6.41a}$$

das für Pseudotensoren charakteristisch ist.

### d) Invariante Tensoroperationen

Nach den vorangehenden Erörterungen stellen die Tensoren die invarianten Grundgrößen von linearen metrischen Räumen dar. Da die Physik sich mit Verknüpfungsgesetzen zwischen verschiedenen physikalischen Größen befaßt, welche durch Tensoren beschrieben werden, so müssen zufolge der Unabhängigkeit klassisch physikalischer Vorgänge vom Beobachtungssystem auch die zugeordneten Verknüpfungen physikalischer Größen davon unabhängig sein. Daher erhebt sich die Frage, welche Tensorverknüpfungsoperationen gegenüber Basistransformationen invariant sind. Von solchen Operationen wurden bereits zwei angegeben, welche nach Definition invariant sein müssen:

$\alpha$) die Addition nach (6.30)
$\beta$) das äußere Produkt nach (6.31).

Es liegt dann nahe, in Verallgemeinerung von (6.2) folgendes zu definieren:

$\gamma$) das innere Produkt

$$\begin{aligned} \mathbf{T}^{(m)} \cdot \mathbf{T}^{(n)} &:= \underset{m}{t}^{\alpha_1 \dots \alpha_m}\, \underset{n}{t}^{\beta_1 \dots \beta_n} (\mathbf{e}_{\alpha_1} \cdot \mathbf{e}_{\beta_1}) \dots (\mathbf{e}_{\alpha_n} \cdot \mathbf{e}_{\beta_n}) \mathbf{e}_{\alpha_{n+1}} \otimes \dots \otimes \mathbf{e}_{\alpha_m} \\ &= \underset{m}{t}^{\alpha_{n+1} \dots \alpha_m}{}_{\beta_1 \dots \beta_n}\, \underset{n}{t}^{\beta_1 \dots \beta_n}\, \mathbf{e}_{\alpha_{n+1}} \otimes \dots \otimes \mathbf{e}_{\alpha_m} \end{aligned} \tag{6.43}$$

für $m > n$. Dieses Produkt verringert die Stufe von $\mathbf{T}^{(m)}$ um n und schafft einen Tensor (m−n)ter Stufe. Mit den Transformationsformeln (6.18), (6.33) und (6.36) kann man leicht nachprüfen, daß (6.43) eine Invariante ist, daß also gilt

$$
\begin{aligned}
& t_m^{\alpha_1 \dots \alpha_m}\, t_n^{\beta_1 \dots \beta_n}\, (e_{\alpha_1} \cdot e_{\beta_1}) \dots (e_{\alpha_n} \cdot e_{\beta_n})\, e_{\alpha_{n+1}} \otimes \dots \otimes e_{\alpha_m} \\
& = \bar{t}_m^{\alpha_1 \dots \alpha_m}\, \bar{t}_n^{\beta_1 \dots \beta_n}\, (\bar{e}_{\alpha_1} \cdot \bar{e}_{\beta_n}) \dots (\bar{e}_{\alpha_n} \cdot \bar{e}_{\beta_n})\, \bar{e}_{\alpha_{n+1}} \otimes \dots \otimes \bar{e}_{\alpha_m} .
\end{aligned}
\tag{6.44}
$$

Als Spezialfall des inneren Produkts definieren wir

δ) die k-fache Kontraktion oder Verjüngung eines Tensors

$$
\begin{aligned}
{}^{(k)}T^{(m)} &:= t^{\alpha_1 \dots \alpha_m}\, (e_{\alpha_1} \cdot e_{\alpha_2}) \dots (e_{\alpha_{2k-1}} \cdot e_{\alpha_{2k}})\, e_{\alpha_{2k+1}} \otimes \dots \otimes e_{\alpha_m} \\
&= t^{\alpha_1 \dots \alpha_m}\, g_{\alpha_1 \alpha_2} \dots g_{\alpha_{2k-1} \alpha_{2k}}\, e_{\alpha_{2k+1}} \otimes \dots \otimes e_{\alpha_m} \\
&= t^{\alpha_1 \dots \alpha_k,\, \alpha_{2k+1} \dots \alpha_m}_{\alpha_1 \dots \alpha_k}\, e_{\alpha_{2k+1}} \otimes \dots \otimes e_{\alpha_m} .
\end{aligned}
\tag{6.45}
$$

Diese Operation vermindert die Stufe des Tensors um 2k auf (m − 2k), wobei $m \geqslant 2k$ sein muß. Die Invarianz kann analog wie bei γ) nachgewiesen werden.
Als Beispiel für γ) diene das Skalarprodukt von Vektoren

$$
\mathbf{x} \cdot \mathbf{y} = x^i y^j g_{ij} = \bar{x}^i \bar{y}^j \bar{g}_{ij} = \bar{x}^i \bar{y}_i = \bar{\mathbf{x}} \cdot \bar{\mathbf{y}} ,
\tag{6.46}
$$

welches demnach als Skalar, d.h. als gewöhnliche Zahl, bei Transformationen eine Invariante ist. Für $\mathbf{y} \equiv \mathbf{x}$ ist (6.46) ein Beispiel für δ), also die Verjüngung des Tensors 2. Stufe $\mathbf{x} \otimes \mathbf{x}$.

### e) Tensoranalysis

Die bisherigen Betrachtungen sind insofern unzureichend, als in der Physik Größen auftreten, die Funktionen des Ortes und der Zeit sind, wie beispielsweise die Vektoren des elektromagnetischen Feldes. Solche Größen können durch die Definition von Tensorfunktionen

$$
T^{(m+k)}(x_1, \dots, x_n) := t^{\alpha_1 \dots \alpha_m}_{\beta_1 \dots \beta_k}(x_1, \dots, x_n)\, e_{\alpha_1} \otimes \dots \otimes e_{\alpha_m} \otimes e^{\beta_1} \otimes \dots \otimes e^{\beta_k}
\tag{6.47}
$$

erfaßt werden. Das Transformationsgesetz muß dann sinngemäß durch

$$
\bar{t}^{\alpha_1 \dots \alpha_m}_{\beta_1 \dots \beta_k}(\bar{x}_1, \dots, \bar{x}_n) = a^{\gamma_1}_{\beta_1} \dots a^{\gamma_k}_{\beta_k}\, a^{-1\alpha_1}_{\rho_1} \dots a^{-1\alpha_m}_{\rho_m}\, t^{\rho_1 \dots \rho_m}_{\gamma_1 \dots \gamma_k}(x_1 \dots x_n)
\tag{6.48}
$$

definiert werden mit $\bar{x}_i = a_i^k x_k$. An derartigen Tensoren können natürlich auch Differential- und Integraloperationen ausgeführt werden. Für die Differentiation erhält man mit der Definition

$$
\partial^i := \frac{\partial}{\partial x_i}
\tag{6.49}
$$

bei der Koordinatentransformation $\bar{x}_i = a_i^k x_k$ die Beziehung

$$
\bar{\partial}^i = \frac{\partial}{\partial \bar{x}_i} = \frac{\partial}{\partial x_k} \frac{\partial x_k}{\partial \bar{x}_i} = a^{-1\,i}{}_k\, \partial^k .
\tag{6.50}
$$

Der Differentialoperator $\partial^i$ transformiert sich daher kontravariant zu den $x_i$, d.h. $\partial^i$ und $\partial_i$ verhalten sich wie die entsprechenden Vektorkomponenten $x^i$ und $x_i$. Damit ist die Möglichkeit gegeben, auch Differentialausdrücke invariant zu schreiben, indem man den Nabla-Operator als Vektor im Sinne der Tensoralgebra

$$\nabla := \partial^i \mathbf{e}_i \tag{6.51}$$

definiert. Mit ihm kann man dann alle Operationen $\alpha) - \delta)$ ausführen und damit eine Mannigfaltigkeit von invarianten Differentialtensoren erzeugen.

Ein bekanntes Beispiel ist die Divergenz einer Vektorfunktion a im $\mathbb{R}_3$

$$\nabla \cdot \mathbf{a} = \partial^i a_i \tag{6.51a}$$

als Skalarprodukt von $\nabla$ mit a, oder der Laplace-Operator

$$\Delta = \nabla \cdot \nabla = \partial^i \partial_i = g^{ik}\, \partial_i \partial_k \tag{6.51b}$$

als Skalarprodukt von $\nabla$ mit sich selbst, also als Skalar. Ein weiteres Beispiel ist der Vektorgradient

$$\mathbf{b} \cdot \nabla = b_i \partial^i \tag{6.51c}$$

ebenfalls ein Skalarprodukt wie die Divergenz.

Einen Differentialtensor k-ter Stufe erhält man z.B. durch k-faches äußeres Produkt von $\nabla$

$$D_k := \underbrace{\nabla \otimes \ldots \otimes \nabla}_{\text{k-mal}} = \mathbf{e}_{\alpha_1} \otimes \ldots \otimes \mathbf{e}_{\alpha_k}\, \partial^{\alpha_1} \ldots \partial^{\alpha_k}. \tag{6.51d}$$

Da dies algebraisch völlig analog zu den bisherigen Verfahrenweisen geschieht, gehen wir hier nicht weiter detailliert auf diese Operationen ein.

Es sei noch eine abschließende Bemerkung über das vektorielle Produkt $\mathbf{c} = \mathbf{a} \times \mathbf{b}$ gemacht, das in der allgemeinen systematischen Darstellung nicht erwähnt wurde. Dieses Produkt ist keine fundamentale invariante Verknüpfungsoperation im Sinne von $\alpha)-\delta)$. Es läßt sich nämlich in Komponenten durch $c_i = \epsilon_{ikl}\, a^k b^l$ im dreidimensionalen Raum schreiben und erweist sich damit als ein inneres Produkt mit einem speziellen Standardtensor. Es ordnet zwei Vektoren einen Pseudovektor zu, kann aber für Tensoren beliebiger Stufe mathematisch verallgemeinert werden, was zum sogenannten Graßmann-Produkt führt. Der dem Vektorprodukt entsprechende Differentialausdruck ist die Rotation, die für Basistransformationen dann auch zweckmäßigerweise geschrieben wird

$$(\nabla \times a)_i = \epsilon_{ikl}\, \partial^k a^l. \tag{6.51e}$$

## 6.4. Forminvarianz

Im vorangehenden Abschnitt hatten wir Tensoren und ihre Verknüpfungsoperationen als Invarianten gegenüber der allgemeinsten Transformationsgruppe in linearen metrischen Räumen $V_n$, nämlich der Gruppe $T_n$, definiert und dargestellt. Neben dieser allgemeinen Invarianz gibt es aber eine eingeschränkte und damit noch schärfere Invarianz, die ein bestimmter Tensorausdruck aufweisen kann, wenn er nämlich gegen $T_n$ selbst oder gegen Untergruppen von $T_n$ forminvariant ist. Diese Situation entsteht bei der Untersuchung von Tensorverknüpfungen zur Darstellung physikalischer Gesetze. Diese sind zunächst meistens als Gleichungen zwischen bestimmten Tensorausdrücken definiert und damit per definitionem gegenüber den allgemeinsten Basistransformationen invariant. Er halten sie aber noch numerische Ausdrücke, die mit physikalischen Größen zusammenhängen, so ist die numerische Invarianz dieser Ausdrücke keineswegs trivial. Deshalb benutzt man die

*Definition 6.3:* Ein Tensorausdruck wird dann als forminvariant gegenüber einer Untergruppe von $T_n$ bezeichnet, wenn er in allen Bezugssystemen funktional und numerisch durch denselben Ausdruck gegeben wird.

Eine solche Eigenschaft zeichnet ein physikalisches Gesetz besonders aus, da daraus wichtige Folgerungen resultieren, wie in Abschnitt 8 gezeigt werden wird. Wir geben einige Beispiele von forminvarianten Ausdrücken.

a) Der $\epsilon$-Tensor (6.40) ist gegenüber der Untergruppe $T_n$ mit $\det|a| = 1$ forminvariant, da er nach der dort bewiesenen Behauptung in jedem Bezugssystem die gleichen numerischen Werte für die Komponenten aufweist.

b) Es sei $O_3^+$ die Gruppe aller orthogonalen Drehungen mit der Determinante 1 im euklidischen $\mathbb{R}_3$. Die Gleichung

$$\nabla \cdot \mathbf{F} \equiv \sum_{i=1}^{3} \frac{\partial}{\partial x_i} F_i(x) = 0 \tag{6.52}$$

mit $\mathbf{F}(\mathbf{r}) := F_i(x_1 x_2 x_3)\mathbf{e}^i$ ist forminvariant gegenüber der $O_3^+$. Bei einer Transformation vom Bezugssystem S in ein Bezugssystem $\overline{S}$ wird

$$\begin{aligned} \overline{x}_j &= a_j^k x_k \\ \overline{\partial}^j &= a^{-1}{}^j_k\, \partial^k \end{aligned} \tag{6.53}$$

und

$$\overline{F}_j(\overline{x}) = a_j^k F_k(x) = a_j^k F_k(a^{-1}\overline{x}) \tag{6.54}$$

nach (6.48). Mithin folgt, daß

$$\begin{aligned} \partial^j F_j(x) &= 0 \qquad \text{in } S \\ \overline{\partial}^j \overline{F}_j(\overline{x}) &= 0 \qquad \text{in } \overline{S} \end{aligned} \tag{6.55}$$

gelten muß. Dies bedeutet, daß sowohl der Beobachter in S als auch der in $\overline{S}$ das gleiche physikalische Gesetz beobachtet, da die Gleichung in $\overline{S}$ durch bloßes Umbenennen, also Überstreichen aller Größen ohne irgendwelche strukturelle Änderung aus jener in S folgt.

c) In Abschnitt 13 wird der Vektor der dielektrischen Verschiebung $\mathbf{D}(\mathbf{r})$ durch $\mathbf{D}(\mathbf{r}) = \epsilon\, \mathbf{E}(\mathbf{r})$ mit dem Vektor des elektrischen Feldes verknüpft. Diese Verknüpfung kann auch als

$$\mathbf{D}(\mathbf{r}) = \boldsymbol{\epsilon} \cdot \mathbf{E}(\mathbf{r}) \tag{6.56}$$

gelesen werden, wobei $\boldsymbol{\epsilon} = \epsilon_{ik}\, e^i e^k$ der dielektrische Tensor ist mit $\epsilon_{ik} = \epsilon\, \delta_{ik}$. (6.56) ist eine invariante Tensorrelation. Durch direktes Ausrechnen kann man nachweisen, daß (6.56) auch forminvariant gegenüber der $O_3^+$ ist, da $\epsilon_{ik}$ in jedem Bezugssystem numerisch die gleichen Komponenten hat, also selbst forminvariant ist.

Diese Beispiele reichen aus, um die Definition der Forminvarianz von jener der Invarianz anschaulich abzuheben. Von wie weitreichender Bedeutung die Forminvarianz ist, zeigt die folgende Behauptung, die wir allerdings nur für das gegebene Beispiel b) beweisen:

*Behauptung 6.2:* Ist eine lineare Differentialgleichung forminvariant gegenüber einer bestimmten Transformationsgruppe, so bildet ihre Lösungsmannigfaltigkeit eine Basis für eine Darstellung dieser Gruppe.

*Beweis:* Wir beweisen diese Behauptung nur im eingeschränkten Sinn, indem wir unser Beispiel b) betrachten. Führt man in (6.55) eine formale Umbenennung der Variablen $\bar{x} \to x$ durch, ohne irgendeine Transformation vorzunehmen, so geht die Gleichung in $\bar{S}$ über in

$$\partial^\nu \bar{F}_\nu(x) = 0. \tag{6.57}$$

Mit $F_\nu(x)$ ist daher auch die Transformierte $\bar{F}_\nu(x) = a^\mu_\nu F_\mu(a^{-1}x)$ eine Lösung der ursprünglichen Differentialgleichung (6.52). Bezeichnen wir ein vollständiges System von Lösungen von (6.52) unter vorgegebenen Randbedingungen mit $g^\lambda_\mu(x)$ ($\lambda = 1, \ldots, N$), so gilt diese Aussage auch für $\bar{g}^\lambda_\mu(x)$, d.h. mit $g^\lambda_\mu(x)$ ist auch $\bar{g}^\lambda_\mu(x) = a^\nu_\mu\, g^\lambda_\nu(a^{-1}x)$ eine Lösung. Wegen der Vollständigkeit kann man jede Lösungsfunktion als Linearkombination der $g^\lambda_\mu(x)$ schreiben, also auch $\bar{g}^\lambda_\mu(x)$. Dies ergibt

$$\bar{g}^\lambda_\mu(x) = a^\nu_\mu\, g^\lambda_\nu(a^{-1}x) = \sum_{\lambda'=1}^{N} c^{\nu\lambda}_{\mu\lambda'}\, g^{\lambda'}_\nu(x). \tag{6.58}$$

Die Entwicklungskoeffizienten $c^{\nu\lambda}_{\mu\lambda'}$ sind dabei Funktionen der $a^\nu_\mu$:

$$c^{\nu\lambda}_{\mu\lambda'} := c^{\nu\lambda}_{\mu\lambda'}(a). \tag{6.59}$$

Zu jedem $a \in O_3^+$ existiert daher ein $c(a)$. Es läßt sich nun zeigen, daß die so definierten $c(a)$ die Darstellungsrelationen $\alpha) - \delta)$ erfüllen und damit eine Darstellung der $O_3^+$ bilden. Wir führen dies am Beispiel der Multiplikation vor, indem wir zwei Transformationen $a_1$ und $a_2$ hintereinander anwenden, wobei wir zur Abkürzung die Komponentenschreibweise unterdrücken:

$$\begin{aligned} \bar{g}^\lambda(x) &:= a_1 g^\lambda(a_1^{-1}x) \\ \bar{\bar{g}}^\lambda(x) &:= a_2 \bar{g}^\lambda(a_2^{-1}x) = a_2 a_1 g^\lambda(a_2^{-1}a_1^{-1}x). \end{aligned} \tag{6.60}$$

Andererseits ist wegen (6.58)

$$\bar{g}^\lambda(x) = \sum_{\rho=1}^{N} c^\lambda_\rho(a_1)\, g^\rho(x). \tag{6.61}$$

Kombiniert man (6.61) mit (6.60), so entsteht

$$\bar{\bar{g}}^\lambda(x) = \sum_{\rho=1}^{N} c_\rho^\lambda(a_2) a_1 g^\rho(a_1^{-1}x) = \sum_{\rho,\nu=1}^{N} c_\rho^\lambda(a_2) c_\nu^\rho(a_1) g^\nu(x). \tag{6.62}$$

Da aber auch gelten muß

$$\bar{\bar{g}}^\lambda(x) = \sum_{\kappa=1}^{N} c_\kappa^\lambda(a_2 a_1) g^\kappa(x), \tag{6.63}$$

so folgt durch Vergleich von (6.62) mit (6.63)

$$c_\kappa^\lambda(a_2 a_1) = \sum_\rho c_\rho^\lambda(a_2) c_\kappa^\rho(a_1), \tag{6.64}$$

was die behauptete Multiplikationseigenschaft ergibt. Durch analoge Überlegungen beweist man die übrigen Darstellungskriterien, w.z.b.w.

Physikalisch bedeutet dies: Bei einer Forminvarianzgruppe stammen die physikalischen Lösungen für alle Beobachter aus derselben Lösungsmannigfaltigkeit, oder die Beobachtungssysteme sind dynamisch nicht voreinander ausgezeichnet, da in einem beliebig transformierten System $\bar{S}$ wieder nur Linearkombinationen derselben bereits in S existierenden Lösungen auftreten. Da in der klassischen Theorie auch nichtlineare Gleichungen auftreten, erscheint dieser Satz nicht so tiefgreifend. Bedenkt man aber, daß die zu nichtlinearen klassischen Theorien korrespondierenden Quantentheorien stets linear sein müssen, so wird die fundamentale Bedeutung dieses Satzes offenbar.

## 6.5. Lorentztransformationen

In Abschnitt 3 hatten wir nach *Maxwell* die endgültige Form der elektromagnetischen Feldgleichungen durch eine Konsistenzbetrachtung gewonnen. Im Sinne einer physikalischen Begründung der Theorie aber wäre es wünschenswert, für diese endgültige Form auch noch ein Fundamentalexperiment als experimentelle Bestätigung aufzufinden. Ein solches Experiment gibt es, wenn auch nicht in so direkter Anwendung wie bei den vorangehenden Experimenten. Es ist das

**7. experimentelle Fundamentalgesetz**: Die Vakuumlichtgeschwindigkeit hat in allen gleichförmig gegeneinander bewegten Bezugssystemen, den sog. Inertialsystemen, den gleichen isotropen Wert c (Michelson-Versuch).

Um aus diesem Fundamentalgesetz weitere Schlüsse zu ziehen, beachten wir, daß sich im Vakuum das Licht in Form von Kugelwellen ausbreitet und daß für eine solche Kugelwelle nach (4.70) die Wellenfront mit Hilfe der Ausbreitungsfunktion $\delta(t' + \frac{1}{c}|\mathbf{r} - \mathbf{r}'| - t)$ beschrieben wird, wobei der Lichtblitz zur Zeit $t = t'$ von einer Punktquelle in $\mathbf{r} = \mathbf{r}'$ ausgesandt wurde. Wir nehmen an, daß in zwei gleichförmig gegeneinander bewegten Bezugssystemen S und $\bar{S}$ zwei Lichtblitze in $t' = \mathbf{r}' = 0$ und $\bar{t}' = \bar{\mathbf{r}}' = 0$ gestartet wurden. Sie entsprechen einunddemselben physikalischen Ereignis, das von S und $\bar{S}$ aus beobachtet werde. Die zugehörigen Kugelwellenfronten werden dann entsprechend dem 7. Fundamentalgesetz mit Hilfe von $\delta(t-\frac{1}{c}|\mathbf{r}|)$ in S und $\delta(\bar{t}-\frac{1}{c}|\bar{\mathbf{r}}|)$ in $\bar{S}$ beschrieben. Zufolge der Eigenschaften der $\delta$-Funktion ergibt sich daraus, daß in S nur auf dem Hyperboloid

$$x^2 + y^2 + z^2 - c^2 t^2 = 0 \tag{6.65}$$

bzw. in $\bar{S}$ nur auf dem Hyperboloid

$$\bar{x}^2 + \bar{y}^2 + \bar{z}^2 - c^2 \bar{t}^2 = 0 \tag{6.66}$$

die elektromagnetische Erregung $\neq 0$ ist, d.h. daß sich dort die Wellenfront befindet. Schließen wir aus (6.65) und (6.66)

$$x^2 + y^2 + z^2 - c^2 t^2 = \bar{x}^2 + \bar{y}^2 + \bar{z}^2 - c^2 \bar{t}^2, \tag{6.67}$$

wobei wir eine noch mögliche Proportionalitätskonstante gleich 1 setzen, so kann (6.67) als Forminvarianz der Norm des Vektors

$$\mathbf{x} := x\,\mathbf{e}_1 + y\,\mathbf{e}_2 + z\,\mathbf{e}_3 + ct\,\mathbf{e}_4 \tag{6.68}$$

mit dem invarianten metrischen Fundamentaltensor

$$g_{ik} := \begin{pmatrix} 1 & 0 & 0 & 0 \\ 0 & 1 & 0 & 0 \\ 0 & 0 & 1 & 0 \\ 0 & 0 & 0 & -1 \end{pmatrix} = \bar{g}_{ik} \tag{6.69}$$

beim Übergang von S nach $\bar{S}$ gedeutet werden. Durch eine solche Interpretation kann man das physikalische Raum-Zeit-Kontinuum dann als 4-dimensionalen Vektorraum auffassen, dem durch (6.69) eine indefinite Metrik aufgeprägt wird. Es gilt nun folgende

*Behauptung 6.3:* Die linearen Transformationen $M_n \subset T_n$ des $V_n$, die den metrischen Fundamentaltensor $g_{ik}$ forminvariant und damit die Fundamentalform (6.1) invariant lassen, bilden eine Gruppe, sofern $g^T = g$ und $\det|g| = \pm 1$ gilt mit $g^T$ als der transponierten Matrix von g.

*Beweis:* Nach (6.36) transformiert sich der Fundamentaltensor wie

$$\bar{g}_{ji} = a_j^k a_i^l g_{kl}, \tag{6.70}$$

und wegen der Forminvarianz muß dann $\bar{g}_{ji} = g_{ji}$ gelten. In Matrixschreibweise lautet dann die Invarianzbedingung:

$$\bar{g} = a^T g a = g. \tag{6.71}$$

Wir prüfen nun die Gruppeneigenschaften nach. Es seien a und b zwei Transformationen aus $M_n$, die g forminvariant lassen. Dann folgt:

$\alpha$) Mit $a^T g a = g$ und $b^T g b = g$ ist auch $(ab)^T g (ab) = b^T a^T g a b = b^T g b = g$ eine Forminvarianz-Transformation aus $M_n$, womit die Produktregel bewiesen ist.

$\beta$) Das Assoziativgesetz gilt bei Matrixmultiplikation immer.

$\gamma$) Bildet man die Determinante von $\bar{g}$, so wird $\det|a^T g a| = \det|a^T a|\det|g| = (\det|a|)^2 = \det|g|$, woraus $\det|a| = \pm 1$ folgt.
Damit aber existiert die inverse Transformation in der Menge $M_n$ der Forminvarianz-Transformationen, da mit der Existenz von $a^{-1}$ aus (6.71) $(a^{-1})^T g a^{-1} = g$ folgt.

δ) Wegen $\mathbb{1}\, g\, \mathbb{1} = g$ ist auch das Einselement in der Menge $M_n$ der Forminvarianz-Transformationen enthalten.

Damit folgt, daß die Forminvarianz-Transformationen $M_n$ eine Gruppe bilden, w.z.b.w.

Der metrische Raum $\mathbb{M}_4$ der durch (6.69) definiert wird, wird Minkowski-Raum genannt, und seine Forminvarianzgruppe heißt die homogene Lorentzgruppe L. Dies bedeutet, daß der Minkowski-Raum diejenige Darstellung beinhaltet, die die abstrakte homogene Lorentzgruppe definiert. Zur genaueren Analyse der Lorentzgruppe ist es zweckmäßig, in (6.68) sogenannte Vierervektor-Komponenten

$$\begin{aligned} x_1 &= x \\ x_2 &= y \\ x_3 &= z \\ x_4 &= ct \end{aligned} \tag{6.72}$$

einzuführen. Dann lauten die Lorentztransformationen formal

$$\bar{x}_i = a_i^j x_j , \tag{6.73}$$

und die Bedingung (6.67) läßt sich schreiben als

$$x_i x^i = \bar{x}_i \bar{x}^i . \tag{6.74}$$

Die Inverse der Lorentztransformation (6.73) läßt sich mit Hilfe der Invarianzrelation (6.71) leicht angeben. Zunächst folgt aus (6.69)

$$g^2 = \mathbb{1}, \tag{6.75}$$

und Multiplikation von (6.71) mit g von links ergibt dann

$$a^{-1} = g\, a^T g . \tag{6.76}$$

Dies lautet ausgeschrieben

$$(a^{-1})_{ij} = g_{ik} (a^T)^{kl} g_{lj} = (a^T)_{ij} = a_{ji} . \tag{6.77}$$

Die symmetrische Nebenbedingung (6.71) stellt wegen ihrer Symmetrie $n(n+1)\cdot\frac{1}{2}$, für $n = 4$ bei der Lorentzgruppe L also 10, unabhängige Gleichungen dar. Damit werden die 16 Matrixelemente einer Lorentztransformation auf 6 unabhängige Matrixelemente oder Parameter reduziert.

### a) Homogene Lorentztransformationen

Aus der Forminvarianz von g folgt nach der Behauptung 6.3 daß $\det|a| = 1$ oder $\det|a| = -$ sein muß. Dies führt auf die Untergruppe $L_+$ der eigentlichen Lorentztransformationen mit $\det|a| = +1$ und auf die uneigentlichen Lorentztransformationen $L_-$, die keine Untergruppe bilden. Der Beweis ist trivial und wird weggelassen.

Aus (6.69), (6.71) folgt für $i, k = 4$

$$(a_4^4)^2 - \sum_{j=1}^{3} (a_4^j)^2 = 1 \tag{6.78}$$

und daraus $a_4^4 \geqslant 1$ oder $a_4^4 \leqslant -1$. Dies gibt zu der Einteilung nach orthochronen Lorentztransformationen $L^\uparrow$ mit $a_4^4 \geqslant 1$ und nichtorthochronen Transformationen $L_\downarrow$ mit $a_4^4 \leqslant -1$ Anlaß. Die orthochronen Transformationen $L^\uparrow$ bilden ebenfalls eine Untergruppe von L. (Der Beweis wird unterdrückt.)

Insgesamt gibt es also für $a \in L$ vier Möglichkeiten:

$$\det|a| = \pm 1\,; \qquad a_4^4 \geqslant 1\,; \qquad a_4^4 \leqslant -1\,. \tag{6.79}$$

Die Gruppe L besteht daher aus vier Teilmengen von Elementen $L_+^\uparrow$, $L_-^\uparrow$, $L_+^\downarrow$, $L_-^\downarrow$. Die vier Teilmengen werden nur durch diskrete Spiegelungsoperationen $S_\mu$ ($\mu = 1, \dots, 4$) mit $S_\mu^2 = 1$ sowie Hintereinanderausführungen, also Produkte, dieser Operationen aufeinander abgebildet. Dabei wird $S_\mu$, angewandt auf den Vierervektor $x_\nu$ definiert durch

$$S_\mu(x_1, x_2, x_3, x_4) = (x_1, \dots, -x_\mu, \dots, x_4), \quad (\mu = 1, \dots, 4)\,. \tag{6.80}$$

Die Menge aller Spiegelungen bildet eine Gruppe, die Spiegelungsgruppe S des $V_4$ bzw. $\mathbb{M}_4$, wie man einfach nachprüfen kann. Diese ist natürlich in L enthalten. Geht man beispielsweise von den sogenannten eingeschränkten Lorentztransformationen $L_+^\uparrow$ aus, so erhält man die anderen Teilmengen z.B. durch die Spiegelungen

α) Zeitspiegelung $S_4$ mit $L_+^\uparrow \to L_-^\downarrow$
β) Raumspiegelung $S_1 \cdot S_2 \cdot S_3$ mit $L_+^\uparrow \to L_-^\uparrow$
γ) Raum-Zeit-Spiegelung $S_1 \cdot S_2 \cdot S_3 \cdot S_4$ mit $L_+^\uparrow \to L_+^\downarrow$

Die Eigenschaft, daß L in vier Teilmengen zerfällt, die nur durch Elemente aus S aufeinander abgebildet werden können, ist für die topologischen Eigenschaften von L sehr bedeutsam, und wir kommen im nächsten Abschnitt noch einmal darauf zurück.

Ferner enthält L die Untergruppen $L_+$ der eigentlichen Lorentztransformationen und $L^\uparrow$ der orthochronen Lorentztransformationen. Eine weitere Untergruppe ist die Menge aller Elemente $L_+^\uparrow = L^\uparrow \cap L_+$. Diese wird die eigentliche orthochrone Lorentzgruppe oder auch eingeschränkte Lorentzgruppe genannt. Nach dieser allgemeinen Übersicht ohne detaillierte Beweise wenden wir uns Spezialfällen zu.

### b) Reine Lorentztransformationen

Da die Lorentzgruppe L das vierdimensionale Raum-Zeit-Kontinuum transformiert, enthält sie als Untergruppe auch die Gruppe $O_3^+$ von eigentlichen Raumdrehungen und die Menge $O_3^-$ von Raumdrehspiegelungen, die jedoch keine Untergruppe von L ist. Beide Mengen zusammen bilden die Gruppe $O_3$ der orthogonalen Transformationen im $V_3$, d.h. es gilt $O_3 = O_3^+ \cup O_3^-$. Die Drehgruppe $O_3^+$ ist dabei Untergruppe sowohl von $O_3$ als auch von $L_+$.

An dieser Stelle ist die Gruppe $O_3$ jedoch von keinem besonderen physikalischen Interesse. Physikalisch interessant dagegen ist der Übergang zwischen gleichförmig bewegten Bezugssystemen, wobei wir uns der Einfachheit halber auf Bewegungen in

$\mathbf{e}_3$-Richtung spezialisieren. Solche Transformationen werden reine Lorentztransformationen genannt. Für diesen Fall lautet die Transformationsmatrix

$$a_i^k = \begin{pmatrix} 1 & 0 & 0 & 0 \\ 0 & 1 & 0 & 0 \\ 0 & 0 & a_3^3 & a_4^3 \\ 0 & 0 & a_3^4 & a_4^4 \end{pmatrix} \tag{6.81}$$

und aus der Forminvarianz von g folgt wegen (6.71)

$$\begin{pmatrix} a_3^3 & a_3^4 \\ a_4^3 & a_4^4 \end{pmatrix} \begin{pmatrix} 1 & 0 \\ 0 & -1 \end{pmatrix} \begin{pmatrix} a_3^3 & a_4^3 \\ a_3^4 & a_4^4 \end{pmatrix} = \begin{pmatrix} 1 & 0 \\ 0 & -1 \end{pmatrix}. \tag{6.82}$$

Man erhält daraus zusammen mit det $|a| = 1$ die Gleichungen

$$\begin{aligned} (a_4^4)^2 - (a_4^3)^2 = (a_3^3)^2 - (a_3^4)^2 = a_3^3\, a_4^4 - a_4^3\, a_3^4 &= 1 \\ a_3^4\, a_4^4 - a_3^3\, a_4^3 &= 0\,. \end{aligned} \tag{6.83}$$

Nun läßt sich eine beliebige reelle Zahl $a_3^4$ in der Form schreiben

$$a_3^4 = \beta\,(1-\beta^2)^{-\frac{1}{2}} \qquad \text{mit} \qquad |\beta| < 1\,. \tag{6.84}$$

Substituiert man dies in (6.83), so erhält man als Lösung

$$\begin{pmatrix} a_3^3 & a_4^3 \\ a_3^4 & a_4^4 \end{pmatrix} = (1-\beta^2)^{-\frac{1}{2}} \begin{pmatrix} 1 & \beta \\ \beta & 1 \end{pmatrix}, \tag{6.85}$$

d.h. eine symmetrische Transformation.

Die zugehörige Lorentztransformation lautet dann wegen (6.72)

$$\begin{aligned} \bar{z} &= (z + \beta c\, t)\,(1-\beta^2)^{-\frac{1}{2}}\,; & \bar{y} &= y \\ \bar{t} &= \left(t + \frac{\beta z}{c}\right)(1-\beta^2)^{-\frac{1}{2}}\,; & \bar{x} &= x\,. \end{aligned} \tag{6.86}$$

Im nichtrelativistischen Bereich mit $\frac{v}{c} \to 0$ muß (6.86) in die bekannte Galilei-Transformation zwischen gegeneinander bewegten Bezugssystemen übergehen. Daraus folgt $\beta = \frac{v}{c}$. Dies folgt auch aus (6.86), indem man am Koordinatenursprung des Systems S, d.h. in z = 0, das System $\overline{S}$ betrachtet. Dieses besitzt die Relativgeschwindigkeit v zum System S.

Die Inverse $a^{-1}$ von (6.85) ergibt sich, indem v durch $-v$ ersetzt wird, wie leicht gezeigt werden kann. Dies bedeutet einfach die Umkehrung der Relativgeschwindigkeiten der beiden Systeme S und $\overline{S}$ zueinander.

Führt man zwei reine Lorentztransformationen hintereinander aus, so setzen sich die als parallel angenommenen Geschwindigkeitsvektoren nicht additiv zusammen. Es wird nämlich

$$(1-\beta^2)^{-\frac{1}{2}}\begin{pmatrix}1 & \beta\\ \beta & 1\end{pmatrix}(1-\beta'^2)^{-\frac{1}{2}}\begin{pmatrix}1 & \beta'\\ \beta' & 1\end{pmatrix} = (1-\beta''^2)^{-\frac{1}{2}}\begin{pmatrix}1 & \beta''\\ \beta'' & 1\end{pmatrix} \tag{6.87}$$

mit $\beta'' = (\beta + \beta')(1 + \beta\beta')^{-1}$, woraus

$$v'' = \frac{v + v'}{1 + \frac{v\,v'}{c^2}} \tag{6.88}$$

folgt. Durch diese nichtadditive Zusammensetzung ergibt sich weiter, daß die Grenzgeschwindigkeit der Relativbewegung von Systemen gegeneinander die Lichtgeschwindigkeit c nicht überschreiten kann. Will man nämlich Überlichtgeschwindigkeit durch Hintereinanderschaltung von Systemen erzeugen, indem man von S nach $\bar{S}$ auf die Geschwindigkeit v und von $\bar{S}$ nach $\bar{S}'$ auf die Geschwindigkeit c übergeht, so hat $\bar{S}'$ von S aus betrachtet die Geschwindigkeit

$$v'' = \frac{v + c}{1 + \frac{v}{c}} = c\,. \tag{6.89}$$

Man kann also weder durch einfache noch durch zusammengesetzte Lorentztransformationen Systeme mit einer Geschwindigkeit $v > c$ gegeneinander gleichförmig bewegen. Da Systeme durch materielle Träger realisiert werden müssen, also z.B. durch mechanische Teilchen, so folgt, daß neben der Lichtgeschwindigkeit auch die Teilchengeschwindigkeit in einem System die obere Grenze c hat, wenn man in $\bar{S}$ den Teilchenschwerpunkt, in S dagegen den Beobachter annimmt. Hat man Bewegungen von $\bar{S}$ gegen S, die nicht in $\mathbf{e}_3$-Richtung, sondern in einer beliebigen Richtung stattfinden, so gilt folgende Behauptung, die wir ohne Beweis angeben.

*Behauptung 6.4:* Jede eingeschränkte Lorentztransformation $a \in L_+^\uparrow$ läßt sich darstellen als $a = a_1^{-1} a_2 a_1$, wobei $a_2$ eine reine Lorentztransformation in $\mathbf{e}_3$-Richtung ist und $a_1 \in O_3^+$ eine reine Drehung darstellt.

Anschaulich bedeutet dies, daß man zuerst die beliebige Relativgeschwindigkeit $\mathbf{v}$ von $\bar{S}$ gegen S in die $\mathbf{e}_3$-Richtung dreht, dann die reine Lorentztransformation in $\mathbf{e}_3$-Richtung ausführt und schließlich die Drehung wieder rückgängig macht. Damit lassen sich die eigentlichen Lorentztransformationen für einen beliebigen Relativgeschwindigkeits-Vektor v zwischen dem System S und $\bar{S}$ aufstellen. Wir wollen mit Hilfe von (6.86) eine Formel für die Komponenten der transformierten Größen angeben:

*Behauptung 6.5:* Im Sinne der Komponenten-Schreibweise bei festem Basissystem (nicht im Sinne eines invarianten Vektors im $\mathbb{R}_3$ nach Abschnitt 6.3) gelten zwischen $(\bar{\mathbf{r}}, \bar{t})$ des Systems $\bar{S}$ und $(\mathbf{r}, t)$ des Systems S folgende Transformationsformeln, wenn sich $\bar{S}$ gegenüber S mit der Relativgeschwindigkeit $\mathbf{v}$ bewegt:

$$\begin{aligned}\bar{\mathbf{r}} &= \mathbf{r} + \gamma\,\mathbf{v}\,t + (\gamma - 1)(\mathbf{r}\cdot\mathbf{v})\frac{\mathbf{v}}{v^2}\\ \bar{t} &= \left[t + \frac{(\mathbf{v}\cdot\mathbf{r})}{c^2}\right]\gamma \qquad \text{mit } \gamma = (1-\beta^2)^{-\frac{1}{2}}\,.\end{aligned} \tag{6.90}$$

*Beweis:* Entsprechend (6.86) zerlegen wir $\mathbf{r}$ und $\bar{\mathbf{r}}$ in zu $\mathbf{v}$ parallele und zu $\mathbf{v}$ senkrechte Komponenten

$$\mathbf{r} = \mathbf{r}_\parallel + \mathbf{r}_\perp \quad \text{mit} \quad \mathbf{r}_\parallel := \left(\mathbf{r} \cdot \frac{\mathbf{v}}{\mathrm{v}}\right) \frac{\mathbf{v}}{\mathrm{v}}$$
$$\mathbf{r}_\perp := \mathbf{r} - \mathbf{r}_\parallel = \frac{\mathbf{v}}{\mathrm{v}} \times \left(\mathbf{r} \times \frac{\mathbf{v}}{\mathrm{v}}\right) \tag{6.91}$$

und analog für $\bar{\mathbf{r}}$. Dann gilt nach (6.86)

$$\bar{\mathbf{r}}_\perp = \mathbf{r}_\perp ; \qquad \bar{\mathbf{r}}_\parallel = [\mathbf{r}_\parallel + \mathbf{v}\,t]\,\gamma$$
$$\bar{t} = \left[t + \frac{\mathbf{v} \cdot \mathbf{r}}{c^2}\right] \gamma . \tag{6.92}$$

Daraus folgt mit $\bar{\mathbf{r}} = \bar{\mathbf{r}}_\perp + \bar{\mathbf{r}}_\parallel$ und (6.91) die Formel (6.90), w.z.b.w.

Für $\beta = \frac{\mathrm{v}}{c} \ll 1$ wird $\gamma \approx 1$, und aus (6.90) folgt die klassische nichtrelativistische Galilei-transformation

$$\bar{\mathbf{r}} = \mathbf{r} + \mathbf{v}t; \qquad \bar{t} = t. \tag{6.93}$$

Durch Differentiation von $\bar{\mathbf{r}}$ nach $\bar{t}$ ergibt sich aus (6.90) sofort die allgemeine Addition zweier Geschwindigkeiten $\mathbf{u}$ und $\mathbf{v}$, wenn man $\mathbf{u} := \frac{d\mathbf{r}}{dt}$ setzt:

$$\bar{\mathbf{u}} = \frac{d\bar{\mathbf{r}}}{d\bar{t}} = [\mathbf{u} + \mathbf{v} + (\gamma - 1)\frac{\mathbf{v}}{\mathrm{v}^2}\,(\mathbf{u} + \mathbf{v}) \cdot \mathbf{v}]\frac{1}{\gamma\,[1 + \frac{\mathbf{v} \cdot \mathbf{u}}{c^2}]} \tag{6.94}$$

Die Formel (6.94) stellt somit die Verallgemeinerung von (6.88) für zwei Geschwindigkeiten in beliebiger Richtung dar; setzt man in (6.94) $\mathbf{v} = \mathrm{v}\,\mathbf{e}_3$ und $\mathbf{u} = \mathrm{u}\,\mathbf{e}_3$, so folgt nämlich sofort (6.88).

Analog läßt sich durch eine weitere Differentiation von $\bar{\mathbf{u}}$ nach $\bar{t}$ mit Hilfe der Gleichungen (6.94) für $\bar{\mathbf{u}}$ und (6.90) für $\bar{t}$ die Transformation der Beschleunigungen

$$\bar{\mathbf{b}} := \frac{d^2\bar{\mathbf{r}}}{d\bar{t}^2} = \frac{d\bar{\mathbf{u}}}{d\bar{t}} = \frac{\mathbf{b}}{\gamma^2 s^2} - \frac{(\gamma - 1)(\mathbf{b} \cdot \mathbf{v})}{\gamma^3 s^3 \mathrm{v}^2}\,\mathbf{v} - \frac{(\mathbf{b} \cdot \mathbf{v})\mathbf{u}}{\gamma^2 s^3 c^2} \tag{6.95}$$

mit

$$s := 1 + (\mathbf{v} \cdot \mathbf{u})\,c^{-2} \tag{6.95a}$$

ableiten, wenn

$$\frac{d^2\mathbf{r}}{dt^2} = \frac{d\mathbf{u}}{dt} =: \mathbf{b} \tag{6.95b}$$

gesetzt wird.

### c) Invariante Teilräume

Nach (6.67) ist die Norm $\mathbf{x}^2 = x_\mu x^\mu$ eines Vierervektors eine Invariante gegenüber der Gruppe L. Wegen der Indefinitheit dieser Form kann man dann drei Möglichkeiten unterscheiden:

$$\alpha)\quad x_\mu x^\mu > 0 \qquad \beta)\quad x_\mu x^\mu = 0 \qquad \gamma)\quad x_\mu x^\mu < 0. \tag{6.96}$$

Die Vektoren der Gruppe $\alpha$) nennt man raumartig, jene der Gruppe $\gamma$) zeitartig und jene von $\beta$) lichtartig. Entsprechend können zwei Raum-Zeit-Punkte $x_\mu$, $y_\mu$ raumartig, zeitartig oder lichtartig zueinander liegen, je nachdem $(x - y)^2 = (x_\mu - y_\mu)(x^\mu - y^\mu)$ positiv, negativ oder null ist. Wegen der Invarianz ist die Einteilung (6.96) dann ebenfalls eine Invariante. Die Bezeichnungen von $\alpha$) – $\gamma$) rühren davon her, daß zwei Punkte in $\beta$) durch ein Lichtsignal miteinander verbunden werden können. Zwei Punkte in $\alpha$) lassen sich durch überhaupt kein Signal miteinander verbinden, wogegen zwei Punkte in $\gamma$) auch durch Signale mit Unterlichtgeschwindigkeit verbunden werden können. Diese Eigenschaft verlieren die Punkte in keinem gleichförmig gegen das ursprüngliche bewegten Bezugssystem. Da sich auch Teilchen als Signale nicht schneller als mit Lichtgeschwindigkeit bewegen können, so sind Wirkungen die von einem Punkt x zu einem anderen Punkt y gelangen, für $\beta$) und $\gamma$) relativistisch kausal, dagegen für $\alpha$) relativistisch akausal, da es im Bereich $\alpha$) in gleichförmig gegeneinander bewegten Systemen keine Möglichkeit gibt, mit einem materiellen Signal y von x aus zu erreichen.

Das invariante Hyperboloid $\beta$) nennt man auch den Lichtkegel. Das Innere des Lichtkegels wird in den Vorwärts-Lichtkegel mit $x^2 < 0$, $x_4 > 0$, und den Rückwärts-Lichtkegel $x_4 < 0$ eingeteilt. Der Vorwärts-Lichtkegel stellt die von $x = 0$ aus relativistisch erreichbare Zukunft dar, wogegen im Rückwärts-Lichtkegel alle jene Punkte enthalten sind, die in der Vergangenheit relativistisch kausal auf $x = 0$ einwirken konnten.

### d) Inhomogene Lorentztransformationen

Bezieht man die Kugelwellenfronten (6.65), (6.66) auf einen anderen vierdimensionalen Koordinatenursprung $b_i$ bzw. $\bar{b}_i$, so breiten sich die Fronten natürlich ebenfalls mit Lichtgeschwindigkeit aus, und die Invarianzrelation (6.67) geht über in

$$(x_i - b_i)(x^i - b^i) = (\bar{x}_i - \bar{b}_i)(\bar{x}^i - \bar{b}^i). \tag{6.97}$$

Daraus ersieht man, daß die relativistische Invarianz dieses Ausdrucks auch bei den Translationen

$$\bar{x}_i = x_i + a_i \tag{6.98}$$

mit

$$a_i := (\bar{b}_i - b_i) \tag{6.99}$$

erhalten bleibt. Da die $\bar{b}_i$ und $b_i$ völlig willkürlich sind, so sind auch die $a_i$ willkürlich, und die Menge der $a_i$ bildet eine 4-parametrige additive Gruppe, die Translationsgruppe $G_T$. Bei $G_T$ ist die Verknüpfungsoperation die Addition. Die Gruppeneigenschaften ergeben sich sofort aus der Definition der Addition der reellen bzw. komplexen Zahlen, d.h. jeder Vektorraum ist bezüglich der Addition eine Gruppe. Die Translationsgruppe $G_T$ des $V_4$ bzw. $\mathbb{M}_4$ hängt von vier Parametern $a_\mu$ ($\mu = 1, \dots, 4$) ab, die alle kontinuierlich $\mathbb{R}$ durchlaufen können. Außerdem sind die Operationen vertauschbar, $G_T$ ist kommutativ oder Abelsch. Ohne die allgemeine Invarianzforderungen (6.97) zu verletzen, kann man dann Translationen und homogene Lorentztransformationen hintereinander ausführen und erhält so die allgemeinste Invarianztransformation

$$\bar{x}_i = a_i + \Lambda_i^k x_k \tag{6.100}$$

mit $\Lambda_i^k \in L$ und $a_i \in G_T$. Abgekürzt bezeichnet man die Transformation (6.100) auch mit $(a, \Lambda)$. In diesem Fall hat man demnach durch die Elemente $(a, \Lambda)$ keine Matrixdarstellung der Gruppe erhalten!

*Behauptung 6.6:* Die Transformation (6.100) bildet eine Gruppe P, die sog. inhomogene Lorentzgruppe oder Poincaré-Gruppe.

*Beweis:* Wir untersuchen die Gruppeneigenschaften:

α) Die Multiplikation zweier Transformationen, d.h. ihre Hintereinanderausführung, wird gegeben durch

$$(a_1, \Lambda_1) \cdot (a_2, \Lambda_2) = (a_1 + \Lambda_1 a_2, \Lambda_1 \Lambda_2), \tag{6.101}$$

was zufolge $a_1 + \Lambda_1 a_2 \in G_T$ und $\Lambda_1 \Lambda_2 \in L$ wiederum ein Element aus P ist.

β) Die Gültigkeit des Assoziativgesetzes

$$(a_1, \Lambda_1) \cdot [(a_2, \Lambda_2) \cdot (a_3, \Lambda_3)] = [(a_1, \Lambda_1) \cdot (a_2, \Lambda_2)] \cdot (a_3, \Lambda_3) \tag{6.102}$$

folgt, wenn man wiederholt die Multiplikationsformel (6.101) anwendet und die Gruppeneigenschaften von $\Lambda_i$ und $a_i$ berücksichtigt.

γ) Das Inverselement wird durch Anwendung von (6.101) unter Berücksichtigung der Gruppeneigenschaften von $a_i$ und $\Lambda_i$ gegeben durch

$$(a, \Lambda)^{-1} := (-\Lambda^{-1} a, \Lambda^{-1}) \tag{6.103}$$

und liegt demnach auch wieder in P.

δ) Das Einheitselement ist $(0, \mathbb{1})$.

Damit sind die Gruppenpostulate durch die Transformation $(a, \Lambda) \in P$ erfüllt, w.z.b.w.

Es wird sich herausstellen, daß die Verallgemeinerung von (6.67) auf (6.97) in keiner Weise trivial ist und daß die Poincaré-Gruppe die fundamentale Gruppe ist, aus der alle physikalisch möglichen Konsequenzen vollständig abgeleitet werden können.

## 6.6. Infinitesimale Transformationen

Im vorangehenden Abschnitt hatten wir die Lorentzgruppe L und die Poincaré-Gruppe P als Transformationsgruppen zwischen bewegten Bezugssystemen aus dem 7. experimentellen Fundamentalgesetz erschlossen. Die in Abschnitt 6.5 gegebene Darstellung ist aber noch nicht geeignet, diese Gruppe mit den Maxwell-Gleichungen zu verknüpfen und daraus physikalische Schlüsse zu ziehen. Dies liegt darin begründet, daß die in Abschnitt 6.5 eingeführten Transformationsgruppen sog. kontinuierliche Gruppen sind.

Im Gegensatz zu diskreten Gruppen mit einer endlichen oder abzählbar unendlichen Anzahl von Gruppenelementen $g_k$ bilden bei kontinuierlichen Gruppen die Gruppenelemente $g_\alpha$ eine nichtabzählbare Menge. Die Gruppenelemente $g_\alpha$ hängen von endlich vielen Parametern $\alpha_1, \dots, \alpha_n$ ab, die in bestimmten Intervallen kontinuierlich variiert werden können und an Stelle der diskreten Indizes k treten. Man schreibt deshalb $g_\alpha \equiv g(\alpha_1, \dots, \alpha_n)$. Beispielsweise hängen die Gruppen L, $G_T$, P und $O_n$, die uns bis jetzt begegnet sind, von 6, 4, 10 und $n(n-1)\frac{1}{2}$ kontinuierlichen Parametern ab, wobei $O_n$ die Gruppe der orthogonalen Transformationen im n-dimensionalen $V_n$ ist. Die eigentliche Drehgruppe $O_3^+$ hängt also von drei Parametern ab. Eine wichtige diskrete Gruppe, die wir schon kennengelernt haben, ist die Spiegelungsgruppe S, die aus den diskreten Spiegelungen $S_\mu$ ($\mu = 1, \dots, 4$) und deren Produkten besteht. Natürlich können die Gruppenelemente einer kontinuierlichen Gruppe auch noch von diskreten Indizes abhängen, z.B. gilt $L = L_+ \cup L_-$, und ein Element $a \in L$ läßt sich folglich kennzeichnen durch $a^\pm(\alpha_1, \dots, \alpha_6)$.

Um kontinuierliche Gruppen strukturell zu durchdringen, kann man daher nicht eine Multiplikationstafel der Gruppenelemente anschreiben, wie dies bei diskreten Gruppen üblich ist. Da die volle Entwicklung einer Strukturtheorie für kontinuierliche Gruppen hier zu weit führen würde, erläutern wir das Wesentliche an einem einfachen Beispiel und extrapolieren dann auf die uns interessierenden Fälle der homogenen und inhomogenen Lorentzgruppe, bzw. wir geben einige wichtige Resultate an. Eine mathematisch korrekte Begründung ist der Literatur zu entnehmen [G 3, 4].

### a) Die Drehgruppe $O_2^+$

Diese Drehgruppe ist ein einfaches Beispiel einer kontinuierlichen Gruppe. Sie wird dargestellt und definiert durch die orthogonalen Basistransformationen $a_i^k$ mit $\det |a| = +1$ eines zweidimensionalen euklidischen Vektorraumes $V_2$. Die Transformationsformeln für die Vektorkomponenten lauten

$$\bar{x}_i = a_i^k(\varphi)\, x_k \tag{6.104}$$

mit

$$a_i^k(\varphi) = \begin{pmatrix} \cos\varphi & \sin\varphi \\ -\sin\varphi & \cos\varphi \end{pmatrix}, \tag{6.105}$$

wobei der Winkel $\varphi$ auf das abgeschlossene Intervall $-\pi \leqslant \varphi \leqslant +\pi$ beschränkt ist. Die $O_2^+$ hängt also von einem Parameter $\varphi$ ab. Durch die kontinuierliche Variation von $\varphi$ werden dann die Gruppenelemente erzeugt. Man hat demnach eine Menge von Gruppenelementen $a(\varphi)$, die stetig von dem Parameter $\varphi$ abhängen. Die Gruppeneigenschaften sind erfüllt:

$\alpha$) Die Multiplikation entspricht der Hintereinanderausführung zweier Drehungen. Es wird

$$\begin{pmatrix} \cos\varphi' & \sin\varphi' \\ -\sin\varphi' & \cos\varphi' \end{pmatrix} \begin{pmatrix} \cos\varphi & \sin\varphi \\ -\sin\varphi & \cos\varphi \end{pmatrix} = \begin{pmatrix} \cos(\varphi+\varphi') & \sin(\varphi+\varphi') \\ -\sin(\varphi+\varphi') & \cos(\varphi+\varphi') \end{pmatrix}, \tag{6.106}$$

und damit gilt

$$a(\varphi')\, a(\varphi) = a(\varphi + \varphi'). \tag{6.107}$$

$\beta$) Die Assoziativität ist für endliche Matrizen immer erfüllt.

$\gamma$) Die Inverse erhält man nach (6.106), (6.107) als $a^{-1}(\varphi) = a(-\varphi) = a^T(\varphi)$.

$\delta$) Das Einselement ist durch $a(\varphi)|_{\varphi=0}$ gegeben.

Um diese Gruppe strukturell zu erfassen, benutzen wir die

*Behauptung 6.7:* Die infinitesimalen Transformationen $a(d\varphi)$ mit

$$a(d\varphi) = a(0) + I\,d\varphi + O((d\varphi)^2) = \mathbb{1} + I\,d\varphi \tag{6.108}$$

und der sog. infinitesimalen Erzeugenden von $O_2^+$

$$I = \begin{pmatrix} 0 & 1 \\ -1 & 0 \end{pmatrix} \tag{6.109}$$

reichen aus, um die gesamte Gruppe zu erzeugen.

*Beweis:* Wir setzen bei einer Drehung um einen endlichen Winkel $\varphi$ zunächst $d\varphi = \frac{\varphi}{n}$. Dann wird nach (6.107)

$$a(\varphi) = \left[a\left(\frac{\varphi}{n}\right)\right]^n . \tag{6.110}$$

Daraus folgt wegen der Stetigkeit der Gruppenelemente in $\varphi$ im lim $n \to \infty$ mit (6.108)

$$a(\varphi) = \lim_{n\to\infty}\left[a\left(\frac{\varphi}{n}\right)\right]^n = \lim_{n\to\infty}\left(\mathbb{1} + I\,\frac{\varphi}{n}\right)^n = e^{\varphi I}, \tag{6.111}$$

wobei die Exponentialfunktion als Matrix durch die Reihenentwicklung

$$e^{\varphi I} = \mathbb{1} + \varphi I + \frac{1}{2}\varphi^2 I^2 + \dots \tag{6.112}$$

definiert ist. Die Äquivalenz von (6.111) mit (6.105) ist leicht zu zeigen:

Es gilt $I^{2\nu} = (-1)^\nu \mathbb{1}$; $I^{2\nu+1} = (-1)^\nu I$; $I^T = -I$ und $I I^T = \mathbb{1}$.

Damit folgt aus (6.111), (6.112)

$$a(\varphi) = \mathbb{1}\sum_{\nu=0}^{\infty}\frac{(-1)^\nu}{(2\nu)!}\varphi^{2\nu} + I\sum_{\nu=0}^{\infty}\frac{(-1)^\nu}{(2\nu+1)!}\varphi^{2\nu+1} \tag{6.113}$$

$$= \mathbb{1}\cos\varphi + I\sin\varphi = \begin{pmatrix} \cos\varphi & \sin\varphi \\ -\sin\varphi & \cos\varphi \end{pmatrix} .$$

Auch die Beziehung $a^{-1}(\varphi) = a^T(\varphi)$ läßt sich an (6.113) sofort verifizieren. Damit ist gezeigt, daß jedes Gruppenelement aus (6.108) erzeugt werden kann, w.z.b.w.

Die eben bewiesene Behauptung besagt daher, daß die Struktur der kontinuierlichen Gruppe $O_2^+$ allein durch den Parameterraum $-\pi \leqslant \varphi \leqslant \pi$ und durch die infinitesimale Erzeugende I festgelegt wird. Man wird daher vermuten, daß die infinitesimalen Erzeugenden zusammen mit dem Definitionsbereich der Parameter auch in allgemeineren Fällen die gesamte Gruppe festlegen. Dies führt auf die Definition von Lie-Gruppen.

### b) Lie-Gruppen

Wir nehmen an, daß die Gruppenelemente $g(\alpha_1, \dots, \alpha_k)$ einer kontinuierlichen Gruppe stückweise stetige Funktionen der Parameter $\alpha_1, \dots, \alpha_k$ innerhalb deren Variationsbereich sind. Der Variationsbereich aller Parameter wird Parameterraum oder auch Gruppenraum genannt. Die Gruppenmultiplikation muß dann wieder ein Element der Gruppe erzeugen, das durch bestimmte Parameterwerte beschrieben werden kann, d.h. es muß gelten

$$g(\alpha_1, \dots, \alpha_k) \cdot g(\beta_1, \dots, \beta_k) = g(\gamma_1, \dots, \gamma_k), \tag{6.114}$$

wobei die $\gamma_1, \dots, \gamma_k$ eindeutig durch die $\alpha_1, \dots, \alpha_k;\ \beta_1, \dots, \beta_k$ festgelegt sein müssen. Da die $\alpha_1, \dots, \alpha_k;\ \beta_1, \dots, \beta_k$ im Variationsbereich der Parameterwerte frei veränderlich sind, müssen die $\gamma_1, \dots, \gamma_k$ Funktionen von $\alpha_1, \dots, \alpha_k;\ \beta_1, \dots, \beta_k$ werden. Es muß also gelten

$$\gamma_i = f_i(\alpha_1, \dots, \alpha_k;\ \beta_1, \dots, \beta_k). \tag{6.115}$$

Dabei entspricht die Verknüpfungsfunktion f der Multiplikationstabelle bei diskreten Gruppen. Dies bedeutet, daß die Gruppenmultiplikation im Parameterraum eine Abbildung f induzieren muß, die allen Gruppenpostulaten genügt. Insbesondere muß der Wirkung des Einheitselements $e(\alpha_1^0, \dots, \alpha_k^0)$ der Gruppe bei der Verknüpfungsfunktion f in den Parametern die Relation

$$\alpha_i = f_i(\alpha_1, \dots, \alpha_k;\ \alpha_1^0, \dots, \alpha_k^0) \tag{6.116}$$

entsprechen.

Kontinuierliche Gruppen, deren Verknüpfungsfunktionen $f_i(\alpha_1, \dots, \alpha_k, \beta_1, \dots, \beta_k)$ in der Nähe des Einheitselements $e(\alpha_1^0, \dots, \alpha_k^0)$ stetig und analytische Funktionen von $\alpha_1, \dots, \alpha_k; \beta_1, \dots, \beta_k$ sind, heißen Lie-Gruppen. Sie bilden einen Spezialfall der sog. topologischen Gruppen, bei denen ein Konvergenzbegriff für die Gruppenelemente definiert ist. Ist der Variationsbereich der Parameter ein endlicher einfach zusammenhängender, also kompakter, Bereich, so handelt es sich um eine kompakte Lie-Gruppe. Die Gruppe $O_2^+$ ist z.B. eine kompakte Lie-Gruppe, da $\varphi$ in einem endlichen, einfach zusammenhängenden Bereich definiert ist. Die Verknüpfungsfunktion wird nach (6.107) durch $f(\alpha, \beta) = \alpha + \beta$ gegeben. Wesentlich für eine kompakte Lie-Gruppe ist, daß damit die Menge der Gruppenelemente kompakt ist. Deshalb besitzt bei einem vorgegebenen Konvergenzbegriff für die Elemente einer topologischen Gruppe eine unendliche Folge von Gruppenelementen einen Grenzwert, der wieder in der Gruppe liegt, und auch jedes Gruppenelement ist Grenzwert solcher Folgen. Die kompakte Lie-Gruppe ist also bezüglich der Grenzwertbildung **abgeschlossen und zusammenhängend.**

In Verallgemeinerung der Behauptung, die für die Gruppe $O_2^+$ bewiesen wurde, gelten dann für kompakte Lie-Gruppen folgende Aussagen, die ohne Beweis ausgeführt werden sollen [G 1–9]: Jedes Element $g(\alpha_1, \dots, \alpha_k)$ einer einfach zusammenhängenden kompakten oder lokal kompakten, d.h. in der Umgebung des Einheitselements kompakten, Lie-Gruppe läßt sich in der Umgebung des Einheitselements $e(\alpha_1^0, \dots, \alpha_k^0)$ entwickeln. Setzt man der Einfachheit halber $\alpha_1^0 = \dots = \alpha_k^0 = 0$, was sich durch entsprechende Wahl der Variablen $\alpha_1, \dots, \alpha_k$ immer erreichen läßt, so wird

$$g(\alpha_1, \dots, \alpha_k) = e + \sum_{r=1}^{k} i\,\alpha_r I_r + \dots \tag{6.117}$$

mit den infinitesimalen Erzeugenden oder auch infinitesimalen Operatoren

$$I_r := \frac{1}{i} \frac{\partial}{\partial \alpha_r} g(\alpha_1, \dots, \alpha_k)\Big|_{\alpha_1 = \alpha_2 = \dots = \alpha_k = 0} \qquad (r = 1, \dots, k). \tag{6.118}$$

Diese sind unabhängig von den Parametern und hermitesch, d.h. $I = I^+ := (I^\times)^T$ für Matrizen. Die Menge der infinitesimalen Erzeugenden $I_1, \dots, I_k$ bildet eine nichtkommutative Algebra, die sog. Lie-Algebra, mit den Lie-Cartanschen Vertauschungsrelationen

$$[I_r, I_s]_- := I_r I_s - I_s I_r = \sum_{l=1}^{k} c_{rs}^l I_l \qquad (r, s = 1, \dots, k). \tag{6.119}$$

Dadurch wird die Multiplikation der Gruppenelemente garantiert. Die Konstanten $c_{rs}^l$ nennt man Strukturkonstanten der Gruppe. Durch sie werden die Gruppe und die zugehörige Algebra vollständig charakterisiert. Sie müssen wegen (6.119) und der Assoziativität der Gruppenverknüpfung die Bedingungen

$$c_{rs}^l = -c_{sr}^l \tag{6.120a}$$

$$\epsilon^{rslk} c_{rs}^h c_{lk}^j = 0 \tag{6.120b}$$

erfüllen.

Zur Beschreibung eines beliebigen Gruppenelements benötigt man nicht die gesamte Taylorreihe (6.117). Zufolge der Gruppeneigenschaften läßt sich vielmehr jedes Element durch ein Produkt von infinitesimalen Elementen

$$g\left(\frac{\alpha_1}{n}, \dots, \frac{\alpha_k}{n}\right) \approx e + \sum_{r=1}^{k} i \frac{\alpha_r}{n} I_r \tag{6.121}$$

darstellen, was im limes $n \to \infty$ auf

$$g(\alpha_1, \dots, \alpha_k) = e^{i \sum_{r=1}^{k} \alpha_r I_r} \tag{6.122}$$

führt. Da die Gruppe durch ihre abstrakten Eigenschaften völlig festgelegt ist, muß sich jede (konkrete) Darstellung der Gruppe $D(g(\alpha)) =: D(\alpha_1, \dots, \alpha_k)$ ebenfalls in der Form

$$D(\alpha_1, \dots, \alpha_k) = e^{i \sum_{r=1}^{k} \alpha_r D(I_r)} \tag{6.123}$$

schreiben lassen mit der Darstellung der infinitesimalen Erzeugenden $I_r$:

$$D(I_r) := \frac{1}{i} \frac{\partial}{\partial \alpha_r} D(\alpha_1, \dots, \alpha_k)\Big|_{\alpha_1 = \dots = \alpha_k = 0} \tag{6.124}$$

die ebenfalls wie $I_r$ selbst hermitesch sein sollen. Dann folgt direkt aus (6.123), daß jede Darstellung unitär ist, d.h. daß $D(\alpha) D^+(\alpha) = D^+(\alpha) D(\alpha) = \mathbb{1}$ gilt.

Es genügt daher, die Darstellung der infinitesimalen Erzeugenden zu konstruieren, um die gesamte Gruppendarstellung durch (6.123) zu erzeugen. Diese Darstellungen müssen dann natürlich auch die entsprechenden Nebenbedingungen (6.119), (6.120) erfüllen, wobei die Strukturkonstanten invariant sind. Man kann daher sagen, daß für kompakte Lie-Gruppen den infinitesimalen Erzeugenden die Rolle zufällt, die bei diskreten Gruppen die Multiplikationstafel spielt. Es wird sich zeigen, daß die relativistische Analyse der Maxwell-Theorie mit diesen Erzeugenden durchgeführt werden kann.

### c) Homogene Lorentz-Gruppe

Die Überlegungen von b) wenden wir nun auf den uns interessierenden Fall der homogenen Lorentzgruppe L an. Leider ist diese Gruppe nicht einfach zusammenhängend, was man anschaulich aus der Einteilung (6.79) der Gruppenelemente in vier Teilbereiche erschließen kann, da sich z.B. $\det|a| = 1$ in $\det|a| = -1$ sicher nicht durch eine stetige Parametervariation verwandeln läßt. Die gesamte Gruppe ist also topologisch nicht zusammenhängend. Nun unterscheiden sich aber, wie in Abschnitt 6.5a ausgeführt wurde, die verschiedenen Teilbereiche in (6.79) nur durch die diskreten Raum- und Zeitspiegelungen. Diese sind für eine detaillierte Analyse aller Symmetrieeigenschaften natürlich von Bedeutung, nicht aber für eine Darstellung durch infinitesimale Transformationen, wie sie hier gegeben werden soll.
Für die Untersuchung der Verknüpfung von relativistischer Symmetrie und Dynamik genügt es daher, jene Teilmenge von Lorentztransformationen zu betrachten, die keine Spiegelungen enthält. Diese Teilmenge wird durch die Untergruppe $L_+^\uparrow$, d.h. die eigentliche orthochrone oder auch eingeschränkte Lorentzgruppe definiert. Durch Ausschluß der unstetigen Operationen erhalten wir dadurch in $L_+^\uparrow$ eine einfach zusammenhängende Lie-Gruppe. Diese ist zwar trotzdem nicht kompakt, da die reinen Lorentztransformationen (6.85) für $\beta \to 1$ singulär werden und dann das Grenzelement nicht mehr in der Gruppe liegt. Aber um das Einheitselement ist sie lokal kompakt, so daß wir dort die Überlegungen aus b) anwenden können. Da die Koordinatentransformationen im Minkowski-Raum als definierende Darstellung für die $L_+^\uparrow$ verwendet werden, können wir direkt mit diesen Transformationen die infinitesimalen Erzeugenden und ihre Vertauschungsrelationen konstruieren. Die Einheit wird durch $a_k^i = g_k^i = \delta_k^i$ gegeben, und wir können daher eine infinitesimale Transformation ansetzen

$$\bar{x}_i = (g_i^k + \vartheta_i^k) x_k \qquad \text{mit } |\vartheta| \ll 1 . \tag{6.125}$$

Substituiert man diese infinitesimale Transformation in die Invarianzbedingung (6.71), so ergibt sich die

*Behauptung 6.8:* Für infinitesimale Lorentztransformationen $a_i^k = g_i^k + \vartheta_i^k$ gelten die Bedingungen

$$\vartheta_{ji} + \vartheta_{ij} = 0 . \tag{6.126}$$

*Beweis:* Setzt man (6.125) in (6.71) ein und benützt die Form (6.70), so führt dies auf

$$(g_i^k + \vartheta_i^k)\, g_{kl} (g_j^l + \vartheta_j^l) = g_{ij} . \tag{6.127}$$

Mit $g_{kl} \vartheta_j^l = \vartheta_{kj}$ usw. nach (6.39) lautet dann (6.127) ausgeschrieben unter Berücksichtigung der speziellen Eigenschaften von g, z.B. $g_i^k = \delta_i^k$:

$$g_{ij} + \vartheta_{ji} + \vartheta_{ij} + \vartheta_{li} \vartheta_j^l = g_{ij} . \tag{6.128}$$

Da $\vartheta$ nach Voraussetzung infinitesimal ist, werden quadratische Glieder in $\vartheta$ vernachlässigt, woraus die Behauptung (6.126) folgt, w.z.b.w.

(6.126) ist gleichbedeutend mit $\vartheta_{ij} = -\vartheta_{ji}$, d.h. $\vartheta_{ij}$ ist eine antisymmetrische vierdimensionale Matrix, wodurch die Zahl der unabhängigen Matrixelemente festgelegt wird. Die 16 Elemente von $\vartheta_{ij}$ werden dann durch (6.126) auf sechs freie, unabhängige Elemente reduziert. Entsprechend hängt die infinitesimale Matrix $\vartheta_{ij}$ von sechs freien Parametern ab. Um die freien Parameter in $\vartheta_{ij}$ von der parameterunabhängigen Darstellung der Erzeugenden wie in (6.117) zu trennen, ist es notwendig, die Matrix $\vartheta_{ij}$ formal als lineare Funktion dieser Parameter darzustellen. Wir setzen dazu an

$$\vartheta_{ij} =: \frac{i}{2}\epsilon_{\rho\sigma}(M^{\rho\sigma})_{ij} \tag{6.129}$$

mit den sechs Erzeugenden $M^{\rho\sigma}$ als vierdimensionale Matrizen

$$(M^{\rho\sigma})_{jk} := i(g_k^\rho g_j^\sigma - g_k^\sigma g_j^\rho) \tag{6.130}$$

und den kontinuierlichen Parametern $\epsilon_{\rho\sigma}$. Dabei sind die $M^{\rho\sigma}$ hermitesch gewählt, d.h. $M_{ij}^+ = (M^x)_{ij}^T = M_{ij}$. Außerdem ergibt das Einsetzen von (6.130) in (6.129) $\vartheta_{ij} = \epsilon_{ij}$, so daß die Umschreibung (6.129) gerechtfertigt ist. Durch diese Wahl der M erhält man automatisch nur sechs Parameter, da wegen $M^{\rho\sigma} = -M^{\sigma\rho}$ auch für die Parameter analog zu (6.126) $\epsilon_{\rho\sigma} = -\epsilon_{\sigma\rho}$ gilt. Die Transformation (6.125) geht dann über in

$$\bar{x}_j = [g_j^k + \frac{i}{2}\epsilon_{\rho\sigma}(M^{\rho\sigma})_j^k]x_k, \tag{6.131}$$

und die infinitesimale Lorentztransformation hat die Gestalt

$$\Lambda(\epsilon_{12}, \epsilon_{13}, \epsilon_{14}, \epsilon_{23}, \epsilon_{24}, \epsilon_{34}) := \mathbb{1} + \frac{i}{2}\epsilon_{\rho\sigma}M^{\rho\sigma}, \tag{6.132}$$

wobei die kontinuierlichen infinitesimalen Parameter $\epsilon_{\rho\sigma}$ explizit ausgeschrieben wurden. Ein Vergleich mit (6.117) bzw. (6.123) zeigt, daß die $M^{\rho\sigma}$ die sechs infinitesimalen Erzeugenden sein müssen, deren Matrixdarstellung im Minkowski-Raum damit gefunden ist. Aus der expliziten Form der $M^{\rho\sigma}$ nach (6.130) ergeben sich die von der Darstellung unabhängigen, also viel allgemeineren, Kommutator-Relationen (6.119) der Lie-Algebra für $L_+^\uparrow$ zu

$$[M^{\rho\sigma}, M^{\rho'\sigma'}]_- = C_{\alpha\beta}^{\rho\sigma\,\rho'\sigma'} M^{\alpha\beta} \tag{6.133}$$

mit den für jede Darstellung invarianten Strukturkonstanten

$$C_{\alpha\beta}^{\rho\sigma\,\rho'\sigma'} := -i\left(g^{\rho\rho'} g_\alpha^\sigma g_\beta^{\sigma'} + g^{\sigma\sigma'} g_\alpha^\rho g_\beta^{\rho'} - g^{\rho\sigma'} g_\alpha^\sigma g_\beta^{\rho'} - g^{\rho'\sigma} g_\alpha^\rho g_\beta^{\sigma'}\right). \tag{6.134}$$

Innerhalb der $M^{\rho\sigma}$ lassen sich dann noch die Erzeugenden $J^\sigma$ für die reine Raumdrehungsgruppe $O_3^+$ und die Erzeugenden $N^\sigma$ für die reinen Lorentztransformationen auffinden. Diese sind definiert durch

$$M^{4\sigma} =: N^\sigma$$

$$M^{kl} =: \epsilon^{klm} J_m \qquad (\sigma, k, l = 1, 2, 3). \tag{6.135}$$

Durch Einsetzen dieser Definition in (6.133) ergeben sich dann die entsprechenden Kommutatorrelationen für $N^\sigma$ und $J^m$. Außerdem erhält man dadurch die Bedeutung des bis jetzt noch nicht diskutierten Parameterraums der Parameter $\epsilon_{\rho\sigma}$, worauf wir aber nicht näher eingehen wollen.

### d) Die inhomogene Lorentz-Gruppe

Analoge Überlegungen stellen wir für die inhomogene Lorentzgruppe P an. Beschränken wir uns auch hier auf $L_+^\uparrow$ und lassen wir zusätzlich Translationen aus $G_T$ zu, so bedeutet die infinitesimale Transformation nach (6.100), (6.131) und (6.132)

$$\bar{x}_j = \delta\, a_j + \Lambda_j^l(\epsilon_{\rho\sigma})\, x_l\,. \tag{6.136}$$

Die infinitesimalen Erzeugenden der Translationsgruppe $G_T$ lassen sich jedoch nicht in die Form einer endlichen Matrixdarstellung bringen, da die Gruppe $G_T$ Abelsch ist. Dies ist eine Folge eines Satzes, den wir nicht beweisen wollen:

*Satz:* Eine Abelsche Gruppe besitzt keine endlich-dimensionalen Matrixdarstellungen außer der trivialen Darstellung, bei der jedem Gruppenelement ein Vielfaches der Einheitsmatrix, also ein Faktor, zugeordnet wird.

Nichttriviale Darstellungen von $G_T$ kann man daher nur in einem Funktionenraum $F^n$ finden. Dabei entspricht der Ordnung der Gruppe $G_T$ die Anzahl der Variablen, nämlich hier $n = 4$. Da die Funktionen einer Variablen eine unendliche Mannigfaltigkeit bilden, können in derartigen Räumen nicht nur endlich, sondern auch unendlich dimensionale Darstellungen auftreten, wenn man $G_T$ im Zusammenhang mit der inhomogenen Lorentzgruppe betrachtet.

Die Darstellung T(a) einer Translation a aus $V_n$ ist dann definiert durch

$$f(\bar{\mathbf{r}}) \equiv f(\mathbf{r} + \mathbf{a}) =: \bar{f}(\mathbf{r}) = T(\mathbf{a})\, f(\mathbf{r})\,, \tag{6.137}$$

wenn $f(\mathbf{r})$ eine geeignete Basisfunktion im Funktionenraum ist und **r** sowie **a** Vektoren aus $V_n$ sind. Wir beweisen nun die

*Behauptung 6.9:* Die infinitesimalen Operatoren $\mathbb{P}_k$ (k = 1, ..., n) in der Darstellung der Translationsgruppe $G_T$ im Funktionenraum werden durch

$$\mathbb{P}_k = \frac{1}{i}\,\partial_k \equiv \frac{1}{i}\,\frac{\partial}{\partial x_k} \tag{6.138}$$

gegeben.

*Beweis:* Für eine infinitesimale Translation gilt $\bar{\mathbf{r}} = \mathbf{r} + \delta\,\mathbf{a}$ mit infinitesimalen $\delta\,\mathbf{a}$, so daß wir $f(\bar{\mathbf{r}})$ in (6.137) in eine Taylorreihe nach $\delta\,\mathbf{a}$ entwickeln können:

$$\begin{aligned} f(\bar{\mathbf{r}}) &\equiv f(\mathbf{r} + \delta\,\mathbf{a}) = f(\mathbf{r}) + \frac{\partial}{\partial x_j} f(\mathbf{r})\,\delta\, a_j + \ldots \\ &= [\mathbb{1} + \delta\, a_j \frac{\partial}{\partial x_j} + \ldots]\, f(\mathbf{r}) = T(\delta\,\mathbf{a})\, f(\mathbf{r}). \end{aligned} \tag{6.139}$$

Durch Vergleich mit der Definition der infinitesimalen Erzeugenden nach (6.124) bzw. (6.123) ergibt sich dann die Behauptung (6.138), w.z.b.w.

Wir zeigen weiter noch mit Hilfe der Definition (6.137) das besondere Aussehen der Basisfunktionen f(x):

*Behauptung 6.10.* Beschränkte, eindimensionale Darstellungen der Translationsgruppe $G_T$ aus $V_n$ werden im Funktionenraum der beschränkten periodischen Funktionen eindeutig durch die Basisfunktionen

$$f_k(\mathbf{r}) = e^{\pm i\, \mathbf{k}\cdot\mathbf{r}} \tag{6.140}$$

gegeben, wobei **k** und **r** Vektoren aus $V_n$ sind und **k** alle Werte innerhalb $-\frac{\pi}{2} \leqslant k_i \leqslant \frac{\pi}{2}$ ($i = 1, \dots, n$) durchläuft.

*Beweis:* Da die Translationen vertauschbar sind, so gilt für die eindimensionale Darstellung T im Funktionenraum

$$T(\mathbf{a}) \cdot T(\mathbf{b}) =: T(\mathbf{a} + \mathbf{b}) = T(\mathbf{b}) \cdot T(\mathbf{a}), \tag{6.141}$$

wobei **a** und **b** zwei beliebige Translationen im $V_n$ sind. Die eindeutige Lösung dieser Funktionalgleichung lautet bis auf einen gemeinsamen konstanten Faktor $c_0$

$$T(\mathbf{a}) = e^{\pm i\mathbf{k}\cdot\mathbf{a}} \cdot c_0\,, \tag{6.142}$$

wenn wir als Nebenbedingung die Beschränktheit und Periodizität von $T(\mathbf{a})$ fordern. Man sieht dann, daß $T(\mathbf{a})$ modulo **b** mit $b_j = \frac{2\pi}{k_j}$ ($j = 1, \dots, n$) periodisch ist, d.h. $T(\mathbf{a} + \mathbf{b}m) = T(\mathbf{a})$ ($m = \pm 1, \pm 2, \dots$) gilt.

Setzt man nun in der definierenden Gleichung (6.137) für die Basisfunktionen $f(\mathbf{r})$ $\mathbf{a} = -\mathbf{r}$, so folgt wegen $T^{-1}(-\mathbf{r}) = T(\mathbf{r})$ aus (6.137)

$$f(\mathbf{r}) = T(\mathbf{r})\, f(0) = e^{\pm i\mathbf{k}\cdot\mathbf{r}} f(0) \cdot c_0, \tag{6.143}$$

wobei ohne Einschränkung $c_0 = f^{-1}(0)$ gesetzt werden kann, w.z.b.w.

Die Basisfunktionen (6.140) sind ebene Wellen mit dem Wellenvektor **k**. Dieser kennzeichnet demnach eindeutig die eindimensionale Darstellung. Da **k** unendlich viele Werte annehmen kann, gibt es somit unendlich viele verschiedene Basiselemente der Translationsgruppe im Funktionenraum. Selbstverständlich können auch nichtperiodische Basisfunktionen (6.140) zur Darstellung benutzt werden, die dann reelle Exponentialfunktionen ohne den Faktor i im Exponenten sind. In diesem Fall gilt $\mathbf{k} \in V_n$, und die Basisfunktionen sind im allgemeinen nicht mehr beschränkt.

Wir kehren nun zu den infinitesimalen Erzeugenden der Poincaré-Gruppe zurück. Da bereits eine Untergruppe von P den Funktionenraum als Darstellungsraum benötigt, so gilt dies notwendig für die gesamte Gruppe. Eine Darstellung eines Elements $(\mathbf{a}, \Lambda)$ der gesamten Poincaré-Gruppe im Funktionenraum $F^4$ mit s linear unabhängigen skalaren Basisfunktionen $f_j(x)$ ($j = 1, \dots, s$) wird dann analog zu (6.137) und (6.58) definiert durch

$$f_j(\bar{x}) = f_j((a, \Lambda)x) := \bar{f}_j(x) = D_j^k(a, \Lambda)\, f_k(x)\,, \tag{6.144}$$

wobei $\bar{x} = (a, \Lambda)x$ die definierende Poincaré-Transformation nach (6.100) ist. Die Darstellungsmatrix $D_j^k(a, \Lambda)$ erhält man aus (6.123), wobei die zugeordnete infinitesimale Transformation entsprechend (6.132) und (6.136) lautet

$$\begin{aligned} \bar{f}_j(x) &= \left[\delta_j^k + i \sum_{r=1}^{N} \alpha_r D_j^k(I_r)\right] f_k(x) \\ &= \left[\delta_j^k + i\,\alpha_r (\mathbb{P}^r)_j^k + \frac{i}{2}\,\epsilon_{\rho\sigma}\,(\mathbb{M}^{\rho\sigma})_j^k\right] f_k(x)\,. \end{aligned} \tag{6.145}$$

Dabei sind $(\mathbb{P}^r)_j^k$ und $(\mathbb{M}^{\rho\sigma})_j^k$ die Matrixdarstellungen der infinitesimalen Erzeugenden im Funktionenraum der Dimension s. Wegen des für $G_T$ bewiesenen Satzes gilt mit $\delta a_r \equiv \alpha_r$

$$(\mathbb{P}^r)_j^k\, f_k(x) \equiv \left(\frac{1}{i}\,\frac{\partial}{\partial x_r}\right) f_j(x) \tag{6.146}$$

für die Berechnung der Matrixdarstellung $(\mathbb{P}^r)_j^k$ in diesem Funktionenraum. Für nichttriviale Darstellungen unter Einschluß und bezüglich der Translation muß dann $s = \infty$ sein. Allgemeinere Darstellungen der Poincaré-Gruppe können in Funktionenräumen abgeleitet werden, deren Elemente Tensorfunktionen sind. Es erweist sich dabei im allgemeinen als zweckmäßig an Stelle der Matrixdarstellungen der infinitesimalen Erzeugenden Operatordarstellungen zu verwenden, wie sie mit (6.138) bereits für den Translationsoperator abgeleitet wurden. Wir zeigen dies für den Spezialfall skalarer Funktionenräume.

*Behauptung 6.11:* Die infinitesimalen Operatoren $\mathbb{M}^{\rho\sigma}$ in der Darstellung der infinitesimalen Erzeugenden (6.130) im Funktionenraum skalarer Funktionen werden gegeben durch

$$\mathbb{M}^{\rho\sigma} = \frac{1}{i}[x^\rho \partial^\sigma - x^\sigma \partial^\rho] = x^\rho \, \mathbb{P}^\sigma - x^\sigma \, \mathbb{P}^\rho . \tag{6.147}$$

*Beweis:* Für die infinitesimale Lorentztransformation gilt (6.131), und wir entwickeln $f(\overline{x})$ aus (6.144) in eine Taylorreihe um x, wobei wir den Funktionsindex j unterdrücken, da die Entwicklung für alle j gilt:

$$f(\overline{x}) = f(x_l + \frac{i}{2}\epsilon_{\rho\sigma}(M^{\rho\sigma})_{lk}\, x^k) = [1 + \frac{i}{2}\epsilon_{\rho\sigma}(M^{\rho\sigma})_{lk}\, x^l \partial^k + ...]\, f(x). \tag{6.148}$$

Dies geht mit der expliziten Gestalt von $(M^{\rho\sigma})_{lk}$ nach (6.130) über in

$$f(\overline{x}) = [1 + \frac{1}{2}\epsilon_{\rho\sigma}[x^\rho \partial^\sigma - x^\sigma \partial^\rho] + ...] f(x). \tag{6.149}$$

Der Vergleich mit (6.124) bzw. (6.123) ergibt dann (6.147), wenn man noch (6.138) beachtet, w.z.b.w.

Die Kommutatorrelationen zwischen sämtlichen infinitesimalen Erzeugenden $P^h$ und $M^{\rho\sigma}$ lassen sich dann leicht mit Hilfe von (6.147) bzw. (6.138) angeben; sie lauten:

$$[\mathbb{M}^{\rho\sigma}, \mathbb{P}^h]_- = i[g^{\sigma h}\, \mathbb{P}^\rho - g^{\rho h}\, \mathbb{P}^\sigma]; \tag{6.150}$$

$$\begin{aligned} [\mathbb{M}^{\rho\sigma}, \mathbb{M}^{\rho'\sigma'}]_- &= C_{\alpha\beta}^{\rho\sigma,\rho'\sigma'}\, \mathbb{M}^{\alpha\beta}; \\ [\mathbb{P}^h, \mathbb{P}^k]_- &= 0, \end{aligned} \tag{6.151}$$

wobei die Strukturkonstanten $C_{\alpha\beta}^{\rho\sigma,\rho'\sigma'}$ durch (6.134) gegeben sind. Die zweite Relation ist durch (6.133) bereits bekannt, die dritte durch (6.146). Zu den sechs Parametern der homogenen Lorentzgruppe kommen daher noch die vier Parameter der Translationsgruppe $G_T$ hinzu, so daß die inhomogene Gruppe durch zehn Parameter gekennzeichnet wird.

# 7. Klassische Felder

## 7.1. Variationsprinzip

Wir hatten gezeigt, daß das 7. Fundamentalexperiment bei rein geometrischer Interpretation auf die Lorentzgruppe als Transformationsgruppe zwischen gleichförmig gegeneinander bewegten Bezugssystemen führt. Da die Lichtausbreitung durch die Maxwell-Gleichungen beschrieben wird, wird man natürlich vermuten, daß auch in diesen Gleichungen die Lorentzgruppe eine Rolle spielen muß. Bevor wir uns aber speziell den Maxwell-Gleichungen zuwenden, wollen wir zuerst eine Methode einführen, die die systematische Analyse von Transformationsgruppen und ihrer Wirkungen in der Dynamik zu erfassen gestattet. Dies ist der aus der Mechanik bekannte Lagrange-Formalismus [L 3, 4]. Zu seiner Einführung und Anwendung insbesondere in der Feldtheorie ist es aber notwendig, die dabei verwendeten mathematischen Operationen genauer zu definieren, als dies in der Mechanik geschieht. Grundlegend für den Lagrange-Formalismus ist der Begriff des Funktionals. Seine exakte Definition wird in [V 1–5] gegeben. Wir verweisen darauf und benützen zunächst folgende allgemeine

*Definition 7.1:* Ein Funktional F [f] ist eine Funktion von Funktionen f oder genauer: Ein Funktional ist eine Abbildung aus einem bestimmten (topologischen) Funktionenraum M in den Raum $\mathbb{R}$ oder $\mathbb{C}$ der reellen oder komplexen Zahlen.

In Anwendung dieser allgemeinen Definition ist z.B. die Energiedichte des elektromagnetischen Feldes u(**r**, t) nach (3.55) ein Funktional von **E** und **B**. Ebenso ist aber auch die Gesamtenergie U nach (3.62) und (3.55) ein Funktional dieser Größen. Da die Definition 7.1 der Funktionale aber für die im weiteren notwendigen Operationen noch zu weit ist, beschränken wir uns auf die sog. Potenzfunktionale, die in der Physik hauptsächlich verwendet werden. Wir geben dazu folgende

*Definition 7.2:* Seien $\psi_1(\mathbf{r}), \dots, \psi_k(\mathbf{r})$ Funktionen aus einem Raum M, so wird ein Potenzfunktional $\mathbf{F}[\psi_1 \dots \psi_k]$ in M definiert durch

$$\mathbf{F}[\psi_1 \dots \psi_k] := \sum_{n=0}^{\infty} \frac{1}{n!} \int f_n \begin{pmatrix} \mathbf{r}_1 \dots \mathbf{r}_n \\ \alpha_1 \dots \alpha_n \end{pmatrix} \psi_{\alpha_1}(\mathbf{r}_1) \dots \psi_{\alpha_n}(\mathbf{r}_n)\, d^3\mathbf{r}_1 \dots d^3\mathbf{r}_n, \tag{7.1}$$

wobei die Funktionen $f_n$ in dem zu M dualen Raum M′ definiert sind und die Summationen über $\alpha_\mu$ von $\alpha_\mu = 1, \dots, k$ laufen.

(Als Beispiel betrachte man den Raum S mit dem Dualraum S′ der Distributionen, der in Anhang II diskutiert wird.) Nach dieser Definition ist sowohl U als auch u ein Potenzfunktional von **E** und **B**. Die beiden Funktionale unterscheiden sich nur durch die verschiedene Wahl der Koeffizientenfunktionen f.

Schränkt man die Funktionale auf die Klasse der Potenzfunktionale ein, so ist es möglich, eine Funktional-„Analysis" zu entwickeln, d.h. Differential- und Integraloperationen an Potenzfunktionalen auszuführen. Für die Zwecke des Lagrange-Formalismus benötigen wir nur die Funktional-Differentiation. Diese kann unabhängig von Potenzfunktionalen definiert werden, was in [V 1, V 5] durchgeführt wird. Wir geben hier eine anschauliche Definition und verweisen auf (VII.5) im Anhang VII.

*Definition 7.3:* Die Funktionalableitung eines Potenzfunktionals (7.1) ist gegeben durch

$$\frac{\delta}{\delta \psi_\alpha(\mathbf{r})} \mathbf{F}[\psi_1, \dots, \psi_n] := \lim_{\epsilon \to 0} \frac{1}{\epsilon} [\mathbf{F}[\psi_1, \dots, \psi_\alpha(\mathbf{r}_\alpha) + \epsilon\,\delta(\mathbf{r} - \mathbf{r}_\alpha), \dots, \psi_n] - \mathbf{F}[\psi_1, \dots, \psi_n]]. \tag{7.2}$$

Führt man die Operation dieser Definition explizit aus, so entsteht

$$\frac{\delta}{\delta\psi_\alpha(\mathbf{r})}F = \lim_{\epsilon\to 0}\frac{1}{\epsilon}\Bigg[\sum_{n=0}^{\infty}\frac{1}{n!}\int f_n\begin{pmatrix}\mathbf{r}_1,\dots,\mathbf{r}_n\\ \alpha_1,\dots,\alpha_n\end{pmatrix}\prod_{i=1}^{n}[\psi_{\alpha_i}(\mathbf{r}_i)+\epsilon\delta_{\alpha_i\alpha}\,\delta(\mathbf{r}-\mathbf{r}_i)]\,d^3\mathbf{r}_1\dots d^3\mathbf{r}_n \tag{7.3}$$

$$-\sum_{n=0}^{\infty}\frac{1}{n!}\int f_n\begin{pmatrix}\mathbf{r}_1,\dots,\mathbf{r}_n\\ \alpha_1,\dots,\alpha_n\end{pmatrix}\prod_{i=1}^{n}\psi_{\alpha_i}(\mathbf{r}_i)\,d^3\mathbf{r}_1\dots d^3\mathbf{r}_n\Bigg]$$

$$=\sum_{n=0}^{\infty}\sum_{j=1}^{n}\frac{1}{n!}\int f_n\begin{pmatrix}\mathbf{r}_1,\dots,\mathbf{r}_j,\dots,\mathbf{r}_n\\ \alpha_1,\dots,\alpha_j,\dots,\alpha_n\end{pmatrix}\psi_{\alpha_1}(\mathbf{r}_1),\dots,\delta_{\alpha_j\alpha}\delta(\mathbf{r}-\mathbf{r}_j)\dots\psi_{\alpha_n}(\mathbf{r}_n)\,d^3\mathbf{r}_1\dots d^3\mathbf{r}_n$$

Ohne Beweis sei bemerkt, daß bei Potenzfunktionalen (7.1) die Koeffizientenfunktionen symmetrisch sein müssen. Benützt man diese Eigenschaft, so folgt aus (7.3)

$$\frac{\delta}{\delta\psi_\alpha(\mathbf{r})}F[\psi_1,\dots,\psi_n] = \sum_{n=0}^{\infty}\frac{1}{n!}\int f_{n+1}\begin{pmatrix}\mathbf{r}\,\mathbf{r}_1,\dots,\mathbf{r}_n\\ \alpha\,\alpha_1,\dots,\alpha_n\end{pmatrix}\psi_{\alpha_1}(\mathbf{r}_1)\dots\psi_{\alpha_n}(\mathbf{r}_n)d^3\mathbf{r}_1\dots d^3\mathbf{r}_n. \tag{7.4}$$

Die Ableitung eines Potenzfunktionals ist daher wieder ein Potenzfunktional. Diese Eigenschaft benötigen wir im folgenden.

Wir können nunmehr auf die Formulierung von Feldtheorien durch den Lagrange-Formalismus eingehen. Seien $x_\mu$ die Komponenten des Vierervektors (6.72). Die Feldfunktionen des gegebenen physikalischen Systems seien $\varphi_\alpha(x_\mu)$ $(\alpha = 1,\dots,k)$. Ferner sei eine Lagrangedichte L vorgegeben,

$$L(x_\mu) := L[\varphi_\alpha(x_\mu), \partial_\nu\varphi_\alpha(x_\mu)], \tag{7.5}$$

die ein Potenzfunktional der Feldfunktionen $\varphi_\alpha$ und ihrer Ableitungen $\partial_\nu\varphi_\alpha$ sei. Das Feld soll definiert sein in einem vierdimensionalen endlichen Bereich $\Omega\subset\mathbb{M}_4$ mit einfach zusammenhängender Oberfläche $F(\Omega)$. Der Einfachheit halber wählen wir $\Omega$ als endlichen räumlichen Bereich G im Zeitintervall $t_0 \leqslant t \leqslant t_1$. Die zugehörige Lagrangefunktion des Systems lautet dann

$$L(t) := \int_G L[\varphi_\alpha(\mathbf{r},t), \partial_\nu\varphi_\alpha(\mathbf{r},t)]d^3r. \tag{7.6}$$

Sie ist ebenfalls ein Potenzfunktional der Feldgrößen. Ferner definieren wir das Wirkungsfunktional S durch

$$S[\varphi_\alpha,\varphi_{\alpha\nu}] := \int_{t_0}^{t_1}L(t)dt = \frac{1}{c}\int_\Omega L[\varphi_\alpha(x_\mu),\partial_\nu\varphi_\alpha(x_\mu)]d^4x, \tag{7.7}$$

wobei wir $\varphi_{\alpha\nu} := \partial_\nu\varphi_\alpha$ gesetzt haben. S hat die Dimension Energie · Zeit und sollte stets reell und positiv definit sein. Die Dynamik des Feldes kann dann formuliert werden durch ein

**Extremalprinzip.**

Von allen möglichen (denkbaren) Feldfunktionen $\varphi_\alpha(x_\mu)$, die am Rand von G die gleichen vorgegebenen Randbedingungen erfüllen, nimmt das Wirkungsfunktional S für die tatsächlichen (physikalischen) Feldfunktionen ein Extremum (Minimum) an, sofern die Randbedingungen mit dem Problem konsistent sind. Damit das Wirkungsfunktional ein Minimum annehmen kann, muß es demnach reell und positiv definit sein.

Um ein wohldefiniertes Wirkungsfunktional zu konstruieren, schränken wir vorläufig die Feldfunktionen $\varphi_\alpha(x_\mu)$ auf den Testfunktionenraum S ein. Wir können dann die folgende Behauptung aufstellen:

*Behauptung 7.1:* Eine notwendige Bedingung dafür, daß das Wirkungsfunktional ein Extremum aufweist, ist für die Feldfunktionen die Erfüllung der Euler-Lagrange-Gleichungen

$$\frac{\delta L(x_\mu)}{\delta \varphi_\alpha(x_\mu)} - \partial_\rho \frac{\delta L(x_\mu)}{\delta \varphi_{\alpha\rho}(x_\mu)} = 0 \quad , \qquad 1 \leqslant \alpha \leqslant k \tag{7.8}$$

unter den vorgegebenen Randbedingungen. Dabei ist die an der Lagrangedichte auszuführende Differentiation nach $\varphi_\alpha$, $\varphi_{\alpha\rho}$ eine Funktionaldifferentiation.

*Beweis:* Unter der Annahme, daß $\varphi_\alpha(x_\mu)$ aus dem Testfunktionenraum S stammt, können wir setzen

$$\partial_\nu \varphi_\alpha(x_\mu) = - \int \varphi_\alpha(x'_\mu)\, \partial_\nu \delta(x_\mu - x'_\mu)\, d^4x'. \tag{7.9}$$

Substitution von (7.9) in (7.7) ergibt

$$S[\varphi_\alpha, \varphi_{\alpha\nu}] \equiv \hat{S}[\varphi_\alpha], \tag{7.10}$$

so daß das Wirkungsfunktional als Potenzfunktional in $\varphi_\alpha$ allein aufgefaßt werden kann. Die notwendige Bedingung für ein Extremum von $\hat{S}[\varphi_\alpha]$ an der Stelle $\varphi_\alpha^0$ lautet dann nach Anhang VII

$$\delta \hat{S}[h]\,\big|_{\varphi_\alpha^0} = 0 \tag{7.11}$$

für alle zulässigen Variationen h. Wählen wir solche zulässigen Variationen, die neben ihrer Eigenschaft als Testfunktionen aus S auch noch die homogenen Randbedingungen erfüllen, so können wir die Bedingung (7.11) nach (VII, 2) und (VII, 3) durch

$$\begin{aligned} \frac{\delta \hat{S}}{\delta \varphi_{\alpha'}(x')} &= \lim_{\epsilon \to 0} \frac{\hat{S}[\varphi_\alpha(x) + \epsilon \delta_{\alpha\alpha'} \delta(x - x')] - \hat{S}[\varphi_\alpha(x)]}{\epsilon} \\ &= \frac{d}{dt} \hat{S}[\varphi_\alpha(x) + t\, \delta_{\alpha\alpha'} \delta(x - x')]\,\big|_{t=0} = 0 \end{aligned} \tag{7.12}$$

ersetzen. Dabei gilt

$$\delta(x - x') := \delta(x_1 - x'_1) \ldots \delta(x_3 - x'_3)\, \delta(x_4 - x'_4). \tag{7.13}$$

Für die explizite Ausrechnung von (7.12) ist es nicht nötig, von (7.9) Gebrauch zu machen. Wegen der Identität (7.10) genügt es, (7.7) direkt in (7.12) einzusetzen. Wir erhalten dann

$$\frac{\delta \hat{S}}{\delta \varphi_{\alpha'}(x')} = \frac{d}{dt} \int_{\Omega} L[\varphi_\alpha(x) + t\delta_{\alpha\alpha'}\delta(x-x'), \partial_\mu(\varphi_\alpha(x) + t\delta_{\alpha\alpha'}\delta(x-x'))]\, d^4x \Big|_{t=0}$$

$$= \int \frac{\delta L[\varphi_\alpha, \varphi_{\alpha\nu}]}{\delta \varphi_\alpha(x)} \delta_{\alpha\alpha'}\delta(x-x')d^4x + \int \frac{\delta L[\varphi_\alpha, \varphi_{\alpha\nu}]}{\delta \varphi_{\alpha\mu}(x)} \delta_{\alpha\alpha'}\partial_\mu \delta(x-x')d^4x = 0. \tag{7.14}$$

Da L nach Voraussetzung ein Potenzfunktional sein soll, sind die daran vorzunehmenden Funktionaldifferentiationen wohldefiniert. Durch direkte Integration im ersten und partielle Integration im zweiten Term entsteht dann

$$\frac{\delta \hat{S}}{\delta \varphi_{\alpha'}(x')} = \frac{\delta L(\varphi_\alpha \varphi_{\alpha\nu})}{\delta \varphi_{\alpha'}(x')} - \int \delta_{\alpha\alpha'}\delta(x-x')\partial_\mu \frac{\delta L(\varphi_\alpha, \varphi_{\alpha\nu})}{\delta \varphi_{\alpha\mu}(x)} d^4x = 0. \tag{7.15}$$

Daraus folgt die Gleichung (7.8) w.z.b.w.

Es sei noch eine Bemerkung über die Randbedingungen angefügt. Nach dem Anhang VII kann das Extremum nur dann durch (7.12) berechnet werden, wenn die Menge der Vergleichsfunktionen beim Variationsverfahren auf solche mit der homogenen Randbedingung $h = 0$ am Rande von $\Omega$ eingeschränkt wird. Um dies anschaulich zu erklären, geben wir in Bild 11 eine Darstellung für einen räumlich um eine Dimension reduzierten Fall an.

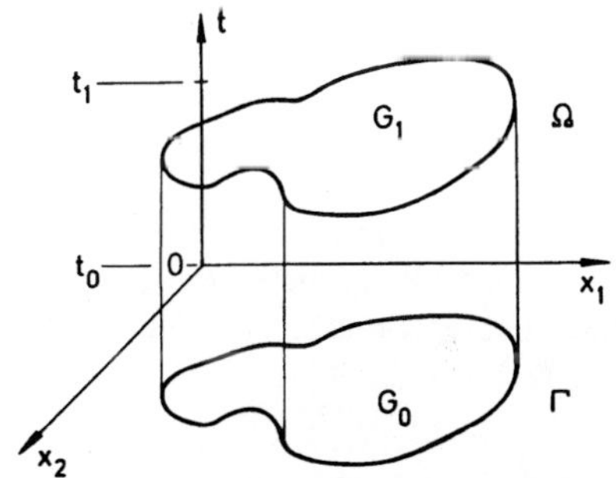


**Bild 11**
Spezielles Integrationsgebiet $\Omega$ mit dem zweidimensionalen räumlichen Gebiet G(t).

Das Gebiet $\Omega$ ist dabei ein Zylinder mit $G_0$ und $G_1$ als Deckflächen bei $t = t_0$ und $t = t_1$. $h = 0$ auf $F(\Omega)$ bedeutet, daß die richtige (physikalische) Funktion auf $F(\Omega)$ bereits bekannt sein muß. Da es sich hier um ein raumzeitliches Gebiet handelt, sieht man unschwer, daß $\varphi_\alpha(x)$ aus Kausalitätsgründen nicht völlig willkürlich auf $F(\Omega)$ vorgegeben werden kann. Stellt man sich den Rand $\Gamma$ von $G_0$ als physikalische Volumenbegrenzung vor, so kann man auf dieser Begrenzung für alle Zeiten t eine willkürliche (zeitlich nicht variable) Randbedingung stellen. Auch auf $G_0$ kann man i.a. das Feld unter vorgegebenen Randbedingungen auf $\Gamma$ noch durch eine Anfangsbedingung für $t = t_0$ festlegen. Der Wert des Feldes auf G(t) mit $t > t_0$ und speziell $G(t_1) = G_1$ hingegen ist eine Folge des durch die Dynamik des Systems kausal bestimmten Vorgangs. Man kann ihn daher nicht willkürlich vorgeben. Die Wahl der Vergleichsfunktionen mit h = 0 auch auf $G_1$ bedeutet daher, daß man zur Ausführung des Variationsverfahrens die richtige (physikalische) Lösung des Problems zumindest auf $G_1$ schon erraten haben muß. Eine solche Voraussetzung bedeutet jedoch keine Einschränkung des Verfahrens: Bei den in der Physik üblichen „lokalen" Feldgleichungen (s. Abschnitt 7.4) fällt bei der Variation die vorausgesetzte Kenntnis von $\varphi_\alpha(x_\mu)$ auf $G_1$ heraus, so daß die für das Extremalprinzip notwendige Zusatzinformation tatsächlich doch nicht benötigt wird.

Wir geben schließlich einen ersten Hinweis auf die Symmetrien: Die Gleichung (7.8) läßt nämlich bereits einen Grund für die Benutzung des Lagrange-Formalismus erkennen. Es gilt die

*Behauptung 7.2:* Sofern sich die Feldgrößen wie Tensorkomponenten im Minkowski-Raum transformieren, folgt aus der Forminvarianz von L die Forminvarianz der Feldgleichungen (7.8).

*Beweis:* Forminvarianz bedeutet $L(\varphi_\mu, \varphi_{\mu\nu}) = L(\overline{\varphi}_\mu, \overline{\varphi}_{\mu\nu})$. Damit geht die transformierte Gleichung (7.8) über in

$$\frac{\delta L(\overline{\varphi}_\mu, \overline{\partial}_\nu \overline{\varphi}_\mu)}{\delta \overline{\varphi}_\alpha(\overline{x}_\mu)} - \overline{\partial}_\rho \frac{\delta L(\overline{\varphi}_\mu, \overline{\partial}_\nu \overline{\varphi}_\mu)}{\delta\, \overline{\partial}_\rho\, \overline{\varphi}_\alpha(\overline{x}_\mu)} = 0. \tag{7.16}$$

Läßt man die Striche weg, d.h. nimmt man eine formale Umbenennung vor $\overline{x}_\mu \to x_\mu$ und $\overline{\partial}_\mu \to \partial_\mu$, so ergeben sich dieselben Gleichungen (7.8) wie im ungestrichenen Bezugssystem, w.z.b.w.

Der Lagrange-Formalismus gestattet daher, durch die Vorgabe eines skalaren forminvarianten Lagrangefunktionals ein System von forminvarianten Feldgleichungen abzuleiten. Im allgemeinen ist aber die Vorgabe eines forminvarianten Funktionals einfacher als jene des gesamten Gleichungssystems (s. Abschnitt 7.4).

Es ist dabei aber zu bemerken, daß die Zuordnung von Lagrangefunktionalen zu vorgegebenen Feldgleichungen nicht eindeutig ist, da die Lagrangefunktionale keine beobachtbaren Größen sind. Es gilt die

*Behauptung 7.3:* Ein Lagrangefunktional zu vorgegebenen Feldgleichungen ist nur bis auf eine Viererdivergenz bestimmt.

*Beweis:* Wir betrachten zwei Lagrangefunktionale L und L′, die sich um eine Viererdivergenz unterscheiden:

$$L'[\varphi_\mu, \varphi_{\mu\nu}] = L[\varphi_\mu, \varphi_{\mu\nu}] + \partial^\alpha R_\alpha[\varphi_\mu, \varphi_{\mu\nu}]. \tag{7.17}$$

Setzt man dies in (7.7) ein, so läßt sich das Integral über $\partial^\alpha R_\alpha$ nach dem Gaußschen Satz in ein Oberflächenintegral über die Oberfläche $F(\Omega)$ des Gebietes $\Omega$ umwandeln, so daß sich ergibt

$$S'[\varphi_\mu, \varphi_{\mu\nu}] = S[\varphi_\mu, \varphi_{\mu\nu}] + \frac{1}{c}\int_{F(\Omega)} R_\alpha[\varphi_\mu, \varphi_{\mu\nu}]\, n^\alpha(x) df. \tag{7.17a}$$

Dabei ist $n^\alpha(x)$ die nach außen gerichtete Normale auf der Oberfläche $F(\Omega)$ an der Stelle x und df das zugehörige Flächenelement. Dann lautet die Variation von $S'$

$$\delta S'[\varphi_\mu, \varphi_{\mu\nu}] = \delta S[\varphi_\mu, \varphi_{\mu\nu}] + \frac{1}{c}\delta\int_{F(\Omega)} R_\alpha[\varphi_\mu, \varphi_{\mu\nu}]\, n^\alpha(x) df. \tag{7.18}$$

Nach (VII.1) des Anhangs VII ist die Variation des letzten Terms von (7.18) gegeben durch

$$\frac{1}{c}\delta\int_{F(\Omega)} R_\alpha[\varphi_\mu, \varphi_{\mu\nu}]\, n^\alpha(x) df = \frac{1}{c}\frac{d}{dt}\int_{F(\Omega)} R_\alpha[\varphi_\mu + th_\mu, \varphi_{\mu\nu} + th_{\mu\nu}]\, n^\alpha(x)\, df\Big|_{t=0}, \tag{7.19}$$

wobei $h_\mu$ eine zulässige Variationsfunktion ist, welche die homogenen Randbedingungen erfüllt. Der Ausdruck (7.19) verschwindet aber, da $h_\mu$ am Rand $F(\Omega)$ verschwindet. Damit ergibt (7.18)

$$\delta S'[\varphi_\mu, \varphi_{\mu\nu}] = \delta S[\varphi_\mu, \varphi_{\mu\nu}], \tag{7.20}$$

so daß die daraus hergeleiteten Bewegungsgleichungen (7.8) L nur bis auf eine Viererdivergenz festlegen, w.z.b.w.

## 7.2. Forminvariante Maxwell-Gleichungen

Nach den Vorbereitungen der vorangehenden Abschnitte sind wir nunmehr in der Lage, uns der Verknüpfung der Lorentzgruppe mit den Maxwellgleichungen zuzuwenden. Als Voraussetzung für unsere Untersuchung müssen wir aber noch einen weiteren Schluß aus dem 7. Fundamentalexperiment ziehen: Da das Licht elektromagnetischer Natur ist und damit durch elektromagnetische Feldgrößen beschrieben wird, kann die Theorie der Lichtausbreitung in gegeneinander bewegten Bezugssystemen nur dann mit dem Experiment konsistent sein und mit der Lorentzgruppe theoretisch erfaßt werden, wenn die elektromagnetischen Feldgrößen sich Lorentz-kovariant transformieren. Wir nehmen dies für das folgende an und zeigen, daß unter dieser Annahme die Maxwell-Theorie (3.14) konsistent relativistisch umgeschrieben werden kann. Daraus kann dann insbesondere das 7. Fundamentalgesetz theoretisch verifiziert werden, womit eine indirekte experimentelle Bestätigung des Maxwellschen Ansatzes (3.14) erreicht ist.

**a) Feldgleichungen**

Wir benutzen zunächst die Potentialgleichungen (3.26), (3.27) in der Lorentzeichung Wir behaupten dann folgendes

*Behauptung 7.4:* Die Gleichungen

$$\Box A_\mu = -\frac{4\pi}{c} j_\mu \tag{7.21}$$

$$\partial^\mu A_\mu = 0 \tag{7.22}$$

$$\partial^\mu j_\mu = 0 \tag{7.23}$$

mit den Viererpotentialen $A_\mu$ und dem Viererstrom $j_\mu$ sind den Potentialgleichungen (3.26), (3.27) in der Lorentzeichung und der Kontinuitätsgleichung (3.15) äquivalent.

*Beweis:* Wir setzen als Definition der Vierervektoren an:

$$A_\mu := (A_1, A_2, A_3, \varphi) \tag{7.24}$$

$$j_\mu := (j_1, j_2, j_3, c\rho). \tag{7.25}$$

Substitution von (7.24), (7.25) in (7.21) ergibt die Potentialgleichungen

$$\begin{aligned} \Box \mathbf{A} &= -\frac{4\pi}{c} \mathbf{j} \\ \Box \varphi &= -4\pi\rho\,. \end{aligned} \tag{7.26}$$

Substitution von (7.24) in (7.22) ergibt die Lorentzbedingung

$$\nabla \cdot \mathbf{A} + \frac{1}{c}\frac{\partial}{\partial t}\varphi = 0. \tag{7.27}$$

Einsetzen von (7.25) in (7.23) die Ladungserhaltung

$$\nabla \cdot \mathbf{j} + \frac{\partial}{\partial t}\rho = 0. \tag{7.28}$$

Damit sind aus (7.21), (7.22), (7.23) sämtliche Gleichungen in der Lorentzeichung abgeleitet, w.z.b.w.

Da der d'Alembert-Operator $\Box$ geschrieben werden kann als

$$\Box = \partial^\mu \partial_\mu = \partial_\nu \partial_\mu g^{\nu\mu}, \tag{7.29}$$

gilt folgende

*Behauptung 7.5:* Sofern die Vektoren (7.24), (7.25) sich wie Vierervektoren im Minkowski-Raum transformieren, sind die Gleichungen (7.21), (7.22), (7.23) gegenüber inhomogenen Lorentztransformationen forminvariant.

*Beweis:* Wie man nach Abschnitt 6 feststellt, sind zufolge des angenommenen Transformationsverhaltens von $A_\mu$, $j_\mu$ alle in (7.21), (7.22), (7.23) auftretenden Operationen forminvariant, w.z.b.w.

Komplizierter als die Potentialgleichungen sind die Maxwellgleichungen selbst. Es gilt folgende

*Behauptung 7.6:* Unter der Annahme des relativistischen Transformationsverhaltens der $A_\mu$ und $j_\mu$ sind die Gleichungen

$$\partial^\nu F_{\mu\nu} = \frac{4\pi}{c} j_\mu \tag{7.30}$$

$$\epsilon^{\mu\lambda\nu\rho}\, \partial_\lambda F_{\nu\rho} = 0 \tag{7.31}$$

oder ausführlich

$$\partial_i F_{kl} + \partial_k F_{li} + \partial_l F_{ik} = 0 \qquad \text{(zyklisch)} \tag{7.31a}$$

mit dem antisymmetrischen Feldtensor

$$F_{\mu\nu} := \partial_\mu A_\nu - \partial_\nu A_\mu \equiv \frac{\partial A_\nu}{\partial x^\mu} - \frac{\partial A_\mu}{\partial x^\nu} \tag{7.32}$$

gegenüber inhomogenen Lorentztransformationen forminvariant und den Maxwell-Gleichungen (3.14) äquivalent.

*Beweis:* Benutzt man für die Potentialdarstellung der Feldvektoren nach (3.16), (3.20)

$$\begin{aligned} \mathbf{E} &= -\nabla\varphi - \frac{1}{c}\frac{\partial}{\partial t}\mathbf{A} \\ \mathbf{B} &= \nabla \times \mathbf{A} \end{aligned} \tag{7.33}$$

die Viererpotentiale $A_\mu$, so geht (7.33) in (7.32) über mit der expliziten Darstellung des Feldtensors

$$F_{\mu\nu} \equiv \begin{pmatrix} 0 & B_3 & -B_2 & -E_1 \\ -B_3 & 0 & B_1 & -E_2 \\ B_2 & -B_1 & 0 & -E_3 \\ E_1 & E_2 & E_3 & 0 \end{pmatrix} \tag{7.34}$$

Durch direktes Einsetzen von (7.34) in (7.30), (7.31) kann man dann die Äquivalenz mit (3.14) verifizieren. Außerdem lassen sich aus den Potentialgleichungen (7.21), (7.22) die inhomogenen Feldgleichungen (7.30) sofort ableiten. Denn aus (7.32) ergibt sich

$$\begin{aligned} \partial^\nu F_{\mu\nu} &= \partial^\nu \partial_\mu A_\nu - \partial^\nu \partial_\nu A_\mu \\ &= \partial_\mu \partial^\nu A_\nu - \Box A_\mu \,, \end{aligned} \tag{7.35}$$

woraus mit (7.21), (7.22) Gleichung (7.30) folgt. Die homogenen Feldgleichungen (7.31) aber sind durch die Potentialdarstellung (7.32) automatisch erfüllt. Denn aus

$$\epsilon^{\mu\lambda\nu\rho}\, \partial_\lambda F_{\nu\rho} = \epsilon^{\mu\lambda\nu\rho}\, [\partial_\lambda \partial_\nu A_\rho - \partial_\lambda \partial_\rho A_\nu] \tag{7.36}$$

folgt durch Umbenennung der Summationsindizes $\rho, \nu$ im letzten Term rechts und anschließende Vertauschung von $\nu, \rho$ im $\epsilon$-Tensor

$$\epsilon^{\mu\lambda\nu\rho}\, \partial_\lambda F_{\nu\rho} = 2\,\epsilon^{\mu\lambda\nu\rho}\, \partial_\lambda \partial_\nu A_\rho \,. \tag{7.37}$$

Dieselbe Prozedur mit den Summationsindizes λ. ν in (7.37) ergibt dann

$$\epsilon^{\mu\lambda\nu\rho}\,\partial_\lambda F_{\nu\rho} = 2\,\epsilon^{\mu\lambda\nu\rho}\,\partial_\lambda\,\partial_\nu\,A_\rho = -\,2\,\epsilon^{\mu\lambda\nu\rho}\,\partial_\lambda\,\partial_\nu\,A_\rho = 0\,. \qquad (7.38)$$

Dies war natürlich zu erwarten, da die homogenen Maxwell-Gleichungen (3.14) durch den Potentialansatz (7.33) automatisch erfüllt werden.

Die Forminvarianz wird nach Abschnitt 6 verifiziert. Die Terme der inhomogenen Maxwell-Gleichungen (7.30) verhalten sich demnach wie Vierervektoren. Die Maxwell-Gleichungen (7.30) selbst sind gegenüber der ganzen inhomogenen Lorentzgruppe forminvariant. In Abschnitt 6.3c hatten wir gesehen, daß sich der $\epsilon$-Tensor als forminvarianter Pseudotensor transformiert. Die homogenen Maxwell-Gleichungen (7.31) sind daher ebenfalls gegenüber Lorentztransformationen forminvariant, w.z.b.w.

Man kann die Forminvarianz der homogenen Maxwell-Gleichungen auch direkt ausdrücken, indem man an Stelle von (7.32) den als dualen Tensor bekannten Pseudotensor Pseudotensor

$$F'^{\mu\lambda} := \frac{1}{2}\,\epsilon^{\rho\nu\mu\lambda}\,F_{\rho\nu} \qquad (7.39)$$

einführt, dessen Komponenten man aus (7.34) durch die Substitution $(\mathbf{E}, \mathbf{B}) \to (-\mathbf{B}, \mathbf{E})$ erhält. Damit läßt sich die homogene Gleichung (7.31) schreiben

$$\partial_\lambda F'^{\mu\lambda} = 0\,. \qquad (7.40)$$

Physikalisch ist der Übergang von $L_+$ nach $L_-$ nach Abschnitt 6.5a mit einer Zeitspiegelung $S_4$ mit $S_4(x_1, x_2, x_3, x_4) = (x_1, x_2, x_3 - x_4)$ oder einer Raumspiegelung $S_1 \cdot S_2 \cdot S_3$ mit $S_1 \cdot S_2 \cdot S_3(x_1, x_2, x_3, x_4) = (-x_1, -x_2, -x_3, x_4)$, verknüpft, wie man direkt durch Bildung der Determinante dieser Transformation feststellt. Unter einer solchen Operation wechselt der Pseudotensor (7.39) nach (6.41a) sein Vorzeichen, was einen Vorzeichenwechsel in den Feldern bewirkt. Es folgt aus (7.39) und (7.40), daß für Zeitspiegelungen $\overline{\mathbf{E}} = \mathbf{E}$ und $\overline{\rho} = \rho$, aber $\overline{\mathbf{B}} = -\,\mathbf{B}$ und $\overline{\mathbf{j}} = -\mathbf{j}$ wird, während man für Raumspiegelungen $\overline{\mathbf{E}} = -\,\mathbf{E}$ und $\overline{\mathbf{j}} = -\mathbf{j}$, aber $\overline{\mathbf{B}} = \mathbf{B}$ und $\overline{\rho} = \rho$ erhält. Beachtet man den gleichzeitigen Vorzeichenwechsel der Ableitungen, so bleiben insgesamt bei einer solchen Operation die Gleichungen (7.40) forminvariant.

Es verbleibt schließlich noch, das Transformationsverhalten der elektromagnetischen Felder unter den angegebenen Voraussetzungen explizit darzustellen. Allgemein transformiert sich (7.32) bei einer Lorentztransformation $\overline{x}_i = a_i^k\, x_k$ wie

$$\overline{F}_{ik}(\overline{x}) = a_i^j a_k^l\, F_{jl}(x)\,. \qquad (7.41)$$

Beschränken wir uns auf eine reine Lorentztransformation in z-Richtung (6.81), (6.85), so entsteht aus (7.41)

$$\begin{aligned} \overline{E}_1 &= \gamma\,(E_1 - \beta\, B_2) & \overline{B}_1 &= \gamma\,(B_1 + \beta\, E_2) \\ \overline{E}_2 &= \gamma\,(E_2 + \beta\, B_1) & \overline{B}_2 &= \gamma\,(B_2 - \beta\, E_1) \\ \overline{E}_3 &= E_3 & \overline{B}_3 &= B_3 \end{aligned} \qquad (7.42)$$

mit $\gamma = (1 - \beta^2)^{-\frac{1}{2}}$. Das Charakteristische daran ist, daß in bewegten Bezugssystemen auch magnetische Felder entstehen. Dies bedeutet u.a. eine Formulierung des Ampèregesetzes vom Transformationsstandpunkt aus. Die Formeln (7.42) können leicht auf eine beliebige Lorentztransformation in Richtung **v** verallgemeinert werden. Wir zerlegen dazu die Feldstärke **E** in den zu **v** parallelen Anteil $\mathbf{E}_\parallel$ und den dazu senkrechten Anteil $\mathbf{E}_\perp$

$$\mathbf{E} = \mathbf{E}_\parallel + \mathbf{E}_\perp\,; \quad \text{analog} \quad \mathbf{B} = \mathbf{B}_\parallel + \mathbf{B}_\perp \tag{7.43}$$

mit

$$\mathbf{E}_\parallel = (\mathbf{E}\cdot\mathbf{v})\,\frac{\mathbf{v}}{v^2}\,; \qquad \mathbf{E}_\perp = \mathbf{E} - \mathbf{E}_\parallel = \frac{\mathbf{v}}{v^2}\times(\mathbf{E}\times\mathbf{v}) \tag{7.44}$$

und den entsprechenden Ausdrücken für **B**. Dann folgt aus (7.42) durch Verallgemeinerung

$$\begin{aligned} \bar{\mathbf{E}}_\parallel &= \mathbf{E}_\parallel & \bar{\mathbf{B}}_\parallel &= \mathbf{B}_\parallel \\ \bar{\mathbf{E}}_\perp &= \gamma\left(\mathbf{E}_\perp + \frac{\mathbf{v}}{c}\times\mathbf{B}\right) & \bar{\mathbf{B}}_\perp &= \gamma\left(\mathbf{B}_\perp - \frac{\mathbf{v}}{c}\times\mathbf{E}\right) \end{aligned} \tag{7.45}$$

oder zusammengefaßt

$$\begin{aligned} \bar{\mathbf{E}} &= \gamma\left(\mathbf{E} + \frac{\mathbf{v}}{c}\times\mathbf{B}\right) + (1-\gamma)\,(\mathbf{v}\cdot\mathbf{E})\,\frac{\mathbf{v}}{v^2} \\ \bar{\mathbf{B}} &= \gamma\left(\mathbf{B} - \frac{\mathbf{v}}{c}\times\mathbf{E}\right) + (1-\gamma)\,(\mathbf{v}\cdot\mathbf{B})\,\frac{\mathbf{v}}{v^2}\,. \end{aligned} \tag{7.46}$$

Die Gleichungen (7.45), (7.46) sind nicht als invariante Vektorgleichungen aufzufassen, sondern als Abkürzung für die Komponentenschreibweise der transformierten Feldstärken.

## b) Lagrange-Formalismus

Mit Hilfe der relativistischen Schreibweise kann man auch die relativistischen Forminvarianten des Feldes als Ausgangspunkt für die Konstruktion einer Lagrange-Funktion aufstellen. Es sind dies nach Abschnitt 6 einzig die Ausdrücke

$$F_{\nu\mu}\,F^{\nu\mu} = 2\,(\mathbf{B}^2 - \mathbf{E}^2) \tag{7.47}$$

und

$$F_{\mu\nu}\,F'^{\mu\nu} = \frac{1}{4}\,\mathbf{B}\cdot\mathbf{E}\,. \tag{7.48}$$

Andere Invariantenbildungen aus $F_{\mu\nu}$ sind nicht möglich, da wegen der Antisymmetrie von $F_{\mu\nu}$ die Kontraktion $F^{\mu}_{\mu}$ verschwindet. (7.47) ist eine totale Forminvariante, die sich bei keiner Lorentz-Transformation aus L ändert. Der Ausdruck (7.48) dagegen ist ein Pseudoskalar, der entsprechend den Transformationseigenschaften des $\epsilon$-Tensors in (7.39) sein Vorzeichen ändert, so daß (7.48) nur gegenüber $L_+$ invariant ist. Nach der Behauptung 7.2 muß für eine gegenüber der Lorentzgruppe L forminvariante Bewegungsgleichung auch die Lagrange-Funktion als Skalar gegenüber der Lorentzgruppe L forminvariant sein. Beschränken wir uns zunächst auf das freie Maxwellfeld mit $j_\mu \equiv 0$, so behaupten wir, geleitet durch die skalaren Invarianten (7.47), (7.48), folgendes:

*Behauptung 7.7:* Die gegenüber Lorentztransformationen und Eichtransformationen forminvariante Lagrangedichte des freien Maxwellfeldes ist durch

$$L_{em} := -\frac{1}{16\pi} F_{\mu\nu} F^{\mu\nu} = \frac{1}{8\pi} [\mathbf{E}^2 - \mathbf{B}^2] \tag{7.49}$$

bis auf additive Viererdivergenzen eindeutig festgelegt.

*Beweis:* Es ist zu zeigen, daß aus den Variationsgleichungen (7.8) in Anwendung auf (7.49) die Maxwell-Gleichungen (7.30), (7.31) folgen und daß es bis auf additive Viererdivergenzen nur ein $L_{em}$, nämlich (7.49), gibt, das dies leistet. Um (7.30), (7.31) wiederzugewinnen, fassen wir $L_{em}$ als Funktional der Potentiale auf und erhalten durch Einsetzen von (7.32) in (7.49)

$$L_{em} = L_{em}[A_\mu(x), \partial_\nu A_\mu(x)] = -\frac{1}{16\pi} (\partial_\mu A_\nu - \partial_\nu A_\mu) \cdot (\partial^\mu A^\nu - \partial^\nu A^\mu). \tag{7.50}$$

Dann erhält man aus (7.8) bei Anwendung auf (7.50)

$$\partial^\nu \frac{\delta L}{\delta\, \partial^\nu A^\mu} = \frac{1}{4\pi} \partial^\nu F_{\mu\nu} = 0, \tag{7.51}$$

was der Gleichung (7.30) für $j_\mu = 0$ entspricht. Die zweite Gleichung (7.31) dagegen folgt nicht aus dem Variationsprinzip, sondern ist wegen (7.32) automatisch erfüllt. Da zu vorgegebenen Feldstärken viele mögliche Potentiale existieren, die durch Eichtransformationen

$$\bar{A}_\mu(x) = A_\mu(x) + \partial_\mu \Lambda(x) \tag{7.52}$$

auseinander hervorgehen, ist (7.50) nur dann eindeutig festgelegt, wenn es eichinvariant ist. Dies ist aber der Fall, da sich (7.50) nach (7.49) allein durch Feldstärken ausdrücken läßt und da weiter $F_{\mu\nu}$ nach (7.30) selbst gegenüber Eichtransformationen (7.52) invariant ist, woraus man sofort die Eichinvarianz der Maxwell-Gleichungen (7.30) und (7.31) bzw. (7.51) erkennt, w.z.b.w.

Ein weiterer Beweis für die Richtigkeit des gewählten Lagrangefunktionals folgt aus der Bildung der Energiedichte. In Analogie zur Mechanik definieren wir die kanonisch konjugierten Feldgrößen durch

$$\pi_\alpha(x) := \frac{1}{c} \frac{\delta L[A_\mu, \partial_\nu A_\mu]}{\delta\, \partial^4 A^\alpha(x)} = \frac{\delta L[A_\mu, \partial_\nu A_\mu]}{\delta\, \partial_t A^\alpha(x)} \tag{7.53}$$

mit der zugehörigen Hamiltondichte

$$H(x) := c\pi_\alpha(x)\, \partial^4 A^\alpha(x) - L[A_\mu, \partial_\nu A_\mu], \tag{7.54}$$

die bis auf additive Viererdivergenzen der Energiedichte entspricht. Diese Energiedichte muß immer positiv definit sein, da negative Energien unphysikalisch sind. Dies ergibt mit (7.49), (7.53)

$$\begin{aligned} &\pi_4(x) = 0 \\ &\pi_i(x) = -\frac{1}{4\pi c} E_i(x), \qquad 1 \leqslant i \leqslant 3 \end{aligned} \tag{7.55}$$

und daraus folgt mit (7.54)

$$H_{em}(x) = \frac{1}{8\pi}[\mathbf{E}^2 + \mathbf{B}^2 + 2\mathbf{E}\cdot\nabla\varphi]. \tag{7.56}$$

Durch Integration über den $\mathbb{R}_3$ erhält man daraus das Hamiltonfunktional

$$H_{em}(t) := \int H_{em}(\mathbf{r}, t)\,d^3r = \frac{1}{8\pi}\int [\mathbf{E}^2 + \mathbf{B}^2]\,d^3r, \tag{7.57}$$

wobei in (7.56) durch partielle Integration unter vorgegebenen Randbedingungen im Unendlichen für $\mathbf{E}$ und $\varphi$ und wegen $\nabla \cdot \mathbf{E} = 0$ für das freie Feld der zweite Term rechts wegfällt. Der Ausdruck (7.57) ist aber nach (3.62) die Gesamtenergie U(t) des Feldes, der Integrand stellt also nach (3.55) die Energiedichte $u(\mathbf{r}, t)$ dar.

Geht man nunmehr zu $j_\mu \neq 0$ über, so lautet in Verallgemeinerung von (7.49) das Lagrangefunktional

$$L = L_{em} + L_W \tag{7.58}$$

mit

$$L_W := \frac{1}{c} A_\mu j^\mu . \tag{7.59}$$

$L_W$ kann dann auch als Funktional der Wechselwirkung des Feldes mit äußeren Quellen $j_\mu$ angesehen werden, so daß sich die gesamte Lagrangedichte (7.58) aus dem Anteil $L_{em}$ des freien Feldes und dem Anteil $L_W$ der Wechselwirkung mit äußeren Quellen additiv zusammensetzt. Eine solche Aufspaltung ist charakteristisch für die Feldtheorie. Die Ableitung der inhomogenen Maxwell-Gleichungen (7.30) aus (7.58) verläuft dann ganz analog wie im Falle $j_\mu = 0$ beim freien Feld.

### c) Lichtausbreitung

Wie schon erwähnt, soll auch die Lichtausbreitung in der relativistischen Formulierung untersucht werden. Es genügen dazu die von Punkterregungen ausgehenden Kugelwellen, die nach Abschnitt 4.5 durch die Greenfunktionen beschrieben werden. Für die relativistische Potentialgleichung (7.21) definieren wir zunächst formal eine relativistische Greenfunktion durch

$$\Box G(x_\mu, x'_\mu) = -4\pi\,\delta(x_\mu - x'_\mu). \tag{7.60}$$

Da die relativistische $\delta$-Funktion durch

$$\delta(x_\mu - x'_\mu) = \delta(\mathbf{r} - \mathbf{r}')\,\delta(ct - ct') = \frac{1}{c}\,\delta(\mathbf{r} - \mathbf{r}')\,\delta(t - t') \tag{7.61}$$

definiert ist, wobei die zweite Gleichung wegen (II. 14) gilt, so ist die Gleichung (4.49) bis auf den Faktor $\frac{1}{c}$ mit (7.60) identisch. Die bereits abgeleiteten Greenfunktionen müssen sich daher auch als relativistische Invarianten schreiben lassen. Nach (IV. 28) erhält man dabei für die retardierte und die avancierte Greenfunktion die Ausdrücke

$$\begin{aligned} G_r(x_\mu - x'_\mu) &= 2\,\theta(x_4 - x'_4)\,\delta((x_\mu - x'_\mu)^2) \\ G_a(x_\mu - x'_\mu) &= 2\,\theta(-(x_4 - x'_4))\,\delta((x_\mu - x'_\mu)^2). \end{aligned} \tag{7.62}$$

Damit lautet dann die Lösung der relativistischen Potentialgleichung (7.21) in kovarianter Form

$$A_\mu(x_\nu) = \frac{1}{c} \int G_{r,a}(x_\nu - x'_\nu) j_\mu(x'_\nu) d^4x'. \tag{7.63}$$

Die Ausdrücke für die Greenfunktionen sind relativistisch forminvariant bezüglich der eingeschränkten Lorentzgruppe $L_+^\uparrow$ oder der orthochronen Lorentzgruppe $L^\uparrow$, d.h. gegenüber solchen Transformationen, bei denen das Vorzeichen von $x_4$, also der Zeit, nicht verändert wird. Dies ist aber zu erwarten, da bei der Ausbreitung einer Lichtwelle die Zeitrichtung ausgezeichnet ist und nicht umgekehrt werden darf. Damit ist explizit erwiesen, daß die Lichtausbreitung in jedem Bezugssystem die gleiche ist, und die Übereinstimmung zwischen dem 7. Fundamentalexperiment und der Maxwell-Theorie ist endgültig hergestellt.

## 7.3. Relativistische Einteilchenmechanik

Wir hatten uns bisher mit den Konsequenzen des 7. Fundamentalexperiments für die Transformationen zwischen bewegten Bezugssystemen und ihren Auswirkungen auf die Maxwell-Gleichungen befaßt. Läßt man die Feldmassenhypothese außer Betracht, so können die realen Bezugssysteme, in denen die elektromagnetischen Vorgänge stattfinden, aber nicht durch diese allein physikalisch festgelegt werden. Vielmehr sind zur Festlegung von realen Bezugssystemen materielle Träger notwendig. Da andererseits diese Bezugssysteme durch Lorentztransformationen untereinander verknüpft sind, müssen die Lorentztransformationen auch für das Verhalten von Materie maßgeblich sein. Die Verbindung der Elektrodynamik mit der Materie läßt sich auch äußerlich an dem Viererstrom $j_\mu$ nach (7.25) erkennen, der nur durch materielle Träger zustande kommen kann und als Parameterfunktion in Form eines Vierervektors in die Maxwell-Gleichungen eingeht.

Das gleiche Argument kann auch formaler gefaßt werden: Erweitert man die Elektrodynamik zu einer Theorie der Wechselwirkung mit Materie im Sinne von *Maxwell-Lorentz*, so müssen sowohl die Feldgleichungen als auch die Materiegleichungen die inhomogene Lorentzgruppe als Forminvarianzgruppe aufweisen, da sich andernfalls kein einheitliches Bezugssystem für die Gesamtheit der elektromagnetisch-materiellen Wechselwirkungen angeben ließe.

Im Rahmen der in Abschnitt 5 diskutierten Maxwell-Lorentz-Theorie stellt sich zunächst das Problem, ob sich eine relativistisch forminvariante Punktmechanik konstruieren läßt. Dies ist das Grundproblem von *Einstein*, der die Lösung für ein mechanisches Einteilchensystem angegeben hat. Für mechanische Mehrteilchensysteme ist keine befriedigende Lösung bekannt. Obwohl das Einteilchensystem, gemessen an den physikalischen Realitäten, einen völlig unzureichenden theoretischen Ansatz darstellt, diskutieren wir es trotzdem, da es interessante physikalische Aspekte eröffnet.

## a) Relativistische Kinematik

Geschwindigkeit und Beschleunigung der klassischen Mechanik sind Größen, die sich nicht als relativistische Vierervektoren interpretieren lassen, da in ihnen bei Lorentztransformationen die Zeitdifferentiation verändert würde und außerdem Raum- und Zeitkomponenten vermischt werden. Wir müssen daher nach Ansätzen suchen, die relativistisch korrekt sind und im nichtrelativistischen Grenzfall $\beta = \frac{v}{c} \ll 1$ in die klassischen kinematischen Größen übergehen. Der invariante Ortsvektor eines relativistischen Teilchens wird im $\mathbb{M}_4$ nach (6.68) und (6.72) durch

$$\mathbf{R} = x^i \mathbf{e}_i \tag{7.64}$$

dargestellt. An die Stelle der nichtinvarianten Zeitdifferentiation muß nun ein invariantes Differential treten. Die naheliegende Differentialform ist das forminvariante Linienelement $ds^2 = d\mathbf{R}^2$ einer Verschiebung $d\mathbf{R}$. Es lautet nach (7.64)

$$-c^2 d\tau^2 := dx_i dx^i = dx^2 + dy^2 + dz^2 - c^2 dt^2 = ds^2 . \tag{7.65}$$

Der Zusammenhang mit der Newtonschen Definition der Geschwindigkeit $\mathbf{v}$ folgt aus

$$d\tau = \left(dt^2 - \frac{1}{c^2}(dx^2 + dy^2 + dz^2)\right)^{\frac{1}{2}} = dt\left(1 - \frac{\mathbf{v}^2}{c^2}\right)^{\frac{1}{2}} = dt(1 - \beta^2)^{\frac{1}{2}} \tag{7.66}$$

mit $\beta := \frac{|\mathbf{v}|}{c}$ .

Man kann (7.66) auch so interpretieren: Geht man in ein Bezugssystem, in dem der Massenpunkt (momentan) ruht, so ist $d\tau = dt$; dies wird daher als sog. Eigenzeit bezeichnet. Das Differential dt dagegen gibt für $\mathbf{v} \neq 0$ die momentane Zeit an, die im ruhenden System gemessen wird, wenn sich der Massenpunkt gegen das ruhende System mit der Geschwindigkeit $\mathbf{v}$ bewegt. Mit (7.66) gilt dann $dt = d\tau\,(1 - \beta^2)^{-\frac{1}{2}}$, so daß für $\mathbf{v} \neq 0$ stets $0 < \beta \leqslant 1$ gilt und $dt > d\tau$ ist. Das Zeitintervall dt vergrößert sich demnach für ein bewegtes System, was auch Zeitdilatation genannt wird. Der Ausdruck (7.66) kann daher als Transformationsformel für die Zeitdifferentiale bei einer reinen Lorentztransformation (6.81), (6.85) von einem ruhenden in ein mit der Geschwindigkeit $\mathbf{v}$ bewegtes System aufgefaßt werden und entspricht natürlich (6.86).

Bildet man dann die Zeitableitung eines Ortsvektors im Ruhesystem, so ist die Größe $d\mathbf{R}/d\tau$ ein gegenüber Lorentztransformationen forminvarianter Vektor. Es liegt daher nahe, die Vierergeschwindigkeit $u_\mu$ durch

$$u_\mu := \frac{dx_\mu}{d\tau} = (1 - \beta^2)^{-\frac{1}{2}}(\mathbf{v}, c) =: (\overline{\mathbf{v}}, \overline{c}) \tag{7.67}$$

zu definieren. Dabei ist die verallgemeinerte Newton-Geschwindigkeit $\overline{\mathbf{v}}$ durch die Raumkomponenten von (7.67) gegeben. Für den Vierervektor $u_\mu$ gilt wegen (7.65) stets

$$u_\mu u^\mu = -c^2 , \tag{7.68}$$

d.h. nach (6.96) ist die Vierergeschwindigkeit stets zeitartig und hat einen konstanten Betrag.

Der zu (7.67) gehörige Viererimpuls wird dann definiert durch

$$p_\mu := m_0 u_\mu = (m\mathbf{v}, mc) =: (\mathbf{p}, mc) \tag{7.69}$$

mit

$$m := m_0 (1 - \beta^2)^{-\frac{1}{2}} \equiv m(v) . \tag{7.70}$$

Aus (7.70) folgt, daß die träge Masse beim Übergang in ein bewegtes System zunimmt. Die Unmöglichkeit, eine höhere Geschwindigkeit als die Lichtgeschwindigkeit zu erreichen, folgt dann dynamisch daraus, daß für $v \to c$ die Trägheit des Teilchens immer größer und für $v = c$ unendlich groß wird, d.h. daß sich das Teilchen nicht mehr auf eine höhere Geschwindigkeit beschleunigen läßt. Der verallgemeinerte Newton-Impuls $\mathbf{p}$ wird nach (7.67), (7.69) durch $\mathbf{p} = m\mathbf{v} = m_0\bar{\mathbf{v}}$ gegeben. Für den Viererimpuls $p_\mu$ nach (7.69) gilt

$$p_\mu p^\mu = - m_0^2 c^2 \ , \tag{7.71}$$

$p_\mu$ ist daher nach (6.96) ebenfalls zeitartig.

Bei der relativistischen Beschleunigung kann man analog vorgehen wie bei der Geschwindigkeit, d.h. man definiert

$$b_\mu := \frac{du_\mu}{d\tau} = \frac{d^2 x_\mu}{d\tau^2} , \tag{7.72}$$

Setzt man nun eine relativistisch invariante Viererkraft $f_\mu$ als gegeben voraus und nimmt an, daß die Newtonschen Gesetze auch für die verallgemeinerten relativistischen Größen gelten, so kann als relativistisches Bewegungsgesetz die Gleichung

$$m_0 b_\mu = \frac{dp_\mu}{d\tau} = (1 - \beta^2)^{-\frac{1}{2}} \left( \frac{d\mathbf{p}}{dt}, \frac{1}{c} \frac{d}{dt}(mc^2) \right) = f_\mu \equiv (\mathbf{f}, f_4) \tag{7.73}$$

mit der verallgemeinerten Newtonschen Trägheitskraft

$$\frac{d\mathbf{p}}{dt} = \frac{d}{dt}(m(v)\mathbf{v}) = (c^2 - v^2)^{-1}\ m v \dot{v} \mathbf{v} + m\dot{\mathbf{v}} \tag{7.74}$$

postuliert werden. Man sieht aus (7.73) und (7.74), daß die relativistische Trägheitskraft zusätzlich zu einer Beschleunigung in Richtung $\dot{\mathbf{v}}$ noch eine weitere, relativistische Beschleunigung in Richtung $\mathbf{v}$ bewirkt, welche für $\frac{v}{c} \ll 1$ im nichtrelativistischen Grenzfall verschwindet. Dieser Grenzfall wird in Abschnitt b) noch weiter diskutiert. Wir stellen hier nur noch den Zusammenhang von $f_\mu$ mit den nichtrelativistischen Kräften $\mathbf{K}$ her. Sinnvollerweise wird man verlangen, daß der verallgemeinerte Impuls $\mathbf{p}$ nach (7.69) die Newtonsche Bewegungsgleichung

$$\frac{d\mathbf{p}}{dt} = \frac{d}{dt}(m(v)\mathbf{v}) = \mathbf{K} \tag{7.75}$$

mit der klassischen Newtonkraft $\mathbf{K}$ erfüllt. Daraus ergibt sich dann mit (7.73)

$$\mathbf{f} = (1 - \beta^2)^{-\frac{1}{2}} \mathbf{K} . \tag{7.76}$$

Dadurch ist der Zusammenhang zwischen der Newtonkraft **K** und den Raumkomponenten der Viererkraft $f_\mu$ hergestellt. Die Zeitkomponente $f_4$ hängt eng mit dem nachfolgenden relativistischen Energiesatz zusammen und wird dort angegeben.

Die gegebene Ableitung der relativistischen Kinematik für ein Teilchen läßt sich nicht ohne weiteres auf den Fall mehrerer Teilchen verallgemeinern. Hier müßte nämlich jedem Teilchen seine eigene Eigenzeit zugeordnet werden, was auf einen klassisch unverständlichen mehrzeitigen Formalismus hinausliefe. Tatsächlich kann deshalb eine relativistische Maxwell-Lorentz-Theorie für Mehrteilchensysteme nicht konstruiert werden. Eine Lösung dieses Problems durch ganz andere, nämlich feldtheoretische Ansätze wird in Abschnitt 7.4 und 7.5 noch diskutiert werden.

### b) Relativistischer Energiesatz

Im folgenden beschränken wir uns aus den angegebenen Gründen auf das Einteilchenproblem. Es gilt mit (7.73), (7.67)

$$f_\mu u^\mu = m_0 \frac{dx_\mu}{d\tau} \frac{d^2 x^\mu}{d\tau^2} = \frac{m_0}{2} \frac{d}{d\tau} u_\mu u^\mu \tag{7.77}$$

und wegen $u_\mu u^\mu = -c^2$

$$f_\mu u^\mu = 0 . \tag{7.78}$$

Beachtet man (7.67) und (7.73), so ist (7.78) gleichbedeutend mit

$$(1 - \beta^2)^{-\frac{1}{2}} (\mathbf{f} \cdot \mathbf{v} - c f_4) = 0 . \tag{7.79}$$

Das ergibt mit (7.76)

$$f_4 = (1 - \beta^2)^{-\frac{1}{2}} \frac{1}{c} \mathbf{K} \cdot \mathbf{v} . \tag{7.80}$$

Daraus folgt unter Beachtung von $\mathbf{K} \cdot \mathbf{v}\, dt = dA$ und mit (7.66)

$$f_4 = (1 - \beta^2)^{-\frac{1}{2}} \frac{dA}{c\, dt} = \frac{d}{d\tau} \frac{A}{c} . \tag{7.81}$$

Mit (7.73) führt dies auf die Beziehung für die mechanische Energie

$$dA = d(mc^2) . \tag{7.82}$$

Bei Vorhandensein eines Potentials V wird ferner $\mathbf{K} \cdot \mathbf{v}\, dt = \mathbf{K} \cdot d\mathbf{r} = -dV$, und dies ergibt

$$d(V + mc^2) = 0 . \tag{7.83}$$

Durch Integration entsteht daraus der Energiesatz

$$E = mc^2 + V . \tag{7.84}$$

Für freie Teilchen mit $V \equiv 0$ folgt daraus die Einstein-Relation

$$E = mc^2 . \tag{7.85}$$

Damit läßt sich der Viererimpuls von (7.69) auch schreiben als

$$p_\mu = (\mathbf{p}, \frac{E}{c}), \tag{7.86}$$

und die Relation (7.71) ergibt die Beziehung zwischen Impuls $\mathbf{p}$ und Energie E

$$p_\mu p^\mu \equiv \mathbf{p}^2 - \frac{E^2}{c^2} = - m_0^2 c^2 . \tag{7.87}$$

Zerlegen wir (7.85) in der Form

$$E = E_0 + T \tag{7.88}$$

mit der Ruheenergie $E_0 = m_0 c^2$ und der kinetischen Energie

$$T = m_0 c^2 \left[(1 - \beta^2)^{-\frac{1}{2}} - 1\right] , \tag{7.89}$$

so ergibt sich für den nichtrelativistischen Fall $\beta \ll 1$ die klassische kinetische Energie

$$\lim_{\beta \to 0} T = \frac{1}{2} m_0 c^2 \beta^2 = \frac{1}{2} m_0 \mathbf{v}^2 . \tag{7.90}$$

Damit geht (7.88) über in

$$\lim_{\beta \to 0} E = m_0 c^2 + \frac{1}{2} m_0 \mathbf{v}^2 . \tag{7.91}$$

Dies bedeutet, daß die Ruhemasse $m_0$ einen Energieinhalt $E_0 = m_0 c^2$ besitzen muß. Umgekehrt hat damit aber auch ein physikalisches System, das in irgendeiner Form die Ruheenergie $E_0$ besitzt, eine träge Masse vom Wert $m_0 = E_0/c^2$. Obwohl diese Einsteinschen Aussagen an einem sehr speziellen Modell abgeleitet wurden, haben sie die theoretischen und praktischen Entwicklungen der Physik fundamental beeinflußt.

### c) Relativistische Wirkungsfunktionale

Wie in der Elektrodynamik, so muß auch in der relativistischen Mechanik die richtige Lagrangefunktion postuliert und anschließend verifiziert werden. Wieder beziehen sich alle Überlegungen nur auf das Einteilchenproblem. Zweckmäßig geht man dabei von der Wirkungsfunktion S aus. Da die Bewegungsgleichungen, die aus der Wirkungsfunktion abgeleitet werden, forminvariant sein sollen, muß das auch für die skalare Wirkungsfunktion selbst gelten.

#### α) Freies Teilchen

Die einzige skalare Forminvariante für ein freies Teilchen ist nach (7.65) das Linienelement $ds = ic\, d\tau$, und wir setzen daher an:

$$S_T := -\alpha \int_A^B ds \tag{7.92}$$

wobei A und B zwei Punkte im Minkowskiraum seien und $\alpha$ eine noch zu bestimmende Konstante ist. Die Bedeutung von (7.92) ist zunächst unklar. Um eine erste Information zu erhalten, untersuchen wir den Anschluß von (7.92) an die konventionelle nichtrelativistische Mechanik. Wir schreiben dazu (7.92) in der Form

$$S_T = -i\alpha c \int_{t_1}^{t_2} (1-\beta^2)^{\frac{1}{2}} dt =: \int_{t_1}^{t_2} L_T(t)\, dt, \tag{7.93}$$

wobei den beiden Punkten A und B die Zeitparameter $t_1$ und $t_2$ entsprechen mögen. Durch die Einführung der Zeit t ist die Forminvarianz von (7.93) gegenüber Lorentztransformationen zerstört, aber man hat eine Lagrangefunktion

$$L_T(t) := -i\alpha c \left(1 - \frac{v^2}{c^2}\right)^{\frac{1}{2}} \tag{7.94}$$

gewonnen. Wir bestimmen zunächst die Konstante $\alpha$ durch Grenzübergang zum nichtrelativistischen Fall $\frac{v}{c} \ll 1$. Durch Potenzreihenentwicklung von (7.94) nach $\frac{v}{c}$ erhält man

$$L_T(t) = -i\alpha c + i\alpha c \frac{1}{2} \frac{v^2}{c^2} - \ldots \tag{7.95}$$

Der konstante Term $-i\alpha c$ kann weggelassen werden, da nach Abschnitt 7.1 die Lagrangefunktion nur bis auf ein totales Differential eindeutig bestimmt ist. Durch Vergleich mit der nichtrelativistischen Lagrangefunktion $L_T^{nr} = \frac{1}{2} m_0 v^2$ folgt daher $\alpha = -i m_0 c$, woraus sich

$$L_T(t) = -m_0 c^2 \left(1 - \frac{v^2}{c^2}\right)^{\frac{1}{2}} \tag{7.96}$$

ergibt. Wir werten (7.93) zunächst nach der konventionellen Methode der klassischen Mechanik aus. Die Raumkomponenten des kanonisch konjugierten Impulses lauten dann

$$p_i = \frac{\delta L_T}{\delta v_i} = m v_i \qquad (i = 1, 2, 3) \tag{7.97}$$

Dies stimmt für $i = 1, 2, 3$ mit der relativistischen Definition (7.69) überein. Die Gesamtenergie lautet

$$H \equiv E = \mathbf{v} \cdot \mathbf{p} - L_T = mc^2, \tag{7.98}$$

so daß also auch die Einstein Relation (7.85) erfüllt ist. Wird (7.98) durch die Impulse (7.97) ausgedrückt, so ergibt sich die Hamiltonfunktion

$$H = c(\mathbf{p}^2 + m_0^2 c^2)^{\frac{1}{2}} \tag{7.99}$$

Da nach (7.86) und (7.98) $H = cp_4$ wird, so folgt aus (7.99) durch Quadrieren $p_\mu p^\mu = -m_0 c^2$. Die Lagrangeschen Bewegungsgleichungen ergeben sich aus (7.96) bis (7.99) und lauten

$$\frac{d}{dt} m v_i = \frac{d}{dt} p_i = 0, \qquad (i = 1, 2, 3) \tag{7.100}$$

Man erhält also (7.75) für $\mathbf{K} \equiv 0$. Die konventionelle Auswertung von (7.93) liefert daher relativistisch richtige Ergebnisse. Jedoch zeigt sich, daß durch die Benutzung der nicht explizit forminvarianten Darstellung von $S_T$ die relativistische Invarianz der Rechnung verlorengeht, was an (7.97) und (7.100) zu erkennen ist. Um zu einer durchgehend relativistisch invarianten Darstellung zu gelangen, ist es daher notwendig, die nichtinvariante Darstellung (7.93) zu vermeiden. Hierzu schreiben wir (7.65) mit (7.68) um in $ds = (u_\mu u^\mu)^{\frac{1}{2}} d\tau$ und setzen dies mit $\alpha = -im_0 c$ in das Wirkungsintegral (7.92) ein, so daß sich ergibt

$$S_T = -m_0 c^2 \int_A^B d\tau = im_0 c \int_A^B (u^\mu u_\mu)^{\frac{1}{2}} d\tau =: \int_A^B L_T(\tau) d\tau. \tag{7.101}$$

(7.101) kann dann als ein gegenüber Lorentztransformationen forminvariantes Wirkungsfunktional der „Feldfunktionen“ $u_\mu(\tau)$ von (7.67) betrachtet werden, in dem die Zeit t nicht mehr explizit auftritt. Der Lagrangeformalismus der klassischen Mechanik kann daher auf (7.101) nicht angewandt werden. Es liegt aber nahe, in Analogie zu 7.1 das Wirkungsprinzip für (7.101) in folgender Weise zu formulieren:

Von allen möglichen (denkbaren) Bewegungsfunktionen $x_\mu(\tau)$, die ein freies Teilchen zwischen den Punkten A und B aufweisen kann, nimmt das Wirkungsfunktional $S_T$ für die tatsächlichen physikalisch realisierten Bewegungsfunktionen ein Extremum an.

Die Auswertung dieser Bedingung kann in völliger Analogie zum Vorgehen in Beh. 7.1 durchgeführt werden, indem man an Stelle des Vierervektors x die forminvariante Variable $\tau$ benutzt und die Feldfunktionen $\varphi_\alpha(x)$ und $\varphi_{\alpha\nu}(x)$ mit den Funktionen $x_\mu(\tau)$ und $u_\mu(\tau)$ identifiziert. Da die Punktmechanik nur eine geringe Bedeutung für die weiteren Ausführungen hat, führen wir dies nicht explizit aus. Mit der Definition (7.101) für $L_T$ ergibt die Auswertung der Extremalbedingung für (7.101) die Euler-Lagrangegleichungen

$$\frac{\delta L_T}{\delta x_\mu} - \frac{d}{d\tau}\frac{\delta L_T}{\delta u_\mu} = -\frac{d}{d\tau}\frac{im_0 c u_\mu}{(u^\mu u_\mu)^{1/2}} = -\frac{dp_\mu}{d\tau} = 0, \tag{7.102}$$

was mit den forminvarianten Gleichungen (7.73) für den kräftefreien Fall identisch ist. Auf diese Weise kann man daher die relativistische Mechanik eines Teilchens mittels eines forminvarianten Variationsprinzips für $S_T$ formulieren. Dies ist für die Durchführung weiterer relativistischer Rechnungen notwendig.

Andererseits läßt sich der kanonisch konjugierte Impuls $p_\mu$ auch forminvariant herleiten.

Dazu setzen wir die Lagrangefunktion $L_T$ nach (7.98) in das Wirkungsfunktional (7.93) ein und betrachten $S_T$ als Funktion der Randwerte $t_0$, $t_1$ bzw. der Randpunkte A, B:

$$S_{A,B} = \int_{t_0}^{t_1} L_T(t)\,dt = \int [\mathbf{p} \cdot d\mathbf{x} - H\,dt]\,; \tag{7.102a}$$

dies läßt sich auch in invarianter Form schreiben

$$S_{A,B} = \int_A^B p^\mu\, dx_\mu \tag{7.102b}$$

mit dem Viererimpuls nach (7.86) $p_\mu = (\mathbf{p}, \frac{H}{c})$. Man sieht, daß der Integrand ein totales Differential ist, so daß sich S auch schreiben läßt

$$S_{A,B} = \int_A^B dS = S(B) - S(A) = \int_A^B \frac{\partial S}{\partial x_\mu}\, dx_\mu\,. \tag{7.102c}$$

Dadurch wird für jede physikalisch reale Bewegung der minimale Wirkungszuwachs $S_{A,B}$ angegeben. Der Vergleich von (7.102b) mit (7.102c) ergibt damit den kanonisch konjugierten Viererimpuls aus S:

$$p_\mu = \frac{\partial S}{\partial x_\mu}\,. \tag{7.102d}$$

**β) Punktladung im elektromagnetischen Feld**

Wir benutzen für diesen Fall sogleich das in Abschnitt α) verwendete relativistisch forminvariante Variationsverfahren, bei dem die Wirkungsfunktion S ebenfalls forminvariant ist. Für den vorliegenden Fall zerlegen wir S in $S = S_T + S_W$, wobei $S_T$ durch (7.101) gegeben wird und $S_W$ die Kopplung des geladenen Teilchens an das Feld beschreibt. Da das geladene Teilchen einen Viererstrom $j_\mu(x)$ verursacht, so wird nach (7.59) die einzige lineare Invariante, welche Strom und Feld verkoppelt, durch $L_W(x) = \frac{1}{c} A^\mu(x)\, j_\mu(x)$ gegeben. Diese Invariante hat sich in Abschnitt 7.2b schon zur Ableitung der inhomogenen Maxwellgleichungen bewährt. Nichtlineare Invarianten in $j_\mu(x)$ haben demnach keine physikalische Bedeutung. Wir verwenden daher

$$S_W = \frac{1}{c} \int A^\mu(x)\, j_\mu(x)\, d^4x\,. \tag{7.103}$$

Zur Auswertung von (7.103) muß der Viererstrom $j_\mu(x)$ bekannt sein. Wir definieren ihn für ein Punktteilchen der Ladung $q_0$ durch

$$j_\mu(x) := q_0 u_\mu \int_A^B \delta(x - x(\tau))\, d\tau\,. \tag{7.104}$$

Führt man mittels $d\tau = (1 - \beta^2)^{\frac{1}{2}}\, dt$ an Stelle der Eigenzeit die gewöhnliche Zeit ein, so reduziert sich (7.104) auf (4.121), (4.122), so daß (7.104) die korrekte forminvariante

Darstellung eines Punktstromes ist. Durch direktes Rechnen stellt man ferner fest, daß $\partial^\mu j_\mu(x) = 0$ gilt, wenn man die t-Parametrisierung benutzt. (7.104) erfüllt daher auch den Ladungserhaltungssatz (7.23). Die gesamte Wirkungsfunktion für ein Punktteilchen im elektromagnetischen Feld lautet daher

$$S = S_T + S_W = \int_A^B \left[ i m_0 c (u^\mu u_\mu)^{\frac{1}{2}} + \frac{q_0}{c} u_\mu(\tau) \int A^\mu(x)\, \delta(x - x(\tau))\, d^4x \right] d\tau \tag{7.105}$$

$$=: \int_A^B L(\tau)\, d\tau = \int_A^B \left[ i m_0 c (u^\mu u_\mu)^{\frac{1}{2}} + \frac{q_0}{c} u_\mu(\tau)\, A^\mu(x(\tau)) \right] d\tau .$$

Die Bewegungsleichungen werden entsprechend (7.102) gebildet. Man erhält unter Berücksichtigung von (7.69)

$$\frac{\delta L}{\delta x_\rho} - \frac{d}{d\tau} \frac{\delta L}{\delta u_\rho} = \frac{q_0}{c} \left[ u_\mu \partial^\rho A^\mu(x(\tau)) - \frac{d}{d\tau} A^\rho(x(\tau)) \right] - \frac{d}{d\tau} p^\rho = 0 . \tag{7.106}$$

Ausführung der Differentiation von $A^\rho$ nach $\tau$ ergibt

$$\frac{q_0}{c} u_\mu \left[ \partial^\rho A^\mu(x(\tau)) - \partial^\mu A^\rho(x(\tau)) \right] - \frac{d}{d\tau} p^\rho = 0 , \tag{7.106a}$$

was wegen (7.32) in

$$\frac{d}{d\tau} p_\rho = \frac{q_0}{c} u^\mu F_{\rho\mu}(x(\tau)) \tag{7.107}$$

übergeht. Damit lautet die relativistische Lorentzkraft auf eine Punktladung

$$f_\rho(\tau) = \frac{q_0}{c} u^\mu(\tau)\, F_{\rho\mu}(x(\tau)) . \tag{7.108}$$

Man prüft leicht nach, daß dies eine Verallgemeinerung von (3.58) ist, welche für $\frac{v}{c} \ll 1$ in den nichtrelativistischen Grenzfall übergeht. Durch diesen Grenzübergang wird auch der Ansatz (7.103) gerechtfertigt.

Neben der streng forminvarianten Ableitung der relativistischen Bewegungsgleichungen ist auch die nicht forminvariante Behandlung von (7.105) mittels des klassischen Lagrangeformalismus von Interesse. Wir gehen dazu in (7.105) von der $\tau$-Darstellung in die t-Variable über. Man erhält nach Ausintegration über $d^4x$ und mit (7.68)

$$S = \int_A^B \left( -m_0 c^2 + \frac{q_0}{c} A^\mu(x(\tau))\, u_\mu(\tau) \right) d\tau \tag{7.109}$$

$$= \int^{t_2} \left[ -m_0 c^2 (1 - \beta^2)^{\frac{1}{2}} + \frac{q_0}{c} \mathbf{A} \cdot \mathbf{v} - q_0 \varphi \right] dt =: \int^{t_2} L(t)\, dt .$$

Daraus folgt

$$L(t) = -m_0c^2\left(1-\frac{v^2}{c^2}\right)^{\frac{1}{2}} + \frac{q_0}{c}\mathbf{A}\cdot\mathbf{v} - q_0\varphi\,. \tag{7.110}$$

Der kanonisch konjugierte relativistische Impuls lautet dann in den Raumkomponenten

$$P_i = \frac{\delta L}{\delta v_i} = mv_i + \frac{q_0}{c}A_i = p_i + \frac{q_0}{c}A_i\,, \tag{7.111}$$

und die Gesamtenergie bzw. Hamiltonfunktion wird

$$E \equiv H = \mathbf{v}\cdot\mathbf{P} - L = mc^2 + q_0\varphi \tag{7.112}$$

mit $\mathbf{P} := P_i\,(i = 1, 2, 3)$.

Leitet man hier aus L die Bewegungsgleichungen ab, so entsteht

$$\frac{d\mathbf{p}}{dt} = q_0\mathbf{E} + \frac{q_0}{c}\mathbf{v}\times\mathbf{B} = \frac{d}{dt}\left(\mathbf{P} - \frac{q_0}{c}\mathbf{A}\right). \tag{7.113}$$

Bei zeitunabhängigem Feld hat man Energieerhaltung, was mit (7.112) auf

$$\frac{d}{dt}E = \frac{d}{dt}(mc^2) + q_0\frac{d}{dt}\varphi(\mathbf{r}) = 0\,, \tag{7.114}$$

d.h. auf

$$\frac{d}{dt}(mc^2) = q_0\,\mathbf{v}\cdot\mathbf{E}$$

führt.

Erweitert man (7.113) und (7.114) mit $(1-\beta^2)^{-\frac{1}{2}}$ und vergleicht man mit (7.107), so folgt, daß (7.107) für $\rho = 1, 2, 3$ mit (7.113), für $\rho = 4$ mit (7.114) identisch ist. Dies bedeutet zunächst, daß wir mit (7.107) wegen der Identität mit (7.113), (7.114) die korrekte relativistische Verallgemeinerung der Bewegungsgleichung eines Massenpunktes im elektromagnetischen Feld angegeben haben, dann aber auch, daß die Lagrangefunktion (7.110) richtig angesetzt worden ist. Mit Hilfe von (7.111) und (7.112) mit (7.69) läßt sich der Viererimpuls $p_\mu$ durch P und H ausdrücken

$$m\mathbf{v} = \mathbf{p} = \mathbf{P} - \frac{q_0}{c}\mathbf{A}\;;\quad mc = p_4 = \frac{H}{c} - \frac{q_0}{c}\varphi \tag{7.115}$$

und ergibt

$$\frac{1}{c^2}(H - q_0\varphi)^2 = m_0^2c^2 + \left(\mathbf{P} - \frac{q_0}{c}\mathbf{A}\right)^2. \tag{7.116}$$

Diese Relation läßt sich mit (7.24), $P_\mu := (\mathbf{P}, \frac{E}{c})$ nach (7.86) und $H \equiv E$ invariant schreiben als

$$p_\mu p^\mu = \left(P_\mu - \frac{q_0}{c}A_\mu\right)\left(P^\mu - \frac{q_0}{c}A^\mu\right) = -m_0^2c^2\,. \tag{7.117}$$

Aus (7.116) kann man dann die von **P** und **r** abhängige Hamiltonfunktion erhalten:

$$H(\mathbf{P};\mathbf{r}) = \sqrt{m_0^2c^4 + c^2\left(\mathbf{P} - \frac{q_0}{c}\mathbf{A}(\mathbf{r})\right)^2} + q_0\varphi(\mathbf{r})\,, \tag{7.118}$$

die im nichtrelativistischen Fall $\beta \ll 1$ in die klassische Hamiltonfunktion

$$H(\mathbf{P};\mathbf{r}) = \frac{1}{2m_0}\left(\mathbf{P} - \frac{q_0}{c}\mathbf{A}\right)^2 + q_0\varphi \tag{7.119}$$

übergeht. Die Hamiltonfunktion kann über die Felder auch noch von t abhängen, doch gilt dann nicht mehr die Energieerhaltung (7.114).

### $\gamma$) Relativistische Maxwell-Lorentz-Theorie

Mit Hilfe der Wirkungsfunktionale aus $\alpha$) und $\beta$) läßt sich nunmehr die Maxwell-Lorentz-Theorie außerordentlich einfach relativistisch forminvariant formulieren. Da wir für die Mechanik aber nur die Einteilchen-Lagrangefunktion kennen, müssen wir die relativistische Maxwell-Lorentz-Theorie auf diesen Fall beschränken. Das Wirkungsfunktional setzt sich dann zusammen aus

$$S = S_T + S_F + S_W\ . \tag{7.120}$$

$S_T$ ist dabei das Wirkungsfunktional des freien Teilchens, $S_F$ jenes des elektromagnetischen Feldes und $S_W$ das Funktional der Wechselwirkung zwischen beiden Systemen. Es gilt demnach mit (7.105) und (7.49)

$$S = \int_A^B \left[ i m_0 c (u^\mu u_\mu)^{\frac{1}{2}} + \frac{q_0}{c} u_\mu \int A^\mu(x)\, \delta(x - x(\tau))\, d^4x \right] d\tau - \frac{1}{16\pi}\int F_{ik}(x)\, F^{ik}(x)\, d^4x$$

$$= \int_A^B L(\tau)\, d\tau + \int L_{em}(x)\, d^4x = \int_A^B L_T(\tau)\, d\tau + \int \left[ L_W(x) + L_{em}(x) \right] d^4x \tag{7.121}$$

In diesem Wirkungsfunktional sind sowohl die Teilchenfunktionen $x_\mu(\tau)$ als auch die Feldfunktionen $A_\mu(x)$ enthalten. Für die physikalisch realisierte Bewegung muß S extremal sein. Da die Teilchenfunktionen unabhängig von den Feldfunktionen variiert werden können, muß das Extremum in Bezug auf beide Funktionsarten aufgesucht werden. Stellt man wie in Abschnitt 7.1 das Wirkungsfunktional S durch die Feldfunktionen allein dar, indem man mittels (7.9) sowie mittels

$$u_\mu(\tau) = \int_A^B x_\mu(\tau') \frac{d}{d\tau}\, \delta(\tau' - \tau)\, d\tau' \tag{7.122}$$

alle Ableitungen der Feld- und Teilchenfunktionen aus (7.121) eliminiert, so entsteht $S = \hat{S}[x_\mu, A_j]$. Nach Anhang VII bzw. (7.102) wird das Extremum dann durch die Funktionalableitungen nach $x_\mu(\tau)$

$$\frac{\delta \hat{S}}{\delta x_\mu(\tau)} \equiv \frac{\delta L}{\delta x_\mu} - \frac{d}{d\tau}\frac{\delta L}{\delta u_\mu} = 0, \qquad 1 \leqslant \mu \leqslant 4 \tag{7.123}$$

sowie nach (7.8) durch die Funktionalableitungen nach $A_\mu$

$$\frac{\delta \hat{S}}{\delta A_\mu(x)} \equiv \frac{\delta}{\delta A_\mu}(L_W + L_{em}) - \partial_\rho \frac{\delta}{\delta A_{\mu\rho}}(L_W + L_{em}) = 0, \quad 1 \leqslant \mu \leqslant 4 \tag{7.124}$$

festgelegt. Dies führt auf die Gleichungssysteme für das Teilchen

$$\frac{d}{d\tau} p_\rho(\tau) = \frac{q_0}{c} u^\mu \int F_{\rho\mu}(x)\, \delta(x - x(\tau))\, d^4x = \frac{q_0}{c} u^\mu(\tau) F_{\rho\mu}(x(\tau)) \tag{7.125}$$

sowie für das Feld

$$\partial^\mu F_{\nu\mu}(x) = \frac{4\pi}{c} q_0 u_\nu(\tau) \int \delta(x - x(\tau))\, d\tau = \frac{4\pi}{c} j_\nu(x), \tag{7.126}$$

welche simultan im Sinne der Maxwell-Lorentztheorie gelöst werden müssen. Die Gleichungen (7.125) (7.126) stellen daher die relativistisch forminvariante Verallgemeinerung der Gleichungen (5.10), (5.11) für den Fall eines geladenen Teilchens dar. Auch in diesem Fall ist die nichtforminvariante Auswertung von (7.121) mittels des klassischen Lagrangeformalismus bei Auszeichnung der Zeit t von Interesse. Wir betrachten hier nur die Hamiltonfunktion.

Zur Angabe der Hamiltonfunktion wird (7.121) zusammen mit (7.49) analog zu (7.109) in der Form geschrieben

$$S = \int L(t)\, dt \tag{7.127}$$

$$L(t) = -m_0 c^2 \left(1 - \frac{v^2}{c^2}\right)^{\frac{1}{2}} + \frac{q_0}{c} \mathbf{A} \cdot \mathbf{v} - q_0 \varphi + \frac{1}{8\pi} \int [\mathbf{E}^2 - \mathbf{B}^2]\, d^3r .$$

Die kanonisch konjugierten Impulse $\pi_\mu$ und $P_\mu$ sind dann durch (7.55) und (7.111) gegeben, und die Hamiltonfunktion wird mit (7.54), (7.56), (7.57), (7.112)

$$E \equiv H = \mathbf{v} \cdot \mathbf{P} + c \int \pi_\alpha(x) \partial^4 A^\alpha(x)\, d^3r - L = mc^2 + q_0\varphi + H_{em}(t) . \tag{7.128}$$

Die Energieerhaltung $dE/dt = 0$ führt dann auf

$$\frac{d}{dt}(mc^2 + H_{em}(t)) = q_0\, \mathbf{v} \cdot \mathbf{E} , \tag{7.129}$$

d.h.

$$\frac{d}{dt}(E_{kin} + H_{em}(t)) = q_0\, \mathbf{v} \cdot \mathbf{E} ,$$

woraus für zeitunabhängiges $H_{em}$ Gl. (7.114) folgt. Mit (7.128) wird dann die 4. Komponente des Viererimpulses nach (7.69)

$$p_4 = mc = \frac{1}{c}(H - q_0\varphi - H_{em}(t)). \tag{7.130}$$

## 7.4. Klassische Feldtypen

Wir haben im vorangehenden Abschnitt die Einsteinsche Konstruktion einer relativistisch forminvarianten Maxwell-Lorentz-Theorie für Einteilchensysteme dargestellt. Die Bedeutung dieses Modells liegt dabei weniger in seiner Nähe zur physikalischen Realität als vielmehr in seiner theoretischen Aussage (7.85) über den Zusammenhang zwischen Energie und Masse. Diese in der Zwischenzeit von der Kernphysik und der Hochenergiephysik vielfach bestätigte Relation eröffnet für das theoretische Verständnis der Struktur der Materie einen derart fundamentalen Aspekt, daß es nahe liegt, sie unabhängig von einem speziellen Modell zu fordern.

**Relativistisches Fundamentalpostulat:**

> Jedes physikalische System mit der Gesamtenergie E besitzt zugleich die träge Masse $m = E/c^2$; umgekehrt folgt aus einer trägen Masse m eine Gesamtenergie $E = mc^2$.

Der Begriff System soll dabei andeuten, daß es sich um ein abgrenzbares physikalisches Gebilde handelt, da beim Übergang in kosmologische Dimensionen der Minkowski-Raum in einen Riemannschen oder einen noch allgemeineren Raum übergeht. Die Lorentzgruppe gilt dann in bezug auf den Kosmos nur noch „lokal". Schließen wir für das folgende derartige kosmologische Grenzfragen aus, so ergibt sich nach dem relativistischen Fundamentalpostulat, daß auch jedem elektromagnetischen Feld eine träge Masse zugeschrieben werden muß, was wir schon anläßlich der Feldmassenhypothese kurz erörtert haben. Verwendet man dann nicht nichtrelativistische Näherungen wie in Abschnitt 5.4, sondern betrachtet man die relativistisch forminvarianten Maxwell-Gleichungen, so folgt: auch die Feldmassen der elektromagnetischen Felder müssen relativistisch forminvarianten Bewegungsgesetzen unterliegen. Da die Energie oder die zugeordnete träge Masse von speziellen Feldern unabhängige Begriffe sind, ist es theoretisch unvorstellbar, daß im Falle der Elektrodynamik der Energieinhalt des Feldes relativistisch forminvariante Bewegungsgesetzen unterliegt, bei anderen Arten von Feldern dagegen nicht. Dies ist die Begründung für das Einsteinsche

**Postulat der speziellen Relativitätstheorie:**

> Die gesamte Dynamik der Materie muß gegenüber Lorentz-Transformationen forminvariant sein.

Da nach Abschnitt 7.3 Punkttheorien für mehrere Teilchen ausscheiden, verbleiben als Diskussionsgrundlage zur Beschreibung der Materie nur forminvariante Feldtheorien, die im Gegensatz zu Punkttheorien auch Aussagen über die Struktur der Materie machen. Wir werden daher nach dem gegenwärtigen Stand unserer Kenntnisse einige Feldtheorien angeben, die zur Beschreibung von Materie geeignet sind. Unter ihnen ist das Maxwell Lorentz-Feld dann als Spezialfall enthalten. Als besonders geeignet erweist sich auch hier der Lagrange-Formalismus, was im Abschnitt 8 noch deutlicher werden wird.

**a) Freie Felder**

Freie Felder sind dadurch charakterisiert, daß die von ihnen beschriebenen physikalischen Vorgänge superponiert werden können, ohne daß sie sich gegenseitig beeinflussen.

Die Maxwell-Theorie stellt bei Abwesenheit von Quellen einen solchen Fall dar, in der Maxwell-Lorentz-Theorie dagegen gibt es keine freien Felder mehr! Die Maxwell-Theorie mit Parameterquellen ist nach diesem Schema unvollständig, da die Bewegungsgesetze für die Quellen fehlen. Abgesehen von diesem naheliegenden Beispiel stellt sich heraus, daß es eine große Mannigfaltigkeit von Feldern gibt, die als freie Materiefelder interpretiert werden können, wobei darunter die schon erwähnte Maxwell-Theorie vorkommt.

Zur Ableitung solcher Feldtypen ist es aber unzweckmäßig, den historischen Weg zu gehen. Wir stellen vielmehr sogleich die Frage, ob es eine Möglichkeit der systematischen Erfassung der relativistisch forminvarianten freien Felder gibt. Diese Möglichkeit gibt es, indem man das Transformationsverhalten der freien Felder beachtet. Ist ein solches freies Feld mit den Feldkomponenten $\psi_k(x)$ $(k = 1, \dots, N)$ gegeben, so müssen sich diese bei einer Lorentz-Transformation $\bar{x}_i = a_i^k x_k$ kovariant zu den $x_k$ transformieren, da andernfalls die Bildung von Forminvarianten unmöglich wäre. Es muß also gelten $\bar{\psi}_k(\bar{x}) = A_k^j(a)\, \psi_j(x)$. Dadurch wird nach Abschnitt 6.2b aber eine Darstellung der Lorentzgruppe erzeugt, wobei die Feldkomponenten $\psi_k(x)$ $(k = 1, \dots, N)$ die Basisvektoren des zugehörigen Darstellungsraumes sind. Das Problem lautet dann: Welche Darstellungen der Lorentzgruppe gibt es, deren Darstellungsvektoren als freie Felder interpretiert werden können?

Eine detaillierte Analyse dieses Problems ist in diesem Rahmen nicht möglich. Wir geben nur die Resultate an (zum Beweis s. [G 1–9]): Jede lineare Darstellung der Lorentzgruppe (ganz allgemein einer jeden Gruppe) läßt sich aus irreduziblen Darstellungen aufbauen oder nach ihnen zerlegen. Dabei heißt eine Darstellung D(G) einer Gruppe G in einem Darstellungsraum $V_D$ irreduzibel, wenn $V_D$ keinen echten invarianten Unterraum $U \subset V_D$ besitzt, der von allen Elementen $D(g_i)$ invariant gelassen wird, wenn $g_i \in G$ die gesamte Gruppe durchläuft, d.h. für den gilt $D(g_i)u \in U$ für alle $u \in U$ und alle $g_i \in G$.

Die irreduziblen Darstellungen sind daher die Fundamentaldarstellungen der Gruppe. Sie werden durch Invarianten der Gruppe gekennzeichnet, d.h. durch Elemente J aus der Gruppe, mit denen alle Gruppenelemente vertauschen. Im Falle der eingeschränkten inhomogenen Lorentzgruppe $L_+^\uparrow$ sind die Invarianten die infinitesimalen Erzeugenden

$$P^2 := P_\mu P^\mu \tag{7.131}$$

$$W := \Gamma_\mu \Gamma^\mu \tag{7.132}$$

mit

$$\Gamma_\mu = \frac{1}{2m}\, \epsilon_{\mu\nu\rho\sigma}\, P^\nu M^{\rho\sigma}\ . \tag{7.133}$$

Es gilt dann der Satz: In jeder irreduziblen Darstellung sind die Darstellungen der Invarianten ein Vielfaches der Einheit für den entsprechenden Darstellungsraum. Die Werte, mit denen die Einheit multipliziert wird, sind für jede Darstellung verschieden. Sie werden charakteristische Werte oder auch Eigenwerte genannt, die benutzt werden können, um die Darstellung zu kennzeichnen.

Speziell bei der inhomogenen Lorentzgruppe stellt sich heraus, daß die Darstellungen durch Massenwerte m als Eigenwerte von $P^2$ und durch Drehimpuls-(Spin)-Werte s als Eigenwerte von W gekennzeichnet werden können. Dies bedeutet, daß eine durch m und s charakterisierte Darstellung einen Darstellungsraum besitzen muß, für dessen Elemente $\psi_{m,s}$ gilt

$$\begin{aligned} P^2\psi_{m,s} &= m^2\psi_{m,s} \\ W\psi_{m,s} &= s(s+1)\psi_{m,s}\,. \end{aligned} \tag{7.134}$$

Die besondere Notation für die Eigenwerte erweist sich als dem Problem besonders gut angepaßt.

Da unter diesen Darstellungen auch die freien Felder als Basisvektoren der Darstellungen vorkommen, so folgt, daß sich diese durch die Werte von m und s systematisch erfassen lassen müssen. Die Masse m kann dabei kontinuierlich variiert werden, wogegen der Spin s nur diskrete Werte annehmen kann, nämlich $s = n$ und $s = \frac{1}{2}n$ mit $n = 0, 1, \dots, \infty$. Die freien Teilchen bzw. Felder mit Spin $s = n$ werden aus quantentheoretischen Gründen als Bosonen bzw. Bosonenfelder, jene mit $s = \frac{1}{2}n$ als Fermionen bzw. Fermionenfelder bezeichnet. Die Bosonenfelder mit $s = n$ liefern die sogenannten Tensordarstellungen, d.h. diese Felder transformieren sich wie Tensoren in einer bestimmten Darstellung. Ein solches Transformationsverhalten wurde in Abschnitt 6 bereits diskutiert und ist also bekannt. Die Fermionenfelder mit $s = \frac{1}{2}n$ liefern dagegen die sog. Spinordarstellungen; diese Felder transformieren sich nicht wie Tensoren, sondern wie sog. Spinoren. Diese geometrischen Gebilde haben ein anderes Transformationsverhalten, das hier aber nicht näher diskutiert werden kann. Für einen bestimmten Wert s besitzt der Darstellungsraum $2s+1$ Basisvektoren, die entsprechenden Felder haben also entsprechend viele Komponenten. Alle zugehörigen freien Feldgleichungen sind dann forminvariant. Wir geben als Beispiele die einfachsten Feldgleichungen an, wobei wir nicht auf das spezielle Transformationsverhalten der Felder eingehen [B 5], [F 3]. Es sei weiter im folgenden angenommen, daß $\hbar = c = 1$ ist. Dies bedeutet lediglich eine Definition anderer Maßeinheiten und ist in der Elementarteilchenphysik üblich.

α) $m \neq 0$, $s = 0$: *Freie reelle Skalarmesonen*

Die freien reellen skalaren Mesonen sind gruppentheoretisch der einfachste Fall: Die Feldfunktion ist ein einkomponentiger, reeller Skalar $\psi(x)$. Die forminvariante Feldgleichung lautet

$$(\Box - m^2)\,\psi(x) = 0 \tag{7.135}$$

mit der zugehörigen forminvarianten Lagrangedichte

$$L(x) = -\frac{1}{8\pi}\,[\partial^\nu\psi(x)\,\partial_\nu\psi(x) + m^2\psi^2(x)]\,. \tag{7.136}$$

Dabei transformiert sich $\psi(x)$ als Lorentzskalar, d.h. für die Darstellungs-Transformationsmatrix gilt $A_j^k(a) \equiv \delta_j^k$. Man bezeichnet (7.135) auch als Klein-Gordon-Gleichung oder als Wellengleichung für reelle skalare Mesonen der Ruhemasse m (dies erfährt seine physikalische Begründung erst durch die relativistische Quantentheorie).

$\beta$) $m \neq 0$, $s = 0$: *Freie komplexe Skalarmesonen*

Man kann die Theorie der reellen skalaren Mesonen auch auf komplexe Mesonen erweitern, indem man die Lagrangedichte

$$L(x) = -\frac{1}{4\pi}\,[\partial^\nu \psi(x)\,\partial_\nu \psi^x(x) + m^2 \psi(x)\,\psi^x(x)] \tag{7.137}$$

mit komplexer Feldfunktion $\psi(x)$ zugrunde legt, wobei $\psi^x(x)$ die komplex Konjugierte von $\psi(x)$ ist. Als Feldgleichungen erhält man bei unabhängiger Variation von $\psi$ und $\psi^x$

$$(\Box - m^2)\,\psi(x) = 0\,; \qquad (\Box - m^2)\,\psi^x(x) = 0\,, \tag{7.138}$$

was gleichbedeutend mit der Variation nach Real- und Imaginärteil von $\psi(x)$ ist und damit einer Verdopplung der Freiheitsgrade entspricht. Durch sie ist es möglich, dem Teilchen gegenüber dem reellen Fall theoretisch zusätzliche physikalische Information mitzugeben, die unabhängig von der Lorentzgruppe ist. Dies wird in Abschnitt 8.4 im Zuammenhang mit den Eichtransformationen noch näher erläutert werden. Dabei ist zu bemerken, daß bei diesen Feldfunktionen nur reelle Größen wie z.B. $|\psi|^2 = \psi\,\psi^x$ oder (7.140) beobachtet werden können. Dies bewirkt, daß die Beobachtungsgrößen gegenüber einer Eichtransformation

$$\psi'(x) = \psi(x)\,e^{i\,\Lambda(x)} \tag{7.139}$$

mit beliebiger reeller Eichfunktion $\Lambda(x)$ invariant sind. Damit dann die Lagrangefunktion eindeutig festlegbar ist, muß diese ebenfalls eichinvariant gegenüber (7.139) sein, was bei (7.137) der Fall ist. Mit den komplexen Feldamplituden kann formal ein eichinvarianter Viererstrom $j_\mu$ definiert werden durch

$$j_\mu(x) := \frac{i\epsilon}{4\pi}\,[\psi(x)\,\partial_\mu \psi^x(x) - \psi^x(x)\,\partial_\mu \psi(x)]\,, \tag{7.140}$$

der wegen (7.138) einer Kontinuitätsgleichung

$$\partial^\mu j_\mu(x) = 0 \tag{7.141}$$

genügt, aus der sich dann ein Erhaltungssatz ableiten läßt. Den Parameter $\epsilon$ kann man daher als Ladungseinheit der skalaren Mesonen betrachten und mit

$$Q(t) = \frac{1}{c}\int j_4(\mathbf{r}, t)\,d^3r \tag{7.142}$$

die Gesamtladung des Mesonenfeldes definieren, die bei entsprechenden Randbedingungen für das Feld zufolge (7.141) erhalten bleibt. Über die Art der Ladung ist damit noch nichts ausgesagt. Wenn man die Mesonen an das elektromagnetische Feld koppelt, muß es sich natürlich um eine elektrische Ladung handeln.

$\gamma$) $m \neq 0$, $s = 1$: *Freie reelle Vektormesonen*

Um einen Spin $s \neq 0$ zu beschreiben, muß man eine mehrkomponentige Wellenfunktion mit $2s+1$ Komponenten benutzen, in diesem Fall also mit drei Komponenten. Dazu kann ein Vierervektor $\psi_\nu$ benutzt werden, der gegebenenfalls durch Nebenbedingungen so eingeschränkt werden muß, daß der Darstellungsraum invariant wird und eine irreduzible Darstellung definiert. Eine mögliche Bedingung ist $\partial^\nu \psi_\nu = 0$, also die Lorentzbedingung für Vektormesonen. Die forminvariante Feldgleichung lautet

$$(\Box - m^2)\,\psi_\nu(x) = 0 \quad , \quad (\nu = 1, \ldots, 4) \tag{7.143}$$

mit der zugehörigen forminvarianten Lagrangedichte

$$L(x) = -\frac{1}{8\pi}\,[\partial^\nu \psi_\rho(x)\,\partial_\nu \psi^\rho(x) + m^2 \psi_\rho(x)\,\psi^\rho(x)]\,. \tag{7.144}$$

Hier transformiert sich $\psi_\nu(x)$ wie ein Lorentz-Vierervektor. Für die Darstellungs-Transformationsmatrix gilt dann $A_j^k(a) = a_j^k$. Es handelt sich hier natürlich um die definierende Darstellung der Lorentzgruppe L. Die Forminvarianz von (7.143) und (7.144) läßt sich damit sofort einsehen. Man nennt (7.143) auch die Wellengleichung für freie reelle Vektormesonen der Ruhemasse m.

δ) $m = 0$, $s = 1$: *Freie Photonenfelder*

Der Spezialfall $m = 0$ für $s = 1$ führt auf die freie Maxwell-Theorie. Ihre Lagrangedichte wird nach (7.49) gegeben durch

$$L(x) = -\frac{1}{16\pi}\,F_{\mu\nu}(x)\,F^{\mu\nu}(x)\,, \tag{7.145}$$

was mit

$$F_{\mu\nu}(x) = \partial_\mu A_\nu(x) - \partial_\nu A_\mu(x) \tag{7.146}$$

und der Lorentz-Nebenbedingung

$$\partial^\nu A_\nu(x) = 0 \tag{7.147}$$

auf die Gestalt

$$L(x) = -\frac{1}{8\pi}\,\partial_\mu A_\nu(x)\,\partial^\mu A^\nu(x) \tag{7.148}$$

für die Lagrangedichte führt. Dabei entsteht zunächst ein Term, der sich mit (7.147) als Viererdivergenz $\partial_\mu[A_\nu\,\partial^\nu A^\mu]$ schreiben läßt. Er trägt deshalb zur Variation des Wirkungsintegrals S nichts bei und kann weggelassen werden. Die zugehörige Wellengleichung lautet dann

$$\Box A_\mu(x) = 0\,. \tag{7.149}$$

Die Lorentzbedingung (7.147) bewirkt, daß die Wellengleichung (7.149) nur drei unabhängige Komponenten eines Vierervektors als Lösung besitzt. Dadurch werden Photonen mit $s = 0$ ausgeschlossen, und die Irreduzibilität der Darstellung ist garantiert. Man nennt (7.149) die Wellengleichung der Photonen. Auch dies kann erst durch die Quantentheorie begründet werden.

ε) $m \neq 0$, $s = \frac{1}{2}$: *Freie Fermi-Felder mit Spin* 1/2

Die Gleichung freier Fermi-Felder mit Spin 1/2 wurde von *Dirac* aus der Gl. (7.135) abgeleitet, womit die Entdeckung der relativistischen Spinordarstellungen für $s = \frac{1}{2}n$

im Gegensatz zu den Tensordarstellungen für s = n begann. Wir wollen aber auf diese Ableitung nicht näher eingehen. Die Wellengleichung lautet

$$(i\,\gamma^{\mu}_{\alpha\beta}\,\partial_{\mu} + m\,\delta_{\alpha\beta})\,\psi_{\beta}(x) = 0\,, \tag{7.150}$$

wobei die $\psi_{\beta}(x)$ komplexe, spinorielle Feldgrößen mit vier Komponenten sind und den sog. Spinorraum aufspannen. Die Matrizen $\gamma^{\mu}$ sind ebenfalls vierdimensional und erfüllen die Relationen

$$[\gamma^{\mu}, \gamma^{\nu}]_{+} := \gamma^{\mu}\gamma^{\nu} + \gamma^{\nu}\gamma^{\mu} = 2\,g^{\mu\nu}\,\mathbb{1} \tag{7.151}$$

mit $\mathbb{1}$ als Einheitsmatrix im Spinorraum. Die gebräuchlichste Darstellung der $\gamma$ ist gegeben durch

$$\gamma^{i} := \begin{pmatrix} 0 & \sigma^{i} \\ -\sigma^{i} & 0 \end{pmatrix}, \quad (i = 1, 2, 3) \quad ; \quad \gamma^{4} := \begin{pmatrix} I & 0 \\ 0 & -I \end{pmatrix} \tag{7.152}$$

mit den Paulischen Spinmatrizen

$$\sigma^{1} := \begin{pmatrix} 0 & 1 \\ 1 & 0 \end{pmatrix}, \quad \sigma^{2} := \begin{pmatrix} 0 & -i \\ i & 0 \end{pmatrix}, \quad \sigma^{3} := \begin{pmatrix} 1 & 0 \\ 0 & -1 \end{pmatrix} \tag{7.153}$$

und mit der zweidimensionalen Einheitsmatrix I. Definiert man ferner durch

$$\overline{\psi}_{\alpha}(x) := \psi^{x}_{\beta}(x)\,\gamma^{4}_{\beta\,\alpha} \tag{7.154}$$

den adjungierten Spinor, so lautet die zugehörige forminvariante Lagrangedichte

$$L(x) = -\frac{1}{8\pi}\,[i\,\overline{\psi}_{\alpha}(x)\,\partial_{\nu}\,\gamma^{\nu}_{\alpha\beta}\,\psi_{\beta}(x) + m\,\overline{\psi}_{\alpha}(x)\,\psi_{\alpha}(x)]\,. \tag{7.155}$$

Je nach der Wahl der Masse m kann die Dirac-Gleichung dann freie Elektronen oder Nukleonen usw. beschreiben. Für m = 0 zerfällt die Dirac-Gleichung in zwei zweikomponentige Gleichungen für Neutrinos, sog. Weyl-Gleichungen.

Allen hier aufgezählten Gleichungen ist gemeinsam, daß sie linear, d.h. superpositionsfähig, und forminvariant sind. Dies gilt, wie schon erwähnt, für alle Darstellungen freier Felder.

### b) Gekoppelte freie Felder

Freie Felder findet man in der Physik nur approximativ, niemals exakt realisiert. Die physikalische Standardsituation besteht vielmehr darin, daß bei Hinzufügen eines weiteren Teilchens oder physikalischen Systems Wechselwirkungen auftreten. Damit kann bei physikalischer Addition von zwei Teilchen das resultierende physikalische Verhalten nicht mehr durch die mathematische Superposition der beiden freien Lösungen beschrieben werden.

Sind die Wechselwirkungen von der Art, daß man in jedem Zeitpunkt die beiden ursprünglichen Teilchen noch wiedererkennen kann, wie etwa bei der Planeten-Wechselwirkung, so wird man zunächst einmal so vorgehen, daß man die freien Felder durch Wechselwirkungsterme koppelt. Dann ist auch theoretisch immer noch das freie System erkennbar, insbesondere wenn man etwa eine Störungsrechnung betreibt, die mathematisch gerade diesen Sachverhalt formuliert. Die Maxwell-Lorentz-Theorie ist ein Beispiel für eine derartige Theorie, obwohl gerade daran auch die Grenzen des Bildes freier Teilchen mit Wechselwirkungen deutlich werden. Interessiert man sich zunächst nicht für die physikalische Realisierung derartiger gekoppelter „freier" Felder, sondern will man nur formal die möglichen Feldgleichungen diskutieren, so steht man auch hier einer großen Vielfalt von Kopplungsmöglichkeiten gegenüber, da im Prinzip jedes freie Feld mit jedem anderen freien Feld gekoppelt werden kann. Als Auswahlkriterien wird man folgende Gesichtspunkte berücksichtigen:

1. Einfachheit und Analogie zu bekannten Fällen.
2. Gruppentheoretische Forminvarianz der Kopplung wegen der geforderten Forminvarianz der gesamten Theorie gegenüber den physikalischen Invarianzgruppen wie z.B. der Lorentzgruppe, der Eichgruppe usw.

Bis jetzt bekannt ist uns die Kopplung des freien Maxwell-Feldes an einen äußeren Viererstrom $j_\mu$, die durch $L_W = \frac{1}{c} j_\mu A^\mu$ beschrieben wird. Dies wird jedoch erst dann zu einem Kopplungsterm im Sinne der Kopplung zwischen freien Feldern, wenn der Strom $j_\mu$ selbst durch ein freies Feld ausgedrückt wird. In der Maxwell-Lorentz-Theorie wurde bisher $j_\mu$ nur für Punktteilchen explizite angegeben. Da die Punktteilchentheorie aber, wie schon gesagt, aus prinzipiellen Gründen ausscheidet, müssen wir uns nach einer geeigneten Feldbeschreibung von Ladungen umsehen. Diese wird z.B. durch die komplexen Mesonen geliefert, wenn man deren Strom (7.140) mit dem elektrischen Viererstrom identifiziert. Man erhält dann:

α) *Meson-Photon-Kopplung*

In Analogie zur Lagrangedichte des Maxwell-Feldes mit Quellen (7.58) setzen wir hier an

$$L = L_{em} + L_M + L_W \, . \tag{7.156}$$

Dabei seien $L_{em}$ durch (7.145) als Lagrangedichte des freien Maxwell-Feldes und $L_M$ durch (7.137) als Lagrangedichte des freien Feldes komplexer Mesonen definiert. $L_W$ ist dann der Wechselwirkungsterm bzw. die Kopplung zwischen den beiden Feldern. Dieser soll möglichst analog zu (7.59) sein.

Um ihn festzulegen, muß man beachten, daß weder die Potentiale $A_\mu$ noch die komplexen $\psi$-Felder beobachtbare Größen sind. Für die $A_\mu$ folgt dies aus ihrer Definition, für die $\psi$ wie bei den ungekoppelten skalaren Mesonen nach β) dagegen aus der Unmöglichkeit, komplexe Größen experimentell zu messen. Diese Unbeobachtbarkeit bewirkt bei den $A_\mu$, daß die Beobachtungsgrößen $F_{\mu\nu}$ nach (3.24), (7.24) und (7.32) gegenüber der Eichtransformation

$$A'_\mu(x) = A_\mu(x) + \partial_\mu \Lambda(x) \tag{7.157}$$

mit einer beliebigen reellen Funktion $\Lambda(x)$ invariant sind. Beim $\psi$-Feld kann nur eine reelle Größe beobachtet werden, und dies bewirkt, daß die Beobachtungsgröße gegenüber der Eichtransformation (7.139) in der speziellen Form

$$\psi'(x) = \psi(x)\, e^{i \frac{\epsilon}{c} \Lambda'(x)} \tag{7.158}$$

mit einer beliebigen reellen Funktion $\Lambda'(x)$ invariant sein muß. Um eine eindeutige Festlegung der Lagrangedichte zu gewährleisten, muß diese dann ebenfalls eichinvariant sein. Da in den Kopplungstermen nach (7.59) mit (7.140) Produkte der $A_\mu$ mit $\psi$ auftreten, können derartige Terme nur dann eichinvariant sein, wenn $\Lambda = \Lambda'$ gesetzt wird. Dies bedeutet, daß die Kopplung der beiden unbeobachtbaren Felder zu einer simultanen Eichtransformation führt, so daß mit jeder Eichtransformation im A-Feld eine korrespondierende Eichtransformation im $\psi$-Feld vorgenommen werden muß.

Der einfachste Kopplungsterm, der die Eichinvarianz von (7.156) unter simultanen Eichtransformationen gewährleistet und aus (7.59) hervorgeht, ist dann

$$L_W = \frac{1}{c}\frac{i\epsilon}{4\pi}[\psi\,\partial_\mu\psi^x - \psi^x\,\partial_\mu\psi]A^\mu - \frac{\epsilon^2}{c^2}\frac{1}{4\pi}\psi^x\psi\,A_\mu A^\mu . \qquad (7.159)$$

Um dies einzusehen, beachten wir, daß sich die Lagrangedichte des gekoppelten Systems (7.156) mit (7.159) auch in der Form

$$L(x) = -\frac{1}{4\pi}\left[D^\nu\psi\,D_\nu^x\psi^x + m^2\psi\psi^x + \frac{1}{4}F_{\mu\nu}F^{\mu\nu}\right] \qquad (7.160)$$

mit

$$D_\mu := \partial_\mu - \frac{i\epsilon}{c}A_\mu \qquad (7.161)$$

schreiben läßt, woraus bei simultaner Anwendung von (7.157) und (7.158) die Behauptung folgt.

Die zugehörigen Euler-Lagrange-Gleichungen lauten dann

$$\begin{aligned}&(D_\mu D^\mu - m^2)\psi(x) = 0\\ &(D_\mu^x D^{\mu x} - m^2)\psi^x(x) = 0\end{aligned} \qquad (7.162)$$

und

$$\partial^\nu F_{\mu\nu} = j_\mu^{(m)}\frac{4\pi}{c} \qquad (7.163)$$

mit

$$j_\mu^{(m)} := \frac{i\epsilon}{4\pi}[\psi\,\partial_\mu\psi^x - \psi^x\,\partial_\mu\psi] - \frac{2\epsilon^2}{4\pi c}\psi^x\psi\,A_\mu . \qquad (7.164)$$

Die Gleichungen (7.162), (7.163) sind das gekoppelte System der Meson-Photon-Feldgleichungen bei gegenseitiger Wechselwirkung zwischen den Teilchen. Dabei stellen (7.162) die Gleichungen dar für Mesonen unter elektromagnetischer Einwirkung, während (7.163) die Gleichungen für Photonen unter Mesoneneinwirkung sind. Wegen (7.163) ist $\partial^\mu j_\mu^{(m)} = 0$ als Ladungserhaltung gesichert, d.h. die Theorie ist in dieser Hinsicht selbstkonsistent. Wegen der Eichinvarianz der Theorie können wir wie beim Maxwell-Feld mit Quellen die Lorentzeichung $\partial^\mu A_\mu = 0$ wählen, so daß sich aus (7.163) die zu (7.21) analoge Wellengleichung

$$\Box A_\mu = -\frac{4\pi}{c}j_\mu^{(m)} \qquad (7.165)$$

mit dem durch (7.164) gegebenen $j_\mu^{(m)}$ ergibt. Mit (7.162), (7.164) und (7.165) ist dann explizite das gekoppelte Gleichungssystem für $\psi(x)$ und $A_\mu(x)$ gegeben. Die Kopplungskonstante $\epsilon$ in (7.159) und (7.164) kann dann als „Ladungseinheit" interpretiert werden. Sie muß natürlich, wie auch die Masse m, den experimentellen Verhältnissen angepaßt werden.

Physikalisch enthält die Kopplungstheorie (7.160) im wesentlichen die Wechselwirkung zwischen geladenen Mesonen über das elektromagneitsche Feld, was in der Sprache der Quantentheorie auch durch Photonenaustausch, also Austausch von Lichtquanten, d.h. durch Erzeugungs- und Vernichtungsprozesse von Photonen beschrieben werden kann. Da es sich hier um eine klassische Theorie handelt, hat man das feldtheoretische Analogon zur Maxwell-Lorentz-Theorie vor sich. Dies bedeutet, daß die Mesonen durch die Kopplung an das elektromagnetische Feld Kräfte aufeinander ausüben.

### β) *Meson-Nukleon-Kopplung*

Die Beschreibung von Kräften zwischen Teilchen durch gekoppelte Felder muß nicht auf den Fall elektromagnetischer Kräfte beschränkt werden. Ein Beispiel, das nicht aus der Elektrodynamik stammt, bieten die zwischen Nukleonen wirksamen Kräfte. Nach *Yukawa* kann man diese durch die Kopplung der Nukleonen an ein Feld, nämlich das Mesonenfeld, beschreiben, das hier die Rolle des elektromagnetischen Feldes aus dem Beispiel α) übernimmt, wobei die zwischen Mesonen wirkenden elektromagnetischen Kräfte vernachlässigt werden.

Man setzt als Lagrangedichte in Analogie zu (7.156) an:

$$L = L_M + L_N + L_W \, . \tag{7.166}$$

$L_M$ sei durch (7.136) als Lagrangedichte des Feldes von freien reellen skalaren Mesonen mit der Masse $m_M$, $L_N$ durch (7.155) als Lagrangedichte des freien komplexen Nukleonenfeldes der Masse $m_N$ definiert. Da nur das Nukleonenfeld Eichtransformationen zuläßt, ist die eichinvariante Wahl von $L_W$ einfach. Wir setzen

$$L_W = \frac{1}{c}\,\bar{\psi}_\alpha(x)\,\psi_\alpha(x)\,\varphi(x)\,, \tag{7.167}$$

wobei wir für das Mesonenfeld die Bezeichnung $\varphi$ an Stelle von $\psi$ benutzen, um Verwechslungen zu vermeiden. Die gesamte Lagrangedichte lautet dann

$$L(x) := -\frac{1}{8\pi}\left[\partial^\nu\varphi\,\partial_\nu\varphi + m_M^2\,\varphi^2 - \frac{8\pi}{c}\,\bar{\psi}\,\psi\,\varphi + i\,\bar{\psi}\,\partial_\nu\gamma^\nu\psi + m_N\,\bar{\psi}\,\psi\right] \tag{7.168}$$

und ergibt die Euler-Lagrange-Gleichungen

$$\begin{aligned} i\,\partial_\nu\gamma^\nu\,\psi + m_N\,\psi &= \frac{8\pi}{c}\,\psi\,\varphi \\ i\,\bar{\psi}\,\partial_\nu\gamma^\nu + m_N\,\bar{\psi} &= \frac{8\pi}{c}\,\bar{\psi}\,\varphi \end{aligned} \tag{7.169}$$

sowie

$$(\Box - m_M^2)\,\varphi(x) = -\frac{4\pi}{c}\,\bar{\psi}(x)\,\psi(x)\,. \tag{7.170}$$

Dann sind (7.169) die Gleichungen für Nukleonen unter dem Einfluß von Mesonen und (7.170) die Gleichungen für Mesonen unter dem Einfluß von Nukleonen.

Um uns von den Kraftwirkungen dieser Feldkopplung einen Eindruck zu verschaffen, nehmen wir ohne Rücksicht auf (7.169) an, daß ruhende Nukleonenmaterie mit $\psi(x) \equiv \psi(\mathbf{r})$, also für alle Zeiten, existiere. Dann wird nach (7.170) auch $\varphi(x)$ zeitunabhängig, und (7.170) geht über in das stationäre Problem

$$(\Delta - m_M^2)\varphi(\mathbf{r}) = -\frac{4\pi}{c}\eta(\mathbf{r}) \tag{7.171}$$

mit der äußeren als bekannt angenommenen „Nukleonenquelle" $\eta = \overline{\psi}\psi$. Nach (IV.36) lautet die zu dieser Gleichung gehörige Greenfunktion

$$G(\mathbf{r}, \mathbf{r}') = \frac{e^{-m_M|\mathbf{r}-\mathbf{r}'|}}{|\mathbf{r}-\mathbf{r}'|}, \tag{7.172}$$

was auf die Lösung

$$\varphi(\mathbf{r}) = \frac{1}{c}\int \frac{e^{-m_M|\mathbf{r}-\mathbf{r}'|}}{|\mathbf{r}-\mathbf{r}'|}\,\eta(\mathbf{r}')\,d^3r' \tag{7.173}$$

führt.

In Analogie zur Elektrostatik kann man daher feststellen, daß die „Nukleonenmaterie" $\eta(\mathbf{r})$ um sich herum ein mesonisches Kraftfeld $\varphi(\mathbf{r})$ erzeugt, das im Unterschied zu den Coulombkräften als sog. Yukawakraft wie $e^{-r}r^{-1}$ abfällt. Das gleiche Argument kann allerdings auch auf die Nukleonengleichungen (7.169) angewandt werden. Dann erzeugt die Mesonenmaterie $\varphi(\mathbf{r})$ um sich ein nukleonisches Kraftfeld $\psi(\mathbf{r})$, das ebenfalls vom Yukawa-Typ ist. Die gegenwärtige Hochenergiephysik zeigt, daß in der Tat beide Auffassungen möglich und gleichberechtigt sind. Praktisch ergibt sich aber eine zweckmäßige Einteilung, wenn man die Stabilität der Teilchen bei Wechselwirkungen berücksichtigt. In den gewöhnlich vorliegenden Bereichen niedriger Energie sind i.a. die schweren Teilchen stabiler als die leichteren. Man kann daher für $\alpha$) und $\beta$) sagen: Die Photonen erzeugen die elektromagnetischen Kräfte zwischen Mesonen, die Mesonen die Yukawa-Kräfte zwischen Nukleonen. Geht man aber zu sehr hohen Energien über, so wird diese Einteilung hinfällig, und man kann bestenfalls den „Teilchen" bzw. Feldern mit der Ruhemasse $m = 0$ eine bevorzugte Rolle als Überträger von Kraftwirkungen zuweisen.

Im Gegensatz zu den freien Feldern sind die klassischen Kopplungstheorien noch wenig untersucht. Dies findet seine Begründung darin, daß seit der Entwicklung der Quantentheorie die quantisierten Kopplungstheorien physikalisch interessanter waren und damit intensiver bearbeitet wurden. Nach allem, was darüber bekannt ist, muß man vermuten, daß Kopplungstheorien der geschilderten Art zwar Kräfte zwischen den Teilchen bzw. Feldern vermitteln oder erzeugen, daß sie darüber hinaus aber die gleichen Schwierigkeiten und prinzipiellen Unvollkommenheiten aufweisen, wie sie bei der Maxwell-Lorentz-Theorie auftraten.

### c) Gekoppelte nichtlineare Felder

Zu den Unvollkommenheiten der Maxwell-Lorentz-Theorie zählt insbesondere das Fehlen einer Struktur von Materie und Ladung. Wie einfache Beispiele zeigen, muß man vermuten, daß die nichtlineare Selbstkopplung eines Feldes eine solche Struktur schafft. Als Beispiel betrachten wir eine Theorie der Meson-Photon-Kopplung mit einem komplexen skalaren Mesonenfeld, dessen Feldgleichung in den Feldamplituden $\psi$ nichtlinear ist. Die Lagrangedichte sei gegeben durch

$$L = L_{em} + L_M + L_W \, , \tag{7.174}$$

wobei $L_{em}$ und $L_W$ durch (7.145) und (7.159) gegeben werden, $L_M$ aber statt durch (7.137) durch

$$L_M = -\frac{1}{4\pi}\left[\partial_\nu \psi \, \partial^\nu \psi^x + m^2 \psi^x \psi - \frac{1}{2}(\psi \psi^x)^2\right] . \tag{7.175}$$

Diese Lagrangedichte (7.175) ist ebenfalls invariant gegenüber Eichtransformationen, führt aber mit (7.174) nun im Gegensatz zu (7.162) auf das Gleichungssystem

$$\begin{aligned} &(D^\mu D_\mu - m^2)\,\psi(x) + \psi(x)\,\psi^x(x)\,\psi(x) = 0 \\ &(D^{\mu x} D^x_\mu - m^2)\,\psi^x(x) + \psi(x)\,\psi^x(x)\,\psi^x(x) = 0 \end{aligned} \tag{7.176}$$

und wegen der Eichinvarianz mit Lorentzeichung analog zu (7.165) auf

$$\Box A_\mu = -\frac{4\pi}{c}\, j^{(m)}_\mu \tag{7.177}$$

mit der durch (7.164) gegebenen Stromdichte.

Um die strukturerzeugende Wirkung einer nichtlinearen Selbstkopplung zu verdeutlichen, untersuchen wir den einfacheren Fall eines nichtlinearen reellen skalaren Mesonenfeldes mit der Feldgleichung

$$(\Box - m^2)\,\psi(x) + \eta\,\psi(x)\,\psi(x) = 0 \, . \tag{7.178}$$

Falls es in dieser Theorie ein ruhendes stabiles Teilchen gibt, muß eine zeitunabhängige Lösung $\psi(x) \equiv \psi(\mathbf{r})$ existieren. Der Einfachheit halber suchen wir als Spezialfall nach einer kugelsymmetrischen Lösung mit $\psi(\mathbf{r}) = \psi(r)$ und $r = |\mathbf{r}|$. Einführung von räumlichen Polarkoordinaten in (7.178) nach (I. 38) ergibt dann

$$\left(\frac{d^2}{dr^2} - m^2\right)[r\psi(r)] + \eta r \psi(r)\psi(r) = 0, \tag{7.179}$$

und die Substitution $r = z/m$ in (7.179) mit

$$\psi(r) := \frac{m}{\eta}\,\frac{Y(rm)}{r} = \frac{m^2}{\eta}\,\frac{Y(z)}{z} \tag{7.180}$$

liefert die nichtlineare Differentialgleichung 2. Ordnung

$$\frac{d^2}{dz^2}Y(z) - Y(z) + \frac{1}{z}Y^2(z) = 0 . \tag{7.181}$$

Um vernünftige, d.h. bei $r = 0$ und $r = \infty$ singularitätenfreie physikalische Lösungen zu erhalten, muß man fordern:

$$\begin{aligned} &\lim_{r \to 0} \psi(r) = 0, \quad \text{d.h.} \quad \lim_{z \to 0} Y(z) = z^{1+\epsilon}, \qquad \epsilon > 0 \\ &\lim_{r \to \infty} \psi(r) = 0, \quad \text{d.h.} \quad \lim_{z \to \infty} Y(z) = 0 . \end{aligned} \tag{7.182}$$

Dabei soll notwendigerweise $Y(z)$ für $z \to \infty$ so stark verschwinden, daß $\psi$ einen endlichen Energieinhalt für das Teilchen ergibt. Den Zusammenhang zwischen einer Feldfunktion $\psi(x)$ und der Energiedichte $H(x)$ als Funktional von $\psi(x)$ erhält man über die zugehörige Lagrangefunktion $L(x)$ formal nach dem Noetherschen Theorem, das in Abschnitt 8 ausführlich behandelt wird. Damit muß dann aber noch im Einzelfall eine spezifische physikalische Interpretation gegeben werden, insbesondere für die Teilchenstruktur. Nimmt man an, daß die für ein Punktteilchen abgeleitete Einsteinsche Relation $E_m = mc^2$ auch für ein durch die Feldfunktion $\psi(x)$ beschriebenes Teilchen gilt, so müßte für ein Teilchen mit der Ruhemasse $m_0$ gelten

$$\int H\,[\psi(x)]\,d^3r = E_{m_0} = m_0c^2 . \tag{7.183}$$

Untersucht man die Lösungen graphisch, indem man Y für $z = 0$ bei einem endlichen Wert festhält und mit verschiedenen Tangenten $t_1$, $t_2$, $t_3$ als Anfangsbedingung Lösungskurven ausrechnet, so ergibt sich eine Schar von Kurven $C_1, C_2, C_3$, die in der folgenden Darstellung wiedergegeben werden:

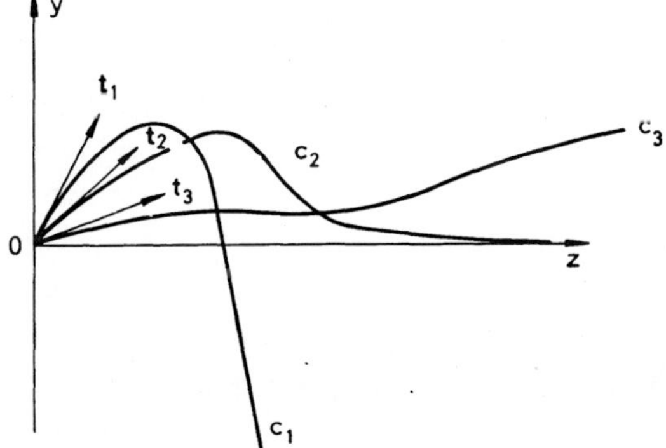


**Bild 12**

**Lösungskurven $y(z) = c_1, c_2, c_3$ der Gleichung (7.181) für verschiedene Anfangssteigungen $y'(z)|_{z=0} = t_1, t_2, t_3$.**

Für einen bestimmten Wert der Tangente $t = t_2$ erhält man daher aus der Schar der Lösungskurven eine Kurve $C_2$, die den in (7.182) geforderten Randbedingungen genügt. Damit läßt sich dann eine physikalische Struktur beschreiben, die nachfolgend erläutert werden soll.

Will man $C_2$ als Teilchenstruktur interpretieren, so fällt auf, daß die zugehörige „Strukturfunktion" $\psi(r)$ nach (7.180) sich bis ins Unendliche erstreckt und das in Bild 13 gezeigte Aussehen hat.

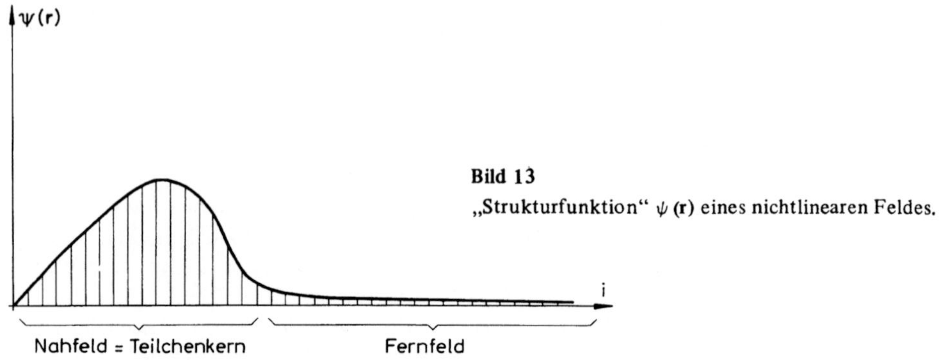


**Bild 13**
„Strukturfunktion" $\psi$ (r) eines nichtlinearen Feldes.

Das widerspricht zunächst der konventionellen Vorstellung eines konzentrierten Materieteilchens. Bedenkt man aber, daß Teilchen sich durch ihre Felder ebenfalls in den Raum ausdehnen und daß den Feldern eine lokale Energiedichte und wegen $E = m c^2$ auch eine lokale Massendichte zukommt, so folgt, daß jede Kraftwirkung eines entfernten Teilchens durch sein Feld auch als Anstoßen an seine Materiestruktur interpretiert werden kann. In diesem Sinne ist dann das, was wir als das „undurchdringliche" eigentliche Teilchen bezeichnen, nur durch eine besonders hohe Energiekonzentration, den Teilchenkern, ausgezeichnet, während im weiter entfernten Feldbereich, dem Fernfeld, die Energiekonzentration niedrig und daher leichter durchdringbar ist.

Diese Vorstellungen werden durch die Experimente der Hochenergiephysik bestätigt. Tastet man die materielle Struktur eines Teilchens durch Streuexperimente ab, so ist bei hinreichend hohen Energien der in klassischer Vorstellung massive Teilchenkern genauso durchdringbar und durchsichtig wie im Niederenergiebereich das Fernfeld. Auch über diese Feldtypen liegen weder klassisch noch quantentheoretisch detaillierte Untersuchungen vor.

## 7.5. Einheitliche Feldtheorie

Um die Ergebnisse des vorangehenden Abschnitts zu verdeutlichen und um daraus Konsequenzen zu ziehen, fassen wir die Forderungen noch einmal zusammen, die an klassische Feldtheorien der Materie und des Lichts nach dem gegenwärtigen Stand unserer Kenntnisse zu stellen sind:

1. *Relativistische Forminvarianz* der Feldgleichungen wegen universeller Gültigkeit der inhomogenen Lorentzgruppe für das Transformationsverhalten für alle Arten von Materie und des Lichts im nichtkosmologischen Bereich.

2. *Relativistische Kausalität*, d.h. Ausbreitung von Wirkungen höchstens mit Lichtgeschwindigkeit, da die Lichtgeschwindigkeit die obere Grenze der Transportgeschwindigkeit von Energie in Form von Materie oder Licht darstellt.

3. *Relativistische Materiestruktur*; d.h., die Feldgleichungen der Materie müssen Lösungen besitzen, die als Teilchen im mechanischen Sinn aufgefaßt werden können, da mechanische Punkttheorien undurchführbar sind.

4. *Relativistische Wechselwirkung*, d.h. die „Teilchen" als Lösungen von Materietheorien müssen Kräfte aufeinander ausüben, die die Kausalitätsforderung nicht verletzen und mit den physikalisch bekannten Krafttypen identifiziert werden können.

Mit diesen Forderungen können dann die Ergebnisse von Abschnitt 7.4 systematisch folgendermaßen zusammengefaßt werden:

**a) Freie Felder**

1. Die Feldgleichungen (7.135), (7.138), (7.143), (7.149), (7.150) sind forminvariant gegenüber der eingeschränkten inhomogenen Lorentzgruppe. Das gleiche gilt auch für alle nicht explizite angeführten freien Felder.

2. Die Feldgleichungen sind als relativistische Wellengleichungen auch relativistisch kausal.

3. Die Feldgleichungen liefern keine Struktur. Es können durch Superposition beliebige Wellenpakete konstruiert werden, die Lösungen der Feldgleichungen sind. Die Struktur kann also beliebig vorgegeben werden.

4. Die Lösungen der Feldgleichungen können superponiert werden, ohne sich gegenseitig zu stören, d.h. es gibt in diesen Theorien keine Wechselwirkung.

Insgesamt sind freie Felder daher forminvariant, relativistisch kausal, aber ohne Wechselwirkung und Struktur.

**b) Gekoppelte freie Felder**

1. Die Feldgleichungen (7.162) (7.163), (7.169), (7.170) sind forminvariant.

2. Die Wechselwirkung ist lokal, d.h. nur am selben Raum-Zeit-Punkt. Da die kinematischen Operatoren Wellengleichungsoperatoren sind und da keine Fernwechselwirkungen auftreten, müssen diese Theorien relativistisch kausal sein.

3. Soweit bekannt, entstehen keine Strukturen, d.h. die Kopplung eines Feldes $\psi$ an ein anderes Feld $\chi$ reicht nicht aus, um dem $\psi$-Feld eine Teilchenstruktur aufzuprägen.

4. Die Lösungen können i.a. nicht superponiert werden, da in den Gleichungen nichtlineare Kopplungsterme zwischen den verschiedenen Feldern auftreten. Dies bedeutet aber Wechselwirkung.

Insgesamt sind daher bei lokaler Kopplung die gekoppelten freien Felder forminvariant und relativistisch kausal, und sie besitzen eine Wechselwirkung, aber wahrscheinlich keine Struktur.

### c) Gekoppelte nichtlineare Felder

Die Feldgleichungen (7.176) und (7.177) verhalten sich

1. Analog zu b).
2. Analog zu b).
3. Die Nichtlinearität der Selbstkopplung erzeugt strukturierte Teilchenlösungen.
4. Analog zu b).

Insgesamt sind daher bei lokaler Kopplung die gekoppelten nichtlinearen Felder forminvariant und relativistisch kausal, und sie besitzen sowohl Struktur als auch Wechselwirkung.

Die gekoppelten nichtlinearen Felder könnten daher nach dem gegenwärtigen Stand unserer Kenntnisse als Grundlage für Theorien der Materie und des Lichts benutzt werden. Aus denkökonomischen Gründen jedoch wird man auch diese Theorien noch nicht als geeigneten Ausgangspunkt für weitere theoretische Untersuchungen des Problems von Materie und Licht benutzen. Da der Begriff der Kopplung voraussetzt, daß man den gekoppelten Feldern bereits wohldefinierte Teilchenarten zuordnen kann, so ist in der Konstruktion der gekoppelten nichtlinearen Felder bereits die Vorstellung benutzt, daß ein solches nichtlineares Feld im ungekoppelten Fall nur einen Typ von Teilchen als Lösung hervorbringt. Dies aber würde bedeuten, daß man sich auch in diesem Fall einer außerordentlich großen und unübersichtlichen Mannigfaltigkeit von Kopplungsmöglichkeiten und Teilchensorten gegenüber sähe.

Bei den gekoppelten nichtlinearen Feldern kann es sich daher noch nicht um die Formulierung eines fundamentalen Naturgesetzes handeln, da aus diesem auch dann die Menge der Teilchensorten und Kopplungsmöglichkeiten gesetzmäßig ableitbar sein müßte. Einen Hinweis auf ein solches fundamentales Naturgesetz geben wiederum die Einsteinsche Relation $E = mc^2$ und die Gruppentheorie. Zufolge der Äquivalenz von Masse und Energie kann es keinen prinzipiellen Unterschied zwischen verschiedenen Teilchensorten geben; diese müssen ineinander umwandelbar sein. Weiter läßt sich mit Hilfe der Gruppentheorie das Transformationsverhalten von Teilchen mit beliebigem Drehimpuls und höherem Spin aus direkten Produkten von Spin-1/2-Spinoren aufbauen. Es liegt daher nahe, nach einem einheitlichen nichtlinearen Spinorfeld zu suchen, aus dem sowohl sämtliche Teilchensorten als auch sämtliche Wechselwirkungen ableitbar sind.

Diese Konzeption begann sich bereits unmittelbar nach der Entdeckung der speziellen Relativitätstheorie zu entwickeln, und es ist schwierig, ihren Urheber festzustellen. U.a. haben *Mie* und *Einstein* derartige Versuche unternommen. Nach der Entdeckung der Quantentheorie wurde von *de Broglie* die Zusammensetzung von Spins zu höheren Drehimpulsen (Spinfusionierung) hinzugefügt, und es wurde offenkundig, daß eine derartig fundamentale Theorie der Materie nicht nur den relativistischen Postulaten 1–4 genügen muß, sondern zugleich auch den Gesetzen der Quantentheorie. Diese Einsicht veranlaßte mehr oder weniger die Aufgabe der von *Einstein* unternommenen klassischen Untersuchungen zugunsten quantenfeldtheoretischer Ansätze. Auch diese Untersuchungen gestalteten sich außerordentlich schwierig, so daß zunächst die Kopplungstheorien wieder im Vordergrund wissenschaftlichen Interesses standen.

Als erster hat dann *W. Heisenberg* [F 1] versucht, das grundlegende Programm der Analyse eines einheitlichen Materie- (und Licht)-Feldes unter Berücksichtigung aller bekannten Forderungen und Möglichkeiten durchzuführen. *W. Heisenberg* postulierte dazu die nichtlineare Spinorgleichung

$$\gamma^{\mu}_{\alpha\beta}\, \partial_\mu\, \psi_\beta(x) + \psi_\alpha(x)\, \overline{\psi}_\beta(x)\, \psi_\beta(x) = 0 \tag{7.184}$$

als Fundamentalgleichung der Materie und des Lichts, wobei die Definitionen von Abschnitt 7.4a zu benutzen sind. Eine solche Gleichung klassisch zu untersuchen, erweist sich als nicht besonders sinnvoll. Ihre eigentliche Bedeutung wird erst in der quantenfeldtheoretischen Version offenbar, was einen Hinweis darauf gibt, wie eng spezielle Relativitätstheorie und Quantentheorie miteinander verknüpft sind, wenn es um das Problem der Materiestruktur geht. Wir begnügen uns im Rahmen der Elektrodynamik mit diesem Hinweis und brechen unsere Erörterung dieses fundamentalen Problems damit ab.

# 8. Erhaltungssätze

## 8.1. Noetherscher Satz

Nachdem wir ausführlich die Gruppentheorie und die klassischen Feldtheorien diskutiert haben, können wir uns der bereits angekündigten Untersuchung über die Konsequenzen der Forminvarianz einer Feldtheorie zuwenden. Diese Konsequenzen können in einem Satz zusammengefaßt werden, dem sog. Noetherschen Satz [N 1–3, V 1]. Der Satz zählt zu den tiefgehendsten theoretischen Aussagen der gegenwärtigen Physik. Er lautet

*Behauptung 8.1:* Sind die Bewegungsgleichungen einer klassischen Feldtheorie gegenüber einer (kontinuierlichen) lokal kompakten Lieschen Transformationsgruppe mit $\rho$ infinitesimalen Operatoren forminvariant, so gibt es in dieser Theorie genau $\rho$ Erhaltungssätze.

*Beweis:* Wir führen den Beweis zunächst am Beispiel der eingeschränkten homogenen Lorentzgruppe $L_+^\uparrow$ durch, erweitern ihn aber später auf die inhomogene eingeschränkte Lorentzgruppe $P_+^\uparrow$ und auf Eichgruppen. Es sei eine Transformation zwischen dem System S und $\overline{S}$ gegeben. Im System S seien die Feldfunktionen $\varphi_j(x)$ mit den Koordinaten x, im System $\overline{S}$ die Feldfunktionen $\overline{\varphi}_j(\overline{x})$ mit den Koordinaten $\overline{x}$ angenommen. Aus der vorausgesetzten Forminvarianz der Bewegungsgleichungen der Feldtheorie folgt wegen des Variationsprinzips aus Abschnitt 7.1 die Forminvarianz für das skalare Lagrangefunktional

$$L[\overline{\varphi}_j(\overline{x}), \overline{\partial}_\mu \overline{\varphi}_j(\overline{x})] = L[\varphi_j(x), \partial_\mu \varphi_j(x)]. \tag{8.1}$$

Der Ausschluß höherer Ableitungen in L ist keine Einschränkung, da man durch Vermehrung der Feldkomponenten immer ein L der Art (8.1) erreichen kann. Da sich

$dx_1 dx_2 dx_3 dx_4 = d^4x$ bei eigentlichen Lorentztransformationen aus $L_+^\uparrow$ wie ein Skalar transformiert, also $d^4x = d^4\bar{x}$ gilt, folgt aus (8.1) unmittelbar für das Wirkungsfunktional

$$\int_{\bar{\Omega}} L[\bar{\varphi}_j(\bar{x}), \bar{\partial}_\mu \bar{\varphi}_j(\bar{x})]\, d^4\bar{x} = \int_{\Omega} L[\varphi_j(x), \partial_\mu \varphi_j(x)]\, d^4x\,, \tag{8.2}$$

wobei $\bar{\Omega}$ und $\Omega$ die bei der Transformation von S nach $\bar{S}$ auseinander hervorgehenden endlichen, 4-dimensionalen Gebiete des Minkowski-Raumes seien. Führt man im Integral (8.2) auf der linken Seite eine formale Umbenennung der Variablen von $\bar{x}$ nach x durch, so entsteht

$$\int_{\bar{\Omega}} L[\bar{\varphi}_j(x), \partial_\mu \bar{\varphi}_j(x)]\, d^4x = \int_{\Omega} L[\varphi_j(x), \partial_\mu \varphi_j(x)]\, d^4x\,. \tag{8.3}$$

In dieser Form kann das in zwei verschiedenen Bezugssystemen berechnete Wirkungsfunktional auch als Variation des Wirkungsfunktionals in einem einzigen Bezugssystem aufgefaßt werden, wenn man die Transformation von $\bar{x}$ nach x als Variation ansetzt

$$\bar{x}_\mu =: x_\mu + \delta x_\mu \tag{8.4}$$

und entsprechend für die Feldfunktionen schreibt

$$\bar{\varphi}_j(x) =: \varphi_j(x) + \delta\varphi_j(x)\,. \tag{8.5}$$

Die Lorentztransformation zwischen zwei Bezugssystemen wird dann mittels (8.3), (8.4) und (8.5) zu einer Abbildung in einem Raum. Jedem Objekt in diesem Raum wird dann ein Bildobjekt zugeordnet, und die Bilder $\bar{\varphi}_j(x)$ der Feldfunktionen $\varphi_j(x)$ entstehen durch virtuelle Verrückungen des ursprünglichen Feldsystems, wobei zufolge (8.1), (8.2) für diese Abbildung immer (8.3) erfüllt ist. Für die weitere Auswertung von (8.3) muß auch der Zusammenhang des Gebietes $\Omega$ mit seinem Bild $\bar{\Omega}$ berechnet werden. Da die Forminvarianzgruppe nach Abschnitt 6.6 aus infinitesimalen Transformationen aufgebaut ist, genügt es, die Abbildung allein für diese Transformationen zu untersuchen. Man erhält für diesen Fall zwischen dem Volumen V des Gebietes $\Omega$ und dem Volumen $\bar{V}$ des Bildgebietes $\bar{\Omega}$ die Beziehung

$$\bar{V} = V + \int_{F(\Omega)} dF^\mu \delta x_\mu\,, \tag{8.6}$$

wobei über die Oberfläche $F(\Omega)$ von $\Omega$ integriert wird. Zum Beweis von (8.6) beachte man, daß $V - \bar{V}$ als Differenzvolumen von Bild und Abbild berechnet werden kann. Ist $dF^\mu(x)$ ein Oberflächenelement von $\Omega$ im Punkte x, so geht dies durch die Verschiebung $\delta x_\mu$ in ein Oberflächenelement $d\bar{F}^\mu(x)$ von $\bar{\Omega}$ über. Das dadurch hinzukommende Volumen ist $dF^\mu(x)\delta x_\mu$, wenn infinitesimale Größen höherer Ordnung vernachlässigt werden. Summation über alle $dF^\mu$ der Oberfläche ergibt dann (8.6).

Damit ergibt sich

$$\int_{\bar{\Omega}} L[\bar{\varphi}_j, \partial_\mu \bar{\varphi}_j]\, d^4x = \int_{\Omega} L[\bar{\varphi}_j, \partial_\mu \bar{\varphi}_j]\, d^4x + \int_{F(\Omega)} L[\bar{\varphi}_j, \partial_\mu \bar{\varphi}_j]\, dF^\nu \delta x_\nu\,. \tag{8.7}$$

Unter Verwendung des Gaußschen Satzes

$$\int\limits_{F(\Omega)} L[\bar{\varphi}_j, \partial_\mu \bar{\varphi}_j]\, dF^\nu\, \delta x_\nu = \int\limits_{\Omega} \partial^\rho \left[L[\bar{\varphi}_j, \partial_\mu \bar{\varphi}_j]\, \delta x_\rho\right] d^4x \tag{8.8}$$

läßt sich (8.3) dann mit (8.7), (8.8) darstellen durch

$$\int\limits_{\Omega} \left[ L[\bar{\varphi}_j, \partial_\mu \bar{\varphi}_j] - L[\varphi_j, \partial_\mu \varphi_j] + \partial_\rho \left( L[\bar{\varphi}_j, \partial_\mu \bar{\varphi}_j]\, \delta x^\rho \right) \right] d^4x = 0. \tag{8.9}$$

Nun läßt sich jedes Potenzfunktional in eine sogn. Volterrareihe entwickeln, die der Taylorreihe einer gewöhnlichen Funktion entspricht, wobei anstelle der normalen Ableitung die Funktionalableitung tritt.

Eine solche Volterraentwicklung des Lagrangefunktionals $L[\bar{\varphi}_j, \partial_\mu \bar{\varphi}_j]$ nach infinitesimalen Variationsfunktionen $\delta\varphi_j(x)$ entsprechend (8.5) liefert unter Vernachlässigung von Gliedern der Ordnung $n \geqslant 2$ in $\delta\varphi$

$$L[\varphi_j + \delta\varphi_j, \partial_\mu \varphi_j + \partial_\mu \delta\varphi_j] = L[\varphi_j, \partial_\mu \varphi_j] + \frac{\delta L}{\delta \varphi_j} \delta\varphi_j + \frac{\delta L}{\delta\, \partial_\mu \varphi_j} \partial_\mu \delta\varphi_j . \tag{8.10}$$

Ebenso ergibt sich unter Vernachlässigung von Gliedern der Ordnung $n \geqslant 2$ in $\delta\varphi$ und $\delta x$

$$L[\bar{\varphi}_j, \partial_\mu \bar{\varphi}_j]\delta x_\rho = L[\varphi_j, \partial_\mu \varphi_j]\delta x_\rho . \tag{8.11}$$

Substitution von (8.10) und (8.11) in (8.9) führt auf

$$\int\limits_{\Omega} \left[ \frac{\delta L}{\delta \varphi_j} \delta\varphi_j + \frac{\delta L}{\delta\, \partial_\mu \varphi_j} \partial_\mu \delta\varphi_j + \partial_\mu (L \delta x^\mu) \right] d^4x = 0 . \tag{8.12}$$

Werden die Euler-Lagrange-Gleichungen (7.8) für die Felder $\varphi_j$ auf den ersten Term angewandt, so kann (8.12) umgeformt werden in

$$\int\limits_{\Omega} \left[ \partial_\mu \frac{\delta L}{\delta\, \partial_\mu \varphi_j} \delta\varphi_j + \frac{\delta L}{\delta\, \partial_\mu \varphi_j} \partial_\mu \delta\varphi_j + \partial_\mu (L \delta x^\mu) \right] d^4x = 0 \tag{8.13}$$

und damit in

$$\int\limits_{\Omega} \partial_\mu \left[ \frac{\delta L}{\delta\, \partial_\mu \varphi_j} \delta\varphi_j + L \delta x^\mu \right] d^4x = 0 . \tag{8.14}$$

Damit weitere Schlüsse gezogen werden können, müssen die Variationsfunktionen $\delta\varphi_j$ und $\delta x^\mu$ als Funktionen der Variablen x für die infinitesimalen Transformationen genau festgelegt werden. Nach (6.131) gilt für infinitesimale homogene Lorentztransformationen aus $L_+^\uparrow$ mit den infinitesimalen Erzeugenden $M^{\rho\sigma}$ und den infinitesimalen Parametern $\epsilon_{\rho\sigma}$

$$\bar{x}_j = x_j + \frac{i}{2} \epsilon_{\rho\sigma} (M^{\rho\sigma})_j^k\, x_k . \tag{8.15}$$

Indizieren wir nur einfach, schreiben wir also

$$\bar{x}_j = x_j + \frac{i}{2}\,\epsilon_s\,(M^s)_j^k\,x_k \tag{8.16}$$

mit $s \equiv (\rho, \sigma)$ so wird die Variation $\delta x_j$ nach (8.4) gegeben durch

$$\delta x_j = \bar{x}_j - x_j = \frac{i}{2}\,\epsilon_s\,(M^s)_j^k\,x_k = \frac{i}{2}\,\epsilon_s(M^s)_j^k\,\bar{x}_k + \ldots \tag{8.17}$$

Die Variation $\delta\varphi_j$ nach (8.5) dagegen folgt aus der Tatsache, daß sich die Feldfunktionen $\varphi_j$ nach Abschnitt 7.4 als Basisfunktionen einer irreduziblen oder reduziblen Darstellung der homogenen Lorentzgruppe L transformieren. Es wird daher für $\bar{x}_i = a_i^k x_k$

$$\bar{\varphi}_j(\bar{x}) = D_j^k(a)\,\varphi_k(x)\,, \tag{8.18}$$

und für infinitesimale Transformationen $a(\epsilon)$ nach (8.16) folgt aus den Eigenschaften der Darstellungsmatrizen $D_j^k(a)$

$$D_j^k(a(\epsilon)) = \mathbb{1} + \frac{i}{2}\,\epsilon_s\,(D^s)_j^k\,. \tag{8.19}$$

Die $D^s$ sind dabei die Darstellungsmatrizen der infinitesimalen Erzeuger $M^s$ im Raume der $\varphi_j$. Damit geht (8.18) über in

$$\bar{\varphi}_j(\bar{x}) = \varphi_j(x) + \frac{i}{2}\,\epsilon_s(D^s)_j^k\,\varphi_k(x)\,. \tag{8.20}$$

Unter Verwendung von (8.4) wird daraus

$$\bar{\varphi}_j(\bar{x}) = \varphi_j(\bar{x} - \delta x) + \frac{i}{2}\,\epsilon_s\,(D^s)_j^k\,\varphi_k\,(\bar{x} - \delta x)\,. \tag{8.21}$$

Entwickelt man nun die rechte Seite an der Stelle $\bar{x}$ nach $\delta x$ und substituiert (8.17), so erhält man unter Vernachlässigung von Termen der Ordnung $n \geqslant 2$ in den infinitesimalen Parametern $\epsilon_s$ und $\delta x$

$$\begin{aligned}\bar{\varphi}_j(\bar{x}) &= \varphi_j(\bar{x}) - \bar{\partial}_\mu\,\varphi_j(\bar{x})\,\delta x^\mu + \frac{i}{2}\,\epsilon_s\,(D^s)_j^k\,\varphi_k(\bar{x}) \\ &= \varphi_j(\bar{x}) - \bar{\partial}_\mu\,\varphi_j(\bar{x})\,\frac{i}{2}\,\epsilon_s\,(M^s)_k^\mu\,\bar{x}^k + \frac{i}{2}\,\epsilon_s\,(D^s)_j^k\,\varphi_k(\bar{x})\,.\end{aligned} \tag{8.22}$$

Dies ist unter den angegebenen Voraussetzungen für beliebige $\bar{x}$ gültig. Man kann daher auch $\bar{x}$ in die Variable x umbenennen.

Daraus folgt nach (8.5) bis auf Glieder der Ordnung $n \geqslant 2$ in $\epsilon$ und $\delta x$ für die Variation von $\varphi_j$

$$\delta\varphi_j \equiv \bar{\varphi}_j(x) - \varphi_j(x) = \sum_s \frac{i}{2}\,\epsilon_s\left[(D^s)_j^k\,\varphi_k(x) - (M^s)_k^\mu\,x^k\,\partial_\mu\,\varphi_j(x)\right]. \tag{8.23}$$

Substitution von (8.23) und (8.17) in (8.14) ergibt

$$\sum_s \int_\Omega \partial_\mu\left[\frac{\delta L}{\delta\,\partial_\mu\varphi_j}\left((D^s)_j^k\,\varphi_k(x) - (M^s)_k^\nu\,x^k\,\partial_\nu\,\varphi_j(x)\right) + L\,(M^s)_k^\mu\,x^k\right]d^4x\,\frac{i}{2}\,\epsilon_s = 0\,. \tag{8.24}$$

Da sowohl $\epsilon_s$ als auch $\Omega$ beliebig ist, muß auch gelten

$$\partial_\mu\left[\frac{\delta L}{\delta\partial_\mu\varphi_j}\left((D^s)_j^k\varphi_k(x)-(M^s)_k^\nu x^k\partial_\nu\varphi_j(x)\right)+L(M^s)_k^\mu x^k\right]=0 \tag{8.25}$$

oder

$$\partial_\mu\left[\frac{\delta L}{\delta\partial_\mu\varphi_j}(D^s)_j^k\varphi_k(x)+(M^s)_k^\nu x^k\left(L\delta_\nu^\mu-\frac{\delta L}{\delta\partial_\mu\varphi_j}\partial_\nu\varphi_j(x)\right)\right]=:\partial_\mu j^\mu(x)=0\,. \tag{8.26}$$

Da s die möglichen Werte 1, ... , $\rho$ durchläuft, haben wir mit (8.26) genau $\rho$ Erhaltungssätze, w.z.b.w.

Aus der allgemeinen Form der infinitesimalen Transformation (8.16) der Koordinaten und derjenigen (8.20) der Felder ist zu ersehen, daß der Beweis völlig unabhängig von den speziellen Eigenschaften der Lorentztransformationen aus $L_+^\uparrow$ ist. Für diese ist s = 6, so daß sich hier sechs Erhaltungssätze ergeben.

## 8.2. Energie-Impuls-Erhaltung

Das Noethersche Theorem soll jetzt für Spezialfälle untersucht werden. Zuerst betrachten wir die Erhaltungssätze, die aus der Forminvarianz gegenüber Translationen resultieren. Es gilt die

*Behauptung 8.2:* Die Translationen der Translationsgruppe $G_T$ aus der inhomogenen Lorentzgruppe führen bei forminvarianten Lagrangefunktionalen auf die differentiellen Erhaltungssätze

$$\partial^\mu T_{\mu k}=0 \qquad (k=1,\dots,4) \tag{8.27}$$

mit dem Energie-Impulstensor

$$T_{\mu k}:=\sum_j\frac{\delta L}{\delta\partial^\mu\varphi_j}\partial_k\varphi_j-Lg_{\mu k}\,. \tag{8.28}$$

*Beweis:* Wir gehen aus von der Grundgleichung (8.14). Für Translationen wird die infinitesimale Translation

$$\bar{x}_\mu=x_\mu+\delta x_\mu=x_\mu+\epsilon_\mu\,, \tag{8.29}$$

denn $\delta x_\mu$ ($\mu$ = 1, ... , 4) ist unmittelbar der infinitesimale Gruppenparameter $\epsilon_\mu$. Damit gilt

$$\bar{\varphi}_j(\bar{x})=\varphi_j(\bar{x}-\delta x)=\varphi_j(\bar{x})-\bar{\partial}_\rho\varphi_j(\bar{x})\,\delta x^\rho\,. \tag{8.30}$$

Daraus folgt mit der Definition (8.5), wenn man $\bar{x}$ durch x ersetzt

$$\delta\varphi_j(x)=-\partial_\rho\varphi_j(x)\,\epsilon^\rho\;; \tag{8.31}$$

Substitution von (8.31) in (8.14) ergibt

$$\int_\Omega\partial^\mu\left[-\frac{\delta L}{\delta\partial^\mu\varphi_j}\partial_\rho\varphi_j(x)+Lg_{\mu\rho}\right]\epsilon^\rho\,d^4x=0\,. \tag{8.32}$$

Weil $\Omega$ und $\epsilon$ beliebig sind, folgt daraus die Behauptung, w.z.b.w.

Wir zeigen noch, warum $T_{\mu k}$ aus (8.28) Energie-Impulstensor genannt wird. Dazu setzen wir $\mu = 4$ und erhalten

$$\begin{aligned} T_{4k} &= \sum_j \frac{\delta L}{\delta \partial^4 \varphi_j} \partial_k \varphi_j - L g_{4k} \\ &= c \sum_j \pi_j \partial_k \varphi^j - L g_{4k} \end{aligned} \tag{8.33}$$

mit der kanonisch konjugierten Feldgröße $\pi_j = \dfrac{\delta L[\varphi_\mu, \varphi_{\mu\nu}]}{\delta \partial_t \varphi^j}$ nach (7.53). Für $k = 4$ ergibt sich dann die Hamiltondichte nach (7.54), also die Dichte der Gesamtenergie, zu

$$T_{44} \equiv -H = c \sum_j \pi_j \partial^4 \varphi^j - L. \tag{8.34}$$

Und für $k \neq 4$ erhält man

$$T_{4k} = c \sum_j \pi_j \partial_k \varphi^j . \tag{8.35}$$

Zufolge (8.34) und (7.86) liegt es nahe, mit einem zeitartigen Vierervektor $n_\rho$

$$P_k(x) := -\frac{1}{c} T_{\rho k}(x) n^\rho \tag{8.36}$$

als relativistisch invariante Dichte des Viererimpulses anzusetzen. Denn da $n^\rho$ zeitartig ist, läßt sich immer eine Lorentztransformation $\bar{x} = ax$ finden, so daß $\bar{n} = an$ die Gestalt $\bar{n} = (0, 0, 0, 1)$ hat. Dann folgt aus (8.36) die richtige Relation $P_4 = \frac{H}{c}$. Bildet man aus (8.36) sodann den Gesamtimpuls des Feldes, so führt (8.27) gerade auf die Energie-Impulserhaltung des abgeschlossenen Gesamtsystems. Um dies nachzuweisen, integrieren wir (8.27) mit $\delta(n^\rho x_\rho)$ über den $\mathbb{M}_4$, wobei $n^\rho$ ein zeitartiger Normalenvektor der Hyperebene $n^\rho x_\rho = 0$ sei. Wir integrieren damit über ein Gebiet $\Omega$ des $\mathbb{M}_4$, das durch eine relativistisch invariante Hyperfläche begrenzt wird. Es entsteht

$$\int \partial^\mu T_{\mu k} \, \delta(n^\rho x_\rho) \, d^4 x = 0 . \tag{8.37}$$

Offensichtlich ist (8.37) eine relativistisch invariante Gleichung. Man kann daher eine Lorentztransformation $\bar{x} = ax$ vornehmen, daß $\bar{n}^\rho$ die Gestalt $\bar{n}^\rho = (0, 0, 0, 1)$ erhält. (8.37) lautet in diesem Fall

$$\partial^4 \int T_{4k} \, d^3 r + \sum_{i=1}^{3} \int \partial^i T_{ik} \, d^3 \mathbf{r} = 0 . \tag{8.38}$$

Nehmen wir nun an, daß das System abgeschlossen ist und die Feldfunktionen wie $O(r^{-2-\epsilon})$ im Unendlichen verschwinden, so kann das zweite Integral in (8.38) mittels des Gaußschen Satzes in ein verschwindendes Oberflächenintegral umgewandelt werden. Definiert man den Gesamtviererimpuls durch

$$P_k(n) := -\frac{n^\rho}{c}\int T_{\rho k}\delta(n^\rho x_\rho)d^4x, \tag{8.39}$$

so sieht man, daß $P_k(n) = P_k(\bar{n}) = P_k$ für zeitartige Vektoren $n^\rho$ gilt. Daraus folgt bei abgeschlossenen Systemen mit (8.38) aber unmittelbar $\dot{P}_k = 0$ oder $P_k = \text{const.}$ Die Erhaltung des Viererimpulses bei abgeschlossenen Systemen ist daher eine Konsequenz der Forminvarianz gegenüber Translationen.

Da die Lagrangefunktion nach Abschnitt 7.1 nicht eindeutig ist, sondern nur bis auf eine Viererdivergenz festgelegt ist, kann auch der durch (8.28) definierte Energie-Impuls-Tensor nicht eindeutig sein. Man kann dies benutzen, um aus (8.28) durch Addition eines geeigneten Ausdrucks einen symmetrischen Energie-Impuls-Tensor $T'_{\mu k}$ zu erzeugen. Dadurch vereinfacht sich in konkreten Fällen das Aussehen des Energie-Impuls-Tensors (8.28 erheblich. Außerdem läßt sich nur für ein symmetrisches $T_{\mu\nu}$ der Drehimpuls-Erhaltungssatz im nächsten Abschnitt ableiten, und schließlich läßt sich im Falle der Elektrodynamik nur ein symmetrischer Energie-Impuls-Tensor mit dem entsprechenden symmetrischen Maxwellschen Spannungstensor identifizieren, wie nachfolgend gezeigt wird. Darüber hinaus kann die Unbestimmtheit von $T_{\mu\nu}$ dazu benutzt werden, um eine physikalische, d.h. positive Energiedichte $-T_{44}$ nach (8.34) zu erzeugen. Addiert man zu (8.28) einen Tensor

$$T''_{\mu k} := \partial^\rho R_{\mu\rho k} \tag{8.40}$$

mit $R_{\mu\rho k} = -R_{\rho\mu k}$, so genügt der Tensor

$$T'_{\mu k} := T_{\mu k} + T''_{\mu k} \tag{8.41}$$

ebenfalls dem differentiellen Erhaltungssatz (8.27), denn mit (8.40) gilt

$$\partial^\mu T''_{\mu k} = \partial^\mu\partial^\rho R_{\mu\rho k} = -\partial^\mu\partial^\rho R_{\rho\mu k} = 0. \tag{8.42}$$

Bei hinreichend starkem Verschwinden von R im Unendlichen kann man leicht zeigen, daß unter der einschränkenden Voraussetzung $n^\rho = (0, 0, 0, 1)$

$$P_\mu = -\frac{1}{c}\int T_{4\mu}d^3r = -\frac{1}{c}\int T'_{4\mu}d^3r \tag{8.43}$$

gelten muß, so daß also der unsymmetrische und der symmetrisierte Energie-Impuls-Tensor auf denselben Viererimpuls führen. Wegen $R_{\mu\rho k} = -R_{\rho\mu k}$ ist nämlich $R_{44k} = 0$, und es folgt

$$\frac{1}{c}\int T''_{4k}d^3r = \frac{1}{c}\int \partial^\rho R_{4\rho k}d^3r = \frac{1}{c}\sum_{i=1}^{3}\int \partial^i R_{4ik}d^3r, \tag{8.44}$$

was mit Hilfe des Gaußschen Satzes in ein verschwindendes Oberflächenintegral umgewandelt werden kann.

Diese Betrachtungen spezialisieren wir jetzt:

**Elektromagnetisches Feld**

Das Lagrange-Funktional für das Maxwell-Feld mit den äußeren Quellen lautet nach (7.58), (7.49) und (7.59)

$$L = -\frac{1}{16\pi} F_{\mu\nu} F^{\mu\nu} + \frac{1}{c} A_\mu j^\mu \tag{8.45}$$

mit

$$F_{\mu\nu} := \partial_\mu A_\nu - \partial_\nu A_\mu \quad . \tag{8.46}$$

Identifizieren wir $\varphi_j$ mit $A_j$, so entsteht nach (8.28) der Energie-Impuls-Tensor

$$T_{\mu k} = -\frac{1}{4\pi} F_{\mu\rho} \partial_k A^\rho + g_{\mu k} \frac{1}{16\pi} F_{\rho\lambda} F^{\rho\lambda} - g_{\mu k} \frac{1}{c} A_\rho j^\rho . \tag{8.47}$$

Dieser Tensor ist nicht symmetrisch. Addiert man zu (8.47)

$$T''_{\mu k} := \frac{1}{4\pi} \partial^\rho (F_{\mu\rho} A_k), \tag{8.48}$$

was sich unter Benutzung der Feldgleichungen (7.30) auch schreiben läßt

$$T''_{\mu k} = \frac{1}{4\pi} F_{\mu\rho} \partial^\rho A_k + \frac{1}{c} j_\mu A_k , \tag{8.49}$$

so ergibt sich

$$T'_{\mu k} = \frac{1}{4\pi} \left[ F_\mu{}^\rho F_{\rho k} + \frac{1}{4} g_{\mu k} F_{\rho\lambda} F^{\rho\lambda} \right] + \frac{1}{c} j_\mu A_k - \frac{1}{c} g_{\mu k} A_\rho j^\rho . \tag{8.50}$$

Für $j_\mu \equiv 0$ geht (8.50) in den Energie-Impuls-Tensor des freien Maxwell-Feldes über:

$$T^f_{\mu\nu} = \frac{1}{4\pi} \left[ F_\mu{}^\rho F_{\rho\nu} + \frac{1}{4} g_{\mu\nu} F_{\rho\lambda} F^{\rho\lambda} \right] . \tag{8.51}$$

Für ihn gilt dann $T^f_{\mu\nu} = T^f_{\nu\mu}$ und $T^\mu_\mu = 0$. Schreibt man (8.51) in den nichtrelativistischen Feldkomponenten an, so entsteht

$$T^f_{mn} = \frac{1}{4\pi} [E_m E_n + B_m B_n - \frac{1}{2} \delta_{nm} (\mathbf{E}^2 + \mathbf{B}^2)] , \quad (m, n = 1, 2, 3) , \tag{8.52}$$

was man als die Komponenten des Maxwellschen Spannungstensors (3.75) identifiziert. Ferner ergibt sich durch Vergleich mit (3.55) und (3.57)

$$T^f_{4n} = -\frac{1}{4\pi} (\mathbf{E} \times \mathbf{B}) \cdot \mathbf{e}_n = -\frac{1}{c} \mathbf{S} \cdot \mathbf{e}_n \qquad (n = 1, 2, 3) \tag{8.53}$$

und

$$T^f_{44} = -\frac{1}{8\pi} (\mathbf{E}^2 + \mathbf{B}^2) = -u(\mathbf{r}, t) , \tag{8.54}$$

und man erhält für die Viererimpulsdichte des elektromagnetischen Feldes nach (8.36) und (8.53), (8.54)

$$p_k^{el}(\mathbf{r}, t) = \mathbf{p}_{el}(\mathbf{r}, t) \cdot \mathbf{e}_k = \frac{1}{c^2}\mathbf{S}(\mathbf{r}, t) \cdot \mathbf{e}_k \qquad (k = 1, 2, 3)\,, \tag{8.55}$$

sowie nach (8.36)

$$p_4^{el}(\mathbf{r}, t) = \frac{1}{c}\, u(\mathbf{r}, t). \tag{8.56}$$

Mit Hilfe des Energie-Impuls-Tensors (8.51) des freien Maxwellfeldes läßt sich nun folgendes beweisen:

*Behauptung 8.3:* Für das elektromagnetische Feld mit Ankopplung an ein materielles System sind die differentiellen Erhaltungssätze (8.27) für $k = 1, 2, 3, 4$ identisch mit den differentiellen Erhaltungssätzen (3.75) für die Impuls- und die Energiedichte.

*Beweis:* Wir betrachten das Gesamtsystem, das durch die Kopplung des elektromagnetischen Feldes an die Materie entsteht. Im Rahmen der Maxwell-Theorie beschreibt man ein solches System durch die Kopplung eines freien Materiefeldes und des freien Maxwellfeldes. Dies führt in Analogie zu (7.156) auf die Lagrangedichte

$$L = L_{em} + L_W + L_M =: L_{em} + L_m\,, \tag{8.57}$$

wobei $L_m := L_W + L_M$ den Wechselwirkungs- und den Materieanteil enthalten möge. Bildet man nun unter Addition von (8.48) gemäß (8.28) den Energieimpulstensor $T_{\mu k}$ aus (8.57), so läßt sich dieser zufolge der Linearität von (8.28) in L zerlegen in

$$T_{\mu\nu} = T_{\mu\nu}^{f} + T_{\mu\nu}^{m}\,, \tag{8.58}$$

wobei $T_{\mu\nu}^{m}$ den Wechselwirkungs- und den Materieanteil enthalten möge. Die Erhaltungssätze (8.27) lauten dann

$$\partial^\mu (T_{\mu\nu}^{f} + T_{\mu\nu}^{m}) = 0 \quad , \quad 1 \leqslant \nu \leqslant 4 \tag{8.59}$$

Aus $T_{\mu\nu}^{m}$ sollen sich alle auf die Materie wirkenden Kräfte ableiten lassen, so daß per definitionen

$$\partial^\mu T_{\mu\nu}^{m} = : -K_\nu \tag{8.60}$$

gelte. Da für die Materie ferner die Newtonschen Bewegungsgleichungen (3.65) gelten, so folgt

$$\frac{\partial}{\partial t}\,\mathbf{p}_m(\mathbf{r}, t) \cdot \mathbf{e}_j = \frac{\partial}{\partial t}\, p_j^m(\mathbf{r}, t) = K_j(\mathbf{r}, t) \quad , \quad 1 \leqslant j \leqslant 3 \tag{8.61}$$

Weiter soll definitorisch gelten

$$\frac{\partial}{\partial t}\, p_4^m(\mathbf{r}, t) = \frac{1}{c}\;\frac{\partial A(\mathbf{r}, t)}{\partial t} =: K_4(\mathbf{r}, t)\,, \tag{8.62}$$

wobei $\mathbf{p}_m(\mathbf{r}, t)$ die materielle Impulsdichte sei. Mit (8.60), (8.61), (8.62) kann (8.59) daher geschrieben werden

$$\partial^\mu T^f_{\mu k} - \frac{\partial}{\partial t} p^m_k = 0. \tag{8.63}$$

Zur Auswertung zerlegen wir $\partial^\mu$ in einen Raum- und Zeitanteil. Es wird dann wegen (8.52), (8.53), (8.54) für $k = 1, 2, 3$

$$\partial^\mu T^f_{\mu k} = \partial^4 T^f_{4k} + \sum_{i=1}^{3} \partial^i T^f_{ik} = -\frac{\partial}{\partial t} \frac{1}{c^2} \mathbf{S} \cdot \mathbf{e}_k + \nabla \cdot \mathbb{T} \tag{8.64}$$

und für $k = 4$

$$\partial^\mu T^f_{\mu 4} = \partial^4 T^f_{44} + \sum_{i=1}^{3} \partial^i T^f_{i4} = -\frac{1}{c} \frac{\partial}{\partial t} u(\mathbf{r}, t) - \frac{1}{c} \nabla \cdot \mathbf{S}. \tag{8.65}$$

Substituiert man dies in (8.63) und beachtet (8.55), so folgt für $k = 1, 2, 3$

$$\frac{\partial}{\partial t} [\mathbf{p}_{el}(\mathbf{r}, t) + \mathbf{p}_m(\mathbf{r}, t)] = \nabla \cdot \mathbb{T}, \tag{8.66}$$

also (3.74). Beachtet man $p^m_4(\mathbf{r}, t) = A(\mathbf{r}, t) \frac{1}{c}$, so folgt für $k = 4$

$$\frac{\partial}{\partial t} [u(\mathbf{r}, t) + A(\mathbf{r}, t)] = -\nabla \cdot \mathbf{S}(\mathbf{r}, t), \tag{8.67}$$

also (3.61), w.z b.w.

Zur Berechnung von $K_\nu$ bilden wir mit den Feldgrößen des Maxwellfeldes mit Quellen den Vektor $\partial^\nu T^f_{\nu k}$. Dann gilt

$$\partial^\nu T^f_{\nu k} = \frac{1}{c} F_{k\rho} j^\rho$$

denn mit (8.51) erhält man

$$\partial^\nu T^f_{\nu k} = \frac{1}{4\pi} \left[ F_{\rho k} \partial_\nu F^{\nu\rho} + F^{\lambda\rho} \partial_\lambda F_{\rho k} + \frac{1}{2} F^{\lambda\rho} \partial_k F_{\lambda\rho} \right]. \tag{8.69}$$

Der zweite Term rechts läßt sich durch Umbenennung und Vertauschung der Summationsindizes $\lambda, \rho$ auch schreiben:

$$F^{\lambda\rho} \partial_\lambda F_{\rho k} = \frac{1}{2} F^{\lambda\rho} [\partial_\lambda F_{\rho k} + \partial_\rho F_{k\lambda}]. \tag{8.70}$$

Damit geht (8.69) über in

$$\partial^\nu T^f_{\nu k} = \frac{1}{4\pi} F_{\rho k} \partial_\nu F^{\nu\rho} + \frac{1}{8\pi} F^{\lambda\rho} [\partial_\lambda F_{\rho k} + \partial_\rho F_{k\lambda} + \partial_k F_{\lambda\rho}]. \tag{8.71}$$

Der letzte Term verschwindet wegen der homogenen Maxwell-Gleichungen (7.31). Vertauschung der Summationsindizes im ersten Term rechts zusammen mit den inhomogenen Maxwell-Gleichungen (7.30) ergibt dann (8.68). Mit (8.59) und (8.60) folgt daraus dann die verallgemeinerte kovariante Lorentzkraftdichte für beliebiges $j^\rho$

$$K_k = \partial^\nu T^f_{\nu k} = \frac{1}{c} F_{k\rho} j^\rho . \tag{8.72}$$

Diese stimmt für Punktladungen mit (7.108) überein. Die drei Raumkomponenten von (8.72) ergeben die Lorentzkraftdichte (3.58); die vierte Komponente ergibt mit (3.60)

$$K_4 = \frac{1}{c} \mathbf{E} \cdot \mathbf{j} = \frac{1}{c} \frac{\partial}{\partial t} A(\mathbf{r}, t) = \frac{\partial}{\partial x_4} A(\mathbf{r}, t) . \tag{8.72a}$$

Da in dem Lagrangefunktional des Maxwellfeldes mit Quellen (8.45) der Anteil des den Strom $j^\mu$ erzeugenden Materiefeldes nicht enthalten ist, stellt (8.45) nicht das Lagrangefunktional des vollständigen Materie-Feld-Systems dar. (8.45) ist vielmehr nur derjenige Teil des gesamten Lagrangefunktionals, der für die Ableitung der inhomogenen Maxwellgleichungen benötigt wird. Würde man (8.50) in (8.27) einsetzen, so erhielte man ein falsches Ergebnis. Um zu vernünftigen Erhaltungssätzen zu gelangen, muß man daher Lagrangefunktionale für Gesamtsysteme benutzen, wie es in (8.57) getan wird.

Wir betrachten als Beispiel das in Abschnitt 7.4 noch nicht diskutierte Fermion-Photon System, das die Grundlage der Quantenelektrodynamik bildet. Das Lagrangefunktional für dieses System lautet

$$L = L_{em} + L_F + L_W , \tag{8.57a}$$

wobei die Lagrangefunktionale der freien Felder $L_{em}$ und $L_F$ durch (7.145) und (7.155) gegeben werden. Der Kopplungsterm wird angesetzt als

$$L_W = -\frac{e}{c} \bar{\psi}_\alpha \gamma^\mu_{\alpha\beta} \psi_\beta A_\mu =: \frac{1}{c} j^\mu(x) A_\mu(x) \tag{8.57b}$$

mit

$$j^\mu := -e \bar{\psi} \gamma^\mu \psi . \tag{8.57c}$$

Aus dem dieser Kopplungstheorie nach (7.7) zugeordneten Wirkungsfunktional $S[A_\mu, \psi, \bar{\psi}]$ kann man durch Variation nach den Feldgrößen die Feldgleichungen ableiten. Diese lauten nach (7.8) bei Variation nach $A_\mu$

$$\partial^\mu F_{\alpha\mu} = -\frac{4\pi}{c} e \bar{\psi} \gamma_\alpha \psi \tag{7.163a}$$

und bei Variation nach $\bar{\psi}$

$$[i\gamma^\nu_{\alpha\beta} D_\nu + m \delta_{\alpha\beta}] \psi_\beta = 0 \tag{7.162a}$$

unter Berücksichtigung von Definition (7.161) für $D_\nu$. Die analoge Bewegungsgleichung für $\bar{\psi}$ lautet

$$\bar{\psi}_\beta [i\gamma^\nu_{\beta\alpha} D^*_\nu - m \delta_{\beta\alpha}] = 0, \tag{7.162b}$$

wobei $D_\nu$ nunmehr nach links wirkt. Wegen der Antisymmetrie von $F_{\mu\nu}$ folgt aus (7.30) durch Anwendung von $\partial_\mu$ sofort $\partial_\mu j^\mu = 0$, also der Ladungserhaltungssatz. Man kann zeigen, daß für den hier definierten Fermionenstrom diese Bedingung erfüllt ist.

*Behauptung 8.4:* Für den Fermionenstrom $j^\mu$ aus (8.57c) gilt $\partial_\mu j^\mu = 0$, sofern das Fermione feld die Gleichungen (7.162a), (7.162b) erfüllt.

*Beweis:* Man erhält für $\partial_\mu j^\mu$ bei Substitution von (8.57c)

$$\partial_\mu j^\mu = -e\,[\overline{\psi}_\alpha \gamma^\mu_{\alpha\beta}\,\partial_\mu\,\psi_\beta + \partial_\mu\,\overline{\psi}_\alpha \gamma^\mu_{\alpha\beta}\psi_\beta]. \tag{8.57d}$$

Unter Benutzung der Feldgleichungen (7.162a), (7.162b) entsteht dann

$$\begin{aligned}\partial_\mu j^\mu &= \mathrm{i}e\,\overline{\psi}_\alpha\,[-m\,\delta_{\alpha\beta} + \frac{e}{c}\,\gamma^\mu_{\alpha\beta}A_\mu]\,\psi_\beta \\ &\quad -\mathrm{i}e\,\overline{\psi}_\alpha[-m\,\delta_{\alpha\beta} + \frac{e}{c}\gamma^\mu_{\alpha\beta}A_\mu]\,\psi_\beta = 0,\end{aligned} \tag{8.57e}$$

w.z.b.w.

Wir leiten nunmehr den Energie-Impulstensor ab. Dieser wird durch (8.28) gegeben und genügt dem Erhaltungssatz (8.27), wobei für den vorliegenden Fall die Menge der unabhängigen Funktionen $\{\varphi_j\}$ durch $A_\mu$, $\psi$ sowie $\overline{\psi}$ definiert wird. Zerlegen wir (8.57a) in die Form $L = L' + L_F$ mit $L' := L_{em} + L_W$, so läßt sich der Energieimpulstensor von (8.57a) unter Benutzung von (8.50), (8.51) schreiben

$$T_{\mu k} = T'_{\mu k} + T^F_{\mu k} = T^f_{\mu k} + \frac{1}{c}\,j_\mu A_k - \frac{1}{c}\,g_{\mu k}A_\rho j^\rho + T^F_{\mu k} =: T^f_{\mu k} + T^m_{\mu k} \tag{8.58a}$$

mit

$$T^F_{\mu k} := -\mathrm{i}\,\overline{\psi}_\alpha\,\gamma_{\mu\alpha\beta}\,\partial_k\,\psi_\beta + [\mathrm{i}\,\overline{\psi}_\alpha\,\partial_\nu\,\gamma^\nu_{\alpha\beta}\,\psi_\beta + m\,\overline{\psi}_\alpha\,\psi_\alpha]\,g_{\mu k} \tag{8.58b}$$

als Energieimpulstensor des freien Fermifeldes. Es gilt dann die

*Behauptung 8.5:* In der Fermion-Photon Kopplungstheorie ergibt sich als Lorentzkraft

$$K_k = -\,\partial^\mu T^m_{\mu k} \equiv \frac{1}{c}\,F_{k\mu}\,j^\mu \tag{8.60a}$$

mit dem Strom (8.57c).

*Beweis:* Wir benutzen (8.58a) und erhalten

$$\partial^\mu\,T^m_{\mu k} = \frac{1}{c}\,[A_k\,\partial^\mu\,j_\mu + j_\mu\,\partial^\mu\,A_k - A_\rho\,\partial_k\,j^\rho - j^\rho\,\partial_k\,A_\rho] + \partial^\mu\,T^F_{\mu k}. \tag{8.60b}$$

Daraus folgt wegen (8.57c)

$$\partial^\mu\,T^m_{\mu k} = \frac{1}{c}\,j^\mu\,[\partial_\mu\,A_k - \partial_k\,A_\mu] - \frac{1}{c}\,A_\mu\,\partial_k\,j^\mu + \partial^\mu\,T^F_{\mu k}$$

und damit

$$-\,\partial^\mu T^m_{\mu k} = \frac{1}{c}\,F_{k\mu}\,j^\mu + \frac{1}{c}\,A_\mu\,\partial_k\,j^\mu - \partial^\mu\,T^F_{\mu k}. \tag{8.60c}$$

Soll die Theorie konsistent sein, so müssen die beiden letzten Terme in (8.60c) verschwinden. Man kann dies explizit nachweisen, indem man die Bewegungsgleichungen (7.162a), (7.162b) benutzt und die Ausdrücke für $j^\mu$ und $T^F_{\mu k}$ verwendet. Direkte Rechnung ergibt dann das gewünschte Ergebnis, w.z.b.w.

Aus dieser Behauptung folgt sofort ein anschauliches Ergebnis

*Behauptung 8.6:* Der Erhaltungssatz (8.27) in Anwendung auf die Fermion-Photon-Kopplungstheorie ergibt den Erhaltungssatz (8.68).

*Beweis:* Wir wenden den allgemeinen Erhaltungssatz (8.27) auf (8.58a) an. Benutzt man dann (8.60a), so folgt aus (8.59) die Behauptung, w.z.b.w.

## 8.3. Drehimpuls-Erhaltung

Bei der Behandlung der homogenen eingeschränkten Lorentztransformationen kann der Sachverhalt nicht mehr so global formuliert werden wie bei den Translationen, da in die Erhaltungssätze die speziellen Transformationseigenschaften der $\varphi_i$ und die explizite Form der Darstellungsmatrix für die infinitesimalen Erzeugenden $D^s$ nach (8.19) wesentlich eingehen. Im Hinblick auf das elektromagnetische Feld formulieren wir daher die Konsequenzen der Forminvarianz gegenüber der homogenen Lorentzgruppe für ein Vektorfeld. Es gilt die

*Behauptung 8.7:* Die Transformationen der eingeschränkten homogenen Lorentzgruppe führen bei forminvarianten Lagrangefunktionalen für ein Vektorfeld $\varphi_i$ auf die Erhaltungssätze

$$\partial^\mu (L_{\rho\sigma})_\mu = 0 \tag{8.73}$$

mit dem Drehimpulstensor

$$(L_{\rho\sigma})_\mu := -[x_\rho T_{\mu\sigma} - x_\sigma T_{\mu\rho}] + \frac{\delta L}{\delta \partial^\mu \varphi^j} i(M_{\rho\sigma})^{jk} \varphi_k ; \tag{8.74}$$

$M_{\rho\sigma}$ sind dabei die infinitesimalen Erzeugenden für ein Vektorfeld.

*Beweis:* Wir können diesmal die Endformel (8.26) benutzen, wobei nur noch das Transformationsverhalten der $\varphi_j$ zu berücksichtigen ist. Bei Vorliegen einer Vektordarstellung wird in (8.19) $D^s \equiv M^s$, und der Erhaltungssatz (8.26) lautet dann

$$i\partial^\mu \left[ \frac{\delta L}{\delta \partial^\mu \varphi_j} (M^{\rho\sigma})^k_j \varphi_k + (M^{\rho\sigma})^\nu_k x^k \left( L g_{\mu\nu} - \frac{\delta L}{\delta \partial^\mu \varphi_j} \partial_\nu \varphi_j \right) \right] = 0. \tag{8.75}$$

Den Klammerausdruck aber kann man schreiben als

$$(L_{\rho\sigma})_\mu = -i(M_{\rho\sigma})^{lk} x_l \left[ \sum_j \frac{\delta L}{\delta \partial^\mu \varphi_j} \partial_k \varphi_j - L g_{\mu k} \right] + i \frac{\delta L}{\delta \partial^\mu \varphi^j} (M_{\rho\sigma})^{jk} \varphi_k . \tag{8.76}$$

In der Vektordarstellung erhält man nach (6.130)

$$(M_{\rho\sigma})^{jk} = i \left( g^k_\rho \, g^j_\sigma - g^k_\sigma \, g^j_\rho \right) , \tag{8.77}$$

und die eckige Klammer in (8.76) ist nach (8.28) genau $T_{\mu k}$. Einsetzen in (8.76) führt auf (8.74), w.z.b.w.

Die Form (8.74) läßt eine interessante Zerlegung zu. Wir definieren mit

$$L^0_{\rho\sigma;\mu} := -[x_\rho T_{\mu\sigma} - x_\sigma T_{\mu\rho}] \tag{8.78}$$

den Bahnanteil von (8.74) und mit

$$S_{\rho\sigma;\mu} := -\sum_j \frac{\delta L}{\delta \partial^\mu \varphi^j}\left[g^j_\sigma \varphi_\rho - g^j_\rho \varphi_\sigma\right] = i\sum_j \frac{\delta L}{\delta \partial^\mu \varphi_j}(M_{\rho\sigma})^{jk}\varphi_k \tag{8.79}$$

den Spinanteil. Von den beiden Ausdrücken (8.78) und (8.79) sind die $\mu$ = 4-Komponenten physikalisch besonders anschaulich interpretierbar, wie dies auch im vorigen Abschnitt beim Energie-Impuls-Tensor der Fall war und nachfolgend gezeigt wird. Mit (8.36) wird der Tensor der Bahndrehimpulsdichte definiert durch

$$L_{\rho\sigma} := \frac{1}{c} L^0_{\rho\sigma,\nu} n^\nu = x_\rho P_\sigma(x) - x_\sigma P_\rho(x), \tag{8.80}$$

und mit (7.53) wird der Tensor der Spindichte für $n^\nu = (0, 0, 0, 1)$ definiert:

$$S_{\rho\sigma} := \frac{1}{c} S_{\rho\sigma,4} = \pi_\rho \varphi_\sigma - \pi_\sigma \varphi_\rho \ . \tag{8.81}$$

Beide Tensoren sind antisymmetrisch und besitzen demnach sechs unabhängige Komponenten. Für $\rho, \sigma = 1, 2, 3$ führt (8.80) dann auf den Drehimpulstensor $L_{ik}$ im $\mathbb{R}_3$, der nach Abschnitt 6.3 in vektorieller Schreibweise durch $l_j = \epsilon_{jik} L^{ik}$ den Drehimpulsvektor ergibt. Das Analoge gilt für den Spintensor nach (8.81). Geht man zu einer Theorie mit skalaren Feldfunktionen über, so verschwindet der Spinanteil, und es verbleibt nur der Bahnanteil allein. Dies bedeutet, daß es bei Feldern mit tensoriellem oder spinoriellem Charakter möglich ist, dem Feld einen Drehimpuls mitzugeben, der nur von den Komponenten des Feldes an einem Ort abhängt und nicht wie (8.78) auf den Koordinatenursprung bezogen ist. Damit enthalten diese Felder einen lokalen Drehimpuls, der bei der Teilcheninterpretation als Spin bezeichnet wird; er hängt nicht von der Lage des Teilchens in bezug auf den Ursprung ab.

Definiert man den Gesamtbahndrehimpuls für $n^\nu = (0, 0, 0, 1)$ durch

$$L^0_{\rho\sigma} := \frac{1}{c}\int L^0_{\rho\sigma,4}(\mathbf{r}, t)\, d^3r \tag{8.82}$$

und den Gesamtspin durch

$$S^0_{\rho\sigma} := \frac{1}{c}\int S_{\rho\sigma,4}(\mathbf{r}, t)\, d^3r \ , \tag{8.83}$$

so läßt sich bei einem Verhalten der Feldfunktionen wie $O(r^{-2-\epsilon})$ im Unendlichen analog zum Viererimpuls aus (8.39) der Erhaltungssatz

$$\frac{d}{dt}\left(L^0_{\rho\sigma} + S^0_{\rho\sigma}\right) = 0 \tag{8.84}$$

und damit $L^0_{\rho\sigma} + S^0_{\rho\sigma}$ = const. ableiten. Die Erhaltung des Gesamtdrehimpulses ist daher eine Konsequenz der Forminvarianz gegenüber eingeschränkten homogenen Lorentztransformationen.

Als noch stärkere Aussage gilt folgende

*Behauptung 8.8:* Für Systeme mit symmetrischem Energie-Impuls-Tensor $T_{\mu\sigma}$ und mit Energieerhaltung gilt für den Bahnanteil allein der Erhaltungssatz

$$\partial^{\mu} L^{0}_{\rho\sigma,\mu} = 0 \,. \tag{8.85}$$

*Beweis:* Mit (8.78) wird

$$\partial^{\mu} L^{0}_{\rho\sigma;\mu} = T_{\sigma\rho} - T_{\rho\sigma} + x_{\sigma}\,\partial^{\mu} T_{\mu\rho} - x_{\rho}\,\partial^{\mu} T_{\mu\sigma} \,. \tag{8.86}$$

Dieser Ausdruck verschwindet wegen $T_{\rho\sigma} = T_{\sigma\rho}$ und wegen (8.27), w.z.b.w.

Aus (8.85) und (8.73) folgt dann natürlich auch die Erhaltung des Spinanteils allein:

$$\partial^{\mu} S_{\rho\sigma;\mu} = 0 \,. \tag{8.87}$$

Im Hinblick auf die Interpretation von S als lokalen, sozusagen mitbewegten Eigen-Drehimpuls ist diese Aussage sehr sinnvoll: Der lokale Drehimpuls ist eine Größe, die auf Grund ihrer Definition mit dem Tensor- bzw. Spinorcharakter des Feldes zusammenhängt. Da dieser sich in der gesamten Ausdehnung des Feldes nicht ändert und nur von den Transformationseigenschaften des Feldes abhängt, muß der Spin für sich eine Erhaltungsgröße sein. Diese klassisch-plausible Erklärung gilt jedoch in der Quantentheorie nicht mehr! Als Spezialfall untersuchen wir wiederum das

**elektromagnetische Feld**

Mit $L_{em}$ aus (7.145) ergibt sich für das freie Maxwellfeld nach (8.79)

$$S^{f}_{\rho\sigma,\mu} = \frac{1}{4\pi}\,[F_{\mu\sigma}A_{\rho} - F_{\mu\rho}A_{\sigma}] \,. \tag{8.88}$$

Das freie Maxwellfeld mit seinen Lösungen in Form von ebenen Wellen trägt demnach einen lokalen Drehimpuls mit sich, was in der Quantentheorie auf den Spin der Photonen führt. Wie beim Linearimpuls kann man auch folgendes beweisen:

*Behauptung 8.9:* Für das elektromagnetische Feld mit Wechselwirkung sind die Erhaltungssätze (8.85) identisch mit den Drehimpulserhaltungssätzen des Gesamtsystems.

*Beweis:* Zerlegt man nach (8.58) den Energie-Impuls-Tensor des Gesamtsystems in

$$T_{\mu\nu} = T^{f}_{\mu\nu} + T^{m}_{\mu\nu} \,, \tag{8.89}$$

so gilt nach (8.27) wegen der Symmetrie von (8.89)

$$\partial^{\mu}\left[L^{0f}_{\rho\sigma,\mu} + L^{0m}_{\rho\sigma,\mu}\right] = 0 \tag{8.90}$$

mit dem Bahnanteil des Maxwell-Feldes

$$L^{0f}_{\rho\sigma,\mu} := T^{f}_{\mu\rho}\,x_{\sigma} - T^{f}_{\mu\sigma}\,x_{\rho} \tag{8.91}$$

und dem rein mechanischen Bahnanteil

$$L^{0m}_{\rho\sigma,\mu} := T^{m}_{\mu\rho}\,x_{\sigma} - T^{m}_{\mu\sigma}\,x_{\rho} \,. \tag{8.92}$$

Nach (8.60) und (8.80) folgt für den rein mechanischen Bahnanteil $L^{0m}_{\rho\sigma,\mu}$ wegen der Symmetrie von $T^{m}_{\sigma\rho}$

$$\partial^\mu L^{0m}_{\rho\sigma,\mu} = \partial^\mu T^{m}_{\mu\rho} x_\sigma - \partial^\mu T^{m}_{\mu\sigma} x_\rho + T^{m}_{\sigma\rho} - T^{m}_{\rho\sigma} \tag{8.93}$$
$$= x_\rho K_\sigma - x_\sigma K_\rho = x_\rho \frac{\partial}{\partial t} p^{m}_{\sigma} - x_\sigma \frac{\partial}{\partial t} p^{m}_{\rho} .$$

Setzt man (8.93) in (8.90) ein und trennt man Raum- und Zeitkomponenten, so lautet der differentielle Erhaltungssatz mit der Definition (8.80) für $n^\nu = (0, 0, 0, 1)$

$$\frac{\partial}{\partial t} L^{f}_{\rho\sigma} + x_\rho \frac{\partial}{\partial t} p^{m}_{\sigma} - x_\sigma \frac{\partial}{\partial t} p^{m}_{\rho} + \sum_{k=1}^{3} \partial^k L^{0f}_{\rho\sigma,k} = 0. \tag{8.94}$$

Dies ist der verallgemeinerte differentielle Erhaltungssatz der Drehimpulsdichte, der wegen der Antisymmetrie von $L_{\rho\sigma}$ aus sechs unabhängigen Gleichungen besteht und in Tensorform dargestellt ist.

a) Für $\rho, \sigma = 1, 2, 3$ gilt

$$x_\rho \frac{\partial}{\partial t} p^{m}_{\sigma} - x_\sigma \frac{\partial}{\partial t} p^{m}_{\rho} = \frac{\partial}{\partial t} [x_\rho p^{m}_{\sigma} - x_\sigma p^{m}_{\rho}] = \frac{\partial}{\partial t} L^{m}_{\rho\sigma} .$$

Setzt man diese Relation in (8.93) ein, so folgt gerade die Bewegungsgleichung für den mechanischen Drehimpuls. Dann lautet (8.94) mit (8.91), wobei $T^{f}_{ji}$ durch (8 52) gegeben ist,

$$\frac{\partial}{\partial t} \left[L^{f}_{ik}(\mathbf{r}, t) + L^{m}_{ik}(\mathbf{r}, t)\right] + \sum_{j=1}^{3} \partial^j \left[T^{f}_{ji} x_k - T^{f}_{jk} x_i\right] = 0. \tag{8.95}$$

In der Vektorschreibweise mit $l_j = \epsilon_{jik} L^{ik} = (\mathbf{r} \times \mathbf{p}) \cdot \mathbf{e}_j$ und mit dem Drehimpulsflußtensor $\mathbb{M}$ nach (3.80) lautet dann (8.95)

$$\frac{\partial}{\partial t} [l_{el}(\mathbf{r}, t) + l_m(\mathbf{r}, t)] = \nabla \cdot \mathbb{M}(\mathbf{r}, t) . \tag{8.96}$$

Dies entspricht genau den Erhaltungssätzen (3.78) in Abschnitt 3.6. Insbesondere sieht man dieser Form besonders gut an, daß es sich hier um den mechanischen Drehimpuls und den Drehimpuls des elektromagnetischen Feldes handelt. Da nur die Komponenten $\rho, \sigma = 1, 2, 3$ benutzt werden, ist (8.96) die Folge der reinen Drehungen im $\mathbb{R}_3$, ohne daß man die reinen Lorentztransformationen verwenden muß. Der Drehimpulserhaltungssatz (8.96) folgt also aus der Forminvarianz der Theorie gegenüber der eigentlichen Drehgruppe $O_3^+$. Die integrale Formulierung des Drehimpuls-Erhaltungssatzes für das abgeschlossene Gesamtsystem folgt dann aus Abschnitt 3.6.

b) Wir setzen nun in (8.94) $\sigma = 4$, $\rho = 1, 2, 3$ bzw. $\rho = 4$, $\sigma = 1, 2, 3$. Der Term $\sigma, \rho = 4$ verschwindet wegen der Antisymmetrie. Damit erhalten wir dann möglicherweise Konsequenzen der Forminvarianz der Theorie gegenüber reinen Lorentztransformationen. Aus (8.80) folgt mit (8.55), (8.56) für $n^\nu = (0, 0, 0, 1)$

$$L^{f}_{i4}(\mathbf{r}, t) = x_i \frac{1}{c} u(\mathbf{r}, t) - ct\, p^{el}_{i} \quad , \quad (i = 1, 2, 3) , \tag{8.97}$$

und für den mechanischen Anteil von (8.94) folgt mit (8.72a)

$$x_i \frac{\partial}{\partial t} p_4^m - x_4 \frac{\partial}{\partial t} p_i^m = x_i \frac{1}{c} \frac{\partial}{\partial t} A(\mathbf{r}, t) - ct \frac{\partial}{\partial t} p_i^m(\mathbf{r}, t). \tag{8.98}$$

Weiter folgt aus (8.91) mit (8.52), (8.54) und (8.55)

$$L_{i4,k}^{of} = c \left[ t\, T_{ik}^{f} + x_i\, p_k^{el} \right] \quad , \qquad (i, k = 1, 2, 3) . \tag{8.99}$$

Setzt man die Gleichungen (8.97), (8.98) und (8.99) in (8.94) ein, so ergibt sich mit (8.55)

$$\frac{\mathbf{r}}{c^2} \left[ \frac{\partial}{\partial t} u(\mathbf{r}, t) + \frac{\partial}{\partial t} A(\mathbf{r}, t) + \nabla \cdot \mathbf{S} \right] - t \left[ \frac{\partial}{\partial t} \mathbf{p}_{el}(\mathbf{r}, t) + \frac{\partial}{\partial t} \mathbf{p}_m(\mathbf{r}, t) - \nabla \cdot \mathbb{T} \right] = 0 . \tag{8.100}$$

Da **r** imd t völlig beliebig sind, müssen die Klammern identisch verschwinden. Dies führt dann aber zu der differentiellen Impulserhaltung (8.66) und der Energieerhaltung (8.67), also auf nichts Neues.

## 8.4. Eichinvarianz

Ein Beispiel ganz anderer Art für die Anwendung des Noetherschen Theorems, das für Feldtheorien wichtig ist, bilden die Eichtransformationen. Ihnen gegenüber ist das Lagrangefunktional nach Konstruktion forminvariant. Auch diese Transformationen bilden eine Gruppe, da sowohl die Multiplikation $\Lambda_1 \cdot \Lambda_2$ wie auch die Addition $\Lambda_1 + \Lambda_2$ von zwei Eichfunktionen $\Lambda_1$ und $\Lambda_2$ wiederum zu einer Eichfunktion führt. Die Voraussetzungen des Noetherschen Theorems sind damit erfüllt. Wir wenden es an auf folgenden Spezialfall:

### a) Maxwellfeld mit äußeren Quellen

Es gilt dann nach (7.157)

$$\delta A_\mu(x) = \partial_\mu \Lambda(x) . \tag{8.101}$$

Da es sich um keine Koordinatentransformation handelt, bedeutet dies

$$\delta x_\mu = 0 . \tag{8.102}$$

Substitution von (8.101) und (8.102) in (8.14) mit (8.45) ergibt

$$-\frac{1}{4\pi} \int_\Omega \partial_\mu F^{\mu\nu} \partial_\nu \Lambda(x) d^4x = 0 . \tag{8.103}$$

Wählt man für $\Omega$ den $\mathbb{R}_3$ und betrachtet man ein abgeschlossenes System, für das der Feldtensor $F^{\mu\nu}$ genügend stark bei $x = \infty$ verschwindet, so entsteht aus (8 103) durch partielle Integration

$$\frac{1}{4\pi} \int \partial_\mu \partial_\nu F^{\mu\nu} \Lambda(x)\, d^4x = 0 . \tag{8.104}$$

Unter Verwendung der inhomogenen Maxwell-Gleichung (7.30) und wegen der beliebigen Eichfunktion $\Lambda(x)$ führt dies auf die Gleichung

$$\partial_\mu j^\mu = 0. \tag{8.105}$$

Dies bedeutet, daß die Forminvarianz gegenüber Eichtransformationen auf die Ladungserhaltung führt. Die integrale Formulierung von (8.105) erhält man durch Integration über den $\mathbb{R}^3$ unter der Voraussetzung, daß $j^\mu(\mathbf{r}, t)$ im Unendlichen genügend stark verschwindet:

$$\frac{d}{dt} Q(t) = 0 \quad \text{mit} \quad Q(t) := \frac{1}{c}\int j_4(\mathbf{r}, t)\, d^3 r\,. \tag{8.106}$$

**b) Kopplung zwischen skalaren Mesonen und Photonen**

Nach (7.157) und (7.158) und wegen $\Lambda = \Lambda'$ lauten die infinitesimalen Variationen hier

$$\delta A_\mu = \partial_\mu \Lambda(x) \tag{8.107}$$

und

$$\delta\psi(x) = i\,\Lambda(x)\,\frac{\epsilon}{c}\,\psi(x); \quad \delta\psi^x(x) = -\,i\,\Lambda(x)\,\frac{\epsilon}{c}\,\psi^x(x)\,, \tag{8.108}$$

sowie $\delta x_\mu = 0$. Der Erhaltungssatz (8.14) lautet dann für die simultane Variation der Meson- und der Photon-Felder

$$\frac{i\epsilon}{c}\int\limits_\Omega \partial_\mu\left[\frac{\delta L}{\delta\partial_\mu\psi}\,\psi - \frac{\delta L}{\delta\partial_\mu\psi^x}\,\psi^x - i\,\frac{c}{\epsilon}\,\frac{\delta L}{\delta\partial_\mu A_\nu}\,\partial_\nu\right]\Lambda(x)\,d^4x = 0. \tag{8.109}$$

wenn man das eichinvariante Lagrangefunktional (7.160) zugrunde legt. Unter der Voraussetzung, daß $\Lambda(x)$ und die Felder am Rande des Gebietes hinreichend stark verschwinden, kann der dritte Term in (8.109) partiell integriert werden. Weil die Eichfunktion $\Lambda(x)$ beliebig ist, muß dann aber gelten

$$\partial_\mu\left[\frac{\delta L}{\delta\partial_\mu\psi}\,\psi - \frac{\delta L}{\delta\partial_\mu\psi^x}\,\psi^x + i\,\frac{c}{\epsilon}\,\partial_\nu\,\frac{\delta L}{\delta\partial_\mu A_\nu}\right] = 0. \tag{8.110}$$

Unter Verwendung der Feldgleichungen (7.163) und der Stromdefinition (7.164) geht dies in den Erhaltungssatz des Mesonenstromes

$$\partial^\mu j_\mu^{(m)} = 0 \tag{8.111}$$

über. Durch die Forderung der Eich-Forminvarianz des Gesamt-Lagrangefunktionals (7.160) entsteht also gegenüber (8.105) nichts Neues. Dies hängt damit zusammen, daß die Eichfunktionen des Mesonenfeldes mit jenen des Photonenfeldes übereinstimmen müssen, damit eine solche Invarianz entsteht. Die Theorie weist daher gegenüber a) keine weiteren Freiheitsgrade auf und kann daher auch nur zu demselben Resultat führen.

# III. Phänomenologisches Leitermodell

## 9. Statisches Leitermodell

### 9.1. Modellvorstellung

Wie bereits ausführlich diskutiert wurde, besteht das Grundproblem der Elektrodynamik sowohl im Experiment als auch in der Theorie in der Erfassung der Wechselwirkung elektromagnetischer Felder mit Materie. In den vorangehenden zwei Kapiteln wurden die theoretischen Grundlagen für die Beschreibung dieser Vorgänge im Rahmen der klassischen Physik dargestellt. Die große Vielfalt der elektromagnetischen Wechselwirkungen mit Materie entsteht dann durch Auswertung der Grundlagen in Anwendung auf verschiedene realistische Materienmodelle wie z.B. Gase, Flüssigkeiten und Festkörper. Da ganz abgesehen von Quanteneffekten den klassischen Modellen nach Kapitel 5 prinzipielle Schwierigkeiten anhaften, wird man eine totale Übereinstimmung von experimentellen Befunden und theoretischen Ergebnissen nicht erwarten können. Vielmehr wird eine Übereinstimmung nur in solchen Bereichen möglich sein, in denen die grundsätzlichen Schwierigkeiten keine wesentliche Rolle für den Wechselwirkungsmechanismus spielen. Dies sind vor allem die Niederenergiebereiche, in denen die Wechselwirkungsenergien sehr klein sind gegenüber den Materieselbstenergien. In diesen Bereichen kann man dann mit Punktladungen oder geladenen Flüssigkeiten unter Ausschluß der elektromagnetischen Selbstwechselwirkungen rechnen. Selbst diese Idealisierungen verlangen aber bei konsequenter Verwendung der Maxwell-Lorentz-Theorie noch einen beträchtlichen mathematischen Aufwand, wie an Beispielen in Teil IV deutlich werden wird.

In einem ersten Schritt zur Erfassung der niederenergetischen elektromagnetischen Vorgänge an realistischen Materiemodellen kann man daher versuchen, die Materie durch einige makroskopische Eigenschaften zu beschreiben und damit das Wechselwirkungsproblem zu vereinfachen. Dies kann dann als phänomenologische Theorie der Materie bezeichnet werden, da an die Stelle der mikroskopischen Grundstruktur makroskopische Phänomene treten. Die Untersuchung derartiger phänomenologischer Theorien wird den Hauptinhalt der weiteren Darstellung bilden. Es wird sich herausstellen, daß selbst mit so weitgehenden Vereinfachungen noch eine außerordentlich große Anzahl von Wechselwirkungsvorgängen im niederenergetischen Bereich zutreffend beschrieben werden kann.

Will man vom phänomenologischen Standpunkt aus eine Aufgliederung der Materiemodelle vornehmen, so ist zunächst nicht der Aggregatzustand der Materie wesentlich, sondern man unterscheidet in einer ersten Grobeinteilung nach der elektrischen Leitfähigkeit der Materie zwischen Leitern und Isolatoren. Wir diskutieren zunächst die Leiter. Sie werden eingeführt durch die

*Definition 9.1:* Ein idealer Leiter ist ein makroskopischer Körper, in dem die Ladungen (fast) frei beweglich sind.

Aus dieser Definition folgt, daß ein elektrisches Feld im Innern eines Leiters die Ladungen solange bewegt, bis sie an die Leiteroberfläche kommen. Um daraus weitere Schlüsse zu ziehen, nehmen wir für das folgende an, daß die Leiteroberflächen fest vorgegeben sind, so daß die Leiter geometrisch starre Gebilde sind. Für solche Leiter kann man dann die Aussage machen:

**1. phänomenologische Grunderfahrung des Leitermodells:** Wird ein äußeres elektromagnetisches Feld vorgegeben und variiert dieses nicht zu schnell mit der Zeit, so stellt sich als Reaktion auf dieses Feld im Leiter ein Gleichgewichtszustand zwischen Feld und Leiter ein. Insbesondere kommen bei statischen Feldern die Ladungen im Leiter zur Ruhe.

Im folgenden betrachten wir zunächst den statischen Fall, bei dem das elektromagnetische Feld zeitunabhängig ist. In diesem Fall ist das Gleichgewicht durch einen statischen Zustand der Ladungsverteilung eindeutig definiert. Das zugehörige elektrische Gesamtfeld setzt sich dann aus dem vorgegebenen äußeren Feld und dem von den Ladungen im Leiter erzeugten Feld zusammen und ist ebenfalls statisch. Für dieses Gesamtfeld ergibt sich als unmittelbare Konsequenz aus der 1. Grunderfahrung, daß im Gleichgewichtszustand längs der Leiteroberfläche F für das elektrische Feld

$$\mathbf{E}(\mathbf{r}) \cdot \mathbf{t}(\mathbf{r})\big|_{\mathbf{r}\in F} = 0 \tag{9.1}$$

gelten muß, wobei $\mathbf{t}(\mathbf{r})$ eine beliebige Tangente der Leiteroberfläche im Punkte $\mathbf{r}$ auf F ist. Wäre (9.1) nicht erfüllt, so würden sich Ladungen an der Oberfläche bewegen, was einen Widerspruch gegen die durch die Erfahrung erwiesene Gleichgewichtsannahme darstellt.

Nach (1.27) ist die Arbeit $A_{1,2}$ an einer Ladung q im Felde $\mathbf{E}(\mathbf{r})$ bei einer Verschiebung von $\mathbf{r}_1$ nach $\mathbf{r}_2$

$$A_{1,2} = -q \int_{\mathbf{r}_1}^{\mathbf{r}_2} \mathbf{E}(\mathbf{r}) \cdot d\mathbf{s}. \tag{9.2}$$

Wählen wir speziell $\mathbf{r}_1$ und $\mathbf{r}_2$ auf der Leiteroberfläche und verbinden wir beide Punkte durch einen auf der Leiteroberfläche gelegenen Weg, so wird aus (9.2) wegen (9.1) zusammen mit (1.30)

$$A_{1,2} = -q \int_{\mathbf{r}_1}^{\mathbf{r}_2} \mathbf{E}(\mathbf{r}) \cdot d\mathbf{s} = q\,[\varphi(\mathbf{r}_2) - \varphi(\mathbf{r}_1)] = 0, \tag{9.3}$$

da ds ein Tangentialvektor ist. Dies bedeutet, daß das skalare Potential $\varphi$ auf der Leiteroberfläche konstant sein muß. Da ferner auch im Innern eines Leiters im Gleichgewicht keine Ladungsbewegung auftritt, so muß auch dort das elektrische Feld verschwinden und damit konstantes Potential herrschen, so daß $\varphi(\mathbf{r})$ sowohl im Innern als auch auf der Oberfläche konstant ist. Zusammenfassend kann man daher das Leitermodell im statischen Fall phänomenologisch folgendermaßen charakterisieren:

**Phänomenologisch-elektrostatisches Leitermodell**

Im elektrostatischen Gleichgewicht werden die im Vakuum befindlichen Leiter $K_1, \ldots, K_n$ mit den Oberflächen $F(K_1), \ldots, F(K_n)$ durch eine starre Ladungsanordnung $\rho_1(\mathbf{r}), \ldots, \rho_n(\mathbf{r})$ beschrieben mit der Zusatzbedingung, daß das elektrische Potential $\varphi(\mathbf{r})$ auf den Leiteroberflächen $F(K_1), \ldots, F(K_n)$ konstant sein muß. Da durch Da durch diese Formulierung das Problem auf ein Vakuumproblem unter Zusatzbedingungen reduziert wird, gelten die elektrostatischen Gleichungen von Kapitel 1:

$$\begin{aligned} &\nabla \cdot \mathbf{E}(\mathbf{r}, t) = 4\pi \left[ \sum_{j=1}^{n} \rho_j(\mathbf{r}) + \rho_a(\mathbf{r}) \right] \\ &\nabla \times \mathbf{E}(\mathbf{r}) = 0 \end{aligned} \tag{9.4}$$

und

$$\mathbf{E}(\mathbf{r}) \cdot \mathbf{t}(\mathbf{r}) = 0 \quad \text{bzw.} \quad \varphi(\mathbf{r}) = U_j \quad \text{für} \quad \mathbf{r} \in F(K_j). \tag{9.4a}$$

Dabei ist $\rho_a(\mathbf{r})$ eine im Außenraum V der Leiter vorgegebene Ladungsverteilung, die das äußere Feld erzeugt. Es stellt sich dann als Problem die Berechnung des elektrischen Gleichgewichtsfeldes $\mathbf{E}(\mathbf{r})$, wenn neben einer äußeren Ladungsverteilung $\rho_a(\mathbf{r})$ auf den Oberflächen der Leiter auch noch die Zusatzbedingung (9.4a) erfüllt werden muß. Die Lösung dieser Problemstellung wird durch die Potentialtheorie geleistet, wobei je nach der experimentellen Anordnung verschiedene Versionen möglich sind.

## 9.2. Potentialtheorie

Wir untersuchen im folgenden zunächst die

1. **Grundaufgabe:** Es seien die leitenden Körper $K_1, \ldots, K_n$ im Vakuum vorgegeben. Die Geometrie der Körper sei bekannt. Auf den Körpern $K_1, \ldots, K_n$ mögen die konstanten Potentiale $U_1, \ldots, U_n$ festgehalten werden, und außerhalb von $K_1, \ldots, K_n$ sei die Raumladungsdichte $\rho_a(\mathbf{r})$ vorgegeben. Welche Ladungen $Q_i$, $1 \leqslant i \leqslant n$ sitzen dann in und auf den Leitern $K_1, \ldots, K_n$, und wie lautet das Feld zwischen den Leitern?

Physikalisch kann man eine solche Konstellation durch Aufladung der Leiter erreichen. Da das Potential $\varphi(\mathbf{r})$ auf den Leitern nach (9.4a) konstant ist, müssen durch die Aufladung nur die Absolutwerte $U_j$ festgelegt werden, was mit Hilfe von Spannungsquellen immer möglich ist. Mathematisch gesehen sind die Gln. (9.4) unter den Nebenbedingungen für die Potentiale zu lösen. Für die erste Grundaufgabe sind die in und auf den Leitern $K_1, \ldots, K_n$ vorhandenen Ladungsdichten $\rho_1(\mathbf{r}), \ldots, \rho_n(\mathbf{r})$ nicht bekannt. Es muß also eine Methode entwickelt werden, (9.4) ohne Kenntnis dieser Ladungsdichten zu integrieren. Dies geschieht durch Beschränkung auf den Außenraum V. Da das Potential in und auf dem Leiter $K_j$ konstant ist, verschwinden die elektrische Feldstärke $\mathbf{E}(\mathbf{r})$ und die Ladungsdichte $\rho_j(\mathbf{r})$ im Innern des Leiters wegen (1.23) und (1.25). Dies bedeutet, daß sich nur auf der Oberfläche $F(K_j)$ des Leiters $K_j$ eine Oberflächenladungsdichte $\sigma_j(\mathbf{r})$ befinden kann. Der Innenraum ist also physikalisch uninteressant. Andererseits ist im Außenraum des Leiters $\varphi(\mathbf{r})$ nicht konstant, $\mathbf{E}(\mathbf{r})$ verschwindet also nicht, so daß $\mathbf{E}(\mathbf{r})$ an der Oberfläche $F(K_j)$ einen Sprung macht. Das Problem (9.4) kann dann auf ein Vakuumproblem reduziert werden, indem man das Potential nur im Außenraum V der Leiter $K_1, \ldots, K_n$ betrachtet, aber zusätzlich für die Erfüllung der Randbedingungen $\varphi(\mathbf{r}) = U_j$ auf der Oberfläche $F(K_j)$ sorgt.

Im materiefreien Außenraum ist (9.4) nach (1.25) für eine zulässige Ladungsdichte $\rho_a(\mathbf{r})$ mit $\lim_{|\mathbf{r}|\to\infty} \rho_a(\mathbf{r}) = 0$ identisch mit der Poisson-Gleichung

$$\Delta \varphi(\mathbf{r}) = -4\pi\, \rho_a(\mathbf{r}), \qquad \mathbf{r} \in V \tag{9.5}$$

und der Randbedingung auf den Oberflächen $F(K_1) \ldots F(K_n)$

$$\varphi(\mathbf{r}) = U_j, \qquad \mathbf{r} \in F(K_j) \tag{9.5a}$$

sowie im Unendlichen

$$\lim_{|\mathbf{r}|\to\infty} \varphi(\mathbf{r}) = 0. \tag{9.5b}$$

Das Randwertproblem (9.5) für das Potential $\varphi(\mathbf{r})$ wird dann identisch mit dem sog. Dirichletschen Randwertproblem, für das die Existenz einer Lösung nach [M 2] gesichert ist; ihre Eindeutigkeit wird in Anhang III gezeigt. Aus der Eindeutigkeit folgt dann insbesondere, daß im Außenraum die Lösung von (9.5) mit der Lösung von (9.4) übereinstimmen muß. Auf diese Weise hat man sich ohne explizite Kenntnis der Oberflächenladungsdichte $\sigma_i(\mathbf{r})$ die Lösung von (9.4) im Außenraum beschafft. Dies bedeutet, daß die Randbedingungen (9.4a) die Kenntnis der $\sigma_i(\mathbf{r})$ ersetzen. Die $\sigma_i(\mathbf{r})$ lassen sich dann wie in Abschnitt 9.5 aus dem bekannten Potential $\varphi(\mathbf{r})$ bestimmen. Erst durch diese Aussage erhält das phänomenologische Leitermodell einen theoretischen Wert. Für die physikalische Praxis interessant ist die Frage, wie derartige Lösungen wirklich konstruiert werden können. Dafür gibt es folgende

*Behauptung 9.1:* Bezeichnet man mit V den Außenraum der Leiter $K_1, \ldots, K_n$ mit der Oberfläche F(V), so wird die Lösung der 1. Grundaufgabe (9.5) für $\mathbf{r} \in V$ durch

$$\varphi(\mathbf{r}) = \int_V G(\mathbf{r}, \mathbf{r}')\, \rho_a(\mathbf{r}')\, d^3 r' - \frac{1}{4\pi} \sum_{j=1}^{n} U_j \int_{F(K_j)} \nabla_{\mathbf{r}'} G(\mathbf{r}, \mathbf{r}') \cdot d\mathbf{f} \tag{9.6}$$

gegeben, wobei $G(\mathbf{r}\,\mathbf{r}')$ die zu dem Randwertproblem (9.5) gehörige Greenfunktion im Außenraum V ist. Für $G(\mathbf{r}\,\mathbf{r}')$ gilt also

$$\text{(a)} \quad \Delta\, G(\mathbf{r}\,\mathbf{r}') = -4\pi\delta(\mathbf{r} - \mathbf{r}'), \qquad \mathbf{r}, \mathbf{r}' \in V \tag{9.7}$$

mit der Randbedingung auf der Oberfläche F (V) des Außenraumes V

$$\text{(b)}\quad G(\mathbf{r},\mathbf{r}')=0, \qquad \mathbf{r}\in F(V), \mathbf{r}'\in V \tag{9.7a}$$

sowie im Unendlichen (9.7b)

$$\text{(c)}\quad \lim_{|\mathbf{r}|\to\infty} G(\mathbf{r},\mathbf{r}')=0$$

*Beweis:* Wir gehen aus vom Greenschen Satz. Nach (I.27) wird

$$\int_V [\varphi(\mathbf{r})\,\Delta\psi(\mathbf{r})-\psi(\mathbf{r})\,\Delta\varphi(\mathbf{r})]\,d\mathbf{r}=\int_{F(V)}[\varphi(\mathbf{r})\,\nabla\psi(\mathbf{r})-\psi(\mathbf{r})\,\nabla\varphi(\mathbf{r})]\cdot d\mathbf{f} \tag{9.8}$$

Identifizieren wir $\psi(\mathbf{r})$ mit $G(\mathbf{r}, \mathbf{r}')$ und $\varphi(\mathbf{r})$ mit einer Lösung von (9.5), so geht (9.8) unter Berücksichtigung von (9.7) über in

$$4\pi\int_V [-\varphi(\mathbf{r})\,\delta(\mathbf{r}-\mathbf{r}')+G(\mathbf{r},\mathbf{r}')\,\rho_a(\mathbf{r})]\,d^3r \tag{9.8a}$$

$$=\int_{F(V)}\varphi(\mathbf{r})\,\nabla_{\mathbf{r}}G(\mathbf{r},\mathbf{r}')\cdot d\mathbf{f}-\int_{F(V)}G(\mathbf{r},\mathbf{r}')\,\nabla\varphi(\mathbf{r})\cdot d\mathbf{f}$$

Wegen der Randbedingung für $G(\mathbf{r}, \mathbf{r}')$ verschwindet der letzte Term auf der rechten Seite von (9.8a), und es verbleibt

$$\varphi(\mathbf{r}')=\int_V G(\mathbf{r},\mathbf{r}')\,\rho_a(\mathbf{r})\,d^3r-\frac{1}{4\pi}\int_{F(V)}\varphi(\mathbf{r})\,\nabla_{\mathbf{r}}G(\mathbf{r},\mathbf{r}')\cdot d\mathbf{f}. \tag{9.9}$$

Umbennung von $\mathbf{r}$ und $\mathbf{r}'$ sowie Beachtung von $G(\mathbf{r}, \mathbf{r}') = G(\mathbf{r}', \mathbf{r})$ nach (III.29) ergibt wegen der Randbedingungen für $\varphi$ aus (9.9)

$$\varphi(\mathbf{r})=\int_V G(\mathbf{r},\mathbf{r}')\,\rho_a(\mathbf{r}')\,d^3r'-\frac{1}{4\pi}\sum_{j=1}^{n}U_j\int_{F(K_j)}\nabla_{\mathbf{r}'}G(\mathbf{r},\mathbf{r}')\cdot d\mathbf{f}', \tag{9.10}$$

also die in (9.6) behauptete Darstellung.

Um zu zeigen, daß (9.10) eine Lösung von (9.5) ist, wenden wir auf (9.10) den Laplace-Operator an. Dann erhalten wir mit (9.7)

$$\Delta_{\mathbf{r}}\,\varphi(\mathbf{r})=-4\pi\int_V\delta(\mathbf{r}-\mathbf{r}')\,\rho_a(\mathbf{r}')\,d^3r'+\sum_{j=1}^{n}U_j\int_{F(K_j)}\nabla_{\mathbf{r}'}\,\delta(\mathbf{r}-\mathbf{r}')\cdot d\mathbf{f}'. \tag{9.11}$$

Für ein $\mathbf{r}\in V$ verschwindet aber der letzte Term in (9.11), da $\mathbf{r}'$ auf $F(K_j)$, also außerhalb V liegt. Damit folgt aus (9.11) die Potentialgleichung (9.5).

Wir haben noch zu zeigen, daß die Randbedingungen (9.5a) erfüllt sind. Dazu konstruieren wir Greenfunktionen $G^j(\mathbf{r}, \mathbf{r}')$ ($j = 1, \ldots, n$) für den Innenraum von $K_j$. Diese werden definiert durch

$$\text{a)}\ \Delta_{\mathbf{r}'} G^j(\mathbf{r}, \mathbf{r}') = -4\pi\delta(\mathbf{r} - \mathbf{r}'), \qquad \mathbf{r}, \mathbf{r}' \in V_j = K_j + F(K_j) \tag{9.12}$$

mit den Randbedingungen

$$\text{b)}\ (\mathbf{n}(\mathbf{r}') \cdot \nabla_{\mathbf{r}'})\, G^j(\mathbf{r}, \mathbf{r}') = (\mathbf{n}(\mathbf{r}') \cdot \nabla_{\mathbf{r}'})\, G(\mathbf{r}, \mathbf{r}'), \qquad \mathbf{r}, \mathbf{r}' \in F(K_j), \tag{9.12a}$$

wobei $V_j$ das Innere von $K_j$ und dessen Oberflächen $F(K_j)$ und $\mathbf{n}(\mathbf{r}')$ die Normale auf $F(K_j)$ bedeuten. Dabei ist die rechte Seite von (b) bei festem $\mathbf{r}$ eine fest vorgegebene Funktion von $\mathbf{r}'$, wenn wir annehmen, daß die Ableitung der Greenfunktion $G(\mathbf{r}\ \mathbf{r}')$ als Lösung von (9.7) im Außenraum V auch auf den Oberflächen $F(K_j)$, d.h. auf $F(V)$ existiert. Die Lösungen von (9.12) setzen wir aus einer Greenfunktion mit homogenen Randbedingungen und einer Lösung der homogenen Gleichung mit inhomogenen Randbedingungen zusammen. Wir setzen also

$$G^j(\mathbf{r}, \mathbf{r}') = g^j(\mathbf{r}, \mathbf{r}') + h(\mathbf{r}\ \mathbf{r}'), \tag{9.13}$$

wobei $g^j$ und h die Gleichungen

$$\begin{aligned} &\Delta_{\mathbf{r}'} g^j(\mathbf{r}, \mathbf{r}') = -4\pi\delta(\mathbf{r} - \mathbf{r}'), && \mathbf{r}, \mathbf{r}' \in V_j \\ &(\mathbf{n}(\mathbf{r}') \cdot \nabla_{\mathbf{r}'})\, g^j(\mathbf{r}, \mathbf{r}') = 0, && \mathbf{r}, \mathbf{r}' \in F(K_j) \end{aligned} \tag{9.14}$$

und

$$\begin{aligned} &\Delta_{\mathbf{r}'} h(\mathbf{r}, \mathbf{r}') = 0 \quad , && \mathbf{r}, \mathbf{r}' \in V_j \\ &(\mathbf{n}(\mathbf{r}') \cdot \nabla_{\mathbf{r}'})\, h(\mathbf{r}, \mathbf{r}') = f_{\mathbf{r}}(\mathbf{r}') =: (\mathbf{n}(\mathbf{r}') \cdot \nabla_{\mathbf{r}'})\, G(\mathbf{r}, \mathbf{r}') && \mathbf{r}, \mathbf{r}' \in F(V) \end{aligned} \tag{9.15}$$

erfüllen müssen. Die Gleichung für $g^j$ entspricht der Gleichung (9.7), jedoch mit v. Neumannschen Randbedingungen, deren Lösung sich nach Abschnitt 4.5 konstruieren läßt. Die Gleichung für h ist für festes $\mathbf{r}$ als Parameter ein homogenes v. Neumannsches Randwertproblem, das nach [M 2] bis auf eine Konstante eindeutig lösbar ist. Diese Konstante wählen wir für alle $\mathbf{r}$ gleich Null und erhalten dadurch die Lösung $h(\mathbf{r}, \mathbf{r}')$ von (9.15) für alle r. Dann folgt aus (9.12a) durch Integration über $F(K_j)$ und unter Anwendung des Gaußschen Satzes sowie der Gleichung (9.12) für $G^j$

$$\int_{F(K_j)} \nabla_{\mathbf{r}'} G(\mathbf{r}, \mathbf{r}') \cdot d\mathbf{f}' = \int_{F(K_j)} \nabla_{\mathbf{r}'} G^j(\mathbf{r}, \mathbf{r}') \cdot d\mathbf{f}' \tag{9.16}$$

$$= \int_V \nabla_{\mathbf{r}} \cdot \nabla_{\mathbf{r}'} G^j(\mathbf{r}, \mathbf{r}')\, d^3 r = -4\pi \int_{V_j} \delta(\mathbf{r} - \mathbf{r}')\, d^3 r'.$$

Für $\mathbf{r} \in F(V)$ geht (9.10) damit über in

$$\varphi(\mathbf{r}) = \int_V G(\mathbf{r}, \mathbf{r}')\, \rho(\mathbf{r}')\, d^3 r' + \sum_{j=1}^{n} U_j \int_{V_j} \delta(\mathbf{r} - \mathbf{r}')\, d^3 r', \tag{9.17}$$

da für $\mathbf{r} \in F(V)$ die Gleichung (9.12a) gilt. Wählt man nun ein $\mathbf{r} \in F(V_\alpha)$, so fällt der erste Term auf der rechten Seite von (9.17) wegen der Randbedingung für G weg, und von der zweiten Summe bleibt nur der Term $j = \alpha$ stehen, da alle anderen Terme wegen der $\delta$-Funktion wegfallen. Integration über $\mathbf{r}'$ ergibt dann die geforderte Randbedingung (9.5a). Die Bedingung (9.5b) im Unendlichen ist wegen (9.7b) erfüllt, w.z.b.w.

Der Vorteil der angegebenen Konstruktionsmethode liegt darin, daß die erste Grundaufgabe auf ein Problem mit Standard-Randbedingungen reduziert wurde. Damit ist das Gesamtproblem jedoch noch nicht gelöst, da nunmehr die Greenfunktion gefunden werden muß. Zu ihrer Konstruktion sind spezielle Methoden erforderlich, die an einzelnen Beispielen geschildert werden. Wir geben zuerst eine Methode an, die auf geometrischen Überlegungen beruht, und danach eine etwas formalere Methode, mit der in Abschnitt 4.5 bereits die Greenfunktionen des unendlichen Raumes konstruiert wurden.

## 9.3. Bildladungsmethode

Die sogenannte Bildladungsmethode ist nur für Leiteroberflächen mit hoher Symmetrie verwendbar. Man geht von einer Einheitsladung q im Punkte $\mathbf{r}'$ im Außenraum des geerdeten Leiters mit $\varphi(\mathbf{r}) = 0$ aus und betrachtet den an der Leiteroberfläche gespiegelten Punkt $\mathbf{r}''$. In diesen Spiegelpunkt legt man dann eine virtuelle Ladung $q'$, die Bildladung. Der Betrag der Bildladung wird so festgelegt, daß das Potential beider Ladungen

$$\varphi(\mathbf{r}) = q|\mathbf{r}-\mathbf{r}'|^{-1} + q'|\mathbf{r}-\mathbf{r}''|^{-1}$$

auf der Leiteroberfläche verschwindet. Reicht eine Bildladung nicht aus, so muß so oft gespiegelt werden, bis sich die Randbedingung $\varphi(\mathbf{r}) = 0$ auf der Oberfläche erfüllen läßt. Für $q = 1$ im Punkt $\mathbf{r}'$ ergibt sich dann $G(\mathbf{r}\,\mathbf{r}') \equiv \varphi(\mathbf{r})$. Die Methode werde an einigen Beispielen demonstriert:

### a) Greenfunktion des Halbraums

*Behauptung 9.2:* Die Greenfunktion des Halbraums $x_1 \geqslant 0$ mit den Randbedingungen $\lim_{r\to\infty} G(\mathbf{r}, \mathbf{r}') = 0$ und $G(\mathbf{r}, \mathbf{r}') = 0$ für $x_1 = 0$ lautet

$$G(\mathbf{r}, \mathbf{r}') = \frac{1}{|\mathbf{r}-\mathbf{r}'|} - \frac{1}{|\mathbf{r}-\mathbf{r}''|}, \qquad x_1 \geqslant 0, x_1' \geqslant 0 \tag{9.18}$$

mit

$$\mathbf{r}'' = -x_1'\,\mathbf{e}_1 + x_2'\,\mathbf{e}_2 + x_3'\,\mathbf{e}_3 .$$

*Beweis:* Wir zeigen zunächst, daß (9.18) die Definitionsgleichung (9.7) für $x_1 \geqslant 0$, $x_1' \geqslant 0$ erfüllt. Anwendung von $\Delta_\mathbf{r}$ auf (9.18) ergibt mit (IV.23), (IV.24)

$$\Delta_\mathbf{r}\, G(\mathbf{r}, \mathbf{r}') = -4\pi\,[\delta(\mathbf{r}-\mathbf{r}') - \delta(\mathbf{r}-\mathbf{r}'')], \tag{9.19}$$

Wählt man $\mathbf{r}'$ mit $x_1' \geqslant 0$, so muß $\mathbf{r}''$ spiegelbildlich zu $\mathbf{r}'$ in bezug auf die Ebene $x_1 = 0$ im komplementären Halbraum liegen, und daher wird für $\mathbf{r}$ mit $x_1 \geqslant 0$ $\delta(\mathbf{r}-\mathbf{r}'') = 0$.

Daraus folgt, daß (9.18) die Definitionsgleichung (9.7) erfüllt. Wählt man andererseits $\mathbf{r} = x_2 \mathbf{e}_2 + x_3 \mathbf{e}_3$, also $\mathbf{r}$ auf der Ebene $x_1 = 0$, so folgt

$$G(\mathbf{r}, \mathbf{r}') = (x_1'^2 + (x_2 - x_2')^2 + (x_3 - x_3')^2)^{-\frac{1}{2}} - (x_1'^2 + (x_2 - x_2')^2 + (x_3 - x_3')^2)^{-\frac{1}{2}} = 0 \quad (9.20)$$

wegen der Definition von $\mathbf{r}''$. Damit erfüllt G für endliches $\mathbf{r}'$ alle geforderten Randbedingungen, w.z.b.w.

In diesem Beispiel befindet sich also die Bildladung $q' = -q$ an der Stelle $\mathbf{r}''$.

### b) Greenfunktion des Kugelaußenraums

*Behauptung 9.3:* Die Greenfunktion für den Außenraum der Kugel $\mathbf{r}^2 = a^2$ mit den Randbedingungen $\lim\limits_{r \to \infty} G(\mathbf{r}, \mathbf{r}') = 0$ und $G(\mathbf{r}, \mathbf{r}') = 0$ für $|\mathbf{r}| = a$ lautet

$$G(\mathbf{r}, \mathbf{r}') = \frac{1}{|\mathbf{r} - \mathbf{r}'|} - \frac{a}{r'} \frac{1}{\left|\mathbf{r} - \left(\frac{a}{r'}\right)^2 \mathbf{r}'\right|}, \qquad |\mathbf{r}|, |\mathbf{r}'| \geqslant a. \quad (9.21)$$

Die Greenfunktion im Innenraum erhält man dann durch Vertauschen von $r'$ und a im zweiten Term.

*Beweis:* Zur Konstruktion setzen wir eine Ladung q an der Stelle $\mathbf{r}'$ mit $|\mathbf{r}'| > a$ an. Ihr Potential wird

$$\varphi'(\mathbf{r}) = \frac{q}{|\mathbf{r} - \mathbf{r}'|}, \quad (9.22)$$

und wir schreiben $\mathbf{r}' = r' \, \mathbf{e}'$ mit dem Einheitsvektor $\mathbf{e}'$ in $\mathbf{r}'$-Richtung. Als Spiegelladung bezüglich der Kugel setzen wir weiter die Ladung Q in $\mathbf{r}'' = r'' \mathbf{e}'$ an. Ihr Potential wird

$$\varphi''(\mathbf{r}) = \frac{Q}{|\mathbf{r} - \mathbf{r}''|}. \quad (9.23)$$

Addition beider Potentiale ergibt

$$\varphi(\mathbf{r}) = \frac{q}{|r\,\mathbf{e} - r'\mathbf{e}'|} + \frac{Q}{|r\,\mathbf{e} - r''\,\mathbf{e}'|} \quad (9.24)$$

mit $\mathbf{r} = r\mathbf{e}$. Für $|\mathbf{r}| = a$ verlangen wir das Verschwinden von (9.24), also

$$\varphi(a\mathbf{e}) = \frac{q}{a\left|\mathbf{e} - \frac{r'}{a}\mathbf{e}'\right|} + \frac{Q}{r''\left|\mathbf{e}' - \frac{a}{r''}\mathbf{e}\right|} = 0. \quad (9.25)$$

Dies ist erfüllt für

$$\frac{r'}{a} = \frac{a}{r''}; \qquad \frac{q}{a} = -\frac{Q}{r''}, \quad (9.26)$$

und daraus folgt

$$Q = -\frac{a}{r'} q; \quad r'' = \frac{a^2}{r'}. \quad (9.27)$$

Setzt man q = 1, so folgt $\varphi(\mathbf{r}) = G(\mathbf{r}, \mathbf{r}')$, wobei die Potentialgleichung für $\varphi$ in die Definitionsgleichung für G übergeht und die Randbedingungen für endliches $\mathbf{r}'$ wegen (9.25) erfüllt sind, w.z.b.w.

Die Greenfunktion im Innenraum wird vollkommen analog konstruiert, wobei nur a und r' bei der Bildladung vertauscht werden.

## 9.4. Reihenentwicklungsmethode

Die Konstruktion von Greenfunktionen mittels der Bildladungsmethode kann nicht zu einem systematischen Lösungsverfahren ausgebaut werden. Ein solches bietet sich vielmehr nur in der Reihenentwicklungsmethode, die schon in Abschnitt 4.5 für die zeitabhängigen Greenfunktionen angewandt wurde. In Analogie zu 4.5 gilt hier die

*Behauptung 9.4:* Sei $\psi_n(\mathbf{r})$ $(n = 0, 1, \dots, \infty)$ ein vollständiges, orthonormiertes Eigenfunktionensystem für das sog. Dirichletsche Eigenwertproblem im abgeschlossenen Gebiet V

$$(\Delta + \lambda_n)\, \psi_n(\mathbf{r}) = 0, \qquad \mathbf{r} \in V \tag{9.28}$$

mit $\psi_n(\mathbf{r}) = 0$ für $\mathbf{r} \in F(V)$ auf der Oberfläche F (V) von V dann ist

$$G(\mathbf{r}, \mathbf{r}') = 4\pi \sum_{n=0}^{\infty} \frac{\psi_n^{\times}(\mathbf{r}')\, \psi_n(\mathbf{r})}{\lambda_n}, \qquad \mathbf{r}, \mathbf{r}' \in V \tag{9.29}$$

eine Greenfunktion zu (9.5), die für $\mathbf{r}' \subset V$ in $\mathbf{r}$ die gleichen Randbedingungen wie $\psi_n$, also die Definitionsgleichung (9.7) und (9.7a) erfüllt.

*Beweis:* Als Lösungen von (9.28) bilden die $\psi_n$ im Gebiet V ein vollständiges Orthonormalsystem, d.h. es gelten (4.52) und (4.53). Die Existenz der $\psi_n(\mathbf{r})$ als Lösungen von (9.28) wird wieder in [M 2] gezeigt. Wegen der Homogenität der Randbedingungen bilden die Linearkombinationen der $\psi_n$ einen linearen Raum, in dem jedes Element ebenfalls diese Randbedingungen erfüllt. Wegen der Vollständigkeit der $\psi_n$ entwickeln wir $G(\mathbf{r}, \mathbf{r}')$ nach diesen Funktionen und setzen an

$$G(\mathbf{r}, \mathbf{r}') = \sum_n a_n(\mathbf{r}')\, \psi_n(\mathbf{r}) \tag{9.30}$$

für $\mathbf{r}, \mathbf{r}' \in V$. Substitution von (9.30) in (9.7) ergibt mit (9.28)

$$\sum_n a_n(\mathbf{r}')\, \lambda_n\, \psi_n(\mathbf{r}) = 4\pi\delta(\mathbf{r} - \mathbf{r}'). \tag{9.31}$$

Daraus folgt unter Benutzung von (4.52) durch Multiplikation mit $\psi_m^{\times}(\mathbf{r})$ und Integration über V

$$a_m(\mathbf{r}') = 4\pi\, \frac{\psi_m^{\times}(\mathbf{r}')}{\lambda_m}. \tag{9.32}$$

Substitution in (9.30) ergibt (9.29), w.z.b.w.

Wir betrachten dazu ein Beispiel:

**Greenfunktion für den Quader**

*Behauptung 9.5:* Die Greenfunktion für den Innenraum des Quaders $0 \leqslant x_i \leqslant a_i$ $(i = 1, 2, 3)$ mit der Randbedingung $G(\mathbf{r}, \mathbf{r}') = 0$ auf der gesamten Innenfläche des Quaders lautet,

$$G(\mathbf{r}, \mathbf{r}') = \frac{32}{\pi a_1 a_2 a_3} \sum_{l_1 l_2 l_3 = 1}^{\infty} \frac{\prod_{i=1}^{3} \sin\left(\frac{l_i \pi x_i'}{a_i}\right) \sin\left(\frac{l_i \pi x_i}{a_i}\right)}{\sum_{i=1}^{3} \frac{l_i^2}{a_i^2}}. \tag{9.33}$$

*Beweis:* Die Funktionen

$$\psi_{l_1 l_2 l_3}(\mathbf{r}) = \sqrt{\frac{8}{a_1 a_2 a_3}} \prod_{i=1}^{3} \sin\left(\frac{l_i \pi x_i}{a_i}\right) \qquad (l_1, l_2, l_3 = 1, 2, \dots, \infty) \tag{9.34}$$

sind Eigenfunktionen der Gleichung (9.28) mit den zugehörigen Eigenwerten

$$\lambda_{l_1 l_2 l_3} = \pi^2 \sum_{i=1}^{3} \frac{l_i^2}{a_i^2} \tag{9.35}$$

und erfüllen die Randbedingungen

$$\psi_{l_1 l_2 l_3}(\mathbf{r}) = 0 \tag{9.36}$$

für $\mathbf{r} = 0, a_1 \mathbf{e}_1, a_2 \mathbf{e}_2, a_3 \mathbf{e}_3$, also auf der Innenfläche des Quaders. Die weitere Konstruktion verwendet (9.29), woraus (9.33) folgt, w.z.b.w.

Analoge Entwicklungen kann man für die Kugel angeben durch Verwendung von sphärisch-harmonischen Kugelfunktionen sowie für den Zylinder durch Entwicklung nach Besselfunktionen [A 3] [M 5]. Diese speziellen Funktionensysteme werden in Anhang VI diskutiert. Bei komplizierteren Bereichen stößt natürlich die Konstruktion der $\psi_n$ auf Schwierigkeiten, jedoch ist ihre Existenz nach [M 2] gesichert.

## 9.5. Kapazitätskoeffizienten

Wir hatten schon erwähnt, daß es im Rahmen des statischen Leitermodells verschiedene experimentelle Problemstellungen gibt, die theoretisch untersucht werden müssen. In der ersten Grundaufgabe wurde angenommen, daß die Potentiale fest vorgegeben seien. Man kann aber auch Ladungen auf Leitern vorgeben. Dies führt auf die

2. **Grundaufgabe**: Es seien die leitenden Körper $K_1, \dots, K_n$ im Vakuum vorgegeben. Die Geometrie der Körper sei bekannt. $K_1, \dots, K_n$ seien isoliert und mögen die Ladungen $Q_1, \dots, Q_n$ enthalten. Ferner sei eine äußere Raumladungsdichte $\rho_a(\mathbf{r})$ vorgegeben. Auf welchen Potentialen $U_1, \dots, U_n$ befinden sich dann $K_1, \dots, K_n$, und wie lautet das Feld zwischen ihnen?

Um diese Grundaufgabe zu lösen, untersuchen wir den Zusammenhang zwischen Ladungen und Spannungen und führen damit das Problem auf die 1. Grundaufgabe zurück. Es gilt dann die

*Behauptung 9.6:* Im elektrostatischen Gleichgewicht besteht im Leitermodell zwischen den Ladungen $Q_1, \ldots, Q_n$ und den Spannungen $U_1, \ldots, U_n$ auf $K_1, \ldots, K_n$ der lineare Zusammenhang

$$Q_j = \sum_{i=1}^{n} C_{ji}\, U_i \qquad (j = 1, \ldots, n), \tag{9.37}$$

wobei die Kapazitätskoeffizienten $C_{ji} = C_{ij}$ nur von der Geometrie der Leiter, aber nicht von äußeren Raumladungen abhängen.

*Beweis:* Die Ladungen der Leiter ergeben sich aus (9.4) durch Integration über das Innere der Leiter. Es entsteht für die Gesamtladung $Q_j$ des Leiters $K_j$

$$\int_{K_j} \nabla \cdot \mathbf{E}(\mathbf{r})\, d^3 r = \int_{F(K_j)} \mathbf{E}(\mathbf{r}) \cdot d\mathbf{f} = 4\pi \int_{K_j} \rho_j(\mathbf{r})\, d^3 r = 4\pi\, Q_j, \tag{9.38}$$

da im Innern von $K_j$ die äußere Ladungsverteilung $\rho_a(r)$ und alle $\rho_i(r)$ für $i \neq j$ verschwinden. Berücksichtigt man $\mathbf{E} = -\nabla\varphi$ und ferner, daß im elektrostatischen Gleichgewicht $\varphi(\mathbf{r})$ im Außenraum V und auf den Oberflächen F(V) durch (9.6) gegeben wird, so folgt für die Gesamtladung $Q_j$ bei einem bekannten Potential $\varphi(\mathbf{r})$ (also bei bekannten $U_j$)

$$\begin{aligned} 4\pi\, Q_j = \int_{F(K_j)} \mathbf{E}(\mathbf{r}) \cdot d\mathbf{f} &= \frac{1}{4\pi} \sum_{i=1}^{n} U_i \int_{F(K_j)} \int_{F(K_i)} (\nabla_{\mathbf{r}} \cdot d\mathbf{f})\, (\nabla_{\mathbf{r}'} \cdot d\mathbf{f}')\, G(\mathbf{r}, \mathbf{r}') \\ &\quad - \int_{F(K_j)} \int_{V} (\nabla_{\mathbf{r}} \cdot d\mathbf{f})\, G(\mathbf{r}, \mathbf{r}')\, \rho_a(\mathbf{r}')\, d^3 r'. \end{aligned} \tag{9.39}$$

Berücksichtigt man (9.16) für das Oberflächenintegral im letzten Term von (9.39), so verschwindet dieser, da $\rho_a(\mathbf{r})$ nur außerhalb $V_j$, d.h. im Außenraum V, ungleich Null ist. Daher geht mit der Definition der **Kapazitätskoeffizienten**

$$C_{ji} := \frac{1}{(4\pi)^2} \int_{F(K_j)} \int_{F(K_i)} (\nabla_{\mathbf{r}} \cdot d\mathbf{f})\, (\nabla_{\mathbf{r}'} \cdot d\mathbf{f}')\, G(\mathbf{r}, \mathbf{r}') \tag{9.40}$$

der Ausdruck (9.38) in (9.37) über. Aus $G(\mathbf{r}\, \mathbf{r}') = G(\mathbf{r}'\, \mathbf{r})$ nach (III.29) folgt ferner $C_{ji} = C_{ij}$. Da die Greenfunktionen nur von der Geometrie der Leiter abhängen, ist die Behauptung bewiesen.

Die Dimension von C ist im Gauß-System $\text{Le}^2\ \text{erg}^{-1}$ = cm und im Giorgi-System $\text{Cb V}^{-1}$ = : F (Farad). Mittels der eben bewiesenen Behauptung ist es möglich, die 2. Grundaufgabe zu lösen:

*Behauptung 9.7:* Die Lösung der zweiten Grundaufgabe ist auf die Lösung der 1. Grundaufgabe zurückführbar.

*Beweis:* Für die Lösung der ersten Grundaufgabe wird die zugehörige Greenfunktion benötigt. Ist diese bekannt, so wird das Potential durch (9.6) gegeben. Bei bekannter Greenfunktion können aber auch (9.40) berechnet und (9.37) invertiert werden, sofern die symmetrische Matrix $C_{ij}$ nicht singulär ist. In Abschnitt 9.9 folgt im Zusammenhang mit der Feldenergie, daß $C_{ij} = C_{ji}$ positiv definit ist, so daß also $C_{ij}$ stets nichtsingulär ist und die inverse Matrix existiert.

Setzt man

$$U_i = \sum_{j=1}^{n} C_{ij}^{-1} Q_j \qquad (i = 1, \dots, n) \tag{9.41}$$

in (9.6) ein, so erhält man $\varphi(\mathbf{r})$ in Abhängigkeit von $Q_1, \dots, Q_n$ und $\rho_a(\mathbf{r})$, womit die zweite Grundaufgabe auf die Lösung der ersten zurückgeführt ist, w.z.b.w.

Da im Innern der Leiter die Ladungsdichte $\rho_i(\mathbf{r})$ verschwindet und da die Ladungen an die Oberfläche der Leiter streben, entarten im allgemeinen die Raumladungsdichten $\rho_i(\mathbf{r})$ der Leiter zu Flächenladungsdichten $\sigma_i(\mathbf{r})$. Man kann (9.38) dann in der Form

$$4\pi Q_j = 4\pi \int_{K_j} \rho_j(\mathbf{r})\, d^3r =: 4\pi \int_{F(K_j)} \sigma_j(\mathbf{r})\, df = \int_{F(K_j)} \mathbf{E}(\mathbf{r}) \cdot d\mathbf{f} \tag{9.42}$$

ausdrücken. Wählt man statt des Integrationsvolumens $K_j$ einen infinitesimalen flachen Quader $\Delta V = \Delta F \cdot h$ parallel zur Leiteroberfläche F(K), wie Bild 14 zeigt, so läßt sich (9.42) auch schreiben als

$$\int_{F(\Delta V)} \mathbf{E}(\mathbf{r}) \cdot d\mathbf{f} = 4\pi \int_{\Delta F} \sigma(\mathbf{r})\, df. \tag{9.43}$$

Im Gegensatz zum Integral auf der rechten Seite ist das Integral über F(ΔV) ein gerichtetes Integral über die Oberfläche von ΔV. Bezeichnet man mit $\mathbf{E}_1(\mathbf{r})$ das elektrische Feld an der Oberseite von ΔV, also außerhalb des Leiters, und mit $\mathbf{E}_2(\mathbf{r})$ jenes an der Unter-

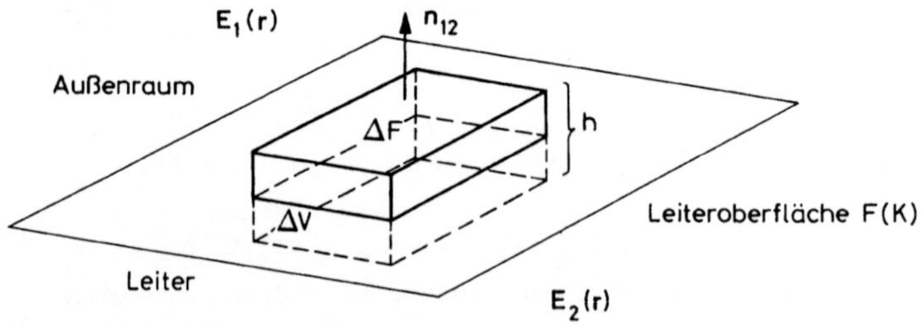


**Bild 14.** Quader von infinitesimaler Höhe h vom Volumen ΔV und der Fläche F(ΔV) längs der Leiteroberfläche F(K) des Leiters K.

seite, also innerhalb des Leiters, und beachtet man, daß für die Oberseite $df = \mathbf{n}_{12}$, für die Unterseite dagegen $df = -\mathbf{n}_{12}$ wird, so erhält man

$$\lim_{h \to 0} \int_{F(\Delta V)} \mathbf{E}(\mathbf{r}) \cdot d\mathbf{f} = [\mathbf{E}_1(\mathbf{r}) - \mathbf{E}_2(\mathbf{r})] \cdot \mathbf{n}_{12} \, df \tag{9.44}$$

und damit aus (9.43)

$$[\mathbf{E}_1(\mathbf{r}) - \mathbf{E}_2(\mathbf{r})] \cdot \mathbf{n}_{12} = 4\pi\sigma(\mathbf{r}), \qquad \mathbf{r} \in F(K). \tag{9.45}$$

Dabei zeigt die Normale $\mathbf{n}_{12}$ vom Gebiet 2 in das Gebiet 1. An der Oberfläche eines geladenen Leiters ist die Normalkomponente des elektrischen Feldes daher unstetig. Da dort das Potential konstant ist, verschwindet das Feld $\mathbf{E}_2$ im Innern des Leiters, so daß sich die Oberflächenladung aus (9.45) ergibt

$$4\pi\sigma(\mathbf{r}) = \mathbf{E}(\mathbf{r}) \cdot \mathbf{n}_{12} = -\frac{\partial}{\partial n}\varphi(\mathbf{r}), \qquad \mathbf{r} \in F(K), \tag{9.46}$$

wobei dann $\mathbf{E}$ und $\varphi$ die Größen im Außenraum des Leiters sind und $\frac{\partial}{\partial n}$ die Normalenableitung in Richtung Außenraum bedeutet. In Potentialen ausgedrückt lautet (9.45) mit $(\nabla_r \cdot \mathbf{n}_{12}) = \frac{\partial}{\partial n_{12}}$ und $\mathbf{E} = -\nabla\varphi$

$$-\frac{\partial}{\partial n_{12}}[\varphi_1(\mathbf{r}) - \varphi_2(\mathbf{r})] = 4\pi\sigma(\mathbf{r}), \qquad \mathbf{r} \in F(K). \tag{9.47}$$

Befindet sich insbesondere der Leiter auf dem Potential $U = 0$, so wird die Oberflächenladungsdichte $\sigma(\mathbf{r})$ nur durch die äußere Ladungsdichte $\rho_a(\mathbf{r})$ induziert.

## 9.6. Anwendungsbeispiele

Um die Formeln der Potentialtheorie zu veranschaulichen, diskutieren wir zwei Beispiele:

**a) Geerdete leitende Kugel im homogenen Feld**

Das homogene Feld lautet

$$\mathbf{E}_0(\mathbf{r}) = E_0 \, \mathbf{e}, \tag{9.48}$$

wobei $\mathbf{e}$ die Richtung des Feldes angibt. Ein solches Feld kann man durch Grenzübergang des Coulombfeldes von zwei Punktladungen q in $\mathbf{R} = \mathbf{e}R$ und $-q$ in $\mathbf{R} = -\mathbf{e}R$ gewinnen, wenn man

$$\lim_{\substack{R \to \infty \\ q \to \infty}} 2\frac{q}{R^2} = E_0 \tag{9.49}$$

fordert. Diese Darstellung des homogenen Feldes als Grenzfall von unendlich entfernten Punktladungen machen wir uns zunutze, um für eine leitende Kugel vom Radius a mit $U = 0$ das Potential auszurechnen. Die Greenfunktion der im Ursprung befindlichen Kugel wird durch (9.21) gegeben. Nach (9.6) wird daher wegen $U = 0$ das Potential im Außenraum V

$$\varphi(\mathbf{r}) = \int\limits_V G(\mathbf{r}, \mathbf{r}')\, \rho_a(\mathbf{r}')\, d^3 r' \quad , \quad |\mathbf{r}| \geqslant a. \tag{9.50}$$

Setzen wir nun an

$$\rho_a(\mathbf{r}) = -q\,\delta(\mathbf{r} - \mathbf{R}) + q\,\delta(\mathbf{r} + \mathbf{R}), \tag{9.51}$$

so wird (9.50) zu

$$\varphi(\mathbf{r}) = -q\,G(\mathbf{r}, \mathbf{R}) + q\,G(\mathbf{r}, -\mathbf{R}) \tag{9.52}$$

mit $\mathbf{R} := R\mathbf{e}$. Wegen

$$|\mathbf{r} - \mathbf{R}| = (r^2 + R^2 - 2rR\cos\Theta), \tag{9.53}$$

wobei $\Theta$ der Winkel zwischen $\mathbf{r}$ und $\mathbf{R}$ ist, erhält man dann unter Verwendung von (9.21) aus (9.52)

$$\begin{aligned}\varphi(\mathbf{r}) = &-q(r^2 + R^2 - 2rR\cos\Theta)^{-\frac{1}{2}} + q(r^2 + R^2 + 2rR\cos\Theta)^{-\frac{1}{2}} \\ &+ \frac{aq}{R}\left(r^2 + \frac{a^4}{R^2} - 2a^2\frac{r}{R}\cos\Theta\right)^{-\frac{1}{2}} - \frac{aq}{R}\left(r^2 + \frac{a^4}{R^2} + 2a^2\frac{r}{R}\cos\Theta\right)^{-\frac{1}{2}}.\end{aligned} \tag{9.54}$$

Für $R \gg r$ gilt die Entwicklung

$$\varphi(\mathbf{r}) = -\frac{2q}{R^2}\left(r - \frac{a^3}{r^2}\right)\cos\Theta + \frac{q}{R^2}\, O\left(\frac{r}{R}\right). \tag{9.55}$$

Dies führt durch den Grenzübergang nach (9.49) auf

$$\varphi(\mathbf{r}) = -E_0\left(1 - \frac{a^3}{r^3}\right) r\cos\Theta = -\left(1 - \frac{a^3}{r^3}\right)(\mathbf{E}_0 \cdot \mathbf{r}) \quad , \quad |\mathbf{r}| \geqslant a. \tag{9.56}$$

Der erste Term von (9.56) ist das Potential des homogenen Feldes $\mathbf{E}_0$ und der zweite das Potential eines induzierten Dipols mit dem Dipolmoment $a^3\mathbf{E}_0$ entsprechend (1.59).

Wir geben noch die induzierte Oberflächenladungsdichte $\sigma(\mathbf{r})$ nach (9.46) an. Da das Innere der Kugel ladungsfrei und die Oberfläche auf konstantem Potential ist, muß in der ganzen Kugel $\varphi(\mathbf{r}) \equiv 0$ sein. Daher wird (9.46) wegen

$$\frac{\partial}{\partial n} = (\mathbf{n} \cdot \nabla) = \left(\frac{\mathbf{r}}{r} \cdot \nabla_\mathbf{r}\right) \frac{\partial}{\partial r} \equiv \frac{\partial}{\partial r}$$

$$\sigma(\mathbf{r}) = -\frac{1}{4\pi}\frac{\partial}{\partial r}\varphi(\mathbf{r})\Big|_{r=a} = \frac{3}{4\pi}E_0\cos\Theta. \tag{9.57}$$

Die totale induzierte Ladung der Kugel ist dann

$$Q_i = \int \sigma(\mathbf{r})\, df = \frac{3}{2}a^2 E_0 \int\limits_0^\pi \sin\Theta\cos\Theta\, d\Theta = 0. \tag{9.58}$$

Durch das äußere angelegte Feld werden daher in der Kugel zwar Flächenladungsdichten erzeugt, die Kugel wird also polarisiert, aber die Gesamtladung der Kugel bleibt nach wie vor Null. Entsprechend läßt sich eine isolierte Kugel behandeln, die die Ladung Q besitzt.

**b) Leitende Halbkugeln auf entgegengesetztem Potential**

Eine Kugel mit dem Radius a und dem Mittelpunkt $\mathbf{r} = 0$ sei durch die $\mathbf{e}_1$–$\mathbf{e}_2$-Ebene in zwei isolierte Halbkugeln mit den Potentialen U für $x_3 > 0$ und $-U$ für $x_3 < 0$ zertrennt. Äußere Ladungen seien nicht vorhanden. Nach (9.9) wird das Potential im Außenraum in diesem Fall

$$\varphi(\mathbf{r}) = -\frac{1}{4\pi} \int\limits_{F(K)} \varphi(\mathbf{r}')\, \nabla_{\mathbf{r}'} G(\mathbf{r}, \mathbf{r}') \cdot d\mathbf{f}', \quad |\mathbf{r}| \geqslant a. \tag{9.59}$$

Bezeichnen wir mit $\gamma$ den Winkel zwischen $\mathbf{r}$ und $\mathbf{r}'$, so läßt sich die Greenfunktion (9.21) des Kugelaußenraums darstellen als

$$G(\mathbf{r}, \mathbf{r}') = (r^2 + r'^2 - 2rr' \cos\gamma)^{-\frac{1}{2}} - \left(\frac{r^2 r'^2}{a^2} + a^2 - 2rr' \cos\gamma\right)^{-\frac{1}{2}}. \tag{9.60}$$

Für die Kugel gilt für $r' = a$

$$\nabla_{\mathbf{r}'} G \cdot d\mathbf{f}' = (\mathbf{n} \cdot \nabla_{\mathbf{r}'})\, G\, df' = \frac{\partial}{\partial r'} G\Big|_{r' = a} a^2\, d\Omega', \tag{9.61}$$

wobei $d\Omega'$ das Oberflächenelement in Polarkoordinaten ist. Bildet man (9.61) mit (9.60), so ergibt sich

$$\frac{\partial G}{\partial r'}\Big|_{r' = a} = -(r^2 - a^2)\, a^{-1}\, (r^2 + a^2 - 2ar\cos\gamma)^{-\frac{3}{2}}. \tag{9.62}$$

Da wir uns für den Außenraum interessieren, zeigt die Normale $\mathbf{n}$ von der Kugeloberfläche nach innen zum Ursprung. Substituiert man (9.62) in (9.59), so entsteht das sogenannte Poisson-Integral

$$\varphi(\mathbf{r}) = \frac{1}{4\pi} \int\limits_{F(K)} \frac{\varphi(a, \Theta', \chi')\, a\, (r^2 - a^2)}{(r^2 + a^2 - 2ar\cos\gamma)^{\frac{3}{2}}}\, d\Omega' \tag{9.63}$$

mit den Polarkoordinaten $\mathbf{r} = (r, \Theta, \chi)$ und $\mathbf{r}' = (r', \Theta', \chi')$ mit $r' = a$. Für diese wird dann

$$\cos\gamma = \cos\Theta \cos\Theta' + \sin\Theta \sin\Theta' \cos(\chi - \chi'). \tag{9.64}$$

Speziell für das angegebene Modell ist

$$\varphi(a, \Theta', \chi') = \begin{cases} U & \text{für} \quad 0 \leqslant \Theta' \leqslant \frac{\pi}{2} \\ -U & \text{für} \quad \frac{\pi}{2} \leqslant \Theta' \leqslant \pi \end{cases} \qquad 0 \leqslant \chi' \leqslant 2\pi, \tag{9.65}$$

womit (9.63) übergeht in

$$\varphi(r, \Theta, \chi) = \frac{U}{4\pi} \int\limits_0^{2\pi} d\chi' \left[\int\limits_0^1 d(\cos\Theta') - \int\limits_{-1}^0 d(\cos\Theta')\right] \frac{a(r^2 - a^2)}{(a^2 + r^2 - 2ar\cos\gamma)^{\frac{3}{2}}}. \tag{9.66}$$

Variablenwechsel im zweiten Integral durch $\Theta' \to \pi - \Theta''$ und $\chi' \to \pi + \chi''$ und Bezeichnungwechsel im zweiten Integral ($\Theta'' \to \Theta'$, $\chi'' \to \chi'$) ergibt

$$\varphi(\mathbf{r}) = \frac{Ua(r^2 - a^2)}{4\pi (r^2 + a^2)^{\frac{3}{2}}} \int_0^{2\pi} d\chi' \int_0^1 d(\cos\Theta') \left[(1 - 2\alpha \cos\gamma)^{-\frac{3}{2}} - (1 + 2\alpha\cos\gamma)^{-\frac{3}{2}}\right] \tag{9.67}$$

mit $\alpha := ar(r^2 + a^2)^{-1}$.

Dieses Integral ist im allgemeinen nicht exakt lösbar. Als Spezialfall betrachten wir $\Theta = 0$, was der positiven z-Achse, also der Richtung von $\mathbf{e}_3$, entspricht. Dort wird $\cos\gamma = \cos\Theta'$, und das entstehende Integral läßt sich exakt lösen. Man erhält

$$\varphi(z) = U\left[1 - \frac{(z^2 - a^2)}{z(z^2 + a^2)^{\frac{1}{2}}}\right], \tag{9.68}$$

was für $z = a$ auf $\varphi(a) = U$ führt, wie verlangt wird.

Um für $r \gg a$ allgemeine Aussagen abzuleiten, entwickelt man den Integranden entweder nach $\alpha\cos\gamma$ oder nach $a^2 r^{-2}$. Man erhält im letzteren Fall dann für (9.67) nach Ausführen der Integration

$$\varphi(\mathbf{r}) = \frac{3Ua^2}{2r^2}\left[P_1(\cos\theta) - \frac{7}{12}\frac{a^2}{r^2}P_3(\cos\theta) + \ldots\right], \tag{9.69}$$

wobei die auftretenden Funktionen $P_l$ die Legendre-Polynome ungerader Ordnung nach Anhang VI.A2 sind. Da das Problem zylindersymmetrisch um die $\mathbf{e}_3$-Achse ist, taucht der Winkel $\chi$ im Potential (9.69) nicht auf.

## 9.7. Raumladungsfreie Probleme

In den vorangehenden Abschnitten haben wir die Lösung der Grundaufgaben der Potentialtheorie mit der Methode der Greenfunktionen diskutiert. Diese Methode muß angewendet werden, wenn freie Raumladungen vorhanden sind. Fehlen aber Raumladungen, so braucht man nicht erst die meist komplizierte Konstruktion einer Greenfunktion vorzunehmen, sondern kann direkt das Randwertproblem integrieren. Im Falle $\rho_a(\mathbf{r}) = 0$ geht die (inhomogene) Poisson-Gleichung (9.5) im Außenraum V in die (homogene) Laplace-Gleichung in V über:

$$\Delta\varphi(\mathbf{r}) = 0 \quad , \quad \mathbf{r} \in V \tag{9.70}$$

mit den Randbedingungen auf den Oberflächen $F(K_1) \ldots F(K_n)$ von $K_1 \ldots K_n$

$$\varphi(\mathbf{r}) = U_j, \qquad \mathbf{r} \in F(K_j) \tag{9.70a}$$

sowie im Unendlichen

$$\lim_{|\mathbf{r}| \to \infty} \varphi(\mathbf{r}) = 0\,. \tag{9.70b}$$

Dieses homogene Dirichletsche Randwertproblem ist eindeutig lösbar [M 2]. Sind die Oberflächen einfache geometrische Gebilde wie z.B. Kugel, Ellipsoid, Zylinder ..., so kann man versuchen, geeignete Koordinatensysteme einzuführen, in denen die Randbedingungen einfach beschrieben werden können und in denen der Laplace-Operator $\Delta$ separiert, so daß eine direkte Integration von (9.70) möglich wird. Wir zeigen dies an Beispielen.

### a) Plattenkondensator

Der Plattenkondensator wird idealisiert durch zwei leitende, unendlich ausgedehnte Platten $P_1, P_2$, die parallel zur $\mathbf{e}_2 - \mathbf{e}_3$-Ebene liegen, wobei die Platte $P_1$ die $\mathbf{e}_1$-Achse in $x_1 = 0$ und die Platte $P_2$ in $x_1 = d$ schneidet. Auf den Platten $P_1$, $P_2$ befindet sich die homogene Ladungsverteilung $\sigma_1$ bzw. $\sigma_2$, so daß das Randwertproblem gegenüber Verschiebungen des Ursprungs parallel zu den Plattenebenen, also in der Form $\mathbf{a} = a_2 \mathbf{e}_2 + a_3 \mathbf{e}_3$ translationsvariant ist. Feld und Potential müssen daher forminvariant gegenüber diesen Translationen sein und können also nur von $x_1$ abhängen.

Wir setzen an: $\varphi(\mathbf{r}) = \varphi(x_1)$. Damit geht (9.70) über in

$$\frac{\partial^2}{\partial x_1^2} \varphi(x_1) = 0. \tag{9.71}$$

Die allgemeine Lösung von (9.71) ist

$$\varphi(x_1) = ax_1 + b \tag{9.72}$$

Zur Erfüllung der Randbedingungen unterscheiden wir drei Bereiche, in denen wir die Potentialfunktionen mit $\varphi_1, \varphi_2, \varphi_3$ bezeichnen:

$$\begin{array}{ll} 1)\ x_1 \geqslant d & \varphi_1 = a_1 x_1 + b_1 \\ 2)\ x_1 \leqslant 0 & \varphi_2 = a_2 x_1 + b_2 \\ 3)\ 0 \leqslant x_1 \leqslant d & \varphi_3 = ax_1 + b \end{array} \tag{9.73}$$

Wir fordern nun, daß außerhalb des Kondensators das Feld verschwinden, also konstantes Potential herrschen soll. Dies ergibt $a_1 = a_2 = 0$. Weiterhin muß das Potential beim Übergang von einem Bereich in den nächsten stetig sein, da beim Durchtritt durch die Grenzfläche keine Arbeit geleistet werden kann. Daraus folgt

$$\begin{aligned} \varphi_1(d) &= b_1 = ad + b = \varphi_3(d) \\ \varphi_2(0) &= b_2 = b \qquad\quad = \varphi_3(0). \end{aligned} \tag{9.74}$$

Da der Absolutwert des Potentials ohne Bedeutung ist, können wir ferner $b = 0$ setzen, und wegen

$$\mathbf{E}(x_1) = -\frac{\partial}{\partial x_1} \varphi_3(x_1)\, \mathbf{e}_1 = -a\mathbf{e}_1 \qquad \text{im Bereich 3} \tag{9.75}$$

wird $a = -E$ und damit

$$\begin{aligned} \varphi_3(x_1) &= -Ex_1 \\ \varphi_1(x_1) &= -Ed \\ \varphi_2(x_1) &\equiv 0\,. \end{aligned} \tag{9.76}$$

Die Oberflächenladungen auf den Platten folgen aus (9.47), wobei die Normale $\mathbf{n}$ vom Innenraum der Platten (Bereich 3) nach außen gerichtet ist. Die Flächenladungsdichten auf $P_1$ und $P_2$ werden dann

$$\begin{aligned} 4\pi\sigma_1 &= E = \frac{\partial}{\partial x_1}\left[\varphi_2(x_1) - \varphi_3(x_1)\right]\Big|_{x_1=0} \\ 4\pi\sigma_2 &= -E = -\frac{\partial}{\partial x_1}\left[\varphi_1(x_1) - \varphi_3(x_1)\right]\Big|_{x_1=d}, \end{aligned} \tag{9.77}$$

d.h. $\sigma_1 = -\sigma_2$.

Als Potentialdifferenz zwischen den beiden Platten $P_1$ und $P_2$ ergibt sich

$$\varphi_3(d) - \varphi_3(0) = -Ed = 4\pi\sigma_2 d =: U_2 - U_1. \tag{9.78}$$

Die am unendlich ausgedehnten Kondensator gewonnenen Ergebnisse wenden wir auf einen endlichen Plattenkondensator an, wobei wir das Streufeld an den Plattenrändern vernachlässigen. Auf den beiden Platten $P_1$, $P_2$ mit dem Flächeninhalt F mögen die Ladungen $Q_1 = -Q$ und $Q_2 = Q$ sitzen, was auf $\sigma_1 = -QF^{-1}$ und $\sigma_2 = QF^{-1}$ führt. Wir erhalten dann

$$U_2 - U_1 = 4\pi\sigma_2 F \frac{d}{F} =: C^{-1} Q_2 = C^{-1} Q \tag{9.79}$$

mit der Kapazität des Plattenkondensators

$$C = \frac{1}{4\pi}\frac{F}{d}. \tag{9.80}$$

Dies ergibt sich, wenn man in die allgemeine Formel (9.37) für zwei Leiter

$$\begin{aligned} C_{11}U_1 + C_{12}U_2 &= Q_1 \\ C_{21}U_1 + C_{22}U_2 &= Q_2 \end{aligned} \tag{9.81}$$

den Spezialfall $Q_1 = -Q_2$ einsetzt. Denn dann wird

$$\begin{aligned} C_{11} &= -C_{12} = C \\ C_{22} &= -C_{21} = -C_{12} = C, \end{aligned} \tag{9.82}$$

woraus gerade (9.79) folgt.

Durch die Forderung der Feldfreiheit im Außenraum haben wir eine insgesamt elektrisch neutrale Ordnung erzwungen. Dies ist nicht nötig. Läßt man im unendlich ausgedehnten Fall diese Forderung fallen, so muß nicht mehr $\sigma_1 = -\sigma_2$ gelten, und es kann beim Plattenkondensator endlicher Ausdehnung $Q_1 \neq -Q_2$ werden. Die Rechnungen im unendlich ausgedehnten Fall können analog zur ladungsneutralen Anordnung ausgeführt werden.

**b) Kugelkondensator**

Im Fall des Kugelkondensators werden zwei konzentrische leitende Kugelflächen mit den Radien $R_1$ und $R_2$ $(0 < R_2 < R_1 < \infty)$ und den Gesamtladungen $Q_1$ und $Q_2$ als

Kondensatoranordnung verwendet. Wegen der Rotationssymmetrie des Problems müssen sämtliche Größen gegenüber Rotationen forminvariant sein; dies führt auf die konstante Flächenladungsdichte der Kugeln $\sigma_i = (4\pi R_i^2)^{-1} Q_i$ (i = 1,2). Die Rotationssymmetrie legt die Einführung von Polarkoordinaten in der Potentialgleichung (9.70) nahe. Nach (I.38) wird dann

$$\Delta\varphi(\mathbf{r}) = \left[\frac{1}{r^2}\frac{\partial}{\partial r}\left(r^2\frac{\partial}{\partial r}\right) + \frac{1}{r^2\sin\vartheta}\frac{\partial}{\partial\vartheta}\left(\sin\vartheta\frac{\partial}{\partial\vartheta}\right) + \frac{1}{r^2\sin^2\vartheta}\frac{\partial^2}{\partial\Theta^2}\right]\varphi(r,\Theta,\vartheta) \tag{9.83}$$

Da die konstanten Ladungsverteilungen auf den Kugeloberflächen invariant gegen Rotationen der Kugeln sind, müssen die möglichen Randbedingungen ebenfalls rotationsinvariant sein. Deshalb muß das Potential als Lösung des Randwertproblems gegenüber Rotationen forminvariant sein. Dies ist für $\varphi(\mathbf{r}) = \varphi(r)$ der Fall. Damit geht die Potentialgleichung (9.70) über in

$$\frac{1}{r^2}\frac{d}{dr}r^2\frac{d}{dr}\varphi(r) = 0. \tag{9.84}$$

Die allgemeine Lösung von (9.84) für $r \neq 0$ lautet

$$\varphi(r) = -\frac{a}{r} + b. \tag{9.85}$$

Bei r = 0 sind (9.84) und (9.85) singulär. Dann existiert die Lösung (9.85) nur im Sinne der Distributionen nach Anhang II. Wiederum unterscheiden wir drei Bereiche mit $\varphi_1, \varphi_2, \varphi_3$:

$$\begin{aligned} &1)\quad 0 < r \leqslant R_2 && \varphi_1(r) = -\frac{a_1}{r} + b_1\\ &2)\quad R_2 \leqslant r \leqslant R_1 && \varphi_2(r) = -\frac{a_2}{r} + b_2\\ &3)\quad R_1 \leqslant r \leqslant \infty && \varphi_3(r) = -\frac{a_3}{r} + b_3. \end{aligned} \tag{9.86}$$

Als Randbedingung im Unendlichen muß $\varphi$ verschwinden:

$$\lim_{r\to\infty} \varphi_3(r) = 0. \tag{9.87}$$

Ferner muß wegen der Stetigkeit gelten

$$\begin{aligned} \varphi_3(R_1) &= \varphi_2(R_1)\\ \varphi_2(R_2) &= \varphi_1(R_2), \end{aligned} \tag{9.88}$$

und aus (9.47) mit aus dem Kondensatorinnern nach außen weisender Normale $\mathbf{n}$ folgt für die Oberflächenladungsdichte

$$\frac{\partial}{\partial r}\varphi_3\Big|_{r=R_1} - \frac{\partial}{\partial r}\varphi_2\Big|_{r=R_1} = -4\pi\sigma_1 \tag{9.89}$$

$$\frac{\partial}{\partial r}\varphi_2\Big|_{r=R_2} - \frac{\partial}{\partial r}\varphi_1\Big|_{r=R_2} = -4\pi\sigma_2$$

Aus (9.86) wird wegen (9.87) und (9.88)

$$\begin{aligned} b_3 &= 0 \\ -\frac{a_3}{R_1} &= -\frac{a_2}{R_1} + b_2 \\ -\frac{a_2}{R_2} + b_2 &= -\frac{a_1}{R_2} + b_1 \,. \end{aligned} \tag{9.90}$$

Ferner muß im Innern konstantes Potential herrschen, da sonst bei $r = 0$ eine unphysikalische Singularität entstünde. Es muß also $a_1 = 0$ sein. Kombination von (9.90) und (9.89) führt dann auf

$$\begin{aligned} -\frac{a_3}{R_1} &= -\frac{a_2}{R_1} + b_2 \\ b_1 &= -\frac{a_2}{R_2} + b_2 \\ \frac{a_3}{R_1^2} &= \frac{a_2}{R_1^2} - 4\pi\sigma_1 \\ \frac{a_2}{R_2^2} &= -4\pi\sigma_2 \end{aligned} \tag{9.91}$$

mit der Lösung

$$\begin{aligned} b_1 &= \frac{Q_1}{R_1} + \frac{Q_2}{R_2} \quad , \quad a_2 = -Q_2 \\ b_2 &= \frac{Q_1}{R_1} \quad , \quad a_3 = -Q_1 - Q_2 \,. \end{aligned} \tag{9.92}$$

Damit geht (9.86) über in

$$\begin{aligned} \varphi_1(r) &= \frac{Q_1}{R_1} + \frac{Q_2}{R_2} & 0 \leqslant r \leqslant R_2 \\ \varphi_2(r) &= \frac{Q_1}{R_1} + \frac{Q_2}{r} & R_2 \leqslant r \leqslant R_1 \\ \varphi_3(r) &= \frac{Q_1 + Q_2}{r} & R_1 \leqslant r \leqslant \infty. \end{aligned} \tag{9.93}$$

Man sieht, daß $\varphi_2$ und $\varphi_3$ bis auf Konstanten das Potential der Gesamtladung $Q_2$ bzw. $Q_1 + Q_2$ sind. Die Potentialdifferenz lautet dann

$$\varphi_2(R_2) - \varphi_2(R_1) = Q_2 \frac{(R_1 - R_2)}{R_1 R_2} =: U_2 - U_1 \,. \tag{9.94}$$

Setzt man wiederum an

$$U_2 - U_1 =: C^{-1} Q_2 , \tag{9.95}$$

so wird die Kapazität durch Vergleich mit (9.94)

$$C = \frac{R_1 R_2}{R_1 - R_2}, \tag{9.96}$$

und die allgemeinen Kapazitätskoeffizienten nach (9.81) werden damit

$$C_{22} = -C_{21} = -C_{12} = C \tag{9.97}$$

$$C_{11} = C + R_1 = C\frac{R_1}{R_2}$$

Im Gegensatz zum Plattenkondensator wurde hier die Rechnung so angelegt, daß $Q_1$ und $Q_2$ frei wählbar sind. Fordert man auch hier als Spezialfall eine ladungsneutrale Anordnung mit einem feldfreien Außenraum, so muß man wegen $\varphi_3(r) = 0$ nach (9.93) nur $Q_1 = -Q_2$ setzen. Dann ergibt sich eine vollständige Analogie zum Plattenkondensator, und die Kapazitätskoeffizienten (9.97) nehmen die Form (9.82) an.

Das Charakteristische an beiden Beispielen besteht darin, daß durch die angepaßte Wahl der Koordinatensysteme die Konstanz des Potentials auf den Leiteroberflächen automatisch gesichert wurde. Dies bedeutet gerade, daß das Koordinatensystem für die speziellen geometrischen Gebilde so gewählt wurden, daß die Randbedingungen besonders einfach formulierbar sind. Analog lassen sich z.B. Probleme mit Zylindersymmetrie wie der unendlich ausgedehnte Zylinderkondensator oder der Rotationsellipsoid-Kondensator und auch der volle Ellipsoid-Kondensator behandeln.

## 9.8. Konforme Abbildung

Einen Spezialfall der raumladungsfreien Probleme stellen jene Anordnungen dar, die Translationsinvarianz in einer bestimmten Richtung aufweisen, also ebene Probleme sind. Die Potentiale müssen dann gegenüber diesen Translationen forminvariant sein, da sich nach Voraussetzung an der Anordnung durch Translation nichts ändern soll. Legt man die Translationsrichtung in die $\mathbf{e}_3$-Achse, so liegt die Anordnung in der $\mathbf{e}_1 - \mathbf{e}_2$-Ebene, und es muß $\varphi(\mathbf{r}) = \varphi(x_1, x_2)$ werden. Die Gleichung (9.70) geht dann über in das zweidimensionale homogene Dirichletsche Randwertproblem

$$\left(\frac{\partial^2}{\partial x_1^2} + \frac{\partial^2}{\partial x_2^2}\right)\varphi(x_1 x_2) = 0 \quad , \quad \mathbf{r} = (x_1, x_2) \in V \subset \mathrm{IR}_2 \tag{9.98}$$

$$\varphi(x_1, x_2) = U_j \quad \text{für} \quad \mathbf{r} \in F(K_j) \tag{9.98a}$$

$$\varphi(x_1, x_2) = 0 \quad \text{für} \quad r = (x_1^2 + x_2^2)^{\frac{1}{2}} \to \infty. \tag{9.98b}$$

Dabei sind $F(K_j)$ nun geschlossene Kurven im $\mathrm{IR}_2$ und V der Außenraum der Körper $K_1, \dots K_n$.

Für diesen Typus von Problemen ist eine funktionentheoretische Behandlung möglich.

Wir setzen $x_1 = x$, $x_2 = y$ und $z = x + iy$ und betrachten irgendeine analytische Funktion

$$f(z) = u(x, y) + iv(x, y). \tag{9.99}$$

Aus der Funktionentheorie folgt, daß ein analytisches f(z) die Cauchy-Riemannschen Differentialgleichungen

$$\frac{\partial u}{\partial x} = \frac{\partial v}{\partial y}; \qquad \frac{\partial u}{\partial y} = -\frac{\partial v}{\partial x} \tag{9.100}$$

erfüllen muß [M 16, Bd. III, 2], [M 21]. Daraus folgt notwendig

$$\left(\frac{\partial^2}{\partial x^2} + \frac{\partial^2}{\partial y^2}\right) u(x, y) = 0; \qquad \left(\frac{\partial^2}{\partial x^2} + \frac{\partial^2}{\partial y^2}\right) v(x, y) = 0. \tag{9.101}$$

Real- und Imaginärteil einer analytischen Funktion genügen also im Analytizitätsbereich der zweidimensionalen Laplace-Gleichung.

Weiter sind die Kurvenscharen

$$u(x, y) = \text{const.}; \qquad v(x, y) = \text{const.} \tag{9.102}$$

Orthogonaltrajektorien. Aus (9.100) folgt nämlich

$$\nabla u \cdot \nabla v = \frac{\partial u}{\partial x}\frac{\partial v}{\partial x} + \frac{\partial u}{\partial y}\frac{\partial v}{\partial y} = 0. \tag{9.103}$$

Da andererseits $\nabla u$ und $\nabla v$ die Kurvennormalen von (9.102) sind, müssen auch die Tangenten aufeinander senkrecht stehen, d.h. mit $\nabla u$, $\nabla v$ sind auch u, v Orthogonaltrajektorien, w.z.b.w.

Durch jede analytische Funktion f(z) sind demnach zwei Feldanordnungen gegeben, je nachdem, ob das gesuchte Potential dem Real- oder dem Imaginärteil von f(z) zugeordnet wird. Die Kurvenscharen (9.102) stellen dann die Äquipotentiallinien (Linien konstanten Potentials) dar, während die Kurvennormalen $\nabla u$ oder $\nabla v$ wegen $\mathbf{E} = -\nabla\varphi$ die Feldlinien darstellen, die nach ihrer geometrischen Interpretation senkrecht auf den Äquipotentiallinien stehen.

Andererseits wird durch die in z analytische Funktion f(z) nach (9.99) eine konforme Abbildung

$$w_1 + i w_2 = w = f(z) \tag{9.104}$$

von der z-Ebene in die w-Ebene induziert. Dabei hat diese konforme Abbildung die wichtigen Eigenschaften, daß sie winkeltreu und infinitesimal ähnlich ist. Dies bedeutet aber, daß orthogonale Kurvenscharen in der z-Ebene in orthogonale Kurvenscharen in der w-Ebene abgebildet werden.

Diese Eigenschaft kann vorteilhaft benutzt werden, um ein Gebiet in der z-Ebene in ein anderes, geeignetes in der w-Ebene abzubilden, vorausgesetzt, daß dieses Gebiet durch Kurvenscharen (9.102) begrenzt wird. Werden auf diesen Begrenzungskurven konstante Randwerte für Leiterprobleme vorgegeben, so wird damit durch die konforme Abbildung (9.104) ein Randwertproblem in der z-Ebene in ein solches in der w-Ebene abgebildet.

Wir betrachten ein Beispiel:

**Zylinderkondensator und Keilplattenkondensator**

Wir wählen als analytische Funktion

$$f(z) := k \ln z, \qquad z \neq 0. \tag{9.105}$$

Zerlegen wir z in Polarkoordinaten $z = Re^{i\alpha}$ mit $R = (x^2 + y^2)^{\frac{1}{2}}$ und $\alpha = \arctan \frac{x}{y}$, so wird (9.105) zu

$$f(z) = k \ln R + ik\alpha \equiv u(x, y) + iv(x, y). \tag{9.106}$$

Wegen der Analyzität von f(z) müssen daher

$$u(x, y) := k \ln (x^2 + y^2)^{\frac{1}{2}} \tag{9.107}$$

und

$$v(x, y) := k \arctan \frac{x}{y} \tag{9.108}$$

Lösungen der Laplace-Gleichung (9.98) sein. Die Kurvenscharen nach (9.102) sind:

$u(x, y) = w_1$ : konzentrische Kreise um den Nullpunkt in der z-Ebene,

$v(x, y) = w_2$ : Geraden durch den Nullpunkt der z-Ebene.

Durch Translation in $e_3$-Richtung lassen sich aus den Kreisen Zylinder erzeugen und aus den sich schneidenden Geraden Keile. Mit den üblichen Randbedingungen für Leiter und der Anpassung von Konstanten lassen sich dann zylinderförmige Leiter beschreiben bzw. Kondensatoren aufbauen. Wir wollen dies jedoch mit Hilfe der Methode der konformen Abbildung untersuchen.

**a) Zylinderkondensator**

Als Innenraum des Zylinderkondensators in der z-Ebene wählen wir das Gebiet

$$R_2 \leqslant R \leqslant R_1; \qquad 0 \leqslant \alpha \leqslant 2\pi, \tag{9.109}$$

das durch die Abbildung (9.104) zusammen mit (9.106) in der w-Ebene in das Rechteck

$$k \ln R_2 \leqslant w_1 \leqslant k \ln R_1; \qquad 0 \leqslant w_2 \leqslant k \cdot 2\pi \tag{9.110}$$

übergeht. Wir haben damit zwei Kurven $u(x, y) = \text{const.}$ als Potentiallinien für die Begrenzungslinien gewählt, während die möglichen Feldlinien $v(x, y) = \text{const}$ nicht eingeschränkt wurden. Das Rechteck (9.110) entspricht dem Querschnitt eines Plattenkondensators der Dicke $k \ln R_1 - k \ln R_2$ und der Breite $k \cdot 2\pi$; in $e_3$-Richtung ist er beliebig lang. Damit wird durch (9.104) in dem Fall a) die Konfiguration eines Zylinderkondensators mit den Radien $R_2 < R_1$ in einen Plattenkondensator abgebildet. Betrachtet man in $\mathbf{e}_3$-Richtung ein Stück des Plattenkondensators der Länge $l$, so folgt aus (9.80) direkt die Kapazität je Länge des Zylinderkondensators

$$\frac{C}{l} = \frac{1}{2}\,\frac{1}{\ln(R_1/R_2)}\,. \tag{9.111}$$

**b) Keilplattenkondensator**

Als Innenraum des Keilplattenkondensators in der z-Ebene wählen wir den Keil

$$R_2 \leqslant R \leqslant R_1 \qquad 0 \leqslant \alpha \leqslant \alpha_0 < \frac{\pi}{2} \tag{9.112}$$

der durch (9.104) in das Rechteck

$$k \ln R_2 \leqslant w_1 \leqslant k \ln R_1\,; \qquad 0 \leqslant w_2 \leqslant k\alpha_0 \tag{9.113}$$

in der w-Ebene abgebildet wird. Jetzt sind die Potentiallinien die Kurven $v(x, y) = \text{const}$ und die Feldlinien die Kurven $u(x, y) = \text{const}$. Damit ergibt sich analog eine Abbildung eines Keilplattenkondensators mit dem Keilwinkel $\alpha_0$ und den Plattenradien $R_2 < R_1$ in einen Plattenkondensator der Dicke $k\alpha_0$ und der Breite $k \ln (R_1/R_2)$. Entsprechend erhält man wieder nach (9.80) die Kapazität je Länge des Keilplattenkondensators

$$\frac{C}{l} = \frac{\ln(R_1/R_2)}{4\pi\alpha_0}\,. \tag{9.114}$$

Weitere Anwendungen werden in der Literatur gegeben [A 9], [M 16, Bd. III, 2], [M 22].

## 9.9. Feldenergie

Nachdem wir die verschiedenen Methoden der Feldberechnung im statischen Leitermodell diskutiert haben, verbleibt noch die Berechnung der elektrostatischen Energie einer Anordnung; dies ist auch technisch von großem Interesse. Da das Leitermodell in seiner Formulierung (9.4) ein Spezialfall der Vakuumelektrostatik ist, kann man die dort gegebene Definition der Feldenergie auch hier anwenden:

*Definition 9.2:* Die elektrostatische Energie des Leitermodells ist jene Energie, die nötig ist, um die Ladungsanordnung einer Leiterkonfiguration aufzubauen.

Da in (9.4) die Oberflächenladungen der Leiter im Gleichgewichtszustand nicht bekannt sind bzw. über die mit der Potentialtheorie berechnete Feldverteilung erst ausgerechnet werden müssen, ist es nützlich, die Feldenergie durch phänomenologische Größen auszudrücken. Es gilt dann die

*Behauptung 9.8:* Die elektrostatische Feldenergie der Leiteranordnung der 1. Grundaufgabe lautet

$$W^e = \frac{1}{2}\int\limits_V \rho_a(\mathbf{r})\,\varphi(\mathbf{r})\,d^3r + \frac{1}{2}\sum_{i,l=1}^{n} C_{li}\,U_l\,U_i\,, \tag{9.115}$$

die der 2. Grundaufgabe hat die Form

$$W^e = \frac{1}{2}\int\limits_V \rho_a(\mathbf{r})\,\varphi(\mathbf{r})\,d^3r + \frac{1}{2}\sum_{l,i} C_{li}^{-1}\,Q_l\,Q_i. \tag{9.116}$$

*Beweis:* Nach (1.35) wird die elektrostatische Energie einer Ladungsanordnung durch

$$W^e = \frac{1}{2}\int \rho(\mathbf{r})\,\varphi(\mathbf{r})\,d^3r \tag{9.117}$$

gegeben. Zerlegt man $\rho(\mathbf{r})$ nach (9.4) in die äußere Ladungsdichte $\rho_a(\mathbf{r})$ und die Ladungsdichten in den Leitern $\rho_i(\mathbf{r})$, die zu Flächenladungsdichten $\sigma_i(\mathbf{r})$ entartet sind, so geht (9.117) über in

$$W^e = \frac{1}{2}\int\limits_V \rho_a(\mathbf{r})\,\varphi(\mathbf{r})\,d^3r + \frac{1}{2}\sum_{i=1}^{n}\int\limits_{F(K_i)} \sigma_i(\mathbf{r})\,\varphi(\mathbf{r})\,df. \tag{9.118}$$

Da auf $K_j$ das Potential $\varphi(\mathbf{r})$ gleich $U_j$ sein soll, wird daraus

$$W^e = \frac{1}{2}\int\limits_V \rho_a(\mathbf{r})\,\varphi(\mathbf{r})\,d^3r + \frac{1}{2}\sum_{i=1}^{n} U_i\int\limits_{F(K_i)} \sigma_i(\mathbf{r})\,df \tag{9.119}$$

$$= \frac{1}{2}\int\limits_V \rho_a(\mathbf{r})\,\varphi(\mathbf{r})\,d^3r + \frac{1}{2}\sum_{i=1}^{n} U_i\,Q_i,$$

wenn man die Definition (9.42) von $Q_i$ beachtet. Unter Benutzung von (9.37) bzw. (9.41) entsteht (9.115) bzw. (9.116), w.z.b.w.

Bei dieser Darstellung der Feldenergie ist zu beachten, daß der Term mit $\rho_a$ noch elektrostatische Selbstenergien enthält, der phänomenologische Term dagegen nicht! Da im phänomenologischen Potential $\varphi(\mathbf{r})$ für das Leitermodell die Ladungsdichten $\rho_i(\mathbf{r})$ nur als Oberflächenladungsdichten $\sigma_i(\mathbf{r})$ auftreten und durch Randbedingungen ersetzt werden, tauchen Selbstwechselwirkungsterme zwischen den $\rho_i$ bzw. $\sigma_i$ nicht auf. Man **hat auf Grund dieser phänomenologischen Darstellung die wirklich zum Aufbau der** Anordnung benötigte Energie berechnet. Die elektrostatische Energie des Leitermodells läßt sich daher für $\rho_a \equiv 0$ selbstwechselwirkungsfrei auch durch

$$W^e = \frac{1}{8\pi}\int \mathbf{E}^2(\mathbf{r})\,d^3r \geqslant 0 \tag{9.120}$$

ausdrücken. Durch Vergleich mit (9.115) für $\rho_a \equiv 0$ folgt dann

$$W^e = \frac{1}{2}\sum_{i,j=1}^{n} C_{ij}\,U_i\,U_j \geqslant 0. \tag{9.121}$$

Der Ausdruck (9.121) stellt aber eine positiv definite Form dar, so daß die Matrix $C_{ij}$ der Kapazitätskoeffizienten nichtsingulär ist und stets eine Inverse besitzt.

# 10. Stationäres Leitermodell

## 10.1. Modellvorstellung

In derselben Reihenfolge wie in der Vakuumelektrodynamik gehen wir auch im Leitermodell von den elektrostatischen Anordnungen zu den stationären Strömen über. Zur Diskussion der Effekte im Leitermodell betrachten wir in diesem Fall einen Stromkreis, der durch einen Kondensator mit den Ladungen Q, − Q betrieben wird, wie Bild 15 zeigt.

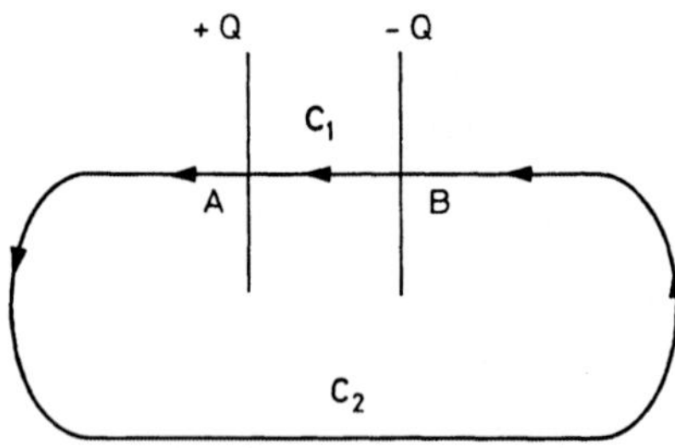


**Bild 15**

Plattenkondensator mit der Ladung + Q auf der Platte A und − Q auf der Platte B mit geschlossenem Weg $C_1 + C_2$ zum Betreiben eines Stromkreises.

Sind die Wege $\mathbf{C}_1$ und $\mathbf{C}_2$ keine materiellen Leiterstücke, so ist die Anordnung rein elektrostatisch. Für die Anordnung existiert ein Potential, und nach Abschnitt 1.5 gilt

$$\int_{\mathbf{C}_1} \mathbf{E}(\mathbf{r}) \cdot d\mathbf{s} + \int_{\mathbf{C}_2} \mathbf{E}(\mathbf{r}) \cdot d\mathbf{s} = 0. \tag{10.1}$$

Stellt man nun durch einen Draht längs $\mathbf{C}_1$ oder $\mathbf{C}_2$ eine leitende Verbindung zwischen beiden Kondensatorplatten her, so fließen die negativen Ladungen zu den positiven ab (bzw. umgekehrt, was vom Leitermaterial abhängt!), d.h. es entsteht durch den Ausgleichsvorgang ein Strom. Durch diesen Strom vermindert sich die Spannung, und bei vollkommenem Ladungsausgleich wird schließlich $\mathbf{j} = 0$.

Um einen stationären Strom zu erhalten, muß daher der zeitliche Spannungsabfall verhindert werden, was durch eine Spannungsquelle, z.B. eine Batterie, erreicht wird. Durch sie werden die zu den positiven Ladungen fließenden negativen Ladungen wieder weggepumpt (und umgekehrt). Auf diese Weise entsteht ein ständiger Kreislauf der Ladungen durch den Verbindungsdraht und die Batterie, was einen geschlossenen Stromkreis ergibt. Auf die chemischen Kräfte in der Batterie, die das Wegpumpen der Ladungen ermöglichen, können wir hier natürlich nicht eingehen. In Analogie zu Abschnitt 2.1 geben wir folgende

*Definition 10.1:* Ein stationärer Strom in einem Stromkreis wird durch eine zeitunabhängige phänomenologische Stromdichte $\mathbf{j}^p(\mathbf{r}) \equiv \mathbf{j}(\mathbf{r})$ im Leiter definiert.

Man muß jedoch beachten, daß es sich bei dieser Definition um eine rein phänomenologische Beschreibung handelt, da die Stationarität nur indirekt durch Konstanz der Magnetfelder usw., also auf völlig makroskopische Weise nachgewiesen wird.

Betrachtet man den Vorgang atomistisch, so sind die Ladungsträger Elektronen und/ oder Ionen. Da diese dauernd untereinander und mit dem Einbettungsmedium zusammenstoßen, ist es unmöglich, für sie einen stationären Strömungszustand im atomistischen Sinne herzustellen. Die atomistischen Prozesse sind im allgemeinen aber nicht beobachtbar. Was beobachtet werden kann, sind makroskopische Mittelwerte über viele atomistische Einzelprozesse. Erst für diese kann man dann durch geeignete experimentelle Vorrichtungen Stationarität erzwingen.

Die Verbindung zwischen Atomistik und Phänomenologie wird durch die Statistik hergestellt. Es hängt jedoch vom Modell ab, welche physikalischen Größen zum Gegenstand der Statistik gemacht werden. Im einfachst möglichen atomistischen Modell, das wir hier betrachten wollen, vernachlässigt man die Korrelationen bei der Bewegung der Ladungsträger im Leiter. Das statistische Ensemble wird dann durch die Menge der jeweils in einem Einheitsvolumen vorhandenen Ladungsträger gebildet. Eine makroskopische „lokale" Messung an der Stelle $\mathbf{r}$ im Leiter ist dann im allgemeinen so grob, daß man nur die Mittelwerte von physikalischen Größen des an dieser Stelle definierten Ensembles mißt.

*Definition 10.2:* Ein lokales Ensemble an der Stelle $\mathbf{r}$ zur Zeit t wird durch die Menge $N(\mathbf{r}, t)$ der (unkorrelierten) Ladungsträger in einem Einheitsvolumen mit dem Mittelpunkt in $\mathbf{r}$ zur Zeit t gebildet.

Da die atomistischen Teilchen nur ganzzahlige Vielfache von positiven oder negativen Elementarladungen $e_0$ mit sich führen, können wir formal jedes n-fach geladene Teilchen durch n einfach geladene Teilchen ersetzen. Dies ergibt im Ensemble sodann $N_+(\mathbf{r})$ und $N_-(\mathbf{r})$ positive bzw. negative Elementarladungen. Da ferner die Ladungsträger unkorreliert sein sollen, kann man das Ensemble der positiven und negativen Ladungsträger in zwei unabhängige Gesamtheiten für die positiven bzw. die negativen Ladungsträger allein aufspalten. Dies ermöglicht die

*Definition 10.3:* Die mittlere Geschwindigkeit der positiven bzw. der negativen Ladungsträger in einem lokalen Ensemble wird gegeben durch

$$\bar{\mathbf{v}}_{(\pm)}(\mathbf{r}, t) := \frac{1}{N_{(\pm)}(\mathbf{r}, t)} \sum_{j=1}^{N_{(\pm)}} \mathbf{v}_{j(\pm)}(t), \tag{10.2}$$

wobei $\mathbf{v}_{j(\pm)}$ die Geschwindigkeit des j-ten (positiven $^+$ bzw. negativen $^-$) Teilchens im Ensemble sei.

Um die phänomenologische Stromdichte $\mathbf{j}(\mathbf{r}, t)$ als Mittelwert über die Gesamtheit darzustellen, betrachten wir die atomistischen Ladungsträger als Punktladungen, was mit (5.7), (5.8) auf

$$\mathbf{j}^{\epsilon}_{(\pm)}(\mathbf{r}, t) := \sum_{k=1}^{N_{(\pm)}} (\pm)\, e_0\, \delta(\mathbf{r} - \mathbf{r}_{k(\pm)}(t))\, \mathbf{v}_{k(\pm)}(t) \tag{10.3}$$

als atomistische Gesamtstromdichte des Ensembles führt.

Der Mittelwert einer Dichtefunktion über das Ensemble kann dann sinngemäß durch eine räumliche Mittelung über das von der Gesamtheit eingenommene Einheitsvolumen $\Delta V = 1$ definiert werden. Dies ergibt die

*Definition 10.4:* Die phänomenologische Stromdichte $\mathbf{j}^p_{(\pm)}(\mathbf{r}, t)$ pro Ladungsträger wird durch den Mittelwert

$$\mathbf{j}^p_{(\pm)}(\mathbf{r}, t) := \bar{\mathbf{j}}_{(\pm)}(\mathbf{r}, t) : = \frac{1}{N_{(\pm)}(\mathbf{r}, t)} \int_{\Delta V} \mathbf{j}^\epsilon_{(\pm)}(\mathbf{r} + \boldsymbol{\xi}, t) d^3\xi \tag{10.4}$$

über die Ensemble-Stromdichte definiert.

Durch Substitution von (10.2) und (10.3) in (10.4) kann man sodann durch direktes Ausrechnen die phänomenologische Gesamtstromdichte $\mathbf{j}^p(\mathbf{r}, t)$ ableiten:

$$\mathbf{j}^p(\mathbf{r}, t) := \bar{\mathbf{j}}(\mathbf{r}, t) := N_+(\mathbf{r}, t)\bar{\mathbf{j}}_+(\mathbf{r}, t) + N_-(\mathbf{r}, t)\bar{\mathbf{j}}_-(\mathbf{r}, t) = \bar{\rho}_+(\mathbf{r}, t)\bar{\mathbf{v}}_+(\mathbf{r}, t) + \bar{\rho}_-(\mathbf{r}, t)\bar{\mathbf{v}}_-(\mathbf{r}, t) \tag{10.5}$$

mit

$$\bar{\rho}_{(\pm)}(\mathbf{r}, t) : = (\pm)\, e_0\, N_{(\pm)}(\mathbf{r}, t). \tag{10.6}$$

Damit ist die Verbindung zwischen Phänomenologie und Mikrophysik hergestellt. Wir zeigen, daß die so eingeführten Größen physikalisch sinnvoll sind. Zunächst betrachten wir die Ladungserhaltung:

*Behauptung 10.1:* Für die phänomenologische Stromdichte $\bar{\mathbf{j}}(\mathbf{r}, t)$ und die zugehörige Ladungsdichte

$$\bar{\rho}(\mathbf{r}, t) = \bar{\rho}_+(\mathbf{r}, t) + \bar{\rho}_-(\mathbf{r}, t) \tag{10.7}$$

gilt die Kontinuitätsgleichung

$$\frac{\partial}{\partial t}\bar{\rho}(\mathbf{r}, t) + \nabla \cdot \bar{\mathbf{j}}(\mathbf{r}, t) = 0. \tag{10.8}$$

*Beweis:* Definiert man die Ensemble-Ladungsdichte

$$\rho^\epsilon_{(\pm)}(\mathbf{r}, t) : = \sum_{k=1}^{N_{(\pm)}} (\pm) e_0\, \delta(\mathbf{r} - \mathbf{r}_{k(\pm)}(t)), \tag{10.9}$$

so kann (10.7) mittels (10.6) und (10.9) geschrieben werden als

$$\bar{\rho}(\mathbf{r}, t) = \int_{\Delta V} \rho^\epsilon_+(\mathbf{r} + \boldsymbol{\xi}, t)\, d^3\xi + \int_{\Delta V} \rho^\epsilon_-(\mathbf{r} + \boldsymbol{\xi}, t)\, d^3\xi \tag{10.10}$$

Substituiert man (10.9) und (10.10) sowie (10.4), (10.5) und (10.6) in (10.8) und beachtet man, daß für die Ladungs- und Stromverteilungen der Punktteilchen nach Kapitel 5 die Kontinuitätsgleichung erfüllt ist, so folgt die Behauptung, w.z.b.w.

Ferner ergibt sich die folgende

*Behauptung 10.2:* Ein durch eine zeitunabhängige mittlere Geschwindigkeit der Ladungsträger definierter Strom ist in einem homogenen Stromkreis stationär.

*Beweis:* Der Beweis hängt von der Definition des homogenen Stromkreises ab. Ein solcher sei dadurch definiert, daß er in sich verschoben werden kann, ohne daß die physikalischen Verhältnisse sich ändern, und daß die Stromdichte im ganzen Querschnitt des Leiters konstant ist. Daraus folgt, daß $|\mathbf{j}(\mathbf{r}, t)|$ im ganzen Stromkreis gleich sein muß. Da die Homogenitätsaussage sowohl für positive wie für negative Ladungsträger gilt, so entsteht daraus mit (10.5) für $\mathbf{r} \in L$

$$|\bar{\mathbf{j}}_{(\pm)}(\mathbf{r}, t)| = |\bar{\rho}_{(\pm)}(\mathbf{r}, t)|\,|\mathbf{v}_{(\pm)}(\mathbf{r})| =: c_{(\pm)}(t) \tag{10.11}$$

und damit

$$\bar{\rho}_{(\pm)}(\mathbf{r}, t) = \pm\, c_{(\pm)}(t)\,|\mathbf{v}_{(\pm)}(\mathbf{r})|^{-1} . \tag{10.12}$$

Durch Substitution dieser Ausdrücke in die Kontinuitätsgleichung ergibt sich

$$\frac{\dot{c}_{(\pm)}(t)}{c_{(\pm)}(t)} = -\,|\mathbf{v}_{(\pm)}(\mathbf{r})|\,\nabla \cdot \mathbf{v}_{(\pm)}(\mathbf{r})|\mathbf{v}_{(\pm)}(\mathbf{r})|^{-1} . \tag{10.13}$$

Da beide Seiten der Gleichung von verschiedenen Variablen abhängen, müssen sie einer Konstanten a gleich sein. Für $a \neq 0$ erhält man die unphysikalische Lösung $c_{(\pm)}(t) = e^{at}$. Aus physikalischen Gründen muß daher a verschwinden. Dann aber wird $c_{(\pm)}(t) = \text{const.}$ und damit $\bar{\mathbf{j}}(\mathbf{r}, t)$ stationär, w.z.b.w.

Es sei noch bemerkt, daß wie im Vakuum auch hier der mittlere Gesamtstrom durch eine Fläche F nach (2.3) durch

$$\bar{J}(F, t) := \int_F \bar{\mathbf{j}}(\mathbf{r}, t) \cdot d\mathbf{f} \tag{10.14}$$

definiert wird.

## 10.2. Ohmsches Gesetz

Um das Leitermodell für stationäre Ströme theoretisch behandeln zu können, benötigen wir die

**2. phänomenologische Grunderfahrung des Leitermodells:** Für einen homogenen Stromkreis mit stationärem Gesamtstrom $J \equiv \bar{J}$ gilt

$$J = \frac{1}{R_{AB}}(U_A - U_B) =: \frac{1}{R_{AB}} U_{AB} \tag{10.15}$$

$U_A$ und $U_B$ sind dabei die Potentiale an den Stellen A und B, der Strom fließt von A nach B, und $R_{AB}$ ist eine Konstante, die vom Material des Leiters und der Geometrie des Leiterquerschnitts abhängt.

Die Gleichung (10.15) wird auch das integrale Ohmsche Gesetz genannt. R ist der sog. elektrische Widerstand. Für einen homogenen zylindrischen Leiterdraht erhält man

$$R_{AB}^{-1} = \sigma \frac{F}{l_{AB}} \tag{10.16}$$

F ist hier die Querschnittsfläche, $l_{AB}$ die Länge des Drahtes zwischen A und B, und die sog. elektrische Leitfähigkeit $\sigma$ ist eine Materialkonstante. Es sei darauf hingewiesen, daß elektrotechnisch die Spannung U als Potentialdifferenz $U_{AB} := U_A - U_B$ definiert und daß das Ohmsche Gesetz meistens in der Form $U = R \cdot J$ benützt wird, wobei die Indizes unterdrückt werden. Wir werden uns im folgenden der kürzeren elektrotechnischen Schreibweise bedienen.

Da (10.15) ein Mittelwertgesetz darstellt, dem atomistische Prozesse im Stromkreis zugrundeliegen, und da F und $l_{AB}$ geometrische Größen sind, wird das atomistische Geschehen offenbar phänomenologisch durch $\sigma$ erfaßt. Die Leitfähigkeit $\sigma$ charakterisiert daher die makroskopischen Wirkungen des komplizierten atomistischen Transportmechanismus der Ladungsträger in dem betrachteten Leitermaterial und hängt daher auch von der Temperatur ab: $\sigma = \sigma(T)$. Das Temperaturverhalten hängt i. a. eng mit der Struktur des Leitermaterials zusammen. Man unterscheidet

a) *Metalle,* bei denen die Leitfähigkeit mit steigender Temperatur abnimmt (Kaltleiter):

$$\frac{d\sigma(T)}{dT} < 0$$

b) *Halbleiter,* bei denen die Leitfähigkeit mit steigender Temperatur zunimmt (Heißleiter):

$$\frac{d\sigma(T)}{dT} > 0$$

c) *Supraleiter,* die unterhalb einer kritischen Temperatur $T_k$ eine nahezu unendliche Leitfähigkeit aufweisen und oberhalb $T_k$ metallisch leiten:

$$\sigma(T) \approx \infty \quad \text{für} \quad T < T_k; \qquad \frac{d\sigma(T)}{dT} < 0 \quad \text{für} \quad T > T_k.$$

Bei ihnen ist jedoch das Ohmsche Gesetz in der Form (10.15) für $T \leqslant T_k$ nicht mehr gültig [T 12, T 13].

Eine atomistische Berechnung von $\sigma(T)$ als typischer Transportgröße mit Hilfe der Quantenmechanik und der statistischen Mechanik für Nichtgleichgewichtsprozesse ist möglich, aber äußerst kompliziert. Hier soll $\sigma(T)$ jedoch als eine experimentell meßbare phänomenologische Konstante angesehen werden, deren Wert für die im stationären Stromkreismodell durchzuführenden Rechnungen als bekannt vorausgesetzt wird.

*Die Dimension* von R ist im Gauß-System $s\,cm^{-1}$, im Giorgi-System $VA^{-1} = \Omega$ (Ohm), jene von $\sigma$ ist im Gauß-System $s^{-1}$ und im Giorgi-System $\Omega^{-1}\,m^{-1} =: S$ (Siemens).

Das Ohmsche Gesetz in seiner Integralform ist für theoretische Zwecke noch nicht besonders geeignet. Da wir die Maxwell-Theorie mit Differentialgleichungen formulieren, ist es nötig, auch das Ohmsche Gesetz differentiell auszudrücken. Das führt auf die

*Behauptung 10.3:* Im homogenen Stromkreis ist das Ohmsche Gesetz (10.15) äquivalent mit der differentiellen Form

$$\bar{\mathbf{j}}(\mathbf{r}) = \sigma\, \bar{\mathbf{E}}(\mathbf{r}), \tag{10.17}$$

wobei $\overline{\mathbf{E}}(\mathbf{r})$ die gemittelte Feldstärke im Draht darstellt, die durch

$$\overline{\mathbf{E}}(\mathbf{r}) := \frac{1}{\Delta V} \int\limits_{\Delta V} \mathbf{E}(\mathbf{r} + \boldsymbol{\xi}, t)\, d^3\xi \tag{10.18}$$

definiert wird, wobei $\Delta V$ das Volumen des lokalen Ensembles ist. Im stationären Zustand fällt die Zeitabhängigkeit der atomistischen Größen durch Mittelung per definitionem heraus.

*Beweis:* Wir betrachten das Ohmsche Gesetz für ein kleines Linienelement $\Delta l$ eines zylinderförmigen homogenen Leiterdrahtes vom Querschnitt F, der koaxial zu der Kurve $\mathbf{e}(l)$ mit der Tangente $\mathbf{t}(l)$ verläuft. Dabei ist $l$ der Linienparameter der Kurve. Wir können dann mit (10.14), (10.15) und (10.16) schreiben

$$\overline{J}(F) = \int\limits_F \overline{\mathbf{j}}(\mathbf{r}) \cdot d\mathbf{f} = -F\sigma \frac{1}{\Delta l} [U(l + \Delta l) - U(l)]. \tag{10.19}$$

Die rechte Seite kann auch als Richtungsableitung längs der Leitertangente $\mathbf{t}(l)$ aufgefaßt werden und ergibt zusammen mit (1.23)

$$-\frac{1}{\Delta l} [U(l + \Delta l) - U(l)] = -\mathbf{t}(l) \cdot \nabla U(\mathbf{r}) = \mathbf{t}(l) \cdot \mathbf{E}(\mathbf{r}). \tag{10.20}$$

Beachtet man, daß $\mathbf{t}(l)$ zugleich die Flächennormale für den Querschnitt ist, so folgt aus (10.19) und (10.20)

$$\int\limits_F \overline{\mathbf{j}}(\mathbf{r}) \cdot d\mathbf{f} = \sigma \int\limits_F \mathbf{E}(\mathbf{r}) \cdot d\mathbf{f}. \tag{10.21}$$

Da der Querschnitt F beliebig variiert werden kann, folgt aus (10.21) dann das lokale Gesetz (10.17). Da die makroskopisch beobachteten Feldstärken ebenso wie die Stromstärken und Ladungsdichten einen Mittelwert über mikroskopische Größen darstellen, muß auch das makroskopische Feld als Mittelwert bezeichnet werden, was dann endgültig auf (10.17) führt, w.z.b.w.

Zunächst gilt dann (10.17) nur für zylindrische homogene Leiter; wir wollen jedoch die Formel für beliebige homogene Leiterformen extrapolieren, da man diese für infinitesimale Längen $\Delta l$ durch zylindrische Teilstücke approximieren kann. Dabei definieren wir (anders als beim homogenen Stromkreis!) ein homogenes Leitermedium durch die Homogenität des Leitermaterials.

Es ist weiter zu bemerken, daß umgekehrt der Übergang von der differentiellen Formulierung (10.17) des Ohmschen Gesetzes zu der integralen Form (10.15) nur für Linienleiter möglich ist. Denn Integration von (10.17) entlang einer Kurve $\mathbf{C}_1$ von A nach B ergibt

$$U_A - U_B = \int\limits_A^B \overline{\mathbf{E}}(\mathbf{r}) \cdot d\mathbf{s} = \int\limits_{C_1} \frac{1}{\sigma} \overline{\mathbf{j}}(\mathbf{r}) \cdot d\mathbf{s}. \tag{10.22}$$

Andererseits lautet der Gesamtstrom durch eine Äquipotentialfläche F nach (10.14) im stationären Fall

$$\bar{J}(F) = \int_F \bar{j}(\mathbf{r}) \cdot df \tag{10.23}$$

Eine Auflösung von $\bar{j}(\mathbf{r})$ nach $\bar{J}(F)$ ist aber nur für einen Linienleiter nach (2.10) möglich, so daß auch nur dann aus (10.22) die integrale Form (10.15) $U_A - U_B = JR$ folgen kann. Das Ohmsche Gesetz in seiner differentiellen Form drückt daher einen allgemeineren Zusammenhang aus.

Dieser Zusammenhang besteht in einer Schlußfolgerung über den Ladungstransport. Betrachten wir z.B. Metalle, bei denen $\bar{v}_+ \approx 0$ gilt, also nur negative Ladungsträger (die Elektronen) bewegt werden, so folgt aus (10.17) mit (10.5)

$$\bar{v}_-(\mathbf{r}) = \frac{\sigma}{\bar{\rho}_-(\mathbf{r})} \bar{E}(\mathbf{r}) \tag{10.24}$$

im Stromkreis. Da $\bar{E}(\mathbf{r})$ einer Kraftdichte $\mathbf{k}(\mathbf{r})$ proportional ist, folgt nach (10.24), daß die mittlere Geschwindigkeit der Kraftdichte proportional ist. Der Grund für das Ausbleiben einer Beschleunigung als Antwort auf eine Kraftwirkung ist in dem atomistischen Reibungswiderstand des Leiters zu suchen. Im Zustand eines stationären Stroms verlieren die Elektronen durch Stöße mit dem Gitter des Leiters dauernd Energie, so daß es im Mittel zu keiner Beschleunigung kommt. Die an das Gitter abgegebene Energie macht sich dann als Erwärmung des Leiters bemerkbar (Ohmsche Wärme), worauf wir im Abschnitt 10.5 noch näher eingehen werden. Das Gesetz (10.17) besagt dann, daß zufolge des Reibungswiderstandes die Geschwindigkeit proportional der Kraft ist. Diese Aussage ist aber nicht an Linienleiter gebunden.

## 10.3. Eingeprägte Felder

Das lokale Ohmsche Gesetz (10.17) eignet sich zur phänomenologischen Charakterisierung des stationären Leitermodells, da es nach den Bemerkungen des vorangehenden Abschnitts auch in beliebig ausgedehnten homogenen Leitermedien als gültig anzusehen ist. Trotzdem stehen der Formulierung eines Satzes von phänomenologischen Differentialgleichungen in Analogie zu (9.4) noch Schwierigkeiten entgegen. Es gilt nämlich die folgende

*Behauptung 10.4:* Das differentielle Ohmsche Gesetz (10.17) läßt sich nicht im ganzen linearen (d.h. aus Linienleitern aufgebauten) Leiterkreis aufrechterhalten.

*Beweis:* Ein Leiterkreis samt Batterie läßt sich vom Standpunkt der Maxwell-Theorie als eine Konfiguration von mittleren Ladungs- und Stromdichten im Vakuum ansehen. Wegen der vorausgesetzten Stationarität der Anordnung ändern sich die Magnetfelder zeitlich nicht. Dies bedeutet nach (3.14a)

$$\nabla \times \bar{E}(\mathbf{r}) = 0, \tag{10.25}$$

und daraus folgt durch Anwendung des Stokesschen Satzes

$$\int_F [\nabla \times \bar{\mathbf{E}}(\mathbf{r})] \cdot \mathrm{df} = \int_{C_1 + C_2} \bar{\mathbf{E}}(\mathbf{r}) \cdot \mathrm{ds} = 0, \tag{10.26}$$

wenn $C_1 + C_2$ den ganzen linearen Leiterkreis der Länge $l$ beschreibt und $F$ eine von $C_1 + C_2$ berandete beliebige Fläche ist. Andererseits wurde in Abschnitt 10.1 der stationäre lineare Leiterkreis mit Batterie als ein gleichmäßig von Ladungen durchströmter Draht definiert, für den das Linienintegral des Stromes

$$\int_{C_1 + C_2} \bar{\mathrm{j}}(\mathbf{r}) \cdot \mathrm{ds} \int_F \mathrm{df} = \bar{\mathrm{J}} \int_{C_1 + C_2} \mathrm{ds} = \bar{\mathrm{J}} l \neq 0 \tag{10.27}$$

nicht verschwindet. Daraus folgt ein Widerspruch zu (10.17), wenn man (10.17) in (10.26) substituiert und mit (10.27) vergleicht, w.z.b.w.

Um (10.17) widerspruchsfrei aufrechtzuerhalten, betrachten wir den Stromkreis mit Batterie:

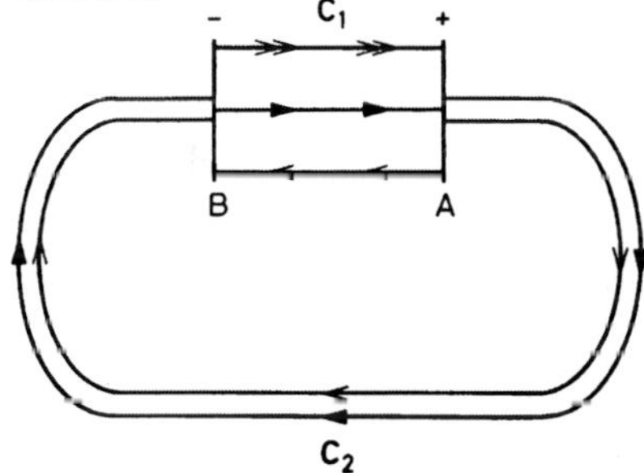


**Bild 16**
Geschlossener linearer Leiterkreis $C_1 + C_2$ mit Batterie und Richtung des Stromes ←, des el. Feldes ←, und des eingeprägten Feldes ↞.

Längs des Leiterstücks $\mathbf{C}_2$, das außerhalb der Batterie verläuft, ist der Strom $\mathbf{j}$ (←) parallel zum Feld $\bar{\mathbf{E}}$ (←), so daß längs $\mathbf{C}_2$ die Linienintegrale von Strom und Feld proportional sein müssen. Der oben erwähnte Widerspruch kann seine Ursache demnach nur in der Batterie haben. Um ihn zu beseitigen, definieren wir formal ein eingeprägtes Feld $\mathbf{E}^e(\mathbf{r})$, das nur längs $\mathbf{C}_1$, d.h. innerhalb der Batterie, ungleich Null ist, und setzen für beliebige Leitergestalt an:

$$\bar{\mathrm{j}}(\mathbf{r}) = \sigma(\mathrm{r})\,[\bar{\mathbf{E}}(\mathbf{r}) + \mathbf{E}^e(\mathbf{r})] \text{ mit } \sigma(\mathrm{r}) \equiv \sigma_i \text{ für } \mathrm{r} \in \mathbf{C}_i\,. \tag{10.28}$$

Dann muß gelten, wenn $l_i$ die Längen der Wege $\mathbf{C}_i$ sind,

$$\int_{C_1 + C_2} \frac{1}{\sigma(\mathrm{r})} \bar{\mathrm{j}}(\mathbf{r}) \cdot \mathrm{ds} \int_F \mathrm{df} = \int_{C_1 + C_2} [\bar{\mathbf{E}}(\mathbf{r}) + \mathbf{E}^e(\mathbf{r})] \cdot \mathrm{ds} \int_F \mathrm{df} = \bar{\mathrm{J}}\left(\frac{l_1}{\sigma_1} + \frac{l_2}{\sigma_2}\right), \tag{10.29}$$

und daraus folgt für einen Linienleiter wegen unserer Annahme über $\mathbf{E}^e(\mathbf{r})$ sowie wegen (10.16) und (10.26)

$$\mathrm{E}^e := \int_{C_1} \mathbf{E}^e(\mathbf{r}) \cdot \mathrm{ds} = \frac{\bar{\mathrm{J}}}{\mathrm{F}}\left(\frac{l_1}{\sigma_1} + \frac{l_2}{\sigma_2}\right) = (\mathrm{R}_1 + \mathrm{R}_2)\,\bar{\mathrm{J}}, \tag{10.30}$$

wenn $R_1$ der Widerstand der Batterie und $R_2$ der Widerstand im äußeren Leiterteil $C_2$ ist. Wegen der Rotationsfreiheit von $\overline{\mathbf{E}}$ laufen die $\overline{\mathbf{E}}$-Linien (→) innerhalb der Batterie entgegengesetzt zum Strom (←), wie man leicht am Kondensatorbeispiel sieht. Es muß also in der Batterie eine Kraft vorhanden sein, die die Ladungen entgegen dem elektrischen Feld bewegt. Diese Kraft wird durch $\mathbf{E}^e(\mathbf{r})$ beschrieben (↠), weshalb in der Technik $\mathbf{E}^e(\mathbf{r})$ auch als elektromotorische Kraft (EMK) bezeichnet wird. Da sie z.B. quantenmechanischer bzw. chemischer Natur ist (galvanisches Element), kann sie jedenfalls nicht elektrischen Ursprungs sein, sie kann aber formal durch ein elektrisches Kraftfeld ausgedrückt werden. Daraus folgt die

*Behauptung 10.5:* Zur konsistenten phänomenologischen Beschreibung der physikalischen Vorgänge im stationären Leitermodell muß neben dem differentiellen Ohmschen Gesetz auch noch die Batteriekraft als Feld einbezogen werden, wie es durch (10.28) ausgedrückt wird.

Es sei darauf hingewiesen, daß der nicht-elektrische Charakter des Kraftfeldes $\mathbf{E}^e(\mathbf{r})$ bewirkt, daß $\mathbf{E}^e(\mathbf{r})$ keinesfalls die Maxwell-Gleichungen zu erfüllen braucht. Da die Vorgänge in Batterien lokal ablaufen, ist ihre Beschreibung durch eine lokale Kraftdichte innerhalb der Batterie aber durchaus physikalisch akzeptabel.

## 10.4. Differentialgesetze

Im vorangehenden Abschnitt haben wir durch Einführung der eingeprägten Felder die Inkonsistenzen des lokalen Ohmschen Gesetzes beseitigt. Es steht daher nichts mehr im Wege, die Differentialgesetze für den stationären Fall zu formulieren.

**Phänomenologisches stationäres Leitermodell**

Im stationären Zustand werden die im Vakuum befindlichen homogenen Leiter $K_1, \ldots, K_n$ mit den Leitfähigkeiten $\sigma_1, \ldots, \sigma_2$ von stationären Strömen $\mathbf{j}_1(\mathbf{r}), \ldots, \mathbf{j}_n(\mathbf{r})$ durchflossen, wobei als Zusatzbedingung das differentielle Ohmsche Gesetz (10.28) mit eingeprägten Quellen $\mathbf{E}_i^e(\mathbf{r})$ erfüllt sein muß. Die Geometrie der Leiter $K_i$ wird durch Randbedingungen für die Ladungs- und Stromdichten an den Oberflächen $F(K_i)$ der Leiter $K_i$ und den Trennflächen zwischen Außenleiter und Batterie berücksichtigt.

Da das Problem durch diese Formulierung auf ein Vakuumproblem mit Zusatzbedingungen reduziert wird, gelten die Gleichungen von Abschnitt 1 und 2:

$$\nabla \cdot \mathbf{E}(\mathbf{r}) = 4\pi \left[\sum_{i=1}^{n} \rho_i(\mathbf{r}) + \rho_0(\mathbf{r})\right] \tag{10.31}$$

$$\nabla \times \mathbf{E}(\mathbf{r}) = 0$$

$$\nabla \cdot \mathbf{B}(\mathbf{r}) = 0$$

$$\nabla \times \mathbf{B}(\mathbf{r}) = \frac{4\pi}{c} \left[\sum_{i=1}^{n} \mathbf{j}_i(\mathbf{r}) + \mathbf{j}_0(\mathbf{r})\right]$$

sowie für $\mathbf{r}$ innerhalb $K_i$

$$\mathbf{j}_i(\mathbf{r}) = \sigma_i\,[\mathbf{E}(\mathbf{r}) + \mathbf{E}_i^e(\mathbf{r})]. \tag{10.32}$$

Weiter gilt wegen der Stationarität sowie der Ladungserhaltung

$$\nabla \cdot \mathbf{j}_i(\mathbf{r}) = 0 \qquad (i = 0, 1, \ldots, n). \tag{10.33}$$

Dabei mögen $\rho_0(\mathbf{r})$ und $\mathbf{j}_0(\mathbf{r})$ äußere, d.h. im Vakuum befindliche Strom- und Ladungsverteilungen sein. Da wir das Gleichungssystem (10.31), (10.32), (10.33) ohne Rückgriff auf atomistische Betrachtungen rein phänomenologisch behandeln werden, haben wir der Einfachheit halber die Mittelwertsstriche weggelassen.

Wir müssen noch die Randbedingungen angeben. Durch Bildung der Flächendivergenz wie in Bild 14 zur Ableitung der Formel (9.45) erhält man aus der Stationaritätsbedingung (10.33)

$$\mathbf{j}_1(\mathbf{r}) \cdot \mathbf{n}_{12}(\mathbf{r}) = \mathbf{j}_2(\mathbf{r}) \cdot \mathbf{n}_{12}(\mathbf{r}), \tag{10.34}$$

wobei $\mathbf{n}_{12}(\mathbf{r})$ die Normale an der Grenzfläche zwischen $K_1$ und $K_2$ an der Stelle $\mathbf{r}$ ist; sie ist von $K_2$ nach $K_1$ gerichtet. Für einen einzelnen Leiter $K_2$ tritt an die Stelle von $K_1$ der Außenraum, also das Vakuum, in dem die Stromdichte $\mathbf{j}_1$ verschwindet. Dann gilt also als Randbedingung für die Oberfläche $F(K_i)$ jedes Leiters $K_i$ einzeln

$$\mathbf{j}_i(\mathbf{r}) \cdot \mathbf{n}(\mathbf{r}) = 0, \quad \mathbf{r} \in F(K_i) \quad (i = 1, 2, \ldots, n), \tag{10.35}$$

wobei die Normale $\mathbf{n}(\mathbf{r})$ vom Leiter $K_i$ in den Außenraum zeigt. Ebenso folgt aus $\nabla \times \mathbf{E}(\mathbf{r}) = 0$ die Grenzbedingung

$$\mathbf{E}_1(\mathbf{r}) \cdot \mathbf{t}_1(\mathbf{r}) = \mathbf{E}_2(\mathbf{r}) \cdot \mathbf{t}_1(\mathbf{r}) \tag{10.36}$$

durch Anwendung der Flächenrotation, wobei $\mathbf{t}_1(\mathbf{r})$ eine beliebige Tangente an der Grenzfläche zwischen $K_1$ und $K_2$ im Punkte $\mathbf{r}$ ist. Eine genauere Diskussion der Ableitung derartiger Grenzbedingungen folgt in Kapitel IV. Die Bedingung (10.36) fordert damit die Stetigkeit der Tangentialkomponente von $\mathbf{E}$ an den Grenzflächen. Ebenso lassen sich Grenzbedingungen für das $\mathbf{B}$-Feld herleiten. Dies führen wir jedoch nicht explizite durch, da über das elektrische Feld nach (10.32) die Stromverteilung berechnet werden kann, woraus dann das $\mathbf{B}$-Feld durch direkte Integration der Gleichungen (10.31) gewonnen werden kann. Dies wird nachfolgend noch genau gezeigt.

Die in den Gleichungen (10.31), (10.32) und (10.33) auftretenden Parametergrößen $\rho_i(\mathbf{r}), \mathbf{j}_i(\mathbf{r})$ $(i = 0, 1, \ldots, n)$ und $\mathbf{E}_i^e(\mathbf{r})$ $(i = 1, \ldots, n)$ sind nicht unabhängig voneinander. Es gilt die

*Behauptung 10.6:* Aus vorgegebenen Batteriekräften $\mathbf{E}_i^e(\mathbf{r})$ folgen im stationären Leitermodell die $\rho_i(\mathbf{r})$ und die $\mathbf{j}_i(\mathbf{r})$ $(i = 1, \ldots, n)$, wobei $\mathbf{r}$ innerhalb des Batterieteiles des Leiters liegt.

*Beweis:* Bildet man von (10.32) die Divergenz und berücksichtigt man (10.31) und (10.33), so folgt im Innern und am Rande des Batterieteiles des Leiters $K_\alpha$ wegen $\rho_j = 0$ für $j \neq \alpha$ und $\rho_0 = 0$ im Innern der Leiter sowie wegen der Homogenität der Leiter

$$-\nabla \cdot \mathbf{E}_\alpha^e(\mathbf{r}) = 4\pi\,\rho_\alpha(\mathbf{r}) \qquad (\alpha = 1, \ldots, n). \tag{10.37}$$

Bildet man von (10.32) die Rotation, so folgt wegen (10.31)

$$\sigma_a^1 \nabla \times \mathbf{E}_a^e(\mathbf{r}) = \nabla \times \mathbf{j}_a(\mathbf{r}). \tag{10.38}$$

Durch (10.37) ist $\rho_a(\mathbf{r})$ eindeutig bestimmt. Beachtet man, daß neben (10.38) wegen der Ladungserhaltung auch (10.33) erfüllt sein muß und ferner, daß bei – nach Voraussetzung isoliertem – Leiter $K_a$ die Normalkomponente von $\mathbf{j}_a$ an der Oberfläche $F(K_a)$ von $K_a$ verschwinden muß, so ist nach Anhang V auch $\mathbf{j}_a(\mathbf{r})$ eindeutig festgelegt, w.z.b.w.

Die Batterien sind daher im stationären Fall Produzenten nicht nur von Strom-, sondern auch von Ladungsverteilungen, abgesehen von den im Vakuum befindlichen Strom- und Ladungsdichten. Will man daher eine bestimmte Modellanordnung theoretisch behandeln, so muß man neben der Geometrie der Leiter auch die $\mathbf{E}_i^e(\mathbf{r})$ vorgeben.

Für die praktische Integration ist das Gleichungssystem (10.31)–(10.33) zusammen mit den Randbedingungen und (10.34), (10.35), (10.36) noch ungeeignet. Man muß vielmehr die Leiter $K_i$ in ihren Batterieteil $K_i^1$ und ihren äußeren Leiterteil $K_i^2$ trennen. Entsprechend ergeben sich zwei Oberflächenteile $F(K_i^1)$ und $F(K_i^2)$ zum Außenraum. Die Trennflächen zwischen dem Batterieteil $K_i^1$ und dem äußeren Teil $K_i^2$ sind die Elektroden $E(K_i)$. Damit ergeben sich insgesamt drei verschiedene Bereiche

1) Batterieteile $\quad K_i^1 \, (i = 1, \ldots, n)$

2) äußere Leiterteile $\quad K_i^2 \, (i = 1, \ldots, n)$

3) Außenraum $\quad V = \mathbb{R}_3 - \sum_{i=1}^{n} K_i - \sum_{i=1}^{n} F(K_i)$

*Behauptung 10.7:* Das stationäre Leiterproblem ist durch Berechnung der Potentiale $\varphi_i(\mathbf{r})$ $(i = 1, 2, 3)$ lösbar, d.h. in Potential-Randwertprobleme überführbar.

*Beweis:* Wir betrachten die verschiedenen Bereiche.

1) Im Batterieteil ergibt sich mit $\mathbf{E}(\mathbf{r}) = -\nabla\varphi(\mathbf{r})$ nach (1.23), (1.25), sowie (10.31), (10.37)

$$\text{a)} \quad \Delta\varphi_1(\mathbf{r}) = \nabla \cdot \mathbf{E}_i^e(\mathbf{r}), \qquad \mathbf{r} \in K_i^1. \tag{10.39}$$

Die Randbedingungen lauten mit (10.32), (10.35) für die Grenzfläche zum Außenraum

$$\text{b)} \quad \frac{\partial}{\partial n}\varphi_1(\mathbf{r}) = \mathbf{n}(\mathbf{r}) \cdot \mathbf{E}_i^e(\mathbf{r}), \qquad \mathbf{r} \in F(K_i^1)$$

und durch skalare Multiplikation von (10.32) mit $\mathbf{n}(\mathbf{r})$ an den Elektroden

$$\text{c)} \quad \frac{\partial}{\partial n}\varphi_1(\mathbf{r}) = \frac{1}{\sigma_i^1}\mathbf{n}(\mathbf{r}) \cdot (\mathbf{E}_i^e(\mathbf{r})\,\sigma_i - \mathbf{j}_i^1(\mathbf{r})), \qquad \mathbf{r} \in E(K_i).$$

Da $\mathbf{j}_i^1(\mathbf{r})$ durch $\mathbf{E}_i^e(\mathbf{r})$ in $K_i^1$ festgelegt ist, wird $\varphi_1(\mathbf{r})$ im Batterieteil als Lösung eines v. Neumannschen Randwertproblems gegeben, das nach [M 2] immer lösbar ist. Damit ist $\varphi_1(\mathbf{r})$ bekannt. Interessiert man sich nur für den Außenleiter $K_i^2$ und das Außengebiet ohne Leiter, so genügt es, $\varphi_1(\mathbf{r})$ vorzugeben. Für praktische Fälle wird man dann auf den Elektroden $E(K_i)$

$$\varphi_1(\mathbf{r}) = U_i = \text{const}, \qquad \mathbf{r} \in E(K_i)$$

oder aber den durch die Elektroden fließenden Gesamtstrom $J_i$ vorgeben.

2) In den anderen Gebieten ist $\mathbf{E}_i^e(\mathbf{r}) \equiv 0$. Dann ergibt (10.31) analog wegen (10.37)

$$\text{a)} \qquad \Delta\varphi_2(\mathbf{r}) = 0, \qquad \mathbf{r} \in K_i^2 \tag{10.40}$$

mit den Randbedingungen zum Außenraum wegen (10.32), (10.35)

$$\text{b)} \qquad \frac{\partial}{\partial n}\varphi_2(\mathbf{r}) = 0, \qquad \mathbf{r} \in F(K_i^2)$$

und an den Elektroden wegen (10.32), (10.34)

$$\text{c)} \qquad \frac{\partial}{\partial n}\varphi_2(\mathbf{r}) = -\frac{1}{\sigma_i^2}\mathbf{j}_i^1(\mathbf{r}) \cdot \mathbf{n}(\mathbf{r}), \qquad \mathbf{r} \in E(K_i).$$

Statt die Randbedingung c) zu benützen, ist es praktischer, den durch die Elektroden von der Batterie in den äußeren Leiterteil $K_i^2$ fließenden Gesamtstrom $J_i$ vorzugeben. Dies ergibt dann die Bedingung für $\varphi_2(\mathbf{r})$

$$\text{c}') \qquad J_i = \int\limits_{E(K_i)} \mathbf{j}_i^2(\mathbf{r}) \cdot d\mathbf{f} = -\sigma_i^2 \int\limits_{E(K_i)} \nabla_{\mathbf{r}}\varphi_2(\mathbf{r}) \cdot d\mathbf{f} = -\sigma_i^2 \int\limits_{E(K_i)} \frac{\partial}{\partial n}\varphi_2(\mathbf{r})\, df$$

3) Im Außenraum befinden sich keine Leiter, und es ist $\rho_0(\mathbf{r}) \neq 0$. Es ergibt sich also ein rein elektrostatisches Potentialproblem wie in Abschnitt 9,

$$\text{a)} \qquad \Delta\varphi_3(\mathbf{r}) = -4\pi\rho_0(\mathbf{r}), \qquad \mathbf{r} \in V. \tag{10.41}$$

Die Randbedingungen sind wegen (10.36) die Stetigkeit der Potentiale

$$\text{b)} \qquad \varphi_3(\mathbf{r}) = \varphi_2(\mathbf{r}), \quad \mathbf{r} \in F(K_i^2)$$
$$= \varphi_1(\mathbf{r}), \quad \mathbf{r} \in F(K_i^1)$$

und ihrer Ableitungen

$$\text{c)} \qquad (\mathbf{t}(\mathbf{r}) \cdot \nabla)\varphi_3(\mathbf{r}) = (\mathbf{t}(\mathbf{r}) \cdot \nabla)\varphi_2(\mathbf{r}) \qquad \mathbf{r} \in F(K_i^2)$$
$$= (\mathbf{t}(\mathbf{r}) \cdot \nabla)\varphi_1(\mathbf{r}) \qquad \mathbf{r} \in F(K_i^1).$$

Damit ist das gesamte stationäre Leiterproblem auf Randwertprobleme für das Potential analog zu Kapitel 9 zurückgeführt, w.z.b.w.

Zum Schluß seien noch die Grenzbedingungen im Bereich 2 an der Grenzfläche zweier Leiter $K_1$ und $K_2$ mit den Leitfähigkeiten $\sigma_1$ und $\sigma_2$ angegeben. Aus (10.34) mit (10.32) folgt

$$\sigma_1 \mathbf{n}_{12}(\mathbf{r}) \cdot \mathbf{E}_1(\mathbf{r}) = \sigma_2 \mathbf{n}_{12}(\mathbf{r}) \cdot \mathbf{E}_2(\mathbf{r}). \tag{10.42}$$

An der Grenzfläche zwischen dem Außenleiter-Gebiet 2 und dem Außenraum, dem Gebiet 3, befindet sich wieder eine Oberflächenladungsdichte $\sigma(\mathbf{r})$. Mit (9.47) und (10.40b) gilt

$$4\pi\sigma(\mathbf{r}) = -\frac{\partial}{\partial n}\varphi_3(\mathbf{r}) = -(\mathbf{n}\cdot\nabla)\varphi_3(\mathbf{r}) = \mathbf{n}\cdot\mathbf{E}_3, \qquad \mathbf{r}\in F(K_i^2), \tag{10.42a}$$

wobei die Normale $\mathbf{n}$ in den Außenraum weist und $\varphi_3(\mathbf{r})$ das Potential im Außenraum ist.

Wir behandeln zwei Beispiele zur Veranschaulichung:

### a) Kugelförmige Stromquelle im leitenden $\mathbb{R}_3$

Wir nehmen eine kugelförmige Stromquelle vom Radius a in einem unendlich ausgedehnten leitenden homogenen Medium der Leitfähigkeit $\sigma$ an. Innerhalb der Stromquelle muß dann $\mathbf{E}^e(\mathbf{r}) \neq 0$ gelten. Die Gleichungen (10.31), (10.32), (10.33) lauten in diesem Fall, da $\rho_0$, $\mathbf{j}_0$ verschwinden:

$$\nabla\cdot\mathbf{E}(\mathbf{r}) = 4\pi\,\rho(\mathbf{r}) \tag{10.43}$$

$$\nabla\times\mathbf{E}(\mathbf{r}) = 0$$

$$\nabla\cdot\mathbf{B}(\mathbf{r}) = 0$$

$$\nabla\times\mathbf{B}(\mathbf{r}) = \frac{4\pi}{c}\,\mathbf{j}(\mathbf{r})$$

$$\mathbf{j}(\mathbf{r}) = \sigma\,[\mathbf{E}(\mathbf{r}) + \mathbf{E}^e(\mathbf{r})] \tag{10.44}$$

$$\nabla\cdot\mathbf{j}(\mathbf{r}) = 0\,. \tag{10.45}$$

Wir interessieren uns hier nur für das elektrische Feld; das magnetische Feld folgt direkt nach Abschnitt 2, wie noch gezeigt wird. Innerhalb der Batterie gilt die Gleichung (10.39). Um die explizite Angabe der Batteriekräfte $\mathbf{E}^e(\mathbf{r})$ zu vermeiden, betrachten wir nur den Außenraum der Stromquelle, wo nach Definition $\mathbf{E}^e(\mathbf{r}) \equiv 0$ ist. Für den Außenraum, also für $r \geqslant a$, gilt dann nach (10.40)

$$\Delta\varphi(\mathbf{r}) = 0 \tag{10.46}$$

mit der Randbedingung auf der Kugeloberfläche

$$-\sigma\int\frac{\partial}{\partial r}\,\varphi(\mathbf{r})\,df = J \quad \text{sowie} \quad \lim_{r\to\infty}\varphi(\mathbf{r}) = 0 \quad \text{im Unendlichen.}$$

Wegen der Rotationssymmetrie des Problems ergibt dies in Polarkoordinaten nach (I.38)

$$\frac{1}{r^2}\,\frac{d}{dr}\,r^2\,\frac{d}{dr}\,\varphi(r) = 0 \tag{10.47}$$

mit der Lösung

$$\varphi(r) = \frac{A}{r} + B; \qquad r \neq 0. \tag{10.48}$$

Die Konstante B legt den (unbeobachtbaren) Absolutwert von $\varphi$ fest; man kann also $B = 0$ setzen, so daß $\lim_{r \to \infty} \varphi(r) = 0$ wird. Die Radialkomponente $E_r$ des aus $\varphi(\mathbf{r})$ folgenden elektrischen Feldes $\mathbf{E}(\mathbf{r})$ wird damit

$$E_r(r) = \frac{A}{r^2}. \tag{10.49}$$

Da im Außenraum $\mathbf{E}^e(\mathbf{r}) = 0$ ist, folgt aus (10.44) unmittelbar

$$j_r(\mathbf{r}) = \sigma \frac{A}{r^2}, \tag{10.50}$$

und die Konstante A wird durch den aus der Kugel austretenden Gesamtstrom

$$J = \int\limits_{F(a)} \mathbf{j}(\mathbf{r}) \cdot d\mathbf{f} = 4\pi\sigma A \tag{10.51}$$

bestimmt. Da damit die stationäre Stromverteilung völlig festgelegt ist, kann man das magnetische Feld nach Abschnitt 2 durch direkte Integration aus (10.43) ausrechnen.

### b) Unendlicher gerader Draht mit Rückleiter

Der Draht mit dem Radius a sei in $\mathbf{e}_3$-Richtung von dem Gesamtstrom J durchflossen, der Rückleiter in Richtung $-\mathbf{e}_3$ von $-J$. Beide Leiter seien durch einen zylinderförmigen Vakuumzwischenraum voneinander getrennt. Der Rückleiter besteht aus einem koaxialen Mantel um den Leiterdraht, wie Bild 17 zeigt.

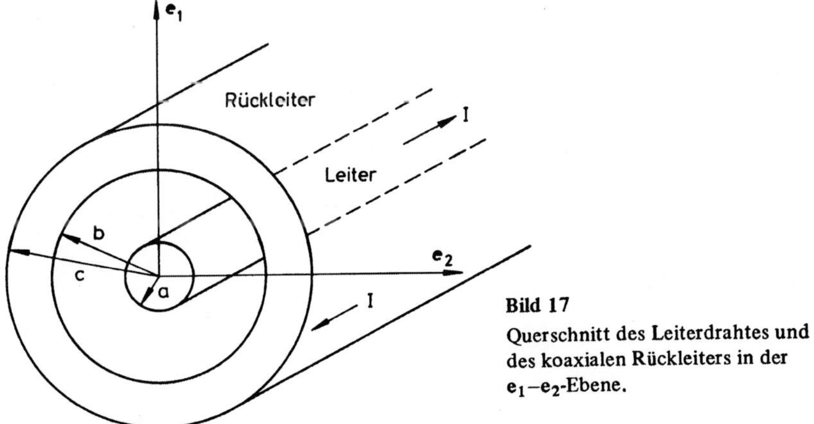


**Bild 17**
Querschnitt des Leiterdrahtes und des koaxialen Rückleiters in der $\mathbf{e}_1$–$\mathbf{e}_2$-Ebene.

Man kann daher drei uns interessierende Bereiche außer dem Außenbereich $r > c$ unterscheiden:

1) $0 \leqslant r \leqslant a$ Drahtinneres $r = (x_1^2 + x_2^2)^{\frac{1}{2}}$

2) $a < r < b$ Hohlraum

3) $b \leqslant r \leqslant c$ Rückleiter

Das Problem ist invariant gegen Rotation um die $\mathbf{e}_3$-Achse. Wir nehmen an, daß bei $x_3 = f_0$ in großer Entfernung die Batterie sitzt und daß in dem durch $x_3 < f_0$ gegebenen Bereich $\mathbf{E}^e(\mathbf{r}) = 0$ ist. Bei $x_3 = 0$ sollen Leiter und Rückleiter miteinander leitend verbunden sein. Die Grundgleichungen lauten dann für die drei Bereiche $\alpha = 1, 2, 3$ und $0 \leqslant x_3 < f_0$

$$\nabla \cdot \mathbf{E}_\alpha(\mathbf{r}) = 0 \tag{10.52}$$

$$\nabla \times \mathbf{E}_\alpha(\mathbf{r}) = 0$$

$$\nabla \cdot \mathbf{B}_\alpha(\mathbf{r}) = 0$$

$$\nabla \times \mathbf{B}_\alpha(\mathbf{r}) = \frac{4\pi}{c}\, \mathbf{j}_a(\mathbf{r})$$

$$\mathbf{j}_\alpha(\mathbf{r}) = \sigma_\alpha\, \mathbf{E}_\alpha(\mathbf{r}) \qquad \text{mit } \sigma_2 = 0$$

$$\nabla \cdot \mathbf{j}_\alpha(\mathbf{r}) = 0\,.$$

Weiter müssen natürlich noch die Randbedingungen (10.34), (10.35), (10.36) beachtet werden. Nach (10.40), (10.41) gilt wegen $\rho_0(\mathbf{r}) = 0$ in allen drei Bereichen $\alpha = 1, 2, 3$

$$\Delta \varphi_\alpha(\mathbf{r}) = 0. \tag{10.53}$$

Im Bereich 1 ist eine Lösung von (10.53), die der Randbedingung (10.35) automatisch genügt mit $j = |\mathbf{j}|$:

$$\mathbf{E}_1(\mathbf{r}) = \frac{1}{\sigma_1}\, |j|\mathbf{e}_3 \qquad 0 \leqslant r \leqslant a. \tag{10.54}$$

Bei dieser Lösung handelt es sich also um einen zur $\mathbf{e}_3$-Achse parallelen Strom, der über den ganzen homogenen Draht konstant ist. Im Draht fließt damit der Gesamtstrom $J = \pi a^2 j$.

Im Bereich 3 ist analog zum Bereich 1 eine Lösung von (10.53) durch

$$\mathbf{E}_3(\mathbf{r}) = \frac{1}{\sigma_3}\, j'\, \mathbf{e}_3 \tag{10.55}$$

gegeben mit dem Gesamtstrom $-J = \pi(c^2 - b^2)\, j'$. Im Rückleiter herrscht deshalb ebenfalls eine konstante Rückfluß-Stromdichte

$$j' = -j\, a^2 (c^2 - b^2)^{-1}$$

Um im Hohlraum, also im Bereich 2, Gl. (10.53) zu erfüllen, machen wir den Ansatz

$$\varphi_2(\mathbf{r}) \equiv \varphi_2(x_3, r) = \chi(r)\, x_3\,, \tag{10.56}$$

wobei wir die Grenzbedingungen für $\varphi_2(\mathbf{r})$ bei $x_3 = f_0$, also an den Elektroden der Batterie, außer acht lassen, da wir uns nur für $x_3 \ll f_0$ interessieren und die Batterie sehr weit entfernt ist. Die Grenzbedingungen (10.36) lauten dann für $r = a$ und $\mathbf{t} \equiv \mathbf{e}_3$ mit (10.54)

$$\frac{\partial}{\partial x_3}\, \varphi_2(\mathbf{r})\Big|_{r=a} = -\mathbf{E}_1(\mathbf{r}) \cdot \mathbf{t}(\mathbf{r})\Big|_{r=a} = -\frac{1}{\sigma_1}\, j \tag{10.57}$$

und für r = b mit (10.55)

$$\frac{\partial}{\partial x_3} \varphi_2(\mathbf{r})\Big|_{r=b} = -\mathbf{E}_3(\mathbf{r}) \cdot \mathbf{t}(\mathbf{r})\Big|_{r=b} = -\frac{1}{\sigma_3} j' \,. \tag{10.58}$$

Daraus folgt für (10.56)

$$\chi(a) = -j \frac{1}{\sigma_1} \tag{10.59}$$

$$\chi(b) = -j' \frac{1}{\sigma_3} \,.$$

Führen wir in (10.53) Zylinderkoordinaten (Polarkoordinaten in der $\mathbf{e}_1 - \mathbf{e}_2$-Ebene) ein, so erhalten wir bei Substitution von (10.56) nach (I.39)

$$\frac{d}{dr} r \frac{d}{dr} \chi(r) = 0 \tag{10.60}$$

mit der allgemeinen Lösung

$$\chi(r) = A \ln r + B. \tag{10.61}$$

Unter Berücksichtigung von (10.59) führt dies auf

$$\chi(\mathbf{r}) = (\ln \frac{b}{a})^{-1} [j \frac{1}{\sigma_1} \ln\left(\frac{r}{b}\right) - j' \frac{1}{\sigma_3} \ln\left(\frac{r}{a}\right)] \tag{10.62}$$

und damit auf die Feldstärkekomponenten

$$E_s := \mathbf{E}_2 \cdot \mathbf{e}_3 = -\frac{\partial}{\partial x_3} \varphi_2(\mathbf{r}) = -\chi(r) \tag{10.63}$$

$$E_r := \mathbf{E}_2 \cdot \mathbf{e}_r = -\frac{\partial}{\partial r} \varphi_2(\mathbf{r}) = -\frac{\partial \chi(r)}{\partial r} x_3$$

$$= -\frac{x_3}{r} \left(\ln \frac{b}{a}\right)^{-1} \left[ j \frac{1}{\sigma_1} - j' \frac{1}{\sigma_3} \right] = -\frac{x_3}{r} \left(\ln \frac{b}{a}\right)^{-1} j \left[ \frac{1}{\sigma_1} + \frac{a^2}{c^2 - b^2} \frac{1}{\sigma_3} \right].$$

Da wegen der Grenzbedingung (10.35) weder im Leiter noch im Rückleiter Normalkomponenten des elektrischen Feldes vorhanden sind, macht $E_r := \mathbf{E}_2 \cdot \mathbf{e}_r$ bei r = b und r = a einen Sprung. Nach (10.42a) bzw. (9.45) müssen daher auf den Oberflächen von Leiter und Rückleiter die Flächenladungen

$$4\pi\sigma(\mathbf{r})_{a,b} = \begin{cases} E_r(x_3, a) & \text{Leiter} \\ -E_r(x_3, b) & \text{Rückleiter} \end{cases} \tag{10.64}$$

sitzen. Die Ladung pro Längeneinheit auf dem Leiterdraht ist daher

$$Q_L = 2\pi a \sigma_a(r) = -\frac{1}{2} x_3 \left(\ln \frac{b}{a}\right)^{-1} \left[ j \frac{1}{\sigma_1} - j' \frac{1}{\sigma_3} \right], \tag{10.65}$$

und für den Rückleiter folgt analog

$$Q_R = 2\pi b \sigma_b(r) = -Q_L. \tag{10.66}$$

Für die Potentialdifferenz zwischen Leiter und Rückleiter erhält man mit (10.56) und (10.59)

$$\Delta U_{ab} = \varphi_2(x_3, a) - \varphi_2(x_3, b) = -x_3 \left[ j \frac{1}{\sigma_1} - j' \frac{1}{\sigma_3} \right]. \tag{10.67}$$

Da die Potentialdifferenz bei $x_3 = 0$ verschwindet, sich also Leiter und Rückleiter auf dem gleichen Potential befinden, können diese bei $x_3 = 0$ miteinander leitend verbunden sein, ohne daß sich ein Widerspruch ergibt. Aus (10.65) und (10.67) folgt für die Kapazität pro Längeneinheit des von Leiter und Rückleiter gebildeten Zylinderkondensators

$$\dot{C} = \frac{1}{2}\left(\ln\frac{b}{a}\right)^{-1} \tag{10.68}$$

in vollständiger Analogie zum elektrostatischen Problem nach (9.111). Da der Strom wegen $\sigma_2 = 0$ im Bereich 2 verschwindet und im Bereich 1 und 3 durch (10.54) und (10.55) festgelegt ist, können wir das zugehörige Magnetfeld $\mathbf{B}$ durch direkte Integration gewinnen. Aus (2.16) ersieht man, daß wegen der Rotationssymmetrie um die $\mathbf{e}_3$-Achse die Radialkomponente $\mathbf{B}_r$ und die Komponente $\mathbf{B}_3$ in der $\mathbf{e}_3$-Richtung verschwinden. Außerdem kann die azimutale Komponente $\mathbf{B}_\varphi$ nicht vom Winkel $\varphi$ abhängen, sondern nur von r. Zur Berechnung von $\mathbf{B}_\varphi$ benützen wir in diesem Falle vorteilhafterweise nicht (2.16), sondern die integrale Form (2.32), indem man das Linienintegral über einen Kreis vom Radius r mit r aus den verschiedenen Gebieten $\alpha = 1, 2, 3$ ausgeführt. Damit ergibt sich

$$\begin{aligned} \mathbf{B}_1(r) &= \frac{2}{c}\frac{r}{a}\frac{J}{a}\,\mathbf{e}_\varphi \\ \mathbf{B}_2(r) &= \frac{2}{c}\frac{J}{r}\,\mathbf{e}_\varphi \\ \mathbf{B}_3(r) &= \frac{2}{c}\frac{J}{r}\frac{(c^2 - r^2)}{(c^2 - b^2)}\,\mathbf{e}_\varphi \\ \mathbf{B}(r) &= 0 \quad , \quad r \geqslant c, \end{aligned} \tag{10.69}$$

woraus dann der Energiefluß zu

$$\mathbf{S}_\alpha = \frac{c}{4\pi}\,(\mathbf{E}_\alpha \times \mathbf{B}_\alpha) \tag{10.70}$$

berechnet werden kann. An der Drahtoberfläche r = a ergibt sich dann insbesondere mit (10.69) und (10.54) eine in den Leiterdraht weisende radiale Komponente

$$S_r := \mathbf{S}_2 \cdot \mathbf{e}_r = -\frac{J^2}{2\pi^2 a^3 \sigma_1}, \tag{10.71}$$

während $\mathbf{S}_3$ und $\mathbf{S}_\varphi$ verschwinden. Die dem Draht vom Hohlraum zugeführte elektromagnetische Leistung pro Längeneinheit ist dann

$$\dot{P} = -2\pi a S_r = J^2 R_1 \tag{10.72}$$

mit dem Ohmschen Widerstand pro Längeneinheit $R_1$ nach (10.16). Diese Leistung wird im Draht in Form von Joulescher Wärmeleistung verbraucht, was im nächsten Abschnitt diskutiert werden wird. Einen Eindruck von dem Verlauf der Strömung der elektrischen Energie entsprechend dem Poynting-Vektor $\mathbf{S}_2$ und vom Verlauf des elektrischen Feldes $\mathbf{E}_2$ im Hohlraum gibt Bild 18.

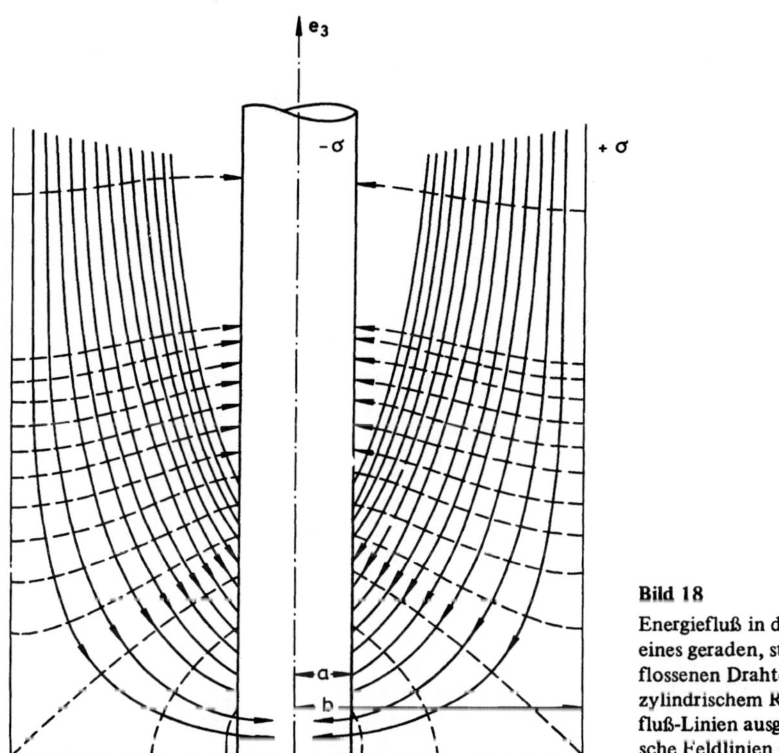


**Bild 18**
Energiefluß in der Umgebung eines geraden, stationären durchflossenen Drahtes mit koaxialem, zylindrischem Rückleiter. Energiefluß-Linien ausgezogen, elektrische Feldlinien gestrichelt.

Dies kann man so interpretieren: Nach unserer Annahme befindet sich bei $x_3 = f_0$ die Batterie: von dort fließt die Energie im Außenraum des Drahtes $a < r < b$ allseitig nach der Oberfläche des Drahts. Die Energieflußlinien verlaufen für große $|x_3|$ fast parallel zum Draht. Da S senkrecht auf den Feldlinien steht, verlaufen diese fast senkrecht auf den Draht zu. Im Draht selbst fließt die Energie radial auf die Drahtachse zu, wobei sie sich in Wärme verwandelt. Parallel zur Drahtachse gibt es im Draht keinen Energiestrom. Dies bedeutet, daß die Leiter des elektrischen Stromes nicht die Energieleiter sind, sondern daß die Energie über das Feld im Außenraum des Leiters transportiert wird. Es sei noch betont, daß man in allen Formeln den Außenradius c des Rückleiters gegen Unendlich streben lassen kann, ohne daß sich an dem Verhalten der Energieströmung etwas ändert.

## 10.5. Energiebilanz

Da wir das stationäre Leitermodell rein phänomenologisch formuliert haben, ist es auch möglich, eine rein phänomenologische Energie- und Leistungsbilanz für dieses Modell aufzustellen. Eine derartige Bilanz ist jedoch gerade wegen ihres phänomenologischen

Charakters physikalisch nicht sehr aufschlußreich. Bevor wir sie angeben, sollen daher zunächst die Vorgänge im stationären Leitermodell atomistisch betrachtet werden. Da die atomistischen Vorgänge aber sehr kompliziert sind, ist es unmöglich, sie hier detailliert zu beschreiben. Wir wollen vielmehr nur ein sehr vereinfachtes Modell verwenden, um ein physikalisches Verständnis der Leistungsbilanz auf atomistischer Grundlage zu erzielen.

Wir beziehen uns der Einfachheit halber wieder auf den Leiterkreis mit Batterie aus Abschnitt 10.3, wie er in Bild 16 gezeigt ist. Um ein abgeschlossenes System zu erhalten, nehmen wir an, daß der Leiterkreis keine Energie abstrahlt oder in sonstiger Form abgibt, so daß also z.B. die im Leiterkreis erzeugte Wärme nicht durch Wärmestrahlung oder sonstige thermische Kontakte verloren geht. Wir behaupten dann folgendes:

*Behauptung 10.8:* Um einen abgeschlossenen Leiterkreis mit vernachlässigbarem Batteriewiderstand im stationären Betrieb zu halten, muß die Relation $E^e = JR_2$ erfüllt sein, wobei $E^e$ die elektromotorische Kraft der Batterie, J den Gesamtstrom und $R_2$ den Widerstand des Leiterkreises bezeichnen. Die Batterie liefert dann die Energie $JE^e$.

*Beweis:* Bezeichnen wir mit $W^L$ die Gesamtenergie von Feldern und Teilchen dieses Systems, so gilt wegen der Abgeschlossenheit

$$\frac{dW^L}{dt} = 0 \tag{10.73}$$

oder $W^L$ = const. Dieses Ergebnis ist nicht interessant. Da im System selbst aber physikalische Vorgänge ablaufen, sind die Energieumsetzungen oder Energieverwandlungen innerhalb des Systems von Interesse, wobei (10.73) als Nebenbedingung für diese Vorgänge erfüllt sein muß. Um die Umsetzungen zu verfolgen, zerlegen wir $W^L$ in

$$W^L = W^1 + W^2, \tag{10.74}$$

wobei $W^1$ die Energie des Leiterstücks $C_1$, also der Batterie, und $W^2$ die Energie des Leiterstücks $C_2$, also des äußeren Leiterkreises sei. Beschreiben wir den Leiterkreis atomistisch als ein System von geladenen Punktteilchen, also Elektronen und Atomkernen, so ist nach der Maxwell-Lorentz-Theorie für geladene Massenpunkte die Feldenergie in der potentiellen Energie dieser Teilchen enthalten, wenn man auf die hier uninteressanten Selbstenergieanteile verzichtet. Dies wird durch den Erhaltungssatz (5.16) für die Energie ausgedrückt, wo außer der Feldenergie keine andere potentielle Energie auftritt. Bei der energetischen Analyse müssen wir demnach nur die Teilchenenergien berücksichtigen und haben damit die Feldenergien automatisch mit erfaßt. Da in Metallen die Elektronen Träger des elektrischen Stromes sind, die sich im allgemeinen gegenüber den viel schwereren Kernen sehr schnell bewegen, nehmen wir die sog. adiabatische Kopplung vor. Ihr zufolge bewegen sich die Elektronen im elektrischen Gesamtfeld der Kerne, die Kerne dagegen im *gemittelten* elektrischen Feld der Elektronen. Wir können dann sowohl $W^1$ als auch $W^2$ zerlegen in

$$W^a = W^a(e, K) + \overline{W}^a(K), \tag{10.75}$$

wobei $W^a(e, K)$ die kinetische Energie der Elektronen sowie ihre Wechselwirkungsenergie untereinander und mit den Kernen enthält, $\overline{W}^a(K)$ dagegen die Kernenergie im gemittelten Elektronenfeld bezeichnet. Als Näherungsannahme setzen wir nun

$$\frac{d\overline{W}^1(K)}{dt} = 0. \tag{10.76}$$

Da das Einbettungsmedium der Batterie durch das Kristallgitter der Atomkerne gebildet wird, bedeutet dies, daß dieses Medium durch das Betreiben des stationären Stromkreises keine Energie aufnehmen soll. Da weiter, abgesehen von den Elektronen, die kinetische Energie der Atomkerne eines Kristallgitters oder einer Flüssigkeit äquivalent mit der darin enthaltenen Wärmeenergie ist, bedeutet (10.76) ferner, daß in der Batterie keine Wärme produziert wird bzw. daß der innere Widerstand der Batterie vernachlässigt werden soll. Da die Wärme durch Zusammenstöße der Elektronen mit dem Gitter, also also durch Reibung, erzeugt wird, folgt aus Gl. (10.76) auch, daß in der Batterie die Reibung der Elektronen vernachlässigt werden soll. Die Kraftgleichungen für die quasifreien Elektronen mit der mittleren Geschwindigkeit $\mathbf{v}_k$ in der Batterie müssen demnach lauten

$$m\,\dot{\mathbf{v}}_k = q\,[\mathbf{E}(\mathbf{r}_k) + \mathbf{E}^e(\mathbf{r}_k)] = \mathbf{k}_k\,, \tag{10.77}$$

wenn man alle Kräfte nichtelektrischer Natur in dem eingeprägten Feld $\mathbf{E}^e(\mathbf{r})$ zusammenfaßt. Die magnetischen Anteile tragen nichts zur Energiebilanz bei. Idealisiert man nach Abschnitt 10.1 den stationären Betrieb durch $\dot{\mathbf{v}}_k = 0$, so folgt $\mathbf{k}_k = 0$ und deswegen

$$\frac{dW^1(eK)}{dt} = \sum_{k\in B} \mathbf{k}_k \cdot \mathbf{v}_k = 0, \tag{10.78}$$

wobei die Summe über $k \in B$ jene Elektronen erfaßt, die sich in der Batterie befinden. Aus (10.78) kann man bereits einen ersten Schluß ziehen. Es ist nämlich für einen homogenen Linienleiter

$$\sum_{k\in B} q\,\mathbf{E}(\mathbf{r}_k)\cdot\mathbf{v}_k \approx \int_{\text{Batterie}} \overline{\rho}_-(\mathbf{r})\,\overline{\mathbf{v}}_-(\mathbf{r})\cdot\overline{\mathbf{E}}(\mathbf{r})\,d^3r \tag{10.79}$$

$$= \int_F \overline{\rho}_-(\mathbf{r})\overline{\mathbf{v}}_-(\mathbf{r})\cdot d\mathbf{f} \int_{C_1} \overline{\mathbf{E}}(\mathbf{r})\cdot d\mathbf{s} = -J(U_A - U_B),$$

und mit (10.77), (10.78) und der Definition von $E^e$ nach (10.30) folgt aus (10.79)

$$J(U_A - U_B) = JE^e. \tag{10.80}$$

Dies bedeutet: Die chemische Energie der Batterie wird beim Aufladen des Kondensators als elektrische Energie verbraucht.

Mit (10.74), (10.75), (10.76) und (10.78) ergibt (10.73) daher die Restenergiebilanz für den äußeren Leiteranteil entlang $\mathbf{C}_2$

$$\frac{dW^L}{dt} = \frac{dW^2(e,K)}{dt} + \frac{d\overline{W}^2(K)}{dt} = 0. \tag{10.81}$$

Zur weiteren Analyse von (10.81) beachten wir, daß im äußeren Leiterkreis $\mathbf{C}_2$ die eingeprägten Felder nicht vorhanden sind, daß dafür aber eine Reibungskraft der Elektronen angenommen werden muß. Die Bewegungsgleichungen der Elektronen mit den mittleren Geschwindigkeiten $\mathbf{v}_k$ müssen demnach lauten:

$$m\,\dot{\mathbf{v}}_k + \kappa\,\mathbf{v}_k = q\,\mathbf{E}(\mathbf{r}_k) = \mathbf{k}_k, \tag{10.82}$$

wenn man durch $\kappa\mathbf{v}_k$ die Reibungskraft idealisiert. Aus (10.82) folgt, daß die Elektronen die Energieänderung durch die Reibung

$$\frac{dW^2(e, K)}{dt} = -\sum_{k \in L} \kappa\,\mathbf{v}_k^2 \tag{10.83}$$

längs $\mathbf{C}_2$ erleiden, wobei die Summe über $k\epsilon L$ alle Elektronen in diesem Leiterstück erfaßt. Da andererseits im stationären Betrieb $\dot{\mathbf{v}}_k$ verschwindet, folgt aus (10.82)

$$\mathbf{v}_k = \frac{q}{\kappa}\,\mathbf{E}(\mathbf{r}_k), \tag{10.84}$$

und damit ergibt (10.83) für einen homogenen Linienleiter angenähert

$$\sum_k \kappa\,\mathbf{v}_k^2 \approx J \int_{C_2} \overline{\mathbf{E}}(\mathbf{r}) \cdot d\mathbf{s} = J\,(U_A - U_B). \tag{10.85}$$

Zusammen mit (10.81) entsteht dann mit (10.83) und (10.15)

$$\frac{d}{dt}\,\overline{W}^2(K) = J\,(U_A - U_B) = R_2\,J^2, \tag{10.86}$$

wobei $R_2 := R_{AB}$ ist. Substituiert man (10.86) in (10.80), so folgt die Behauptung, w.z.b.w.

Das Gitter nimmt demnach die gesamte durch das Feld vermittelte potentielle Energie der Elektronen auf. Der gesamte Stromkreis ist dann zwar ein konservatives System, aber mit irreversiblen inneren Umwandlungen. Zunächst wird chemische Energie in potentielle Elektronenenergie umgesetzt und danach potentielle Elektronenenergie in Gitterwärme, die in diesem Zusammenhang auch Joulesche Wärme genannt wird. Das Endprodukt der Energieumwandlung, die Gitterwärme, kann nicht mehr ohne Verluste in andere Energieformen zurückverwandelt werden. Die inneren Umwandlungen sind daher wenigstens partiell irreversibel. Da der Energieinhalt der Batterie nur endlich ist, ist im Endzustand die Energie der Batterie völlig in Wärme verwandelt, und der Strom ist verschwunden. Der stationäre Zustand kann demnach bei endlicher Batterieenergie nicht beliebig lange aufrechterhalten werden.

Dasselbe Ergebnis kann man phänomenologisch, aber physikalisch weniger verständlich aus dem differentiellen Poyntingschen Satz (3.56) ableiten: Das Poyntingsche Theorem lautet für ein Volumen V:

$$\frac{\partial}{\partial t} \int_V u(\mathbf{r}, t)\, d^3r + \int_{F(V)} \mathbf{S}(\mathbf{r}, t) \cdot d\mathbf{f} + \int_V \mathbf{j}(\mathbf{r}, t) \cdot \mathbf{E}(\mathbf{r}, t)\, d^3r = 0. \tag{10.87}$$

Beachtet man, daß sich die Felder im stationären Zustand des Leitermodells nicht ändern und daß ferner nach Voraussetzung keine Abstrahlung stattfindet, so folgt aus (10.87) in diesem Fall

$$\int_V \mathbf{j}(\mathbf{r}, t) \cdot \mathbf{E}(\mathbf{r}, t)\, d^3 r = 0. \tag{10.88}$$

Aus dem Ohmschen Gesetz (10.28) folgt nun im stationären Zustand

$$\mathbf{E}(\mathbf{r}) = \frac{1}{\sigma(\mathbf{r})} \mathbf{j}(\mathbf{r}) - \mathbf{E}^e(\mathbf{r}) \tag{10.89}$$

und daraus durch Substitution in (10.88)

$$\int_V \mathbf{j}(\mathbf{r}) \cdot \mathbf{E}^e(\mathbf{r})\, d^3 r = \int_V \frac{1}{\sigma} \mathbf{j}^2(\mathbf{r})\, d^3 r. \tag{10.90}$$

Da $\mathbf{E}^e(\mathbf{r})$ nur in der Batterie, also entlang $\mathbf{C}_1$, ungleich Null ist, kann man (10.90) wegen (2.4), (2.10) für einen homogenen Linienleiter mit der Definition des Ohmschen Widerstandes

$$R_i = \int_{C_i} \frac{ds}{\sigma(s)\, F(s)} \tag{10.91}$$

auch schreiben als

$$J \int_{C_1} \mathbf{E}^e(\mathbf{r}) \cdot d\mathbf{s} = J^2 \int_{C_1 + C_2} \frac{1}{\sigma} \frac{ds}{F} = J^2 (R_1 + R_2). \tag{10.92}$$

Daraus ergibt sich dann in Übereinstimmung mit (10.30)

$$J E^e = J^2 (R_1 + R_2). \tag{10.93}$$

Vernachlässigt man den Widerstand $R_1$ der Batterie, setzt also $R_1 \approx 0$, so ist (10.93) identisch mit der Kombination von (10.80) und (10.86), w.z.b.w.

# 11. Quasistationäres Leitermodell

## 11.1. Induktionskoeffizienten

Nach der Untersuchung des statischen und des stationären Leitermodells gehen wir nun zu den zeitabhängigen Vorgängen im Leitermodell über. Die sich dabei eröffnenden Möglichkeiten zur Konstruktion von Modellanordnungen sind außerordentlich vielfältig. Man muß daher versuchen, diese Möglichkeiten systematisch zu erfassen. Wie wir noch genauer sehen werden, liegt dabei sowohl von experimenteller als auch von theoretischer

Seite folgende Klasseneinteilung nahe: Im mathematisch einfacheren Fall wird der Informationsgehalt der Maxwell-Theorie nur teilweise ausgenützt, im anderen Fall wird die Theorie voll angewandt. Wir wenden uns zunächst dem mathematisch einfacheren Fall zu. Das physikalisch-technisch bedeutsamste Modell in dieser Klasse, das die Grundlage der Schwachstromtechnik bildet, ist das

**phänomenologische quasistationäre Leitermodell**

In diesem Modell werden n Stromkreise $L_1, \dots, L_n$ angenommen, die durch zeitabhängige Linienströme $\mathbf{j}_1(\mathbf{r}, t), \dots, \mathbf{j}_n(\mathbf{r}, t)$ im Vakuum beschrieben werden. Die Geometrie der Leiter ist fest vorgegeben, es gilt das differentielle Ohmsche Gesetz, und die eingeprägten Batteriekräfte sind bekannt. Außerdem sollen alle Vorgänge quasistationär ablaufen.

Physikalisch bedeutet dies nach Abschnitt 3, daß Stahlungseffekte vernachlässigt werden. In diesem Modell werden dann nur integrale Größen wie Gesamtstromstärke, Spannung usw. berechnet, so daß der Informationsgehalt der zugehörigen Maxwell-Theorie nicht voll ausgenutzt wird.

Um die Maxwell-Theorie in integrale Form mit reduzierter Information umzuschreiben, benötigen wir die sog. Induktionskoeffizienten. Sie werden aus dem magnetischen Fluß abgeleitet. Nach (3.1) und (3.2) gilt für den k-ten Leiterkreis $L_k$

$$\phi_k(t) := \int_{L_k} \mathbf{B}(\mathbf{r}, t) \cdot d\mathbf{f} = \int_{L_k} \mathbf{A}(\mathbf{r}, t) \cdot d\mathbf{s}\,, \tag{11.1}$$

und bei vorgegebenen Strömen $\mathbf{j}_1(\mathbf{r}, t), \dots, \mathbf{j}_n(\mathbf{r}, t)$ wird nach (4.74) der Ausdruck (11.1) zu

$$\phi_k(t) := \sum_{l=1}^{n} \int_{L_k} \frac{1}{c} \int \frac{\mathbf{j}_l(\mathbf{r}', t - \frac{|\mathbf{r}-\mathbf{r}'|}{c})}{|\mathbf{r} - \mathbf{r}'|}\, d^3r' \cdot d\mathbf{s}\,. \tag{11.2}$$

Nehmen wir nun an, daß die n Leiterkreise hinreichend nah benachbart sind und daß wegen der Quasistationarität die Vorgänge hinreichend langsam ablaufen, so daß im ganzen Bereich $|\mathbf{r} - \mathbf{r}'| \ll c \cdot \tau$ gilt, so können wir in (11.2) die Retardierungseffekte vernächlässigen und erhalten in quasistationärer Näherung aus (11.2)

$$\phi_k(t) = \frac{1}{c} \sum_{l=1}^{n} \int_{L_k}\int \frac{\mathbf{j}_l(\mathbf{r}', t)}{|\mathbf{r} - \mathbf{r}'|}\, d^3r' \cdot d\mathbf{s}\,. \tag{11.3}$$

Hierbei ist $\tau$ eine charakteristische Zeit,in der merkbare zeitliche Veränderungen von j stattfinden.

Beachtet man nun, daß Linienströme per definitionem homogen sein müssen, so folgt aus (11.3) mit (2.4) und (2.10)

$$\frac{1}{c}\,\phi_k(t) = \sum_{l=1}^{n} L_{lk}\, J_l(t) \tag{11.4}$$

mit

$$L_{lk} := \frac{1}{c^2} \int\limits_{L_l} \int\limits_{L_k} \frac{d\mathbf{s}_l \cdot d\mathbf{s}_k}{|\mathbf{r}_l - \mathbf{r}_k|} \; . \tag{11.5}$$

Die $L_{lk}$ werden als Induktionskoeffizienten bezeichnet, und zwar für $k = l$ als Selbstinduktions-, für $k \neq l$ als Gegeninduktionskoeffizienten. Nach (11.5) wird $L_{lk} = L_{kl}$, die Induktionskoeffizienten sind also wie die Kapazitätskoeffizienten symmetrisch. Sie hängen nur von der Geometrie der Leiter ab. Die Nichtsingularität der Matrix $L_{lk}$ wird am Ende von Abschnitt 11.11 gezeigt. Wie wir noch sehen werden, dienen dann die $L_{lk}$ und die $C_{lk}$ zur integralen Charakterisierung der Modellanordnung. Die Dimension von L ist im Gauß-System $s^2 cm^{-1}$ und im Giorgi-System $V s A^{-1}$ =: (Henry). Zur Illustration betrachten wir ein Beispiel:

*Gegeninduktion koaxialer Kreisströme*

Es seien zwei koaxiale Kreisströme auf den Leiterkreisten $L_1$, $L_2$ mit den Radien $a_1$, $a_2$ vorgegeben, deren Stromstärke nach Definition nicht in die Gegeninduktivität $L_{12}$ eingeht. Es verbleibt daher nur die Geometrie der Anordnung, die durch Bild 19 veranschaulicht wird:

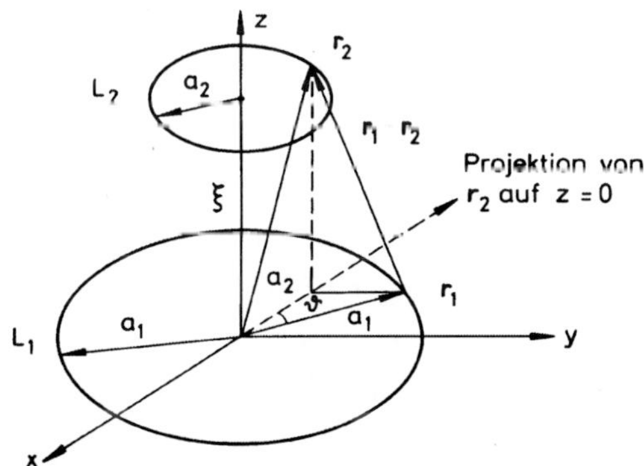


**Bild 19**
Koaxiale Leiterkreise $L_1$, $L_2$ mit den Radien $a_1$, $a_2$ zur Berechnung der Gegeninduktivität.

Der senkrechte Abstand der beiden Kreise mit den Radien $a_1$ und $a_2$ sei $\xi$. Dann ist

$$|\mathbf{r}_1 - \mathbf{r}_2| = (a_1^2 + a_2^2 + \xi^2 - 2 a_1 a_2 \cos\vartheta)^{\frac{1}{2}} \; , \tag{11.6}$$

und die Definition (11.5) geht für diesen Fall mit den Polarkoordinaten

$$d\mathbf{s}_1 \cdot d\mathbf{s}_2 = ds_1 ds_2 \cos\vartheta \tag{11.7}$$

über in

$$L_{12} = \frac{1}{c^2} \int\limits_{L_1} \int\limits_{L_2} \frac{ds_1 ds_2 \cos\vartheta}{(a_1^2 + a_2^2 + \xi^2 - 2 a_1 a_2 \cos\vartheta)^{\frac{1}{2}}} \; . \tag{11.8}$$

Mit Integration über $ds_2 = a_2\, d\vartheta$ entsteht aus (11.8)

$$L_{12} = \frac{1}{c^2} \int_{L_1} ds_1 \int_0^{2\pi} \frac{a_2 \cos\vartheta\, d\vartheta}{(a_1^2 + a_2^2 + \xi^2 - 2a_1 a_2 \cos\vartheta)^{\frac{1}{2}}} . \qquad (11.9)$$

Da (11.9) nur von $\vartheta$ abhängt, ist die Integration über $s_1$ möglich:

$$\int_{L_1} ds_1 = 2\pi a_1 , \qquad (11.10)$$

und (11.9) geht damit über in

$$L_{12} = \frac{2\pi}{c^2} \int_0^{2\pi} \frac{a_1 a_2 \cos\vartheta\, d\vartheta}{(a_1^2 + a_2^2 + \xi^2 - 2a_1 a_2 \cos\vartheta)^{\frac{1}{2}}} . \qquad (11.11)$$

Durch die Substitution

$$k^2 := \frac{4a_1 a_2}{(a_1 + a_2)^2 + \xi^2} , \qquad \vartheta := \pi - 2\varphi \qquad (11.12)$$

erhält man aus (11.11) ein elliptisches Integral [M 18]:

$$L_{12} = \frac{4\pi}{c^2}\, k \sqrt{a_1 a_2} \int_0^{\pi/2} \frac{2\sin^2\varphi - 1}{(1 - k^2 \sin^2\varphi)^{\frac{1}{2}}}\, d\varphi , \qquad (11.13)$$

und (11.13) läßt sich in vollständigen elliptischen Standardintegralen erster und zweiter Gattung K(k) und E(k) ausdrücken:

$$L_{12} = \frac{4\pi}{c^2} \sqrt{a_1 a_2} \left[ \left( \frac{2}{k} - k \right) K(k) - \frac{2}{k} E(k) \right] . \qquad (11.14)$$

Die vollständigen elliptischen Integrale sind definiert durch

$$K(k) := \int_0^{\pi/2} \frac{d\varphi}{(1 - k^2 \sin^2\varphi)^{\frac{1}{2}}} \quad \text{bzw.} \quad E(k) := \int_0^{\pi/2} (1 - k^2 \sin^2\varphi)^{\frac{1}{2}}\, d\varphi ; \qquad (11.15)$$

sie sind in [M 18] tabelliert.

Im Grenzfall weit voneinander entfernter Kreisströme $\xi \gg a_1, a_2$ wird $k \ll 1$, und man kann den Nenner von (11.13) nach Potenzen von $k^2$ entwickeln. In diesem Fall ergibt sich

$$L_{12} \approx \frac{\pi^2 k^3}{4 c^2} \sqrt{a_1 a_2} \qquad (11.16)$$

mit $k \approx 2\sqrt{a_1 a_2}\, \xi^{-1}$. Liegen dagegen die Leiterkreise sehr nahe beieinander ($\xi \ll a$) und gilt außerdem $a_1 \approx a_2 \approx a$, so wird $k \approx 1$, und man erhält nach (IX, d)

$$L_{12} \approx \frac{4\pi a}{c^2}\left[\ln\frac{8a}{b} - 2 - \ln\sqrt{2}\right] \tag{11.17}$$

mit

$$b = (\xi^2 + (a_1 - a_2)^2)^{\frac{1}{2}} .$$

## 11.2. Induktiv gekoppelte Stromkreise

Nach den Vorbereitungen des vorangehenden Abschnitts können wir nunmehr die Differentialgleichungen des Modells anschreiben und für eine integrale Formulierung mit verminderter Information auswerten. Da durch die Formulierung des Leitermodells das Problem auf ein Vakuumproblem unter Zusatzbedingungen reduziert wird, verwenden wir die Maxwellgleichungen (3.14) von Kapitel 3:

$$\nabla \times \mathbf{E}(\mathbf{r}, t) + \frac{1}{c}\frac{\partial}{\partial t}\mathbf{B}(\mathbf{r}, t) = 0 \tag{11.18a}$$

$$\nabla \cdot \mathbf{B}(\mathbf{r}, t) = 0 \tag{11.18b}$$

$$\nabla \times \mathbf{B}(\mathbf{r}, t) - \frac{1}{c}\frac{\partial}{\partial t}\mathbf{E}(\mathbf{r}, t) = \frac{4\pi}{c}\sum_{l=1}^{n} \mathbf{j}_l(\mathbf{r}, t) \tag{11.18c}$$

$$\nabla \cdot \mathbf{E}(\mathbf{r}, t) = 4\pi \sum_{l=1}^{n} \rho_l(\mathbf{r}, t) \tag{11.18d}$$

sowie das zeitabhängige differentielle Ohmsche Gesetz (10.32) für die Leiterkreise $L_i$ ($i = 1, \dots, n$):

$$\mathbf{j}_i(\mathbf{r}, t) = \sigma_i\,[\mathbf{E}(\mathbf{r}, t) + \mathbf{E}_i^e(\mathbf{r}, t)] \quad , \quad \mathbf{r} \in L_i \, . \tag{11.19}$$

Für quasistationäre, also langsam mit der Zeit veränderliche Vorgänge, kann man die elektrische Leitfähigkeit $\sigma_i$ als zeitunabhängig betrachten. (Für nichtquasistationäre Vorgänge ist $\sigma$ zeitabhängig, was in Abschnitt 12.1 behandelt wird.)

Ferner kommen zu den Grundgleichungen des phänomenologischen zeitabhängigen Leitermodells noch die Erhaltungsgleichungen für die Ladung hinzu:

$$\nabla \cdot \mathbf{j}_i(\mathbf{r}, t) + \frac{\partial}{\partial t}\rho_i(\mathbf{r}, t) = 0 \, . \tag{11.20}$$

Da innerhalb der Modelle mit Zeitabhängigkeit das quasistationäre Leitermodell, in dem ja nur Linienströme auftreten, durch die Stromstärken $J_1(t), \dots, J_n(t)$ charakterisiert werden kann, liegt es nahe, für diese Größen Gleichungen aus der vollen phänomenologischen Beschreibung (11.18), (11.19), (11.20) abzuleiten. Es gilt dann die

*Behauptung 11.1:* Für die Stromstärken $J_1(t), \dots, J_n(t)$ des quasistationären Leitermodells läßt sich der Satz von Differentialgleichungen

$$\sum_{j=1}^{n} L_{kj}\dot{J}_j(t) + R_k J_k(t) = E_k^e(t) \qquad (k = 1, \dots, n) \tag{11.21}$$

aus den Grundgleichungen ableiten, wobei $R_k$ der Widerstand und $E_k^e$ die elektromotorische Gesamtkraft des k-ten Leiterkreises $L_k$ ist.

*Beweis:* Wir gehen aus von der Gleichung (11.18a) und integrieren sie über eine beliebige von $L_k$ berandete Fläche $F_k$. Unter Anwendung des Stokesschen Satzes entsteht dann aus (11.18a) mit (11.1)

$$\int_{L_k} \mathbf{E}(\mathbf{r}, t) \cdot d\mathbf{s} = -\frac{1}{c}\frac{d}{dt}\phi_k(t), \tag{11.22}$$

was unter Benutzung des Ohmschen Gesetzes (11.19) übergeht in

$$\int_{L_k} \frac{\mathbf{j}_k(\mathbf{r}, t) \cdot d\mathbf{s}}{\sigma_k} - \int_{L_k} \mathbf{E}_k^e(\mathbf{r}, t) \cdot d\mathbf{s} = -\frac{1}{c}\frac{d}{dt}\phi_k(t), \tag{11.23}$$

wobei $\sigma_k$ die Leitfähigkeit des k-ten Leiterkreises $L_k$ sei.
Der Stromterm in (11.23) läßt sich dann umschreiben in

$$\int_{L_k} \frac{\mathbf{j}_k(\mathbf{r}, t) \cdot d\mathbf{s}}{\sigma_k} = \operatorname{sign} \int_{L_k} \frac{|\mathbf{j}_k(\mathbf{r}, t)|\,|d\mathbf{s}|}{\sigma_k}, \tag{11.24}$$

weil im Linienleiter $L_k$ der Strom $\mathbf{j}_k$ parallel oder antiparallel zu ds ist, was durch sign = 1 bzw. sign = − 1 angedeutet wird. Führt man in (11.24) die Identität

$$\frac{1}{F_k} \int_{F(L_k)} dF = 1 \tag{11.25}$$

als Integral über den Leiterquerschnitt von $L_k$ ein, so kommt man bei homogenen Stromdichten in $L_k$ zu

$$\int_{L_k} \frac{\mathbf{j}_k(\mathbf{r}, t) \cdot d\mathbf{s}}{\sigma_k} = \operatorname{sign} \int_{F(L_k)} |\mathbf{j}_k(\mathbf{r}, t)|\, dF \int_{L_k} \frac{ds}{\sigma_k F_k} = J_k(t) R_k, \tag{11.26}$$

wenn man den Ohmschen Widerstand des Kreises $L_k$ entsprechend (10.92) durch

$$R_k := \int_{L_k} \frac{ds}{\sigma_k F_k} \tag{11.27}$$

definiert. Wird die eingeprägte Spannung des k-ten Leiterkreises mit

$$E_k^e(t) := \int_{L_k} \mathbf{E}_k^e(\mathbf{r}, t) \cdot d\mathbf{s} \tag{11.28}$$

bezeichnet, so folgt aus (11.23) durch Substitution von (11.26), (11.28)

$$J_k(t) R_k - E_k^e(t) = -\frac{1}{c} \dot{\phi}_k(t). \tag{11.29}$$

Bei starrer Geometrie der Leiterkreise läßt sich dann $\dot{\phi}_k$ in quasistationärer Näherung nach (11.4) ausdrücken durch

$$\frac{1}{c} \dot{\phi}_k(t) = \sum_{k=1}^{n} L_{kj} \dot{J}_j(t) . \tag{11.30}$$

Einsetzen von (11.30) in (11.29) ergibt (11.21), w.z.b.w.

Da bei bekannter Geometrie sowie bei bekannten Widerständen und elektromotorischen Kräften die n gewöhnlichen Differentialgleichungen (11.21) für $J_k(t)$ wohldefiniert sind, kann man statt der Gleichungen (11.18), (11.19), (11.20), die die volle Information über das System enthalten, auch die Gleichungen (11.21) für die verminderte Information benutzen. Dabei müssen für eine eindeutige Lösung $J_k(t)$ $(k = 1, \ldots, n)$ nur die Anfangswerte von $J_k$ und $\dot{J}_k$ zu einem bestimmten Zeitpunkt $t_0$ bekannt sein. Im folgenden werden wir demnach die Gleichungen (11.21) benutzen, wobei diese noch etwas erweitert werden müssen.

## 11.3. Stromkreise mit Kapazitäten

Die Gleichungen (11.21) beschreiben noch nicht die allgemeinst mögliche Modellanordnung von Leiterkreisen. In ihr können neben den induktiven Wechselwirkungen auch Kapazitäten vorhanden sein, die z.B. durch Kondensatoren realisiert werden. Eine solche Anordnung würde bei Gleichstrom die Ladungsbewegung zum Stillstand bringen. Bei zeitabhängigen, insbesondere bei zeitlich periodischen Strömen, den sog. Wechselströmen, beeinflußt sie zwar das zeitliche Verhalten der Ströme, bringt sie aber nicht zum Erliegen. Da die einzelnen Leiterkreise $L_k$ meistens insgesamt elektrisch neutral sind, üben sie nur über die Ströme induktive Fernwirkungen aufeinander aus, während über ihre Ladungen keine wesentlichen elektrostatischen Fernwirkungen verursacht werden. Dies bedeutet, daß man, abgesehen von Sonderfällen, die kapazititive Kopplung zwischen verschiedenen Leiterkreisen vernachlässigen kann und nur die kapazititive Selbstkopplung innerhalb eines Stromkreises berücksichtigen muß. Es gilt dann folgende

*Behauptung 11.2:* Sind in einem System von n Leiterkreisen nicht nur induktive Kopplungen $L_{ik}$ und Widerstände $R_k$, sondern auch Eigenkapazitäten $C_k$ vorhanden, so läßt sich das Verhalten des Systems im quasistationären Leitermodell durch die Differentialgleichungen

$$\sum_{j=1}^{n} L_{kj}\ddot{J}_j + R_k\dot{J}_k + C_k^{-1}J_k = \dot{E}_k^e \qquad (k = 1, \dots, n) \tag{11.31}$$

beschreiben, wobei $J_k$ die Ströme und $E_k^e$ die elektromotorischen Kräfte der Leiterkreise sind.

*Beweis:* Wir nehmen an, daß die kapazitive Selbstkopplung durch einen Kondensator im k-ten Leiterkreis realisiert wird. Zerlegen wir dann den Leiterkreis wie in Abschnitt 10.1 nach Bild 15 in einen Abschnitt $C_1$ mit Kondensator und einen Abschnitt $C_2$ ohne Kondensator, so können wir gemäß (11.22) schreiben

$$\int_{C_1} \mathbf{E}(\mathbf{r}, t) \cdot d\mathbf{s} + \int_{C_2} \mathbf{E}(\mathbf{r}, t) \cdot d\mathbf{s} = -\frac{1}{c}\dot{\phi}_k(t). \tag{11.32}$$

Im Leiterteil $\mathbf{C}_2$ gilt das Ohmsche Gesetz (11.19), woraus

$$\int_{C_2} \mathbf{E}(\mathbf{r}, t) \cdot d\mathbf{s} = \int_{C_2} \frac{\mathbf{j}_k(\mathbf{r}, t) \cdot d\mathbf{s}}{\sigma_k} - \int_{C_2} \mathbf{E}_k^e(\mathbf{r}, t) \cdot d\mathbf{s} \tag{11.33}$$

folgt. Berücksichtigt man den Durchlaufungssinn von $\mathbf{C}_1$ in Bild 15, so folgt ferner durch Integration quasistationär

$$\int_{C_1} \mathbf{E}(\mathbf{r}, t) \cdot d\mathbf{s} = U(A) - U(B). \tag{11.34}$$

Wir setzen voraus, daß jeder Leiterkreis insgesamt elektrisch neutral ist. In diesem Fall müssen die Ladungen auf den Platten des Kondensators entgegengesetzt gleich sein, was nach (9.79) die Formel

$$U(A) - U(B) = C_k^{-1} Q_k(A) \tag{11.35}$$

ergibt, wenn man die kapazitiven Einflüsse der übrigen Leiterkreise auf $L_k$ vernachlässigt. Insgesamt erhält man daher

$$C_k^{-1} Q_k(A) + \int_{C_2} \frac{\mathbf{j}_k(\mathbf{r}, t) \cdot d\mathbf{s}}{\sigma_k} - \int_{C_2} \mathbf{E}_k^e(\mathbf{r}, t) \cdot d\mathbf{s} = -\frac{1}{c}\dot{\phi}_k. \tag{11.36}$$

Beachtet man (11.26) in Anwendung auf $\mathbf{C}_2$ und (11.28), so entsteht aus (11.36)

$$J_k R_k(\mathbf{C}_2) + \frac{1}{C_k} Q_k(A) - E_k^e = -\frac{1}{c}\dot{\phi}_k \tag{11.37}$$

und mit (11.30), sowie $R_k \equiv R_k(\mathbf{C}_2)$ und $Q_k \equiv Q_k(A)$

Differenziert man (11.38) nach der Zeit und beachtet, daß aus (11.20), angewandt auf eine nur die Kondensatorplatte A umhüllende Fläche, entsprechend (2.11) $J_k = \dot{Q}_k(A)$ folgt, so ergibt sich das System (11.31), w.z.b.w.

Bei dieser Ableitung ist die elektrische Gesamtneutralität des elektrischen Stromkreises wichtig. Daraus folgt zunächst, daß für die Ladungen Q(A) und Q(B) auf den Kondensatorplatten A, B gilt: $Q(B) = -Q(A)$, wobei entsprechend Bild 15 $Q(A) > 0$ sein soll. Weiter folgt aus dieser Relation auch $d/dt\, Q(B, t) = -d/dt\, Q(A, t)$, daß also die Ladungsabnahme an der Platte A genau der Ladungszunahme an der Platte B entspricht, so daß der Stromkreis in jedem Zeitpunkt t ladungsneutral ist. Der Ladungsausgleich bzw. Ladungstransport von A nach B erfolgt nach Voraussetzung nur über den Außenleiter entlang $C_2$, d.h., die Ladungsabnahme $-\dot{Q}(A)$ bei A entspricht dem Gesamtstrom J von A nach B, wobei kapazitive Effekte von $C_2$ vernachlässigt werden.

In der Elektrotechnik wendet man oft eine graphische Darstellung der Stromkreise an, um Modellanordnungen überschaubar zu machen. Bild 20 zeigt einen Leiterkreis, in dem

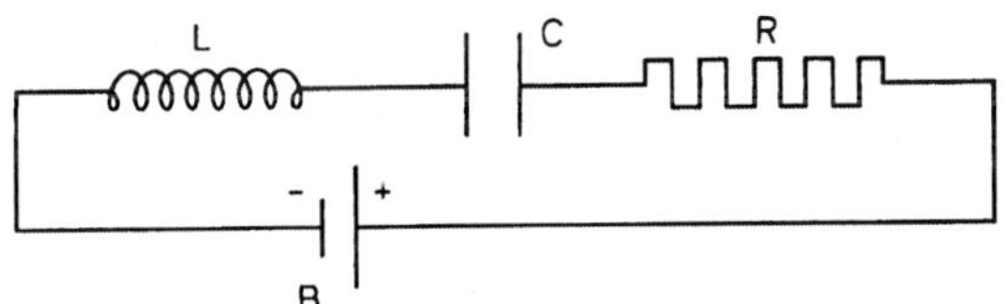


**Bild 20**
Quasistationärer, linearer Leiterkreis mit den Schaltbildern der möglichen Komponenten L, C, R und B.

L die Selbstinduktivität, C die Kapazität, R den Ohmschen Widerstand und B die Batterie bezeichnet. Der Widerstand R wird auch oft durch das Symbol —[ ]— dargestellt. Gegeninduktivitäten können natürlich nur für mehrere Stromkreise eingezeichnet werden, worauf wir hier nicht näher eingehen, da wir von der graphischen Darstellung nur sehr beschränkten Gebrauch machen wollen.

## 11.4. Superposition

Das System (11.31) ist ein gekoppeltes System von gewöhnlichen linearen Differentialgleichungen 2. Ordnung mit konstanten Koeffizienten zur Berechnung der $J_1(t), \dots, J_n(t)$, wenn die elektromotorischen Kräfte und die übrigen Kenngrößen der Modellanordnung als bekannt vorausgesetzt werden. Damit kann demnach das physikalische Verhalten der Leiterkreise phänomenologisch beschrieben werden. Um die Lösungsmannigfaltigkeit von (11.31) zu untersuchen, benutzen wir als Haupteigenschaft die Linearität des Systems, die aus der Linearität der Maxwellgleichungen, aber auch aus der Linearität des Ohmschen Gesetzes folgt. Da es auch nichtlineare Widerstände gibt, ist diese Bemerkung nicht selbstverständlich. Setzt man das Ohmsche Gesetz in der linearen Form voraus, so gilt das Superpositionsprinzip für die Lösungen von (11.31) nach folgender

*Behauptung 11.3:* Sei $J_k^{(1)}(t)$ eine Lösung von (11.31) für $E_k^{e(1)}(t)$ $(k = 1, \dots, n)$ und $J_k^{(2)}(t)$ eine Lösung für $E_k^{e(2)}(t)$ $(k = 1, \dots, n)$, dann ist $[J_k^{(1)}(t) + J_k^{(2)}(t)]$ eine Lösung von (11.31) für $[E_k^{e(1)}(t) + E_k^{e(2)}(t)]$ $(k = 1, \dots, n)$.

*Beweis:* Durch Einsetzen in (11.31) kann man die Behauptung wegen der Linearität sofort verifizieren.

Diese Eigenschaft erlaubt uns, die Untersuchung der Lösungsmannigfaltigkeit von (11.31) auf periodische elektromotorische Kräfte $E_k^e(t)$ zu reduzieren. Wir können nämlich in Analogie zu (4.78) eine allgemeine elektromotorische Kraft $E_k^e(t)$ nach periodischen Anteilen durch ein Fourierintegral

$$E_k^e(t) = \frac{1}{2\pi} \int_{-\infty}^{\infty} e^{i\omega t}\, \widetilde{E}_k^e(\omega)\, d\omega \tag{11.39}$$

mit komplexem $\widetilde{E}_k^e(\omega)$ zerlegen, wobei $\widetilde{E}_k^e(-\omega) = \widetilde{E}_k^{e*}(\omega)$ gelten muß, damit $E_k^e(t)$ reell wird. Mathematische Existenzfragen dieser Darstellung werden in [M 7] behandelt. So existiert (11.39) z.B. immer, wenn

$$\int_{-\infty}^{\infty} \left|\widetilde{E}_k^e(\omega)\right| d\omega < \infty \tag{11.40}$$

gilt.

Wegen des Superpositionsprinzips genügt es dann, Lösungen für

$$E_k^e(t) = \widetilde{E}_k(\omega)\, e^{i\omega t} \tag{11.41}$$

mit beliebiger Frequenz $\omega > 0$ abzuleiten. Alle anderen Lösungen für allgemeine elektromotorische Kräfte (11.39) folgen aus jenen für (11.41) durch Superposition. Da durch die Superposition komplexe Lösungen zu reellen Lösungen superponiert werden können, ist ein komplexer Ansatz der Art (11.41) auch aus physikalischen Gründen erlaubt. Um (11.31) für (11.41) zu lösen, verwenden wir den naheliegenden Ansatz

$$J_k(t) = \widetilde{J}_k(\omega)\, e^{i\omega t} \tag{11.42}$$

und substituieren (11.42) und (11.41) in (11.31). Dies ergibt das lineare Gleichungssystem für die $\widetilde{J}_1(\omega), \dots, \widetilde{J}_n(\omega)$

$$\sum_{k=1}^{n} A_{jk}(\omega)\, \widetilde{J}_k(\omega) = f_j(\omega) \qquad (j = 1, \dots, n) \tag{11.43}$$

mit der Koeffizienten-Matrix

$$A_{jk}(\omega) := -\omega^2 L_{jk} + (C_k^{-1} + i\omega R_k)\delta_{jk} \tag{11.44}$$

und der Inhomogenität

$$f_j(\omega) := i\,\omega\,\widetilde{E}_j(\omega). \tag{11.45}$$

Die Auflösung von (11.43) erfolgt nach der Cramerschen Regel. Für $\det|A_{jk}| \neq 0$ erhält man [M 23, M 24]:

$$\widetilde{J}_k(\omega) = \frac{\sum\limits_{i=1}^{n} D_{ki}(\omega)\, f_i(\omega)}{D(\omega)} \tag{11.46}$$

mit

$$\det \begin{vmatrix} A_{11} & \dots & A_{1k-1} & f_1 & A_{1k+1} & \dots & A_{1n} \\ \cdot & & \cdot & \cdot & \cdot & & \cdot \\ \cdot & & \cdot & \cdot & \cdot & & \cdot \\ \cdot & & \cdot & \cdot & \cdot & & \cdot \\ A_{n1} & \dots & A_{nk-1} & f_n & A_{nk+1} & \dots & A_{nn} \end{vmatrix} =: \sum_{i=1}^{n} D_{ki}\, f_i \tag{11.47}$$

und

$$D(\omega) := \det|A_{jk}(\omega)|\,. \tag{11.48}$$

In (11.47) wird die Matrix $A_{jk}$, bei der die k-te Spalte durch $f_1, \dots, f_n$ ersetzt wurde, nach Unterdeterminanten $D_{kl}(\omega)$ entwickelt. Die Unterdeterminanten $D_{ki}(\omega)$ ergeben sich aus (11.48), wenn bei der Matrix $A_{nm}$ die k-te Spalte und i-te Zeile weggelassen und für die Restmatrix die mit $(-1)^{i+k}$ multiplizierte Determinante gebildet wird. Der Fall $\det|A_{ik}| = 0$ wird im nächsten Abschnitt behandelt.

## 11.5. Eigenschwingungen und Resonanzen

Wie man aus (11.44) und (11.46) ersieht, ist die Lösungsmannigfaltigkeit von (11.31) für periodische Zwangskräfte (11.41) eine Funktion der Zwangsfrequenz $\omega$. Variieren wir daher $\omega$ im ganzen Bereich und wenden wir die Theorie linearer Gleichungssysteme an, so können wir eine Fallunterscheidung treffen:

a) Für das gewählte $\omega$ wird $D(\omega) \neq 0$. Dann hat das inhomogene Gleichungssystem (11.43) eine eindeutige Lösung (11.46) für jede Inhomogenität $f_i(\omega)$, wogegen das homogene System (11.43) mit $f_i(\omega) \equiv 0$ keine Lösung hat.

b) Für das gewählte $\omega$ wird $D(\omega) = 0$. Dann hat das inhomogene Gleichungssystem (11.43) für beliebiges $f_i$ im allgemeinen keine Lösung, aber das homogene System hat Lösungen.

Da die sog. Säkulargleichung $D(\omega) = 0$ bei variablen $\omega$ wegen (11.44) eine algebraische Gleichung 2n-ten Grades im Komplexen darstellt, gibt es genau 2n Wurzeln $\omega_1, \dots, \omega_{2n}$ dieser Gleichung, für die $D(\omega)$ verschwindet. Man nennt diese Wurzeln die Eigenfrequenzen des betrachteten Systems. Die zugeordneten Eigenschwingungen

$$J_k^m(t) := \widetilde{J}_k^m(\omega_m)\, e^{i\omega_m t} \qquad \begin{matrix}(k = 1, \dots, n)\\(m = 1, \dots, 2n)\end{matrix} \tag{11.49}$$

sind Lösungen der homogenen Gleichungen. Die allgemeinste Lösung des homogenen Gleichungssystems erhält man dann durch Superposition der Eigenschwingungen (11.49). Sie lautet

$$J_k(t) = \sum_{m=1}^{2n} c_m J_k^m(t) , \tag{11.50}$$

wobei die Konstanten $c_m$ durch die Anfangsbedingungen für $J_k(t)$, $\dot{J}_k(t)$ fixiert werden. Die Eigenschwingungsamplituden $\widetilde{J}_k^m$ selbst sind jedoch nicht eindeutig bestimmt. Wegen $D(\omega) = 0$ sind die Zeilen- bzw. die Spaltenvektoren der Matrix $A_{ik}$ voneinander linear abhängig. Hat die Matrix $A_{ik}$ den Rang $r < n$, sind also genau r Spalten- oder Zeilen-Vektoren linear unabhängig, so sind genau r Eigenlösungen festgelegt und $(n - r)$ unbestimmte Eigenlösungen $\widetilde{J}_k^m$ für eine Eigenfrequenz $\omega_m$ möglich, die $(n - r)$ willkürliche Parameter enthalten. Das System wird dann bezüglich der Eigenfrequenz $\omega_m$ als $(n - r)$-fach entartet bezeichnet. Die Freiheit dieser Parameter kann man benutzen, um die entarteten Eigenlösungen zu orthonormalisieren.

Nehmen wir an, daß die 2n Eigenfrequenzen $\omega_1, \dots, \omega_{2n}$ reell sind, so ist es möglich, durch Variation von $\omega$ auf der reellen Achse, d.h. im physikalischen Frequenzbereich, die Nullstellen von $D(\omega)$ zu erreichen. Aus (11.46) folgt dann für das inhomogene System

$$\lim_{\omega \to \omega_m} \widetilde{J}_k(\omega) = \lim_{\omega \to \omega_m} \frac{\sum\limits_{i=1}^{n} D_{ki}(\omega) f_i(\omega)}{D(\omega)} = \infty \tag{11.51}$$

für endliches $f_i(\omega)$. Bei Annäherung an eine Eigenfrequenz $\omega_m$ auf der reellen Achse genügt demnach bereits eine infinitesimal kleine Zwangskraft $f_i(\omega)$, um eine unendliche Amplitude hervorzurufen. Dieser Effekt wird als Resonanzkatastrophe bezeichnet. Eine solche Katastrophe tritt aber bei physikalischen Systemen nicht auf. Es gilt nämlich die

*Behauptung 11.4:* Systeme mit Ohmschen Widerstand besitzen keine reellen Eigenfrequenzen $\omega_1, \dots, \omega_{2n}$.

*Beweis:* Die Behauptung soll hier nicht allgemein bewiesen werden, sondern nur für ein Beispiel von (11.31) für n = 1. Vorgegeben sei ein Schwingkreis mit der homogenen Gleichung

$$L\ddot{J} + R\dot{J} + \frac{1}{C} J = 0 . \tag{11.52}$$

Mit dem Ansatz

$$J(t) = e^{\lambda t} J(\lambda) , \tag{11.53}$$

also nach (11.42) mit $\lambda = i\omega$, entsteht die Säkulargleichung

$$\lambda^2 L + \lambda R + \frac{1}{C} = 0 \tag{11.54}$$

mit der Lösung

$$\lambda_{1/2} = \frac{-R \pm (R^2 - \frac{4L}{C})^{\frac{1}{2}}}{2L} \tag{11.55}$$

Für $R = 0$ entsteht ein reelles $\omega$, für $R \neq 0$ dagegen wird $\omega = \frac{1}{i}\lambda$ komplex, w.z.b.w.

Da alle physikalischen Systeme, mit Ausnahme von Supraleitern, im supraleitenden Zustand nichtverschwindende Ohmsche Widerstände aufweisen, können Resonanzkatastrophen nicht eintreten. (Sie treten auch bei Supraleitern in der supraleitenden Phase nicht auf, aber aus anderen Gründen.) Um das physikalische Verhalten von (11.52) noch genauer zu untersuchen, nehmen wir eine Fallunterscheidung vor:

1. Es sei $R^2 > \frac{4L}{C}$. Dann ist $\lambda_1, \lambda_2$ reell und negativ; es bildet sich überhaupt keine Schwingung aus, und das System fällt bei Auslenkung durch Dämpfung einfach in seine Gleichgewichtslage mit $J = 0$ zurück.

2. Es sei $R^2 = \frac{4L}{C}$. Dann ist $\lambda_1 = \lambda_2 = -\frac{R}{2L} =: -\alpha$ reell und negativ, und das System zeigt dasselbe Verhalten wie im Fall 1. Die Konstante $\alpha$ wird Dämpfungskonstante genannt.

3. Es sei $R^2 < \frac{4L}{C}$. Dann sind $\lambda_1, \lambda_2$ konjugiert komplex, und man erhält aus (11.55) $\lambda_1 = -\alpha + i\omega_\alpha$ und $\lambda_2 = -\alpha - i\omega_\alpha$ mit $\omega_\alpha := (\omega_0^2 - \alpha^2)^{\frac{1}{2}}$ und $\omega_0 := 1/\sqrt{LC}$. Dabei ist $\omega_0$ die Kreisfrequenz $\omega_\alpha$ ohne Dämpfung, also für $\alpha = 0$. Setzt man die Werte $\lambda_1$ bzw. $\lambda_2$ in (11.53) ein, so lautet die allgemeine Lösung:

$$J(t) = J_1\, e^{-\alpha t + i\omega_\alpha t} + J_2\, e^{-\alpha t - i\omega_\alpha t}\,; \tag{11.56}$$

es bildet sich also eine gedämpfte Schwingung mit der Dämpfungskonstante $\alpha$ und der Kreisfrequenz $\omega_\alpha$, die für $\alpha = 0$ in eine ungedämpfte Schwingung übergeht.

Für eine Zwangskraft $\dot{E}^e(t)$ geht die inhomogene Gleichung (11.52) dann mit dem Ansatz (11.41) und (11.42) und den Wurzeln $\omega_j = -i\lambda_j$ der entsprechenden homogenen Gleichung (11.54) über in

$$i\omega\,\widetilde{E}(\omega) = (\omega - \omega_1)(\omega - \omega_2)\widetilde{J}(\omega) = (\omega - i\alpha - \omega_\alpha)(\omega - i\alpha + \omega_\alpha)\widetilde{J}(\omega)\,. \tag{11.57}$$

Daraus folgt die allgemeine komplexe Lösung

$$\widetilde{J}(\omega) = \frac{i\omega\,\widetilde{E}(\omega)}{(\omega - i\alpha)^2 - \omega_\alpha^2}\,, \tag{11.58}$$

die durch Partialbruchzerlegung und Erweiterung übergeht in

$$\widetilde{J}(\omega) = \frac{\omega}{2\omega_\alpha}\,\widetilde{E}(\omega)\left[\frac{i(\omega + \omega_\alpha) - \alpha}{(\omega + \omega_\alpha)^2 + \alpha^2} - \frac{i(\omega - \omega_\alpha) - \alpha}{(\omega - \omega_\alpha)^2 + \alpha^2}\right]\,. \tag{11.59}$$

Kennzeichnend für (11.58) ist die sog. Resonanzfunktion

$$g(\omega) := \frac{\alpha}{\pi}\left[(\omega - \omega_\alpha)^2 + \alpha^2\right]^{-1}\,. \tag{11.60}$$

Sie hat das für eine Resonanz typische Aussehen:

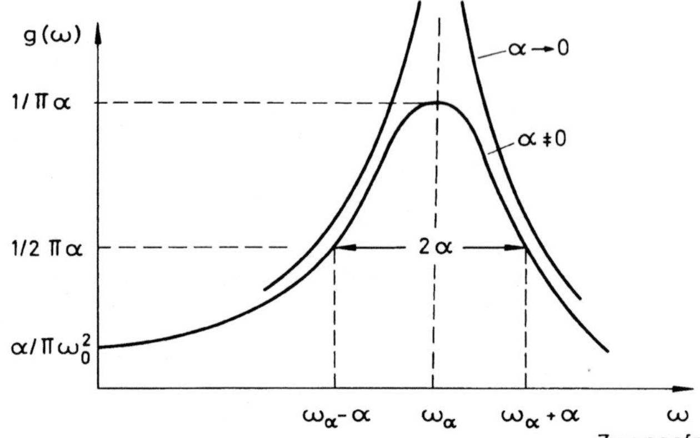


**Bild 21**
Die Resonanzfunktion $g(\omega)$ als Funktion der Zwangsfrequenz $\omega$; $i\alpha \pm \omega_\alpha$ sind die Wurzeln des homogenen Problems, und $\alpha$ ist die Dämpfungskonstante.

Die Funktion $g(\omega)$ ist auf Eins normiert, d.h. es gilt

$$\int_{-\infty}^{\infty} g(\omega)\, d\omega = 1\,, \tag{11.61}$$

was man mit Residuenintegration analog wie im Abschnitt 4.5 verifizieren kann. Für komplexe $\omega$ ist $g(\omega)$ in der ganzen komplexen $\omega$-Ebene analytisch und besitzt die Pole

$$z_{1,2} = \omega_\alpha \pm i\alpha\,,$$

d.h. es gilt

$$\text{Re}\, z = \omega_\alpha \qquad \text{Eigenfrequenz}$$

$$|\text{Jm}\, z| = \alpha \qquad \text{Dämpfungskonstante.}$$

In den Polen von g ist damit die gesamte wichtige Information für die Resonanz enthalten, denn aus Bild 21 ersieht man, daß die Resonanzfunktion bei $\omega = \omega_\alpha$ ihre maximale Höhe $g(\omega_\alpha) = 1/\pi\alpha$ besitzt und bei $\omega = \omega_\alpha \pm \alpha$ auf die Hälfte dieses Wertes abnimmt. Die Halbwertsbreite von $g(\omega)$ ist damit $2\alpha = R/L$. Im Limes $\alpha \to 0$ geht wegen (II. 18) $g(\omega)$ über in $\delta(\omega - \omega_\alpha)$, der Wert von $g(\omega)$ an der Stelle $\omega = \omega_\alpha$ strebt für $R \to 0$ also gegen Unendlich, und es tritt die Resonanzkatastrophe ein.

Zum Schluß stellen wir $\widetilde{J}(\omega)$ nach (11.59) noch durch seinen Absolutbetrag und die Phase dar. Dann ergibt sich aus (11.42)

$$J(t) = J(\omega)\, e^{i(\omega t + \delta)} \tag{11.62}$$

mit

$$J(\omega) := |\widetilde{J}(\omega)| = \omega\, |\widetilde{E}(\omega)|\, \left[(\omega^2 - \omega_0^2)^2 + (2\omega\alpha)^2\right]^{-\frac{1}{2}}$$

$$\delta := \arctan \frac{\omega_0^2 - \omega^2}{2\alpha\omega}\,.$$

Man sieht aus dieser Darstellung, daß der Betrag $J(\omega)$ des Stromes einen der Funktion $g(-\omega)g(\omega)$ entsprechenden Resonanznenner besitzt, so daß $J(\omega)$ für $\alpha = 0$, also verschwindendes R, an der Stelle $\omega = \omega_0$ gegen Unendlich geht.

## 11.6. Wechselstromwiderstand

In der Technik ist es üblich und notwendig, Untersysteme mit genormten Eigenschaften zu größeren Systemen zusammenzusetzen. Dabei kann das Untersystem seinerseits schon ein ziemlich kompliziertes System sein, das man nur in seinen genormten Eigenschaften benutzt, ohne hineinzuschauen, d.h. ohne eine detaillierte Untersuchung vorzunehmen. Nehmen wir in diesem Sinne eine Anordnung von n Leiterkreisen des quasistationären Leitermodells als Untersystem, das seinerseits in weitere Leiterkreise eingebaut werden soll, so liegt es nahe, folgende Anordnung zu betrachten: Das System von n Leiterkreisen sei in einen Kasten eingeschlossen (Untersystem!), und die elektromotorischen Kräfte $E_l^e$ der Kreise für $l = 2, 3, \dots, n$ seien gleich Null. Dies führt auf folgende Darstellung:

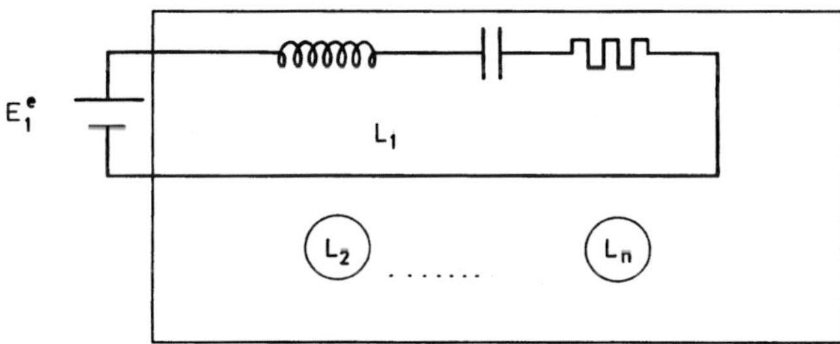


Bild 22. Zweipoliges Untersystem aus n Leiterkreisen, aufgeteilt in den Leiterkreis $L_1$ mit $E_1^e \neq 0$ und die Leiterkreise $L_2 \dots L_n$ mit $E_2^e = \dots = E_n^e = 0$.

Läßt man dann die elektromotorische Kraft $E_1^e$ weg und betrachtet die beiden Anschlußstellen als offene Enden, die in einen beliebigen anderen Leiterkreis eingebaut werden können, so wirkt das Untersystem wie ein komplexer Widerstand. Um dies einzusehen, setzen wir

$$\begin{aligned} E_1^e(t) &= U_1(\omega)e^{i\omega t} \\ E_l^e(t) &\equiv 0 \qquad (l = 2, \dots, n) \end{aligned} \tag{11.63}$$

an. Die Tilde über den von $\omega$-abhängenden Größen ist dabei unterdrückt worden. Dies führt nach (11.43) auf das Gleichungssystem

$$\begin{aligned} &\sum_{k=1}^{n} A_{1k}(\omega) J_k(\omega) = i\omega U_1(\omega) \\ &\sum_{k=1}^{n} A_{jk}(\omega) J_k(\omega) = 0 \qquad (j = 2, \dots, n) . \end{aligned} \tag{11.64}$$

Auflösung nach (11.46) ergibt dann

$$J_1(\omega) = Z^{-1}(\omega)\, U_1(\omega) \tag{11.65}$$

oder

$$U_1(\omega) = Z(\omega)\, J_1(\omega) \tag{11.66}$$

mit

$$Z(\omega) := \frac{D(\omega)}{D_{11}(\omega)\, i\omega} \quad . \tag{11.67}$$

Die Relation (11.65) bzw. (11.66) aber kann als Ohmsches Gesetz für die Wechselspannung (11.63) der Frequenz $\omega$ interpretiert werden. Daher stellt (11.67) den frequenzabhängigen Wechselstromwiderstand, $Z^{-1}(\omega)$ den Leitwert des gesamten Untersystems dar. Die Anordnung mit zwei offenen Klemmen kann demnach in einen Leiterkreis

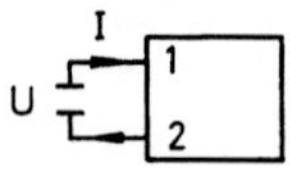

**Bild 23**
Schema eines Zweipols.

eingebaut werden und wirkt dort als ein Leiterstück, das durch einen komplexen frequenzabhängigen Widerstand gekennzeichnet werden kann. Man nennt die Anordnung (das Untersystem) wegen der zwei offenen Klemmen auch einen Zweipol. Kennt man $Z(\omega)$, so kann man den ganzen inneren Aufbau des Untersystems vergessen, da seine Reaktionen vollständig durch $Z(\omega)$ beschrieben werden. Andererseits hängt die analytische Form von $Z(\omega)$ natürlich von der inneren Anordnung der Leiterkreise im Untersystem ab. Dies muß bei der Konstruktion von Zweipolen mit vorgegebenem $Z(\omega)$ beachtet werden.

## 11.7. Vierpole und Netzwerke

Betrachtet man Untersysteme als Bausteine zum Aufbau komplizierter Anordnungen, so bildet das Kompositionsgesetz für die Bausteine einen wesentlichen Bestandteil ihrer Verwendungsmöglichkeit.

*Behauptung 11.5:* Das Kompositionsgesetz für Zweipole ist die lineare Kette.

*Beweis:* Es seien n Zweipole vorgegeben mit den Nummern 1, ... , n. Zur Komposition von Zweipolen bietet sich nur die Verknüpfung von zwei offenen Leiterenden der Art an. Eine Parallelschaltung von mehreren Zweipolen ist nicht möglich, ohne die Zahl der offenen Leiterenden auf vier zu erhöhen, was gegen die Definition des Zweipols verstößt. Daraus folgt, daß jede Komposition der n Zweipole nur aus einer Hintereinanderschaltung von Zweipolen mit den Permutationen $n_{\lambda_1}, \dots, n_{\lambda_n}$ der Kennzahlen bestehen kann, was per definitionem eine lineare Anordnung ist, nämlich die lineare Kette, w.z.b.w.

Man kann daher aus Zweipolen nur eindimensionale Anordnungen, also höchstens Reihenschaltungen, aufbauen. Dieses Kompositionsgesetz ist i.a. nicht reichhaltig genug.

Fahren wir in der mit Zweipolen begonnenen Systematik der Konstruktion von Untersystemen fort, so bietet sich als nächstes Untersystem eine Anordnung mit vier offenen Klemmen, d.h. ein sog. Vierpol der Art ⊨▭⊨ , an. In Analogie zum Zweipol wird man hier als Kompositionsgesetz die Verknüpfung von zwei Klemmen verwenden. Es gilt dann die

*Behauptung 11.6:* Die Komposition zweier Vierpole ergibt wieder einen Vierpol.

*Beweis:* Die beiden freien Vierpole haben acht offene Klemmen. Bei der Komposition muß jeder Vierpol zwei Klemmen zur Komposition abgeben. Es verbleiben vier offene Klemmen, also ein Vierpol, w.z.b.w.

In analoger Weise könnte man mit der Definition höherer „Pole" als Untersystem-Schaltelemente fortfahren. Die Vierpolkomposition spielt hierin jedoch eine Vorzugsrolle, da sie noch überschaubare Kombinationsmöglichkeiten aufweist und auf eine zweidimensionale Komposition führt. Höhere „Pole" erfordern eine kompliziertere Kompositionskombinatorik und sind daher i.a. nicht mehr praktisch. Wir beschränken uns deshalb auf Vierpole. Ihre Eigenschaften werden analog zu den Zweipolen abgeleitet. Betrachten wir Bild 24.

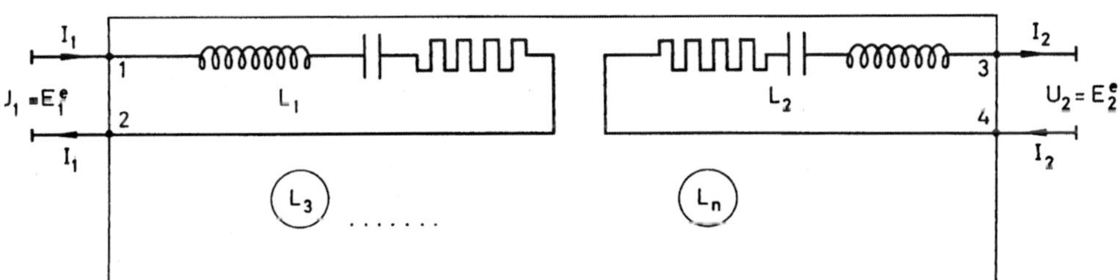


**Bild 24.** Vierpoliges Untersystem aus den Leiterkreisen $L_1$, $L_2$ mit $E_1^e$, $E_2^e \neq 0$ und den Leiterkreisen $L_3 \dots L_n$ mit $E_3^e = \dots = E_n^e = 0$

Nur zwischen den Klemmen von $L_1$ und $L_2$ nehmen wir elektromotorische Kräfte $U_1(\omega)$, $U_2(\omega) \neq 0$ an, wogegen im Innern alle elektromotorischen Kräfte $U_3(\omega), \dots,$ $U_n(\omega)$ verschwinden sollen. Dies führt nach (11.46) auf die Vektorrelation

$$\mathbf{J}(\omega) = \mathbf{Z}^{-1}(\omega) \cdot \mathbf{U}(\omega) \tag{11.68}$$

oder

$$\mathbf{U}(\omega) = \mathbf{Z}(\omega) \cdot \mathbf{J}(\omega) \tag{11.69}$$

mit den Vektoren

$$\mathbf{J}(\omega) := \begin{pmatrix} J_1(\omega) \\ J_2(\omega) \end{pmatrix} , \quad \mathbf{U}(\omega) := \begin{pmatrix} U_1(\omega) \\ U_2(\omega) \end{pmatrix} . \tag{11.70}$$

und der vierkomponentigen Matrix

$$\mathbf{Z}^{-1}(\omega) = \frac{i\omega}{D(\omega)} \begin{pmatrix} D_{11}(\omega) & D_{12}(\omega) \\ D_{21}(\omega) & D_{22}(\omega) \end{pmatrix}. \tag{11.71}$$

Man nennt $\mathbf{Z}^{-1} =: \mathbf{Y}$ den Vierpolleitwert und $\mathbf{Z}$ den Vierpolwiderstand des betrachteten Vierpols. Analog zum Zweipol kann man dann den Vierpol durch diese Matrix charakterisieren, ohne den genauen Aufbau der Anordnung zu kennen, es sei denn zu Konstruktionszwecken. Wir betrachten nun elementare Kompositionsmöglichkeiten von Vierpolen.

### a) Reihenschaltung

Gegeben seien die Vierpole

$$\begin{aligned} \mathbf{U}(\omega) &= \mathbf{Z}(\omega) \cdot \mathbf{J}(\omega), \\ \mathbf{U}'(\omega) &= \mathbf{Z}'(\omega) \cdot \mathbf{J}'(\omega) \end{aligned} \tag{11.72}$$

Die Reihenschaltung wird dann durch Bild 25 definiert.

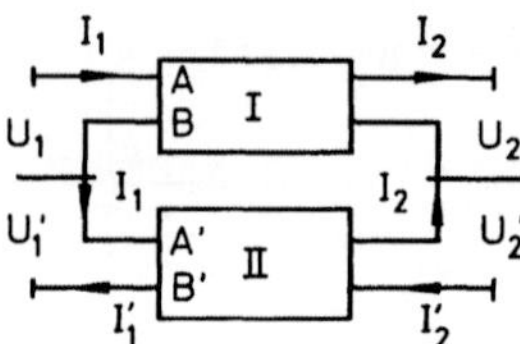


**Bild 25**

Reihenschaltung der zwei Vierpole I und II.

Beachtet man, daß $U_1$ und $U_1'$ Spannungsdifferenzen sind, also $U_1 = U_A - U_B$ und $U_1' = U_{A'} - U_{B'}$ gilt, so ergibt sich durch Zusammenschluß der Klemmen B und A′ die Beziehung $U_B = U_{A'}$. Daraus resultiert die Gesamtspannung zwischen A und B′ zu

$$U_A - U_{B'} = U_1 + U_1' . \tag{11.73}$$

Analoges gilt für das zweite Paar von Klemmen. Daraus folgt für die resultierenden Spannungen des gesamten Vierpols

$$\overline{\mathbf{U}}(\omega) = \mathbf{U}(\omega) + \mathbf{U}'(\omega) = \mathbf{Z}(\omega) \cdot \mathbf{J}(\omega) + \mathbf{Z}'(\omega) \cdot \mathbf{J}'(\omega). \tag{11.74}$$

Aus der Ladungserhaltung folgt ferner für die Kontaktstelle $J_1(\omega) = J_1'(\omega)$ und $J_2(\omega) = J_2'(\omega)$, also $\mathbf{J}(\omega) = \mathbf{J}'(\omega)$, und damit ergibt (11.74)

$$\overline{\mathbf{U}}(\omega) = [\mathbf{Z}(\omega) + \mathbf{Z}'(\omega)] \cdot \mathbf{J}(\omega) = \overline{\mathbf{Z}}(\omega) \cdot \overline{\mathbf{J}}(\omega) . \tag{11.75}$$

Bei der Reihenschaltung addieren sich demnach die Vierpolwiderstände.

**b) Parallelschaltung**

Diese Schaltung wird durch Bild 26 wiedergegeben:

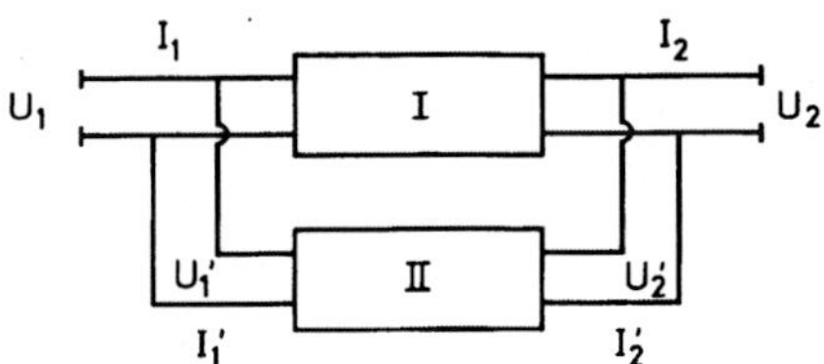


**Bild 26**
Parallelschaltung der zwei Vierpole I und II.

Durch analoge Überlegungen zum Fall a) erschließt man hier

$$\begin{aligned} \bar{\mathbf{J}}(\omega) &= \mathbf{J}(\omega) + \mathbf{J}'(\omega) \\ \bar{\mathbf{U}}(\omega) &= \mathbf{U}(\omega) = \mathbf{U}'(\omega) \end{aligned} \tag{11.76}$$

und damit zusammen mit (11.68)

$$\bar{\mathbf{J}}(\omega) = [\mathbf{Y}(\omega) + \mathbf{Y}'(\omega)] \cdot \bar{\mathbf{U}}(\omega). \tag{11.77}$$

Bei der Parallelschaltung addieren sich demnach die Vierpolleitwerte.

**c) Kettenschaltung**

Sie wird durch Bild 27 wiedergegeben.

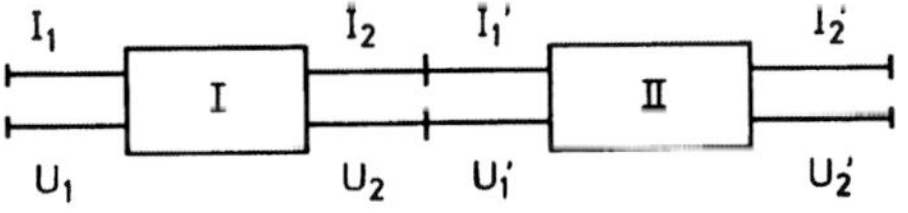


**Bild 27**
Kettenschaltung der zwei Vierpole I und II.

Es gilt

$$J_2(\omega) = J_1'(\omega) \qquad U_2(\omega) = U_1'(\omega)\,. \tag{11.78}$$

Um dies als Kompositionseigenschaft auszudrücken, lösen wir (11.68) nach $J_1(\omega)$, $U_1(\omega)$ auf. Bezeichnen wir mit

$$\mathbf{S}_\alpha(\omega) := \begin{pmatrix} U_\alpha(\omega) \\ J_\alpha(\omega) \end{pmatrix} \tag{11.79}$$

die Strom- und Spannungswerte der beiden Klemmenpaare, so folgt aus (11.68)

$$\mathbf{S}_1(\omega) = \mathbf{A}(\omega) \cdot \mathbf{S}_2(\omega) \tag{11.80}$$

mit der Kettenmatrix

$$\mathbf{A}(\omega) := \frac{1}{Y_{21}} \begin{pmatrix} -Y_{22} & 1 \\ -|\mathbf{Y}| & Y_{11} \end{pmatrix}\,, \tag{11.81}$$

wobei $|\mathbf{Y}| = \det |\mathbf{Y}|$ ist. Wegen (11.78) gilt dann $\mathbf{S}_2(\omega) = \mathbf{S}'_1(\omega)$, und daraus folgt für den zusammengesetzen Vierpol

$$\mathbf{S}_1(\omega) = \mathbf{A}(\omega) \cdot \mathbf{A}'(\omega) \cdot \mathbf{S}'_2(\omega) =: \overline{\mathbf{A}}(\omega) \cdot \mathbf{S}'_2(\omega). \tag{11.82}$$

Bei der Kettenschaltung multiplizieren sich demnach die Vierpolkettenmatrizen.

## 11.8. Einfachste Vierpole

Hat man eine vorgegebene Leiterkreisanordnung vor sich, so kann man versuchen, sie als Komposition von Vierpolsubsystemen aufzufassen und dadurch einer Behandlung zugänglich zu machen. Da die Vierpole nur eine spezielle Klasse von Bauelementen definieren, ist eine solche Zerlegung natürlich nicht immer möglich. Bei den Anordnungen aber, die sich nach Vierpolen zerlegen lassen, wird man versuchen, möglichst elementare, mathematisch leicht faßbare Bauelemente zu benutzen. Wir geben im folgenden einige Beispiele:

a) Der Vierpol sei durch Bild 28 definiert, wobei $Z(\omega)$ ein komplexer Zweipolwider-

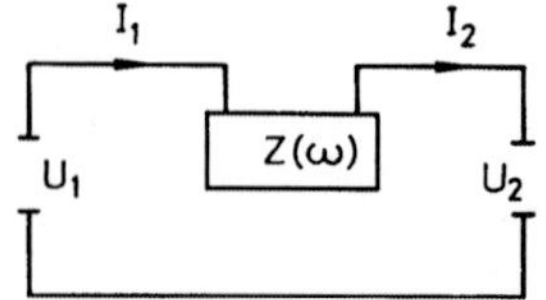


**Bild 28**
Darstellung eines Vierpols aus einem Zweipol (1. Möglichkeit).

stand sei. Für diesen Vierpol gelten dann die Gleichungen

$$\begin{aligned} J_1(\omega) &= J_2(\omega) \\ U_1(\omega) &= U_2(\omega) + Z(\omega)\, J_1(\omega)\,, \end{aligned} \tag{11.83}$$

was auf die Kettendarstellung führt

$$\mathbf{S}_1(\omega) = \mathbf{A}(\omega) \cdot \mathbf{S}_2(\omega) \tag{11.84}$$

mit

$$\mathbf{A}(\omega) = \begin{pmatrix} 1 & Z(\omega) \\ 0 & 1 \end{pmatrix} . \tag{11.85}$$

b) Der Vierpol sei durch Bild 29 definiert:

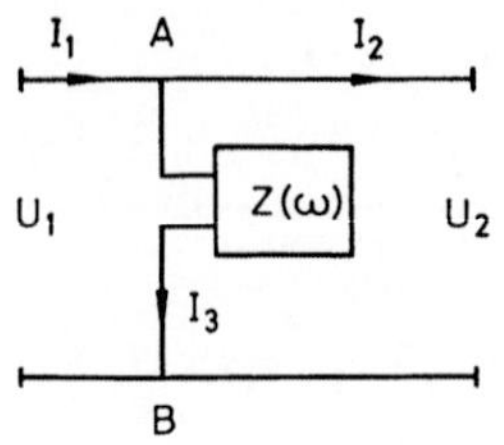


**Bild 29**
Darstellung eines Vierpols aus einem Zweipol (2. Möglichkeit).

Aus dem Kirchhoffschen Satz (2.9) folgt dann

$$J_1 = J_2 + J_3 \,. \tag{11.86}$$

Ferner ist $U_1 = U_2$, da die obere und die untere Leitung keinen Widerstand besitzen. Dies ergibt dann

$$J_3(\omega) = Z^{-1}(\omega)\, U_2(\omega) \,, \tag{11.87}$$

und man erhält wegen (11.86) insgesamt die Gleichungen

$$\begin{aligned} U_1(\omega) &= U_2(\omega) \\ J_1(\omega) &= Z^{-1}(\omega)\, U_2(\omega) + J_2(\omega) \,, \end{aligned} \tag{11.88}$$

was wiederum auf eine Kettendarstellung

$$\mathbf{S}_1(\omega) = \mathbf{A}(\omega) \cdot \mathbf{S}_2(\omega) \tag{11.89}$$

mit

$$\mathbf{A}(\omega) = \begin{pmatrix} 1 & 0 \\ Z^{-1}(\omega) & 1 \end{pmatrix} = \begin{pmatrix} 1 & 0 \\ Y(\omega) & 1 \end{pmatrix} \tag{11.90}$$

führt.

Die in diesen Vierpolen enthaltenen Zweipole kann man ihrerseits wieder auf einfachste Art darstellen, indem man sie durch die Minimalanzahl von Stromkreisen, nämlich $n = 1$, realisiert. Für einen einzigen Stromkreis mit der Induktivität L, dem Ohmschen Widerstand R und der Kapazität C, gilt nach (11.43), (11.44), (11.45) die Gleichung

$$\left(i\omega L + R + \frac{1}{i\omega C}\right) J(\omega) = U(\omega) \,, \tag{11.91}$$

so daß in diesem Fall der komplexe, frequenzabhängige Widerstand durch

$$Z(\omega) := \left(i\omega L + R + \frac{1}{i\omega C}\right) \tag{11.92}$$

definiert wird. Aus (11.92) ersieht man sofort die Bildungsvorschrift für kompliziertere Konstruktionen: Neben dem bereits bekannten Ohmschen Widerstand R ist einer Induktivität L der komplexe, frequenzabhängige Widerstand $i\omega L$ und einer Kapazität C der Widerstand $1/i\omega C$ zuzuordnen. Für Gleichstrom, also im limes $\omega \to 0$, verschwindet der induktive Widerstand, der kapazitive geht gegen Unendlich, wie zu erwarten ist. Für hohe Frequenzen dagegen, im limes $\omega \to \infty$, wird der induktive Widerstand immer größer, während der kapazitive Widerstand gegen Null geht. Wir betrachten zur Illustration des Verfahrens ein Beispiel:

**Sternschaltung**

Diese Schaltung wird durch Bild 30 definiert und kann in eine Kettenschaltung von einfachsten Vierpolen nach der in Bild 31 angegebenen Anordnung zerlegt werden. Die Äquivalenz zwischen beiden Systemen wird offenbar, wenn man folgendes beachtet: Die Sternschaltung ist festgelegt entweder durch die Ströme $J_\alpha(\omega)$ $(\alpha = 1, 2, 3)$ oder durch die Spannungen $U_\alpha(\omega)$ $(\alpha = 1, 2, 3)$. Zufolge der Kirchhoff-Regel (2.9) sind nur

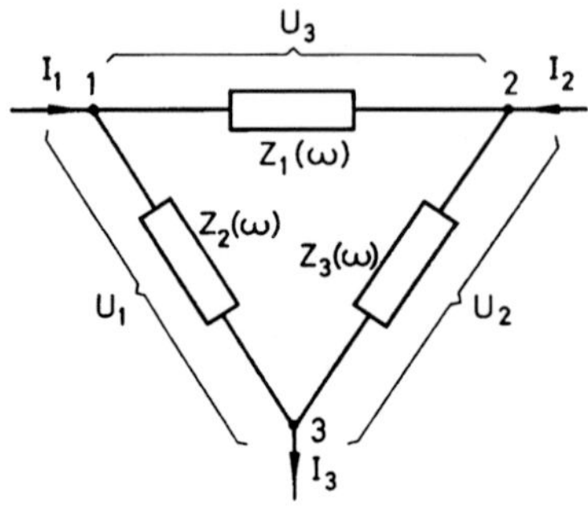


**Bild 30**
Sternschaltung aus drei Zweipolen mit den Widerständen $Z_i(\omega)$.

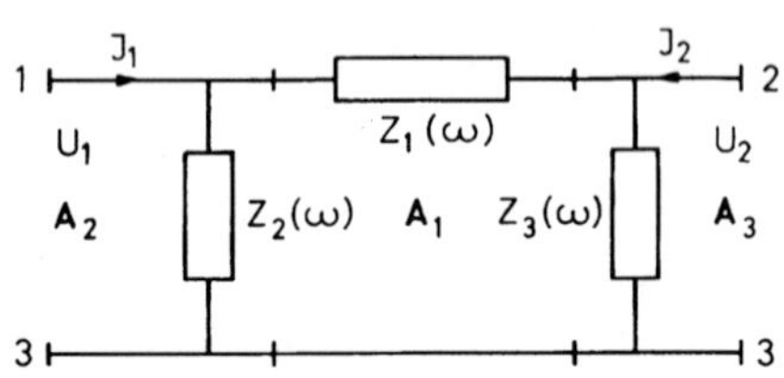


**Bild 31**
Zerlegung der Sternschaltung in eine Kettenschaltung von drei Vierpolen mit den Kettenmatrizen $\mathbf{A}_i(\omega)$

zwei Ströme frei variabel, z.B. $J_1(\omega)$ und $J_2(\omega)$, oder wegen der Definition der Spannungen als Potentialdifferenz nur zwei Spannungen, z.B. $U_1(\omega)$ und $U_2(\omega)$. Faßt man diese Größen als Vierpolkenngrößen auf, so muß die Sternschaltung einem Vierpol äquivalent sein. Da die vorgelegte Schaltung von Vierpolen eine Kettenschaltung mit drei Gliedern ist, kann man natürlich auch ein Variablenpaar $J_1(\omega)$, $U_1(\omega)$ oder $J_2(\omega)$, $U_2(\omega)$ vorgeben. Die Kettenmatrizen der Anordnung folgen aus (11.85) und (11.90) zu

$$\mathbf{A}_1(\omega) = \begin{pmatrix} 1 & Z_1(\omega) \\ 0 & 1 \end{pmatrix}, \quad \mathbf{A}_\alpha(\omega) = \begin{pmatrix} 1 & 0 \\ Y_\alpha(\omega) & 1 \end{pmatrix}, \quad \alpha = 2, 3\,. \tag{11.93}$$

Für die Kettenschaltung ergibt sich nach (11.82)

$$\overline{\mathbf{A}}(\omega) = \mathbf{A}_2(\omega) \cdot \mathbf{A}_1(\omega) \cdot \mathbf{A}_3(\omega) = \begin{pmatrix} 1 + Z_1 Y_3 & Z_1 \\ Y_2 + Y_3 + Z_1 Y_2 Y_3 & 1 + Z_1 Y_2 \end{pmatrix} \tag{11.94}$$

und demnach gilt

$$\mathbf{S}_1(\omega) = \overline{\mathbf{A}}(\omega) \cdot \mathbf{S}_2(\omega). \tag{11.95}$$

Aus der Kettenmatrix $\overline{\mathbf{A}}(\omega)$ lassen sich dann natürlich die Vierpolleitwerte und -widerstände ausrechnen, so daß man auch die andern Variablenpaare vorgeben kann. Gibt man z.B. $J_1$ und $J_2$ vor, so kann man den Vierpol von Bild 31 in der in Bild 32 dar-

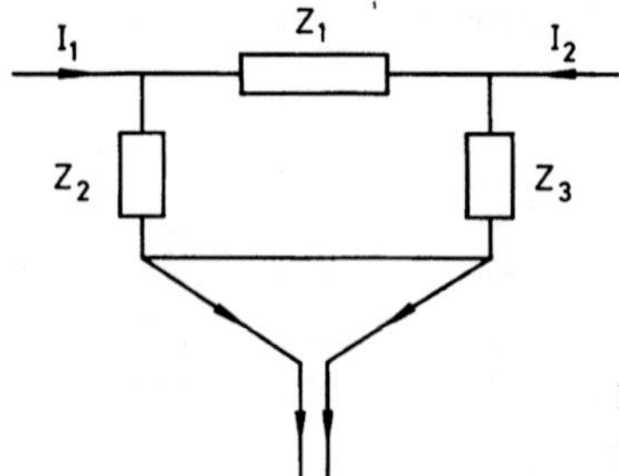


**Bild 32**
Uminterpretation des Vierpols nach Bild 31 für die Vorgabe der Ströme $J_1$ und $J_2$.

gestellten Weise zusammenbiegen. Da die untere Verbindungslinie kurzgeschlossen ist, muß durch die nach unten weisenden gemeinsamen Leiterenden der Strom $J_1 + J_2$ fließen, was genau der Kirchhoff-Regel entspricht.

Eine wichtige spezielle Klasse von Vierpolen liegt vor, wenn

$$\det|A(\omega)| = 1 \tag{11.96}$$

oder wegen (11.81) $Y_{12} = -Y_{21}$ bzw. $Z_{12} = -Z_{21}$ gilt. Solche Vierpole werden passiv genannt. Es gilt nun, daß alle aus komplexen Widerständen auch mit gegenseitiger Induktion $L_{ik}$ aufgebauten Vierpole passiv sind, was hier jedoch nicht allgemein bewiesen werden soll. Für die angegebenen Beispiele läßt sich diese Eigenschaft schnell erkennen, z.B. bei (11.94). Die Eigenschaft der Passivität bleibt bei allen Kombinationen von Vierpolen wie Parallel-, Hintereinander- und Kettenschaltung erhalten. Ein Beispiel eines aktiven Vierpols ist dagegen ein Spannungs- oder Leistungsverstärker.

Der Vorteil der Vierpoltheorie liegt darin, daß sich der bekannte Matrizenkalkül anwenden läßt, indem man die Vierpolmatrizen auf Hauptachsen transformiert und die Eigenwerte bestimmt. Damit lassen sich dann z.B. beliebige Produkte dieser Matrizen einfach errechnen [A 11], [T4], [T7].

## 11.9. Telegraphengleichung

Als Anwendungsbeispiel der Vierpoltheorie untersuchen wir eine Telegraphenleitung. Diese besteht aus einem linearen Leiter und einem parallelen Rückleiter und dient zur Übermittlung von elektrischen Signalen. Sie hat vier offene Klemmen. An dem Eingangspaar wird ein Strom-Spannungs-Impuls als Signal eingegeben, am Ausgangspaar wird ein entsprechendes Impuls-Signal empfangen. Es handelt sich demnach formal um einen Vierpol. Wir nehmen zunächst eine unendlich ausgedehnte Doppelleitung an, bei der Empfänger und Sender im Unendlichen sitzen, so daß im Endlichen keine elektromotorischen Kräfte oder Ladungs- und Stromquellen vorhanden sind.

Zur mathematischen Behandlung ist es zweckmäßig, den Vierpol aus einer Kettenschaltung von elementaren Vierpolen aufzubauen. Wir betrachten dazu ein infinitesimales Leiterstück mit Rückleiter. Sein Schaltschema wird in Bild 33 verdeutlicht. Der Leiter besitzt also pro Längeneinheit eine Selbstinduktivität $l$ und einen endlichen Ohmschen Widerstand r. Ferner besteht pro Längeneinheit zwischen Leiter und Rückleiter eine ka-

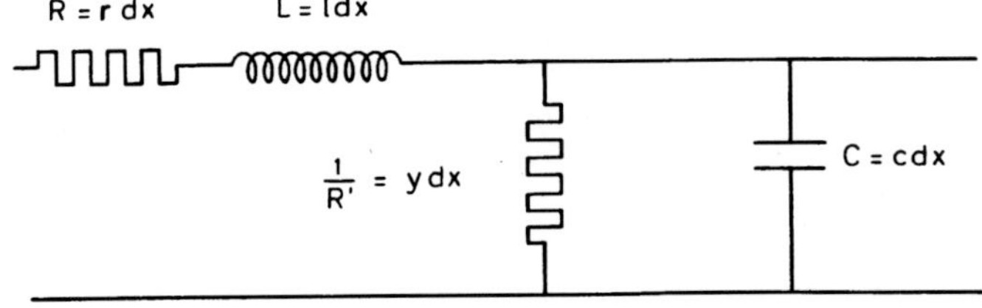


**Bild 33.** Infinitesimales Leiterstück einer Telegraphenleitung (Doppelleiter).

pazitive Wechselwirkung c; außerdem können die beiden Leider nicht vollständig voneinander isoliert werden, was durch eine leitende Verbindung mit kleinem Leitwert y pro Längeneinheit angedeutet wird. Ein solches infinitesimales Leiter- und Rückleiterstück kann durch eine Kettenschaltung von drei elementaren Vierpolen beschrieben werden, wie Bild 34 zeigt.

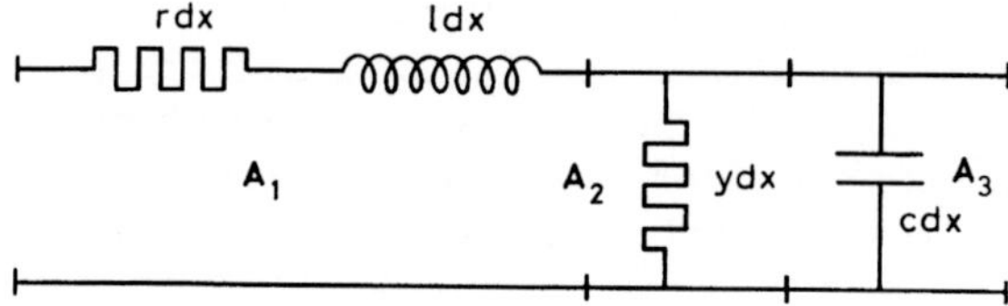


**Bild 34**
Infinitesimales Leiterstück nach Bild 33 als Kettenschaltung von drei Vierpolen.

Nach (11.85), (11.92) wird dann

$$\mathbf{A}_1(\omega) = \begin{pmatrix} 1 & (r + i\omega l)\,dx \\ 0 & 1 \end{pmatrix}, \tag{11.97}$$

und nach (11.90) ergibt sich

$$\mathbf{A}_2(\omega) = \begin{pmatrix} 1 & 0 \\ y\,dx & 1 \end{pmatrix} \tag{11.98}$$

und

$$\mathbf{A}_3(\omega) = \begin{pmatrix} 1 & 0 \\ i\omega c\,dx & 1 \end{pmatrix}. \tag{11.99}$$

Das in diesem infinitesimalen Leitungsausschnitt der Länge dx eingegebene Strom-Spannungssignal wird im allgemeinen vom Ort x abhängen, was wir durch $J(x, \omega)$ und $U(x, \omega)$ andeuten. Das Signal wird nach (11.79) in $\mathbf{S}(x, \omega)$ zusammengefaßt. An den Ausgangsklemmen dieser elementaren Vierpolkette erscheint dann

$$\mathbf{S}(x + dx, \omega) = \begin{pmatrix} U(x, \omega) + dU \\ J(x, \omega) + dJ \end{pmatrix}, \tag{11.100}$$

und es wird nach (11.80), (11.82)

$$\mathbf{S}(x, \omega) = \mathbf{A} \cdot \mathbf{S}(x + dx, \omega) \tag{11.101}$$

mit

$$\mathbf{A} = \mathbf{A}_1 \cdot \mathbf{A}_2 \cdot \mathbf{A}_3 = \begin{pmatrix} 1 + \xi\gamma(dx)^2 & \xi\,dx \\ \gamma\,dx & 1 \end{pmatrix} \tag{11.102}$$

und

$$\begin{aligned} \xi &:= r + i\omega l \\ \gamma &:= y + i\omega c\,. \end{aligned} \tag{11.103}$$

Da wir den Grenzübergang $dx \to 0$ vollziehen wollen, vernachlässigen wir Größen der Ordnung $(dx)^2$. Damit wird

$$\mathbf{A} = \begin{pmatrix} 1 & \xi\, dx \\ \gamma\, dx & 1 \end{pmatrix}, \tag{11.104}$$

und aus (11.101) folgt mit (11.104)

$$\begin{aligned} U &= U + dU + \xi J\, dx \\ J &= \gamma U\, dx + J + dJ\,. \end{aligned} \tag{11.105}$$

wenn man auch hier Glieder mit höherer infinitesimaler Ordnung, wie $dx\, dJ$ und $dx\, dU$, wegläßt. Aus (11.105) wird im Grenzübergang

$$\frac{dU}{dx} = -\xi J\,; \qquad \frac{dJ}{dx} = -\gamma U\,, \tag{11.106}$$

was auf die Gleichungen

$$\frac{d^2 U}{dx^2} = \xi\gamma U\,; \qquad \frac{d^2 J}{dx^2} = \xi\gamma J \tag{11.107}$$

führt. Beachtet man, daß entsprechend (11.41)

$$U(x, t) = U(x, \omega) e^{i\omega t} \tag{11.108}$$

gilt, so läßt sich (11.107) mit den Definitionen (11.103) umschreiben in

$$\left[ lc \frac{\partial^2}{\partial t^2} + (ly + cr) \frac{\partial}{\partial t} + ry - \frac{\partial^2}{\partial x^2} \right] U(x, t) = 0\,. \tag{11.109}$$

Dies ist die gesuchte Telegraphengleichung.

In dieser Gleichung ist man wegen des Superpositionsprinzips und der Linearität nicht auf zeitlich periodische Vorgänge beschränkt. Man kann daher beliebige Strom-Spannungssignale, also Wellenpakete, als Anfangsbedingung zur Zeit $t = 0$ eingeben und ihre zeitliche und räumliche Weiterentwicklung verfolgen, was der Fortpflanzung des Signals entspricht. Im allgemeinen werden solche Signale dabei verzerrt, d.h., ihre Gestalt ändert sich. Da die Information des Signals in der Gestalt des Strom-Spannungs-Impulses enthalten ist, geht demnach im allgemeinen Information verloren. Eine verlustfreie Weitergabe von Information ist nur im Grenzfall $y = 0$, $r = 0$ oder im Fall $rc = ly$ möglich. Im erstgenannten Fall geht (11.109) in die Wellengleichung

$$\left[ lc \frac{\partial^2}{\partial t^2} - \frac{\partial^2}{\partial x^2} \right] U(x, t) = 0 \tag{11.110}$$

über mit der allgemeinen Lösung

$$U(x, t) = a_1 f_1 (x - vt) + a_2 f_2 (x + vt)\,. \tag{11.111}$$

Die Darstellung (11.111) beschreibt Wellenpakete $f_1(x)$, $f_2(x)$, die mit der Geschwindigkeit

$$v = (lc)^{-\frac{1}{2}} \tag{11.112}$$

in der Telegraphenleitung verzerrungsfrei vorwärts oder rückwärts übertragen werden. Im Fall $rc = ly$ hat die Gleichung (11.109) unverzerrte, aber gedämpfte allgemeine Wellenpakete $U(x, t) = \exp(-\alpha x) f(x - vt)$ als Lösungen, wobei v durch (11.112) gegeben wird und $\alpha = (ry)^{1/2}$ gilt. Dies verifiziert man leicht durch einen Separationsansatz für (11.109). Technisch ideal wäre daher $y, r, l, c \to 0$. Bei sehr hohen Fortpflanzungsgeschwindigkeiten, die sich der Lichtgeschwindigkeit nähern, wird aber die der Vierpoltheorie zugrunde liegende Näherung der quasistationären Ströme ohne Berücksichtigung von Retardierungseffekten ungültig, so daß auch die aus der Telegraphengleichung gezogenen Schlüsse ihre Bedeutung verlieren.

## 11.10. Netzwerktheorie

Es wurde schon erwähnt, daß die Vierpole spezielle Bauelemente mit sehr günstigen Kombinationsregeln sind, daß sich aber nicht alle Schaltungen aus Vierpolen zusammensetzen lassen. In diesem Abschnitt wollen wir uns mit den allgemeineren Netzwerken der Elektrotechnik für niedere Frequenzen $\omega$ befassen, bei denen die Gegeninduktivitäten $L_{ik}$ vernachlässigt werden. Ein Beispiel dafür bietet die sog. Stern-Dreieck-Schaltung nach Bild 35.

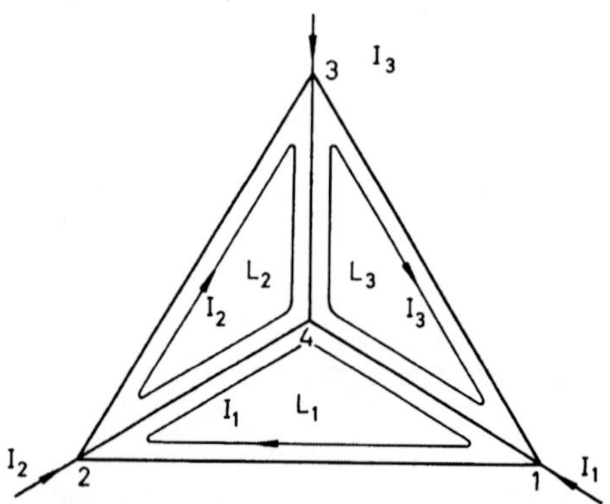


**Bild 35**
Stern-Dreieck-Schaltung mit 4 Knotenpunkten und 6 Zweigen, zerlegt in 3 Maschen $L_1, L_2, L_3$.

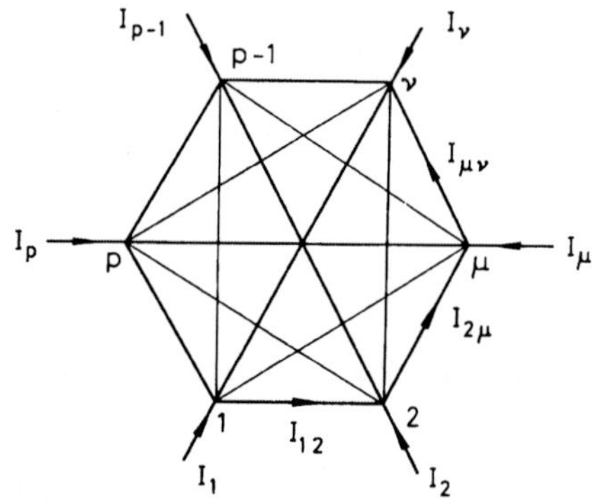


**Bild 36**
Allgemeines Netzwerk mit p Knotenpunkten und Z Zweigen.

Man kann diese Schaltung als Spezialfall eines allgemeinen Netzwerkes auffassen, das p Knotenpunkte und Z Zweige (Verbindungslinien zwischen den Knotenpunkten) enthält und in das außen durch die Knotenpunkte bekannte Ströme $J_\nu(\omega)$ $(\nu = 1, \ldots, p)$ zufließen. Ein solches Netzwerk zeigt Bild 36. Der Zweig zwischen den Knoten $\mu$ und $\nu$ enthalte ferner die eingeprägte Spannung $E_{\mu\nu}(\omega)$ in Reihe mit dem Wechselstromwiderstand $Z_{\mu\nu}(\omega)$, wobei gilt $E_{\mu\nu}(\omega) = -E_{\nu\mu}(\omega)$ und $Z_{\mu\nu}(\omega) = Z_{\nu\mu}(\omega)$. Die Spannung zwischen beiden Knoten sei $U_{\mu\nu}(\omega)$, der Strom $J_{\mu\nu}(\omega)$. Es gilt dann für die Zweigströme $J_{\mu\nu}(\omega) = - J_{\nu\mu}(\omega)$ und wegen unserer Annahme über die Zweipoleigenschaften der Verbindungslinie

$$U_{\mu\nu} = E_{\mu\nu} + Z_{\mu\nu} J_{\mu\nu} = - U_{\nu\mu} . \tag{11.113}$$

Gesucht sind die $J_{\mu\nu}$ bzw. $U_{\mu\nu}$. Um dieses Problem zu lösen, nehmen wir zunächst den allgemeinsten Fall an, daß jeder Knoten mit jedem Knoten verbunden sei. Aus der Kombinatorik folgt dann durch systematische Abzählung, daß für p Knoten $\frac{1}{2}$ p(p – 1) Verbindungslinien und damit gleich viele unbekannte $J_{\mu\nu}$ bzw. $U_{\mu\nu}$ existieren. Es gilt dann die

*Behauptung 11.7:* In einem Netzwerk mit p Knoten lassen sich zur Berechnung der $\frac{1}{2}$ p (p – 1) unbekannten Ströme oder Spannungen genau $\frac{1}{2}$ p (p – 1) Gleichungen angeben.

*Beweis:* Betrachtet man einen einzelnen Knoten $\mu$, so gehen von ihm genau (p – 1) Verbindungslinien zu den anderen Knoten mit den Strömen $J_{\mu\nu}$ aus. Ferner fließt der Strom $J_\mu$ zu. Nach dem Kirchhoffschen Satz (2.9) folgt dann

$$\sum_{\substack{\nu=1\\ \nu\neq\mu}}^{p} J_{\mu\nu} = J_\mu \qquad (\mu = 1, \dots, p) . \tag{11.114}$$

Wendet man andererseits den Kirchhoffschen Satz auf eine das ganze Netzwerk umhüllende Fläche an, so folgt für die zufließenden Ströme

$$\sum_{\mu=1}^{p} J_\mu = 0 . \tag{11.115}$$

Von den Gleichungen (11.114) muß daher eine Gleichung von den anderen linear abhängig sein, so daß (11.114) genau (p – 1) linear unabhängige Gleichungen liefert.

Beachtet man ferner, daß per definitionem alle induktiven Wechselwirkungen in den komplexen Widerständen $Z(\omega)$ eingeschlossen und keine Gegeninduktivitäten vorhanden sind, so muß außerhalb der Widerstände der Raum näherungsweise frei von Magnetfeldern sein. Dort folgt dann aus (11.18a) $\nabla \times \mathbf{E}(\mathbf{r}) = 0$ wie im stationären Fall, so daß für die elektrischen Spannungen $U_{\mu\nu}$ bei einem Umlauf längs einer sog. geschlossenen Masche aus $\alpha$ Zweigen zwischen den Knoten 1, 2, ... , $\alpha$ ($\alpha > 2$)

$$\sum_{\nu=1}^{\alpha} U_{\nu,\nu+1} = 0 \tag{11.116}$$

mit $U_{\alpha,\alpha+1} \equiv U_{\alpha,1}$ gilt. Die Relation (11.116) wird die Maschenregel für stationäre Ströme genannt. Wir zeigen nun durch den systematischen Aufbau des Netzwerkes, daß es für p Knoten $\frac{1}{2}$ (p – 1) (p – 2) unabhängige Maschen gibt. Man hat sich dazu zu vergegenwärtigen, daß unabhängige Maschen nur aus drei Zweigen bestehen können, da jede umfangreichere Masche durch die Dreizweigmaschen selbst auf solche reduziert werden kann.

Dazu betrachten wir die Folge von verschiedenen Zweigen $(\nu, \nu + 1)$, wobei $\nu = 1, \dots,$ $(p - 2)$ ist. Zu diesen Zweigen, die die Knoten $\nu$ und $\nu + 1$ verbinden, wird ein neuer Knoten $\mu > \nu + 1$ hinzugenommen, so daß man dadurch die Dreizweig-Masche $(\nu, \nu + 1, \mu, \nu)$ erhält. Für jeden Index $\nu$ erhält man dadurch neue unabhängige Maschen, da stets ein neuer Knoten $\mu$ hinzukommt. Die Anzahl der möglichen Maschen für ein festes $\nu$ ist wegen $\nu + 1 < \mu \leqslant p$ gerade $(p - \nu - 1)$, so daß sich die Gesamtzahl M der möglichen unabhängigen Maschen durch Summation von $\nu = 1$ bis $\nu = (p - 2)$ ergibt, d.h.

$$M = \sum_{\nu=1}^{p-2} (p - \nu - 1) = \sum_{\rho=1}^{p-2} \rho = \frac{1}{2}(p - 1)(p - 2) . \qquad (11.117)$$

Setzt man in die $\frac{1}{2}(p - 1)(p - 2)$ unabhängigen Maschengleichungen die Relationen (11.113) ein, so entstehen zusammen mit den $(p - 1)$ Knotengleichungen gerade $\frac{1}{2} p (p - 1)$ Gleichungen für die Ströme $J_{\mu\nu}$ bzw. bei umgekehrten Verfahren für die Spannungen $U_{\mu\nu}$, w.z.b.w.

Die meisten Netzwerke enthalten nicht alle möglichen Zweige. Dies kann man dadurch berücksichtigen, daß man diese Zweige mitnimmt, aber den Widerstand in ihnen unendlich groß werden läßt. Dadurch wird der Strom in diesen Zweigen unterbunden, und die Zweige werden unwirksam. Damit gelten die vorangehenden Behauptungen auch für diese reduzierten Netzwerke. In der Praxis wird man natürlich nur von den vorhandenen Zweigen ausgehen und für sie die Knoten- und Maschenregeln aufstellen. Bei diesem Vorgehen ist aber der Unabhängigkeits- und Vollständigkeitsbeweis nicht so systematisch durchführbar, so daß man in der Theorie besser den Grenzübergang in den Widerständen benutzt.

Die Berechnung der unbekannten Ströme $J_{\mu\nu}$ kann durch Variablen-Transformation auf neue Unbekannte erheblich vereinfacht werden, wobei jedoch ein allgemeiner Beweis schwieriger zu führen ist. Statt der $\frac{1}{2} p (p - 1)$ Zweigströme $J_{\mu\nu}$, zu deren Berechnung $p - 1$ Knotengleichungen und $\frac{1}{2}(p - 1)(p - 2) = M$ Maschengleichungen notwendig sind, werden M neue unbekannte Kreisströme $J'_\nu$ $(\nu = 1, \dots, M)$ verwendet. Diese sollen auf den geschlossenen Bahnen der M unabhängigen Maschen fließen. Dadurch werden die Knotenpunktsregeln von selbst erfüllt. Die Zweigströme sind dann Linearkombinationen der Kreisströme mit den Koeffizienten $0, \pm 1$.

Für die Auswahl der Kreisströme ist es wichtig, daß sie von einander unabhängig sind, so daß keine abhängigen Maschengleichungen entstehen. Wegen der Zusammenhangsverhältnisse muß für komplizierte Netzwerke für die systematische Wahl der Kreisstrombahnen ein topologisches Verfahren verwendet werden.

Auf alle Fälle ist der praktische Hinweis zu beachten:

a) Beim schrittweisen Ansatz der Kreisstrombahnen (Maschen) soll jede Masche mindestens einen neuen, bisher unbelegten Zweig enthalten.

b) Jeder Zweig muß mindestens einen Kreisstrom führen.

c) Die eingeprägten Ströme werden geeignet durch eingeprägte Spannungen ersetzt.

Die in Bild 35 als Beispiel dargestellte Stern-Dreieck-Schaltung besitzt nur drei Maschen, $L_1$, $L_2$, $L_3$, so daß nur drei Kreisströme berechnet werden müssen, während bei $p = 4$ die Anzahl der Zweigströme sechs ist. Die Vereinfachung ist also beträchtlich. Weitere Beispiele werden in der Literatur gegeben [T 1, T 4, T 7, T 10, A 11].

Wie aus dem oben geführten Beweis ferner hervorgeht, hängt die Behandlung eines Netzwerkes davon ab, daß zwischen den angegebenen Zweigen die induktiven Wechselwirkungen vernachlässigt werden können oder einfach nicht vorhanden sind. Lassen sich solche Voraussetzungen in den gewünschten Modellen nicht realisieren, so kann man weder Vierpole zusammenbauen noch Netzwerke in der eben geschilderten Art behandeln. Man muß dann zu den Grundgleichungen des Abschnitts 11.3 zurückkehren.

## 11.11. Energie- und Leistungsbilanz

In Analogie zum stationären Leitermodell soll jetzt für das quasistationäre Leitermodell die Energie und Leistungsbilanz aufgestellt werden. Um technisch interessierende Anwendungen mit einzuschließen, erweitern wir die Definition des quasistationären Leitermodells von fixierten auf flexible Stromkreise, so daß sich in dieser Verallgemeinerung die Induktivitäten und Kapazitäten als Folge dieser Flexibilität auch zeitlich ändern können, und wir lassen auch elektromagnetische Abstrahlung der Leiterkreise zu. Die quasistationäre Näherung besteht dann noch in der Vernachlässigung von Retardierungseffekten innerhalb der Leiterkreise. Um zeitabhängige Veränderungen in der Geometrie der Leiterkreise zu realisieren, muß man ferner beachten, daß nach dem Ampèreschen Gesetz für die Bewegung von Strömen im Magnetfeld Arbeit aufgewendet werden muß und daß durch die Bewegung der Stromkreise ein zusätzliches Magnetfeld erzeugt wird, welches seinerseits innerhalb der Kreise ein elektrisches Feld induziert. Das quasistationäre Leitermodell mit flexiblen Leiterkreisen muß daher i.a. noch an ein Arbeitsreservoir gekoppelt sein, dem die mechanische Arbeit für die Leiterkreisveränderung und die Felderzeugung entzogen wird.

Wie in den vorangehenden Abschnitten kann man die Leiterkreise durch die Menge der sie konstituierenden Teilchen beschreiben, was elektromagnetisch auf die Angabe von Strom- und Ladungsdichten hinausläuft. Da wir jedoch in diesem Fall wegen der Batterien und der äußeren Kräfte auch die Reaktionen der Materie berücksichtigen müssen, wird das Problem einer korrekten Energiebilanz dieser komplizierten Vorgänge äußerst schwierig. Deshalb soll die Leistungsbilanz rein phänomenologisch aufgestellt werden. Dann läßt sich folgendes beweisen:

*Behauptung 11.8:* Im quasistationären Leitermodell mit flexiblen ladungsneutralen Leiterkreisen gilt die Leistungsbilanz

$$\frac{d}{dt}A + \frac{1}{2}\sum_k Q_k^2 \frac{d}{dt}(C_k^{-1}) - \frac{1}{2}\sum_{kj} J_k J_j \frac{d}{dt} L_{kj} + \int_{F(V)} \mathbf{S}(\mathbf{r}, t) \cdot d\mathbf{f} = 0, \quad (11.118)$$

wobei A der Arbeitsvorrat des Reservoirs und $\mathbf{S}$ der aus den Strömen $J_k$ resultierende Poyntingvektor der Abstrahlung ist, während $Q_k^2(t)$ das Ladungsbetragsquadrat des insgesamt neutralen Kondensators in $L_k$ ist.

*Beweis:* Wir betrachten die Änderung der Gesamtenergie W des Gesamtsystems aus quasistationären Leiterkreisen und äußeren Arbeitsreservoir. Dafür gilt

$$\frac{dW}{dt} = \frac{d}{dt}\left(A + W^s + W^m + W^e\right) . \tag{11.119}$$

wobei $\dot{A}$ die äußere Arbeitsleistung durch das Reservoir, $\dot{W}^s$ die Leistung in den Leiterkreisen mit Batterie und $\dot{W}^m$, $\dot{W}^e$ die Änderung der Energie des magnetischen bzw. elektrischen Feldes ist. Nimmt man an, daß das Gesamtsystem nur eine endliche Ausdehnung hat, und schließt man es in ein hinreichend großes Volumen V ein, so kann das Gesamtsystem als abgeschlossen gelten, sofern keine Abstrahlung stattfindet. Findet dagegen Abstrahlung statt, so muß wegen der Energieerhaltung

$$\frac{d}{dt} W = \frac{d}{dt} W^A \tag{11.120}$$

gelten, wobei $W^A$ die abgestrahlte Energie ist. Beachtet man, daß nach (3.60) und (3.56) die Leistungsdichte der Leiterkreise sowie der Abstrahlung

$$\begin{aligned} \dot{W}^s(\mathbf{r}, t) &= \mathbf{j}(\mathbf{r}, t) \cdot \mathbf{E}(\mathbf{r}, t) \\ \dot{W}^A(\mathbf{r}, t) &= -\nabla \cdot \mathbf{S}(\mathbf{r}, t) \end{aligned} \tag{11.121}$$

lautet, so ergibt sich aus (11.119), (11.120), (11.121) für das Volumen V die Leistungsbilanz

$$\dot{W}^e(V) + \dot{W}^m(V) + \dot{A}(V) + \int_V \mathbf{j}(\mathbf{r}, t) \cdot \mathbf{E}(\mathbf{r}, t) d^3 r + \int_{F(V)} \mathbf{S}(\mathbf{r}, t) \cdot d\mathbf{f} = 0 \tag{11.122}$$

mit

$$A(V) := \int_V A(\mathbf{r}, t) d^3 r \tag{11.123}$$

$$W^m(V) + W^e(V) := \int_V u(\mathbf{r}, t) d^3 r .$$

Zur weiteren Auswertung von (11.122) verwenden wir das differentielle Ohmsche Gesetz (11.19) in der quasistationären zeitabhängigen Form

$$\mathbf{E}(\mathbf{r}, t) = \frac{1}{\sigma(\mathbf{r})} \mathbf{j}(\mathbf{r}, t) - \mathbf{E}^e(\mathbf{r}, t), \tag{11.124}$$

womit man

$$\int_V \mathbf{j}(\mathbf{r}, t) \cdot \mathbf{E}(\mathbf{r}, t) d^3 r = \int_V \frac{1}{\sigma} \mathbf{j}^2(\mathbf{r}, t) d^3 r - \int_V \mathbf{j}(\mathbf{r}, t) \cdot \mathbf{E}^e(\mathbf{r}, t) d^3 r \tag{11.125}$$

erhält. Für homogene Linienleiter nach (2.4), (2.10) läßt sich dies analog zum stationären Fall (10.90), (10.91), (10.92) auswerten und führt für alle Leiterteile ohne Kondensatoren

$$\int_V \mathbf{j}(\mathbf{r},t)\cdot\mathbf{E}(\mathbf{r},t)\,d^3r = \sum_{k=1}^{n} J_k\,(R_k J_k - E_k^e)\,, \tag{11.126}$$

wobei $R_k \equiv R_k(C_2)$ ist. Wegen der Gleichung (11.37) läßt sich (11.126) dann umschreiben in

$$\int_V \mathbf{j}(\mathbf{r},t)\cdot\mathbf{E}(\mathbf{r},t)\,d^3r = -\sum_{k=1}^{n} J_k\left(\frac{Q_k}{C_k} + \frac{1}{c}\dot{\phi}_k\right). \tag{11.127}$$

Drücken wir noch die magnetische Energie $W^m(V)$ durch die Linienströme aus, so folgt mit $\mathbf{B} = \operatorname{rot}\mathbf{A}$ und (3.55)

$$\begin{aligned} W^m(V) &= \frac{1}{8\pi}\int_V \mathbf{B}\cdot(\nabla\times\mathbf{A})\,d^3r \\ &= \frac{1}{8\pi}\int_V \nabla\cdot(\mathbf{B}\times\mathbf{A})\,d^3r + \frac{1}{8\pi}\int_V \mathbf{A}\cdot(\nabla\times\mathbf{B})\,d^3r\,. \end{aligned} \tag{11.128}$$

Nehmen wir nun an, daß die magnetischen Felder im wesentlichen um den Leiterkreis konzentriert sind, so können wir den Oberflächenterm in (11.128) vernachlässigen und erhalten in quasistationärer Näherung mit (11.18c) sowie (11.1), (11.4)

$$W^m(V) = \frac{1}{2c}\int_V \mathbf{A}(\mathbf{r},t)\cdot\mathbf{j}(\mathbf{r},t)\,d^3r = \frac{1}{2}\sum_{kj} L_{kj} J_k J_j\,. \tag{11.129}$$

Daraus folgt mit (11.4) die Relation

$$\dot{W}^m(V) - \frac{1}{c}\sum_k J_k\dot{\phi}_k = -\frac{1}{2}\sum_{kj}\dot{L}_{kj} J_k J_j\,. \tag{11.130}$$

Da die elektrische Energie des Systems im wesentlichen durch die Kondensatoren bestimmt wird, ergibt sich unter Vernachlässigung kapazitiver Wechselwirkungen zwischen den Leiterkreisen nach Abschnitt 9.9 mit $\dot{Q}_k = J_k$

$$\dot{W}^e(V) - \sum_k J_k\frac{Q_k}{C_k} = \frac{1}{2}\sum_k Q_k^2\frac{d}{dt}(C_k^{-1})\,. \tag{11.131}$$

Substitution von (11.127) in (11.122) und Benutzung von (11.130), (11.131) ergibt (11.118), w.z.b.w.

Wird die Gleichung (11.37) nicht verwendet, lautet die Leistungsbilanz mit (11.126)

$$\dot{W}^e(V) + \dot{W}^m(V) + \dot{A}(V) + \sum_k J_k\,(R_k J_k - E_k^e) + \int_{F(V)} \mathbf{S}(\mathbf{r},t)\cdot d\mathbf{f} = 0\,. \tag{11.132}$$

Weiter läßt sich aus der stets positiven Form der magnetischen Energie nach (3.55) wie bei den Kapazitätskoeffizienten $C_{ij}$ folgern, daß die Form (11.130) positiv definit ist, so daß die symmetrische Matrix $L_{ij}$ der Induktivitäten ebenfalls nichtsingulär ist. Im stationären Fall sind per definitionem alle Größen zeitunabhängig, so daß wegen (10.91), (10.92) aus (11.132) sofort die Leistungsbilanz (10.93) folgt.

## 11.12. Magnetisches Paradoxon

Bevor wir uns mit den technischen Anwendungen befassen, diskutieren wir zunächst mittels (11.118) ein Grundlagenproblem, das uns schon in Abschnitt 2.7 beschäftigt hat. Wir betrachten dazu die einzelnen Leiterkreise als Magnete, die in sich starr mit ihrem Schwerpunkt bewegt werden können. In dieser Version wird das Leitermodell also zu einer Ansammlung beweglicher Magnete, die ein magnetostatisches oder ein quasistationäres Magnetfeld erzeugen und deren Feldenergie definiert werden kann durch die Energie, die zum Aufbau der Anordnung nötig ist.

### a) Starre Magnete ohne Induktion

Starre Magnete werden durch starre Stromkreise mit konstanten Strömen realisiert. Induktionseffekte können dann nur durch die gegenseitige Bewegung der Magnete erzeugt werden. Werden diese vernachlässigt, so bedeutet dies, daß der Induktionsanteil bei der Berechnung von $W^m$ weggelassen werden muß und daß die Leistungsbilanz in der Form (11.132) zu verwenden ist:

$$(\dot{W}^m + \dot{W}^e + \dot{A}) + \sum_{j=1}^{n} (E_j^e - R_j J_j)\, J_j = 0, \tag{11.133}$$

wenn wir die elektromagnetische Abstrahlung auf Grund der Bewegung vernachlässigen. Da wegen der Ladungsneutralität die elektrischen Felder der Stromkreise im wesentlichen auf die Stromkreise selbst konzentriert sind, ändert sich ihre Energie bei der Bewegung der Stromkreise gegeneinander nicht. Es wird also $\dot{W}^e = 0$. Da ferner wegen des Gleichstroms in den $L_k$ überhaupt keine Kondensatoren vorhanden sein dürfen, so folgt bei Vernachlässigung der Induktionseffekte aus Gleichung (11.29)

$$(E_j^e - R_j J_j) = 0 \qquad (j = 1, \dots, n)\,, \tag{11.134}$$

und damit geht (11.133) über in

$$(\dot{W}^m + \dot{A}) = 0\,. \tag{11.135}$$

Dies bedeutet aber

$$\dot{A} = -\dot{W}^m\,. \tag{11.136}$$

Bei Vergrößerung der Feldenergie muß daher vom Reservoir Arbeit geleistet werden, bei einer Verminderung der Feldenergie wird dagegen Arbeit gewonnen, während nach (11.134) die Batterie für die Ohmschen Verluste aufkommen muß.

Bezeichnen wir ferner die Schwerpunkte der Stromkreise durch generalisierte Koordinaten $a_1(t), \dots, a_n(t)$, so wird ganz allgemein

$$\dot{A} = \sum_{j=1}^{n} K_j \dot{a}_j \quad , \tag{11.137}$$

wobei die $K_j$ die generalisierten Kräfte auf die Schwerpunkte der starren Stromkreise sind. In der magnetischen Energie (11.130) können wegen der Starrheitsvoraussetzung nur die $L_{kj}$ von den $a_r$ abhängen, was wegen der Konstanz der Ströme auf

$$\dot{W}^m = \frac{1}{2} \sum_{kj} \sum_{r} \frac{\partial L_{kj}}{\partial a_r} J_k J_j \dot{a}_r \tag{11.138}$$

führt. Da die $a_j$ beliebig sind, folgt für die generalisierten Kräfte

$$K_j = - \left. \frac{\partial W^m}{\partial a_j} \right|_{\frac{dJ}{da} = 0} = - \frac{1}{2} \sum_{kn} \frac{\partial L_{kn}}{\partial a_j} J_k J_n \ . \tag{11.139}$$

Dieses bereits in Abschnitt 2.7 abgeleitete Ergebnis muß aber korrigiert werden. Wir betrachten dazu

### b) Starre Magnete mit Induktion

Für sie verschwindet der Induktionsterm nicht, und es folgt aus (11.118) unter denselben übrigen Annahmen wie in a) die Leistungsbilanz

$$\dot{A} - \frac{1}{2} \sum_{ij=1}^{n} \dot{L}_{ij} J_i J_j = 0 \ . \tag{11.140}$$

Beachtet man hier ebenfalls

$$\dot{L}_{kj} = \sum_{r} \frac{\partial L_{kj}}{\partial a_r} \dot{a}_r \ , \tag{11.141}$$

so folgt bei Substitution von (11.141) in (11.140)

$$\dot{A} = \frac{1}{2} \sum_{kj} \sum_{r} \frac{\partial L_{kj}}{\partial a_r} J_k J_j \dot{a}_r \tag{11.142}$$

und daraus mit (11.138)

$$\dot{A} = \dot{W}^m \ . \tag{11.143}$$

Ferner folgt aus (11.29) für Stromkreise ohne Kapazitäten zusammen mit (11.4) für konstante Ströme

$$E_j^e = R_j J_j + \sum_{k} \dot{L}_{jk} J_k \ . \tag{11.144}$$

Mit (11.4) und (3.3) läßt sich dann (11.144) noch umschreiben in

$$E_j^e = R_j J_j - U_j^J , \tag{11.145}$$

wobei $U_j^J$ die im j-ten Leiterkreis $L_j$ durch die Bewegung des Leiterkreises induzierte Randspannung ist. Bei einer Vergrößerung der Feldenergie wird demnach Arbeit gewonnen, bei einer Verminderung der Feldenergie dagegen Arbeit geleistet. Dieses Ergebnis wird als magnetisches Paradoxon bezeichnet, es kommt durch den Einfluß der Induktion zustande.

Tatsächlich ist das Ergebnis nicht so paradox, wie es zunächst scheint. Nach Abschnitt 2.7 lassen sich die Stromkreise durch Dipoldichten idealisieren. Dort wurde gezeigt, daß die Feldenergie für starre Dipole, also starre Magnete ohne Induktion, gleich der entsprechenden negativen Feldenergie für starre elektrische Dipole ist, die mit gleicher Ausrichtung an denselben Stellen sitzen. Da Dipole allein durch ihre Kraftwirkungen definiert sind, gibt es keinen physikalischen Grund für die Verschiedenheit der Energien von elektrischen und magnetischen Dipolen. Bei der Behandlung der starren magnetischen Dipole muß daher ein physikalischer Fehler vorliegen. Er liegt gerade in der Vernachlässigung der Induktion.

Wir betrachten die Differenz der von den Batterien aufgebrachten Arbeit mit Induktion $A_J$ und ohne Induktion $A_s$ für dieselbe geometrische Anordnung der Dipole. Durch Multiplikation von (11.144) und (11.134) mit $J_j$ und Summation ergibt sich dann mit (11.138)

$$\frac{d}{dt}(A_J - A_s) = \sum_{jk} \dot{L}_{jk} J_j J_k = 2 \frac{d}{dt} W^m , \tag{11.146}$$

da $\sum_{j=1}^{n} J_j E_j^e$ die entsprechend aufgebrachte Leistung ist. Daraus folgt dann, wenn man eine mögliche Konstante aus physikalischen Gründen Null setzt:

$$A_J - A_s = 2 W^m , \tag{11.147}$$

wobei $W^m$ entsprechend (11.130) das richtige positive Vorzeichen hat. Die Arbeit zum Aufbau der Anordnung ohne Induktion ist aber nach (2.87)

$$A_s = -W^m , \tag{11.148}$$

so daß die Arbeit beim Aufbau der Anordnung mit Induktion

$$A_J = W^m \tag{11.149}$$

ist, wobei die Differenz nach (11.147) durch die Batterie aufgebracht wird, um die Ströme in den Leiterkreisen gegen die Induktion konstant zu halten. Damit ist gezeigt, daß unter Beteiligung der Induktion die Energie zum Aufbau einer Anordnung von magnetischen Dipolen gleich jener einer Anordnung elektrischer Dipole ist, was aus physikalischen Gründen gefordert werden muß.

Aus (11.144) zusammen mit (11.138) folgt ferner

$$\sum_{j=1}^{n} E_j^e J_j = \sum_{j=1}^{n} R_j J_j^2 + 2\dot{W}^m . \tag{11.150}$$

Dieses Ergebnis läßt sich sehr einfach interpretieren:

a) Für $\dot{W}^m > 0$, also bei einer Vergrößerung der Feldenergie, wird die Arbeit $A = W^m$ von dem Leiter-System geleistet. Die dazu benötigte Energie $2W^m > 0$ wird nach (11.150) von der Batterie aufgebracht.

b) Für $\dot{W}^m < 0$, also bei einer Verringerung der Feldenergie, wird die Arbeit $A = W^m$ von dem Leiter-System aufgenommen. Die gewonnene Energie $2W^m < 0$ wird der Batterie zugeführt. Dabei ist in beiden Fällen Voraussetzung, daß sich die Ströme in den Leiterkreisen durch die Bewegung nicht ändern. Die dabei wirkenden verallgemeinerten Kräfte ergeben sich aus (11.137) und (11.143) analog zu (11.139)

$$K_j = \frac{\partial W^m}{\partial a_j}\bigg|_{\frac{dJ}{da}=0} = \frac{1}{2}\sum_{kn} \frac{\partial L_{kn}}{\partial a_j} J_k J_n . \tag{11.151}$$

Dieser Effekt ist von großer technischer Bedeutung und findet seine Anwendung in den elektrodynamischen Maschinen, die im nächsten Abschnitt diskutiert werden sollen.

## 11.13. Quasistationäre elektromagnetische Maschinen

Bei den quasistationären Maschinen unterscheidet man zwei Grundtypen, die wir beide diskutieren wollen:

### a) Generatoren und Motoren

Das Grundschema dieser Maschinen besteht aus zwei Leiterkreisen, $L_1$ und $L_2$ ohne Kapazitäten von denen $L_1$ fest, $L_2$ aber beweglich angeordnet ist. Bild 37 zeigt eine solche Anordnung.

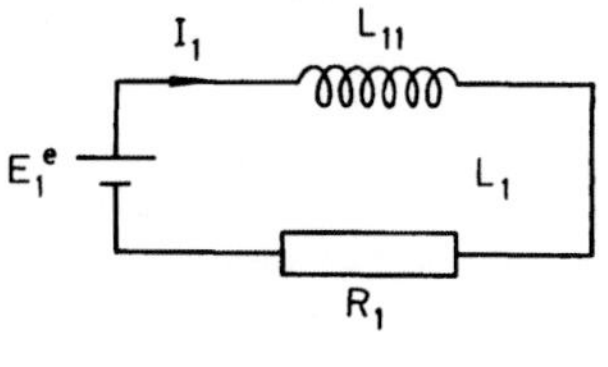


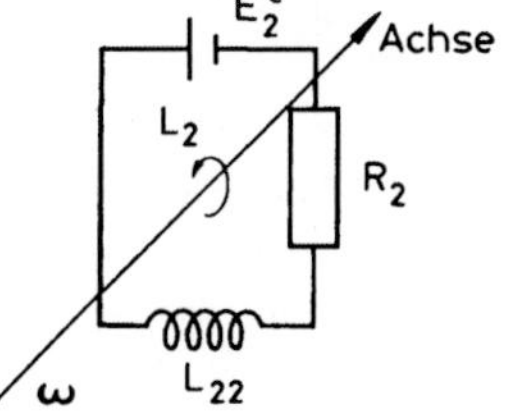


**Bild 37**
Prinzipschaltung einer dynamoelektrischen Maschine mit ortsfestem Leiterkreis $L_1$ als Erreger und um eine starre Achse drehbarem Leiterkreis $L_2$ als Läufer.

Damit eine periodisch arbeitende Maschine entsteht, kann $L_2$ nur starr um eine Achse rotieren. Nennen wir den Drehwinkel $\alpha$, so hängt die Selbstinduktivität $L_{\alpha\alpha}$ der Leiterkreise $L_\alpha$ wegen der Starrheitsvoraussetzung und der Rotationsinvarianz der zugehörigen

Integrale nicht von $\alpha(t)$ ab, d.h. es gilt $\dot{L}_{11} = \dot{L}_{22} = 0$. Die Gegeninduktivität $L_{12} = L_{21}$ ist dagegen eine Funktion $L_{12}(\alpha)$ von $\alpha$; der Grund ist die Änderung der relativen Lage von $L_1$ zu $L_2$ durch die Drehung. Nach (11.29) gelten für die beiden Leiterkreise dann die Grundgleichungen

$$J_1(t)R_1 + \frac{1}{c}\dot{\phi}_1(t) = E_1^e(t) \tag{11.152}$$

$$J_2(t)R_2 + \frac{1}{c}\dot{\phi}_2(t) = E_2^e(t),$$

was unter Berücksichtigung von (11.4) und der Bewegungsmöglichkeit der Leiterkreise gegeneinander übergeht in

$$J_1 R_1 + L_{11}\dot{J}_1 + \dot{L}_{12} J_2 + L_{12}\dot{J}_2 = E_1^e \tag{11.153}$$

$$J_2 R_2 + L_{22}\dot{J}_2 + \dot{L}_{21} J_1 + L_{21}\dot{J}_1 = E_2^e \;.$$

Um die Maschine zum Funktionieren zu bringen, muß vom „Erregerkreis" $L_1$ ein starker magnetischer Fluß $\phi_2$ durch den „Läuferkreis" $L_2$ erzeugt werden. Dies geschieht, indem man in $L_1$ einen starken Gleichstrom $J_1(t) \equiv J_1$ erzeugt, so daß in (11.153) $\dot{J}_1 = 0$ ist, wobei man unter der Annahme $|J_1| \gg |J_2(t)|$ die induktive Rückwirkung von $L_2$ auf $L_1$ vernachlässigen kann. Damit gilt für (11.152) $J_1R_1 \gg \frac{1}{c}\dot{\phi}_1$, und es ergibt sich daraus

$$J_1 R_1 = E_1^e \tag{11.154}$$

$$J_2(t) R_2 + L_{22}\dot{J}_2(t) + \dot{L}_{21} J_1 = E_2^e(t) \;. \tag{11.155}$$

Dadurch werden die Kreise entkoppelt bis auf den Fluß $\phi_2$ von $L_1$ nach $L_2$, und wir brauchen nur den Läuferkreis $L_2$ mit der Gleichung (11.155) zu betrachten. Für die periodisch arbeitende Maschine befindet sich der Läuferkreis $L_2$ in gleichmäßiger Rotation um die Achse, woraus folgt, daß $L_{21} = L_{12}$ ebenfalls eine periodische Funktion des Drehwinkels $\alpha = \omega t$ mit konstanter Kreisfrequenz $\omega$ sein muß. Setzt man nämlich an

$$J_2(t) = J_2(\omega)e^{i\omega t}\;; \qquad E_2^e(t) = U_2(\omega)e^{i\omega t} \tag{11.156}$$

und substituiert dies in (11.155), so erhält man dann und nur dann eine periodische Bewegung, wenn $L_{12}$ von der Form

$$L_{12}(t) = L(\omega)e^{i\omega t}\,, \tag{11.157}$$

also eine lineare Funktion von $e^{i\omega t}$ ist.

Dieses Ergebnis können wir für die Auswertung der Leistungsbilanz (11.118) benutzen, wobei wir allerdings Real- und Imaginärteil trennen müssen. Da die Maschinen mit ziemlich niederfrequenten Wechselströmen arbeiten, können wir die Ausstrahlung vernachlässigen, wie z.B. die Formel (4.106) für die Dipolabstrahlung zeigt. Ebenso ignorieren wir wegen der Ladungsneutralität der Kreise und der nicht vorhandenen Kapazitäten die Änderung der Energie des elektrischen Feldes. Die Formel (11.118) lautet dann

$$\dot{A} = \frac{1}{2}\sum_{j,k=1}^{2} \dot{L}_{jk} J_j J_k \tag{11.158}$$

oder ausgeschrieben

$$\dot{A} = \frac{1}{2}\dot{L}_{11} J_1^2 + \frac{1}{2}\dot{L}_{22} J_2^2 + \dot{L}_{12} J_1 J_2 \quad . \tag{11.159}$$

Wegen der Voraussetzungen über die beiden Leiterkreise ist nur $\dot{L}_{12} \neq 0$, und man erhält aus (11.159) die Beziehung

$$\dot{A}(t) = \dot{L}_{12}(t) J_2(t) J_1 \tag{11.160}$$

oder mit (11.156), (11.157)

$$\dot{A}(t) = J_1 \omega \operatorname{Re}[i L(\omega) e^{i\omega t}] \operatorname{Re}[J_2(\omega) e^{i\omega t}] \,. \tag{11.161}$$

$\dot{A}$ ist damit ebenfalls eine periodische Funktion von $\omega$. Der Zusammenhang zwischen der Batterieleistung $E_2^e(t) J_2(t)$ im Läuferkreis $L_2$ und der Arbeitsleistung $\dot{A}$ ergibt sich mit (11.156), (11.157) aus (11.155) zu

$$Z_2(\omega) J_2^2(t) + \dot{A}(t) = E_2^e(t) J_2(t) \tag{11.162}$$

mit

$$Z_2(\omega) := R_2 + i\omega L_{22} \,.$$

Zur Bestimmung der verallgemeinerten Kraft beachten wir, daß die verallgemeinerte Koordinate der Drehwinkel $\alpha(t)$ ist. Dann ist die verallgemeinerte Kraft das Drehmoment $D(t)$ in Richtung der Drehachse $\boldsymbol{\omega}$. Für das Drehmoment folgt aus (11.137) wegen $\alpha(t) = \omega t$ und mit (11.160)

$$D(t) = \frac{1}{\omega}\dot{A} = \frac{1}{\omega}\dot{L}_{12} J_1 J_2(t) \,. \tag{11.163}$$

Man kann nun (11.160) bzw. (11.161) in zwei Richtungen lesen, wenn $J_1$ bzw. $E_1^e = \text{const}$ als bekannt vorgegeben wird:

*α) Generator*

Die linke Seite wird als periodische Funktion von $\omega$ vorgegeben, wobei $\dot{A} < 0$ ist. Dies bedeutet, daß dem „Läufer" $L_2$ periodisch eine Leistung zugeführt wird, indem man ihn mechanisch bewegt. Außerdem setzen wir $E_2^e(t) \equiv 0$, d.h. der Läuferkreis $L_2$ wird kurz geschlossen. Als Folge von (11.161) kann man dann bei bekanntem $\dot{A}$ und damit bei bekannter Kreisfrequenz $\omega$ einen Strom $J_2(t)$ nach (11.162) ausrechnen. Es wird also durch die zugeführte Leistung ein Strom $J_2(t)$ erzeugt, und man hat demnach einen Generator vor sich, der mechanische Leistung in elektrische überführt. Denn aus (11.162) folgt wegen $\dot{A}(t) < 0$, wenn man der Einfachheit halber die Selbstinduktion $L_{22}$ des Läuferkreises vernachlässigt,

$$J_2(t) = (|\dot{A}(t)| R_2^{-1})^{\frac{1}{2}} \,, \tag{11.164}$$

und damit läßt sich aus (11.160) für periodische $A(t)$ auch $L_{12}(t)$ angeben, wobei gilt

$$\dot{L}_{12}(t) = -(|\dot{A}(t)| R_2)^{\frac{1}{2}} J_1^{-1} \,. \tag{11.165}$$

Sei beispielsweise $\dot{A}(t) := -R_2 \cos^2(\omega t)$, so wird $J_2(t) = \cos(\omega t)$, $\dot{L}_{12}(t) = -\frac{R_2}{J_1}\cos(\omega t)$, und daraus folgt

$$L_{12}(t) = -\frac{R_2}{J_1}\frac{\sin(\omega t)}{\omega} \,. \tag{11.166}$$

β) *Elektromotor*

Die rechte Seite wird als periodische Funktion von $\omega$ vorgegeben. Dies wird dadurch erreicht, daß dem Läufer $L_2$ ein periodischer Strom $J_2(t)$ zugeführt und eine periodische eingeprägte Spannung $E_2^e(t)$ angelegt wird. Dadurch wird also dem Läufer $L_2$ eine bestimmte positive Leistung $E_2^e(t)\,J_2(t)$ von der Batterie zugeführt. Als Folge davon muß aber $L_{12}$ nach (11.155) auch eine zeitlich periodische Funktion sein, und damit wird der Läufer in Rotation versetzt. Man kann dann $\dot{A}$ nach (11.162) ausrechnen und erhält für $L_{22} = 0$

$$\dot{A}(t) = J_2(t)\,(E_2^e(t) - R_2\,J_2(t))\,, \tag{11.167}$$

wobei $\dot{A}(t) > 0$ ist, und

$$\dot{L}_{12}(t) = (E_2^e(t) - R_2\,J_2(t))\,J_1^{-1}\,. \tag{11.168}$$

$\dot{A} > 0$ ist dann die Leistung, die dem Läuferkreis $L_2$ mechanisch abgenommen werden kann, und man hat demnach einen Motor vor sich. Beispielsweise sei $J_2(t) = J_2\cos(\omega t)$ und $E_2^e(t) = E_2^e\cos(\omega t)$ mit $E_2^e - J_2\,R_2 > 0$, dann ergibt sich

$$\dot{A}(t) = \cos^2(\omega t)\,J_2\,(E_2^e - R_2 J_2) \tag{11.169}$$

und

$$\dot{L}_{12}(t) = \cos(\omega t)\,(E_2^e - R_2 J_2)\,J_1^{-1} \tag{11.170}$$

oder

$$L_{12}(t) = \frac{\sin(\omega t)}{\omega}\,(E_2^e - R_2\,J_2)\,J_1^{-1}\,. \tag{11.171}$$

**b) Sender**

Mit quasistationären Leiterkreisen kann man auch hochfrequente Schwingungen erzeugen, die zur Abstrahlung von elektromagnetischen Wellen führen und damit die elektromagnetische Weitergabe von Signalen durch das Vakuum ermöglichen, wie schon zu Beginn des Abschnitts 11.11 erwähnt wurde. Eine flexible Anordnung wird in diesem Fall nicht benötigt. Daher wird die Diskussion der Leistungsbilanz für Sender identisch mit der Diskussion der Leistungsbilanz für ein starres Leitermodell. Benutzt man in diesem Fall das Poynting-Theorem (3.56) zusammen mit dem Ohmschen Gesetz (11.124), so folgt analog wie im Abschnitt 11.11 die Gleichung (11.132), jedoch mit

$$\dot{W}^e(V) + \dot{W}^m(V) + \sum_{k=1}^{n} (J_k^2 R_k - J_k E_k^e) + \int_{F(V)} \mathbf{S} \cdot d\mathbf{f} = 0\,, \tag{11.172}$$

wobei bei der Ableitung nur die Eigenschaft von Linienleitern, aber nicht die Quasistationarität benutzt wurde. Wegen der Superpositionsfähigkeit betrachten wir nur Lösungen, die periodisch sind. Es sind also $E_k^e$ und $J_k$ periodische Funktionen von t mit der Periode T. Es ist dann nützlich, nicht die Momentanleistung des Senders, sondern einen Zeitmittelwert über eine Periode zu betrachten. Definieren wir diesen durch

$$\overline{F} := \frac{1}{2T}\int_{-T}^{T} F(t)\,dt\,, \tag{11.173}$$

so folgt durch Anwendung von (11.173) auf (11.172)

$$\sum_{k=1}^{n} \overline{J_k E_k^e} = \sum_{k=1}^{n} \overline{J_k^2} R_k + \int_{F(V)} \overline{S} \cdot df \qquad (11.174)$$

wegen

$$\overline{\dot{W}}^{\alpha} = \frac{1}{2T} \int_{-T}^{T} \frac{d}{dt} W^{\alpha} dt = 0 \qquad (\alpha = e, m) \qquad (11.175)$$

für periodische Funktionen. Im zeitlichen Mittel verliert daher die Stromquelle Energie durch Abstrahlung, also Sendeleistung, und durch Erzeugung Joulescher Wärme.

Man bezeichnet wegen (11.175) in der Elektrotechnik $(\dot{W}^e + \dot{W}^m)$ als Blindleistung und $\sum_k J_k^2 R_k$, also die in Joulescher Wärme umgesetzte Leistung, als Wirkleistung. In der Elektrotechnik, sowohl in Schwachstrom- wie Starkstromtechnik, wird für Wechselströme die Mittelung (11.173) benutzt. Für das starre, quasistationäre Leitermodell verschwindet in (11.172) der Abstrahlungsterm, und $W^e$, $W^m$ sind durch den zweiten Term in (9.115) bzw. (9.116) mit $C_{li} = C_i \delta_{li}$ und (11.130) gegeben. Dies kann man auch sofort aus dem System (11.38) durch Multiplikation mit $J_k$ und Summation über k zusammen mit (2.11) erhalten.

Es sei darauf hingewiesen, daß zur effektiven Berechnung der Leistung die Strom- und Spannungsgrößen reell sein müssen, so daß man aus den angegebenen komplexen Lösungen reelle konstruieren muß. Man muß dazu beachten, daß mit der komplexen Lösung $U_k(t) = \widetilde{U}_k(\omega) e^{i\omega t}$ bzw. $J_k(t) = \widetilde{J}_k(\omega) e^{i\omega t}$ auch $U_k^x$ bzw. $J_k^x$ eine Lösung des Systems (11.31) ist. Daraus folgt dann wegen der Superposition, daß auch $\mathrm{Re}\, U_k = \frac{1}{2}(U_k + U_k^x)$ und $\mathrm{Jm}\, U_k = \frac{1}{2}(U_k - U_k^x)$ bzw. $\mathrm{Re}\, J_k$ und $\mathrm{Jm}\, J_k$ Lösungen von (11.31) sind. Beachtet man dies, so folgt

$$\begin{aligned} \overline{(\mathrm{Re}\, J_k)^2} &= \frac{1}{4} \overline{(J_k^2 + 2 J_k^x J_k + J_k^{x2})} = \frac{1}{2} \overline{J_k J_k^x} \\ &= \frac{1}{2} |\widetilde{J}_k(\omega)|^2 =: J_{k\,\mathrm{eff}}^2 , \end{aligned} \qquad (11.176)$$

da der Zeitmittelwert der anderen Größen verschwindet. Man nennt $J_{k\,\mathrm{eff}}$ den Effektivwert von $J_k$. Analog kann man bei den anderen Ausdrücken vorgehen. Dann erhält man für die Wirkleistung

$$\begin{aligned} \overline{\mathrm{Re}\, U_k\, \mathrm{Re}\, J_k} &= \frac{1}{4} \overline{(U_k J_k + U_k J_k^x + U_k^x J_k + U_k^x J_k^x)} \\ &= \frac{1}{2} \overline{(U_k J_k^x + U_k^x J_k)} = \frac{1}{2} \mathrm{Re}(\widetilde{U}_k \widetilde{J}_k^x) , \end{aligned} \qquad (11.177)$$

woraus sich mit dem Ohmschen Gesetz für die Frequenz $\omega$

$$\widetilde{U}_k(\omega) = Z_k(\omega) \widetilde{J}_k(\omega) \qquad (11.178)$$

und der Polardarstellung des komplexen Widerstandes $Z_k(\omega)$

$$Z_k(\omega) = |Z_k| e^{i\varphi} \tag{11.179}$$

ergibt:

$$\overline{\mathrm{Re}\, U_k \,\mathrm{Re}\, J_k} = \frac{1}{2} |\widetilde{J}_k|^2 |Z| \cos\varphi . \tag{11.180}$$

Analog folgt für die Blindleistung

$$\overline{\mathrm{Jm}\, U_k \,\mathrm{Re}\, J_k} = \frac{1}{2} |\widetilde{J}_k|^2 |Z| \sin\varphi . \tag{11.181}$$

Daraus ersieht man, daß die Größe des Phasenfaktors $\varphi$ des komplexen Widerstandes $Z(\omega)$ nach (11.179) die Höhe der Wirk- bzw. Blindleistung bestimmt. Für reelle $Z(\omega)$ wird $\varphi = 0$, und die Blindleistung verschwindet, während für rein imaginäres $Z(\omega)$ $\varphi = \pm \frac{\pi}{2}$ wird, so daß dann die Wirkleistung verschwindet. Beachtet man die spezielle Form (11.92) von $Z(\omega)$ für einen Leiterkreis mit R, L, C, so verschwindet also der Blindwiderstand für $L = 0$, $C = 0$, der Wirkwiderstand für $R = 0$. Für alle anderen Fälle sind beide Anteile ungleich Null.

Schließlich betrachten wir den zeitlichen Mittelwert des Poyntingvektors **S**. Sei dieser durch (4.26) für komplexe Feldgrößen gegeben, die periodische Funktionen der Zeit sind (oder periodische ebene Wellen); dann folgt analog zu (11.177) sofort

$$\overline{\mathbf{S}}(\mathbf{r}) = \frac{c}{8\pi} \mathrm{Re}\,(\mathbf{E} \times \mathbf{B}^{x}) = \frac{c}{8\pi} R_e(\mathbf{E}^{x} \times \mathbf{B}) \tag{11.182}$$

woraus sich für ebene Wellen nach (4.18) ergibt

$$\overline{\mathbf{S}}(\mathbf{r}) = \frac{c}{8\pi} \mathrm{Re}\,(\mathbf{E}_0 \times \mathbf{B}_0^{x}) . \tag{11.183}$$

Entsprechend ergibt sich für die gemittelte Energiedichte (3.55) für komplexe periodische Größen

$$\bar{u}(\mathbf{r}) = \frac{1}{8\pi} [\overline{\mathrm{Re}\,\mathbf{E}(\mathbf{r})^2} + \overline{\mathrm{Re}\,\mathbf{B}(\mathbf{r})^2}] = \frac{1}{16\pi} [|\mathbf{E}(\mathbf{r})|^2 + |\mathbf{B}(\mathbf{r})|^2] . \tag{11.184}$$

## 12. Wellenausbreitung und Beugung

### 12.1. Wellengleichungen für leitende Medien

Wir gehen im Leitermodell nun zu zeitabhängigen Vorgängen über, bei denen der Informationsgehalt der Maxwell-Theorie voll genutzt wird. Dies bedeutet, daß wir in diesem Abschnitt nicht mehr mit integralen Größen wie Gesamtstrom und Spannung arbeiten, sondern versuchen, die Maxwellgleichungen mit den Zusatzbedingungen des Modells direkt zu integrieren. Abgesehen von Grenzbedingungen, die noch diskutiert werden sollen, war im phänomenologischen Leitermodell die wichtigste Zusatzbedingung das lokale Ohmsche Gesetz (11.19). Dieses entstammt Experimentalerfahrungen, die mit Gleichstrom oder niederfrequenten Wechselströmen gemacht werden.

Will man dieses Gesetz als phänomenologische Zusatzbedingung für beliebige zeitabhängige Vorgänge einführen, also z.B. für die Ausbreitung von elektromagneitschen Wellen in leitenden Medien usw., so wird man nicht ohne Modifikation auskommen. Die Leitfähigkeit $\sigma$ beschreibt pauschal die Reaktionen des Leiters auf ein angelegtes Feld; wegen der Trägheit der Materie werden diese aber vom Zeitverhalten des Feldes abhängen. Dieses Zeitverhalten muß daher im Ohmschen Gesetz mit berücksichtigt werden. Da wir uns hier mit den einfachsten Modellen der Materie begnügen müssen, betrachten wir zur Ableitung des zeitabhängigen Ohmschen Gesetzes das in Abschnitt 10.5 diskutierte Modell. Bei ihm werden allein die Elektronen als Träger des Stromes $\mathbf{j}(\mathbf{r}, t)$ angenommen, wobei für die einzelnen Elektronen im Metall approximativ die Bewegungsgleichungen (10.82) gelten:

$$m\dot{\mathbf{v}}_k + \kappa\,\mathbf{v}_k = -e_0\,\mathbf{E}(\mathbf{r}_k, t)\;; \tag{12.1}$$

$\mathbf{v}_k$ ist die mittlere Geschwindigkeit des k-ten Elektrons und $e_0$ dessen Elementarladung. Greift man ein Einheitsvolumen von 1 cm$^3$ des Leiters mit dem Mittelpunkt $\mathbf{r}$ heraus, so kann man mit den Definitionen (10.2)–(10.6) die phänomenologische Elektronenstromdichte

$$\bar{\mathbf{j}}(\mathbf{r}, t) := -e_0 \sum_{k=1}^{N} \mathbf{v}_k(t) \tag{12.2}$$

ausrechnen, wobei die Minuszeichen aus (10.2–6) weggelassen wurden, da nur eine Art von Ladungsträgern auftritt. Definiert man ferner eine mittlere Feldstärke durch

$$\bar{\mathbf{E}}(\mathbf{r}, t) := \frac{1}{N} \sum_{k=1}^{N} \mathbf{E}(\mathbf{r}_k, t) \tag{12.3}$$

für alle Elektronen im Einheitsvolumen, so kann man (12.1) umschreiben in

$$\left(m\frac{\partial}{\partial t} + \kappa\right) \bar{\mathbf{j}}(\mathbf{r}, t) = N e_0^2\,\bar{\mathbf{E}}(\mathbf{r}, t)\,, \tag{12.4}$$

was im stationären Fall wegen $\frac{\partial}{\partial t}\bar{\mathbf{j}}(\mathbf{r}, t) = 0$ übergeht in

$$\bar{\mathbf{j}}(\mathbf{r}) = \frac{N e_0^2}{\kappa}\,\bar{\mathbf{E}}(\mathbf{r}) =: \sigma_0\,\bar{\mathbf{E}}(\mathbf{r})\,, \tag{12.5}$$

also das stationäre Ohmsche Gesetz (10.17).

Mit diesem Modell hat man daher in Form der Gleichung (12.4) eine einfachste Erweiterung des Ohmschen Gesetzes auf zeitabhängige, also nichtquasistationäre Vorgänge abgeleitet. Diese Erweiterung ist solange zutreffend, als man das Verhalten der Elektronen näherungsweise durch (12.1) beschreiben kann. Werden Quantenprozesse z.B. in Form von Emission und Absorption von Lichtquanten durch Phononen im Kristall oder durch Elektron-Elektron-Stöße wirksam, so muß auch (12.1) modifiziert werden. Derartige Modifikationen überschreiten die phänomenologische Elektrodynamik. Wir beschreiben daher die Grundgleichungen in der gegebenen Näherung. In diesem Fall hat man zunächst die Maxwellgleichungen (3.14) oder (11.18):

$$\nabla \times \mathbf{E}(\mathbf{r}, t) + \frac{1}{c}\frac{\partial}{\partial t}\mathbf{B}(\mathbf{r}, t) = 0 \tag{12.6a}$$

$$\nabla \cdot \mathbf{B}(\mathbf{r}, t) = 0 \tag{12.6b}$$

$$\nabla \times \mathbf{B}(\mathbf{r}, t) - \frac{1}{c}\frac{\partial}{\partial t}\mathbf{E}(\mathbf{r}, t) = \frac{4\pi}{c}\mathbf{j}(\mathbf{r}, t) \tag{12.6c}$$

$$\nabla \cdot \mathbf{E}(\mathbf{r}, t) = 4\pi\rho(\mathbf{r}, t)\,. \tag{12.6d}$$

Weiter gelten das verallgemeinerte Ohmsche Gesetz, wobei die Mittelungsstriche weggelassen wurden:

$$\left(\mu\frac{\partial}{\partial t} + 1\right)\mathbf{j}(\mathbf{r}, t) = \sigma_0\,\mathbf{E}(\mathbf{r}, t) \tag{12.7}$$

mit $\sigma_0 := N e_0^2 \kappa^{-1}$ und $\mu := m\kappa^{-1}$

und die Ladungserhaltung:

$$\nabla \cdot \mathbf{j}(\mathbf{r}, t) + \frac{\partial}{\partial t}\rho(\mathbf{r}, t) = 0\,. \tag{12.8}$$

Hierbei haben wir für die eingeprägte Spannung $\mathbf{E}^e \equiv 0$ angenommen, da Wellenausbreitung und Beugung im allgemeinen Vorgänge sind, bei denen man in den Leitern selbst keine elektromotorischen Kräfte benötigt. Die Batterien, d.h. bei zeitabhängigen Vorgängen höherer Frequenz die Sender, liegen außerhalb der Leiter, die elektromagnetische Energie wird durch das Vakuum übertragen. Diese Situation läßt sich dann durch die Vorgabe der elektromagnetischen Felder in bestimmten Bereichen als Randbedingung analytisch beschreiben.

Um ohne die Verwendung von Grenzbedingungen eine erste Information über die zeitabhängigen elektromagnetischen Vorgänge in diesem Modell zu erhalten, betrachten wir zunächst den Fall eines den ganzen Raum erfüllenden homogenen leitfähigen Mediums. Dann gilt im ganzen Raum Gl. (12.7) mit konstanten Koeffizienten, und man kann folgendes ableiten:

*Behauptung 12.1:* Im homogenen leitfähigen Medium mit dem lokalen Ohmschen Gesetz (12.7) müssen sowohl für das **E**- als auch für das **B**-Feld die Wellengleichungen

$$\lambda\left(\Delta - \frac{1}{c^2}\frac{\partial^2}{\partial t^2}\right)\mathbf{E} - \frac{\partial}{\partial t}\frac{4\pi\sigma_0}{c^2}\mathbf{E} = 0 \tag{12.9}$$

erfüllt sein mit

$$\lambda := \left(\mu\frac{\partial}{\partial t} + 1\right).$$

*Beweis:* Wir eliminieren $\mathbf{j}(\mathbf{r}, t)$ und $\rho(\mathbf{r}, t)$ mit Hilfe von (12.7) und (12.8) aus den Maxwellgleichungen (12.6). Dies ergibt

$$\nabla \cdot \left(\lambda \frac{\partial}{\partial t} + 4\pi\sigma_0\right) \mathbf{E} = 0 \tag{12.10a}$$

$$\nabla \times \mathbf{E} + \frac{1}{c}\frac{\partial}{\partial t}\mathbf{B} = 0 \tag{12.10b}$$

$$\nabla \cdot \mathbf{B} = 0 \tag{12.10c}$$

$$\nabla \times \lambda \mathbf{B} - \frac{1}{c}\left(\lambda \frac{\partial}{\partial t} + 4\pi\sigma_0\right) \mathbf{E} = 0 \,. \tag{12.10d}$$

Für rein periodische Vorgänge folgt aus (12.10a) und (12.10c) die Transversalitätsbedingung

$$\nabla \cdot \mathbf{E}(\mathbf{r}, t) = 0 \,; \qquad \nabla \cdot \mathbf{B}(\mathbf{r}, t) = 0 \,. \tag{12.11}$$

Wegen der Linearität der Gleichungen kann man aber periodische Vorgänge zu beliebigen zeitabhängigen Vorgängen superponieren, so daß (12.11) allgemein gelten muß. Aus (12.11) folgt dann, daß

$$\nabla \times [\nabla \times \mathbf{E}] = \nabla(\nabla \cdot \mathbf{E}) - \Delta \mathbf{E} = -\Delta \mathbf{E} \tag{12.12}$$

gelten muß. Ferner ist nach (12.10d) und (12.10b)

$$\lambda \nabla \times [\nabla \times \mathbf{E}] = -\frac{1}{c}\lambda \frac{\partial}{\partial t}\nabla \times \mathbf{B} = -\frac{1}{c^2}\frac{\partial}{\partial t}\left(\lambda \frac{\partial}{\partial t} + 4\pi\sigma_0\right)\mathbf{E} \,. \tag{12.13}$$

Kombination von (12.12) und (12.13) ergibt die Wellengleichung (12.9). Analog geht man beim **B**-Feld vor, w.z.b.w.

## 12.2. Ebene Wellen im homogenen Leiter

Wie in Abschnitt 4.4 nehmen wir für den Fall des homogenen Mediums eine Fourierzerlegung der Felder vor:

$$\begin{aligned} \mathbf{E}(\mathbf{r}, t) &= \frac{1}{(2\pi)^4}\int \mathbf{E}(\mathbf{k}, \omega)\, e^{i(\mathbf{k}\cdot\mathbf{r} - \omega t)} d^3k\, d\omega \\ \mathbf{B}(\mathbf{r}, t) &= \frac{1}{(2\pi)^4}\int \mathbf{B}(\mathbf{k}, \omega)\, e^{i(\mathbf{k}\cdot\mathbf{r} - \omega t)} d^3k\, d\omega \,. \end{aligned} \tag{12.14}$$

Dann lauten die Gleichungen (12.11) im Fourierraum

$$\mathbf{k} \cdot \mathbf{E}(\mathbf{k}, \omega) = 0 \,; \qquad \mathbf{k} \cdot \mathbf{B}(\mathbf{k}, \omega) = 0 \,, \tag{12.15}$$

so daß also jeweils der einem Ausbreitungsvektor **k** zugeordnete Feldvektor senkrecht auf **k** steht. Ferner folgt aus (12.10b)

$$\mathbf{k} \times \mathbf{E}(\mathbf{k}, \omega) = \frac{\omega}{c}\mathbf{B}(\mathbf{k}, \omega) \,, \tag{12.16}$$

woraus sich die Orthogonalität von **E** und **B** ergibt. Substituiert man (12.14) in (12.9), so entsteht

$$\left(\mathbf{k}^2 - \frac{\omega^2}{c^2} - i\,\frac{4\pi\omega}{c^2}\,\sigma(\omega)\right)\mathbf{E}(\mathbf{k},\omega) = 0 \tag{12.17}$$

mit der frequenzabhängigen elektrischen Leitfähigkeit

$$\sigma(\omega) := \sigma_0\,(1 - i\mu\omega)^{-1} = \frac{\sigma_0(1 + i\mu\omega)}{1 + \mu^2\omega^2}, \tag{12.18}$$

und daraus folgt

$$\mathbf{k}^2(\omega) = \frac{\omega^2}{c^2}\left(1 + i\,\frac{4\pi\sigma(\omega)}{\omega}\right) \tag{12.19}$$

bzw.

$$|\mathbf{k}| =: \frac{\omega}{c}\,n(\omega)\,. \tag{12.19a}$$

Der Ausbreitungsvektor wird daher im leitenden Medium i.a. komplex und ist eine nichtlineare Funktion von $\omega$. Die letzte Eigenschaft nennt man Dispersion, die im Kapitel 15 genauer untersucht wird. Es ergibt sich aus (12.19a) somit ein komplexer, frequenzabhängiger Brechungsindex

$$n(\omega) := \left(1 + i\,\frac{4\pi\sigma(\omega)}{\omega}\right)^{\frac{1}{2}} = \left(1 - \frac{4\pi\mu\sigma_0}{1+\mu^2\omega^2} + \frac{i\,4\pi\sigma_0}{\omega(1+\mu^2\omega^2)}\right)^{\frac{1}{2}} =: p(\omega) + i\kappa(\omega). \tag{12.20}$$

Dabei wird $p(\omega)$ optischer Brechungsindex und $\kappa(\omega)$ Extinktionskonstante genannt.

Um die Wirkung eines komplexen Ausbreitungsvektors anschaulich zu machen, betrachten wir den Spezialfall der Ausbreitung einer ebenen Welle der Frequenz $\omega$ in $e_1$-Richtung, also mit $\mathbf{k} \equiv \mathbf{k}_1\mathbf{e}_1$. Wir erhalten dann aus (12.19) und (12.16) mit der Definition (12.19a)

$$\begin{aligned} \mathbf{E}(\mathbf{r},t) &= \mathbf{E}_0\, e^{i\frac{\omega}{c}(nx - ct)} \\ \mathbf{B}(\mathbf{r},t) &= (\mathbf{e}_1 \times \mathbf{E}_0)\, n\, e^{i\frac{\omega}{c}(nx - ct)}\,. \end{aligned} \tag{12.21}$$

Wir betrachten zunächst zwei Grenzfälle:

α) *Hochfrequenzgrenzwert*

Bei hohen Frequenzen wird aus (12.20)

$$\lim_{\omega\to\infty} n(\omega) \approx \left(1 - \frac{4\pi\sigma_0}{\mu\omega^2}\right)^{\frac{1}{2}} \approx 1 - \frac{2\pi\sigma_0}{\mu\omega^2}. \tag{12.22}$$

Wir erhalten also ein reelles n, was bedeutet, daß die ebenen Wellen sich ungedämpft durch den Leiter bewegen. Der Leiter wird durchsichtig, da ein reelles n dem optischen Brechungsindex entspricht.

*β) Niederfrequenzgrenzwert*

In diesem Grenzfall wird aus (12.20)

$$\lim_{\omega \to 0} n(\omega) \approx \sqrt{\frac{2\pi\sigma_0}{\omega}} + i \sqrt{\frac{2\pi\sigma_0}{\omega}} = p(\omega) + i\kappa(\omega) . \tag{12.23}$$

Setzen wir (12.20) in seiner allgemeineren Form in (12.21) ein, so entsteht

$$\mathbf{E}(\mathbf{r}, t) = \mathbf{E}_0 \, e^{-\frac{\omega}{c}\kappa(\omega)x} \, e^{i\frac{\omega}{c}(p(\omega)x - ct)} . \tag{12.24}$$

Analoges gilt für das **B**-Feld. Bei diesem Vorgang handelt es sich demnach um eine gedämpfte Bewegung eletromagnetischer Wellen in Richtung der $e_1$-Achse. Ihr Intensitätsanstieg für $x \to -\infty$ ist unphysikalisch.

Um eine physikalisch brauchbare Information zur Formulierung von Randbedingungen zu erhalten, kann man eine ebene Welle aus dem Vakuum auf den leitenden Halbraum $x \geqslant 0$ einfallen lassen. Das Ergebnis (12.24) besagt dann, daß diese Welle nur in einer Oberflächenschicht des Leiters noch zu finden ist, während sie im Innern des Leiters verschwindet. Diese Erscheinung heißt Skin-Effekt. Er bewirkt, daß bei Wechselströmen die Feldlinien der Stromdichte nicht homogen durch den Drahtquerschnitt verlaufen, sondern an die Oberfläche gedrängt werden, da **j** proportional zu **E** ist. Will man daher für einen wirksamen Stromtransport sorgen, so muß man technisch die Oberflächen besonders groß machen. Dies geschieht durch Verwendung vieler feiner Drähte in einem Kabel. Auf der anderen Seite werden die Leiter in der Grenze hoher Frequenzen durchsichtig. Der Skineffekt tritt dann nicht mehr auf. Wir werden darauf noch genauer eingehen.

## 12.3. Grenzbedingungen

Nachdem wir mit Hilfe des verallgemeinerten Ohmschen Gesetzes (12.7) eine erste Information über das Verhalten von zeitabhängigen elektromagnetischen Feldern in leitfähigen Medien abgeleitet haben, können wir versuchen, diese Kenntnis zur Behandlung des Grundproblems der Wellenausbreitung und Beugung im phänomenologischen Leitermodell zu benutzen. Wir können das Problem wie folgt formulieren:

**Grundaufgabe**: Es seien n leitende Körper $K_1, \dots, K_n$ im Vakuum vorgegeben. Die Geometrie der Körper sei bekannt. Ferner seien außerhalb von $K_1, \dots, K_n$ die Raumladungsdichte $\rho(\mathbf{r}, t)$ und die Stromdichte $\mathbf{j}(\mathbf{r}, t)$ vorgegeben. Wie lautet das sich ausbildende elektromagnetische Feld dieser Anordnung?

Wie man sieht, ist diese Grundaufgabe analog zum statischen Fall formuliert. Dies legt nahe, das Problem mit geeigneten Grenzbedingungen auch mathematisch analog zur Potentialtheorie zu behandeln. Im dynamischen Fall genügt dazu allerdings nicht das skalare Potential allein, sondern man muß die Grenzbedingungen für das komplette elektromagnetische Feld ableiten. Dies geschieht mit Hilfe der Maxwell-Gleichungen.

Wir betrachten dazu einen Abschnitt der Leiteroberfläche und bezeichnen mit $\mathbf{E}^L$ und $\mathbf{B}^L$ die Feldstärken im Leiter, mit $\mathbf{E}^a$ und $\mathbf{B}^a$ dagegen jene außerhalb des Leiters. Man kann dann zwei Typen von Grenzbedingungen unterscheiden:

### a) Bedingungen für die Normalkomponenten

Zur Ableitung der Grenzbedingungen für die Normalkomponenten von **E** und **B** verwenden wir einen Quader mit infinitesimaler Höhe h längs der Leiteroberfläche, wie ihn Bild 38 zeigt.

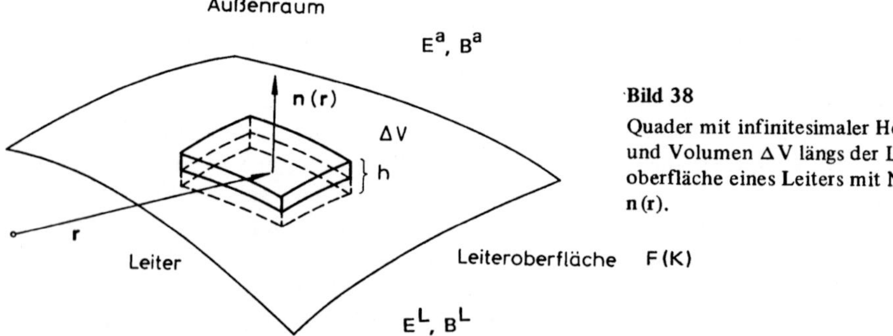


**Bild 38**
Quader mit infinitesimaler Höhe h und Volumen $\Delta$V längs der Leiteroberfläche eines Leiters mit Normale **n** (**r**).

Integrieren wir dann die Gleichungen (12.6d) und (12.6b) über das Volumen $\Delta$V des Quaders, so entsteht mit dem Gaußschen Satz

$$\int_{\Delta V} \nabla \cdot \mathbf{E}(\mathbf{r}, t)\, d^3 r = \int_{F(\Delta V)} \mathbf{E}(\mathbf{r}, t) \cdot d\mathbf{f} = 4\pi \int_{\Delta V} \rho(\mathbf{r}, t)\, d^3 r = 4\pi Q(\Delta V) \tag{12.25}$$

und

$$\int_{\Delta V} \nabla \cdot \mathbf{B}(\mathbf{r}, t)\, d^3 r = \int_{F(\Delta V)} \mathbf{B}(\mathbf{r}, t) \cdot d\mathbf{f} = 0\,. \tag{12.26}$$

Im Grenzübergang $h \to 0$ geht dies unter Beachtung der gerichteten Oberflächenelemente df an der Stelle **r** in eine zu (9.45) im statischen Fall analog Formel über:

$$\mathbf{n}(\mathbf{r}) \cdot [\mathbf{E}^a(\mathbf{r}, t) - \mathbf{E}^L(\mathbf{r}, t)] = 4\pi\sigma(\mathbf{r}, t) \quad , \mathbf{r} \in F(K) \tag{12.27}$$

und

$$\mathbf{n}(\mathbf{r}) \cdot [\mathbf{B}^a(\mathbf{r}, t) - \mathbf{B}^L(\mathbf{r}, t)] = 0\,. \tag{12.28}$$

In (12.27) und (12.28) ist **r** dabei als Punkt der Oberfläche zu wählen, und $\sigma(\mathbf{r}, t)$ ist die durch Grenzübergang entstehende Oberflächenladungsdichte des Leiters entsprechend (9.42) bzw. (9.43) im statischen Fall. Die Normale $\mathbf{n}(\mathbf{r})$ zeigt vom Leiter in den Außenraum.

**b) Bedingungen für die Tangentialkomponenten**

Zur Ableitung dieser Bedingungen verwenden wir ein Rechteck mit infinitesimaler Höhe h längs der Leiteroberfläche, wie es Bild 39 zeigt:

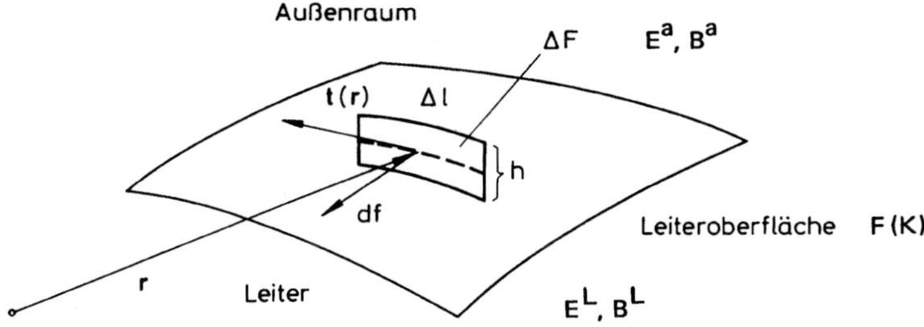


**Bild 39.** Rechteck der infinitesimalen Höhe h und der Länge $\Delta l$ längs und senkrecht zur Leiteroberfläche mit Tangente $\mathbf{t}(\mathbf{r})$.

Integrieren wir dann die Gleichungen (12.6a) und (12.6c) über die Fläche $\Delta F$ des Rechtecks, so entsteht mit dem Stokesschen Satz

$$\int_{\Delta F} [\nabla \times \mathbf{E}(\mathbf{r}, t)] \cdot d\mathbf{f} \equiv \int \mathbf{E}(\mathbf{r}, t) \cdot d\mathbf{s} = -\frac{1}{c} \int_{\Delta F} \frac{\partial}{\partial t} \mathbf{B}(\mathbf{r}, t) \cdot d\mathbf{f} \tag{12.29}$$

und

$$\int_{\Delta F} [\nabla \times \mathbf{B}(\mathbf{r}, t)] \cdot d\mathbf{f} \equiv \int \mathbf{B}(\mathbf{r}, t) \cdot d\mathbf{s} = \int_{\Delta F} \left[\frac{4\pi}{c} \mathbf{j}(\mathbf{r}, t) + \frac{1}{c} \frac{\partial}{\partial t} \mathbf{E}(\mathbf{r}, t)\right] \cdot d\mathbf{f} \,. \tag{12.30}$$

Aus physikalischen Gründen kann $\dot{\mathbf{B}}(\mathbf{r}, t)$ nur endliche Werte in der Grenzfläche annehmen, daher verschwindet in (12.29) das Integral darüber im limes $\Delta F = 0$. Ebenso kann $\dot{\mathbf{E}}(\mathbf{r}, t)$ nur einen endlichen Beitrag zu einem Flächenstrom liefern. Man erhält dann unter Beachtung der gerichteten Linienelemente ds aus (12.29) und (12.30)

$$\begin{aligned} \mathbf{t}(\mathbf{r}) \cdot [\mathbf{E}^a(\mathbf{r}, t) - \mathbf{E}^L(\mathbf{r}, t)] &= 0 \qquad , \mathbf{r} \in F(K) \\ \mathbf{t}(\mathbf{r}) \cdot [\mathbf{B}^a(\mathbf{r}, t) - \mathbf{B}^L(\mathbf{r}, t)] &= \frac{4\pi}{c} \mathbf{j}^f(\mathbf{r}, t) \,. \end{aligned} \tag{12.31}$$

Hierbei ist $\mathbf{r}$ als Oberflächenpunkt zu wählen, und $\mathbf{j}^f(\mathbf{r}, t)$ ist die Flächenstromdichte, die der zeitabhängigen Flächenladungsdichte $\sigma(\mathbf{r}, t)$ zugeordnet ist. Im Gegensatz zu den Bedingungen für die Normalkomponenten, wo $\mathbf{n}(\mathbf{r})$ fixiert ist, kann in (12.31) $\mathbf{t}(\mathbf{r})$ die ganze Mannigfaltigkeit von Tangentialvektoren der Tangentialfläche in $\mathbf{r}$ durchlaufen. Diese Eigenschaft kann man, wie leicht einzusehen ist, auch ausdrücken durch

$$\mathbf{n}(\mathbf{r}) \times [\mathbf{E}^a(\mathbf{r}, t) - \mathbf{E}^L(\mathbf{r}, t)] = 0 \tag{12.32}$$

und $\quad , \mathbf{r} \in F(K)$

$$\mathbf{n}(\mathbf{r}) \times [\mathbf{B}^a(\mathbf{r}, t) - \mathbf{B}^L(\mathbf{r}, t)] = \frac{4\pi}{c} \mathbf{j}^f(\mathbf{r}, t) \,. \tag{12.33}$$

Aus der Kontinuitätsgleichung (12.8) folgt entsprechend für die Oberflächengrößen $\mathbf{j}^f$ und $\sigma$ durch Grenzübergang

$$\nabla_f \cdot \mathbf{j}^f(\mathbf{r}, t) + \frac{\partial}{\partial t} \sigma(\mathbf{r}, t) = 0 , \qquad r \in F(K) \tag{12.34}$$

wobei $\nabla_f$ der Flächengradient in Richtung der beiden orthogonalen Tangenten $\mathbf{t}(\mathbf{r})$ und $\mathbf{n}(\mathbf{r}) \times \mathbf{t}(\mathbf{r})$ am Punkte $\mathbf{r}$ ist. Damit lassen sich alle Grenzbedingungen als Sprungrelationen formulieren:

$$\begin{aligned} \mathbf{E}^a(\mathbf{r}, t) - \mathbf{E}^L(\mathbf{r}, t) &= 4\pi\sigma(\mathbf{r}, t)\,\mathbf{n}(\mathbf{r}) \\ \mathbf{B}^a(\mathbf{r}, t) - \mathbf{B}^L(\mathbf{r}, t) &= -\frac{4\pi}{c}\,\mathbf{n}(\mathbf{r}) \times \mathbf{j}^f(\mathbf{r}, t) . \end{aligned} \quad , r \in F(K) \tag{12.35}$$

Die Übereinstimmung mit den vorherigen Grenzbedingungen ersieht man durch skalare und vektorielle Multiplikation mit $\mathbf{n}(\mathbf{r})$ unter Beachtung von $\mathbf{n} \cdot \mathbf{j}^f = 0$. Mit (12.27), (12.28), (12.32) und (12.33) hat man die von den Feldstärken zu erfüllenden Grenzbedingungen bestimmt. Da bei ihrer Ableitung mit Ausnahme der Bezeichnung $\mathbf{E}^L$, $\mathbf{B}^L$ von keiner spezifischen Eigenschaft des Leitermodells Gebrauch gemacht wurde, gelten die Grenzbedingungen (12.27), (12.28), (12.32) und (12.33) ganz allgemein an phänomenologischen Grenzflächen. Man kann mit diesen allgemeinen Bedingungen dann natürlich auch das Leitermodell formulieren; dies führt jedoch auf sehr schwierige Integrationsprobleme. Dabei ist zu beachten, daß $\sigma(\mathbf{r}, t)$ und $\mathbf{j}^f(\mathbf{r}, t)$ im allgemeinen unbekannt sind und sich erst durch die Rechnung ergeben sollten.

Es liegt daher nahe, nach Eigenschaften des Leitermodells zu suchen, die die Grenzbedingungen und damit das Integrationsproblem wesentlich vereinfachen. Dazu betrachten wir den Skineffekt. Extrapoliert man die an der Halbebene gewonnenen Ergebnisse für den Skineffekt auf ein Oberflächenelement eines Leiters, so folgt, daß in der Grenze des idealen Leiters mit $\sigma_0 \to \infty$ für alle endlichen Frequenzen im Innern des Leiters sowohl das elektrische als auch das magnetische Feld verschwinden. Dadurch werden die Grenzbedingungen zu Randbedingungen, und man hat ein zur Potentialtheorie analoges Problem vor sich. Es entstehen dann die

**Randbedingungen des idealen Leiters** für $r \in F(K)$

$$\begin{aligned} \mathbf{n}(\mathbf{r}) \cdot \mathbf{E}^a(\mathbf{r}, t) &= 4\pi\sigma(\mathbf{r}, t) \\ \mathbf{n}(\mathbf{r}) \times \mathbf{B}^a(\mathbf{r}, t) &= \frac{4\pi}{c}\mathbf{j}^f(\mathbf{r}, t) \end{aligned} \tag{12.36}$$

sowie

$$\begin{aligned} \mathbf{n}(\mathbf{r}) \cdot \mathbf{B}^a(\mathbf{r}, t) &= 0 \\ \mathbf{n}(\mathbf{r}) \times \mathbf{E}^a(\mathbf{r}, t) &= 0 . \end{aligned} \tag{12.37}$$

Die Relationen (12.36) sind die inhomogenen Randbedingungen, (12.37) die homogenen. Da im allgemeinen weder $\sigma(\mathbf{r}, t)$ noch $\mathbf{j}^f(\mathbf{r}, t)$ bekannt sind, bedeutet dies, daß die inhomogenen Randbedingungen (12.36) für das Integrationsproblem nutzlos sind.

Sofern die gesamte Problemstellung konsistent ist, muß sich daher herausstellen, daß für die eindeutige Lösung des Randwertproblems die homogenen Bedingungen (12.37) ausreichen. Denkt man sich damit die Feldstärken ausgerechnet, so werden die inhomogenen Randbedingungen (12.36) zu Relationen, die $\sigma(\mathbf{r}, t)$ und $\mathbf{j}^f(\mathbf{r}, t)$ definieren und die man bei Bedarf durch explizite Angabe der Feldstärken auswerten kann. Wir können für diesen Sachverhalt keinen allgemeinen Beweis geben, sondern demonstrieren die eindeutige Lösbarkeit unter den homogenen Bedingungen (12.37) an Beispielen.

## 12.4. Wellenleiter

In der Vakuumelektrodynamik und in der Potentialtheorie hatten wir bereits gesehen, daß die raumladungs- und stromfreien Probleme eine Sonderstellung einnehmen, da man bei ihnen die Maxwellgleichungen ohne weitere Vorbereitung direkt integrieren kann. Dies gilt auch für die Grundaufgabe des zeitabhängigen Leitermodells aus 12.3. Wie in der Vakuumelektrodynamik untersuchen wir daher zunächst die Ausbreitung von elektromagnetischen Wellen bei Anwesenheit von Leitern $K_1, \ldots, K_n$, aber mit identisch verschwindenden $\rho$ und $\mathbf{j}$. Der Einfluß der Quellen wird dann nur durch die Vorgabe der Feldgrößen zu einem bestimmten Zeitpunkt als Anfangswertproblem erfaßt. Weil die Leiter $K_1, \ldots, K_n$ aber möglicherweise geometrisch sehr kompliziert geformt sind, kann man in diesem Modell keine so einfachen Resultate erwarten wie in der Vakuumelektrodynamik. Um überhaupt Aussagen zu erhalten, müssen wir daher Spezialfälle behandeln. Wir wählen dazu die technisch interessanten Wellenleiter: Sie sind das Analogon zur Telegraphenleitung des quasistationären Leitermodells. Sie dienen der Weitergabe von Signalen, wobei jetzt aber die volle zeitabhängige Maxwell-Theorie zur Integration benutzt wird. Als idealisierte Anordnung betrachten wir ein in $\mathbf{e}_3$-Richtung unendlich ausgedehntes System von Röhren, wie Bild 40 zeigt.

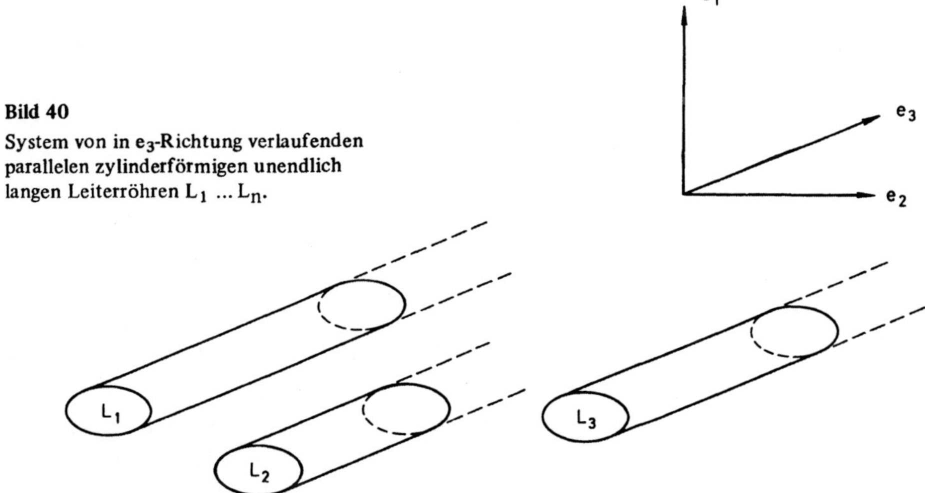


**Bild 40**
System von in $\mathbf{e}_3$-Richtung verlaufenden parallelen zylinderförmigen unendlich langen Leiterröhren $L_1 \ldots L_n$.

Man kann dann zwei Arten der Wellenausbreitung unterscheiden:

**a) Drahtwellen**

In diesem Fall ist das Innere der Röhren $L_1, \dots, L_n$ leitfähig, und das Feld pflanzt sich im Außenraum fort.

**b) Hohlleiter**

In diesem Fall ist das Äußere der Röhren $L_1, \dots, L_n$ leitfähig und das Feld pflanzt sich in den Innenräumen fort.

Wie bei der Telegraphenleitung nehmen wir auch hier an, daß der Sender und der Empfänger der Signale sich im Unendlichen befinden und daß daher in keinem endlichen Teil des Raumes elektromotorische Kräfte oder Strom- und Ladungsquellen vorkommen. Die Maxwellgleichungen sind dann die Vakuumgleichungen (4.2) und lauten

$$\begin{aligned} \nabla \cdot \mathbf{E}(\mathbf{r}, t) &= 0 \\ \nabla \times \mathbf{E}(\mathbf{r}, t) &= -\frac{1}{c}\frac{\partial}{\partial t}\mathbf{B}(\mathbf{r}, t) \\ \nabla \cdot \mathbf{B}(\mathbf{r}, t) &= 0 \\ \nabla \times \mathbf{B}(\mathbf{r}, t) &= \frac{1}{c}\frac{\partial}{\partial t}\mathbf{E}(\mathbf{r}, t)\ , \end{aligned} \tag{12.38}$$

d.h., $\mathbf{E}(\mathbf{r}, t)$ und $\mathbf{B}(\mathbf{r}, t)$ müssen die Wellengleichungen (4.5), (4.6) mit der Transversalitätsnebenbedingung (4.2a) bzw. (4.2c) im Vakuum erfüllen. Wegen der Superpositionsfähigkeit genügt es, zeitlich periodische Vorgänge

$$\begin{aligned} \mathbf{E}(\mathbf{r}, t) &= \mathbf{E}(\mathbf{r})\, e^{-i\omega t} \\ \mathbf{B}(\mathbf{r}, t) &= \mathbf{B}(\mathbf{r})\, e^{-i\omega t} \end{aligned} \tag{12.39}$$

zu betrachten, womit die Gleichungen (12.38) übergehen in

$$\begin{aligned} \nabla \cdot \mathbf{E}(\mathbf{r}) &= 0 \\ \nabla \times \mathbf{E}(\mathbf{r}) &= i\,\frac{\omega}{c}\,\mathbf{B}(\mathbf{r}) \\ \nabla \cdot \mathbf{B}(\mathbf{r}) &= 0 \\ \nabla \times \mathbf{B}(\mathbf{r}) &= -i\,\frac{\omega}{c}\,\mathbf{E}(\mathbf{r})\ ; \end{aligned} \tag{12 40}$$

die Wellengleichungen (4.5), (4.6) nehmen die Form

$$\left(\Delta + \frac{\omega^2}{c^2}\right)\mathbf{E}(\mathbf{r}) = 0\ ; \qquad \nabla \cdot \mathbf{E}(\mathbf{r}) = 0 \tag{12.41}$$

für $\mathbf{E}(\mathbf{r})$ und analog für $\mathbf{B}(\mathbf{r})$ an. Weiter müssen die Lösungen an den Leiteroberflächen den Randbedingungen (12.37) genügen.

Allgemein verbindliche Aussagen über die Gestalt der Lösungen folgen zunächst aus den Symmetrien des Problems. Führt man eine Translation in $\mathbf{e}_3$-Richtung aus, so bleibt die Anordnung ungeändert. Mathematisch bedeutet dies, daß sowohl die Gleichungen (12.40) als auch die Randbedingungen (12.37) gegenüber der aus Abschnitt 6.5 d bekannten Translationsgruppe $G_T$ in der $e_3$-Richtung forminvariant sind, wie man leicht verifiziert. Nach Abschnitt 6.4 folgt daraus, daß die Lösungen Basisfunktionen von Darstellungen dieser Gruppe sein müssen, die im periodischen Fall durch (6.140) gegeben sind. Benutzt man für die Wellenleiter periodische Basisfunktionen, so folgt nach (6.140)

$$\begin{aligned} \mathbf{E}(\mathbf{r}) &= \mathbf{E}(x, y)\, e^{\pm ikz} \\ \mathbf{B}(\mathbf{r}) &= \mathbf{B}(x, y)\, e^{\pm ikz} \end{aligned} \tag{12.42}$$

als verbindliche Form für die gesamte Lösungsmannigfaltigkeit von (12.40). Man kann dann folgendes beweisen:

*Behauptung 12.2:* Für $k^2 \neq \omega^2/c^2$ existieren für ideale Wellenleiter in $e_3$-Richtung zwei Lösungsmannigfaltigkeiten: Bei der einen ist $\mathbf{E}_3 = 0$, $\mathbf{B}_3 \neq 0$, sie heißt transversalelektrisch (TE); bei der andern ist $\mathbf{B}_3 = 0$, $\mathbf{E}_3 \neq 0$, sie heißt transversalmagnetisch (TM). Im TM-Fall legt die Vorgabe von $E_3(x, y)$ und $E_3 = 0$ auf der Leiteroberfläche die Lösungsmannigfaltigkeit eindeutig fest, im TE-Fall leistet dies die Vorgabe von $\mathbf{B}_3(x, y)$ und $\partial/\partial n\, B_3 = 0$ auf der Leiteroberfläche.

*Beweis:* Wir können einen beliebigen Vektor $\mathbf{y}$ zerlegen in einen longitudinalen Anteil $\mathbf{y}_3$ parallel zu $\mathbf{e}_3$ und einen transversalen Anteil $\mathbf{y}_t$ senkrecht zu $\mathbf{e}_3$:

$$\mathbf{y} = \mathbf{y}_3 + \mathbf{y}_t\,, \tag{12.43}$$

wobei nach (I.4) gilt

$$\begin{aligned} \mathbf{y}_3 &= (\mathbf{e}_3 \cdot \mathbf{y})\mathbf{e}_3 \;\; =: y_3(x, y)\mathbf{e}_3 \\ \mathbf{y}_t &= (\mathbf{e}_3 \times \mathbf{y}) \times \mathbf{e}_3 =: y_1(x, y)\mathbf{e}_1 + y_2(x, y)\mathbf{e}_2\,. \end{aligned} \tag{12.44}$$

Es wird sich dann zeigen, daß die Lösungen allein durch die Longitudinalkomponenten parallel zu $e_3$ festgelegt sind. Wendet man die Zerlegung (12.43) auf $\nabla$, $\mathbf{E}$ und $\mathbf{B}$ an, so geht die Wellengleichung (12.41) für Lösungen vom Typ (12.42) über in

$$\left[\Delta_t + \left(\frac{\omega^2}{c^2} - k^2\right)\right] \mathbf{E}(\mathbf{r}) = 0\,, \tag{12.45}$$

und (12.40) nimmt die Gestalt an

$$\begin{aligned} \nabla_3 \times \mathbf{E}_t + \nabla_t \times \mathbf{E}_3 &= \frac{i\omega}{c}\mathbf{B}_t \\ \nabla_t \times \mathbf{E}_t &= \frac{i\omega}{c}\mathbf{B}_3 \end{aligned} \tag{12.46}$$

sowie

$$\begin{aligned} \nabla_3 \times \mathbf{B}_t + \nabla_t \times \mathbf{B}_3 &= -\frac{i\omega}{c}\mathbf{E}_t \\ \nabla_t \times \mathbf{B}_t &= -\frac{i\omega}{c}\mathbf{E}_3 \end{aligned} \tag{12.47}$$

und

$$\begin{aligned} \nabla_t \cdot \mathbf{E}_t + \nabla_3 \cdot \mathbf{E}_3 &= 0 \\ \nabla_t \cdot \mathbf{B}_t + \nabla_3 \cdot \mathbf{B}_3 &= 0\,. \end{aligned} \tag{12.48}$$

Substituiert man nun (12.42) mit positivem Exponenten, so entsteht aus (12.46), (12.47), (12.48):

$$\begin{aligned} ik\,(\mathbf{e}_3 \times \mathbf{E}_t) + \nabla_t \times \mathbf{E}_3 &= \frac{i\omega}{c}\,\mathbf{B}_t \\ \nabla_t \times \mathbf{E}_t &= \frac{i\omega}{c}\,\mathbf{B}_3\ ; \end{aligned} \tag{12.49}$$

$$\begin{aligned} ik\,(\mathbf{e}_3 \times \mathbf{B}_t) + \nabla_t \times \mathbf{B}_3 &= -\frac{i\omega}{c}\,\mathbf{E}_t \\ \nabla_t \times \mathbf{B}_t &= -\frac{i\omega}{c}\,\mathbf{E}_3\ ; \end{aligned} \tag{12.50}$$

$$\begin{aligned} \nabla_t \cdot \mathbf{E}_t + ik\,\mathbf{e}_3 \cdot \mathbf{E}_3 &= 0 \\ \nabla_t \cdot \mathbf{B}_t + ik\,\mathbf{e}_3 \cdot \mathbf{B}_3 &= 0\,. \end{aligned} \tag{12.51}$$

Wegen der Superpositionsfähigkeit kann man dann ganz allgemein die Lösungen aus Teillösungen der Art

a) $\mathbf{B}_3 = 0$ ; $\mathbf{E}_3 \neq 0$ (transversal magnetisch ≡ TM)

b) $\mathbf{B}_3 \neq 0$ ; $\mathbf{E}_3 = 0$ (transversal elektrisch ≡ TE)

aufzubauen versuchen. Wir behandeln zuerst den Fall a). Hier lauten die Gleichungen (12.49), (12.50), (12.51):

$$\begin{aligned} ik\,(\mathbf{e}_3 \times \mathbf{B}_t) &= -\frac{i\omega}{c}\,\mathbf{E}_t \\ \nabla_t \times \mathbf{B}_t &= -\frac{i\omega}{c}\,\mathbf{E}_3\ ; \end{aligned}$$

$$\begin{aligned} ik\,(\mathbf{e}_3 \times \mathbf{E}_t) + \nabla_t \times \mathbf{E}_3 &= \frac{i\omega}{c}\,\mathbf{B}_t \\ \nabla_t \times \mathbf{E}_t &= 0\ ; \end{aligned} \tag{12.52}$$

$$\begin{aligned} \nabla_t \cdot \mathbf{B}_t &= 0 \\ \nabla_t \cdot \mathbf{E}_t + ik\,\mathbf{e}_3 \cdot \mathbf{E}_3 &= 0\,. \end{aligned}$$

Vektorielle Multiplikation der ersten Gleichung von (12.52) mit $ik\mathbf{e}_3$ ergibt

$$(ik)^2(\mathbf{e}_3 \times (\mathbf{e}_3 \times \mathbf{B}_t)) = -\frac{i\omega}{c}\,ik\,(\mathbf{e}_3 \times \mathbf{E}_t)\,, \tag{12.53}$$

und bei Substitution in die dritte Gleichung folgt

$$(ik)^2(\mathbf{e}_3 \times (\mathbf{e}_3 \times \mathbf{B}_t)) + \left(\frac{i\omega}{c}\right)^2 \mathbf{B}_t = \frac{i\omega}{c}\,(\nabla_t \times \mathbf{E}_3)\,. \tag{12.54}$$

Benutzt man ferner (12.44) für die Definition von $\mathbf{B}_t$, so wird (12.54) zu

$$\left[-(ik)^2 + \left(\frac{i\omega}{c}\right)^2\right] \mathbf{B}_t = \frac{i\omega}{c}\,(\nabla_t \times \mathbf{E}_3)\,, \tag{12.55}$$

und daraus folgt

$$\mathbf{B}_t = \left(\frac{\omega^2}{c^2} - k^2\right)^{-1} \cdot \frac{i\omega}{c} (\mathbf{e}_3 \times \nabla_t) E_3 \ . \tag{12.56}$$

Substituiert man (12.56) in der ersten Gleichung von (12.52), so entsteht mit der Definition (12.44) von $\nabla_t$

$$\mathbf{E}_t = \left(\frac{\omega^2}{c^2} - k^2\right)^{-1} ik\, \nabla_t E_3 \ . \tag{12.57}$$

Demnach sind $\mathbf{E}_t$ und $\mathbf{B}_t$ durch $\mathbf{E}_3 = E_3\mathbf{e}_3 \neq 0$ und $\mathbf{B}_3 = 0$ festgelegt. Setzt man (12.57) und (12.56) in (12.52) ein, so sind die erste, dritte, vierte und fünfte Gleichung identisch erfüllt, wogegen die zweite und sechste Gleichung auf die Wellengleichung (12.45) für $E_3(x, y) \neq 0$

$$\left[\nabla_t^2 + \left(\frac{\omega^2}{c^2} - k^2\right)\right] E_3(x, y) = 0 \tag{12.58}$$

führen. Die Annahme a) ist daher selbstkonsistent.

Analog folgt im Fall b)

$$\mathbf{B}_t = \left(\frac{\omega^2}{c^2} - k^2\right)^{-1} ik\, \nabla_t B_3 \tag{12.59}$$

und

$$\mathbf{E}_t = \left(\frac{\omega^2}{c^2} - k^2\right)^{-1} \left(-\frac{i\omega}{c}\right) (\mathbf{e}_3 \times \nabla_t) B_3 \ , \tag{12.60}$$

sowie die Wellengleichung

$$\left[\nabla_t^2 + \left(\frac{\omega^2}{c^2} - k^2\right)\right] B_3(x, y) = 0 \ . \tag{12.61}$$

Die transversalen Komponenten $\mathbf{B}_t$ und $\mathbf{E}_t$ sind demnach durch $\mathbf{B}_3 \neq 0$ und $\mathbf{E}_3 = 0$ widerspruchsfrei festgelegt.

Nachdem wir auf diese Weise die Gestalt der Lösungszweige gezeigt und bewiesen haben, daß diese nur von den longitudinalen Komponenten $E_3$ und $B_3$ abhängen, kommen wir zu den Randbedingungen. Nach (12.37) lauten sie

$$\begin{aligned} &\mathbf{t}(\mathbf{r}) \cdot \mathbf{E}(\mathbf{r}, t) = 0 \\ &\mathbf{n}(\mathbf{r}) \cdot \mathbf{B}(\mathbf{r}, t) = 0 \ , \end{aligned} \qquad r \in F(K) \tag{12.62}$$

wobei $\mathbf{t}(\mathbf{r})$ ein beliebiger Tangentialvektor in der Tangentialebene an der Stelle $\mathbf{r}$ der Leiteroberfläche ist. Beachtet man die geometrischen Annahmen des Modells, so erhält man für einen solchen Vektor die allgemeine Zerlegung

$$\mathbf{t}(\mathbf{r}) = \alpha_1 \mathbf{e}_3 + \alpha_2\, \mathbf{t}'(\mathbf{r}) \tag{12.63}$$

mit

$$\mathbf{t}'(\mathbf{r}) = \mathbf{n}(\mathbf{r}) \times \mathbf{e}_3$$

und mit beliebigen $\alpha_1$ und $\alpha_2$, wie Bild 41 veranschaulicht.

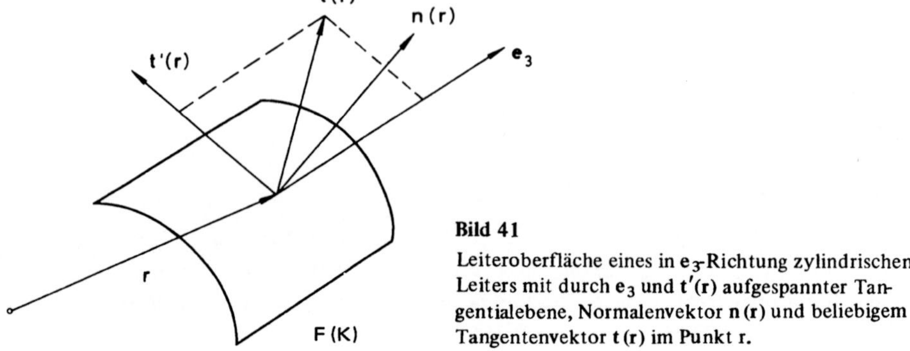


**Bild 41**
Leiteroberfläche eines in $\mathbf{e}_3$-Richtung zylindrischen Leiters mit durch $\mathbf{e}_3$ und $\mathbf{t}'(\mathbf{r})$ aufgespannter Tangentialebene, Normalenvektor $\mathbf{n}(\mathbf{r})$ und beliebigem Tangentenvektor $\mathbf{t}(\mathbf{r})$ im Punkt r.

Substituiert man in (12.62) die Zerlegung (12.44) für **E** und **B** und Gl. (12.63), so entsteht

$$\begin{aligned} \alpha_2\, \mathbf{t}'(\mathbf{r}) \cdot \mathbf{E}_t(\mathbf{r}) + \alpha_1\, \mathbf{e}_3 \cdot \mathbf{E}_3(\mathbf{r}) &= 0 \\ \mathbf{n}(\mathbf{r}) \cdot \mathbf{B}_t(\mathbf{r}) &= 0\,, \qquad \mathrm{r} \in \mathrm{F(K)} \end{aligned} \tag{12.64}$$

wenn man die Zeitabhängigkeit nach (12.39) abspaltet. Da $\alpha_1$ und $\alpha_2$ beliebig sind, folgt

$$\begin{aligned} \mathbf{t}'(\mathbf{r}) \cdot \mathbf{E}_t(\mathbf{r}) &= 0 \\ \mathbf{e}_3 \cdot \mathbf{E}_3(\mathbf{r}) &= 0 \qquad \mathrm{r} \in \mathrm{F(K)} \\ \mathbf{n}(\mathbf{r}) \cdot \mathbf{B}_t(\mathbf{r}) &= 0\,. \end{aligned} \tag{12.65}$$

Wir betrachten (12.65) für die beiden Zweige getrennt und zeigen, daß diese Bedingungen durch die Voraussetzungen $\mathrm{E}_3 = 0$ im TM-Zweig und $\partial/\partial n\ \mathrm{B}_3 = 0$ im TE-Zweig automatisch erfüllt werden.

a) Im TM-Fall ist nach Voraussetzung $\mathbf{e}_3 \cdot \mathbf{E}_3(\mathbf{r}) = \mathrm{E}_3(\mathbf{r}) = 0$ auf der Oberfläche. Mit (12.57) wird dann

$$\mathbf{t}'(\mathbf{r}) \cdot \mathbf{E}_t(\mathbf{r}) = \left(\frac{\omega^2}{c^2} - k^2\right)^{-1} i k (\mathbf{t}' \cdot \nabla_t) \mathrm{E}_3 = 0\,, \tag{12.66}$$

da $(\mathbf{t}' \cdot \nabla_t)$ eine Richtungsableitung auf der Tangentialfläche in Richtung $\mathbf{t}'$ ist, die verschwindet, weil $\mathrm{E}_3$ auf der Oberfläche Null ist. Ferner wird mit (12.56) aus demselben Grund mit (12.63)

$$\begin{aligned} \mathbf{n}(\mathbf{r}) \cdot \mathbf{B}_t(\mathbf{r}) &= \left(\frac{\omega^2}{c^2} - k^2\right)^{-1} \left(\frac{i\omega}{c}\right) \mathbf{n}(\mathbf{r}) \cdot (\mathbf{e}_3 \times \nabla_t) \mathrm{E}_3 \\ &= \left(\frac{\omega^2}{c^2} - k^2\right)^{-1} \left(\frac{i\omega}{c}\right) (\mathbf{n}(\mathbf{r}) \times \mathbf{e}_3) \cdot \nabla_t \mathrm{E}_3 \\ &= \left(\frac{\omega^2}{c^2} - k^2\right)^{-1} \frac{i\omega}{c} (\mathbf{t}' \cdot \nabla_t) \mathrm{E}_3 = 0\,. \end{aligned} \tag{12.67}$$

b) Im TE-Fall ist nach Voraussetzung $\partial B_3/\partial \mathbf{n} = 0$ auf der Oberfläche. Nun ist

$$\frac{\partial B_3}{\partial \mathbf{n}} = (\mathbf{n}(\mathbf{r}) \cdot \nabla_t) B_3 \,, \tag{12.68}$$

da $\mathbf{n}(\mathbf{r})$ keine $\mathbf{e}_3$-Komponente hat. Daraus folgt nach (12.59)

$$\mathbf{n}(\mathbf{r}) \cdot \mathbf{B}_t(\mathbf{r}) = \left(\frac{\omega^2}{c^2} - k^2\right)^{-1} ik \,(\mathbf{n}(\mathbf{r}) \cdot \nabla_t) B_3 = 0 \tag{12.69}$$

und mit (12.60) und (12.63)

$$\begin{aligned} \mathbf{t}'(\mathbf{r}) \cdot \mathbf{E}_t(\mathbf{r}) &= \left(\frac{\omega^2}{c^2} - k^2\right)^{-1} \left(-\frac{i\omega}{c}\right) \mathbf{t}' \cdot (\mathbf{e}_3 \times \nabla_t) B_3 \\ &= \left(\frac{\omega^2}{c^2} - k^2\right)^{-1} \left(-\frac{i\omega}{c}\right) (\mathbf{t}'(\mathbf{r}) \times \mathbf{e}_3) \cdot \nabla_t B_3 \\ &= \left(\frac{\omega^2}{c^2} - k^2\right)^{-1} \frac{i\omega}{c} \,(\mathbf{n}(\mathbf{r}) \cdot \nabla_t) B_3 = 0 \,. \end{aligned} \tag{12.70}$$

Da $E_3$ identisch verschwindet, ist in diesem Fall $\mathbf{e}_3 \cdot \mathbf{E}_3 = 0$ automatisch erfüllt. Damit sind sämtliche Aussagen der Behauptung verifiziert, w.z.b.w.

Die Lösung der vektoriellen Gleichungen (12.40) mit den Randbedingungen (12.37) bzw. (12.62) ist damit zurückgeführt auf die Lösung der skalaren Wellengleichung (12.58) bzw. (12.61), auch Helmholtz-Gleichung genannt, für eine Funktion $\phi(x, y)$ von zwei Variablen mit den Randbedingungen $\phi = 0$ (TM-Fall) und $\partial/\partial \mathbf{n}\, \phi = 0$ (TE-Fall) auf der Oberflächenkurve des Leiters bei festem z, wobei der Parameter k noch unbestimmt ist. Dies führt auf Eigenwertprobleme, die stets Lösungen besitzen, so daß die Existenz der Lösungen $E_3$ und $B_3$ gesichert ist. Darauf gehen wir im folgenden noch näher ein. Die Helmholtz-Gleichung ist außerdem im Anhang VI C behandelt. Zur Berechnung der beiden Zweige erhält man also für $B_3 \equiv 0$ die Gleichung

$$(\Delta_t + \lambda^2)\, E_3(x, y) = 0 \tag{12.71}$$

mit der Randbedingung $E_3(x, y) = 0$ auf der Leiteroberfläche. Für $E_3 \equiv 0$ ergibt sich

$$(\Delta_t + \lambda^2)\, B_3(x, y) = 0 \tag{12.72}$$

mit der Randbedingung $\partial/\partial \mathbf{n}\, B_3 = 0$ auf der Leiteroberfläche. Wegen der Translationsinvarianz handelt es sich dabei um zweidimensionale Probleme, wobei die Leiteroberflächen zu Kurven werden, die sich als Schnitt der Leiterröhren mit der $\mathbf{e}_1 - \mathbf{e}_2$-Ebene ergeben. Denkt man sich $\omega$ beliebig vorgegeben, so kann man $\lambda^2 := \omega^2/c^2 - k^2$ wegen der freien Variabilität von k ebenfalls als frei variabel auffassen. Die Gleichung (12.71) wird dann zu einem Dirichletschen Eigenwertproblem, das wegen der Randbedingungen nur für bestimmte Werte von $\lambda^2 = \lambda_n^2$ ($n = 1, 2, \ldots, \infty$) lösbar ist. In gleicher Weise wird (12.72) zu einem v. Neumannschen Eigenwertproblem, das ebenfalls wegen der Randbedingungen nur für bestimmte Werte von $\lambda^2 = \lambda_n'^2$ ($n = 1, 2, \ldots, \infty$) lösbar ist.

Nach [M 2] ist die Existenz solcher Eigenlösungen und Eigenwerte gesichert, wobei $\lambda^2 \geqslant 0$, also $\lambda$ reell sein muß. Die zugehörigen Eigenfunktionen $E_3^n(x, y)$ bzw. $B_3^n(x, y)$ bilden dann ein vollständiges normiertes Orthogonalsystem, wie wir es schon öfters zur Darstellung von Greenfunktionen benutzt haben. Die diesen Eigenfunktionen entsprechenden Schwingungszustände werden (n)-Moden genannt. Aus den Eigenwerten $\lambda_n$ können dann bei festgelegter Frequenz $\omega$ die Wellenzahlen $k_n$ für die Wellenausbreitung in z-Richtung berechnet werden. Sie folgen aus

$$k_n^2 = \frac{\omega^2}{c^2} - \lambda_n^2 . \tag{12.73}$$

Da $k_n$ ebenfalls reell sein muß, gibt es Grenzfrequenzen

$$\omega_n = \lambda_n c , \tag{12.74}$$

unterhalb derer die den Eigenwerten $\lambda_n$ zugeordneten Wellen in z-Richtung sich nicht mehr auszubreiten vermögen. Wir können mit (12.74) und (12.73) auch schreiben

$$k_n = \frac{\omega}{c} \left(1 - \left(\frac{\omega_n}{\omega}\right)^2\right)^{\frac{1}{2}} = k_n(\omega) . \tag{12.75}$$

Für $\omega > \omega_n$ wird $k_n$ reell, und die Wellen können sich ausbreiten. Für $\omega < \omega_n$ dagegen wird $k_n$ imaginär, die Wellen werden also gedämpft bzw. existieren in der unendlich ausgedehnten Anordnung überhaupt nicht. Diese Feststellung ist technisch sehr wichtig, da man so durch geeignete Wahl der Röhrenquerschnitte und der Frequenz $\omega$ bestimmte Schwingungsmoden auswählen kann, während alle anderen unterdrückt werden.

Als Phasengeschwindigkeit der in z-Richtung fortschreitenden Schwingungsmoden für reelles $k_n$, also $\omega > \omega_n$ erhält man aus dem gemeinsamen Phasenfaktor $e^{i(kz - \omega t)}$ nach (12.39), (12.42)

$$v_p = \frac{\omega}{k_n(\omega)} = c \left(1 - \left(\frac{\omega_n}{\omega}\right)^2\right)^{-\frac{1}{2}} > c . \tag{12.76}$$

(Die genaue Ableitung von $v_p = \omega/k_n(\omega)$ nach (15.88) wird im Abschnitt 15.3 über die Dispersionstheorie angegeben.) Dieses Ergebnis (12.76) widerspricht zunächst dem Relativitätspostulat, nach dem sich sämtliche Signale höchstens mit Lichtgeschwindigkeit ausbreiten können. Die Phasengeschwindigkeit $v_p > c$ kann also nicht die Ausbreitungsgeschwindigkeit eines Signals sein und ist demnach unbeobachtbar. Um ein Signal zu konstruieren, ist vielmehr ein Wellenpaket erforderlich, das aus den einzelnen Frequenzanteilen nach (4.37) unter Benutzung der Relation $k_n = k_n(\omega)$ aufgebaut wird. Dieses Signal wird an einer bestimmten Stelle des Leiters zur Zeit $t = 0$ in seiner Gestalt vorgegeben und pflanzt sich dann im Vakuum längs des Leiters fort. Durch die Angabe des Ausgangssignals als Anfangswert werden dann die äußeren Strom- und Ladungsquellen oder die elektromotorischen Kräfte gekennzeichnet, die dieses Signal erzeugen, und in der Fourierzerlegung des Signals ist deshalb die Dichtefunktion bekannt. Die Fortpflanzungsgeschwindigkeit eines solchen Signals wird durch seine Gruppengeschwindigkeit $v_g$ bestimmt, die in (15.99a) definiert wird. Damit erhält man, wenn das Signal um $k_n = k_n^0 := k_n(\omega_0)$ konzentriert ist,

$$v_g := \left.\frac{d\omega(k_n)}{dk_n}\right|_{k_n = k_n^0} = c\left(1 - \left(\frac{\omega_n}{\omega_0}\right)^2\right)^{\frac{1}{2}} =: \frac{c^2}{\omega_0} k_n^0 , \tag{12.77}$$

was für $\omega_0 > \omega_n$ stets kleiner als die Lichtgeschwindigkeit ist und für $\omega_0 = \omega_n$ verschwindet. Für $\omega_0 < \omega_n$ wird $v_g$ imaginär, also, wie zu erwarten, unphysikalisch. Anschaulich stellt hier die Gruppengeschwindigkeit die Fortpflanzungsgeschwindigkeit des gesamten Energieflusses durch die Querfläche des Leiters dar, bezogen auf die Energie des elektromagnetischen Feldes; beide Größen sind auf die Längeneinheit bezogen. Aus (12.76) und (12.77) folgt weiter

$$v_p v_g = c^2 . \tag{12.78}$$

Wegen der Idealisierung, die wir vorgenommen haben, treten entlang des Leiters keine Energieverluste auf, und das Signal wird ungedämpft übertragen. Bei realen Leitern wird die Energie längs des Leiters gedämpft, da $\sigma < \infty$ ist und das elektromagnetische Feld deshalb wegen des Skineffektes in den Leiter eindringen und Joulesche Wärme erzeugen kann.

Eine Sonderstellung bei diesen Betrachtungen nehmen die Eigenwerte $\lambda^2 = \omega^2/c^2 - k^2 = 0$ ein, bei denen wie für freie elektromagnetische Wellen $k = \omega/c$ gilt. Für sie würden im TM- und im TE-Fall die Feldstärken divergieren und deshalb nicht existieren. Setzt man aber sowohl $E_3$ als auch $B_3$ identisch Null, untersucht also eine sogenannte transversal elektromagnetische Drahtwelle (TME), so wird das Problem wieder sinnvoll. Man hat dann einen rein transversalen Schwingungsvorgang vor sich, der das Verhalten einer ebenen Welle aufweist. Die Gleichungen (12.49) –(12.51) gehen dann mit $k = \omega/c$ über in

$$\begin{aligned} (\mathbf{e}_3 \times \mathbf{E}_t) &= \mathbf{B}_t \\ \nabla_t \times \mathbf{E}_t &= 0 ; \\ \mathbf{e}_3 \times \mathbf{B}_t &= -\mathbf{E}_t \\ \nabla_t \times \mathbf{B}_t &= 0 ; \\ \nabla_t \cdot \mathbf{E}_t &= 0 \\ \nabla_t \cdot \mathbf{B}_t &= 0 . \end{aligned} \tag{12.79}$$

Daraus folgt, daß $\mathbf{E}_t$ orthogonal auf $\mathbf{B}_t$ sein muß und daß in Übereinstimmung mit (12.45) für $k = \omega/c$ die Gleichungen

$$\Delta_t \begin{Bmatrix} \mathbf{E}_t(x, y) \\ \mathbf{B}_t(x, y) \end{Bmatrix} = 0 \tag{12.80}$$

erfüllt sein müssen, wobei nach (12.65) die Randbedingungen gelten

$$\left.\begin{aligned} \mathbf{t}'(\mathbf{r}) \cdot \mathbf{E}_t(\mathbf{r}) &= 0 \\ \mathbf{n}(\mathbf{r}) \cdot \mathbf{B}_t(\mathbf{r}) &= 0 . \end{aligned}\right. \quad r \in F(K) \tag{12.81}$$

Die Transversalkomponenten $\mathbf{E}_t$, $\mathbf{B}_t$ werden demnach vollständig entkoppelt. (12.80) und (12.81) definiert eine Potentialgleichung mit homogenen Dirichletschen Randbedingungen für $\mathbf{E}_t(x, y)$ und für $\mathbf{B}_t(x, y)$. Ihre Lösung verschwindet für einfach zusammenhängende Bereiche identisch [M 2]. Es müssen demnach mindestens zwei Röhren mit $\mathbf{E}_t \neq 0$ im Außenraum vorhanden sein, um die Existenz von TME-Drahtwellen zu ermöglichen. Hat man $\mathbf{E}_t$ berechnet, so folgt $\mathbf{B}_t$ aus der Orthogonalitätsrelation, und man zeigt leicht, daß $\mathbf{B}_t$ sowohl die Potentialgleichung als auch die verlangten Randbedingungen erfüllt. Technisch werden solche Anordnungen durch koaxiale Kabel oder durch Doppeldrähte realisiert; den Doppeldraht haben wir schon in Abschnitt 11.9 als Telegraphenleitung behandelt [T 2, T 3].

## 12.5. Hohlraumresonatoren

Von den Wellenhohlleitern kann man zu den sogenannten Hohlraumresonatoren übergehen, indem man die Röhren an den Stirnflächen leitend abschließt. Dies fürht auf Bild 42.

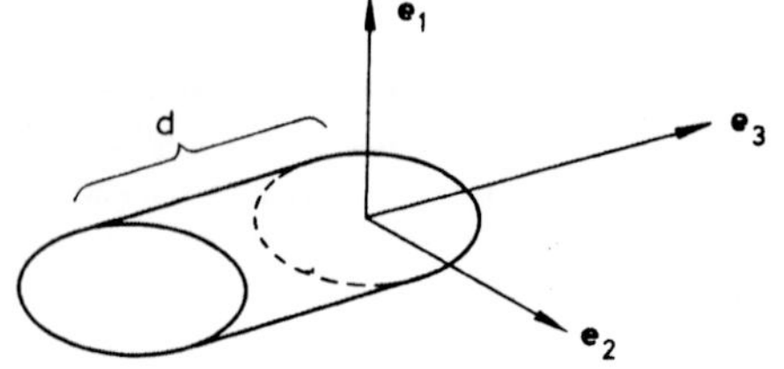


**Bild 42**
Zylindrischer Hohlleiter in $e_3$-Richtung, der an den Stirnflächen im Abstand d abgeschlossen ist.

Hier gilt die

*Behauptung 12.3:* Wird ein unendlich ausgedehnter Wellenhohlleiter mit den Eigenwerten $\lambda_n^2$ für TM- und $\lambda_n'^2$ für TE-Schwingungen an den Stirnflächen z = 0 und z = d ideal leitend abgeschlossen, so weist der so entstandene Hohlraumresonator die Eigenfrequenzen

$$\omega_{pn} = c\left(\lambda_n^2 + \left(p\,\frac{\pi}{d}\right)^2\right)^{\frac{1}{2}} \quad \text{bzw.}\quad \omega'_{pn} = c\left(\lambda_n'^2 + \left(p\,\frac{\pi}{d}\right)^2\right)^{\frac{1}{2}}$$

mit $p = 0, \pm 1, \pm 2, \dots, \pm\infty$ und $n = 0, 1, 2, \dots, \infty$ für den TM- bzw. TE-Zweig auf.

*Beweis:* Im Vergleich zum Hohlleiter kommen auf den Stirnflächen z = 0 und z = d nach (12.37) die Randbedingungen

$$\begin{aligned} \mathbf{t}(\mathbf{r}) \cdot \mathbf{E}(\mathbf{r}, t) &= 0 \\ \mathbf{n}(\mathbf{r}) \cdot \mathbf{B}(\mathbf{r}, t) &= 0 \end{aligned} \tag{12.82}$$

neu hinzu. Auf den Stirnflächen ist $\mathbf{n}(\mathbf{r}) = \mathbf{e}_3$, und $\mathbf{t}(\mathbf{r})$ liegt in der $\mathbf{e}_1 - \mathbf{e}_2$-Ebene.

Daraus folgt

a) für den TM-Fall, daß

$$\mathbf{n}(\mathbf{r}) \cdot \mathbf{B}(\mathbf{r}) = \mathbf{e}_3 \cdot B_3 \equiv 0 \tag{12.83}$$

wegen der Voraussetzung $B_3 = 0$ identisch erfüllt ist, wogegen für $\mathbf{e}_3 \cdot \mathbf{r} = d$ und $\mathbf{e}_3 \cdot \mathbf{r} = 0$

$$\begin{aligned} \mathbf{e}_1 \cdot \mathbf{E}_t(\mathbf{r}) &= 0 \\ \mathbf{e}_2 \cdot \mathbf{E}_t(\mathbf{r}) &= 0 \end{aligned} \tag{12.84}$$

erzwungen werden muß. Nun ist mit entsprechender Kombination von (12.42)

$$E_3(\mathbf{r}) = E_3(x, y)\, [i a_1 \sin kz + a_2 \cos kz] , \tag{12.85}$$

so daß sich nach (12.57) die Darstellung ergibt:

$$\mathbf{E}_t(\mathbf{r}) = \left(\frac{\omega^2}{c^2} - k^2\right)^{-1} k\, \nabla_t E_3(x, y)\, [-a_1 \sin kz + i a_2 \cos kz] . \tag{12.86}$$

Die Gleichungen (12.84) können von (12.86) dann nur dadurch erfüllt werden, daß man $k = p\,\frac{\pi}{d}$ $(p = 0, \pm 1, \pm 2, \dots, \pm \infty)$ und $a_2 \equiv 0$ setzt. Damit sind aber die Eigenfrequenzen nach (12.73) wegen

$$\lambda_n^2 = \left(\frac{\omega^2}{c^2} - \left(p\,\frac{\pi}{d}\right)^2\right) \tag{12.87}$$

völlig festgelegt. Wegen der Existenzbedingung $\lambda_n^2 \geqslant 0$ folgt dann auch $\omega_{pn} \geqslant 0$, wie man von einer physikalischen Frequenz erwartet.

b) Analog kann der Beweis im Fall von TE-Wellen geführt werden, und die Behauptung ist verifiziert.

Die Hohlraumresonatoren sind technisch von großer Bedeutung. Durch eine entsprechend gewählte Geometrie des Resonators läßt sich erreichen, daß die Eigenfrequenzen weit auseinander liegen. Diese Eigenschaft kann man zur Frequenzstabilisierung bzw. Frequenzselektion eines von außen angelegten Senders benutzen. Im Radarwellen- und Radiowellenbereich wird eine solche Anordnung eines frequenzstabilisierten Leistungssenders Klystron genannt. Hohlraumresonatoren sind weiterhin für den Aufbau von Lasern und Masern von großer Bedeutung [T 5]. Die Wechselwirkung mit der Umgebung bewirkt, daß der Hohlraumresonator kein völlig abgeschlossenes System darstellt. Deshalb hat in der Praxis ein Hohlraumresonator eine Dämpfung der Energie seiner Eigenschwingungen durch Abstrahlung in die Umgebung. Dazu kommen noch die Energieverluste im umgebenden, nichtidealen Leiter mit $\sigma < \infty$ durch Erzeugung von Joulescher Wärme. Bei einer Kopplung des Resonators an Zwangskräfte, in diesem Fall also an von außen einfallende elektromagnetische Strahlung, die, wie z.B. ein Signal, ein bestimmtes Frequenzspektrum hat, werden bei dem Resonator daher alle oder einige seiner Eigenfrequenzen mit einer bestimmten Stärke angeregt. Mathematisch entspricht dies einer Entwicklung des eingestrahlten elektromagnetischen Feldes nach den Eigenschwingungen. Ist der Frequenzbereich der eingestrahlten Strahlung eng um eine einzige oder um mehrere einzelne Eigenschwingungen des Hohlraumresonators konzentriert, so werden diese besonders stark angeregt, und es treten Resonanzen auf, die wegen der Dämpfung aber nur endliche Werte aufweisen.

Die Wirkung einer solchen Resonanz oder mehrerer dieser Resonanzen kann auch durch Ersatzschaltbilder des quasistationären Leitermodells beschrieben werden, so daß elektrotechnisch der Hohlraumresonator durch einen komplexen frequenzabhängigen Wechselstromwiderstand erfaßt werden kann. Er wird dabei als Vierpol betrachtet, bei dem an den Eingangsklemmen die von außen kommende elektromagnetische Schwingung beliebiger Frequenz liegt, während an den Ausgangsklemmen das „gereinigte", nur eine oder mehrere Eigenfrequenzen aufweisende Signal abgenommen wird. Dieselbe Beschreibung als Vierpol trifft natürlich auf jeden Wellenleiter zu, da dieser in der Praxis stets nur eine endliche Länge mit Eingangs- und Ausgangsklemmen besitzt und entlang seiner Ausdehnung Wirk- und Blindverluste aufweist, die durch einen komplexen Wechselstromwiderstand erfaßt werden können. Weitere technische Anwendungen werden in der Literatur beschrieben [T 2, T 3].

Weiter soll noch betont werden, daß dieselben Überlegungen auch auf allgemeinere Körper formen zutreffen. Hat man also irgendeinen geschlossenen, endlichen Hohlkörper K mit der Oberfläche F(K), so ergeben sich prinzipiell mit (12.41) und (12.62) entsprechende Eigenwertprobleme. Dabei genügt es, $\mathbf{E}(\mathbf{r})$ zu bestimmen, da sich $\mathbf{B}(\mathbf{r})$ aus $\mathbf{E}(\mathbf{r})$ berechnen läßt und die Randbedignung für $\mathbf{B}(\mathbf{r})$ automatisch mit der für $\mathbf{E}(\mathbf{r})$ erfüllt ist, was im nächsten Abschnitt bewiesen wird. Damit lautet das entsprechende Dirichletsche Eigenwertproblem in drei Dimensionen im Innenraum

$$\begin{aligned} &\left(\Delta + \frac{\omega^2}{c^2}\right) \mathbf{E}(\mathbf{r}) = 0\,, \qquad \nabla_\mathbf{r} \cdot \mathbf{E}(\mathbf{r}) = 0\,, \qquad \mathbf{r} \in K \\ &\mathbf{t}(\mathbf{r}) \cdot \mathbf{E}(\mathbf{r}) = 0\,, \qquad \mathbf{r} \in F(K) \end{aligned} \tag{12.88}$$

Dieses Problem besitzt stets eindeutige Eigenlösungen $\mathbf{E}_n(\mathbf{r})$ mit Eigenwerten $\lambda_n^2 = \omega^2/c^2 > 0$, also Eigenschwingungen, wie in der Literatur bewiesen wird [M 2, D 1, D 2].

## 12.6. Greenfunktionen der Beugungstheorie

Als Spezialfall der raumladungs- und stromfreien Grundaufgabe in Abschnitt 12.3 haben wir die Wellenleiter durch direkte Integration der Maxwellgleichungen behandelt. Wir wenden uns nun der allgemeinen Grundaufgabe in Abschnitt 12.3 mit im Endlichen nichtverschwindenden $\rho$ und $\mathbf{j}$ zu. Dabei sind $\rho$ und $\mathbf{j}$ nur in einem endlichen Gebiet G lokalisiert, also zulässige Funktionen aus F. Die physikalischen Realisierungen dieser Grundaufgabe sind außerordentlich vielfältig. Jeder Rundfunksender, jeder Fernsehsender, das Radar und die sichbaren Lichtquellen, also alle optischen Vorgänge, können in der Anwesenheit von Leitern durch die Grundaufgabe 12.3 idealisiert werden. Eine Grenze besteht erst dort, wo sich die Abweichungen der realen Leiter vom idealen Verhalten bemerkbar machen, also bei sehr hohen Frequenzen, bei denen die realen Leiter dann durchsichtig zu werden beginnen; ein Beispiel ist die Röntgenbeugung. Auf diesen Grenzfall werden wir in Abschnitt 12.11 über Röntgeninterferenzen noch eingehen.

Außerdem haben bei diesen hohen Frequenzen die Photonen wegen der Relation $E = \hbar\omega$ ausreichend Energie, um atomare Stoßprozesse auszulösen. Dies führt dann zur Absorption der eingestrahlten $\gamma$-Strahlen. In diesem Frequenz- bzw. Energiebereich beginnen also atomare Prozesse, die nur von der Quantentheorie beschrieben werden können, d.h. es erfolgt dann der Übergang zur Quantenelektrodynamik.

Hier betrachten wir zunächst das Problem für ideale Leiter und für nicht ganz so hohe Frequenzen. Nach den Untersuchungen der vorangehenden Abschnitte können wir dann das Modell folgendermaßen formulieren:

**Randwertproblem der Grundaufgabe**

Es seien n ideal leitende Körper $K_1, \dots, K_n$ im Vakuum vorgegeben. Ihre Geometrie sei bekannt. Ferner seien $\rho(\mathbf{r}, t)$ und $\mathbf{j}(\mathbf{r}, t)$ im Außenraum V von $K_1, \dots, K_n$ vorgegeben. Beide seien nur endlich ausgedehnt und im Endlichen liegend, wie es Bild 43 zeigt.

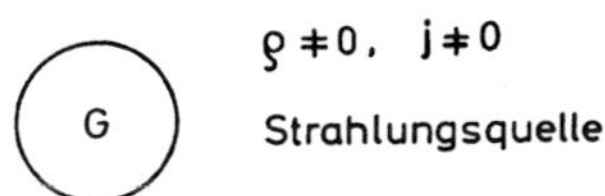

**Bild 43**
Lokalisierte Strahlungsquelle im endlichen Gebiet G und leitende Körper $K_1, \dots, K_n$ im Vakuum.

Es müssen dann die vollen Maxwellgleichungen für $t \geqslant t_0$

$$\left.\begin{aligned} \nabla \cdot \mathbf{E}(\mathbf{r}, t) &= 4\pi\rho(\mathbf{r}, t) \\ \nabla \times \mathbf{E}(\mathbf{r}, t) &= -\frac{1}{c}\frac{\partial}{\partial t}\mathbf{B}(\mathbf{r}, t), \qquad \mathbf{r} \in V \\ \nabla \cdot \mathbf{B}(\mathbf{r}, t) &= 0 \\ \nabla \times \mathbf{B}(\mathbf{r}, t) &= \frac{4\pi}{c}\mathbf{j}(\mathbf{r}, t) + \frac{1}{c}\frac{\partial}{\partial t}\mathbf{E}(\mathbf{r}, t) \end{aligned}\right. \tag{12.89}$$

im Außenraum V von $K_1, \dots, K_n$ unter den Randbedingungen

$$\left.\begin{aligned} \mathbf{t}(\mathbf{r}) \cdot \mathbf{E}(\mathbf{r}, t) &= 0 \\ \mathbf{n}(\mathbf{r}) \cdot \mathbf{B}(\mathbf{r}, t) &= 0 \end{aligned}\right., \qquad \mathbf{r} \in F(K_i) \qquad (i = 1, \dots, n) \tag{12.90}$$

auf den Oberflächen $F(K_i)$ der Leiter $K_i$ gelöst werden. Außerdem muß die Ladungserhaltung (12.8) für die Quellen erfüllt sein. Im Unendlichen sollen $\mathbf{E}(\mathbf{r}, t)$ und $\mathbf{B}(\mathbf{r}, t)$ verschwinden. Wird ein lokalisiertes $\rho, \mathbf{j}$ als Sender aufgefaßt, so muß die Lösung eine

Abstrahlung ins Unendliche beschreiben. Diese Forderung stellt eine Art Kausalitätsbedingung für die Feldgrößen dar und kann durch eine Nebenbedingung im Unendlichen gekennzeichnet werden, die Ausstrahlungsbedingung genannt wird. Wir werden diese für die Eindeutigkeit des Außenraumproblems (12.89) (12.90) notwendige und hinreichende Bedingung gleich anschließend im Fourierraum formulieren. Weiterhin sind i.a. folgende Anfangswertbedingungen zur Zeit $t = t_0$ zu erfüllen

$$\mathbf{E}(\mathbf{r}, t_0) = \mathbf{E}_0(\mathbf{r}); \quad \mathbf{B}(\mathbf{r}, t_0) = \mathbf{B}_0(\mathbf{r}), \tag{12.90a}$$

wobei $\mathbf{E}_0(\mathbf{r})$ und $\mathbf{B}_0(\mathbf{r})$ vorgegebene mit (12.89) und (12.90) verträgliche Funktionen sind.

Da die Randbedingungen homogen sind, können die Lösungen von (12.89) und (12.90) superponiert werden.

Bei einer Fourieranalyse der Ströme und Quellen gemäß (4.78) können wir uns deshalb zunächst auf rein periodische Vorgänge (4.79) also

$$\rho(\mathbf{r}, t) = \rho(\mathbf{r})\, e^{-i\omega t}; \quad \mathbf{j}(\mathbf{r}, t) = \mathbf{j}(\mathbf{r})\, e^{-i\omega t} \tag{12.91}$$

beschränken. Aus (12.91) und (12.89) folgt, daß dann auch die erzeugten Felder periodisch sein müssen:

$$\mathbf{E}(\mathbf{r}, t) = \mathbf{E}(\mathbf{r})\, e^{-i\omega t}; \quad \mathbf{B}(\mathbf{r}, t) = \mathbf{B}(\mathbf{r})\, e^{-i\omega t} \tag{12.92}$$

Wie im Falle ebener Wellen in Abschnitt 4.4 können dann Anfangsbedingungen der Art (12.90a) durch Superposition von periodischen Lösungen (12.91), (12.92) erfüllt werden. Wegen der erheblich komplizierteren Situation, die hier vorliegt, gibt es dafür allerdings noch keinen mathematischen Beweis [D 2]. Im folgenden betrachten wir allein die rein periodischen Vorgänge, was physikalisch einer Vernachlässigung der Einschwingungsvorgänge eines Systems beim Einschalten einer periodischen Strahlungsquelle entspricht. Damit geht (12.89) mit $k = \omega/c$ über in

$$\nabla \cdot \mathbf{E}(\mathbf{r}) = 4\pi\rho(\mathbf{r}) \tag{12.93a}$$

$$\nabla \times \mathbf{E}(\mathbf{r}) = i k \mathbf{B}(\mathbf{r}), \qquad \mathbf{r} \in V \tag{12.93b}$$

$$\nabla \cdot \mathbf{B}(\mathbf{r}) = 0 \tag{12.93c}$$

$$\nabla \times \mathbf{B}(\mathbf{r}) = -i k \mathbf{E}(\mathbf{r}) + \frac{4\pi}{c}\mathbf{j}(\mathbf{r}). \tag{12.93d}$$

Die Gleichungen (12.90) werden zu

$$\left.\begin{aligned} \mathbf{t}(\mathbf{r}) \cdot \mathbf{E}(\mathbf{r}) &= 0, \qquad && \mathbf{r} \in F(K_i) \\ \mathbf{n}(\mathbf{r}) \cdot \mathbf{B}(\mathbf{r}) &= 0. \qquad && 1 \leqslant i \leqslant n \end{aligned}\right. \tag{12.94}$$

Für die Ladungserhaltung folgt dann aus (12.8)

$$\nabla \cdot \mathbf{j}(\mathbf{r}) - i\omega\rho(\mathbf{r}) = 0. \tag{12.95}$$

Weiter gilt die Ausstrahlungsbedingung. Wir formulieren dies in einem Satz, der aber nicht bewiesen werden soll [D 1, D 2, M 2], da er in dem in der Literatur gegebenen Existenz- und Eindeutigkeitsbeweis für das Außenraumproblem enthalten ist:

*Satz:* Notwendig und hinreichend für die Eindeutigkeit des Randwertproblems (12.93), (12.94) ist, daß die Felder **E** und **B** die Ausstrahlungsbedingung erfüllen, d.h. für $|\mathbf{r}| \geqslant R$ gelte (da dort $\rho = j = 0$ sind)

$$1. \quad \nabla \times \mathbf{B} + ik\mathbf{E} = 0 \quad ; \qquad \nabla \times \mathbf{E} - ik\mathbf{B} = 0 \tag{12.96}$$

2. Mit $\mathbf{r} = r\mathbf{r}_0$, $\mathbf{r}_0^2 = 1$ gelte für $r \to \infty$

$$\mathbf{E}(r\mathbf{r}_0) = O\left(\frac{1}{r}\right) \; ; \qquad \mathbf{B}(r\mathbf{r}_0) = O\left(\frac{1}{r}\right)$$

und

$$(\mathbf{r}_0 \times \mathbf{E}) - \mathbf{B} = o\left(\frac{1}{r}\right) \; ; \qquad (\mathbf{r}_0 \times \mathbf{B}) + \mathbf{E} = o\left(\frac{1}{r}\right).$$

Aus diesen Ausstrahlungsbedingungen lassen sich die Beziehungen ableiten

$$\begin{aligned} \mathbf{r}_0 \cdot \mathbf{S} &\sim \mathbf{r}_0 \cdot (\mathbf{E} \times \mathbf{B}^x) = \mathbf{B}^x \cdot (\mathbf{r}_0 \times \mathbf{E}) = -\mathbf{E} \cdot (\mathbf{r}_0 \times \mathbf{B}^x) \\ &= \mathbf{B} \cdot \mathbf{B}^x + o\left(\frac{1}{r}\right) = \mathbf{E} \cdot \mathbf{E}^x + o\left(\frac{1}{r}\right) . \end{aligned} \tag{12.97}$$

Da der Poyntingvektor **S** die Energieströmung angibt, folgt aus dieser Gleichung, daß der Energiestrom durch eine genügend große Kugel stets nach außen gerichtet ist, durch die Ausstrahlungsbedingung werden also auslaufende Wellen beschrieben. Diese erhielten wir im Abschnitt 4.7 bei der elektrischen und magnetischen Dipolstrahlung mit Hilfe der retardierten Greenfunktion (4.70) im Unendlichen. Weiter ergibt sich aus (12.96) die asymptotische Relation

$$\mathbf{B} \cdot \mathbf{B}^x = \mathbf{E} \cdot \mathbf{E}^x + o\left(\frac{1}{r}\right) , \tag{12.98}$$

so daß asymptotisch die elektrische und die magnetische Feldenergie gleich sind. Weiter folgt

$$\mathbf{r}_0 \cdot \mathbf{B} = \mathbf{r}_0 \cdot \mathbf{E} = o\left(\frac{1}{r}\right) ; \tag{12.99}$$

die asymptotischen Felder weisen also keine Komponente in radialer Richtung auf.

Als ersten Lösungsschritt wird man versuchen, das Problem auf ein Randwertproblem für das E-Feld allein zu reduzieren. Es gilt dann die

*Behauptung 12.4:* Zur Lösung der Randwertaufgabe im Außenraum genügt es, die Gleichungen

$$\left.\begin{aligned} \nabla \cdot \mathbf{E}(\mathbf{r}) &= 4\pi\rho(\mathbf{r}) \\ \nabla \times [\nabla \times \mathbf{E}(\mathbf{r})] - k^2\mathbf{E}(\mathbf{r}) &= ik\frac{4\pi}{c}\mathbf{j}(\mathbf{r}) \end{aligned}\right\} , \quad \mathbf{r} \in V \tag{12.100}$$

im Außenraum V von $K_1, \ldots, K_n$ unter der Randbedingung

$$\mathbf{t}(\mathbf{r}) \cdot \mathbf{E}(\mathbf{r}) = 0 , \qquad \mathbf{r} \in F(K_i) \quad (i = 1, \ldots, n) \tag{12.101}$$

auf den Leiteroberflächen $F(K_i)$ der Körper $K_i$ sowie die Ausstrahlungsbedingung für $\mathbf{r} = r\mathbf{r}_0$ und $r \to \infty$ zu erfüllen:

$$\mathbf{E}(\mathbf{r}) = O\left(\frac{1}{r}\right) \; ; \quad \mathbf{r}_0 \cdot \mathbf{E} = o\left(\frac{1}{r}\right) \; ; \quad \frac{i}{k}\nabla \times \mathbf{E} + (\mathbf{r}_0 \times \mathbf{E}) = o\left(\frac{1}{r}\right). \tag{12.102}$$

*Beweis:* Substitution von

$$ik\mathbf{B}(\mathbf{r}) = \nabla \times \mathbf{E}(\mathbf{r}) \tag{12.103}$$

in (12.93d) zusammen mit (12.93a) liefert die Gleichungen (12.100). Aus (12.103) kann man bei bekanntem **E**-Feld das **B**-Feld berechnen, womit die Maxwellgleichungen (12.93a), (12.93b) und (12.93d) erfüllt sind, wenn (12.100) durch **E** erfüllt wird. Die Gleichung (12.93c) ist wegen der Form (12.103) von **B** automatisch erfüllt. Damit ist gezeigt,daß aus (12.103) ein **B** abgeleitet werden kann, das die Maxwellgleichungen erfüllt, sofern das **E**-Feld die Gleichungen (12.100) erfüllt.

Wir wenden uns nun den Randbedingungen zu. Wir betrachten einen beliebigen, aber festen Punkt $\mathbf{r} = \mathbf{r}_0$ der Leiteroberfläche. Die Normale in diesem Punkt sei $\mathbf{n} := \mathbf{n}(\mathbf{r}_0)$. Für den Punkt $\mathbf{r} = \mathbf{r}_0$ zerlegen wir in Analogie zu (12.44) die Vektoren **E**, **B** und $\nabla$ lokal nach der Richtung dieser fixierten Normalen:

$$\begin{aligned} \mathbf{E}(\mathbf{r}) &= \mathbf{E}_n + \mathbf{E}_t \\ \mathbf{B}(\mathbf{r}) &= \mathbf{B}_n + \mathbf{B}_t \\ \nabla &= \nabla_n + \nabla_t \,, \end{aligned} \tag{12.104}$$

wobei wir in den dortigen Formeln $\mathbf{e}_3$ durch **n** ersetzen. Aus (12.103) folgt dann

$$\begin{aligned} \nabla_n \times \mathbf{E}_t + \nabla_t \times \mathbf{E}_n &= ik\mathbf{B}_t \\ \nabla_t \times \mathbf{E}_t &= ik\mathbf{B}_n \end{aligned} \tag{12.105}$$

und daraus

$$\mathbf{n} \cdot \mathbf{B} = \mathbf{n} \cdot \mathbf{B}_n = \frac{1}{ki}\,\mathbf{n} \cdot (\nabla_t \times \mathbf{E}_t) \qquad = -\frac{1}{ki}\,\nabla_t \cdot (\mathbf{n} \times \overset{\downarrow}{\mathbf{E}_t})\,, \tag{12.106}$$

wobei der Pfeil über $\mathbf{E}_t$ andeutet, daß sich die Differentiation nur auf $\mathbf{E}_t$ bezieht. Der Vektor $\widetilde{\mathbf{E}} := \mathbf{n} \times \mathbf{E}_t$ liegt aber in der Tangentialebene im Punkte $\mathbf{r} = \mathbf{r}_0$ senkrecht zu $\mathbf{E}_t$, so daß nach (12.101) die Bedingung $\mathbf{t} \cdot \widetilde{\mathbf{E}} = 0$ auch für $\widetilde{\mathbf{E}}$ erfüllt ist. Auch $\widetilde{\mathbf{E}}$ verschwindet also auf der Oberfläche, wenn man $\mathbf{r}_0$ variiert. Da $\nabla_t$ eine Richtungsableitung in der Tangentialfläche darstellt, muß im Punkt $\mathbf{r}_0$ die Beziehung $\nabla_t \cdot \widetilde{\mathbf{E}} = 0$ und damit $\mathbf{n} \cdot \mathbf{B} = 0$ gelten. Da $\mathbf{r}_0$ beliebig war, ist die Randbedingung für das **B**-Feld auf der ganzen Oberfläche erfüllt. Aus der Ausstrahlungsbedingung (12.102) folgen mit (12.103) sofort die Bedignungen (12.96) für **E** und **B**, w.z.b.w.

Zur Lösung des Randwertproblems müssen wir uns demnach nur mit den Gleichungen (12.100), (12.101) und (12.102) für das **E**-Feld beschäftigen. Da es sich bei den Gleichungen (12.100) um inhomogene Gleichungen mit äußeren Quellen handelt, werden wir auch hier die schon in der Vakuumelektrodynamik und der Potentialtheorie eingeführte Methode der Greenfunktionen verwenden. Im Gegensatz zu den bisher behandelten Greenfunktionen für skalare Gleichungen ist die Gleichung (12.100) vektorieller Natur. Dies ändert jedoch am Prinzip der Methode nichts, sondern hat nur einen Einfluß auf das Transformationsverhalten der „Greenfunktion", da diese jetzt Vektoren miteinander verknüpft. Um solche Gleichungen zu behandeln, führen wir durch

$$\mathbb{G} := G_{ik}\, \mathbf{e}_i \otimes \mathbf{e}_k \tag{12.107}$$

die sog. Greensche Dyade, einen Tensor 2. Stufe,ein. Im Gegensatz zu Abschnitt 6 sollen hier die $\mathbf{e}_i$ die Basisvektoren des gewöhnlichen dreidimensionalen Raumes bedeuten, so daß also $g_{ik} = \delta_{ik}$ gilt und $\mathbf{e}_i = \mathbf{e}^i$ wird. Die Größe $\mathbf{a} \cdot \mathbf{e}_i \otimes \mathbf{e}_k \cdot \mathbf{b}$ ist ein Skalar,

$\mathbf{a} \cdot \mathbf{e}_i \otimes \mathbf{e}_k$ ein Vektor und $\mathbf{a} \times \mathbf{e}_i \otimes \mathbf{e}_k$ ein Tensor 2. Stufe (eine Dyade). Alle Definitionen aus Abschnitt 6 sind dann auch hier anwendbar, wenn man auf den euklidischen $\mathbb{R}_3$ spezialisiert. Als Definitionsgleichung für $\mathbb{G}$ verwenden wir in sinngemäßer Verallgemeinerung des skalaren Falles (4.47)

$$\nabla_{\mathbf{r}} \times [\nabla_{\mathbf{r}} \times \mathbb{G}(\mathbf{r}, \mathbf{r}')] - k^2\, \mathbb{G}(\mathbf{r}, \mathbf{r}') = 4\pi\delta(\mathbf{r} - \mathbf{r}')\, \mathbb{1} \quad ; \quad \mathbf{r}, \mathbf{r}' \in V \tag{12.108}$$

mit $k^2 = \omega^2/c^2$ und $\mathbb{1} := \delta_{ik}\, \mathbf{e}_i \otimes \mathbf{e}_k$. Wir müssen auch hier eine Randbedingung angeben, da die Greenfunktionen nur so eindeutig festgelegt sind. Wir fordern

$$\mathbf{t}(\mathbf{r}) \cdot \mathbb{G}(\mathbf{r}, \mathbf{r}') = 0 \quad , \quad \mathbf{r} \in F(K_j),\ \mathbf{r}' \in V,\ 1 \leqslant i \leqslant n \tag{12.109}$$

für alle $\mathbf{r}$ auf den Leiteroberflächen und $\mathbf{r}'$ im Außenraum V von $K_1, \dots, K_n$. Wir werden noch zeigen, daß diese Forderung sinnvoll ist. Außerdem soll $\mathbb{G}(\mathbf{r}, \mathbf{r}')$ für $\mathbf{r} \to \infty$ der Ausstrahlungsbedingung entsprechend (12.102) genügen, um eine eindeutige Lösung des Außenraumproblems zu beschreiben. D.h., für $\mathbf{r} = \mathbf{r}_0 r$ und $r \to \infty$ wird gefordert

$$\mathbb{G}(\mathbf{r}, \mathbf{r}') = O\left(\frac{1}{r}\right) \ ; \qquad \mathbf{r}_0 \cdot \mathbb{G}(\mathbf{r}, \mathbf{r}') = o\left(\frac{1}{r}\right) \tag{12.110}$$

$$\frac{i}{k} \nabla_{\mathbf{r}} \times \mathbb{G}(\mathbf{r}, \mathbf{r}') + \mathbf{r}_0 \times \mathbb{G}(\mathbf{r}, \mathbf{r}') = o\left(\frac{1}{r}\right)$$

Wegen der Identität $\nabla \cdot \nabla \times [\nabla \times \mathbf{a}] = 0$ folgt aus (12.108) sofort

$$\nabla_{\mathbf{r}} \cdot \mathbb{G}(\mathbf{r}, \mathbf{r}') = -\frac{4\pi}{k^2} \nabla_{\mathbf{r}} \delta(\mathbf{r} - \mathbf{r}') \,. \tag{12.108a}$$

Damit sind wir in der Lage, folgendes zu beweisen:

*Behauptung 12.5:* Erfüllt die Greensche Dyade $\mathbb{G}(\mathbf{r}, \mathbf{r}')$ zu einer vorgegebenen Leiterkonfiguration $K_1, \dots, K_n$ die Gleichungen (12.108), (12.109) und (12.110), so ist

$$\mathbf{E}(\mathbf{r}) = \frac{ik}{c} \int_V \mathbb{G}(\mathbf{r}, \mathbf{r}') \cdot \mathbf{j}(\mathbf{r}')\, d^3 r' \tag{12.111}$$

die Lösung zum zugehörigen Randwertproblem (12.100), (12.101), (12.102) im Außenraum.

*Beweis:* Wegen (12.108a) wird

$$\begin{aligned} \nabla_{\mathbf{r}} \cdot \mathbf{E}(\mathbf{r}) &= \frac{ik}{c} \int_V \nabla_{\mathbf{r}} \cdot \mathbb{G}(\mathbf{r}, \mathbf{r}') \cdot \mathbf{j}(\mathbf{r}')\, d^3 r' \\ &= -\frac{4\pi i}{\omega} \int_V \nabla_{\mathbf{r}}\, \delta(\mathbf{r} - \mathbf{r}') \cdot \mathbf{j}(\mathbf{r}')\, d^3 r' = \frac{4\pi i}{\omega} \int_V \mathbf{j}(\mathbf{r}') \cdot \nabla_{\mathbf{r}'}\, \delta(\mathbf{r} - \mathbf{r}')\, d^3 r' . \end{aligned} \tag{12.112}$$

Unter den üblichen Annahmen über $\mathbf{j}$ als zulässige Funktion aus F kann partiell integriert werden, und (12.112) ergibt mit (12.95)

$$\nabla_{\mathbf{r}} \cdot \mathbf{E}(\mathbf{r}) = \frac{4\pi}{i\omega} \nabla_{\mathbf{r}} \cdot \mathbf{j}(\mathbf{r}) = 4\pi\rho(\mathbf{r}) \,. \tag{12.113}$$

Ferner wird mit (12.108)

$$\begin{aligned}\nabla_{\mathbf{r}} \times [\nabla_{\mathbf{r}} \times \mathbf{E}(\mathbf{r})] &= \frac{ik}{c} \int\limits_V \nabla_{\mathbf{r}} \times [\nabla_{\mathbf{r}} \times \mathbb{G}(\mathbf{r}, \mathbf{r}')] \cdot \mathbf{j}(\mathbf{r}')\, d^3 r' \\ &= k^2 \frac{ik}{c} \int\limits_V \mathbb{G}(\mathbf{r}, \mathbf{r}') \cdot \mathbf{j}(\mathbf{r}')\, d^3 r' + 4\pi \frac{ik}{c} \mathbf{j}(\mathbf{r}) \\ &= k^2 \mathbf{E}(\mathbf{r}) + 4\pi \frac{ik}{c} \mathbf{j}(\mathbf{r}),\end{aligned} \tag{12.114}$$

und die Randbedingung auf den Leiteroberflächen folgt wegen (12.109) zu

$$\mathbf{t}(\mathbf{r}) \cdot \mathbf{E}(\mathbf{r}) = \frac{ik}{c} \int\limits_V \mathbf{t}(\mathbf{r}) \cdot \mathbb{G}(\mathbf{r}, \mathbf{r}') \cdot \mathbf{j}(\mathbf{r}')\, d^3 r' = 0\,. \tag{12.115}$$

Damit ist gezeigt, daß mit der Darstellung (12.111) sowohl die Gleichungen für $\mathbf{E}$ als auch die Randbedingungen erfüllt sind. Wegen der Bedingungen (12.110) ist die Ausstrahlungsbedingung (11.102) für $\mathbf{E}$ automatisch erfüllt, w.z.b.w.

Es verbleibt demnach als Aufgabe die Berechnung der Greenschen Dyade. Hat man sie für eine vorgegebene Leiterkonfiguration gefunden bzw. ausgerechnet, so kann man innerhalb dieser vorgegebenen Konfiguration beliebige Ausstrahlungsprobleme lösen, da zusätzlich die Ausstrahlungsbedingung erfüllt ist.

Die Grundaufgabe ist daher mathematisch in ihrer Vielfalt durch die Greenfunktion auf die Variation der Oberflächen, d.h. die verschiedenen Leiterkonfigurationen reduziert. Zur expliziten Konstruktion führen wir das Problem zunächst rein formal auf den skalaren Fall zurück. Wir benutzen dazu die Relation

$$\nabla \times [\nabla \times \mathbb{G}] = -\Delta\mathbb{G} + \nabla \otimes \nabla \cdot \mathbb{G} \tag{12.116}$$

und erhalten aus (12.108), (12.108a)

$$-\Delta\mathbb{G} - \frac{4\pi}{k^2} \nabla \otimes \nabla\delta(\mathbf{r} - \mathbf{r}') = k^2 \mathbb{G} + 4\pi\delta(\mathbf{r} - \mathbf{r}')\,\mathbb{1}\,, \tag{12.117}$$

was auch in der Form

$$(\Delta + k^2)\,\mathbb{G}(\mathbf{r}, \mathbf{r}') = -4\pi \left[\mathbb{1} + \frac{1}{k^2} \nabla \otimes \nabla\right] \delta(\mathbf{r} - \mathbf{r}') \tag{12.118}$$

geschrieben werden kann. Es gilt dann die

*Behauptung 12.6:* Die Greensche Dyade $\mathbb{G}$ kann ausgedrückt werden durch

$$\mathbb{G}(\mathbf{r}, \mathbf{r}') = \left[\mathbb{1} + \frac{1}{k^2} \nabla \otimes \nabla\right] G(\mathbf{r}, \mathbf{r}')\,. \tag{12.119}$$

Die skalare Greenfunktion G genügt dabei der Gleichung

$$(\Delta + k^2)\, G(\mathbf{r}, \mathbf{r}') = -4\pi\delta(\mathbf{r} - \mathbf{r}') \quad ; \quad r, r' \in V \tag{12.120}$$

und der Randbedingung

$$\begin{aligned} k^2 G(\mathbf{r},\mathbf{r}') + (\mathbf{t}(\mathbf{r})\cdot\nabla_{\mathbf{r}})^2 G(\mathbf{r},\mathbf{r}') &= 0 \quad , \quad r \in F(K_j),\ 1 \leqslant i \leqslant n \\ (\mathbf{n}(\mathbf{r})\cdot\nabla_{\mathbf{r}})\ G(\mathbf{r},\mathbf{r}') &= 0 \quad , \quad r' \in V \end{aligned} \tag{12.121}$$

auf den Leiteroberflächen mit $\mathbf{n}(\mathbf{r})$ als Normale auf $\mathbf{t}(\mathbf{r})$. Außerdem muß G eine Gleichung (12.110) bzw. (12.102) entsprechende Ausstrahlungsbedingung erfüllen.

*Beweis:* Wendet man $(\Delta + k^2)$ auf (12.119) an, so entsteht mit (12.120)

$$\begin{aligned} (\Delta + k^2)\mathbb{G}(\mathbf{r},\mathbf{r}') &= (\Delta + k^2)\left[\mathbb{1} + \frac{1}{k^2}\nabla\otimes\nabla\right] G(\mathbf{r},\mathbf{r}') \\ &= \left[\mathbb{1} + \frac{1}{k^2}\nabla\otimes\nabla\right](-4\pi)\delta(\mathbf{r}-\mathbf{r}')\ , \end{aligned} \tag{12.122}$$

was gerade die umgeformte Definitionsgleichung (12.118) darstellt. Um nachzuweisen, daß auch die Randbedingungen (12.109) erfüllt sind, beachten wir, daß definitionsgemäß $\nabla = \mathbf{t}(\mathbf{r})\,(\mathbf{t}(\mathbf{r})\cdot\nabla) + \mathbf{n}(\mathbf{r})\,(\mathbf{n}(\mathbf{r})\cdot\nabla)$ gilt. Dann folgt aus (12.121) durch Multiplikation der ersten Gleichung mit $\mathbf{t}(\mathbf{r})$ und der zweiten mit $(\mathbf{t}(\mathbf{r})\cdot\nabla_{\mathbf{r}})\,\mathbf{n}(\mathbf{r})$ sowie Addition der beiden resultierenden Gleichungen $k^2\mathbf{t}(\mathbf{r})\,G(\mathbf{r}\mathbf{r}') + (\mathbf{t}(\mathbf{r})\cdot\nabla_{\mathbf{r}})\,\nabla_{\mathbf{r}} G(\mathbf{r}\mathbf{r}') = 0$.

Dies läßt sich jedoch in der Form

$$\mathbf{t}(\mathbf{r})\cdot\left(\mathbb{1} + \frac{1}{k^2}\nabla_{\mathbf{r}}\otimes\nabla_{\mathbf{r}}\right) G(\mathbf{r},\mathbf{r}') = 0 \tag{12.123}$$

schreiben, woraus unter Berücksichtigung der Definition (12.119) die Randbedingung (12.109) für $\mathbb{G}(\mathbf{r},\mathbf{r}')$ folgt. Die Ausstrahlungsbedingung werde wegen ihrer großen Unübersichtlichkeit nicht explizit behandelt, w.z.b.w.

Es muß betont werden, daß die Bestimmung der Greenschen Dyade über eine (oder zur Erfüllung der Randbedingung zwei) skalare Greenfunktionen G nur für die einfachsten geometrischen Konfigurationen sinnvoll und durchführbar ist. Denn die Randbedingung (12.121) bewirkt eine Art von v. Neumannsches Eigenwertproblem für $k^2$ auf der Oberfläche der Körper, dessen Randbedingungen jedoch nicht auf einem geschlossenen eindimensionalen Unterraum, sondern auf der ganzen Fläche vorgegeben sind und die zudem noch von $k^2$ abhängen. Zusammen mit (12.120) und der Ausstrahlungsbedingung stellt die Bestimmung von G ein schwieriges, in dieser allgemeinen Formulierung nicht gelöstes Problem dar. Wir behandeln deswegen einen Spezialfall:

### Die Greensche Dyade des unendlichen Raumes

Wenn keine Beugungsobjekte vorhanden sind, sind nur die Randbedingungen im Unendlichen und die Ausstrahlungsbedingung maßgeblich. Die Lösung der skalaren Schwingungsgleichung (Helmholtz-Gleichung) ist in Anhang VIC diskutiert. Nach (VI.72) sind die wesentlichen skalaren Greenfunktionen gegeben durch

$$G_0^r(R) = \frac{e^{ikR}}{R} \qquad \text{retardierte Greenfunktion} \tag{12.124}$$

$$G_0^a(R) = \frac{e^{-ikR}}{R} \qquad \text{avancierte Greenfunktion} \tag{12.125}$$

mit $R = |\mathbf{r} - \mathbf{r}'|$. Es gilt dann die

*Behauptung 12.7:* Für die Funktionen (12.124), (12.125) sind die Randbedingungen (12.121) erfüllt.

*Beweis:* Mit $\mathbf{r} = r\mathbf{r}_0$ und $\mathbf{r}_0^2 = 1$, $\mathbf{r}'$ fest gilt für $r \gg r'$

$$|\mathbf{r} - \mathbf{r}'| = (r^2 + r'^2 - 2\mathbf{r}\cdot\mathbf{r}')^{\frac{1}{2}} \approx r - (\mathbf{r}_0 \cdot \mathbf{r}') \tag{12.126}$$

und damit

$$G_0^{r,a}(\mathbf{r}, \mathbf{r}') = \frac{e^{\pm ikr}}{r} e^{\mp ik(\mathbf{r}_0 \cdot \mathbf{r}')} + O\left(\frac{1}{r^2}\right)$$

$$\nabla_{\mathbf{r}} G_0^{r,a}(\mathbf{r}, \mathbf{r}') = \pm ik\mathbf{r}_0 G_0^{r,a}(\mathbf{r}, \mathbf{r}') + O\left(\frac{1}{r^2}\right) \tag{12.127}$$

$$(\mathbf{r}_0 \cdot \nabla)^2 G_0^{r,a}(\mathbf{r}, \mathbf{r}') = -k^2 G_0^{r,a}(\mathbf{r}, \mathbf{r}') + O\left(\frac{1}{r^2}\right) .$$

Aus diesen Relationen folgt, daß (12.121) im $\lim_{r\to\infty}$ erfüllt ist, wenn man $\mathbf{t}(\mathbf{r})$ und $\mathbf{n}(\mathbf{r})$ getrennt mit $\mathbf{r}_0$ identifiziert, w.z.b.w.
Weiter erfüllen diese Greenfunktionen eine abgeänderte Ausstrahlungs- bzw. Einstrahlungsbedingung, die nach *Sommerfeld* benannt ist und die Greenfunktion der Wellengleichung im unendlichen Raum eindeutig festlegt:

$$\lim_{r\to\infty}\left[r\,\nabla_{\mathbf{r}} G_0^{r,a}(\mathbf{r}, \mathbf{r}') \mp ikr\,G_0^{r,a}(\mathbf{r}, \mathbf{r}')\right] = 0 . \tag{12.128}$$

Wie wir in Abschnitt 4.5 bereits festgestellt haben, beschreibt $G_0^r$ eine vom Punkt $\mathbf{r}'$ auslaufende, $G_0^a$ eine in $\mathbf{r}'$ einlaufende Welle. Dabei gilt in (12.128) für $G_0^r$ das negative und für $G_0^a$ das positive Vorzeichen.

## 12.7. Skalare Kirchhoff-Identitäten

Die Methode der Greenfunktionen ist das exakte mathematische Verfahren zur Lösung von Randwertproblemen der Beugungstheorie idealer Leiter. Jedoch ist die Berechnung der Greenschen Dyade im allgemeinen sehr schwierig. Exakte Greensche Dyaden sind bisher nur für den unendlichen Raum, den Halbraum, die Kugel und den Zylinder bekannt [D 3]. Gemessen an der Mannigfaltigkeit der möglichen Anordnungen ist dies eine völlig unzureichende Kenntnis. Es liegt daher nahe, Approximationsverfahren zu verwenden, um wenigstens einen qualitativen Eindruck von Beugungserscheinungen bei komplizierteren Anordnungen zu erhalten. Das älteste Verfahren ist das Kirchhoff-Verfahren. Es beruht mathematisch auf den skalaren Kirchhoff-Identitäten, die wir in diesem Abschnitt ableiten. Wir gehen dazu auf die allgemeinen Gleichungen (12.89) der Grundaufgabe von Abschnitt 12.6 mit zugehörigen Rand- und Ausstrahlungsbedingungen zurück. Benutzen wir nach (3.25) für die Feldstärken eine Potentialdarstellung in der Lorentz-Eichung, so gehen die Gleichungen (12.89) über in

$$\left.\begin{aligned} \Box\,\varphi(\mathbf{r},t) &= -4\pi\rho(\mathbf{r},t) \\ \Box\,\mathbf{A}(\mathbf{r},t) &= -\frac{4\pi}{c}\,\mathbf{j}(\mathbf{r},t) \end{aligned}\right\}, \qquad \mathbf{r}\in V \tag{12.129}$$

mit der Lorentzbedingung

$$\nabla\cdot\mathbf{A}(\mathbf{r},t)+\frac{1}{c}\frac{\partial}{\partial t}\varphi(\mathbf{r},t)=0\,. \tag{12.130}$$

Dazu kommen noch die entsprechenden Randbedingungen, die nach (12.101) mit (3.25) lauten

$$\mathbf{n}(\mathbf{r})\times\left[\nabla\varphi(\mathbf{r},t)+\frac{1}{c}\frac{\partial}{\partial t}\mathbf{A}(\mathbf{r},t)\right]=0\,,\qquad \mathbf{r}\in F(K_i)\quad (i=1,\dots,n)\,, \tag{12.131}$$

sowie die (12.90a) entsprechenden Anfangswertbedingungen für $\varphi$, $\partial_t\varphi$ und $\mathbf{A}$, $\partial_t\mathbf{A}$ zur Zeit $t=t_0$ und die Ausstrahlungsbedingungen (12.102), damit das raum-zeitliche Randwertproblem im Außenraum V eindeutig definiert ist. Für Lösungen, die der Lorentzbedingung (12.130) genügen, ist dann wegen (12.129) die Ladungserhaltung gewährleistet. Nach der allgemeinen Grundaufgabe aus Abschnitt 12.6 sind die Leiter $K_1, \dots, K_n$ sowie die äußeren Quellen $\mathbf{j}(\mathbf{r},t)$, $\rho(\mathbf{r},t)$ vorgegeben.

Zur Ableitung der skalaren Kirchhoff-Identitäten setzen wir nun voraus, daß das Problem bereits gelöst ist und damit $\varphi(\mathbf{r},t)$ und $\mathbf{A}(\mathbf{r},t)$ als bekannt angenommen werden können. Die Existenz und Eindeutigkeit periodischer Lösungen der Art (12.91), (12.92) des allgemeinen Beugungsproblems wird in [D 1, D 2, M 2] für den Außenraumfall, d.h. die hier angenommene Anordnung, mit Hilfe von Fredholmschen Integralgleichungen *unter der Voraussetzung glatter Berandungen der Bezugsobjekte* bewiesen.

Für die so existenten und als bekannt angenommenen Lösungen beweisen wir folgenden

*Hilfssatz:* Sei $\psi(\mathbf{r},t)$ eine Lösung der Wellengleichung für $t>t_0$

$$\Box\,\psi(\mathbf{r},t)=-4\pi f(\mathbf{r},t) \tag{12.132}$$

zu vorgegebenen Quellen $f(\mathbf{r},t)$ und Anfangswerten von $\psi$ und $\partial_t\psi$ für $t=t_0$, so erfüllt $\psi$ die Identität

$$\begin{aligned}\psi(\mathbf{r},t)=&\int_{t_0}^{t_1}dt'\int_{V'}d^3r'\,f(\mathbf{r}',t')\,G(\mathbf{r}',t',\mathbf{r},t)-\frac{1}{4\pi c^2}\int_{V'}d^3r'\left[G\frac{\partial}{\partial t'}\psi-\psi\frac{\partial}{\partial t'}G\right]_{t'=t_0}^{t'=t_1}\\ &+\frac{1}{4\pi}\int_{t_0}^{t_1}dt'\int_{F(V')}\left[G\frac{\partial}{\partial n'}\psi-\psi\frac{\partial}{\partial n'}G\right]df'\,,\end{aligned} \tag{12.133}$$

wobei G eine Greenfunktion zur Gleichung (12.132) und $V'$ ein beliebiges Volumen ist, das $\mathbf{r}$ enthält, und $t_0<t<t_1$ gilt.

*Beweis:* Nach (I. 27) gilt der Greensche Satz

$$\int_{V'} [\chi(\mathbf{r}', t')\, \Delta_{\mathbf{r}'}\, \psi(\mathbf{r}', t') - \psi(\mathbf{r}', t')\, \Delta_{\mathbf{r}'}\, \chi(\mathbf{r}', t')]\, d^3r'$$

$$= \int_{F(V')} [\chi(\mathbf{r}', t')\, \nabla_{\mathbf{r}'}\, \psi(\mathbf{r}', t') - \psi(\mathbf{r}', t')\, \nabla_{\mathbf{r}'}\, \chi(\mathbf{r}', t')] \cdot d\mathbf{f}' \;. \tag{12.134}$$

Nach Integration von $t_0$ bis $t_1$ lautet (12.134)

$$\int_{t_0}^{t_1} \int_{V'} [\chi\Delta'\psi - \psi\Delta'\chi] d^3r'\, dt' = \int_{t_0}^{t_1} \int_{F(V')} [\chi\nabla'\psi - \psi\nabla'\chi] \cdot d\mathbf{f}'\, dt' \;. \tag{12.135}$$

Substituieren wir nun für $\chi$ die Greenfunktion der Gleichung (12.132)

$$\chi(\mathbf{r}', t') := G(\mathbf{r}, t, \mathbf{r}', t') \;, \tag{12.136}$$

so geht wegen (12.132) für $\psi(\mathbf{r}', t')$ und

$$\Delta' G(\mathbf{r}', t', \mathbf{r}, t) = \frac{1}{c^2} \frac{\partial}{\partial t'^2} G(\mathbf{r}', t', \mathbf{r}, t) - 4\pi\delta(\mathbf{r} - \mathbf{r}')\, \delta(t - t') \tag{12.137}$$

die linke Seite von (12.135) über in

$$\int_{t_0}^{t_1} \int_{V'} [\chi\Delta'\psi - \psi\Delta'\chi] d^3r'\, dt' =$$

$$= 4\pi\psi(\mathbf{r}, t) - 4\pi \int_{t_0}^{t_1} dt' \int_{V'} d^3r'\, f(\mathbf{r}', t') G + \frac{1}{c^2} \int_{t_0}^{t_1} dt' \int_{V'} \left[G \frac{\partial^2}{\partial t'^2}\psi - \psi \frac{\partial^2}{\partial t'^2} G\right] d^3r' \;, \tag{12.138}$$

wenn $\mathbf{r} \in V'$ und $t_0 < t < t_1$ ist. Integriert man den letzten Term der rechten Seite von (12.138) partiell bezüglich der Zeit und beachtet weiter $\partial/\partial\mathbf{n}\, df = \nabla \cdot d\mathbf{f}$ in der rechten Seite von (12.135), so entsteht mit (12.138) und (12.136) aus (12.135) die Formel (12.133), w.z.b.w.

Da es sich in unserem Fall um Ausstrahlungsanordnungen handelt, benutzen wir die retardierte Greenfunktion nach (4.70)

$$G_r(\mathbf{r}, t, \mathbf{r}', t') = \frac{\delta\left(t' - t + \frac{|\mathbf{r} - \mathbf{r}'|}{c}\right)}{|\mathbf{r} - \mathbf{r}'|} \tag{12.139}$$

Dann wird mit $\mathbf{R} := \mathbf{r} - \mathbf{r}'$ und $R = |\mathbf{R}|$

$$\nabla' G_r = \frac{\partial G_r}{\partial R} \nabla' R = -\frac{\mathbf{R}}{R} \frac{\partial}{\partial R} \left[\frac{\delta\left(t' - t + \frac{R}{c}\right)}{R}\right] \;. \tag{12.140}$$

$$= \frac{\mathbf{R}}{R^2} \left[\delta\left(t' - t + \frac{R}{c}\right) R^{-1} - \frac{1}{c}\, \delta'\left(t' - t + \frac{\mathbf{R}}{c}\right)\right]$$

Zur weiteren Auswertung von (12.133) mit (12.139) betrachten wir wie in Abschnitt 12.6 einen rein periodischen, d.h. also einen eingeschwungenen Zustand des Systems. Wir setzen dazu an

$$\psi(\mathbf{r}, t) = e^{-i\omega t}\psi(\mathbf{r}); \quad f(\mathbf{r}, t) = e^{-i\omega t} f(\mathbf{r}). \tag{12.141}$$

In diesem Fall ist die Aufstellung einer Anfangsbedingung für eine endliche Zeit $t = t_0$ unnatürlich, da das System nach Definition periodisch sein soll. Man muß daher für die Anfgangsbedingung den Limes $t_0 \to -\infty$ betrachten, um einen Widerspruch zur Periodizitätsforderung zu vermeiden. Wir nehmen ferner an, daß das Volumen $V'$ im Endlichen liege und $t_0 < t < t_1$ mit einen endlichen t gelte. Man erhält dann bei Ausführung der Zeitintegration wegen der in (12.139), (12.140) enthaltenen δ-Funktionen

$$\begin{aligned}&\lim_{t_0 \to -\infty} \frac{1}{4\pi} \int_{t_0}^{t_1} dt' \iint_{F(V')} \left[G \frac{\partial}{\partial n'}\psi - \psi \frac{\partial}{\partial n'} G\right] df' \\ &= \frac{1}{4\pi} \iint_{F(V')} \left[\frac{\nabla'\psi(\mathbf{r}', t')}{R} - \frac{\mathbf{R}}{R^3}\psi(\mathbf{r}', t') - \frac{\mathbf{R}}{cR^2}\frac{\partial}{\partial t'}\psi(\mathbf{r}', t')\right] \cdot d\mathbf{f}' \Bigg|_{t' = t - \frac{R}{c}}\end{aligned} \tag{12.142}$$

Unter den über $V'$ und t gemachten Voraussetzungen folgt ebenfalls

$$\lim_{t_0 \to -\infty} \frac{1}{4\pi c^2} \int_{V'} d^3r' \left[G \frac{\partial}{\partial t'}\psi - \psi \frac{\partial}{\partial t'} G\right]_{t' = t_0}^{t' = t_1} = 0\,, \tag{12.143}$$

da $G_r = 0$ für $t' = t_1$ gilt und an der unteren Grenze $t' = t_0$ zufolge endlicher Werte von t, **r** und **r**′ die in $G_r$ enthaltene δ-Funktion verschwindet. Es ergibt sich dann aus (12.133) mit (12.141), (12.142) und (12.143) und $k = \omega/c$

$$\psi(\mathbf{r}) = \frac{1}{4\pi} \int_{F(V')} \frac{e^{ik|\mathbf{r}-\mathbf{r}'|}}{|\mathbf{r}-\mathbf{r}'|} \left[\frac{\partial}{\partial n'}\psi(\mathbf{r}') + ik\left(1 + \frac{i}{k|\mathbf{r}-\mathbf{r}'|}\right) \frac{\mathbf{n}'\cdot(\mathbf{r}-\mathbf{r}')}{|\mathbf{r}-\mathbf{r}'|}\psi(\mathbf{r}')\right] df' + C \tag{12.144}$$

mit

$$C := \lim_{t_0 \to -\infty} e^{i\omega t} \int_{t_0}^{t_1} dt' \int_{V'} d^3r' f(\mathbf{r}', t')\, G_r(r', t', r, t) \tag{12.145}$$

Der letzte Term C in (12.144) verschwindet im allgemeinen nicht. Um endgültig die Kirchhoff-Identitäten zu erhalten, wählen wir ein Volumen $V'$, das strom- und ladungsfrei ist, für das also $f(\mathbf{r}, t) = 0$ für $\mathbf{r} \in V'$ gilt, wie Bild 44 zeigt.

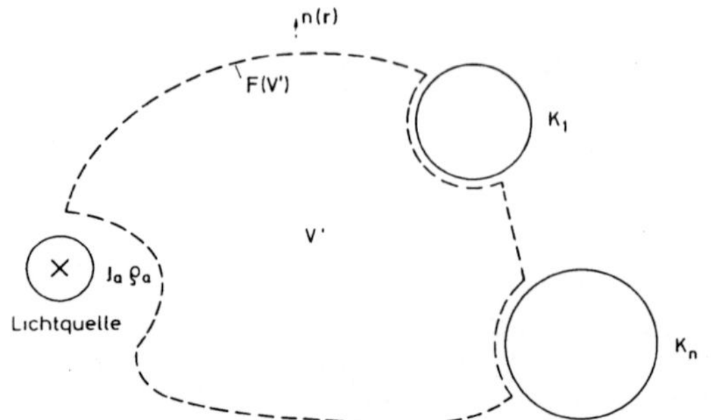


**Bild 44**
Integrationsvolumen V′ ohne Quellen **j**, ρ zur Ableitung der Kirchhoff-Identitäten innerhalb V′.

Für ein solches Volumen wird $C \equiv 0$, und wir erhalten aus (12.145) bei Identifikation von $\psi$ mit $\varphi$ bzw. **A** die Kirchhoff-Identitäten

$$\mathbf{A}(\mathbf{r}) = \frac{1}{4\pi} \int\limits_{F(V')} \frac{e^{ik|\mathbf{r}-\mathbf{r}'|}}{|\mathbf{r}-\mathbf{r}'|} \left[ \frac{\partial}{\partial \mathbf{n}'} \mathbf{A}(\mathbf{r}') + ik \left(1 + \frac{i}{k|\mathbf{r}-\mathbf{r}'|}\right) \frac{\mathbf{n}' \cdot (\mathbf{r}-\mathbf{r}')}{|\mathbf{r}-\mathbf{r}'|} \varphi(\mathbf{r}') \right] df',$$

$$\varphi(\mathbf{r}) = \frac{1}{4\pi} \int\limits_{F(V')} \frac{e^{ik|\mathbf{r}-\mathbf{r}'|}}{|\mathbf{r}-\mathbf{r}'|} \left[ \frac{\partial}{\partial \mathbf{n}'} \varphi(\mathbf{r}') + ik \left(1 + \frac{i}{k|\mathbf{r}-\mathbf{r}'|}\right) \frac{\mathbf{n} \cdot (\mathbf{r}-\mathbf{r}')}{|\mathbf{r}-\mathbf{r}'|} \varphi(\mathbf{r}') \right] df', \qquad (12.146)$$

wobei die Normale $\mathbf{n}'(\mathbf{r}')$ auf $F(V')$ nach außen zeigt.

Dies bedeutet, daß vorgegebene zeitlich periodische Lösungen $\varphi$, **A** der Wellengleichungen (12.129) unabhängig von den gestellten Randbedingungen (12.131) die Beziehungen (12.146) für $\mathbf{r} \in V'$ identisch erfüllen müssen. Umgekehrt ist es aber nicht möglich, aus (12.146) Lösungen der Wellengleichungen eindeutig zu konstruieren, insbesondere im vorliegenden Fall des Leitermodells. Die Gründe hierfür sind folgende:

a) Die Wellengleichung (12.132) erlaubt nicht die simultane Vorgabe von $\psi$ und $\frac{\partial}{\partial n}\psi$ auf einer geschlossenen Oberfläche F(V); das Problem ist dann nach Anhang III überbestimmt. Danach besitzen hyperbolische Gleichungen, worunter auch die Wellengleichung fällt, nur bei Cauchy-Randbedingungen auf offenen Oberflächen eindeutige, stabile Lösungen.

b) Für einen sinnvollen Lösungsansatz müßte in der Darstellung (12.133) die exakte Greenfunktion, welche die vorgegebenen Randbedingungen erfüllt, verwendet werden und nicht die Greenfunktion (12.139) für den unendlichen Raum. Nur dann erfüllt (12.144) die richtigen Randbedingungen und gibt das Verhalten von $\psi$ richtig wieder. Bei Berücksichtigung von a) stellt (12.144) erst dann eine sinnvolle Integralgleichung für $\psi$ dar, welche bei Iteration das Verhalten von $\psi$ richtig reproduziert.

c) Die Darstellung (12.146) für $\varphi$ und **A** beruht auf der skalaren Identität (12.144) und kann die vektoriellen Eigenschaften der Maxwelltheorie, z.B. Polarisationseffekte, nicht richtig beschreiben, da das Beugungsproblem im Prinzip ein vektorielles und kein skalares Problem ist. Die Potentiale $\varphi$ und **A** haben zunächst bei Berücksichtigung von b) der Lorentzbedingung (12.130) zu genügen. Fernerhin sind die Randbedingungen (12.131) zu erfüllen. Hierfür ist jedoch anstatt (12.146) eine entsprechende vektorielle Identität für die in (12.131) auftretende Kombination von $\varphi$ und **A**, d.h. aber für **E** bzw. **B** geeigneter.

Die vektoriellen Kirchhoff-Identitäten werden in Anhang VIII.1 abgeleitet und sind durch (VIII.16) und (VIII.17) gegeben. Sie lassen sich auch in der Form (VIII.26) und (VIII.27) bzw. (VIII.29) darstellen. Danach sind $\mathbf{E}(\mathbf{r})$ und $\mathbf{B}(\mathbf{r})$ für $\mathbf{r} \in V$ schon durch die Vorgabe von $\mathbf{n} \times \mathbf{E}(\mathbf{r}) =: 4\pi \mathrm{j}_f'$ sowie $\mathbf{n} \times \mathbf{B}(\mathbf{r}) =: -\frac{4\pi}{c}\mathrm{j}_f$, $\mathbf{r} \in F(V)$ entsprechend (VIII.25) auf der Oberfläche F(V) festgelegt. Multipliziert man diese Darstellungen für $\mathbf{E}(\mathbf{r})$ und $\mathbf{B}(\mathbf{r})$ vektoriell mit $\mathbf{n}(\mathbf{r})$ und nimmt den Grenzübergang $\mathbf{r} \to \mathbf{r}_0 \in F(V)$ mit $\mathbf{r} \in V$ vor, so ergeben sich die vektoriellen Integralgleichungen (VIII.30) der Beugungstheorie für $\mathrm{j}_f'$ und $\mathrm{j}_f$. Diese gelten völlig exakt, und man kann dann hierfür ein dem nachfolgenden Abschnitt 12.8 entsprechendes vektorielles Kirchhoff-Verfahren anwenden. Dies ist in Anhang VIII.2 durchgeführt.

Die Formeln (12.146) stellen daher notwendige, aber nicht hinreichende Bedingungen für die Lösungen des Problems dar. Um auf diese Einseitigkeit hinzuweisen, haben wir dafür den Begriff Identität gewählt. Interessant ist an diesen Identitäten, daß durch sie die Potentiale im Innern des Bereichs V′ mit den Potentialen und deren Ableitung am Rande verknüpft werden. Dies ist die exaktere Formulierung des sogn. Huygens-Prinzips, nämlich daß die Punkte der Oberfläche F(V′) Ausgangspunkte von Kugelwellen sind, deren phasenrichtige Überlagerung das gesuchte Wellenfeld in V′ ergibt. Dies kann man zum Ausgangspunkt physikalischer Überlegungen und Näherungen machen.

## 12.8. Kirchhoff-Verfahren

Das Kirchhoff-Verfahren benutzt die Identitäten (12.146) zur Berechnung von Beugungszuständen des elektromagnetischen Feldes. Da die Bedingungen (12.146) zwar notwendig aber nicht hinreichend für die Bestimmung der Potentiale sind, muß das Verfahren eine gewisse Willkür aufweisen. Diese besteht darin, daß aus physikalischen Überlegungen die Randwerte der Felder erraten werden. Mittels der erratenen Randwerte und mit Gl. (12.146) werden dann die Potentiale und damit die Felder im Innern des Volumens V′ ausgerechnet. Ein systematisches Verfahren, das die Kirchhoff-Ansätze im skalaren Fall als Iterationsschritte für die Lösung des vollständigen Randwertproblems benutzt, ist bisher noch nicht entwickelt worden. Für die vektoriellen Kirchhoff-Identitäten (VIII.16), (VIII.17) des Anhangs VIII.1 bedeuten jedoch die Kirchhoff-Ansätze die nullte Näherung der sich ergebenden Integralgleichungen. Trotz dieser mathematischen Unvollkommenheit erhält man aber mit dem Kirchhoff-Verfahren eine Übereinstimmung der theoretischen Resultate mit dem Experiment, was seine Benutzung rechtfertigt. Außerdem ergibt sich mit Hilfe des exakteren vektoriellen Kirchhoff-Verfahrens des Anhangs VIII.2 dieselbe qualitative Beugungsstruktur bis auf den Einfluß der Polarisation.

Da man die physikalischen Randwerte auf beliebigen Oberflächen F(V′) nicht ohne weiteres erraten kann, muß man sich auf Standardanordnungen beziehen, bei denen dies möglich ist. Eine solche Anordnung gibt Bild 45 wieder. Ein leitender, ebener Schirm $S_1$ erlaubt durch die Öffnung $S_2$ die Einstrahlung elektromagnetischer Wellen in das Volumen V′: Dies ist eine der experimentellen Grundanordnungen der Optik. Um die Anordnung mittels des Kirchhoff-Verfahrens mathematisch behandeln zu können, idealisiert man V′ zu einer durch den ebenen Schirm begrenzten Halbkugel mit sehr großem

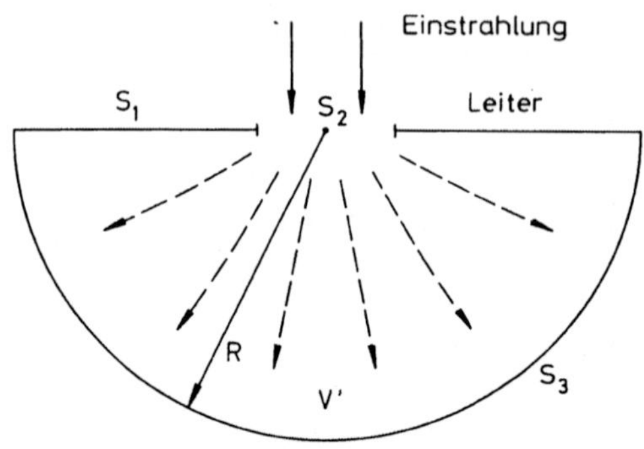


**Bild 45**
Standardanordnung der Beugungstheorie: ebener, ideal leitender Schirm $S_1$ mit der Öffnung $S_2$ und Halbraum V′ in Form einer Halbkugel mit Radius R und der Oberfläche $S_3$.

Radius R, wobei man schließlich auch den Grenzfall $R \to \infty$ annehmen kann, ohne die Resultate zu ändern. Man kann dann die Oberfläche F(V) in drei Anteile $S_\alpha$ zerlegen:

$$F(V') = S_1 + S_2 + S_3 \ , \tag{12.147}$$

wobei $S_1$ der Schirm sein möge, $S_2$ die Öffnung und $S_3$ die Oberfläche des Halbraumes $(R \to \infty)$. Auf diesen Oberflächen werden nun für die Werte des Feldes bzw. der Potentiale Näherungsannahmen gemacht:

a) Auf dem ideal leitenden Schirm $S_1$ wird $\psi(\mathbf{r}) = 0$, $\partial/\partial\mathbf{n}\ \psi(\mathbf{r}) = 0$ gesetzt. Vom Schirm als idealem Leiter soll also keine Erregung ausgehen.

b) In der Öffnung $S_2$ sollen $\psi(\mathbf{r})$ und $\partial/\partial\mathbf{n}\ \psi(\mathbf{r})$ die Werte der freien einfallenden Welle $\psi_e$ annehmen, womit Rückwirkungen des im Innern von V′ herrschenden Strahlungsfeldes auf die Öffnung ausgeschlossen werden.

c) Für $r \to \infty$ soll die im Volumen V′ vorhandene Welle wie eine auslaufende Kugelwelle abklingen, d.h. es soll gelten $\psi(\mathbf{r}) \approx \mathbf{f}(\vartheta, \varphi)\, e^{ikr} r^{-1}$. Dies folgt direkt aus einer Multipolentwicklung nach Abschnitt 4.6 für die „Lichtquelle" $S_2$, wobei die benutzte retardierte Greenfunktion (12.139) für das richtige Ausstrahlungsverhalten sorgt.

Um überhaupt von einem ungestörten Wellenfeld in $S_2$ reden zu können, muß man ferner die Voraussetzung $\lambda \ll d$ machen, wobei d die maximale Ausdehnung der Öffnung $S_2$ bedeutet. Ist diese Voraussetzung nicht erfüllt, so kann sich in der Öffnung überhaupt kein freies Wellenfeld ausbilden, da dann der Einfluß der Berandung wesentlich wird. Damit die Annahme a) sinnvoll ist, muß der Schirm total undurchsichtig sein, also die gesamte Einstrahlung absorbieren. Dies ist für einen idealen Leiter mit $\sigma = \infty$ der Fall. Unter diesen Annahmen verschwindet dann das Oberflächenintegral sowohl über $S_1$ als auch über $S_3$, so daß in (12.146) das Integral

$$\psi(\mathbf{r}) = -\frac{1}{4\pi}\int_{S_2} \frac{e^{ik|\mathbf{r}-\mathbf{r}'|}}{|\mathbf{r}-\mathbf{r}'|}\left[\frac{\partial}{\partial\mathbf{n}'}\,\psi_e(\mathbf{r}') + ik\left(1 + \frac{i}{k|\mathbf{r}-\mathbf{r}'|}\right)\frac{\mathbf{n}'\cdot(\mathbf{r}-\mathbf{r}')}{|\mathbf{r}-\mathbf{r}'|}\,\psi_e(\mathbf{r}')\right]d\mathbf{f}' \tag{12.148}$$

verbleibt, wobei jetzt die Normale $\mathbf{n}$ in das Volumen V′ hineingerichtet ist, wodurch das negative Vorzeichen entsteht.

Um (12.148) auswerten zu können, unterscheiden wir für die Bedingung $\lambda \ll d$ analog zur Multipolstrahlung in Abschnitt 4.6 drei Zonen:

1. Nahzone $r \ll \lambda \ll d$
2. Mittelzone (Fresnel-Zone) $\lambda \ll r \approx d$
3. Fernzone (Fraunhofer-Zone) $\lambda \ll d \ll r$,

wobei r die Entfernung von der Öffnung sei, wenn man den Koordinatenursprung in das Zentrum der Öffnung legt. Dabei sieht man, daß die Multipolstrahlung in Abschnitt 4.6 wegen $d \ll r$ nur der Fraunhoferzone entspricht. Da die optischen Wellenlängen i.a. sehr klein sind und die physikalisch interessanten Öffnungen ebenfalls, beschränken wir uns auf eine Diskussion der

**Fraunhofer-Zone**

In dieser Zone läßt sich (12.148) stark vereinfachen (während für die Fresnel-Zone die Integrale exakt ausgewertet werden müssen). Da $\mathbf{r}'$ in (12.148) nur über den Bereich der Öffnung variiert wird, gilt in dieser Zone $|\mathbf{r}'| \ll d \ll |\mathbf{r}|$, wenn wir $\mathbf{r}'$ und $\mathbf{r}$ auf den „Mittelpunkt", eine Art Schwerpunkt der Öffnung, wie bei der Multipolentwicklung, beziehen. Damit können wir approximativ entsprechend (4.94) ansetzen

$$|\mathbf{r} - \mathbf{r}'| \approx |\mathbf{r}| - \mathbf{r}_0 \cdot \mathbf{r}' \tag{12.149}$$

mit dem Einheitsvektor $\mathbf{r}_0 = \mathbf{r}|\mathbf{r}|^{-1}$. Entwickelt man ferner $|\mathbf{r} - \mathbf{r}'|^{-1}$ entsprechend (12.149) nach $|\mathbf{r}'| \cdot |\mathbf{r}|^{-1}$ und nimmt man jeweils nur die niedrigsten Glieder mit, so entsteht aus (12.148)

$$\psi(\mathbf{r}) \approx -\frac{e^{ikr}}{4\pi r} \int_{S_2} e^{-ik(\mathbf{r}_0 \cdot \mathbf{r}')} \left[\frac{\partial}{\partial n'} \psi_e(\mathbf{r}') + ik(\mathbf{r}_0 \cdot \mathbf{n}') \psi_e(\mathbf{r}')\right] df' + O(r^{-2}). \tag{12.150}$$

Als einfallendes elektrisches Feld $\mathbf{E}_e$ nehmen wir nun eine lineare polarisierte ebene Welle mit der Polarisationsrichtung $\mathbf{a}_0$ an. Für diese wird das Skalarpotential $\varphi_e$ identisch Null, und das Vektorpotential lautet

$$\mathbf{A}_e(\mathbf{r}) = \mathbf{a}_0\, e^{ik(\mathbf{k}_0 \cdot \mathbf{r})}, \tag{12.151}$$

wobei $\mathbf{k}_0$ der auf Eins normierte Ausbreitungsvektor sei und wegen der Transversalität $\mathbf{a}_0 \cdot \mathbf{k}_0 = 0$ sein muß. Da (12.150) für jede Komponente von $\mathbf{A}$ gilt, genügt es, $\psi_e(\mathbf{r}) = e^{ik(\mathbf{k}_0 \cdot \mathbf{r})}$ in der Öffnung anzunehmen. Wir benutzen nun ein Koordinatensystem, wie es Bild 46 zeigt. Die Normale wird dann $\mathbf{n}' = \mathbf{e}_3$, und mit $\partial/\partial n' := \mathbf{n}' \cdot \nabla'$ erhalten wir in der Öffnungsebene

$$\left[\frac{\partial}{\partial n'} \psi_e(\mathbf{r}') + ik(\mathbf{r}_0 \cdot \mathbf{n}') \psi_e(\mathbf{r}')\right]\Big|_{z'=0} = ik\,\mathbf{e}_3 \cdot (\mathbf{k}_0 + \mathbf{r}_0)\, e^{ik(\mathbf{k}_0 \cdot \mathbf{r}')}\Big|_{z'=0}. \tag{12.152}$$

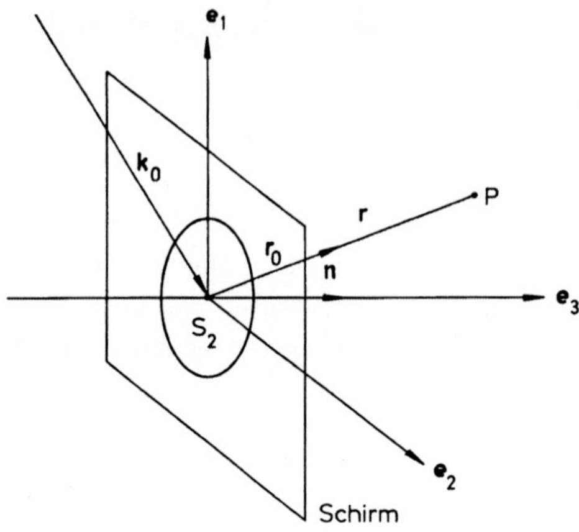


**Bild 46**
Unendlich ausgedehnter ebener Schirm in der $\mathbf{e}_1-\mathbf{e}_2$-Ebene mit Öffnung $S_2$, Einfallsrichtung $\mathbf{k}_0$. Normale $\mathbf{e}_3$ und Aufpunkt P in Richtung $\mathbf{r}$.

Damit entsteht aus (12.150)

$$\psi(\mathbf{r}) = -\frac{e^{ikr}}{4\pi r}\, ik\,\mathbf{e}_3 \cdot (\mathbf{k}_0 + \mathbf{r}_0) \int_{S_2} e^{ik(\mathbf{k}_0 - \mathbf{r}_0)\cdot \mathbf{r}'}\Big|_{z'=0} dx'\,dy' \,. \tag{12.153}$$

Benutzen wir

$$\mathbf{r}_0 = \mathbf{e}_i\,\alpha_i' \quad , \quad \mathbf{k}_0 = \mathbf{e}_i\,\alpha_i \quad , \quad a_i := \alpha_i - \alpha_i' \,, \tag{12.154}$$

so läßt sich (12.153) auch schreiben als

$$\psi(\mathbf{r}) = -\frac{e^{ikr}}{4\pi r}\, ik\,(\alpha_3 + \alpha_3') \int_{S_2} e^{ik(a_1 x' + a_2 y')}\, dx'\,dy' \,, \tag{12.155}$$

woraus das Vektorpotential

$$\mathbf{a}_0\,\psi(\mathbf{r}) = \mathbf{A}(\mathbf{r}) = -\,\mathbf{a}_0\,\frac{e^{ikr}}{4\pi r}\, ik(\alpha_3 + \alpha_3')\, S(k, a_1, a_2) \tag{12.156}$$

folgt mit der Interferenzfunktion

$$S(k, a_1, a_2) := \int_{S_2} e^{ik(a_1 x' + a_2 y')}\, dx'\,dy' \,. \tag{12.157}$$

Da die Wirkung der im Raum vorhandenen Strahlung durch die Dichte der elektromagnetischen Energie bestimmt wird, wird beim Auffangen des „Beugungsbildes“ auf einem Beobachtungsschirm in V′ diese Energiedichte gemessen. Wir müssen daher in der Fraunhofer-Zone die Energiedichte mit (12.156) bilden. Dazu nehmen wir näherungsweise in dem Ausdruck (3.55) für die Energiedichte wieder nur Terme proportional $r^{-1}$

mit. Dann wird mit (12.92), (12.143) und (12.156) die magnetische Feldstärke **B** nach (3.16)

$$\mathbf{B(r)} = \nabla_\mathbf{r} \times \mathbf{A(r)} \approx (\mathbf{r}_0 \times \mathbf{a}_0) \frac{e^{ikr}}{4\pi r} k^2 (\alpha_3 + \alpha_3') S(k; a_1, a_2) . \tag{12.158}$$

Die elektrische Feldstärke wird analog nach (3.20) mit $k = \omega/c$

$$E(r) = ik\,A(r) = \frac{e^{ikr}}{4\pi r} a_0 k^2 (\alpha_3 + \alpha_3') S(k, a_1, a_2) , \tag{12.159}$$

wobei $\mathbf{r} = r\mathbf{r}_0$ mit $\mathbf{r}_0$ als Ausbreitungsvektor der gebeugten Welle ist. Damit folgt für die nach Abschnitt 11.13 über eine Periode gemittelte Energiedichte (11.184), wobei jedoch $\bar{u}(\mathbf{r}) \equiv u(\mathbf{r})$ gesetzt ist:

$$\begin{aligned} u(r) &= \frac{1}{16\pi} [E(r) \cdot E^x(r) + B(r) \cdot B^x(r)] \\ &\approx \gamma \frac{k^4}{8\pi} \frac{(\alpha_3 + \alpha_3')^2}{(4\pi r)^2} \left| S(k, a_1, a_2) \right|^2 . \end{aligned} \tag{12.160}$$

Der Faktor

$$\gamma := 1 - (a_0 \cdot r_0)^2 \frac{1}{2} \tag{12.161}$$

ist polarisationsabhängig mit $\frac{1}{2} \leqslant \gamma \leqslant 1$. Für $\mathbf{r}_0 = \mathbf{k}_0$ wird $\gamma = 1$ wegen $\mathbf{a}_0 \cdot \mathbf{k}_0 = 0$. Da wir uns hauptsächlich für Richtungen $\mathbf{r}_0$ interessieren, die nahe bei $\mathbf{k}_0$ liegen, und da weiter die skalare Theorie keine verläßlichen Aussagen über die Polarisation machen kann, setzen wir $\gamma \approx 1$. Wir stellen nun den Beobachtungsschirm in einer Kugeloberfläche um den Ursprung mit dem Radius $\rho$ auf. Da die Absolutwerte der Intensität uninteressant sind vergleichen wir alle Werte mit dem Wert von $u(\mathbf{r})$ in Richtung $\mathbf{r}_0$ des einfallenden Wellenvektors $\mathbf{k}_0$, also für $\mathbf{r} = \rho\mathbf{k}_0$. Bildet man dieses Verhältnis, so entsteht

$$\frac{u(\rho \mathbf{r}_0)}{u(\rho \mathbf{k}_0)} = \left(\frac{\alpha_3 + \alpha_3'}{2\alpha_3}\right)^2 \frac{|S(k, a_1, a_2)|^2}{|S(k, 0, 0)|^2} =: \left(\frac{\alpha_3 + \alpha_3'}{2\alpha_3}\right)^2 M(k) . \tag{12.162}$$

Dabei ergibt sich wegen $\mathbf{k}_0 = \mathbf{r}_0$ in (12.157) $a_1 = a_2 = 0$ und deshalb $S(k, 0, 0) = F(S_2)$, also die Öffnungsfläche. Dieses beobachtbare Ergebnis soll nun an verschiedenen Beispielen näher untersucht werden.

## 12.9. Beugungseffekte

Um Beugungseffekte in der Kirchhoff-Approximation zu studieren, ist es nur nötig, die Funktion S explizit auszurechnen. Dies soll für die einfachsten optisch interessanten Anordnungen durchgeführt werden.

**a) Beugung an der Kreisblende**

Die Öffnung sei ein Kreis mit dem Radius R. Wir führen Polarkoordinaten ein:

$$x' = \rho \cos\varphi ; \qquad a_1 = s \cos\vartheta$$
$$y' = \rho \sin\varphi ; \qquad a_2 = s \sin\vartheta . \tag{12.163}$$

Damit geht (12.157) über in

$$S(k, a_1, a_2) = \int_0^R \rho \, d\rho \int_0^{2\pi} e^{ik\rho s \cos(\varphi - \vartheta)} \, d\varphi . \tag{12.164}$$

Wegen der Periodizität des cosinus kann man (12.164) auch schreiben als

$$S(k, a_1, a_2) = \int_0^R \rho \, d\rho \int_0^{2\pi} e^{ik\rho s \cos\varphi'} d\varphi' =: S(k, s). \tag{12.165}$$

Mit (VI.58b) und (VI.58e) ergibt dies

$$S(k, s) = 2\pi \int_0^R \rho \, J_0(ks\rho) \, d\rho = 2\pi R^2 \, \frac{J_1(ksR)}{ksR} , \tag{12.166}$$

wobei $J_0$ bzw. $J_1$ die Besselfunktion nullter bzw. erster Ordnung sind. Nach (VI.48) wird

$$\lim_{s \to 0} S(k, s) = \pi R^2 , \tag{12.167}$$

also die Fläche der Kreisöffnung, und daraus folgt nach (12.162) der Modulationsfaktor der Intensität

$$M(k, s) = 4 \left( \frac{J_1(ksR)}{ksR} \right)^2 . \tag{12.168}$$

Die in (12.168) enthaltene Aussage ist ein erstes interessantes Ergebnis der Beugungstheorie optischer Systeme. Erzeugt man nämlich mit einer Punktlichtquelle L eine elektromagnetische Kugelwelle, so kann man in hinreichend weiter Entfernung von L kleine Ausschnitte der Wellenfronten als ebene Wellen approximieren, oder man benützt eine Sammellinse zur Erzeugung eines parallelen Strahlenbündels, indem man die Lichtquelle L in einem Brennpunkt der Linse anordnet. Treffen diese Wellen dann auf eine hinreichend kleine Kreisblende K, so ergibt sich auf einem sehr weit entfernten kugelförmigen Bildschirm B mit Radius $\rho$ ein durch den Modulationsfaktor (12.168) beschriebenes Beugungsbild (Bild 47).

Da (12.168) nur von s abhängt, ist die Beugungsfigur rotationssymmetrisch um die Achse $k_0$, also den Wellenvektor der einfallenden Welle. Untersucht man M(k, s) in Abhängigkeit von s, so ergibt sich die in Bild 47 eingezeichnete Intensitätsverteilung.

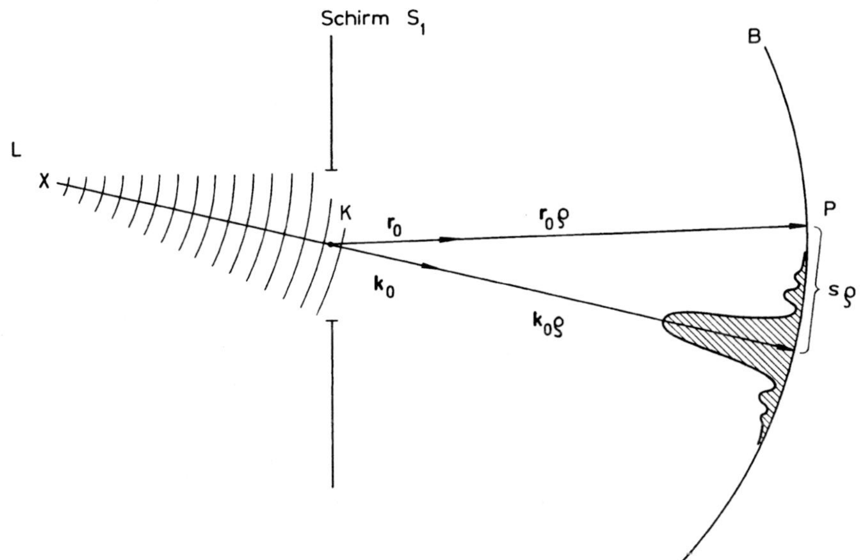


**Bild 47.** Experimentelle Beugungsanordnung. Weit entfernte Lichtquelle L, die am Ort der Kreisblende K im Beugungsschirm näherungsweise ebene Wellen mit der Ausbreitungsrichtung $\mathbf{k}_0$ erzeugt, und Beugungsintensität auf dem ebenfalls weit entfernten Bildschirm B.

Das Beugungsbild besteht also aus einer Schar heller und dunkler Kreise vom Radius $\rho s$ um das Hauptmaximum bei dem Durchstoßpunkt von $\mathbf{k}_0$ am Beobachtungsschirm B. Setzt man $x = ksR$, so liegen die Nullstellen von $J_1(x)$ bei $x = 3{,}832;\ 7{,}016;\ 10{,}173$. Daraus folgt wegen $s = xk^{-1}R^{-1}$, daß die Abbildung der Kreisblende um so schärfer wird, je größer R und je größer k bzw. $\omega$ ist, da dann die Minima des Beugungsbildes immer näher zusammenrücken. Diese Relationen sind aber natürlich durch die Näherung ebener Wellen für die Erregung und die Voraussetzung $\lambda \ll d$ beschränkt. Experimentell erhält man die ebenen Wellen in Form eines parallelen Strahlenbündels mit Hilfe einer Sammellinse, in deren einem Brennpunkt sich die Lichtquelle L befindet. Die gebeugten nahezu ebenen Wellen werden dann durch eine zweite Sammellinse auf einen ebenen Beugungsschirm fokussiert, der sich in der der Lichtquelle abgewandten Brennebene der zweiten Linse befindet.

Man erkennt, daß die Kreisblende eine Abbildung von L erzeugt, die in ihrer Schärfe nur durch die Beugungsringe beeinträchtigt wird. Dies ist das Prinzip der Lochkamera, das besagt, daß man allein mit der Beugung schon eine Abbildung erzeugen kann. Die in komplizierten optischen Systemen benutzten Linsen dienen dann nur dazu, das Bild zu konzentrieren, nicht aber dazu, es zu erzeugen.

### b) Beugung am Spalt

Die Öffnung sei ein Spalt der Breite d und der Höhe h in $\mathbf{e}_2$-Richtung.

Dann erhält man aus (12.157)

$$S(k, a_1, a_2) = \int\limits_{-d/2}^{d/2} e^{ika_1x'}\,dx' \int\limits_{-h/2}^{h/2} e^{ika_2y'}\,dy'$$

$$= \frac{\sin\frac{1}{2}ka_1d}{\frac{1}{2}ka_1} \cdot \frac{\sin\frac{1}{2}ka_2h}{\frac{1}{2}ka_2}\,, \qquad (12.169)$$

und M wird zu

$$M(k, a_1, a_2) = \left(\frac{\sin\frac{1}{2}ka_1d}{\frac{1}{2}ka_1d}\right)^2 \left(\frac{\sin\frac{1}{2}ka_2h}{\frac{1}{2}ka_2h}\right)^2 . \qquad (12.170)$$

Die Intensitätsminima liegen bei den Werten

$$a_1 = \pm\frac{2\pi n}{kd} = \pm\frac{\lambda}{d}n; \qquad a_2 = \pm\frac{2\pi m}{kh} = \pm\frac{\lambda}{h}m. \quad (n, m = 1 \ldots \infty). \qquad (12.171)$$

Insgesamt erhält man folgende Figur für die Intensitätsfunktion $(\sin v/v)^2$, wenn man $v = \frac{1}{2}ka_1d$ oder $v = \frac{1}{2}ka_2h$ setzt.

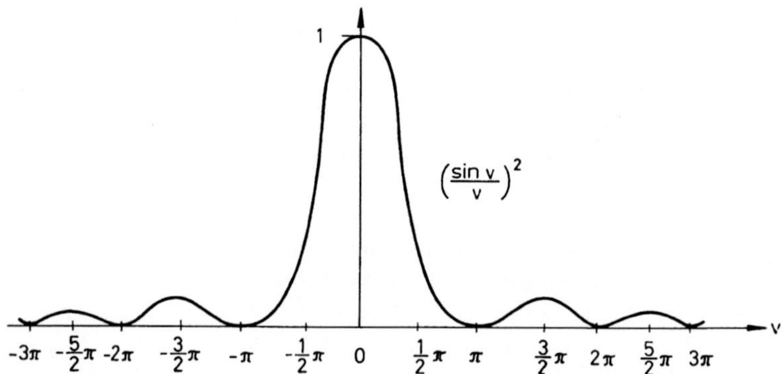


**Bild 48.** Verlauf der Intensitätsfunktion $\left(\frac{\sin v}{v}\right)^2$ in dem Modulationsfaktor (12.170).

Die Intensitätsverteilung wird demnach durch zwei Scharen von parallelen hellen und dunklen Streifen gegeben, die aufeinander senkrecht stehen. Das Hauptmaximum der Intensität entsteht wiederum im Durchstoßpunkt von $\mathbf{k}_0$ durch den Beobachtungsschirm. In experimentellen Anwendungen ist $d \ll h$ mit d in der Größenordnung von $10^{-1} - 10^{-3}$ cm

### c) Beugung am Doppelspalt

Die Öffnung bestehe aus zwei parallelen Spalten in $e_2$-Richtung der Breite d und der Höhe h und mit dem Abstand $2l$, d.h. die Öffnung befinde sich bei

$$-\frac{d}{2}-l<x<\frac{d}{2}-l$$
$$-\frac{d}{2}+l<x<\frac{d}{2}+l \qquad (12.172)$$
$$-\frac{h}{2}<y<\frac{h}{2}.$$

Die Interferenzfunktion (12.157) wird dann

$$S(k, a_1, a_2) = \left[\int\limits_{-\frac{d}{2}-l}^{\frac{d}{2}-l} + \int\limits_{-\frac{d}{2}+l}^{\frac{d}{2}+l}\right] e^{ika_1x}\,dx \int\limits_{-\frac{h}{2}}^{\frac{h}{2}} e^{ika_2y}\,dy\,. \qquad (12.173)$$

Variablentransformation $x = x' - l$ bzw. $x = x' + l$ in den ersten beiden Integralen führt auf

$$S(k, a_1, a_2) = S_s(k, a_1, a_2)\, 2\cos(kla_1)\,, \qquad (12.174)$$

wobei $S_s$ die Interferenzfunktion (12.169) für den einfachen Spalt ist. Bezeichnet man den Modulationsfaktor der Intensität für den einfachen Spalt (12.170) mit $M_s$, so entsteht für den Doppelspalt der Faktor

$$M(k, a_1, a_2) = M_s(k, a_1, a_2)\, 4\cos^2(kla_1)\,. \qquad (12.175)$$

Da experimentell stets $2l > d$ gilt, bestimmt der zweite Faktor in (12.175) das Aussehen des Beugungsbildes. Das Beugungsbild des einfachen Spaltes wird also zusätzlich von parallelen, äquidistanten Interferenzstreifen in $e_2$-Richtung durchzogen. Deren Minima liegen bei

$$a_1 = \pm(2n+1)\frac{\pi}{2}\cdot\frac{1}{kl} = \pm(2n+1)\frac{\lambda}{4l}\,; \qquad (n = 0, 1, 2, \ldots)\,. \qquad (12.176)$$

### d) Beugung am Gitter

In diesem Fall mögen $(2N + 1)$ parallele Spalten in $e_2$-Richtung der Breite d, Höhe h und mit dem Abstand $l$ als Öffnung dienen, wobei $l > d$ gilt. Die Öffnungen liegen also an den Stellen

$$-\frac{d}{2}\pm nl<x<\frac{d}{2}\pm nl \qquad (n = 0, 1, 2, \ldots, N) \qquad (12.177)$$
$$-\frac{h}{2}<y<\frac{h}{2}$$

Dann ergibt sich aus (12.157)

$$S(k, a_1, a_2) = \sum_{n=-N}^{n=N} \int_{-\frac{d}{2}+nl}^{\frac{d}{2}+nl} e^{ika_1x}\, dx \int_{-\frac{h}{2}}^{\frac{h}{2}} e^{ika_2y}\, dy\ . \qquad (12.178)$$

Substitution $x = x' + n\,l$ in den Integralen über x führt dann analog zum Doppelspalt auf

$$S(k, a_1, a_2) = S_s(k, a_1, a_2) \sum_{n=-N}^{n=N} e^{-inkla_1}\ , \qquad (12.179)$$

wobei $S_s$ durch (12.169) definiert ist. Wegen

$$\frac{1}{2N+1} \sum_{n=-N}^{n=N} \left(e^{-ikla_1}\right)^n = \frac{\sin k l a_1 \frac{1}{2}(2N+1)}{(2N+1)\sin\frac{1}{2} k l a_1} \qquad (12.180)$$

erhält man dann den Modulationsfaktor

$$M(k, a_1, a_2) = M_s(k, a_1, a_2) \left(\frac{\sin(2N+1)\delta}{(2N+1)\sin\delta}\right)^2 =: M_s(k, a_1, a_2) F_N(\delta) \qquad (12.181)$$

mit

$$\delta := \frac{1}{2} k l a_1\ . \qquad (12.182)$$

Wegen $l > d$ wird die Interferenzfigur im wesentlichen durch die Nullstellen und Maxima des zweiten Faktors $F_N(\delta)$ in (12.181) bestimmt, dessen Verlauf als Funktion von $\delta$ in Bild 49 dargestellt ist.

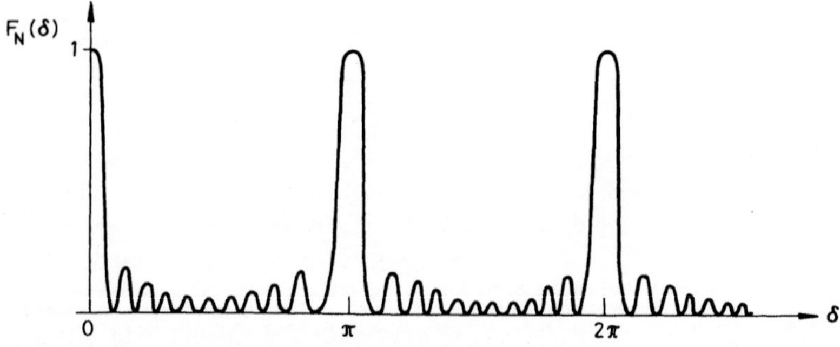


**Bild 49.** Verlauf der Modulationsfunktion $F_N(\delta)$ im Modulationsfaktor $M(k, a_1, a_2)$ nach (12.181) als Funktion von $\delta$ für $\delta \geqslant 0$.

Die Hauptmaxima von $F_N(\delta)$ liegen bei

$$\delta_M = \pm n\pi\,, \quad \text{d.h.} \quad a_1 = n\lambda l^{-1} \quad (n = 0, \pm 1, \dots)\,, \tag{12.183}$$

und dort wird $F_N(\delta_M) = 1$. Man nennt n die Ordnung des Beugungsbildes. Weiter treten 2 N Nebenmaxima zwischen zwei Hauptmaxima auf, deren Intensität gegenüber jener der Hauptmaxima sehr klein ist. Schon das erste Nebenmaximum ist für $N \gg 1$ gegenüber dem Hauptmaximum um einen Faktor $20^{-1}$ reduziert. Ferner sind die Hauptmaxima um so schärfer, je größer die Zahl der Spalte ist, da die Modulationsfunktion $F_N(\delta)$ für größer werdendes N das Verhalten der $\delta$-Funktion aufweist. Dadurch erhält man für $N \gg 1$ eine Schar paralleler, äquidistanter scharfer Gitter-Interferenzstreifen in $\mathbf{e}_2$-Richtung, deren Winkelabstand nach (12.183)

$$\Delta = \lambda l^{-1} \tag{12.184}$$

beträgt. Zwischen den Hauptmaxima zur Ordnungszahl n und n + 1 liegen 2 N Minima an den Stellen

$$\delta_{Min} = \left(n + \frac{\mu}{2N+1}\right)\pi, \quad \text{d.h.} \quad a_1 = \left(n + \frac{\mu}{2N+1}\right)\lambda l^{-1} \quad (\mu = 1, \dots, 2N). \tag{12.185}$$

Da nach (12.154) immer $|a_1| = |\alpha_1 - \alpha_1'| \leqslant 2$ gilt, ist die maximal mögliche Ordnungszahl durch die Beziehung

$$n \leqslant 2 l \lambda^{-1} \tag{12.186}$$

beschränkt. Wird also $l < \lambda/2$, so kann man bei beliebigem Einfall kein Beugungsbild mehr erhalten.

Eine bekannte Anwendung eines Strichgitters ist der

**Gitter-Spektralapparat**

Fällt paralleles Licht verschiedener Wellenlänge auf ein Strichgitter, so wird es spektral zerlegt. Für jede der verschiedenen Wellenlängen gehen dann vom Gitter parallele Lichtbündel in verschiedene zugehörige Richtungen aus. In der Brennebene einer Sammellinse erhält man dann ein Beugungsbild, das aus Folgen schmaler Linien besteht, wobei jeder Wellenlänge eine Linienfolge entspricht. Liegen zwei Wellenlängen $\lambda$ und $\lambda' = \lambda + \Delta\lambda$ nahe beisammen, so beträgt nach (12.183) ihr Richtungsabstand

$$\Delta a_1 = n\Delta\lambda l^{-1} \tag{12.187}$$

für eine bestimmte Ordnung n der Hauptmaxima. Die beiden Richtungen können noch mit Sicherheit getrennt werden, wenn das Hauptmaximum der einen Wellenlänge auf die erste Nullstelle der anderen fällt. Wenn die beiden Hauptmaxima noch enger zusammenfallen, wird eine Trennung fragwürdig. Dadurch bestimmt sich das *Auflösungsvermögen* A, die Trennfähigkeit eines Gitters. Für das Hauptmaximum n-ter Ordnung der Wellenlänge $\lambda + \Delta\lambda$ gilt nach (12.183)

$$a_1 = n(\lambda + \Delta\lambda) l^{-1}\,, \tag{12.188}$$

und für die erste Nullstelle der Wellenlänge $\lambda$ muß nach (12.185)

$$a_1 = \left(n + \frac{1}{2N+1}\right)\lambda l^{-1} \tag{12.189}$$

erfüllt sein. Damit das Hauptmaximum auf die Nullstelle fällt, muß für das Auflösungsvermögen

$$A := \frac{\lambda}{\Delta\lambda} = n(2N+1) \tag{12.190}$$

gelten. Dieses ist also proportional zur Ordnung n und zur Strichzahl $2N+1$, jedoch unabhängig vom Strichabstand $l$. Die Spaltbreite d beeinflußt dabei über den Faktor $M_s$ die Intensitätsverhältnisse der Hauptmaxima. Ist beispielsweise $l = 2d$, so verschwinden nach (12.171) sämtliche Hauptmaxima von gerader Ordnung.

## 12.10. Babinetsches Prinzip

Um mit Hilfe der Kirchhoff-Methode nicht nur Beugungserscheinungen an Öffnungen behandeln zu können, bedient man sich des sog. Babinetschen Prinzips. Man betrachtet dazu statt der Beugungsanordnung nach Bild 45 die komplementäre Anordnung, bei der die bisherige Öffnung $S_2$ durch einen Schirm $\overline{S_2}$ und der bisherige Schirm $S_1$ durch eine Öffnung $\overline{S_1}$ ersetzt wird. An die Stelle der Beugung an der Öffnung $S_2$ tritt also die „Streuung" des Lichtes an dem Schirm $\overline{S_2}$. Dann gilt die

*Behauptung 12.8:* Unter den Kirchhoffschen Näherungsannahmen wird in der skalaren Kirchhoff-Theorie für $\mathbf{r} \in V'$

$$\psi(\mathbf{r}) + \overline{\psi}(\mathbf{r}) = \psi_e(\mathbf{r}), \tag{12.191}$$

wobei $\psi$ und $\overline{\psi}$ die an der ursprünglichen Beugungsanordnung $(S_1, S_2)$ bzw. an der komplementären $(\overline{S_1}, \overline{S_2})$ gebeugten Wellen sind und $\psi_e$ die einlaufende freie Welle ohne Beugungsanordnung ist.

*Beweis:* Wir betrachten Bild 45 ohne Schirm. Dann muß nach (12.146) entsprechend (12.148) unter den Kirchhoffschen Annahmen für die ungestörte einlaufende Welle $\psi_e$ die Kirchhoff-Identität

$$\psi_e = -\frac{1}{4\pi} \int\limits_{S_1+S_2} \frac{e^{ik|\mathbf{r}-\mathbf{r}'|}}{|\mathbf{r}-\mathbf{r}'|} \left[\frac{\partial}{\partial \mathbf{n}'} \psi_e(\mathbf{r}') + ik\left(1 + \frac{i}{k|\mathbf{r}-\mathbf{r}'|}\right) \frac{\mathbf{n}' \cdot (\mathbf{r}-\mathbf{r}')}{|\mathbf{r}-\mathbf{r}'|} \psi_e(\mathbf{r}')\right] df' \tag{12.192}$$

für $\mathbf{r} \in V'$ erfüllt sein. Verwendet man nun die Kirchhoff-Annahmen für $\psi$ und $\overline{\psi}$, so folgt wegen

$$\int\limits_{S_1+S_2} [\;]\, df' = \int\limits_{S_1} [\;]\, df' + \int\limits_{S_2} [\;]\, df' \tag{12.193}$$

die Formel (12.191), w.z.b.w.

Für den vektoriellen Fall läßt sich im Gegensatz zum skalaren Fall das Babinetsche Prinzip für die Beugung an komplementären, ebenen, ideal leitenden Schirmanordnungen exakt ohne die Kirchhoffschen Annahmen beweisen. Dies ist in Anhang VIII.3 angegeben.

Da in die Ableitung von (12.191) die Kirchhoff-Annahmen eingehen, ist der gegebene Beweis nur dann von Bedeutung, wenn diese Annahmen auch physikalisch realisiert bzw. mathematisch mit dem exakten Beugungsproblem konsistent sind. Dies wird im allgemeinen nur näherungsweise der Fall sein. Das Ergebnis (12.191) ist daher nur vorbehaltlich der Gültigkeit der Kirchhoff-Annahmen verwendbar. Nimmt man sie als gültig an, so folgt aus (12.191) sofort

**Das Babinetsche Prinzip**: Sei $\mathbf{k}_0$ die Ausbreitungsrichtung der einfallenden ungebeugten ebenen Wellen (also experimentell des einfallenden parallelen Strahlenbündels) so ergeben sich für $\mathbf{r}_0 \neq \mathbf{k}_0$ bei komplementären Beugungsanordnungen dieselben Beugungsbilder bzw. Intensitätsverteilungen. Die Größen $\mathbf{r}_0$ und $\mathbf{k}_0$ werden hierbei in Bild 46 definiert.

*Beweis:* Benützt man die für das skalare Kirchhoff-Verfahren gültigen Beziehungen (12.156) und (12.159), so folgt aus (12.191) zunächst für die elektrischen Felder

$$\mathrm{E}(\mathbf{r}) + \bar{\mathrm{E}}(\mathbf{r}) = \mathrm{E}_e(\mathbf{r}) , \qquad (12.194)$$

wobei analoge Bezeichnungen wie für (12.191) gewählt wurden. Setzt man $\mathbf{r} =: \rho\, \mathbf{r}_0$, so wird für ein enges Strahlenbündel

$$\mathrm{E}_e(\rho\, \mathbf{r}_0) = 0 \quad , \quad \mathbf{r}_0 \neq \mathbf{k}_0 , \qquad (12.195)$$

wenn $\mathbf{r}_0$ nicht in der Ausbreitungsrichtung $\mathbf{k}_0$ liegt. Mit (12.194) ergibt sich daraus

$$\mathbf{E}(\mathbf{r}) = -\bar{\mathbf{E}}(\mathbf{r}) \quad , \quad \mathbf{r}_0 \neq \mathbf{k}_0 . \qquad (12.196)$$

Analoge Betrachtungen lassen sich für den **B**-Vektor anstellen. Da die für die Intensitätsverteilung maßgebliche Energiedichte nur von **E** und **B** bzw. $\bar{\mathbf{E}}$ und $\bar{\mathbf{B}}$ abhängt, folgt nach (12.160)

$$\mathrm{u}(\mathbf{r}) = \bar{\mathrm{u}}(\mathbf{r}) , \qquad (12.197)$$

wenn man mit $\mathrm{u}(\mathbf{r})$ die ursprüngliche und mit $\bar{\mathrm{u}}(\mathbf{r})$ die komplementäre Intensitätsverteilung bezeichnet, w.z.b.w.

Zur Veranschaulichung betrachten wir ein

*Beispiel:* Die Beugung am Spalt bzw. die Streuung an einer rechteckigen, leitenden, vollkommen absorbierenden Platte; der erste Fall wurde im vorangehenden Abschnitt unter b) behandelt. Dann ist nach dem Babinetschen Prinzip die Modulationsfunktion M(k) und deren Verlauf durch diejenige (12.170) der Beugung am Spalt bereits gegeben und besitzt also für $\mathbf{k}_0 - \mathbf{r}_0 \neq 0$, d.h. nach (12.154) für $a_i \neq 0$, einen Bild 47 entsprechenden Verlauf. Es ergeben sich also auch bei der Beugung (Streuung) an der rechteckigen Platte dieselben Beugungsstreifen, obwohl man nach der geometrischen Optik eine vollständige Auslöschung des auffallenden Lichtes hinter der Platte erwarten würde (unter den experimentellen Voraussetzungen eines engen Strahlenbündels).

Durch das Babinetsche Prinzip wird die Kirchhoff-Theorie praktisch sehr gut ergänzt, da für die Streuung an endlichen Gegenständen die Berechnung der Interferenzfunktion (12.157) mittels der Kirchhoff-Formeln wegen der unendlichen Grenzen erschwert wird. Außerdem gilt dann nicht mehr $|\mathbf{r}'| \leqslant d \ll |\mathbf{r}|$, und es liegt deshalb keine Fraunhofersche Beugung mehr vor. Die Näherung (12.149) wird also ungültig, ebenso die daraus folgende Darstellung (12.153), (12.155).

Trotzdem erhält man mit Hilfe dieser Darstellung die richtige Beschreibung der Beugungsfiguren., wenn man den Grenuübergang zu Unendlich richtig vornimmt. Wir zeigen dies am Beispiel der rechteckigen Platte. Hierfür ist die Interferenzfunktion $S(k, a_1, a_2)$ nach (12.157) gegeben durch

$$S(k, a_1, a_2) = \left( \int_{-\infty}^{-\frac{d}{2}} + \int_{\frac{d}{2}}^{\infty} \right) e^{ika_1x'} dx' \left( \int_{-\infty}^{-\frac{h}{2}} + \int_{\frac{h}{2}}^{\infty} \right) e^{ika_2y'} dy' . \tag{12.198}$$

Statt der unendlichen nehmen wir zunächst endliche Grenzen $-R/2$, $+R/2$ und betrachten den Limes $R \to \infty$. Für endliches R ergibt sich dann

$$S(k, a_1, a_2) = \frac{\left(\sin\frac{R}{2} a_1 k - \sin\frac{d}{2} a_1 k\right)}{\frac{1}{2} a_1 k} \; \frac{\left(\sin\frac{R}{2} a_2 k - \sin\frac{h}{2} a_2 k\right)}{\frac{1}{2} a_2 k} . \tag{12.199}$$

Wir nehmen an, daß die R-abhängigen Beiträge für großes R verschwinden. Dann wird (12.199) mit (12.169) identisch, in Übereinstimmung mit dem Babinetschen Prinzip. Die Annahme ist physikalisch sinnvoll, da wegen der Endlichkeit des einfallenden Strahlenbündels bei $R \to \infty$ keine Beiträge zur Beugung mehr zu erwarten sind.

## 12.11. Röntgenbeugung (-interferenz)

Bis jetzt haben wir stets angenommen, daß die Frequenz $\omega$ der elektromagnetischen Größen niedrig genug ist, damit sich die Wirkung der Beugungsobjekte durch entsprechende Randbedingungen für die elektromagnetischen Größen beschreiben läßt. So setzten wir für Metalle voraus, daß diese sich wie ideale Leiter verhalten, in die die elektromagnetischen Felder nicht eindringen können, sondern bereits auf der Oberfläche absorbiert werden. Dies ist nur für relativ niedrige Frequenzen $\omega$ gerechtfertigt, da für reale Leiter mit endlicher Leitfähigkeit das elektromagnetische Feld nach Abschnitt 12.2 eine endliche Eindringtiefe besitzt. Das elektromagnetische Feld genügt dann kompiizierten Randbedingungen, da sowohl eine gewisse Durchlässigkeit als auch Absorption im Metall vorliegt. Erst bei sehr großen Frequenzen $\omega \to \infty$ wird das Metall optisch völlig durchlässig, und keine Absorption tritt mehr auf. Elektrische Felder dieser Frequenzen sind die Röntgenstrahlen. Nach Tabelle 6 des Anhangs XI haben diese die Frequenz $\omega = 10^{16}$–$10^{20}\ s^{-1}$ und sind wegen der quantenmechanischen Energie eines Photons der Frequenz $\omega$

$$E_\omega = \hbar\omega \tag{12.200}$$

sehr energiereich. Es gilt (z.B. aufgrund von (12.20)) folgende Einteilung, wenn durch

$$\omega_p^2 := 4\pi\sigma_0\mu^{-1} = 4\pi\sigma_0\kappa m^{-1} \tag{12.201}$$

eine charakteristische Frequenz, die sogn. Plasmafrequenz des Metalls gegeben wird und $\sigma_0$, $\mu$ und $\kappa$ durch (12.7) und (12.1) definiert sind:

a) $\omega \ll \omega_p$: starke Absorption der elektrischen Felder im Leiter; Verhalten eines idealen Leiters mit unendlicher Leitfähigkeit. Einfache Randbedingung (12.36), (12.37).

b) $\omega \approx \omega_p$: sowohl Absorption als auch Durchlässigkeit für die elektromagnetischen Felder. Veränderte, i.a. komplizierte Randbedingungen für endliche Leitfähigkeit und endliche Eindringtiefe, die durch (12.27), (12.28) und (12.32), (12.33) gegeben werden.

c) $\omega > \omega_p$: keine Absorption mehr in den Metallen, nur optische Brechungseffekte, Metalle sind praktisch durchsichtig. Bereich der Röntgenstrahlung.

Wir behandeln nun den Fall c) der Röntgenstrahlen. Wegen $\lambda = 2\pi/k = 2\pi c/\omega = c/\nu$ besitzen diese eine Wellenlänge $\lambda = 10^{-5}-10^{-9}$ cm. Ein regelmäßiges Kristallgitter hat einen Gitterabstand d von ungefähr $d \approx 10^{-8}$ cm; die Atome selbst besitzen mit ihrer Elektronenhülle einen Radius von ungefähr $\rho_0 \approx 10^{-8}$ cm. Damit ist die Kirchhoff-Theorie der Beugung eines Röntgenstrahles an den Atomen des Gitters nicht anwendbar, da jetzt $d \approx \lambda$ gilt, während die Voraussetzung für die Kirchhoff-Theorie $\lambda \ll d$ war.

Trotzdem verhält sich das regelmäßige Kristallgitter genau wie ein dreidimensionales Raumgitter der Kirchhoffschen Beugungstheorie, zumindest qualitativ. An den $N = 10^{23}$ Atomen/cm$^3$ wird die einfallende Primärwelle gebeugt. Die Primärwelle induziert eine periodische Veränderung der Ladungsverteilung beim beugenden Atom und damit sekundäre Kugelwellen. Dies ist das Huygenssche Prinzip, angewandt auf ein atomistisches Problem.
Die Überlagerung dieser Kugelwellen ergibt dann ein Bild, das der optischen Beugung entspricht und bei Röntgenstrahlen auch Röntgeninterferenz genannt wird. Zur Beschreibung dieses Vorgangs machen wir folgende Annahmen:

a) Das Kristallgitter besitzt eine ideale Anordnung gleichartiger Gitteratome, d.h., das Gitter ist aus gleichartigen Volumelementen zusammengesetzt. Für ideale Kristallgitter kann man drei Basisvektoren $\mathbf{a}_i$ (i = 1, 2, 3) angeben in der Art, daß sich aus einer sog. Elementarzelle durch reine Translationen um

$$\mathbf{r}_j = n_j^i \mathbf{a}_i \tag{12.202}$$

das ganze Gitter erzeugen läßt, wobei die $n_j^i$ ganze Zahlen sind.

b) Die Gitterbausteine seien starr an ihren Ruhelagen fixiert, es sollen also keine Gitterschwingungen vorliegen. Dies entspricht der Annahme, daß die absolute Temperatur T = 0 K beträgt.

c) Durch den Einfluß der auffallenden elektromagnetischen Strahlung bleibt der Schwerpunkt $\mathbf{r}_k$ eines Gitteratoms unverändert. Nur der Ladungsschwerpunkt bzw. die Ladungsverteilung $\rho(\mathbf{r}, t)$ führt periodische Schwingungen der Frequenz $\omega$ aus. Nur für $\lambda \gg \rho_0$ sind dies Dipolschwingungen; hier kann jedoch $\lambda \sim \rho_0$ werden, so daß dann auch höhere Multipolelemente beteiligt sind.

d) Die Reaktion des Atoms auf die Erregung sei linear von der Amplitude der einfallenden Welle abhängig; dies ist für Dipolschwingungen der Fall. (Die Natur der Wechselwirkung des Atoms mit der Primärwelle ist rein quantenmechanisch (Streutheorie).) Die Amplitude der von einem Atom emittierten Sekundär-Kugelwelle ist also der einfallenden Primärwelle proportional.Sie ist für alle gleichartigen Atome identisch.

e) Es soll nur die Wirkung der Primärwelle auf die Atome und nicht die der Sekundärwellen der anderen Gitteratome berücksichtigt werden. In einer konsistenten dynamischen Röntgenbeugungstheorie müßten analog zu der Polarisationstheorie in Abschnitt 13.13 auch sie berücksichtigt werden, und würden eine ortsabhängige Phasenverschiebung der Primärwelle bewirken.

f) Die einfallende Welle sei eine ebene Welle der Frequenz $\omega$ in Richtung $s_0'$ auf den Kristallnullpunkt zu:

$$\mathbf{E}_e(\mathbf{r}, t) = e^{-i\omega t}\, e^{i\mathbf{r}\cdot \mathbf{s}_0' k}\, \mathbf{E}_e(\omega). \tag{12.203}$$

Die Röntgenquelle (als Punktquelle) ist also von dem Beugungskristall so weit entfernt, daß die auslaufende Kugelwelle praktisch eine ebene Welle ist.

g) Wir betrachten Fraunhofersche Beugung: Sei die Maximalausdehnung des Beugungskristalls D, so soll gelten

$$r = |\mathbf{r}| \gg D\,, \tag{12.204}$$

wobei $\mathbf{r}$ der Ortsvektor des Beobachtungspunktes ist, d.h., auch die auslaufenden, gebeugten Wellen sind am Beobachtungsort praktisch ebene Wellen.

Läßt man den periodischen Zeitfaktor $e^{-i\omega t}$ fort, so lautet die vom Atom am Ort $\mathbf{r}_j$ emittierte Sekundärwelle $\mathbf{E}_j$ am Beobachtungsort $\mathbf{r}$ wegen der Annahme d)–f)

$$\mathbf{E}_j(\mathbf{r}, \omega) = \mathbf{A}(\omega)\, e^{ik\mathbf{s}_0'\cdot \mathbf{r}_j}\, \frac{e^{ik|\mathbf{r}-\mathbf{r}_j|}}{|\mathbf{r}-\mathbf{r}_j|}\,, \tag{12.205}$$

wobei $\mathbf{A}(\omega)$ noch von $\mathbf{E}_e$ abhängt.

Wegen der Annahme g) gilt $|\mathbf{r}_j| \leqslant D \ll |\mathbf{r}|$, und wir können näherungsweise nach (12.149) schreiben

$$|\mathbf{r}-\mathbf{r}_j| \approx r - \mathbf{s}_0 \cdot \mathbf{r}_j\,, \tag{12.206}$$

wobei $\mathbf{s}_0 = \mathbf{r}/|\mathbf{r}|$ der Einheitsvektor der auslaufenden, beim Beobachter ebenen Welle in bezug auf den Nullpunkt im Kristall ist. Entwicklung von $|\mathbf{r}-\mathbf{r}_j|^{-1}$ nach $|\mathbf{r}_j|\, r^{-1}$ ergibt in erster Näherung $|\mathbf{r}-\mathbf{r}_j|^{-1} \approx r^{-1}$, so daß (12.205) übergeht in

$$\mathbf{E}_j(\mathbf{r}, \omega) = \mathbf{A}(\omega)\, \frac{e^{ikr}}{r}\, e^{ik\mathbf{r}_j\cdot(\mathbf{s}_0'-\mathbf{s}_0)}. \tag{12.207}$$

Die gesamte emittierte elektrische Feldstärke ergibt sich durch Superposition der einzelnen Sekundärwellen $\mathbf{E}_j$ entsprechend der Annahme d), d.h. man erhält

$$\mathbf{E}(\mathbf{r}, \omega) = \sum_{j=1}^{N} \mathbf{E}_j = \mathbf{A}(\omega)\, \frac{e^{ikr}}{r} \sum_{j=1}^{N} e^{ik\mathbf{r}_j\cdot(\mathbf{s}_0'-\mathbf{s}_0)}\,, \tag{12.208}$$

wenn N die Gesamtzahl der Atome im Einheitsvolumen ist. Nach Annahme a) besitzt das Gitter eine ideale Struktur mit den Basisvektoren $\mathbf{a}_i$ und $L_i$ Atomen in Richtung $\mathbf{a}_i$; dabei gilt $L_1 \cdot L_2 \cdot L_3 = N$. Die Substitution von (12.202) in (12.208) führt dann auf

$$\mathbf{E}(\mathbf{r}, \omega) = \mathbf{A}(\omega)\, \frac{e^{ikr}}{r} \prod_{l=1}^{3} \sum_{n=0}^{L_l} e^{iA_l n}\,, \tag{12.209}$$

wenn

$$A_l := k(s_0' - s_0) \cdot a_l \tag{12.210}$$

gesetzt wird und die ganzen Zahlen $n_j^l$ bei der Summation über j für den Basisvektor $\mathbf{a}_l$ von $0 - L_l$ laufen. Damit erhält man in (12.209) geometrische Reihen; nach Aufsummation ergibt sich

$$\mathbf{E}(\mathbf{r}, \omega) = \mathbf{A}(\omega) \frac{e^{ikr}}{r} \prod_{l=1}^{3} \frac{(1 - e^{iL_l A_l})}{(1 - e^{iA_l})} = \mathbf{A}(\omega) \frac{e^{ik\pi}}{r} \prod_{l=1}^{3} \frac{\sin \frac{L_l A_l}{2}}{\sin \frac{A_l}{2}} \tag{12.211}$$

Nach (12.93b) gilt $\mathbf{B}(\mathbf{r}, \omega) = \frac{1}{ik} \nabla_{\mathbf{r}} \times \mathbf{E}(\mathbf{r}, \omega)$. Berücksichtigt man in Übereinstimmung mit Annahme g) nur Terme von erster Ordnung in $r^{-1}$, so erhält man aus (12.211)

$$\mathbf{B}(\mathbf{r}, \omega) = \frac{1}{ik} \nabla_{\mathbf{r}} \times \mathbf{E}(\mathbf{r}, \omega) \approx \mathbf{s}_0 \times \mathbf{E}(\mathbf{r}, \omega) \tag{12.212}$$

wie für eine ebene Welle. Die gemittelte Energiedichte durch (11.184) ist damit berechenbar in weiter Entfernung vom Kristall ergibt sich

$$\bar{u}(\mathbf{r}) = \frac{1}{8\pi} \mathbf{E}(\mathbf{r})\, \mathbf{E}^{x}(\mathbf{r}) = \frac{1}{8\pi} \frac{A^2}{r^2} \prod_{l=1}^{3} \frac{\sin^2 \frac{L_l A_l}{2}}{\sin^2 \frac{A_l}{2}} \tag{12.213}$$

Zu **E** und **B** nach (12.211), (12.212) ist zu bemerken, daß wegen der Transversalität von **E** für große Abstände $\mathbf{A}(\omega) \cdot \mathbf{s}_0 = 0$ sein muß, damit **E** und **B** sich wie ebene Wellen verhalten Daraus folgt, daß die noch unbekannte Amplitude $\mathbf{A}(\omega)$ ein lineares Funktional von $\mathbf{E}_e$ ist, aber auch von $\mathbf{s}_0'$ und $\mathbf{s}_0$ abhängt. Die Polarisationseigenschaften der emittierten Gesamtwelle (12.211) sind im Rahmen dieses Modells also noch unbestimmt. Wir interessieren uns jedoch nur für die Energie bzw. die Intensität der Sekundäremission. Auch hier ist der Absolutwert wegen des Faktors $A^2$ unbestimmt. Wir untersuchen nur das qualitative Verhalten. Für eine quantitativ zufriedenstellende Beschreibung muß eine vollständige dynamische Beugungstheorie durchgeführt werden, bei der hauptsächlich die Annahme d) und e) modifiziert werden bzw. wegfallen müssen. Der Faktor $A(\omega)$ läßt sich jedoch nur mit Hilfe der Quantenmechanik berechnen.

Die Sekundärintensität besitzt dort ein Maximum, wo alle drei Nenner von (12.213) verschwinden, d.h. wo

$$\frac{A_l}{2} = \pi h_l \qquad (h_l = 0, \pm 1, \pm 2, \ldots)\ , \quad l = 1, 2, 3 \tag{12.214}$$

gilt. Setzen wir ferner $k = 2\pi/\lambda$, so entsteht daraus mit (12.210) die Bedingung

$$\mathbf{a}_l \cdot (\mathbf{s}_0' - \mathbf{s}_0) = h_l \lambda \qquad (h_l = \pm 1, \pm 2, \ldots)\ , \quad l = 1, 2, 3\ . \tag{12.215}$$

$h_l = 0$ wird ausgeschlossen, da es die nicht gebeugte Richtung angibt, die nicht interessiert. Die Gl. (12.215) sind die Laueschen Formeln für die Lage der Intensitätsmaxima der Röntgenstreuung an Kristallen. Die ganzen Zahlen $h_l$ sind die Ordnungszahlen der Interferenzfiguren. Wenn $\mathbf{a}_1, \mathbf{a}_2, \mathbf{a}_3$ ein orthogonales Dreibein bilden, sind die Projektionen von $s_0'$ und $s_0$ auf die $a_i$ die Richtungscosinus, und (12.215) läßt sich auch schreiben

$$(\alpha_l' - \alpha_l) = \frac{h_l}{a_l}\lambda \qquad (h_l = \pm 1, \pm 2, \ldots) \ , \quad l = 1, 2, 3 \tag{12.216}$$

mit $\alpha_l' := \mathbf{a}_l/a_l \cdot \mathbf{s}_0'$ und $\alpha_l := \mathbf{a}_l/a_l \cdot \mathbf{s}_0$. Der Vergleich mit (12.183), (12.154) zeigt, daß (12.216) die Verallgemeinerung der Beugung am eindimensionalen Gitter auf die Beugung an einem Raumgitter ist, obwohl die physikalischen Voraussetzungen völlig verschieden sind.

Zum besseren Verständnis der Gleichungen (12.215) führen wir die zu den Basisvektoren $\mathbf{a}_1, \mathbf{a}_2, \mathbf{a}_3$ des Gitters reziproken Vektoren $\mathbf{b}_1, \mathbf{b}_2, \mathbf{b}_3$ ein durch die Bedingung

$$(\mathbf{a}_i \cdot \mathbf{b}_k) = \delta_{ik} \ . \tag{12.217}$$

Explizite sind die $\mathbf{b}_i$ gegeben durch

$$\mathbf{b}_1 = \frac{\mathbf{a}_2 \times \mathbf{a}_3}{\mathbf{a}_1 \cdot (\mathbf{a}_2 \times \mathbf{a}_3)} \ , \quad \mathbf{b}_2 = \frac{\mathbf{a}_3 \times \mathbf{a}_1}{\mathbf{a}_1 \cdot (\mathbf{a}_2 \times \mathbf{a}_3)} \ , \quad \mathbf{b}_3 = \frac{\mathbf{a}_1 \times \mathbf{a}_2}{\mathbf{a}_1 \cdot (\mathbf{a}_2 \times \mathbf{a}_3)} \ . \tag{12.218}$$

Führen wir den Vektor $\mathbf{h}$ im reziproken (dualen) Raum ein durch

$$\mathbf{h} := h_i \mathbf{b}_i \ , \tag{12.219}$$

dann läßt sich (12.215) auch schreiben

$$\mathbf{s}_0' - \mathbf{s}_0 = \lambda \mathbf{h} \ , \tag{12.220}$$

wie man durch skalare Multiplikation von (12.220) mit $\mathbf{a}_1$, $\mathbf{a}_2$ und $\mathbf{a}_3$ zusammen mit (12.219) und (12.217) sofort erkennt. Führt man den Winkel $\vartheta$ zwischen $\mathbf{s}_0'$ und $\mathbf{s}_0$ ein, so gilt

$$(\mathbf{s}_0' - \mathbf{s}_0)^2 = 2(1 - \cos\vartheta) = 4\sin^2\frac{\vartheta}{2} \ . \tag{12.221}$$

Sei weiter p der größte gemeinsame Teiler von $h_1, h_2, h_3$, so können wir setzen

$$\mathbf{h} = p\mathbf{h}' = p h_i' \mathbf{b}_i \ . \tag{12.222}$$

Die $h_i'$ werden Millersche Indizes genannt und bezeichnen die Ordnung der gebeugten Röntgenstrahlen. Weiter gilt

$$|\mathbf{h}'| = \left( \sum_{i=1}^{3} \frac{h_i'^2}{a_i^2} \right)^{\frac{1}{2}} =: d^{-1} \tag{12.223}$$

wegen $b_i^2 = a_i^{-2}$ nach (12.218), und aus (12.220) ergibt sich die Braggsche Reflexionsbeziehung

$$2d\sin\frac{\vartheta}{2} = \lambda p \qquad (p = 1, 2, \ldots) \ . \tag{12.224}$$

Den Winkel $\vartheta$ zwischen $\mathbf{s}_0'$ und $\mathbf{s}_0$ nennt man Glanzwinkel. Aus der Beziehung (12.224) folgt, daß nur für

$$\lambda \leqslant 2 d_{max} \tag{12.225}$$

Röntgenreflexion möglich ist, da für den kleinsten Wert p = 1 sonst schon die Bragg-Beziehung nicht mehr erfüllbar wäre ($d_{max}$ ist dabei das größte mögliche d!).

Durch die Einführung der reziproken Basis kann das Punktgitter durch dazu duale Netzebenen beschrieben werden, die durch die Millerschen Indizes $h_i'$ gekennzeichnet sind. Die geometrische Anordnung von Punkten wird dann durch eine Schar von Millerschen Netzebenen beschrieben. Die Ebenen mit $p = 1$, die dem Ursprung am nächsten sind, schneiden auf den Achsen $\mathbf{a}_i$ die Abschnitte $\mathbf{a}_i h_i'^{-1}$ aus. Dann ist aber d nach (12.223) der Abstand dieser Netzebene vom Ursprung. Weiter zeigt sich, daß $\mathbf{h}'$ nach (12.217) auf dieser Netzebene senkrecht steht. Ganz allgemein ergibt sich ferner, daß $d = h'^{-1}$ der Abstand solcher Netzebenen ist, da der Ursprung stets auch auf einer Netzebene liegt, und aus (12.220) ersieht man, daß sich die Röntgenbeugung als Reflexion an einer Netzebene interpretieren läßt, die senkrecht auf $\mathbf{h}'$ steht und durch den Ursprung (Bezugspunkt von $s_0'$ und $s_0$) geht. Beweise bzw. genauere Diskussionen sind in der Literatur zu finden [A 11, Teil II], [T 16, 17].

Mit Hilfe der Röntgeninterferenzen kann die Kristallstruktur bestimmt werden. Da jedoch nach (12.224) nur $\vartheta$ und $\lambda$, also zwei Größen, variabel sind, wird diese Beziehung im allgemeinen nicht erfüllt sein. Die Netzebenenabstände d besitzen in einem vorgegebenen Kristall bestimmte Werte, die durch seine Symmetrie gegenüber diskreten Deckoperationen bestimmt ist. Für ein festes $\lambda$ erfolgt Beugung, wenn die Einstrahlung unter dem zugehörigen Glanzwinkel $\vartheta$ erfolgt. Für jedes $\lambda$ sind mehrere $\vartheta$ möglich. Bei willkürlicher Orientierung ist für festes $\lambda$ überhaupt keine Beugung möglich. Ist das einfallende Bündel dagegen nicht monochromatisch, so kann die Bragg-Bedingung für bestimmte Wellenlängen $\lambda$ bei willkürlicher Orientierung erfüllt werden.

Um Beugungsfiguren experimentell zu erhalten, gibt es entsprechend drei Verfahren:

a) Laue-Verfahren: Es wird nicht monochromatisch, sondern innerhalb eines gewissen Spektralbereiches mit kontinuierlichem Spektrum eingestrahlt. Dann erhält man Beugung in bestimmten Richtungen.

b) Bragg-Verfahren: Der Kristall wird gedreht, $\lambda$ ist fest. Da in den Laue-Formeln noch die Richtungen $\mathbf{a}_1$, $\mathbf{a}_2$, $\mathbf{a}_3$ enthalten sind, erhält man bei einer Drehung dieses Dreibeins oder nach (12.220) der Netzebenen-Normale $\mathbf{h}$ eine neue Variable. Dadurch läßt sich die Beugungs-Bedingung erfüllen. Dieses Verfahren kann bei bekanntem Netzebenenabstand auch zur Bestimmung der Wellenlänge $\lambda$ benutzt werden.

c) Debye-Scherrer-Verfahren: Hier ist wie bei b) $\lambda$ fest (monochromatisch). Statt eines einzelnen Kristalls benutzt man Kristallpulver. Hier kommen alle Orientierungen gleich wahrscheinlich vor, so daß die Beugungs-Bedingung für jedes $\lambda$ erfüllt wird, ohne daß wie bei b) gedreht werden muß, um dadurch die passenden Orientierungen der Netzebenen zu erhalten.

# IV. Phänomenologisches Isolatormodell

## 13. Statisches Isolatormodell

### 13.1. Modellvorstellung

In der phänomenologischen Grobeinteilung der Materie in bezug auf ihre elektromagnetischen Reaktionen hatten wir zwischen Leitern und Isolatoren unterschieden. Nach der Darstellung des phänomenologischen Leitermodells gehen wir nun zum Isolatormodell über. Im Gegensatz zu den Leitern sind in den Isolatoren die Ladungen nicht mehr quasifrei frei beweglich. „Frei beweglich" bedeutet, daß die Ladungen im wesentlichen nur von den äußeren Feldkräften und der phänomenologischen Reibungskraft beeinflußt werden; deshalb ist dies in der phänomenologisch-mathematischen Darstellung der einfachste Modellfall. Die gesamte Wechselwirkung zwischen Ladungsträgern und der Restmaterie läßt sich dann mittels der Definition der lokalen statistischen Gesamtheit durch die elektrische Leitfähigkeit $\sigma(\mathbf{r}, t, T)$ im Ohmschen Gesetz erfassen. Kann diese Annahme aber nicht gemacht werden, so bedeutet dies, daß bei der mathematischen Formulierung des Modells zunächst einmal die äußerst komplizierten atomistischen Wechselwirkungen der Materie berücksichtigt werden müssen; erst danach kann man zu korrekten phänomenologischen Aussagen kommen und ihre physikalische Bedeutung verstehen. Dies soll im folgenden geschehen.

Da wir im Rahmen der klassischen Theorie bleiben wollen, sollen nur klassische Materiemodelle verwendet werden, die wir an geeigneter Stelle durch quantenmechanische Aussagen ergänzen. Qualitativ gesehen wird das Verhalten der Isolatoren im wesentlichen durch ihre an die Atomkerne gebundenen Elektronen bestimmt. Diese werden bei Wechselwirkung mit einem von außen angelegten elektromagnetischen Feld i.a. zwar nicht abgespalten, sie werden also nicht zu freien Elektronen, aber sie werden in ihrem dynamischen Gleichgewicht am Atomkern gestört. In erster Näherung kann eine solche Störung des Gleichgewichts in ihrer elektromagnetischen Wirkung durch einen induzierten Dipol beschrieben werden; dies bezeichnet man als Polarisation des Atoms. Das gesamte elektromagnetische Feld entsteht dann durch das Zusammenwirken des von außen angelegten Feldes mit den Polarisationsfeldern der induzierten Dipole. Man kann deshalb das phänomenologische Isolatormodell als Modell zur phänomenologischen Beschreibung der Polarisation charakterisieren.

Da der physikalische Ansatz mathematisch komplizierter als bei den Leitern ist, können wir die phänomenologischen Grunderfahrungen des Isolatormodells nicht schon im einleitenden Abschnitt mathematisch wohlbegründet formulieren. Wir müssen vielmehr dazu eine Reihe von Überlegungen durchführen, die dafür als Voraussetzungen benötigt werden. Wie in den anderen Kapiteln behandeln wir dabei zuerst den statischen Fall und gehen dann zu den zeitabhängigen Vorgängen über.

## 13.2. Makroskopische Feldgrößen

Wie schon erwähnt, benötigen wir zur Ableitung und zum Verständnis der phänomenologischen Gesetze der Isolatoren zunächst eine atomistische Beschreibung. Das Gesamtproblem zerfällt dann in zwei Teilprobleme, nämlich einmal die atomistische Rechnung selbst, zum andern die Definition der makroskopischen phänomenologischen Größen durch atomistische. Beide Problemkreise müssen beim Isolatormodell sorgfältiger behandelt werden als dies im Leitermodell nötig war. Insbesondere kann man wegen der nicht vernachlässigbaren Korrelation der Teilchen die Definition des lokalen Ensembles nicht anwenden, die im Leitermodell benutzt wurde. Die Rechnung muß daher hier im Gegensatz zum Leitermodell so geführt werden, daß sie die Voraussetzung der statistischen Unabhängigkeit der Elementarprozesse nicht benutzt. Gerade dies ergibt ihren höheren Komplikationsgrad.

Wir beschäftigen uns zunächst mit der Definition der phänomenologischen Größen. Im Rahmen der klassischen Maxwell-Lorentz-Theorie kann eine atomistische Beschreibung der Materie nur durch Ladungs- und Stromdichten gegeben werden. Um überflüssigen Aufwand zu vermeiden, beziehen wir uns bei der Definition der relevanten Größen sogleich auf das im nächsten Abschnitt als Atommodell verwendete klassische Oszillatormodell. In ihm werden im elektrostatischen Fall die Ladungsverteilungen der Atome zeitunabhängig, so daß also die Ströme verschwinden und das j-te Teilchen durch die statische Ladungsverteilung $\rho_j(\mathbf{r})$ beschrieben werden kann, wobei $\mathbf{R}_j$ der zugehörige Ladungsschwerpunkt sei. Der Ladungsschwerpunkt $\mathbf{R}_j$ wie auch der i.a. damit nicht identische Massenschwerpunkt sind Gleichgewichtsgrößen, die noch von der Temperatur T abhängen, bei der sie sich einstellen. Ihre Berechnung erfolgt mit Hilfe der statistischen Mechanik und der Quantenmechanik. Das elektrostatische Potential des Teilchens j wird dann

$$\varphi_j(\mathbf{r}) = \int \rho_j(\mathbf{r}') \frac{1}{|\mathbf{r} - \mathbf{r}'|} d^3r'. \tag{13.1}$$

Summiert man über sämtliche vorhandenen Teilchen (j = 1, ..., M), so entsteht das elektrostatische Gesamtpotential des Isolators

$$\Psi(\mathbf{r}) = \sum_{j=1}^{M} \varphi_j(\mathbf{r}). \tag{13.2}$$

Dieses Potential und die zugehörigen Felder variieren über atomistische Bereiche außerordentlich stark, wovon phänomenologisch, also makroskopisch, nichts zu merken ist. Da die makroskopische Messung räumlich gesehen ein grobes Abtasten eines Gebietes auf seine elektromagnetischen Eigenschaften darstellt, muß demnach eine analoge mathematische Operation vollzogen werden, die den Übergang von mikroskopischen zu makroskopischen Größen beschreibt. Dies geschieht durch die Mittelwertsbildung mit folgender

*Definition 13.1:* Sei f(**r**) eine Feldfunktion der mikroskopischen Beschreibung, so wird durch

$$\overline{f}(\mathbf{r}) = \frac{1}{\Delta V} \int_{\Delta V} f(\mathbf{r} + \boldsymbol{\xi}) \, d^3\xi \tag{13.3}$$

der phänomenologische Mittelwert definiert, wobei $\mathbf{r}$ der Mittelpunkt eines relativ kleinen Volumens $\Delta V$ sein möge; $\Delta V$ soll trotzdem noch eine große Menge von Atomen umfassen.

Da im Isolator die mittlere Atomdichte $\overline{n} \sim 10^{23}\ \text{cm}^{-3}$ ist, wären in einem Volumen $\Delta V \simeq 10^{-6}\ \text{cm}^3$, also z.B. einem Würfel der Kantenlänge $10^{-2}$ cm, immer noch $\Delta\overline{n} = 10^{17}$ Atome vorhanden. Dadurch wird die Mittelung (13.3) gerechtfertigt.

Um diese Definition für die phänomenologische Beschreibung der Isolatoren nutzbar zu machen, nehmen wir eine Multipolentwicklung von (13.1) um $\mathbf{R}_j$ vor:

$$\varphi_j(\mathbf{r}) = \frac{q_j}{|\mathbf{r}-\mathbf{R}_j|} + \frac{(\mathbf{r}-\mathbf{R}_j)\cdot\mathbf{m}_j}{|\mathbf{r}-\mathbf{R}_j|^3} + \ldots, \tag{13.4}$$

wobei nach (1.47) $q_j$ die Gesamtladung und $\mathbf{m}_j$ das Dipolmoment des j-ten Teilchens seien. Wegen der eng begrenzten mittleren räumlichen Ausdehnung der Teilchen (Atome mit Elektronenhülle besitzen den mittleren Radius $\overline{r}_0 \approx 10^{-8}$ cm) kann man i.a. die höheren Momente vernachlässigen. Substituiert man (13.4) in (13.2) und definiert man

$$\rho_m(\mathbf{r}) := \sum_{j=1}^{M} q_j\,\delta(\mathbf{r}-\mathbf{R}_j) \tag{13.5}$$

$$\mathbf{p}_m(\mathbf{r}) := \sum_{j=1}^{M} \mathbf{m}_j\,\delta(\mathbf{r}-\mathbf{R}_j)$$

als gesamte Ladungsdichte und gesamte Dipoldichte des Isolators mit der Multipolentwicklung (13.4), so geht (13.2) über in

$$\Psi(\mathbf{r}) = \int \left[\frac{\rho_m(\mathbf{r}')}{|\mathbf{r}-\mathbf{r}'|} + \mathbf{p}_m(\mathbf{r}')\cdot\nabla_{\mathbf{r}'}\frac{1}{|\mathbf{r}-\mathbf{r}'|} + \ldots\right] d^3r'. \tag{13.6}$$

Wendet man nun (13.3) auf (13.6) an, so entsteht das mittlere Isolatorpotential

$$\overline{\Psi}(\mathbf{r}) = \frac{1}{\Delta V}\iint\limits_{\Delta V}\left[\frac{\rho_m(\mathbf{r}')}{|\mathbf{r}+\boldsymbol{\xi}-\mathbf{r}'|} + \mathbf{p}_m(\mathbf{r}')\cdot\nabla_{\mathbf{r}'}\frac{1}{|\mathbf{r}+\boldsymbol{\xi}-\mathbf{r}'|}\right] d^3r'\,d^3\xi. \tag{13.7}$$

Da sich wegen (13.5) die Integration in $\mathbf{r}'$ über den ganzen $\mathbb{R}_3$ erstrecken muß, kann man (13.7) durch eine Translation $\mathbf{r}'' = \mathbf{r}' - \boldsymbol{\xi}$ umformen in

$$\overline{\Psi}(\mathbf{r}) = \int\left[\frac{\overline{\rho}_m(\mathbf{r}'')}{|\mathbf{r}-\mathbf{r}''|} + \overline{\mathbf{p}}_m(\mathbf{r}'')\cdot\nabla_{\mathbf{r}''}\frac{1}{|\mathbf{r}-\mathbf{r}''|}\right] d^3r'' \tag{13.8}$$

mit der mittleren Ladungsdichte

$$\overline{\rho}_m(\mathbf{r}) := \frac{1}{\Delta V}\int\limits_{\Delta V}\rho_m(\mathbf{r}+\boldsymbol{\xi})\,d^3\xi \tag{13.9}$$

und der mittleren Dipoldichte

$$\bar{\mathbf{p}}_m(\mathbf{r}) := \frac{1}{\Delta V} \int_{\Delta V} \mathbf{p}_m(\mathbf{r} + \boldsymbol{\xi})\, d^3\xi =: \mathbf{P}(\mathbf{r}) = \sum_{j \in \Delta V} \mathbf{m}_j \tag{13.10}$$

Durch (13.10) ist die Polarisation $\mathbf{P}(\mathbf{r})$ des Isolators definiert. Da ferner die Isolatoren i.a. elektrisch neutral sind, was wir hier annehmen wollen, muß $\bar{\rho}_m$ verschwinden, woraus nach (13.8)

$$\bar{\Psi}(\mathbf{r}) = \int \mathbf{P}(\mathbf{r}') \cdot \nabla_{\mathbf{r}'} \frac{1}{|\mathbf{r} - \mathbf{r}'|}\, d^3r' \tag{13.11}$$

folgt.

Damit hat man den Isolator phänomenologisch erfaßt. In der Dipolapproximation läßt sich das gesamte Verhalten durch die Polarisation $\mathbf{P}(\mathbf{r})$, also durch die phänomenologische Dipoldichte, ausdrücken. Dies ist jedoch, wie schon eingangs erwähnt, nur die Definitionsseite des Vorgangs. Da $\mathbf{P}(\mathbf{r})$ nicht willkürlich ist, sondern auf Grund der Einwirkung äußerer und innerer Felder entsteht, muß man $\mathbf{P}(\mathbf{r})$ als Funktional dieser Felder ausrechnen, um die physikalischen Vorgänge im Isolator quantitativ beschreiben zu können. Diesen Zusammenhang herzustellen, ist die Aufgabe der atomistischen Rechnung, die im nachfolgenden Abschnitt durchgeführt werden wird, wobei wir allerdings ein sehr einfaches klassisches Modell benutzen.

## 13.3. Klassisch-atomistische Polarisationstheorie

Sowohl bei den Leitern als auch bei den Isolatoren besteht das Grundproblem in der Beschreibung der Reaktion des Körpers auf ein angelegtes äußeres elektromagnetisches Feld $\mathbf{E}_0(\mathbf{r})$. Nach Abschnitt 13.2 können wir den Isolator phänomenologisch durch seine Polarisation $\mathbf{P}(\mathbf{r})$ beschreiben. Denken wir uns nun zunächst ein Vakuumfeld $\mathbf{E}_0(\mathbf{r})$ erzeugt und bringen wir in das Vakuum einen Isolator ein, so muß dessen Polarisation $\mathbf{P}(\mathbf{r})$ ein Funktional von $\mathbf{E}_0(\mathbf{r})$ werden, d.h. es muß gelten $\mathbf{P}(\mathbf{r}) = \mathbf{P}[\mathbf{E}_0(\mathbf{r})]$.

Wegen (1.23) und der Linearität der Mittelung (13.3) ist

$$\bar{\mathbf{E}}(\mathbf{r}) = -\nabla \bar{\Psi}(\mathbf{r}) \tag{13.12}$$

das vom Isolator auf Grund seiner Polarisation erzeugte mittlere Feld, und das phänomenologische Gesamtfeld setzt sich danach aus der Überlagerung von Vakuum- und Isolatorfeld zusammen:

$$\mathbf{E}(\mathbf{r}) = \bar{\mathbf{E}}(\mathbf{r}) + \mathbf{E}_0(\mathbf{r}) = -\nabla[\varphi_0(\mathbf{r}) + \bar{\Psi}(\mathbf{r})]. \tag{13.13}$$

Um $\bar{\mathbf{E}}(\mathbf{r})$ durch $\mathbf{P}(\mathbf{r})$ auszudrücken, bilden wir in (13.12) die Divergenz von $\bar{\mathbf{E}}(\mathbf{r})$ und erhalten mit (13.11) und (IV.23)

$$\nabla_{\mathbf{r}} \cdot \bar{\mathbf{E}}(\mathbf{r}) = -\Delta\bar{\Psi}(\mathbf{r}) = 4\pi \int \mathbf{P}(\mathbf{r}') \cdot \nabla_{\mathbf{r}'} \delta(\mathbf{r} - \mathbf{r}')\, d^3r', \tag{13.14}$$

woraus für zulässige Polarisationsfunktionen $\mathbf{P}(\mathbf{r})$ nach (II.13) folgt

$$\nabla_{\mathbf{r}} \cdot \overline{\mathbf{E}}(\mathbf{r}) = -4\pi\, \nabla_{\mathbf{r}} \cdot \mathbf{P}(\mathbf{r}). \tag{13.15}$$

$\overline{\mathbf{E}}(\mathbf{r})$ muß daher in der Form $\overline{\mathbf{E}}(\mathbf{r}) = -4\pi\mathbf{P}(\mathbf{r}) + \nabla \times \mathrm{a}(\mathbf{r})$ mit einem willkürlichen Vektor $\mathrm{a}(\mathbf{r})$ darstellbar sein. Da andererseits $\overline{\mathbf{E}}$ nach (13.12) aber durch einen Gradienten ausgedrückt werden kann, muß $\mathrm{a} = \nabla \times \mathrm{a}'$ mit $\Delta \mathrm{a}' = 0$ im ganzen Raum gelten. Verschwindet das mittlere Kristallfeld im Unendlichen, so muß $\mathrm{a}'$ ebenfalls diese Randbedingung erfüllen, woraus zusammen mit der Laplacegleichung $\mathrm{a}' \equiv 0$ folgt. Daher wird

$$\overline{\mathbf{E}}(\mathbf{r}) = -4\pi\, \mathbf{P}(\mathbf{r}), \tag{13.16}$$

so daß das mittlere Polarisationsfeld proportional ist zu der mittleren Dipoldichte bzw. der Polarisation $\mathbf{P}(\mathbf{r})$ ist. Mit (13.16) lautet dann das Gesamtfeld im Isolator

$$\mathbf{E}(\mathbf{r}) = \mathbf{E}_0(\mathbf{r}) - 4\pi\, \mathbf{P}[\mathbf{E}_0(\mathbf{r})]. \tag{13.17}$$

Da die Polarisation eines Atoms von dem an diesem Orte herrschenden Gesamtfeld und nicht allein vom Vakuumfeld beeinflußt wird und da $\mathbf{P}(\mathbf{r})$ ein Maß für diese Polarisation darstellt, ist es i.a. nützlicher, $\mathbf{P}(\mathbf{r})$ als Funktional von $\mathbf{E}(\mathbf{r})$ und nicht als Funktional von $\mathbf{E}_0(\mathbf{r})$ darzustellen. Wenn auch $\mathbf{E}(\mathbf{r})$ nur ein phänomenologisches und nicht ein atomistisches Gesamtfeld ist, so wird man doch einen besonders einfachen Zusammenhang zwischen $\mathbf{P}(\mathbf{r})$ und $\mathbf{E}(\mathbf{r})$ erwarten.

Das Modell, das wir zur Berechnung dieses Zusammenhangs verwenden werden, läßt sich im Prinzip auf alle denkbaren Isolatorkonfigurationen anwenden. Es führt aber im allgemeinen Fall auf große rechentechnische Schwierigkeiten. Wir werden daher nur einen besonders einfachen Spezialfall untersuchen und dessen Ergebnisse später auf den allgemeinen Fall extrapolieren. Wir benützen folgende

**Voraussetzungen:**

a) Der Isolator ist ein unendlich ausgedehntes homogenes kristallines Medium, da Oberflächeneffekte zunächst nicht interessieren sollen.

b) Die Gitterstruktur sei kubisch mit dem Gitterabstand d und mit elektrisch neutralen gleichartigen Atomen, die in ihrer äußersten Schale nur ein Elektron besitzen.

c) Die Atome werden durch das klassische Oszillatormodell beschrieben, wobei der Atomkern an der Gleichgewichtsruhelage $\mathbf{R}_j$ des Gesamtatoms fixiert sei und der Ladungsschwerpunkt mit dem Massenschwerpunkt $\mathbf{R}_j$ übereinstimmt.

Dann gilt folgende

*Behauptung 13.1:* Unter den angegebenen Voraussetzungen erhält man

$$\mathbf{P}(\mathbf{r}) = \chi_e\, \mathbf{E}(\mathbf{r}) \tag{13.18}$$

als funktionalen Zusammenhang zwischen Gesamtfeld und Polarisation, wobei $\chi_e$, die elektrische Suszeptibilität, eine Konstante ist, die vom Isolatormaterial und der Temperatur T abhängt.

*Beweis:* Das Oszillatormodell des Atoms bei in der Ruhelage $\mathbf{R}_j$ fixiertem Kern bedeutet für das zugehörige Elektron eine harmonische Bindung an diesen Kern. Bezeichnet man mit $\mathbf{r}_j$ die Elektronenkoordinate des j-ten Elektrons, so lautet seine Bewegungsgleichung

$$m\ddot{\mathbf{r}}_j = -m\omega_0^2(\mathbf{r}_j - \mathbf{R}_j) + \mathbf{k}_j, \qquad (13.19)$$

wobei $\mathbf{k}_j$ die äußere Kraft, $-m\omega_0^2(\mathbf{r}_j - \mathbf{R}_j)$ die rückwirkende Kraft der Atombindung und m die Elektronenmasse sei. Im Kristall besteht $\mathbf{k}_j$ aus einer Überlagerung des äußeren Feldes und des inneren Kristallfeldes am Ort des j-ten Elektrons. Sei $\varphi_0(\mathbf{r})$ das skalare Potential des makroskopischen äußeren Feldes $\mathbf{E}_0$ mit der Ladungsdichte $\rho_0(\mathbf{r})$, so wird

$$\mathbf{k}_j = -e_0 \nabla[\varphi_0(\mathbf{r}) + \Psi_j(\mathbf{r})]\Big|_{\mathbf{r}=\mathbf{r}_j}, \qquad (13.20)$$

wobei das an der Stelle $\mathbf{r}_j$ herrschende Kristallfeld in der Dipolnäherung (13.4) durch

$$\Psi_j(\mathbf{r}) = \sum_{\substack{k \\ k \neq j}} \frac{(\mathbf{r} - \mathbf{R}_k) \cdot \mathbf{m}_k}{|\mathbf{r} - \mathbf{R}_k|^3} \qquad (13.21)$$

gegeben wird, da nach b) für alle k die Gesamtladung $q_k = 0$ ist. Die Summation erfolgt dabei über die Kristallatome mit Ausnahme des j-ten Atoms. Für zeitunabhängige Vorgänge wird $\ddot{\mathbf{r}} \equiv 0$, und daraus folgt

$$m\omega_0^2(\mathbf{r}_j - \mathbf{R}_j) = \mathbf{k}_j = -e_0 \nabla[\varphi_0(\mathbf{r}) + \Psi_j(\mathbf{r})]\Big|_{\mathbf{r}=\mathbf{r}_j} \qquad (13.22)$$

Da das Dipolmoment des j-ten Atoms nach (1.58) durch

$$\mathbf{m}_j := e_0(\mathbf{r}_j - \mathbf{R}_j) \qquad (13.23)$$

definiert werden muß, geht (13.22) mit (13.21) über in

$$m\omega_0^2\, \mathbf{m}_j = -e_0^2 \nabla_{\mathbf{r}_j} \varphi_0(\mathbf{r}_j) - e_0^2 \sum_{\substack{k \\ k \neq j}} \nabla_{\mathbf{r}_j} \frac{(\mathbf{r}_j - \mathbf{R}_k) \cdot \mathbf{m}_k}{|\mathbf{r}_j - \mathbf{R}_k|^3} \qquad (13.24)$$

$(j = 1, 2, 3, \ldots, \infty)$.

Gl. (13.24) ist ein Gleichungssystem zur Bestimmung der Dipolmomente $\mathbf{m}_j$ in Abhängigkeit von $\varphi_0(\mathbf{r})$. Wegen der Voraussetzung a) handelt es sich um ein unendliches System. Seine Auflösung nehmen wir iterativ vor [D 5] Wir benutzen für $\varphi_0(\mathbf{r})$ eine Quelldarstellung

$$\varphi_0(\mathbf{r}) = \int \frac{\rho_0(\mathbf{r}')}{|\mathbf{r} - \mathbf{r}'|}\, d^3r', \qquad (13.25)$$

womit (13.24) in

$$\mathbf{m}_j = -\alpha \nabla_{\mathbf{r}_j}\left[\int \frac{\rho_0(\mathbf{r}')}{|\mathbf{r}_j - \mathbf{r}'|}\, d^3r' + \sum_{\substack{k \\ k \neq j}} \frac{(\mathbf{r}_j - \mathbf{R}_k) \cdot \mathbf{m}_k}{|\mathbf{r}_j - \mathbf{R}_k|^3}\right] \qquad (13.26)$$

übergeht, wenn wir

$$\alpha = \frac{e_0^2}{m\omega_0^2} \qquad (13.27)$$

als die sog. atomare Polarisierbarkeit definieren. Allgemein ist sie durch die Relation

$$\mathbf{m}_j = \alpha\, \mathbf{E}_{eff}(\mathbf{R}_j) \tag{13.28}$$

definiert, wobei $\mathbf{E}_{eff}(\mathbf{r})$ das im Isolator herrschende effektive Gesamtfeld ist.

Setzen wir hinreichend schwache äußere Felder $\mathbf{E}_0(\mathbf{r})$ voraus, so betragen die Auslenkungen der Elektronen aus ihrer Ruhelage $\mathbf{r}_j^0 = \mathbf{R}_j$ i.a. nur wenige Prozent des Gitterabstands d Man kann dann in dem Ausdruck (13.26) näherungsweise den tatsächlichen Elektronenort $\mathbf{r}_j$ durch die Ruhelage $\mathbf{R}_j$ ersetzen. Dies führt auf

$$\mathbf{m}_j = -\alpha\, \nabla_{\mathbf{R}_j}\left[\int \frac{\rho_0(\mathbf{r}')}{|\mathbf{R}_j - \mathbf{r}'|}\, d^3r' + \sum_{\substack{k\\k\neq j}} \frac{(\mathbf{R}_j - \mathbf{R}_k)\cdot \mathbf{m}_k}{|\mathbf{R}_j - \mathbf{R}_k|^3}\right]. \tag{13.29}$$

Zur weiteren Behandlung von (13.29) verwenden wir ein Iterationsverfahren. Wir setzen in der nullten Näherung an

$$\mathbf{m}_j^{(0)} = -\alpha\, \nabla_j \int \frac{\rho_0(\mathbf{r}')}{|\mathbf{R}_j - \mathbf{r}'|}\, d^3r' = \alpha\, \mathbf{E}_0(\mathbf{R}_j) \tag{13.30}$$

mit $\nabla_j \equiv \nabla_{\mathbf{R}_j}$. In dieser Näherung ist also das Dipolmoment dem äußeren elektrischen Feld $\mathbf{E}_0(\mathbf{R}_j)$ proportional. Substituiert man dies in der rechten Seite von (13.29), so entsteht

$$\sum_{\substack{k\\k\neq j}} \frac{(\mathbf{R}_j - \mathbf{R}_k)\cdot \mathbf{m}_k^{(0)}}{|\mathbf{R}_j - \mathbf{R}_k|^3} = -\alpha \sum_{\substack{k\\k\neq j}} \int \nabla_k \frac{\rho_0(\mathbf{r}')}{|\mathbf{R}_k - \mathbf{r}'|} \cdot \nabla_k \frac{1}{|\mathbf{R}_j - \mathbf{R}_k|}\, d^3r'. \tag{13.31}$$

Die Summation über k erstreckt sich dabei über alle Kristallatome mit Ausnahme des j-ten Atoms. Wegen der regelmäßigen kubischen Anordnung der Summationspunkte kann die Summe durch ein Integral approximiert werden, das über ein Volumen erstreckt wird, in dem eine kleine Kugel $K_j$ um $\mathbf{R}_j$ ausgespart ist. Nach der Integration kann man dann den Radius dieser Kugel gegen Null gehen lassen. Die konstante Dichte der Summationspunkte, also die Atomdichte N, beträgt $d^{-3}$, wenn d der Gitterabstand ist. Damit geht (13.31) über in

$$\sum_{\substack{k\\k\neq j}} \frac{(\mathbf{R}_j - \mathbf{R}_k)\cdot \mathbf{m}_k^{(0)}}{|\mathbf{R}_j - \mathbf{R}_k|^3} = -\frac{\alpha}{d^3} \int_{\mathbb{R}_3} d^3r' \int_{\mathbb{R}_3 - K_j} d^3r''\, \nabla_{\mathbf{r}''} \frac{\rho_0(\mathbf{r}')}{|\mathbf{r}'' - \mathbf{r}'|} \cdot \nabla_{\mathbf{r}''} \frac{1}{|\mathbf{R}_j - \mathbf{r}''|} \tag{13.32}$$

Partielle Integration über $\mathbf{r}''$ liefert wegen verschwindender Oberflächenterme im Unendlichen und auf der Oberfläche der Kugel $K_j$

$$\sum_{\substack{k\\k\neq j}} \frac{(\mathbf{R}_j - \mathbf{R}_k)\cdot \mathbf{m}_k^{(0)}}{|\mathbf{R}_j - \mathbf{R}_k|^3} = \frac{\alpha}{d^3} \int_{\mathbb{R}_3} d^3r' \int_{\mathbb{R}_3 - K_j} d^3r''\, \frac{\rho_0(\mathbf{r}')}{|\mathbf{R}_j - \mathbf{r}''|}\, \Delta_{\mathbf{r}''} \frac{1}{|\mathbf{r}'' - \mathbf{r}'|}\,. \tag{13.33}$$

Mit (IV.23) geht dies im Limes $K_j \to 0$ über in

$$\sum_{\substack{k\\ k \neq j}} \frac{(\mathbf{R}_j - \mathbf{R}_k) \cdot \mathbf{m}_k^{(0)}}{|\mathbf{R}_j - \mathbf{R}_k|^3} = -4\pi \frac{\alpha}{d^3} \int \frac{\rho_0(\mathbf{r}')}{|\mathbf{R}_j - \mathbf{r}'|} d^3 r'. \tag{13.34}$$

Die erste Näherung des Iterationsverfahrens wird dann aus (13.29) mit (13.34) durch

$$\mathbf{m}_j^{(1)} = -\alpha \nabla_j \left[ \int \frac{\rho_0(\mathbf{r}')}{|\mathbf{R}_j - \mathbf{r}'|} d^3 r' + \sum_{\substack{k\\ k \neq j}} \frac{(\mathbf{R}_j - \mathbf{R}_k) \cdot \mathbf{m}_k^{(0)}}{|\mathbf{R}_j - \mathbf{R}_k|^3} \right] \tag{13.35}$$

$$= -\alpha \left(1 - 4\pi \frac{\alpha}{d^3}\right) \nabla_j \int \frac{\rho_0(\mathbf{r}')}{|\mathbf{R}_j - \mathbf{r}'|} d^3 r' = \alpha(1 + \gamma) \mathbf{E}_0(\mathbf{R}_j)$$

gegeben. Wiederholt man mit dieser und den folgenden Näherungen dieselbe Prozedur, so erhält man für die $\mu$-te Näherung

$$\sum_{\substack{k\\ k \neq j}} \frac{(\mathbf{R}_j - \mathbf{R}_k) \cdot \mathbf{m}_k^{(\mu)}}{|\mathbf{R}_j - \mathbf{R}_k|^3} = \gamma(1 + \gamma + \gamma^2 + \ldots + \gamma^\mu) \int \frac{\rho_0(\mathbf{r}')}{|\mathbf{R}_j - \mathbf{r}'|} d^3 r' \tag{13.36}$$

mit

$$\gamma := -\frac{4\pi\alpha}{d^3} = -\frac{4\pi e_0^2}{m\,\omega_0^2} \frac{1}{d^3}. \tag{13.37}$$

Für $|\gamma| < 1$ kann man in (13.36) zu beliebig großen $\mu$ fortschreiten, was in der Grenze auf

$$\lim_{\mu \to \infty} \sum_{\substack{k\\ k \neq j}} \frac{(\mathbf{R}_j - \mathbf{R}_k) \cdot \mathbf{m}_k^{(\mu)}}{|\mathbf{R}_j - \mathbf{R}_k|^3} = \frac{\gamma}{1 - \gamma} \int \frac{\rho_0(\mathbf{r}')}{|\mathbf{R}_j - \mathbf{r}'|} d^3 r' \tag{13.38}$$

führt. (Für realistische Werte von $\omega_0$ gilt i.a. sogar $|\gamma| \ll 1$.) Daraus folgt, daß der Grenzwert

$$\lim_{\mu \to \infty} \mathbf{m}_j^{(\mu)} =: \mathbf{m}_j = -\alpha \nabla_j \left(1 + \frac{\gamma}{1 - \gamma}\right) \int \frac{\rho_0(\mathbf{r}')}{|\mathbf{R}_j - \mathbf{r}'|} d^3 r' = \frac{\alpha}{1 - \gamma} \mathbf{E}_0(\mathbf{R}_j) \tag{13.39}$$

existiert und daß

$$\lim_{\mu \to \infty} \mathbf{m}_j^{(\mu)} = \lim_{\mu \to \infty} \mathbf{m}_j^{(\mu - 1)} = \mathbf{m}_j \tag{13.40}$$

gilt. Beachtet man die Definition des $\mu$-ten Iterationsschnittes

$$\mathbf{m}_i^{(\mu)} = -\alpha \nabla_j \left[ \int \frac{\rho_0(\mathbf{r}')}{|\mathbf{R}_j - \mathbf{r}'|} d^3 r' + \sum_{\substack{k\\ k \neq j}} \frac{(\mathbf{R}_j - \mathbf{R}_k) \cdot \mathbf{m}_k^{(\mu - 1)}}{|\mathbf{R}_j - \mathbf{R}_k|^3} \right], \tag{13.41}$$

so ist durch (13.39) und (13.40) in der Grenze das Gleichungssystem (13.29) und unter der verwendeten Approximation $\mathbf{r}_j^0 \approx \mathbf{R}_j$ auch (13.26) erfüllt.

Damit sind die unter der gemeinsamen Wirkung des Feldes $\mathbf{E}_0(\mathbf{r})$ und des Kristallfeldes entstehenden Dipole $\mathbf{m}_j$ bekannt, und wir können nach (13.5) und (13.10) mit (13.39) die phänomenologische Dipoldichte bzw. Polarisation $\mathbf{P}(\mathbf{r})$ berechnen:

$$\mathbf{P}(\mathbf{r}) = \frac{1}{\Delta V} \int\limits_{\Delta V} \sum_j \mathbf{m}_j \, \delta(\mathbf{r} - \mathbf{R}_j + \boldsymbol{\xi}) \, d^3\xi \tag{13.42}$$

$$= \frac{\alpha}{1-\gamma} \frac{1}{\Delta V} \int\limits_{\Delta V} \sum_j \mathbf{E}_0(\mathbf{R}_j) \, \delta(\mathbf{r} - \mathbf{R}_j + \boldsymbol{\xi}) \, d^3\xi.$$

Gehen wir auch hier wegen der regelmäßigen Anordnung der Summanden von der Summe zum Integral über, so wird mit der Atomdichte $N := d^{-3}$

$$\mathbf{P}(\mathbf{r}) = \frac{N\alpha}{1-\gamma} \frac{1}{\Delta V} \int\limits_{\Delta V} d^3\xi \int \mathbf{E}_0(\mathbf{r}') \, \delta(\mathbf{r} - \mathbf{r}' + \boldsymbol{\xi}) \, d^3r' \tag{13.43}$$

$$= \frac{N\alpha}{1-\gamma} \frac{1}{\Delta V} \int\limits_{\Delta V} d^3\xi \, \mathbf{E}_0(\mathbf{r} + \boldsymbol{\xi}).$$

Mit der Definition (13.3) für die Mittelung erhalten wir aus (13.43)

$$\mathbf{P}(\mathbf{r}) = \frac{N\alpha}{1-\gamma} \overline{\mathbf{E}}_0(\mathbf{r}). \tag{13.44}$$

Da aber für makroskopische Größen die atomistische Mittelwertbildung wegen der schwachen Variation im atomaren Bereich $\Delta V$ bedeutungslos ist, wird $\overline{\mathbf{E}}_0 \approx \mathbf{E}_0$, und aus (13.44) entsteht schließlich

$$\mathbf{P}(\mathbf{r}) = \frac{N\alpha}{1-\gamma} \mathbf{E}_0(\mathbf{r}). \tag{13.45}$$

Mit der Definition (13.37) für $\gamma$ lautet dies

$$\mathbf{P}(\mathbf{r}) = -\frac{1}{4\pi} \frac{\gamma}{1-\gamma} \mathbf{E}_0(\mathbf{r}) = \frac{N\alpha}{1 + 4\pi N\alpha} \mathbf{E}_0(\mathbf{r}). \tag{13.46}$$

Die mittlere Dipoldichte bzw. Polarisation $\mathbf{P}(\mathbf{r})$ ist also proportional dem äußeren Feld $\mathbf{E}_0(\mathbf{r})$, aber entgegengesetzt gerichtet. Nach (13.16) gilt dann dasselbe für das mittlere Kristallfeld $\overline{\mathbf{E}}(\mathbf{r})$; denn es gilt die Gleichung

$$\overline{\mathbf{E}}(\mathbf{r}) = -\frac{\epsilon - 1}{\epsilon} \mathbf{E}_0(\mathbf{r}), \tag{13.47}$$

und die sogenannte Dielektrizitätskonstante

$$\epsilon := 1 - \gamma = 1 + 4\pi\alpha N = 1 + 4\pi\chi_e \qquad (13.48)$$

ist stets größer 1, da $\alpha > 0$ gilt. Nach (13.13) bzw. (13.17) wird das phänomenologische Gesamtfeld dann mit (13.47) oder (13.46)

$$\mathbf{E}(\mathbf{r}) = -4\pi\mathbf{P}(\mathbf{r}) + \mathbf{E}_0(\mathbf{r}) = \frac{1}{\epsilon}\mathbf{E}_0(\mathbf{r}), \qquad (13.49)$$

und mit (13.46) und (13.48) folgt

$$\mathbf{P}(\mathbf{r}) = \chi_e\,\mathbf{E}(\mathbf{r}) := \frac{1}{4\pi}(\epsilon - 1)\,\mathbf{E}(\mathbf{r}) \qquad (13.50)$$

mit einer positiven Materialkonstanten, der sogenannten elektrischen Suszeptibilität $\chi_e := \alpha N$, w.z.b.w.

Für $\chi_e$ ergibt sich mit der Polarisierbarkeit $\alpha$ nach (13.27) in diesem Modell

$$\chi_e := \frac{1}{4\pi}(\epsilon - 1) = \alpha N = \frac{e_0^2 N}{m\omega_0^2}. \qquad (13.51)$$

Da die Rechnung voraussetzungsgemäß bei einer bestimmten Gleichgewichtskonfiguration der Gitteratome für feste Temperatur T durchgeführt wurde, sind alle Materialkonstanten $\epsilon$, $\chi_e$, $\alpha$, N temperaturabhängig. Nach (13.51) hängt $\chi_e$ hauptsächlich über die Atomdichte N(T) von der Temperatur ab. Im allgemeinen Fall muß mit Hilfe der statistischen Mechanik über sämtliche quantenmechanisch möglichen Schwingungszustände eines einzelnen Atoms gemittelt werden, wobei in die statistische Gewichtsfunktion die Abhängigkeit von der Temperatur eingeht.

Aus dem Ergebnis (13.50) mit (13.51) läßt sich mit (13.28) schließen, daß gilt

$$\mathbf{E}_{eff}(\mathbf{r}) = \mathbf{E}(\mathbf{r}), \qquad (13.52)$$

daß also das am Orte $\mathbf{R}_j$ des j-ten Atoms herrschende effektive mikroskopische Feld $\mathbf{E}_{eff}(\mathbf{r})$ dem makroskopischen Feld $\mathbf{E}(\mathbf{r})$ entspricht. Denn mit (13.52) folgt aus (13.28) sofort mit (13.5) und (13.10)

$$\mathbf{P}(\mathbf{r}) = N\alpha\,\mathbf{E}(\mathbf{r}), \qquad (13.53)$$

da für das makroskopische Feld $\mathbf{E}$ definitionsgemäß gilt: $\overline{\mathbf{E}}(\mathbf{r}) = \mathbf{E}(\mathbf{r})$.

Mit der Definition (13.50) ergibt sich dann sofort die allgemeine Relation $\chi_e = \alpha N$.

## 13.4. Lineare Isolatoren endlicher Ausdehnung

Im vorangehenden Abschnitt haben wir an einem speziellen Modell das Polarisationsgesetz (13.50) abgeleitet, das zur phänomenologischen Beschreibung der Isolatoren benötigt wird. Es handelt sich dabei um ein lokales Gesetz, das besagt, daß die an einer Stelle sich ausbildende Polarisation dem dort vorhandenen Gesamtfeld proportional ist. In den atomistischen Bereich extrapoliert bedeutet dies, daß die Polarisierung der Atome dem auf sie lokal einwirkenden Gesamtfeld linear entspricht. Ein solcher Zusammenhang ist nun aber nicht nur bei dem gewählten speziellen Modell ableitbar, sondern stellt eine allgemeine Erfahrung der Atomistik bei hinreichend schwachen Feldern dar. Es liegt daher nahe, diese Erfahrung zu extrapolieren auf die

**1. phänomenologische Grunderfahrung bei Isolatoren:** Die an einem Orte **r** in einem beliebig geformten isotropen Isolator sich ausbildende Polarisierung **P** (**r**) ist dem Gesamtfeld **E** (**r**) an dieser Stelle proportional:

$$\mathbf{P}(\mathbf{r}) = \chi_e \, \mathbf{E}(\mathbf{r}) \tag{13.54}$$

wobei $\chi_e$ eine temperaturabhängige, skalare Materialkonstante ist. Das Gesamtfeld **E** (**r**) darf nicht so groß sein, daß Quanteneffekte auftreten.

Handelt es sich um anisotrope Isolatoren, wie z.B. kristalline Medien, so kann man die Anisotropie durch eine tensorielle elektrische Suszeptibilität $\chi_e$ berücksichtigen. Dadurch wird jedoch das lineare Verhalten von **P** (**r**) als Funktion von **E** (**r**) nicht verändert, aber **P** (**r**) kann sich wegen der Anisotropie des Kristalls nicht mehr parallel zu **E** (**r**) einstellen. Medien mit einem solchen Verhalten nennt man umfassend lineare Medien. (Es sind auch Medien bekannt, die bei hohen Feldstärken ein nichtlineares Verhalten zeigen, wie z.B. die Laser [T 5, T 11].) Da die durch die Anisotropie entstehenden Komplikationen die prinzipiellen Überlegungen nicht beeinflussen, beschäftigen wir uns mit dieser Verallgemeinerung nicht näher.

Um aus der Grunderfahrung (13.54) weitere Schlüsse ziehen zu können, definieren wir einen Hilfsvektor **D** (**r**), die dielektrische Verschiebung, durch

$$\mathbf{D}(\mathbf{r}) := \mathbf{E}(\mathbf{r}) + 4\pi \mathbf{P}(\mathbf{r}). \tag{13.55}$$

Es sei erwähnt, daß **D** (**r**) nach (13.45) und (13.49) nur im unendlich ausgedehnten Isolator proportional zu $\mathbf{E}_0(\mathbf{r})$ ist. Im Fall endlich ausgedehnter Isolatormedien gilt dagegen wegen der noch abzuleitenden Randbedingungen diese Proportionalität zum Vakuumfeld im allgemeinen nicht mehr. Der Wert der Definition von **D** (**r**) liegt dann darin, daß sich wenigstens für die Divergenz von **D** (**r**) eine Beziehung zu den Vakuumgrößen herstellen läßt. Es gilt nämlich die

*Behauptung 13.2:* Unabhängig von der geometrischen Konfiguration der vorhandenen, elektrisch neutralen Isolatormedien erfüllt **D(r)** im ganzen Raum der Gleichung

$$\nabla \cdot \mathbf{D}(\mathbf{r}) = 4\pi \rho_0 (\mathbf{r}), \tag{13.56}$$

wobei $\rho_0$ die das Vakuumfeld erzeugende Ladungsdichte ist.

*Beweis:* Wir bilden die Divergenz von (13.17), woraus mit $\nabla \cdot \mathbf{E}_0(\mathbf{r}) = 4\pi\rho_0(\mathbf{r})$

$$\nabla \cdot \mathbf{E}(\mathbf{r}) = 4\pi\rho_0(\mathbf{r}) - 4\pi \, \nabla_{\mathbf{r}} \cdot \mathbf{P}(\mathbf{r}) \tag{13.57}$$

folgt. Bildet man die Divergenz von (13.55) und benutzt man (13.57), so folgt (13.56), w.z.b.w.

Mit (13.55) und der Definition (13.48) von $\epsilon = 4\pi\chi_e + 1$ kann das lokale Polarisationsgesetz (13.54) auch durch

$$\mathbf{D}(\mathbf{r}) = \epsilon\,\mathbf{E}(\mathbf{r}) \tag{13.58}$$

ausgedrückt werden. Dieser Zusammenhang wird oftmals zum Ausgangspunkt der Theorie der Dielektrika gewählt. Er hat jedoch gegenüber (13.54) den Nachteil, daß er physikalisch nicht so evident ist. Wir bezeichnen (13.58) abkürzend auch als lokales Polarisationsgesetz, betonen aber, daß (13.58) eine aus dem Fundamentalgesetz (13.54) gezogene Folgerung ist.

Um weitere Beziehungen zu erhalten, beachten wir, daß das Gesamtfeld $\mathbf{E}(\mathbf{r})$ durch eine Superposition der elektrostatischen Felder $\overline{\mathbf{E}}(\mathbf{r})$ und $\mathbf{E}_0(\mathbf{r})$ entsteht. Es muß daher wegen (13.13) gelten

$$\nabla \times \mathbf{E}(\mathbf{r}) = 0, \tag{13.59}$$

woraus sich mit (13.55) als zweite Gleichung für $\mathbf{D}(\mathbf{r})$ zu (13.56) ergibt:

$$\nabla \times \mathbf{D}(\mathbf{r}) = 4\pi\,\nabla \times \mathbf{P}(\mathbf{r}). \tag{13.60}$$

Mit den Gleichungen (13.56) und (13.60) hat man allgemeine Gleichungen für $\mathbf{D}(\mathbf{r})$ abgeleitet, die für beliebige Medien gelten, da in (13.60) die Polarisation $\mathbf{P}(\mathbf{r})$ noch explizite eingeht. Zusammen mit (13.55) ist dadurch die allgemeinste Formulierung für Isolatormedien gegeben.

Bei linearen Medien läßt sich $\mathbf{P}(\mathbf{r})$ in (13.55) mit (13.54) eliminieren, so daß das lokale Polarisationsgesetz (13.58) an die Stelle von (13.55) tritt. Damit steht mit den Gleichungen (13.56), (13.58) und (13.59) einer Formulierung der Grundgesetze des phänomenologisch-statischen linearen Isolatormodells nichts mehr im Wege.

### Phänomenologisch-statisches lineares Isolatormodell

Es seien n isotrope, lineare Isolatoren $K_1, \ldots, K_n$ im Vakuum vorgegeben, deren Geometrie und Dielektrizitätskonstanten $\epsilon_i$ bekannt seien. Nach den vorangehenden Ableitungen gelten dann im ganzen Raum die Gleichungen

$$\nabla \cdot \mathbf{D}(\mathbf{r}) = 4\pi\rho_0(\mathbf{r}) \tag{13.61}$$

$$\nabla \times \mathbf{E}(\mathbf{r}) = 0,$$

wozu als Nebenbedingungen das lokale Polarisationsgesetz

$$\mathbf{D}(\mathbf{r}) = \epsilon_i\,\mathbf{E}(\mathbf{r}) \qquad (i = 0, 1, 2, \ldots, n) \tag{13.62}$$

für $\mathbf{r} \in K_i$ erfüllt werden muß. Dabei ist das Vakuum als $K_0$ bezeichnet mit $\epsilon_0 = 1$, und die Quelldichten des Vakuumfeldes sind $\rho_0(\mathbf{r}, t)$.

Die Grundaufgabe des Modells besteht wie in der Elektrostatik in der Berechnung des sich ausbildenden Feldes $\mathbf{E}(\mathbf{r})$ bzw. $\mathbf{D}(\mathbf{r})$. Um Lösungen des Systems ableiten zu können, benötigt man noch die aus (13.61) und (13.62) resultierenden Randbedingungen an den Grenzflächen zwischen zwei Isolatoren, wobei der Spezialfall der Grenze zum

Vakuum bei unserer Bezeichnung $K_0$ für das Vakuum mit erfaßt ist. Man geht ganz analog zu der Ableitung der Grenzbedingungen für Leiter nach Abschnitt 12.3 vor und unterscheidet zwei Typen:

**a) Bedingungen für die Normalkomponenten**

Zur Ableitung dieser Bedingungen verwenden wir wie in Bild 38 in Abschnitt 12.3a für Leiter einen Quader mit infinitesimaler Höhe h längs der Grenzfläche. Integrieren wir die Gleichung (13.61) für **D** über das Volumen $\Delta V$ des Quaders, so entsteht nach dem Gaußschen Satz

$$\int_{\Delta V} \nabla \cdot \mathbf{D}(\mathbf{r})\, d^3r = \int_{F(\Delta V)} \mathbf{D}(\mathbf{r}) \cdot d\mathbf{f} = 4\pi \int_{\Delta V} \rho_0(\mathbf{r}) d^3r \tag{13.63}$$

Dies führt im Grenzübergang $h \to 0$ für endliche Raumladungsdichten $\rho_0(\mathbf{r})$ auf

$$\mathbf{n}(\mathbf{r}) \cdot [\mathbf{D}_1(\mathbf{r}) - \mathbf{D}_2(\mathbf{r})] = 0\,, \tag{13.64}$$

wenn man mit $\mathbf{D}_a(\mathbf{r})$ die dielektrische Verschiebung im Medium $\alpha$ und mit $\mathbf{n}(\mathbf{r})$ die Grenzflächennormale vom Medium 2 zum Medium 1 bezeichnet; **r** ist dabei ein Punkt der Grenzfläche. Sind dagegen Vakuumflächenladungsdichten $\sigma_0(\mathbf{r})$ an der Grenzfläche vorhanden, so lautet die Grenzbedingung

$$\mathbf{n}(\mathbf{r}) \cdot [\mathbf{D}_1(\mathbf{r}) - \mathbf{D}_2(\mathbf{r})] = 4\pi\, \sigma_0(\mathbf{r})\,. \tag{13.64a}$$

**b) Bedingungen für die Tangentialkomponenten**

Zur Ableitung dieser Bedingungen verwenden wir entsprechend Bild 39 in Abschnitt 12.3 b für Leiter ein Rechteck mit infinitesimaler Höhe h; seine Normale liegt in der Isolatorgrenzfläche. Integrieren wir dann die Gleichung (13.61) für **E** über die Fläche $\Delta F$ des Rechtecks, so entsteht nach dem Stockesschen Satz

$$\int_{\Delta F} [\nabla \times \mathbf{E}(\mathbf{r})] \cdot d\mathbf{f} = \int \mathbf{E}(\mathbf{r}) \cdot d\mathbf{s} = 0. \tag{13.65}$$

Im Grenzübergang $h \to 0$ führt dies auf

$$\mathbf{n}(\mathbf{r}) \times [\mathbf{E}_1(\mathbf{r}) - \mathbf{E}_2(\mathbf{r})] = 0, \tag{13.66}$$

wobei $\mathbf{E}_a(\mathbf{r})$ die elektrische Feldstärke im Medium $\alpha$ und **r** ein Punkt der Grenzfläche sei.

Setzen wir dann nach (1.23) an

$$\mathbf{E}_a(\mathbf{r}) = -\nabla \varphi_a(\mathbf{r}), \tag{13.67}$$

so läßt sich die Grundaufgabe mit Hilfe von (13.61), (13.62), (13.64) und (13.66), (13.67) folgendermaßen formulieren:

**Grundaufgabe**: Vorgegeben sind isotrope, lineare Isolatoren $K_0, K_1, \dots, K_n$ mit bekannter Geometrie, wobei $K_0$ das Vakuum und $\rho_0$ eine bekannte Vakuumladungsdichte sei. Innerhalb des Isolators $K_\alpha$ gilt dann für das zugehörige elektrostatische Potential $\varphi_a(\mathbf{r})$ die Gleichung

$$\Delta \varphi_a(\mathbf{r}) = -\frac{4\pi}{\epsilon_a} \rho_0(\mathbf{r})\, \delta_{0a}\,, \qquad \mathbf{r} \in K_a \tag{13.68}$$

mit den Grenzbedingungen

$$(\mathbf{n}(\mathbf{r}) \cdot \nabla)\,[\epsilon_a\,\varphi_a(\mathbf{r}) - \epsilon_{a'}\varphi_{a'}(\mathbf{r})] = 4\pi\,\sigma_0(\mathbf{r})\,\delta_{0a'} \qquad \text{für die Normal- und}$$

$$(\mathbf{n}(\mathbf{r}) \times \nabla)\,[\varphi_a(\mathbf{r}) - \varphi_{a'}(\mathbf{r})] = 0 \qquad \text{für die Tangentialkomponenten} \tag{13.69}$$

und der Stetigkeitsbedingung

$$\varphi_a(\mathbf{r}) = \varphi_{a'}(\mathbf{r}) \tag{13.70}$$

für die Punkte auf den Grenzflächen zwischen $K_a$ und $K_{a'}$, da beim Durchgang keine Arbeit gewonnen wird. Wie lautet das Gesamtpotential $\varphi_a(\mathbf{r})$ ($\alpha = 0, \ldots, n$)?

Voraussetzung für eine solche Formulierung der Grundaufgabe ist natürlich die Homogenität der Dielektrika. Sie ist nicht immer erfüllt, wie z.B. bei Gasen. Dort kann $\epsilon$ eine Funktion des Ortes sein: $\epsilon = \epsilon(\mathbf{r})$. Sind die beteiligten Dielektrika aber homogen, so stellt (13.68), (13.69), (13.70) ein kompliziertes Randwertproblem dar. Ein allgemeiner Beweis, daß dieses so gestellte Problem lösbar ist, ist nicht bekannt. Wir zeigen aber an einem Beispiel, daß das System (13.68) mit Randbedingungen eindeutig die volle physikalische Information liefert.

### a) Punktladung gegenüber dielektrischem Halbraum

Der Isolator erfülle einen Halbraum mit der $\mathbf{e}_2$-$\mathbf{e}_3$-Ebene als Grenzfläche. Die Normale der Grenzfläche ist dann $\mathbf{n}(\mathbf{r}) \equiv \mathbf{e}_1$. Für $x_1 < 0$ sei die Dielektrizitätskonstante $\epsilon_2$, für $x_1 > 0$ sei sie $\epsilon_1$. In $x_1 = d > 0$, $x_2 = 0$, $x_3 = 0$ befinde sich eine Punktladung q. Für diesen Spezialfall lauten die Gleichungen (13.68), (13.69), (13.70)

$$\Delta\varphi_1(\mathbf{r}) = -4\pi q\,\delta(\mathbf{r} - d\mathbf{e}_1)\frac{1}{\epsilon_1} \qquad \text{für } x_1 > 0 \tag{13.71}$$

$$\Delta\varphi_2(\mathbf{r}) = 0 \qquad \text{für } x_1 < 0$$

$$\left.\begin{aligned} &\epsilon_1 \frac{\partial\varphi_1}{\partial x_1} = \epsilon_2 \frac{\partial\varphi_1}{\partial x_1} \\ &\frac{\partial\varphi_1}{\partial x_a} = \frac{\partial\varphi_2}{\partial x_a}\,, \quad \alpha = 2, 3 \\ &\varphi_1(\mathbf{r}) = \varphi_2(\mathbf{r}) \end{aligned}\right\} \quad \text{für } x_1 = 0 \tag{13.72}$$

Zur Lösung versuchen wir, die Bildladungsmethode nach Abschnitt 9.3 anzuwenden, wobei q′ eine Spiegelladung bei $\mathbf{r} = (-d, 0, 0)$ und q″ eine weitere fiktive Ladung bei $\mathbf{r} = (d, 0, 0)$ ist:

$$\varphi_1(\mathbf{r}) = \frac{1}{\epsilon_1}\left(\frac{q}{R_1} + \frac{q'}{R_2}\right)\,, \qquad x_1 > 0 \tag{13.73}$$

$$\varphi_2(\mathbf{r}) = \frac{1}{\epsilon_2}\frac{q''}{R_1}\,, \qquad x_1 < 0$$

mit

$$R_1 := [\rho^2 + (d - x_1)^2]^{\frac{1}{2}} ; \qquad R_2 := [\rho^2 + (d + x_1)^2]^{\frac{1}{2}}$$

und (13.74)

$$\rho^2 := x_2^2 + x_3^2 .$$

Diese Ansätze erfüllen die Potentialgleichungen (13.71) in den entsprechenden Gebieten $x_1 \gtrless 0$. Aus den Grenzbedingungen ergeben sich bei Substitution von (13.73) die Gleichungen

$$q - q' = q'' \tag{13.75}$$

$$\frac{1}{\epsilon_1}(q + q') = \frac{1}{\epsilon_2} q''.$$

Daraus folgt

$$q' = -\frac{\epsilon_2 - \epsilon_1}{\epsilon_2 + \epsilon_1} q \tag{13.76}$$

$$q'' = \frac{2\epsilon_2}{\epsilon_2 + \epsilon_1} q.$$

Das Problem ist also mit der Bildladungsmethode eindeutig lösbar. Da die erste Gleichung von (13.72) eine Unstetigkeit der Normalkomponente des elektrischen Feldes an der Grenzfläche bedeutet, müssen in Analogie zu Abschnitt 9.5 des Leitermodells Oberflächenladungen auftreten. Sie entstehen anschaulich durch die Dipoleigenschaften des Mediums. Löst man zwei entgegengesetzt gleiche Ladungen voneinander und erzeugt man so einen Dipol, so beobachtet man auf der einen Seite eine negative, auf der anderen Seite aber eine positive Ladung. Genau der gleiche Effekt tritt beim Dipolmedium auf. Um die Flächenladungen zu berechnen, beachten wir, daß nach (13.55)

$$\mathbf{E}(\mathbf{r}) = \mathbf{D}(\mathbf{r}) - 4\pi \mathbf{P}(\mathbf{r}) \tag{13.77}$$

gilt und daß nach (13.56) auf der Grenzfläche $\nabla \cdot \mathbf{D}(\mathbf{r}) = 0$ wird, da dort $\rho_0 = 0$ ist. Integriert man dann die Divergenz von (13.77) über den Quader entsprechend Bild 38 längs der Grenzfläche, so entsteht

$$\int_{\Delta V} \nabla \cdot \mathbf{E}(\mathbf{r})\, d^3r = -4\pi \int_{F(\Delta V)} \mathbf{P}(\mathbf{r}) \cdot d\mathbf{f} =: 4\pi \int_{\Delta F} \sigma_p(\mathbf{r})\, df . \tag{13.78}$$

In der Grenze $h \to 0$ führt dies auf die Flächenladungsdichte

$$\sigma_p(\mathbf{r}) = -\mathbf{n}_{12}(\mathbf{r}) \cdot [\mathbf{P}_1(\mathbf{r}) - \mathbf{P}_2(\mathbf{r})]. \tag{13.79}$$

Dabei ist $\mathbf{n}_{12}(\mathbf{r})$ die Normale vom Medium 2 zum Medium 1, $\mathbf{P}_i(\mathbf{r})$ die Polarisation im Medium i und $\mathbf{r}$ ein Punkt der Grenzfläche. Benützt man in (13.78) den Term mit $\mathbf{E}(\mathbf{r})$, so folgt entsprechend die bereits bekannte Relation (9.45) wie bei den Leitern.

Für lineare Medien ergibt sich dann aus (9.45) (und natürlich auch aus (13.79)) mit dem lokalen Polarisationsgesetz (13.62) und der Grenzbedingung (13.64) für $\mathbf{D}(\mathbf{r})$

$$\sigma_p(\mathbf{r}) = \frac{1}{4\pi} \frac{(\epsilon_2 - \epsilon_1)}{\epsilon_2 \epsilon_1} \mathbf{n}_{12} \cdot \mathbf{D}_1(\mathbf{r})\,; \tag{13.80}$$

mit (13.67) nimmt dies die Form an

$$\sigma_p(\mathbf{r}) = -\frac{1}{4\pi} \frac{\epsilon_2 - \epsilon_1}{\epsilon_1} (\mathbf{n}_{12}(\mathbf{r}) \cdot \nabla)\, \varphi_2(\mathbf{r}). \tag{13.81}$$

Speziell für unser Problem wird mit $(\mathbf{n}_{12}(\mathbf{r}) \cdot \nabla)\varphi_2(\mathbf{r}) = \dfrac{\partial \varphi_2(\mathbf{r})}{\partial x_1}$

$$\sigma_p(\mathbf{r}) = -\frac{q}{2\pi} \frac{(\epsilon_2 - \epsilon_1)}{(\epsilon_2 + \epsilon_1)\,\epsilon_1} \frac{d}{(\rho^2 + d^2)^{3/2}}. \tag{13.82}$$

Nach dem Coulombgesetz muß zwischen diesen Flächenladungen und der Punktladung eine Kraft auftreten. Für einen Punkt $\mathbf{r}$ der Grenzfläche lautet diese Kraftdichte auf q

$$\mathbf{k}(\mathbf{r}) = \sigma_p(\mathbf{r})\, q \frac{(d\mathbf{e}_1 - \mathbf{r})}{|d\mathbf{e}_1 - \mathbf{r}|^3} \tag{13.83}$$

Mit (13.82) stellt man fest, daß diese Kraft für $\epsilon_2 > \epsilon_1$ anziehend, für $\epsilon_2 < \epsilon_1$ dagegen abstoßend wird. Mit den Kräften auf Isolatoren werden wir uns in Abschnitt 13.6 noch genauer beschäftigen.

### b) Die linear polarisierbare Kugel im homogenen Feld

Wir betrachten die Polarisation einer elektrisch neutralen Kugel mit dem Radius R und der Dielektrizitätskonstanten $\epsilon$. Außerhalb der Kugel sei $\epsilon = 1$, also Vakuum. Die Kugel möge in ein homogenes äußeres elektrisches Feld $\mathbf{E}_0$ eingebettet sein, das wir in $\mathbf{e}_3$-Richtung legen: $\mathbf{E}_0(\mathbf{r}) = E_0 \mathbf{e}_3$. Den Winkel zwischen r und $\mathbf{e}_3$ bezeichnen wir mit $\vartheta$. Dieses Problem ist rotationsinvariant um die $\mathbf{e}_3$-Achse. Bei Einführung von Polarkoordinaten $\mathbf{r} \equiv r, \vartheta, \varphi$ hängt die Lösung somit nicht vom Winkel $\varphi$ ab. Damit lauten die Gleichungen (13.68), (13.69), (13.70) mit $\varphi(\mathbf{r}) = \varphi(r, \vartheta)$

$$\Delta \varphi_i(r, \vartheta) = 0 \qquad \text{für } r < R \tag{13.84}$$

$$\Delta \varphi_a(r, \vartheta) = 0 \qquad \text{für } r > R$$

$$\left.\begin{aligned} &\epsilon \frac{\partial \varphi_i(r, \vartheta)}{\partial r} = \frac{\partial \varphi_a(r, \vartheta)}{\partial r} &&(13.85a)\\ &\frac{\partial \varphi_i(r, \vartheta)}{\partial \vartheta} = \frac{\partial \varphi_a(r, \vartheta)}{\partial \vartheta} &&(13.85b)\\ &\varphi_i(r, \vartheta) = \varphi_a(r, \vartheta) &&(13.85c) \end{aligned}\right\} \text{für } r = R$$

Da in großer Entfernung von der Kugel, also für $r \gg R$, nur das homogene Feld $\mathbf{E}_0$ wirksam ist, gilt

$$\lim_{r \to \infty} \mathbf{E}(\mathbf{r}) = \lim_{r \to \infty} (-\nabla_{\mathbf{r}} \varphi_a(\mathbf{r})) = \mathbf{E}_0 = E_0 \mathbf{e}_3 \tag{13.86}$$

bzw.

$$-\lim_{r \to \infty} \frac{\partial}{\partial r} \varphi_a(r, \vartheta) = \frac{1}{r} (\mathbf{E}_0 \cdot \mathbf{r}) = E_0 \cos \vartheta \, .$$

Weiter soll $\varphi_i(r, \vartheta)$ bei $r = 0$ aus physikalischen Gründen regulär sein. Die allgemeinste bei $r = 0$ reguläre, von $\varphi$ unabhängige Lösung von (13.84) ist nach (VI.18) für $m = 0$ mit (VI.31)

$$\varphi_i(r, \vartheta) = \sum_{l=0}^{\infty} \alpha_l \, r^l \, P_l(\cos \vartheta), \qquad r < R \tag{13.87}$$

mit den durch (VI.20) definierten Legendre-Polynomen $P_l(\cos \vartheta)$. Die Lösung $\varphi_a$ setzen wir wegen der Bedingung (13.86) analog mit (VI.18) allgemein an als

$$\varphi_a = -r E_0 \cos \vartheta + \sum_{l=0}^{\infty} \beta_l \, r^{-(l+1)} \, P_l(\cos \vartheta), \qquad r > R \tag{13.88}$$

Aus der Bedingung (13.85c) folgt sofort $\alpha_l = \beta_l = 0$ für $l \neq 1$, da nur für $l = 1$ nach (VI.21) $P_l(\cos \vartheta) = \cos \vartheta$ ist. Damit ergibt sich

$$\varphi_i(r, \vartheta) = \alpha_1 \, r \cos \vartheta \tag{13.89}$$

$$\varphi_a(r, \vartheta) = [-E_0 r + \beta_1 r^{-2}] \cos \vartheta \tag{13.90}$$

mit der Bedingung

$$\alpha_1 = -E_0 + \beta_1 R^{-3}. \tag{13.91}$$

Aus der Darstellung (13.89), (13.90) sieht man, daß die Bedingung (13.85b) gegenüber (13.85c) nichts Neues liefert, während (13.85a) auf

$$\epsilon \alpha_1 = -E_0 - 2\beta_1 R^{-3} \tag{13.92}$$

führt. Aus (13.91) und (13.92) erhält man dann

$$\alpha_1 = -\frac{3}{\epsilon + 2} E_0 \tag{13.93}$$

$$\beta_1 = \frac{\epsilon - 1}{\epsilon + 2} R^3 E_0, \tag{13.94}$$

womit die endgültigen Lösungen (13.89), (13.90) lauten

$$\varphi_i(r, \vartheta) = -\frac{3}{\epsilon + 2} (\mathbf{E}_0 \cdot \mathbf{r}), \qquad r < R \tag{13.95}$$

$$\varphi_a(r, \vartheta) = -(\mathbf{E}_0 \cdot \mathbf{r}) + \frac{\epsilon - 1}{\epsilon + 2} \frac{R^3}{r^3} (\mathbf{E}_0 \cdot \mathbf{r}), \qquad r > R. \tag{13.96}$$

Das elektrische Feld im Innern ist mit (13.95)

$$\mathbf{E}_i(\mathbf{r}) = \frac{3}{\epsilon + 2}\, \mathbf{E}_0(\mathbf{r}). \tag{13.97}$$

Die Polarisation des Dielektrikums in der Kugel ist nach (13.50)

$$\mathbf{P}(\mathbf{r}) = \frac{1}{4\pi}(\epsilon - 1)\, \mathbf{E}_i(\mathbf{r}) = \frac{3}{4\pi}\, \frac{\epsilon - 1}{\epsilon + 2}\, \mathbf{E}_0(\mathbf{r}), \tag{13.98}$$

womit sich das Innenfeld (13.97) auch schreiben läßt als

$$\mathbf{E}_i(\mathbf{r}) = \mathbf{E}_0(\mathbf{r}) - \frac{4\pi}{3}\mathbf{P}(\mathbf{r}) \tag{13.99}$$

Durch die vorhandene Polarisation $\mathbf{P}(\mathbf{r})$ entsteht also im Kugelinnern das Gegenfeld

$$\mathbf{E}_g(\mathbf{r}) := -\frac{4\pi}{3}\mathbf{P}(\mathbf{r}). \tag{13.100}$$

Das resultierende Dipolmoment ist wegen (13.98)

$$\mathbf{m}_e = \int\limits_{|\mathbf{r}|=R} \mathbf{P}(\mathbf{r})\, d^3r = \frac{4\pi}{3} R^3\, \mathbf{P}(0) = \frac{\epsilon - 1}{\epsilon + 2} R^3\, \mathbf{E}_0. \tag{13.101}$$

Die Polarisierbarkeit $\alpha$ entsprechend (13.28) ist deswegen mit (13.101)

$$\alpha = \frac{\epsilon - 1}{\epsilon + 2} R^3, \tag{13.102}$$

also dem Volumen der Kugel proportional. Mit dem Dipolmoment $\mathbf{m}_e$ lassen sich die Potentiale (13.95), (13.96) schreiben als

$$\varphi_i(r, \vartheta) = -(\mathbf{E}_0 \cdot \mathbf{r}) + (\mathbf{m}_e \cdot \mathbf{r})\, R^{-3}, \qquad r < R \tag{13.103}$$

$$\varphi_a(r, \vartheta) = -(\mathbf{E}_0 \cdot \mathbf{r}) + (\mathbf{m}_e \cdot \mathbf{r})\, r^{-3}, \qquad r > R. \tag{13.104}$$

Außerhalb der Kugel verhält sich das durch die Polarisation erzeugte Potential wie das Potential eines punktförmigen Dipols mit dem Dipolmoment $\mathbf{m}_e$ (siehe 1.59).

Zum Schluß bestimmen wir noch die auf der Kugel induzierte Oberflächenladungsdichte $\sigma_p(\mathbf{r})$ nach (13.81). Mit (13.95) ergibt sich

$$\sigma_p(\mathbf{r}) = -\frac{1}{4\pi}(\epsilon - 1)\frac{\partial}{\partial r}\varphi_i(r, \vartheta)\Big|_{r=R} = \frac{3}{4\pi}\,\frac{\epsilon - 1}{\epsilon + 2}\, E_0 \cos\vartheta; \tag{13.105}$$

$\sigma_p(\mathbf{r})$ ist positiv für $\vartheta < \frac{\pi}{2}$ und negativ für $\vartheta > \frac{\pi}{2}$. Die gesamte positive Oberflächenladung $q_+$ beträgt dann

$$q_+ = R^2\, 2\pi \int\limits_0^{\frac{\pi}{2}} \sigma_p(\vartheta) \sin\vartheta\, d\vartheta = \frac{3}{4}\,\frac{\epsilon - 1}{\epsilon + 2} R^2 E_0, \tag{13.106}$$

so daß sich das induzierte Dipolmoment $\mathbf{m}_e$ auch schreiben läßt als

$$\mathbf{m}_e = \frac{4}{3} q_+ \mathbf{R} \tag{13.107}$$

**c) Hohlkugel im dielektrischen Medium bei homogenem Feld**

Diesen Fall kann man leicht auf den Fall b) zurückführen. Die Kugel habe den Radius $\mathbf{R}$, im Medium der Dielektrizitätskonstante $\epsilon$ herrsche für $r \to \infty$ die homogene elektrische Feldstärke $\mathbf{E}_0$. Dann ist die Feldstärke $\mathbf{E}_k$ in der Kugel

$$\mathbf{E}_k = \mathbf{E}_0 - \mathbf{E}_g = \mathbf{E}_0 + \frac{4\pi}{3}\mathbf{P}, \tag{13.108}$$

wobei $\mathbf{E}_g$ nach (13.100) das Feld einer homogen polarisierten Kugel ist, um das sich das Innenfeld $\mathbf{E}_k$ gegenüber $\mathbf{E}_0$ im Medium verringert. Mit (13.50) ergibt sich daraus, wenn man die sich einstellende Feldstärke $\mathbf{E}$ im Medium mit $\mathbf{E}_0$ identifiziert,

$$\mathbf{E}_k = \frac{\epsilon + 2}{3}\mathbf{E}. \tag{13.109}$$

Die exakte Lösung ergibt sich aus den Formeln von b) durch die Ersetzung $\epsilon \to \epsilon^{-1}$, da dadurch das Randwertproblem (13.84), (13.85), (13.86) für b) in dasjenige für c) übergeht.

**Phänomenologische Reaktionstheorie**

Für lineare Medien läßt sich nun mittels (13.109) allein mit Hilfe der Relation (13.28) rein phänomenologisch eine Verknüpfung zwischen den makroskopischen Materialgrößen $\epsilon$ und N und einer einzigen mikroskopischen Größe, der atomaren Polarisierbarkeit $\alpha$ herstellen, ohne daß eine atomistische Reaktionstheorie notwendig ist. Diese Verknüpfung ist die *Clausius-Mosottische Formel:*

*Behauptung 13.3:* Für isotrope, unendlich ausgedehnte lineare Medien wie kubische Kristalle, Gase und Flüssigkeiten gilt

$$\frac{\epsilon - 1}{\epsilon + 2} = \frac{4\pi}{3} N\alpha \tag{13.110}$$

bzw.

$$\chi_e = N\alpha \left[1 - \frac{4\pi}{3} N\alpha\right]^{-1}. \tag{13.111}$$

*Beweis:* Nach (13.28) gilt mit (13.5) und (13.10)

$$\mathbf{P}(\mathbf{r}) = N\alpha\, \overline{\mathbf{E}}_{\text{eff}}(\mathbf{r}). \tag{13.112}$$

Das effektive gemittelte Feld $\overline{\mathbf{E}}_{\text{eff}}(\mathbf{r})$ soll nun phänomenologisch ermittelt werden. Dazu betrachten wir einen herausgegriffenen Dipol am Ort $\mathbf{r} = 0$. Wir umgeben diesen mit einer Kugel vom Radius R, wobei R klein gegen makroskopische Dimensionen, aber groß gegenüber mikroskopischen Dimensionen sein soll, so daß die Kugel noch viele Atome umfaßt.

Alle Dipole außerhalb der Kugel sind genügend weit vom Kugelmittelpunkt entfernt, so daß ihre Wirkung durch das makroskopische Feld $\mathbf{E}$ eines linearen Mediums mit der Dielektrizitätskonstante $\epsilon$ beschrieben werden kann. Dann herrscht innerhalb der

Hohlkugel das makroskopische Feld $\mathbf{E}_k$, das durch (13.109) gegeben ist. Dieses Feld ist in dem mikroskopischen Bereich innerhalb der Hohlkugel praktisch homogen. Wegen der Linearität des Mediums sowie seiner Isotropie nehmen wir für die Dipolmomente der Dipole innerhalb der Kugel dann folgendes an:

a) Wegen der Linearität sind alle Dipolmomente gleichgerichtet, das Medium ist homogen polarisiert.

b) Der Betrag aller Dipolmomente ist auf Grund der Isotropie gleich, d.h. $\mathbf{m}_i = \mathbf{m}$ für alle i in der Kugel

Der Beitrag der Dipolmomente innerhalb der Kugel zum Feld bei $\mathbf{r} = 0$ ist dann mit (1.60)

$$\mathbf{E}_{Dip}(0) = \sum_{i \in K(R)} \mathbf{E}_i(0) = \sum_{i \in K(R)} \left[ \frac{3(\mathbf{m} \cdot \mathbf{R}_i)\,\mathbf{R}_i}{R_i^5} - \frac{\mathbf{m}}{R_i^3} \right]. \tag{13.113}$$

Für die x-Komponente erhalten wir mit $\mathbf{R}_i = (x_i, y_i, z_i)$

$$\mathbf{e}_x \cdot \mathbf{E}_{Dip}(0) = \sum_{i \in K(R)} R_i^{-5} \left[3\,(m_x x_i^2 + m_y x_i y_i + m_z x_i z_i) - m_x R_i^2\right] \tag{13.114}$$

$$= \sum_{i \in K(R)} R_i^{-5}\, m_x\, (3x_i^2 - R_i^2),$$

da wegen der Isotropie zu jeder positiven Komponente von $\mathbf{R}_i$ auch eine negative gehört, so daß die gemischten Terme fortfallen. Weiter gilt bei Isotropie

$$\sum \frac{x_i^2}{R_i^5} = \sum \frac{y_i^2}{R_i^5} = \sum \frac{z_i^2}{R_i^5} = \frac{1}{3} \sum \frac{R_i^2}{R_i^5}, \tag{13.115}$$

so daß (13.114) übergeht in

$$\mathbf{e}_x \cdot \mathbf{E}_{Dip}(0) = 0. \tag{13.116}$$

Da genau dieselben Überlegungen für die anderen Komponenten von (13.113) zutreffen, ergibt sich endgültig

$$\mathbf{E}_{Dip}(0) = 0. \tag{13.117}$$

Damit folgt für das auf dem Dipol bei $\mathbf{r} = \mathbf{R}_k$ wirkende effektive Feld, da natürlich der Kugelmittelpunkt auch bei $\mathbf{r} = \mathbf{R}_k$ liegen kann, mit (13.109)

$$\mathbf{E}_{eff}(\mathbf{r}) = \mathbf{E}_k(\mathbf{r}) + \mathbf{E}_{Dip}(\mathbf{r}) = \frac{\epsilon + 2}{3}\,\mathbf{E}(\mathbf{r}). \tag{13.118}$$

Da rechts ein makroskopisches Feld steht, gilt $\overline{\mathbf{E}}(\mathbf{r}) = \mathbf{E}(\mathbf{r})$, und (13.112) ergibt

$$\mathbf{P}(\mathbf{r}) = N\alpha\, \frac{\epsilon + 2}{3}\, \mathbf{E}(\mathbf{r}). \tag{13.119}$$

Als Konsistenzbedingung gilt weiter für $\mathbf{P}(\mathbf{r})$ das lineare Polarisationsgesetz (13.50) in der Form

$$\mathbf{P}(\mathbf{r}) = \chi_e \, \mathbf{E}(\mathbf{r}) = \frac{1}{4\pi} (\epsilon - 1) \, \mathbf{E}(\mathbf{r}), \tag{13.120}$$

woraus sich sofort mit (13.48) die behaupteten Relationen (13.110) bzw. (13.111) ergeben w.z.b.w.

Es sei noch betont, daß für $4\pi\alpha \, N \ll 1$ aus der Relation (13.111) die bereits früher auf Grund des Oszillatormodells abgeleitete Beziehung (13.51) folgt, bei der diese Bedingung notwendig war und bei der statt (13.118) die Formel (13.52) gilt. Während bei der Ableitung der *Clausius-Mosotti*-Formel die Linearität des Mediums vorausgesetzt und außer (13.28) kein atomistisches Modell benutzt wurde, sondern nur eine phänomenologische Konsistenzbetrachtung notwendig war, stellt die atomistische Ableitung mit Hilfe des Gleichungssystems (13.29) ein völlig systematisches Verfahren dar.

Die *Clausius-Mosotti*-Formel (13.110) ist deshalb sehr brauchbar, weil sie eine Verknüpfung zwischen der atomaren Polarisierbarkeit $\alpha$ und den makroskopischen Größen $\epsilon$ und N herstellt. Dabei ist $\alpha$ eine Größe, die nur noch mit Hilfe eines bestimmten atomistischen Modells an einem Atom oder Molekül berechnet werden muß. Das kompliziertere Vielteilchenproblem zur Berechnung einer exakten Reaktionstheorie wurde durch phänomenologische Überlegungen auf ein Einteilchenproblem für $\alpha$ reduziert. Im Oszillatormodell ist $\alpha$ durch (13.27) gegeben.

## 13.5. Energiebilanz

In Analogie zur Definition der elektrostatischen Feldenergie im Vakuum und bei Anwesenheit von Leitern geben wir hier die

*Definition 13.2:* Die statische Feldenergie, die eine Feldverteilung in Anwesenheit von Isolatoren besitzt, ist die Energie, die zum Aufbau dieser Feldverteilung benötigt wird.

Führen wir den Aufbau der Feldanordnung wiederum durch die Erzeugung einer Ladungskonfiguration mit Ladungen an den vorgegebenen Punkten durch, indem wir die Ladungen aus dem Unendlichen adiabatisch, d.h. unendlich langsam, damit die kinetische Energie vernachlässigt werden kann, an diese Punkte schieben, so gilt die

*Behauptung 13.4:* Die statische Feldenergie im Isolatormodell ist nicht rein elektrischer Natur.

*Beweis:* Bringt man die Ladungen aus dem Unendlichen an ihre Plätze, so erfolgt synchron mit dem Vorgang des Einbringens eine Polarisierung der Isolatoren, und es gibt keine Möglichkeit, diesen Polarisierungsprozeß vom gesamten Vorgang abzutrennen. Da die Polarisierung mit einer inneren mechanischen bzw. quantenmechanischen Zustandsänderung der Materie verbunden ist, sind dabei auch nichtelektrische Kräfte und damit nichtelektrische Energien beteiligt, w.z.b.w.

Man kann die Anteile, aus denen sich die Gesamtenergie zusammensetzt, noch genauer aufgliedern. Man erhält unter Berücksichtigung unseres atomistischen Oszillator-Modells folgende Anteile:

1 die elektrische Energie des Vakuumfeldes
2 die Energie der Wechselwirkung der Dipole mit dem Vakuumfeld
3 die Energie der Dipol-Dipol-Wechselwirkung
4 die innere Energie der Dipole.

Die Anteile 1 – 3 sind rein elektrische Energien, der Anteil 4 im allgemeinen aber nicht, da er quantenmechanischen Ursprungs ist. Wegen des Anteils 4 kann man daher die Gesamtenergie nicht sofort angeben, sondern man ist auf Modelle angewiesen. Wir wollen hier das im Abschnitt 13.3 verwendete Oszillator-Modell untersuchen. Es gilt dann die

*Behauptung 13.5:* Unter den Voraussetzungen a) – d) von Abschnitt 13.3 erhält man aus der klassisch-atomistischen Polarisationstheorie für die statische Feldenergie der Anordnung den phänomenologischen Ausdruck

$$W^e = \frac{1}{8\pi}\int \mathbf{D}(\mathbf{r}) \cdot \mathbf{E}(\mathbf{r})\, d^3 r. \tag{13.121}$$

Dieser Ausdruck ist allgemein für beliebige lineare Medien gültig.

*Beweis:* Im statischen Fall kann man die innere Energie der Oszillatoren durch ihre potentielle Energie ausdrücken. Da die übrigen Energieanteile aus der Elektrostatik bekannt sind, erhält man nach der vorangehenden Aufgliederung die Gesamtenergie der Anordnung mit den induzierten Dipolen $\mathbf{m}_j$ am Orte $\mathbf{R}_j$ zu

$$\begin{aligned} W^e := {} & \frac{1}{2}\int \frac{\rho_0(\mathbf{r})\,\rho_0(\mathbf{r}')}{|\mathbf{r}-\mathbf{r}'|}\, d^3 r\, d^3 r' + \sum_j \int \rho_0(\mathbf{r})\, \frac{\mathbf{m}_j \cdot (\mathbf{r}-\mathbf{R}_j)}{|\mathbf{r}-\mathbf{R}_j|^3}\, d^3 r \\ & + \frac{1}{2}\sum_{k \neq j} (\mathbf{m}_j \cdot \nabla_j)\, \frac{\mathbf{m}_k \cdot (\mathbf{R}_j - \mathbf{R}_k)}{|\mathbf{R}_j - \mathbf{R}_k|^3} + \frac{1}{2}\sum_j m\,\omega_0^2\, (\mathbf{r}_j - \mathbf{R}_j)^2 . \end{aligned} \tag{13.122}$$

Wir verweisen für den Anteil 1 auf (1.35), für den Anteil 2 auf (1.50) mit (1.46) und für den Anteil 3 auf (1.63). Multiplizieren wir (13.24) skalar mit $\frac{1}{2}(\mathbf{r}_j - \mathbf{R}_j)$ und beachten wir (13.23) und (13.25), so entsteht bei Summation über j

$$\begin{aligned} \frac{1}{2} m\,\omega_0^2 \sum_j (\mathbf{r}_j - \mathbf{R}_j)^2 = {} & -\frac{1}{2}\sum_j \int \rho_0(\mathbf{r})\, \frac{\mathbf{m}_j \cdot (\mathbf{r}-\mathbf{R}_j)}{|\mathbf{r}-\mathbf{R}_j|^3}\, d^3 r \\ & -\frac{1}{2}\sum_{k \neq j} (\mathbf{m}_j \cdot \nabla_j)\, \frac{\mathbf{m}_k \cdot (\mathbf{R}_j - \mathbf{R}_k)}{|\mathbf{R}_j - \mathbf{R}_k|^3} , \end{aligned} \tag{13.123}$$

wobei wie in Abschnitt 13.3 im 2. und 3. Term näherungsweise $\mathbf{r}_j \approx \mathbf{R}_j$ gesetzt wurde.

Substitution in (13.122) ergibt

$$W^e = \frac{1}{2}\int \frac{\rho_0(\mathbf{r})\,\rho_0(\mathbf{r}')}{|\mathbf{r}-\mathbf{r}'|}\,d^3r\,d^3r' + \frac{1}{2}\int \rho_0(\mathbf{r}) \sum_j \frac{\mathbf{m}_j\cdot(\mathbf{r}-\mathbf{R}_j)}{|\mathbf{r}-\mathbf{R}_j|^3}\,d^3r. \qquad (13.124)$$

Benutzen wir weiter (13.38) mit (13.39), so folgt

$$W^e = \frac{1}{1-\gamma}\,\frac{1}{2}\int \frac{\rho_0(\mathbf{r})\,\rho_0(\mathbf{r}')}{|\mathbf{r}-\mathbf{r}'|}\,d^3r\,d^3r'. \qquad (13.125)$$

Mit (13.48) sowie (1.35) mit (1.38) geht dies über in

$$W^e = \frac{1}{\epsilon}\,\frac{1}{8\pi}\int \mathbf{E}_0^2(\mathbf{r})\,d^3r. \qquad (13.126)$$

Im unendlich ausgedehnten Isolator wird aber $\mathbf{D}(\mathbf{r}) = \mathbf{E}_0(\mathbf{r})$, woraus für ein lineares Material wegen (13.58) aus (13.126) die Behauptung (13.121) folgt. Da die in (13.121) angegebene Energieformel von den Dimensionen her auch in anderen Fällen stimmt, verallgemeinern wir sie zur Energieformel für eine beliebige lineare Isolatoranordnung des phänomenologischen Isolatormodells, w.z.b.w.

Für lineare homogene Medien läßt sich die Energieformel (13.121) phänomenologisch auch völlig analog zur elektrostatischen Energie nach Abschnitt 1.5 herleiten. Wir betrachten eine Punktladungsanordnung mit den Ladungen $q_1, \ldots, q_n$ in $\mathbf{r}_1, \ldots, \mathbf{r}_n$, wobei der ganze Raum die Dielektrizitätskonstante $\epsilon$ besitzen soll. Dann ist die elektrostatische Gesamtenergie die Arbeit, die notwendig ist, um bei Anwesenheit des Dielektrikums $q_1, \ldots, q_n$ von $\infty$ nach $\mathbf{r}_1, \ldots, \mathbf{r}_n$ zu bringen, ohne daß mögliche Reibungsarbeit etc. berücksichtigt wird.

Eine Punktladung $q'$ am Ort $\mathbf{r}'$ erzeugt wegen (13.56) und (13.59) mit (13.58) eine dielektrische Verschiebung

$$\mathbf{D}(\mathbf{r}) = q'\,\frac{(\mathbf{r}-\mathbf{r}')}{|\mathbf{r}-\mathbf{r}'|^3}. \qquad (13.127)$$

In einem homogenen linearen Medium ist $\epsilon$ konstant, und damit ergibt sich die elektrische Feldstärke mit (13.58) zu

$$\mathbf{E}(\mathbf{r}) = \frac{q'}{\epsilon}\,\frac{(\mathbf{r}-\mathbf{r}')}{|\mathbf{r}-\mathbf{r}'|^3} = -\nabla_{\mathbf{r}}\,\frac{q'}{\epsilon}\,\frac{1}{|\mathbf{r}-\mathbf{r}'|}, \qquad (13.128)$$

woraus sofort mit (1.23) das Potential folgt. Das Potential von $(n-1)$ Punktladungen ist

$$\varphi(\mathbf{r}) = \frac{1}{\epsilon}\sum_{i=1}^{n-1} \frac{q_i}{|\mathbf{r}-\mathbf{r}_i|}, \qquad (13.129)$$

und die Arbeit, um die Ladung $q_n$ von $\infty$ nach $\mathbf{r}_n$ zu bringen, ist nach (1.33)

$$A_n = q_n\,\varphi(\mathbf{r}_n) = \frac{1}{\epsilon}\sum_{j=1}^{n-1} \frac{q_n\,q_j}{|\mathbf{r}_n-\mathbf{r}_j|}. \qquad (13.130)$$

Durch Induktionsschluß folgt dann analog zu (1.34)

$$W^e = \frac{1}{2}\,\frac{1}{\epsilon} \sum_{\substack{i,j=1 \\ j \neq i}}^{n} \frac{q_i\, q_j}{|\mathbf{r}_i - \mathbf{r}_j|}\,. \tag{13.131}$$

Bei kontinuierlicher Ladungsverteilung erhält man daraus durch Verallgemeinerung

$$W^e = \frac{1}{2}\,\frac{1}{\epsilon} \int \frac{\rho_0(\mathbf{r})\,\rho_0(\mathbf{r}')}{|\mathbf{r} - \mathbf{r}'|}\, d^3r\, d^3r'. \tag{13.132}$$

Mit (13.56) wird dies zu

$$W^e = \frac{1}{8\pi} \int \frac{\rho_0(\mathbf{r})}{\epsilon\,|\mathbf{r} - \mathbf{r}'|}\, \nabla_{\mathbf{r}'} \cdot \mathbf{D}(\mathbf{r}')\, d^3r\, d^3r'. \tag{13.133}$$

Für zulässige $\mathbf{D}(\mathbf{r}')$ aus F führt dies durch partielle Integration auf

$$W^e = -\frac{1}{8\pi} \int \mathbf{D}(\mathbf{r}') \cdot \nabla_{\mathbf{r}'}\varphi(\mathbf{r}')\, d^3r' \tag{13.134}$$

mit der Verallgemeinerung des Potentials (13.129) für kontinuierliche Ladungsverteilungen. Mit $\mathbf{E}(\mathbf{r}) = -\nabla\varphi(\mathbf{r})$ nach (1.23) folgt aus (13.134) die Energierelation (13.121).

Es liegt nahe, Formel (13.121) auch für nichthomogene, lineare Isolatoren mit ortsabhängigem $\epsilon(\mathbf{r})$ zu extrapolieren. Soll sie jedoch auf nichtlineare Medien übertragen werden, ist für $\mathbf{D}(\mathbf{r})$ natürlich nicht mehr (13.58), sondern die definierende Relation (13.55) gültig. Die Änderung der Dichte der elektrostatischen Energie eines beliebigen nichtlinearen Isolators läßt sich über das Poynting-Theorem für beliebige Medien nach Abschnitt 15.1 in Anlehnung an die Formel (15.45) definieren als

$$d\,W^e(\mathbf{r}) = \frac{1}{4\pi}\,\mathbf{E}(\mathbf{r}) \cdot d\,\mathbf{D}(\mathbf{r}). \tag{13.135}$$

Da in linearen Medien $\mathbf{D}(\mathbf{r})$ stets proportional zu $\mathbf{E}(\mathbf{r})$ ist, ist in diesem Fall (13.121) stets positiv definit. Dies gilt auch für anisotrope lineare Medien, da der Dielektrizitätstensor $\epsilon$ symmetrisch ist, also $\epsilon_{ik} = \epsilon_{ki}$ sein muß. Es ist daher stets $W^e \geqslant 0$, wobei das Gleichheitszeichen nur für verschwindende Felder gilt.

## 13.6. Kräfte auf Isolatoren

Wir haben schon in Abschnitt 13.4 am Beispiel a) des dielektrischen Halbraumes die auf Isolatoren wirkenden Kräfte diskutiert. Das Problem soll nun etwas allgemeiner behandelt werden. Zu diesem Zweck beschreiben wir die Raumerfüllung durch Isolatormaterie mit einem ortsabhängigen $\epsilon = \epsilon(\mathbf{r})$ in Analogie zur Beschreibung der Leiter durch eine ortsabhängige Leitfähigkeit $\sigma(\mathbf{r})$. Für Punkte $\mathbf{r}$, die im Vakuum liegen, wird dann

$\epsilon(\mathbf{r}) = 1$, liegt $\mathbf{r}$ dagegen in einem Isolator, so nimmt $\epsilon(\mathbf{r})$ den Wert von dessen konstanter Dielektrizitätskonstante an. Der Übergang vom Vakuum zur Materie kann stetig oder unstetig mit $\epsilon(\mathbf{r})$ beschrieben werden; dies ist nicht von besonderer Bedeutung.

Es läßt sich dann folgendes beweisen:

*Behauptung 13.6:* Bei konstanten Vakuumquellen $\rho_0(\mathbf{r})$, also bei konstant gehaltenen äußeren Versuchsbedingungen, wirkt auf einen linearen Isolator die Kraftdichte

$$\mathbf{k}(\mathbf{r}) = -\frac{1}{8\pi}\mathbf{E}^2(\mathbf{r})\,\nabla\epsilon(\mathbf{r}), \tag{13.136}$$

wobei $\mathbf{E}(\mathbf{r})$ das Gesamtfeld der Anordnung im Punkte $\mathbf{r}$ sei.

*Beweis:* Da die Gesamtenergie einer dielektrischen Anordnung nach (13.121) bekannt ist, können wir eine infinitesimale virtuelle Verrückung ds des Isolators vornehmen und aus der Differenz der entsprechenden Gesamtenergien auf die Kräfte schließen. Es seien $\mathbf{E}_1(\mathbf{r})$, $\mathbf{D}_1(\mathbf{r})$ Feldstärke bzw. dielektrische Verschiebung vor und $\mathbf{E}_2(\mathbf{r})$, $\mathbf{D}_2(\mathbf{r})$ Feldstärke bzw. elektrische Verschiebung nach der virtuellen Verrückung. Da sich durch die Verrückung die räumliche Verteilung der Materie ändert, müssen wir auch zwischen $\epsilon_1(\mathbf{r})$ und $\epsilon_2(\mathbf{r})$ unterscheiden. Wir können dann ansetzen

$$\begin{aligned}\mathbf{D}_2(\mathbf{r}) &= \mathbf{D}_1(\mathbf{r}) + \delta\,\mathbf{D}_1(\mathbf{r})\\ \epsilon_2(\mathbf{r}) &= \epsilon_1(\mathbf{r}) + \delta\,\epsilon_1(\mathbf{r}),\end{aligned} \tag{13.137}$$

wobei $\delta\,\mathbf{D}_1$ und $\delta\,\epsilon_1$ infinitesimale Größen sind und für $\delta\,\mathbf{D}_1(\mathbf{r})$ mit (13.56) $\nabla\cdot\delta\,\mathbf{D}_1(\mathbf{r}) = 0$ gelten soll. Die zugehörige Energiedifferenz wird dann mit (13.121) und (13.58)

$$\begin{aligned}\delta\,W := W_2 - W_1 &= \frac{1}{8\pi}\int[\mathbf{E}_2(\mathbf{r})\cdot\mathbf{D}_2(\mathbf{r}) - \mathbf{E}_1(\mathbf{r})\cdot\mathbf{D}_1(\mathbf{r})]\,d^3r \\ &= \frac{1}{8\pi}\int\left[\frac{1}{\epsilon_2(\mathbf{r})}\mathbf{D}_2^2(\mathbf{r}) - \frac{1}{\epsilon_1(\mathbf{r})}\mathbf{D}_1^2(\mathbf{r})\right]d^3r.\end{aligned} \tag{13.138}$$

Dies können wir mit (13.137) auch schreiben

$$\delta\,W = \frac{1}{8\pi}\int\left(\frac{1}{\epsilon_2} - \frac{1}{\epsilon_1}\right)\mathbf{D}_1^2\,d^3r + \frac{1}{4\pi}\int\frac{1}{\epsilon_2}\left(\mathbf{D}_1\cdot\delta\,\mathbf{D}_1 + \frac{1}{2}\delta\,\mathbf{D}_1^2\right)d^3r. \tag{13.139}$$

Entwickeln wir in (13.139) auch die Nenner, so entsteht unter Vernachlässigung von Termen 2. und höherer Ordnung in den infinitesimalen Größen

$$\delta\,W = -\frac{1}{8\pi}\int\frac{\delta\,\epsilon_1(\mathbf{r})}{\epsilon_1^2(\mathbf{r})}\mathbf{D}_1^2(\mathbf{r}) + \frac{1}{4\pi}\int\frac{1}{\epsilon_1(\mathbf{r})}\,\mathbf{D}_1(\mathbf{r})\cdot\delta\,\mathbf{D}_1(\mathbf{r})\,d^3r. \tag{13.140}$$

Ferner wird der zweite Term rechts mit (13.56) und (13.58)

$$\int \frac{\mathbf{D}_1(\mathbf{r})}{\epsilon_1(\mathbf{r})} \cdot \delta \mathbf{D}_1(\mathbf{r})\, d^3r = \int \mathbf{E}_1(\mathbf{r}) \cdot \delta \mathbf{D}_1(\mathbf{r})\, d^3r = -\int \nabla\varphi_1(\mathbf{r}) \cdot \delta \mathbf{D}_1(\mathbf{r})\, d^3r$$

$$= -\int \nabla \cdot (\varphi_1(\mathbf{r})\, \delta\, \mathbf{D}_1(\mathbf{r}))\, d^3r + \int \varphi_1(\mathbf{r})\, \nabla \cdot \delta\, \mathbf{D}_1(\mathbf{r})\, d^3r$$

$$= - \int_{F(V)} \varphi_1(\mathbf{r})\, \delta\, \mathbf{D}_1(\mathbf{r}) \cdot d\mathbf{f} + 4\pi \int \varphi_1(\mathbf{r})\, \delta\, \rho_0(\mathbf{r})\, d^3r. \tag{13.141}$$

Da in (13.138) über den ganzen Raum integriert wird, bedeutet F (V) die Oberfläche des $\mathbb{R}_3$. Das erste Integral verschwindet daher für zulässiges $\varphi_1(\mathbf{r})$ und infinitesimales $\delta\, \mathbf{D}_1(\mathbf{r})$. Weil nach Voraussetzung $\delta\, \rho_0(\mathbf{r}) = 0$ gelten soll, verschwindet aber auch das zweite Integral in (13.141), so daß (13.140) übergeht in

$$\delta\, W = -\frac{1}{8\pi} \int \mathbf{E}^2(\mathbf{r})\, \delta\, \epsilon(\mathbf{r})\, d^3r, \tag{13.142}$$

wobei wir den Index 1 weggelassen haben, da dieser Index die Konfiguration vor der virtuellen Verrückung angibt. Kombiniert man die Anordnung mit einem Arbeitsreservoir A, so kann zwischen dem System aus Isolator und Feld und dem Reservoir Arbeit ausgetauscht werden, was wegen der Energieerhaltung auf die Beziehung

$$\delta\, W + \delta\, A = 0 \tag{13.143}$$

führt. Bei einer virtuellen Verrückung ds des Isolators wird dann

$$\delta\, \epsilon(\mathbf{r}) = \epsilon(\mathbf{r} + d\mathbf{s}) - \epsilon(\mathbf{r}) = (d\mathbf{s} \cdot \nabla)\, \epsilon(\mathbf{r}), \tag{13.144}$$

und die von der am Isolator angreifenden Kraftdichte $\mathbf{k}(\mathbf{r})$ verrichtete Arbeit wird

$$\delta\, A = -\int \mathbf{k}(\mathbf{r}) \cdot d\mathbf{s}\, d^3r. \tag{13.145}$$

Daraus folgt durch Substitution von (13.144) in (13.142) und von (13.142), (13.145) in (13.143) die Beziehung (13.136), w.z.b.w.

Wir beweisen noch die schon erwähnte

*Behauptung 13.7:* Die auf ein Flächenelement dF der Grenzfläche zwischen zwei Isolatoren 1 und 2 wirkende Gesamtkraft $d\mathbf{K}(\mathbf{r})$ wird nicht davon beeinflußt, wie sich die Dielektrizitätsfunktion $\epsilon(\mathbf{r})$ an der Grenzfläche ändert, da die Kraft stets normal zur Grenzfläche wirkt.

*Beweis:* Im Isolator 1 ist $\epsilon(\mathbf{r}) = \epsilon_1$, im Isolator 2 gilt $\epsilon(\mathbf{r}) = \epsilon_2$. Der Ausdruck $\nabla \epsilon(\mathbf{r})$ verschwindet also überall außer an der Grenze zwischen den Isolatoren. Als Integrationsvolumen bei der Berechnung der Gesamtkraft auf ein Flächenelement dF der Grenzfläche kommt also nur der Bereich in Frage, in dem $\nabla\epsilon(\mathbf{r})$ nicht verschwindet, da die anderen Gebiete definitionsgemäß nicht zur Grenzfläche gehören.

Zur Integration wählen wir einen Quader $\Delta V$ mit der Grundfläche dF parallel zur Grenzfläche und mit der infinitesimalen Höhe h. Weiter werde die Kraftdichte $\mathbf{k}(\mathbf{r})$ zerlegt in einen Anteil $\mathbf{k_n}$, der die Richtung der Normalen $\mathbf{n}(\mathbf{r})$ im Punkte $\mathbf{r}$ der Grenzfläche hat, und in den dazu senkrechten Anteil $\mathbf{k_t}$ in der Tangentialebene. Die Normalkomponente der Gesamtkraft im Punkt $\mathbf{r}$ der Oberfläche wird dann

$$d K_n(\mathbf{r}) := \mathbf{n}(\mathbf{r}) \cdot d\mathbf{K}(\mathbf{r}) := \int\limits_{\Delta V} \mathbf{n}(\mathbf{r}') \cdot \mathbf{k}(\mathbf{r}')\, d^3 r' = dF \int\limits_{s' \epsilon \Delta V} \mathbf{k}(\mathbf{r}') \cdot \mathbf{n}(\mathbf{r}')\, ds'$$

$$= -\frac{dF}{8\pi} \int\limits_{-\frac{h}{z}}^{\frac{h}{2}} \mathbf{E}^2(\mathbf{r}')\,(\mathbf{n}(\mathbf{r}') \cdot \nabla')\, \epsilon(\mathbf{r}')\, ds' = -\frac{dF}{8\pi} \int\limits_{-\frac{h}{z}}^{\frac{h}{2}} \mathbf{E}^2(\mathbf{r}) \frac{d\epsilon}{ds}\, ds = -\frac{dF}{8\pi} \int\limits_{-\frac{h}{z}}^{\frac{h}{2}} \mathbf{E}^2(\mathbf{r})\, d\epsilon(s), \tag{13.146}$$

da $\epsilon(\mathbf{r}) \equiv \epsilon(s)$ nur von der Koordinate s in Normalrichtung abhängt. Aus demselben Grund verschwindet die tangentiale Komponente $d K_t$.

Für die Komponenten in der Tangentialebene und senkrecht zu ihr gilt nach (13.66) $\mathbf{E}_{1t} = \mathbf{E}_{2t}$, nach (13.64) besteht die Beziehung $\mathbf{D}_{1n} = \mathbf{D}_{2n}$. Weil die Tangential- und die Normalkomponenten aufeinander senkrecht stehen, folgt damit aus (13.146)

$$d K_n(\mathbf{r}) = -\frac{dF}{8\pi} \int\limits_{-\frac{h}{z}}^{\frac{h}{2}} \left[ \frac{\mathbf{D}_n^2(\mathbf{r})}{\epsilon^2(\mathbf{r})} + \mathbf{E}_t^2(\mathbf{r}) \right] d\epsilon(s). \tag{13.147}$$

Die Größen $\mathbf{D}_n$ und $\mathbf{E}_t$ ändern sich in der Grenzfläche nicht, und man kann sie vor das Integral ziehen. Wenn die Normale $\mathbf{n}(\mathbf{r})$ vom Isolator 2 nach 1 zeigt, wird dann aus (13.147)

$$d K_n(\mathbf{r}) = -\frac{dF}{8\pi} \left[ \mathbf{D}_n^2(\mathbf{r}) \int\limits_{-\frac{h}{z}}^{\frac{h}{2}} \frac{d\epsilon}{\epsilon^2} + \mathbf{E}_t^2(\mathbf{r}) \int\limits_{-\frac{h}{z}}^{\frac{h}{2}} d\epsilon \right] = \frac{dF}{8\pi}\,(\epsilon_2 - \epsilon_1) \left[ \frac{\mathbf{D}_n^2(\mathbf{r})}{\epsilon_1\, \epsilon_2} + \mathbf{E}_t^2(\mathbf{r}) \right] \tag{13.148}$$

unabhängig von h. Da hier nur noch die Werte $\epsilon_\alpha$ innerhalb der beiden Isolatoren vorkommen, nicht aber der Funktionsverlauf beim Übergang, ist damit die Behauptung bewiesen.

Ist z.B. $\epsilon_2 > \epsilon_1$ so übt der Isolator 2 nach (13.148) auf den Isolator 1 eine senkrecht zur Grenzfläche gerichtete Kraft $d K_n(\mathbf{r})$ aus, die beiden Isolatoren ziehen sich an. Mit (13.58) läßt sich dann die Gleichung (13.148) noch für Felder im Isolator 2 umschreiben:

$$d K_n(\mathbf{r}) = \frac{dF}{8\pi}\, \frac{\epsilon_2 - \epsilon_1}{\epsilon_1} \left[ \epsilon_2\, \mathbf{E}_n^2(\mathbf{r}) + \epsilon_1\, \mathbf{E}_t^2(\mathbf{r}) \right] \tag{13.149}$$

für $\mathbf{r}$ aus dem Isolator 2.

# 14. Magnetische Materialien

## 14.1. Modellvorstellung

Nach der Darstellung der Elektrostatik im Isolatormodell wenden wir uns ensprechend unserer Reihenfolge den stationären Strömen in diesem Modell zu. Da in den Isolatoren i.a. keine makroskopischen Ströme fließen, sind die zu diskutierenden Effekte von ganz anderer Art als im Leitermodell. Um dies zu erkennen, müssen wir uns noch detaillierter als bisher mit der atomistischen Struktur der Materie beschäftigen. In den vorangehenden Abschnitten hatten wir als Atommodell das sog. Oszillatormodell verwendet. Dieses Modell genügt zum Verständnis der Elektrostatik in einem Isolator.

Will man allgemeinere Reaktionen der Materie verstehen, so muß man das quasiklassische Kreisstrommodell der Atome verwenden. In diesem Modell sind die Elektronen im energetischen Grundzustand des Atoms nicht mehr ruhend an den Atomkern gebunden wie im Oszillatormodell, sondern vollführen eine Bewegung auf einer Kreis- oder Ellipsenbahn um den Atomkern. Da eine solche Bewegung nicht mehr gleichförmig ist, so müßte das Elektron nach der Maxwell-Theorie (vergleiche Abschnitt 4.7) wegen der Beschleunigung seiner Ladung dauernd elektromagnetische Wellen abstrahlen und damit Energie verlieren. Dies geschieht bei dem physikalisch realen Grundzustand nicht. Damit sind wir bei der Betrachtung atomistischer Prozesse an die Grenzen der klassischen Theorie der Materie gelangt.

Die Auflösung dieses Widerspruchs liefert die Quantentheorie: Im Gegensatz zur klassischen Theorie sind nach ihr die Atomströme im Grundzustand stationär, und es findet keine Abstrahlung statt. Da wir hier nur klassisch argumentieren wollen, müssen wir uns nach einem quasiklassischen Modell umsehen, das die Ergebnisse der Quantentheorie qualitativ wiedergibt.

Dazu bietet sich das sog. Bohrsche Atommodell an. In ihm werden nur Coulomb-Wechselwirkungen berücksichtigt, die Ausstrahlungsterme der Elektronen werden in den Bewegungsgleichungen weggelassen. Ferner werden durch **Quantenbedingungen bestimmte klassische Bahnen** ausgewählt. Das Modell paßt im wesentlichen auf Atome mit sog. Leuchtelektronen, also mit Elektronen über abgeschlossenen Schalen, die man durch Einelektronenatome idealisieren kann. Für ein Einelektronenatom (Wasserstoffatom) ist der Radius der Grundzustands-Kreisbahn der Bohrsche Radius $a_0 = \frac{\hbar^2}{me^2} \approx 0{,}5 \cdot 10^{-8}$ cm.

Bei atomistischen Betrachtungen wollen wir uns zunächst wie in Abschnitt 13.3 auf derartige Atome beschränken. Bezeichnet man den Bahnvektor der klassischen Bahn des k-ten Elektrons mit $\mathbf{r}_k(t)$, so wird die zugehörige Ladungs- und Stromdichte durch (4.121) und (4.122) definiert. Ohne Strahlungskorrekturen, also in quasistationärer Näherung, folgt dann nach (2.55), daß der vom Elektron erzeugte Kreisstrom ein magnetisches Dipolmoment

$$\mathbf{m}_k^m(t) = \frac{1}{2c}\int \mathbf{r}' \times \mathbf{j}_k(\mathbf{R}_k + \mathbf{r}', t)\, d^3r' \tag{14.1}$$

besitzen muß, wenn man beachtet, daß der Schwerpunkt dieses Kreisstromes mit dem Massenschwerpunkt des Atomkerns an der Stelle $\mathbf{R}_k$ zusammenfällt. Substituiert man (4.122) in (14.1), so entsteht

$$\mathbf{m}_k^m(t) = \frac{e}{2c}[\mathbf{r}_k(t) - \mathbf{R}_k] \times \mathbf{v}_k(t) = \frac{e}{2mc}\mathbf{L}_k, \tag{14.2}$$

wobei $\mathbf{L}_k$ der klassische Bahndrehimpuls ist. Da dieser bei Zentralkräften konstant ist, muß auch $\mathbf{m}_k^m(t) = \mathbf{m}_k^m$ konstant sein. Das Bohrsche Modell führt daher auf magnetische Momente, die den Drehimpulsen proportional sind.

Ferner zeigt die strenge quantenmechanische Rechnung, daß das Ergebnis des Kreisstrommodells bezüglich der magnetischen Momente noch korrigiert werden muß, da zusätzlich zu dem Dipolmoment, das dem Drehimpuls proportional ist, noch ein anderes magnetisches Eigenmoment der Teilchen (der Elektronen) hinzukommt. Letzteres ist nichtklassischer Natur und wird durch den Eigen-Drehimpuls, den Spin $\mathbf{S}_k$, des Elektrons gegeben. Dieser Spin wird nicht durch die Dynamik geliefert, sondern ist eine Folge der Lorentzinvarianz. Wir haben ihn bereits in Abschnitt 8.3 bei der Drehimpuls-Erhaltung kennengelernt. Der Spinbeitrag $\mathbf{m}_k^s$ zum magnetischen Moment ergibt sich experimentell [L 1, L 2] zu

$$\mathbf{m}_k^s = \frac{e}{mc}\mathbf{S}_k, \tag{14.3}$$

wobei zu beachten ist, daß der Beitrag des Spinmoments zum magnetischen Moment doppelt so groß ist wie derjenige des Bahnmoments $\mathbf{L}_k$. Das Verhältnis von magnetischem Moment zu Drehmoment wird „gyromagnetisches Verhältnis" g genannt; es ist für das Bahnmoment $g = \frac{e}{2mc}$, für das Spinmoment $g = \frac{e}{mc}$.

Das gesamte Drehmoment des k-ten Elektrons wird also

$$\mathbf{J}_k = \mathbf{L}_k + \mathbf{S}_k, \tag{14.4}$$

und das gesamte magnetische Moment $\mathbf{m}_k$ ergibt sich durch Vektoraddition von (14.2) und (14.3) zu

$$\mathbf{m}_k = \mathbf{m}_k^m + \mathbf{m}_k^s = \frac{e}{2mc}[\mathbf{L}_k + 2\,\mathbf{S}_k] = \frac{e}{2mc}[\mathbf{J}_k + \mathbf{S}_k]. \tag{14.5}$$

Betrachtet man nun im Sinne unseres Programms eine Isolatoranordnung mit einem äußeren stationären Strom im Vakuum, so wird das von diesem Strom erzeugte äußere Magnetfeld mit den Dipolen (14.2) bzw. (14.5) in Wechselwirkung treten. Es sind dann diese Wechselwirkungen, mit denen wir uns im folgenden beschäftigen werden, wobei wir jedoch den Spinanteil (14.3) als quantenmechanischen Effekt nicht berücksichtigen, sondern nur den klassischen Anteil (14.2) verwenden.

## 14.2. Makroskopische Feldgrößen

Wie im elektrostatischen Fall zerfällt das Gesamtproblem auch hier in die atomistische Rechnung selbst und in die Definition der phänomenologischen Feldgrößen. Wir beschäftigen uns zunächst mit der Definition. Nach (14.2) haben die Atome im allgemeinen ein dynamisches magnetisches Moment $\mathbf{m}_k^m$. Das Vektorpotential des k-ten Atoms mit dem Stromschwerpunkt $\mathbf{R}_k$ lautet dann nach (2.54)

$$\mathbf{A}_k(\mathbf{r}) = \mathbf{m}_k^m \times \frac{(\mathbf{r} - \mathbf{R}_k)}{|\mathbf{r} - \mathbf{R}_k|^3}, \tag{14.6}$$

wobei die höheren magnetischen Momente des Atoms analog zur Diskussion der elektrischen Wirkung in Abschnitt 13.2 vernachlässigt werden. Summiert man über sämtliche vorhandenen Teilchen (k = 1, ... , M), so entsteht das magnetische Gesamtpotential $\mathbf{G}(\mathbf{r})$ des Körpers

$$\mathbf{G}(\mathbf{r}) := \sum_{k=1}^{M} \mathbf{A}_k(\mathbf{r}). \tag{14.7}$$

Definieren wir nun in Analogie zu (13.5) eine magnetische Dipoldichte

$$\mathbf{m}_m(\mathbf{r}) := \sum_{k=1}^{M} \mathbf{m}_k^m \, \delta(\mathbf{r} - \mathbf{R}_k), \tag{14.8}$$

so läßt sich (14.7) schreiben als

$$\mathbf{G}(\mathbf{r}) = \int \mathbf{m}_m(\mathbf{r}') \times \frac{(\mathbf{r} - \mathbf{r}')}{|\mathbf{r} - \mathbf{r}'|^3} \, d^3 r'. \tag{14.9}$$

Der Übergang von den lokal rasch variierenden atomistischen Feldern zu den phänomenologischen Größen wird nach (13.3) vollzogen. Für das mittlere (phänomenologische) Vektorpotential des Körpers ergibt sich

$$\overline{\mathbf{G}}(\mathbf{r}) := \frac{1}{\Delta V} \iint_{\Delta V} \mathbf{m}_m(\mathbf{r}') \times \frac{(\mathbf{r} - \mathbf{r}' + \boldsymbol{\xi})}{|\mathbf{r} - \mathbf{r}' + \boldsymbol{\xi}|^3} \, d^3 r' \, d^3 \xi, \tag{14.10}$$

was in Analogie zu Abschnitt 13.2 umgeformt werden kann in

$$\overline{\mathbf{G}}(\mathbf{r}) = \int \mathbf{M}(\mathbf{r}') \times \frac{(\mathbf{r} - \mathbf{r}')}{|\mathbf{r} - \mathbf{r}'|^3} \, d^3 r' \tag{14.11}$$

mit der mittleren gesamten Magnetisierungsdichte

$$\mathbf{M}(\mathbf{r}) := \frac{1}{\Delta V} \int_{\Delta V} \mathbf{m}_m(\mathbf{r} + \boldsymbol{\xi}) \, d^3 \xi = \overline{\mathbf{m}}_m = \sum_{j \in \Delta V(\mathbf{r})} \mathbf{m}_j. \tag{14.12}$$

Damit hat man das Magnetikum phänomenologisch erfaßt. In der Dipolnäherung läßt sich sein gesamtes Verhalten durch die Magnetisierung $\mathbf{M}(\mathbf{r})$ ausdrücken, also durch die phänomenologische Dichte der magnetischen Dipole.

Dies war die Definitionsseite des Vorgangs. Da **M**(**r**) nicht willkürlich ist, sondern auf Grund der Einwirkung äußerer und innerer Felder entsteht, muß man **M**(**r**) als Funktional dieser Felder ausrechnen, um die physikalischen Vorgänge im Magnetikum quantitativ beschreiben zu können. Diesen Zusammenhang herzustellen, ist die Aufgabe der atomistischen Rechnung, die in den nachfolgenden Abschnitten durchgeführt werden soll.

Im Vergleich zu den elektrostatischen Verhältnissen sind die magnetischen Effekte komplizierter. Dies resultiert zum Teil aus dem Umstand, daß im elektrostatischen Fall nur das Coulombgesetz wirksam wird, wogegen im magnetischen Fall Ampèregesetz und Induktionsgesetz das Verhalten der Elementarmagnete beeinflussen. Dementsprechend erhält man hier zwei Arten von magnetischem Verhalten: den Paramagnetismus und den Diamagnetismus. Der Paramagnetismus geht auf das Ampèregesetz zurück, der Diamagnetismus auf das Induktionsgesetz. Da beide Gesetze aus den Maxwellgleichungen folgen, treten ihre Wirkungen gemeinsam auf. Auf Grund der atomistischen Struktur der Materie überwiegt aber bei einzelnen Stoffen die eine oder die andere Wirkung. Da das Ampèregesetz nur wirksam werden kann, wenn magnetische Dipole vorhanden sind, wird man den Paramagnetismus bei Atomen mit großem magnetischen Moment, also bei Atomen mit nichtabgeschlossenen Elektronenschalen erwarten. Besitzen dagegen die Atome (abgesehen von den Kernmomenten) kein magnetisches Moment, was bei abgeschlossenen Elektronenschalen der Fall ist, so kann das Ampéregesetz nur in höheren Näherungen wirksam werden (Multipolwirkung), und es überwiegt die Wirkung des Induktionsgesetzes und damit der Diamagnetismus.

Wie schon erwähnt, kann das magnetische Verhalten streng nur mit Hilfe der Quantenmechanik erklärt werden. Es zeigt sich sogar, daß es im Rahmen der klassischen statistischen Mechanik überhaupt keinen Diamagnetismus geben kann (van Leuwensches Theorem [L 5]. Verwendet man daher klassische Modelle, so müssen diese durch Zusatzannahmen ergänzt werden, die die reale quantenmechanische Situation widerspiegeln. Da beim Paramagnetismus andere Zusatzannahmen nötig werden als beim Diamagnetismus, betrachten wir beide Fälle getrennt. Wir behandeln zunächst den Paramagnetismus.

## 14.3. Paramagnetika

In Analogie zum elektrostatischen Fall denken wir uns ein magnetisches Vakuumfeld $\mathbf{B}_0(\mathbf{r})$ erzeugt, in das ein Magnetikum eingebracht wird. Seine Magnetisierung $\mathbf{M}(\mathbf{r})$ muß dann ein Funktional von $\mathbf{B}_0(\mathbf{r})$ werden. Definieren wir durch

$$\overline{\mathbf{B}}(\mathbf{r}) = \nabla \times \overline{\mathbf{G}}(\mathbf{r}) \tag{14.13}$$

das vom Magnetikum zufolge seiner Magnetisierung erzeugte mittlere Feld, so setzt sich das phänomenologische Gesamtfeld aus der Überlagerung der Felder von Vakuum und Magnetikum zusammen:

$$\mathbf{B}(\mathbf{r}) = \overline{\mathbf{B}}(\mathbf{r}) + \mathbf{B}_0(\mathbf{r}) = \nabla \times [\overline{\mathbf{G}}(\mathbf{r}) + \mathbf{A}_0(\mathbf{r})]. \tag{14.14}$$

Um $\overline{\mathbf{B}}(\mathbf{r})$ durch $\mathbf{M}(\mathbf{r})$ auszudrücken, integrieren wir (14.11) partiell. Für ein zulässiges $\mathbf{M}(\mathbf{r})$ ergibt sich dann

$$\overline{\mathbf{G}}(\mathbf{r}) = \int \mathbf{M}(\mathbf{r}') \times \nabla_{\mathbf{r}'} \frac{1}{|\mathbf{r}-\mathbf{r}'|}\, d^3r' = \frac{1}{c}\int \mathbf{j}_m(\mathbf{r}') \frac{1}{|\mathbf{r}-\mathbf{r}'|}\, d^3r' \qquad (14.15)$$

mit der Magnetisierungsstromdichte

$$\mathbf{j}_m(\mathbf{r}) := c\nabla \times \mathbf{M}(\mathbf{r}). \qquad (14.16)$$

Wegen (2.25) und (2.38) ist somit $\mathbf{j}_m(\mathbf{r})$ die Quellstromdichte von $\overline{\mathbf{B}}(\mathbf{r})$, so daß mit $\mathbf{j}_0(\mathbf{r})$ als Quellstromdichte für $\mathbf{B}_0(\mathbf{r})$ aus (14.14)

$$\nabla \times \mathbf{B}(\mathbf{r}) = \frac{4\pi}{c}\mathbf{j}_0(\mathbf{r}) + 4\pi\, \nabla \times \mathbf{M}(\mathbf{r}) \qquad (14.17)$$

und wegen (14.14)

$$\nabla \cdot \mathbf{B}(\mathbf{r}) = 0 \qquad (14.17a)$$

folgt. Bis auf den Gradienten einer skalaren Funktion $\chi(\mathbf{r})$, für die aus (14.17a) $\Delta\chi = 0$ und wegen der Randbedingungen $\chi \equiv 0$ folgt, erhalten wir daraus

$$\mathbf{B}(\mathbf{r}) = \mathbf{B}_0(\mathbf{r}) + 4\pi\, \mathbf{M}[\mathbf{B}_0(\mathbf{r})] \qquad (14.18)$$

Diese Gleichung ist das magnetische Analogon zur elektrostatischen Gleichung (13.20). Da $\mathbf{B}(\mathbf{r})$ die effektive Feldstärke darstellt, ist es physikalisch sinnvoller, $\mathbf{M}(\mathbf{r})$ als Funktional von $\mathbf{B}(\mathbf{r})$ und nicht von $\mathbf{B}_0(\mathbf{r})$ anzugeben. Die Magnetisierung ist dann ein Funktional des am Orte $\mathbf{r}$ wirksamen Gesamtfeldes.

Wie in Abschnitt 13.3 führen wir die Berechnung dieses funktionalen Zusammenhangs an einem einfachen Modell durch und benützen dazu folgende

**Voraussetzungen**

a) Das Magnetikum ist ein unendlich ausgedehntes homogenes kristallines Medium, da Oberflächeneffekte zunächst nicht interessieren sollen.

b) Die Gitterstruktur sei kubisch mit dem Gitterabstand d und mit gleichartigen elektrisch neutralen Atomen, die nur ein Elektron in ihrer äußersten Schale besitzen (nicht abgeschlossene Schale für Paramagnetismus).

c) Die Atome werden durch das Bohrsche Atommodell beschrieben, wobei der Atomkern an die Gleichgewichtsruhelage $\mathbf{R}_j$ des Gesamtatoms fixiert sei.

d) Bei einer fest vorgegebenen Temperatur T und fest vorgegebenem äußerem Feld $\mathbf{B}_0(\mathbf{r})$ stellt sich ein thermodynamisches Gleichgewicht ein, wobei in der statistischen Beschreibung des Systems die Besetzungswahrscheinlichkeiten der Zustände für die Magnetdipole der einzelnen Atome nicht korreliert seien und der Boltzmann-Statistik genügen mögen.

Unter diesen Voraussetzungen kann man den Paramagnetismus behandeln. Gegenüber dem elektrostatischen Fall ist vor allem die zusätzliche Forderung d) von Bedeutung.

Sie besagt, daß es im Kristallgitter trotz der im feldfreien Fall bereits vorhandenen magnetischen Atommomente und ihrer Wechselwirkungen keinen Ordnungseffekt gibt, der stärker wäre als die Temperaturbewegung und der dadurch Korrelationen der Atommomente, d.h. direkte gegenseitige Abhängigkeit ihrer Ausrichtung bewirken würde. Durch die Temperaturbewegung werden derartige Abhängigkeiten zerstört, und die Dipole reagieren nur auf ein „mittleres" Potential ihrer Umgebung. Bei abgeschaltetem äußerem Magnetfeld besteht für die Dipole keinerlei ausgezeichnete Richtung im mittlerei Potential des Kristalls. Deshalb stellt sich eine statistische Gleichverteilung ein. Daraus fol ferner, daß trotz vorhandener magnetischer Atommomente das Magnetikum insgesamt im feldfreien Fall keine makroskopische oder sog. permanente Magnetisierung aufweist; die Voraussetzung d) schließt daher solche Materialien aus. Um die unregelmäßige Ausrichtung der vorhandenen Momente durch die Temperaturbewegung mathematisch zu erfassen, muß man die thermodynamische Statistik [L 5] benutzen. Die Vernachlässigung der Korrelation zwischen den Besetzungswahrscheinlichkeiten für die einzelnen Atommomente entspricht dann der anschaulichen Vorstellung von der Einwirkung mittlerer Potentiale und stellt eine für atomare Systeme oft benutzte Näherung in der klassischen und vor allem in der Quantenstatistik dar. Sind im feldfreien Fall keine atomaren Momente vorhanden, wie beim Dielektrikum oder beim Diamagnetikum, so müßte prinzipiell der Einfluß der Wärmebewegung durch den Anschluß des Systems an ein Wärmebad ebenfalls berücksichtigt werden. Da dann aber die Notwendigkeit einer Aussage über die statistische Verteilung im feldfreien Fall entfällt, kann man näherungsweise auf die Einführung der Statistik überhaupt verzichten. Aus diesem Grunde wurden z.B. die Rechnungen für Dielektrika in Abschnitt 13. ohne Statistik durchgeführt.

Da es sich bei unseren Modellen um klassische Systeme handelt, muß man nach den Ergebnissen der statistischen Mechanik die Boltzmann-Statistik verwenden, wenn die Systemeigenschaften eine statistische Behandlung notwendig machen. Für den hier zu diskutierenden Fall der Paramagnetika gilt folgendes:

*Behauptung 14.1:* Unter den genannten Voraussetzungen erhält man für hohe Temperaturen die lineare Beziehung

$$\mathbf{M}(\mathbf{r}) = \frac{\chi_m}{1 + 4\pi\,\chi_m}\,\mathbf{B}(\mathbf{r}) \tag{14.19}$$

als funktionalen Zusammenhang zwischen Gesamtfeld und Magnetisierung, wobei $\chi_m > 0$, die paramagnetische Suszeptibilität, eine Konstante ist, die vom Material und von der Temperatur abhängt.

*Beweis:* In den Bohrschen Bahnen besitzen die Elektronen magnetische Momente von festem Betrag. Nur die Richtung dieser Momente ist nicht festgelegt. Die Gesamtheit der möglichen Zustände für eine thermodynamische Statistik der magnetischen Atommomente wird daher durch die verschiedenen Richtungen der Momente definiert. In der Quantentheorie gibt es nur eine diskrete Menge möglicher Richtungen, während in der klassischen Theorie beliebige Richtungen zugelassen sind. Nach Voraussetzung betrachten wir den klassischen Fall. Für ihn ergibt sich als Besetzungswahrscheinlichkeit $P_n$ eines Zustandes der Energie $E_n$ der Boltzmann-Ausdruck

$$P_n = e^{-\frac{E_n}{kT}} Z^{-1} \tag{14.20}$$

mit k als Boltzmann-Konstante, T als absoluter Temperatur und mit der Zustandssumme

$$Z := \sum_n e^{-\frac{E_n}{kT}} \tag{14.21}$$

als Normierungskonstante; sie gewährleistet $\sum_n P_n = 1$, so daß die Wahrscheinlichkeiten korrekt normiert sind. Für ein Atom im äußeren Magnetfeld wird die Gesamtenergie

$$E = E(\mathbf{m}) + W(\mathbf{m}, \mathbf{B}) + W(\mathbf{B}), \tag{14.22}$$

wobei $E(\mathbf{m})$ die innere Energie des Dipols, $W(\mathbf{m}, \mathbf{B})$ die Energie der Wechselwirkung zwischen Dipol und Feld und $W(\mathbf{B})$ die Energie des magnetischen Feldes darstellt. $E(\mathbf{m})$ hängt nicht von der Richtung des Dipols ab und ist daher eine Konstante. Ebenso ist $W(\mathbf{B})$ bei festem äußeren Feld eine Konstante, und nach (14.20) bzw. (14.21) fallen beide aus der Statistik, d.h. aus $P_n$ heraus. Die Besetzungswahrscheinlichkeit eines Zustandes mit der Dipolrichtung **m** wird daher

$$P(\mathbf{m}) = e^{-\frac{W(\mathbf{m},\mathbf{B})}{kT}} Z_m^{-1}, \tag{14.23}$$

wobei in

$$Z_m := \int e^{-\frac{W(\mathbf{m},\mathbf{B})}{kT}} \sin\vartheta \, d\vartheta \, d\varphi \tag{14.24}$$

über alle möglichen Richtungen von **m** bei konstantem Betrag, also über die Oberfläche der Einheitskugel im **m**-Raum integriert wird. Nach (2.77) lautet die Wechselwirkungsenergie

$$W(\mathbf{m}, \mathbf{B}) = -\mathbf{m} \cdot \mathbf{B} = -mB\cos\vartheta \tag{14.25}$$

mit $\vartheta$ als Polarwinkel zwischen dem (festen) Magnetfeld und dem magnetischen Dipol. Wir betrachten nun zunächst eine endliche Menge von Atomen k = 1, ... , N an den Stellen $\mathbf{R}_1, \dots, \mathbf{R}_N$. Die Besetzungswahrscheinlichkeit für eine bestimmte Dipolanordnung dieser Atome lautet dann unter den genannten Voraussetzungen a)–d) nach den Gesetzen der Wahrscheinlichkeitsrechnung

$$P(\mathbf{m}_1, \dots, \mathbf{m}_N) := \prod_{k=1}^{N} e^{-\frac{W(\mathbf{m}_k,\mathbf{B}_k)}{kT}} Z_{m,k}^{-1} = \prod_{k=1}^{N} P(\mathbf{m}_k), \tag{14.26}$$

wobei $\mathbf{B}_k := \mathbf{B}(\mathbf{R}_k)$ gesetzt wurde und $Z_{m,k}$ aus $Z_m$ durch Substitution von $\mathbf{m} = \mathbf{m}_k$ und $\mathbf{B} = \mathbf{B}_k$ hervorgehe. Der statistische Mittelwert $\overline{\mathbf{m}}_l(T)$ von $\mathbf{m}_l$ wird durch

$$\overline{\mathbf{m}}_l(T) := \int \mathbf{m}_l P(\mathbf{m}_1, \dots, \mathbf{m}_N) \sin \vartheta_1 \dots \sin \vartheta_N \, d\vartheta_1 \dots d\vartheta_N d\varphi_1 \dots d\varphi_N \tag{14.27}$$

definiert, wobei entsprechend (14.24) jeweils über die Oberfläche der Einheitskugel im $\mathbf{m}_\alpha$-Raum zu integrieren ist. Führt man in (14.27) die Integration aus, so erhält man für dieses Integral unter Berücksichtigung von (14.23), (14.24), (14.25) und (14.26), da $m_l = m$ für alle $l$ gilt.

$$\overline{\mathbf{m}}_l(T) = \frac{\int \mathbf{m}_l \exp(m_l B_l \cos \vartheta_l / kT) \sin \vartheta_l \, d\vartheta_l \, d\varphi_l}{\int \exp(m_l B_l \cos \vartheta_l' / kT) \sin \vartheta_l' \, d\vartheta_l' \, d\varphi_l'} = kT \frac{\mathbf{B}_l}{B_l^2} \left( \frac{mB_l}{kT} \coth \frac{mB_l}{kT} - 1 \right). \tag{14.28}$$

Für den Fall hoher Temperaturen mit $mB_l \ll kT$, den wir einfachheitshalber nur betrachten, kann die Klammer auf der rechten Seite von (14.28) in linearer Näherung entwickelt werden; dies führt auf

$$\overline{\mathbf{m}}_l(T) \approx \alpha(T) \mathbf{B}(\mathbf{R}_l) \tag{14.29}$$

mit dem Proportionalitätsfaktor

$$\alpha(T) = \frac{m^2}{3kT} =: \frac{C}{NT}, \tag{14.30}$$

wobei C die sog. Curie-Konstante ist. Damit entspricht (14.29) vollständig der Relation (13.28) im elektrostatischen Fall.

Beachtet man, daß sich das auf das $l$-te Atom wirkende Magnetfeld aus dem äußeren Magnetfeld $\mathbf{B}_0(\mathbf{R}_l)$ und dem Feld der übrigen gemittelten Dipole zusammensetzt, so erhält man

$$\mathbf{B}(\mathbf{R}_l) = \mathbf{B}_0(\mathbf{R}_l) + \nabla_l \times \sum_{\substack{j=1 \\ j \neq l}}^{N} \overline{\mathbf{m}}_j \times \frac{(\mathbf{R}_l - \mathbf{R}_j)}{|\mathbf{R}_l - \mathbf{R}_j|^3}. \tag{14.31}$$

Substituiert man (14.31) in (14.29), so entsteht

$$\overline{\mathbf{m}}_l(T) = \alpha \, \mathbf{B}_0(\mathbf{R}_l) + \alpha \, \nabla_l \times \sum_{\substack{j \\ j \neq l}} \overline{\mathbf{m}}_j(T) \times \frac{(\mathbf{R}_l - \mathbf{R}_j)}{|\mathbf{R}_l - \mathbf{R}_j|^3}, \tag{14.32}$$

Stellt man $\mathbf{B}_0(\mathbf{r})$ durch ein Vektorpotential $\mathbf{A}_0(\mathbf{r})$ dar, so ergibt sich aus (14.32)

$$\overline{\mathbf{m}}_k(T) = \alpha \, \nabla_k \times \left[ \mathbf{A}_0(\mathbf{R}_k) + \sum_{\substack{j \\ j \neq k}} \overline{\mathbf{m}}_j(T) \times \frac{(\mathbf{R}_k - \mathbf{R}_j)}{|\mathbf{R}_k - \mathbf{R}_j|^3} \right]. \tag{14.33}$$

Dies ist ein Gleichungssystem zur Berechnung der $\mathbf{m}_k$ (T). Es hindert uns nun nichts, in diesem System zur Grenze $N \to \infty$ überzugehen und die Rechnung für die Dipole eines unendlich ausgedehnten Kristallgitters nach Voraussetzung b) durchzuführen. Da die Temperatur T in das System (14.33) allein über die Konstante $\alpha$ eingeht, können wir abkürzend im folgenden $\overline{\mathbf{m}}_l(T) \equiv \mathbf{m}_l$ setzen. Über den Faktor $\alpha$ hängen die Momente explizite von der Temperatur ab, und es entstehen keine Verwechslungen zwischen den thermodynamischen Mittelwerten und den für die phänomenologische Theorie benötigten räumlichen Mittelwerten. Die phänomenologische Magnetisierung ist in diesem Fall dann ein räumlicher Mittelwert über thermodynamische Mittelwerte.

Zur weiteren Auswertung formen wir den letzten Term von (14.33) um:

$$\nabla_k \times \sum_{\substack{j \\ j \neq k}} \mathbf{m}_j \times \frac{(\mathbf{R}_k - \mathbf{R}_j)}{|\mathbf{R}_k - \mathbf{R}_j|^3} = - \sum_{\substack{j \\ j \neq k}} \nabla_k \times (\mathbf{m}_j \times \nabla_k) \frac{1}{|\mathbf{R}_k - \mathbf{R}_j|} \tag{14.34}$$

$$= \sum_{\substack{j \\ j \neq k}} [- \mathbf{m}_j \, \Delta_k + (\mathbf{m}_j \cdot \nabla_k) \, \nabla_k] \frac{1}{|\mathbf{R}_k - \mathbf{R}_j|}$$

Wegen $\mathbf{R}_k \neq \mathbf{R}_j$ und (IV.23) und mit $\nabla_k \dfrac{1}{|\mathbf{R}_k - \mathbf{R}_j|} = - \nabla_j \dfrac{1}{|\mathbf{R}_k - \mathbf{R}_j|}$

folgt daraus

$$\nabla_k \times \sum_{\substack{j \\ j \neq k}} \mathbf{m}_j \times \frac{(\mathbf{R}_k - \mathbf{R}_j)}{|\mathbf{R}_k - \mathbf{R}_j|^3} = - \nabla_k \sum_{\substack{j \\ j \neq k}} (\mathbf{m}_j \cdot \nabla_j) \frac{1}{|\mathbf{R}_k - \mathbf{R}_j|} . \tag{14.35}$$

Damit entsteht aus (14.33) das Gleichungssystem für $\mathbf{m}_k$

$$\mathbf{m}_k = \alpha \, \mathbf{B}_0 (\mathbf{R}_k) + \alpha \sum_{\substack{j \\ j \neq k}} (\mathbf{m}_j \cdot \nabla_j) \frac{(\mathbf{R}_k - \mathbf{R}_j)}{|\mathbf{R}_k - \mathbf{R}_j|^3} . \tag{14.36}$$

Dieses System lösen wir iterativ völlig analog zu Abschnitt 13.3, wo wir die Polarisation $\mathbf{P}(\mathbf{r})$ berechnet haben. Wir setzen in nullter Näherung an

$$\mathbf{m}_k^{(0)} = \alpha \, \mathbf{B}_0 (\mathbf{R}_k). \tag{14.37}$$

In dieser Näherung ist damit der Dipol dem äußeren magnetischen Feld proportional. Setzt man dies in die rechte Seite von (14.36) ein, so folgt

$$\sum_{\substack{j \\ j \neq k}} (\mathbf{m}_j^{(0)} \cdot \nabla_j) \frac{(\mathbf{R}_k - \mathbf{R}_j)}{|\mathbf{R}_k - \mathbf{R}_j|^3} = \alpha \sum_{\substack{j \\ j \neq k}} (\mathbf{B}_0 (\mathbf{R}_j) \cdot \nabla_j) \frac{(\mathbf{R}_k - \mathbf{R}_j)}{|\mathbf{R}_k - \mathbf{R}_j|^3} . \tag{14.38}$$

Unter denselben Voraussetzungen wie im elektrostatischen Fall kann die Summe für eine unendlich ausgedehnte, regelmäßige kubische Kristallanordnung durch ein Integral über den $\mathbb{R}_3$ mit der Atomdichte N approximiert werden. Wegen der Summationsvorschrift $j \neq k$ muß eine kleine Kugel $K_k$ um $\mathbf{R}_k$ ausgespart werden. Damit geht (14.38) über in

$$\sum_{\substack{j \\ j \neq k}} (\mathbf{m}_j^{(0)} \cdot \nabla_j) \frac{(\mathbf{R}_k - \mathbf{R}_j)}{|\mathbf{R}_k - \mathbf{R}_j|^3} = \alpha N \int_{\mathbb{R}_3 - K_k} (\mathbf{B}_0(\mathbf{r}) \cdot \nabla_\mathbf{r}) \frac{(\mathbf{R}_k - \mathbf{r})}{|\mathbf{R}_k - \mathbf{r}|^3} d^3 r. \qquad (14.39)$$

Partielle Integration ergibt dann, wobei der Oberflächenterm im Unendlichen für zulässiges $\mathbf{B}_0(\mathbf{r})$ aus F verschwindet, während der Oberflächenterm über die Kugel $K_k$ getrennt untersucht werden muß:

$$\sum_{\substack{j \\ j \neq k}} (\mathbf{m}_j^{(0)} \cdot \nabla_j) \frac{(\mathbf{R}_k - \mathbf{R}_j)}{|\mathbf{R}_k - \mathbf{R}_j|^3} = -\alpha N \int_{\mathbb{R}_3 - K_k} \frac{(\mathbf{R}_k - \mathbf{r})}{|\mathbf{R}_k - \mathbf{r}|^3} \nabla_\mathbf{r} \cdot \mathbf{B}_0(\mathbf{r}) \, d^3 r \qquad (14.40)$$

$$- \alpha N \int_{F(K_k)} \frac{(\mathbf{R}_k - \mathbf{r})}{|\mathbf{R}_k - \mathbf{r}|^3} \mathbf{B}_0(\mathbf{r}) \cdot d\mathbf{f}.$$

Wegen $\nabla_\mathbf{r} \cdot \mathbf{B}_0(\mathbf{r}) = 0$ verschwindet der erste Term rechts. Zur Auswertung des Oberflächenintegrals über die kleine Kugel $K_k$ um $\mathbf{R}_k$ vom Radius $\rho_0$ setzen wir $\mathbf{B}_0(\mathbf{r}) \approx \mathbf{B}_0(\mathbf{R}_k)$, da $\mathbf{B}_0(\mathbf{r})$ als makroskopische Feldgröße in diesem Bereich praktisch konstant ist. Weiter führen wir Polarkoordinaten um $\mathbf{R}_k$ mit $|\mathbf{R}_k - \mathbf{r}| = \rho$ ein, wobei die Richtung der Polarachse durch $\mathbf{B}_0(\mathbf{R}_k)$ gegeben sei. Dann lautet das Integral mit $\mathbf{B}_0 \cdot d\mathbf{f} = |\mathbf{B}_0| \, df \cos\vartheta = |\mathbf{B}_0| \rho^2 \cos\vartheta \sin\vartheta \, d\vartheta \, d\varphi$:

$$\int_{F(K_k)} \frac{(\mathbf{R}_k - \mathbf{r})}{|\mathbf{R}_k - \mathbf{r}|^3} \mathbf{B}_0(\mathbf{r}) \cdot d\mathbf{f} \qquad (14.41)$$

$$= |\mathbf{B}_0(\mathbf{R}_k)| \int_{\varphi=0}^{2\pi} \int_{\vartheta=0}^{\pi} (\sin\vartheta \cos\varphi \, \mathbf{e}_\varphi + \sin\vartheta \sin\varphi \, \mathbf{e}_\vartheta + \cos\vartheta \, \mathbf{e}_r) \cos\vartheta \sin\vartheta \, d\vartheta \, d\varphi.$$

Die ersten beiden Komponenten verschwinden bei der $\varphi$-Integration, und die dritte ergibt

$$|\mathbf{B}_0(\mathbf{R}_k)| \, 2\pi \int_0^\pi \cos^2\vartheta \sin\vartheta \, d\vartheta = \frac{4\pi}{3} |\mathbf{B}_0(\mathbf{R}_k)|.$$

Der sich ergebende Vektor in (14.41) hat die Richtung von $\mathbf{B}_0(\mathbf{R}_k)$, so daß (14.41) endgültig auf

$$\int_{F(K_k)} \frac{(\mathbf{R}_k - \mathbf{r})}{|\mathbf{R}_k - \mathbf{r}|^3} \mathbf{B}_0(\mathbf{r}) \cdot d\mathbf{f} = \frac{4\pi}{3} \mathbf{B}_0(\mathbf{R}_k) \qquad (14.42)$$

führt und (14.40) damit übergeht in

$$\sum_{\substack{j \\ j \neq k}} (\mathbf{m}_j^{(0)} \cdot \nabla_j) \frac{(\mathbf{R}_k - \mathbf{R}_j)}{|\mathbf{R}_k - \mathbf{R}_j|^3} = -\frac{4\pi}{3} \alpha N \, \mathbf{B}_0 (\mathbf{R}_k). \tag{14.43}$$

Die erste Näherung des Iterationsverfahrens wird dann mit (14.36), (14.37) und (14.43)

$$\mathbf{m}_k^{(1)} = \alpha \, [1 + \gamma] \, \mathbf{B}_0 (\mathbf{R}_k) \tag{14.44}$$

mit

$$\gamma := -\frac{4\pi}{3} \alpha N. \tag{14.45}$$

Da (14.44) genau (13.35) und (13.37) entspricht, ergibt sich durch Wiederholung der Iterationsprozedur vollkommen analog zum Abschnitt 13.3.

$$\mathbf{m}_k := \lim_{\mu \to \infty} \mathbf{m}_k^{(\mu)} = \frac{\alpha}{1-\gamma} \mathbf{B}_0 (\mathbf{R}_k), \tag{14.46}$$

wenn man wieder $|\gamma| < 1$ annimmt, was in realen Fällen gerechtfertigt ist

Damit können wir nun mit (14.8) und (14.12) die makroskopische Magnetisierung $\mathbf{M}(\mathbf{r})$ angeben:

$$\mathbf{M}(\mathbf{r}) := \frac{1}{\Delta V} \int_{\Delta V} \sum_k \mathbf{m}_k \, \delta (\mathbf{r} - \mathbf{R}_k + \boldsymbol{\xi}) \, d^3 \xi \tag{14.47}$$

$$= \frac{\alpha}{1-\gamma} \frac{1}{\Delta V} \int_{\Delta V} \sum_k \mathbf{B}_0 (\mathbf{R}_k) \, \delta (\mathbf{r} - \mathbf{R}_k + \boldsymbol{\xi}) \, d^3 \xi .$$

Ersetzt man die Summe durch ein Integral mit der Dichte N, so läßt sich dies mit der Definition (13.3) für die Mittelung schreiben als

$$\mathbf{M}(\mathbf{r}) = \frac{\alpha N}{1-\gamma} \frac{1}{\Delta V} \iint_{\Delta V} \mathbf{B}_0 (\mathbf{r}') \, \delta (\mathbf{r} - \mathbf{r}' + \boldsymbol{\xi}) \, d^3 \xi \, d^3 \mathbf{r}' \tag{14.48}$$

$$= \frac{\alpha N}{1-\gamma} \frac{1}{\Delta V} \int_{\Delta V} \mathbf{B}_0 (\mathbf{r} + \boldsymbol{\xi}) \, d^3 \xi = \frac{\alpha N}{1-\gamma} \overline{\mathbf{B}}_0 (\mathbf{r}).$$

Für die makroskopische Größe $\mathbf{B}_0(\mathbf{r})$ ist die atomistische Mittelwertbildung wegen der schwachen Variation von $\mathbf{B}_0(\mathbf{r})$ im atomaren Bereich bedeutungslos, und wir können setzen $\mathbf{B}_0(\mathbf{r}) \approx \overline{\mathbf{B}}_0(\mathbf{r})$, womit sich endgültig für $\mathbf{M}(\mathbf{r})$ ergibt

$$\mathbf{M}(\mathbf{r}) = \frac{\alpha N}{1-\gamma} \mathbf{B}_0(\mathbf{r}) =: \chi_m \, \mathbf{B}_0(\mathbf{r}). \tag{14.49}$$

Berücksichtigt man die Definition (14.45) für $\gamma$, so folgt für $\chi_m$

$$\chi_m = -\frac{3}{4\pi}\,\frac{\gamma}{1-\gamma} = \frac{\alpha N}{1+\frac{4\pi}{3}\alpha N}. \tag{14.50}$$

Definiert man die Permeabilität durch

$$\mu := 1 + 4\pi\,\chi_m\,, \tag{14.51}$$

so folgt aus (14.18) und (14.14)

$$\mathbf{B}(\mathbf{r}) = \mu\,\mathbf{B}_0(\mathbf{r}); \qquad \overline{\mathbf{B}}(\mathbf{r}) = (\mu-1)\,\mathbf{B}_0(\mathbf{r}) \tag{14.52}$$

und

$$\mathbf{M}(\mathbf{r}) = \frac{1}{4\pi}\,\frac{(\mu-1)}{\mu}\,\mathbf{B}(\mathbf{r}) = \frac{\chi_m}{1+4\pi\chi_m}\,\mathbf{B}(\mathbf{r})\,, \tag{14.53}$$

w.z.b.w.

Für einen Vergleich zwischen dem elektrischen und dem magnetischen Fall müssen wir die Gleichungen (13.47) und (14.52) betrachten, in denen die inneren Felder $\overline{\mathbf{E}}(\mathbf{r})$ bzw. $\overline{\mathbf{B}}(\mathbf{r})$ als Funktional der äußeren Felder $\mathbf{E}_0(\mathbf{r})$ bzw. $\mathbf{B}_0(\mathbf{r})$ ausgedrückt sind. Dies entspricht dann einem Vergleich der Gesamtfelder $\mathbf{E}(\mathbf{r})$ bzw. $\mathbf{B}(\mathbf{r})$ als Funktional der äußeren Felder $\mathbf{E}_0(\mathbf{r})$ bzw. $\mathbf{B}_0(\mathbf{r})$, also der Gleichungen (13.49) bzw. (14.52). Dann zeigt sich, daß $\mu$ mit $\epsilon^{-1}$ zu identifizieren ist. Da beim Dielektrikum stets $\epsilon > 1$ gilt, sollte in Analogie dazu $\mu < 1$ werden. Wegen (14.51) und $\chi_m > 0$ wird jedoch für den vorliegenden Fall $\mu > 1$. Der Stoff zeigt daher kein dem elektrischen Fall entsprechendes diamagnetisches, sondern ein paramagnetisches Verhalten. Für $\chi_m < 0$ wird jedoch $\mu < 1$; dann stellt sich diamagnetisches Verhalten ein, was im nächsten Abschnitt an einem Modell untersucht wird.

Mit den hier gegebenen Betrachtungen haben wir ein anschauliches Verständnis des Paramagnetismus erreicht. Es sei abschließend darauf hingewiesen, daß bei höheren Temperaturen der Paramagnetismus zerstört wird: In (14.30) ist der Proportionalitätsfaktor $\alpha$ der Temperatur umgekehrt proportional. Beachtet man die Definition (14.45), (14.50), so folgt, daß für hohe Temperaturen $\mathbf{M}(\mathbf{r})$ gegen Null geht, d.h. die Magnetisierung zerstört wird.

## 14.4. Diamagnetika

Nach der Untersuchung der Paramagnetika wollen wir uns den Diamagnetika zuwenden. Bei ihnen überwiegt die Induktion gegenüber den Ampèrekräften. Dies ist nur dann möglich, wenn der Gesamtdrehimpuls der Elektronenhülle verschwindet. Im ungestörten Zustand verschwindet daher nicht nur $\overline{\mathbf{m}}(\mathbf{r})$ wie bei den Paramagnetika, sondern auch $\mathbf{m}_k$ selbst. Bei den Atomen solcher Stoffe müssen also die Elektronenschalen abgeschlossen sein. Eine strenge klassische Erklärung ist auch hier nicht möglich.

Eine Veranschaulichung im klassischen Modell gelingt, wenn man die atomaren Kreisströme als Leiterkreise auffaßt; dazu ist natürlich das Oszillatormodell für die Atome unbrauchbar. Nimmt man die Modellvorstellung der atomaren Kreisströme als gegeben hin, so kann man das Induktionsgesetz (3.1), (3.3) in integraler Form auf den Leiterkreis des kreisenden Elektrons anwenden. Es wird dann

$$\int_{L_k} \mathbf{E}(\mathbf{r}, t) \cdot d\mathbf{s} = -\frac{1}{c}\frac{d}{dt}\int_{F_k} \mathbf{B}_0(\mathbf{r}, t) \cdot d\mathbf{f}, \tag{14.54}$$

wobei $L_k$ den atomaren Leiterkreis mit Radius $r_k$ und dem Kreismittelpunkt $\mathbf{R}_k$ bedeuten möge. Da man in atomaren Bereichen das äußere magnetische Feld $\mathbf{B}_0(\mathbf{r})$ als homogen ansehen kann, erhält man auch eine angenähert homogene elektrische Feldstärke längs des Leiterkreises, die man durch

$$\mathbf{E}(\mathbf{r}, t) \approx \mathbf{E}(\mathbf{R}_k, t) = E_k(t)\,\mathbf{t}_k(s) \tag{14.55}$$

beschreiben kann, wobei $\mathbf{t}_k(s)$ die Tangente an den Leiterkreis $L_k$ darstellt. Das Integral (14.54) läßt sich dann auswerten und ergibt

$$E_k(t)\, 2\pi\, r_k = -\frac{1}{c}\frac{d}{dt}\mathbf{B}_0(\mathbf{R}_k, t) \cdot \mathbf{n}_k\, r_k^2\, \pi. \tag{14.56}$$

$\mathbf{n}_k$ ist dabei die Normale auf der Kreisfläche $F_k$.

Daraus folgt

$$E_k(t) = -\frac{r_k}{2c}\frac{d}{dt}\mathbf{B}_0(\mathbf{R}_k, t) \cdot \mathbf{n}_k. \tag{14.57}$$

Das Elektron erfährt daher auf $L_k$ durch $E_k$ die Beschleunigung

$$\dot{v}_k = -\frac{r_k e}{2mc}\frac{d}{dt}\mathbf{B}_0(\mathbf{R}_k, t) \cdot \mathbf{n}_k, \tag{14.58}$$

wobei $\dot{v}_k$ der Betrag der Beschleunigung in Tangentialrichtung $\mathbf{t}_k$ ist.

Nun stellen wir uns einen Einschaltvorgang für das äußere Feld $\mathbf{B}_0(\mathbf{r}, t)$ vor, wobei für $t = t_0$ das Vakuumfeld noch nicht vorhanden ist, also $\mathbf{B}_0(\mathbf{r}, t_0) \equiv 0$ gilt, für $t = t_1$ dagegen der endgültige Wert $\mathbf{B}_0(\mathbf{r}, t_1) \equiv \mathbf{B}_0(\mathbf{r})$ erreicht wird; dann können wir (14.58) von $t = t_0$ bis $t = t_1$ integrieren und erhalten

$$v_k = -\frac{r_k e}{2mc}\mathbf{B}_0(\mathbf{R}_k) \cdot \mathbf{n}_k. \tag{14.59}$$

Damit hat das Elektron beim Einschalten des äußeren Feldes den zusätzlichen Drehimpuls

$$\delta \mathbf{L}_k = -\frac{e r_k^2}{2c}(\mathbf{B}_0(\mathbf{R}_k) \cdot \mathbf{n}_k)\,\mathbf{n}_k \tag{14.60}$$

aufgenommen, was nach (14.2) einem zusätzlichen magnetischen Moment

$$\delta \mathbf{m}_k = -\frac{e^2 r_k^2}{4mc^2} (\mathbf{B}_0 (\mathbf{R}_k) \cdot \mathbf{n}_k) \mathbf{n}_k \tag{14.61}$$

entspricht. Bezeichnet man die Elektronen im k-ten Atom mit den Indizes $k\mu$, so wird, weil die Schalen abgeschlossen sind, $\sum_\mu \mathbf{m}_{k\mu}^0 = 0$, und das gesamte magnetische Moment des k-ten Atoms lautet

$$\mathbf{m}_k = \sum_\mu (\mathbf{m}_{k\mu}^0 + \delta \mathbf{m}_{k\mu}) = \sum_\mu -\frac{e^2 r_{k\mu}^2}{4mc^2} (\mathbf{B}_0 (\mathbf{R}_k) \cdot \mathbf{n}_{k\mu}) \mathbf{n}_{k\mu}. \tag{14.62}$$

Zur weiteren Auswertung von (14.62) ist zu beachten, daß die Lage der Leiterkreise $L_{k\mu}$ und damit von $\mathbf{n}_{k\mu}$ in Bezug auf die Richtung $\mathbf{B}_0(\mathbf{R}_k)$ nicht bestimmt sondern statistisch verteilt ist. Da quantenmechanisch der Zustand eines Elektrons durch eine Wahrscheinlichkeitsamplitude gegeben wird, muß man mit der zugehörigen Dichtefunktion über alle Lagen der Bahnnormalen und über alle Radien mitteln. Wir nehmen einen sphärisch symmetrischen Atomzustand an und ersetzen $r_{k\mu}^2$ durch den bereits mit der Dichtefunktion gemittelten Wert $< r_{k\mu}^2 >$, der aus der Quantenmechanik übernommen wird. Damit folgt bei Einführung von Polarkoordinaten um die Polarachse $\mathbf{B}_0$ durch gleichmäßige Mittelung über alle Richtungen, wobei aus Symmetriegründen wie bei (14.41) nur die Komponente in Richtung von $\mathbf{B}_0(\mathbf{R}_k)$ übrigbleibt und die Indizes weggelassen sind,

$$< (\mathbf{B}_0 (\mathbf{R}_k) \cdot \mathbf{n}) \mathbf{n} > = \mathbf{B}_0 (\mathbf{R}_k) \int_0^\pi \cos^2 \vartheta \sin \vartheta \, d\vartheta = \frac{2}{3} \mathbf{B}_0 (\mathbf{R}_k). \tag{14.63}$$

Unter den weiteren Voraussetzungen:

a) jedes Atom besitzt $\gamma$ sich gleich verhaltende Elektronen

b) innerhalb jedes Atoms gilt $< r_{k\mu}^2 > =: < r_k^2 >$ $(\mu = 1, ..., \gamma)$

c) für alle Atome gilt $< r_k^2 > = < r^2 > = \overline{R_0^2}$ $(k = 1, ..., M)$

folgt dann mit (14.63) aus (14.62)

$$\mathbf{m}_k = -\frac{\gamma e^2 \overline{R_0^2}}{6mc^2} \mathbf{B}_0(\mathbf{R}_k). \tag{14.64}$$

Bildet man die Magnetisierung für $t > t_0$ mit (14.8) und (14.12), so wird wegen (14.64)

$$\mathbf{M}(\mathbf{r}) = \frac{1}{\Delta V} \int_{\Delta V} \sum_k \mathbf{m}_k \, \delta (\mathbf{r} + \boldsymbol{\xi} - \mathbf{R}_k) \, d^3\xi = -\frac{\gamma e^2 \overline{R_0^2}}{6mc^2} \frac{1}{\Delta V} \int_{\Delta V} \sum_k \mathbf{B}_0(\mathbf{R}_k) \, \delta (\mathbf{r} + \mathbf{R}_k - \boldsymbol{\xi}) \, d^3\xi. \tag{14.65}$$

Für eine regelmäßige, kubische Gitteranordnung kann die Summe wieder durch ein Integral mit der Dichte N ersetzt werden, so daß man endgültig mit der Mittelungsdefinition (13.3) und der Relation $\overline{\mathbf{B}}_0(\mathbf{r}) \approx \mathbf{B}_0(\mathbf{r})$ für makroskopische Felder erhält

$$\mathbf{M}(\mathbf{r}) = -\frac{\gamma N e^2 \overline{R_0^2}}{6mc^2}\mathbf{B}_0(\mathbf{r}). \tag{14.66}$$

Nach (14.49) folgt also

$$\chi_m = -\frac{\gamma N e^2 \overline{R_0^2}}{6mc^2}, \tag{14.67}$$

so daß diesmal $\chi_m < 0$ wird und damit $\mu < 1$ ist. Beim diamagnetischen Verhalten, ist $\mathbf{M}(\mathbf{r})$ antiparallel zu $\mathbf{B}_0(\mathbf{r})$, so daß $\mathbf{B}_0(\mathbf{r})$ durch $\mathbf{M}(\mathbf{r})$ geschwächt wird; beim paramagnetischen Verhalten dagegen verstärkt $\mathbf{M}(\mathbf{r})$ das magnetische Feld. Im Gegensatz zum Fall des Paramagnetismus, wo $\chi$ proportional zu $T^{-1}$ ist, hängt die Suszeptibilität hier nur über die Dichte N schwach von der Temperatur ab. Der kleinste Wert der Permeabilität ($\mu = 0, \chi_m = -\frac{1}{4\pi}$) kommt bei Supraleitern 1. Art unterhalb der Sprungtemperatur $T_c$ vor. Denn in diese kann bei $T < T_c$ kein Magnetfeld eindringen (Meißner-Ochsenfeld-Effekt). Solche Supraleiter sind demnach ideal diamagnetische Stoffe [T 12, T 13].

## 14.5. Magnetika endlicher Ausdehnung

In den vorangehenden Abschnitten haben wir an speziellen Modellen das Magnetisierungsgesetz abgeleitet, das zur phänomenologischen Beschreibung der Magnetika benötigt wird, wenn keine permanente Magnetisierung vorliegt, d.h. also, wenn $\mathbf{M}^U(\mathbf{r}) = 0$ ist. Das Gesetz (14.19) ist dann ein lokales Gesetz und besagt, daß die an einer Stelle erzeugte Magnetisierung dem dort vorhandenen Gesamtfeld proportional ist. Ein solcher Zusammenhang ist nun aber nicht nur bei den gewählten speziellen Modellen ableitbar, sondern stellt eine allgemeine Erfahrung der Atomistik dar, die bei hinreichend schwachen Feldern gilt. Es liegt daher nahe, diese Erfahrung zu extrapolieren auf die

**1. phänomenologische Grunderfahrung bei Magnetika**: Die an einem Orte $\mathbf{r}$ in einem beliebig geformten isotoropen Magnetikum sich ausbildende Magnetisierung $\mathbf{M}(\mathbf{r})$ ist dem Gesamtfeld $\mathbf{B}(\mathbf{r})$ an dieser Stelle proportional:

$$\mathbf{M}(\mathbf{r}) = \frac{\chi_m}{1 + 4\pi\chi_m}\mathbf{B}(\mathbf{r}), \tag{14.68}$$

sofern keine permanente Magnetisierung vorliegt. $\chi_m$ ist eine temperaturabhängige Materialkonstante, die sogenannte magnetische Suszeptibilität. (Aus historischen Gründen ist sie anders definiert als die elektrische.)

Handelt es sich um anisotrope Medien, so kann man die Anisotropie durch ein tensorielles $\boldsymbol{\chi}$ berücksichtigen. Da die dadurch entstehenden Komplikationen die prinzipiellen Überlegungen aber nicht beeinflussen, beschäftigen wir uns mit dieser Verallgemeinerung nicht weiter.

Um aus der Grunderfahrung (14.68) weitere Schlüsse ziehen zu können, definieren wir einen Hilfsvektor $\mathbf{H}(\mathbf{r})$, durch

$$\mathbf{H}(\mathbf{r}) := \mathbf{B}(\mathbf{r}) - 4\pi\,\mathbf{M}(\mathbf{r})\,. \tag{14.69}$$

Dieser Hilfsvektor wird als magnetische Feldstärke bezeichnet. In bezug auf die Analogie zum elektrischen Fall ist diese aus historischen Gründen gewählte Bezeichnung nicht sehr günstig.

Es sei erwähnt, daß $\mathbf{H}(\mathbf{r})$ nur im unendlich ausgedehnten Magnetikum zufolge (14.52), (14.53) proportional zu $\mathbf{B}_0(\mathbf{r})$ ist. Im Fall endlich ausgedehnter Magnetika gilt dagegen diese Proportionalität zum Vakuumfeld wegen der noch abzuleitenden Randbedingungen im allgemeinen nicht mehr. Der Wert der Definition von $\mathbf{H}(\mathbf{r})$ liegt dann darin, daß sich wenigstens für die Rotation von $\mathbf{H}(\mathbf{r})$ eine Beziehung zu den Vakuumgrößen herstellen läßt. Es gilt nämlich die

*Behauptung 14.2:* Unabhängig von den vorhandenen magnetischen Körpern erfüllt $\mathbf{H}(\mathbf{r})$ im ganzen Raum die Gleichung

$$\nabla \times \mathbf{H}(\mathbf{r}) = \frac{4\pi}{c}\,\mathbf{j}_0(\mathbf{r}), \tag{14.70}$$

wobei $\mathbf{j}_0$ die das Vakuumfeld erzeugende Ladungsdichte ist.

*Beweis:* Bezeichnet man mit $\mathbf{A}(\mathbf{r})$ das Vektorpotential des Gesamtfeldes von $\mathbf{B}(\mathbf{r})$, so gilt mit (14.13) und (14.14) sowie (14.11)

$$\begin{aligned}\mathbf{A}(\mathbf{r}) &= \mathbf{A}_0(\mathbf{r}) + \overline{\mathbf{G}}(\mathbf{r}) \\ &= \frac{1}{c}\int \mathbf{j}_0(\mathbf{r}')\,\frac{1}{|\mathbf{r}-\mathbf{r}'|}\,d^3r' + \int \mathbf{M}(\mathbf{r}') \times \frac{(\mathbf{r}-\mathbf{r}')}{|\mathbf{r}-\mathbf{r}'|^3}\,d^3r'.\end{aligned} \tag{14.71}$$

Unter der Annahme, daß das Magnetikum endliche Ausdehnung hat, verschwindet $\mathbf{M}(\mathbf{r})$ für $|\mathbf{r}| \to \infty$, ist also eine zulässige Funktion aus F, und der Magnetisierungsterm in (14.71) kann durch partielle Integration umgeformt werden:

$$\begin{aligned}\int \mathbf{M}(\mathbf{r}') \times \frac{(\mathbf{r}-\mathbf{r}')}{|\mathbf{r}-\mathbf{r}'|^3}\,d^3r' &= \int \mathbf{M}(\mathbf{r}') \times \nabla_{\mathbf{r}'}\,\frac{1}{|\mathbf{r}-\mathbf{r}'|}\,d^3r' \\ &= \int \frac{\nabla_{\mathbf{r}'} \times \mathbf{M}(\mathbf{r}')}{|\mathbf{r}-\mathbf{r}'|}\,d^3r'.\end{aligned} \tag{14.72}$$

Man erhält dann

$$\mathbf{A}(\mathbf{r}) = \frac{1}{c}\int \frac{1}{|\mathbf{r}-\mathbf{r}'|}\,[\mathbf{j}_0(\mathbf{r}') + c\,\nabla_{\mathbf{r}'} \times \mathbf{M}(\mathbf{r}')]\,d^3r', \tag{14.73}$$

und nach Abschnitt 2.3 wird

$$\nabla \times \mathbf{B}(\mathbf{r}) = \nabla \times [\nabla \times \mathbf{A}(\mathbf{r})] = \frac{4\pi}{c}\mathbf{j}_0(\mathbf{r}) + 4\pi\,\nabla \times \mathbf{M}(\mathbf{r}), \tag{14.74}$$

woraus unmittelbar mit (14.69) die Gleichung (14.70) folgt, w.z.b.w.

Mit (14.69) und der Definition von $\mu := 1 + 4\pi\,\chi_m$ nach (14.51) kann das lokale Magnetisierungsgesetz (14.68) auch durch

$$\mathbf{H}(\mathbf{r}) = \frac{1}{\mu}\mathbf{B}(\mathbf{r}) \tag{14.75}$$

ausgedrückt werden. Dieser Zusammenhang wird oftmals zum Ausgangspunkt der Theorie der Magnetika gewählt. Er hat jedoch gegenüber (14.68) den Nachteil, daß er nicht physikalisch evident ist. Wir bezeichnen abkürzend (14.75) ebenfalls als lokales Magnetisierungsgesetz, betonen aber, daß (14.75) eine aus dem Fundamentalgesetz (14.68) gezogene Folgerung ist.

Um weitere Beziehungen zu erhalten, beachten wir, daß das Gesamtfeld $\mathbf{B}(\mathbf{r})$ aus einer Superposition von magnetostatischen Feldern $\overline{\mathbf{B}}(\mathbf{r})$ und $\mathbf{B}_0(\mathbf{r})$ entsteht. Es muß daher wegen (14.14) gelten

$$\nabla \cdot \mathbf{B}(\mathbf{r}) = 0, \tag{14.76}$$

woraus sich mit (14.69) als zweite Gleichung zu (14.70) für $\mathbf{H}(\mathbf{r})$ ergibt:

$$\nabla \cdot \mathbf{H}(\mathbf{r}) = -4\pi\,\nabla \cdot \mathbf{M}(\mathbf{r}). \tag{14.77}$$

Mit den Gleichungen (14.70), (14.77) hat man allgemeine Gleichungen für $\mathbf{H}(\mathbf{r})$ abgeleitet, die für beliebige Medien gelten, da in (14.77) die Magnetisierung $\mathbf{M}(\mathbf{r})$ noch explizite eingeht. Zusammen mit (14.69) ist dadurch die allgemeinste Formulierung für Magnetika gegeben.

Bei linearen Medien läßt sich $\mathbf{M}(\mathbf{r})$ in (14.69) und (14.77) eliminieren, so daß das lokale Polarisationsgesetz (14.75) an die Stelle von (14.69) tritt. Damit steht mit den Gleichungen (14.70), (14.75) und (14.76) einer Formulierung der Grundgesetze des phänomenologisch-statischen Magnetikummodells nichts mehr entgegen.

### Phänomenologisch-statisches lineares Magnetikummodell

Es seien n isotrope lineare Magnetika $K_1 \ldots K_n$ im Vakuum vorgegeben, deren Geometrie und Permeabilitätskonstanten $\mu_i$ bekannt seien. Eine permanente Magnetisierung sei nicht vorhanden. Nach den vorangehenden Ableitungen gelten dann im ganzen Raum die Gleichungen

$$\begin{aligned} \nabla \times \mathbf{H}(\mathbf{r}) &= \frac{4\pi}{c}\,\mathbf{j}_0(\mathbf{r}) \\ \nabla \cdot \mathbf{B}(\mathbf{r}) &= 0\,, \end{aligned} \tag{14.78}$$

wozu als Nebenbedingung das lokale Polarisationsgesetz

$$\mathbf{H}(\mathbf{r}) = \frac{1}{\mu_i}\,\mathbf{B}(\mathbf{r}) \qquad (i = 0, 1, \ldots, n) \tag{14.79}$$

für $\mathbf{r} \in K_i$ erfüllt werden muß, wenn man das Vakuum als $K_0$ mit $\mu_0 = 1$ und die Quelldichten des Vakuumfeldes mit $\mathbf{j}_0(\mathbf{r})$ bezeichnet.

Die Grundaufgabe des Modells besteht wiederum in der Berechnung des sich ausbildenden Feldes. Um Lösungen des Systems ableiten zu können, benötigt man noch die aus (14.78), (14.79) resultierenden Grenzbedingungen an den Grenzflächen zwischen zwei Magnetika, wobei der Spezialfall der Grenze zum Vakuum durch dessen Bezeichnung als $K = K_0$ mit erfaßt wird. Man geht ganz analog zu Abschnitt 13.4 vor und erhält zwei Typen:

**a) Bedingungen für die Normalkomponenten**

Diese Bedingungen folgen aus der zweiten Gleichung von (14.78). Bezeichnet man mit $\mathbf{B}_\alpha(\mathbf{r})$ die magnetische Induktion im Medium $\alpha$ und mit $\mathbf{n}(\mathbf{r})$ die Grenzflächennormale im Punkte $\mathbf{r}$ der Grenzfläche, so lauten sie

$$\mathbf{n}(\mathbf{r}) \cdot [\mathbf{B}_1(\mathbf{r}) - \mathbf{B}_2(\mathbf{r})] = 0. \tag{14.80}$$

**b) Bedingungen für die Tangentialkomponenten**

Sie folgen aus der ersten Gleichung (14.78), wenn auf den Grenzflächen $j_0$ endlich ist. Mit denselben Bezeichnungen wie in a) lauten sie

$$\mathbf{n}(\mathbf{r}) \times [\mathbf{H}_1(\mathbf{r}) - \mathbf{H}_2(\mathbf{r})] = 0. \tag{14.81}$$

Sind dagegen Vakuumflächenströme vorhanden, so muß (14.81) in Analogie zu (13.64a) modifiziert werden, worauf wir hier nicht näher eingehen wollen.

Mit diesen Grenzbedingungen läßt sich nun die Grundaufgabe folgendermaßen formulieren:

**Grundaufgabe**: Vorgegeben sind die isotropen linearen Magnetika $K_0, K_1, \dots, K_n$ mit bekannter Geometrie, wobei $K_0$ das Vakuum und $\mathbf{j}_0$ eine bekannte Stromdichte im Vakuum sei. Innerhalb von $K_\alpha$ gelten dann die Gleichungen

$$\begin{aligned} \nabla \times \mathbf{B}_\alpha(\mathbf{r}) &= \frac{4\pi}{c}\, \mu_\alpha \mathbf{j}_0(\mathbf{r})\, \delta_{0\alpha} \\ \nabla \cdot \mathbf{B}_\alpha(\mathbf{r}) &= 0 \end{aligned} \tag{14.82}$$

mit den Grenzbedingungen

$$\begin{aligned} \mathbf{n}(\mathbf{r}) \cdot [\mathbf{B}_\alpha(\mathbf{r}) - \mathbf{B}_{\alpha'}(\mathbf{r})] &= 0 \\ \mathbf{n}(\mathbf{r}) \times [\frac{1}{\mu_\alpha}\mathbf{B}_\alpha(\mathbf{r}) - \frac{1}{\mu_{\alpha'}}\mathbf{B}_{\alpha'}(\mathbf{r})] &= 0 \end{aligned} \tag{14.83}$$

für $\mathbf{r}$ auf den Grenzflächen. Wie lautet das Gesamtfeld?

Voraussetzung für eine solche Formulierung der Grundaufgabe ist natürlich die Homogenität der Magnetika, die nicht immer erfüllt ist. Ist sie erfüllt, so stellt (14.82), (14.83) ein kompliziertes Randwertproblem dar. Ein allgemeiner Beweis für die Lösbarkeit dieses so gestellten Problems ist nicht bekannt. Man kann aber an Beispielen sehen, daß das System (14.82) mit Randbedingungen eindeutig die volle physikalische Information liefert. Da diese Beispiele völlig analog zu Abschnitt 13.4 ausfallen, verzichten wir hier auf eine explizite Diskussion.

Den dort abgeleiteten Ergebnissen entsprechend erhält man z.B. für eine *linear magnetisierbare Kugel* die Magnetisierung bei homogener äußerer Feldstärke $\mathbf{H}_0$

$$\mathbf{M}(\mathbf{r}) = \frac{3}{4\pi} \frac{(\mu - 1)}{(\mu + 2)} \mathbf{H}_0 \tag{14.84}$$

bzw. das induzierte magnetische Dipolmoment

$$\mathbf{m}_m = \int\limits_{r=R} \mathbf{M}(\mathbf{r})\, d^3 r = \frac{\mu - 1}{\mu + 2} R^3 \mathbf{H}_0 \,, \tag{14.85}$$

wobei R der Kugelradius ist. Für nicht ferromagnetische Materialien ist $\mu \approx 1$, für ferromagnetische jedoch $\mu \gg 1$. Wegen der einander entsprechenden Grenzbedingungen können die Gleichungen aus Abschnitt 13.4 übernommen werden, wenn man die Transformationen

$$(\mathbf{E}, \mathbf{D}, \mathbf{P}, \epsilon, \chi_e) \rightarrow (\mathbf{H}, \mathbf{B}, \mathbf{M}, \mu, \chi_m) \tag{14.86}$$

durchführt. Das im Kugelinneren erzeugte Gegenfeld ist

$$\mathbf{H}_g(\mathbf{r}) = -\frac{4\pi}{3} \mathbf{M}(\mathbf{r}) \,, \tag{14.87}$$

so daß sich das gesamte Innenfeld zu

$$\mathbf{H}_i = \mathbf{H}_0 + \mathbf{H}_g = \mathbf{H}_0 - \frac{4\pi}{3} \mathbf{M}(\mathbf{r}) \tag{14.88}$$

ergibt.

Um den Einfluß der geometrischen Form zu erfassen, definieren wir den sog. Entmagnetisierungsfaktor für homogene Feldstärken $\mathbf{H}_0$

$$N_m := \frac{(|\mathbf{H}_0| - |\mathbf{H}_i|)}{4\pi\, |\mathbf{M}|} = -\frac{1}{4\pi} \frac{|\mathbf{H}_g|}{|\mathbf{M}|} \tag{14.89}$$

Aus (14.87) folgt für eine Kugel: $N_m = \frac{1}{3}$.

Schließlich betrachten wir noch die magnetostatische Gesamtenergie der Anordnung. Wir definieren:

*Definition 14.1:* Die magnetostatische Gesamtenergie, die eine Feldverteilung in Anwesenheit von Magnetika besitzt, ist die Energie, die zum Aufbau dieser Feldverteilung benötigt wird.

Führen wir den Aufbau der Feldanordnung durch die Erzeugung von Magneten an vorgegebenen Punkten durch, indem wir die Magnete aus dem Unendlichen adiabatisch an diese Punkte schieben, so gilt die

*Behauptung 14.3:* Die magnetostatische Feldenergie ist nicht rein magnetischer Natur.
*Beweis:* Analoge Überlegungen zu Abschnitt 13.5 führen zur Verifizierung der Behauptung.

Im Gegensatz zum elektrischen Fall kann man die Gesamtenergie jedoch nicht aus einer Energiebilanz mit magnetostatischen Kräften erschließen. Wie in Abschnitt 2 würde man dann auf das magnetische Paradoxon stoßen. Man muß daher rein phänomenologisch vorgehen und das Poynting-Theorem mit den phänomenologischen Hilfsgrößen **D** und **H** verwenden. Dies wird in voller Allgemeinheit in Abschnitt 15.1 durchgeführt. Wir nehmen hier das Ergebnis für den magnetostatischen Fall vorweg. Man erhält für die magnetostatische Gesamtenergie aus (15.45)

$$W^m = \frac{1}{8\pi} \int \mathbf{B}(\mathbf{r}) \cdot \mathbf{H}(\mathbf{r})\, d^3 r. \tag{14.90}$$

Da in den einzelnen linearen Medien $\mathbf{H}(\mathbf{r})$ proportional zu $\mathbf{B}(\mathbf{r})$ ist, ist (14.90) immer positiv definit. Dies gilt auch für anisotropes Material, da der Permeabilitätstensor $\mu$ symmetrisch ist, also $\mu_{ik} = \mu_{ki}$ sein muß. Es ist daher stets $W^m \geqslant 0$, wobei das Gleichheitszeichen nur für verschwindende Felder gilt.

## 14.6. Ferromagnetika

Wir hatten bisher nur den Fall verschwindender permanenter Magnetisierung, also $\mathbf{M}^0(\mathbf{r}) = 0$, betrachtet. Nunmehr wenden wir uns dem Fall $\mathbf{M}^0(\mathbf{r}) \neq 0$ zu. Bevor wir aber die Feldgleichungen für diesen Fall studieren, wollen wir untersuchen, in welchen magnetischen Materialien $\mathbf{M}^0(\mathbf{r}) \neq 0$ sein kann oder ist. Dies sind die sog. Ferromagnetika. Um ihre Eigenschaften zu verstehen, müssen wir noch detaillierter als bisher auf den Aufbau der realen Materie eingehen, wobei wir uns auf kristalline Medien beschränken wollen.

Bei Kristallen muß man zwischen idealer und realer Struktur unterscheiden. Die Idealkristalle werden theoretisch beschrieben als unendlich ausgedehnte, periodische Ordnungs strukturen, deren Atom- oder Ionenanordnungen streng den gruppentheoretischen Gesetzen der Kristallsymmetriegruppen genügen, d.h. also bestimmte diskrete Gruppen von Deckoperationen zulassen. Obwohl die Kristalle im allgemeinen zunächst so definiert werden, kommen derartige regelmäßige Gebilde in der Natur nie vor. Bei den praktisch vorkommenden Realkristallen, ist nämlich die ideale Kristallstruktur auf mannigfache Weise gestört, und es ist im allgemeinen nicht möglich, makroskopische Kristalle mit ununterbrochener regelmäßiger Gitterstruktur zu erzeugen. Solche regelmäßigen sog. Einkristalle erhält man nur unter besonderen experimentellen Vorkehrungen. Gewöhnlich sind die makroskopischen Kristalle aus vielen kleinen Kristallblöcken homogener Struktur, den sog. Mosaikblöcken, zusammengesetzt, deren Orientierung regellos, d.h. statistisc verteilt ist.

Einen solchen Aufbau weisen auch die Ferromagnetika auf. Bei ihnen sind die Mosaikblöcke aber zusätzlich homogen magnetisiert. Die Ursache dieser homogenen permanenten Magnetisierung liegt in quantenmechanischen Effekten, die trotz der Temperaturbewegung eine Korrelation der atomaren magnetischen Momente bewirken. Wir interessieren uns hier nur für die daraus resultierenden phänomenologischen Eigenschaften der Ferromagnetika. Man nennt diese homogen magnetisierten Mosaikblöcke Weißsche Bezirke. Im thermodynamischen Gleichgewicht ohne äußeres Magnetfeld sind die Richtungen der Magnetisierung dieser Weißschen Bezirke ohne Vorbehandlung des Ferromagnetikums zunächst einmal regellos statistisch verteilt, so daß auch in diesem Fall $\mathbf{M}^0(\mathbf{r}) = 0$ wird. Legt man aber ein äußeres magnetisches Feld an, so beginnen sich unter dem Einfluß der Ampere-Kräfte die Weißschen Bezirke nach dem äußeren Feld auszurichten, und man erhält ein nichtverschwindendes $\mathbf{M}(\mathbf{r})$. Die Umordnung ganzer Mosaikblöcke im Kristallverband ist aber sehr viel einschneidender als die Drehung eines einzelnen magnetischen Atommoments. Die Umordnungen sind daher nur teilweise reversibel, und die vorkommenden irreversiblen Umordnungen sind mit einem Wärmeumsatz verbunden, so daß der ganze Vorgang extrem temperaturabhängig ist. Man wird in diesem Fall also kein lineares Magnetisierungsgesetz annehmen können; vielmehr wird man die Gesamtmagnetisierung $\mathbf{M}(\mathbf{r})$ als ein allgemeines Funktional des äußeren bzw. des effektiven Feldes $\mathbf{B}(\mathbf{r})$ im Sinne von Abschnitt 7.1 ansetzen müssen. Es wird also

$$\mathbf{M}(\mathbf{r}) = \mathbf{M}[\mathbf{B}(\mathbf{r})] . \tag{14.91}$$

Sehen wir zunächst von allen Effekten ab, die mit der geometrischen Form des Ferromagneten zusammenhängen, so kann man (14.91) durch ein lokales, aber nichtlineares Magnetisierungsgesetz approximieren. In Anlehnung an das lineare Gesetz (14.68) kann man ein solches Gesetz dann mit (14.51), (14.75) und (14.69) auch in der Form

$$\mathbf{M}(\mathbf{r}) = \frac{1}{4\pi} \{ \mu [\mathbf{H}(\mathbf{r})] - 1 \} \mathbf{H}(\mathbf{r}) \tag{14.92}$$

schreiben. Die Permeabilität $\mu$ wird dann aber ein Funktional von $\mathbf{H}(\mathbf{r})$. Sie ist im allgemeinen ein Tensor, zur Vereinfachung benutzen wir jedoch ein skalares $\mu$. Betrachtet man $\mathbf{r}$ als festen, aber willkürlichen Parameter, so kann man an der Stelle $\mathbf{r}$ die magnetische Feldstärke $\mathbf{H}(\mathbf{r})$ variieren und erhält die resultierende Magnetisierung für dieselbe Stelle. Dies zeigt Bild 50:

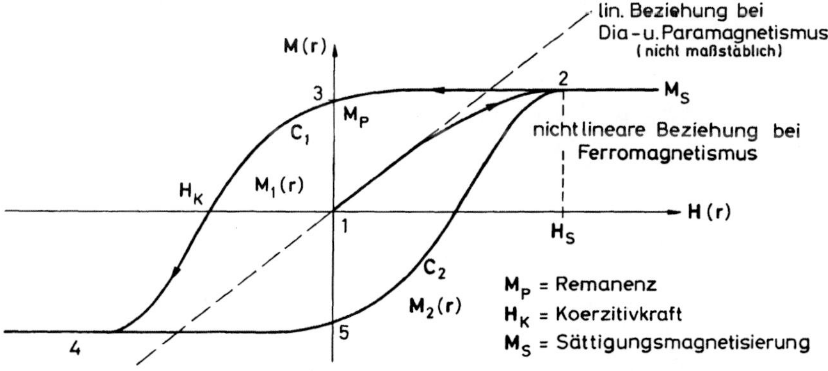


**Bild 50.** Magnetisierung $\mathbf{M}(\mathbf{r})$ als Funktional von $\mathbf{H}(\mathbf{r})$ bei festem $\mathbf{r}$ für einen Ferromagneten. Erstmalige Magnetisierung wird entlang der Kurve von 1 nach 2 erreicht (Neukurve). Bei 2 ist die Sättigungsmagnetisierung $M_S$ erreicht. Danach verläuft die Magnetisierung entlang der sogenannten Hysteresekurve $C_1 + C_2$ von 2 über 3 nach 4 und zurück über 5 nach 2. Dabei sind die sog. Remanenz $M_P = M[0]$ und die Koerzitivkraft $H_K$ durch $M[H_K] = 0$ definiert, die zusammen mit $M_S$ technisch einen Ferromagneten charakterisieren.

Man erkennt folgende charakteristische Effekte:

*1. Sättigung.* Die Sättigung tritt ein, wenn alle Einzelmagnete (alle Weißschen Bezirke) ausgerichtet sind. Das äußere Feld kann dann erhöht werden, ohne daß **H** weitere Wirkungen ausübt. Es wird also $\mathbf{M}(\mathbf{r}) = \pm \mathbf{M}_s(\mathbf{r})$ für alle $|\mathbf{H}(\mathbf{r})| \geqslant |\mathbf{H}_s(\mathbf{r})|$, wobei der Index s den Sättigungswert kennzeichnen möge.

*2. Nachwirkung.* Die Umordnung der Einzelmagnete ist teilweise irreversibel. Nach Abschalten des Feldes verbleibt daher eine permanente Gesamtmagnetisierung $\mathbf{M}_p$. Diese Erscheinung gibt Anlaß zum Hysterese-Effekt. Schaltet man bei einem nicht vorbehandelten Ferromagneten erstmalig ein Magnetfeld **H** ein, so wird die Kurve 1-2 durchlaufen. Beim Abschalten von **H** dagegen die Kurve 2-3. Schaltet man nun **H** in entgegengesetzter Richtung wieder ein, so entsteht die Kurve 3-4, bei erneutem Abschalten und Wiedereinschalten in der alten Richtung die Kurve 4-5-2. Durch Nachwirkung und Sättigung entsteht daher ein nichtlinearer Verlauf.

*3. Temperaturabhängigkeit.* Während das Feld im Ferromagneten die Elementarmagnete auszurichten sucht, wirkt die Temperaturbewegung dieser Ordnung entgegen. Die kritische Temperatur, bei der das Ordnungsgefüge des Ferromagneten zerfällt, ist die sog. Curie-Temperatur $T = T_c$. Oberhalb dieser Temperatur verschwindet der Ferromagnetismus, und der Körper wird wegen der notwendig vorhandenen atomaren magnetischen Dipolmomente paramagnetisch. Dieser Übergang vom ferromagnetischen zum paramagnetischen Verhalten ist ein Phasenübergang, der sich in einer Unstetigkeit der spezifischen Wärme bemerkbar macht. Insbesondere gilt stets $M_s = M_s(T)$.

Von Interesse ist die Gesamtenergie der ferromagnetischen Anordnung. Ihre Berechnung führt auf eine Funktionalintegration. Ohne auf ihre strenge Begründung einzugehen, geben wir eine anschauliche Berechnungsmethode an. Wir zerlegen dazu das nichtlineare, jedoch in **H** stetige Funktional $\mu[\mathbf{H}]$ in Abhängigkeit von **H** in eine Treppenfunktion, wobei wir uns den Ort **r** wiederum willkürlich variabel, aber fest gewählt denken. In Abhängigkeit von **H** an diesem Ort wird die Treppenfunktion in Bild 51 veranschaulicht. Dabei soll gelten

$$\mu[\mathbf{H}] = \mu[\mathbf{H}_\alpha] \quad \text{für} \quad |\mathbf{H}_\alpha| \leqslant |\mathbf{H}| < |\mathbf{H}_{\alpha+1}|. \tag{14.93}$$

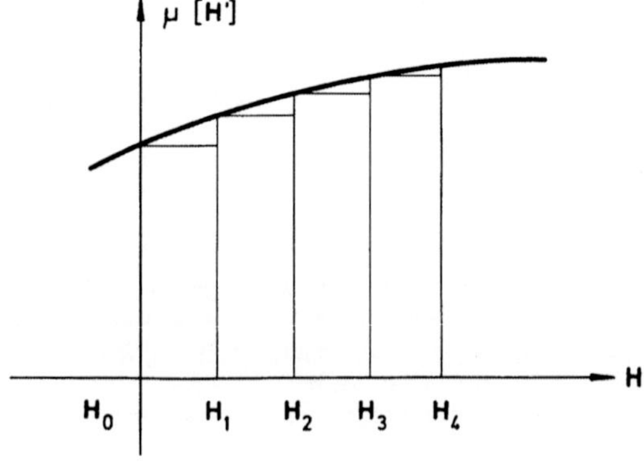


**Bild 51**

Zerlegung des Funktionals $\mu[\mathbf{H}]$ in eine Treppenfunktion mit den Stützstellen $\mathbf{H}_i$; der Ort **r** ist fester Parameter.

Bei festem $\mu$ wird nach (14.90), (14.75) die Energiedichte

$$w^m(\mathbf{r}) = \frac{1}{8\pi}\mu\,\mathbf{H}^2(\mathbf{r}). \tag{14.94}$$

Ihre Zunahme bei einer Änderung der magnetischen Feldstärke von $\mathbf{H} = \mathbf{H}_\alpha$ nach $\mathbf{H} = \mathbf{H}_{\alpha+1} := \mathbf{H}_\alpha + \delta\mathbf{H}$ wird dann für infinitesimales $\delta\mathbf{H}$, wobei Terme der Ordnung $n \geqslant 2$ in $\delta\mathbf{H}$ vernachlässigt werden und $\delta\mu = 0$ ist,

$$\delta w^m(\mathbf{r}) = w^m[\mathbf{H}_\alpha + \delta\mathbf{H}] - w^m[\mathbf{H}_\alpha] = \frac{1}{4\pi}\mu\,\mathbf{H}_\alpha\,\delta\mathbf{H}. \tag{14.95}$$

Da in dem betrachteten Intervall $(\mathbf{H}_\alpha, \mathbf{H}_{\alpha+1})$ nach (14.93) $\mu = \mu[\mathbf{H}_\alpha]$ ist, wird beim Vergrößern des Feldes von $\mathbf{H}_a$ auf $\mathbf{H}_b$ die Energiedifferenz an der Stelle $\mathbf{r}$

$$\Delta w^m(\mathbf{r}) \approx \frac{1}{4\pi}\sum_{\alpha=a}^{b}{}'\mu[\mathbf{H}_\alpha]\,\mathbf{H}_\alpha\,\delta\mathbf{H}, \tag{14.96}$$

wobei wegen der Definition der Stützstellen der Wert an der Stelle b nicht mitgenommen werden soll, was durch einen Strich am Summenzeichen gekennzeichnet ist. In der Grenze immer feiner werdender Intervallteilungen führt dies auf das Funktionalintegral

$$\Delta w^m(\mathbf{r}) = \frac{1}{4\pi}\int_{\mathbf{H}_a}^{\mathbf{H}_b}\mu[\mathbf{H}(\mathbf{r})]\,\mathbf{H}(\mathbf{r})\,\delta\mathbf{H}(\mathbf{r}). \tag{14.97}$$

Die Gesamtenergiedifferenz des Ferromagneten zwischen den Feldstärken $\mathbf{H}_a$ und $\mathbf{H}_b$ wird dann

$$\Delta W^m = \int \Delta w^m(\mathbf{r})\,d^3r = \frac{1}{4\pi}\iint_{\mathbf{H}_a}^{\mathbf{H}_b}\mu[\mathbf{H}(\mathbf{r})]\,\mathbf{H}(\mathbf{r})\,d^3r\,\delta\mathbf{H}(\mathbf{r}). \tag{14.98}$$

Die Formel (14.98) erfordert eine Funktionalintegration, die allgemein zunächst nicht durchführbar ist. Jedoch kann ein solches Integral elementar ausgerechnet werden, wenn man eine Quelldarstellung von $\mathbf{H}$ durch Linienströme annimmt, was keine allzu große Einschränkung bedeutet. Man setzt dann nämlich entsprechend (2.16)

$$\mathbf{H}(\mathbf{r}) = \frac{J}{c}\int_L \frac{d\mathbf{s}' \times (\mathbf{r}-\mathbf{r}')}{|\mathbf{r}-\mathbf{r}'|^3} =: J\,\mathbf{g}(\mathbf{r}). \tag{14.99}$$

Die Änderung von $\mathbf{H}(\mathbf{r})$ an einer festen Stelle $\mathbf{r}$ kann dann durch eine Änderung von J bewirkt werden, wenn man eine Variation der Geometrie des Leiters ausschließt. Es wird daher

$$\delta\mathbf{H}(\mathbf{r}) = d\,J\,\mathbf{g}(\mathbf{r}). \tag{14.100}$$

Bezeichnet man die den Werten $\mathbf{H}_a$ und $\mathbf{H}_b$ entsprechenden Stromwerte mit $J_a$ und $J_b$, so geht (14.98) über in

$$\Delta W^m = \frac{1}{4\pi} \int \int_{J_a}^{J_b} \mu[J\,\mathbf{g}(\mathbf{r})]\,\mathbf{g}^2(\mathbf{r})\,J\,dJ\,d^3r. \tag{14.101}$$

Dies ist bei vorgegebenem $\mu[\mathbf{H}]$ ein wohldefiniertes Integral in den Variablen $\mathbf{r}$ und J.

Da in Figur 50 verschiedene Wege möglich sind, muß man jedem Weg ein eigenes $\mu[\mathbf{H}]$ zuordnen. Bezeichnen wir das dem Weg $\mathbf{C}_1$ : (2-3-4) zugeordnete $\mu$ mit $\mu_1$ und das dem Weg $\mathbf{C}_2$ : (4-5-2) zugeordnete $\mu$ mit $\mu_2$, so wird die bei einem Umlauf um die Hysteresekurve $\mathbf{C}_1 + \mathbf{C}_2$ aufgewandte Energie

$$\Delta W^m_{Hyst} := \frac{1}{4\pi} \int d^3r \left[ \int_{\mathbf{H}_s}^{-\mathbf{H}_s} \mu_1[\mathbf{H}]\,\mathbf{H}\delta\mathbf{H} + \int_{-\mathbf{H}_s}^{\mathbf{H}_s} \mu_2[\mathbf{H}]\,\mathbf{H}\delta\mathbf{H} \right]. \tag{14.102}$$

Dies läßt sich mit (14.92) auch schreiben.

$$\Delta W^m_{Hyst} = \int d^3r \left[ \int_{\mathbf{Hs}}^{-\mathbf{H}_s} \mathbf{M}_1(\mathbf{H})\,\delta\mathbf{H} + \int_{-\mathbf{H}_s}^{\mathbf{H}_s} \mathbf{M}_2(\mathbf{H})\,\delta\mathbf{H} \right] \tag{14.103}$$

$$= \int d^3r \oint_{\mathbf{C}_1+\mathbf{C}_2} \mathbf{M}[\mathbf{H}(\mathbf{r})]\,\delta\mathbf{H}(\mathbf{r}),$$

da sich der zusätzliche Term in (14.92) in dem Integral kompensiert. Nach einem Umlauf sind dieselben magnetischen Größen $\mathbf{M}_s$ und $\mathbf{H}_s$ wieder erreicht, jedoch ist $\Delta W^m_{Hyst} \neq 0$. Dies bedeutet, daß am Ferromagneten irreversible Arbeit geleistet wurde. Sie besteht in der inneren Deformation des Ferromagneten unter Feldeinwirkung. Da mit den „Umklappvorgängen" der Einzelmagnete auch kinetische Energie gewonnen wird, die später vom Ferromagneten aufgenommen wird, wandelt sich die innere Deformation des Ferromagneten letztlich in Wärme um. Bei einem Kreisprozeß muß daher die Batterie zur Erzeugung des Quellstroms J für das Magnetfeld $\mathbf{H}$ die Wärmeenergie zur Ummagnetisierung des Ferromagneten liefern. Man bezeichnet diese verbrauchte Wärme als Hysteresewärme. Sie ist bei technischen Anwendungen wie Transformatoren, Umformern etc. sehr störend, so daß ferromagnetische Materialien mit kleinem $\Delta W^m_{Hyst}$ von besonderer technischer Bedeutung sind. Dabei spielt natürlich wegen der Oberflächeneffekte bzw. Randbedingungen von $\mathbf{B}$ und $\mathbf{H}$ die geometrische Formgebung für die Größe von (14.103) eine wesentliche Rolle. Hierauf gehen wir indirekt im folgenden Abschnitt ein.

## 14.7. Einfaches ferromagnetisches Modell (nach *P. Weiß*)

Im vorangehenden Abschnitt haben wir die Reaktion eines Ferromagneten auf ein äußeres Feld graphisch dargestellt. Da die Ferromagnetika ein erstes Beispiel für elektromagnetisch nichtlinear reagierende Medien bilden, sollen die Verhältnisse noch genauer untersucht werden, d.h. es soll ein analytischer Ausdruck für das nichtlineare Magnetisierungsgesetz (14.91) abgeleitet werden, der die wesentlichen Eigenschaften der Ferromagnetika widergibt. Wegen der Kompliziertheit der im Ferromagneten ablaufenden quantenmechanischen Vorgänge wird aber keine direkte atomistische Rechnung durchgeführt. Wir begnügen uns vielmehr in Analogie zu den Abschnitten 13.3 und 14.3 mit einem thermodynamischen Modell, das unter vereinfachenden Voraussetzungen behandelt wird. Diese Voraussetzungen lauten:

a) Der Ferromagnet ist unendlich ausgedehnt, und das äußere Feld $\mathbf{B}_0$ ist homogen.

b) Die magnetischen Momente $\mathbf{m}_w$ der Weißschen Bezirke sind dem Betrag nach alle gleich. Die direkte Wechselwirkung zwischen den einzelnen Momenten untereinander wird vernachlässigt, so daß jedes Moment unabhängig von allen anderen ist. In der Quantenmechanik besitzen die Momente $\mathbf{m}_w$ nur eine endliche Anzahl von diskreten Einstellungsmöglichkeiten relativ zu dem umgebenden effektiven Gesamtfeld $\mathbf{B}$. Im einfachsten Fall können sich die Momente parallel oder antiparallel zum Feld $\mathbf{B}$ einstellen, was quantenmechanisch einem Spin 1/2 entspricht.

c) Das effektive Feld $\mathbf{B}$ läßt sich in Anlehnung an (14.18) in der Umgebung der Weiß-Bezirke ansetzen

$$\mathbf{B} = \mathbf{B}_0 + 4\pi w \mathbf{M}, \qquad w > 0 \tag{14.104}$$

wobei w der sogenannte Weißsche Verstärkungsfaktor ist. Dieser Faktor erfaßt phänomenologisch die gesamte Wirkung der anderen Weiß-Bezirke auf einen einzelnen Weißschen Bezirk und ersetzt die gesamte atomistische Rechnung bzw. die direkte Wechselwirkung der Momente.

d) Die Menge der Momente $\mathbf{m}_w$ bildet eine kanonische thermostatische Gesamtheit [L 5] zur Beschreibung der Gleichgewichtskonfiguration, die sich unter Einfluß des äußeren Feldes $\mathbf{B}_0$ und der absoluten Temperatur T einstellt.

Die Voraussetzung a) bedeutet eine Vereinfachung der geometrischen Verhältnisse, da man in diesem Fall von Randeffekten absehen kann. Die Voraussetzungen b) und c) dagegen sind idealisierte Aussagen über das Verhalten Weißscher Bezirke. Da diese Bezirke im Realkristall untereinander verzahnt sind, können sie sich nicht kontinuierlich bewegen, sondern springen unter dem Einfluß von Feldkräften von einer diskreten Gleichgewichtslage in eine neue. Im einfachsten Fall nimmt man zwei mögliche Gleichgewichtslagen an, was auf b) führt. Mit b) und c) wird daher der ganze komplizierte Sprungmechanismus summarisch erfaßt.

Zur Auswertung dieser Annahmen beachten wir, daß wegen b) die Magnetisierung $\mathbf{M}(\mathbf{r})$ parallel oder antiparallel zum effektiven Feld $\mathbf{B}$ sein muß und daß bei homogenem Vakuumfeld $\mathbf{B}_0 = B_0\, \mathbf{e}$ wegen der Translationsinvarianz zufolge a) auch $\mathbf{M}$ und $\mathbf{B}$ homogen sein müssen, also $\mathbf{B} = B\mathbf{e}$ und $\mathbf{M} = M\mathbf{e}$ gelten muß. Die Ortsabhängigkeit der Feldgrößen fällt daher in diesem einfachen Modell weg.

Grundlage der thermodynamischen Gleichgewichtsstatistik sind die Energiezustände eines Systems. Wir nehmen an, daß ohne äußeres Feld ein Weißscher Bezirk unabhängig von seiner Orientierung die Energie $E_0$ besitzt. Schaltet man nun das äußere Feld $\mathbf{B}_0$ ein, so entsteht zusätzlich eine Wechselwirkungsenergie zwischen dem magnetischem Diplomoment des Weißschen Bezirks $\mathbf{m}_w$ und dem effektiven Feld $\mathbf{B}$, so daß nunmehr nach (2.77) die Gesamtenergie dieses Bezirks

$$E = E_0 - (\mathbf{m}_w \cdot \mathbf{B}) \tag{14.105}$$

lautet. Setzt man $\mu_w := |\mathbf{m}_w|$, so erhält man zufolge b) die beiden möglichen Energiezustände

$$E_\pm = E_0 \mp \mu_w B \tag{14.106}$$

für die beiden Einstellmöglichkeiten des Weißschen Bezirks. Die Besetzungswahrscheinlichkeiten für die beiden Einstellungen in der Gesamtheit werden dann gegeben durch

$$P_\pm = c\, e^{-E_\pm/kT}, \tag{14.107}$$

wobei die Normierungskonstante durch

$$c := e^{-E_+/kT} + e^{-E_-/kT} = e^{-E_0/kT}\, 2 \cosh \frac{\mu_w B}{kT} \tag{14.108}$$

definiert wird; T ist die absolute Temperatur und k die Boltzmann-Konstante. Der thermodynamische Erwartungswert für ein einzelnes $\mathbf{m}_w$ in Feldrichtung wird daher

$$\overline{\mathbf{m}}_w \cdot \mathbf{e} := \mu_w P_+ - \mu_w P_- = \mu_w \tanh \frac{\mu_w B}{kT} \tag{14.109}$$

Nach (14.12) wird daraus die Magnetisierung

$$N\, \overline{\mathbf{m}}_w \cdot \mathbf{e} =: M = M_s \tanh \frac{\mu_w B}{kT}, \tag{14.110}$$

wobei N die Anzahldichte der Weißschen Bezirke und

$$M_s = N\mu_w \tag{14.111}$$

die Sättigungsmagnetisierung bedeutet, bei der alle Momente parallel zum effektiven Feld $\mathbf{B}$ sind. (14.110) stellt bereits den gesuchten funktionalen Zusammenhang (14.91) für das durch die Annahmen a) – d) spezialisierte Modell dar; ohne die Annahme c) hätte es jedoch keinen Aussagewert. Zu seiner weiteren Auswertung benützen wir den Zusammenhang (14.104) und ferner die Beziehung $H \equiv B_0$ für unendliche Medien. (14.110) geht dann über in

$$M = M_s \tanh \frac{\mu_w}{kT} (H + w\, 4\pi M). \tag{14.112}$$

Definiert man die sog. Curietemperatur als charakteristische Temperatur

$$\Theta := \frac{\mu_w}{k} M_s 4\pi w, \tag{14.113}$$

so läßt sich (14.112) auch schreiben

$$\frac{M}{M_s} = \tanh\left(\frac{\mu_w H}{kT} + \frac{M}{M_s}\frac{\Theta}{T}\right). \tag{14.114}$$

Wir erhalten damit eine selbstkonsistente Gleichung zur Bestimmung von M, die sich nicht exakt lösen läßt, da sie transzendent ist. Für Spezialfälle wollen wir sie auswerten:

$\alpha$) $T \ll \Theta$.

In diesem Fall ist das Argument des tanh groß. Man kann daher wegen $\tanh x \approx 1 - 2e^{-2x}$ für $x \gg 1$ aus (14.114) folgern

$$\frac{M}{M_s} \approx 1 - 2\,e^{-2\left[\frac{\mu_w H}{kT} + \frac{M}{M_s}\frac{\Theta}{T}\right]}. \tag{14.115}$$

Da daraus aber $M/M_s \approx 1$ resultiert, entsteht aus (14.115) näherungsweise

$$M = M_s - 2M_s\,e^{-2\frac{\Theta}{T}\left[1 + \frac{H}{4\pi w M_s}\right]}. \tag{14.116}$$

Es existiert daher auch ohne äußeres Feld, also für $H \equiv 0$, eine permanente Magnetisierung. Für $H \gg M_s w$ wird andererseits $M - M_s$, so daß in diesem Modell bei Temperaturen weit unter dem Curie-Punkt sowohl Remanenz als auch Sättigung, also typisch nichtlineare Effekte, abgeleitet werden können.

$\beta$) $T \gg \Theta$ und $\frac{\mu_w H}{kT} \ll 1$.

In diesem Fall ist das Argument des tanh klein. Man kann daher wegen $\tanh x \approx x$ für $x \ll 1$ aus (14.114) folgern

$$\frac{M}{M_s} \approx \frac{M}{M_s}\frac{\Theta}{T} + \frac{\mu_w H}{kT} \tag{14.117}$$

oder zusammen mit (14.113)

$$M = \frac{1}{4\pi}\,\frac{\Theta}{T - \Theta}\,\frac{H}{w}. \tag{14.118}$$

Nach (14.49) folgt damit aus (14.118) mit (14.113) wegen $\mathbf{B}_0 = \mathbf{H}$ und $M_s = N\mu_w$

$$\chi_m = \frac{\Theta}{4\pi w}\,\frac{1}{T - \Theta} = \frac{N\mu_w^2}{k}\,\frac{1}{T - \Theta}. \tag{14.119}$$

Für Temperaturen weit über dem Curie-Punkt $\Theta$ hat man daher ein lineares Magnetisierungsgesetz mit einem $\chi_m > 0$; hier liegt also paramagnetische Reaktion vor. Aus dem Modell kann daher das erwartete paramagnetische Verhalten für hohe Temperaturen ebenfalls abgeleitet werden.

$\gamma$) $T = \Theta - \delta T$, $0 < \delta T \ll \Theta$; $H = 0$.

Man kann noch zeigen, daß für $T = \Theta$ die permanente Magnetisierung verschwindet. Dazu ersetzen wir den Exponenten in (14.114) durch

$$\eta := \frac{\mu_W H}{kT} + \frac{M}{M_s}\frac{\Theta}{T} \tag{14.120}$$

und erhalten daraus mit (14.113) die Identität

$$\frac{M}{M_s} = \frac{T}{\Theta}\eta - \frac{H}{4\pi w M_s}. \tag{14.121}$$

Damit läßt sich (14.114) schreiben als Gleichung in $\eta$:

$$\frac{T}{\Theta}\eta - \frac{1}{4\pi}\frac{H}{w M_s} = \tanh \eta. \tag{14.122}$$

Wir entwickeln $\tanh \eta$ nach $\eta$

$$\tanh \eta = \eta - \frac{\eta^3}{3} + O(\eta^5) \tag{14.123}$$

und betrachten die Gleichung (14.122) für $H = 0$, wobei nur Terme bis dritter Ordnung in $\eta$ mitgenommen werden. Dies führt auf

$$\eta^2 = 3\left(1 - \frac{T}{\Theta}\right), \tag{14.124}$$

woraus wegen $\Theta = T + \delta T$ mit $0 < \delta T \ll \Theta$ entsprechend der Voraussetzung $0 < \eta \ll 1$ folgt und das Abbrechen der Entwicklung (14.123) gerechtfertigt ist. Damit ergibt sich mit (14.121) bei $H = 0$

$$\frac{M}{M_s} = \frac{T}{\Theta}\sqrt{3\left(1 - \frac{T}{\Theta}\right)} \approx \sqrt{3}\sqrt{1 - \frac{T}{\Theta}} = \sqrt{3}\sqrt{\frac{\delta T}{\Theta}}. \tag{14.125}$$

Strebt $T$ von unter her gegen $\Theta$, so verschwindet damit die permanente Magnetisierung bei $H = 0$ und $T = \Theta$.

Das Weißsche Modell des Ferromagnetismus erfaßt also das Temperaturverhalten eines Ferromagneten qualitativ richtig.

## 14.8. Permanente Magnetisierung

In elektromagnetisch nichtlinear reagierenden Medien gelten die Gleichungen (13.54), (13.58) und (14.68), (14.75) nicht mehr. Wir gehen daher auf die ursprünglichen Gleichungen (13.55), (13.56), (13.59) und (14.69), (14.70), (14.76) zurück. Für den magnetostatischen Fall lauten sie explizite

$$\nabla \times \mathbf{H}(\mathbf{r}) = \frac{4\pi}{c} \mathbf{j}_0(\mathbf{r}) \tag{14.126}$$

$$\nabla \cdot \mathbf{B}(\mathbf{r}) = 0$$

$$\mathbf{B}(\mathbf{r}) = \mathbf{H}(\mathbf{r}) + 4\pi \mathbf{M}(\mathbf{r}).$$

Um mit den Gleichungen (14.126) rechnen zu können, muß man den funktionalen Zusammenhang (14.91) für das betreffende Medium aus der zugehörigen Reaktionstheorie ableiten. Da es im Gegensatz zum linearen Fall eine große Mannigfaltigkeit nichtlinearer Funktionale gibt und jedem einzelnen Funktional ein eigenes Gleichungssystem (14.126) zugeordnet werden muß, ist es nicht möglich, eine allgemeine Integrationstheorie der phänomenologischen Maxwellgleichungen in nichtlinearen Medien zu entwickeln. Man muß daher Spezialfälle studieren. Einen einfachen Fall bildet ein Ferromagnet mit permanenter Magnetisierung $\mathbf{M}(\mathbf{r})$ bei verschwindenden Vakuumfeldern $\mathbf{H}(\mathbf{r})$. Es sei K ein Ferromagnet mit permanenter Magnetisierung, der in ein lineares Medium, z.B. das Vakuum mit $\mu = 1$, eingebettet sei. Wir nehmen ferner an, daß $\mathbf{j}_0(\mathbf{r}) \equiv 0$ sei. Bezeichnet man das lineare Medium mit L und indiziert man die Feldstärken in L bzw. K mit den betreffenden Symbolen, so erhält man in L die Gleichungen

$$\nabla \times \mathbf{H}^L(\mathbf{r}) = 0$$

$$\nabla \cdot \mathbf{B}^L(\mathbf{r}) = 0 \tag{14.127}$$

$$\mathbf{B}^L(\mathbf{r}) = \mu\, \mathbf{H}^L(\mathbf{r}).$$

In K dagegen gelten die Gleichungen

$$\nabla \times \mathbf{H}^K(\mathbf{r}) = 0$$

$$\nabla \cdot \mathbf{B}^K(\mathbf{r}) = 0 \tag{14.128}$$

$$\mathbf{B}^K(\mathbf{r}) = \mathbf{H}^K(\mathbf{r}) + 4\pi \mathbf{M}(\mathbf{r}).$$

Wegen unserer Annahme eines permanenten Magneten ist $\mathbf{M}(\mathbf{r})$ eine vorgegebene Größe. Zu den Gleichungen (14.127), (14.128) kommen noch die Randbedingungen (14.80), (14.81) an den Grenzflächen der beiden Medien

$$\mathbf{n}(\mathbf{r}) \cdot \mathbf{B}^K(\mathbf{r}) = \mathbf{n}(\mathbf{r}) \cdot \mathbf{B}^L(\mathbf{r}) \tag{14.129}$$

$$\mathbf{n}(\mathbf{r}) \times \mathbf{H}^K(\mathbf{r}) = \mathbf{n}(\mathbf{r}) \times \mathbf{H}^L(\mathbf{r}),$$

wobei $\mathbf{r}$ ein Oberflächenpunkt und $\mathbf{n}(\mathbf{r})$ die zugehörige Normale sei. Da die Lösungsmethoden für (14.127), (14.128), (14.129) von der Geometrie des Ferromagneten abhängt, behandeln wir ein spezielles Beispiel.

**Homogen magnetisierte Kugel**

Es sei K eine Kugel vom Radius a mit der homogenen Magnetisierung $\mathbf{M}(\mathbf{r}) = M_0\,\mathbf{e}_3$ in K. Wir bezeichnen den Winkel zwischen $\mathbf{r}$ und $\mathbf{e}_3$ mit $\vartheta$. Dann setzen wir in L an

$$\mathbf{B}^L(\mathbf{r}) = -\nabla\varphi^L(\mathbf{r}). \qquad (14.130)$$

Wegen (14.127) führt dies auf die Laplace-Gleichung

$$\Delta\varphi^L(\mathbf{r}) = 0. \qquad (14.131)$$

Das Problem ist invariant bei Rotation um die $\mathbf{e}_3$-Achse, und aus physikalischen Gründem muß $\varphi^L(\mathbf{r})$ für $|\mathbf{r}| \to \infty$ verschwinden; als Randbedingung für (14.131) muß also gelten, daß $\varphi^L$ regulär ist. Nach (VI.18) mit (VI.31) erhält man die allgemeinste Lösung von (14.131) in Polarkorrdinaten r, $\vartheta$, $\varphi$, die diese Bedingungen erfüllt, durch Entwicklung nach den Legendre-Polynomen $P_l(\cos\vartheta)$, die in (VI.20) definiert sind:

$$\varphi^L(\mathbf{r}) = \sum_{l=1}^{\infty} \alpha_l \,\frac{P_l(\cos\vartheta)}{r^{l+1}} \qquad (14.132)$$

Zur Bestimmung der unbekannten Koeffizienten $\alpha_l$ setzen wir in K die Lösung an

$$\mathbf{B}^K(\mathbf{r}) = B_0\,\mathbf{e}_3 \qquad (14.133)$$

$$\mathbf{H}^K(\mathbf{r}) = (B_0 - 4\pi M_0)\,\mathbf{e}_3,$$

die (14.128) erfüllt. Mit (14.130), (14.132) und (14.133) hat man daher Lösungen sowohl in L als auch in K gefunden. Es verbleiben noch die Randbedingungen (14.129). Um sie zu befriedigen, stellen wir $\mathbf{B}(\mathbf{r})$ und $\mathbf{H}(\mathbf{r})$ in einem Polarkoordinatensystem dar. Es ist dann

$$\mathbf{B}(\mathbf{r}) \equiv B_r\,\mathbf{e}_r + B_\varphi\,\mathbf{e}_\varphi + B_\vartheta\,\mathbf{e}_\vartheta = B_i\,\mathbf{e}_i, \qquad (14.134)$$

wobei sich die orthogonalen Einheitsvektoren aus der Definition (I.38) der Polarkoordinaten durch Orthogonalisierung ergeben zu

$$\begin{aligned}\mathbf{e}_r &= \mathbf{e}_1 \sin\vartheta\cos\varphi + \mathbf{e}_2 \sin\vartheta\sin\varphi + \mathbf{e}_3\cos\vartheta\\ \mathbf{e}_\vartheta &= \mathbf{e}_1 \cos\vartheta\cos\varphi + \mathbf{e}_2\cos\vartheta\sin\varphi - \mathbf{e}_3\sin\vartheta \qquad (14.135)\\ \mathbf{e}_\varphi &= -\mathbf{e}_1\sin\varphi + \mathbf{e}_2\cos\varphi.\end{aligned}$$

Für die Kugel gilt nun $\mathbf{n}(\mathbf{r}) \equiv \mathbf{e}_r$. Verwendet man die zweite der Randbedingungen (14.129) in der Form

$$\mathbf{t}(\mathbf{r}) \cdot \mathbf{H}^K(\mathbf{r}) = \mathbf{t}(\mathbf{r}) \cdot \mathbf{H}^L(\mathbf{r}), \qquad (14.129a)$$

wobei $\mathbf{t}(\mathbf{r})$ die Tangente im Punkte $\mathbf{r}$ der Oberfläche ist, so folgt wegen $\mathbf{t}(\mathbf{r}) \cdot \mathbf{e}_r = 0$

$$\mathbf{t}(\mathbf{r}) = a_1\,\mathbf{e}_\varphi + a_2\,\mathbf{e}_\vartheta. \qquad (14.136)$$

Wegen der Rotationsinvarianz um $\mathbf{e}_3$ ist der $\varphi$-abhängige Teil von (14.134) unwesentlich, und die Randbedingungen (14.129) bzw. (14.129a) gehen mit (14.136) über in

$$B_r^L(a) = B_r^K(a) \qquad (14.137)$$
$$H_\vartheta^L(a) = H_\vartheta^K(a),$$

wenn a der Radius der Kugel ist. Mit (14.130) sowie (14.133) und (14.135) lautet dies

$$B_0 \cos\vartheta = -(\nabla\varphi^L(\mathbf{r}))_r \qquad \text{bei } |\mathbf{r}| = a \qquad (14.138)$$
$$-(B_0 - 4\pi M_0)\sin\vartheta = -(\nabla\varphi^L(\mathbf{r}))_\vartheta \qquad \text{bei } |\mathbf{r}| = a$$

Benutzt man die allgemeine Darstellung des Gradienten in einem beliebigen Koordinatensystem nach (I.36) zusammen mit den speziellen Werten für Polarkoordinaten nach (I.38), so ergibt sich allgemein

$$(\nabla\psi(\mathbf{r}))_r = \frac{\partial}{\partial r}\psi(r,\vartheta,\varphi) \qquad (14.139)$$
$$(\nabla\psi(\mathbf{r}))_\vartheta = \frac{1}{r}\frac{\partial}{\partial\vartheta}\psi(r,\vartheta,\varphi)$$
$$(\nabla\psi(\mathbf{r}))_\varphi - \frac{1}{r\sin\vartheta}\frac{\partial}{\partial\varphi}\psi(r,\vartheta,\varphi).$$

Damit folgt aber aus (14.138) zusammen mit (14.132)

$$B_0 \cos\vartheta - \sum_{l=0}^{\infty}\frac{(l+1)\,\alpha_l}{a^{l+2}}\,P_l(\cos\vartheta) \qquad (14.140)$$
$$-(B_0 - 4\pi M_0)\sin\vartheta = -\sum_{l=0}^{\infty}\frac{\alpha_l}{a^{l+2}}\,\frac{d\,P_l(\cos\vartheta)}{d\vartheta}$$

Dies bedeutet, daß in (14.132) nur ein Term mit $l = 1$ vorkommen kann, da $P_1(\cos\vartheta) \equiv \cos\vartheta$ ist. Es wird also $\alpha_l = 0$ für $l \neq 1$, und (14.140) ergibt

$$\alpha_1 = \frac{1}{2}a^3 B_0 \qquad (14.141)$$
$$(B_0 - 4\pi M_0) = -\frac{1}{2}B_0,$$

und daraus folgt

$$B_0 = \frac{8\pi}{3}M_0 \qquad (14.142)$$
$$\alpha_1 = \frac{4\pi}{3}a^3 M_0.$$

Damit wird das Skalarpotential (14.132) des Außenraumes L zu einem magnetischen Dipolpotential entsprechend (2.57) und in Analogie zum elektrischen Fall (13.103) mit (13.101) und $\mathbf{E}_0 = 0$

$$\varphi^L(\mathbf{r}) = \frac{4\pi}{3} a^3 M_0 \frac{r \cos \vartheta}{r^3} = \frac{\mathbf{m} \cdot \mathbf{r}}{r^3} \tag{14.143}$$

mit dem Dipolmoment $\mathbf{m} := \frac{4\pi}{3} a^3 \mathbf{M}$. Das Innenfeld lautet

$$\mathbf{B}^K = \frac{8\pi}{3} \mathbf{M}\,; \qquad \mathbf{H}^K = -\frac{4\pi}{3} \mathbf{M}; \tag{14.144}$$

$\mathbf{B}^K$ ist demnach parallel zu $\mathbf{M}$, während $\mathbf{H}^K$ antiparallel zu $\mathbf{M}$ ist. Dies führt auf die Darstellung in Bild 52.

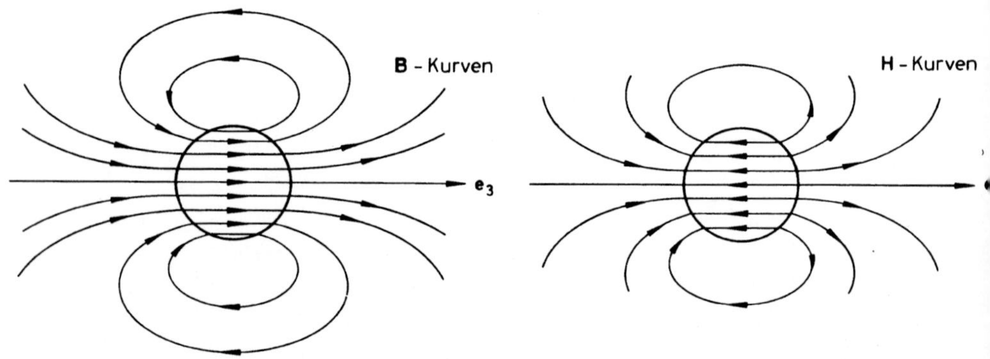


**Bild 52.** Verlauf von **B** und **H** bei einer magnetischen Kugel mit der permanenten homogenen Magnetisierung **M** in $e_3$-Richtung. Wegen $\nabla \cdot \mathbf{B} = 0$ sind die **B**-Linien geschlossen. Für **H** entstehen dagegen wegen $\nabla \cdot \mathbf{H} = -4\pi\, \nabla \cdot \mathbf{M}$ auf der Oberfläche keine geschlossenen Feldlinien.

Durch analoges Vorgehen lassen sich auch andere Fälle wie etwa der permanente Stabmagnet behandeln. Doch erbringen diese Beispiele keine neuen Gesichtspunkte, so daß wir uns mit dem angegebenen Beispiel begnügen.

## 15. Dispersionstheorie

### 15.1. Makroskopische Feldgrößen und Gleichungen

In den vorangehenden Abschnitten haben wir statische elektrische und magnetische Felder und ihre Wechselwirkung mit Isolatormaterie und magnetischen Materialien untersucht. Wir gehen nun zum allgemeinen Fall beliebiger zeitabhängiger elektromagnetischer Vorgänge über, also zur vollständigen Maxwelltheorie. Für die Beschreibung der Materiereaktionen benutzen wir auch in diesem Fall die klassische Darstellung. In ihr werden die Atome ganz allgemein durch zeitabhängige Ladungs- und Stromdichten beschrieben, die in den Maxwellgleichungen (3.14) als Quellen auftreten. Benutzen wir die Potentialdarstellung der Maxwellgleichungen in der Lorentzeichung, so erhalten wir dâs Gleichungssystem

$$\square\, \varphi(\mathbf{r}, t) = -4\pi\rho(\mathbf{r}, t) \tag{15.1}$$

$$\square\, \mathbf{A}(\mathbf{r}, t) = -\frac{4\pi}{c}\,\mathbf{j}(\mathbf{r}, t) \tag{15.2}$$

$$\nabla \cdot \mathbf{A}(\mathbf{r}, t) + \frac{1}{c}\,\frac{\partial}{\partial t}\,\varphi(\mathbf{r}, t) = 0 \tag{15.3}$$

$$\nabla \cdot \mathbf{j}(\mathbf{r}, t) + \frac{\partial}{\partial t}\,\rho(\mathbf{r}, t) = 0. \tag{15.4}$$

Entsprechend unserem bisherigen Vorgehen nehmen wir auch hier die Zerlegung

$$\begin{aligned} \rho(\mathbf{r}, t) &:= \rho_0(\mathbf{r}, t) + \sum_l \rho_l(\mathbf{r}, t) \\ \mathbf{j}(\mathbf{r}, t) &:= \mathbf{j}_0(\mathbf{r}, t) + \sum_l \mathbf{j}_l(\mathbf{r}, t) \end{aligned} \tag{15.5}$$

vor, wobei $\rho_0$, $\mathbf{j}_0$ die Vakuumfeldquellfunktionen, $\rho_l$, $\mathbf{j}_l$ dagegen die Quellfunktionen des $l$-ten Atoms sind. Wegen der Linearität von (15.1)–(15.5) kann man dann die makroskopischen Gesamtpotentiale zusammensetzen aus

$$\begin{aligned} \varphi(\mathbf{r}, t) &= \varphi_0(\mathbf{r}, t) + \Psi(\mathbf{r}, t) \\ \mathbf{A}(\mathbf{r}, t) &= \mathbf{A}_0(\mathbf{r}, t) + \mathbf{G}(\mathbf{r}, t), \end{aligned} \tag{15.6}$$

wobei die Isolatorpotentiale gegeben sind durch

$$\Psi(\mathbf{r}, t) = \sum_{l=1}^{N} \int \rho_l(\mathbf{r}', t')\,\frac{1}{|\mathbf{r} - \mathbf{r}'|}\,d^3r' =: \sum_{l=1}^{N} \varphi_l(\mathbf{r}, t) \tag{15.7}$$

$$\mathbf{G}(\mathbf{r}, t) = \sum_{l=1}^{N} \frac{1}{c} \int \mathbf{j}_l(\mathbf{r}', t')\,\frac{1}{|\mathbf{r} - \mathbf{r}'|}\,d^3r' =: \sum_{l=1}^{N} \mathbf{A}_l(\mathbf{r}, t) \tag{15.8}$$

mit der Retardierung

$$t' = t - \frac{1}{c}\,|\mathbf{r} - \mathbf{r}'|. \tag{15.9}$$

Nach Abschnitt 4.5 wird in dieser Darstellung die Lorentzbedingung (15.3) wegen Gl. (15.4) automatisch erfüllt. Wir müssen daher nicht gesondert auf sie eingehen. Schreibt man noch die Quelldarstellung für die Vakuumpotentiale an, so hat man die gesamte Lösung des Systems (15.1) – (15.4) abgeleitet.

Eine solche Lösung ist jedoch wegen der hohen Teilchenzahlen in der Volumeneinheit $N \sim 10^{23}/\text{cm}^3$ rechentechnisch noch ein schwieriges Problem und phänomenologisch nicht brauchbar. Vom phänomenologischen Standpunkt sind die aus den mikroskopischen Gesamtpotentialen (15.6) resultierenden Feldgrößen im allgemeinen unbeobachtbar. Beobachtbar sind nur Mittelwerte über viele Materieteilchen im räumlichen Sinne, wozu bei der zeitabhängigen Theorie auch noch eine Mittelung über ein Zeitintervall hinzukommt. Die Mittelungen müssen dabei so vorgenommen werden, daß ihre Raum-Zeit-Intervalle bedeutend größer sind als die mikroskopischen Schwankungen, aber bedeutend kleiner als die makroskopischen Änderungen des Vakuumfeldes. In Verallgemeinerung von (13.3) geben wir daher folgende

*Definition 15.1:* Sei $f(\mathbf{r}, t)$ eine Feldfunktion der mikroskopischen Beschreibung, so wird durch

$$\overline{f}(\mathbf{r}, t) := \frac{1}{\Delta V} \frac{1}{\Delta T} \int\limits_{\Delta V} \int\limits_{\Delta T} f(\mathbf{r} + \boldsymbol{\xi}, t + \tau)\, d^3\xi\, d\tau \tag{15.10}$$

der phänomenologische Mittelwert der zeitabhängigen Theorie definiert, wobei $\mathbf{r}$ bzw. t den Mittelpunkt von $\Delta V$ bzw. $\Delta T$ bezeichne.

Eine solche Definition ist nicht relativistisch invariant. Dies hat aber so lange keine Bedeutung, als man die Isolatoren als nichtrelativistische Materieanordnungen betrachtet, was für die konventionellen Fälle zulässig ist. Sofern eine streng relativistische Rechnung durchgeführt werden muß oder soll, wie z.B. in der Quantenelektrodynamik, muß (15.10) abgeändert werden. Wir wollen hierauf aber nicht eingehen. Mit Hilfe von (15.10) können wir nunmehr die makroskopischen (phänomenologischen) Potentiale einführen. Wir setzen an

$$\begin{aligned} \varphi_p(\mathbf{r}, t) &:= \varphi_0(\mathbf{r}, t) + \overline{\Psi}(\mathbf{r}, t) \\ \mathbf{A}_p(\mathbf{r}, t) &:= \mathbf{A}_0(\mathbf{r}, t) + \overline{\mathbf{G}}(\mathbf{r}, t). \end{aligned} \tag{15.11}$$

Will man mit diesen Größen rechnen, so müssen Gleichungen für sie abgeleitet werden. Es gilt dann folgende

*Behauptung 15.1:* In der Dipolnäherung für die Materiereaktion erfüllen die phänomenologischen Potentiale (15.11) die Gleichungen

$$\begin{aligned} \Box\, \varphi_p(\mathbf{r}, t) &= -4\pi\overline{\rho}(\mathbf{r}, t) \\ \Box\, \mathbf{A}_p(\mathbf{r}, t) &= -\frac{4\pi}{c}\overline{\mathbf{j}}(\mathbf{r}, t) \end{aligned} \tag{15.12}$$

mit

$$\begin{aligned} \overline{\rho}(\mathbf{r}, t) &:= \rho_0(\mathbf{r}, t) + Q(\mathbf{r}, t) - \nabla \cdot \mathbf{P}(\mathbf{r}, t) \\ \overline{\mathbf{j}}(\mathbf{r}, t) &:= \mathbf{j}_0(\mathbf{r}, t) + c\, \nabla \times \mathbf{M}(\mathbf{r}, t) + \frac{\partial}{\partial t}\mathbf{P}(\mathbf{r}, t), \end{aligned} \tag{15.13}$$

wobei $Q(\mathbf{r}, t)$ die phänomenologische Ladungsdichte, $\mathbf{P}(\mathbf{r}, t)$ die Polarisierung und $\mathbf{M}(\mathbf{r}, t)$ die Magnetisierung der Materie sind.

*Beweis:* Wir nehmen eine Multipolentwicklung der Atompotentiale $\varphi_l$, $\mathbf{A}_l$ vor. Bezeichnen wir mit $\mathbf{R}_k$ den Strom- und Ladungsschwerpunkt des k-ten Atoms, so können wir im Retardierungsterm (15.9) um $\mathbf{R}_k$ entwickeln und erhalten

$$\varphi_k(\mathbf{r}, t) := \int \rho_k(\mathbf{r}', t') \frac{1}{|\mathbf{r}-\mathbf{r}'|} \, d^3 r' = \int \rho_k\left(\mathbf{r}', t - \frac{1}{c}|\mathbf{r}-\mathbf{R}_k|\right) \frac{1}{|\mathbf{r}-\mathbf{r}'|} \, d^3 r' + \frac{1}{c}(\quad) + \ldots \tag{15.14}$$

sowie

$$\mathbf{A}_k(\mathbf{r}, t) := \frac{1}{c}\int \mathbf{j}_k(\mathbf{r}', t') \frac{1}{|\mathbf{r}-\mathbf{r}'|} \, d^3 r' = \frac{1}{c}\int \mathbf{j}_k\left(\mathbf{r}', t - \frac{1}{c}|\mathbf{r}-\mathbf{R}_k|\right) \frac{1}{|\mathbf{r}-\mathbf{r}'|} \, d^3 r' + \frac{1}{c^2}(\quad) + \ldots \tag{15.15}$$

Vernachlässigt man nun in (15.14) und (15.15) Terme höherer Ordnung in $\frac{1}{c}$ und führt in den verbleibenden Termen eine Multipolentwicklung der Quellen durch, so entsteht nach Abschnitt 1.6 und 2.5.

$$\varphi_k(\mathbf{r}, t) = q_k(t_k) \frac{1}{|\mathbf{r}-\mathbf{R}_k|} + \mathbf{m}_k^e(t_k) \cdot \frac{(\mathbf{r}-\mathbf{R}_k)}{|\mathbf{r}-\mathbf{R}_k|^3} + \ldots \tag{15.16}$$

$$\mathbf{A}_k(\mathbf{r}, t) = \frac{1}{c}\,\mathbf{j}_k(t_k) \frac{1}{|\mathbf{r}-\mathbf{R}_k|} + \mathbf{m}_k^m(t_k) \times \frac{(\mathbf{r}-\mathbf{R}_k)}{|\mathbf{r}-\mathbf{R}_k|^3} + \ldots \tag{15.17}$$

mit den Definitionen

$$q_k(t) := \int \rho_k(\mathbf{r}' + \mathbf{R}_k, t) \, d^3 r' \tag{15.18}$$

$$\mathbf{m}_k^e(t) := \int \mathbf{r}' \rho_k(\mathbf{r}' + \mathbf{R}_k, t) \, d^3 r'$$

$$\mathbf{j}_k(t) := \int \mathbf{j}_k(\mathbf{r}' + \mathbf{R}_k, t) \, d^3 r'$$

$$\mathbf{m}_k^m(t) := \frac{1}{2c}\int \mathbf{r}' \times \mathbf{j}_k(\mathbf{r}' + \mathbf{R}_k, t) \, d^3 r'$$

und

$$t_k := t - \frac{1}{c}|\mathbf{r}-\mathbf{R}_k|. \tag{15.19}$$

Die Gleichungen (15.16), (15.17) können auch geschrieben werden

$$\varphi_k(\mathbf{r}, t) = \int q_k(t') \frac{1}{|\mathbf{r}-\mathbf{r}'|} \, \delta(\mathbf{r}' - \mathbf{R}_k) \, d^3 r' + \int \mathbf{m}_k^e(t') \cdot \frac{(\mathbf{r}-\mathbf{r}')}{|\mathbf{r}-\mathbf{r}'|^3} \, \delta(\mathbf{r}' - \mathbf{R}_k) \, d^3 r' + \ldots \tag{15.20}$$

$$\mathbf{A}_k(\mathbf{r},t) = \frac{1}{c}\int \mathbf{j}_k(t')\,\frac{1}{|\mathbf{r}-\mathbf{r}'|}\,\delta(\mathbf{r}'-\mathbf{R}_k)\,d^3r' + \int \mathbf{m}_k^m(t')\times\frac{(\mathbf{r}-\mathbf{r}')}{|\mathbf{r}-\mathbf{r}'|^3}\,\delta(\mathbf{r}'-\mathbf{R}_k)\,d^3r' + \ldots, \tag{15.21}$$

wobei t' durch (15.9) definiert ist. Setzen wir nun

$$\rho_m(\mathbf{r}',t') := \sum_l q_l(t')\,\delta(\mathbf{r}'-\mathbf{R}_l) \tag{15.22}$$

$$\mathbf{p}_m(\mathbf{r}',t') := \sum_l \mathbf{m}_l^e(t')\,\delta(\mathbf{r}'-\mathbf{R}_l)$$

$$\mathbf{j}_m(\mathbf{r}',t') := \sum_l \mathbf{j}_l(t')\,\delta(\mathbf{r}'-\mathbf{R}_l)$$

$$\mathbf{m}_m(\mathbf{r}',t') := \sum_l \mathbf{m}_l^m(t')\,\delta(\mathbf{r}'-\mathbf{R}_l),$$

so entstehen wegen (15.7), (15.8) die Gesamtpotentiale

$$\Psi(\mathbf{r},t) = \int \rho_m(\mathbf{r}',t')\,\frac{1}{|\mathbf{r}-\mathbf{r}'|}\,d^3r' + \int \mathbf{p}_m(\mathbf{r}',t')\cdot\frac{(\mathbf{r}-\mathbf{r}')}{|\mathbf{r}-\mathbf{r}'|^3}\,d^3r' + \ldots \tag{15.23}$$

$$\mathbf{G}(\mathbf{r},t) = \frac{1}{c}\int \mathbf{j}_m(\mathbf{r}',t')\,\frac{1}{|\mathbf{r}-\mathbf{r}'|}\,d^3r' + \int \mathbf{m}_m(\mathbf{r}',t')\times\frac{(\mathbf{r}-\mathbf{r}')}{|\mathbf{r}-\mathbf{r}'|^3}\,d^3r' + \ldots \tag{15.24}$$

Führt man bei diesen Potentialen die Mittelung (15.10) aus, so läßt sich diese wie in (13.7), (13.8) auf die Quellen abwälzen, und wir erhalten

$$\overline{\Psi}(\mathbf{r},t) = \int Q(\mathbf{r}',t')\,\frac{1}{|\mathbf{r}-\mathbf{r}'|}\,d^3r' + \int \mathbf{P}(\mathbf{r}',t')\cdot\nabla_{\mathbf{r}'}\frac{1}{|\mathbf{r}-\mathbf{r}'|}\,d^3r' + \ldots \tag{15.25}$$

$$\overline{\mathbf{G}}(\mathbf{r},t) = \frac{1}{c}\int \mathbf{J}(\mathbf{r}',t')\,\frac{1}{|\mathbf{r}-\mathbf{r}'|}\,d^3r' + \int \mathbf{M}(\mathbf{r}',t')\times\nabla_{\mathbf{r}'}\frac{1}{|\mathbf{r}-\mathbf{r}'|}\,d^3r' + \ldots \tag{15.26}$$

mit

$$Q(\mathbf{r},t) := \overline{\rho}_m(\mathbf{r},t)\,; \qquad \mathbf{P}(\mathbf{r},t) := \overline{\mathbf{p}}_m(\mathbf{r},t) \tag{15.27}$$

$$\mathbf{J}(\mathbf{r},t) := \overline{\mathbf{j}}_m(\mathbf{r},t)\,; \qquad \mathbf{M}(\mathbf{r},t) := \overline{\mathbf{m}}_m(\mathbf{r},t)$$

In (15.25), (15.26) sind nicht alle Quellgrößen unabhängig. Benutzt man nämlich die Hilfsformel

$$\int \mathbf{j}_l(\mathbf{r}',t')\,d^3r' = -\int \mathbf{r}'(\nabla_{\mathbf{r}'}\cdot\mathbf{j}_l)\,d^3r' + \int \nabla_{\mathbf{r}'}\cdot(\mathbf{j}_l\otimes\mathbf{r}')\,d^3r', \tag{15.28}$$

so verschwindet der letzte Term unter Anwendung des Gaußschen Satzes, da $\mathbf{j}_l$ eine lokalisierte Atomstromdichte und somit eine zulässige Funktion ist. Es folgt dann mit (15.4) und (15.18) aus (15.28)

$$\mathbf{j}_l(t) = \frac{\partial}{\partial t}\int \mathbf{r}'\rho_l(\mathbf{r}' + \mathbf{R}_l, t)\, d^3r' = \frac{\partial}{\partial t}\mathbf{m}_l^e(t). \tag{15.29}$$

Substituiert man dies in (15.22) und mittelt, so ergibt sich mit (15.27)

$$\mathbf{J}(\mathbf{r}, t) = \frac{\partial}{\partial t}\mathbf{P}(\mathbf{r}, t). \tag{15.30}$$

Unter der Annahme eines Isolators endlicher Ausdehnung verschwinden alle Größen (15.27) für $|\mathbf{r}| \to \infty$ und sind zulässige Funktionen aus F. Man kann daher die letzten Terme in (15.25), (15.26) partiell integrieren und erhält schließlich mit (15.30)

$$\overline{\Psi}(\mathbf{r}, t) = \int [Q(\mathbf{r}', t') - \nabla_{\mathbf{r}'} \cdot \mathbf{P}(\mathbf{r}', t')]\frac{1}{|\mathbf{r} - \mathbf{r}'|}\, d^3r' + \ldots \tag{15.31}$$

$$\overline{\mathbf{G}}(\mathbf{r}, t) = \frac{1}{c}\int \left[\frac{\partial}{\partial t'}\mathbf{P}(\mathbf{r}', t') + c\,\nabla_{\mathbf{r}'} \times \mathbf{M}(\mathbf{r}', t')\right]\frac{1}{|\mathbf{r} - \mathbf{r}'|}\, d^3r' + \ldots .$$

Substituiert man (15.31) unter Vernachlässigung der höheren Glieder in (15.11) und wählt man für $\varphi_0$ und $\mathbf{A}_0$ ebenfalls eine Quelldarstellung, so ergibt Anwendung von $\Box$ auf (15.11) unter Berücksichtigung der Retardierungsbedingung (15.9) die Gleichung (15.12), w.z.b.w.

Es ist zweckmäßig, das Ergebnis dieser Rechnung in den Maxwellgleichungen selbst auszudrücken. Dazu definieren wir die phänomenologischen Feldstärken durch

$$\mathbf{E}_p(\mathbf{r}, t) := \overline{\overline{\mathbf{E}}}(\mathbf{r}, t) := -\nabla\varphi_p(\mathbf{r}, t) - \frac{1}{c}\frac{\partial}{\partial t}\mathbf{A}_p(\mathbf{r}, t) \tag{15.32}$$

$$\mathbf{B}_p(\mathbf{r}, t) := \overline{\overline{\mathbf{B}}}(\mathbf{r}, t) := \nabla \times \mathbf{A}_p(\mathbf{r}, t).$$

Dann gilt folgende

*Behauptung 15.2:* **Definiert man in neutralen** Isolatormedien mit $Q(\mathbf{r}, t) = 0$

$$\mathbf{D}_p := \mathbf{E}_p + 4\pi\mathbf{P}\,; \qquad \mathbf{H}_p := \mathbf{B}_p - 4\pi\mathbf{M} \tag{15.33}$$

als phänomenologische Verschiebung bzw. magnetische Feldstärke, so gelten die Maxwellgleichungen

$$\nabla \cdot \mathbf{D}_p(\mathbf{r}, t) = 4\pi\rho_0(\mathbf{r}, t) \tag{15.34a}$$

$$\nabla \times \mathbf{E}_p(\mathbf{r}, t) + \frac{1}{c}\frac{\partial}{\partial t}\mathbf{B}_p(\mathbf{r}, t) = 0 \tag{15.34b}$$

$$\nabla \cdot \mathbf{B}_p(\mathbf{r}, t) = 0 \tag{15.34c}$$

$$\nabla \times \mathbf{H}_p(\mathbf{r}, t) - \frac{1}{c}\frac{\partial}{\partial t}\mathbf{D}_p(\mathbf{r}, t) = \frac{4\pi}{c}\mathbf{j}_0(\mathbf{r}, t), \tag{15.34d}$$

wobei $\rho_0$ und $\mathbf{j}_0$ die Vakuumquellgrößen sind.

*Beweis:* Nach Abschnitt 3.3 sind die Gleichungen (15.12) äquivalent den Maxwellgleichungen

$$\nabla \cdot \mathbf{E}_p = 4\pi\bar{\rho}\ ; \qquad \nabla \times \mathbf{E}_p = -\frac{1}{c}\frac{\partial}{\partial t}\mathbf{B}_p \tag{15.35}$$

$$\nabla \cdot \mathbf{B}_p = 0\ ; \qquad \nabla \times \mathbf{B}_p = \frac{4\pi}{c}\bar{\mathbf{j}} + \frac{1}{c}\frac{\partial}{\partial t}\mathbf{E}_p .$$

Beachtet man die Definitionen (15.13), (15.33), so folgt daraus (15.34), w.z.b.w.

Da wir im phänomenologischen Bereich die Maxwell-Theorie reproduziert haben, so lassen sich auch entsprechende Erhaltungssätze ableiten. Es gilt dann das folgende phänomenologische

**Poynting-Theorem**

Sofern das Gesamtsystem von Materie und Feld abgeschlossen ist, d.h. im Unendlichen alle Feldgrößen verschwinden und zulässige Funktionen sind, so gilt der Energieerhaltungssatz

$$\frac{\partial}{\partial t}[U_p + A_p] = 0, \tag{15.36}$$

wobei $U_p$ die phänomenologische Feldenergie und $A_p$ die phänomenologische Arbeit ist, die an der Materie geleistet wurde.

*Beweis:* Wir benutzen die Gleichungen (15.34). Multiplizieren wir (15.34b) skalar mit $\mathbf{H}_p$ und (15.34d) skalar mit $\mathbf{E}_p$, so entsteht durch Subtraktion und eine Rechnung analog zu Abschnitt 3.5 und nachfolgende Integration über den ganzen Raum

$$\frac{1}{4\pi}\int\left[\mathbf{E}_p \cdot \frac{\partial \mathbf{D}_p}{\partial t} + \mathbf{H}_p \cdot \frac{\partial \mathbf{B}_p}{\partial t}\right] d^3r + \frac{c}{4\pi}\int \nabla \cdot (\mathbf{E}_p \times \mathbf{H}_p)\, d^3r = -\int \mathbf{j}_0 \cdot \mathbf{E}_p\, d^3r. \tag{15.37}$$

Das Integral in (15.37) mit dem Poyntingvektor

$$\mathbf{S}_p := \frac{c}{4\pi}\mathbf{E}_p \times \mathbf{H}_p \tag{15.38}$$

läßt sich mit Hilfe des Gaußschen Satzes in ein Oberflächenintegral umformen und verschwindet unter den angegebenen Voraussetzungen. Setzt man andererseits (15.33) ein, so entsteht mit der Definition (15.13) für die phänomenologische Gesamtstromdichte aus (15.37)

$$\frac{\partial}{\partial t}U_p + \int \nabla \cdot \mathbf{S}\, d^3r = -\int \mathbf{E}_p \cdot \left(\mathbf{j}_0 + \frac{\partial}{\partial t}\mathbf{P}\right) d^3r \tag{15.39}$$

$$+ c\int\left[\mathbf{M} \cdot \frac{1}{c}\frac{\partial}{\partial t}\mathbf{B} + \nabla \cdot (\mathbf{E}_p \times \mathbf{M})\right] d^3r,$$

wobei die reine Feldenergie wie in Abschnitt 3.5 durch

$$U_p := \frac{1}{8\pi}\int [\mathbf{E}_p^2 + \mathbf{B}_p^2]\, d^3r \tag{15.40}$$

und der reine elektromagnetische Poyntingvektor durch

$$\mathbf{S} := \frac{c}{4\pi}\mathbf{E}_p \times \mathbf{B}_p \tag{15.40a}$$

definiert wird. Wir formen den letzten Term von (15.39) mit Hilfe von (15.34b) im ersten Teil und (I.31) im zweiten Teil um und erhalten

$$\mathbf{M}\cdot\frac{1}{c}\frac{\partial}{\partial t}\mathbf{B} + \nabla\cdot(\mathbf{E}_p \times \mathbf{M}) =$$

$$-\mathbf{M}\cdot(\nabla\times\mathbf{E}_p) + \mathbf{M}\cdot(\nabla\times\mathbf{E}_p) - \mathbf{E}_p\cdot(\nabla\times\mathbf{M}) = -\mathbf{E}_p\cdot(\nabla\times\mathbf{M}).$$

Damit wird aus (15.39) mit der Definition (15.13) für die phänomenologische Gesamtstromdichte

$$\frac{\partial}{\partial t}U_p + \int \nabla\cdot\mathbf{S}\, d^3\mathbf{r} = -\int \mathbf{E}_p\cdot(\mathbf{j}_0 + \frac{\partial}{\partial t}\mathbf{P} + c\,\nabla\times\mathbf{M})\, d^3r = -\int \mathbf{E}_p\cdot\bar{\mathbf{j}}\, d^3r. \tag{15.39b}$$

Ebenso wie in (15.37) verschwindet das Integral mit dem Poyntingvektor **S** unter den angegebenen Voraussetzungen. Beachtet man noch die Definition der an der Materie geleisteten Arbeit (3.60), so folgt (15.36), w.z.b.w.

Bei (15.40) handelt es sich um die phänomenologische rein elektromagnetische Feldenergie. Die Verbindung zu der bereits gegebenen phänomenologischen Definition (13.121), (14.90) für die Gesamtenergie im linearen Isolator bzw. im linearen magnetischen Material kann mit den lokalen Polarisationsgesetzen (13.58) und (14.75) sofort hergestellt werden. Berücksichtigt man nämlich (13.121) und (14.90) sowie (13.58) und (14.75), so kann (15.37) bei verschwindender Ausstrahlung und mit $\frac{d}{dt}\epsilon = 0$, $\frac{d}{dt}\mu = 0$ auch geschrieben werden

$$\frac{\partial}{\partial t}[W^e + W^m] = -\int \mathbf{j}_0\cdot\mathbf{E}_p\, d^3r =: -\frac{\partial}{\partial t}A_{po} \tag{15.41}$$

mit der Gesamtenergiedichte für lineare Medien

$$u_p(\mathbf{r}, t) := w^e + w^m = \frac{1}{8\pi}[\epsilon(\mathbf{r})\,\mathbf{E}^2(\mathbf{r}, t) + \mu(\mathbf{r})^{-1}\,\mathbf{B}^2(\mathbf{r}, t)]. \tag{15.42}$$

Aus (15.41) folgt mit (15.36), daß

$$\frac{\partial}{\partial t}[W^e + W^m] = \frac{\partial}{\partial t}[U_p + A_p - A_{p0}] \tag{15.43}$$

sein muß, wobei $A_{p0}$ die an den Vakuumströmen geleistete Arbeit ist. $W^e$ und $W^m$ müssen daher auch Energieanteile nichtelektromagnetischen Charakters enthalten, was bereits früher gezeigt wurde. Wie man sieht, ist aber das Poyntingtheorem in der Form (15.37) der fundamentalere Ausdruck. Energiedefinitionen in nichtlinearen Medien müssen daher über (15.37) und nicht über (13.121) bzw. (14.90) vorgenommen werden. Sind $\mathbf{D}_p = \mathbf{D}_p[\mathbf{E}_p]$ und $\mathbf{B}_p = \mathbf{B}_p[\mathbf{H}_p]$ in ihrem funktionalen Verhalten bekannt, so lautet die lokale Kontinuitätsgleichung für die Leistungsdichte nach (15.37)

$$\frac{1}{4\pi}\left[\mathbf{E}_p \cdot \frac{d}{dt}\mathbf{D}_p[\mathbf{E}_p] + \mathbf{H}_p \cdot \frac{d}{dt}\mathbf{B}_p[\mathbf{H}_p]\right] + \nabla \cdot \mathbf{S}_p + \mathbf{j}_0 \cdot \mathbf{E}_p = 0. \tag{15.44}$$

Aus Dimensionsgründen und in Analogie zu (15.41) definieren wir die Änderung der Energiedichte im beliebigen, nichtlinearen Medium durch

$$\frac{\partial}{\partial t} u_p(\mathbf{r}, t) := \frac{\partial}{\partial t}[w^e + w^m] := \frac{1}{4\pi}[\mathbf{E}_p \cdot \frac{d}{dt}\mathbf{D}_p[\mathbf{E}_p] + \mathbf{H}_p \cdot \frac{d}{dt}\mathbf{B}_p[\mathbf{H}_p]]. \tag{15.45}$$

Setzt man in Anlehnung an die lokalen Polarisationsgesetze (13.58) bzw. (14.75) für nichtlineare Medien

$$\mathbf{D}_p[\mathbf{E}_p] = \epsilon[\mathbf{E}_p]\,\mathbf{E}_p\ ;\ \ \mathbf{B}_p[\mathbf{H}_p] = \mu[\mathbf{H}_p]\,\mathbf{H}_p, \tag{15.46}$$

so ergibt sich

$$\frac{d}{dt}\mathbf{D}_p[\mathbf{E}_p] = \epsilon[\mathbf{E}_p]\frac{\partial}{\partial t}\mathbf{E}_p(\mathbf{r}, t) + \mathbf{E}_p(\mathbf{r}, t)\frac{d}{dt}\epsilon[\mathbf{E}_p] \tag{15.47}$$

und analog für $\mathbf{B}_p(\mathbf{r}, t)$. Dabei ist zu bemerken, daß $\epsilon[\mathbf{E}_p]$ als Funktional von $\mathbf{E}_p$ nur indirekt über $\mathbf{E}_p$ und nicht explizit zeitabhängig ist, so daß mit der Funktionalableitung nach Abschnitt 7.1 bei festem $\mathbf{r}$, t geschrieben werden kann

$$\frac{d}{dt}\epsilon[\mathbf{E}_p] = \frac{\delta\,\epsilon[\mathbf{E}_p]}{\delta\,\mathbf{E}_p(\mathbf{r}, t)}\,\frac{\partial}{\partial t}\mathbf{E}_p(\mathbf{r}, t). \tag{15.48}$$

Analoges gilt für $\frac{d}{dt}\mu[\mathbf{H}]$. Bei schwacher Zeitabhängigkeit der Feldgrößen $\mathbf{E}_p$, $\mathbf{H}_p$ wie beispielsweise bei einer adiabatischen Veränderung mit Hilfe eines Steuerparameters nimmt das Medium bei jedem Wert von $\mathbf{E}_p$ und $\mathbf{H}_p$ seinen Gleichgewichtswert sofort an, und $\epsilon[\mathbf{E}_p]$ bzw. $\mu[\mathbf{H}_p]$ sind als zeitunabhängig zu betrachten. Damit erhält man dann aus (15.45) die Energieänderung

$$\frac{\partial}{\partial t} u_p(\mathbf{r}, t) = \frac{1}{4\pi}\left[\mathbf{E}_p(\mathbf{r}, t)\,\epsilon[\mathbf{E}_p]\frac{\partial}{\partial t}\mathbf{E}_p(\mathbf{r}, t) + \mathbf{H}_p(\mathbf{r}, t)\,\mu[\mathbf{H}]\frac{\partial}{\partial t}\mathbf{H}_p(\mathbf{r}, t)\right]. \tag{15.45a}$$

Im zweiten Term ist das Ergebnis (14.95) für die magnetische Energie der Ferromagnetika reproduziert. Die Gesamtenergie bei einer adiabatischen Zustandsänderung von $\mathbf{E}_p^{(1)}$, $\mathbf{H}_p^{(1)}$ nach $\mathbf{E}_p^{(2)}$, $\mathbf{H}_p^{(2)}$ erhält man dann durch Funktionalintegration, wie dies im Abschnitt 14.6 bereits ausgeführt wurde.

## 15.2. Elektromagnetisch lineare Medien

### a) Reaktionstheorie

Im vorangehenden Abschnitt wurde eine phänomenologische Beschreibung des zeitabhängigen elektromagnetischen Feldes in dielektrischen und magnetischen Materialien entwickelt. Die Wirkung dieser Materialien wird im ladungsneutralen Fall durch die Magnetisierung und die Polarisierung charakterisiert. Über diese Größen selbst wurden jedoch noch keine Aussagen gemacht. Da sie im allgemeinen von den äußeren bzw. effektiven Feldern beeinflußt werden, muß eine geschlossene phänomenologische Theorie auch eine Information über die zeitabhängige Materiereaktion liefern. Gesucht werden also der funktionale Zusammenhang von $\mathbf{P}(\mathbf{r}, t)$ mit $\mathbf{E}_p(\mathbf{r}, t)$ und von $\mathbf{M}(\mathbf{r}, t)$ mit $\mathbf{B}_p(\mathbf{r}, t)$.

Der einfachste Fall sind die linearen Reaktionen, die für statische Felder durch (13.18) und (14.19) ausgedrückt werden, was auch in der Form (13.58), (14.75) geschrieben werden kann. Wir wollen uns im folgenden nur mit diesen Reaktionen befassen und auf nichtlineare Reaktionen nicht weiter eingehen. Um lineare Reaktionen auf zeitabhängige Felder zu übertragen, betrachten wir zunächst den Spezialfall zeitlich periodischer Vorgänge, die durch die Zeitabhängigkeit $f(\mathbf{r}, t) := f(\mathbf{r})\, e^{-i\omega t}$ aller Feldgrößen definiert werden, und benutzen als klassisches Materiemodell das Oszillatormodell, das jetzt aber noch zusätzlich ein Dämpfungsglied enthalten soll. Die Dämpfung erfolgt einerseits durch Strahlungsdämpfung nach Abschnitt 5.4 und 5.6 und andererseits durch Stöße mit anderen Elektronen des eigenen oder eines fremden Atoms. Da das magnetische Verhalten erheblich komplizierter ist als das elektrische Verhalten, beschränken wir uns auf niedrige Frequenzen $\omega$ und vernachlässigen die Glieder proportional $\frac{1}{c}$ in den Bewegungsgleichungen, also die magnetischen Anteile. Nach (13.19) mit (5.47), (5.48) lautet dann die Bewegungsgleichung für das strahlungsgedämpfte j-te Elektron

$$\tau \dddot{\mathbf{r}}_j + \ddot{\mathbf{r}}_j + \omega_0^2(\mathbf{r}_j - \mathbf{R}_j) = \frac{e}{m}\mathbf{E}_e(\mathbf{r}_j)\, e^{-i\omega t}, \tag{15.49}$$

wobei nach (5.48) die Dämpfungskonstante $\tau$ gegeben ist durch

$$\tau := \frac{2e^2}{3c^3 m}. \tag{15.50}$$

$\mathbf{E}_e$ ist das effektive Feld, das sich aus dem Isolatorfeld und dem Vakuumfeld zusammensetzt. Um die Schwierigkeiten mit der dritten Ableitung in (15.49) zu umgehen, die in Abschnitt 5.5 diskutiert wurden, verwenden wir anstatt des Termes $\tau \dddot{\mathbf{r}}_j$ den Term $\gamma \dot{\mathbf{r}}_j$ mit $\gamma = \omega_0^2 \tau$; wir gehen also aus von der Gleichung

$$\ddot{\mathbf{r}}_j + \gamma \dot{\mathbf{r}} + \omega_0^2(\mathbf{r}_j - \mathbf{R}_j) = \frac{e}{m}\mathbf{E}_e(\mathbf{r}_j)\, e^{-i\omega t}. \tag{15.49a}$$

Mit dem Ansatz

$$\mathbf{r}_j(t) = \mathbf{R}_j + \mathbf{r}_{0j}\, e^{-i\omega t} = \mathbf{R}_j + \mathbf{r}_{0j}(t) \tag{15.51}$$

erhält man daraus

$$\mathbf{r}_{0j}(t) = \frac{e}{m} \frac{1}{\omega_0^2 - \omega^2 - i\omega\gamma} \mathbf{E}_e(\mathbf{R}_j)\, e^{-i\omega t} \tag{15.52}$$

mit der Halbwertsbreite entsprechend der Lorentz-Verteilung (5.76)

$$\gamma := \omega_0^2 \tau = \frac{2e^2 \omega_0^2}{3c^3 m}, \tag{15.53}$$

wenn man näherungsweise $\mathbf{r}_j \approx \mathbf{R}_j$ in $\mathbf{E}_e$ annimmt. Das elektrische Dipolmoment des j-ten Atoms ist dann $\mathbf{m}_j^e(t) = e\, \mathbf{r}_{0j}(t)$, womit sich nach (13.28) die jetzt frequenzabhängige atomare Polarisierbarkeit

$$\alpha(\omega) = \frac{e^2}{m} [\omega_0^2 - \omega^2 - i\omega\gamma]^{-1} \tag{15.54}$$

ergibt, die i.a. komplex ist. Sind in einem Atom mehrere, nämlich $f_i$ Elektronen in den Schwingungszuständen $\omega_i$, $\gamma_i$ $(i = 1, ..., k)$, so ergibt sich entsprechend die atomare Polarisierbarkeit

$$\alpha(\omega) = \frac{e^2}{m} \sum_{i=1}^{k} f_i [\omega_i^2 - \omega^2 - i\omega\gamma_i]^{-1}. \tag{15.55}$$

Für den statischen Fall $\omega \to 0$ ist $\alpha(0)$ von (15.54) mit (13.27) identisch. Da die Zeitabhängigkeit nur durch den Exponentialfaktor $e^{-i\omega t}$ in $\mathbf{m}_j^e(t)$ wie auch in das äußere Vakuumfeld $\mathbf{E}_0$ eingeht, kann wegen der Linearität der entsprechenden Gleichungen für $\mathbf{m}_j^e(t)$ dieser Faktor weggekürzt werden, und man erhält das stationäre Gleichungssystem (13.29) bei der Zwangsfrequenz $\omega$, wobei lediglich $\alpha$ durch (15.54) bzw. (15.55) ersetzt ist. Die Lösung ist dann entsprechend Abschnitt 13.3 für die elektrische Suszeptibilität nach (13.51) mit $\alpha$ nach (15.54) bzw. (15.55)

$$\chi_e(\omega) = \frac{1}{4\pi}(\epsilon - 1) = \alpha N = \frac{e^2 N}{m} \sum_{i=1}^{k} f_i [\omega_i^2 - \omega^2 - i\omega\gamma_i]^{-1}. \tag{15.56}$$

Die Relation (15.56) zeigt, daß die lineare Reaktion der Materie jetzt frequenzabhängig ist und weiter, daß $\chi_e(\omega)$ komplex ist. Da $\chi_e(\omega)$ zu der Atomdichte N proportional ist, überträgt sich deren Temperaturabhängigkeit auch auf $\chi_e$. Die Größen $f_i$, die sogenannten Oszillatorstärken, sind in diesem einfachen Modell über den ganzen Kristall als bei der Temperatur T statistisch gemittelt anzunehmen, so daß sie ebenfalls temperaturabhängig sind. Außerdem wurde angenommen, daß der Kristall aus regelmäßig angeordneten, gleichen Atomen mit denselben möglichen Schwingungszuständen $\omega_i$, $\gamma_i$ aufgebaut ist. Die Berechnung der $\omega_i$ und $\gamma_i$ wie auch der $f_i$ erfolgt rein quantenmechanisch.

Mit der Clausius-Mosotti-Formel (13.110) nach Abschnitt 13.4 ergibt sich mit (15.55)

$$\frac{\epsilon - 1}{\epsilon + 2} = \frac{4\pi}{3} N\alpha = \frac{4\pi}{3} \frac{e^2 N}{m} \sum_{i=1}^{k} f_i [\omega_i^2 - \omega^2 - i\omega\gamma_i]^{-1}. \tag{15.57}$$

Analoges gilt für die magnetische Suszeptibilität.

**b) Allgemeine lineare Theorie**

Um einen allgemeinen zeitabhängigen Vorgang zu beschreiben, benutzen wir die Fourierzerlegung

$$\mathbf{E}(\mathbf{r}, t) = \frac{1}{2\pi} \int \mathbf{E}(\mathbf{r}, \omega)\, e^{-i\omega t}\, d\omega \tag{15.58}$$

$$\mathbf{P}(\mathbf{r}, t) = \frac{1}{2\pi} \int \mathbf{P}(\mathbf{r}, \omega)\, e^{-i\omega t}\, d\omega$$

und formulieren die lineare Reaktion entsprechend (13.18) durch

$$\mathbf{P}(\mathbf{r}, \omega) = \chi_e(\omega)\, \mathbf{E}(\mathbf{r}, \omega). \tag{15.59}$$

Substitution von (15.59) in (15.58) liefert dann

$$\mathbf{P}(\mathbf{r}, t) = \frac{1}{2\pi} \int \mathbf{E}(\mathbf{r}, \omega)\, \chi_e(\omega)\, e^{-i\omega t} d\omega, \tag{15.60}$$

was sich mit

$$\mathbf{E}(\mathbf{r}, \omega) = \int \mathbf{E}(\mathbf{r}, t)\, e^{i\omega t}\, dt \tag{15.61}$$

$$\chi_e(t) = \frac{1}{2\pi} \int \chi_e(\omega)\, e^{-i\omega t} dt$$

und

$$\chi_e(\omega) = \int \chi_e(t)\, e^{i\omega t}\, dt \tag{15.62}$$

mit Hilfe von (II.12) auch in der Form

$$\mathbf{P}(\mathbf{r}, t) = \int_{-\infty}^{\infty} \mathbf{E}(\mathbf{r}, t')\, \chi_e(t - t')\, dt' \tag{15.63}$$

ausdrücken läßt. Analoge Beziehungen erhält man bei der Magnetisierung mit frequenzabhängigem $\chi_m(\omega)$, nämlich entsprechend (14.19)

$$\mathbf{M}(\mathbf{r}, t) = \int_{-\infty}^{\infty} \mathbf{B}(\mathbf{r}, t')\, f_m(t - t')\, dt' \tag{15.64}$$

mit

$$f_m(t) := \chi_m(t)\, (1 + 4\pi\, \chi_m(t))^{-1}. \tag{15.65}$$

Entsprechend (13.48) und (14.51) ergibt sich auch ein frequenzabhängiges $\epsilon(\omega)$ und $\mu(\omega)$, so daß für zeitlich periodische Feldgrößen die lineare Reaktion des Mediums nach (13.58) und (14.75) durch

$$\mathbf{D}(\mathbf{r}, \omega) = \epsilon(\omega)\, \mathbf{E}(\mathbf{r}, \omega) \tag{15.66}$$

$$\mathbf{B}(\mathbf{r}, \omega) = \mu(\omega)\, \mathbf{H}(\mathbf{r}, \omega)$$

ausgedrückt wird. Dabei soll der Index p hier und im folgenden unterdrückt werden, da es sich immer um phänomenologische Größen handeln soll.

Von physikalischer Bedeutung bei den Relationen (15.63) und (15.64) ist die Forderung, daß die Polarisation und die Magnetisierung zur Zeit t nur durch die Feldstärken zu früheren Zeiten t′ bestimmt werden, so daß in den Integralen stets $t' \leqslant t$ gelten muß und die obere Grenze durch t zu ersetzen ist. Mit der Variablentransformation $\tau = t - t'$ folgt dann

$$\mathbf{P}(\mathbf{r}, t) = \int_0^{\infty} \chi_e(\tau)\, \mathbf{E}(\mathbf{r}, t - \tau)\, d\tau \tag{15.67}$$

$$\mathbf{M}(\mathbf{r}, t) = \int_0^{\infty} f_m(\tau)\, \mathbf{B}(\mathbf{r}, t - \tau)\, d\tau.$$

In der Forderung, daß die Integrale (15.67) nur über $\tau \geqslant 0$ zu erstrecken sind, drückt sich die Kausalität der physikalischen Reaktion der Materie aus.

Die Retardierungsfunktionen $\chi_e(\tau)$ und $f_m(\tau)$, die die Wirkung der Materie zu einem früheren Zeitpunkt beschreiben, sind reelle Funktionen, die nur für $\tau \geqslant 0$ definiert sind und für $\tau < 0$ Null gesetzt werden können. Dann gilt für die Fouriertransformierte (15.62) in Verbindung mit (13.48) und (14.51)

$$\epsilon(\omega) = 1 + 4\pi \int_0^{\infty} d\tau\, \chi_e(\tau)\, e^{i\omega\tau} \tag{15.68}$$

$$\frac{1}{\mu(\omega)} = 1 - 4\pi \int_0^{\infty} d\tau\, f_m(\tau)\, e^{i\omega\tau},$$

wobei bei der zweiten Gleichung $\chi_m$ mit Hilfe von (15.65) ersetzt wurde. Weiter soll für $\chi_e(\tau)$ und $f_m(\tau)$, die im einzelnen für unterschiedliche Substanzen sehr verschieden sein können und von der Temperatur T und anderen äußeren Parametern abhängen, nur vorausgesetzt werden, daß sie im $\lim \tau \to \infty$ verschwinden, also

$$\lim_{\tau\to\infty} f_m(\tau) = 0, \quad \lim_{\tau\to\infty} \chi_e(\tau) = 0 \tag{15.69}$$

gilt. Die Retardierung soll sich nicht über unendliche Zeiträume erstrecken, sondern nach einer endlichen Zeit abklingen, eine physikalisch evidente Voraussetzung. Mit diesen Bedingungen sind $\epsilon(\omega)$ und $\mu(\omega)^{-1}$ nach (15.68) wohldefinierte, im allgemeinen komplexe Funktionen.

Bevor wir aus der Kausalität weitere Schlüsse ziehen, beweisen wir folgende

*Behauptung 15.3:* Die phänomenologischen Maxwellgleichungen (15.34) sind zusammen mit den allgemeinen Relationen (15.66) linear, so daß in dieser Theorie die Lösungen superponiert werden können.

*Beweis:* Mit (15.66) erhält man analog zu (15.67)

$$\mathbf{D}(\mathbf{r}, t) = \int_0^\infty \epsilon(\tau)\, \mathbf{E}(\mathbf{r}, t-\tau)\, d\tau \tag{15.70}$$

$$\mathbf{H}(\mathbf{r}, t) = \int_0^\infty \mu(\tau)^{-1}\, \mathbf{B}(\mathbf{r}, t-\tau)\, d\tau.$$

Setzen wir (15.70) in die inhomogenen Gleichungen von (15.34) ein, so treten in den Gleichungen (15.34) bei bekanntem $\epsilon(\tau)$ und $\mu(\tau)$ nur **E** und **B**, in Abhängigkeit von den äußeren Quellen $\rho_0, \mathbf{j}_0$ auf. Seien nun $\mathbf{E}_1, \mathbf{B}_1$ und $\mathbf{E}_2, \mathbf{B}_2$ zwei Lösungen zu den Quellen $\rho_0^1, \mathbf{j}_0^1$ bzw. $\rho_0^2, \mathbf{j}_0^2$, so folgt wegen der Linearität von (15.70) und der Differentialgleichungen (15.34), daß $\mathbf{E} = \mathbf{E}_1 + \mathbf{E}_2$, $\mathbf{B} = \mathbf{B}_1 + \mathbf{B}_2$ eine Lösung zu $\rho_0 = \rho_0^1 + \rho_0^2$, $\mathbf{j}_0 = \mathbf{j}_0^1 + \mathbf{j}_0^2$ ist. Ebenso sieht man, daß ein gemeinsames Vielfaches $\alpha\mathbf{E}, \alpha\mathbf{B}$ eine Lösung zu $\alpha\rho_0, \alpha\mathbf{j}_0$ ist, wenn **E**, **B** Lösungen zu $\rho_0, \mathbf{j}_0$ sind. Dies kennzeichnet aber gerade eine lineare Theorie, w.z.b.w.

### c) Kramers-Kronigsche Dispersionsrelationen

Eine Folge der Kausalität und der Relationen (15.69) ist die

*Behauptung 15.4:* Für eine lineare Theorie mit einer reellen, kausalen und im Unendlichen verschwindenden Retardierungsfunktion $\chi_e(\tau)$ gelten für das durch (15.68) gegebene $\epsilon(\omega)$ die Kramers-Kronigschen Dispersionsrelationen

$$\operatorname{Re} \epsilon(\omega_0) - 1 = \frac{1}{\pi}\, \mathrm{pv} \int_{-\infty}^{\infty} \frac{d\omega\, \operatorname{Im} \epsilon(\omega)}{\omega - \omega_0} \tag{15.71}$$

$$\operatorname{Im} \epsilon(\omega_0) = -\frac{1}{\pi}\, \mathrm{pv} \int_{-\infty}^{\infty} \frac{d\omega\, [\operatorname{Re} \epsilon(\omega) - 1]}{\omega - \omega_0},$$

wobei pv der Hauptwert (*p*rincipal *v*alue) im Sinne der Distributionstheorie nach Anhang II und $\omega_0$ ein beliebiger Wert auf der reellen Achse ist.

*Beweis:* Da $\chi_e(\tau)$ rell und wegen der Kausalität für $\tau \geqslant 0$ ungleich Null ist, kann man $\epsilon(\omega)$ in die obere komplexe $\omega$-Halbebene analytisch fortsetzen; wegen (15.69) ist $\epsilon(\omega)$ dort eine reguläre Funktion von $\omega$. Weil $\chi_e(\tau)$ reell ist, folgt weiter

$$\epsilon(-\omega^x) = \epsilon^x(\omega). \tag{15.72}$$

Sei nun $\omega_0$ ein Punkt auf der reellen Achse, dann gilt nach (II.20) für $\rho > 0$

$$\frac{\epsilon(\omega) - 1}{\omega - \omega_0 + i\rho} = -2\pi i\, \delta_\rho^+(\omega - \omega_0)\, [\epsilon(\omega) - 1]. \tag{15.73}$$

Diese Funktion besitzt einen Pol bei $\omega = \omega_0 - i\rho$, der also in der unteren komplexen Halbebene liegt. Wegen $\rho > 0$ können wir (15.73) daher entlang der reellen Achse in positiver Richtung wie in Abschnitt 4.5 integrieren. Diesen Integrationsweg schließen wir entsprechend Bild 7 in der oberen Halbebene zu einem geschlossenen Integrationsweg **C**.

Dann gilt nach dem Cauchyschen Integralsatz

$$\int_{\mathbf{C}} \frac{\epsilon(\omega) - 1}{\omega - \omega_0 + i\rho} \, d\omega = 0, \tag{15.74}$$

da in der oberen Halbebene wegen $\rho > 0$ keine Pole liegen. Der Beitrag des unendlichen Halbkreises zum Integral (15.74) verschwindet, weil für $|\omega| \to \infty$, Im $\omega > 0$ nach (15.68) $\epsilon(\omega) \to 1$ geht. Damit ergibt sich mit (15.73)

$$-2\pi i \int_{-\infty}^{\infty} \delta_\rho^+ (\omega - \omega_0) \, [\epsilon(\omega) - 1] \, d\omega = 0. \tag{15.75}$$

Benutzt man weiter (II.23) in der Form

$$-2\pi i \lim_{\rho \to 0} \delta_\rho^+ (z) = -2\pi i \, \delta^+(z) = -i\pi \, \delta(z) + \mathrm{pv}\left(\frac{1}{z}\right), \tag{15.76}$$

so folgt aus (15.75) im Limes $\rho \to 0$ nach Ausintegration der $\delta$-Funktion

$$\epsilon(\omega_0) - 1 = -\frac{i}{\pi} \, \mathrm{pv} \int_{-\infty}^{\infty} d\omega \, \frac{\epsilon(\omega) - 1}{\omega - \omega_0}. \tag{15.77}$$

Zerlegt man $\epsilon(\omega)$ in Real- und Imaginärteil, so folgen aus (15.77) die behaupteten Relationen (15.71), w.z.b.w.

Analoge Relationen lassen sich für $\mu^{-1}(\omega)$ nach (15.68) herleiten. Diese Relationen gelten für jede Substanz ganz allgemein und beruhen ausschließlich auf dem Kausalitätsprinzip. In der modernen Quantenfeldtheorie spielen Dispersionsrelationen dieser Art eine wichtige Rolle. Sie liefern experimentell nachprüfbare Aussagen über die Streuamplitude und stellen neben den Erhaltungssätzen die einzigen von Näherungsannahmen unabhängigen Aussagen der Feldtheorie dar. Sie beruhen wie in der Elektrodynamik auf der Kausalität [F 8, F 9].

## 15.3. Wellenausbreitung in homogenen isotropen linearen Medien

Der einfachste Fall eines zeitabhängigen elektromagnetischen Vorgangs in einem Isolator ist die Wellenausbreitung im unendlichen Medium. Für die Ausbreitung ebener Wellen kann man $\rho_0 = 0$, $\mathbf{j}_0 = 0$ setzen; die Quellen sollen also nicht im Endlichen liegen. Die phänomenologischen Maxwellgleichungen (15.34) lauten dann

$$\begin{aligned} \nabla \times \mathbf{H} &= \frac{1}{c} \frac{\partial}{\partial t} \mathbf{D} & \qquad \nabla \cdot \mathbf{D} &= 0 \\ \nabla \times \mathbf{E} &= -\frac{1}{c} \frac{\partial}{\partial t} \mathbf{B} & \qquad \nabla \cdot \mathbf{B} &= 0. \end{aligned} \tag{15.78}$$

Mit dem zeitlich periodischen Ansatz $f(\mathbf{r}, t) = f(\mathbf{r}, \omega)\, e^{-i\omega t}$ für alle Feldgrößen werden die linearen Reaktionen des Mediums dann durch die Gleichungen (15.66) gegeben. Mit (15.78) folgen daraus die Gleichungen

$$(\Delta + \frac{\epsilon\mu}{c^2}\,\omega^2)\,\mathbf{E}(\mathbf{r}, \omega) = 0\,, \quad \nabla \cdot \mathbf{E}(\mathbf{r}, \omega) = 0 \tag{15.79}$$

$$(\Delta + \frac{\epsilon\mu}{c^2}\,\omega^2)\,\mathbf{H}(\mathbf{r}, \omega) = 0\,, \quad \nabla \cdot \mathbf{H}(\mathbf{r}, \omega) = 0.$$

Mit dem Ansatz von ebenen Wellen

$$\mathbf{E}(\mathbf{r}, \omega) = \mathbf{E}(\omega)\, e^{i\mathbf{k}\cdot\mathbf{r}} \tag{15.80}$$

$$\mathbf{H}(\mathbf{r}, \omega) = \mathbf{H}(\omega)\, e^{i\mathbf{k}\cdot\mathbf{r}}$$

folgt aus (15.79) für den Wellenvektor $\mathbf{k}$

$$k^2(\omega) = \omega^2\, \frac{\epsilon(\omega)\,\mu(\omega)}{c^2} \tag{15.81}$$

oder

$$k(\omega) =: \frac{\omega}{c}\, n(\omega)\,; \tag{15.82}$$

weiter ergibt sich aus den beiden linken Maxwellgleichungen (15.78) unter den oben getroffenen Voraussetzungen

$$-(\mathbf{E}(\omega) \times \mathbf{k}_0)\sqrt{\frac{\epsilon}{\mu}} = \mathbf{H}(\omega) \tag{15.83}$$

$$(\mathbf{H}(\omega) \times \mathbf{k}_0)\sqrt{\frac{\mu}{\epsilon}} = \mathbf{E}(\omega)$$

mit $\mathbf{k} = k\,\mathbf{k}_0$ und $\mathbf{k}_0^2 = 1$. Hieraus und aus den beiden rechten Maxwellgleichungen (15.78) folgt, daß es sich um transversale Wellen handelt:

$$\mathbf{k}_0 \cdot \mathbf{E}(\omega) = \sqrt{\frac{\mu}{\epsilon}}\, \mathbf{k}_0 \cdot (\mathbf{H}(\omega) \times \mathbf{k}_0) = 0 \tag{15.84}$$

$$\mathbf{k}_0 \cdot \mathbf{H}(\omega) = -\sqrt{\frac{\epsilon}{\mu}}\, \mathbf{k}_0 \cdot (\mathbf{E}(\omega) \times \mathbf{k}_0) = 0.$$

Aus (15.83) ergibt sich ferner, daß $\mathbf{H}$ und $\mathbf{E}$ senkrecht aufeinander stehen:

$$\mathbf{H}(\omega) \cdot \mathbf{E}(\omega) = \sqrt{\frac{\mu}{\epsilon}}\, \mathbf{H}(\omega) \cdot (\mathbf{H}(\omega) \times \mathbf{k}_0) = 0. \tag{15.85}$$

Wie im Vakuum sind daher in homogenen isotropen linearen Medien nach (15.84), (15.85) die ebenen Wellen transversal und die Vektoren von elektrischem und magnetischem Feld aufeinander orthogonal.

Die Phasengeschwindigkeit dieses Vorgangs ist definiert durch die Bewegung einer Wellenfront bei bestimmter Frequenz, was mathematisch durch eine konstante Phase $\phi$ im Exponenten der ebenen Welle ausgedrückt wird:

$$\phi := \mathbf{k} \cdot \mathbf{r} - \omega t = \text{const.} \tag{15.86}$$

Bei einer Bewegung muß daher $d\phi = 0$ oder

$$\mathbf{k} \cdot \frac{d\mathbf{r}}{dt} = \omega \tag{15.87}$$

sein, was speziell in Bewegungsrichtung der Wellenfront mit $\mathbf{r} = \mathbf{k}_0 r$ und (15.82) auf

$$\frac{dr}{dt} = \frac{\omega}{k(\omega)} = \frac{c}{n(\omega)} =: v_p \tag{15.88}$$

führt mit

$$n(\omega) = (\epsilon(\omega)\,\mu(\omega))^{\frac{1}{2}}. \tag{15.89}$$

Die Phasengeschwindigkeit hängt demnach von der Frequenz ab. Die Größe $n(\omega)$ nennt man im Zusammenhang mit dem Übergang von Lichtwellen von einem Medium in ein anderes den optischen Brechungsindex; darauf gehen wir in Abschnitt 15.5 noch ein. Die Relation (15.89) heißt Maxwell-Relation.

Bildet man entsprechend Abschnitt 11.13 den zeitlich über eine Periode gemittelten Energiefluß (15.38) mit den komplexen Feldgrößen, so erhält man mit (15.80) entsprechend (11.182), (11.183)

$$\overline{\mathbf{S}(\mathbf{r}, \omega)} = \frac{c}{4\pi}\,\frac{1}{2}\,\mathrm{Re}\,(\mathbf{E} \times \mathbf{H}^x) = \frac{c}{4\pi}\,\frac{1}{2}\,\mathrm{Re}\,(\mathbf{E}(\omega) \times \mathbf{H}^x(\omega)), \tag{15.90}$$

was mit (15.83), (15.84) bei reellem $\epsilon$ und $\mu$ auf

$$\overline{\mathbf{S}(\mathbf{r}, \omega)} \equiv \overline{\mathbf{S}}(\omega) = \frac{c}{8\pi}\,\sqrt{\frac{\epsilon}{\mu}}\,|\mathbf{E}(\omega)|^2\,\mathbf{k}_0 \tag{15.91}$$

führt. Es gilt dann die

*Behauptung 15.5:* Die Fortpflanzungsgeschwindigkeit des Energieflusses wird bei ebenen Wellen durch die Phasengeschwindigkeit $v_p$ gegeben.

*Beweis:* Die zeitlich gemittelte Gesamtenergiedichte für lineare Medien ergibt sich aus (15.42) mit (11.184) und (15.80) zu

$$\bar{u}_{em}(r, \omega) \equiv \bar{u}_{em}(\omega) = \frac{1}{16\pi}\,[\epsilon\,|\mathbf{E}(\omega)|^2 + \frac{1}{\mu}\,|\mathbf{B}(\omega)|^2]\,, \tag{15.92}$$

woraus mit (15.83), (15.84) folgt

$$\bar{u}_{em}(r, \omega) \equiv \bar{u}_{em}(\omega) = \frac{1}{8\pi}\,\epsilon\,|\mathbf{E}(\omega)|^2. \tag{15.93}$$

Damit erhält man für die Geschwindigkeit des Energieflusses $\bar{\mathbf{S}}$ bei der Kreisfrequenz $\omega$

$$\mathbf{v}(\omega) := \frac{\bar{\mathbf{S}}(\omega)}{\bar{u}_{em}(\omega)} = \frac{c\,\mathbf{k}_0}{\sqrt{\epsilon(\omega)\mu(\omega)}} = \mathbf{v}_p(\omega) = \mathbf{k}_0\, v_p\,, \tag{15.94}$$

w.z.b.w.

Sofern $\epsilon(\omega)\,\mu(\omega) < 1$ ist, fließt daher die Energie mit einer Geschwindigkeit $v_p > c$. Dies ist jedoch noch kein Widerspruch zur Relativitätstheorie, da ebene Wellen nicht beobachtet werden können. Beobachtbar sind nur Signale, also Wellenzüge endlicher Länge. Wir gehen darauf im nächsten Abschnitt genauer ein.

## 15.4. Dispersion

### a) Gruppengeschwindigkeit

Der allgemeinste Zusammenhang zwischen Polarisation und effektivem Feld für lineare Medien wird durch (15.63) gegeben. Analoges gilt für den Zusammenhang (15.64) zwischen Magnetisierung und effektiver magnetischer Induktion. Substituiert man diese Relationen in (15.33), (15.34), so entsteht eine in den Feldgrößen lineare Theorie. Für eine solche folgt aber die Superpositionsfähigkeit der Lösungen. Wendet man diese Betrachtungen speziell auf homogene isotrope lineare Medien an, die im vorangehenden Abschnitt behandelt wurden, so folgt, daß ebene Wellen verschiedener Frequenz zu Wellenpaketen oder Wellengruppen superponiert werden können, d.h. daß auch hier eine Fourierkomposition von Wellen möglich ist. Es ist also

$$\mathbf{E}(\mathbf{r}, t) = (2\pi)^{-3} \int_{-\infty}^{\infty} e^{i(\mathbf{k}\cdot\mathbf{r}-\omega t)}\, \widetilde{\mathbf{E}}_0(\mathbf{k})\, d^3k \tag{15.95}$$

eine Lösung der phänomenologischen Maxwellgleichungen für lineare Medien, wobei die Fourieramplitude $\widetilde{\mathbf{E}}_0(\mathbf{k})$ durch die Anfangsverteilung $\mathbf{E}(\mathbf{r}, o)$ wie in Abschnitt 4.4, Formel (4.36), festgelegt wird. Im Gegensatz zur Relation $|\mathbf{k}| = \frac{\omega}{c}$ nach Formel (4.19) hat man diesmal, bei der Integration von (15.95), den komplizierten Zusammenhang (15.81) des Wellenvektors $\mathbf{k}$ mit der Frequenz $\omega$ zu berücksichtigen. Dieser müßte, nach $\omega$ aufgelöst, im Integral benützt werden.

Da $\epsilon(\omega)$ und $\mu(\omega)$ nicht allgemein vorgegeben werden können, kann man nur eine qualitative Diskussion durchführen. Wir nehmen dazu an, daß es sich bei dem zu behandelnden „Signal" um ein Wellenpaket handelt, dessen Fourieramplitude $\widetilde{\mathbf{E}}_0(\mathbf{k})$ um $\mathbf{k} = \mathbf{k}_0$ konzentriert ist, wie dies in Abschnitt 4.4 diskutiert wurde. Lösen wir (15.81) formal nach $\omega$ auf, bilden wir also $\omega = \omega(\mathbf{k})$, so können wir bei $\omega(\mathbf{k})$ um $\mathbf{k} = \mathbf{k}_0$ eine Taylorentwicklung vornehmen:

$$\omega(\mathbf{k}) = \omega(\mathbf{k}_0) + \nabla_{\mathbf{k}}\, \omega(\mathbf{k})\Big|_{\mathbf{k}=\mathbf{k}_0} \cdot (\mathbf{k} - \mathbf{k}_0) + \ldots\,. \tag{15.96}$$

Dann geht (15.95) in linearer Näherung mit der Substitution $\mathbf{k} =: \mathbf{k}_0 + \mathbf{q}$ über in

$$\mathbf{E}(\mathbf{r}, t) \approx e^{i(\mathbf{k}_0 \cdot \mathbf{r} - \omega(\mathbf{k}_0)t)} (2\pi)^{-3} \int e^{i\mathbf{q} \cdot [\mathbf{r} - t\nabla_k \omega(\mathbf{k})|_{\mathbf{k}=\mathbf{k}_0}]} \widetilde{\mathbf{E}}_0(\mathbf{k}_0 + \mathbf{q})\, d^3q. \tag{15.97}$$

Verwendet man (15.95) für $t = 0$ ebenfalls mit $\mathbf{k} =: \mathbf{k}_0 + \mathbf{q}$

$$\mathbf{E}(\mathbf{r}, 0) := (2\pi)^{-3} e^{i\mathbf{k}_0 \cdot \mathbf{r}} \int e^{i\mathbf{q} \cdot \mathbf{r}} \widetilde{\mathbf{E}}_0(\mathbf{k}_0 + \mathbf{q})\, d^3q, \tag{15.98}$$

so kann man (15.97) auch schreiben als

$$\mathbf{E}(\mathbf{r}, t) = e^{-i\omega(\mathbf{k}_0)t} \mathbf{E}(\mathbf{r} - \mathbf{v}_g t, 0) \tag{15.99}$$

mit der sog. Gruppengeschwindigkeit

$$\mathbf{v}_g := \nabla_k\, \omega(\mathbf{k})\Big|_{\mathbf{k}=\mathbf{k}_0}. \tag{15.99a}$$

Durch Vergleich mit (4.7) stellt man fest, daß es sich bis auf einen Phasenfaktor um ein räumlich starres Wellenpaket handelt, das sich im Medium statt mit Lichtgeschwindigkeit mit der Gruppengeschwindigkeit $\mathbf{v}_g$ fortpflanzt. Genauere Rechnungen in Analogie zu Abschnitt 4.4 würden ergeben, daß die Berücksichtigung der höheren Entwicklungsglieder in (15.96) zwar nicht die Gruppengeschwindigkeit, wohl aber die Form des Wellenpaketes beeinflußt. Für dreidimensionale Wellenpakete erhält man qualitativ dasselbe Verhalten wie im Vakuum, nur werden Fortpflanzungsgeschwindigkeit und Zerfließen durch den Einfluß des Materials modifiziert.

**b) Dispersion aperiodischer ebener Wellen**

Einen einschneidenderen Einfluß üben die Materialeigenschaften auf die aperiodischen ebenen Wellen aus. Für sie wurde in Abschnitt 4.2 bewiesen, daß sie sich im Vakuum als starres Paket ebener Wellen fortpflanzen. Diese Eigenschaft geht nunmehr verloren. Wir betrachten dazu ein Beispiel, das für das Vakuum bereits in Abschnitt 4.3 diskutiert wurde. Die dabei verwendete Fourieramplitude wurde durch

$$\widetilde{\mathbf{E}}_0(\mathbf{k}) = \mathbf{E}_0\, \delta(k_x)\, \delta(k_y)\, e^{-\frac{a^2}{2}(k_z - k_0)^2} (2\pi)^3 \frac{a}{\sqrt{2\pi}} \tag{15.100}$$

gegeben. Für die k-Abhängigkeit von $\omega$ wählen wir einen Zusammenhang, der eine exakte Durchrechnung gestattet. Wir setzen an

$$\omega(k) = \omega(o) \left(1 + \frac{\rho^2 k^2}{2}\right), \tag{15.101}$$

wobei $\omega(o)$ eine konstante Frequenz für $k = o$ und $\rho$ eine konstante Länge ist, bei der die dispersiven Effekte wirksam werden. Da das Maximum von (15.100) bei $k_z = k_0$ liegt, folgt aus (15.99a) die Gruppengeschwindigkeit in z-Richtung

$$v_g = \frac{d\omega(k)}{dk}\Big|_{k=k_0} = \omega(o)\, \rho^2 k_0. \tag{15.102}$$

Das exakte Verhalten des Wellenpaketes wird durch (15.95) mit (15.100) und (15.101) gegeben:

$$\mathbf{E}(\mathbf{r}, t) = \mathbf{E}_0 \frac{a}{\sqrt{2\pi}} \int_{-\infty}^{\infty} e^{-\frac{a^2}{2}(k_z - k_0)^2} e^{ik_z z - i\omega(o)t[1 + \rho^2 k_z^2/2]} dk_z. \tag{15.103}$$

Die Transformation $k_z - k_0 = k$ ergibt

$$\mathbf{E}(\mathbf{r}, t) = \mathbf{E}_0 \, e^{ik_0 z - i\omega(0)t\left(1 + \frac{\rho^2 k_0^2}{2}\right)} \frac{a}{\sqrt{2\pi}} \int_{-\infty}^{\infty} e^{-[\frac{\alpha}{2}k^2 + i\beta k]} dk \tag{15.104}$$

mit

$$\alpha := a^2 + i\omega(0)\,\rho^2 t \qquad \beta := \omega(0)\,\rho^2 k_0 t - z = v_g t - z. \tag{15.105}$$

Das letzte Integral kann quadratisch ergänzt werden und führt dann auf ein Gauß-Integral

$$\frac{1}{\sqrt{2\pi}} \int_{-\infty}^{\infty} e^{-[\frac{\alpha}{2}k^2 + i\beta k]} dk = \frac{e^{-\frac{\beta^2}{2\alpha}}}{\sqrt{\alpha}}, \tag{15.106}$$

womit (15.104) übergeht in

$$\mathbf{E}(\mathbf{r}, t) = \mathbf{E}_0 \, e^{-\frac{(z - v_g t)^2}{2a^2(1 + ibt)}} e^{ik_0 z - i\omega(0)gt} (1 + ibt)^{-\frac{1}{2}} \tag{15.107}$$

mit $b := \frac{\omega(0)\,\rho^2}{a^2}$ und $g := 1 + \frac{\rho^2 k_0^2}{2}$

Das Maximum von $\mathbf{E}(\mathbf{r}, t)$ bewegt sich mit der Gruppengeschwindigkeit $v_g$ nach (15.102), während die Amplitudenform eine Gaußkurve ist. Die Halbwertsbreite dieser Kurve ist jedoch nicht konstant, sondern zeitabhängig. Bildet man den Betrag von $a^2(1 + ibt)$, der den Betrag der Kurvenform festlegt, so lautet die Halbwertsbreite

$$a(t) \doteq \left[a^2 + \left(\frac{\rho^2\,\omega(0)t}{a}\right)^2\right]^{\frac{1}{2}}. \tag{15.108}$$

Die Dispersion ist also um so größer, je kleiner a ist. Da $a^{-1}$ nach (15.100) die Breite der Fourieramplitude und a nach (4.32) die Breite der Amplitude im Ortsraum angibt, ist also die Dispersion um so größer, je schärfer das Anfangssignal zur Zeit $t = 0$ im x-Raum gebündelt ist. Damit sich die Amplitudenform des Signals durch Dispersion mit der Zeit nur wenig ändert, muß $a \gg \rho$ sein. Für sehr große Zeiten nimmt die Halbwertsbreite der Gaußkurve nach (15.108) linear zu:

$$a(t) \approx \frac{\rho^2\,\omega(0)}{a}\,t \qquad \text{für} \quad t \gg 1, \tag{15.109}$$

wobei jedoch die Zeit, zu der sich dieser asymptotische Wert einstellt, von $(a/\rho)$ abhängt.

Obwohl diese Ergebnisse für eine bestimmte Gestalt des anfänglichen Signals, nämlich (15.100), und eine bestimmte Dispersionsbeziehung (15.101) abgeleitet wurden, gelten sie allgemein: Dazu benützen wir die Unschärfebeziehung (4.33). Besitzt das anfängliche Signal bei $t = 0$ eine räumliche Breite $\Delta z_0$, so muß wegen (4.33) die Breite der Wellenzahlen $\Delta k_0 \sim (\Delta z_0)^{-1}$ betragen. Nach (15.99a) ist die Gruppengeschwindigkeit $v_g = \frac{d\omega}{dk}\Big|_{k=k_0} := \omega'$, die jedoch wegen der Ungenauigkeit von $k_0$ ebenfalls eine Ungenauigkeit von

$$\Delta v_g \sim \omega'' \Delta k_0 \sim \frac{\omega''}{\Delta z_0} := \frac{\left.\frac{d^2\,\omega(k)}{dk^2}\right|_{k=k_0}}{\Delta z_0} \tag{15.110}$$

aufweist. Hierbei bedeute $\omega'$ die Ableitung von $\omega$ nach k ($\omega''$ entsprechend). Zur Zeit t resultiert daraus eine Breite $\Delta z = \Delta v_g \cdot t$. Die gesamte räumliche Abweichung ergibt sich dann durch Addition der Fehlerquadrate mit dem Ergebnis

$$\Delta z(t) \approx \left[(\Delta z_0)^2 + \left(\frac{\omega'' t}{\Delta z_0}\right)^2\right]^{\frac{1}{2}} . \tag{15.111}$$

Diese Relation entspricht genau der Beziehung (15.108) des Beispiels, wenn man $\Delta z_0 = a$ setzt, da nach (15.101) $\omega'' = \omega(0)\rho^2$ ist. Man sieht aus (15.111) für $\Delta z(t)$, daß bei $\omega'' \neq 0$ ein scharf gebündeltes Signal sich wegen seines breiten k-Spektrums sehr schnell verbreitert und umgekehrt. Ein solches Verhalten bezeichnet man als Dispersion.

### c) Brechungsindex und Absorptionskoeffizient

Beachtet man, daß für isotrope Medien, in denen $\omega$ nur von k abhängt,

$$\frac{d\omega}{dk}\,\frac{dk}{d\omega} = 1 \tag{15.112}$$

sein muß und daß sich die Beziehung (15.81) auch in der Form (15.82)

$$k(\omega) = n(\omega)\,\frac{\omega}{c} \tag{15.113}$$

schreiben läßt, so folgt

$$\frac{dk}{d\omega} = \frac{dn}{d\omega}\,\frac{\omega}{c} + \frac{n}{c} \tag{15.114}$$

und daraus mit (15.99a) für den Betrag der Gruppengeschwindigkeit bei beliebigem $\omega$

$$v_g(\omega) = c\,\left[n(\omega) + \omega\,\frac{dn}{d\omega}\right]^{-1} . \tag{15.115}$$

Speziell für den Wert $k = k_0$ ist dann der Wert $\omega = \omega_0$ zu wählen, für den definitionsgemäß $k_0 = k(\omega_0)$ gilt. Dadurch läßt sich dann mit Hilfe der Gleichung (15.113) der Wert $\omega_0$ bestimmen. Der Brechungsindex $n(\omega)$ muß daher für die Bestimmung der Gruppengeschwindigkeit bekannt sein. Setzt man nichtferromagnetische Materialien mit

$\mu \approx 1$ voraus, so läßt sich $n(\omega)$ mittels (15.89) aus den Formeln (15.56) bzw. (15.57) für die Dielektrizitätskonstante $\epsilon(\omega)$ berechnen. Bei endlichem $\gamma$ erhält man ein komplexes $\epsilon(\omega) = n^2(\omega)$. Wir setzen wie in Formel (12.20)

$$n(\omega) =: p(\omega) + i\kappa(\omega) \tag{15.116}$$

mit dem reellen optischen Brechungsindex p und der Absorptionskonstanten $\kappa$, die analog zu Abschnitt 12.2, Formel (12.24) in der Fourierzerlegung (15.97) zu einer Dämpfung der Wellen führt. Dann läßt sich nach (15.57) $n^2(\omega)$ berechnen aus

$$3\,\frac{n^2(\omega) - 1}{n^2(\omega) + 2} = 4\pi\, N\,\alpha(\omega). \tag{15.117}$$

Für $n^2 \approx 1$ geht dies über in

$$n^2(\omega) - 1 = 4\pi\, N\alpha(\omega). \tag{15.118}$$

Die atomare Polarisierbarkeit $\alpha(\omega)$ ist durch (15.55) gegeben. Wir betrachten schwache Absorption mit $p(\omega) \gg \kappa(\omega)$ und setzen entsprechend mit (15.116)

$$n^2(\omega) \approx p^2(\omega) + 2\, i p(\omega)\,\kappa(\omega). \tag{15.119}$$

Bildet man dann den Real- und den Imaginärteil der Relation (15.117) unter Benutzung von (15.119) wobei im Nenner näherungsweise $n^2(\omega) \approx p^2(\omega)$ gesetzt wird, so erhält man nach einigen Umrechnungen mit (15.55)

$$\begin{aligned} 3\,\frac{p^2(\omega) - 1}{p^2(\omega) + 2} &= 4\pi\, N\,\mathrm{Re}\,\alpha(\omega) \\ &= \frac{4\pi\, Ne^2}{m} \sum_a f_a(\omega_a^2 - \omega^2)\,[(\omega_a^2 - \omega^2)^2 + (\omega\gamma_a)^2]^{-1} \end{aligned} \tag{15.120}$$

und

$$\begin{aligned} \kappa(\omega) &= \frac{(p^2(\omega) + 2)}{6p(\omega)}\, 4\pi\, N\,\mathrm{Im}\,\alpha(\omega) \\ &= \frac{(p^2(\omega) + 2)}{6p(\omega)}\, \frac{4\pi\, Ne^2}{m} \sum_a f_a\,\gamma_a\,\omega\,[(\omega_a^2 - \omega^2)^2 + (\omega\gamma_a)^2]^{-1}. \end{aligned} \tag{15.121}$$

Im Falle $p^2(\omega) \approx 1$ ergibt dies dann

$$p^2(\omega) = 1 + \frac{4\pi\, Ne^2}{m} \sum_a f_a(\omega_a^2 - \omega^2)\,[(\omega_a^2 - \omega^2)^2 + (\omega\gamma_a)^2]^{-1} \tag{15.122}$$

$$\kappa(\omega) = \frac{1}{2p(\omega)}\,\frac{4\pi\, Ne^2}{m} \sum_a f_a\,\gamma_a\,\omega\,[(\omega_a^2 - \omega^2)^2 + (\omega\gamma_a)^2]^{-1}.$$

Zur Illustration des Verlaufs von $p(\omega)$ und $\kappa(\omega)$ betrachten wir das Frequenzverhalten bei kleinem $\omega$. Dann folgt aus (15.122) für kleine Frequenzen $\omega \ll \omega_j$; $\omega\gamma_j \ll \omega_j$ durch Entwickeln nach $\omega^2/\omega_\alpha^2$

$$p^2(\omega) - p^2(0) \approx \frac{4\pi Ne^2}{m} \sum_a f_a \, \omega_a^{-4} \, \omega^2 \qquad (15.123)$$

$$\kappa(\omega) \approx \frac{4\pi Ne^2}{2p(0)} \frac{1}{m} \sum_a f_a \gamma_a \omega_a^{-4} \omega .$$

Bei kleinen Frequenzen steigen $p(\omega)$ und $\kappa(\omega)$ proportional zu $\omega^2$ bzw. $\omega$ an. Für $\omega \ll \omega_j$ (j = 1, 2, ...) erfährt Licht, das aus einem Frequenzgemisch besteht, normale Dispersion mit $\frac{dp(\omega)}{d\omega} > 0$; blaues Licht wird also stärker gebrochen als rotes.

Im Resonanzgebiet $\omega \approx \omega_j$ (j = 1, 2, ...) erfährt das weiße Licht eine anomale Dispersion mit $\frac{dp}{d\omega} < 0$. Der Absorptionskoeffizient $\kappa(\omega)$ hat die Form einer Resonanzlinie mit der Halbwertsbreite $\gamma_j$. Für $\omega = \omega_j$ erhält man aus (15.122)

$$p^2(\omega_j) = 1 + \frac{4\pi Ne^2}{m} \sum_{a \neq j} f_a (\omega_a^2 - \omega^2) [(\omega_a^2 - \omega^2)^2 + (\omega\gamma_a)^2]^{-1} . \qquad (15.124)$$

Vernachlässigt man den Beitrag der anderen Elektronenschwingungen $\omega_a \neq \omega_j$, so gilt näherungsweise

$$p(\omega_j) \approx 1 \qquad (15.125)$$

$$\kappa(\omega_j) \approx \frac{2\pi Ne^2}{m} f_j \gamma_j^{-1} \omega_j^{-1} .$$

Insgesamt ergibt sich damit im Bereich einer Resonanzlinie $\omega \approx \omega_j$ der in Bild 53 dargestellte Funktionsverlauf.

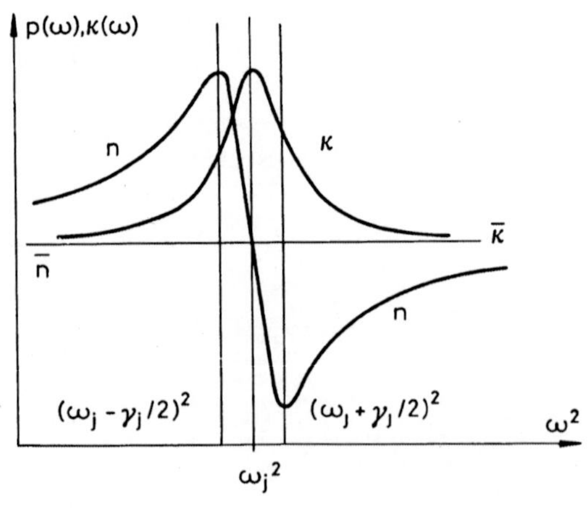


**Bild 53**

Brechungsindex $p(\omega)$ und Absorptionsindex $\kappa(\omega)$ im Bereich einer Resonanzlinie ($\omega \approx \omega_j$) als Funktion von $\omega^2$ in beliebigen Einheiten. Dabei sind $\bar{n}$ und $\bar{\kappa}$ die Mittelwerte außerhalb des Resonanzbereichs. Im Frequenzbereich $\omega_j - \frac{\gamma_j}{2} < \omega < \omega_j + \frac{\gamma_j}{2}$ ist die Dispersion anomal. Die Absorptionslinie $\kappa(\omega)$ hat die Halbwertsbreite $\gamma_j$.

Betrachtet man die zugehörigen Geschwindigkeiten, so ergibt sich bei normaler Dispersion mit $\frac{dp}{d\omega} > 0$ und $p > 1$

$$v_g < v_p < c. \tag{15.126}$$

Bei anomaler Dispersion wird dagegen $\frac{dp}{d\omega} < 0$ und $p < 1$. In diesem Fall ist dann $v_p > c$, $v_g > c$ die Folge. Die Gruppengeschwindigkeit kann daher bei anomaler Dispersion größer als die Lichtgeschwindigkeit werden. Aber dies ist kein Widerspruch zur Relativitätstheorie, da in diesem Bereich die Entwicklung (15.96) nicht mehr gültig ist.

Es muß jedoch darauf hingewiesen werden, daß es einen allgemein gültigen Beweis für die Konsistenz der phänomenologischen Elektrodynamik in Materie mit der Relativitätstheorie nicht geben kann. Die Ursachen dafür sind aber nicht in der phänomenologischen Theorie zu suchen. Sie liegen vielmehr in dem Grundproblem einer Theorie der Materie in Wechselwirkung mit elektromagnetischen Feldern, auf das in der Einleitung und in Kap. II. bereits hingewiesen wurde.

## 15.5. Brechung und Reflexion an ebenen Grenzflächen

Unendlich ausgedehnte Isolatoren sind keine realistischen physikalischen Gebilde. Wie in der Elektrostatik müssen auch hier Medien endlicher Ausdehnung behandelt werden. Es müssen daher an den Oberflächen der Medien Randbedingungen abgeleitet werden. Nimmt man an, daß sich auf diesen Oberflächen keine Vakuumquellen befinden, so lassen sich aus den phänomenologischen Maxwellgleichungen (15.34) die Bedingungen für die Normalkomponenten

$$\begin{aligned} \mathbf{n}(\mathbf{r}) \cdot \mathbf{B}_1(\mathbf{r}, t) &= \mathbf{n}(\mathbf{r}) \cdot \mathbf{B}_2(\mathbf{r}, t) \\ \mathbf{n}(\mathbf{r}) \cdot \mathbf{D}_1(\mathbf{r}, t) &= \mathbf{n}(\mathbf{r}) \cdot \mathbf{D}_2(\mathbf{r}, t) \end{aligned} \tag{15.127}$$

und die Bedingungen für die Tangentialkomponenten

$$\begin{aligned} \mathbf{n}(\mathbf{r}) \times \mathbf{E}_1(\mathbf{r}, t) &= \mathbf{n}(\mathbf{r}) \times \mathbf{E}_2(\mathbf{r}, t) \\ \mathbf{n}(\mathbf{r}) \times \mathbf{H}_1(\mathbf{r}, t) &= \mathbf{n}(\mathbf{r}) \times \mathbf{H}_2(\mathbf{r}, t) \end{aligned} \tag{15.128}$$

$$\begin{aligned} \mathbf{t}(\mathbf{r}) \cdot \mathbf{E}_1(\mathbf{r}, t) &= \mathbf{t}(\mathbf{r}) \cdot \mathbf{E}_2(\mathbf{r}, t) \\ \mathbf{t}(\mathbf{r}) \cdot \mathbf{H}_1(\mathbf{r}, t) &= \mathbf{t}(\mathbf{r}) \cdot \mathbf{H}_2(\mathbf{r}, t) \end{aligned} \tag{15.128a}$$

in analoger Weise zu den Abschnitten 13.4 und 14.5 ableiten, wobei alle dort benutzten Definitionen gelten sollen. Wie in diesen Abschnitten kann man auch hier die allgemeine Problemstellung als Randwertaufgabe formulieren. Naturgemäß werden die Rechnungen dann noch schwieriger als in der Statik. Da aber der allgemeine Fall keine weitergehenden Einsichten bringt, behandeln wir nur Spezialfälle. Ein einfacher realistischer

Spezialfall ist das Auftreffen von ebenen Wellen auf ebene Grenzflächen zwischen zwei Medien, wobei einfachheitshalber die Grenzflächen als unendlich ausgedehnt angenommen werden. Da für diesen Fall keine Vakuumquellgrößen benötigt werden, lauten die Maxwellgleichungen (15.34)

$$\begin{aligned} \nabla \times \mathbf{H}(\mathbf{r}, t) &= \frac{1}{c} \frac{\partial}{\partial t} \mathbf{D}(\mathbf{r}, t) \\ \nabla \times \mathbf{E}(\mathbf{r}, t) &= -\frac{1}{c} \frac{\partial}{\partial t} \mathbf{B}(\mathbf{r}, t) \end{aligned} \tag{15.129}$$

Nach (15.66) gelten dann (für eine bestimmte Frequenz!) in den beiden Isolatoren die Beziehungen

$$\begin{aligned} \mathbf{D}_a &= \epsilon_a \mathbf{E}_a , \\ \mathbf{B}_a &= \mu_a \mathbf{H}_a , \end{aligned} \qquad a = 1, 2 \tag{15.130}$$

wenn durch den Index $a$ die Medien unterschieden werden. Ohne Einschränkung können wir annehmen, daß die Grenzfläche zwischen beiden Medien durch die $\mathbf{e}_1 - \mathbf{e}_2$-Ebene, d.h. durch die Ebene $x_3 = 0$ gebildet wird. Das Medium 1 befinde sich im Halbraum $x_3 > 0$, das Medium 2 im Halbraum $x_3 < 0$. Es ist daher $\mathbf{n}(\mathbf{r}) := \mathbf{e}_3$ und $\mathbf{t}(\mathbf{r}) := \alpha_1 \mathbf{e}_1 + \alpha_2 \mathbf{e}_2$ Die ebene Welle falle vom Medium 1 ins Medium 2 ein. Die Lichtgeschwindigkeit $c_a$, also die Phasengeschwindigkeit der ebenen Wellen in beiden Medien $\alpha$, wird dann nach (15.88)

$$c_a = \frac{c}{n_a} \quad , \qquad a = 1, 2 \tag{15.131}$$

mit

$$n_a := \sqrt{\epsilon_a \mu_a} \quad , \qquad a = 1, 2. \tag{15.132}$$

Zur Erfüllung der Maxwellgleichungen (15.129) samt Randbedingungen (15.127), (15.128) an der $\mathbf{e}_1 - \mathbf{e}_2$-Ebene verwenden wir den Ansatz in Form ebener Wellen:

$$\begin{aligned} &\mathbf{E}_1 = \mathbf{E} + \mathbf{E}' ; \qquad \mathbf{E}_2 = \mathbf{E}'' \qquad \text{mit} \\ &\mathbf{E} = \mathbf{E}_0 \, e^{i\omega \left(\frac{\mathbf{r} \cdot \mathbf{s}}{c_1} - t\right)} \\ &\mathbf{E}' = \mathbf{E}_0' \, e^{i\omega' \left(\frac{\mathbf{r} \cdot \mathbf{s}'}{c_1} - t\right)} \\ &\mathbf{E}'' = \mathbf{E}_0'' \, e^{i\omega'' \left(\frac{\mathbf{r} \cdot \mathbf{s}''}{c_2} - t\right)} , \end{aligned} \tag{15.133}$$

wobei $\mathbf{E}$ die einfallende Welle in Medium 1, $\mathbf{E}'$ die reflektierte Welle in Medium 1 und $\mathbf{E}''$ die gebrochene Welle in Medium 2 ist. Unbekannte Größen sind die Frequenzen $\omega$, $\omega'$, $\omega''$, die Ausbreitungsvektoren $\mathbf{s}$, $\mathbf{s}'$, $\mathbf{s}''$ sowie die Amplituden $\mathbf{E}_0$, $\mathbf{E}_0'$, $\mathbf{E}_0''$.

**1. Brechungsgesetz**

Zur Berechnung der Frequenzen und der Wellenvektoren benutzen wir die Grenzbedingungen (15.128a) für **E**. Diese lauten mit (15.133)

$$\mathbf{t} \cdot (\mathbf{E} + \mathbf{E}')\big|_{x_3=0} = \mathbf{t} \cdot \mathbf{E}''\big|_{x_3=0}. \tag{15.134}$$

Daraus kann man folgende Informationen erhalten:

a) für $\mathbf{r} = 0$ erhält man

$$\mathbf{t} \cdot (\mathbf{E}_0\, e^{-i\omega t} + \mathbf{E}_0'\, e^{-i\omega' t}) = \mathbf{t} \cdot \mathbf{E}_0''\, e^{-i\omega'' t}, \tag{15.135}$$

was für alle Zeiten t und Tangenten **t** gelten muß. Daraus folgt die Frequenzgleichheit

$$\omega = \omega' = \omega'' \tag{15.136}$$

unter der Nebenbedingung für die Amplituden

$$\mathbf{t} \cdot (\mathbf{E}_0 + \mathbf{E}_0') = \mathbf{t} \cdot \mathbf{E}_0'', \tag{15.137}$$

worauf wir noch eingehen werden.

b) Für t = 0 erhält man unter Benutzung von (15.136)

$$\mathbf{t} \cdot (\mathbf{E}_0\, e^{\frac{i\omega}{c_1}(x_1 s_1 + x_2 s_2)} + \mathbf{E}_0'\, e^{\frac{i\omega}{c_1}(x_1 s_1' + x_2 s_2')}) = \mathbf{t} \cdot \mathbf{E}_0''\, e^{\frac{i\omega}{c_1}(x_1 s_1'' + x_2 s_2'')} \tag{15.138}$$

Für $x_2 = 0$, $x_1$ beliebig folgt wegen (15.137) aus (15.138) die Phasengleichheit

$$\frac{s_1}{c_1} = \frac{s_1'}{c_1} = \frac{s_1''}{c_2} \tag{15.139}$$

und ebenso für $x_1 = 0$, $x_2$ beliebig

$$\frac{s_2}{c_1} = \frac{s_2'}{c_1} = \frac{s_2''}{c_2}. \tag{15.140}$$

Da das System gegenüber Drehungen um die $\mathbf{e}_3$-Achse invariant ist, kann man immer erreichen, daß in einem geeigneten Koordinatensystem $s_2 = 0$ gilt. Daraus folgt aber nach (15.140) $s_2' = s_2'' = 0$, so daß also die Ausbreitungsvektoren **s**, **s**′, **s**″ in einer Ebene liegen müssen, nämlich in der $(\mathbf{e}_1 - \mathbf{e}_3)$-Ebene dieses speziellen Koordinatensystems; sie wird als Einfallsebene bezeichnet. Die Verhältnisse werden durch Bild 54 veranschaulicht.

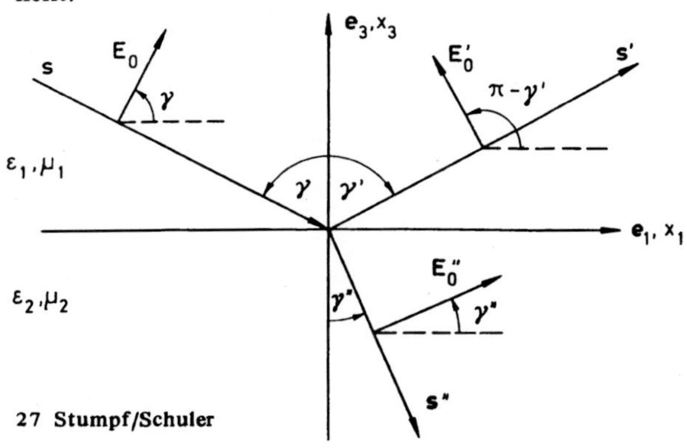


**Bild 54**
Brechung und Reflexion einer ebenen Welle an der Trennflächen zweier homogener Medien. (Polarisierung parallel zur Einfallsebene)

Mit den Bezeichnungen aus Bild 54 folgt dann aus (15.139), wobei die Winkel auf die Normale $\mathbf{n} = \mathbf{e}_3$ bezogen sind:

$$s_1 = s_1' \tag{15.141}$$

$$s_1 = \cos\left(\frac{\pi}{2} - \gamma\right) = \sin\gamma$$

$$s_1' = \cos\left(\frac{\pi}{2} - \gamma'\right) = \sin\gamma'$$

$$s_1'' = \cos\left(\frac{3\pi}{2} + \gamma''\right) = \sin\gamma'',$$

also $\gamma = \gamma'$. Dies ist das Reflexionsgesetz. Ferner ergibt sich nach (15.139) mit (15.131)

$$\frac{s_1''}{s_1} = \frac{c_2}{c_1} = \frac{n_1}{n_2} \tag{15.142}$$

oder

$$\frac{\sin\gamma''}{\sin\gamma} = \frac{n_1}{n_2}. \tag{15.143}$$

Dies ist das sog. Snelliussche Brechungsgesetz.

## 2. Fresnelsche Formeln

Nachdem auf diese Weise die Wellenvektoren vollständig bestimmt sind, berechnen wir die Amplituden. Wir benützen dazu den vollständigen Satz von Grenzbedingungen (15.127), (15.128). Da nach den vorangehenden Rechnungen aber die Phasenfaktoren der Wellen für alle Orte der Grenzfläche und alle Zeiten gleich sind, genügt es, das vollständige System an irgendeinem Ort und zu irgendeiner Zeit, z.B. $\mathbf{r} = 0$ und $t = 0$, zu erfüllen. Mit den aus (15.83) mit (15.130) und (15.132) folgenden Amplituden des magnetischen Feldes

$$\mathbf{B}_0 = n_1\,(s \times \mathbf{E}_0)\,;\quad \mathbf{B}_0' = n_1\,(s' \times \mathbf{E}_0')\;;\quad \mathbf{B}_0'' = n_2\,(s'' \times \mathbf{E}_0'') \tag{15.144}$$

lautet das System der Randbedingungen dann

$$\mathbf{t}\cdot[\mathbf{E}_0 + \mathbf{E}_0' - \mathbf{E}_0''] = 0 \tag{15.145}$$

$$\mathbf{e}_3\cdot[n_1\,(s \times \mathbf{E}_0) + n_1\,(s' \times \mathbf{E}_0') - n_2\,(s'' \times \mathbf{E}_0'')] = 0$$

$$\mathbf{e}_3\cdot[\epsilon_1\,(\mathbf{E}_0 + \mathbf{E}_0') - \epsilon_2\,\mathbf{E}_0''] = 0$$

$$\mathbf{t}\cdot\left[\sqrt{\frac{\epsilon_1}{\mu_1}}\,(s \times \mathbf{E}_0 + s' \times \mathbf{E}_0') - \sqrt{\frac{\epsilon_2}{\mu_2}}\,(s'' \times \mathbf{E}_0'')\right] = 0.$$

Zu seiner Lösung nehmen wir die Zerlegung vor

$$\mathbf{E} = \mathbf{E}_p + \mathbf{E}_s \tag{15.146}$$

$$\mathbf{E}' = \mathbf{E}_p' + \mathbf{E}_s'$$

$$\mathbf{E}'' = \mathbf{E}_p'' + \mathbf{E}_s'',$$

wobei der Index p die Komponenten in der Einfallsebene ($\mathbf{e}_1$, $\mathbf{e}_3$), der Index s die Komponenten senkrecht zur Einfallsebene in Richtung $\mathbf{e}_2$ charakterisieren möge. Mit $E_p = |\mathbf{E}_p|$ und $E_s = |\mathbf{E}_s|$ usw. ergeben sich die Komponenten

$$\begin{aligned}
&E_{01} = E_p \cos\gamma, \quad E'_{01} = E'_p \cos(\pi-\gamma) = -E'_p \cos\gamma, \quad E''_{01} = E''_p \cos\gamma'' \\
&E_{03} = E_p \sin\gamma, \quad E'_{03} = E'_p \sin(\pi-\gamma) = E'_p \sin\gamma, \quad E''_{03} = E''_p \sin\gamma'' \\
&E_{02} = E_s, \quad E'_{02} = E'_s, \quad E''_{02} = E''_s. \qquad (15.147)
\end{aligned}$$

Die Wellenvektoren sind gegeben durch

$$\begin{aligned}
&s = \mathbf{e}_1 \sin\gamma - \mathbf{e}_3 \cos\gamma \qquad (15.148)\\
&s' = \mathbf{e}_1 \sin\gamma + \mathbf{e}_3 \cos\gamma \\
&s'' = \mathbf{e}_1 \sin\gamma'' - \mathbf{e}_3 \cos\gamma'',
\end{aligned}$$

und man erhält mit (15.147)

$$\begin{aligned}
&s \times \mathbf{E}_0 = (E_s \cos\gamma, -E_p, E_s \sin\gamma) \qquad (15.149)\\
&s' \times \mathbf{E}'_0 = (-E'_s \cos\gamma, -E'_p, E'_s \sin\gamma) \\
&s'' \times \mathbf{E}''_0 = (E''_s \cos\gamma'', -E''_p, E''_s \sin\gamma'').
\end{aligned}$$

Varriert man $\alpha_1$ und $\alpha_2$ als Parameter des Tangentialvektors beliebig, so folgt insgesamt aus (15.145) der Satz von Gleichungen

$$\begin{aligned}
&(E_p - E'_p)\cos\gamma - E''_p \cos\gamma'' = 0 && (1)\\
&E_s + E'_s - E''_s = 0 && (2)\\
&\epsilon_1 \sin\gamma\,(E_p + E'_p) - \epsilon_2 E''_p \sin\gamma'' = 0 && (3)\\
&\sqrt{\epsilon_1\mu_1}\,\sin\gamma\,(E_s + E'_s) - \sqrt{\epsilon_2\mu_2}\,E''_s \sin\gamma'' = 0 && (4)\\
&\sqrt{\frac{\epsilon_1}{\mu_1}}\cos\gamma\,(E_s - E'_s) - \sqrt{\frac{\epsilon_2}{\mu_2}}\,E''_s \cos\gamma'' = 0 && (5)\\
&\sqrt{\frac{\epsilon_1}{\mu_1}}\,(E_p + E'_p) - \sqrt{\frac{\epsilon_2}{\mu_2}}\,E''_p = 0, && (6)
\end{aligned} \qquad (15.150)$$

wovon man sich durch Substitution von (15.147), (15.148), (15.149) in (15.145) überzeugen kann. Wir beweisen zunächst die

*Behauptung 15.6:* Die den Bedingungen (15.127) für die Normalkomponenten entsprechenden Gleichungen (3) und (4) sind bereits in den Gleichungen (6) und (2) enthalten, die zusammen mit (1) und (5) den Tangentialbedingungen (15.128) entsprechen.

*Beweis:* Mit (15.132) lautet das Brechungsgesetz (15.143)

$$\sin\gamma'' = \frac{\sqrt{\epsilon_1\mu_1}}{\sqrt{\epsilon_2\mu_2}} \sin\gamma, \qquad (15.151)$$

was nach Substitution in (3) und (4) auf

$$\left[\sqrt{\frac{\epsilon_1}{\mu_1}}(E_p + E_p') - \sqrt{\frac{\epsilon_2}{\mu_2}}\, E_p''\right] \sin\gamma = 0 \tag{3'}$$

$$[E_s + E_s' - E_s''] \sqrt{\epsilon_1 \mu_1}\, \sin\gamma = 0 \tag{4'}$$

führt. Da $\gamma$ beliebig, aber fest ist, folgt dann aus (3') die Gleichung (6) und aus (4') die Gleichung (2), w.z.b.w.

Die restlichen Gleichungen (1), (2), (5) und (6), die den Tangentialbedingungen (15.128) entsprechen, sind dann voneinander unabhängig. Aus den Gleichungen (15.150, 1 und 6) ergibt sich mit (15.143)

$$\frac{E_p'}{E_p} = \frac{\mu_1 \sin 2\gamma - \mu_2 \sin 2\gamma''}{\mu_1 \sin 2\gamma + \mu_2 \sin 2\gamma''} \tag{15.152}$$

sowie

$$\frac{E_p''}{E_p} = \frac{\sqrt{\mu_1 \epsilon_1}}{\sqrt{\mu_2 \epsilon_2}} \frac{2\mu_2 \sin 2\gamma}{\mu_1 \sin 2\gamma + \mu_2 \sin 2\gamma''}\,. \tag{15.153}$$

Die Gleichungen (2) und (5) ergeben

$$\frac{E_s'}{E_s} = \frac{\mu_2 \tan\gamma'' - \mu_1 \tan\gamma}{\mu_2 \tan\gamma'' + \mu_1 \tan\gamma} \tag{15.154}$$

$$\frac{E_s''}{E_s} = \frac{2\mu_2 \tan\gamma''}{\mu_2 \tan\gamma'' + \mu_1 \tan\gamma'}$$

Für nichtferromagnetische Materialien kann man $\mu_1 \approx \mu_2 \approx 1$ setzen; dann entstehen aus (15.152), (15.153), (15.154) die sog. Fresnelschen Formeln

$$\frac{E_p'}{E_p} = \frac{\tan(\gamma - \gamma'')}{\tan(\gamma + \gamma'')}, \qquad \frac{E_p''}{E_p} = \frac{2 \sin\gamma'' \cos\gamma}{\sin(\gamma + \gamma'') \cos(\gamma'' - \gamma)} \tag{15.155}$$

$$\frac{E_s'}{E_s} = \frac{\sin(\gamma'' - \gamma)}{\sin(\gamma'' + \gamma)}, \qquad \frac{E_s''}{E_s} = \frac{2 \sin\gamma'' \cos\gamma}{\sin(\gamma'' + \gamma)}\,. \tag{15.156}$$

Wir betrachten einige Spezialfälle:

**a) Brewsterscher Winkel**

Mit $\gamma + \gamma'' = \frac{\pi}{2}$ folgt aus (15.155) $E_p' = 0$. Mit dem Brechungsgesetz (15.143) gilt dann

$$\sin\gamma'' = \sqrt{\frac{\epsilon_1}{\epsilon_2}} \sin\gamma = \sin\left(\frac{\pi}{2} - \gamma\right) = \cos\gamma \tag{15.157}$$

oder

$$\tan\gamma_B := \sqrt{\frac{\epsilon_2}{\epsilon_1}} \approx \sqrt{\frac{n_2}{n_1}}\,. \tag{15.158}$$

Läßt man unpolarisiertes Licht unter dem Brewsterschen Winkel $\gamma_B = \arctan\sqrt{\epsilon_2/\epsilon_1}$ einfallen, so ist die reflektierte Welle senkrecht zur Einfallsebene linear polarisiert, da $E'_p = 0$ und nur $E'_s \neq 0$ ist. Der Brewstersche Winkel dient daher zur Erzeugung linear polarisierten Lichtes. Im allgemeinen sind $\mathbf{E}'$ und $\mathbf{E}''$ entsprechend den oben angegebenen Relationen partiell polarisiert.

**b) Totalreflexion**

Ist das Medium 1 optisch dichter als das Medium 2, gilt also $n_1 > n_2$, so wird für den Winkel

$$\gamma > \arcsin\frac{n_2}{n_1} =: \gamma_T \tag{15.159}$$

nach dem Brechungsgesetz

$$\sin\gamma'' = \frac{n_1}{n_2}\sin\gamma > 1. \tag{15.160}$$

Daraus folgt, daß $\gamma''$ komplex sein muß. Mit

$$\cos\gamma'' = (1-\sin^2\gamma'')^{\frac{1}{2}} = \left(1-\left(\frac{n_1}{n_2}\sin\gamma\right)^2\right)^{\frac{1}{2}} = i\left(\left(\frac{n_1}{n_2}\sin\gamma\right)^2 - 1\right)^{\frac{1}{2}} \tag{15.161}$$

erhält man dann für die gebrochene Welle $\mathbf{E}''$ für $s_2 = 0$, $t = 0$ nach (15.133) mit (15.148)

$$\begin{aligned}\mathbf{E}'' &= \mathbf{E}''_0\, e^{ik_2\mathbf{s}''\cdot\mathbf{r}} = \mathbf{E}''_0\, e^{i(x_1\sin\gamma'' - x_3\cos\gamma'')k_2} \\ &= \mathbf{E}''_0\, e^{ik_1x_1\sin\gamma}\, e^{-|x_3|k_1(\sin^2\gamma - n_2^2n_1^{-2})^{\frac{1}{2}}} \qquad \text{für } x_3 < 0,\end{aligned} \tag{15.162}$$

wobei nach (15.113), 15.131) gilt $k_a = n_a\omega c^{-1} = \omega c_a^{-1}$.

Die Amplitude von $\mathbf{E}''$ nimmt daher beim Eindringen in das optisch dünnere Medium 2, also in das Gebiet $x_3 < 0$, exponentiell ab; dies nennt man Totalreflexion. Die Welle $\mathbf{E}''$ schreitet längs der Trennebene fort.

*Behauptung 15.7:* Wenn $\gamma \geqslant \gamma_T$ ist, findet kein Energiefluß in das optisch dünnere Medium statt.

*Beweis:* Wir betrachten die zeitlich gemittelte Normalkomponente des Poynting-Vektors $\mathbf{S}''$. Diese lautet nach (15.90) in Richtung $e_3$

$$e_3 \cdot \overline{\mathbf{S}''(\mathbf{r},t)} = \frac{c}{8\pi}\,\mathrm{Re}\,[e_3\cdot(\mathbf{E}''\times\mathbf{H}''^{\times})]$$

oder entsprechend (15.91) mit (15.133) und (15.83)

$$e_3\cdot\overline{\mathbf{S}''(\mathbf{r},t)} = \frac{c}{8\pi}\sqrt{\frac{\epsilon_2}{\mu_2}}\,|\mathbf{E}''_0|^2\,\mathrm{Re}\,(e_3\cdot\mathbf{s}'').$$

Nun ist aber mit (15.148) und (15.161) für $\gamma \geqslant \gamma_T$

$$e_3\cdot\mathbf{s}'' = -\cos\gamma'' = -i\left(\left(\frac{n_1}{n_2}\sin\gamma\right)^2 - 1\right)^{\frac{1}{2}}$$

rein imaginär, so daß folgt

$$\mathbf{e}_3 \cdot \overline{\mathbf{S}''(\mathbf{r}, t)} = 0 \quad \text{für} \quad \gamma \geqslant \gamma_T, \qquad \text{w.z.b.w.}$$

Für den speziellen Winkel $\gamma = \gamma_T$ wird nach (15.159), (15.160) $\gamma'' = \frac{\pi}{2}$, d.h. die reflektierte Welle breitet sich entlang der Trennebene aus, ohne Energie zu verlieren. Diese Eigenschaft ist für die Totalreflexion charakteristisch; sie gilt auch für $\gamma > \gamma_T$.

Dieses Phänomen hat technische Bedeutung für die Übertragung intensitätsschwacher Lichtstrahlen. Man verwendet dazu Faserbündel, in denen die Lichtstrahlen mittels häufiger Totalreflexion absorptionsfrei weitergeleitet werden. Allerdings muß dabei die Geometrie der Anordnung noch besser berücksichtigt werden. Nur wenn der Faserdurchmesser $d \gg \lambda$ ist, können die obigen Betrachtungen übernommen werden.

## 15.6. Dielektrische Drahtwellen

Die Übertragung elektromagnetischer Signale ist ein technisch wichtiges Problem. Vom Standpunkt der Anwendung kann man dabei zwei Grenzfälle unterscheiden. In dem einen Fall soll das Signal in alle Richtungen ausgestrahlt werden, wie z.B. bei Rundfunksendern. Im anderen Fall dagegen soll das Signal möglichst nur in einer Richtung zur Wirkung kommen. Für den ersten Fall kann man zur technischen Realisierung einen Sender endlicher Ausdehnung im „Vakuum" aufstellen. Für den zweiten Fall dagegen benötigt man Wellenleiter, also Materie, längs derer sich das Signal gerichtet fortpflanzen kann, wenn man von Spiegeln, Lasern usw. zunächst einmal absieht.

In Abschnitt 12.4 haben wir Wellenleiter aus elektrisch leitendem Material untersucht. Analoge Untersuchungen sollen nun für nichtleitende Wellenleiter vorgenommen werden. Wir benutzen dazu die in 12.4 eingeführte Konfiguration, wobei wir allerdings nur Drahtwellen und keine Hohlraumwellen diskutieren. In diesem Fall laufen die Wellen dann in und entlang homogenen, isotropen dielektrischen Röhren bzw. Zylindern, die sich im Vakuum befinden. Wegen der Frequenzabhängigkeit der Materialkonstanten $\epsilon, \mu$ betrachten wir sogleich eine zeitlich periodische Ausbreitung

$$\begin{aligned} \mathbf{E}(\mathbf{r}, t) &= \mathbf{E}(\mathbf{r})\, e^{-i\omega t} \\ \mathbf{B}(\mathbf{r}, t) &= \mathbf{B}(\mathbf{r})\, e^{-i\omega t}. \end{aligned} \tag{15.163}$$

Allgemeinere Ausbreitungsvorgänge lassen sich daraus durch Superposition aufbauen. Äußere Ströme und Ladungen braucht man nicht anzunehmen, wenn man wie in 12.4 das Problem zu einer in $\mathbf{e}_3$-Richtung unendlich ausgedehnten Anordnung idealisiert. Unter Benutzung von (15.66) und (15.78) lauten die Maxwellgleichungen im Isolator sodann

$$\begin{aligned} &\nabla \times \mathbf{E}(\mathbf{r}) = i\,\frac{\omega}{c}\,\mathbf{B}(\mathbf{r}), \qquad &&\nabla \cdot \mathbf{B}(\mathbf{r}) = 0 \\ &\nabla \times \mathbf{B}(\mathbf{r}) = -\,i\mu\epsilon\,\frac{\omega}{c}\,\mathbf{E}(\mathbf{r}), \qquad &&\nabla \cdot \mathbf{E}(\mathbf{r}) = 0. \end{aligned} \tag{15.164}$$

Wegen der Translationsinvarianz der Anordnung in $\mathbf{e}_3$-Richtung müssen alle Lösungen nach (12.42) die Gestalt

$$\mathbf{E}(\mathbf{r}) = \mathbf{E}(x, y)\, e^{\pm ikz} \qquad (15.165)$$
$$\mathbf{B}(\mathbf{r}) = \mathbf{B}(x, y)\, e^{\pm ikz}$$

annehmen. Führt man dann nach (12.43) die Zerlegung

$$\Delta = \Delta_t + \frac{\partial^2}{\partial z^2} \qquad (15.166)$$
$$\mathbf{E}(x, y) = \mathbf{E}_t(x, y) + E_3(x, y)\, \mathbf{e}_3$$
$$\mathbf{B}(x, y) = \mathbf{B}_t(x, y) + B_3(x, y)\, \mathbf{e}_3,$$

aus, so läßt sich durch eine zu Abschnitt 12.4 analoge Rechnung aus (15.164) folgende Darstellung ableiten:

$$\mathbf{E}_t = \left(\mu\epsilon \frac{\omega^2}{c^2} - k^2\right)^{-1} \left[\nabla_t (\pm ikE_3) - \frac{i\omega}{c} (\mathbf{e}_3 \times \nabla_t)\, B_3\right] \qquad (15.167)$$

$$\mathbf{B}_t = \left(\mu\epsilon \frac{\omega^2}{c^2} - k^2\right)^{-1} \left[\nabla_t (\pm ikB_3) + i\mu\epsilon \frac{\omega}{c} (\mathbf{e}_3 \times \nabla_t)\, E_3\right].$$

Die Transversalkomponenten $\mathbf{E}_t$, $\mathbf{B}_t$ sind daher durch die Longitudinalkomponenten $E_3$, $B_3$ festgelegt. Im Außenraum, dem Vakuum, gelten dieselben Gleichungen mit $\epsilon, \mu = 1$. Zur Berechnung der Longitudinalkomponenten $E_3$, $B_3$ benutzen wir nun die aus (15.164) abgeleiteten Wellengleichungen

$$\left(\Delta + \mu\epsilon \frac{\omega^2}{c^2}\right) \begin{Bmatrix} \mathbf{E}(\mathbf{r}) \\ \mathbf{B}(\mathbf{r}) \end{Bmatrix} = 0 \qquad (15.168)$$

mit den Nebenbedingungen

$$\nabla \cdot \begin{Bmatrix} \mathbf{E}(\mathbf{r}) \\ \mathbf{B}(\mathbf{r}) \end{Bmatrix} = 0. \qquad (15.169)$$

Verwendet man den Ansatz (15.165), so ergeben sich aus (15.168) mit (15.166) die **zweidimensionalen Wellengleichungen** (mit $\epsilon, \mu = 1$ im Außenraum)

$$\left[\Delta_t + \mu\epsilon \frac{\omega^2}{c^2} - k^2\right] \begin{Bmatrix} \mathbf{E}(x, y) \\ \mathbf{B}(x, y) \end{Bmatrix} = 0. \qquad (15.170)$$

Dabei muß (15.170) von jeder Vektorkomponente einzeln erfüllt werden, also auch von $E_3$ und $B_3$. Bezeichnen wir die Felder mit dem Index i für den Innenraum und mit dem Index a für den Vakuumaußenraum, so gelten ferner bei fester Frequenz $\omega$ nach (15.127) und (15.128) wegen (15.66) die Randbedingungen:

$$\mathbf{n}(\mathbf{r}) \cdot \mathbf{E}^a = \mathbf{n}(\mathbf{r}) \cdot \epsilon\, \mathbf{E}^i; \quad \mathbf{n}(\mathbf{r}) \cdot \mathbf{B}^a = \mathbf{n}(\mathbf{r}) \cdot \mathbf{B}^i \qquad (15.171)$$

$$\mathbf{n}(\mathbf{r}) \times \mathbf{E}^a = \mathbf{n}(\mathbf{r}) \times \mathbf{E}^i; \quad \mathbf{n}(\mathbf{r}) \times \mathbf{B}^a = \frac{1}{\mu}\, \mathbf{n}(\mathbf{r}) \times \mathbf{B}^i.$$

Diese Randbedingungen sind komplizierter als bei Metallen. Es ergeben sich daher im allgemeinen auch andere Schwingungsvorgänge als bei Metallen. Zur Illustration behandeln wir ein azimutal symmetrisches Problem:

*Beispiel:* Es wird ein homogener Zylinderdraht mit kreisförmigem Querschnitt vom Radius a angenommen. Führen wir für dieses Problem Zylinderkoordinaten mit der Radialkoordinate $\rho$ ein und bezeichnen wir $B_3$ bzw. $E_3$ allgemein mit $\psi_z$, so kann $\psi_z(x, y)$ nur von $\rho$ abhängen, da das Problem rotationssymmetrisch ist. Die Wellengleichungen (15.170) lauten dann nach (I.39) in Zylinderkoordinaten mit $\epsilon, \mu = 1$ für $\rho > a$

$$\left(\frac{d^2}{d\rho^2} + \frac{1}{\rho}\frac{d}{d\rho} + \gamma^2\right)\psi_z^i(\rho) = 0 \quad , \quad \rho \leqslant a \tag{15.172}$$

$$\left(\frac{d^2}{d\rho^2} + \frac{1}{\rho}\frac{d}{d\rho} - \beta^2\right)\psi_z^a(\rho) = 0 \quad , \quad \rho > a$$

$$\text{mit } \gamma^2 := \left(\mu\epsilon\frac{\omega^2}{c^2} - k^2\right) \text{ und } \beta^2 := k^2 - \frac{\omega^2}{c^2}. \tag{15.172a}$$

Die Gleichungen (15.172) sind Besselsche Differentialgleichungen 0-ter Ordnung nach (VI.47) bzw. modifizierte Besselsche Differentialgleichungen 0-ter Ordnung nach (VI.61b). Die Nebenbedingungen für die Lösungen lauten zunächst ganz allgemein: $\psi_z^i(0) < \infty$ und $\psi_z^a(0) < \infty$ aus physikalischen Gründen. Nach Anhang VI B sind dann folgende Lösungen möglich

$$\psi_z^i = J_0(\gamma\rho) \quad , \quad \rho \leqslant a \tag{15.173}$$

$$\psi_z^a = AK_0(\beta\rho) \; , \quad \rho > a.$$

Konstruiert man nun aus (15.167) die Transversalkomponenten in Zylinderkoordinaten, so ergibt sich nach (I.36), (I.39) für $\rho \leqslant a$ und positives Vorzeichen in (15.165)

$$B_\rho = \frac{ik}{\gamma^2}\frac{\partial B_3}{\partial\rho}; \qquad B_\varphi = \frac{i\mu\epsilon}{\gamma^2}\frac{\omega}{c}\frac{\partial E_3}{\partial\rho} \tag{15.174}$$

$$E_\rho = \frac{ik}{\gamma^2}\frac{\partial E_3}{\partial\rho} = \frac{ck}{\epsilon\mu\omega}B_\varphi\,; \quad E_\varphi = -\frac{i\omega}{\gamma^2 c}\frac{\partial B_3}{\partial\rho} = -\frac{\omega}{ck}B_\rho.$$

Analoges gilt für $\rho > a$, wobei wegen $\epsilon, \mu = 1$ die Größe $\gamma^2$ in $(-\beta^2)$ übergeht. Man kann daher in diesem einfachen Beispiel, wo $B_\rho$, $E_\varphi$ nur von $B_3$ und $E_\rho$, $B_\varphi$ nur von $E_3$ abhängen, wie bei den Metallen zwei Fälle unterscheiden:

a) Transversal elektrische Wellen mit $E_3 = 0$; $B_3 \neq 0$ (TE)
b) Transversal magnetische Wellen mit $E_3 \neq 0$; $B_3 = 0$ (TM)

Wir behandeln zunächst den Fall der *transversal elektrischen Wellen.* Hier wird nach (15.174)

$$E_3 = 0; \; B_\varphi = 0; \; E_\rho = 0. \tag{15.175}$$

Weiter wird

$$B_3^i(x,y) = J_0(\gamma\rho)$$
$$B_\rho^i(x,y) = -\frac{ik}{\gamma}J_1(\gamma\rho), \qquad \rho \leqslant a \tag{15.176}$$
$$E_\varphi^i(x,y) = \frac{i\omega}{\gamma c}J_1(\gamma\rho)$$

und

$$B_3^a(x,y) = A\,K_0(\beta\rho)$$
$$B_\rho^a(x,y) = A\,\frac{ik}{\beta}K_1(\beta\rho), \qquad \rho > a \tag{15.177}$$
$$E_\varphi^a(x,y) = -A\,\frac{i\omega}{\beta c}K_1(\beta\rho).$$

Die Randbedingungen (15.171) lauten in Zylinderkoordinaten für $\rho = a$

$$E_\rho^a = \epsilon\,E_\rho^i = 0, \qquad B_\rho^a = B_\rho^i$$
$$E_3^a = E_3^i = 0, \qquad \mu\,B_3^a = B_3^i \tag{15.178}$$
$$E_\varphi^a = E_\varphi^i, \qquad \mu\,B_\varphi^a = B_\varphi^i = 0.$$

Mit (15.176), (15.177) geht dies über in

$$\frac{i\omega}{c\gamma}J_1(\gamma a) = -\frac{i\omega}{c\beta}A\,K_1(\beta a) \qquad \text{Bedingung für } E_\varphi$$
$$-\frac{ik}{\gamma}J_1(\gamma a) = \frac{ik}{\beta}A\,K_1(\beta a) \qquad \text{Bedingung für } B_\rho \tag{15.179}$$
$$J_0(\gamma a) = \mu\,A\,K_0(\beta a) \qquad \text{Bedingung für } B_3.$$

Die ersten beiden Bedingungen sind miteinander identisch. Man erhält dann aus der Bedingung für $B_\rho$

$$A = -\frac{\beta}{\gamma}\,\frac{J_1(\gamma a)}{K_1(\beta a)}. \tag{15.180}$$

Zusammen mit der Bedingung für $B_3$ folgt die endgültige Bedingung

$$\mu\,\frac{J_1(\gamma a)}{J_0(\gamma a)}\,\frac{1}{\gamma} + \frac{K_1(\beta a)}{K_0(\beta a)}\,\frac{1}{\beta} = 0. \tag{15.181}$$

Da in (15.181) zusammen mit (15.172a) alle Konstanten bis auf k festgelegt sind, stellt (15.181) eine Eigenwertbedingung für k dar. Ihre Lösung kann nur graphisch-numerisch erfolgen. Man muß dazu beachten, daß nach (15.172a) der Zusammenhang

$$\gamma^2 + \beta^2 = \alpha^2 := \frac{\omega^2}{c^2}(\mu\epsilon - 1) \tag{15.182}$$

mit

$$\beta^2 = k^2 - \frac{\omega^2}{c}$$

besteht. Zur graphischen Auswertung der Bedingung (15.181) werden nichtferromagnetische Materialien mit $\mu \approx 1$ betrachtet. Der Verlauf der vorkommenden Funktionen $-\frac{J_1}{a\gamma\ J_0}$ und $\frac{K_1}{a\beta K_0}$ ist in Bild 55 in Abhängigkeit von $a\gamma > 0$ in positiver Ordinatenrichtung und von $\beta a > 0$ in negativer Richtung gezeigt. Am Nullpunkt $\beta a = 0$ nimmt $a\gamma$ nach (15.182) für reelles $\beta$ seinen maximalen Wert

$$a\gamma_{max} = \alpha a = \frac{\omega a}{c}\ (\mu\epsilon - 1)^{\frac{1}{2}} \approx \frac{\omega a}{c}\ (\epsilon - 1)^{\frac{1}{2}} \tag{15.183}$$

an. Damit die Nebenbedingung (15.182) für $\gamma a$ und $\beta a$ automatisch erfüllt wird, ist in Bild 55 der Nullpunkt von $\beta a$ auf den nur durch Konstanten bestimmten Wert $(\gamma a)_{max}$ gelegt.

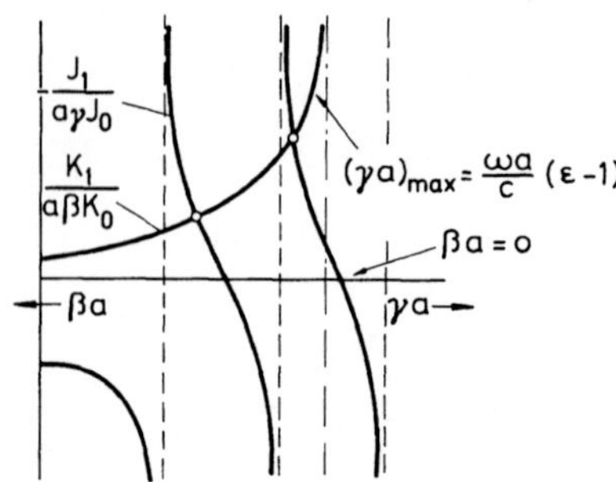


**Bild 55**

Verlauf der in (15.181) vorkommenden Funktionen in Abhängigkeit von $\gamma a$ und $\beta a$.

Die gezeigten Funktionen weisen folgendes Verhalten auf:

α) $\frac{K_1\ (\beta a)}{\beta a\ K_0\ (\beta a)} > 0$ — bei $\beta a = 0$ logarithmische Singularität, exponentieller Abfall auf 0 bei $\beta a = \infty$.

β) $-\frac{J_1(\gamma a)}{\gamma a\ J_0(\gamma a)}$ — unendlich viele Nullstellen bei $J_1(\gamma a) = 0$ und Singularitäten bei $J_0(\gamma a) = 0$.

Als Lösungen von (15.181) kommen nur Schnittpunkte in Bild 55 in Frage, für die $a\gamma < a\gamma_{max}$ gilt, da sonst die Nebenbedingung (15.182) nicht mehr erfüllt ist. Wenn also $a\gamma_{max}$ kleiner ist als die erste Singularitätsstelle von $-J_1/a\gamma J_0(\gamma a)$, d.h. kleiner als die erste Nullstelle von $J_0(\gamma a)$, die bei $\gamma a = 2.405$ liegt, können keine Schnittpunkte mehr auftreten. Definiert man dementsprechend eine Abschneidefrequenz $\omega_g^{TE}$ für TE-Wellen durch die Bedingung $a\gamma_{max} = 2.405$ oder nach (15.183)

$$\omega_g^{TE} := \frac{2.405\ c}{a\sqrt{\mu\epsilon - 1}} \approx \frac{2.405\ c}{a\sqrt{\epsilon - 1}}, \tag{15.184}$$

so können Schnittpunkte in Bild 55 nur für $\omega > \omega_g^{TE}$ auftreten, und deswegen können nur dann Eigenwerte $k_i(\omega)$ nach (15.182) existieren. Für $\omega \leqslant \omega_g$ ist keine Wellenleitung möglich, es können höchstens Schwingungen auftreten (Antenne).

Im Falle b) der *transversal magnetischen Wellen* erhält man eine zu (15.181) analoge Eigenwertbedingung für k

$$\frac{\epsilon J_1(\gamma a)}{\gamma J_0(\gamma a)} + \frac{K_1(\beta a)}{\beta K_0(\beta a)} = 0, \tag{15.185}$$

bei der gegenüber derjenigen der TE-Wellen $\mu$ mit $\epsilon$ vertauscht ist. Da für (15.185) ebenfalls die Nebenbedingung (15.182) gilt, existieren auch für die TM-Wellen nur für $\omega > \omega_g^{TM}$ Eigenwerte $k_i(\omega)$.

Es sei noch kurz der *Spezialfall* $\epsilon \gg 1$ betrachtet. Dann wird wegen (15.182) für $\mu \approx 1$

$$\beta \gg \gamma \quad \text{für} \quad \omega \gg \omega_g. \tag{15.186}$$

Aus (15.177) mit (VI.61f) folgt daraus, daß die Felder im Außenraum $\rho > a$ sehr schnell abfallen. Die Leitung erfolgt dann ausschließlich im Dielektrikum.

Bei allgemeinen Problemen mit azimutaler Abhängigkeit können die Felder zwar nicht in TM- und TE-Wellen getrennt werden, so daß also $E_3 \neq 0$ und gleichzeitig $B_3 \neq 0$ sind, aber sie weisen trotzdem qualitativ ein ähnliches Verhalten wie die behandelten Fälle auf.

Die praktische Anwendung ist im Mikrowellenbereich wegen der dort auftretenden starken Energieverluste gering. Im optischen Bereich dienen solche dielektrischen Drähte in Form von sehr dünnen, gebündelten dielektrischen Fasern als Bild-Übertragungsleitungen. Die einzelnen Fasern sind dabei von einem optischen Material mit viel geringerem optischem Berechnungsindex umgeben, damit das Licht durch Totalreflexion innerhalb der Lichtleiter-Fasern gehalten wird und nicht aus den Fasern austreten kann (Glasfaser-Optik).

## 15.7. Geometrische Optik

Im vorangehenden Abschnitt haben wir die Ausbreitung elektromagnetischer Wellen längs dielektrischer Wellenleiter untersucht, wobei die Vakuumquellen $\rho_0$ und $\mathbf{j}_0$ gleich Null gesetzt wurden. Dieser Fall ist ein Spezialfall des allgemeinen Problems, das sich wie folgt formulieren läßt:

**Grundaufgabe**: Es seien n Isolatoren $K_1, ..., K_n$ im Vakuum vorgegeben. Die Geometrie und die Materialkonstanten $\epsilon_i$, $\mu_i$, $1 \leqslant i \leqslant n$ der Körper seien bekannt, ebenso ihre durch (15.70) beschriebene lineare Reaktion. Ferner seien außerhalb von $K_1, ..., K_n$ die Raumladungsdichte $\rho_0(\mathbf{r}, t)$ und die Stromdichte $\mathbf{j}_0(\mathbf{r}, t)$ vorgegeben. Wie lautet das sich ausbildende elektromagnetische Feld dieser Anordnung?

Nach den Ergebnissen der vorangehenden Abschnitte sind zur mathematischen Behandlung dieser Problemstellung die Gleichungen (15.34) zusammen mit (15.33) und (15.70) unter den Grenzbedingungen (15.127), (15.128) auf den Isolatoroberflächen zu lösen. Die Problemstellung ist dabei völlig analog zu jener im phänomenologischen Leitermodell, die zur Beugungstheorie führte. Im Gegensatz zum Leitermodell ist jedoch die Beugungstheorie für Dielektrika weitaus komplizierter, da nunmehr die Felder auch im Innern der Körper berechnet werden müssen. Wir verweisen daher zur Behandlung des allgemeinen Problems auf die Literatur [D 1] und beschäftigen uns nur mit dem klassischen Fall der Wellenausbreitung bei Anwesenheit von Dielektrika, nämlich der geometrischen Optik. In ihr wird die Ausbreitung von Lichtstrahlen in Linsensystemen untersucht, was vom Wellenstandpunkt aus der gerade formulierten Problemstellung entspricht. Lichtstrahlen werden in der geometrischen Optik durch Geraden bzw. Kurven dargestellt, die durch die Linsensysteme hindurchlaufen, d.h., die geometrische Optik ist eine approximative Beschreibung des Ausbreitungsproblems mit Hilfe von Lichtlinien. Vom Standpunkt des allgemeinen Ausbreitungsproblems muß untersucht werden, wie es zu dieser Näherung kommt und wann sie gerechtfertigt ist. Wir beschäftigen uns allein mit diesem Problem. Hat man es gelöst, so ist die Untersuchung der Strahlenoptik selbst eine, wenn auch oft mühselige, Aufgabe der Elementarmathematik. Darauf soll hier nicht eingegangen werden. Zur Ableitung der strahlenoptischen Näherung für das allgemeine Wellenausbreitungsproblem treffen wir folgende Vereinbarungen:

Das Vorhandensein von Dielektrika werde durch einen ortsabhängigen Brechungsindex $n(\mathbf{r})$ beschrieben. Es seien weiter keine Ferromagnete vorhanden, so daß wir $\mu \approx 1$ setzen können und deswegen $n(\mathbf{r}) = \sqrt{\epsilon(\mathbf{r})}$ gilt. Damit lauten die Maxwellgleichungen in Gegenwart von Dielektrika

$$\text{a)}\quad \nabla \times \mathbf{E} = -\frac{1}{c}\frac{\partial}{\partial t}\mathbf{B} \qquad \text{c)}\quad \nabla \times \mathbf{B} = \frac{1}{c} n^2 \frac{\partial}{\partial t}\mathbf{E} \tag{15.187}$$

$$\text{b)}\quad \nabla \cdot (n^2 \mathbf{E}) = 0 \qquad \text{d)}\quad \nabla \cdot \mathbf{B} = 0.$$

Quellen werden für die strahlenoptische Beschreibung nicht benötigt, bzw. die strahlenoptische Beschreibung ist nur außerhalb der Quellen von Interesse. Um Lösungen dieser Gleichungen zu finden, die den Lichtstrahlen entsprechen, müssen diese wellenoptisch definiert werden. Dies geschieht durch die Definition der Wellenfront. Wellenfronten wurden für Kugelwellen und für ebene Wellen bereits als Gebiete gleicher Phase definiert. Da beim Ausbreitungsproblem in Anwesenheit von dielektrischen Körpern im allgemeinen weder Kugelwellen noch ebene Wellen auftreten werden, muß man den Wellenbegriff verallgemeinern. Dies geschieht durch den Ansatz für den Vektor des elektrischen Feldes

$$\mathbf{E}(\mathbf{r}, t) = \mathbf{E}_0(\mathbf{r}, \omega)\, e^{i[\psi(\mathbf{r},\omega) - \omega t]} \equiv \mathbf{E}_0(\mathbf{r}, \omega)\, e^{i\phi(\mathbf{r},t,\omega)}, \tag{15.188}$$

wofür man dann durch

$$\phi(\mathbf{r}, t, \omega) :\equiv \psi(\mathbf{r}, \omega) - \omega t = \text{const} \tag{15.189}$$

die Flächen konstanter Phase charakterisieren kann. Es gilt dann die

*Definition 15.2:* Lichtstrahlen sind die Orthogonaltrajektorien zu den Flächen konstanter Phase.

Weichen die Flächen konstanter Phase nur schwach von jenen der ebenen Wellen ab, so kann man Felder der Art (15.188) als lokale ebene Wellen bezeichnen.

Es gilt dann die

*Behauptung 15.8:* Die Gleichungen (15.187) besitzen als Näherungslösungen lokale ebene Wellen der Form (15.188) mit

$$\nabla \psi = \frac{\omega n}{c}\,\mathbf{k}_0 = \frac{2\pi}{\lambda}\,\mathbf{k}_0 = \mathbf{k} \qquad (\mathbf{k}_0 \text{ beliebig}), \tag{15.190}$$

wenn

$$\mathbf{E}_0 \cdot \nabla \psi = 0 \qquad \text{(Transversalität)} \tag{15.191}$$

sowie

$$|\Delta \psi| \ll |\nabla \psi|^2 \tag{15.192}$$

und

$$\left|\frac{1}{n}\nabla n\right| \ll |\nabla \psi| \tag{15.193}$$

erfüllt ist.

*Beweis:* Da $\mathbf{E}_0$ als Polarisationsvektor einer lokalen ebenen Welle über eine Wellenlänge $\lambda$ praktisch konstant sein muß, gilt in dieser Näherung

$$\nabla \cdot \mathbf{E}_0(\mathbf{r}, \omega) = 0; \qquad \nabla \times \mathbf{E}_0(\mathbf{r}, \omega) = 0. \tag{15.194}$$

Zunächst betrachten wir Gleichung (15.187b). Diese ergibt mit (15.188) und (15.194)

$$2\,\mathbf{E}_0 \cdot \frac{\nabla n}{n} + i\,\mathbf{E}_0 \cdot \nabla \psi = 0. \tag{15.195}$$

Wegen (15.191) und (15.193) ist dies angenähert erfüllt. Im homogenen Medium gilt $\nabla n = 0$, so daß sich dann (15.193) erübrigt und (15.191) allein ausreicht, die Maxwellgleichung (15.187b) zu erfüllen.

Wegen der periodischen Zeitabhängigkeit von $\mathbf{E}(\mathbf{r}, t)$ nach (15.188) gilt für $\mathbf{B}(\mathbf{r}, t)$ dieselbe Zeitabhängigkeit, d.h. es gilt mit (15.187a)

$$-\frac{1}{c}\frac{\partial}{\partial t}\,\mathbf{B}(\mathbf{r}, t) = i\,\frac{\omega}{c}\,\mathbf{B}(\mathbf{r}, t) = \nabla \times \mathbf{E}(\mathbf{r}, t). \tag{15.196}$$

Damit folgt dann mit (15.188), (15.194)

$$\mathbf{B}(\mathbf{r}, t) = -\frac{c}{\omega}\,(\mathbf{E} \times \nabla \psi). \tag{15.197}$$

Für dieses $\mathbf{B}$ gilt mit (15.188), (15.194)

$$\nabla \cdot \mathbf{B} = -\frac{c}{\omega}\,\nabla \cdot (\mathbf{E} \times \nabla \psi) = -\frac{c}{\omega}\,e^{-i\omega t}\,\nabla \cdot (\mathbf{E}_0\,e^{i\psi} \times \nabla \psi) \tag{15.198}$$

$$= -i\,\frac{c}{\omega}\,e^{-i\omega t}\,\mathbf{E}_0 \cdot (\nabla \times \nabla)\,e^{i\psi} = 0,$$

d.h., die Gleichung (15.187d) wird von **B** in der Form (15.197) automatisch erfüllt.

Es bleibt noch die Gleichung (15.187c), die mit (15.188) und (15.197) lautet

$$\nabla \times (\mathbf{E}_0 \times \nabla)\, e^{i\psi} = -\frac{\omega^2}{c^2} n^2 \mathbf{E}_0\, e^{i\psi} \tag{15.199}$$

oder nach Umformung des ersten Terms unter Verwendung von (15.194)

$$\mathbf{E}_0\, \Delta\, e^{i\psi} - i\, \nabla (\mathbf{E}_0 \cdot \nabla\psi)\, e^{i\psi} = -\frac{\omega^2}{c^2} n^2 \mathbf{E}_0\, e^{i\psi}. \tag{15.200}$$

Wegen (15.191) ergibt dies weiter

$$\Delta\, e^{i\psi} = -\frac{\omega^2}{c^2}\, n^2\, e^{i\psi}, \tag{15.201}$$

was nach Ausdifferentiation auf die Relation

$$\Delta\psi = i \left[ \frac{\omega^2}{c^2}\, n^2 - (\nabla\psi)^2 \right] \tag{15.202}$$

führt. Wegen (15.192) kann aber die linke Seite zu Null angenommen werden, und die rechte Seite verschwindet wegen (15.190). Damit sind sämtliche Maxwellgleichungen erfüllt.

Durch die Näherungslösung (15.190) ist $\psi(\mathbf{r})$ noch nicht ganz festgelegt, auch wenn n als Funktion des Ortes gegeben ist. Man kann $\psi(\mathbf{r})$ noch auf einer beliebigen Fläche vorgeben, z.B. gelte $\psi = 0$ (oder allgemeiner $\psi = a$) auf einer Fläche. Dies entspricht der physikalisch frei wählbaren Anfangsbedingung. Beim Fortschreiten von einem Punkt der Fläche $\psi = a$ konstanter Phase in senkrechter Richtung um das Wegelement $d\mathbf{s} = \mathbf{k}_0 ds$ folgt wegen (15.190)

$$d\psi = \nabla\psi \cdot d\mathbf{s} = \frac{\omega n}{c}\, \mathbf{k}_0 \cdot d\mathbf{s} = \frac{2\pi}{\lambda}\, ds. \tag{15.203}$$

Dadurch läßt sich die Fläche $\psi = 2\pi$ leicht konstruieren: Man errichtet auf der Fläche $\psi(\mathbf{r}) = 0$ in jedem Punkte $\mathbf{r}$ Lote der Länge $\lambda(\mathbf{r})$ und verbindet die Endpunkte durch eine neue Fläche. So läßt sich prinzipiell $\psi(\mathbf{r})$ mit Hilfe der Flächenschar $\psi(\mathbf{r}) = \text{const}$ ermitteln, w.z.b.w.

Für die Gültigkeit einer solchen Konstruktion mit der Näherungslösung (15.190) ist (15.192) als zusätzliche Bedingung notwendig, da die anderen Gleichungen (15.191) und (15.193) nur die Transversalität über die Realtion (15.195) garantieren.

Um die Bedeutung dieser zusätzlichen Einschränkung zu erkennen, beweisen wir die

*Behauptung 15.9:* Für das Verhältnis der im Volumelement $d\tau$ im Zeitmittel emittierten Energie $\operatorname{div} \overline{\mathbf{S}}\, d\tau$ zu der durch das Flächenelement $d\mathbf{F}$ im Zeitmittel durchtretenden Energie $\overline{\mathbf{S}} \cdot d\mathbf{F}$ gilt

$$\frac{\operatorname{div} \overline{\mathbf{S}}\, d\tau}{\overline{\mathbf{S}} \cdot d\mathbf{F}} = \frac{\Delta\psi}{|\nabla\psi|^2}, \tag{15.204}$$

wenn

$$d\tau = \frac{dF}{|\nabla\psi|} = \frac{\lambda}{2\pi}\, dF \tag{15.205}$$

das betrachtete Volumelement der Grundfläche dF und der Höhe $\frac{1}{|\nabla\psi|} = \frac{\lambda}{2\pi}$ ist und $\mathbf{dF}$ in Richtung $\nabla\psi$ zeigt.

*Beweis:* Für den Zeitmittelwert $\overline{\mathbf{S}}$ gilt nach (11.182)

$$\overline{\mathbf{S}} = \frac{c}{8\pi} \operatorname{Re}(\mathbf{E} \times \mathbf{B}^{x}). \tag{15.206}$$

Daraus ergibt sich mit (15.197) und nach Anwendung von (I.6)

$$\overline{\mathbf{S}} = -\frac{c^2}{\omega}\frac{1}{8\pi} \operatorname{Re}[\mathbf{E}(\mathbf{E}^{x} \cdot \nabla\psi) - \nabla\psi\, |\mathbf{E}|^2]. \tag{15.207}$$

Da $\psi$ nach Definition reell ist, folgt aus (15.191) mit (15.188) auch

$$\mathbf{E}^{x} \cdot \nabla\psi = 0, \tag{15.208}$$

so daß (15.207) mit (15.188) übergeht in

$$\overline{\mathbf{S}} = \frac{c^2}{\omega}\frac{1}{8\pi}\, \mathbf{E}_0 \cdot \mathbf{E}_0^{x}\, \nabla\psi. \tag{15.209}$$

Wegen der Bedingungen (15.194) folgt dann hieraus

$$\operatorname{div} \overline{\mathbf{S}} = \frac{1}{8\pi}\frac{c^2}{\omega}\, \mathbf{E}_0 \cdot \mathbf{E}_0^{x}\, \Delta\psi, \tag{15.210}$$

und es ergibt sich weiter (da $\mathbf{dF}$ parallel zu $\nabla\psi$ ist)

$$\mathbf{S} \cdot \mathbf{dF} = \frac{1}{8\pi}\frac{c^2}{\omega}\, \mathbf{E}_0 \cdot \mathbf{E}_0^{x}\, |\nabla\psi|\, dF \tag{15.211}$$

bzw. mit (15.205)

$$\operatorname{div} \overline{\mathbf{S}}\, d\tau = \frac{1}{8\pi}\frac{c^2}{\omega}\, \mathbf{E}_0 \cdot \mathbf{E}_0^{x}\, \Delta\psi\, \frac{dF}{|\nabla\psi|}, \tag{15.212}$$

woraus dann sofort die Behauptung folgt.

Mit Hilfe der Relation (15.204) läßt sich die Bedingung (15.192) so deuten: Nur ein verschwindender Teil der Lichtmenge, die die Fläche $\mathbf{dF}$ in Richtung $\nabla\psi$ passiert, wird in dem Volumen $d\tau = \frac{\lambda}{2\pi}\, dF$, also von der Dicke $\frac{\lambda}{2\pi}$, erzeugt oder absorbiert. Außer an den Lichtquellen selbst oder in stark absorbierenden Medien ist diese Bedingung im allgemeinen überall erfüllt. Sie stellt eine notwendige Voraussetzung für die geometrische Optik dar.

Die Konstruktion der Flächenscharen gleicher Phase $\psi$ = const. gehört zu den Grundlagen der geometrischen Optik. Dem System der Lichtstrahlen ist dann nach Definition immer eine Flächenschar konstanter Phase zugeordnet, die senkrecht auf der Durchstoßstelle des Strahles steht, und umgekehrt. Ein solches Strahlungssystem wird orthotom genannt. Die Intensität der Lichtstrahlen ist nach (15.209) und (15.190) durch den Betrag von $\bar{\mathbf{S}}$ gegeben:

$$|\bar{\mathbf{S}}| = \frac{1}{8\pi}\,\frac{c^2}{\omega}\,\mathbf{E}_0 \cdot \mathbf{E}_0^{x}\,|\nabla\psi| = \frac{1}{8\pi}\,cn\,\mathbf{E}_0 \cdot \mathbf{E}_0^{x}. \tag{15.213}$$

Ein wichtiger Begriff der geometrischen Optik ist der sog. „optische Weg" oder „Lichtweg" längs eines Strahls von A nach B

$$L_{A,B} := \int_A^B n(\mathbf{r})\,ds. \tag{15.214}$$

Die Phasendifferenz längs dieses optischen Weges ist dann mit (15.190)

$$\psi_{A,B} = \frac{\omega}{c}\,L_{A,B}\;, \tag{15.215}$$

da ja $ds = \mathbf{k}_0 ds$ ist.

Zuletzt betrachten wir noch einen wichtigen Spezialfall:

**Lichtstrahlen im homogenen Medium**.

Dann ist n = const., und aus (15.190) folgt

$$(\nabla\psi)^2 = \frac{\omega^2 n^2}{c^2} = \text{const.} \tag{15.216}$$

Weiter gilt die

*Behauptung 15.10:* Für n = const. bewegen sich die Lichtstrahlen geradlinig.

*Beweis:* Wir bilden dazu die Richtungsänderung in Richtung $\mathbf{k}_0$

$$(\mathbf{k}_0 \cdot \nabla)\,\mathbf{k}_0 = \frac{1}{2}\,\nabla\,\mathbf{k}_0^2 - \mathbf{k}_0 \times (\nabla \times \mathbf{k}_0) = -\,\mathbf{k}_0 \times (\nabla \times \mathbf{k}_0), \tag{15.217}$$

wobei (I.6) benützt wurde und $\nabla\,\mathbf{k}_0^2 = \nabla\,1 = 0$ ist. Setzt man darin

$$\mathbf{k}_0 = \frac{\lambda}{2\pi}\,\nabla\psi, \tag{15.218}$$

wobei jetzt wegen des konstanten Brechungsindex $\lambda = \text{const}$ ist, so verschwindet die Richtungsänderung, d.h. der Strahl bewegt sich geradlinig, w.z.b.w.

Aus den dargestellten Überlegungen folgt, daß man keine einzelnen Lichtstrahlen betrachten darf: Wegen (15.191), (15.218) steht $\mathbf{E}_0$ auf den Lichtstrahlen senkrecht; die elektrische Feldstärke ist also transversal zur Fortpflanzungsrichtung. Ferner darf $|\mathbf{E}_0(\mathbf{r})|$ sich mit r nur wenig ändern, so daß nur eine geringe Absorption zulässig ist, die entlang des Lichtweges von einigen Wellenlängen $\lambda$ keine merklichen Änderungen der Intensität bewirken darf. Da andererseits bei einem einzigen unendlich dünnen Lichtstrahl eine solche Änderung am Rand überall auftreten würde, führt dies auf die

*Definition 15.3:* Ein Lichtstrahlenbündel ist ein Bündel nebeneinander verlaufender Lichtstrahlen, dessen Querdurchmesser im Verhältnis zu $\lambda$ groß genug ist, daß in seinem Innern die Voraussetzungen der geometrischen Optik erfüllt sind, also insbesondere $|\mathbf{E}_0(\mathbf{r})|$ sich mit $\mathbf{r}$ im Bereich einiger Wellenlängen nicht ändert.

Für sichtbares Licht ist $\lambda \sim 5 \cdot 10^{-5}$ cm; der Durchmesser eines Bündels sollte größer als $10^2 \lambda$ sein, also mindestens $10^{-3} - 10^{-2}$ cm betragen. Ein einzelner Lichtstrahl ist also eine mathematische Fiktion, er hat nur als Bestandteil eines Lichtstrahlenbündels einen physikalischen Sinn. Am Rande eines Strahlenbündels ist die volle Beugungstheorie maßgeblich.

Die Fortbewegung eines Lichtstrahles und auch eines Strahlenbündels ergibt sich entsprechend der angegebenen Konstruktion aus der Geschwindigkeit, mit der sich die Flächen konstanter Phase fortbewegen.

Die durch (15.189) gegebene Phase

$$\phi(\mathbf{r}, t; \omega) = \psi(\mathbf{r}, \omega) - \omega t \tag{15.219}$$

zeigt die differentielle Änderung mit $\mathbf{r}$ und t

$$d\phi = \nabla\psi \cdot d\mathbf{r} - \omega\, dt, \tag{15.220}$$

Da die Phase konstant bleiben soll, folgt daraus

$$\nabla\psi \cdot \frac{d\mathbf{r}}{dt} - \omega = 0, \tag{15.221}$$

und mit (15.216) ergibt sich der Betrag der Phasengeschwindigkeit in Richtung $\mathbf{k}_0$

$$v_p := \left|\frac{d\mathbf{r}}{dt}\right| = \frac{\omega}{|\nabla\Psi|} = \frac{c}{n}\,. \tag{15.222}$$

Damit ist im Modell des Strahlenbündels die Grundlage der geometrischen Optik gegeben. Diese untersucht das Verhalten der Lichtstrahlenbündel an optischen Anordnungen. Hierzu wird das Verhalten der Strahlenbündel in einigen einfachen Sätzen beschrieben, die aus den Eigenschaften der ebenen Wellen mit Hilfe der Konstruktion der Flächenscharen gleicher Phase und der Orthogonaltrajektorien (z.B. Brechung und Reflexion nach Abschnitt 15.5) ableitbar sind. Man kann sie als Axiome der geometrischen Optik auffassen:

1. In einem homogenen Medium sind die Lichtstrahlen (Strahlenbündel) gerade.
2. Verschiedene Strahlenbündel durchkreuzen sich wegen der Linearität der Maxwellgleichungen, ohne sich danach zu beeinflussen. In dem Überlagerungsbereich treten Interferenzerscheinungen auf; nach Verlassen dieses Bereichs treten keine Nachwirkungen auf.
3. An den Grenzflächen zweier Medien gilt für die Lichtstrahlenbündel das Reflexions- bzw. Brechungsgesetz.

Ein Strahlenbündel geht immer von einem Punkt (der Lichtquelle) aus. Wegen dieser Eigenschaft nennt man das Strahlenbündel homozentrisch. Dies ist die Grundlage der

*Definition 14.4:* Eine optische Abbildung ist die Abbildung homozentrischer Strahlenbündel ineinander mittels optischer Einrichtungen.

Bei einer idealen optischen Abbildung sollte also jeder Raumpunkt (als Ausgangspunkt eines homozentrischen Bündels) eindeutig in einen anderen Raumpunkt abgebildet werden. Eine solche Abbildung heißt auch kollineare oder Gaußsche Abbildung. Wegen der Eindeutigkeit der Abbildung ist dies dann eine lineare (i.a. gebrochene) Transformation $\mathbf{r} \to \mathbf{r}'$

$$x_i' = x_i'(x, y, z) \tag{15.223}$$

mit

$$x_i'(x, y, z) := \frac{a_i x + b_i y + c_i z + d_i}{a_0 x + b_0 y + c_0 z + d_0}. \tag{15.224}$$

Eine reale Abbildung kann eine solche Forderung nur sehr begrenzt erfüllen. Es ist die Aufgabe der physikalischen geometrischen Optik, in gewissen Bereichen eine ideale Abbildung möglichst gut anzunähern; Aufgabe der theoretischen Seite ist, die entstehenden Abbildungsfehler systematisch zu ermitteln und für diese Näherungen die gültigen Abbildungsgesetze anzugeben. Dies soll jedoch hier nicht geschehen; es wird auf die Literatur verwiesen [A 11] .

## 15.8. Interferenz

Bei der Beugung wird die Beugungsstruktur durch die frequenzabhängige Modulationsfunktion M(k) beschrieben, die die relative Intensität (12.162) festlegt. Bei der Beugung löschen sich also elektromagnetische Wellen gegenseitig aus oder sie verstärken sich. Ein solches Verhalten kann auch ohne Beugungsobjekte bei der Überlagerung mehrerer paralleler Lichtstrahlenbündel beobachtet werden: Dies sind die Interferenzerscheinungen.

Zu ihrer Untersuchung betrachten wir die Energiedichte

$$u(\mathbf{r}, t) = \frac{1}{8\pi} [\mathbf{E}^2 + \mathbf{B}^2] \tag{15.225}$$

und den Poynting-Vektor

$$\mathbf{S}(\mathbf{r}, t) = \frac{c}{4\pi} [\mathbf{E} \times \mathbf{B}] \tag{15.226}$$

des elektromagnetischen Feldes für ebene Wellen und deren Überlagerung genauer.

Diese Größen sind für ebene Wellen im Vakuum nach (4.27) durch

$$\mathbf{S}(\mathbf{r}, t) = \mathbf{k}_0 c\, u(\mathbf{r}, t) \tag{15.227}$$

verknüpft, wobei $\mathbf{k}_0$ der Ausbreitungsvektor der ebenen Welle ist. Sie stellen ein Maß für die Wechselwirkung mit der Materie dar, die als Meßinstrument für die elektromagnetischen Wellen verwendet wird. Photometer, photographische Platten, ausgelöste Sekundärelektronen in Photozellen etc. sind Beispiele einer solchen Wechselwirkung. Diese hängt dabei entweder von der Energiedichte selbst ab oder sie integriert den durchfließenden Energiefluß über eine gewisse Zeit und hängt somit von **S** ab.

Wir betrachten ebene Wellen in Richtung $\mathbf{k}_0$. Für sie hat man nach (4.16) die Energiedichte

$$u(\mathbf{r}, t) = \frac{1}{4\pi} \mathbf{E}^2(\mathbf{r}, t) \geqslant 0. \tag{15.228}$$

Dabei sei eine einzelne ebene Welle der Frequenz $\omega$ gegeben durch

$$\mathbf{E}(\mathbf{r}, t) = \mathbf{E}_0(\omega)\, e^{i \frac{\omega}{c}(\mathbf{r} \cdot \mathbf{k}_0 - ct)} \tag{15.229}$$

$$\mathbf{B}(\mathbf{r}, t) = \mathbf{k}_0 \times \mathbf{E}(\mathbf{r}, t)$$

mit der Nebenbedingung für die Transversalität

$$\mathbf{k}_0 \cdot \mathbf{E}_0(\omega) = 0. \tag{15.230}$$

Da $\mathbf{E}(\mathbf{r}, t)$ reell ist, muß man entweder in (15.229) den Realteil nehmen oder aber noch einen zweiten Term für $-\omega$ addieren. Dann kann man $\mathbf{E} = \mathbf{E}^{\times}$ fordern, damit die Darstellung (15.229) reell ist. Daraus folgt

$$\mathbf{E}_0^{\times}(\omega) = \mathbf{E}_0(-\omega). \tag{15.231}$$

Für das weitere stellen wir $\mathbf{E}_0(\omega)$ in einer Phasendarstellung mit $0 \leqslant \varphi_k \leqslant 2\pi$

$$\mathbf{E}_0(\omega) = \mathbf{e}_k\, E_k(\omega)\, e^{i\varphi_k(\omega)} \tag{15.232}$$

dar, so daß (15.229) in reeller Darstellung lautet

$$\mathbf{E}(\mathbf{r}, t) = \mathbf{e}_k\, E_k(\omega) \cos\left[\omega\left(\frac{\mathbf{k}_0 \cdot \mathbf{r}}{c} - t\right) + \varphi_k(\omega)\right]. \tag{15.233}$$

Damit wird die Energiedichte

$$u(\mathbf{r}, t) = \frac{1}{4\pi} \sum_{k=1}^{3} E_k^2(\omega) \cos^2\left[\omega\left(\frac{\mathbf{k}_0 \cdot \mathbf{r}}{c} - t\right) + \varphi_k(\omega)\right]; \tag{15.234}$$

der Energiefluß ist durch (15.227) gegeben.

Wir betrachten nun die Superposition ebener Wellen mit derselben Fortschreitungsrichtung $\mathbf{k}_0$, jedoch mit verschiedenen Frequenzen in Form eines Fourierintegrals nach Abschnitt 4.3:

$$\mathbf{E}(\mathbf{r}, t) = \int_{-\infty}^{\infty} \mathbf{E}_0(\omega)\, e^{i \frac{\omega}{c}(\mathbf{r} \cdot \mathbf{k}_0 - ct)} \frac{d\omega}{2\pi}. \tag{15.235}$$

In reeller Darstellung lautet dies mit (15.232)

$$\mathbf{E}(\mathbf{r}, t) = \mathbf{e}_k \int_{-\infty}^{\infty} E_k(\omega) \cos\left[\omega\left(\frac{\mathbf{r} \cdot \mathbf{k}_0}{c} - t\right) + \varphi_k(\omega)\right] \frac{d\omega}{2\pi}. \tag{15.236}$$

Die zugehörige Energiedichte ist dann in reeller Schreibweise

$$u(\mathbf{r}, t) = \frac{1}{4\pi} \sum_{k=1}^{3} \iint_{-\infty}^{\infty} E_k(\omega) E_k(\omega') \cos[\omega\phi + \varphi_k(\omega)] \cos[\omega'\phi + \varphi_k(\omega')] \frac{d\omega}{2\pi} \frac{d\omega'}{2\pi}, \tag{15.237}$$

wobei

$$\phi := \left[\frac{\mathbf{r} \cdot \mathbf{k}_0}{c} - t\right] \tag{15.238}$$

gesetzt wurde.

Man sieht aus (15.237), daß die resultierende Energiedichte nicht gleich der Summe aus den einzelnen Energiedichten für die beteiligten Wellen der verschiedenen Frequenzen ist. Dies wäre nämlich für eine einzelne Welle

$$u_s(\mathbf{r}, t) = \frac{1}{4\pi} \sum_{k=1}^{3} \int E_k^2(\omega) \cos^2[\omega\phi + \varphi_k(\omega)] \frac{d\omega}{2\pi}. \tag{15.239}$$

Das Integral (15.237) enthält dagegen gemischte Glieder $E_k(\omega) \cdot E_k(\omega')$, die Schwebungen hervorrufen. Diese Schwebungen können so beschaffen sein, daß die resultierende Energiedichte verschwindet, obwohl die Energiedichten der einzelnen Anteile ungleich Null sind. Allgemein können wir also schreiben

$$u(\mathbf{r}, t) =: \int u(\omega) \frac{d\omega}{2\pi} + S, \tag{15.240}$$

wobei S der Schwebungsanteil, der andere Term die Summe der einzelnen Energiedichten (15.239) ist. Durch die Schwebungsanteile kann also der positiv definite Ausdruck (15.228) semidefinit werden, d.h. der Ausdruck verschwindet, ohne daß deswegen die Komponenten verschwinden.

Zur Registrierung der Feldenergie am Ort $\mathbf{r}$ mit Hilfe eines Meßapparates muß eine zeitliche Mittelung vorgenommen werden, da eine instantane Beobachtung nicht möglich ist. Mißt man die durchfließende Energie über einen längeren Zeitraum, wobei man für einen Wellenzug seine Gesamtdauer nehmen kann, so wird nach (4.29) der aufgefangene Energiestrom

$$\int_{-\infty}^{\infty} \mathbf{S}(\mathbf{r}, t)\, dt = \mathbf{k}_0\, c \frac{1}{4\pi} \int_{-\infty}^{\infty} \mathbf{E}_0(\omega) \cdot \mathbf{E}_0^{x}(\omega) \frac{d\omega}{2\pi}, \tag{15.241}$$

was bei Verwendung von (15.229) mit (15.231) leicht einzusehen ist. Die Schwebungen heben sich also bei dem gemittelten Energiestrom heraus, und die Komponenten sind von einander unabhängig. Die Phasenmischung nach (15.232) spielt dabei keine Rolle. Das bedeutet aber, daß bei länger dauernden Wechselwirkungen an einem frequenz- und phasengemischten Wellenzug keine Auslöschungen des Energiestromes (durch Interferenz) beobachtbar sind.

Für experimentell nachprüfbare Interferenz ist also eine spezielle Versuchsanordnung nötig. Wir betrachten nur Wellen einer Frequenz $\omega$, aber zunächst verschiedener Phase. Dazu können wir z.B. Licht verwenden, das von den Atomen eines Gases unregelmäßig, d.h. mit verschiedener Phase, aber gleicher Frequenz, emittiert wird. Die Überlagung der kontinuierlich im Intervall $[0, 2\pi]$ gleichmäßig verteilten Phasen für Wellen in Richtung $\mathbf{k}_0$ mit der Frequenz $\omega$ ergibt dann in der reellen Darstellung (15.233)

$$\mathbf{E}(\mathbf{r}, t) = \mathbf{e}_k \, E_k(\omega) \int_0^{2\pi} \cos\left[\omega\phi + \varphi\right] d\varphi =: \int_0^{2\pi} \mathbf{E}(\varphi)\, d\varphi. \tag{15.242}$$

Bildet man damit die Energiedichte (15.228), so fallen die gemischten Anteile weg, und es verbleibt

$$u(\mathbf{r}, t) = \frac{1}{4\pi} \sum_{k=1}^{3} E_k^2(\omega) \int_0^{2\pi} \cos^2\left[\omega\phi + \varphi\right] d\varphi. \tag{15.243}$$

Bei vollständig gleich verteilten Phasen treten also auch keine Schwebungsterme auf, und die Gesamtenergiedichte ist die Summe der einzelnen Energiedichten. Solche Überlagerungen nennt man inkohärente Überlagerungen. Bei diesen tritt demnach ebenfalls keine Interferenzerscheinung auf.

Es bleibt daher nur die Möglichkeit einer Überlagerung endlich vieler Wellenzüge von gleicher Frequenz und gleicher Richtung $\mathbf{k}_0$, jedoch mit diskreten, endlichen, zeitlich konstanten Phasendifferenzen. Solche Wellenzüge nennt man kohärent. Sie werden mit Hilfe geometrisch-optischer Anordnungen durch Aufteilung eines einzelnen Lichtbündels erzeugt. Dies läßt sich erreichen durch Spiegelanordnungen, halbdurchlässige Spiegel, Brechung an der Grenzfläche zweier Medien, wobei das einfallende Licht in einen reflektierten und gebrochenen Anteil zerlegt wird usw. Solche Lichtbündel entstammen also einer einzigen Lichtquelle und haben nur verschiedene optische Wege zurückgelegt, wodurch sie bei der Überlagerung einen entsprechenden Phasenunterschied besitzen.

Wir beweisen nun:

*Behauptung 15.11:* Kohärente Lichtbündel mit einer festen Frequenz $\omega$ und Ausbreitungsrichtung $\mathbf{k}_0$, jedoch mit einer endlichen Anzahl verschiedener Phasen, zeigen Interferenzerscheinungen.

*Beweis:* Zur Beobachtung ist auch hier eine zeitliche Mittelung erforderlich. Diese wurde in Abschnitt 11.13b definiert und ergibt nach (11.184) die zeitlich über eine Periode gemittelte Energiedichte für eine ebene Welle (15.229) mit (15.231)

$$\bar{u}(\mathbf{r}) = \frac{1}{8\pi}\,\mathbf{E}(\mathbf{r})\cdot\mathbf{E}^{x}(\mathbf{r}) = \frac{1}{8\pi}\,\mathbf{E}_0(\omega)\cdot\mathbf{E}_0^{x}(\omega), \tag{15.244}$$

wobei der gemittelte Poyntingvektor $\bar{\mathbf{S}}$ mit $\bar{u}$ nach (15.227) verknüpft ist. Sei nun das kohärente Gesamtlichtbündel gegeben durch

$$\mathbf{E}(\mathbf{r}) = e^{i\omega\frac{\mathbf{r}\cdot\mathbf{k}_0}{c}}\sum_{n=1}^{N}\mathbf{E}_0^{n}(\omega) = e^{i\omega\frac{\mathbf{r}\cdot\mathbf{k}_0}{c}}\sum_{n=1}^{N}\mathbf{e}_k\,E_{kn}\,e^{i\varphi_{kn}}, \tag{15.245}$$

wobei wir jetzt die Darstellung (15.229) mit (15.232) und reellem $E_{kn}$ benützen, dann ergibt sich

$$\mathbf{E}_0(\omega)\cdot\mathbf{E}_0^{x}(\omega) = \sum_{m,n=1}^{N} E_{kn}\,E_{km}\,e^{i(\varphi_{kn}-\varphi_{km})}. \tag{15.246}$$

Damit wird die gemittelte Energiedichte der zusammengesetzten Welle

$$\bar{u}(\mathbf{r}) = \frac{1}{8\pi}\sum_{k=1}^{3}\sum_{n,m=1}^{N} I_{nm}^{k}, \tag{15.247}$$

wobei

$$I_{nn}^{k} = E_{kn}^{2}$$

und

$$\begin{aligned} I_{mn}^{k} + I_{nm}^{k} &= E_{kn}\,E_{km}\,[e^{i(\varphi_{kn}-\varphi_{km})} + e^{-i(\varphi_{kn}-\varphi_{km})}] \\ &= 2\,E_{kn}\,E_{km}\cos(\varphi_{kn}-\varphi_{km}) \end{aligned} \tag{15.248}$$

ist. Die Gesamtenergie setzt sich zusammen aus der Summe der Energiedichten $\sum_{k=1}^{3} I_{nn}^{k}$ der einzelnen Wellen und den sogenannten Interferenzanteilen $I_{nm}^{k} + I_{mn}^{k} \neq 0$, die durch Wechselwirkung entstehen und jetzt nicht verschwinden, w.z.b.w.

Für die praktische Herstellung kohärenter Lichtbündel durch Teilung eines einzelnen Bündels ist zu beachten, daß der Unterschied der optischen Lichtwege der getrennten Bündel nicht beliebig groß werden kann. Da jeder einzelne Wellenzug, wie in Abschnitt 4.4 beschrieben, durch einen atomaren Emissionsakt von endlicher Zeitdauer $\tau$ erzeugt wird, der sich im Vakuum mit Lichtgescheindigkeit c fortbewegt, besitzt ein solcher Wellenzug eine endliche Länge $l = c\tau$, die sogenannte Kohärenzlänge. Sind die optischen Wege größer als die Kohärenzlänge $l$, so kommen die Wellenzüge bei der Vereinigung zu einem einzigen Wellenzug nicht mehr gleichzeitig, sondern nacheinander an, und die

Interferenzfähigkeit geht verloren. Da $\tau \approx 10^{-8}$ s ist, ergibt sich $l \approx 3$ m. Wir betrachten zur Illustration einige Beispiele:

**a) Interferenz an einer planparallelen Platte**

Auf eine planparallele Platte der Dicke d falle ein enges paralleles Strahlenbündel (eine ebene Welle) der Amplitude A unter dem Winkel $\gamma$ gegenüber der Normalen **n**. An der Grenzfläche wird das Bündel in einen reflektierten und einen gebrochenen Anteil geteilt, wie in Abschnitt 15.5 bei der Brechung gezeigt wurde. Der reflektierte Anteil $A_1$ und der mit dem Winkel $\gamma'$ gebrochene Anteil $B_1$ haben die Amplituden

$$A_1 = \alpha A; \qquad B_1 = \beta A, \tag{15.249}$$

wobei die Faktoren für parallel und senkrecht zur Einfallsebene polarisiertes Licht verschieden und durch die Fresnelschen Formeln in Abschnitt 15.5 gegeben sind. Das gebrochene Strahlenbündel wird an der zweiten Grenzfläche noch einmal geteilt. Dabei wird ein Anteil mit der Amplitude

$$C_1 = -\alpha B_1 = -\alpha\beta A \tag{15.250}$$

in die Platte zurückreflektiert, während ein weiterer Anteil

$$D_1 = \sigma B_1 = \sigma\beta A \tag{15.251}$$

wieder in die ursprüngliche Einstrahlungsrichtung $\gamma$ gebrochen wird und die Platte endgültig verläßt. Das Minuszeichen bei $C_1$ stellt einen Phasensprung $\pi$ dar, der bei einer der beiden Reflexionen an den beiden Grenzflächen auftritt.

Diese Erscheinung wiederholt sich an dem reflektierten Bündel $C_1$, das zur oberen Grenzfläche zurückgelangt und dort den Anteil

$$A_2 = \sigma C_1 = -\sigma\beta\alpha A \tag{15.252}$$

durchtreten läßt, der sich mit $A_1$ vereinigt. Weiter wird das Bündel mit der Amplitude

$$B_2 = -\alpha C_1 = \beta\alpha^2 A \tag{15.253}$$

an der oberen Grenzfläche reflektiert und in die Platte zurückgeworfen. Dieser Vorgang wiederholt sich immer wieder. Nach zweimaliger Reflexion multiplizieren sich die Amplituden mit dem Faktor $\alpha^2$, wie man aus dem Vergleich von $B_1$ mit $B_2$ erkennt.

Zwischen den Koeffizienten $\sigma$, $\alpha$, $\beta$ besteht der einfache Zusammenhang

$$\sigma\beta + \alpha^2 = 1\,, \tag{15.254}$$

wie sich durch Einsetzen der entsprechenden Fesnelschen Formeln verifizieren läßt. Man bezeichnet $\alpha^2$ als das Reflexionsvermögen R; es ist durch die Energie der reflektierten Strahlung über $A_1^2 = RA^2$ definiert. Dann ergeben sich für die reflektierten Lichtbündel die Amplituden

$$A_1 = R^{\frac{1}{2}} A; \quad A_2 = -(1-R)\, R^{\frac{1}{2}} A; \quad A_3 = -(1-R)\, R^{\frac{3}{2}} A \tag{15.255}$$

und für die Folge der durchtretenden Bündel

$$D_1 = (1-R)\, A; \; D_2 = (1-R)\, RA; \quad D_3 = (1-R)\, R^2 A. \tag{15.256}$$

Die beschriebene Aufteilung ist in Bild 56 dargestellt.

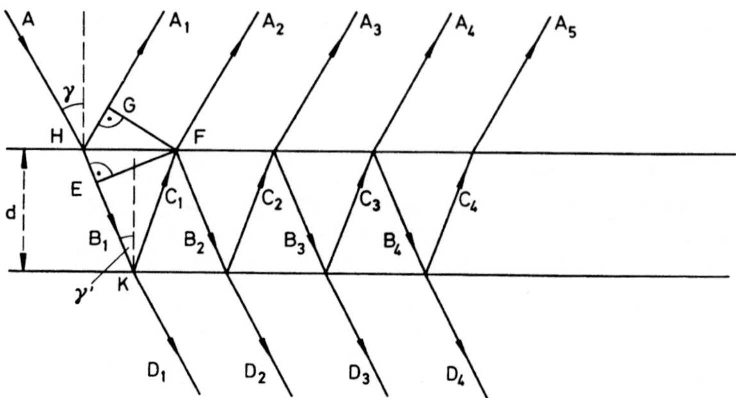


**Bild 56.** Zerlegung eines einfallenden Lichtbündels A an einer planparallelen Platte.

Für die Bestimmung der Interferenzerscheinung müssen wir den Phasenunterschied zwischen den verschiedenen Bündeln bestimmen, die durch die n-malige (n = 1, 2, ...) Reflexion entstehen. Dazu fällen wir in Bild 56 vom Punkte F auf die Strahlen $A_1$ und $B_1$ die Lote. Dann sind die Lichtwege HG und HE wegen des Snelliusschen Brechungsgesetzes gleich. Der optische Weg $\Delta L$ war definiert nach (15.214) als das Integral

$$\Delta L = \int n ds \tag{15.257}$$

längs des Strahls, wenn n der Brechungsindex der Platte ist. Der Phasenunterschied rührt also von dem Restweg EKF her. Der Unterschied der geometrischen (nicht der optischen!) Wege der beiden Bündel ist demnach

$$\Delta = EK + KF = \frac{d}{\cos \gamma'} [1 + \cos 2\gamma'] = 2d \cos \gamma' \tag{15.258}$$

und erzeugt eine Phasendifferenz in der Platte vom Brechungsindex n

$$\varphi = k'\Delta = nk\Delta = nk\, 2d \cos \gamma', \tag{15.259}$$

wobei im Medium mit dem Brechungsindex n gilt

$$k' = \frac{\omega}{c'} = \frac{\omega}{c} n = nk \qquad \text{und} \qquad k = \frac{2\pi}{\lambda}. \tag{15.260}$$

Dabei ist k der Betrag des Wellenvektors außerhalb, k' der Betrag des Wellenvektors innerhalb der Platte. Entsprechend sind $\lambda$, $\lambda'$ und c, c' die Wellenlängen bzw. Lichtgeschwindigkeiten. Bei jeder weiteren Refelxion kommt noch einmal der Wegunterschied $\Delta$ und damit die Phasendifferenz $\varphi$ hinzu.

Für sehr kleines Refelxionsvermögen R können die Amplituden (15.255) aller mehrfach reflektierten Bündel vernachlässigt werden. Dann interferieren nur zwei Bündel, für die angenähert gilt

$$A_1 \approx -A_2 = -R^{\frac{1}{2}} A \quad \text{für} \quad R \ll 1. \tag{15.261}$$

Die gemittelte Energiedichte (15.247) ist dann für das zusammengesetzte reflektierte Bündel

$$\bar{u} = \frac{1}{8\pi}(A_1^2 + A_2^2 + 2A_1A_2 \cos\varphi) \tag{15.262}$$

$$= 2\frac{1}{8\pi} RA^2 (1 - \cos\varphi) = 2R\,\bar{u}_0\,(1 - \cos\varphi),$$

wobei $\bar{u}_0$ die einfallende Energiedichte ist. Dann tritt Auslöschung auf für

$$\varphi = 2\pi m, \qquad (m = 1, 2, ...), \tag{15.263}$$

woraus mit (15.259) und (15.260)

$$\frac{2dn}{\lambda} \cos\gamma' = m, \qquad (m = 1, 2, ...) \tag{15.264}$$

folgt. Drückt man cos $\gamma'$ mit Hilfe des Snelliusschen Brechungsgesetzes durch den Einfallswinkel $\gamma$ aus, so läßt sich die Bedingung (15.264) endgültig schreiben:

$$\frac{2d}{\lambda}\sqrt{n^2 - \sin^2\gamma} = m, \qquad (m = 0, 1, ...). \tag{15.265}$$

Dagegen tritt maximale Verstärkung bei $\varphi = 2\pi(m + \frac{1}{2})$ auf, woraus analog die Bedingung

$$\frac{2d}{\lambda}\sqrt{n^2 - \sin^2\gamma} = m + \frac{1}{2}, \qquad (m = 0, 1, ...) \tag{15.266}$$

folgt. Dann ergibt (15.262)

$$\bar{u}_{max} = 4R\,\bar{u}_0,$$

während die beiden Bündel ohne Interferenz die Energie $2R\,\bar{u}_0$ besitzen würden. Die ganze Zahl m heißt Ordnung der Interferenz; sie liegt wegen (15.265) zwischen $\frac{2dn}{\lambda}$ und $\frac{2d}{\lambda}\sqrt{n^2 - 1}$. Wenn die Dicke d der Platte viele Wellenlängen beträgt, treten deshalb nur höhere Ordnungen auf. Für eine planparallele Platte hängt die Auslöschung bzw. Verstärkung nur von dem Einfallswinkel $\gamma$ ab. Für die Abbildung einer ebenen Lichtquelle mit Hilfe einer Sammellinse auf eine planparallele Platte und die weitere Abbildung nach der Reflexion durch eine zweite Linse ergeben sich konzentrische Kreise gleicher Neigung. Dies stellt ein empfindliches Kriterium für die Parallelität der Grenzflächen der Platte dar.

**b) Mehrfach-Reflexion an der planparallelen Platte**

Ist das Reflexionsvermögen R größer, beispielsweise bei schrägem Einfall oder bei Reflexion an versilberten Oberflächen, so muß man die mehrfache Reflexion berücksichtigen. Treten insgesamt N Reflexionen auf, so erhält man für die Amplitude A aller reflektierten Bündel mit (15.245)

$$A' = \sum_{m=1}^{N} A_m \, e^{i(m-1)\varphi}, \tag{15.267}$$

da sich bei jeder neuen Reflexion der Phasenunterschied nach (15.259) um den Wert $\varphi$ erhöht. Setzt man in (15.267) die Werte (15.255) für $A_m$ ein, so erhält man

$$A' = AR^{\frac{1}{2}} \left[1 - (1-R)\, e^{i\varphi} \sum_{m=0}^{N-2} R^m \, e^{i\varphi m}\right] \tag{15.268}$$

$$= AR^{\frac{1}{2}} \left[1 - (1-R)\, e^{i\varphi} \frac{1 - (Re^{i\varphi})^{N-1}}{1 - Re^{i\varphi}}\right].$$

Ist die Platte genügend ausgedehnt, so kann man $N \to \infty$ gehen lassen, und (15.268) geht wegen $R < 1$ über in

$$A' = AR^{\frac{1}{2}} \frac{1 - e^{i\varphi}}{1 - Re^{i\varphi}}. \tag{15.269}$$

Bildet man damit die Energiedichte nach (15.244) bzw. (15.247) bezogen auf die Energiedichte $\overline{u}_0 = \frac{1}{8\pi} A^2$ des einfallenden Bündels, so erhält man wegen $1 - \cos\varphi = 2 \sin^2 \frac{\varphi}{2}$ für die Reflexion

$$\frac{\overline{u}'}{\overline{u}_0} = \frac{A' \cdot A'^x}{\overline{u}_0} = \frac{4R \sin^2 \frac{\varphi}{2}}{(1-R)^2 + 4R \sin^2 \frac{\varphi}{2}}. \tag{15.270}$$

Für $R \ll 1$ kann man den Nenner gleich 1 setzen, und wegen der soeben angegebenen trigonometrischen Formel wird (15.270) mit (15.262) identisch.

Für das durchgelassene Licht ergibt sich ganz analog mit (15.256) die Gesamtamplitude $D'$ für $N \to \infty$

$$D' = \sum_{m=1}^{\infty} D_m \, e^{i(m-1)\varphi} = (1-R) A \sum_{m=0}^{\infty} R^m \, e^{im\varphi} = \frac{(1-R)}{1 - Re^{i\varphi}} A, \tag{15.271}$$

und die relative Energiedichte wird

$$\frac{\overline{u}''}{\overline{u}_0} = \frac{D' \cdot D'^x}{\overline{u}_0} = \frac{(1-R)^2}{(1-R)^2 + 4R \sin^2 \frac{\varphi}{2}}. \tag{15.272}$$

Aus den Formeln (15.270) und (15.272) folgt dann weiter, daß

$$\overline{u}'' + \overline{u}' = \overline{u}_0 \tag{15.273}$$

gilt. Die Interferenzbilder des reflektierten und des durchgelassenen Lichtes sind somit komplementär.

Blendet man aus dem reflektierten Licht das Bündel $A_1$ aus, so führt dies auf die reflektierte relative Energiedichte

$$\frac{\bar{u}'''}{\bar{u}_0} = \frac{R(1-R)^2}{(1-R)^2 + 4R\sin^2\frac{\varphi}{2}}\,. \tag{15.274}$$

Damit ist die Energiedichte bis auf einen Faktor R für das reflektierte und durchgelassene Licht dieselbe. Diese Gleichungen für die Energiedichten sind die Formeln von *Airy.*

Wir untersuchen nun den Intensitätsverlauf des durchgelassenen Lichtes genauer. Wir setzen

$$\alpha := \frac{2R^{\frac{1}{2}}}{1-R} \tag{15.275}$$

und erhalten aus (15.272) für die durchgelassene Energiedichte

$$\frac{\bar{u}''}{\bar{u}_0} = (1 + \alpha^2 \sin^2\frac{\varphi}{2})^{-1}\,. \tag{15.276}$$

Für kleines R hat man unscharfe Interferenzlinien, während für $R \to 1$ das Interferenzbild aus sehr feinen Linien besteht, die scharf von einander getrennt sind. Dies wird durch Bild 57 deutlich.

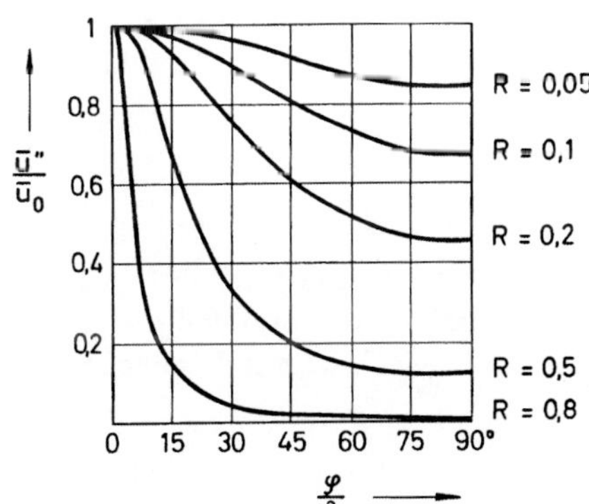


**Bild 57**

Relative Energiedichte $\bar{u}''/\bar{u}_0$ des durchgelassenen Lichtes nach (15.276) in Abhängigkeit von der Phasendifferenz $\varphi/2$ und dem Reflexionsvermögen R.

Man kann das Verhalten aus (15.276) leicht ersehen: Für $R \ll 1$ gilt $\alpha \approx 2R^{\frac{1}{2}} \ll 1$, und (15.276) wird angenähert

$$\frac{\bar{u}''}{\bar{u}_0} \approx (1 - \alpha^2 \sin^2\frac{\varphi}{2}), \tag{15.277}$$

d.h., es ergibt sich eine Schwankung der relativen Energiedichte um den Wert 1 mit der maximalen Abweichung $\alpha^2$.

Mit größerem R wächst $\alpha$ schnell an, und die Energiedichte (15.276) ist überall fast Null, außer wenn $\sin \frac{\varphi}{2}$ verschwindet. Dann sind also für großes R die Interferenzstreifen sehr schmal und durch ausgedehnte Dunkelgebiete voneinander getrennt, während für kleines R die Streifen allmählich ineinander übergehen.

Bei realistischen Anordnungen ist die Anzahl der Reflexionen und damit die Anzahl der interferierenden Bündel nur endlich. Dann ergibt sich die Amplitude D' des durchgelassenen Lichtes analog zu (15.271) zu

$$D' = \sum_{m=1}^{N} D_m \, e^{i(m-1)\varphi} = (1-R)\,A\,\frac{1-R^N\,e^{iN\varphi}}{1-R\,e^{i\varphi}}. \qquad (15.278)$$

Daraus folgt für die relative Energiedichte des durchgelassenen Lichtes

$$\frac{\overline{u}''}{\overline{u}_0} = (1-R)^2\,\frac{(1-R^N)^2 + 4R^N \sin^2 \frac{N\varphi}{2}}{(1-R)^2 + 4R \sin^2 \frac{\varphi}{2}}\,; \qquad (15.279)$$

setzen wir wie in (15.275)

$$\alpha := \frac{2R^{\frac{1}{2}}}{1-R}\,; \qquad \beta := \frac{2R^{\frac{N}{2}}}{1-R^N}\,, \qquad (15.280)$$

so läßt sich dies auch schreiben

$$\frac{\overline{u}''}{\overline{u}_0} = (1-R^N)^2\,\frac{1+\beta^2 \sin^2 \frac{N\varphi}{2}}{1+\alpha^2 \sin^2 \frac{\varphi}{2}}\,. \qquad (15.281)$$

Die Maxima liegen bei

$$\frac{\varphi}{2} = \frac{2\pi d}{\lambda}\sqrt{n^2 - \sin^2\gamma} = m\pi, \qquad (m = 0, \pm 1, \ldots) \qquad (15.282)$$

Dann hat der Bruch den Wert 1, und das Maximum hat den Wert $(1 - R^N)^2$. Weicht $\frac{\varphi}{2}$ von diesem Wert ab, so wird der Nenner für großes R schon sehr groß und die Energiedichte sehr klein. Zwischen diesen Hauptmaxima gibt es noch weitere Nebenmaxima, die vom Zähler herrühren und angenähert bei

$$\frac{\varphi}{2} = \frac{2\pi d}{\lambda}\sqrt{n^2 - \sin^2\gamma} = \pi\left(m + \frac{2\mu+1}{2N}\right), \qquad (\mu = 1, \ldots, N-1) \qquad (15.283)$$

liegen. Die Minima treten auf, wenn

$$\frac{\varphi}{2} = \frac{2\pi d}{\lambda}\sqrt{n^2 - \sin^2\gamma} = \pi\left(m + \frac{\mu}{N}\right) \qquad (15.284)$$

gilt. Damit ergibt sich ein Intensitätsverlauf, den wir schon aus Bild 49 für die Beugung am Gitter kennen; er ist in Bild 58 dargestellt.

Bei den besprochenen Interferenzerscheinungen sind wir von einem sehr breiten einfallenden parallelen Strahlenbündel ausgegangen, so daß sich die reflektierten Bündel $A_i$ und die durchgelassenen Bündel $D_i$ alle wenigstens teilweise überlappen. Wenn jedoch

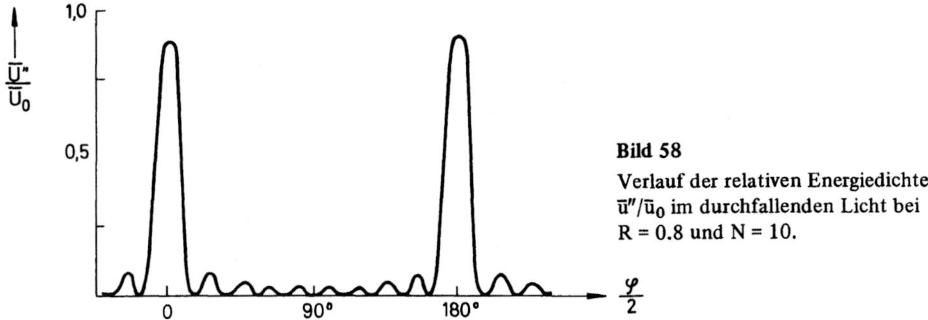


**Bild 58**
Verlauf der relativen Energiedichte $\bar{u}''/\bar{u}_0$ im durchfallenden Licht bei R = 0.8 und N = 10.

auf die Platte nur ein sehr schmales Lichtstrahlenbündel fällt, überdecken sich die $A_i$ bzw. $D_i$ nicht mehr, sondern sie laufen nebeneinander her. Diese Bündel können dann durch eine entsprechende optische Einrichtung vereinigt werden, indem man sie z.B. mit einer Sammellinse konvergent macht und in der Brennebene ein Bild auffängt. Dann ergeben sich dieselben Interferenzerscheinungen, wie wenn sich die Bündel schon vorher überlagert hätten. In diesem Fall wirkt die Linse als Beugungsobjekt, und der elektromagnetische Vorgang in der Linse und in dem Gebiet zwischen Linse und Interferenzschirm (in der Brennebene) ist im Prinzip ein Beugungsproblem, da hier die Eigenschaften der parallelen Strahlenbündel (der ebenen Wellen endlicher Ausdehnung) kontinuierlich verändert werden. Trotzdem ergibt sich dasselbe Interferenzverhalten, da sich das Verhalten einer Linse durch die geometrische Optik konsistent beschreiben läßt.

Eine *praktische Anwendung* der Interferenz sind das Interferometer von *Perot* und *Fabry* sowie die *Lummer-Gehrke*-Platte. Das Perot-Fabry-Interferometer besteht aus zwei parallel zueinander angeordneten Glasplatten, die auf der Innenseite durchlässig versilbert sind. Die Lummer-Gehrke-Platte ist eine planparallele Glasplatte, deren Reflexionsvermögen durch Versilberung nahe bei 1 liegt und in die durch ein aufgesetztes rechtwinkliges Prisma ein Strahlenbündel einfällt.

Licht einer gegebenen Wellenlänge $\lambda$ wird durch die Anordnungen nur dann durchgelassen, wenn für den Einfallswinkel $\gamma$ die Bedingung (15.282) erfüllt ist. Für eine punktförmige monochromatische Lichtquelle ergeben sich dann eine Folge konzentrischer Interferenzkreise in der Brennebene einer Linse, die die parallelen Strahlenbündel jeweils in einem Punkt vereinigt. Enthält das einfallende Licht mehrere Wellenlängen (Farben), so entsteht für jede Wellenlänge $\lambda$ ein System von Interferenzkreisen. Dabei gehören die Kreise gleicher Wellenlänge zu aufeinanderfolgenden Ordnungen. Damit eine Folge von Interferenzfiguren möglich ist, müssen alle Einfallswinkel $\gamma$ vorkommen können, d.h., das einfallende Licht muß divergent sein.

Beide Anordnungen werden in der Spektroskopie zur Trennung der Wellenlängen des einfallenden Lichts, insbesondere von sehr nahe beieinanderliegenden Wellenlängen benutzt. Seien $\lambda$ und $\lambda + \Delta\lambda$ benachbarte Wellenlängen, dann lassen sich beide Wellenlängen noch bestimmt als getrennte Streifen erkennen, wenn das Hauptmaximum von $\lambda + \Delta\lambda$ auf das erste Minimum von $\lambda$ fällt. Bei noch größerer Annäherung wird die Trennung unsicher. Daraus ergibt sich wegen (15.282), (15.284) die Bedingung

$$(\lambda + \Delta\lambda)\, m = \lambda \left(m + \frac{1}{N}\right), \tag{15.285}$$

woraus

$$A := \frac{\lambda}{\Delta\lambda} = m \cdot N \tag{15.286}$$

folgt. Die Größe $A := \frac{\lambda}{\Delta\lambda}$ ist das aus der Theorie des Beugungsgitters bereits bekannte Auflösungsvermögen einer spektroskopischen Anordnung. Es ist der Ordnung m und der Anzahl N der interferierenden Bündel proportional. Die Ordnung m wächst jedoch mit der Dicke der Platte, und da Platten von der Dicke einiger mm benutzt werden, ist m sehr groß. Die Zahl der interferierenden Bündel ist dagegen nicht sehr hoch: $N \leqslant 40$. Trotzdem besitzen solche Interferometer eine sehr hohe Auflösung.

Weitere Beispiele von Interferenzerscheinungen sind die Kurven gleicher Dicke. einer nahezu planparallelen Platte (Newtonsche Ringe).

Eine weitere bekannte Interferenzanordnung ist der aus der Experimentalphysik bekannte Fresnelsche Spiegelversuch. Hierbei werden zwei kohärente Lichtquellen $Q_1$ und $Q_2$ im Abstand 2d benützt, deren ausgestrahlte Lichtbündel sich durchkreuzen und dabei Interferenzerscheinungen erzeugen. Die kohärenten Lichtbündel erzeugt man entweder durch ein Fesnelsches Biprisma oder eine Billetsche Halblinse, die die Bilder $Q_1$ und $Q_2$ einer einzigen Lichtquelle entwerfen. Das gleiche läßt sich auch durch zwei Spiegel erreichen, die miteinander einen kleinen Winkel bilden. Dies soll hier jedoch nicht im einzelnen besprochen werden [A 11, 12].

# Anhang

## I. Vektor- und Tensoroperationen

(keine Beweise)

Vektoren werden als gegenüber Koordinaten-Transformationen invariante Größen aufgefaßt:

Vektor 0-ter Stufe = Skalare (Länge, Zeit, Arbeit ...)
Vektor 1-ter Stufe = Vektoren (Kraft, Geschwindigkeit ...)
Vektor 2-ter Stufe = Tensoren (Deformation, Spannung ...)

Man kennt in der Physik weiter:
Ortsvektoren (auf den Ursprung bezogen), polare Vektoren (eigentliche Vektoren) und axiale Vektoren (schiefsymmetrische Tensoren).

**Algebraische Operationen von Vektoren:** Basis sei $\{\mathbf{e}_i\}$

a) Addition, skalare Multiplikation

b) Skalarprodukt $\quad \mathbf{a} \cdot \mathbf{b} = \sum_{i,k} a_i b_k (\mathbf{e}_i \cdot \mathbf{e}_k) = \mathbf{b} \cdot \mathbf{a}$ (I.1)

c) Vektorielles Produkt $\quad \mathbf{a} \times \mathbf{b} = \sum_{i,k} a_i b_k (\mathbf{e}_i \times \mathbf{e}_k) = -\mathbf{b} \times \mathbf{a}$ (I.2)

d) Tensor-Produkt $\quad \mathbf{a} \otimes \mathbf{b} = \sum_{i,k} a_i b_k (\mathbf{e}_i \otimes \mathbf{e}_k) = \mathbf{b} \otimes \mathbf{a}$ (I.3)

Einheitsvektoren $\{\mathbf{e}_i\}$: $(\mathbf{e}_i \cdot \mathbf{e}_k) = \delta_{ik}$

$$(\mathbf{e}_i \times \mathbf{e}_k) = \sum_j \epsilon_{ikj} \mathbf{e}_j$$

Dabei ist:

$$\epsilon_{ikj} = \begin{cases} 1 & ikj \text{ gerade Permutation von } 123 \\ -1 & ikj \text{ ungerade Permutation von } 123 \\ 0 & \text{bei zwei oder mehr gleichen Indizes} \end{cases} \quad \text{total antisymmetrischer Tensor}$$

Alle Produkte sind mit der Operation a) verträglich, d.h. es gelten die Distributivgesetze.
Eigenschaften:

$$\left.\begin{array}{lll} \mathbf{a} \perp \mathbf{b} \iff (\mathbf{a} \cdot \mathbf{b}) = 0 & ; & (\mathbf{a} \cdot \mathbf{b}) \text{ symmetrisch} \\ \mathbf{a} \parallel \mathbf{b} \iff (\mathbf{a} \times \mathbf{b}) = 0 & ; & (\mathbf{a} \times \mathbf{b}) \text{ antisymmetrisch} \end{array}\right\} \text{ gegenüber Vertauschung der Faktoren}$$

Zerlegung eines beliebigen Vektors **a** in Komponenten $\perp$ und $\parallel$ zu einem Einheitsvektor **e**:

$$\mathbf{a} = \mathbf{a}_\perp + \mathbf{a}_\parallel = \mathbf{e} \times (\mathbf{a} \times \mathbf{e}) + \mathbf{e}(\mathbf{a} \cdot \mathbf{e}) \,. \qquad \text{(I.4)}$$

**Rechenregeln**

$$\mathbf{a} \cdot (\mathbf{b} \times \mathbf{c}) = \mathbf{b} \cdot (\mathbf{c} \times \mathbf{a}) = \mathbf{c} \cdot (\mathbf{a} \times \mathbf{b}) = \text{Volumen des Parallelipipeds; zyklisch (Spatprodukt)} \qquad (I.5)$$

$$\mathbf{a} \times (\mathbf{b} \times \mathbf{c}) = \mathbf{b}(\mathbf{a} \cdot \mathbf{c}) - \mathbf{c}(\mathbf{a} \cdot \mathbf{b}) \text{ nichtassoziativ (Grassmann)} \qquad (I.6)$$

$$(\mathbf{a} \times \mathbf{b}) \cdot (\mathbf{c} \times \mathbf{d}) = (\mathbf{a} \cdot \mathbf{c})(\mathbf{b} \cdot \mathbf{d}) - (\mathbf{b} \cdot \mathbf{c})(\mathbf{a} \cdot \mathbf{d}) = \mathbf{a} \cdot [\mathbf{b} \times (\mathbf{c} \times \mathbf{d})] \text{ (Lagrange)} \qquad (I.7)$$

speziell: $\mathbf{a} = \mathbf{c}$, $\mathbf{b} = \mathbf{d}$: $(\mathbf{a} \times \mathbf{b})^2 = \mathbf{a}^2\mathbf{b}^2 - (\mathbf{a} \cdot \mathbf{b})^2$ (I.8)

Daraus folgt: $(\mathbf{a} \cdot \mathbf{b})^2 \leqslant \mathbf{a}^2\mathbf{b}^2$ (Schwartzsche Ungleichung für Vektoren)

$$(\mathbf{a} \times \mathbf{b}) \times (\mathbf{c} \times \mathbf{d}) = \mathbf{c}[(\mathbf{a} \times \mathbf{b}) \cdot \mathbf{d}] - \mathbf{d}[(\mathbf{a} \times \mathbf{b}) \cdot \mathbf{c}] = \mathbf{b}[(\mathbf{c} \times \mathbf{d}) \cdot \mathbf{a}] - \mathbf{a}[(\mathbf{c} \times \mathbf{d}) \cdot \mathbf{b}] \qquad (I.9)$$

$$\mathbf{a} \times (\mathbf{b} \times \mathbf{c}) + \mathbf{b} \times (\mathbf{c} \times \mathbf{a}) + \mathbf{c} \times (\mathbf{a} \times \mathbf{b}) = 0 \text{ (Jacobi-Identität)} \qquad (I.10)$$

$$(\mathbf{a} \otimes \mathbf{b}) \cdot \mathbf{c} = \mathbf{a}(\mathbf{b} \cdot \mathbf{c}); \quad \mathbf{c} \cdot (\mathbf{a} \otimes \mathbf{b}) = (\mathbf{c} \cdot \mathbf{a})\mathbf{b} \qquad (I.11)$$

**Differentialoperatoren:**

Nabla-Operator $\nabla = \sum_i \mathbf{e}_i \, \partial_i \equiv \sum_i \mathbf{e}_i \frac{\partial}{\partial x_i}$ (I.12)

Für die infinitesimale Änderung eines Feldes gilt:

Skalarfeld $p(\mathbf{r})$: $dp = \nabla p \cdot d\mathbf{r} = \operatorname{grad} p \cdot d\mathbf{r}$ (I.13)

Gradient $\operatorname{grad} p = \nabla p(\mathbf{r}) = \sum_i \mathbf{e}_i \, \partial_i \, p(\mathbf{r})$ (I.14)

Vektorfeld $\mathbf{a}(\mathbf{r})$: $d\mathbf{a} = d\mathbf{r} \cdot (\nabla \otimes \mathbf{a}) = (d\mathbf{r} \cdot \nabla)\mathbf{a} = \sum_i dx_i \, \partial_i \mathbf{a}(\mathbf{r})$ (I.15)

mit $(\nabla \otimes \mathbf{a})_{ik} = \partial_i a_k$

Divergenz:

$$\operatorname{div} \mathbf{a}(\mathbf{r}) = \nabla \cdot \mathbf{a}(\mathbf{r}) = \sum_i \partial_i a_i = \operatorname{Spur}(\nabla \otimes \mathbf{a}) \qquad (I.16)$$

Rotation:

$$\operatorname{rot} \mathbf{a}(\mathbf{r}) = \nabla \times \mathbf{a}(\mathbf{r}) = \sum_{i,k} \partial_i a_k (\mathbf{e}_i \times \mathbf{e}_k) = \begin{vmatrix} \mathbf{e}_1 & \mathbf{e}_2 & \mathbf{e}_3 \\ \partial_1 & \partial_2 & \partial_3 \\ a_1 & a_2 & a_3 \end{vmatrix} \qquad (I.17)$$

**Koordinatenfreie Definition:**

Es sei $\oint_{F(V)} d\mathbf{F}$ das Oberflächenintegral über eine geschlossene Oberfläche F(V), die das Volumen V einschließt. Ebenso sei $\oint_{C(F)} d\mathbf{S}$ das Kurvenintegral über eine geschlossene Kurve C(F), die F einschließt. Dann gilt:

$$\nabla = \lim_{V \to 0} \frac{1}{V} \oint_{F(V)} d\mathbf{F}\,; \qquad d\mathbf{F} = \mathbf{n}\,dF; \qquad \mathbf{n} \text{ nach außen gerichtete Normale;} \qquad (I.18)$$

$\lim\limits_{V \to 0}$ bedeutet eine Folge von Kugeln $\mathbf{K}(\mathbf{r})$ um den Punkt $\mathbf{r}$, deren Volumina gegen 0 gehen.

$$\begin{aligned} \operatorname{grad} \mathbf{u} = \nabla u &= \lim_{V \to 0} \frac{1}{V} \oint_{F(V)} u \, d\mathbf{F} \\ \operatorname{div} \mathbf{a} = \nabla \cdot \mathbf{a} &= \lim_{V \to 0} \frac{1}{V} \oint_{F(V)} \mathbf{a} \cdot d\mathbf{F} \\ \operatorname{rot} \mathbf{a} = \nabla \times \mathbf{a} &= \lim_{V \to 0} \frac{1}{V} \oint_{F(V)} d\mathbf{F} \times \mathbf{a} = \lim_{F \to 0} \frac{1}{F} \oint_{C(F)} \mathbf{a} \cdot ds \\ \mathbf{B} \cdot (\nabla \otimes \mathbf{a}) &= \lim_{V \to 0} \frac{1}{V} \oint_{F(V)} \mathbf{B} \cdot (d\mathbf{F} \otimes \mathbf{a}) = \lim_{V \to 0} \frac{1}{V} \oint_{F(V)} (\mathbf{B} \cdot d\mathbf{F})\mathbf{a} \end{aligned} \tag{I.19}$$

Weitere abgeleitete Operatoren sind:

$\Delta = \nabla \cdot \nabla = \sum_i \partial_i^2$ Laplace-Operator (siehe Potentialgleichung) (I.20)

$\Box = \Delta - \frac{1}{c^2} \partial_t^2 = \sum_i \partial_i^2 - \frac{1}{c^2} \partial_t^2$ d'Alembert-Operator (siehe Wellengleichung) (I.21)

Aus den invarianten Definitionen folgen die

**Integralformeln**

$$\int_V \operatorname{div} \mathbf{a} \, dV = \oint_{F(V)} \mathbf{a} \cdot d\mathbf{F} \tag{I.22}$$

(Gaußscher Satz)

$$\int_V \operatorname{grad} \mathbf{u} \, dV = \oint_{F(V)} u \, d\mathbf{F} \tag{I.23}$$

$$\int_V \operatorname{rot} \mathbf{a} \, dV = \oint_{F(V)} d\mathbf{F} \times \mathbf{a} \tag{I.24}$$

$$\oint_F \operatorname{rot} \mathbf{a} \cdot d\mathbf{F} = \oint_{C(F)} \mathbf{a} \cdot ds \tag{I.25}$$

(Stokesscher Satz)

$$\int_V \nabla \cdot (\phi \nabla \varphi) \, dV = \int_V [(\nabla \phi) \cdot (\nabla \varphi) + \phi \Delta \varphi] \, dV = \oint_{F(V)} \phi \frac{\partial \varphi}{\partial \mathbf{n}} \, dF = \oint_{F(V)} \phi \, (\nabla \varphi \cdot d\mathbf{F})$$

(1. Greensche Formel) (I.26)

$$\int\limits_V [\Phi\Delta\varphi - \varphi\Delta\Phi]\, dV = \oint\limits_{F(V)} [\Phi \frac{\partial\varphi}{\partial n} - \varphi \frac{\partial\Phi}{\partial n}]\, dF \quad \text{(2. Greensche Formel)} \tag{I.27}$$

Die Bedingungen, unter denen die Felder diesen Relationen genügen, sind in [D 1] eingehend diskutiert.

## Rechenregeln für die Differentialoperatoren

Die Regeln folgen alle durch sorgfältige Anwendung der Vektoralgebra.

a) Addition von Feldern

$$\begin{aligned} \nabla(\varphi + \psi) &= \nabla\varphi + \nabla\psi \\ \nabla\cdot(\mathbf{a}+\mathbf{b}) &= \nabla\cdot\mathbf{a} + \nabla\cdot\mathbf{b} \\ \nabla\times(\mathbf{a}+\mathbf{b}) &= \nabla\times\mathbf{a} + \nabla\times\mathbf{b} \end{aligned} \tag{I.28}$$

b) Produkte von skalaren Feldern

$$\nabla(\varphi\Phi) = \varphi\nabla\Phi + \Phi\nabla\varphi \tag{I.29}$$

c) Produkte von skalaren mit vektoriellen Feldern

$$\begin{aligned} \nabla\cdot(\mathbf{a}\varphi) &= \varphi\nabla\cdot\mathbf{a} + \mathbf{a}\cdot\nabla\varphi \\ \nabla\times(\mathbf{a}\varphi) &= \varphi\nabla\times\mathbf{a} + \nabla\varphi\times\mathbf{a} \end{aligned} \tag{I.30}$$

d) Vektorielle Produkte von Vektorfeldern

$$\begin{aligned} \nabla\cdot(\mathbf{a}\times\mathbf{b}) &= \mathbf{b}\cdot(\nabla\times\mathbf{a}) - \mathbf{a}\cdot(\nabla\times\mathbf{b}) \\ \nabla\times(\mathbf{a}\times\mathbf{b}) &= (\mathbf{b}\cdot\nabla)\mathbf{a} - (\mathbf{a}\cdot\nabla)\mathbf{b} + \mathbf{a}(\nabla\cdot\mathbf{b}) - \mathbf{b}(\nabla\cdot\mathbf{a}) \end{aligned} \tag{I.31}$$

e) Skalares Produkt von Vektorfeldern

$$\nabla(\mathbf{a}\cdot\mathbf{b}) = (\mathbf{b}\cdot\nabla)\mathbf{a} + (\mathbf{a}\cdot\nabla)\mathbf{b} + \mathbf{a}\times(\nabla\times\mathbf{b}) + \mathbf{b}\times(\nabla\times\mathbf{a}) \tag{I.32}$$

f) Identitäten für Differentialoperatoren

$$\begin{aligned} &\nabla\times\nabla\varphi = 0; \qquad \nabla\cdot\nabla\varphi = \nabla^2\varphi = \Delta\varphi \\ &\nabla\cdot(\nabla\times\mathbf{a}) = 0 \\ &\nabla\times(\nabla\times\mathbf{a}) = \nabla(\nabla\cdot\mathbf{a}) - \Delta\mathbf{a} \end{aligned} \tag{I.33}$$

g) Umformungsidentitäten

$$\begin{aligned} (\mathbf{c}\cdot\nabla)(\mathbf{a}\cdot\mathbf{b}) &= \mathbf{a}\cdot(\mathbf{c}\cdot\nabla)\mathbf{b} + \mathbf{b}\cdot(\mathbf{c}\cdot\nabla)\mathbf{a} \\ (\mathbf{c}\cdot\nabla)(\mathbf{a}\times\mathbf{b}) &= \mathbf{a}\times(\mathbf{c}\cdot\nabla)\mathbf{b} - \mathbf{b}\times(\mathbf{c}\cdot\nabla)\mathbf{a} \\ (\nabla\cdot\mathbf{a})\mathbf{b} &= \mathbf{b}(\nabla\cdot\mathbf{a}) + (\mathbf{a}\cdot\nabla)\mathbf{b} \\ (\mathbf{a}\times\mathbf{b})\cdot(\nabla\times\mathbf{c}) &= \mathbf{b}\cdot(\mathbf{a}\cdot\nabla)\mathbf{c} - \mathbf{a}\cdot(\mathbf{b}\cdot\nabla)\mathbf{c} \\ (\mathbf{a}\times\nabla)\times\mathbf{b} &= (\mathbf{a}\cdot\nabla)\mathbf{b} + \mathbf{a}\times(\nabla\times\mathbf{b}) - \mathbf{a}(\nabla\cdot\mathbf{b}) \\ (\nabla\times\mathbf{a})\times\mathbf{b} &= \mathbf{a}(\nabla\cdot\mathbf{b}) - (\mathbf{a}\cdot\nabla)\mathbf{b} - \mathbf{a}\times(\nabla\times\mathbf{b}) - \mathbf{b}\times(\nabla\times\mathbf{a}) \end{aligned} \tag{I.34}$$

Einige spezielle Anwendungen auf den Vektor **r** und die Funktion $\varphi(r)$, wobei **a** und **b** konstante Vektoren sind.

$$r = |\mathbf{r}|\,; \quad \nabla \cdot \mathbf{r} = 3\,; \quad \nabla \times \mathbf{r} = 0; \quad \nabla r = \frac{\mathbf{r}}{r}\,; \quad \nabla(\mathbf{a}\cdot\mathbf{r}) = \mathbf{a}\,; \quad (\mathbf{a}\cdot\nabla)\mathbf{r} = \mathbf{a} \qquad \text{(I.35)}$$

$$\nabla\cdot(\mathbf{a}\cdot\mathbf{r})\mathbf{b} = \mathbf{a}\cdot\mathbf{b}\,; \qquad \nabla\times(\mathbf{a}\cdot\mathbf{r})\mathbf{b} = \mathbf{a}\times\mathbf{b}$$

$$\nabla\cdot(\mathbf{a}\cdot\mathbf{r})\mathbf{r} = 4(\mathbf{a}\cdot\mathbf{r})\,; \qquad \nabla\times(\mathbf{a}\cdot\mathbf{r})\mathbf{r} = \mathbf{a}\times\mathbf{r}$$

$$\nabla\cdot(\mathbf{a}\times\mathbf{r}) = 0\,; \qquad \nabla\times(\mathbf{a}\times\mathbf{r}) = 2\mathbf{a}$$

$$\nabla\varphi(r) = \varphi'(r)\frac{\mathbf{r}}{r}\,; \qquad \nabla\cdot\varphi(r)\mathbf{r} = 3\varphi + r\varphi'(r)\,; \qquad \nabla\times\varphi(r)\mathbf{r} = 0$$

$$(\mathbf{a}\cdot\nabla)\varphi(\mathbf{r})\mathbf{r} = \varphi\mathbf{a} + \frac{\mathbf{r}}{r}(\mathbf{a}\cdot\mathbf{r})\varphi'(r)$$

$$\nabla\times\varphi(\mathbf{r})(\mathbf{a}\times\mathbf{r}) = (2\varphi + r\varphi')\mathbf{a} - \frac{\mathbf{r}}{r}(\mathbf{a}\cdot\mathbf{r})\varphi'$$

$$\nabla\cdot\varphi(\mathbf{r})(\mathbf{a}\times\mathbf{r}) = 0$$

$$\nabla\cdot\mathbf{r}\times(\mathbf{a}\times\mathbf{r}) = -2(\mathbf{a}\cdot\mathbf{r})\,; \qquad \nabla\times(\mathbf{r}\times(\mathbf{a}\times\mathbf{r})) = 3\,(\mathbf{r}\times\mathbf{a})$$

**Verschiedene Koordinatensysteme**: $x_i \to x_i\,(u_j)$

$\{x_i\} \to \{u_i\} \equiv$ neue orthogonale Koordinaten in der neuen Einheitsbasis $\{\mathbf{e}_{u_i}\}$

Das Linienelement ds und das Volumelement $d\tau$ lautet

$$ds^2 = \sum_i d^2x_i \to \sum_i h_i^2 d^2u_i\,; \qquad d\tau = \prod_i dx_i \to \prod_i h_i du_i := D \prod_i du_i$$

Flächenelemente: $\quad dx_i dx_j = h_i h_j du_i du_j \quad ; \quad D =$ Funktionaldeterminante

$$h_i := \sqrt{\sum_k \left(\frac{\partial x_k}{\partial u_i}\right)^2} \quad ; \quad h_i(u_j) = \text{Lamésche Koeffizienten}$$

In den neuen Koordinaten lauten die Differentialoperatoren

$$\nabla\varphi \to \sum_i \mathbf{e}_i' h_i^{-1}\partial_{u_i}\varphi\,; \quad \mathbf{A} = \sum_i \mathbf{e}_i A_i \to \mathbf{A} = \sum \mathbf{e}_i' A_i' \qquad \text{(I.36)}$$

$$\nabla\cdot\mathbf{A} \to D^{-1}\sum_i \partial_{u_i}(h_i^{-1} D A_i')\,; \qquad A_i' =: A_{u_i} = \mathbf{A}\cdot(h_i^{-1}\,\partial_{u_i})\,\mathbf{r}(u_j)$$

$$\nabla\times\mathbf{A} \to \sum_{ik}(\mathbf{e}_i'\times\mathbf{e}_k')\,h_i^{-1}h_k^{-1}\,\partial_{u_i} h_k A_k'$$

$$\Delta\varphi \to D^{-1}\sum_i \partial_{u_i}(D h_i^{-2}\,\partial_{u_i})\varphi \qquad \text{(I.37)}$$

Spezielle Systeme:

a) *Kugelkoordinaten* (Polarkoordinaten): $(x, y, z) \to (r, \vartheta, \alpha) =: (u_1, u_2, u_3)$

$$x = r \sin\vartheta \cos\alpha \qquad h_r = 1 \tag{I.38}$$
$$y = r \sin\vartheta \sin\alpha \qquad h_\vartheta = r$$
$$z = r \cos\vartheta \qquad h_\alpha = r \sin\vartheta$$
$$ds^2 = dr^2 + r^2 \sin^2\vartheta \, d\alpha^2 + r^2 d\vartheta^2 \, ; \qquad D = r^2 \sin\vartheta$$

$$\Delta\varphi = \left[\frac{1}{r^2} \partial_r r^2 \partial_r + \frac{1}{r^2 \sin\vartheta} \partial_\vartheta \sin\vartheta \, \partial_\vartheta + \frac{1}{r^2 \sin^2\vartheta} \partial_\alpha^2\right] \varphi$$

b) *Zylinderkoordinaten* $(x, y, z) \to (r, \alpha, z)$

$$x = r \cos\alpha \qquad h_r = 1 \tag{I.39}$$
$$y = r \sin\alpha \qquad h_\alpha = r$$
$$z = z \qquad h_z = 1$$
$$ds^2 = dr^2 + r^2 d\alpha^2 + dz^2 \quad ; \qquad D = r$$

$$\Delta\varphi = \left[\frac{1}{r} \partial_r r \partial_r + \frac{1}{r^2} \partial_\alpha^2 + \partial_z^2\right] \varphi$$

Lit.: [M5], [M9], [M 11], [M 19], [D 1]

## II. Distributionen

Die Theorie der Distributionen wird hier nur soweit entwickelt, wie sie zur Behandlung der in der Elektrodynamik auftretenden Probleme benötigt wird.

### 1. Definitionen

*Definition A.1*

S ist der Raum der komplexwertigen Funktionen $\varphi(x)$ einer reellen Veränderlichen x, die unendlich oft differenzierbar sind und samt ihren Ableitungen schneller als jede Potenz von $1/|x|$ abfallen.

*Beispiel:* $e^{-x^2}$

Jedem $\varphi \in S$ sei nun eine komplexe Zahl $(f, \varphi) =: f(\varphi)$ (d.h. ein Funktional) so zugeordnet, daß gilt

$$f(\alpha_1\varphi_1 + \alpha_2\varphi_2) = \alpha_1 f(\varphi_1) + \alpha_2 f(\varphi_2) \qquad \text{(Linearität)}$$

und

$$f(\varphi_n) \to 0 \, , \tag{II.1}$$

wenn

$$\varphi_n \to 0 \text{ in S erfüllt ist.} \qquad \text{(Stetigkeit)}$$

*Definition A.2*
Ein stetiges lineares Funktional über S heißt Distribution.
Man schreibt $f(\varphi) = \int f(x)\varphi(x)dx$, wobei das Integralzeichen oft nur symbolische Bedeutung hat.

*Beispiel:* δ-Funktion

$$\delta(\varphi) = \int_{-\infty}^{\infty} \delta(x)\varphi(x)dx =: \varphi(0)\,. \tag{II.2}$$

*Bemerkung*
Offenbar hängt die Eigenschaft der δ-Funktion, Distribution zu sein, sehr wesentlich vom Konvergenzbegriff in S ab. Darauf soll aber hier nicht näher eingegangen werden.

Der Raum aller Distributionen wird mit S′ bezeichnet.

Ebenso lassen sich Distributionen von ***komplexen*** Veränderlichen definieren.

*Definition A.3*
Z sei der Raum aller ganzen analytischen Funktionen $\varphi(z)$, $z = x + iy$, die einer Ungleichung

$$|z^k \varphi(z)| \leqslant C\,e^{a|y|}$$

für ganzes, endliches, beliebiges k genügen. Stetige lineare Funktionale über Z heißen komplexe Distributionen oder ***analytische Funktionale.***

Man schreibt $f(\varphi) = \int_\Gamma f(z)\varphi(z)dz$, $\varphi \in Z$, wobei Γ ein Weg in der komplexen Ebene ist.

*Beispiel:* Komplexe δ-Funktion

$$\delta(z - z_0)[\varphi(z)] = \int_{\Gamma_0} \frac{1}{z - z_0}\varphi(z)\frac{dz}{2\pi i} = \varphi(z_0)\,,$$

wobei die von $\Gamma_0$ umrandete Fläche den Punkt $z_0$ enthält ($\Gamma_0$ = geschlossener Weg).
*In der komplexen Ebene entspricht der δ-Funktion die Funktion* $\frac{1}{2\pi i}\frac{1}{z - z_0}$ .

## 2. Operationen mit Distributionen

Operationen mit Distributionen werden in Anlehnung an die Theorie der Operatoren im Hilbertraum definiert.

Sei mit $(\psi,\varphi)$ das Skalarprodukt des Hilbertraumes bezeichnet, etwa des $L^2$, und A sei ein linearer Operator. Dann heißt der durch die Gleichung

$$(A^*\varphi, \psi) = (\varphi, A\psi)\,; \qquad \varphi, \psi \in L^2$$

definierte Operator $A^*$ der zu A adjungierte Operator. Analog werden Operationen mit Distributionen definiert.

*Definition A.4*
Sei $\varphi \in S$, $f \in S'$, A ein Operator, der auf S definiert ist. Dann wird die Wirkung der Operation $A^*$ auf $S'$ über die Gleichung

$$(f, A\varphi) \equiv f(A\varphi) = \int f(x)\, A\varphi(x)\, dx) := (A^*f, \varphi) \tag{II.3}$$

definiert.

*a) Differentiation*

Ableitungen beliebiger Ordnung sind auf dem Raum S erklärt und bilden S in sich ab. (Die Funktionen aus S sind beliebig oft differenzierbar.) Dann gilt nach (II.3) für die Differentiation auf $S'$:

$$\left(f, \frac{d}{dx}\varphi\right) = (f, D\varphi) = (D^*f, \varphi) \tag{II.4}$$

Ist f ebenfalls aus S, so gilt:

$$\int f(x)\, D\varphi(x)\, dx = \underbrace{|f(x)\,\varphi(x)|_{-\infty}^{\infty}}_{=0} - \int Df(x)\,\varphi(x)\, dx, \text{ d.h.} \tag{II.5}$$

$$\int f(x)\, D\varphi(x)\, dx = -\int Df(x)\,\varphi(x)\, dx \,.$$

Da $S \subset S'$ ist, stimmt $D^*$ (bis auf Vorzeichen, wie (II.5) zeigt) mit D auf einem Teilbereich von $S'$ überein. $D^*$ kann also als eine Erweiterung von D auf $S'$ betrachtet werden. Wir schreiben daher einfach mit $D^* = -D$:

$$(f, D\varphi) = -(Df, \varphi) \tag{II.4a}$$

*Beispiel:* $\frac{d}{dx}\theta(x)$, $\quad \theta(x) = \begin{cases} 0, & x < 0 \\ 1, & x > 0 \end{cases}$

$$\int \frac{d}{dx}\theta(x)\,\varphi(x)\, dx = (D\theta, \varphi) = -(\theta, D\varphi) = -(\theta, \varphi')$$

$$= -\int_{-\infty}^{\infty} \theta(x)\,\varphi'(x)\, dx = -\int_{0}^{\infty} \varphi'(x)\, dx = -\varphi(x)\Big|_0^{\infty}$$

$$= \varphi(0) = \int \delta(x)\,\varphi(x)\, dx \,.$$

Also folgt

$$\theta'(x) = \delta(x) .$$

*Bemerkungen*
Da die $\varphi \in S$ beliebig oft differenzierbar sind, gilt dasselbe für alle $f \in S'$, wie (II.4) zeigt. Höhere Ableitungen sind definiert durch die Beziehung

$$(D^n f, \varphi) := (-1)^n \, (f, D^n \varphi) . \qquad \text{(II.4b)}$$

*Beispiel:*

$$\int \delta^{(n)}(x)\varphi(x)dx = (-1)^n \int \delta(x)\varphi^{(n)}(x)dx = (-1)^n \varphi^{(n)}(0) .$$

*b) Fouriertransformation*

*Definition A.5*
Die Fouriertransformation auf S ist durch

$$f(p) = F[\varphi] := \int_{-\infty}^{\infty} e^{ipx} \varphi(x)dx$$

definiert, die Umkehrtransformation durch

$$g(x) = F^{-1}[h] := \frac{1}{2\pi} \int_{-\infty}^{\infty} e^{-ipx} \, h(p)dp$$

**Satz** (ohne Beweis)
Die Fouriertransformation bildet S auf sich ab, und es gilt

$$FF^{-1} = 1 = F^{-1}F$$

Definition in S′ durch (II.3)

$$(F^* f, \varphi) := (f, F\varphi); \qquad f \in S'; \qquad \varphi \in S$$

In S gilt die Parseval-Formel (s. Lehrbücher der Funktionalanalysis):

$$(F\psi, \varphi) = (\psi, F\varphi); \qquad \psi, \varphi \in S$$

Daher kann $F^*$ als Erweiterung von F auf S′ angesehen werden, und wir unterscheiden deshalb $F^*$ von F nicht mehr.

Schreibweise:

$$(Ff, \varphi) = (f, F\varphi) = (\widetilde{f}, \varphi) = (f, \widetilde{\varphi}) \qquad \text{(II.6)}$$

*Bemerkung*
Aus dem Satz folgt, daß $FF^{-1} = F^{-1}F = 1$ auch auf S′ gilt.

*Beispiele:*

α) $F[\delta]$, Fouriertransformation der δ-Funktion

$$(F\delta, \varphi) = (\delta, F\varphi) = \int \delta(x)\widetilde{\varphi}(x)dx = \widetilde{\varphi}(0) = \int e^{ipx}\varphi(x)dx\Big|_{p=0} = \int \varphi(x)dx,$$

d.h. es gilt

$$(F\delta, \varphi) = (1, \varphi).$$

Die Fouriertransformierte der δ-Funktion ist die 1.

β) $F\left[\frac{d}{dx} f\right]$, $\quad f \in S', \ \varphi \in S$ (II.7)

$$\left(F\left[\frac{d}{dx} f(x)\right], \varphi\right) = (f', F(\varphi)) = \int \frac{d}{dx} f(x)\, e^{ipx} \varphi(p)\,dp\,dx$$

$$= -\int f(x) \frac{d}{dx}(e^{ipx} \varphi(p))\,dp\,dx$$

$$= -\int f(x)\, ip\, \varphi(p)\, e^{ipx}\, dp\, dx$$

$$= -\int ip\, \widetilde{f}(p) \varphi(p)\,dp = (-ip\, Ff, \varphi),$$

d.h. man erhält

$$F\left[\frac{d}{dx} f\right](p) = -ip\, F[f](p).$$

**3. Cauchy-Hauptwert, Divisionsproblem**

Wir betrachten das sogenannte Divisionsproblem

$$x^n f(x) = 1 \tag{II.8}$$

und fragen nach einer Lösung im Sinne der Distributionen, d.h.: Gibt es ein f(x), so daß (II.8) erfüllt ist und der Ausdruck

$$\int f(x)\varphi(x)dx = (f, \varphi), \qquad \varphi \in S$$

einen Sinn hat, wobei f eine Distribution, d.h. ein stetiges lineares Funktional ist? Offenbar ist $f(x) = 1/x^n$ nicht geeignet, da das Integral

$$\int \frac{1}{x^n} \varphi(x)\,dx$$

nicht für alle $\varphi \in S$ existiert.

Nun ist ein Element aus $S'$, d.h. ein Funktional, eine Abbildung, und diese braucht keinesfalls immer durch ein Integral im herkömmlichen Sinne vermittelt zu werden.

*Definition A.6:*

$$pv \int \frac{1}{x^n} \varphi(x)\,dx := \lim_{\epsilon \to 0} \left[ \int_{-\infty}^{-\epsilon} + \int_{\epsilon}^{\infty} \right] \left( \frac{1}{x^n} \varphi(x) \right) dx;$$

die durch Kopplung der Grenzübergänge im an der singulären Stelle aufgespaltenen Integral entstandene Abbildungsvorschrift heißt der Cauchy-Hauptwert (englisch *p*rincipal *v*alue)

**Satz** (ohne Beweis, siehe etwa [E1])

$pv\frac{1}{x^n}$ [1]) ist eine Distribution und stimmt außer bei $x = 0$ mit der Funktion $\frac{1}{x^n}$ überein.[2])
Im Spezialfall $n = 1$ gilt bekanntlich im Sinne der Analysis

$$\frac{d}{dx} \log |x| = \frac{1}{x}.$$

Für Distributionen gilt der folgende

**Satz** (ohne Beweis, siehe [E1]):
Gegeben $\log|\omega|$, als Distribution aufgefaßt. Dann gilt

$$(D \log|\omega|, \varphi(\omega)) = \left(pv\, \frac{1}{\omega}, \varphi(\omega)\right)$$

oder symbolisch

$$\frac{d}{dx} \log |x| = pv\, \frac{1}{x}.$$

Will man also $\frac{1}{x}$ als Distribution auffassen, so muß $\frac{1}{x}$ durch $pv\frac{1}{x}$ ersetzt werden. Das gibt auch die Antwort auf die Frage nach der Lösung von (II.8).

---

[1]) Dies ist eine symbolische Schreibweise; man denke sich immer die Integrationen dazu.

[2]) d.h. $pv \int_a^b \frac{1}{x^n} \varphi(x)\,dx = \int_a^b \frac{1}{x^n} \varphi(x)\,dx$ in jedem Intervall, das die 0 nicht enthält.

**Satz:** Die Gleichung $x^n f(x) = 1$

wird gelöst durch

$$f(x) = pv\,\frac{1}{x^n} + \sum_{v=0}^{n-1} c_v \delta^{(v)}(x)\,, \tag{II.9}$$

wobei $c_v$ beliebige Konstanten sind.

*Beweis:*

Durch Einsetzen unter Verwendung von (II.4b) (Integration immer mitdenken!)

*Bemerkung:*

$\sum_{v=0}^{n-1} c_v \delta^{(v)}(x)$ ist offenbar die Lösung des *homogenen* Problems

$$x^n f(x) = 0\,.$$

### 4. Die Fouriertransformierte der $\theta$-Funktion

Wir schreiben symbolisch:

$$F[\theta](\omega) = \int_{-\infty}^{\infty} e^{i\omega t}\,\theta(t)\,dt \equiv g(\omega)\,;$$

wegen $\frac{d}{dt}\theta(t) = \delta(t)$ und (II.7) gilt:

$$1 = \int_{-\infty}^{\infty} \delta(t)\,e^{i\omega t}\,dt = \int_{-\infty}^{\infty} \frac{d}{dt}\theta(t)\,e^{i\omega t}\,dt = -\,i\omega g(\omega)\,.$$

Daraus folgt die Bedingungsgleichung

$$-\,i\omega g(\omega) = 1$$

mit der Lösung nach (II.9):

$$g(\omega) = i\,pv\,\frac{1}{\omega} + c\,\delta(\omega)\,.$$

c ergibt sich aus der Forderung $FF^{-1} = F^{-1}F = 1$. Man erhält $c = \pi$.
Damit:

$$F[\theta(x)](\omega) = \int \theta(x)\,e^{i\omega x}\,dx = i\,pv\,\frac{1}{\omega} + \pi\delta(\omega)\,. \tag{II.10}$$

Ebenso erhält man

$$F[\theta(-x)](\omega) = \int \theta(-x)e^{i\omega x}\,dx = -\,i\,pv\,\frac{1}{\omega} + \pi\delta(\omega)\,. \tag{II.11}$$

(II.11) von (II.10) abgezogen ergibt :

$$F[\theta(x)] - F[\theta(-x)] = 2\,i\,pv\,\frac{1}{\omega} \tag{II.11a}$$

bzw.

$$F^{-1}[pv\frac{1}{\omega}](x) = \frac{1}{2i}[\theta(x) - \theta(-x)] = \frac{1}{2i}\,\epsilon(x) \tag{II.11b}$$

mit der Distribution

$$\epsilon(x) := \begin{cases} +1 \quad , & x > 0 \\ -1 \quad , & x < 0 \ . \end{cases} \tag{II.11c}$$

## 5. Eigenschaften der δ-Funktionen

Hier sollen noch einmal sämtliche Ergebnisse für die δ-Funktion angegeben werden mit einigen Ergänzungen:

*Definition A.7:*

$$\delta(\varphi) = \int_{\infty}^{\infty} \delta(x)\,\varphi(x)\,dx = \varphi(0) \tag{II.12}$$

$$F[\delta] = 1 \Rightarrow \delta(x) = \frac{1}{2\pi}\int_{-\infty}^{\infty} e^{-ipx}\,dp \qquad \text{(symbolisch)}$$

$$\delta^{(n)}(\varphi) = (-1)^n \varphi^{(n)}(0) \tag{II.13}$$

$$\delta(cx) = \frac{1}{|c|}\,\delta(x), \qquad c \neq 0 \tag{II.14}$$

$$\delta(f(x)) = \sum_{i=1}^{n} \frac{\delta(x - x_i)}{|f'(x_i)|}\ ; \qquad f(x_i) = 0, \qquad f'(x_i) \neq 0 \tag{II.15}$$

$$\delta[(x-a)(x+a)] = \frac{1}{2|a|}[\delta(x+a) + \delta(x-a)], \quad a \neq 0 \tag{II.16}$$

$$\delta(x^2) = c\,\delta(x) \quad , \qquad c \text{ beliebig}$$

$$f(x)\,\delta(x) = f(0)\,\delta(x) \quad , \qquad x\,\delta(x) = 0$$

Distributionen können auch durch Folgen geeigneter Funktionen aus dem Testfunktionenraum (hier S) beschrieben werden:

Also

$$\delta(\varphi) = \lim_{\epsilon \to 0} \int \delta_\epsilon(x)\varphi(x)dx\,, \qquad \{\delta_\epsilon(x)\} \subset S \tag{II.17}$$

mit

$$\delta_\epsilon(x) = \begin{cases} \dfrac{1}{\epsilon}\,, & |x| < \dfrac{\epsilon}{2} \\ 0\,, & \text{sonst} \end{cases}$$

oder

$$\delta_\epsilon(x) = \frac{1}{\pi}\frac{\epsilon}{\epsilon^2 + x^2} \tag{II.18}$$

oder

$$\delta_\epsilon(x) = \frac{1}{\epsilon\sqrt{\pi}}\, e^{-\frac{x^2}{\epsilon^2}}\,.$$

Setzt man die δ-Funktion ins Komplexe fort, betrachtet also das *analytische Funktional* $\delta(z)$, so kann man dies analog darstellen mit

$$\delta_\epsilon(z) = \frac{1}{\pi}\frac{\epsilon}{z^2 + \epsilon^2} = \frac{1}{2\pi i}\left[\frac{1}{z - i\epsilon} - \frac{1}{z + i\epsilon}\right] = \delta_\epsilon^+(z) + \delta_\epsilon^-(z) \tag{II.19}$$

und

$$\begin{aligned} \delta_\epsilon^+(z) &= -\frac{1}{2\pi i}\frac{1}{z + i\epsilon}\,; \qquad \delta_\epsilon^+(\pm z) = \delta_\epsilon^-(\mp z) \\ \delta_\epsilon^-(z) &= \frac{1}{2\pi i}\frac{1}{z - i\epsilon}\,. \end{aligned} \tag{II.20}$$

D.h., die Folgen haben einfache Pole bei $\pm i\epsilon$.

Man findet dann:

$$\begin{aligned} F[\theta(x)](z) &= \frac{1}{2\pi}\int_0^\infty e^{izx}\,dx = \delta^+(z) \\ F[\theta(-x)](z) &= \frac{1}{2\pi}\int_0^\infty e^{-izx}\,dx = \delta^-(z) \end{aligned} \tag{II.21}$$

und damit mit (II.11b)

$$pv\,\frac{1}{z} = \pi i\,[\delta^-(z) - \delta^+(z)]$$
$$pv\Big(\frac{1}{z}\Big)_\epsilon = \frac{1}{2}\Big[\frac{1}{z+i\epsilon} + \frac{1}{z-i\epsilon}\Big]\,. \qquad \text{(II.22)}$$

Damit ergibt sich

$$\delta^+(z) = \frac{1}{2}\left[\delta(z) + \frac{i}{\pi}\,pv\left(\frac{1}{z}\right)\right]$$
$$\delta^-(z) = \frac{1}{2}\left[\delta(z) - \frac{i}{\pi}\,pv\left(\frac{1}{z}\right)\right] \qquad \text{(II.23)}$$

Lit.: [E 1–8] .

# III. Lineare partielle Differentialgleichungen 2. Ordnung

## a) Einteilung

Allgemeinste partielle Differentialgleichung 2. Ordnung von n Variablen $x_1, \dots, x_n$:

$$\left[\sum_{i,j=1}^{n} a_{ij}\,\partial_{x_i}\partial_{x_j} + \sum_{i=1}^{n} b_i\,\partial_{x_i} + c\right]\varphi(x_1,\dots,x_n) + d \equiv \Pi\,\varphi(\mathbf{r}) + d(\mathbf{r}) = 0 \qquad \text{(III.1)}$$

mit Koeffizientenfunktionen $a_{ij}$, $b_i$, c, d und $a_{ij} = a_{ji}$, von $x_1, \dots, x_n$ abhängig.

Betrachtung von (III.1) in beliebigem, aber festem Punkt $M_0 = (x_1^0, \dots, x_n^0)$: Dann ist (III.1) eine quadratische Form mit einem linearen Rest.

Transformation auf Hauptachsen im Punkte $M_0$: $x_i \to \xi_i\,(x_1, \dots, x_n)$; dann geht (III.1) über in

$$\sum_{i=1}^{n} c_i\,\partial_{\xi_i}^2\,\varphi(\xi_1,\dots,\xi_n) + \Phi = 0\,, \qquad \text{(III.2)}$$

wobei $\Phi$ alle Anteile 1. Ordnung und die Inhomogenität enthält.

*Möglichkeiten:* (III.1) heißt im Punkte $M_0$

| | | | |
|---|---|---|---|
| elliptisch, wenn | $c_i > 0$ | $(i = 1, \dots, n)$ | |
| hyperbolisch, wenn | $c_i > 0$ | $(i = 1, \dots, n-1)$, | $c_n < 0$ |
| ultrahyperbolisch, wenn | $c_i > 0$ | $(i = 1, \dots, k)$, | $k > 1$, $c_i < 0$ $(i = k+1, \dots, n)$ |
| parabolisch, wenn | $c_i \neq 0$ | $(i = 1, \dots, n-m)$ , | $m \geqslant 1$ , $c_i = 0$ $(i = m+1, \dots, n)$ |

(bis auf gemeinsame Vorzeichenänderung durch Multiplikation von (III.2) mit (−1)).

*Einfacher Fall:* n = 2; dann lautet (III.1)

$$[a_{11}\,\partial^2_{x_1} + 2a_{12}\,\partial_{x_1}\partial_{x_2} + a_{22}\,\partial^2_{x_2} + b_1\,\partial_{x_1} + b_2\,\partial_{x_2} + c]\varphi(x_1, x_2) + d = 0. \quad \text{(III.3)}$$

Für (III.3) gilt dann die Einteilung

$$a_{12}^2 - a_{11}a_{22}\begin{cases} > 0 & \text{hyperbolisch} \\ < 0 & \text{elliptisch} \\ = 0 & \text{parabolisch} \end{cases} \quad \text{(III.4)}$$

*Beispiele* der verschiedenen Typen: (n = 3, n = 4); besonders einfach mit konstanten Koeffizienten:

elliptisch: $(\Delta_{\mathbf{r}} + k^2)\varphi(\mathbf{r}) = -4\pi\rho(\mathbf{r})$ Laplace-Gl. $k^2 = 0, \rho = 0$
Poisson-Gl. $k^2 = 0$
Helmholtz-Gl., inhomogen

hyperbolisch: $\Box\varphi(\mathbf{r}, t) \equiv \left(\Delta_{\mathbf{r}} - \frac{1}{c^2}\,\partial_t^2\right)\varphi(\mathbf{r}, t) = -4\pi\rho(\mathbf{r}, t)$
Wellengleichung, inhomogen

$(\Box - \mu^2)\varphi(\mathbf{r}, t) = -4\pi\rho(\mathbf{r}, t)$ Klein-Gordon-Gleichung, inhomogen

parabolisch: $(\Delta_{\mathbf{r}} - D\,\partial_t)\,T(\mathbf{r}, t) = -4\pi\rho(\mathbf{r}, t)$
Wärmeleitungsgleichung, inhomogen

$\left[-\frac{\hbar^2}{2m}\Delta_{\mathbf{r}} - i\hbar\partial_t + V(\mathbf{r})\right]\psi(\mathbf{r}, t) = 0$
Schrödinger-Gleichung (Quantenmechanik)

**b) Randbedingungen**

Die Randbedingungen stellen einen wesentlichen Bestandteil der partiellen Differentialgleichungen dar; sie geben die physikalischen Bedingungen in mathematischer Form wieder.

*Problemstellung:*

G := Gebiet im n-dimensionalen, endlichen $\mathbb{R}_n$
F(G) := Rand von G
G := G + F(G) abgeschlossene Hülle
$C_k(G)$ := Menge aller in G k-mal stetig differenzierbaren Funktionen
C(G) := Menge der in G stetigen Funktionen

Gesucht: $\varphi(\mathbf{r}) \in C_2(G) \cap C(\overline{G}) =: D_L$ ; $D_L$ = Definitionsgebiet entsprechend (III.1)
a) $\mathbb{L}\varphi(\mathbf{r}) + f(\mathbf{r}) = 0$ ; $\mathbf{r} \in G$; $\mathbb{L}$ = Differentiationsoperator
b) $a\varphi(\mathbf{r}) + b(\mathbf{n}\cdot\nabla_{\mathbf{r}})\varphi(\mathbf{r}) = g(\mathbf{r})$ ; $\mathbf{r} \in \widetilde{F}(G) \subseteq F(G)$
= *Cauchy-Randbedingung* auf der Fläche $\widetilde{F}(G)$ innerhalb der Gesamtberandung F(G) des Gebietes G. $g \neq 0$: inhomogene Randbedingung (allgemeinste Form der Randbedingung); $\mathbf{n}$ := Normale auf $\widetilde{F}(G)$ vom Innenraum G nach außen; $g(\mathbf{r}) \in C(\widetilde{F})$ vorgegeben.

*Spezialfälle:*

b = 0 : *Dirichletsche* Randbedingung
a = 0 : *von Neumannsche* Randbedingung

**c) Mathematisches Problem**

α) Existenz von Lösungen $\varphi(\mathbf{r})$ in bestimmten Gebieten G mit bestimmten Randbedingungen auf entsprechenden Oberflächen $\widetilde{F}(G)$.

β) Eindeutigkeit dieser Lösungen.

Die Beantwortung hängt hauptsächlich von der Beschaffenheit der Gebiete (Beschränktheit, Zusammenhang) und der Oberfläche $\widetilde{F}(G)$ von G (geschlossen, offen, glatt) für die entsprechenden Randbedingungen und von den geforderten Stetigkeitseigenschaften der Lösungsfunktion in den Bereichen ab.

Eine Lösung heißt stabil, wenn kleine Abänderungen in den Randbedingungen merkliche Änderungen der Lösungen nur in der Nähe der Berandung $\widetilde{F}(G)$ verursachen:
Stetigkeit der Lösung gegenüber Variation der Randbedingung.
*Schematische Beantwortung* mit folgender Tabelle; sie gibt die geeigneten Eigenschaften der Randbedingung für eine eindeutige Lösung der verschiedenen Differentialgleichungstypen an:

Bedingung für Randwertprobleme: nach [M 5]

| Art der Randbedingung | Gleichungstyp | | |
|---|---|---|---|
| | Elliptisch (Poisson-Gl.) | Hyperbolisch (Wellen-Gl.) | Parabolisch (Wärmeleitungs-Gl.) |
| *Dirichlet* offene Oberfläche | unterbestimmt | unterbestimmt | *Eindeutige*, stabile Lösung in einer Richtung |
| geschlossene Oberfläche | *Eindeutige*, stabile Lösung | überbestimmt | überbestimmt |
| *v. Neumann* offene Oberfläche | unterbestimmt | unterbestimmt | *Eindeutige*, stabile Lösung in einer Richtung |
| geschlossene Oberfläche | *Eindeutige*, stabile Lösung im allgemeinen | überbestimmt | überbestimmt |
| *Cauchy* offene Oberfläche | unphysikalische Ergebnisse | *Eindeutige*, stabile Lösung | überbestimmt |
| geschlossene Oberfläche | überbestimmt | überbestimmt | überbestimmt |

*Sinnvolle Randwertprobleme* sind also:

Elliptisch: Dirichlet- oder v. Neumann-Randbedingung auf (endlicher oder unendlicher) geschlossener Fläche

Parabolisch: Dirichlet- oder v. Neumann-Randbedingung auf offener Fläche

Hyperbolisch: Cauchy-Randbedingung auf offener Fläche .

*Speziell in der Elektrodynamik:*

Potentialgleichung: elliptisch;

Wellengleichung: hyperbolisch;

parabolische Gleichungen kommen nicht vor.

**d) Randwertprobleme der Elektrodynamik**

**1. Potentialgleichung**

G endlich oder unendlich, F(G) einfach zusammenhängend, geschlossen, glatt; n = 3.

a) $\varphi(\mathbf{r}) \in C_2(G)$

$$\Delta_{\mathbf{r}}\varphi(\mathbf{r}) + f(\mathbf{r}) = 0; \qquad \mathbf{r} \in G \subset \mathbb{R}_3; \qquad f(\mathbf{r}) \in C(\overline{G}) \tag{III.5}$$

b) $g(\mathbf{r}) \in C(F(G))$ vorgegeben auf F(G); $\varphi(\mathbf{r}) \in C(\overline{G})$

und

$$\varphi(\mathbf{r}) = g(\mathbf{r}); \qquad \mathbf{r} \in F(G) \qquad \text{Dirichlet}$$
$$(\mathbf{n} \cdot \nabla_{\mathbf{r}})\varphi(\mathbf{r}) = g(\mathbf{r}); \qquad \mathbf{r} \in F(G) \qquad \text{v. Neumann,}$$

d.h. inhomogenes Randwertproblem mit inhomogener Randbedingung.

*Eindeutigkeit*

$\alpha$) *Es sei* G *endlich:*

$\varphi_1, \varphi_2$ erfüllen (III.5). Sei

$$\psi := \varphi_1 - \varphi_2 \,. \tag{III.6}$$

Dann erfüllt $\psi$ das homogene Randwertproblem (III.5) mit homogener Randbedingung, d.h.

$$\begin{aligned} \Delta_{\mathbf{r}}\,\psi(\mathbf{r}) &= 0 \qquad \mathbf{r} \in G \\ \psi(\mathbf{r}) &= 0 \qquad \mathbf{r} \in F(G) \qquad \text{Dirichlet} \\ (\mathbf{n} \cdot \nabla_{\mathbf{r}})\,\psi(\mathbf{r}) &= 0 \qquad \mathbf{r} \in F(G) \qquad \text{v. Neumann.} \end{aligned} \tag{III.7}$$

Erste Greensche Formel (I.26) mit $\phi = \varphi \equiv \psi$:

$$\int_G [(\nabla_{\mathbf{r}}\,\psi(\mathbf{r}))^2 + \psi(\mathbf{r})\Delta_{\mathbf{r}}\psi(\mathbf{r})]\,d^3r = \oint_{F(G)} \psi(\mathbf{r})\,(\mathbf{n} \cdot \nabla_{\mathbf{r}})\,\psi(\mathbf{r})\,dF \tag{III.8}$$

mit (III.7) für Dirichlet- wie v. Neumann-Bedingung

$$\int_G (\nabla_{\mathbf{r}} \psi(\mathbf{r}))^2 \, d^3 r = 0 \; , \tag{III.9}$$

d.h. für $\mathbf{r} \in G$:

$$\nabla_{\mathbf{r}} \psi(\mathbf{r}) = 0 \quad \text{bzw.} \quad \psi(\mathbf{r}) = \text{const.} \tag{III.10}$$

*Dirichlet:* $\psi(\mathbf{r}) = 0; \mathbf{r} \in F(G); \quad \psi(\mathbf{r}) = \text{const}, \mathbf{r} \in G$
deswegen

$$\varphi_1 - \varphi_2 \equiv \psi = 0 . \tag{III.11}$$

*v. Neumann:* $(\mathbf{n} \cdot \nabla_{\mathbf{r}}) \psi(\mathbf{r}) = 0; \mathbf{r} \in F(G)$ für $\psi(\mathbf{r}) = \text{const}$ erfüllt, d.h. Konstante bleibt unbestimmt (unwesentlich).

$$\varphi_1 - \varphi_2 \equiv \psi = c_0 \; . \tag{III.12}$$

$\beta$) G *sei unendlich, und zwar* $G \equiv \mathbb{R}_3$

Die homogenen Randbedingungen lauten entsprechend:

$$\begin{aligned} &\lim_{|\mathbf{r}| \to \infty} \varphi(\mathbf{r}) = 0 && \text{Dirichlet} \\ &\lim_{|\mathbf{r}| \to \infty} (\mathbf{n} \cdot \nabla_{\mathbf{r}}) \varphi(\mathbf{r}) = 0 && \text{v. Neumann} \end{aligned} \tag{III.13}$$

Hier sind (III.8) und (III.9) als Limesbeziehung zu formulieren: Sei V(R) = Kugel mit sehr großem Radius R, dann lautet (III.8):

$$\lim_{R \to \infty} \int_{V(R)} (\nabla_{\mathbf{r}} \psi(\mathbf{r}))^2 \, d^3 r = \lim_{R \to \infty} \int_{F(V)} \psi(\mathbf{r}) (\mathbf{n} \cdot \nabla_{\mathbf{r}}) \psi(\mathbf{r}) dF \tag{III.14}$$

$\varphi(\mathbf{r}) \sim \frac{1}{r}$ mit $r = |\mathbf{r}|$ genügt (III.13) und ist für die Erfüllung von (III.13) notwendig. Damit wird

$$\lim_{R \to \infty} \int_{F(V)} \psi(\mathbf{r}) \nabla_{\mathbf{r}} \psi(\mathbf{r}) \cdot d\mathbf{F} \sim \lim_{R \to \infty} \frac{1}{R^2} \int_{F(V)} (\mathbf{n} \cdot \mathbf{r}) d\Omega = 0 \tag{III.15}$$

oder

$$\lim_{R \to \infty} \int_{V(R)} (\nabla_{\mathbf{r}} \psi(\mathbf{r}))^2 \, d^3 r = 0 \; , \tag{III.16}$$

d.h. analog (III.9); daraus folgen auch die (III.10), (III.11), (III.12) entsprechenden Beziehungen.

Die *Existenz* der Lösung ist in [M 2] bewiesen.

*Lösung der inhomogenen Gleichung (III.5)*

Zerlegung der Lösung: ($R\varphi \equiv$ Randwert von $\varphi$ auf F(G); Dirichlet/v. Neumann)

$$\varphi := u_1 + u_2 \tag{III.17}$$

mit

$$\begin{aligned} &\text{a)} \quad \Delta u_1 + f = 0 \quad \text{in } G; \quad R u_1 = 0 \quad \text{auf } F(G) \\ &\text{b)} \quad \Delta u_2 = 0 \quad \text{in } G; \quad R u_2 = g \quad \text{auf } F(G)\,. \end{aligned} \tag{III.18}$$

Einsetzen von (III.17) mit (III.18) in (III.5) ergibt, daß damit eine Lösung konstruiert werden kann:

$$\Delta\varphi = f \quad \text{in } G; \qquad R\varphi = g \quad \text{auf } F(G)\,. \tag{III.19}$$

Damit: Zerlegung des inhomogenen Randwertproblems mit inhomogenen Randbedingungen in zwei Probleme:

a) inhomogene Gleichung mit homogenen Randbedingungen und
b) homogene Gleichung mit inhomogenen Randbedingungen.

*Dirichlet-Problem:* Problem b) ist mit a) äquivalent, wenn $g \in C_2(\overline{G})$ ist; dann kann man zerlegen:

$$u_2 = v + g\,; \tag{III.20}$$

in (III.18) eingesetzt:

$$\Delta v + f' = 0 \quad \text{in } G; \quad Rv = 0 \quad \text{auf } F(G) \tag{III.21}$$

mit $f' := \Delta g$ .

v genügt also der Gleichung a).

Lösung von a) mit einer *Greenfunktion* nach Anhang IV (siehe auch Abschnitt 9.2!)

$$\begin{aligned} \Delta_{\mathbf{r}} G(\mathbf{r}, \mathbf{r}') &= -4\pi\delta(\mathbf{r} - \mathbf{r}')\,; \qquad && \mathbf{r}, \mathbf{r}' \in G \\ G(\mathbf{r}, \mathbf{r}') &= 0\,; && \mathbf{r} \in F(G)\,. \end{aligned} \tag{III.22}$$

Die Lösung lautet:

$$u_1(\mathbf{r}) = \frac{1}{4\pi} \int_G G(\mathbf{r}, \mathbf{r}') f(\mathbf{r}')\, d^3 r'\,. \tag{III.23}$$

Damit hat die Lösung des Gesamtproblems (III.5) die Gestalt

$$\varphi(\mathbf{r}) = \frac{1}{4\pi} \int_G G(\mathbf{r}, \mathbf{r}') \left[f(\mathbf{r}') + \Delta_{\mathbf{r}'} g(\mathbf{r}')\right] d^3 r' + g(\mathbf{r}). \tag{III.24}$$

Mit (III.22) sieht man sofort, daß $\varphi(\mathbf{r})$ tatsächlich Lösung von (III.5) ist. Anwendung des Greenschen Satzes nach (I.27):

$$\int_G [\varphi(\mathbf{r}) \Delta \psi(\mathbf{r}) - \psi(\mathbf{r}) \Delta\varphi(\mathbf{r})]\, d^3 r = \int_{F(G)} [\varphi(\mathbf{r})\, \nabla\psi(\mathbf{r}) - \psi(\mathbf{r})\, \nabla\varphi(\mathbf{r})] \cdot d\mathbf{F} \tag{III.25}$$

auf den zweiten Term in (III.24), d.h. mit

$$\varphi(\mathbf{r}') \equiv G(\mathbf{r}', \mathbf{r})\,; \qquad \psi(\mathbf{r}') \equiv g(\mathbf{r}')$$

ergibt mit (III.22)

$$\frac{1}{4\pi} \int\limits_G G(\mathbf{r}', \mathbf{r})\, \Delta_{\mathbf{r}'}\, g(\mathbf{r}') d^3 r' = -\, g(\mathbf{r}) - \frac{1}{4\pi} \int\limits_{F(G)} g(\mathbf{r}') \nabla_{\mathbf{r}'} G(\mathbf{r}', \mathbf{r}) \cdot dF' . \tag{III.26}$$

Verwendung der Symmetrie von $G(\mathbf{r}, \mathbf{r}') = G(\mathbf{r}', \mathbf{r})$ in (III.26) und Einsetzen in (III.24) ergibt dann die Form (9.9) von Abschnitt 9.2:

$$\varphi(\mathbf{r}) = \frac{1}{4\pi} \int\limits_G G(\mathbf{r}, \mathbf{r}') f(\mathbf{r}') d^3 r' - \frac{1}{4\pi} \int\limits_{F(G)} g(\mathbf{r}') \nabla_{\mathbf{r}'} G(\mathbf{r}, \mathbf{r}') \cdot dF' . \tag{III.27}$$

*Symmetrie der Green-Funktion:*

Die Greensche Formel (III.25) mit $\psi(\mathbf{r}) = G(\mathbf{r}, \mathbf{r}')$, $\varphi(\mathbf{r}) = G(\mathbf{r}, \mathbf{r}'')$ liefert mit (III.22)

$$\int\limits_G [G(\mathbf{r}, \mathbf{r}'')\delta(\mathbf{r} - \mathbf{r}') - G(\mathbf{r}, \mathbf{r}')\delta(\mathbf{r} - \mathbf{r}'')]\, d^3 r = 0 \tag{III.28}$$

d.h.

$$G(\mathbf{r}'', \mathbf{r}') = G(\mathbf{r}', \mathbf{r}'') . \tag{III.29}$$

*v. Neumann-Problem:*

Die entsprechende Randbedingung für $G(\mathbf{r}, \mathbf{r}')$ wäre:

$$(\mathbf{n} \cdot \nabla_{\mathbf{r}'}) G(\mathbf{r}, \mathbf{r}') = 0\,; \qquad \mathbf{r}' \in F(G) \tag{III.30}$$

$$\Delta_{\mathbf{r}'} G(\mathbf{r}, \mathbf{r}') = -\,4\pi\delta(\mathbf{r} - \mathbf{r}')\,; \quad \mathbf{r}', \mathbf{r} \in G . \tag{III.30a}$$

Anwendung des Gaußschen Satzes auf die Differentialgleichung (III.30a) ergibt jedoch

$$\int\limits_G \Delta_{\mathbf{r}'} G(\mathbf{r}, \mathbf{r}') d^3 r' = \int\limits_G \nabla_{\mathbf{r}'} \cdot \nabla_{\mathbf{r}'} G(\mathbf{r}, \mathbf{r}') d^3 r' = \int\limits_{F(G)} (\mathbf{n} \cdot \nabla_{\mathbf{r}'}) G(\mathbf{r}, \mathbf{r}') dF' = -4\pi \tag{III.31}$$

d.h., dies ist mit der Randbedingung nicht verträglich und stellt vielmehr eine Nebenbedingung an $G(\mathbf{r}, \mathbf{r}')$ dar.

Die einfachste Randbedingung, die (III.31) erfüllt, ist:

$$(\mathbf{n} \cdot \nabla_{\mathbf{r}'}) G(\mathbf{r}, \mathbf{r}') = -\frac{4\pi}{F}\,; \qquad \mathbf{r}' \in F(G) \tag{III.32}$$

mit

$$F := \int\limits_{F(G)} dF = \text{Fläche von } F(G) .$$

Dann ergibt die Greensche Formel (III.25) mit (III.5) und (III.32)

$$\varphi(\mathbf{r}) = \frac{1}{4\pi} \int\limits_G G(\mathbf{r}, \mathbf{r}') \, [f(\mathbf{r}') + g(\mathbf{r}')] d^3r' + C \tag{III.33}$$

mit der noch freien Konstanten

$$C := \frac{4\pi}{F} \int\limits_{F(G)} \varphi(\mathbf{r}) dF \, . \tag{III.34}$$

Schon bei dem Eindeutigkeitsbeweis war die Lösung des v. Neumann-Problems nur bis auf eine Konstante bestimmt, (III.30a) und (III.32) bestimmen also $G(\mathbf{r}, \mathbf{r}')$ für das v. Neumann-Problem.

## 2. Wellengleichung

$G \equiv G_3 \times T$; $T := \{t \mid t_0 \leqslant t < \infty\}$; $t$ = Zeitvariable, $G_3$ = Gebiet im $\mathbb{R}_3$

$F(G) := F(G_3) \times \{t_0\}$, d.h. $F(G)$ offen, $F(G_3)$ geschlossen, glatt, einfach zusammenhängend.

Inhomogene d'Alembert-Gleichung:

$$\Box \psi(\mathbf{r}, t) = -4\pi\rho(\mathbf{r}, t) \, ; \qquad \mathbf{r} \in G_3, \qquad t \geqslant t_0 \, . \tag{III.35}$$

$\psi_1, \psi_2, \psi_3$ sind in $G_3$ vorgegebene Funktionen, $\rho$ ist in $G$ vorgegeben.

Anfangswertbedingungen:

$$\psi(\mathbf{r}, t_0) = \psi_1(\mathbf{r}); \qquad \mathbf{r} \in G_3 \tag{III.36}$$

$$\frac{\partial}{\partial t} \psi(\mathbf{r}, t)\Big|_{t=t_0} = \psi_2(\mathbf{r}); \qquad \mathbf{r} \in G_3$$

Randbedingung: (zeitunabhängig)

$$\psi(\mathbf{r}, t) = \psi_3(\mathbf{r}) \, ; \qquad \mathbf{r} \in F(G_3), \; t \geqslant t_0 \tag{III.37}$$

(III.36), (III.37) stellen in G Cauchy-Randbedingungen dar. Da F(G) in G offen ist, hat das Problem eindeutige Lösungen. Wir nehmen die Zerlegung vor:

$$\psi(\mathbf{r}, t) = \varphi(\mathbf{r}, t) + \widetilde{\psi}(\mathbf{r}, t); \tag{III.38}$$

dabei erfülle

$\varphi(\mathbf{r}, t)$ die homogene Differentialgleichung (III.35) und die inhomogene Rand- und Anfangswertbedingung,

$\widetilde{\psi}(\mathbf{r}, t)$ die inhomogene Differentialgleichung (III.35) und die homogenen Rand- und Anfangswertbedingungen.

a) Lösung der homogenen Differentialgleichung mit inhomogener Rand- bzw. Anfangswertbedingung, d.h. der Gleichungen für $\varphi(\mathbf{r}, t)$:

$$\Box\varphi(\mathbf{r}, t) = 0; \qquad \mathbf{r} \in G_3,\ t \geqslant t_0. \tag{III.39}$$

$$\varphi(\mathbf{r}, t_0) = \psi_1(\mathbf{r}); \qquad \mathbf{r} \in G_3 \tag{III.40}$$

$$\frac{\partial}{\partial t}\varphi(\mathbf{r}, t)\bigg|_{t=t_0} = \psi_2(\mathbf{r}); \qquad \mathbf{r} \in G_3; \text{ inhomogene Anfangsbedingungen}$$

$$\varphi(\mathbf{r}, t) = \psi_3(\mathbf{r}); \qquad \mathbf{r} \in F(G_3);\ t \geqslant t_0 \quad \text{inhomogene Randbedingung.} \tag{III.41}$$

Weitere Vereinfachung durch Zerlegung:

$$\varphi(\mathbf{r}, t) = w(\mathbf{r}, t) + v(\mathbf{r}) \tag{III.42}$$

$w(\mathbf{r}, t)$ erfüllt die inhomogene Anfangs- und homogene Randbedingung;
$v(\mathbf{r})$ erfüllt die homogene Anfangs- und inhomogene Randbedingung.

α) Gleichungen für $v(\mathbf{r})$

$$\begin{aligned} \Delta_{\mathbf{r}} v(\mathbf{r}) &= 0; \qquad \mathbf{r} \in G_3 \\ v(\mathbf{r}) &= \psi_3(\mathbf{r}); \quad \mathbf{r} \in F(G_3) \end{aligned} \tag{III.43}$$

$v(\mathbf{r})$ erfüllt also die Dirichletsche Randwertaufgabe der Potentialtheorie. Wie vorher diskutiert, existiert die eindeutige Lösung von (III.43).

β) Gleichungen für $w(\mathbf{r}, t) = \varphi(\mathbf{r}, t) - v(\mathbf{r})$ mit (III.43), (III.41), (III.40).

$$\Box w(\mathbf{r}, t) = 0; \qquad \mathbf{r} \in G_3 \quad ; \quad t \geqslant t_0 \tag{III.44}$$

$$w(\mathbf{r}, t_0) = \varphi(\mathbf{r}, t_0) - v(\mathbf{r}) = \psi_1(\mathbf{r}) - v(\mathbf{r}) := w_1(\mathbf{r})$$

$$\frac{\partial}{\partial t} w(\mathbf{r}, t)\bigg|_{t=t_0} = \frac{\partial}{\partial t}\varphi(\mathbf{r}, t)\bigg|_{t=t_0} = \psi_2(\mathbf{r}) \qquad := w_2(\mathbf{r}) \tag{III.45}$$

und homogener Randbedingung

$$w(\mathbf{r}, t) = \varphi(\mathbf{r}, t) - v(\mathbf{r}) = 0; \quad \mathbf{r} \in F(G_3). \tag{III.46}$$

$w(\mathbf{r}, t)$ löst damit das homogene Problem mit homogener Rand- und inhomogener Anfangsbedingung.

Existenz und Eindeutigkeit der Lösung sind durch einen Satz aus der Theorie der Differentialgleichungen gesichert [M2]. Explizite Berechnung von $w(\mathbf{r}, t)$: Separationsansatz

$$w(\mathbf{r}, t) = T(t)\, z(\mathbf{r}). \tag{III.47}$$

Eingesetzt in (III.44)

$$\frac{\Delta z(\mathbf{r})}{z(\mathbf{r})} = \frac{T''}{T} =: -\lambda. \tag{III.48}$$

Für z(**r**) ergibt sich damit das Dirichletsche Eigenwertproblem

$$\Delta_r z_n(\mathbf{r}) + \lambda_n z_n(\mathbf{r}) = 0; \qquad \mathbf{r} \in G_3$$
$$z_n(\mathbf{r}) = 0; \qquad \mathbf{r} \in F(G_3) \tag{III.49}$$

**Satz** (ohne Beweis, s. [M 2]): Die Lösungen $\{z_n(\mathbf{r})\}_{n=0}^{\infty}$ bilden in $G_3$ ein vollständiges, orthogonales Funktionensystem mit den Eigenwerten $\{\lambda_n\}_{n=0}^{\infty}$.

Für $T_n(t)$ ergeben sich die Lösungen:

$$T_n(t) = a_n \cos\sqrt{\lambda_n}\, t + b_n \sin\sqrt{\lambda_n}\, t; \qquad (n = 0, 1, 2, \ldots, \infty). \tag{III.50}$$

Dies führt auf

$$\varphi(\mathbf{r}, t) = v(\mathbf{r}) + \sum_{n=1}^{\infty} T_n(t)\, z_n(\mathbf{r}) \tag{III.51}$$

$$= v(\mathbf{r}) + \sum_{n=0}^{\infty} (a_n \cos\sqrt{\lambda_n}\, t + b_n \sin\sqrt{\lambda_n}\, t)\, z_n(\mathbf{r}).$$

Dabei lassen sich die Koeffizienten $a_n$, $b_n$ durch Entwicklung von $w_1(\mathbf{r})$ und $w_2(\mathbf{r})$ nach $\{z_n\}$ und Koeffizientenvergleich aus den Anfangsbedingungen bestimmen:

$$w_1(\mathbf{r}) = \sum_{n=0}^{\infty} \alpha_n z_n(\mathbf{r}); \qquad w_2(\mathbf{r}) = \sum_{n=0}^{\infty} \beta_n z_n(\mathbf{r}). \tag{III.52}$$

(III.45) mit (III.51) ergibt dann durch Vergleich:

$$\alpha_n = a_n \cos\sqrt{\lambda_n}\, t_0 + b_n \sin\sqrt{\lambda_n}\, t_0;$$
$$\beta_n = \sqrt{\lambda_n}\, [-a_n \sin\sqrt{\lambda_n}\, t_0 + b_n \cos\sqrt{\lambda_n}\, t_0]. \tag{III.52a}$$

b) Lösung der inhomogenen Differentialgleichungen mit homogenen Rand- und Anfangswertbedingungen, d.h. der Gleichungen für $\widetilde{\psi}(\mathbf{r}, t)$:

$$\Box \widetilde{\psi}(\mathbf{r}, t) = -4\pi\rho(\mathbf{r}, t); \qquad \mathbf{r} \in G_3 \;; \quad t \geqslant t_0 \tag{III.53}$$

$$\widetilde{\psi}(\mathbf{r}, t_0) = 0 \tag{III.54}$$

$$\frac{\partial}{\partial t}\widetilde{\psi}(\mathbf{r}, t)\Big|_{t=t_0} = 0 \qquad \text{homogene Anfangswertbedingungen}$$

$$\widetilde{\psi}(\mathbf{r}, t) = 0; \quad \mathbf{r} \in F(G_3) \qquad \text{homogene Randbedingung} \tag{III.55}$$

Lösung mit Hilfe der Greenschen Funktion (s. Abschnitt 4.5):

$$\Box G(\mathbf{r}, t; \mathbf{r}', t') = -4\pi\delta(\mathbf{r} - \mathbf{r}')\delta(t - t'); \qquad \mathbf{r}, \mathbf{r}' \in G_3; \;\; t, t' \in T \tag{III.56}$$

mit den Anfangsbedingungen (retardiert nach Abschnitt 4.5 und Anhang IV)

$$G(\mathbf{r},\mathbf{r}';\tau)\big|_{\tau<0}=0\,; \qquad \mathbf{r},\mathbf{r}'\in G_3 \tag{III.57}$$

$$\frac{\partial}{\partial\tau}G(\mathbf{r},\mathbf{r}';\tau)\big|_{\tau<0}=0$$

mit $\tau := t - t'$ wegen der Invarianz gegenüber Zeittranslation und mit der Randbedingung:

$$G(\mathbf{r},\mathbf{r}';\tau)=0\,; \qquad \mathbf{r}\in F(G_3)\,. \tag{III.58}$$

Nach (4.51) erhält man G durch Entwicklung nach einem geeigneten System von Funktionen, die die homogene Randbedingung (III.58) für die Greenfunktion erfüllen. Dies ist gerade das vollständige räumliche Funktionensystem $\{z_n(\mathbf{r})\}_{n=0}^{\infty}$ nach (III.49), also wird

$$G(\mathbf{r},\mathbf{r}';\tau)=4\pi\sum_{n=0}^{\infty} z_n^{\times}(\mathbf{r}')\,z_n(\mathbf{r})\int\limits_{C_1}\frac{e^{-i\omega\tau}}{\lambda_n-\frac{1}{c^2}\,\omega^2}\,\frac{d\omega}{2\pi}\,. \tag{III.59}$$

Dabei entspricht der Integrationsweg $C_1$ der retardierten Greenfunktion $G_r$, die (III.57) befriedigt.

Nach (4.61), (4.64), (4.66) ergibt das retardierte Integral (s. auch Anhang IV)

$$\int\limits_{C_1}\frac{e^{-i\omega\tau}}{\lambda_n-\frac{1}{c^2}\omega^2}\,\frac{d\omega}{2\pi}=\frac{c}{\sqrt{\lambda_n}}\,\sin(\sqrt{\lambda_n}\,c\tau)\theta(\tau)\,. \tag{III.60}$$

Einsetzen von (III.60) in (III.59) ergibt

$$G(\mathbf{r},\mathbf{r}';\tau)=4\pi c\sum_{n=0}^{\infty} z_n^{\times}(\mathbf{r}')\,z_n(\mathbf{r})\,\frac{\sin(\sqrt{\lambda_n}\,c\,\tau)}{\sqrt{\lambda_n}}\,\theta(\tau) \tag{III.61}$$

und wegen (III.53) und (4.45) mit (4.48)

$$\widetilde{\psi}(\mathbf{r},t)=\int\limits_{t_0}^{t} G(\mathbf{r},\mathbf{r}';t-t')\,\rho(\mathbf{r}',t')\,d^3r'\,dt'\,. \tag{III.62}$$

Die Gesamtlösung von (III.35), (III.36), (III.37) lautet dann

$$\psi(\mathbf{r},t)=\varphi(\mathbf{r},t)+\widetilde{\psi}(\mathbf{r},t)\,, \tag{III.63}$$

wobei $\varphi(\mathbf{r},t)$ durch (III.51) und $\widetilde{\psi}(\mathbf{r},t)$ durch (III.62) gegeben sind.

## IV. Green-Funktionen

*a) Definition A.8:*
Sei $P_n(x, \partial/\partial x)$ ein linearer (gewöhnlicher oder partieller) Differentialoperator von beliebiger Ordnung n, also

$$P_n(x, \partial_x) = \sum_{i=1}^{n} a_i(x) \frac{\partial^i}{\partial x^i} \quad \text{bzw.} \quad P_n(\mathbf{r}, \nabla_r) := \sum_{i=1}^{n} a_i(\mathbf{r}) \nabla_r^i . \tag{IV.1}$$

Vorgegeben sei die Differentialgleichung in dem Definitionsbereich $D_P$:

$$P_n(x, \partial_x)\, u(x) = f(x) \quad \text{zusammen mit homogenen Anfangs- wert- bzw. Randbedingungen.} \tag{IV.2}$$

*Problem:* Invertierung des Differentialoperators.
Weil die Anfangs- bzw. Randbedingungen homogen sind, läßt sich ein linearer Vektorraum L von n-fach differenzierbaren Funktionen definieren, die diese Bedingungen erfüllen. Die Existenz und Eindeutigkeit der Inversen hängt dann von den Eigenschaften dieses Operators in dem so definierten Raum L ab, d.h. Operator *und* Randbedingungen sind dafür entscheidend (zusammen mit den Definitionsbereich $D_P$).
Formale Lösung durch die Green-Funktion:

*Definition A.9:*
Jede (eindeutige) Lösung G der Gleichung

$$P_n\left(x, \frac{\partial}{\partial x}\right) G(x, x') = \delta(x - x') \quad \text{zusammen mit homogenen Anfangs- bzw. Randbedingungen} \tag{IV.3}$$

heißt Green-Funktion.

*Behauptung A.1:*
Unter der Voraussetzung, daß eine eindeutige Inverse existiert (d.h., daß Links- und Rechtsinverse gleich sind), invertiert $G(x, x')$ den Differentialoperator $P_n(x, \partial_x)$.

*Beweis:* Dazu muß man zusätzlich zu (IV.2) noch die adjungierte Gleichung

$$P^*\left(x, \frac{\partial}{\partial x}\right) \tilde{u}(x) = \tilde{f}(x) \tag{IV.2a}$$

mit dem durch $(u, Pv) = (P^*u, v)$ definierten Operator $P^*(x, \partial/\partial x)$ betrachten.
Dann ist die adjungierte Green-Funktion $G^*(x, x')$ durch

$$P^*\left(x, \frac{\partial}{\partial x}\right) G^*(x, x') = \delta(x - x') \tag{IV.3a}$$

definiert, und es gilt immer der

**Satz** (ohne Beweis)

$$G(x, x') = G^*(x', x) . \tag{IV.4}$$

Für $P(x, \partial/\partial x) = P^*(x, \partial/\partial x)$, wenn also Selbstadjungiertheit vorliegt, folgt dann die Symmetrie von G:

$$G(x, x') = G(x', x). \tag{IV.5}$$

Anwendung von $G^*(x,x')$ von links auf (IV.2) ergibt dann:

$$\int G^*(x,x')P_n\left(x,\frac{\partial}{\partial x}\right)u(x)\,dx = \int G^*(x,x')f(x)\,dx\ ,$$

und daraus wird

$$\int u(x)P_n^*\left(x,\frac{\partial}{\partial x}\right)G^*(x,x')\,dx = \int G^*(x,x')f(x)dx\ ,$$

und wegen (IV.3a) und des obigen Satzes (IV.4) folgt:

$$u(x') = \int G(x',x)f(x)\,dx\ . \tag{IV.6}$$

Wir wenden dies speziell auf den d'Alembert-Operator an:

$$\Box_{\mathbf{r},t} \equiv \Delta_{\mathbf{r}} - \frac{1}{c^2}\frac{\partial^2}{\partial t^2} = \sum_{i=1}^{3}\frac{\partial^2}{\partial x_i^2} - \frac{1}{c^2}\frac{\partial^2}{\partial t^2} \tag{IV.7}$$

(Differentialoperator 2. Ordnung) .

Wir suchen dann folgende Green-Funktion

$$\Box_{\mathbf{r},t}G(\mathbf{r},\mathbf{r}',t,t') = -4\pi\delta(\mathbf{r}-\mathbf{r}')\delta(t-t')\ . \tag{IV.8}$$

Dies ist eine natürliche Verallgemeinerung von (IV.3).
Wegen der Translations- und Rotationsinvarianz von $\Box$ im $\mathbb{R}_3$ ist

$$G = G(R,\tau) \quad \text{mit} \quad R = |\mathbf{R}|,\quad \mathbf{R} = \mathbf{r}-\mathbf{r}',\quad \tau = t - t'\ .$$

Fouriertransformation [1]) mit Hilfe von (II.7):

$$G(R,\tau) = \frac{1}{(2\pi)^4}\int e^{-i[\mathbf{k}\cdot\mathbf{R}+\omega\tau]}\widetilde{G}(k,\omega)\,d^3k\,d\omega\ . \tag{IV.9}$$

Transformation von **k** auf Polarkoordinaten:

$$\mathbf{G(R,\tau)} = \frac{1}{(2\pi)^4}\int e^{-ikR\cos\vartheta}\,d\cos\vartheta\,d\varphi\,k^2dk\,\widetilde{G}(k,\omega)\,e^{-i\omega\tau}d\omega$$

$$= \frac{1}{R}\frac{2}{\pi}\int_0^\infty dk\,k\sin(kR)\underbrace{\int_{-\infty}^{\infty}\frac{\widetilde{G}(k,\omega)}{4\pi}e^{-i\omega\tau}\frac{d\omega}{2\pi}}_{=\hat{G}(k,\tau)} \tag{IV.9a}$$

Fouriertransformation von (IV.8) liefert

$$\left(k^2-\frac{\omega^2}{c^2}\right)\widetilde{G}'(k,\omega) = 1\quad ;\quad \widetilde{G}' = \frac{\widetilde{G}}{4\pi}\ . \tag{IV.10}$$

---

1) In physikalischer Sprechweise: Entwicklung nach ebenen Wellen.

Die Lösung dieses Divisionsproblems ist nach (II.9) mit $\omega' = \omega/c$

$$\widetilde{G}'(k,\omega') = \text{pv}\,\frac{1}{k^2-\omega'^2} + 2\pi c_1(k)\delta(k-\omega') + 2\pi c_2(k)\delta(k+\omega') \tag{IV.11}$$

$$= \frac{1}{2k}\,\text{pv}\left[\frac{1}{k-\omega'} + \frac{1}{k+\omega'}\right] + 2\pi c_1(k)\delta(k-\omega') + 2\pi c_2(k)\delta(k+\omega').$$

Damit ergibt die Rücktransformation bezüglich $\omega$:

$$\hat{G}(k,\tau) = \frac{1}{2\pi}\int_{-\infty}^{\infty} e^{-i\omega\tau}\,\widetilde{G}'(k,\omega)\,d\omega = \frac{c}{2\pi}\int_{-\infty}^{\infty} e^{-i\omega'\tau c}\,\widetilde{G}'(k,\omega')\,d\omega' \tag{IV.12}$$

$$= \frac{c}{2\pi}\int_{-\infty}^{\infty} e^{-i\omega\tau c}\,d\omega\left[\frac{1}{2k}\,\text{pv}\left(\frac{1}{k-\omega}+\frac{1}{k+\omega}\right) + 2\pi c_1(k)\delta(k-\omega)\right.$$
$$\left. + 2\pi c_2(k)\delta(k+\omega)\right].$$

Dann wird aus (IV.12) mit $\tau' = \tau\cdot c$

$$\hat{G}(k,\tau') = c\int_{-\infty}^{\infty}\left[\frac{1}{2k}\,\text{pv}\left(-\frac{1}{\omega}\,e^{-i(\omega+k)\tau'} + \frac{1}{\omega}\,e^{-i(\omega-k)\tau'}\right)\frac{1}{2\pi}\right. \tag{IV.13}$$
$$\left. + c_1(k)\delta(\omega)\,e^{-i(\omega+k)\tau'} + c_2(k)\delta(\omega)\,e^{-i(\omega-k)\tau'}\right]d\omega$$
$$= \frac{c}{2k}\,[e^{ik\tau'} - e^{-ik\tau'}]\,F^{-1}\left[\text{pv}\,\frac{1}{\omega}\right](\tau') + c\,[c_1\,e^{-ik\tau'} + c_2\,e^{ik\tau'}]\,.$$

Dies ergibt mit (II.11b)

$$\hat{G}(k,\tau') = \frac{c}{2k}\,\sin(k\tau')\,\epsilon(\tau') + c\,[c_1\,e^{-ik\tau'} + c_2\,e^{ik\tau'}] \tag{IV.14}$$

oder wegen

$$\sin(k\tau')\,\epsilon(\tau') = \sin(k\tau')\,\theta(\tau') + \sin(-k\tau')\,\theta(-\tau') := \sin(k|\tau'|)$$

$$\hat{G}(k,\tau') = \frac{c}{2k}\sin(k|\tau'|) + c\,[c_1\,e^{-ik\tau'} + c_2\,e^{ik\tau'}]\,. \tag{IV.15}$$

*Äquivalente Möglichkeit* zur Lösung des Divisionsproblems (IV.10): Fortsetzung von $\omega$ ins Komplexe, d.h., $\widetilde{G}(k,z)$ wird in ein analytisches Funktional fortgesetzt. Dann besitzt für $\text{Im}\,z \neq 0$ der Ausdruck $(z^2 - k^2c^2)^{-1}$ keine Pole (da k, c reell), und die Integrale

$$\hat{G}_i(k,\tau) = \frac{1}{2\pi}\int_{\Gamma_i}\frac{e^{-iz\tau}}{(k^2-(\frac{z}{c})^2)}\,dz \tag{IV.16}$$

haben Sinn.

Es sind folgende Wege $\Gamma_i$ möglich:

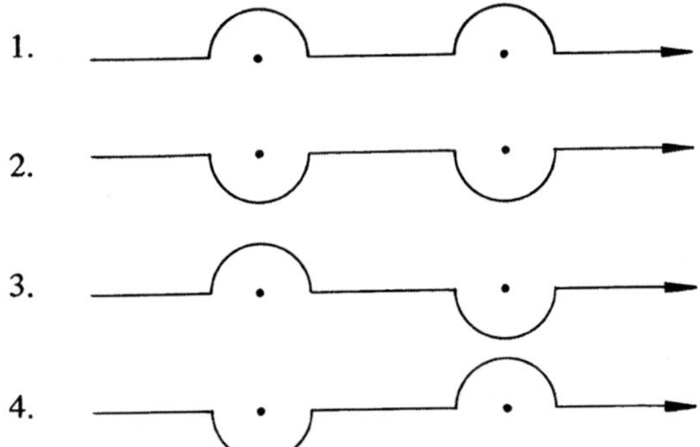


Nach der komplexen Integration, die prinzipiell mit Hilfe des Residuensatzes durchgeführt werden kann, nähert man sich wieder der reellen Achse. Diese Prozedur läßt sich auch durch Verschiebung der Pole des Integranden von (IV.16) ins Komplexe

$$z' = \pm\, k c \pm i\epsilon$$

imitieren. Dies ist dann nichts anderes als die Beschreibung von $G_i(k, z)$ durch Folgen $G_i^{\epsilon}(k, z)$ wie bei der $\delta$-Funktion.

Partialbruchzerlegung des Nenners von (IV.16) ergibt dann

$$G_i^{\epsilon}(k, z) = c_1^i \delta_\epsilon^+(z) + c_2^i \delta_\epsilon^-(z) \; ,$$

d.h. eine Linearkombination von $\delta_\epsilon^+, \delta_\epsilon^-$ .

Den verschiedenen Wegen entsprechen verschiedene Festlegungen der Konstanten $c_1(k)$ und $c_2(k)$. Dieser Zusammenhang ist in einer Tabelle am Ende des Abschnitts angegeben.

*Bemerkung: Die restlichen Wege* verlaufen nur im Endlichen:

1–2) $\equiv$ $\qquad \hat{G}_{1-2}(k, \tau') = \frac{c}{k} \sin(k\tau')$

3–4) $\equiv$ $\qquad \hat{G}_{3-4}(k, \tau') = \frac{c}{k} \cos(k\tau')$,

man erhält also stehende Wellen. Diese lassen sich *nicht* durch Wahl der Konstanten erhalten, da diese Green-Funktionen nur Lösungen der homogenen Gleichungen sind.

*Restliche Auswertung von* $G(R, \tau)$ ergibt unter Verwendung der Formeln von (II.5) folgendes: Nach (IV.9a) war

$$G_i(R, \tau) = \frac{1}{R} \frac{2}{\pi} \int_0^\infty k \sin(kR)\, \hat{G}_i(k, \tau')\, dk \; . \tag{IV.17}$$

Wege:

$$\hat{G}_1(k,\tau') = \frac{c}{k}\sin(k\tau')\Theta(\tau')$$

$$\hat{G}_2(k\tau') = \frac{c}{k}\sin(-k\tau')\Theta(-\tau')$$

$$\left.\begin{aligned}\hat{G}_{1+2}(k,\tau') &= \frac{c}{k}\sin(k|\tau'|)\\ \hat{G}_3(k,\tau') &= -\frac{ic}{2k}e^{ik|\tau'|}\\ \hat{G}_4(k,\tau') &= \frac{ic}{2k}e^{-ik|\tau'|}\end{aligned}\right\} := \frac{c}{k}\hat{g}_i(k,c\tau) \tag{IV.18}$$

$$G_i(R,\tau) = \frac{1}{R}\frac{2c}{\pi}\int_0^\infty \sin(kR)\,\hat{g}_i(k,c\tau)\,dk \tag{IV.19}$$

$$G_1(R,\tau) = \frac{1}{R}\delta\left(\frac{R}{c}-\tau\right)\theta(\tau); \qquad G_2(R,\tau) = \frac{1}{R}\delta\left(\frac{R}{c}+\tau\right)\theta(-\tau) \tag{IV.20}$$

$$G_3(R,\tau) = -\frac{ic}{\pi R}\int_0^\infty \sin(kR)\,e^{+ikc|\tau|}dk = \frac{1}{R}\delta^+\left(\frac{R}{c}-|\tau|\right) \tag{IV.21}$$

$$G_4(R,\tau) = \frac{ic}{\pi R}\int_0^\infty \sin(kR)\,e^{-ikc|\tau|}dk = \frac{1}{R}\delta^-\left(\frac{R}{c}-|\tau|\right) \tag{IV.22}$$

$$G_{1+2}(R,\tau) = \frac{2c}{\pi R}\int_0^\infty \sin(kR)\sin(kc|\tau|)\,dk = \frac{1}{R}\delta\left(\frac{R}{c}-|\tau|\right) \tag{IV.22a}$$

*Bemerkung:*

$G_1$ heißt retardierte Green-Funktion $G_r$;
sie ist kausal wegen der Anfangsbedingung
$G_r = 0, \quad \tau < 0; \qquad G_r \neq 0, \quad \tau > 0$

$G_2$ heißt avancierte Green-Funktion $G_a$;
sie ist nichtkausal (also unphysikalisch) wegen der Anfangsbedingung
$G_a = 0, \quad \tau > 0; \qquad G_a \neq 0, \quad \tau < 0$

$G_3$ heißt Feynman-Propagator (ebenfalls kausal)

$G_4$ ist der entgegengesetzte Feynman-Propagator

*Limes* $c \to \infty$

In diesem Limes wird aus dem d'Alembert-Operator der *Laplace-Operator* $\Delta$.
Statt (IV.8) ergibt sich dann die Gleichung

$$\Delta G(R) = -4\pi\delta(\mathbf{r}-\mathbf{r}') . \tag{IV.23}$$

Weiter erhält man aus allen möglichen Green-Funktionen des d'Alembert-Operators

$$G(R) = \frac{1}{R} . \tag{IV.24}$$

(Der Limes $c \to \infty$ läßt einen Term $\delta(\tau)$ übrig, der sich jedoch mit dem in (IV.8) vorkommenden herauskürzt, so daß die Gleichung (IV.23) durch (IV.24) eindeutig gelöst wird. Man kann dies auch durch direkte Rechnung mit Fouriertransformation wie für $\Box$ verifizieren!)

*Relativistisch invariante Formulierung der Green-Funktionen der Wellengleichung*

Wegen $R/c > 0$ gilt

$$\begin{aligned}\delta\left(\frac{R}{c}-|\tau|\right) &= \delta\left(\frac{R}{c}-\tau\right)\,\theta(\tau) + \delta\left(\frac{R}{c}+\tau\right)\,\theta(-\tau) \\ &= \delta\left(\frac{R}{c}-\tau\right) + \delta\left(\frac{R}{c}+\tau\right).\end{aligned} \tag{IV.25}$$

Weiter folgt aus (II.16) mit $x_\mu := (\mathbf{R}, c\tau)$

$$\begin{aligned}\delta(x_\mu x^\mu) &= \delta(R^2 - c^2\tau^2) = \delta[(R-c\tau)(R+c\tau)] \\ &= \frac{1}{2R}\,[\delta(R-c\tau) + \delta(R+c\tau)] .\end{aligned}$$

Mit (II.14) wird dann (IV.25)

$$\delta(x_\mu x^\mu) = \frac{1}{2cR}\left[\delta\left(\frac{R}{c}-\tau\right) + \delta\left(\frac{R}{c}+\tau\right)\right] = \frac{1}{2cR}\,\delta\left(\frac{R}{c}-|\tau|\right) . \tag{IV.26}$$

Berücksichtigt man die relativistisch geschriebene Wellengleichung (IV.8)

$$\Box G(x_\mu) = -4\pi\delta(\mathbf{R})\,\delta(c\tau) = -4\pi\delta(x_\mu), \tag{IV.27}$$

dann lauten die relativistisch invarianten Green-Funktionen

$$\begin{aligned}G_{1+2}(x_\mu) &= 2\delta(x_\mu x^\mu) := 2\delta(x^2) \\ G_r(x_\mu) &= 2\theta(\tau)\delta(x^2) \\ G_a(x_\mu) &= 2\theta(-\tau)\delta(x^2) .\end{aligned} \tag{IV.28}$$

Dabei sind die retardierte und die avancierte Green-Funktion nur gegenüber Lorentztransformationen ohne Zeitspiegelung, also z.B. gegenüber der orthochronen Lorentzgruppe $L^\uparrow$ oder der eigentlichen orthochronen Gruppe $L_+^\uparrow$ invariant.

*Green-Funktion der Helmholtz-Gleichung*

$$(\Delta - \mu^2)\,G(\mathbf{R}) = -\,4\pi\delta(\mathbf{R})\,; \qquad \mathbf{R} := \mathbf{r} - \mathbf{r}'\,. \tag{IV.29}$$

*Wichtig:* Vor $\mu^2$ steht hier das *Minuszeichen*, also anders, als dies nach der Fouriertransformation der Wellengleichung bezüglich der Zeit der Fall ist.
Macht man nämlich in (IV.8) den Ansatz:

$$G(\mathbf{R},\tau) = \int G(\mathbf{R},\omega)\,e^{-i\omega\tau}\,\frac{d\omega}{2\pi}\,, \tag{IV.30}$$

dann folgt für den d'Alembert-Operator

$$\left[\Delta + \frac{\omega^2}{c^2}\right]G(\mathbf{R},\omega) = -\,4\pi\delta(\mathbf{R})\,. \tag{IV.31}$$

Die Gleichung (IV.29) bestimmt $G(\mathbf{R})$ unter der Nebenbedingung des Verschwindens im Unendlichen: $\lim\limits_{|\mathbf{R}|\to\infty} G(|\mathbf{R}|) = 0$. (Im Gegensatz zu (IV.31) der Wellengleichung!)

Fouriertransformation von $G(\mathbf{R})$

$$G(\mathbf{R}) = \frac{1}{(2\pi)^3}\int e^{-i\mathbf{k}\cdot\mathbf{R}}\,\widetilde{G}(\mathbf{k})\,d^3k \tag{IV.32}$$

liefert das zu (IV.10) analoge Divisionsproblem:

$$(k^2 + \mu^2)\,\widetilde{G}(\mathbf{k}) = 4\pi\,. \tag{IV.33}$$

Dies kann ohne Distributionstheorie gelöst werden. Nach (IV.9a) lautet (IV.32) in Polarkoordinaten zusammen mit (V.33)

$$G(R) = \frac{1}{R}\,\frac{2}{\pi}\int_0^\infty \frac{k\sin(kR)}{k^2 + \mu^2}\,dk\,. \tag{IV.34}$$

Der Integrand hat keine reellen Pole; da der Integrand gerade ist, kann (IV.34) mit Partialbruchzerlegung des Nenners auch geschrieben werden

$$G(R) = \frac{1}{R}\,\frac{1}{2\pi i}\int_{-\infty}^{\infty}\left[\frac{1}{k - i\mu} + \frac{1}{k + i\mu}\right]e^{ikR}\,dk\,; \tag{IV.35}$$

Residuen-Integration ergibt dann sofort

$$G(R) = \frac{e^{-\mu R}}{R}\,; \qquad \mu > 0\,. \tag{IV.36}$$

| Wege | Konstanten |
|---|---|
| $\tau' > 0\,,\ \mathrm{Im}\,z < 0$<br>$\tau' < 0\,,\ \mathrm{Im}\,z > 0$ | Setze $c_1 = -\frac{1}{i\,4k}\,, \qquad c_2 = \frac{1}{i\,4k}$ |
| 1)<br>$\hat{G}_1(k,\tau') = \frac{c}{k}\sin(k\tau')\,\theta(\tau')$ | Mit (IV.14) ist dann<br>$\hat{G}(k,\tau') = \frac{c}{2k}\sin(k\tau')(\epsilon(\tau') + 1),$<br>woraus wegen (II.11c) folgt:<br>$\hat{G}(k,\tau') = \frac{c}{k}\sin(k\tau')\,\theta(\tau')$ |
| 2)<br>$\hat{G}_2(k,\tau') = \frac{c}{k}\sin(-k\tau')\,\theta(-\tau')$ | $c_1 = \frac{1}{4\,ik}\,, \qquad c_2 = -\frac{1}{4\,ik}$<br>$\hat{G}(k,\tau') = \frac{c}{2k}\sin(k\tau')(\epsilon(\tau') - 1)$<br>$= \frac{c}{k}\sin(-k\tau')\,\theta(-\tau')$ |
| $\frac{1}{2}\times(1+2)$:<br>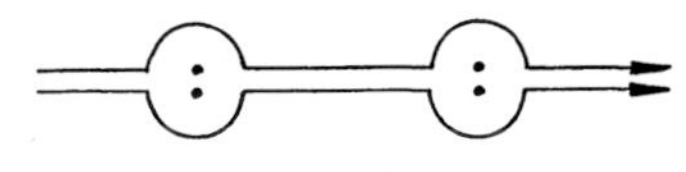<br>$\hat{G}_{(1+2)\times\frac{1}{2}}(k\tau') = \frac{c}{2k}\sin(k\,\lvert\tau'\rvert)$ | $c_1 = c_2 = 0$ |
| 3)<br>$\hat{G}_3(k,\tau') = -\,i\,\frac{c}{2k}\,e^{ik\lvert\tau'\rvert}$ | $c_1 = c_2 = -\frac{1}{4\,ik}$<br>$\hat{G}(k,\tau') = \frac{c}{2k}[\sin(k\lvert\tau'\rvert) - i\cos(k\tau')]$<br>$= -\frac{ic}{2k}[\cos(k\lvert\tau'\rvert) + i\sin(k\lvert\tau'\rvert)]$<br>$= -\frac{ic}{2k}\,e^{ik\lvert\tau'\rvert}$ |
| 4)<br>$\hat{G}_4(k,\tau') = i\,\frac{c}{2k}\,e^{-ik\lvert\tau'\rvert}$ | $c_1 = c_2 = \frac{1}{4\,ik}$<br>$\hat{G}(k,\tau') = \frac{c}{2k}[\sin(k\lvert\tau'\rvert) + i\cos(k\lvert\tau'\rvert)]$<br>$= \frac{ic}{2k}[\cos(k\lvert\tau'\rvert) + i\sin(-k\lvert\tau'\rvert)]$<br>$= \frac{ic}{2k}\,e^{-ik\lvert\tau'\rvert}$ |

## V. Vektorfelder

a) *Behauptung A.2:*

G sei ein endliches Gebiet mit einfach zusammenhängender Berandung S. Dann ist das Vektorfeld $\mathbf{A}(\mathbf{r})$ durch die Gleichungen

$$\begin{aligned} &\nabla \times \mathbf{A}(\mathbf{r}) = \mathbf{B}(\mathbf{r}) \,; && \nabla \cdot \mathbf{A}(\mathbf{r}) = \rho(\mathbf{r}) \,, && \mathbf{r} \in G \\ &(\mathbf{n} \cdot \mathbf{A}) = f(\mathbf{r}); && \mathbf{n} = \text{Normale auf S} \,, && \mathbf{r} \in S \end{aligned} \tag{V.1}$$

eindeutig festgelegt, wobei $\mathbf{B}(\mathbf{r}), \rho(\mathbf{r})$ nebst Ableitungen in G, $f(\mathbf{r})$ auf S stetig seien.

*Beweis:* Zunächst sind die Funktionen $\mathbf{B}$, $\rho$ und f nicht unabhängig von einander wählbar.

a) Wegen $\nabla \cdot (\nabla \times \mathbf{A}) = 0$ folgt $\nabla \cdot \mathbf{B} = 0 \Rightarrow \mathbf{B}$ quellenfrei (V.2a)

b) Wegen des Gaußschen Satzes gilt:

$$\int_G (\nabla \cdot \mathbf{A})\, d^3r = \oint_S (\mathbf{n} \cdot \mathbf{A})\, dF \Rightarrow \int_G \rho(\mathbf{r})\, d^3r = \oint_S f(\mathbf{r})\, dF \,. \tag{V.2b}$$

Zerlegung des gesuchten Vektorfeldes in drei Teile: $\mathbf{A} = \mathbf{A}_1 + \mathbf{A}_2 + \mathbf{A}_3$ mit den Eigenschaften:

1) $\mathbf{A}_1$: $\nabla \times \mathbf{A}_1 = 0$; $(\nabla \cdot \mathbf{A}_1) = \rho$ Wirbelfreies Feld (V.3)

2) $\mathbf{A}_2$: $\nabla \times \mathbf{A}_2 = \mathbf{B}$; $(\nabla \cdot \mathbf{A}_2) = 0$ quellenfreies Feld (V.4)

3) $\mathbf{A}_3$: $\nabla \times \mathbf{A}_3 = 0$; $(\nabla \cdot \mathbf{A}_3) = 0$ innerhalb G (V.5)

$$(\mathbf{n} \cdot \mathbf{A}_3) = f(\mathbf{r}) - (\mathbf{n} \cdot \mathbf{A}_1) - (\mathbf{n} \cdot \mathbf{A}_2) =: \tilde{f}(\mathbf{r}); \quad \mathbf{r} \in S$$

erfüllt die Randbedingung auf S.

Damit ist die Lösung auf drei einfachere Standardprobleme zurückgeführt:

1) $\nabla \times \mathbf{A}_1 = 0 \Rightarrow \mathbf{A}_1 = \nabla \varphi$ (V.6)

$\nabla \cdot \mathbf{A}_1 = \rho \Rightarrow \Delta \varphi = \varphi$ (Poisson-Gleichung).

Integration mit der Greenfunktion G für den unendlichen Raum (Anhang IV). Sie hat die Gestalt:

$$G(\mathbf{r} - \mathbf{r}') = \frac{1}{|\mathbf{r} - \mathbf{r}'|} \tag{V.7}$$

und erfüllt die Definitions-Gleichung

$$\Delta G(\mathbf{r} - \mathbf{r}') = -4\pi \delta(\mathbf{r} - \mathbf{r}') \,; \qquad \lim_{|\mathbf{r}| \to \infty} G(\mathbf{r} - \mathbf{r}') = 0 \,. \tag{V.8}$$

Damit:

$$\varphi(\mathbf{r}) = -\frac{1}{4\pi} \int \frac{\rho(\mathbf{r}')}{|\mathbf{r} - \mathbf{r}'|}\, d^3r' \,. \tag{V.9}$$

2) $\nabla \cdot \mathbf{A}_2 = 0 \Rightarrow \mathbf{A}_2 = \nabla \times \mathbf{C}$

$$\nabla \times \mathbf{A}_2 = \mathbf{B} \Rightarrow \nabla \times (\nabla \times \mathbf{C}) = \nabla(\nabla \cdot \mathbf{C}) - \Delta \mathbf{C} = \mathbf{B}\,. \qquad \text{(V.10)}$$

Durch diesen Ansatz ist $\mathbf{A}_2$ nicht eindeutig: Zu $\mathbf{A}_2$ kann noch ein beliebiger Vektor $\mathbf{G}$ mit $\nabla \times \mathbf{G} = 0$, also $g = \nabla \xi$ addiert werden, ohne daß sich die Gleichungen ändern (Eichinvarianz).

Coulomb-Eichung: $(\nabla \cdot \mathbf{C}) = 0$

$$\Rightarrow \Delta \mathbf{C} = -\mathbf{B}\,. \qquad \text{(V.10)}$$

Lösung mit $G(\mathbf{r} - \mathbf{r}')$ nach (V.7) ergibt

$$\mathbf{C}(\mathbf{r}) = \frac{1}{4\pi} \int \frac{\mathbf{B}(\mathbf{r}')}{|\mathbf{r} - \mathbf{r}'|}\, d^3r'\,. \qquad \text{(V.11)}$$

Die Bedingung $(\nabla \cdot \mathbf{C}) = 0$ ist wegen $(\nabla \cdot \mathbf{B}) = 0$ erfüllt.

3) $\nabla \times \mathbf{A}_3 = 0 \Rightarrow \mathbf{A}_3 = \nabla \theta$ (V.12)

$$\nabla \cdot \mathbf{A}_3 = 0 \Rightarrow \Delta \theta = 0; \qquad (\mathbf{n} \cdot \nabla)\theta = \frac{\partial}{\partial \mathbf{n}} \theta = \tilde{f}(\mathbf{r}),\quad \mathbf{r} \in S.$$

Dies ist die *v. Neumannsche Randwertaufgabe* der Potentialtheorie. Sie ist bis auf eine Konstante lösbar, wenn

$$\oint \tilde{f}(\mathbf{r})\, dF = 0 \qquad \text{(V.13)}$$

erfüllt ist [M 2] (siehe Anhang III). Die Konstante ist durch

$$\oint_S \theta(\mathbf{r}) dF \Big/ \oint_S dF = k \qquad \text{(V.14)}$$

noch frei wählbar.

Für $\tilde{f}(\mathbf{r}) \neq 0$ werden also durch die Lösbarkeitsbedingung die Funktionen $\mathbf{B}$, $\rho$ und f noch mehr eingeschränkt, während die additive Konstante k noch frei wählbar bleibt; sie ist aber wegen $\mathbf{A}_3 = \nabla\theta$ ohne Einfluß, w.z.b.w.

Allgemeine Darstellung von $\mathbf{A}(\mathbf{r})$:

$$\mathbf{A}(\mathbf{r}) = -\nabla_{\mathbf{r}} \frac{1}{4\pi} \int \frac{\rho(\mathbf{r}')}{|\mathbf{r} - \mathbf{r}'|}\, d^3r' + \nabla_{\mathbf{r}} \times \frac{1}{4\pi} \int \frac{\mathbf{B}(\mathbf{r}')}{|\mathbf{r} - \mathbf{r}'|}\, d^3r' + \mathbf{A}_3(\mathbf{r})\,. \qquad \text{(V.15)}$$

*Spezialfall:* $G \equiv \mathbb{R}_3$; Randbedingung $f(\mathbf{r}) \to 0,\ |\mathbf{r}| \to \infty$.
Dann folgt mit (V.9) und (V.11) $\tilde{f}(\mathbf{r}) \to 0, |\mathbf{r}| \to \infty$.

Die Lösung des homogenen v. Neumann-Problems ergibt:

$$\theta(\mathbf{r}) = \text{const}; \qquad \mathbf{A}_3 = \nabla_{\mathbf{r}}\,\theta(\mathbf{r}) \equiv 0\,.$$

Damit gilt für diesen Spezialfall $\mathbf{A}_3 \equiv 0$ in (V.15). Für die Existenz der Integrale (V.15) muß dann für $\rho$ und $\mathbf{B}$ bei $|\mathbf{r}| \to \infty$ gelten:

$$\rho(\mathbf{r}) = o\,(|\mathbf{r}|^{3+\epsilon}), \quad \epsilon > 0, \quad \text{wegen (V.2b)}$$
$$\mathbf{B}(\mathbf{r}) = o\,(|\mathbf{r}|^{2+\epsilon})$$

b) *Zerlegung des Vektorfeldes* $\mathbf{A}(\mathbf{r})$ *in einen transversalen und einen longitudinalen Anteil*

$$\mathbf{A}(\mathbf{r}) = \mathbf{A}_t(\mathbf{r}) + \mathbf{A}_l(\mathbf{r}) \tag{V.16}$$

mit

$$\nabla_{\mathbf{r}} \cdot \mathbf{A}_t(\mathbf{r}) = 0; \qquad \nabla_{\mathbf{r}} \times \mathbf{A}_l(\mathbf{r}) = 0\,. \tag{V.17}$$

*Eindeutigkeit:*

Aus der allgemeinen Darstellung sieht man, daß $\mathbf{A}_3$ durch (V.17) wegen (V.5) nicht festgelegt ist. D.h., für jede Randbedingung im Endlichen ist (V.16) nicht eindeutig. Wir wählen $\mathbf{A}_3 \equiv 0$.

Nur bei der Randbedingung im Unendlichen $\lim\limits_{|\mathbf{r}| \to \infty} \mathbf{A}(\mathbf{r}) = 0$ ist $\mathbf{A}_3 \equiv 0$, und dann ist (V.16) eindeutig.

Mit der Definition (V.3) und (V.4)

$$\rho = \nabla_{\mathbf{r}} \cdot \mathbf{A} \qquad \text{und} \qquad \mathbf{B} = \nabla \times \mathbf{A} \tag{V.18}$$

ergibt sich dann sofort aus (V.15)

$$\mathbf{A}(\mathbf{r}) = -\nabla_{\mathbf{r}} \frac{1}{4\pi} \int \frac{\nabla_{\mathbf{r}'} \cdot \mathbf{A}(\mathbf{r}')}{|\mathbf{r}-\mathbf{r}'|}\, d^3r' + \nabla_{\mathbf{r}} \times \frac{1}{4\pi} \int \frac{\nabla_{\mathbf{r}'} \times \mathbf{A}(\mathbf{r}')}{|\mathbf{r}-\mathbf{r}'|}\, d^3r' \tag{V.19}$$

Damit (V.19) existiert, muß $\mathbf{A}(\mathbf{r}) = o\,(|\mathbf{r}|^{1+\epsilon})$ bei $|\mathbf{r}| \to \infty$ sein.

Eine andere Zerlegung (V.16) erhält man durch Anwendung der Formel (I.33) auf

$$\frac{1}{4\pi} \int \frac{\mathbf{A}(\mathbf{r}')}{|\mathbf{r}-\mathbf{r}'|}\, d^3r'\,.$$

Hier muß $\mathbf{A}(\mathbf{r})$ bei $|\mathbf{r}| \to \infty$ stärker abfallen als bei (V.19), nämlich $\mathbf{A}(\mathbf{r}) = o\,(|\mathbf{r}|^{\epsilon+2})$.

Dann ergibt sich mit (IV.23)

$$-\Delta_{\mathbf{r}} \frac{1}{4\pi} \int \frac{\mathbf{A}(\mathbf{r}')}{|\mathbf{r}-\mathbf{r}'|}\, d^3r' = \mathbf{A}(\mathbf{r}) \tag{V.20}$$

$$= \nabla_{\mathbf{r}} \times \left(\nabla_{\mathbf{r}} \times \frac{1}{4\pi} \int \frac{\mathbf{A}(\mathbf{r}')}{|\mathbf{r}-\mathbf{r}'|}\, d^3r'\right) - \nabla_{\mathbf{r}} \nabla_{\mathbf{r}} \cdot \frac{1}{4\pi} \int \frac{\mathbf{A}(\mathbf{r}')}{|\mathbf{r}-\mathbf{r}'|}\, d^3r'\,.$$

Man sieht sofort, daß (V.17) erfüllt ist. Auf (V.19) kommt man schließlich durch partielle Integration.

Lit.: [M 2], [M 15]

# VI. Spezielle Funktionen-Systeme

## A. Kugelfunktionen

### 1. Lösung der Laplace-Gleichung in Kugelkoordinaten; der Drehimpuls-Operator

Wir betrachten die Laplace-Gleichung:

$$\Delta \Phi(\mathbf{r}) = 0 \tag{VI.1}$$

und suchen eine Lösung in sphärischen Koordinaten. Führt man Polarkoordinaten r, $\vartheta$, $\varphi$ ein durch

$$x = r \sin\vartheta \cos\varphi\ ; \quad y = r \sin\vartheta \sin\varphi\ ; \quad z = r \cos\vartheta\ , \tag{VI.2}$$

so nimmt wegen (I.38) die Laplace-Gleichung die Gestalt an

$$\left[\frac{1}{r}\,\partial_r^2 r + \frac{1}{r^2 \sin\vartheta}\,\partial_\vartheta(\sin\vartheta\,\partial_\vartheta) + \frac{1}{r^2 \sin^2\vartheta}\,\partial_\varphi^2\right] \Phi(r, \vartheta, \varphi) = 0\ . \tag{VI.3}$$

Dieser Operator zerfällt in einen radialen Anteil und einen Winkelanteil $\mathbb{L}^2$

$$\left[\frac{1}{r}\,\partial_r^2 r - \frac{1}{r^2}\,\mathbb{L}^2(\vartheta, \varphi)\right] \Phi(r, \vartheta, \varphi) = 0 \tag{VI.4}$$

mit

$$\mathbb{L}^2(\vartheta, \varphi) := -\left[\frac{1}{\sin\vartheta}\,\partial_\vartheta(\sin\vartheta\,\partial_\vartheta) + \frac{1}{\sin^2\vartheta}\,\partial_\varphi^2\right]\ . \tag{VI.5}$$

$\mathbb{L}^2(\vartheta, \varphi)$ ist das Quadrat des *Drehimpulsoperators*

$$\mathbf{L} := \frac{1}{i}\,(\mathbf{r} \times \nabla_r)\ . \tag{VI.6}$$

**L** wirkt nur auf die Winkel $\vartheta$ und $\varphi$ und ist unabhängig von r. Die Komponenten von **L** werden am geeignetsten in den folgenden Kombinationen angegeben; mit Anhang I lauten sie:

$$\begin{aligned} L_+ &:= L_x + i\,L_y = e^{i\varphi}\,[\partial_\vartheta + i \cot\vartheta\,\partial_\varphi] \\ L_- &:= L_x - i\,L_y = e^{-i\varphi}\,[-\partial_\vartheta + i \cot\vartheta\,\partial_\varphi] \\ L_z &= -i\,\partial_\varphi\ . \end{aligned} \tag{VI.7}$$

Jeder Vektor läßt sich nach (I.4) in einen Vektor parallel zu **L** und einen Vektor senkrecht zu **L** zerlegen; der Nabla-Operator z.B. läßt sich darstellen:

$$\nabla = \frac{\mathbf{r}}{r}\,\partial_r - \frac{i}{r^2}\,\mathbf{r} \times \mathbf{L}\ , \tag{VI.8}$$

der Laplace-Operator ist nach (VI.4)

$$\Delta \equiv \nabla \cdot \nabla = \nabla^2 = \frac{1}{r}\,\partial_r^2\,r - \frac{L^2}{r^2}\ . \tag{VI.9}$$

Eine weitere brauchbare Operator-Identität läßt sich mit Hilfe der Rechenregeln von Anhang I zeigen:

$$i\nabla \times \mathbf{L} = \mathbf{r}\Delta - \nabla(1 + r\partial_r) . \tag{VI.10}$$

Der Drehimpuls-Operator **L** ist aus der Quantenmechanik wohlbekannt, und es gelten die Operator-Relationen

$$\mathbf{L} \times \mathbf{L} = i\mathbf{L} \qquad \text{(Kommutator-Relationen)} \tag{VI.11}$$

$$\mathbf{r} \cdot \mathbf{L} = 0; \qquad \nabla_\mathbf{r} \cdot \mathbf{L} = 0 .$$

**L** läßt definitionsgemäß drehinvariante Größen invariant, so z.B. gilt

$$\mathbf{L}L^2 = L^2\mathbf{L}; \qquad \mathbf{L}\Delta = \Delta\mathbf{L} . \tag{VI.12}$$

Die Eigenfunktionen von $L^2$ sind die sogenannten *sphärisch-harmonischen* [1]) *Funktionen oder Kugelfunktionen* $Y_{lm}(\vartheta, \varphi)$:

$$L^2 Y_{lm} = l(l+1) Y_{lm}, \qquad (l = 0, 1, \dots, \infty) \tag{VI.13}$$

$$L_z Y_{lm} = m Y_{lm}, \qquad (-l \leqslant z \leqslant l) .$$

Dabei läßt sich aus den Rekursionsformeln für die $Y_{lm}$ (wir verweisen auf die Literatur) die Wirkung der Operatoren $L_+$ und $L_-$ nach (VI.7) angeben:

$$\begin{aligned} L_+ Y_{lm} &= \sqrt{(l-m)(l+m+1)}\, Y_{l,m+1} \\ L_- Y_{lm} &= \sqrt{(l+m)(l-m+1)}\, Y_{l,m-1} \\ L_z Y_{lm} &= m Y_{lm} . \end{aligned} \tag{VI.14}$$

D.h.: $L_+$ erhöht den Index m um 1: Erzeugungsoperator; $L_-$ erniedrigt den Index m um 1: Vernichtungsoperator.

Wir machen also zur Lösung von (VI.4) einen Separationsansatz, indem wir $\phi(r, \vartheta, \varphi)$ nach den $Y_{lm}(\vartheta, \varphi)$ entwickeln. (Die $Y_{lm}(\vartheta, \varphi)$ sind auf der Einheitskugel orthogonal und vollständig, siehe Abschnitt 2):

$$\phi(r, \vartheta, \varphi) = \sum_{l=0}^{\infty} \sum_{m=-l}^{l} \frac{u_l(r)}{r} Y_{lm}(\vartheta, \varphi) . \tag{VI.15}$$

Wegen (VI.9) und (VI.13) erhält man dann für $u_l(r)$ die Gleichung

$$\left[\frac{d^2}{dr^2} - \frac{l(l+1)}{r^2}\right] u_l(r) = 0 \tag{VI.16}$$

mit der allgemeinen Lösung:

$$u_l(r) = A_l r^{l+1} + B_l r^{-l} . \tag{VI.17}$$

---

[1]) *harmonisch* nennt man jede Lösung der Laplace-Gleichung, die ein homogenes Polynom in den kartesischen Koordinaten ist.

Damit lautet die allgemeinste Lösung der Laplace-Gleichung (VI.1) in Polarkoordinaten:

$$\phi(r, \vartheta, \varphi) = \sum_{l=0}^{\infty} \sum_{m=-l}^{l} [A_{lm} r^l + B_{lm} r^{-(l+1)}] Y_{lm}(\vartheta, \varphi) . \qquad \text{(VI.18)}$$

$\phi(r, \vartheta, \varphi)$ ist nur im Bereich $0 < r_1 \leqslant r \leqslant r_2 < \infty$ regulär. Die Koeffizienten $A_{lm}$ und $B_{lm}$ werden durch die *Randbedingungen* für $\phi(r, \vartheta, \varphi)$ festgelegt. (Dirichletproblem: $\phi(r_1, \vartheta, \varphi) = f_1(\vartheta, \varphi)$, $\phi(r_2, \vartheta, \varphi) = f_2(\vartheta, \varphi)$; v. Neumann-Problem entsprechend für Radialableitungen.)

Andere Regularitätsbedingungen sind

$\phi$ bei $r = 0$ regulär $(r_1 \to 0) \to B_{lm} \equiv 0, \quad l \geqslant 0$ ,

$\phi$ bei $r = \infty$ regulär $(r_2 \to \infty) \to A_{lm} \equiv 0, \quad l > 0$

$\to \phi$ überall regulär $\to \phi = \text{const.}$

## 2. Legendre-Polynome

Die Kugelfunktionen leiten sich aus den *Legendre-Polynomen* $P_l(\cos\vartheta)$ ab. Diese erfüllen die DGl. $(x = \cos\vartheta)$

$$\left\{\frac{d}{dx}\left[(1 - x^2)\frac{d}{dx}\right] + l(l+1)\right\} P_l(x) = 0 \qquad \text{(Legendre-DGl.)} \qquad \text{(VI.19)}$$

$l \equiv$ Ordnung von $P_l(\cos\vartheta)$.

Sie haben die explizite kompakte Darstellung (Rodrigues-Formel)

$$P_l(x) = \frac{1}{2^l l!} \frac{d^l}{dx^l} (x^2 - 1)^l, \qquad (l = 0, 1, \dots, \infty) . \qquad \text{(VI.20)}$$

Die ersten Legendre-Polynome sind

$$\begin{aligned} P_0(x) &\equiv 1 \\ P_1(x) &= x \\ P_2(x) &= \tfrac{1}{2}(3x^2 - 1) \\ P_3(x) &= \tfrac{1}{2}(5x^3 - 3x) \\ P_4(x) &= \tfrac{1}{8}(35x^4 - 30x^2 + 3) . \end{aligned} \qquad \text{(VI.21)}$$

Die $P_l(x)$ bilden ein vollständiges Orthogonalsystem im Intervall $[-1, +1]$

$$\int_{-1}^{+1} P_{l'}(x) P_l(x) = \frac{2}{2l+1} \delta_{ll'} \qquad \text{(Orthogonalität)} \qquad \text{(VI.22)}$$

$$\sum_{l=0}^{\infty} P_l(x') P_l(x) = \delta(x - x') \qquad \text{(Vollständigkeit)} . \qquad \text{(VI.23)}$$

Spezielle Funktionswerte:

$$P_n(-x) = (-1)^n P_n(x) \tag{VI.24}$$

$$P_n(1) = 1; \qquad P_n(-1) = (-1)^n$$

$$P_{2n+1}(0) = 0; \qquad P_{2n}(0) = (-1)^n \frac{(2n)!}{2^{2n} n!\, n!}$$

**3. Sphärisch-harmonische Kugelfunktionen** $Y_{lm}(\vartheta, \varphi)$

Die sphärischen Harmonischen sind dann explizite gegeben durch

$$Y_{lm}(\vartheta,\varphi) = \sqrt{\frac{2l+1}{4\pi} \frac{(l-m)!}{(l+m)!}}\, P_l^m(\cos\vartheta)\, e^{im\varphi} \qquad \begin{matrix} (l = 0, 1, \ldots, \infty) \\ (-l \leqslant m \leqslant l) \end{matrix} \tag{VI.25}$$

mit den sogenannten *assoziierten Legendre-Polynomen* $P_l^m(x)$

$$P_l^m(x) = (-1)^m (1-x^2)^{m/2} \frac{d^m}{dx^m} P_l(x)\,. \tag{VI.26}$$

Mit der Rodrigues-Formel ergibt dies:

$$P_l^m(x) = \frac{(-1)^m}{2^l\, l!} (1-x^2)^{m/2} \frac{d^{l+m}}{dx^{l+m}} (x^2-1)^l\,. \tag{VI.27}$$

Die Normierungs- und Orthogonalitätsbedingungen sind

$$\int_0^{2\pi} d\varphi \int_0^{\pi} \sin\vartheta\, d\vartheta\, Y_{l'm'}^{\times}(\vartheta,\varphi)\, Y_{lm}(\vartheta,\varphi) = \delta_{ll'}\, \delta_{mm'}\,, \tag{VI.28}$$

die Vollständigkeitsrelation lautet

$$\sum_{l=0}^{\infty} \sum_{m=-l}^{l} Y_{lm}^{\times}(\vartheta', \varphi')\, Y_{lm}(\vartheta,\varphi) = \delta(\varphi - \varphi')\, \delta(\cos\vartheta - \cos\vartheta')\,. \tag{VI.29}$$

Weiter gilt die Relation

$$Y_{l,-m}(\vartheta,\varphi) = (-1)^m\, Y_{lm}^{\times}(\vartheta,\varphi)\,. \tag{VI.30}$$

Für m = 0 ist

$$Y_{l0}(\vartheta,\varphi) = \sqrt{\frac{2l+1}{4\pi}}\, P_l(\cos\vartheta)\,. \tag{VI.31}$$

Ein mathematisches Ergebnis von wesentlichem Interesse ist das *Additionstheorem* der sphärisch harmonischen Funktionen.

Gegeben seien zwei Vektoren $\mathbf{r} = (r, \vartheta, \varphi)$ und $\mathbf{r}' = (r', \vartheta', \varphi')$ mit $\sphericalangle(\mathbf{r}, \mathbf{r}') = \gamma$,
$\cos\gamma = \cos\vartheta \cos\vartheta' + \sin\vartheta \sin\vartheta' \cos(\varphi - \varphi')$. (VI.32)

Dann gilt

$$P_l(\cos\gamma) = \frac{4\pi}{2l+1} \sum_{m=-l}^{l} Y^{\times}_{lm}(\vartheta'\varphi')\, Y_{lm}(\vartheta,\varphi)\,. \tag{VI.33}$$

Für $\gamma \to 0$ folgt wegen $P_l(1) = 1$

$$\sum_{m=-l}^{l} |Y_{lm}(\vartheta,\varphi)|^2 = \frac{2l+1}{4\pi} \tag{VI.34}$$

Wichtig für das weitere ist noch die Entwicklung von $|\mathbf{r} - \mathbf{r}'|^{-1}$ nach $Y_{lm}(\vartheta,\varphi)$ und $Y_{lm}(\vartheta',\varphi')$:

$$\frac{1}{|\mathbf{r}-\mathbf{r}'|} = 4\pi \sum_{l=0}^{\infty} \sum_{m=-l}^{l} \frac{1}{2l+1} \left[\frac{r^l}{r'^{l+1}}\theta(r'-r) + \frac{r'^l}{r^{l+1}}\theta(r-r')\right] Y^{\times}_{lm}(\vartheta',\varphi')\, Y_{lm}(\vartheta,\varphi) \tag{VI.35}$$

*Liste der niedrigsten* sphärisch harmonischen Funktionen:

$$l = 0 \qquad Y_{00} = \frac{1}{\sqrt{4\pi}}$$

$$l = 1 \quad \begin{cases} Y_{11} = -\frac{1}{2}\sqrt{\frac{3}{2\pi}} \sin\vartheta\, e^{i\varphi} \\ Y_{10} = \frac{1}{2}\sqrt{\frac{3}{\pi}} \cos\vartheta \end{cases}$$

$$l = 2 \quad \begin{cases} Y_{22} = \frac{1}{4}\sqrt{\frac{15}{2\pi}} \sin^2\vartheta\, e^{2i\varphi} \\ Y_{21} = -\frac{1}{2}\sqrt{\frac{15}{2\pi}} \sin\vartheta \cos\vartheta\, e^{i\varphi} \\ Y_{20} = \frac{1}{4}\sqrt{\frac{5}{\pi}} (3\cos^2\vartheta - 1) \end{cases} \tag{VI.36}$$

$$l = 3 \quad \begin{cases} Y_{33} = -\frac{1}{8}\sqrt{\frac{35}{\pi}} \sin^3\vartheta\, e^{3i\varphi} \\ Y_{32} = \frac{1}{8}\sqrt{\frac{105}{\pi}} \sin^2\vartheta \cos\vartheta\, e^{2i\varphi} \\ Y_{31} = -\frac{1}{8}\sqrt{\frac{21}{\pi}} \sin\vartheta\, (5\cos^2\vartheta - 1)\, e^{i\varphi} \\ Y_{30} = \frac{1}{4}\sqrt{\frac{7}{\pi}} \cos\vartheta\, (5\cos^2\vartheta - 3) \end{cases}$$

Die übrigen $Y_{lm}$ sind wegen (VI.30) ebenfalls bekannt.

**4. Die vektoriellen sphärisch-harmonischen Funktionen**

Zur Lösung der vektoriellen Laplace-Gleichung für einen tangentialen Vektor **C**

$$\Delta \mathbf{C}(\mathbf{r}) = 0 \quad ; \quad \nabla_{\mathbf{r}} \cdot \mathbf{C}(\mathbf{r}) = 0 \tag{VI.37}$$

führt man als geeignete Entwicklungsfunktionen die sogenannten vektoriellen sphärisch-harmonischen Funktionen $\mathbf{X}_{lm}(\vartheta, \varphi)$ ein. Sie sind definiert durch

$$\mathbf{X}_{lm}(\vartheta,\varphi) := \begin{cases} \frac{1}{\sqrt{l(l+1)}}\, \mathbf{L}\, Y_{lm}(\vartheta,\varphi) \ , & l > 0 \\ 0 \ , & l = 0 \ . \end{cases} \tag{VI.38}$$

Aus (VI.13) und (VI.28) folgt dann sofort die Orthogonalität:

$$\int \mathbf{X}^{x}_{l'm'}(\vartheta,\varphi) \cdot \mathbf{X}_{lm}(\vartheta,\varphi) \sin\vartheta \, d\vartheta \, d\varphi = \delta_{ll'} \delta_{mm'} \ , \tag{VI.39}$$

und wegen (VI.13) und (VI.11) erfüllen die $X_{lm}(\vartheta, \varphi)$ die Gleichungen:

$$\begin{aligned} &\mathbf{L}^2 \mathbf{X}_{lm} = l(l+1)\mathbf{X}_{lm} \\ &\nabla_{\mathbf{r}} \cdot \mathbf{X}_{lm} = 0; \quad \mathbf{r} \cdot \mathbf{X}_{lm} = 0; \quad \mathbf{L} \times \mathbf{X}_{lm} = i\mathbf{X}_{lm} \ . \end{aligned} \tag{VI.40}$$

Zerlegt man in der Defintionsgleichung (VI.38) den Drehimpulsoperator in die Operatoren $L_+$ und $L_-$ nach (VI.7) und benutzt die Relationen (VI.14), so läßt sich dadurch die Wirkung von **L** auf $Y_{lm}$ angeben. Dann erhält man die explizite Darstellung der $X_{lm}$:

$$\begin{aligned} \mathbf{X}_{lm} = &\frac{1}{2}(\mathbf{e}_1 - i\mathbf{e}_2)\sqrt{\frac{(l-m)(l+m+1)}{l(l+1)}}\, Y_{l,m+1} \\ &+ \frac{1}{2}(\mathbf{e}_1 + i\mathbf{e}_2)\sqrt{\frac{(l+m)(l-m+1)}{l(l+1)}}\, Y_{l,m-1} + \mathbf{e}_3 m\, Y_{l,m} \ . \end{aligned} \tag{VI.41}$$

Dabei sind $(\mathbf{e}_1, \mathbf{e}_2, \mathbf{e}_3)$ die Einheitsvektoren in x, y, z-Richtung.

## B. Besselfunktionen

In Zylinderkoordinanten $(\rho, \varphi, z)$ mit

$$(x, y, z) = (\rho \cos\varphi, \rho \sin\varphi, z) \tag{VI.42}$$

lautet nach Anhang I die Laplace-Gleichung

$$\left[\frac{1}{\rho}\partial_\rho \rho \partial_\rho + \frac{1}{\rho^2}\partial^2_\varphi + \partial^2_z\right] \Phi(\rho,\varphi,z) = 0 \ . \tag{VI.43}$$

Der Separationsansatz

$$\Phi(\rho,\varphi,z) = R(\rho)\, Q(\varphi)\, Z(z) \tag{VI.44}$$

führt auf die drei gewöhnlichen DGln.

$$(d_z^2 - k^2) Z(z) = 0$$
$$(d_\varphi^2 + \nu^2) Q(\varphi) = 0 \qquad \text{(VI.45)}$$
$$\left[d_\rho^2 + \frac{1}{\rho} d_\rho + \left(k^2 - \frac{\nu^2}{\rho^2}\right)\right] R(\rho) = 0 .$$

Dabei sind k und $\nu$ zunächst Integrationskonstanten. Die Lösungen der ersten beiden Gleichungen von (VI.45) sind

$$Z(z) = e^{\pm kz}$$
$$Q(\varphi) = e^{\pm i\nu\varphi} . \qquad \text{(VI.46)}$$

Damit das Potential $\phi$ eindeutig wird, muß $\nu$ eine ganze Zahl sein; k ist zunächst beliebig, da in z-Richtung keine Randbedingungen vorliegen. Wir verwenden reelles k.
Mit $x = k\rho$ folgt für die letzte Gleichung von (VI.45)

$$\left[d_x^2 + \frac{1}{x} dx + \left(1 - \frac{\nu^2}{x^2}\right)\right] R(x) = 0 . \qquad \text{(VI.47)}$$

Dies ist die *Besselsche DGl. der Ordnung* $\nu$.

Zwei Lösungen sind die *Besselfunktionen 1. Art der Ordnung* $\nu$:

$$J_\nu(x) = \left(\frac{x}{2}\right)^\nu \sum_{j=0}^{\infty} \frac{(-1)^j}{j!\,\Gamma(j+\nu+1)} \left(\frac{x}{2}\right)^{2j} \qquad \text{(für alle x konvergent!)} \qquad \text{(VI.48)}$$

$$J_{-\nu}(x) = \left(\frac{x}{2}\right)^{-\nu} \sum_{j=0}^{\infty} \frac{(-1)^j}{j!\,\Gamma(j-\nu+1)} \left(\frac{x}{2}\right)^{2j} , \qquad \nu \neq n .$$

$\nu \neq n\,(\text{ganz}) \rightarrow J_\nu, J_{-\nu}$ linear unabhängig, (VI.49)

$\nu = n \rightarrow J_{-n}(x) = (-1)^n J_n(x)$, d.h. linear abhängig.

*Neumannsche Funktionen* $N_\nu$ (oder Besselfunktion 2. Art)

$$N_\nu(x) = \frac{J_\nu(x)\cos\nu\pi - J_{-\nu}(x)}{\sin\nu\pi} \qquad \text{(VI.50)}$$

$(J_\nu, N_\nu)$ sind linear unabhängig für beliebiges $\nu$.

*Hankelfunktionen* $H_\nu^{(i)}(x)$ (Besselfunktionen 3. Art)

$$H_\nu^{(1)}(x) = J_\nu(x) + i N_\nu(x) \qquad \text{(VI.51)}$$
$$H_\nu^{(2)}(x) = J_\nu(x) - i N_\nu(x) .$$

$(H_\nu^{(1)}, H_\nu^{(2)})$ sind ebenfalls linear unabhängig.

Alle Besselfunktionen der Ordnung $\nu$ genügen den *Rekursions-Relationen*

$$R_{\nu-1}(x) + R_{\nu+1}(x) = \frac{2\nu}{x} R_\nu(x) \tag{VI.52}$$

$$R_{\nu-1}(x) - R_{\nu+1}(x) = 2 \frac{d}{dx} R_\nu(x) . \tag{VI.53}$$

*Orthogonalitätsrelationen*

$J_\nu(x)$ besitzt unendlich viele Nullstellen $x_{\nu n}$:

$$J_\nu(x_{\nu n}) = 0 \qquad (n = 1, 2, \dots, \infty) . \tag{VI.54}$$

Die ersten Nullstellen sind:

$$\begin{array}{lll} \nu = 0 & , & x_{0n} = 2.405,\ 5.520,\ 8.654 \\ \nu = 1 & , & x_{1n} = 3.832,\ 7.016,\ 10.173 \\ \nu = 2 & , & x_{2n} = 5.136,\ 8.417,\ 11.620 \end{array} \tag{VI.55}$$

Für höhere Nullstellen ($x \gg \nu$) gilt:

$$x_{\nu n} \cong n\pi + \left(\nu - \frac{1}{2}\right) \frac{\pi}{2} . \tag{VI.56}$$

Weitere Nullstellen siehe [M 18] .

Die $\{\sqrt{\rho}\, J_\nu(x_{\nu n} \rho/a)\}_{n=1}^{\infty}$ bilden für $\nu \geqslant 0$ in $0 \leqslant \rho \leqslant a$ ein Orthogonalsystem:

$$\int_0^a \rho\, J_\nu \left(x_{\nu n'} \frac{\rho}{a}\right) J_\nu \left(x_{\nu n} \frac{\rho}{a}\right) d\rho = \frac{a^2}{2} [J_{\nu+1}(x_{\nu n})]^2\, \delta_{nn'} \tag{VI.57}$$

d.h., für ein vollständiges Besselfunktionensystem kann man eine beliebige Funktion $f(\rho)$ im Intervall $0 \leqslant \rho \leqslant a$ in eine Reihe entwickeln

$$f(\rho) = \sum_{n=1}^{\infty} A_{\nu n} J_\nu \left(x_{\nu n} \frac{\rho}{a}\right) . \tag{VI.58}$$

Ferner gilt für n = 0, 1, 2, ... die Integraldarstellung

$$J_n(x) = \frac{i^{-n}}{\pi} \int_0^\pi e^{ix\cos\varphi} \cos n\varphi\, d\varphi , \tag{VI.58a}$$

die speziell für n = 0 lautet unter Berücksichtigung der Eigenschaften des $\cos\varphi$

$$J_0(x) = \frac{1}{2\pi} \int_0^{2\pi} e^{ix\cos\varphi}\, d\varphi . \tag{VI.58b}$$

Durch Einsetzen von (VI.52) in (VI.53) erhält man nach Multiplikation mit $x^n$

$$\frac{d}{dx}[x^n J_n(x)] = x^n J_{n-1}(x)\,, \tag{VI.58c}$$

bzw. nach Integration von 0 bis a

$$\int_0^a x^n J_{n-1}(x)\,dx = a^n J_n(a)\,. \tag{VI.58d}$$

Speziell für n = 1 ergibt dies die in Abschnitt 12.9 verwendete Relation

$$\int_0^a x\,J_0(x)\,dx = a\,J_1(a)\,. \tag{VI.58e}$$

*Sphärische Besselfunktionen* (halbzahliger Index $\nu$)

$$j_l(x) = \sqrt{\frac{\pi}{2x}}\,J_{l+1/2}(x)\,; \qquad n_l(x) = \sqrt{\frac{\pi}{2x}}\,N_{l+1/2}(x)\,. \tag{VI.59}$$

Mit der Reihenentwicklung (IV.48) läßt sich zeigen:

$$j_l(x) = (-x)^l\left(\frac{1}{x}\,d_x\right)^l\left(\frac{\sin x}{x}\right); \qquad n_l(x) = -(-x)^l\left(\frac{1}{x}\,d_x\right)^l\left(\frac{\cos x}{x}\right)\,. \tag{VI.60}$$

*Asymptotisches Verhalten*

$$j_l(x) = \frac{x^l}{(2l+1)!!}\,, \qquad x \ll l \tag{VI.60a}$$

$$n_l(x) = -\frac{(2l-1)!!}{x^{l+1}}\,, \qquad x \ll l$$

mit

$$(2m+1)!! := \frac{\Gamma(2m+2)}{2^m\,\Gamma(m+1)}\,.$$

$$j_l(x) = x^{-1}\sin\left(x - \frac{1}{2}l\pi\right), \quad x \gg l \tag{VI.60b}$$

$$n_l(x) = -x^{-1}\cos\left(x - \frac{1}{2}l\pi\right), \quad x \gg l\,.$$

Für $x \to 0$ ist also $j_l(x)$ regulär, während $n_l$ singulär wird. Wichtig für das weitere sind die sphärischen Hankelfunktionen, da sie das asymptotische Verhalten von aus- bzw.

einlaufenden Kugelwellen zeigen. (Die sphärischen Hankelfunktionen sind analog zu (IV.59) definiert.)

$$h_l^{(1)}(x) = (-i)^{l+1} x^{-1} e^{ix}, \qquad x \gg l \tag{VI.61}$$
$$h_l^{(2)}(x) = i^{l+1} x^{-1} e^{-ix}, \qquad x \gg l\,.$$

$h_l^{(1)}(x)$ auslaufende Kugelwelle → Streuvorgang

$h_l^{(2)}(x)$ einlaufende Kugelwelle → Absorptionsvorgang.

Die sphärischen Hankelfunktionen sind bei $x = 0$ singulär. Weiter gilt für komplexes x:

$$h_l^{(1)\times}(x) = h_l^{(2)}(x^\times),$$

wobei $x^\times$ zu x konjugiert komplex ist.

*Modifizierte Besselfunktionen:*

Setzt man für $(+k^2)$ in (VI.45) $(-k^2)$, so geht (VI.46) über in

$$Z(z) = e^{\pm ikz} \quad \text{bzw. } Z(z) = \sin kz,\ \cos kz\ ; \tag{VI.61a}$$

mit $x = k\rho$ wird dann aus der letzten Gleichung von (IV.45)

$$\left[\frac{d^2}{dx^2} + \frac{1}{x}\frac{d}{dx} - \left(1 + \frac{\nu^2}{x^2}\right)\right] R(x) = 0\,. \tag{VI.61b}$$

Diese Lösungen nennt man modifizierte Besselfunktionen. Die unabhängigen Lösungen $\{I_\nu, K_\nu\}$ sind reelle Funktionen für reelles x

$$I_\nu(x) := i^{-\nu} J_\nu(ix) \tag{VI.61c}$$

$$K_\nu(x) := \frac{\pi}{2} i^{\nu+1} H_\nu^{(1)}(ix).$$

*Verhalten:* $\nu$ reell, $\nu \geqslant 0$

$x \ll 1$

$$I_\nu(x) \to \frac{1}{\Gamma(\nu+1)} \left(\frac{x}{2}\right)^\nu \tag{VI.61d}$$

$$K_\nu(x) \to \begin{cases} -(\ln(\frac{x}{2}) + 0.5772\ldots), & \nu = 0 \\ \frac{\Gamma(\nu)}{2} (\frac{2}{x})^\nu, & \nu \neq 0 \end{cases} \tag{VI.61e}$$

$x \gg 1$

$$I_\nu(x) \to \frac{1}{\sqrt{2\pi x}} e^x \left[1 + O\left(\frac{1}{x}\right)\right] \tag{VI.61f}$$

$$K_\nu(x) \to \sqrt{\frac{\pi}{2x}} e^{-x} \left[1 + O\left(\frac{1}{x}\right)\right]\,.$$

### C. Die Helmholtz-Gleichung

In Anhang IV haben wir die Greenfunktionen des d'Alembert-Operators $\Box$, d.h. der Wellengleichung untersucht. Wir wollen hier die homogene Wellengleichung

$$\Box\phi(\mathbf{r}, t) = 0 \tag{VI.62}$$

nach sphärischen Lösungen entwickeln. Zunächst machen wir für die Zeitabhängigkeit den Fourier-Ansatz:

$$\phi(\mathbf{r}, t) = \frac{1}{2\pi} \int_{-\infty}^{\infty} e^{-i\omega t} \phi_\omega(\mathbf{r})\, d\omega\,. \tag{VI.63}$$

Dann geht die d'Alembert-Gleichung in die *Helmholtz-Gleichung* für $\phi_\omega(\mathbf{r})$ über:

$$(\Delta + k^2)\, \phi_\omega(\mathbf{r}) = 0\,; \qquad k^2 := \frac{\omega^2}{c^2}\,. \tag{VI.64}$$

Wie bei der Laplace-Gleichung machen wir einen Separationsansatz, indem wir $\phi_\omega(\mathbf{r})$ in eine Reihe nach $Y_{lm}(\vartheta, \varphi)$ entwickeln:

$$\phi_\omega(\mathbf{r}) = \phi_\omega(r, \vartheta, \varphi) = \sum_{l=0}^{\infty} \sum_{m=-l}^{l} A_{lm}\, f_l(kr)\, Y_{lm}(\vartheta, \varphi)\,. \tag{VI.65}$$

Dann erhalten wir mit (VI.9) und (VI.13) aus (VI.64) die Gleichung ($kr \equiv x$)

$$\left(d_x^2 + \frac{2}{x} d_x - \frac{l(l+1)}{x^2} + 1\right) f_l(x) = 0\,. \tag{VI.66}$$

Die Lösungen von (VI.66) sind die sphärischen Besselfunktionen, d.h., die allgemeine Lösung von (VI.64) ist

$$\phi_\omega(\mathbf{r}) = \sum_{l=0}^{\infty} \sum_{m=-l}^{l} \left[A_{lm}^{(1)} h_l^{(1)}(kr) + A_{lm}^{(2)} h^{(2)}(kr)\right] Y_{lm}(\vartheta, \varphi)\,, \tag{VI.67}$$

wobei die Koeffizienten $A_{lm}^{(i)}$ wiederum durch die Randbedingungen (auch Regularitätsbedingungen!) gegeben sind. Da sowohl $h_l^{(i)}(x)$ wie auch $n_l^{(i)}(x)$ bei $x \to 0$ singulär werden, können Funktionen, die überall regulär sind, nur durch $j_l(x)$ beschrieben werden. Entwickelt man die überall reguläre *ebene Welle*

$$\phi(\mathbf{k}, \mathbf{r}) = e^{i\mathbf{k}\cdot\mathbf{r}} = e^{ikr\cos\vartheta}\,, \tag{VI.68}$$

die im ganzen Raum Lösung der Helmholtz-Gleichung ist, nach Legendre-Polynomen, so erhält man:

$$e^{ikr\cos\vartheta} = \sum_{l=0}^{\infty} (2l+1)\, i^l j_l(kr)\, P_l(\cos\vartheta) \tag{VI.69}$$

(wegen der Zylindersymmetrie kommen nur $Y_{lm}$ mit $m = 0$ in Frage).

Zum Schluß betrachten wir die *Greenschen Funktionen* der Helmholtz-Gleichung. Diese erfüllen die Gleichung

$$(\Delta + k^2)\,G_k(\mathbf{r}, \mathbf{r}') = -4\pi\delta(\mathbf{r} - \mathbf{r}') \tag{VI.70}$$

und sind wegen (VI.63) die zeitunabhängige Form der in Anhang IV behandelten Greenfunktionen:

$$G_k^i(R) = \int_{-\infty}^{\infty} e^{i\omega t}\, G_i(R, t)\, dt \quad \text{mit} \qquad R = |\mathbf{R}| = |\mathbf{r} - \mathbf{r}'|. \tag{VI.71}$$

Die Funktionen (IV.20)–(IV.22) führen dann auf

$$G_k^r(R) = \frac{1}{R}\, e^{ikR}\,; \qquad G_k^a(R) = \frac{1}{R}\, e^{-ikR} \tag{VI.72}$$

$$G_k^3(R) = \frac{2}{R}\cos(kR)\,\theta(-k)\,; \quad G_k^4(R) = \frac{2}{R}\cos(kR)\,\theta(k)\,. \tag{VI.73}$$

Man sieht daraus, daß für sehr große $|\mathbf{r}| = r \gg |\mathbf{r}'|$ gilt:

$$\begin{aligned} G_k^r(R) &\sim \frac{1}{r}\, e^{ikr} \sim h_l^{(1)}(kr) \qquad \text{auslaufende Welle} \\ G_k^a(R) &\sim \frac{1}{r}\, e^{-ikr} \sim h_l^{(2)}(kr) \qquad \text{einlaufende Welle} \end{aligned} \tag{VI.74}$$

Die Entwicklung von $G_k^r(R)$ nach sphärisch-harmonischen Funktionen ergibt sich dann analog wie bei der Poisson-Gleichung:

$$\frac{e^{ik|\mathbf{r}-\mathbf{r}'|}}{|\mathbf{r} - \mathbf{r}'|} = 4\pi ik \sum_{l=0}^{\infty} g_l^k(r, r') \sum_{m=-l}^{l} Y_{lm}^{\times}(\vartheta', \varphi')\, Y_{lm}(\vartheta, \varphi) \tag{VI.75}$$

mit

$$g_l^k(r, r') = [j_l(kr')\, h_l^{(1)}(kr)\, \theta(r - r') + j_l(kr)\, h_l^{(1)}(kr')\, \theta(r' - r)]\,. \tag{VI.76}$$

Wegen (VI.60a) ist (VI.75) im Limes $k \to 0$ mit der Entwicklung (VI.35) von $|\mathbf{r} - \mathbf{r}'|$ identisch.

## D. Multipolentwicklung in Kugelkoordinaten

### a) Elektrische Multipole (statisch)

Nach (1.49) ist das elektrische Potential einer lokalisierten Ladungsverteilung $\rho(\mathbf{r})$

$$\phi(\mathbf{r} + \mathbf{r}_s) = \int \frac{\rho(\mathbf{r}' + \mathbf{r}_s)}{|\mathbf{r} - \mathbf{r}'|}\, d^3r' \quad \text{mit } \mathbf{r}_s = \text{Ladungsschwerpunkt}. \tag{VI.77}$$

Um (VI.77) in Kugelkoordinaten zu entwickeln, benützen wir die Entwicklung (VI.35) für $|\mathbf{r}-\mathbf{r}'|^{-1}$ für $|\mathbf{r}'| \ll |\mathbf{r}|$ und setzen sie in (VI.77) ein. Dies ergibt [mit $\mathbf{r} \to (r, \vartheta, \varphi)$].

$$\phi(\mathbf{r}+\mathbf{r}_s) = 4\pi \sum_{l=0}^{\infty} \sum_{m=-l}^{l} \frac{1}{2l+1} \frac{Y_{lm}(\vartheta,\varphi)}{r^{l+1}} q_{lm} \tag{VI.78}$$

mit den Multipolmomenten:

$$q_{lm} := \int \rho(\mathbf{r}+\mathbf{r}_s)\, Y^{\times}_{lm}(\vartheta,\varphi) r^l d^3 r. \tag{VI.79}$$

Die Multipolmomente in kartesischen Koordinaten sind Linearkombinationen der Multipolmomente in Kugelkoordinaten.

Zunächst gilt wegen (VI.30)

$$q_{l,-m} = (-1)^m q^{\times}_{l,m} . \tag{VI.80}$$

Nach Einsetzen der niedrigsten $Y_{lm}(\vartheta,\varphi)$ nach (VI.36) in (VI.79) ergibt sich

$l = 0$ el. Monopolmoment $\quad q_{00} = \frac{1}{\sqrt{4\pi}} Q$

$l = 1$ el. Dipolmoment $\quad q_{11} = -\frac{1}{2}\sqrt{\frac{3}{2\pi}}(p_x - ip_y)$

$$q_{10} = \frac{1}{2}\sqrt{\frac{3}{\pi}}\, p_z \tag{VI.81}$$

$$q_{1,-1} = \frac{1}{2}\sqrt{\frac{3}{2\pi}}(p_x + ip_y)$$

$l = 2$ el. Quadrupolmoment $\quad q_{22} = \frac{1}{12}\sqrt{\frac{15}{2\pi}}(H_{11} - 2iH_{12} - H_{22})$

$$q_{21} = -\frac{1}{6}\sqrt{\frac{15}{2\pi}}(H_{13} - iH_{23})$$

$$q_{20} = \frac{1}{4}\sqrt{\frac{5}{\pi}}\, H_{33} .$$

Für den Betrag des elektrischen Dipolmoments $\mathbf{p}$ ergibt sich:

$$|\mathbf{p}| = |q_1| = \left[\frac{4\pi}{3} \sum_{m=-1}^{1} |q_{1m}|^2\right]^{\frac{1}{2}} . \tag{VI.82}$$

Analog ist der Betrag von höheren Multipolmomenten der Ordnung $l$ durch die positive Größe

$$|q_l| := \left[\frac{4\pi}{2l+1}\sum_{m=-l}^{l}|q_{lm}|^2\right]^{\frac{1}{2}} \tag{VI.83}$$

definiert.

**b) Magnetische Multipole (stationär)**

Nach (2.44) ist das Vektorpotential einer in einer Kugel vom Radius $R_0$ lokalisierten stationären Stromdichte $\mathbf{j}(\mathbf{r})$ (d.h. $\mathbf{j}(\mathbf{r}) \neq 0$ für $|\mathbf{r}| \leqslant R_0 \ll \infty$) gegeben durch

$$\mathbf{A}(\mathbf{r}+\mathbf{r}_s) = \frac{1}{c}\int \mathbf{j}(\mathbf{r}_s+\mathbf{r}')\frac{1}{|\mathbf{r}-\mathbf{r}'|}\,d^3r' . \tag{VI.84}$$

Wir betrachten nun

$$(\mathbf{r}\cdot\mathbf{B}(\mathbf{r})) = \mathbf{r}\cdot(\nabla_\mathbf{r}\times\mathbf{A}) = \frac{1}{c}\int \mathbf{r}\cdot(\nabla_\mathbf{r}\times\mathbf{j}(\mathbf{r}_s+\mathbf{r}'))\frac{1}{|\mathbf{r}-\mathbf{r}'|}\,d^3r'. \tag{VI.85}$$

Den Integranden von (VI.85) formen wir um (unter Zuhilfenahme der Formeln (I.30)–(I.32)):

$$\mathbf{r}\cdot(\nabla_\mathbf{r}\times\mathbf{j}(\mathbf{r}_s+\mathbf{r}'))\frac{1}{|\mathbf{r}-\mathbf{r}'|} = -\mathbf{r}\cdot(\mathbf{j}(\mathbf{r}'+\mathbf{r}_s)\times\nabla_\mathbf{r})\frac{1}{|\mathbf{r}-\mathbf{r}'|} = \tag{VI.86}$$

$$= \mathbf{r}\cdot(\mathbf{j}(\mathbf{r}'+\mathbf{r}_s)\times(\mathbf{r}-\mathbf{r}'))\frac{1}{|\mathbf{r}-\mathbf{r}'|^3} = \frac{1}{|\mathbf{r}-\mathbf{r}'|^3}\,((\mathbf{r}-\mathbf{r}')\times\mathbf{r})\cdot\mathbf{j}(\mathbf{r}'+\mathbf{r}_s)$$

$$= \frac{1}{|\mathbf{r}-\mathbf{r}'|^3}((\mathbf{r}-\mathbf{r}')\times\mathbf{r}')\cdot\mathbf{j}(\mathbf{r}'+\mathbf{r}_s) = (\nabla_{\mathbf{r}'}\frac{1}{|\mathbf{r}-\mathbf{r}'|}\times\mathbf{r}')\cdot\mathbf{j}(\mathbf{r}'+\mathbf{r}_s)$$

$$= (\mathbf{r}'\times\mathbf{j}(\mathbf{r}'+\mathbf{r}_s))\cdot\nabla_{\mathbf{r}'}\frac{1}{|\mathbf{r}-\mathbf{r}'|} .$$

Andererseits gilt nach (I.30)

$$\nabla_{\mathbf{r}'}\cdot(\mathbf{r}'\times\mathbf{j}(\mathbf{r}'+\mathbf{r}_s)\frac{1}{|\mathbf{r}-\mathbf{r}'|}) = \frac{1}{|\mathbf{r}-\mathbf{r}'|}\nabla_{\mathbf{r}'}\cdot(\mathbf{r}'\times\mathbf{j}(\mathbf{r}'+\mathbf{r}_s)) + (\mathbf{r}'\times\mathbf{j}(\mathbf{r}'+\mathbf{r}_s))\cdot\nabla_{\mathbf{r}'}\frac{1}{|\mathbf{r}-\mathbf{r}'|} . \tag{VI.87}$$

Mit (VI.86) und (VI.87) wird dann:

$$(\mathbf{r}\cdot\mathbf{B}(\mathbf{r})) = \frac{1}{c}\int\nabla_{\mathbf{r}'}\cdot(\mathbf{r}'\times\mathbf{j}(\mathbf{r}'+\mathbf{r}_s)\frac{1}{|\mathbf{r}-\mathbf{r}'|})\,d^3r' - \frac{1}{c}\int\frac{1}{|\mathbf{r}-\mathbf{r}'|}\nabla_{\mathbf{r}'}\cdot(\mathbf{r}'\times\mathbf{j}(\mathbf{r}'+\mathbf{r}_s))d^3r' . \tag{VI.88}$$

Das erste Integral rechts läßt sich mit dem Gaußschen Satz in ein Oberflächenintegral umformen, das wegen der endlichen Ausdehnung von $\mathbf{j}(\mathbf{r}')$ verschwindet.
Damit wird (VI.88)

$$(\mathbf{r}\cdot\mathbf{B}(\mathbf{r})) = -\frac{1}{c}\int\frac{1}{|\mathbf{r}-\mathbf{r}'|}\nabla_{\mathbf{r}'}\cdot(\mathbf{r}'\times\mathbf{j}(\mathbf{r}'+\mathbf{r}_s))\,d^3r' \quad . \tag{VI.89}$$

(VI.89) entwickeln wir nach Kugelkoordinaten und benützen wie im el. Fall die Entwicklung (VI.35) für $|\mathbf{r}-\mathbf{r}'|^{-1}$ bei $|\mathbf{r}'| \ll |\mathbf{r}|$.
Dies ergibt

$$(\mathbf{r}\cdot\mathbf{B}(\mathbf{r})) = 4\pi\sum_{l=0}^{\infty}\sum_{m=-l}^{l}\frac{l+1}{2l+1}\frac{Y_{lm}(\vartheta,\varphi)}{r^{l+1}}M_{lm} \tag{VI.90}$$

mit den *magnetischen Multipolmomenten*

$$M_{lm} := -\frac{1}{l+1}\frac{1}{c}\int r^l Y_{lm}^{\times}(\vartheta,\varphi)\,\nabla_{\mathbf{r}}\cdot(\mathbf{r}\times\mathbf{j}(\mathbf{r}+\mathbf{r}_s))\,d^3r. \tag{VI.91}$$

Der Faktor $(l+1)^{-1}$ wird noch begründet:
(VI.90) läßt sich auch schreiben:

$$(\mathbf{r}\cdot\mathbf{B}(\mathbf{r})) = -r\,\partial_r U_m(r,\vartheta,\varphi) = -(\mathbf{r}\cdot\nabla_{\mathbf{r}})\,U_m(r,\vartheta,\varphi) \tag{VI.92}$$

mit dem skalaren Potential

$$U_m(r,\vartheta,\varphi) = 4\pi\sum_{l=0}^{\infty}\sum_{m=-l}^{l}\frac{1}{2l+1}\frac{Y_{lm}(\vartheta,\varphi)}{r^{l+1}}M_{lm} \quad . \tag{VI.93}$$

$U_m(r,\vartheta,\varphi)$ ist aber die allgemeine Lösung (VI.18) der Laplace-Gleichung in Kugelkoordinaten mit der Randbedingung $U_m \to 0$ für $r \to \infty$.
Nach (VI.92) bedeutet dies:

$$\mathbf{B}(\mathbf{r}) = -\nabla_{\mathbf{r}}U_m(\mathbf{r})\,; \qquad |\mathbf{r}| > R_0 \quad \text{mit } \mathbf{B}(\mathbf{r}) \to 0\,, \quad |\mathbf{r}| \to \infty \tag{VI.94}$$

in Übereinstimmung mit

$$\nabla\times\mathbf{B}(\mathbf{r}) = 0 \qquad \text{für } |\mathbf{r}| > R_0 \quad . \tag{VI.95}$$

D.h., die magnetischen Multipolmomente sind genau wie die elektrischen Multipolmomente die Entwicklungskoeffizienten der Entwicklung des skalaren Potentials nach Kugelkoordinaten!

Den Betrag des magnetostatischen Multipolmoments $M_l$ der Ordnung $l$ definieren wir analog wie in (VI.83)

$$|M_l| = \left[\frac{4\pi}{2l+1}\sum_{m=-l}^{l}|M_{lm}|^2\right]^{\frac{1}{2}} \quad . \tag{VI.96}$$

Einsetzen von $Y_{lm}$ nach (VI.36) in (VI.91) ergibt den *Zusammenhang mit den kartesischen Komponenten:*

$l = 0$ Monopolmoment
$$M_{00} = -\frac{1}{c}\frac{1}{\sqrt{4\pi}}\int \nabla_{\mathbf{r}} \cdot (\mathbf{r} \times \mathbf{j}(\mathbf{r} + \mathbf{r}_s))\, d^3r = -\frac{1}{c}\frac{1}{\sqrt{4\pi}}\int (\mathbf{r} \times \mathbf{j}(\mathbf{r} + \mathbf{r}_s)) \cdot d\mathbf{F} = 0,$$

da $\mathbf{j} = 0$ für $|\mathbf{r}| > R_0$ ist.

$l = 1$ magnet. Dipolmoment
$$M_{11} = -\frac{1}{2}\sqrt{\frac{3}{2\pi}}(m_x - i m_y) \tag{VI.97}$$
$$M_{10} = \frac{1}{2}\sqrt{\frac{3}{\pi}}\, m_z$$
$$M_{1,-1} = \frac{1}{2}\sqrt{\frac{3}{2\pi}}(m_x + i m_y)$$

mit dem durch (2.55) definierten Dipolmoment

$$\mathbf{m} = \frac{1}{2c}\int \mathbf{r} \times \mathbf{j}(\mathbf{r} + \mathbf{r}_s)\, d^3r\,.$$

Bei der Herleitung von (VI.97) ist partielle Integration notwendig! Nach (VI.96) gilt dann:

$$|\mathbf{m}| = |M_1| = \left[\frac{4\pi}{3}\sum_{m=-1}^{1}|M_{1m}|^2\right]^{\frac{1}{2}}. \tag{VI.98}$$

**c) Nichtstationäre Multipolentwicklung**

Darstellung der Potentiale nach (4.81), (4.83)

$$\mathbf{A}(\mathbf{r} + \mathbf{r}_s, \omega) = \frac{1}{c}\int \mathbf{j}(\mathbf{r}' + \mathbf{r}_s)\frac{e^{ik|\mathbf{r}-\mathbf{r}'|}}{|\mathbf{r}-\mathbf{r}'|}\, d^3r'; \qquad k = \frac{\omega}{c} \tag{VI.99}$$

$$\varphi(\mathbf{r} + \mathbf{r}_s, \omega) = \int \rho(\mathbf{r}' + \mathbf{r}_s)\frac{e^{ik|\mathbf{r}-\mathbf{r}'|}}{|\mathbf{r}-\mathbf{r}'|}\, d^3r'. \tag{VI.100}$$

Nach (4.89) genügt die Kenntnis von $\mathbf{A}(\mathbf{r}, \omega)$, denn nach der Lorentzbedingung (4.84) gilt:

$$\varphi(\mathbf{r}, \omega) = \frac{1}{ik}\nabla_{\mathbf{r}} \cdot \mathbf{A}(\mathbf{r}, \omega)\,; \tag{VI.101}$$

wegen der Kontinuitätsgleichung (4.85) erfüllt (VI.99) und (VI.100) die Lorentzbedingung (VI.101).

Die Entwicklung der in (VI.99) und (VI.100) im Integranden enthaltenen retardierten Greenfunktion (VI.72) der Helmholtz-Gleichung (VI.70) nach sphärisch-harmonischen Funktionen nach (VI.75) wird in (VI.99) bzw. (VI.100) eingesetzt; weil die Ladungsverteilung lokalisiert ist, kommt für $r \gg r'$ in (VI.76) nur der erste Term in Betracht.

$$\mathbf{A}(\mathbf{r} + \mathbf{r}_s; \omega) = 4\pi i k \sum_{l=0}^{\infty} h_l^{(1)}(kr) \sum_{m=-l}^{l} Y_{lm}(\vartheta, \varphi)\, \mathbf{c}_{lm}(k) \tag{VI.102}$$

mit

$$\mathbf{c}_{lm}(k) := \frac{1}{c}\int \mathbf{j}(\mathbf{r}' + \mathbf{r}_s)\, j_l(kr')\, Y_{lm}^{\times}(\vartheta', \varphi')\, d^3r' \tag{VI.103}$$

$$\varphi(\mathbf{r} + \mathbf{r}_s; \omega) = 4\pi i k \sum_{l=0}^{\infty} h_l^{(1)}(kr) \sum_{m=-l}^{l} Y_{lm}(\vartheta, \varphi)\, \rho_{lm}(k) \tag{VI.104}$$

mit

$$\rho_{lm}(k) := \int \rho(\mathbf{r}_s + \mathbf{r}')\, j_l(kr')\, Y_{lm}^{\times}(\vartheta', \varphi')\, d^3r' . \tag{VI.105}$$

$\mathbf{c}_{lm}, \rho_{lm}$ sind die von k abhängigen, nicht stationären Momente der Entwicklung nach den sphärisch-harmonischen Funktionen.

Außerhalb der Quellen lassen sich **E** und **B** anstatt über die Potentiale **A**, $\varphi$ mit (4.87), (4.88) auch direkt nach den vektoriellen Kugelfunktionen (VI.38) entwickeln:

$$\begin{aligned} \mathbf{B}(r, \vartheta, \varphi) &= \sum_{l,m} [a_{lm}\, f_l(kr) - \frac{i}{k} b_{lm}\, \nabla \times g_l(kr)]\, \mathbf{X}_{lm}(\vartheta, \varphi) \\ \mathbf{E}(r, \vartheta, \varphi) &= \sum_{l,m} [\frac{i}{k} a_{lm}\, \nabla \times f_l(kr) + b_{lm}\, g_l(kr)]\, \mathbf{X}_{lm}(\vartheta, \varphi). \end{aligned} \tag{VI.106}$$

Dabei sind $f_l$ und $g_l$ wie bei (VI.67) von der Form

$$f_l(kr) = A_l^{(1)} h_l^{(1)}(kr) + A_l^{(2)} h_l^{(2)}(kr). \tag{VI.107}$$

Wegen der Relationen für $\mathbf{X}_{lm}$ und $f_l$ erfüllen **E**, **B** so die homogenen Maxwell-Gleichungen (12.93). Die Konstanten $a_{lm}$ und $b_{lm}$ bestimmen die elektrischen und magnetischen Multipolfelder. Sie werden, wie die Konstanten in (VI.107) durch die Quellen und durch die Randbedingungen festgelegt.

## VII. Variationsrechnung

Hier sollen kurz die Grundlagen der Variationsrechnung skizziert werden, soweit sie mit dem Lagrangeformalismus zusammenhängen. Zuerst erläutern wir den Begriff des *Funktionals:*

*Definition A.10:*

Sei S ein Funktionenraum (i.a. als linear und normiert angenommen). Eine Abbildung $T: S \to \mathbb{C}^n$ von S auf den n-dimensionalen komplexen Zahlenraum $\mathbb{C}^n$ heißt ein Funktional. Die Werte von T werden mit T[f] bezeichnet, wobei f die Elemente von S durchläuft.

Genau wie die Differentialrechnung die Hilfsmittel zur Bestimmung der Extrema von Funktionen liefert, dient die Variationsrechnung zur Bestimmung der Extrema von Funktionalen [1]). Dazu definieren wir die Variation von T:

*Definition A.11:*
Seien $f_0$ und h aus S. Existiert der Grenzwert

$$\delta T[h]|_{f_0} = \lim_{\epsilon \to 0} \frac{T[f_0 + \epsilon h] - T[f_0]}{\epsilon} = \frac{d}{dt} T[f_0 + th]|_{t=0} , \qquad \text{(VII.1)}$$

dann heißt $\delta T[h]|_{f_0}$ die (Gâteaux-) Variation von T für beliebige Vergleichsfunktionen h aus S.

Wir betrachten ein Beispiel:
Das Funktional habe die Form $T[f] = \int g(x_1, \dots, x_n)\, f(x_1) \dots f(x_n)\, dx_1 \dots dx_n$. Dies nennt man ein *Potenzfunktional.* $g(x_1, \dots, x_n)$ kann o.B.d.A. als symmetrisch angenommen werden, da alle antisymmetrischen Anteile verschwinden.
Anwendung von (VII.1) ergibt wegen der Symmetrie von $g(x_1, \dots, x_n)$:

$$\delta T[h]|_f = \frac{d}{dt} \int g(x_1, \dots, x_n) [f(x_1) + th(x_1)] \dots [f(x_n) + th(x_n)]\, dx_1 \dots dx_n|_{t=0}$$

$$= n \int g(x_1, \dots, x_n) f(x_1) \dots f(x_{n-1}) h(x_n)\, dx_1 \dots dx_{n-1}\, dx_n . \qquad \text{(VII.2)}$$

In physikalischen Problemen sollen die Argument-Funktionen physikalische Größen beschreiben, also z.B. das elektromagnetische Feld. Dann müssen sie bestimmte Randbedingungen erfüllen. Damit stellt sich das Extremalproblem in folgender Form: Unter allen f aus S, die vorgegebene (gleiche!) Randbedingungen erfüllen, ist dasjenige gesucht, das dem Funktional T[f] ein Extremum verleiht. Die Auswahl der Funktionen h aus (VII.1) wird durch die Bedingung eingeschränkt, daß f + h *dieselben* Randbedingungen wie f erfüllen soll, d.h., die Vergleichsfunktionen h müssen *homogene* Randbedingungen erfüllen. Solche Vergleichsfunktionen heißen *zulässige Variationen.* Sie bilden einen linearen Unterraum H von S (die f nicht!).

Analog zur Differentialrechnung gilt dann der folgende Satz, den wir ohne Beweis zitieren [V 5]:
Notwendig dafür, daß $f \in S$ ein Funktional T[f] zum Extremum macht, ist die Bedingung

$$\delta T[h]|_f = 0$$

für alle zulässigen Variationen h.
Im allgemeinen ist $\delta T[h]|_f$ ein *lineares* Funktional in h. Dann läßt sich die Variation $\delta\, T[h]|_f$ wie folgt schreiben:

$$\delta T[h]|_f = \int \frac{\delta T[f]}{\delta f(x)}\, h(x)\, dx , \qquad \text{(VII.3)}$$

wobei das Integral eventuell nur symbolische Bedeutung hat.

---

[1]) Formulierungen, die sich eng an der Differentialrechnung orientieren, findet man in [V 1, V 5].

Damit lautet die notwendige Bedingung für ein Extremum:

$$\frac{\delta T[f]}{\delta f} = 0 \qquad \text{(VII.4)}$$

nach einem bekannten Lemma der Variationsrechnung.

$\frac{\delta T[f]}{\delta f}$ nennt man die *Funktionalableitung* von T. Sie entspricht der partiellen Ableitung in der Theorie der Funktionen mehrerer Veränderlicher. Aus (VII.3) ist ersichtlich, daß die Funktionalableitung im allgemeinen als Distribution aufzufassen ist. Dies zeigt auch folgende Überlegung, mit der wir uns eine explizite Form für $\delta T[f]/\delta f$ beschaffen wollen, die in der Feldtheorie oft Verwendung findet.

Wir setzen in (VII.3) und in (VII.1) $h(x) = \delta(x - x')$. (Dies ist rein formal zu verstehen!) Dann geht (VII.3) über in $\delta T[f]/\delta f$. Der Vergleich mit (VII.1) ergibt:

$$\frac{\delta T[f]}{\delta f(x')} = \lim_{\epsilon \to 0} \frac{T[f(x) + \epsilon\delta(x - x')] - T[f]}{\epsilon} \qquad \text{(VII.5)}$$

$$= \frac{d}{dt}\, T[f(x) + t\delta(x - x')]\big|_{t=0}\,.$$

Diese Formel ist auch im Falle mehrerer Variabler anwendbar, also etwa $x = (x_1, \ldots, x_n)$. Dann ist unter $\delta(x - x')$ die n-dimensionale $\delta$-Funktion $\delta(x_1 - x_1')\ldots\delta(x_n - x_n')$ zu verstehen.

Lit.: [V 1–V 5], insbesondere [V 1] und [V 5].

## VIII. Vektorielle Kirchhoff-Methode

### 1. Vektorielle Kirchhoff-Identitäten

Wie in Abschnitt 12.7 bereits angedeutet, sollte eine exakte Beugungstheorie nicht skalar, sondern vektoriell beschrieben werden. Zu diesem Zweck beweisen wir eine vektorielle Identitét, die der skalaren (12.146) analog ist, jedoch nicht für die Potentiale $\varphi$, **A**, sondern für Feldgrößen selbst gilt.

Wir benutzen den folgenden

**Hilfssatz:** Seien **E**, **B** Lösungen der Maxwellengleichungen (12.93) zu vorgegebenem Strom **j**, so gilt die Identität

$$\mathbf{E}(\mathbf{r}) = \frac{i\omega}{c^2} \int_V \mathbb{G}(\mathbf{r}, \mathbf{r}') \cdot \mathbf{j}(\mathbf{r}') d^3 r' \qquad \text{(VIII.1)}$$

$$- \frac{1}{4\pi} \int_{F(V)} dF' \cdot \left[\mathbf{E}(\mathbf{r}') \times (\nabla_{\mathbf{r}'} \times \mathbb{G}(\mathbf{r}, \mathbf{r}')) + (\nabla_{\mathbf{r}'} \times \overset{\downarrow}{\mathbf{E}}(\mathbf{r}')) \times \mathbb{G}(\mathbf{r}, \mathbf{r}')\right]$$

$$\mathbf{r} \notin F(V),\ \mathbf{r} \in V,$$

wobei $\mathbb{G}(\mathbf{r}, \mathbf{r}')$ eine Greensche Dyade für die Gl. (12.108) und V ein beliebiges Volumen ist.

*Beweis:* Es seien zwei Lösungen $\mathbf{E}_1$, $\mathbf{B}_1$ und $\mathbf{E}_2$, $\mathbf{B}_2$ der Maxwellgleichungen (12.93) zu den Stromdichten $\mathbf{j}_1$ bzw. $\mathbf{j}_2$ vorgegeben. Dann erhält man durch Multiplikation von (12.93d) für $\mathbf{j}_1$ mit $\mathbf{E}_2$ sowie der Gleichung für $\mathbf{j}_2$ mit $\mathbf{E}_1$ und nachfolgende Subtraktion

$$\frac{4\pi}{c}[\mathbf{j}_1 \cdot \mathbf{E}_2 - \mathbf{j}_2 \cdot \mathbf{E}_1] = \mathbf{E}_2 \cdot (\nabla \times \mathbf{B}_1) - \mathbf{E}_1 \cdot (\nabla \times \mathbf{B}_2). \tag{VIII.2}$$

Anwendung der Identität

$$\nabla \cdot (\mathbf{E} \times \mathbf{B}) = -\mathbf{E} \cdot (\nabla \times \mathbf{B}) + \mathbf{B} \cdot (\nabla \times \mathbf{E}) \tag{VIII.3}$$

nach (I.31) zusammen mit Gl. (12.93b) ergibt weiter

$$\frac{4\pi}{c}[\mathbf{j}_1 \cdot \mathbf{E}_2 - \mathbf{j}_2 \cdot \mathbf{E}_1] = -\nabla \cdot [\mathbf{E}_2 \times \mathbf{B}_1 - \mathbf{E}_1 \times \mathbf{B}_2], \tag{VIII.4}$$

und durch Integration über das Volumen V unter Benutzung des Satzes von Gauß folgt

$$\int_V [\mathbf{j}_1 \cdot \mathbf{E}_2 - \mathbf{j}_2 \cdot \mathbf{E}_1]\, d^3r = -\frac{c}{4\pi} \int_{F(V)} d\mathbf{F} \cdot [\mathbf{E}_2 \times \mathbf{B}_1 - \mathbf{E}_1 \times \mathbf{B}_2]. \tag{VIII.5}$$

Wir benutzen nun die Darstellung (12.111) für $\mathbf{E}_1$ mit Hilfe einer Greenschen Dyade für die Gl. (12.108) und drücken weiter nach (12.93b) $\mathbf{B}_1$ durch $\mathbf{E}_1$ aus, d.h.

$$\mathbf{E}_1(\mathbf{r}) = \frac{i\omega}{c^2} \int_V \mathbb{G}_1(\mathbf{r}, \mathbf{r}') \cdot \mathbf{j}_1(\mathbf{r}')\, d^3r', \tag{VIII.6}$$

$$\mathbf{B}_1(\mathbf{r}) = -\frac{i}{k}\, \nabla \times \mathbf{E}_1 = \frac{1}{c} \int_V \nabla_{\mathbf{r}} \times \mathbb{G}_1(\mathbf{r}, \mathbf{r}') \cdot \mathbf{j}_1(\mathbf{r}')\, d^3r'.$$

Da die Quellen im Endlichen lokalisiert sein sollen, soll V so groß sein, daß es die Quellen einschließt, so daß man nicht über den ganzen $\mathbb{R}^3$ zu integrieren braucht. Damit läßt sich die Identität (VIII.5) umschreiben in

$$\int_V d^3r \left[\mathbf{E}_2(\mathbf{r}) - \frac{i\omega}{c^2} \int_V d^3r'\, \mathbf{j}_2(\mathbf{r}') \cdot \mathbb{G}_1(\mathbf{r}', \mathbf{r})\right] \cdot \mathbf{j}_1(\mathbf{r}) = \tag{VIII.7}$$

$$= -\frac{c}{4\pi} \int_V d^3r \int_{F(V)} d\mathbf{F}' \cdot \left[\mathbf{E}_2(\mathbf{r}') \times \frac{1}{c}(\nabla_{\mathbf{r}'} \times \mathbb{G}_1(\mathbf{r}', \mathbf{r})) + \frac{i\omega}{c^2} \mathbf{B}_2(\mathbf{r}') \times \mathbb{G}_1(\mathbf{r}', \mathbf{r})\right] \cdot \mathbf{j}_1(\mathbf{r}).$$

Da $\mathbf{j}_1(\mathbf{r})$ eine beliebige Quellverteilung war, folgt für $\mathbf{r}' \neq \mathbf{r} \in F(V)$, d.h. für das Innengebiet des Volumens V

$$\mathbf{E}_2(\mathbf{r}) = \frac{i\omega}{c^2} \int\limits_V \mathbf{j}_2(\mathbf{r}') \cdot \mathbb{G}_1(\mathbf{r}', \mathbf{r}) d^3 r' - \frac{1}{4\pi} \int\limits_{F(V)} d\mathbf{F}' \cdot \left[ \mathbf{E}_2(\mathbf{r}') \times (\nabla_{\mathbf{r}'} \times \mathbb{G}_1(\mathbf{r}', \mathbf{r})) + ik\mathbf{B}_2(\mathbf{r}') \times \mathbb{G}_1(\mathbf{r}', \mathbf{r}) \right] . \tag{VIII.8}$$

Benutzt man weiter die Symmetrie der Greenschen Dyade (sie wird unten bewiesen):

$$\mathbb{G}(\mathbf{r}', \mathbf{r}) = \mathbb{G}(\mathbf{r}, \mathbf{r}') = \mathbb{G}^T(\mathbf{r}', \mathbf{r}) \tag{VIII.9}$$

und geht im ersten Term von (VIII.8) zur Transponierten $\mathbb{G}^T$ von $\mathbb{G}$ über, so folgt endgültig aus (VIII.8), wenn die Indizes weggelassen werden

$$\mathbf{E}(\mathbf{r}) = \frac{i\omega}{c^2} \int\limits_V \mathbb{G}(\mathbf{r}, \mathbf{r}') \cdot \mathbf{j}(\mathbf{r}') d^3 r' - \frac{1}{4\pi} \int\limits_{F(V)} d\mathbf{F}' \cdot \left[ \mathbf{E}(\mathbf{r}') \times (\nabla_{\mathbf{r}'} \times \mathbb{G}(\mathbf{r}, \mathbf{r}')) + ik\mathbf{B}(\mathbf{r}') \times \mathbb{G}(\mathbf{r}, \mathbf{r}') \right] . \tag{VIII.10}$$

Unter Beachtung von (12.93b) folgt dann die Behauptung, w.z.b.w.

Es bleibt nun noch die Symmetrie der Greenschen Dyade $\mathbb{G}$ zu beweisen:

*Behauptung A.3:*
Für die Greensche Dyade $\mathbb{G}$ als Lösung der Gln. (12.108), (12.109) gilt die Symmetriebeziehung (VIII.9).

*Beweis:* Wir gehen von Gl. (VIII.5) aus und beachten, daß jetzt $\mathbf{E}_1$ und $\mathbf{E}_2$ Lösungen von (12.100) für dieselbe homogene Randbedingung (12.101) sein sollen. Dann verschwindet aber die rechte Seite von (VIII.5), und es gilt

$$\int\limits_V [\mathbf{j}_1 \cdot \mathbf{E}_2 - \mathbf{j}_2 \cdot \mathbf{E}_1] d^3 r = 0 . \tag{VIII.11}$$

Da die Greensche Dyade $\mathbb{G}$ jetzt für $\mathbf{E}_1$ und $\mathbf{E}_2$ dieselbe ist, kann in (VIII.11) die Darstellungsformel (12.111) für $\mathbf{E}_1$ und $\mathbf{E}_2$ mit identischem $\mathbb{G}$ eingesetzt werden, was nach Vertauschung der Integrationsvariablen und dem Übergang zur transponierten Dyade auf

$$\int\limits_V \mathbf{j}_1(\mathbf{r}) \cdot [\mathbb{G}(\mathbf{r}, \mathbf{r}') - \mathbb{G}^T(\mathbf{r}', \mathbf{r})] \cdot \mathbf{j}_2(\mathbf{r}') d^3 r d^3 r' = 0 \tag{VIII.12}$$

führt. Da jedoch $\mathbf{j}_1$ und $\mathbf{j}_2$ beliebige Quellen sind, folgt hieraus

$$\mathbb{G}(\mathbf{r}, \mathbf{r}') = \mathbb{G}^T(\mathbf{r}', \mathbf{r}) , \tag{VIII.13}$$

und aus der Darstellung (12.119) für $\mathbb{G}$ ergibt sich

$$\mathbb{G}(\mathbf{r}, \mathbf{r}') = \mathbb{G}^T(\mathbf{r}, \mathbf{r}') \,, \tag{VIII.14}$$

womit (VIII.13) auf die Behauptung (VIII.9) führt, w.z.b.w.

Bei Ableitung der Identität (VIII.1) braucht die Greensche Dyade nur die Bestimmungsgleichung (12.108) und nicht die spezielle Randbedingung (12.109) des Randwertproblems (12.100), (12.101) für $\mathbf{E}$ zu erfüllen. Infolgedessen stellt (VIII.1) eine Identität dar und ist nur dann eine Lösung des entsprechenden Randwertproblems, wenn $\mathbb{G}$ die richtige Randbedingung erfüllt. Für das weitere wählen wir die Greensche Dyade $\mathbb{G}_0$ des leeren Raumes, die die richtigen kausalen Ausstrahlungsbedingungen erfüllt und für die im Grenzwert gegen Unendlich auch die Randbedingung (12.109) gilt. In der Darstellung (12.119) mit der retardierten skalaren Greenfunktion (12.124) ist dann $\mathbb{G}_0$ gegeben durch

$$\mathbb{G}_0(\mathbf{r}, \mathbf{r}') := \left[ \mathbb{1} + \frac{1}{k^2} \nabla_{\mathbf{r}} \otimes \nabla_{\mathbf{r}} \right] G_0^r(\mathbf{r}, \mathbf{r}') \quad . \tag{VIII.15}$$

Mit Hilfe dieser Darstellung soll nun der Oberflächenterm von (VIII.1) umgeformt werden. Dies führt auf die

*Behauptung A.4:*
Seien $\mathbf{E}, \mathbf{B}$ Lösungen der inhomogenen Maxwellgleichungen (12.93) zu vorgegebenem Strom $\mathbf{j}$, so gelten für $\mathbf{E}$ und $\mathbf{B}$ für $\mathbf{r} \in V$, $\mathbf{r} \notin F(V)$ die Identitäten

$$\mathbf{E}(\mathbf{r}) = \frac{ik}{c} \int_V \mathbb{G}_0(\mathbf{r}, \mathbf{r}') \cdot \mathbf{j}(\mathbf{r}') d^3r' \tag{VIII.16}$$

$$- \frac{1}{4\pi} \int_{F(V)} dF' \left[ ik(\mathbf{n} \times \mathbf{B})\, G_0 + (\mathbf{n} \times \mathbf{E}) \times \nabla_{\mathbf{r}'} G_0 + (\mathbf{n} \cdot \mathbf{E}) \nabla_{\mathbf{r}'} G_0 \right]$$

$$\mathbf{B}(\mathbf{r}) = \frac{1}{c} \int_V \mathbf{j}(\mathbf{r}) \times \nabla_{\mathbf{r}'} G_0 \, d^3 r' \tag{VIII.17}$$

$$- \frac{1}{4\pi} \int_{F(V)} dF' \left[ -ik(\mathbf{n} \times \mathbf{E})\, G_0 + (\mathbf{n} \times \mathbf{B}) \times \nabla_{\mathbf{r}'} G_0 + (\mathbf{n} \cdot \mathbf{B}) \nabla_{\mathbf{r}'} G_0 \right] ,$$

wobei $\mathbb{G}_0$ als Greensche Dyade des leeren Raums durch (VIII.15) mit der retardierten Greenfunktion $G_0 := G_0^r$ nach (12.124) gegeben ist. Für $\mathbf{j} = 0$ ergeben sich vektorielle Kirchhoff-Identitäten analog zu (12.146), die jetzt hergeleitet werden sollen.

*Beweis:* Zunächst folgt aus (VIII.15) wegen $G_0(\mathbf{r}, \mathbf{r}') \equiv G_0(|\mathbf{r} - \mathbf{r}'|)$ die Beziehung

$$\nabla_{\mathbf{r}'} \times \mathbb{G}_0(\mathbf{r}, \mathbf{r}') = - \nabla_{\mathbf{r}} \times \mathbb{G}_0(\mathbf{r}, \mathbf{r}') = - \nabla_{\mathbf{r}} \times \mathbb{1}\, G_0(\mathbf{r}, \mathbf{r}'), \tag{VIII.18}$$

womit sich der Integrand des ersten Oberflächenterms von (VIII.1) umformen läßt in

$$\begin{aligned} \mathbf{n}\cdot(\mathbf{E}\times(\nabla_{\mathbf{r}'}\times\mathbb{G}_0)) &= -\mathbf{n}\cdot(\mathbf{E}\times(\nabla_{\mathbf{r}}\times\mathbb{1}))G_0 = \\ &= -\mathbf{n}\cdot[(\mathbf{E}\cdot\mathbb{1})\nabla_{\mathbf{r}}-\mathbb{1}(\mathbf{E}\cdot\nabla_{\mathbf{r}})]G_0 = [\mathbf{n}(\mathbf{E}\cdot\nabla_{\mathbf{r}})-\mathbf{E}(\mathbf{n}\cdot\nabla_{\mathbf{r}})]G_0 \\ &= -(\mathbf{n}\times\mathbf{E})\times\nabla_{\mathbf{r}}G_0 = (\mathbf{n}\times\mathbf{E})\times\nabla_{\mathbf{r}'}G_0 . \end{aligned} \tag{VIII.19}$$

(Dabei ist $d\mathbf{F} = \mathbf{n}\,dF$ gesetzt worden.)

Der zweite Oberflächenterm von (VIII.1) wird gegenüber seiner ursprünglichen Form in (VIII.10) umgeformt. Durch Einsetzen von (VIII.15) ergibt sich:

$$\mathbf{n}\cdot(\mathbf{B}\times\mathbb{G}_0) = (\mathbf{n}\times\mathbf{B})\cdot\mathbb{G}_0 = (\mathbf{n}\times\mathbf{B})G_0 - \frac{1}{k^2}\nabla_{\mathbf{r}}(\mathbf{n}\times\mathbf{B})\cdot\nabla_{\mathbf{r}'}G_0 . \tag{VIII.20}$$

Zur weiteren Umformung des Oberflächenterms für den letzten Ausdruck in (VIII.20) benutzen wir, daß wegen des Satzes von Stokes für eine geschlossene Fläche F(V) gilt

$$\begin{aligned} 0 &= \int\limits_{F(V)} d\mathbf{F}'\cdot(\nabla_{\mathbf{r}'}\times\mathbf{B}G_0) = \int\limits_{F(V)} d\mathbf{F}'\cdot(G_0\nabla_{\mathbf{r}'}\times\mathbf{B}-\mathbf{B}\times\nabla_{\mathbf{r}'}G_0) \\ &= -\int\limits_{F(V)}(\mathbf{n}\times\mathbf{B})\cdot\nabla_{\mathbf{r}'}G_0\,dF' + \int\limits_{F(V)}\mathbf{n}\cdot(\nabla_{\mathbf{r}'}\times\mathbf{B})G_0\,dF' . \end{aligned} \tag{VIII.21}$$

Außerhalb der innerhalb des Volumens V lokalisierten Stromdichte $\mathbf{j}$, also auf F(V), gilt nach (12.93d)

$$\nabla_{\mathbf{r}'}\times\mathbf{B} = -ik\mathbf{E} , \tag{VIII.22}$$

so daß damit aus (VIII.21) folgt

$$\int\limits_{F(V)}(\mathbf{n}\times\mathbf{B})\cdot\nabla_{\mathbf{r}'}G_0\,dF' = -ik\int\limits_{F(V)}(\mathbf{n}\cdot\mathbf{E})G_0\,dF' . \tag{VIII.23}$$

Einsetzen von (VIII.19) und (VIII.20) zusammen mit (VIII.23) in (VIII.10) ergibt dann die erste Identität (VIII.16).

Zur Ableitung der Identität (VIII.17) für $\mathbf{B}$ benutzen wir für den Quellterm die Relation (12.93b) zusammen mit (VIII.15) und erhalten aus dem Quellterm für $\mathbf{E}$ aus (VIII.16)

$$\begin{aligned} \mathbf{B}_e &:= \frac{1}{ik}\nabla_{\mathbf{r}}\times\mathbf{E}_e = \frac{1}{c}\int\limits_V \nabla_{\mathbf{r}}\times\mathbb{G}_0(\mathbf{r},\mathbf{r}')\cdot\mathbf{j}(\mathbf{r}')d^3r' \\ &= \frac{1}{c}\int\limits_V \mathbf{j}(\mathbf{r}')\times\nabla_{\mathbf{r}'}G_0(\mathbf{r},\mathbf{r}')\,d^3r' , \end{aligned} \tag{VIII.24}$$

Da auf der Oberfläche F(V) $\rho = 0$, $\mathbf{j} = 0$ ist, gelten dort die Maxwellgleichungen (12.93) ohne Quellen, die gegenüber der Vertauschung $\mathbf{E} \to \mathbf{B}$, $\mathbf{B} \to -\mathbf{E}$ invariant sind. Durch diese Substitution ergeben sich aus den Oberflächentermen von (VIII.16) die entsprechenden Oberflächenterme von (VIII.17) für **B**, woraus zusammen mit (VIII.24) die zweite Identität (VIII.17) folgt, w.z.b.w.

Die abgeleiteten Identitäten gelten bis jetzt nur für **r**-Werte, die nicht auf der Oberfläche F(V) liegen. Doch gelten die Identitäten exakt für **E** und **B** und stellen eine Integraldarstellung von **E** und **B** für $\mathbf{r} \in V$ durch die Quellterme $\mathbf{E}_e$, $\mathbf{B}_e$ und die Werte von **E** und **B** auf der Oberfläche F(V) dar. Durch geeignete Umformung der Identitäten und Grenzübergang vom Außenraum $\mathbf{r} \in V$ gegen die Oberfläche $\mathbf{r} \in F(V)$ lassen sich inhomogene Integralgleichungen für Oberflächenströme als Hilfsgrößen ableiten. Dazu zeigen wir die

*Behauptung A.5:*
Identisch mit der Integraldarstellung (VIII.16), (VIII.17) von **E** und **B** ist die Darstellung für $\mathbf{r} \in V$, $\mathbf{r} \notin F(V)$ durch die Oberflächenströme $\mathbf{j}_f, \mathbf{j}_f'$

$$\frac{4\pi}{c}\mathbf{j}_f := -\mathbf{n} \times \mathbf{B}\,; \qquad 4\pi\mathbf{j}_f' := \mathbf{n} \times \mathbf{E}, \qquad \mathbf{r} \in F(V) \tag{VIII.25}$$

in der Form

$$\mathbf{E}(\mathbf{r}) = \mathbf{E}_e(\mathbf{r}) + \int_{F(V)} dF'\left[\frac{ik}{c}\mathbf{j}_f G_0 - \mathbf{j}_f' \times \nabla' G_0 - \frac{i}{\omega}(\nabla' \cdot \mathbf{j}_f)\,\nabla' G_0\right] \tag{VIII.26}$$

$$\mathbf{B}(\mathbf{r}) = \mathbf{B}_e(\mathbf{r}) + c\int_{F(V)} dF'\left[\frac{ik}{c}\mathbf{j}_f' G_0 + \frac{1}{c^2}\mathbf{j}_f \times \nabla' G_0 - \frac{i}{\omega}(\nabla' \cdot \mathbf{j}_f')\nabla' G_0\right]. \tag{VIII.27}$$

Dabei sind die Oberflächenströme $\mathbf{j}_f, \mathbf{j}_f'$ wie bei den Grenzbedingungen in Abschnitt 12.3, jedoch mit umgekehrtem Vorzeichen definiert. Denn hier ist das Gebiet V der Außenraum von möglichen Leitern, und die Normale **n** ist vom Außenraum in den Leiter gerichtet, also entgegengesetzt wie bei den dortigen Grenzbedingungen. $\mathbf{E}_e$ und $\mathbf{B}_e$ sind die Quellterme von (VIII.16) bzw. (VIII.17).

*Beweis:* Bis auf die letzten Terme ergibt sich (VIII.26, 27) direkt durch Einsetzen von (VIII.25) in (VIII.16, 17).

Die letzten Terme formen wir mit (12.93b) und (12.93d) um, wobei für $\mathbf{r} \in F(V)$ der Strom $\mathbf{j}(\mathbf{r}) = 0$ ist, und erhalten mit (VIII.25) und $k = \omega/c$

$$(\mathbf{n} \cdot \mathbf{E}) = -\frac{1}{ik}\mathbf{n} \cdot (\nabla \times \mathbf{B}) = \frac{1}{ik}\nabla \cdot (\mathbf{n} \times \mathbf{B}) = \frac{4\pi i}{\omega}(\nabla \cdot \mathbf{j}_f) \tag{VIII.28}$$

sowie analog

$$(\mathbf{n} \cdot \mathbf{B}) = \frac{1}{ik}\mathbf{n} \cdot (\nabla \times \mathbf{E}) = -\frac{1}{ik}\nabla \cdot (\mathbf{n} \times \mathbf{E}) = \frac{4\pi i}{k}(\nabla \cdot \mathbf{j}_f')\,,$$

was eingesetzt in (VIII.16,17) sofort auf (VIII.26, 27) führt, w.z.b.w.

Die Gln. (VIII.26, 27) sind eine Darstellung der Lösungen **E** und **B** der inhomogenen Maxwellgleichungen (12.93) im Gebiet V durch die einfallenden Quellfelder $\mathbf{E}_e$, $\mathbf{B}_e$ und durch Integrale über Flächenbelegungen $\mathbf{j}_f, \mathbf{j}'_f$, die durch die äußeren Felder auf den Oberflächen F(V) erzeugt werden. Sind also $\mathbf{j}_f$ und $\mathbf{j}'_f$ auf F(V) bekannt, dann erhält man die zum Beugungsproblem gehörenden Felder durch (VIII.26, 27), da ja die Inhomogenitäten $\mathbf{E}_e$, $\mathbf{B}_e$ bekannt sind.

Dies ist das verallgemeinerte exakte Huygensprinzip. Es verbleibt also das Problem der Bestimmung der Oberflächenstromdichten $\mathbf{j}_f, \mathbf{j}'_f$ bzw. die Herleitung einer Bestimmungsgleichung für sie. Dies führt auf die

*Integralgleichungen der Beugungstheorie*

Die Herleitung der Integralgleichungen soll hier nur kurz skizziert werden; für die genaue mathematische Begründung wird auf [D 1], [D 2], [M 2] verwiesen. Hierzu schreiben wir die Darstellung (VIII.26, 27) in der naheliegenden abgekürzten Form

$$\mathbf{E}(\mathbf{r}) = \mathbf{E}_e(\mathbf{r}) + \mathbf{E}\{\mathbf{j}_f, \mathbf{j}'_f\}\,; \qquad \mathbf{r} \in V \tag{VIII.29}$$
$$\mathbf{B}(\mathbf{r}) = \mathbf{B}_e(\mathbf{r}) + \mathbf{B}\{\mathbf{j}_f, \mathbf{j}'_f\}\,.$$

Um Relationen für $\mathbf{j}_f, \mathbf{j}'_f$ abzuleiten, muß man deren Definition (VIII.25) in (VIII.29) anwenden und den Grenzübergang $\mathbf{r} \to \mathbf{r}_0 \in F(V)$ bei $\mathbf{r} \in V$ durchführen; es ergeben sich dann die Relationen

$$4\pi \mathbf{j}'_f = \mathbf{n} \times \mathbf{E}_e(\mathbf{r}) + \mathbf{n} \times \mathbf{E}\{\mathbf{j}_f, \mathbf{j}'_f\}\big|_i \tag{VIII.30}$$
$$-\frac{4\pi}{c}\mathbf{j}_f = \mathbf{n} \times \mathbf{B}_e(\mathbf{r}) + \mathbf{n} \times \mathbf{B}\{\mathbf{j}_f, \mathbf{j}'_f\}\big|_i$$

mit der Definition für den Grenzübergang gegen die Oberfläche

$$f(x_0)\big|_i := \lim_{\substack{x \to x_0 \in F(V) \\ x \in V}} f(x) \qquad \text{bzw.} \qquad f(x_0)\big|_a := \lim_{\substack{x \to x_0 \in F(V) \\ x \notin V}} f(x)\,. \tag{VIII.31}$$

Dabei wurde vorausgesetzt, daß $\mathbf{E}_e$ und $\mathbf{B}_e$ stetige Funktionen sind. Beim Grenzübergang in (VIII. 26, 27) ist die Singularität von $G_0$ wie $|\mathbf{r} - \mathbf{r}'|^{-1}$ auf F(V) zu beachten. Es gelten die Sprungrelationen, die wir ohne Beweis angeben:

*Behauptung A.6:*
Für stetig differenzierbares $\mathbf{j}_f$ gilt mit der Definition (VIII.31)

$$\mathbf{n} \times \int_{F(V)} \mathbf{j}_f \times \nabla' G_0 \, dF'\Big|_i = -2\pi \mathbf{j}_f + \int_{F(V)} \mathbf{n} \times (\mathbf{j}_f \times \nabla' G_0)\, dF' \tag{VIII.32}$$

$$\mathbf{n} \times \int_{F(V)} \mathbf{j}_f \times \nabla' G_0 \, dF'\Big|_a = 2\pi \mathbf{j}_f + \int_{F(V)} \mathbf{n} \times (\mathbf{j}_f \times \nabla' G_0)\, dF'$$

$$\int_{F(V)} \mathbf{j}_f G_0 \, dF'\Big|_i = \int_{F(V)} \mathbf{j}_f G_0 \, dF'\Big|_a\,.$$

Bei Anwendung auf die Darstellungsformel (VIII.26, 27) ergeben sich aus diesen Sprungrelationen die aus Abschnitt 12.3 bekannten Grenzrelationen, jetzt auf V bezogen:

$$\mathbf{n} \times (\mathbf{E}_i - \mathbf{E}_a) = 4\pi \mathbf{j}_f' \qquad \text{(VIII.33)}$$

$$\mathbf{n} \times (\mathbf{B}_i - \mathbf{B}_a) = -\frac{4\pi}{c} \mathbf{j}_f \; .$$

Skalare Multiplikation von (VIII.26, 27) mit **n** und die Anwendung einer zu (VIII.32) analogen Formel auf den letzten Term von (VIII.26, 27) ergibt analog zu (12.35) die Sprungrelationen für die Feldgrößen

$$\mathbf{E}_i - \mathbf{E}_a = \left[ -\mathbf{n} \times \mathbf{j}_f' + \frac{i}{\omega} (\nabla \cdot \mathbf{j}_f') \mathbf{n} \right] 4\pi \qquad \text{(VIII.34)}$$

$$\mathbf{B}_i - \mathbf{B}_a = \left[ \mathbf{n} \times \mathbf{j}_f + \frac{i}{\omega} (\nabla \cdot \mathbf{j}_f) \mathbf{n} \right] \frac{4\pi}{c} \; .$$

Dabei ist zu berücksichtigen, daß für $\mathbf{j}_f$ und $\mathbf{j}_f'$ eine zu (12.34) analoge Kontinuitätsgleichung gilt, deren Gültigkeit jedoch auf die Oberfläche F(V) beschränkt ist:

$$\nabla \cdot \mathbf{j}_f - i\omega\rho = 0 ; \qquad \mathbf{r} \in F(V) \qquad \text{(VIII.35)}$$

und analog für $\mathbf{j}_f'$, so daß sich die letzten Terme von (VIII.34) auch in bekannterer Form durch $\rho$ ausdrücken lassen. Mit Hilfe der Sprungrelationen (VIII.32) läßt sich der Grenzübergang vom Innenraum V zum Rand F(V) bei (VIII.30) durchführen, und man erhält ein System von gekoppelten Integralgleichungen zur Bestimmung von $\mathbf{j}_f, \mathbf{j}_f'$. Diese Integralgleichungen haben einen quadratintegrablen Kern, so daß die Fredholmsche Theorie der Integralgleichungen anwendbar ist. Die Folge davon ist, daß die resultierenden Integralgleichungen der Beugungstheorie für nicht verschwindendes $\mathbf{E}_e$ bzw. $\mathbf{B}_e$ stets eine Lösung für jede Frequenz $\omega$ haben. Ist die Stromquelle $\mathbf{j} = 0$, verschwinden also $\mathbf{E}_e$ und $\mathbf{B}_e$, so besitzt das homogene Integralgleichungssystem Eigenlösungen für bestimmte Eigenfrequenzen $\omega_j$ ($j = 1, 2, \ldots, \infty$), solange das Volumen V endlich ist und solange ein Innenraumproblem vorliegt. Dann hat man also einen allgemeinen Hohlraumresonator vor sich, der in Abschnitt 12.5 bereits behandelt wurde.

Um ein Außenproblem zu erhalten, muß man $V \to \mathbb{R}_3$ gehen lassen, d.h., das Gebiet V enthält die gesamte Beugungsanordnung mit den Lichtquellen, wie es in Fig. 43 gezeigt ist. Die Oberfläche F(V) ist dann analog zu (12.147) in zwei Anteile zu zerlegen:

$$F(V) = S_K + S_3 \; , \qquad \text{(VIII.36)}$$

wobei $S_K = \sum_{i=1}^{n} F(K_i)$ die Oberfläche der endlichen Beugungskörper und $S_3$ die äußere, gegen $\infty$ strebende Oberfläche des Volumens ist. Da aber $G_0$ die retardierte Greenfunktion ist, die der Ausstrahlungsbedingung (12.128) genügt, verschwindet der Oberflächenterm über $S_3$ von (VIII.26, 27) bzw. (VIII.30), so daß für das Außenproblem nur über $S_K$ zu integrieren ist, wobei die Normale **n** in die Beugungskörper hineinzeigt.

Als Spezialfall behandeln wir die

*Beugung am idealen Leiter*

Dann gilt nach (12.90) mit (VIII.25)

$$\mathbf{n} \times \mathbf{E}(\mathbf{r}) = 4\pi \mathbf{j}_f' = 0; \qquad \mathbf{r} \in S_k, \tag{VIII.37}$$

und aus (VIII.30) folgen die Gleichungen für $\mathbf{j}_f$:

$$\mathbf{n} \times \mathbf{E}_e + \mathbf{n} \times \mathbf{E}\{\mathbf{j}_j, 0\}\big|_i = 0 \tag{VIII.38}$$

$$\mathbf{n} \times \mathbf{B}_e + \mathbf{n} \times \mathbf{B}\{\mathbf{j}_f, 0\}\big|_i = -\frac{4\pi}{c}\mathbf{j}_f .$$

Die zweite Gleichung lautet mit (VIII.27) explizite

$$c\,\mathbf{n} \times \mathbf{B}_e + \mathbf{n} \times \int_{S_k} \mathbf{j}_f \times \nabla' G_0 \, dF'\big|_i = -4\pi \mathbf{j}_f, \tag{VIII.39}$$

woraus mit der ersten Sprungrelation (VIII.32) folgt

$$\mathbf{j}_f = -\frac{c}{2\pi}\mathbf{n} \times \mathbf{B}_e - \frac{1}{2\pi}\int_{S_k} \mathbf{n} \times (\mathbf{j}_f \times \nabla' G_0)\, dF'. \tag{VIII.40}$$

Dies ist die gesuchte Integralgleichung für $\mathbf{j}_f$, die in allgemeiner Form lautet

$$\mathbf{j}_f(\mathbf{r}) = \mathbf{j}_f^e(\mathbf{r}) - \int_{S_k} \mathbb{K}(\mathbf{r}, \mathbf{r}')\mathbf{j}_f(\mathbf{r}')\, dF' . \tag{VIII.41}$$

Die Inhomogenität $\mathbf{j}_f^e(\mathbf{r})$ und der Integralgleichungskern $\mathbb{K}(\mathbf{r}, \mathbf{r}')$ – hier eine Matrix – ist entsprechend durch (VIII.40) definiert, wobei $G_0$ nach (12.124) durch

$$G_0(\mathbf{r}, \mathbf{r}') = \frac{e^{ik|\mathbf{r}-\mathbf{r}'|}}{|\mathbf{r}-\mathbf{r}'|} \tag{VIII.42}$$

gegeben ist. Hat man durch (VIII.40) $\mathbf{j}_f(\mathbf{r})$ auf $S_k$ ermittelt, so erhält man die Felder im Außenraum V der Beugungsobjekte aus der Darstellungsformel (VIII.29) mit (VIII.37)

$$\mathbf{E}(\mathbf{r}) = \mathbf{E}_e(\mathbf{r}) + \mathbf{E}\{\mathbf{j}_f, 0\} \tag{VIII.43}$$

$$\mathbf{B}(\mathbf{r}) = \mathbf{B}_e(\mathbf{r}) + \mathbf{B}\{\mathbf{j}_f, 0\} ,$$

d.h. explizite mit (VIII.26, 27)

$$\mathbf{E}(\mathbf{r}) = \mathbf{E}_e(\mathbf{r}) + i\int_{S_k} dF'\left[\frac{k}{c}\mathbf{j}_f G_0 - \frac{1}{\omega}(\nabla' \cdot \mathbf{j}_f) G_0\right] \tag{VIII.44}$$

$$\mathbf{B}(\mathbf{r}) = \mathbf{B}_e(\mathbf{r}) + \frac{1}{c}\int_{S_k} dF' \mathbf{j}_f \times \nabla' G_0 .$$

Mit dieser Lösung ist über (VIII.40) indirekt die Greensche Dyade konstruiert worden; damit ist auch ihre Existenz gezeigt. Die Voraussetzung für die Verwendung und Gültigkeit der Integralgleichung (VIII.40) ist, daß die Berandung $S_k = \sum_i F(K_i)$ der Beugungskörper $K_i$ glatt ist, d.h. daß keine Kanten etc. auftreten.

## 2. Das vektorielle Kirchhoff-Verfahren

Die Ergebnisse des letzten Abschnittes sollen jetzt auf einen ebenen Beugungsschirm mit Öffnungen wie bei Bild 45 angewendet werden. Hierbei müßten wir analog wie beim skalaren Fall von der Identität (VIII.16, 17) für $j = 0$ ausgehen und die Oberfläche $F(V)$ nach (12.147) zerlegen sowie die Kirchhoffschen Annahmen a)–c) von Abschnitt 12.8 anwenden.

Wir wollen hier aber von der ursprünglichen Identität (VIII.1) bzw. (VIII.10) sowie der entsprechenden für $\mathbf{B}$ ausgehen und für $\mathfrak{G}(\mathbf{r}, \mathbf{r}')$ die exakte Greensche Dyade des Halbraumes benutzen, der durch den unendlich ausgedehnten Beugungsschirm $S := S_1 + S_2$ definiert wird. Dazu benutzen wir die

*Behauptung A. 7:*
Die Greensche Dyade für den unendlichen Halbraum $x > 0$ ist gegeben durch

$$\mathfrak{G}_H(\mathbf{r}, \mathbf{r}') = \mathfrak{G}_0(\mathbf{r}, \mathbf{r}') - \mathfrak{G}_0(\mathbf{r}, \mathbf{r}'^*) \cdot \mathbb{1}^* \tag{VIII.45}$$

mit der Spiegelungsdyade

$$\mathbb{1}^* := \mathbb{1} - 2\,\mathbf{n} \otimes \mathbf{n} \tag{VIII.46}$$

und dem gespiegelten Vektor

$$\mathbf{r}^* := \mathbb{1}^* \cdot \mathbf{r}. \tag{VIII.47}$$

Dabei ist $\mathbf{n}$ die Normale auf der den Halbraum begrenzenden Ebene, also für den Halbraum $x > 0$ der Einheitsvektor $\mathbf{e}_1$ senkrecht auf der $\mathbf{e}_2 - \mathbf{e}_3$-Ebene. Mit (VIII.15) lautet dann die Spiegelungsdyade (VIII.45) auch

$$\mathfrak{G}_H(\mathbf{r}, \mathbf{r}') = \left(1 + \frac{1}{k^2}\,\nabla_\mathbf{r} \otimes \nabla_\mathbf{r}\right) \cdot \left(\mathbb{1}\,G_0(\mathbf{r}, \mathbf{r}') - \mathbb{1}^*\,G_0(\mathbf{r}, \mathbf{r}'^*)\right). \tag{VIII.48}$$

*Beweis:* Die Dyade (VIII.45) ergibt sich analog zur Bildladungsmethode in Abschnitt 9.3 mit Hilfe der Spiegelung an der $\mathbf{e}_2 - \mathbf{e}_3$-Ebene. Die Dyade $\mathfrak{G}_0(\mathbf{r}, \mathbf{r}')$ des leeren Raumes für den Quellpunkt $\mathbf{r}'$ wird durch die negative gespiegelte Dyade für den gespiegelten Quellpunkt $\mathbf{r}'^*$ ergänzt.

(a) $\mathfrak{G}_H(\mathbf{r}, \mathbf{r}')$ erfüllt die inhomogene Definitionsgleichung (12.108) in dem durch die Schirmebene begrenzten Halbraum V, in dem $\mathbf{r}$ und $\mathbf{r}'$ liegen, da dann $\mathbf{r}'^*$ definitionsgemäß bestimmt außerhalb von V liegt. Die hinzugefügte spiegelbildliche Dyade erfüllt also die homogene Gleichung, während die erste Dyade die inhomogene Gleichung erfüllt.

(b) Für $\mathfrak{G}_H(\mathbf{r}, \mathbf{r}')$ gilt die Randbedingung (12.109)

$$\mathbf{n} \times \mathfrak{G}_H(\mathbf{r}, \mathbf{r}') = \mathbf{o} \times \mathbf{o} \qquad \text{bzw. } \mathbf{t}(\mathbf{r}) \cdot \mathfrak{G}(\mathbf{r}, \mathbf{r}') = \mathbf{o} \tag{VIII.49}$$

für $\mathbf{r}$ auf der Schirmebene S.

Wenn $\mathbf{r}$ auf der Schirmebene, also der Symmetrieebene, liegt, gilt $|\mathbf{r} - \mathbf{r}'| = |\mathbf{r} - \mathbf{r}'^*|$ und deswegen auch $G_0(\mathbf{r}, \mathbf{r}') = G_0(|\mathbf{r} - \mathbf{r}'|) = G_0(\mathbf{r}, \mathbf{r}'^*)$. Benutzt man dies in (VIII.48) und setzt (VIII.46) ein, so folgt für einen Punkt $\mathbf{r}$ auf der Schirmebene S

$$\mathfrak{G}_H(\mathbf{r}, \mathbf{r}') = 2(\mathbf{n} \otimes \mathbf{n}) \cdot \left(1 + \frac{1}{k^2} \nabla_\mathbf{r} \otimes \nabla_\mathbf{r}\right) G_0(\mathbf{r}, \mathbf{r}') \tag{VIII.50}$$

und daraus sofort die Bedingung (VIII.49), w.z.b.w.
Weiter folgt für $\mathbf{r} \in S$ mit dem selben Argument aus (VIII.48)

$$\nabla_\mathbf{r} \times \mathfrak{G}_H(\mathbf{r}, \mathbf{r}') = 2\nabla_\mathbf{r} \times \mathfrak{G}_0(\mathbf{r}, \mathbf{r}'), \tag{VIII.51}$$

da $\nabla_\mathbf{r} \times \mathbb{1}^* = -\nabla_\mathbf{r} \times \mathbb{1}$ gilt. Dies führt auf die folgende

*Behauptung A.8:*
Für den ebenen Beugungsschirm S gilt anstelle von (VIII.16) für $\mathbf{j} = 0$ die Identität

$$\mathbf{E}(\mathbf{r}) = \frac{1}{2\pi} \int_S dF' \, (\mathbf{n} \times \mathbf{E}) \times \nabla_{\mathbf{r}'} G_0; \qquad \mathbf{r} \in V, \mathbf{r} \notin S, \tag{VIII.52}$$

wobei die Normale $\mathbf{n}$ in den Beugungshalbraum V gerichtet ist.

*Beweis:* Setzen wir in (VIII.1) nach (12.147) $F(V) = S + S_3$, wobei $S_3$ die unendliche, den Halbraum V begrenzende Halbkugel ist, und benutzen weiter die Dyade (VIII.45) für den Halbraum V, so verschwindet der Oberflächenterm über $S_3$ wegen $G_0$. Wegen (VIII.49) verschwindet aber auch der letzte Term von (VIII.1), und mit (VIII.51) folgt dann für $\mathbf{j} = 0$ mit in den Halbraum V gerichteter Normale $\mathbf{n}$

$$\mathbf{E}(\mathbf{r}) = \frac{1}{2\pi} \int_S d\mathbf{F}' \cdot [\mathbf{E}(\mathbf{r}') \times (\nabla_{\mathbf{r}'} \times \mathfrak{G}_0(\mathbf{r}, \mathbf{r}'))] \, . \tag{VIII.53}$$

Benutzt man weiter (VIII.19) so folgt sofort die behauptete Identität (VIII.52), w.z.b.w.
Für einen ideal leitenden Schirm $S_1$ mit den Öffnungen $S_2$ gilt dann

$$\mathbf{n} \times \mathbf{E}(\mathbf{r}) = 0; \qquad \mathbf{r} \in S_1, \tag{VIII.54}$$

und aus (VIII.52) folgt die Identität

$$\mathbf{E}(\mathbf{r}) = \frac{1}{2\pi} \int_{S_2} dF' (\mathbf{n} \times \mathbf{E}(\mathbf{r}')) \times \nabla_{\mathbf{r}'} G_0; \qquad \mathbf{r} \in V. \tag{VIII.55}$$

Die abgeleiteten Identitäten (VIII.52), (VIII.55) sind exakt. Zur Berechnung muß man $\mathbf{n} \times \mathbf{E}$ auf $S_2$ kennen. Die exakte Berechnung erfolgt über die Integralgleichungen, die sich aus (VIII.55) mit $\mathbf{j} \neq 0$ in dem anderen, gegenüberliegenden Halbraum ergeben. Diese enthalten auf alle Fälle den inhomogenen Term $\mathbf{n} \times \mathbf{E}_e(\mathbf{r})$, wenn $\mathbf{E}_e(\mathbf{r})$ die erregende Feldstärke (Quellterm) ist.

Wir machen deshalb die *Kirchhoff-Annahme*: In der Öffnung $S_2$ ersetzen wir $\mathbf{n} \times \mathbf{E}(\mathbf{r})$ durch den Wert bei ungestörter einfallender Welle. Man sieht, daß sich diese Annahme systematisch in die Integralgleichungsformulierung der Beugungstheorie einordnet. Sie entspricht der nullten Näherung einer (VIII.55) entsprechenden Integralgleichung, die die Form (VIII.30) mit $\mathbf{j}_f = 0$ hat, d.h.

$$\mathbf{n} \times \mathbf{E}(\mathbf{r})_0 = \mathbf{n} \times \mathbf{E}_e(\mathbf{r}); \qquad \mathbf{r} \in S_2 . \tag{VIII.56}$$

Für einen Vergleich mit dem skalaren Kirchhoff-Verfahren nach Abschnitt 12.8 betrachten wir wieder die *Fraunhofersche Beugung* in der Zone $\lambda \ll d \ll r$, wobei r die Entfernung von der Öffnung und d die maximale Ausdehnung der Öffnung ist. Dann gilt Gl. (12.149). Ersetzt man in (VIII.55) die Greenfunktion $G_0$ nach (VIII.42) und benutzt (12.149) bei der Entwicklung von $|\mathbf{r} - \mathbf{r}'|$ nach $|\mathbf{r}'|/|\mathbf{r}|$, so erhält man ganz analog wie bei Formel (12.150) bei Berücksichtigung nur der niedrigsten Glieder in $r^{-1}$

$$\mathbf{E}(\mathbf{r}) = \frac{ik\, e^{ikr}}{2\pi r} \mathbf{r}_0 \times \int_{S_2} (\mathbf{n} \times \mathbf{E}(\mathbf{r}'))\, e^{-ik(\mathbf{r}_0 \cdot \mathbf{r}')}\, dF' + O(r^{-2}). \tag{VIII.57}$$

Analog zu (12.151) sei die einfallende, ungestörte Feldstärke $\mathbf{E}_e(\mathbf{r})$ eine in Richtung $\mathbf{a}_0$ lineare polarisierte ebene Welle vom Betrag $\mathbf{E}_e(k)$:

$$\mathbf{E}_e(\mathbf{r}) = \mathbf{a}_0\, E_e(k)\, e^{ik(\mathbf{k}_0 \cdot \mathbf{r})} . \tag{VIII.58}$$

Damit folgt aus (VIII.57) mit der Kirchhoff-Annahme (VIII.56)

$$\mathbf{E}(\mathbf{r}) = \frac{ik\, e^{ikr}}{2\pi r} E_e(k)\, \mathbf{r}_0 \times (\mathbf{n} \times \mathbf{a}_0) \int_{S_2} e^{ik(\mathbf{k}_0 - \mathbf{r}_0)\cdot \mathbf{r}'}\, dF' . \tag{VIII.59}$$

Liege der Schirm $S_1$ und die Öffnung $S_2$ wie bei Fig. 46 in der $\mathbf{e}_1 - \mathbf{e}_2$-Ebene mit $\mathbf{n} \equiv \mathbf{e}_3$, so folgt mit der Definition (12.154) und der durch (12.157) definierten Interferenzfunktion $S(k; a_1, a_2)$

$$\mathbf{E}(\mathbf{r}) = \frac{ik\, e^{ikr}}{2\pi r} E_e(k)\, \mathbf{r}_0 \times (\mathbf{e}_3 \times \mathbf{a}_0)\, S(k; a_1, a_2) . \tag{VIII.60}$$

Daraus ergibt sich die magnetische Feldstärke mit (12.93) unter Zuhilfenahme von (I.35):

$$\mathbf{B}(\mathbf{r}) = \frac{1}{ik} \nabla_{\mathbf{r}} \times \mathbf{E}(\mathbf{r}) = -\frac{ik e^{ikr}}{2\pi r} (\mathbf{b} - \mathbf{r}_0(\mathbf{r}_0 \cdot \mathbf{b}))\, E_e(k)\, S(k; a_1, a_2) + O(r^{-2}), \tag{VIII.61}$$

wobei Terme proportional $r^{-2}$ vernachlässigt wurden und $\mathbf{b} = \mathbf{e}_3 \times \mathbf{a}_0$ ist. Dann erhält man die gemittelte Intensität nach (11.184), die (12.160) im skalaren Fall entspricht

$$u(\mathbf{r}) = \frac{1}{16\pi} [\mathbf{E}(\mathbf{r}) \cdot \mathbf{E}^{\times}(\mathbf{r}) + \mathbf{B}(\mathbf{r}) \cdot \mathbf{B}^{\times}(\mathbf{r})] = \frac{E_e^2 k^2}{8\pi (2\pi r)^2} (\mathbf{r}_0 \times (\mathbf{e}_3 \times \mathbf{a}_0))^2\, |S(k; a_1, a_2)|^2 . \tag{VIII.62}$$

Das Gl. (12.162) entsprechende Intensitätsverhältnis wird damit

$$\frac{u(\rho \mathbf{r}_0)}{u(\rho \mathbf{k}_0)} = \left[\frac{\mathbf{r}_0 \times (\mathbf{e}_3 \times \mathbf{a}_0)}{\mathbf{k}_0 \times (\mathbf{e}_3 \times \mathbf{a}_0)}\right]^2 M(k) = \left[\frac{\mathbf{r}_0 \times (\mathbf{e}_3 \times \mathbf{a}_0)}{\alpha_3}\right]^2 M(k) . \qquad \text{(VIII.63)}$$

Ein Vergleich der Verteilungen der relativen Intensitäten (12.162) und (VIII.63) beim skalaren und beim vektoriellen Kirchhoff-Verfahren für die Fraunhofersche Beugung zeigt

a) daß die Modulationsfunktion M(k) für beide Verfahren dieselbe ist, so daß sich die gleichen Beugungsbilder mit denselben Maxima und Minima ergeben,

b) daß die vektorielle Theorie systematisch den Einfluß der Polarisation $\mathbf{a}_0$ des einfallenden Feldes beschreibt, während die skalare Theorie naturgemäß dazu nicht in der Lage ist,

c) daß die Abhängigkeit von $\alpha_3 = (\mathbf{k}_0 \cdot \mathbf{e}_3)$, dem Kosinus des Einstrahlungswinkels gegenüber der Normalen $\mathbf{e}_3$ zur Schirmebene, verschieden ist und

d) daß sich für $\mathbf{k}_0 \approx \mathbf{r}_0$ , also z.B. für $\alpha_3 \approx \alpha_3' \approx 1$ und $\alpha_i \ll 1$, $\alpha_i' \ll 1$ (i = 1, 2) auch quantitative Äquivalenz beider Verfahren ergibt.

Wegen der qualitativen Äquivalenz nach (a) können also die Beugungsbilder schon durch die skalare Theorie beschrieben werden, so daß sich dieselben Beugungseffekte ergeben wie in Abschnitt 12.9. Die zusätzliche Polarisationsabhängigkeit wird dann durch den anderen Faktor in der Formel (VIII.63) gegeben, solange die Kirchhoffsche Annahme gerechtfertigt und die Bedingungen für Fraunhofersche Beugung erfüllt sind.

### 3. Das vektorielle Babinetsche Prinzip

Im Gegensatz zum skalaren Fall läßt sich für den vektoriellen Fall eine exakte Aussage über die Beugung an komplementären, ebenen, ideal leitenden Schirmanordnungen machen, ohne daß die Kirchhoffsche Annahme benutzt wird. Das vektorielle Babinet-Prinzip lautet:

**Satz:** Das Beugungsproblem für den ebenen, ideal leitenden Schirm $S_1$ mit den Öffnungen $S_2$ bei den einlaufenden Feldern $\mathbf{E}_e$, $\mathbf{B}_e$ habe die exakten Lösungen **E**, **B**. Dann lassen sich die Lösungen $\overline{\mathbf{E}}$, $\overline{\mathbf{B}}$ des komplementären Beugungsproblems mit dem Schirm $\overline{S}_1 := S_2$ und der Öffnung $\overline{S}_2 := S_1$ für die einlaufenden Felder

$$\overline{\mathbf{E}}_e := -\mathbf{B}_e ; \qquad \overline{\mathbf{B}}_e := \mathbf{E}_e \qquad \text{(VIII.64)}$$

mit Hilfe der Feldgrößen des ursprünglichen Beugungsproblems darstellen durch

$$\begin{aligned} \overline{\mathbf{B}} + \mathbf{E} &= \mathbf{E}_e \\ \overline{\mathbf{E}} - \mathbf{B} &= -\mathbf{B}_e \ . \end{aligned} \qquad \text{(VIII.65)}$$

*Beweis:* Wir gehen aus von der Darstellung (VIII.52) für $\mathbf{E}(\mathbf{r})$ für das Beugungsproblem an dem ebenen Schirm $S = S_1 + S_2$, wobei jedoch jetzt wie beim allgemeinen Fall nach (VIII.26, 27) das einfallende Feld $\mathbf{E}_e$ hinzugenommen und weiter auch der andere Halbraum zunächst berücksichtigt wird. Da für die Maxwellgleichungen (12.93) außerhalb der Quellen die Vertauschung $\mathbf{E} \to \mathbf{B}$, $\mathbf{B} \to -\mathbf{E}$ gilt, folgt dann aus der Gleichung für $\mathbf{E}$ mit $\nabla_{\mathbf{r}'} G_0 = -\nabla_{\mathbf{r}} G_0$

$$\mathbf{B}(\mathbf{r}) = \mathbf{B}_e(\mathbf{r}) + \frac{1}{2\pi} \nabla_{\mathbf{r}} \times \int_S dF' (\mathbf{n} \times \mathbf{B}(\mathbf{r}')) G_0(\mathbf{r}, \mathbf{r}') . \tag{VIII.66}$$

Nun ist $\mathbf{B}(\mathbf{r})$ innerhalb der Öffnung $S_2$ von S sicher stetig. Andererseits folgt aus (VIII.66) für die zu S parallele Komponente

$$\mathbf{n} \times (\mathbf{B} - \mathbf{B}_e) = -\frac{(\mathbf{n} \cdot \nabla_{\mathbf{r}})}{2\pi} \int_S dF' (\mathbf{n} \times \mathbf{B}(\mathbf{r}')) G_0(\mathbf{r}, \mathbf{r}') . \tag{VIII.67}$$

Für zur Schirmebene spiegelbildliche Punkte $\mathbf{r}$ ergibt jedoch das Integral in (VIII.67) den gleichen Wert, da $G_0$ nur von $|\mathbf{r} - \mathbf{r}'|$ abhängt und $\mathbf{r}'$ auf der Schirmebene, also in der Spiegelebene liegt. Andererseits ergibt $(\mathbf{n} \cdot \nabla_{\mathbf{r}})$ für spiegelsymmetrische Punkte ein entgegengesetztes Vorzeichen, so daß wegen der Stetigkeit von $\mathbf{B} - \mathbf{B}_e$ in $S_2$ folgt

$$\mathbf{n} \times (\mathbf{B} - \mathbf{B}_e) = 0; \qquad \mathbf{r} \in S_2 . \tag{VIII.68}$$

Für den ideal leitenden, ebenen Schirm $S = S_1 + S_2$ erfüllen dann die Feldgrößen $\mathbf{E}, \mathbf{B}$ neben den Maxwellgleichungen (12.93) die Randbedingungen

$$\begin{aligned} \mathbf{n} \times \mathbf{E} &= 0; & \mathbf{r} &\in S_1 \\ \mathbf{n} \times (\mathbf{B} - \mathbf{B}_e) &= 0; & \mathbf{r} &\in S_2 . \end{aligned} \tag{VIII.69}$$

Dabei bestimmt jedoch die erste Bedingung das Problem schon eindeutig, so daß die zweite eine Folge der ersten ist. Definieren wir nun die Felder $\mathbf{E}', \mathbf{B}'$ durch

$$\mathbf{E} + \mathbf{E}' = \mathbf{E}_e ; \qquad \mathbf{B} + \mathbf{B}' = \mathbf{B}_e , \tag{VIII.70}$$

so erhält man dadurch Lösungen der Maxwellgleichungen (12.93) zu denselben einfallenden Feldern $\mathbf{E}_e, \mathbf{B}_e$ und zu der Randbedingung

$$\begin{aligned} \mathbf{n} \times \mathbf{B}' &= 0; & \mathbf{r} &\in S_2 \\ \mathbf{n} \times \mathbf{E}' &= \mathbf{n} \times \mathbf{E}_e; & \mathbf{r} &\in S_1 . \end{aligned} \tag{VIII.71}$$

Führt man nun die Vertauschung

$$\mathbf{E}' \to \overline{\mathbf{B}} ; \qquad \mathbf{B}' \to -\overline{\mathbf{E}} \tag{VIII.72}$$

durch, so sind $\overline{\mathbf{E}}, \overline{\mathbf{B}}$ wegen (VIII.71) Lösungen des komplementären Beugungsproblems mit den einfallenden Feldern (VIII.64) und mit der Randbedingung auf dem Schirm $S_2 := \overline{S}_1$

$$\mathbf{n} \times \overline{\mathbf{E}} = 0; \qquad \mathbf{r} \in \overline{S}_1 , \tag{VIII.73}$$

wobei sich die Beziehungen (VIII.65) durch die Substitution von (VIII.72) in (VIII.70) ergeben. Da jedoch (VIII.73) die Lösung des Randwertproblems eindeutig festlegt, sind $\overline{\mathbf{E}}, \overline{\mathbf{B}}$ die gesuchten Lösungen des komplementären Problems, w.z.b.w.

Im Gegensatz zum skalaren Babinetschen Prinzip sind also hier die Randbedingungen für die komplementären Anordnungen exakt definiert und erfüllt.

## IX. Umrechnungen

*a) Wechselwirkungsenergie zweier Punktladungen* $q_1 \cdot q_2$ nach (1.42):

$$\int w_w^e(\mathbf{r})\, d^3 r = q_1 q_2 \frac{1}{4\pi} \int \frac{(\mathbf{r}-\mathbf{r}_1)\cdot(\mathbf{r}-\mathbf{r}_2)}{|\mathbf{r}-\mathbf{r}_1|^3\,|\mathbf{r}-\mathbf{r}_2|^3}\, d^3 r = . \tag{IX.1}$$

$$= q_1 q_2 \frac{1}{4\pi} \int \left(\nabla_r \frac{1}{|\mathbf{r}-\mathbf{r}_1|}\right)\cdot\left(\nabla_r \frac{1}{|\mathbf{r}-\mathbf{r}_2|}\right) d^3 r \qquad \text{partielle Integration}$$

$$= -\, q_1 q_2 \frac{1}{4\pi} \int \frac{1}{|\mathbf{r}-\mathbf{r}_1|}\, \Delta \frac{1}{|\mathbf{r}-\mathbf{r}_2|}\, d^3 r \qquad \text{mit (1.17)}$$

$$= q_1 q_2 \int \frac{1}{|\mathbf{r}-\mathbf{r}_1|}\, \delta(\mathbf{r}-\mathbf{r}_2)\, d^3 r = \frac{q_1 q_2}{|\mathbf{r}_1-\mathbf{r}_2|} \; .$$

*b) Dipolmoment eines geschlossenen Stromkreises* L nach (2.59):

Skalares Produkt zwischen **m** nach (2.55) und beliebigem konstantem Vektor **b**

$$(\mathbf{m}\cdot\mathbf{b}) = \frac{1}{2c}\int \mathbf{r}\times\mathbf{j}(\mathbf{r}+\mathbf{r}_s)\cdot\mathbf{b}\, d^3 r$$

$$= \frac{1}{2c}\int (\mathbf{b}\times\mathbf{r})\cdot\mathbf{j}(\mathbf{r}+\mathbf{r}_s)\, d^3 r \; .$$

Dies lautet mit (2.10)

$$(\mathbf{m}\cdot\mathbf{b}) = \frac{J}{2c}\int_L (\mathbf{b}\times\mathbf{r})\cdot d\mathbf{s} \qquad \text{(Satz von Stokes)} \tag{IX.2}$$

$$= \frac{J}{2c}\int_{F(L)} \nabla_r\times(\mathbf{b}\times\mathbf{r})\cdot d\mathbf{F} \qquad \text{mit (I.31)}$$

$$= \frac{J}{c}\int_{F(L)} (\mathbf{b}\cdot d\mathbf{F}) \; .$$

Weil **b** beliebig ist, folgt $\mathbf{m} = \frac{J}{c}\int d\mathbf{F}$.

*c) Formel (4.154) für eine Punktladung,* die sich beschleunigt auf einer Kreisbahn bewegt:

Nach (4.151) wird mit (4.130)

$$\mathbf{n}\times((\mathbf{n}-\overline{\mathbf{v}})\times\dot{\overline{\mathbf{v}}}) = (\mathbf{n}-\overline{\mathbf{v}})(\mathbf{n}\cdot\dot{\overline{\mathbf{v}}}) - \dot{\overline{\mathbf{v}}}\,\mathbf{n}\cdot(\mathbf{n}-\overline{\mathbf{v}})$$

$$= (\mathbf{n}-\overline{\mathbf{v}})(\mathbf{n}\cdot\dot{\overline{\mathbf{v}}}) - \kappa\dot{\overline{\mathbf{v}}} \; .$$

Daraus wird mit $(\overline{\mathbf{v}} \cdot \dot{\overline{\mathbf{v}}}) = 0$ und (4.130)

$$[\mathbf{n} \times ((\mathbf{n} - \overline{\mathbf{v}}) \times \dot{\overline{\mathbf{v}}})]^2 = (\mathbf{n} - \overline{\mathbf{v}})^2 (\mathbf{n} \cdot \dot{\overline{\mathbf{v}}})^2 - 2\kappa (\mathbf{n} \cdot \dot{\overline{\mathbf{v}}})^2 + \kappa^2 \dot{\overline{\mathbf{v}}}^2 \tag{IX.3}$$
$$= \kappa^2 \dot{\overline{\mathbf{v}}}^2 + (\mathbf{n} \cdot \dot{\overline{\mathbf{v}}})^2 (1 - 2(\mathbf{n} \cdot \overline{\mathbf{v}}) + \overline{\mathbf{v}}^2 - 2 + 2(\mathbf{n} \cdot \overline{\mathbf{v}}))$$
$$= \kappa^2 \dot{\overline{\mathbf{v}}}^2 - (\mathbf{n} \cdot \dot{\overline{\mathbf{v}}})^2 (1 - \overline{\mathbf{v}}^2)$$
$$= \dot{\overline{\mathbf{v}}}^2 [(1 - \overline{\mathbf{v}} \cos\vartheta)^2 - \cos^2\varphi (1 - \overline{\mathbf{v}}^2)]$$

mit $\varphi := \sphericalangle(\mathbf{n}, \dot{\overline{\mathbf{v}}})$ ; $\quad \vartheta := \sphericalangle(\mathbf{n}, \overline{\mathbf{v}})$.

*d) Formel (11.17)* für die Selbstinduktivität zweier koaxialer Kreisströme: Voraussetzung: $a_1 \approx a_2 \approx a$ und $\xi \ll a$. Dann wird nach (11.12) $k \approx 1$. Damit lautet die Formel (11.13)

$$L_{12} = \frac{4\pi a}{c^2} \int_0^{\pi/2} \frac{2\sin^2\varphi - 1}{(1 - \mathbf{k}^2 \sin^2\varphi)^{1/2}} d\varphi .$$

Zunächst folgt mit (11.12)

$$1 - k^2 = \frac{(a_1 - a_2)^2 + \xi^2}{(a_1 + a_2)^2 + \xi^2} \approx \frac{(a_1 - a_2)^2 + \xi^2}{4a^2} =: \frac{b^2}{4a^2} \ll 1 .$$

Mit $\sin^2\varphi = 1 - \cos^2\varphi$ in dem Integral sowie $k^2 \approx 1$ wird dann

$$L_{12} = \frac{4\pi a}{c^2} \int_0^{\pi/2} \frac{1 - 2\cos^2\varphi}{\left(\frac{b^2}{4a^2} + k^2\cos^2\varphi\right)^{1/2}} d\varphi \approx \frac{4\pi a}{c^2} \int_0^{\pi/2} \frac{1 - 2\cos^2\varphi}{\left(\frac{b^2}{4a^2} + \cos^2\varphi\right)^{1/2}} d\varphi .$$

Im zweiten Integral kann $b^2/4a^2 \approx 0$ gesetzt werden, womit sich ergibt

$$-2 \int_0^{\pi/2} \frac{\cos^2\varphi}{\left(\frac{b^2}{4a^2} + \cos^2\varphi\right)^{1/2}} d\varphi \approx -2 \int_0^{\pi/2} \cos\varphi \, d\varphi = -2 .$$

Im ersten Integral entwickeln wir den Nenner nach $b^2/4a^2 \ll 1$, d.h.

$$\left(\frac{b^2}{4a^2} + \cos^2\varphi\right)^{\frac{1}{2}} = \frac{1}{\cos\varphi} \left[\cos^2\varphi + \frac{b^2}{8a^2} + \cdots\right] .$$

Damit läßt sich das erste Integral schreiben

$$\int_0^{\pi/2} \left(\frac{b^2}{4a^2} + \cos^2\varphi\right)^{-\frac{1}{2}} d\varphi \approx \int_0^{\pi/2} \frac{\cos\varphi \, d\varphi}{\left(\frac{b^2}{8a^2} + 1 - \sin^2\varphi\right)} .$$

Mit $\sin\varphi \equiv x$ und $c^2 := 1 + b^2/8a^2$, also $c \approx 1 + b^2/16a^2$, ergibt sich dann

$$\int_0^{\pi/2} \left(\frac{b^2}{4a^2} + \cos^2\varphi\right)^{-\frac{1}{2}} d\varphi \approx -\int_0^1 \frac{dx}{x^2 - c^2} = \frac{1}{2c} \ln\left(\frac{c+x}{c-x}\right)\Bigg|_0^1 = \frac{1}{2c} \ln\left(\frac{c+1}{c-1}\right) .$$

Setzt man darin den Wert $c - 1 \approx b^2/16a^2$ und $c \approx 1$, so folgt

$$\int_0^{\pi/2} \left(\frac{b^2}{4a^2} + \cos^2\varphi\right)^{-\frac{1}{2}} d\varphi \approx \frac{1}{2} \ln \frac{32a^2}{b^2} = \ln \frac{8a}{b} - \ln\sqrt{2} ,$$

womit man endgültig erhält

$$L_{12} = \frac{4\pi a}{c^2} \left[\ln \frac{8a}{b} - 2 - \ln\sqrt{2}\right] \tag{IX.4}$$

*e) Kraft zwischen zwei parallelen Linienleitern,* die den Abstand d besitzen: Nach (2.18) gilt mit allgemeiner Konstante $k_2$ für den Betrag der Kraft pro Längeneinheit des Leiters die Beziehung

$$\frac{d}{ds} |\mathbf{K}_{12}| = k_2 J_1 J_2 f(d) ,$$

wobei das Linienintegral durch

$$f(d) = 2 \int_0^{\infty} |\mathbf{r}_1 - \mathbf{r}_2|^{-2} \cos\vartheta \, dx$$

gegeben ist. Dabei gilt

$$dx = ds_2 \quad ; \quad \cos\vartheta = d(d^2 + x^2)^{-\frac{1}{2}}; \qquad |\mathbf{r}_1 - \mathbf{r}_2|^2 = d^2 + x^2 ,$$

so daß das Linienintegral übergeht in

$$\begin{aligned} f(d) &= 2d \int_0^{\infty} (d^2 + x^2)^{-\frac{3}{2}} dx \\ &= -2d(d^2 + x^2)^{-\frac{1}{2}} \left(x + \sqrt{d^2 + x^2}\right)^{-1} \Big|_0^{\infty} = 2d^{-1} . \end{aligned}$$

Der Betrag der Kraft wird also

$$\frac{d}{ds} |\mathbf{K}_{12}| = k_2 J_1 J_2 2d^{-1} . \tag{IX.5}$$

# X. Maßeinheiten

## 1. Mechanische Größen

Hier leiten sich sämtliche Größen aus cm, g, s bzw. m, kg, s ab. Die entsprechenden Maßsysteme sind dann das cgs-System und das mks-System, das auch technisches Maßsystem genannt wird.

Die Definition der wichtigsten Größen mit den zugehörigen Einheiten sind in der folgenden Tabelle 1 angegeben.

**Tabelle 1.** Mechanische Größen im cgs- und mks-System

| Größe | Symbol | cgs | Relation 1 cgs = x mks | mks |
|---|---|---|---|---|
| Länge | $l$ | cm | $= 10^{-2}$ m | m |
| Masse | m | g | $= 10^{-3}$ kg | kg |
| Zeit | t | s | | s |
| Kraft | K | dyn: $=$ g cm $s^{-2}$ | $= 10^{-5}$ Newton (N) | Newton: $=$ kg m $s^{-2}$ |
| Impuls | P | dyn s $=$ g cm $s^{-1}$ | $= 10^{-5}$ Newton s | Newton s $=$ kg m $s^{-1}$ |
| Arbeit (Energie) | W | erg: $=$ dyn cm $=$ g $cm^2 s^{-2}$ | $= 10^{-7}$ Joule (J), Erg | Joule: $=$ Newton m $=$ kg $m^2 s^{-2}$ |
| Leistung | N | erg $s^{-1} =$ g $cm^2 s^{-3}$ | $= 10^{-7}$ Watt (W) | Watt: $=$ Joule $s^{-1}$ $=$ kg $m^2 s^{-3}$ |

*Definition der Grundeinheiten:*

Länge $l$: $1\ \text{m} = 1{,}650\,763\,73 \cdot 10^6 \lambda(\text{Kr})$

$\lambda(\text{Kr}) = 0{,}605\,780\,2 \cdot 10^{-6}\,\text{m}$

mit $\lambda(\text{Kr})$ = orange-rote Spektrallinie von $\text{Kr}_{86}$

Masse m: 1 kg = träge Masse von 1 Liter = $1{,}000\,027 \cdot 10^{-3}\,\text{m}^3$ $H_2O$ bei 4 °C

Zeit t: astronomische Definition:

1 tropisches Jahr 1900 = $3{,}155\,692\,597\,47 \cdot 10^7\,\text{s}$ .

Es wird versucht, diese umständliche Definition durch atomare Größen von hoher Konstanz und Periodizität auszumessen und zu einer besser zugänglichen und reproduzierbaren Definition zu kommen.

## 2. Elektromagnetische Einheiten und Gleichungen

Die neuen Größen der Maxwellgleichungen (3.14) im Vakuum sind die elektrische Ladungsdichte $\rho$ und die Stromdichte $\mathbf{j}$. Die elektromagnetischen Feldgrößen $\mathbf{E}$ und $\mathbf{B}$ sind dann dadurch bestimmt.

Die Verknüpfung zwischen Stromdichte $\mathbf{j}$ und Ladung q wird durch die Kontinuitätsgleichung (2.6) gegeben:

$$\nabla \cdot \mathbf{j} + \frac{\partial}{\partial t}\rho = 0 \; ; \qquad \text{(X.1a)}$$

daraus folgt wegen $[\rho] = [q][l]^{-3}$ nach (1.9) die Dimensionsgleichung

$$[j] = [q][t]^{-1}[l]^{-2} . \tag{X.1}$$

Die Definition der Einheiten von Ladung q oder Stromdichte **j** erfolgt dann über die Kraftwirkungen, die diese Größen bewirken. Diese sind

*a) Das Coulomb-Gesetz* (1.1),
das die Kraftwirkungen zweier Punktladungen $q_1, q_2$ im Abstand $r_{12}$ angibt:

$$|\mathbf{K}| = k_1 \frac{q_1 q_2}{r_{12}}$$

und auf die Dimensionsgleichung

$$[k_1][q]^2 = [K]\,[l]^2 = [m][l]^3\,[t]^{-2} \tag{X.2}$$

führt.

*b) Das Ampère-Gesetz* (2.13) bzw. (2.18),
das die Kraftwirkung zweier Linienströme $L_1$, $L_2$ aufeinander festlegt und das in differentiellen, symmetrischer Form lautet

$$|d\mathbf{K}| = -k_2\, J_1\, J_2 \frac{(d\mathbf{s}_1 \cdot d\mathbf{s}_2)}{r_{12}^2} .$$

Wegen der Definition (2.3) mit (X.1) hat die elektrische Stromstärke J die Dimension

$$[J] = [j]\,[l]^2 = [q][t]^{-1} , \tag{X.3}$$

womit dann aus dem Ampère-Gesetz die Dimensionsgleichung

$$[k_2][q]^2 = [K][t]^2 = [m][l] \tag{X.4}$$

folgt. Der Vergleich der beiden Relationen (X.2) und (X.4) ergibt dann für die beiden Konstanten $k_1$ und $k_2$ die Beziehung

$$[k_1][k_2]^{-1} = [l]^2\,[t]^{-2} \equiv [\text{Geschwindigkeit}]^2 .$$

Der experimentelle Vergleich der entstehenden Kräfte ergibt nach einem Versuch von Weber

$$\frac{k_1}{k_2} = c^2 \tag{X.5}$$

mit der Vakuum-Lichtgeschwindigkeit

$$c = 2{,}997\,930 \pm 0{,}000\,003 \cdot 10^{10}\,\mathrm{cm\,s^{-1}} \approx 3 \cdot 10^{10}\,\mathrm{cm\,s^{-1}} .$$

### 3. Abgeleitete Feldgrößen

*a) Die elektrische Feldstärke* **E**(**r**)
wird definitiorisch durch (1.4) gegeben als Kraft pro Einheitsladung, was auf die Dimension

$$[E] = [K][q]^{-1}$$

oder mit (X.2) auf

$$[\mathbf{E}] = [k_1][q][l]^{-2} \tag{X.6}$$

führt.

*b) Die magnetische Feldstärke* **B(r)**

ist durch (2.16) mit einem allgemeinen Faktor $\alpha k_2$ statt 1/c definiert; in differentieller Form lautet die Gleichung

$$d\mathbf{B}(\mathbf{r}) = \alpha k_2 J \frac{d\mathbf{s}_1 \times (\mathbf{r} - \mathbf{r}_1)}{|\mathbf{r} - \mathbf{r}_1|^3} \quad , \tag{X.7}$$

woraus sich mit (X.3) die Dimensionsgleichung

$$[\mathbf{B}] = [\alpha][k_2][J][l]^{-1} = [\alpha][k_2][q][l]^{-1}[t]^{-1}$$

ergibt. Der Vergleich von (X.6) mit (X.7) führt mit (X.5) auf

$$[\mathbf{E}][\mathbf{B}]^{-1} = [l][t]^{-1}[\alpha]^{-1} \ . \tag{X.8}$$

Eine weitere Verknüpfungsrelation zwischen **E** und **B** wird durch das Faraday-Gesetz (3.4) bestimmt:

$$\nabla \times \mathbf{E} + k_3 \frac{\partial}{\partial t} \mathbf{B} = 0 \ ,$$

woraus man die Dimensionsgleichung

$$[\mathbf{E}][\mathbf{B}]^{-1} = [k_3][l][t]^{-1} \tag{X.9}$$

erhält. Der Vergleich von (X.8) mit (X.9) führt dann auf die Beziehung für die beiden Konstanten $k_3$ und $\alpha$

$$[k_3][\alpha] = 1 \ . \tag{X.10}$$

Damit sind von den Konstanten wegen der Relationen (X.5) und (X.10) nur noch zwei Konstanten frei wählbar, beispielsweise $k_1$ und $k_3$.

Mit allen Konstanten lauten die Maxwellgleichungen (3.14) im Vakuum

$$\begin{aligned} \nabla \cdot \mathbf{E} &= k_1 4\pi\rho \\ \nabla \times \mathbf{B} - \frac{k_2\alpha}{k_1} \frac{\partial}{\partial t} \mathbf{E} &= k_2 \alpha 4\pi \mathbf{j} \\ \nabla \times \mathbf{E} + k_3 \frac{\partial}{\partial t} \mathbf{B} &= 0 \\ \nabla \cdot \mathbf{B} &= 0 \ , \end{aligned} \tag{X.11}$$

woraus sich für $\mathbf{j} = 0$ die Wellengleichung

$$\left[\Delta - \frac{k_3 k_2 \alpha}{k_1} \frac{\partial^2}{\partial t^2}\right] \mathbf{B} = 0 \tag{X.12}$$

ergibt. Da sich die elektromagnetischen Felder im Vakuum mit Lichtgeschwindigkeit c fortpflanzen, entsprechend dem Fundamentalexperiment der Relativitätstheorie, folgt aus (X.12)

$$\frac{k_3 k_2 \alpha}{k_1} = c^{-2} . \tag{X.13}$$

Dadurch gilt wegen des Ergebnisses (X.5) des Weberschen Experiments die Relation (X.10) sowohl für die Dimensionen als auch für die Beträge.

## 4. Maßsysteme elektromagnetischer Einheiten

Durch die Wahl der beiden freien Konstanten $k_1$ und $k_3$ sowohl dem Betrag als auch der Dimension nach ergeben sich die verschiedenen bekannten Einheitensysteme nach Tabelle 2.

**Tabelle 2.** Elektromagnetische Maßsysteme und zugehörige Konstanten $k_1$, $k_2$, $k_3$, $\alpha$, wobei in Klammern die Dimension angegeben ist

| System | $k_1$ | $k_2$ | $\alpha$ | $k_3$ |
|---|---|---|---|---|
| Elektrostatisch (es) | 1 | $c^{-2}\,[t^2 l^{-2}]$ | 1 | 1 |
| Elektromagnetisch (em) | $c^2\,[l^2 t^{-2}]$ | 1 | 1 | 1 |
| Gauß | 1 | $c^{-2}\,[t^2 l^{-2}]$ | $c\,[l\,t^{-1}]$ | $c^{-1}\,[t\,l^{-1}]$ |
| Heaviside-Lorentz | $\frac{1}{4\pi}$ | $\frac{1}{4\pi c^2}\,[t^2 l^{-2}]$ | $c\,[l\,t^{-1}]$ | $c^{-1}\,[t\,l^{-1}]$ |
| rational, mks (Giorgi, praktisch) | $\frac{1}{4\pi e_0} = 10^{-7} c^2$ | $\frac{\mu_0}{4\pi} \equiv 10^{-7}$ | 1 | 1 |
| Dimension bei mks | $[m\,l^3 t^{-2} q^{-2}]$ | $[m\,l\,q^{-2}]$ | | |

*a) cgs-System*

Hier werden alle Einheiten auf cgs-Einheiten zurückgeführt, d.h., es wird keine neue elektromagnetische Einheit eingeführt. Solche Systeme sind die ersten vier der Tabelle 2. Im Gauß- und es-System wird dann mit $k_1 = 1$ die elektromagnetische Ladungseinheit

$$1\ \text{Le} = 1\ \sqrt{\text{dyn}}\ \text{cm}\ , \tag{X.14}$$

d.h., zwei Punktladungen der Ladung 1 Le im Abstand 1 cm üben aufeinander die Kraft 1 dyn aus. Damit ergibt sich nach (X.6) und (X.7) mit (X.5)

$$[\mathbf{E}] = [q]\,[l]^{-2} = \sqrt{\text{dyn}}\ \text{cm}^{-1} \tag{X.15}$$
$$[\mathbf{B}] = [\alpha]\,[q]\,[l]^{-3}\,[t] = \sqrt{\text{dyn}}\ \text{cm}^{-1}\ [t]\ \text{cm}^{-1}\,[\alpha]\ ,$$

und speziell im Gauß-System mit $\alpha = c$ folgt die Dimensionsgleichheit von **E** und **B**, also $[\mathbf{E}] = [\mathbf{B}]$ .

*b) Giorgi-System* (praktisches, rationales, mks): $k_2 = 10^{-7}[m\,l\,q^{-2}]$
Hier wird zu den Grundgrößen mks eine neue Grundgröße hinzugenommen: die *Stromstärke*-Einheit Ampère (A).

Die Kraft/Länge zweier unendlicher paralleler Leiter mit Strömen $J_1$, $J_2$ im Abstand d ist nach Anhang IXe dann gegeben durch (in Newton/m)

$$\frac{d\,|\mathbf{K}_{12}|}{ds} = 2 \cdot 10^{-7}\,\frac{J_1 J_2}{d} \quad . \tag{X.16}$$

Fließt also in beiden Drähten eine Stromstärke von 1 A, dann wirkt bei d = 1 m auf 1 m Länge des Leiters eine Kraft von $2 \cdot 10^{-7}$N(ewton). Dadurch kann die Ampère-Einheit festgelegt werden.

Damit erhält man wegen (X.3) und mit $[\rho] = [q]\,[l]^{-3}$ als Einheiten der Ladung q, Ladungsdichte $\rho$ bzw. der Ladungsstromdichte $\mathbf{j}$

$$\begin{aligned} q&: \quad 1\ \text{Coulomb (Coul)} = 1\ \text{A} \cdot \text{s} \\ \rho&: \quad 1\ \text{Coul/m}^3 = 1\ \text{A} \cdot \text{s/m}^3 \\ \mathbf{j}&: \quad 1\ \text{Coul/m}^2\text{s} = 1\ \text{A/m}^2\,. \end{aligned} \tag{X.17}$$

Verwendet man noch die neue Einheit der Spannung U,

$$1\ \text{Volt (V)} = 1\ \text{Joule/Coul} = 1\ \text{Watt/A}\ , \tag{X.18}$$

so ergibt sich für die Permeabilitätskonstante des Vakuums

$$\mu_0 = 4\pi\ 10^{-7}\text{V s/Am} = 1{,}256\,637 \cdot 10^{-6}\text{V s/Am}\ . \tag{X.19}$$

Aus $\mu_0 = 4\pi k_2 = 4\pi\,10^{-7}[m\,l\,q^{-2}]$ zusammen mit Tabelle 2 wegen

$$\epsilon_0\,\mu_0 = c^{-2} \tag{X.20}$$

nach (X.5) folgt weiter

$$\epsilon_0 = 10^7/4\pi c^2\ \text{As/Vm} = 8{,}854\,185 \cdot 10^{-12}\text{As/Vm} \tag{X.21}$$

als Dielektrizitätskonstante des Vakuums.

*c) Zusammenhang der Ladungsdefinitionen*
Wegen (X.2) und $k_1 = 1/4\pi\epsilon_0$ folgt $\epsilon_0 = 1/4\pi\ \text{Le}^2\text{erg}^{-1}\text{cm}^{-1}$. Benutzt man die Definition $\epsilon_0 = 1/4\pi\ c^{-2}\ 10^7\ [q^2 t^2 m^{-1} l^{-3}]$ in den mks-Einheiten, so ergibt sich

$$\epsilon_0 = \frac{1}{4\pi\,10^2 c^2}\,\frac{\text{Coul}^2}{\text{erg cm}} = \frac{1}{4\pi}\,\frac{\text{Le}^2}{\text{erg cm}}$$

und damit

$$\begin{aligned} 1\ \text{Le} &= 10\ c^{-1}\text{Coul} = 3{,}335\,64 \cdot 10^{-10}\text{Coul} \\ 1\ \text{Coul} &= c\ 10^{-1}\text{Le} = 2{,}997\,925 \cdot 10^9\,\text{Le}\ . \end{aligned} \tag{X.22}$$

Bei diesen Umformungen bedeutet c den Zahlenwert der Vakuumlichtgeschwindigkeit in cm $s^{-1}$ ohne Dimension. In diesem Sinn ist (X.22) eine Zahlen- und keine Größengleichung.

*d) Phänomenologische Größen* **D** *und* **H**

Bis jetzt wurden nur die elektrodynamischen Größen im Vakuum besprochen, so daß infolgedessen nur **E** und **B** aufgetreten sind. Wir müssen also noch die makroskopischen Feldgrößen **D** und **H** behandeln. Da die gemittelten elektromagnetischen Eigenschaften der Materie durch die makroskopische Polarisation **P** und die Magnetisierung **M** beschrieben werden, lauten die allgemeinen Definitionsgleichungen für **D** und **H** nach (13.55), (14.69)

$$\mathbf{D} = \epsilon_0\, \mathbf{E} + \alpha \mathbf{P} \qquad \text{(X.23)}$$

$$\mathbf{H} = \frac{1}{\mu_0}\, \mathbf{B} - \alpha' \mathbf{M}\ ,$$

wobei $\epsilon_0$, $\mu_0$, $\alpha$, $\alpha'$ Proportionalitätskonstanten sind. Da **D** und **P** sowie **H** und **M** entsprechende makroskopische Größen sind, gibt man ihnen sinnvollerweise dieselben Dimensionen. Dann sind $\alpha$ und $\alpha'$ dimensionslose Zahlen, wobei

$\alpha = \alpha' = 1$ im Giorgi-(mks)-System

$\alpha = \alpha' = 4\pi$ im Gauß-(cgs)-System bzw. den ersten drei Systemen der Tabelle 2

ist. Da bei dem Giorgi-System nirgends die Zahl $4\pi$ auftaucht, nennt man dieses System auch rationales System, während die anderen mit $4\pi$ als irrationale Systeme bezeichnet werden. Jedoch können **D** und **P** eine andere Dimension als **E** besitzen, und ebenso kann sich die Dimension von **H** und **M** von der für **B** unterscheiden. Die Wahl von $\epsilon_0$ und $\mu_0$ ist rein historisch bedingt, um den phänomenologischen Definitionsgleichungen (X.23) für den entsprechenden Gebrauch eine günstige Form zu verleihen. Bevor die verschiedenen $\epsilon_0$ und $\mu_0$ in Tabelle 3 angegeben werden, ist zu bemerken, daß für lineare, isotrope Medien stets die lokalen Polarisationsgesetze (13.58), (14.75)

$$\mathbf{D} = \epsilon \mathbf{E} \qquad \text{(X.24)}$$

$$\mathbf{B} = \mu \mathbf{H}$$

gelten. Durch Vergleich mit (X.23) folgt, daß $\epsilon_0$ und $\mu_0$ die Vakuumwerte von $\epsilon$ und $\mu$ sind. Die sogenannte relative Dielektrizitätskonstante $\epsilon_r$ und Permeabilitätskonstante $\mu_r$ sind dann als dimensionslose Verhältniszahlen

$$\epsilon_r = \epsilon/\epsilon_0 \qquad \text{(X.25)}$$

$$\mu_r = \mu/\mu_0$$

definiert. Diese Größen kennzeichnen damit das lineare Verhalten des Materials.

In Tabelle 3 sind nun die Werte von $\epsilon_0$ und $\mu_0$, die definierenden Gleichungen (X.23) für **D** und **H** sowie die makroskopischen Maxwellgleichungen und die Lorentzkraft für die gebräuchlichen in Tabelle 2 angegebenen Einheitensysteme aufgeführt. Dabei gilt für jedes Einheitensystem die Kontinuitätsgleichung (X.1a), wie man aus den inhomogenen Maxwellgleichungen der Tabelle 3 sieht. Entsprechend gilt in allen Einheitensystemen das Ohmsche Gesetz

$$\mathbf{j} = \sigma \mathbf{E}\ . \qquad \text{(X.26)}$$

Da im Gaußsystem $\epsilon_0 = \mu_0 = 1$ ist, haben also nach der Gl. (X.23) alle phänomenologischen Größen in diesem System dieselben Dimensionen wie die entsprechenden Größen im Vakuum.

Alle Faktoren, die in Tab. 5 die Zahl 3 enthalten, sind bei genauen Umrechnungen durch den Wert $2,997930 \pm (3 \cdot 10^{-6})$ zu ersetzen: Dies resultiert von der Ersetzung des numerischen Wertes der Lichtgeschwindigkeit durch $c \approx 3 \cdot 10^{10}$ cm s$^{-1}$. Bei Tabelle 5 gibt der Umrechnungsfaktor in Spalte 4 jeweils an, wieviel Gauß-(cgs)-Einheiten einer Georgi-(mks-)Einheit entsprechen.

Die heute gebräuchlichsten Einheiten sind das Giorgi-System für die Technik und das Gauß-System für mikroskopische und atomare Probleme, so daß durch Tabelle 4 und 5 der Zusammenhang zwischen den beiden häufigsten Einheiten-Systemen hergestellt ist.

**Tabelle 3.** Definitionen von $\epsilon_0$, $\mu_0$, **D** und **H**, makroskopische Maxwellgleichungen und die Lorentzkraft für die verschiedenen Einheitensysteme. Dabei ist c die Lichtgeschwindigkeit im Vakuum; in Klammern ist, wo notwendig, die Dimension angegeben.

| System | $\epsilon_0$ | $\mu_0$ | D, H | Makroskopische Maxwellgleichungen | | Lorentzkraft pro Ladung |
|---|---|---|---|---|---|---|
| Elektro-statisch (es) | 1 | $c^{-2}$ $[t^2 l^{-2}]$ | $\mathbf{D} = \mathbf{E} + 4\pi\mathbf{P}$ <br> $\mathbf{H} = c^2\mathbf{B} - 4\pi\mathbf{M}$ | $\nabla \cdot \mathbf{D} = 4\pi\rho$ <br> $\nabla \times \mathbf{H} = 4\pi\mathbf{j} + \frac{\partial}{\partial t}\mathbf{D}$ | $\nabla \times \mathbf{E} + \frac{\partial}{\partial t}\mathbf{B} = 0$ <br> $\nabla \cdot \mathbf{B} = 0$ | $\mathbf{E} + \mathbf{v} \times \mathbf{B}$ |
| Elektro-magnetisch (em) | $c^{-2}$ $[l^{-2}t^2]$ | 1 | $\mathbf{D} = \frac{1}{c^2}\mathbf{E} + 4\pi\mathbf{P}$ <br> $\mathbf{H} = \mathbf{B} - 4\pi\mathbf{M}$ | $\nabla \cdot \mathbf{D} = 4\pi\rho$ <br> $\nabla \times \mathbf{H} = 4\pi\mathbf{j} + \frac{\partial}{\partial t}\mathbf{D}$ | $\nabla \times \mathbf{E} + \frac{\partial}{\partial t}\mathbf{B} = 0$ <br> $\nabla \cdot \mathbf{B} = 0$ | $\mathbf{E} + \mathbf{v} \times \mathbf{B}$ |
| Gauß | 1 | 1 | $\mathbf{D} = \mathbf{E} + 4\pi\mathbf{P}$ <br> $\mathbf{H} = \mathbf{B} - 4\pi\mathbf{M}$ | $\nabla \cdot \mathbf{D} = 4\pi\rho$ <br> $\nabla \times \mathbf{H} = \frac{4\pi}{c}\mathbf{j} + \frac{1}{c}\frac{\partial}{\partial t}\mathbf{D}$ | $\nabla \times \mathbf{E} + \frac{1}{c}\frac{\partial}{\partial t}\mathbf{B} = 0$ <br> $\nabla \cdot \mathbf{B} = 0$ | $\mathbf{E} + \frac{\mathbf{v}}{c} \times \mathbf{B}$ |
| Heaviside-Lorentz | 1 | 1 | $\mathbf{D} = \mathbf{E} + \mathbf{P}$ <br> $\mathbf{H} = \mathbf{B} - \mathbf{M}$ | $\nabla \cdot \mathbf{D} = \rho$ <br> $\nabla \times \mathbf{H} = \frac{1}{c}(\mathbf{j} + \frac{\partial}{\partial t}\mathbf{D})$ | $\nabla \times \mathbf{E} + \frac{1}{c}\frac{\partial}{\partial t}\mathbf{B} = 0$ <br> $\nabla \cdot \mathbf{B} = 0$ | $\mathbf{E} + \frac{\mathbf{v}}{c} \times \mathbf{B}$ |
| Giorgi (mks) | $\frac{10^7}{4\pi c^2}$ $\left[\frac{q^2t^2}{ml^3}\right]$ | $4\pi \cdot 10^{-7}$ $[mlq^{-2}]$ | $\mathbf{D} = \epsilon_0\mathbf{E} + \mathbf{P}$ <br> $\mathbf{H} = \frac{1}{\mu_0}\mathbf{B} - \mathbf{M}$ | $\nabla \cdot \mathbf{D} = \rho$ <br> $\nabla \times \mathbf{H} = \mathbf{j} + \frac{\partial}{\partial t}\mathbf{D}$ | $\nabla \times \mathbf{E} + \frac{\partial}{\partial t}\mathbf{B} = 0$ <br> $\nabla \cdot \mathbf{B} = 0$ | $\mathbf{E} + \mathbf{v} \times \mathbf{B}$ |

**Tabelle 4.** Umformungstabelle von Symbolen in den Gleichungen zwischen Gauß- und Giorgi(mks)-System.

Die mechanischen Größen nach Tabelle 1 bleiben unverändert. Um eine Gleichung in Gauß-Einheiten in die entsprechende Gleichung in Giorgi(mks)-Einheiten umzuwandeln, sind die zutreffenden Symbole aus Spalte 2 durch die entsprechenden aus Spalte 3 zu ersetzen; genauso ist bei einer umgekehrten Transformation der Einheiten zu verfahren. Größen, die sich nur um mechanische Einheiten unterscheiden wie Länge und Zeit, sind in Gruppen zusammengefaßt.

| Größe | Gauß | Giorgi (mks) |
|---|---|---|
| Lichtgeschwindigkeit | c | $(\mu_0 \epsilon_0)^{-1/2}$ |
| Elektrische Feldstärke, Potential, Spannung | $\mathbf{E}, \varphi, U$ | $\sqrt{4\pi\epsilon_0}\,(\mathbf{E}, \varphi, U)$ |
| Elektrische Verschiebung | $\mathbf{D}$ | $\sqrt{\frac{4\pi}{\epsilon_0}}\,\mathbf{D}$ |
| Ladungsdichte, Ladung, Stromdichte, Stromstärke, Polarisation | $\rho, q, \mathbf{j}, J, \mathbf{P}$ | $\frac{1}{\sqrt{4\pi\epsilon_0}}(\rho, q, \mathbf{j}, J, \mathbf{P})$ |
| Magnetische Induktion | $\mathbf{B}$ | $\sqrt{\frac{4\pi}{\mu_0}}\,\mathbf{B}$ |
| Magnetische Feldstärke | $\mathbf{H}$ | $\sqrt{4\pi\mu_0}\,\mathbf{H}$ |
| Magnetisierung | $\mathbf{M}$ | $\sqrt{\frac{\mu_0}{4\pi}}\,\mathbf{M}$ |
| Leitfähigkeit | $\sigma$ | $\frac{\sigma}{4\pi\epsilon_0}$ |
| Dielektrizitätskonstante | $\epsilon$ | $\frac{\epsilon}{\epsilon_0}$ |
| Permeabilitätskonstante | $\mu$ | $\frac{\mu}{\mu_0}$ |
| Widerstand, Wechselstromwiderstand (Impedanz) | R, Z | $4\pi\epsilon_0\,(R, Z)$ |
| Induktivität | L | $4\pi\epsilon_0\,L$ |
| Kapazität | C | $\frac{1}{4\pi\epsilon_0}\,C$ |

**Tabelle 5.** Zusammenhang von Giorgi-Einheiten (mks) mit Gauß-Einheiten (cgs)

| Physikalische Größe | Symbol | Giorgi (mks)-Einheiten = | Umrechnungs-Faktor × | Gauß (cgs)-Einheiten |
|---|---|---|---|---|
| Ladung | q | Coul = A · s | $3 \cdot 10^9$ | Le = $\sqrt{\text{dyn}} \cdot$ cm |
| Ladungsdichte | $\rho$ | Coul · $m^{-3}$ | $3 \cdot 10^3$ | Le · $cm^{-3}$ |
| Stromstärke | J | A | $3 \cdot 10^9$ | Le $s^{-1}$ |
| Stromdichte | j | A $m^{-2}$ | $3 \cdot 10^5$ | Le $s^{-1}$ $cm^{-2}$ |
| Elektrische Feldstärke | **E** | V $m^{-1}$ | $\frac{1}{3} \cdot 10^{-4}$ | dyn $Le^{-1}$ = G |
| Potential/Spannung | $\varphi$, U | V = Joule $Coul^{-1}$ | $\frac{1}{3} \cdot 10^{-2}$ | erg $Le^{-1}$ |
| Polarisation | **P** | Coul $m^{-2}$ | $3 \cdot 10^5$ | Le $cm^{-2}$ |
| Elektrische Verschiebung | **D** | Coul $m^{-2}$ | $12\,\pi \cdot 10^5$ | Le $cm^{-2}$ |
| Widerstand | R | Ohm ($\Omega$) = V $A^{-1}$ | $\frac{1}{9} \cdot 10^{-11}$ | erg · s $Le^{-2}$ = s $cm^{-1}$ |
| Leitfähigkeit | $\sigma$ | $\Omega^{-1}$ $m^{-1}$ | $9 \cdot 10^9$ | $Le^2 erg^{-1} s^{-1} cm^{-1} = s^{-1}$ |
| Kapazität | C | Farad (F) = A s $V^{-1}$ | $9 \cdot 10^{11}$ | $Le^2 erg^{-1}$ = cm |
| Magn. Fluß | $\phi$m | Weber = V s | $10^8$ | Maxwell = Gauß $cm^2$ |
| Magn. Induktion | **B** | Weber $m^{-2}$ | $10^4$ | Gauß (G) = dyn $Le^{-1}$ = $\sqrt{\text{dyn}}$ $cm^{-1}$ |
| Magn. Feldstärke | **H** | A $m^{-1}$ | $4\pi \cdot 10^{-3}$ | Oersted (Oe) = Le $cm^{-2}$ = $\sqrt{\text{dyn}}$ $cm^{-1}$ |
| Magnetisierung | **M** | A $m^{-1}$ | $\frac{1}{4\pi} \cdot 10^{-3}$ | Oe |
| Induktivität | L | Henry = V s $A^{-1}$ | $\frac{1}{9} \cdot 10^{-11}$ | erg $s^2$ $Le^{-2}$ = $s^2$ $cm^{-1}$ |

## XI. Tabellen und Konstanten

| Maßsystem: | | praktisch | elektrostatisch |
|---|---|---|---|
| | $\pi$ | 3,141 592 65 | |
| Basis der natürlichen Logarithmen | e | 2,718 281 83 | |
| Elementarladung des Elektrons | $e_0$ | $1{,}602\,10 \cdot 10^{-19}$ A s | $4{,}802\,98 \cdot 10^{-10}$ Le |
| Vakuum Lichtgeschwindigkeit | $c_0$ | $2{,}997\,925 \cdot 10^{8}$ m/s | $2{,}997\,925 \cdot 10^{10}$ cm/s |
| Plancksches Wirkungsquantum | h | $0{,}662559 \cdot 10^{-33}$ Joule · s | $0{,}662559 \cdot 10^{-26}$ erg s |
| $h/2\pi$ | $\hbar$ | $1{,}054494 \cdot 10^{-34}$ Joule · s | $1{,}054\,494 \cdot 10^{-27}$ erg s |
| Elektronenruhemasse | $m_e$ | $0{,}910\,908 \cdot 10^{-30}$ kg | $0{,}910\,908 \cdot 10^{-27}$ g |
| Protonenruhemasse | $m_p$ | $1{,}672\,52 \cdot 10^{-27}$ kg | $1{,}672\,52 \cdot 10^{-24}$ g |
| Bohrmagneton | $\mu_B$ | $0{,}927\,319 \cdot 10^{-23}$ A m$^2$ | $\lvert c_0 \rvert \cdot 0{,}927\,319 \cdot 10^{-20}$ erg/G |
| Kernmagneton | $\mu_N$ | $0{,}505\,050 \cdot 10^{-26}$ A m$^2$ | $\lvert c_0 \rvert \cdot 0{,}505\,050 \cdot 10^{-23}$ erg/G |
| Loschmidtkonstante | $N_A$ | $0{,}602\,252 \cdot 10^{27}$/kmol | $0{,}602\,252 \cdot 10^{24}$/mol |
| universelle Gaskonstante | $R_G$ | $0{,}831434 \cdot 10^{4}$ Joule/kmol K | $0{,}831\,434 \cdot 10^{8}$ erg/mol °K |
| Faradaykonstante | $F_0$ | $0{,}964\,870 \cdot 10^{8}$ As/kmol | $2{,}892\,61 \cdot 10^{14}$ Le/mol |
| Dielektrizitätskonstante | $\epsilon_0$ | $0{,}885\,419 \cdot 10^{-11}$ As/Vm | $(4\pi)^{-1}$ Oe/G |
| –, reziproke des Vakuums | $(4\pi\epsilon_0)^{-1}$ | $0{,}898\,755 \cdot 10^{10}$ Vm/As | 1 G/Oe |
| Permeabilitätskonstante des Vakuums | $\mu_0$ | $1{,}256\,637 \cdot 10^{-6}$ Vs/Am | $(4\pi/c_0^2)$ G/Oe |
| erster Bohrradius | $a_0$ | $0{,}529\,167 \cdot 10^{-10}$ m | $0{,}529\,167 \cdot 10^{-8}$ cm |
| Comptonwellenlänge (Elektron) | $\lambda_0$ | $2{,}426\,21 \cdot 10^{-12}$ m | $2{,}426\,21 \cdot 10^{-10}$ cm |
| klassischer Elektronenradius | $r_e$ | $2{,}817\,77 \cdot 10^{-15}$ m | $2{,}817\,77 \cdot 10^{-13}$ cm |
| Boltzmannsche Konstante | $k_B$ | $1{,}380\,54 \cdot 10^{-23}$ Joule/K | $1{,}380\,54 \cdot 10^{-16}$ erg/K |
| Wärmeeinheit | cal | 4,186 8 Joule | $4{,}186\,8 \cdot 10^{7}$ erg |
| technische Energieeinheit | kpm | 9,806 65 Joule | $0{,}980\,665 \cdot 10^{8}$ erg |
| technische Krafteinheit | kp | 9,806 65 Newton | $0{,}980\,665 \cdot 10^{6}$ dyn |
| Erdbeschleunigung | $g_0$ | 9,806 65 m/s$^2$ | 980,665 cm/s$^2$ |

### Zusammenhang der abgeleiteten Konstanten mit den Naturkonstanten

$\hbar = h/2\pi$ $\qquad R_G = N_A k_B$

$\mu_B = e_0 \hbar / 2 m_e c$ $\qquad F_0 = N_A e_0$

$\mu_N = e_0 \hbar / 2 m_p c$ $\qquad \epsilon_0 = 10^7 / 4\pi c_0^2$

$a_0 = \hbar^2 / m_e e_0^2$ $\qquad \mu_0 = 4\pi \cdot 10^{-7}$

$\lambda_0 = h / m_e c_0$ $\qquad r_e = e_0^2 c_0^2 m_e$

### Mikroskopische Einheiten

1 Ångström (Å) =: $10^{-8}$ cm (Spektroskopie, atomare Dimension)

1 Fermi (fm) =: $10^{-13}$ cm (Kernphysik, nukleare Dimension)

**Tabelle 6.** Elektromagnetisches Spektrum. Kreisfrequenz $\omega$, Wellenlänge $\lambda$ und Photonenenergie $\hbar\omega$ für die einzelnen Spektralbereiche. Der Wellenlängenbereich 0,2 mm $< \lambda <$ 10 km umfaßt die elektrischen Wellen oder Radiowellen.

| | Frequenz $\omega/s^{-1}$ | Wellenlänge $\lambda/m$ | Photonenenergie $\hbar\omega/eV$ |
|---|---|---|---|
| Wechselstrom | $1{,}88 \cdot 10^{2} - 1{,}88 \cdot 10^{6}$ | $10^{3} - 10^{7}$ | $1{,}24 \cdot 10^{-13} - 1{,}24 \cdot 10^{-9}$ |
| Langwellen | $1{,}88 \cdot 10^{5} - 1{,}88 \cdot 10^{6}$ | $10^{3} - 10^{4}$ | $1{,}24 \cdot 10^{-10} - 1{,}24 \cdot 10^{-9}$ |
| Mittelwellen | $1{,}88 \cdot 10^{6} - 1{,}88 \cdot 10^{7}$ | $10^{2} - 10^{3}$ | $1{,}24 \cdot 10^{-9} - 1{,}24 \cdot 10^{-8}$ |
| Kurzwellen | $1{,}88 \cdot 10^{7} - 1{,}88 \cdot 10^{8}$ | $10^{1} - 10^{2}$ | $1{,}24 \cdot 10^{-8} - 1{,}24 \cdot 10^{-7}$ |
| Ultrakurzwellen | $1{,}88 \cdot 10^{8} - 1{,}88 \cdot 10^{9}$ | $10^{0} - 10^{1}$ | $1{,}24 \cdot 10^{-7} - 1{,}24 \cdot 10^{-6}$ |
| Dezimeterwellen | $1{,}88 \cdot 10^{9} - 1{,}88 \cdot 10^{10}$ | $10^{-1} - 10^{0}$ | $1{,}24 \cdot 10^{-6} - 1{,}24 \cdot 10^{-5}$ |
| Hertzwellen | $1{,}88 \cdot 10^{10} - 0{,}94 \cdot 10^{13}$ | $2 \cdot 10^{-4} - 10^{-1}$ | $1{,}24 \cdot 10^{-5} - 0{,}62 \cdot 10^{-2}$ |
| Infrarot | $0{,}55 \cdot 10^{13} - 2{,}4 \cdot 10^{15}$ | $0{,}78 \cdot 10^{-6} - 3{,}4 \cdot 10^{-4}$ | $3{,}6 \cdot 10^{-3} - 1{,}6$ |
| sichtbares Licht | $2{,}4 \cdot 10^{15} - 5{,}2 \cdot 10^{15}$ | $3{,}6 \cdot 10^{-7} - 0{,}78 \cdot 10^{-6}$ | $1{,}6 - 3{,}4$ |
| Ultraviolett | $5{,}2 \cdot 10^{15} - 1{,}4 \cdot 10^{17}$ | $1{,}36 \cdot 10^{-8} - 3{,}6 \cdot 10^{-7}$ | $3{,}4 - 0{,}91 \cdot 10^{2}$ |
| Röntgenstrahlen | $2{,}9 \cdot 10^{16} - 1{,}19 \cdot 10^{20}$ | $1{,}58 \cdot 10^{-11} - 0{,}66 \cdot 10^{-7}$ | $1{,}9 \cdot 10^{1} - 0{,}78 \cdot 10^{5}$ |
| Gammastrahlen | $10^{19} - 10^{30}$ | $1{,}88 \cdot 10^{-21} - 1{,}88 \cdot 10^{-10}$ | $0{,}66 \cdot 10^{4} - 0{,}66 \cdot 10^{15}$ |

**Tabelle 7.** Elektrische Leitfähigkeit $\sigma$ und ihr Temperaturkoeffizient $\alpha_\sigma$ für Metalle, T = absolute Temperatur in Kelvin.

$$\sigma(T) = \sigma(0\ °C)\ \{1 + \alpha_\sigma (T - 273{,}16\ K)\}$$

| Metall | $\dfrac{\sigma(0\ °C)}{10^7/\Omega m}$ | $\dfrac{\alpha_\sigma}{10^{-3}/K}$ | $-273{,}16\ K\ \alpha_\sigma$ |
|---|---|---|---|
| Natrium | 2,34 | −5,46 | 1,49 |
| Kalium | 1,64 | −6,73 | 1,84 |
| Rubidium | 0,855 | −6,37 | 1,74 |
| Cäsium | 0,552 | −5,03 | 1,37 |
| Aluminium | 4,00 | −4,60 | 1,26 |
| Wolfram | 2,04 | −5,10 | 1,39 |
| Eisen | 1,16 | −6,51 | 1,78 |
| Nickel | 1,63 | −6,92 | 1,89 |
| Kupfer | 6,45 | −4,33 | 1,18 |
| Silber | 6,71 | −4,30 | 1,17 |
| Gold | 4,85 | −4,02 | 1,10 |

**Tabelle 8.** Statische relative Dielektrizitätskonstante $\epsilon_r$ entsprechend Def. (X.25)

| | |
|---|---|
| Phosphor | 4,1 |
| Kohlenstoff | 5,68 |
| Selen | 6 |
| Silizium | 11,7 |
| Germanium | 15,8 |
| Wasser (20 °C) | 80,3 |
| Blausäure (20 °C) | 114,9 |
| $K\,Nb\,O_3$ | 343 |
| $Ba\,Ti\,O_3$ | 1500 |
| $100\ Ba\,Ti\,O_3 + 15\ Sr\,Zr\,O_3$ | 8300 |

**Tabelle 9.** Magnetische Suszeptibilität $\chi_m$ (T = 0 °C) und spezifische Suszeptibilität $\chi := \chi_m \rho_M^{-1}$ für diamagnetische Stoffe. Dabei ist $\rho_M$ die Dichte des Stoffes bei 0 °C.

| | $\frac{-\chi \cdot 4\pi}{m^3\,kg^{-1}}$ | $-\chi_m \cdot 4\pi$ |
|---|---|---|
| Kupfer | $1{,}08 \cdot 10^{-9}$ | $0{,}96 \cdot 10^{-5}$ |
| Silber | $2{,}41 \cdot 10^{-9}$ | $2{,}54 \cdot 10^{-5}$ |
| Stickstoff | $0{,}54 \cdot 10^{-8}$ | $0{,}68 \cdot 10^{-8}$ |
| Helium | $0{,}60 \cdot 10^{-8}$ | $1{,}1 \cdot 10^{-9}$ |
| Wasser | $1{,}18 \cdot 10^{-8}$ | $1{,}18 \cdot 10^{-5}$ |
| Wasserstoff | $2{,}5 \cdot 10^{-8}$ | $2{,}3 \cdot 10^{-9}$ |

In dieser Tabelle und der folgenden sind die Suszeptibilitäten für das Giorgi-System angegeben; deshalb tritt der Faktor $4\pi$ auf.

**Tabelle 10.** Magnetische Suszeptibilität $\chi_m$ bei 20 °C und spezifische Suszeptibilität $\chi = \chi_m \rho_M^{-1}$ für paramagnetische Stoffe.

| | $\frac{\chi \cdot 4\pi}{m^3\,kg^{-1}}$ | $\chi_m \cdot 4\pi$ |
|---|---|---|
| Cäsium | $2{,}84 \cdot 10^{-9}$ | $0{,}57 \cdot 10^{-5}$ |
| Rubidium | $2{,}87 \cdot 10^{-9}$ | $4{,}57 \cdot 10^{-6}$ |
| Kalium | $0{,}67 \cdot 10^{-8}$ | $0{,}57 \cdot 10^{-5}$ |
| Aluminium | $0{,}77 \cdot 10^{-8}$ | $2{,}1 \cdot 10^{-5}$ |
| Natrium | $0{,}83 \cdot 10^{-8}$ | $0{,}80 \cdot 10^{-5}$ |
| Platin | $1{,}23 \cdot 10^{-8}$ | $2{,}7 \cdot 10^{-5}$ |
| Sauerstoff | $1{,}33 \cdot 10^{-8}$ | $1{,}77 \cdot 10^{-8}$ |

**Tabelle 11.** Sättigungsmagnetisierung $M_s$ bei 20 °C und die ferromagnetische Curietemperatur $T_c$ ferromagnetischer Stoffe: (hochgradig reines Nickel, Kobalt und Eisen).

| | $\frac{M_s}{10^4\,G}$ | $\frac{M_s}{10^6\,Am^{-1}}$ | $\frac{\mu_0 M_s}{Wbm^{-2}}$ | $\frac{T_c}{°K}$ |
|---|---|---|---|---|
| Ni | 0,64 | 0,51 | 0,64 | 631 |
| Co | 1,8 | 1,43 | 1,8 | 1393 |
| Fe | 2,15 | 1,72 | 2,15 | 1043 |

## Literaturverzeichnis


**A. Elektrodynamik**

[1] *D. Iwanenko, A. Sokolow:* Klassische Feldtheorie, Akademie-Verlag, Berlin (1953)

[2] *L. D. Landau, E. M. Lifschitz:* Lehrbuch der Theoretischen Physik II, Klassische Feldtheorie, Akademie-Verlag, Berlin (1966)

[3] *J. D. Jackson:* Classical Electrodynamics, J. Wiley u. Sons, New York (1965)

[4] *G. Eder:* Elektrodynamik, B. I. Mannheim 233 (1967)

[5] *W. W. Batygin, I. N. Toptygin:* Aufgabensammlung zur Elektrodynamik, Verlag der Wissenschaften, Berlin (1965)

[6] *I. Wolf:* Grundlagen u. Anwendungen der Maxwellschen Theorie I, II, B. I. Mannheim 818 (1968); 731 (1970)

[7] *W. Macke:* Elektromagnetische Felder, Akadem. Verlags-Gesellschaft, Geest u. Protig KG, Leipzig (1960)

[8] *R. Becker, F. Sauter:* Theorie der Elektrizität, Teubner, Stuttgart (1959)

[9] *G. Lautz:* Elektromagnetische Felder, Teubner, Stuttgart (1969)

[10] *M. Mason, W. Weaver:* The Electromagnetic Field, Dover Publication (1929)

[11] *W. Weizel:* Lehrbuch der Theoretischen Physik I, II, Springer (1955)

[12] *H. Falkenhagen:* Optik, Hirzel, Stuttgart (1949)

[13] *M. Born:* Optik, Springer (1933)

[14] *W. Panofsky, M. Phillips:* Classical Electricity and Magnetism, Addison-Wesley Publ. Comp., Reading/Mass (1962)

**B. Relativitätstheorie**

[1] *F. R. Halpern:* Special Relativity and Quantum Mechanics, Prentice-Hall, Englewood Cliffs, N. J. (1968)

[2] *C. Møller:* The Theory of Relativity, Clarendon Press, Oxford (1952)

[3] *G. P. Bergmann:* Introduction in the Theory of Relativity, Prentice Hall, Englewood Cliffs, N. J. (1942)

[4] *A. Lichnerowicz:* Einführung in die Tensoranalysis, B. I. Mannheim 77 (1966)

[5] *D. Lurié:* Particles and Fields, Interscience Publishers, N. Y. (1968)

[6] *F. Hund:* Materie als Feld, Springer, Berlin (1954)

**G. Gruppentheorie**

[1] *M. Hamermesh:* Group Theory and its Application to Physical Problems, Addison-Wesley Publ. Comp., Reading, Mass., London (1962)

[2] *F. J. Dyson:* Symmetry Groups in Nuclear and Particle Physics, Benjamin, New York (1966)

[3] *R. Hermann:* Lie Groups for Physicists, Benjamin, New York (1966)

[4] *H. J. Lipkin:* Anwendung der Lieschen Gruppen in der Physik, B. I. Mannheim 163 (1967)

[5] *E. P. Wigner:* Group Theory and its Application to Quantum Mechanics of Atomic Spectra, Academic Press, New York, London (1959) auch Vieweg, Braunschweig (1931)

[6] *H. Boerner:* Representation of Groups, North-Holland Publ. Comp., Amsterdam (1963)

[7] *M. A. Neumark:* Unitäre Darstellungen der Lorentzgruppe, VEB Deutscher Verlag der Wissenschaften, Berlin (1963)

[8] *I. M. Gelfand, M. A. Neumark:* Unitäre Darstellung der klassischen Gruppen, Akademie-Verlag, Berlin (1957)

[9] *H. Joos:* Zur Darstellungstheorie der inhomogenen Lorentzgruppe als Grundlage quantenmechanischer Kinematik, Fortschritte der Physik **10,** 65 (1962)

**N. Noethersches Theorem**

[1] *E. L. Hill:* Hamiltons Principle and the Conservation Theorems of Mathematical Physics, Rev. Mod. Phys. **23,** 253 (1951)

[2] *E. Noether:* Invariante Variationsprobleme, Nachr. Kgl. Ges. Wiss. Göttingen **235,** (1918)

[3] *A. Trautmann:* Noether Equation and Conservation Laws, Comm. Math. Phys. **6,** 248 (1967)

**M. Differentialgleichungen und Analysis**

[1] *V. Ya. Arsenin:* Basic Equations and Special Functions of Mathematical Physics, Iliffe Books Ltd., London (1968)

[2] *R. Leis:* Vorlesungen über partielle Differentialgleichungen zweiter Ordnung, B. I. Mannheim 165 (1967)

[3] *R. Courant, D. Hilbert:* Methoden der mathematischen Physik I, II, Heidelberger Taschenbücher Band 30/31, Springer Verl., Berlin (1968)

[4] *E. T. Whittaker, G. N. Watson:* A Course of Modern Analysis, Cambridge University Press (1963)

[5] *P. M. Morse, H. Feshbach:* Methods of Theoretical Physics, 2 Vol., Mc Graw-Hill, New York (1953)

[6] *B. Brosowski, E. Martensen:* Methoden und Verfahren der mathematischen Physik I–VII, B. I. Mannheim 720–726 (1969–1972)

[7] *E. C. Titmarsh:* Introduction to the Theory of Fourier Integrals, 2nd ed., Oxford University Press (1948)

[8] *J. D. Talman:* Special Functions, A Group Theoretic Approach, Benjamin, New York (1968)

[9] *I. N. Sneddon:* Spezielle Funktionen der mathematischen Physik I, II, B. I. Mannheim 54 (1961)

[10] *Hadamard:* Lectures on Cauchy's Problem, Dover Publ. (1952)

[11] *L. Schwartz:* Mathematische Methoden der Physik, Paris (1965)

[12] *O. D. Kellog:* Foundations of Potential Theory, Springer Verl., Berlin (1929)

[13] *G. Helwig:* Differentialoperatoren der mathematischen Physik, Springer Verl., Berlin (1964)

[14] *N. M. Günter:* Potentialtheorie, Leipzig (1957)

[15] *A. N. Tychonoff, A. A. Samarski:* Differentialgleichungen der mathematischen Physik, Deutscher Verlag der Wissenschaften, Berlin (1959)

[16] *W. I. Smirnow:* Lehrgang der Mathematik IV, III, 1 und 2, Deutscher Verlag der Wissenschaften, Berlin (1958)

[17] *A. G. Webster:* Partial Differential Equations of Mathematical Physics, Dover Publications, New York (1955)

[18] *Jahnke-Emde-Losch:* Tafeln höherer Funktionen, B. G. Teubner, Stuttgart (1966)

[19] *W. Franz-Lagally:* Vektorrechnung, Akademische Verlagsgenossenschaft, Leipzig (1944)

[20] *K. Rottmann:* Mathematische Formelsammlung, B. I. Mannheim 13 (1961)

[21] *H. Cartan:* Elementare Theorie der Analytischen Funktionen einer oder mehrerer komplexen Veränderlichen, B. I. Mannheim 112 (1966)

[22] *H. Kober:* Dictionary of conformal representation, Dover Publication, New York (1957). Koppenfels-Stallmann: Praxis der konformen Abbildung, Berlin (1959)

[23] *W. Gröbner:* Matrizenrechnung, B. I. Mannheim 103 (1966)

[24] *E. Peschl:* Analytische Geometrie und lineare Algebra, B. I. Mannheim 15 (1968)

[25 *A. O. Ladyzenskaja:* Boundary Value Problems of Mathematical Physics I–III, American Mathematical Society, Providence, Rhode Island (1957)

**D. Mathematische Grundlagen der Elektrodynamik**

[1] *Cl. Muller:* Grundprobleme der mathematischen Theorie elektromagnetischer Schwingungen, Springer Verl., Berlin (1957)

[2] *Cl. Muller:* Mathematische Probleme der modernen Wellenoptik, Arbeitsgemeinschaft für Forschung des Landes Nordrhein-Westfalen, Heft 133, Westdeutscher Verl., Köln (1964)

[3] *W. Franz:* Theorie der Beugung elektromagnetischer Wellen, Springer Verl., Berlin (1957)

[4] *M. Born:* Proc. Roy. Soc. A 143, 410 (1934), *M. Born:* L. Infeld, 1.c.A 144, 425 (1934)

[5] *G. Gross, F. Wahl:* Z. Naturforsch. 14a, 285 (1959), *H. Rampacher:* Z. Naturforsch. 17a, 1057 (1962)

[6] *R. W. King, T. T. Wu:* Scattering and Diffraction of Waves, Harvard University Press (1959)

[7] *L. J. Chu,* Phys. Rev. **56,** 99 (1939), *P. M. Morse* and *P. J. Rubenstein,* Phys. Rev. **54,** 895 (1938) (Vergleich zwischen exakter Beugung und vektorieller Kirchhoff-Formel)

**E. Distributionen**

[1] *I. M. Gelfand* u.a.: Verallgemeinerte Funktionen I–V, Deutscher Verlag der Wissenschaften, Berlin

[2] *G. Falk:* Theoretische Physik auf der Grundlage einer allgemeinen Dynamik, Band I a, Anhang IV, V, Heidelberger Taschenbücher Band 8, Springer Verl., Berlin (1966)

[3] *M. A. Neumark:* Lineare Differentialoperatoren, Akademie- Verl., Berlin (1967)

[4] *W. Guttinger:* Generalized Functions and Dispersion Relations in Physics, Fortschritte der Physik **14,** 483 (1966)

[5] *M. J. Lighthill:* Einführung in die Theorie der Fourier-Analysis und der verallgemeinerten Funktionen, B. I. Mannheim 139 (1966)

[6] *L. Schwartz:* Théorie des Distributions, Teil 1, 2, Hermann u. Cie., Paris (1950/51)

[7] *B. W. Roos:* Analytic Functions and Distributions in Physics and Engineering, J. Wiley u. Sons, New York (1969)

[8] *C. D. Green:* Integral Equation Methods, Nelson u. Sons, London (1969) (viele Literaturhinweise)

**V. Variationsrechnung**

[1] *H. Sagan:* Introduction to the Calculus of Variations, Mc Graw-Hill, New York (1969)

[2] *L. W. Kantorowitsch, G. P. Akilow:* Funktionalanalysis in normierten Räumen, Akademie-Verlag, Berlin (1964)

[3] *P. Levy:* Problèmes concrets d'analyse fonctionelle, Gauthier-Villars, Paris (1951)

[4] *D. G. Luenberger:* Optimization by Vector Space Methods, J. Wiley u. Sons, New York (1969)

[5] *S. Großmann:* Funktionalanalysis II, Akadem. Verlagsgesellschaft, Frankfurt (1970) studientexte

**F. Feldtheorie**

[1] *W. Heisenberg:* Einführung in die einheitliche Feldtheorie der Elementarteilchen, S. Hirzel, Stuttgart (1967)

[2] *J. D. Bjorken, S. D. Drell:* Relativistische Quantenmechanik, B. I. Mannheim 98 (1966)

[3] *J. D. Bjorken, S. D. Drell:* Relativistische Quantenfeldtheorie, B. I. Mannheim 101 (1967)

[4] *R. E. Marshak, E. C. G. Sudarshan:* Einführung in die Physik der Elementarteilchen, B. I. Mannheim 65 (1964)

[5] *A. Akhieser, V. B. Berezteski:* Quantum Electrodynamics, 2. Aufl., J. Wiley u. Sons, New York (1963)

[6] *J. Schwinger* (Ed.): Quantum Electrodynamics, Dover Publ., New York (1958)

[7] *R. P. Feynman:* Quantum Electrodynamics, Benjamin, New York (1962)

[8] *L. Klein* (Ed.): Dispersion Relations and the Abstract Approach to Field Theory, Gordon and Breach, New York (1961)

[9] *G. R. Screaton* (Ed.): Dispersion Relations, Scottish Universities Summer School, Interscience Publ., New York (1961)

[10] *W. Heitler:* The Quantum Theory of Radiation, Clarendon Press, Oxford (1954)

**T. Technische Anwendungen und Eigenschaften der Materie**

[1] *H. Weh:* Elektrische Netzwerke und Maschinen in Matrixdarstellung, B. I. Mannheim 108 (1968)

[2] *G. Gonban:* Electromagnetic Wave Guides and Cavities, Pergamon Press, New York (1961)

[3] *H. R. L. Lamont:* Wave Guides, 3rd ed., Methuen (1950)

[4] *W. Leonhard:* Wechselströme und Netzwerke, Vieweg, Braunschweig (1968)

[5] *E. Mollwo, W. Kaule:* Maser und Laser, B. I. Mannheim 79 (1968)

[6] *H. Prassler:* Energiewandler der Starkstromtechnik, B. I. Mannheim 199 (1969)

[7] *A. M. Tropper:* Matrizenrechnung in der Elektrotechnik, B. I. Mannheim 91 (1964)

[8] *J. Grosskopf:* Wellenausbreitung I, II, B. I. Mannheim 141, 539 (1970)

[9] *A. Heilmann:* Antennen I, II, III, B. I. Mannheim 140, 534, 540 (1970)

[10] *G. Bosse:* Grundlagen der Elektrotechnik I, II, III, B. I. Mannheim 182, 183, 184 (1966), (1967), (1969)

[11] *N. Bloembergen:* Non-Linear Optics, Banjamin, New York (1965)

[12] *E. A. Lynton:* Supraleitung, B. I. Mannheim 74 (1966)

[13] *F. London:* Superfluids I, Macroscopic Theory of Superconductivity, Dover Publication New York (1960)

[14] *D. Wagner:* Einführung in die Theorie des Magnetismus, Vieweg, Braunschweig (1966)

[15] *J. H. van Vleck:* The Theory of Electric and Magnetic Susceptibilities, Oxford University Press (1932)

[16] *Ch. Kittel:* Introduction to Solid State Physics, Wiley, New York (1956)

[17] *M. von Laue:* Röntgenstrahlinterferenzen, Akadem. Verlagsgesellschaft, Frankfurt (1960)

**L. Allgemeine Theoretische Physik**

[1] *A. S. Davydov:* Quantum Mechanics, Pergamon Press, New York (1965)

[2] *H. Mitter:* Quantentheorie, B. I. Mannheim 701 (1969)

[3] *L. D. Landau, E. M. Lifschitz:* Lehrbuch der Theoretischen Physik,I Mechanik, III Quantenmechanik, V Statistische Physik, Akademie-Verlag, Berlin (1967), (1967), (1966)

[4] *P. Mittelstaedt:* Klassische Mechanik, B. I. Mannheim 500 (1970)

[5] *G. Süßmann:* Theoretische Mechanik I, B. I. Mannheim 801 (1966)

[6] *K. Huang:* Statistische Mechanik I–III, B. I. Mannheim 68–70 (1964), (1965)

[7] siehe [L 3], V Statistische Physik

## Sachwortverzeichnis

»

# Mechanik aus erster Hand

## Mechanik

Von L. D. Landau und E. M. Lifschitz

In deutscher Sprache herausgegeben von G. Heber. Mit 55 Abbildungen
7., berichtigte Auflage. – Braunschweig: Vieweg 1970. X, 204 Seiten.
DIN C 5 (uni-text/Studienbuch.) Paperback DM 12,80

**ISBN** 3 528 0**3005** 4

**Inhalt:** *Bewegungsgleichungen – Erhaltungsgesetze – Integration der Bewegungsgleichungen – Zusammenstoß von Teilchen – Kleine Schwingungen – Bewegung des starren Körpers – Die kanonischen Gleichungen.*

Die beiden Verfasser machen den Leser gleich von Anfang an mit den fundamentalen Begriffen der Physik wie z.B. der Lagrange-Funktion, dem Prinzip der kleinsten Wirkung und den Erhaltungssatzen vertraut. Nach der Einführung in diese Grundlagen erlautern sie, uber den sonst in Mechaniklehrbüchern gebotenen Stoff hinausgehend, zahlreiche aktuelle Probleme wie die Streuung der Teilchen (einschließlich des Begriffes des Wirkungsquerschnittes), die Schwingungen von Molekulen und die parametrische Resonanz. Eine Vielzahl von Aufgaben mit entsprechenden Lösungen ermöglicht es dem Leser, sein Wissen und Verständnis ständig zu kontrollieren.

Aber nicht nur vom Inhalt, sondern auch von der Art und Weise her, wie die Autoren den Stoff bewältigt haben, gehört das Werk zur „ersten Klasse" in der Physikliteratur. Landau und Lifschitz entwerfen ein modernes Gebäude der Mechanik, in dem alte Zöpfe keinen Platz haben. Auch die klassisch-physikalischen Gesetze besprechen sie stets im Hinblick auf die modernste Theorie. Wer dieses Buch, eine Lizenzausgabe der 7. berichtigten und erganzten Auflage der Originalausgabe, durchgearbeitet hat, darf mit Fug und Recht behaupten, über den neuesten Stand der Mechanik grundlich informiert zu sein.

» **vieweg**